최신 KS규격에 의한 도면해독과

전산응용기계설계 제도(CAD)실기실무

피앤피북

최신 KS규격에 의한 도면해독과 전산응용기계설계제도(CAD) 실기실무

발행 2020년 1월 10일

지은이 노수황 · 정인수 · 이원모 · 장진석 · 공상운 · 신충식 공저
발행인 최영민
발행처 피앤피북
주소 경기도 파주시 신촌2로 24
전화 031-8071-0088
팩스 031-942-8688
전자우편 pnpbook@naver.com
출판등록 2015년 3월 27일
등록번호 제406-2015-31호

정가 : 34,000원

ISBN 979-11-87244-58-5 93550

국가직무능력표준(NCS)개발과 활용의 확산에 따라 교육계와 기업체 간에 현장직무중심의 인력양성에 도움이 될 수 있도록 일-교육훈련-자격 연계를 위한 시스템으로 발전함에 따라 이에 보조적인 교재를 개발하고자 ㈜메카피아는 많은 연구와 현장기술을 접목한 교육 사례를 분석하고 연구하여 보다 체계적인 학습자료 개발에 매진하고 있다. 특히 본서는 비전공자나 입문자들의 기술직업교육과 일선 교유기관의 교육에 있어 기계제도에 대한 필수 지식과 수행기술을 학습할 수 있도록 중점을 두었으며 KS규격에 의한 정확한 제도법을 학습하고 도면해독 능력을 기를 수 있도록 심혈을 기울인 도서이다.

기초 제도 이론과 현장에서 요구되는 2D & 3D CAD 실습을 동시에 병행하여 국가기술자격증 취득과 더불어 실무 설계에 보다 빠른 적응 훈련을 활용할 수 있도록 기술하였으며, 최신 개정된 ISO 및 KS 표준에 따른 올바른 제도법의 학습을 통해 도면 해독능력 배양에 초점을 두고 있다.

국가직무능력표준(NCS, National Competency Standards)은 각 산업현장에서 직무를 수행하기 위해 요구되는 지식 · 기술 · 태도 등의 내용을 국가가 체계화한 것으로 산업현장의 요구사항을 국가직무능력표준으로 적용하여 교육훈련과 자격 및 경력개발에 활용하여 산업현장에 적합한 인적자원 개발을 통해 능력중심사회 구현을 위한 핵심 인프라를 구축하고 나아가 고용과 평생 직업능력개발 연계를 통한 국가경쟁력 향상에 필요한 표준이다.

[기계설계 분야 NCS 학습모듈]

15.기계 〉 01.기계설계 〉 02.기계설계 〉 01.기계요소설계

기계요소설계 직무는 기계를 구성하고 있는 단위요소를 설계하기 위하여 창의적인 기능품의 선정과 제조방법을 고려한 요소의 강도, 형상, 구조를 결정하여 적합한 규격에 맞도록 검토 및 설계하는 일로 정의하고 있으며 본 서는 NCS 능력단위별 학습모듈에 부합할 수 있는 교육내용을 핵심으로 하는 교재로 구성하였다.

[NCS 학습모듈 교육에 활용할 수 있는 능력단위]

분류번호	능력단위명	수준	분류번호	능력단위명	수준
1501020104_14v2	요소공차검토	4	1501020112_16v3	2D도면관리	2
1501020105_14v2	요소부품재질선정	4	1501020113_16v3	3D형상모델링작업	2
1501020106_16v3	체결요소설계	3	1501020114_16v3	3D형상모델링검토	2
1501020107_16v3	동력전달요소설계	3	1501020115_16v3	도면분석	3
1501020108_16v3	치공구요소설계	3	1501020116_16v3	도면검토	3
1501020111_16v3	2D도면작업	2			

기계공학기술자들에게 있어 도면해독능력은 중요한 사항으로 2D도면작성에 대한 선수학습이 필요하며 조립도 및 부품도를 분석하고 요소부품의 기능에 최적의 형상, 치수, 주요 공차 등을 파악할 수 있는 능력을 길러야 한다. 본서를 통해 기계를 전공하는 학생이나 국가기술자격증 시험을 준비하는 수험생 및 현장 실무자들에게 도움이 되길 희망하며 한 권의 책으로 나오기까지 수고해 주신 모든 분들께 감사의 인사를 드린다.

저자 올림

이 책을 보는 순서

KS 및 ISO 기계제도 통칙

2 선의 종류와 용도 및 글자

3 물체의 투상법

6 치수공차 및 끼워맞춤 설계

7 표면거칠기

8 기하공차의 해석 및 적용

9 KS규격의 도면 적용 요령

10 주석문의 해석과 도면 검도법

기계요소제도 및 요목표 작성법

도면해독능력 향상을 위한 3D 모델링 & 2D 도면작도 실습 과제

PART

1

KS 및 ISO 기계제도 통칙

Section 01 표준 규격 및 KS 제도 통칙

Section 02 국제 표준 규격 및 KS의 부분별 기호

Section 03 도면의 크기와 양식

Section 04 도면의 분류

Section 05 척도와 도면 기입 방법 [KS A ISO 5455]

Section

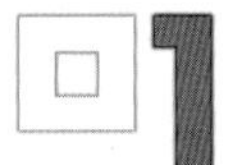

표준 규격 및 KS 제도 통칙

KS A 0005의 제도 – 통칙(도면 작성의 일반 코드)에서 정의하는 도면이란, **「대상물을 평면상에 도시함에 있어 설계자 · 제작자 사이,발주자 · 수주자 사이 등에서 필요한 정보를 전달하기 위한 것」**을 말한다고 규정하고 있으며, 여기에서 도면이란, 원도로부터 복제한 도면 및 원도를 부분적으로 복제하여 복합 작성한 도면으로, 원도와 동일한 기능을 가진 것도 포함한다고 되어 있다.

제도는 기계설계의 기본으로 기계설계자 자신이 만들어내는 제품에 혼신의 힘을 다하는 작업을 해야 한다.

LESSON 01 제도의 목적

도면을 작성하는 목적은 도면 작성자의 의도를 사용자에게 확실하고 쉽게 전달하는 데 있으며 그 도면에 표시하는 정보의 보존 · 검색 · 이용이 확실하게 이루어지는 것이 바람직하다.

품질이나 코스트(cost)를 만족시키고, 설계자가 고려한 설계의도를 실현하기 위해서는 치수의 기준을 결정하고 치수공차, 기하공차, 표면거칠기를 고려하여 편차를 제어할 수 있도록 해야 하는 것이며 각 부품의 용도와 기능에 알맞는 재질의 선정이나 표면처리(열처리)를 지시하게 된다.

제도는 설계자의 의사를 말로 표현하는 것이 아니라 문자나 그림으로 표현하고 정확하게 제3자에게 전달하는 것으로 제도의 목적은 결국 **'의사의 전달'**이라는 도구라고 이해하면 될 것이다.

도면은「토목, 건축, 기계 등의 구조 · 설계」 등에서 명확하게 작성하는 것으로 본서에서는 주로 기계도면에 대해서 기술한다.

도면에 표현된 여러 가지 내용을 설계자가 직접 설명하지 않더라도 이를 보는 작업자가 정확하게 이해하기 위해서는 일정한 규약에 의하여 도면이 작성되어야 한다. 이러한 규약을 제도로 규약하고 세계의 각국은 국가별 제도규격을 제정하여 도면을 작성하고 있으며, 점차 국제표준규격(ISO)으로 통일되어 가고 있는 추세이다.

제도는 기계설계의 기본으로 기계설계자 자신이 만들어내는 제품에 혼신의 힘을 다하는 작업을 해야 한다. 품질이나 코스트(cost)를 만족시키고, 설계자가 고려한 설계의도를 실현하기 위해서는 치수의 기준을 결정하고 치수공차, 기하공차, 표면거칠기를 고려하여 편차를 제어할 수 있도록 해야 하는 것이며 부품의 기능을 고려한 재질의 선정이나 표면처리 및 열처리를 제작자에게 지시하는 것이다.

이 장에서는 기계설계의 기본이 되며 산업현장의 공통 언어인「기계제도법」에 관해서 알아보기로 한다.

LESSON 02 도면이 구비하여야 할 기본 요건 (KS A 0005)

① 대상물의 도형과 함께 필요로 하는 크기 · 모양 · 자세 · 위치의 정보를 포함하여야 하며, 필요에 따라서 면의 표면, 재료, 가공방법 등의 정보를 포함하여야 한다.
② 위의 정보를 명확하고 이해하기 쉬운 방법으로 표현하고 있어야 한다.
③ 애매한 해석이 생기지 않도록 표현상 명확한 뜻을 가져야 한다.
④ 기술의 각 분야 교류의 입장에서 가능한 한 넓은 분야에 걸쳐 정합성 · 보편성을 가져야 한다.
⑤ 무역 및 기술의 국제 교류의 입장에서 국제성을 가져야 한다.
⑥ 마이크로 필름 촬영 등을 포함한 복사 및 도면의 보존 · 검색 · 이용이 확실히 되도록 내용과 양식을 구비하여야 한다.

LESSON 03 설계와 제도

1. 설계

모든 산업기계, 공작기계, 기구, 구조물 등은 기능적인 측면과 외형상의 다소 차이가 있으며 각 부분은 여러 개의 구성요소로 되어 있으며 용도나 기능에 알맞은 작용을 하도록 구조 · 모양 · 크기 · 강도 등을 합리적으로 결정하고 재료와 가공법 등을 알맞게 선택해야 한다. 또한 양질의 제품 제작을 위해서는 해당 제품이 요구하는 용도나 기능에 적합한지 면밀한 계획을 세우게 되는데 이러한 일련의 내용들을 종합하는 기술을 설계(Design) 또는 생산설계(Production Design)라고 한다.

2. 제도

제도란 설계자의 요구사항을 제작자(가공, 조립 등)에게 명확하게 전달하기 위하여 정해진 규칙에 따라 선과 문자 및 기호 등을 사용하여 생산품의 형상, 구조, 크기, 재료, 가공법 등을 제도 규격에 맞추어 정확하고 간단명료하게 도면을 작성하는 과정을 말한다.

제도 규격에 따라 작성된 도면은 현장제작자, 품질관리자, 자재담당자, 조립 및 설치자, 운용관리자, 유지보수자 등에게 전달하는 공통어 역할을 하는 중요한 수단으로 제도의 목적을 달성하기 위해서는 다음의 기본 요건을 만족해야 한다.

① 대상물의 도형과 함께 필요로 하는 형상이나 구조, 조립상태, 치수, 가공법, 재질, 투상법, 면의 표면 정도 등의 정보를 포함해야 한다.
② 도면은 명확하고 이해하기 쉬운 방법으로 표현하며, 애매한 해석이 생기지 않도록 난해하거나 복잡한 부분은 단면도와 상세도로 충분히 표현해야 한다.

③ 기술의 각 분야에 걸쳐 정확성, 보편성을 가져야 한다.

④ 무역 및 기술의 국제교류 입장에서 국제적으로 통용될 수 있어야 한다.

⑤ 컴퓨터 및 마이크로 필름에 의한 도면의 보존관리, 복사, 검색 등이 용이하도록 체계적인 도면번호 부여와 일정 양식에 의한 표제란 등록을 통하여 관리해야 한다.

3. CAD

전반적인 산업에 기계가 점차적으로 첨단화(자동화)되어가고 있으며, 이에 따라 기계의 고기능화, 복잡한 정밀기계, 자동화 설비 등을 적용하는 산업현장으로 발전되어 가고 있다. 설계 및 제도 분야에도 컴퓨터를 이용한 설계, 즉 CAD(Computer Aided Design)가 도입되어 활용되고 있다.

4. 도면 작성시 주의사항

4.1 정확성 (Rightness)

언제(일시), 어디서(업체명), 누가(담당자) 그 도면을 작도했는지를 명확하게 나타낸다. 그리고 무엇을(투상대상물) 어떻게(기준이나 가공방법, 다듬질 등)작업했는지를 도형이나 치수선, 치수공차, 표면거칠기 기호, 주석(주기)등으로 표시한다.

4.2 간결성 (Conciseness)

제도의 기본을 무시한 개인의 치수기입이나 KS제도 규격에 없는 표기법은 피하고 KS규격에 의거한 도면 기입법을 준수하여 설계도면에 반영하는 것이 중요하다.

4.3 대중성 (Popularity)

각종 투상법이나 단면도, 부분확대도 등을 이용하여 너무 복잡하지 않게 작도하며, 제3자가 해독할 수 있도록 최소한의 필요한 투상을 표현한 도형에 가공성이나 기능성을 고려한 치수를 균형있게 배치하여 도면을 해독하는 이들이 혼란을 겪지 않고 쉽게 해독할 수 있도록 설계자는 배려해야 한다.

Section

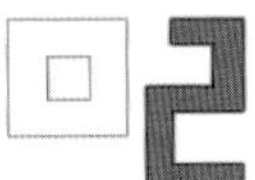

국제 표준 규격 및 KS의 부분별 기호

LESSON 01 국제 규격과 각국의 산업 규격

국가 및 기구	기호
국제표준화 기구 (International Organization For Standardization)	ISO
한국 산업 규격 (Korean Industrial Standards)	KS
영국 규격 (British Standards)	BS
독일 규격 (Deutsches Institute fur Normung)	DIN
미국 규격 (American National Standard Industrial)	ANSI
스위스 규격 (Schweitzerish Normen - Vereinigung)	SNV
프랑스 규격 (Norme Francaise)	NF
중국 규격 (Guojia Biaozhun)	GB
캐나다 규격 (Canadian Standards Association)	CSA
유럽 통일 규격 (European Norm)	EN
CE 마킹 (Conformite Europeenne)	CE
일본 공업 규격 (Japanese Industrial Standards)	JIS
미국재료시험학회 (American Society for Testing and Materials)	ASTM
미국기계학회 (American Society of Mechanical Engineers)	ASME
미국전기전자학회 (Institute of Electrical and Electronics Engineers)	IEEE
미국자동차기술자협회 (Society of Automotive Engineers)	SAE
미국전기공업회 (National Electrical Manufacturers Association)	NEMA
국제전기표준회의 (International Electrotechnical Commission)	IEC

LESSON 02 KS 규격의 분류

기호	부문	기호	부문	기호	부문
A	기본	**I**	환경	**S**	서비스
B	기계	**J**	생물	**T**	물류
C	전기전자	**K**	섬유	**V**	조선
D	금속	**L**	요업	**W**	항공우주
E	광산	**M**	화학	**X**	정보
F	건설	**P**	의료	**Z**	기타
G	일용품	**Q**	품질경영		
H	식품	**R**	수송기계		

기계제도에서 주로 사용하는 제도 용어(KS A ISO 10209)에는 기계제도에 관한 일반사항, 도면의 크기 및 양식, 척도, 선의 종류에 관하여 규정하고 있다. 또, 기계 제도 규격 이외에도 아래와 같은 관련 규격이 제정되어 있다.

LESSON 03 기계제도 및 기계요소의 주요 KS 규격

표준 번호	표준명	표준 번호	표준명
KS B 0001	기계제도	**KS A ISO 5456-1**	투상법
KS A ISO 128-1	제도 – 표현의 일반원칙	**KS B 0201**	미터 보통 나사
KS A ISO 128-24	제도 – 기계제도에 사용하는 선	**KS B 0204**	미터 가는 나사
KS A ISO 128-30	제도 – 투상도에 대한 기본 규정	**KS B 0222**	관용 테이퍼 나사
KS B ISO 128-34	기계제도에서의 투상도	**KS B 0226**	29° 사다리꼴 나사
KS B ISO 128-44	기계제도에서의 단면도	**KS B 0231**	나사 끝의 모양 · 치수
KS A ISO 128-50	제도 – 절단 및 단면도 도시에 대한 기본 규정	**KS B ISO 5459**	제품의 형상명세–기하공차 표시
KS B ISO 129-1	치수 및 공차의 표시 – 일반 원칙	**KS B 0246**	나사부품 각 부의 치수호칭 및 기호
KS B 0002	제도 – 기어의 표시	**KS B 0248**	태핑 스크루의 나사부
KS B 0004-1	제도 – 구름베어링 – 일반간략표시	**KS B ISO 286-1**	제1부–공차, 편차 및 끼워맞춤의 기본

KS B 0004-2	제도 – 구름베어링 – 상세간략표시	**KS B ISO 286-2**	제2부 – 구멍 및 축용 표준공차 등급
KS B 0005	제도 – 스프링의 표시	**KS B 0401**	치수공차의 한계 및 끼워맞춤
KS B ISO 3098-2	제도 – 로마자, 숫자 및 표시	**KS B 0410**	센터 구멍
KS A ISO 128-22	지시선과 기입선의 기본 규정 및 적용	**KS A ISO 1101**	기하공차기입 – 형상, 자세, 위치 및 흔들림공차
KS B ISO 6412-1	제도 – 배관의 간략 표시 – 규칙 및 정투상도	**KS A ISO 7083**	기하공차기호 – 비율과 크기 치수
KS B ISO 6412-2	제도 – 배관의 간략 표시 – 등각투상도	**KS B ISO 12085**	표면의 결(조직) – 프로파일법
KS B ISO 6412-3	제도 – 배관의 간략 표시 – 환기계 및 배수계	**KS A ISO 1302**	제품의 기술 문서에서 표면의 결에 대한 지시
KS B 0052	용접 기호	**KS A 0005**	제도 – 통칙(도면 작성의 일반 코드)
KS B ISO 701	기어기호–기하학적 데이터의 기호	**KS A ISO 128-21**	제도 – CAD에 의한 선의 준비
KS B 0054	유압,공기압 도면기호	**KS A ISO 10209**	제품의 기술 문서(TPD)
KS B 0107	금속가공 공정의 기호	**KS A ISO 7200**	표제란의 정보 구역과 표제
KS B ISO 4287	제품의 형상 명세(GPS) – 표면조직	**KS B ISO 8734**	맞춤핀
KS A ISO 5455	제도 – 척도	**KS B ISO 5457**	제품의 기술문서(TPD) – 도면의 크기 및 양식

Section

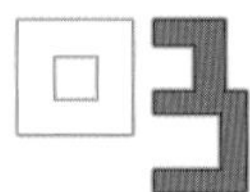

도면의 크기와 양식

이 표준은 컴퓨터에 의해서 제작되는 도면을 포함하여 여러 산업 분야에서의 제도용 용지의 크기 및 양식에 대하여 규정한다. 이 표준은 또한 기술 분야의 문서에서도 적용된다.

LESSON 01 도면의 크기

① ISO-A열(KS M ISO 216 참조)의 제도 영역뿐만 아니라 재단한 것과 재단하지 않은 것을 포함한 모든 용지에 대해 권장 크기는 아래 표에 따른다.

② 도면은 긴 쪽을 좌우 방향으로 놓고서 사용한다. 다만 A4는 짧은 쪽을 좌우 방향으로 놓고서 사용하여도 무방하다.

재단한 용지와 재단하지 않은 용지의 크기 및 제도 영역크기

크기	재단한 용지(T)		제도 공간		재단하지 않은 용지(U)	
	a_1	b_1	a_2 ±0.5	b_2 ±0.5	a_3 ±2	b_3 ±2
A0	841	1189	821	1159	880	1230
A1	594	841	574	811	625	880
A2	420	594	400	564	450	625
A3	297	420	277	390	330	450
A4	210	297	180	277	240	330

[비고] A0크기보다 클 경우에는 KS M ISO 216 참조

A4에서 A0까지의 크기

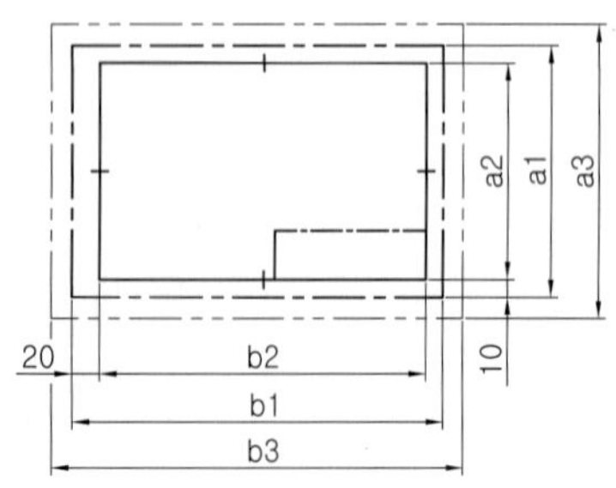

A4의 크기

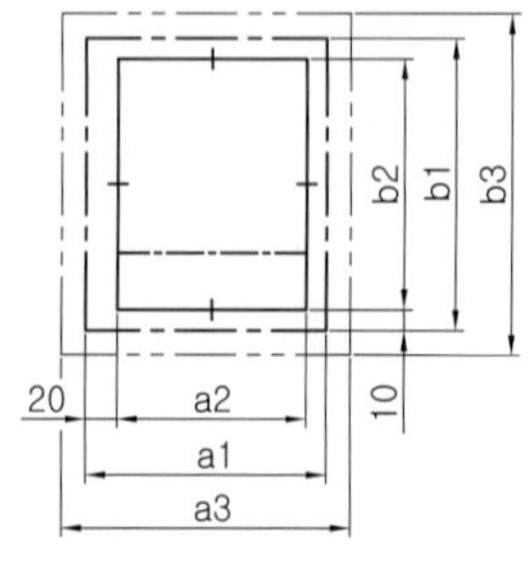

LESSON 02 도면의 양식

1. 도면에 반드시 마련해야 할 사항

① 도면에는 [**도면의 크기와 종류 및 윤곽의 치수**]의 치수에 따라 굵기 **0.5mm**이상의 **윤곽선**을 그린다.

② 도면에는 그 오른쪽 아래 구석에 **표제란**을 그리고, 원칙적으로 도면 번호, 도명, 기업(단체)명,책임자 서명(도장), 도면 작성 년, 월, 일, 척도 및 투상법을 기입한다.

③ 도면에는 KS A 0106(도면의 크기 및 양식)에 따라 **중심마크**를 설치한다.

2. 도면에 마련하는 것이 바람직한 사항

① 비교눈금 : 도면의 축소 또는 확대 복사의 작업 및 이들의 복사 도면을 취급할 때의 편의를 위하여 도면에 눈금의 간격이 10mm 이상의 길이로 0.5mm의 실선인 눈금선으로 길이는 5mm 이하로 마련한다.

② 도면의 구역을 표시하는 구분선, 구분기호 : 도면 중의 특정부분의 위치를 지시하는 편의를 위하여 도면의 구역을 표시하며 25mm에서 75mm 간격의 길이를 0.5mm의 실선으로 도면의 윤곽선에서 접하여 도면의 가장자리 쪽으로 약 5mm 길이로 긋는다. 구분기호는 도면의 정위치 상태에서 가로변을 따라 1,2, 3…의 아라비아 숫자, 세로 변을 따라 A,B,C… 알파벳 대문자 기호를 붙인다.

③ 재단마크 : 복사한 도면을 재단하는 경우의 편의를 위하여 원도에 재단마크를 마련한다.

Section

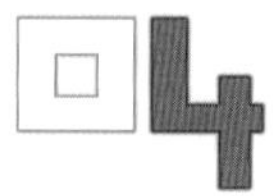

도면의 분류

LESSON 01 사용 목적에 따른 분류

분류	영문	설명
계획도	scheme drawing	설계자가 만들고자 하는 제품의 계획을 나타낸 도면
제작도	manufacture drawing	설계자의 의도를 작업자에게 정확히 전달시켜 요구하는 제품을 만들게 하기 위하여 사용되는 도면
주문도	drawing for order	주문하는 사람이 주문하는 제품의 모양, 정밀도, 기능도 등의 개요를 주문 받은 사람에게 제시하는 도면
승인도	approved drawing	주문 받은 사람이 주문하는 사람의 검토와 승인을 얻기 위하여 최종 사용자나 기업에게 제출하는 용도의 도면
견적도	estimation drawing	주문할 사람에게 제품이나 기계의 부품구성 내용 및 금액 등을 설명하기 위한 도면
설명도	explanation drawing	사용자에게 제품의 구조, 치수, 주요기능, 작동원리, 취급방법 등을 설명하기 위한 도면, 주로 제품이나 기계의 카달로그(catalogue)나 매뉴얼(manual)에 사용된다.

LESSON 02 내용에 따른 분류

분류	영문	설명
조립도	scheme drawing	제품이나 기계의 전체적인 조립 상태를 나타내는 도면으로서 조립도를 보면 그 제품의 구조를 잘 알 수 있다.
부분조립도	manufacture drawing	복잡한 제품의 조립 상태를 몇 개의 부분으로 나누어 각 부분마다의 자세한 조립 상태를 나타내는 도면
부품도	drawing for order	제품을 구성하는 각 부품을 개별적으로 상세하게 그린 도면
공정도	approved drawing	제조 과정에서 거쳐야 할 공정마다의 처리 방법, 사용 용구 등을 상세히 나타내는 도면으로, 공작 공정도, 제조 공정도, 설비 공정도 등이 있다.
상세도	estimation drawing	필요한 부분을 더욱 상세하게 표시한 도면으로, 선박, 건축, 기계 등의 도면에서 볼 수 있다.
접속도	explanation drawing	전기 기기의 내부, 상호간 접속 상태 및 기능을 나타내는 도면

배선도	wiring diagram	전기 기기의 크기와 설치할 위치, 전선의 종별, 굵기, 수 및 배선의 위치 등을 도시 기호와 문자 등으로 나타내는 도면
배관도	piping diagram	펌프, 밸브 등의 위치, 관의 굵기와 길이, 배관의 위치와 설치 방법 등을 자세히 나타내는 도면
계통도	system diagram	물, 기름, 가스, 전력 등의 접속과 작동을 나타내는 도면
기초도	foundation drawing	콘크리트 기초의 높이, 치수 등과 설치되는 기계나 구조물과의 관계를 나타내는 도면
설치도	setting drawing	기계나 장치류 등을 설치할 경우에 관계되는 사항을 나타내는 도면
배치도	layout drawing	공장내에 기계 등을 많이 설치할 경우에 이들의 설치위치를 나타내는 도면, 배치도는 공정 관리, 운반 관리 및 생산 계획 등에도 사용된다.
장치도	plant layout drawing	장치 공업에서 각 장치의 배치와 제조 공정 등의 관계를 나타내는 도면
전개도	development drawing	구조물, 물품 등의 표면을 평면으로 나타내는 도면
외형도	outside drawing	구조물과 기계 전체의 겉모양과 설치 및 기초 공사 등에 필요한 사항을 나타내는 도면
구조선도	skeleton drawing	기계나 건축 구조물의 구조를 선도로 나타내는 도면
스케치도	sketch drawing	부품을 그리거나 도안할 때 필요한 사항을 제도 기구 없이 프리핸드(free hand)로 나타내는 도면
곡면선도	lines drawing	자동차의 차체, 항공기의 동체, 배의 선체 등의 곡면부분을 단면 곡선으로 나타내는 도면

Section

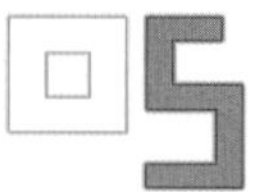

척도와 도면 기입 방법 [KS A ISO 5455]

도면에 사용하는 척도는 도면의 표제란에 기입한다. 척도(scale)는 「**대상물의 실제 치수에 대한 도면에 표시한 대상물의 비**」로 정의하며 도면에 작도된 길이와 대상물의 실제 길이와의 비율로 나타내며, 한 도면에서 공통적으로 사용되는 척도를 표제란에 기입해야 한다. 그러나 같은 도면에서 서로 다른 척도를 사용할 필요가 있는 경우에는 주요 척도를 표제란에 기입하고, 그 외의 척도는 부품 번호 또는 상세도(또는 단면도)의 참조 문자 부근에 기입한다. 또, 척도의 표시를 잘못 볼 염려가 없을 때에는 기입하지 않아도 좋다.

LESSON 01 척도의 종류

종류	영문	설명
현척 **실제치수**	Full scale, Full size	척도의 비가 1:1인 척도, 도형을 실물과 같은 크기(1:1)로 그리는 경우로 가장 보편적으로 사용된다.
축척	Contraction scale Reduction scale	척도의 비가 1:1보다 작은 척도로, 비가 작으면 척도가 작다고 함. 도형을 실물보다 작게 그리는 경우로 치수 기입은 실물의 실제 치수를 기입한다.
배척	Enlarged scale Enlarrgement	척도의 비가 1:1보다 큰 척도로 비가 크면 척도가 크다고 함. 도형을 실물보다 크게 그리는 경우(확대도, 상세도 등)로 실물의 실제 치수를 기입한다.
NS	Not to scale	비례척이 아닌 임의의 척도를 말한다.

LESSON 02 척도의 표시 방법

척도는 A:B로 표시한다.

여기에서 A: 그린 도형에서의 대응하는 길이

B: 대상물의 실제 길이

또한, 현척의 경우에는 A, B를 다같이 1, 축척의 경우에는 A를 1, 배척의 경우에는 B를 1로 하여 나타낸다.

[보기] ① **축척**의 경우 1:2

② **현척**의 경우 1:1

③ **배척**의 경우 2:1

도면에서의 길이 대상물의 실제 길이

LESSON 03 제도에 사용되는 권장 척도

종류	권장 척도		
배 척	50 : 1	20 : 1	10 : 1
	5 : 1	2 : 1	
현 척	**1 : 1**		
축 척	1 : 2	1 : 5	1 : 10
	1 : 20	1 : 50	1 : 100
	1 : 200	1 : 500	1 : 1000
	1 : 2000	1 : 5000	1 : 10000

[비고] 1란의 척도를 우선으로 사용하고, 2란의 척도는 가급적 사용하지 않는다.

PART

2

선의 종류와 용도 및 글자

Section

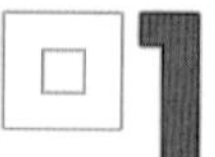

선의 종류 · 명칭 · 용도

LESSON 01 선의 종류 및 용도 [KS B 0001]

용도에 의한 명칭	선의 종류		용도
외형선	굵은 실선	————	대상물이 보이는 부분의 모양을 표시하는데 쓰인다.
치수선	가는 실선	————	치수를 기입하기 위하여 쓰인다.
치수보조선			치수를 기입하기 위하여 도형으로부터 끌어내는 데 쓰인다.
지시선			기술 · 기호 등을 표시하기 위하여 끌어들이는 데 쓰인다.
회전단면선			도형 내에 그 지분의 끊은 곳을 90° 회전하여 표시하는 데 쓰인다.
중심선			도형의 중심선을 간략하게 표시하는 데 쓰인다.
수준면선			수면, 유면 등의 위치를 표시하는 데 쓰인다.
숨은선 (파선)	가는 파선 굵은 파선	- - - - - - - - - - - - - - - -	대상물의 보이지 않는 부분의 모양을 표시하는 데 쓰인다. 열처리와 같은 표면처리의 허용 부분을 지시하는 선
중심선	가는 일점 쇄선	—‑—‑—‑—	(1) 도형의 중심을 표시하는 데 쓰인다.
			(2) 중심이 이동한 중심궤적을 표시하는 데 쓰인다.
기준선			특히 위치 결정의 근거가 된다는 것을 명시할 때 쓰인다.
피치선			되풀이하는 도형의 피치를 취하는 기준을 표시하는 데 쓰인다.
특수지정선	굵은 일점 쇄선	—‑—‑—‑—	특수한 가공을 하는 부분 등 특별한 요구사항을 적용할 수 있는 범위를 표시하는 데 사용한다.
가상선	가는 이점 쇄선	—‥—‥—‥—	(1) 인접부분을 참고로 표시하는 데 사용한다.
			(2) 공구, 지그 등의 위치를 참고로 나타내는 데 사용한다.
			(3) 가동부분을 이동 중의 특정한 위치 또는 이동한계의 위치로 표시하는 데 사용한다.
			(4) 가공 전 또는 가공 후의 모양을 표시하는 데 사용한다.
			(5) 되풀이하는 것을 나타내는 데 사용한다.
			(6) 도시된 단면의 앞쪽에 있는 부분을 표시하는 데 사용한다.
무게 중심선			단면의 무게 중심을 연결한 선을 표시하는 데 사용한다.
광축선			렌즈를 통과하는 광축을 나타내는 데 사용한다.

파단선	불규칙한 파형의 가는 실선 또는 지그재그선		대상물의 일부를 파단한 경계 또는 일부를 떼어낸 경계를 표시하는 데 사용한다.
절단선	가는 일점 쇄선으로 끝부분 및 방향이 변하는 부분을 굵게 한 것		단면도를 그리는 경우, 그 절단 위치를 대응하는 그림에 표시하는 데 사용한다.
해칭	가는 실선으로 규칙적으로 줄을 늘어 놓은 것		도형의 한정된 특정 부분을 다른 부분과 구별하는 데 사용한다. 예를 들면 단면도의 절단된 부분을 나타낸다
특수 용도선	가는 실선		(1) 외형선 및 숨은 선의 연장을 표시하는 데 사용한다.
			(2) 평면이라는 것을 나타내는 데 사용한다.
			(3) 위치를 명시하는 데 사용한다.
	아주 굵은 실선		얇은 부분의 단선 도시를 명시하는 데 사용한다.

[비고] 가는 선, 굵은 선 및 아주 굵은 선의 굵기 비율은 1:2:4로 한다.

LESSON 02 선의 용도에 따른 명칭

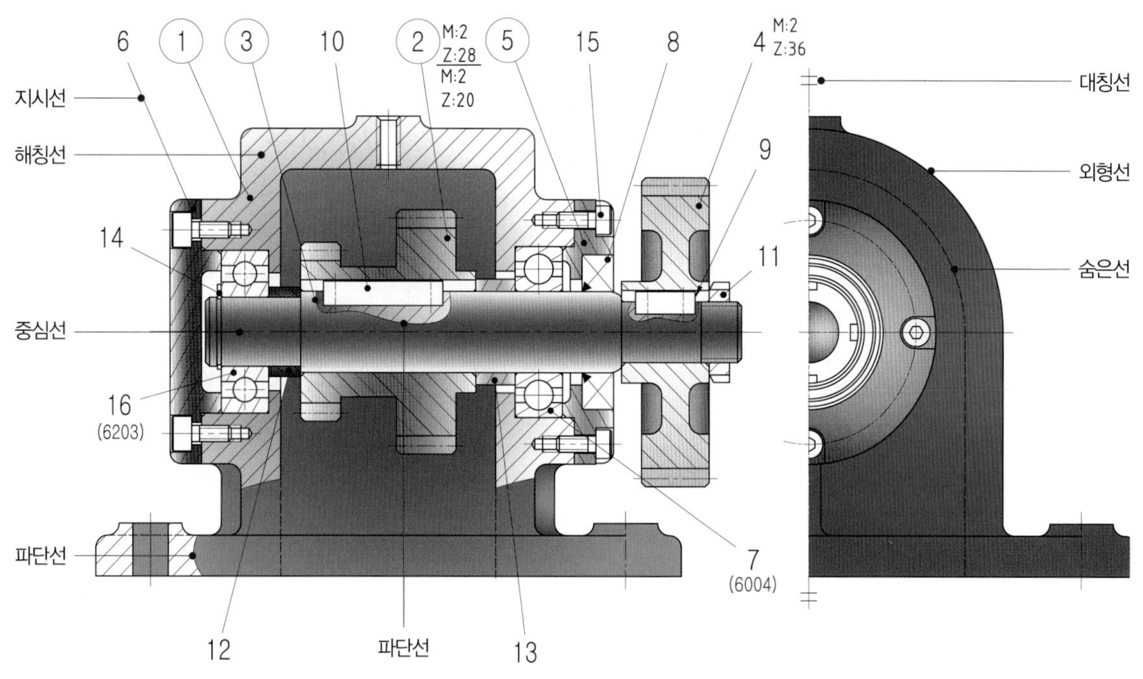

LESSON 03 글자와 문장

도면에 사용하는 글자와 문장을 쓰는 방법은 다음에 따른다.

① 글자는 명확히 쓰고 글자체는 고딕체로 하여 수직 또는 15° 경사로 씀을 원칙으로 한다.

② 한글의 크기는 2.24mm, 3.15mm, 4.5mm, 6.3mm 및 9mm의 5종류로 한다. 다만, 특히 필요할 경우에는 다른 치수를 사용하여도 좋다.

한글의 서체

크기 9mm	가	나	다	라
크기 6.3mm	가	나	다	라
크기 4.5mm	가	나	다	라
크기 3.15mm	가	나	다	라
크기 2.24mm	가	나	다	라

③ 아라비아 숫자의 크기는 2.24mm, 3.15mm, 4.5mm, 6.3mm 및 9mm의 5종류로 한다. 다만 특히 필요할 경우에는 이에 따르지 않아도 좋다. 또, 서체는 원칙적으로 J형 사체 또는 B형 사체 중 어느 것을 사용하여도 좋으나 혼용은 불가하다.

J형 사체의 아라비아 숫자 및 영문자의 서체

크기 9mm	1234567890
크기 4.5mm	1234567890
크기 6.3mm	ABCDEFGHIJ KLMNOPQR STUVWXYZ abcdefghijklm nopqrstuvwxy

B형 사체의 아라비아 숫자 및 영문자의 서체

크기 9mm	1234567890
크기 4.5mm	1234567890
크기 6.3mm	ABCDEFGHIJ KLMNOPQR STUVWXYZ abcdefghijklm nopqrstuvwxyz

④ 문장은 왼편에서 가로쓰기를 원칙으로 한다.

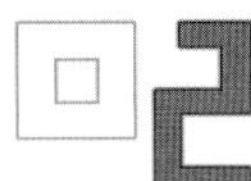

선 그리기 및 검정 요구 사항

LESSON 01 선의 굵기 및 우선순위

도면에서 2종류 이상의 선이 겹치게 되면 아래의 우선 순위에 따라 선을 그린다.

① 외형선 (visible outline)
② 숨은선 (hidden outline)
③ 절단선 (line of cutting plane)
④ 중심선 (中心線, center line)
⑤ 무게중심선 (重心線,Centroidal line)
⑥ 치수보조선 (Profection line)

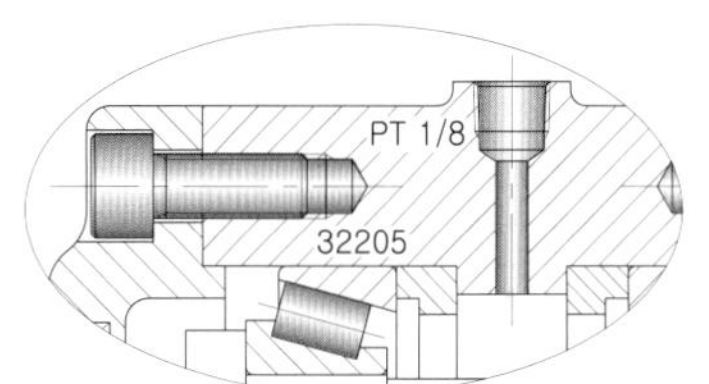

선의 우선 순위에서 문자는 최우선임

제도에서 사용되는 기본 선의 굵기는 0.13, 0.18, 025, 0.35, 0.5, 0.7, 1, 1.4, 2mm의 9종류이다.

LESSON 02 국가기술자격증 기사 · 산업기사 · 기능사 작업형 실기시험

CAD에서 선의 굵기는 **색깔(Color)**로 선의 종류를 지정하여 구분하고, **지정한 색깔**에 설정한 **선의 굵기**대로 **출력**이 된다. 그러므로 CAD로 작도시에 선의 용도와 굵기는 반드시 익혀 둘 필요가 있다.

색깔로 선을 구분해서 출력하면 각각 지정한 색깔대로 출력이 되지 않고 검은색으로 굵기 별로 구분되어 출력이 되도록 CAD에서 '플롯 스타일 편집기'라는 것을 이용하여 수검 도면에 사용됐던 모든 객체들이 검은색으로 출력이 되도록 지정해주면 된다. 만일 테이블을 수정하지 않고 출력을 하게 되는 경우, 플로터가 컬러가 지원이 되면 작도된 색깔대로 나오고, 플로터가 흑백만 지원이 되는 경우에는 각 색상의 명도값에 따라 흑색으로 출력되어 선이나 문자 등이 또렷하지 않고 흐릿하게 출력이 되므로 유의해야 한다.

CAD에서 선의 용도와 굵기 예시 (A3, A2 양식의 출력 예)

문자, 숫자, 기호의 높이	선 굵기	지정 색상(Color)		용도
7.0 mm	0.70 mm	**청(파란)색**	Blue	윤곽선, 표제란과 부품란의 윤곽선 등
5.0 mm	0.50 mm	**초록, 갈색**	Green, Brown	외형선, 부품번호, 개별주서, 중심마크 등
3.5 mm	0.35 mm	**황(노란)색**	Yellow	숨은선, 치수와 기호, 일반주서 등
2.5 mm	0.25 mm	**흰색, 빨강색**	White, Red	해칭선, 치수선, 치수보조선, 중심선, 가상선, 파단선 등

- 위 표는 전산응용기계제도기능사 및 산업기사 · 기사 실기 검정에 활용하는 AutoCAD 프로그램 상에서 출력을 용이하게 하기 위한 설정이므로 다른 프로그램을 사용하는 경우 위 항목에 맞도록 문자, 숫자, 기호의 크기, 선 굵기를 지정해야 한다.
- 출력도면에서 문자, 숫자, 기호의 크기 및 선 굵기 등이 옳지 않은 경우 감점이나 혹은 채점대상 제외가 될 수 있으니 반드시 참고한다.

key point

- **가는선** : CAD에서 작도시에 가는선의 색깔(Color)구분을 **빨간색**으로 지정했을 경우 **치수선**, **치수보조선**, **중심선**, **해칭선**, **가상선**, **파단선**과 그 외의 가는 실선과 동일한 굵기의 선들은 전부 빨간색으로 지정해야 한다.
- **중간선** : CAD에서 작도시에 중간선의 색깔(Color)구분을 **노란색**으로 지정했을 경우 **숨은선**, **치수문자**, **일반주서** 등의 색깔은 전부 노란색으로 지정해야 한다.
- **굵은선** : CAD에서 작도시에 굵은선의 색깔(Color)구분을 **초록색**으로 지정했을 경우 **외형선**, **개별주서**와 그 외의 외형선과 동일한 굵기의 선들은 전부 초록색으로 지정해야 한다.

[주의사항]

실기시험에서 주어진 시간 내에 요구하는 사항을 준수하여 도면을 완성해 놓고 출력시에 위의 적용 예를 준수하지 않고 출력하여 제출시 낭패를 볼 수도 있다. 그것은 다양한 색깔을 사용하여 작도시에 발생하는 사항으로 출력시에는 이미 지정된 색깔 이외로 작도된 것들은 출력되지 않는다는 점을 반드시 숙지해야 할 것이다.

Section

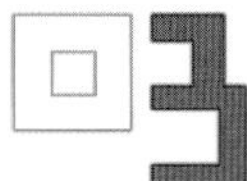

기계제도에 사용하는 선 [KS A ISO 128-24]

LESSON 01 선의 종류 및 적용

1. 가는 실선

① 서로 교차하는 가상의 상관 관계를 나타내는 선(상관선)

② 치수선

③ 치수 보조선

④ 지시선 및 기준선

⑤ 해칭

⑥ 회전 단면의 한 부분 윤곽을 나타내는 선

⑦ 짧은 중심을 나타내는 선

⑧ 나사의 골을 나타내는 선

⑨ 시작점과 끝점을 나타내는 치수선

⑩ 원형 부분의 평평한 면을 나타내는 대각선

⑪ 소재의 굽은 부분이나 가공 공정의 표시선

⑫ 상세도를 그리기 위한 틀의 선

⑬ 반복되는 자세한 모양의 생략을 나타내는 선

⑭ 테이퍼가 진 모양을 설명하기 위한 선

⑮ 판의 겹침이나 위치를 나타내는 선

⑯ 투상을 설명하는 선

⑰ 격자를 나타내는 선

2. 가는 자유 실선

만약 대칭선이나 중심선이 제한되지 않은 경우에 부분 투상도의 절단, 단면의 한계를 기계적으로 그을 때(하나의 도면에 한 종류의 선만 사용할 때 추천한다)

3. 지그재그 가는 실선

만약 대칭선이나 중심선이 제한되지 않은 경우에 부분 투상도의 절단, 단면의 한계를 기계적으로 그을 때

4. 굵은 실선 ————————

① 보이는 물체의 모서리 윤곽을 나타내는 선
② 보이는 물체의 윤곽을 나타내는 선
③ 나사 봉우리의 윤곽을 나타내는 선
④ 나사의 길이에 대한 한계를 나타내는 선
⑤ 도표, 지도, 흐름도에서 주요한 부분을 나타내는 선
⑥ 금속 구조 공학 등의 구조를 나타내는 선
⑦ 성형에서 분리되는 위치를 나타내는 선
⑧ 절단 및 단면을 나타내는 화살표의 선

5. 가는 파선 ----------------

① 보이지 않는 물체의 모서리 윤곽을 나타내는 선
② 보이지 않는 물체의 윤곽을 나타내는 선

6. 굵은 파선 - - - - - - -

열처리와 같은 표면 처리의 허용 부분을 지시하는 선

7. 가는 일점 쇄선 —·—·—

① 중심선
② 대칭을 나타내는 선
③ 기어의 피치원을 나타내는 선
④ 구멍의 피치원을 나타내는 선
⑤ 열처리와 같은 표면 경화 부분의 예상되거나 원하는 확산을 나타내는 선
⑥ 절단선

8. 굵은 일점 쇄선 —·—·—

① 제한된 면적을 지시하는 선(열처리, 표면 처리 등)
② 절단면의 위치를 나타내는 선

9. 가는 이점 쇄선 —··—··—

① 인접 부품의 윤곽을 나타내는 선

② 움직이는 부품의 최대 위치를 나타내는 선

③ 그림의 중심을 나타내는 선

④ 성형 가공 전의 윤곽을 나타내는 선

⑤ 부품의 절단면 앞모양을 나타내는 선

⑥ 움직이는 물체의 외형을 나타내는 선

⑦ 소재의 마무리된 부품 모양의 윤곽선

⑧ 특별히 범위나 영역을 나타내기 위한 틀의 선

⑨ 돌출 공차 영역을 나타내는 선

⑩ 광 축

⑪ 기계적 공정에서 사용되는 구조적 외곽선을 나타내는 선

10. 굵은 점선 ············

열처리가 가능하지 않는 부분을 나타내는 선

LESSON 02 선의 굵기 및 선군

기계 제도에서 2개의 선 굵기가 보통 사용된다. 선 굵기 비는 1:2이어야 한다.

선군(Line groups)

선군	선 번호에 대한 선의 굵기(mm)	
	01.2-02.2-04.2	01.1-02.1-04.1-05.1
0.25	0.25	0.13
0.35	0.35	0.18
0.5(1)	0.5	0.25
0.7(1)	0.7	0.35
1	1	0.5
1.4	1.4	0.7
2	2	1

[비고] (1) 권장할 만한 선군
선의 굵기 및 선군은 도면의 종류, 크기 및 척도에 따라 선택되어야 하고, 정밀 복사나 다른 재생 방법의 요구사항에 따라 선택되어야 한다.

Section

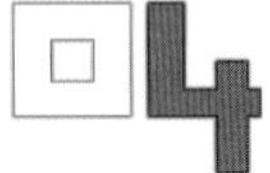

선의 종류에 따른 적용 예

01.1	가는 실선
01.1.1	서로 교차하는 가상의 상관관계를 나타내는 선(상관선)
01.1.2	치수선
01.1.3	치수 보조선
01.1.4	지시선 및 기준선
01.1.5	해칭
01.1.6	회전 단면의 한 부분 윤곽을 나타내는 선
01.1.7	짧은 중심을 나타내는 선

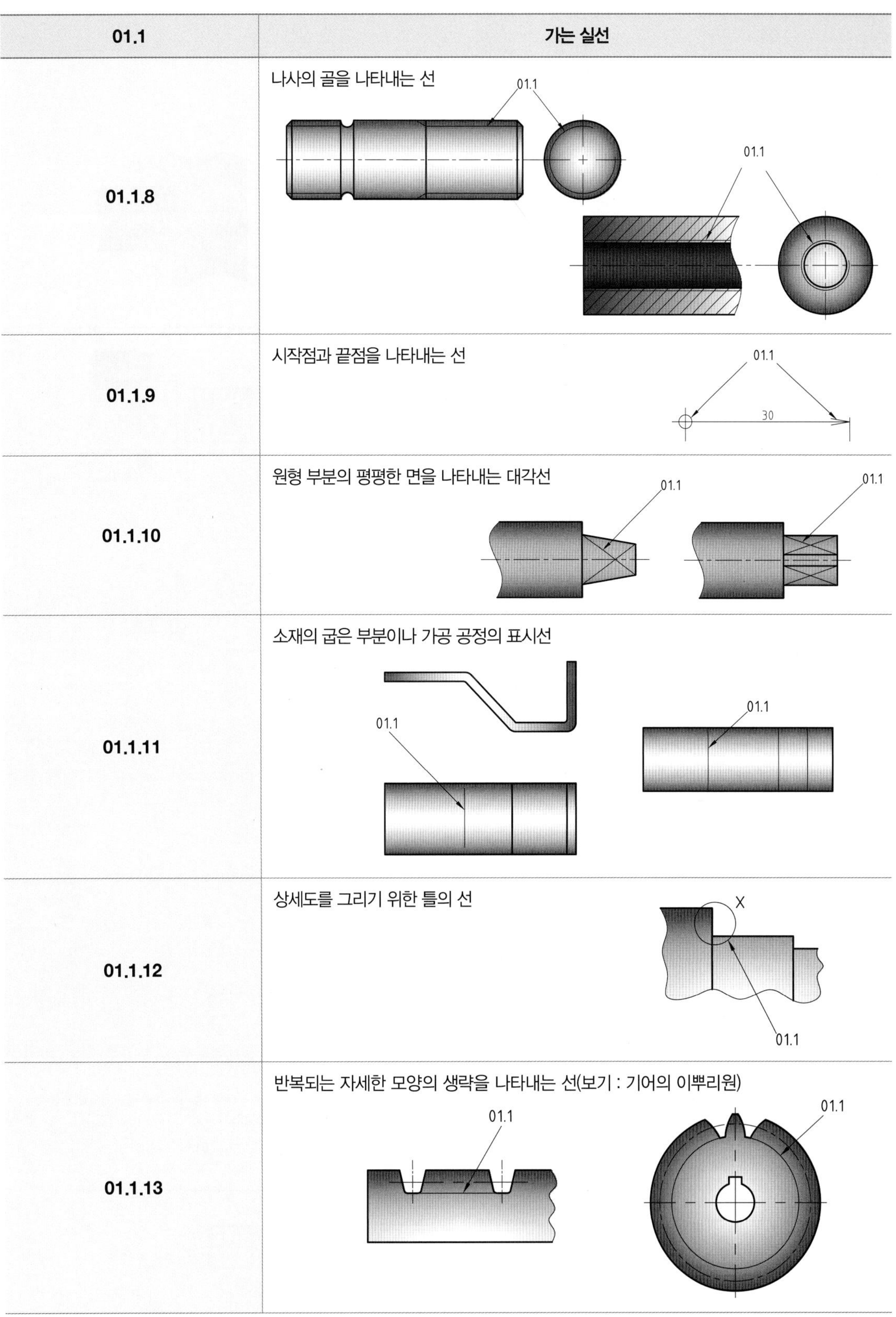

01.1	가는 실선
01.1.8	나사의 골을 나타내는 선
01.1.9	시작점과 끝점을 나타내는 선
01.1.10	원형 부분의 평평한 면을 나타내는 대각선
01.1.11	소재의 굽은 부분이나 가공 공정의 표시선
01.1.12	상세도를 그리기 위한 틀의 선
01.1.13	반복되는 자세한 모양의 생략을 나타내는 선(보기 : 기어의 이뿌리원)

01.1	가는 실선
01.1.14	테이퍼가 진 모양을 설명하기 위한 선 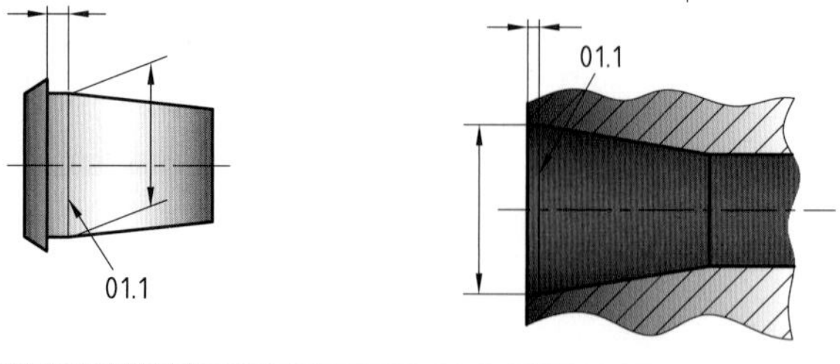 01.1 01.1
01.1.15	판의 겹침이나 위치를 나타내는 선(보기 : 트랜스포머 판의 겹침 표시) 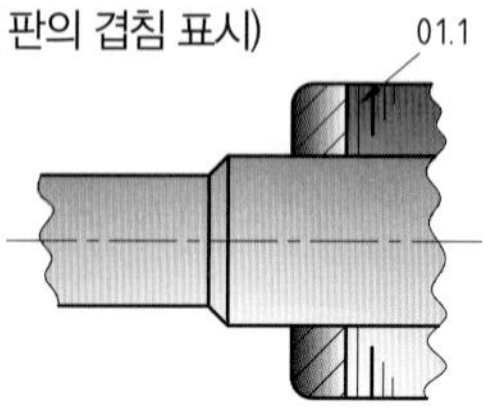 01.1
01.1.16	투상을 설명하는 선 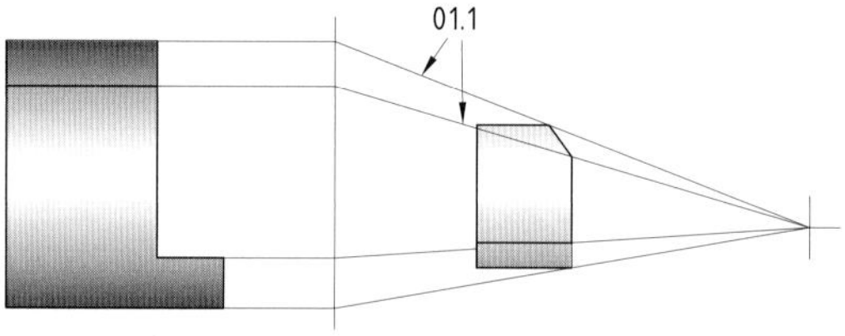 01.1
01.1.17	격자를 나타내는 선 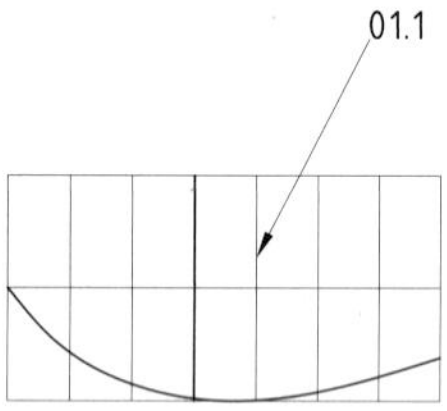 01.1
01.1.18	생략을 나타내는 가는 자유 실선(손으로 그을 때) 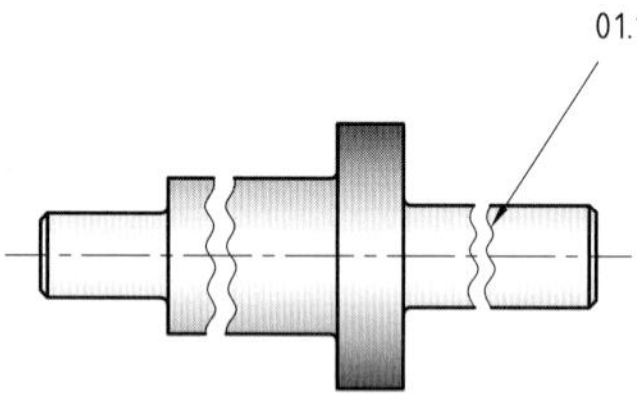 01.1
01.1.19	생략을 나타내는 지그재그 가는 실선(기계적으로 그을 때) 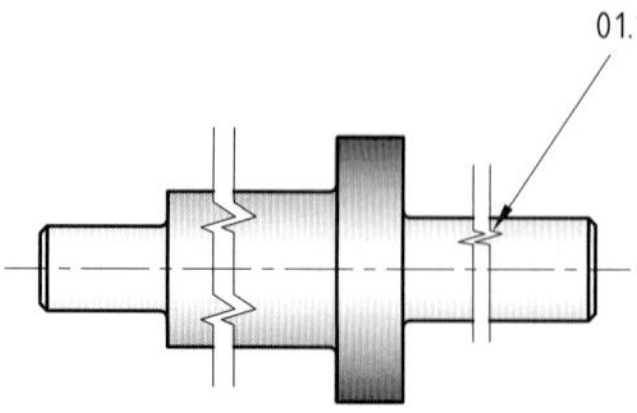 01.1

01.2	굵은 실선
01.2.1	보이는 물체의 모서리 윤곽을 나타내는 선 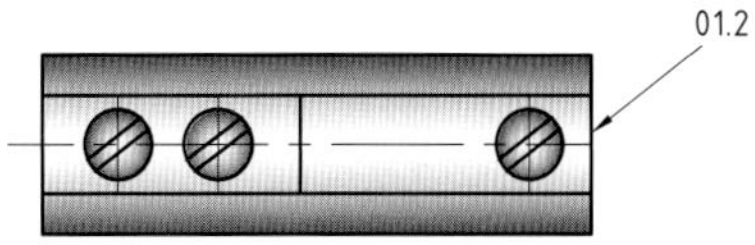
01.2.2	보이는 물체의 윤곽을 나타내는 선 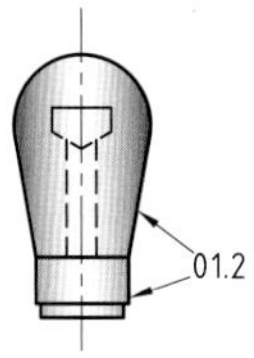
01.2.3	나사 봉우리의 윤곽을 나타내는 선 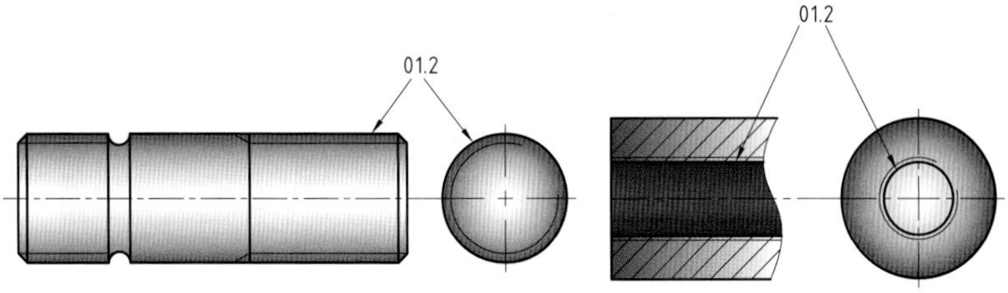
01.2.4	나사의 길이에 대한 한계를 나타내는 선 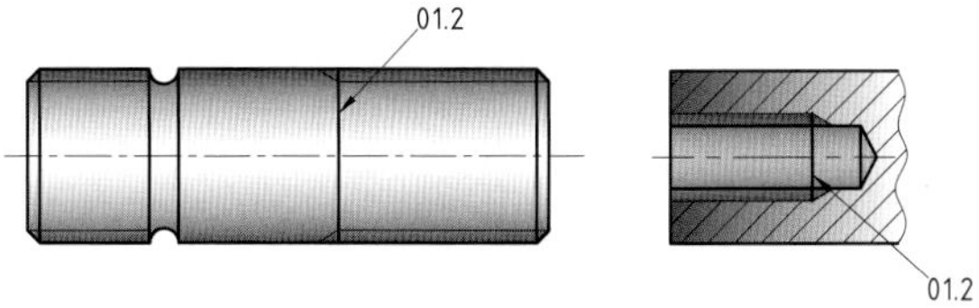
01.2.5	도표, 지도, 흐름도에서 주요한 부분을 나타내는 선 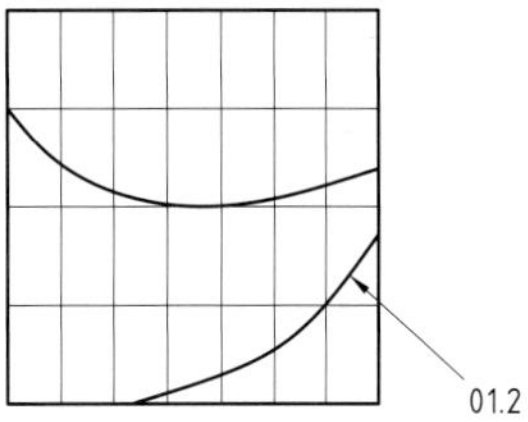
01.2.6	구조를 나타내는 선 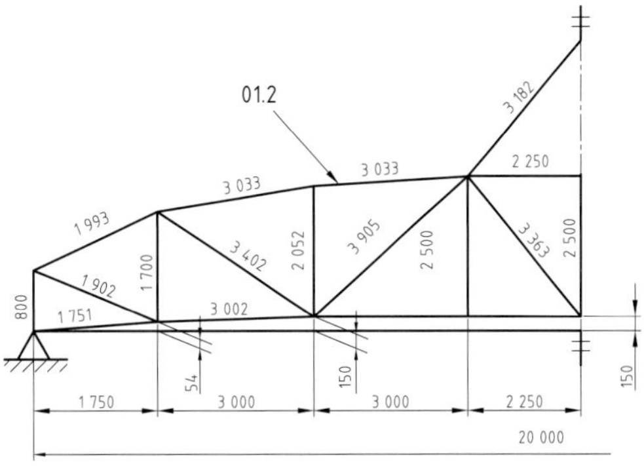

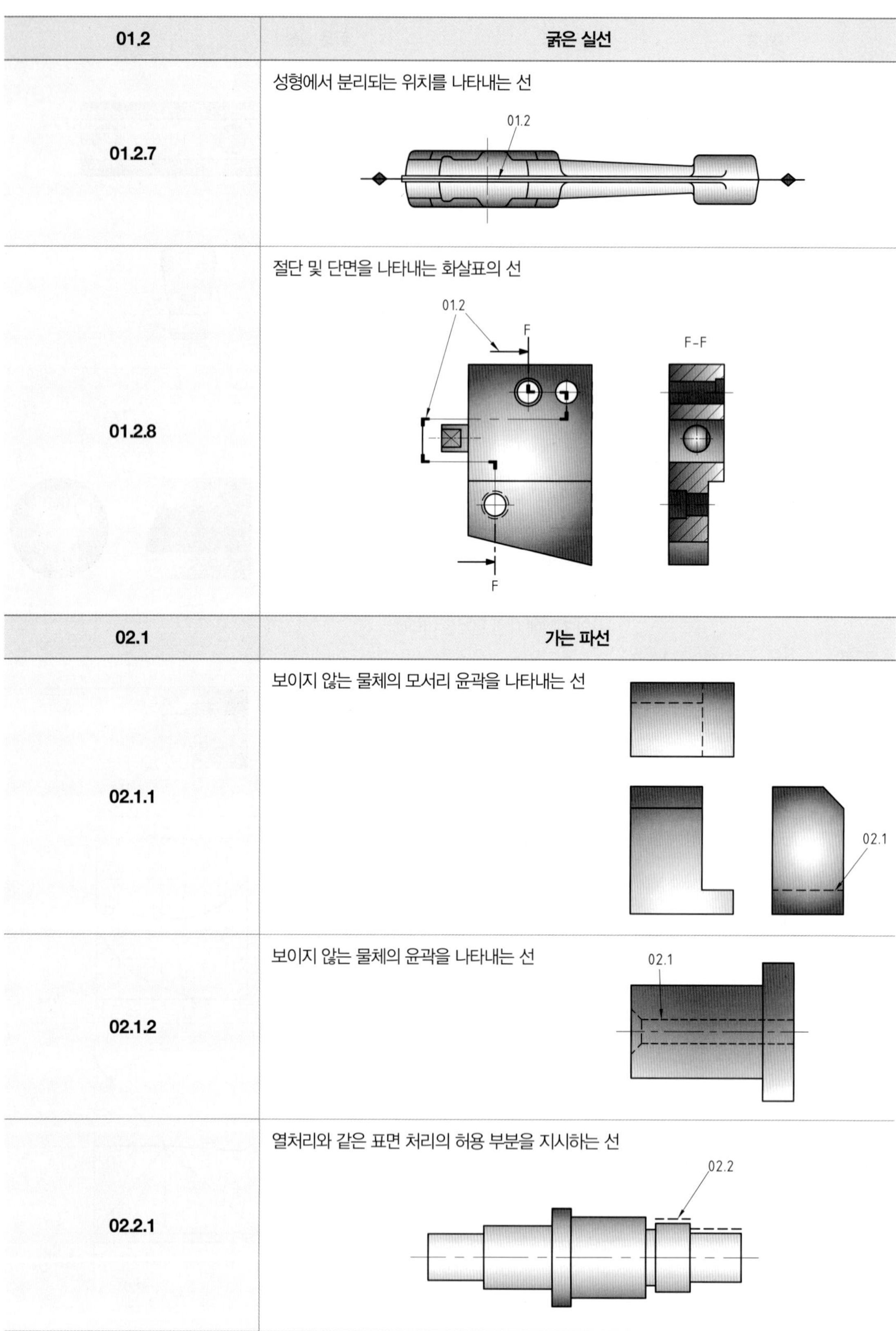

01.2	굵은 실선
01.2.7	성형에서 분리되는 위치를 나타내는 선
01.2.8	절단 및 단면을 나타내는 화살표의 선

02.1	가는 파선
02.1.1	보이지 않는 물체의 모서리 윤곽을 나타내는 선
02.1.2	보이지 않는 물체의 윤곽을 나타내는 선
02.2.1	열처리와 같은 표면 처리의 허용 부분을 지시하는 선

04.1	가는 일점 쇄선
04.1.1	중심선 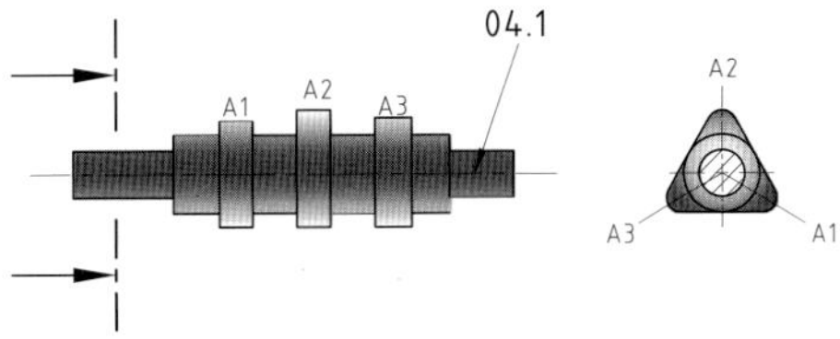
04.1.2	대칭을 나타내는 선 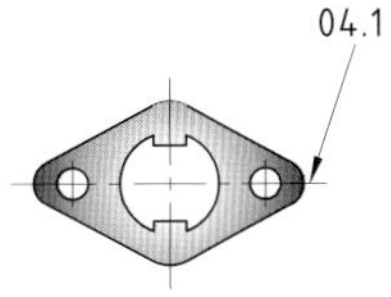
04.1.3	기어의 피치원을 나타내는 선 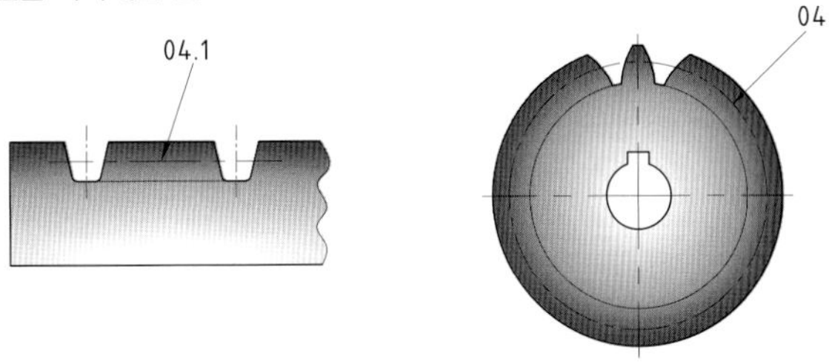
04.1.4	구멍의 피치원을 나타내는 선 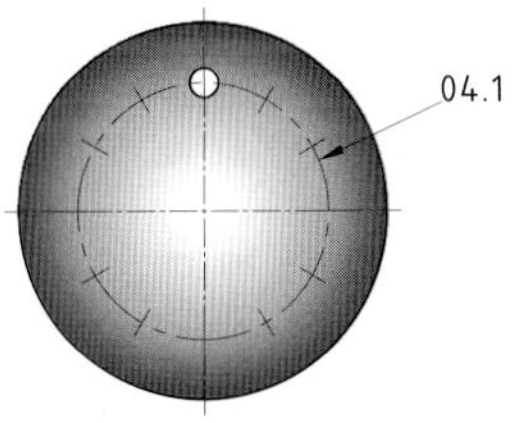
04.1.5	열처리와 같은 표면 경화 부분이 예상되거나 원하는 확산을 나타내는 선 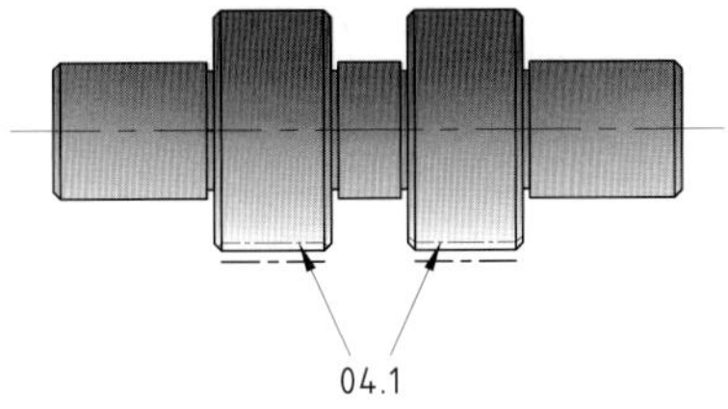
04.1.6	절단선 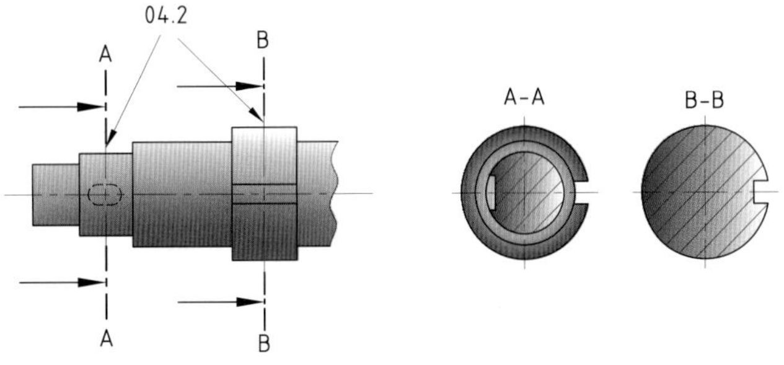

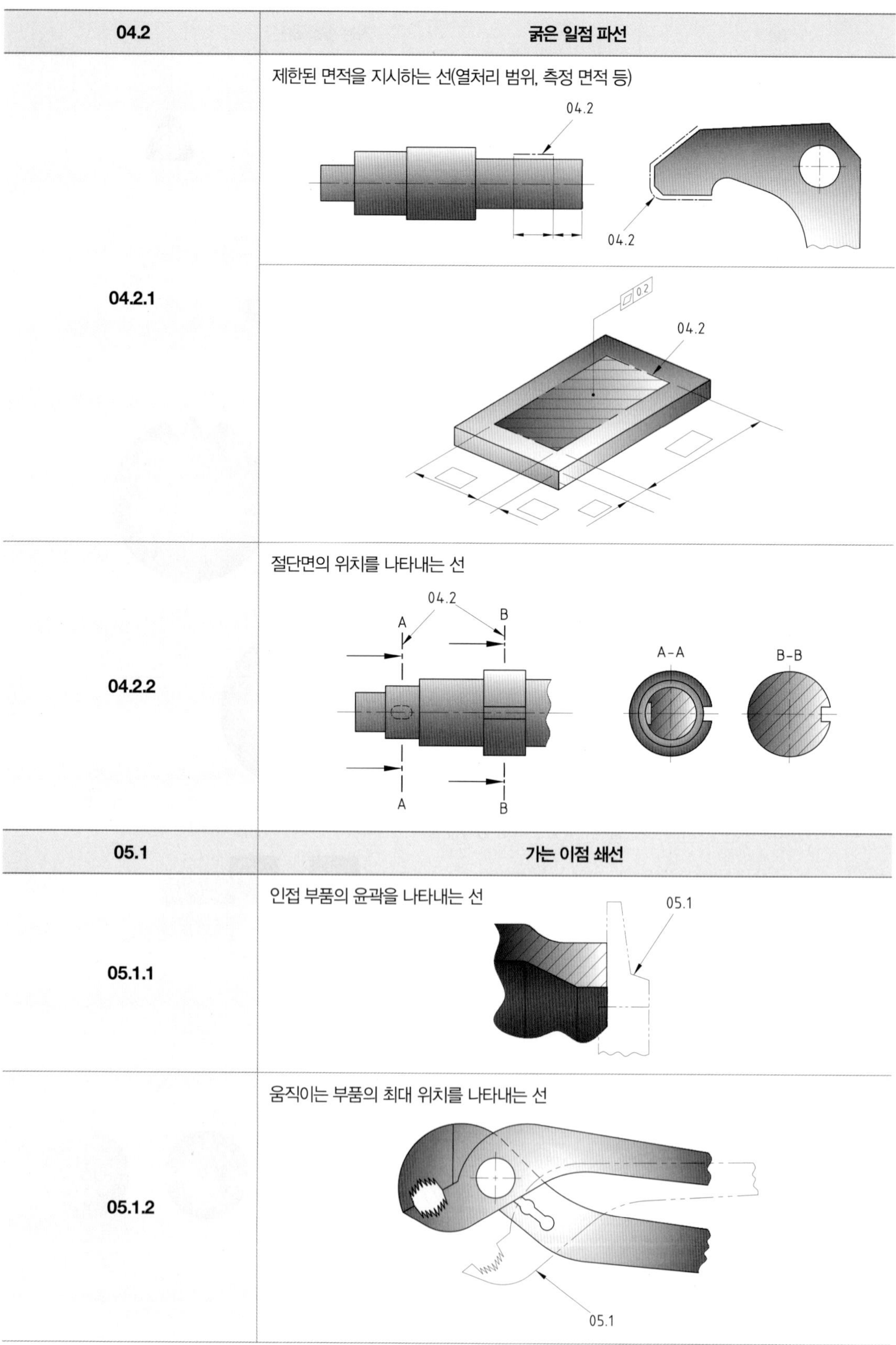

04.2	굵은 일점 파선
04.2.1	제한된 면적을 지시하는 선(열처리 범위, 측정 면적 등)
04.2.2	절단면의 위치를 나타내는 선
05.1	**가는 이점 쇄선**
05.1.1	인접 부품의 윤곽을 나타내는 선
05.1.2	움직이는 부품의 최대 위치를 나타내는 선

05.1	가는 이점 쇄선
05.1.3	그림의 중심을 나타내는 선 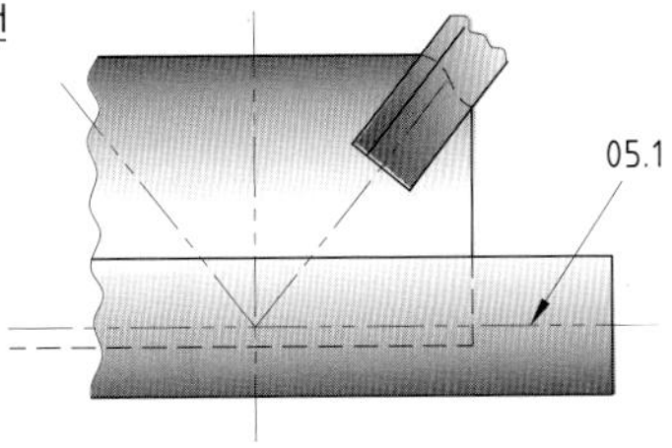 05.1
05.1.4	성형 가공 전의 윤곽을 나타내는 선 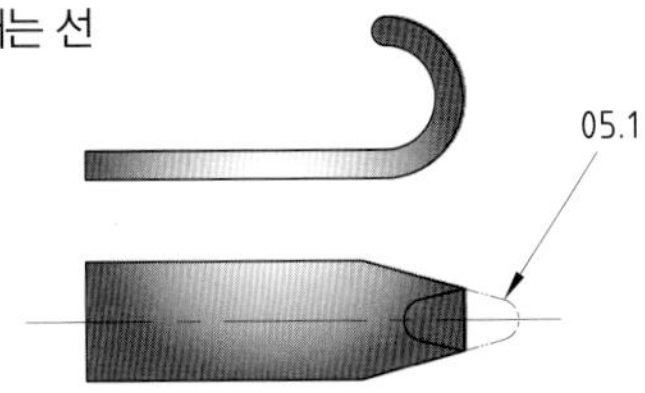 05.1
05.1.5	부품의 절단면 앞모양을 나타내는 선 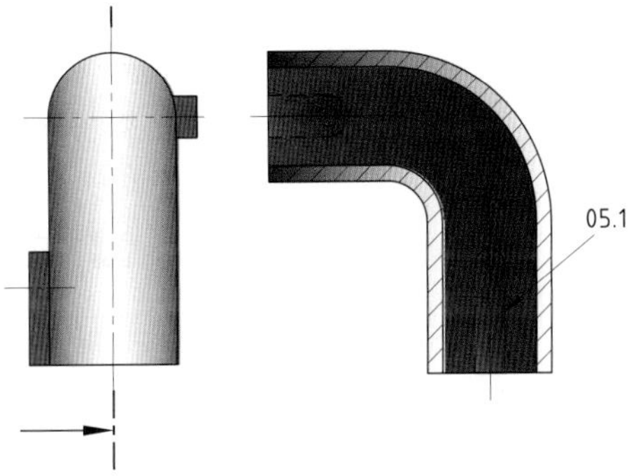 05.1
05.1.6	움직이는 물체의 외형을 나타내는 선 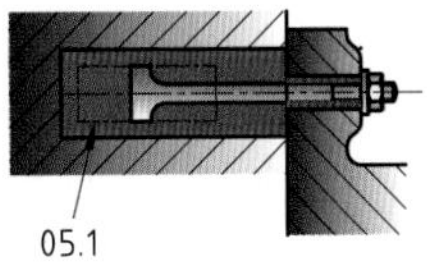 05.1
05.1.7	소재의 마무리된 부품 모양의 윤곽선 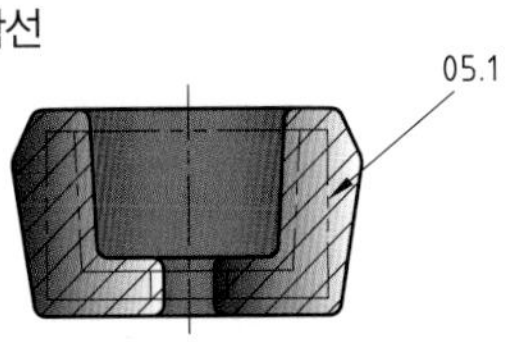 05.1
05.1.8	특별히 범위나 영역을 나타내기 위한 틀의 선 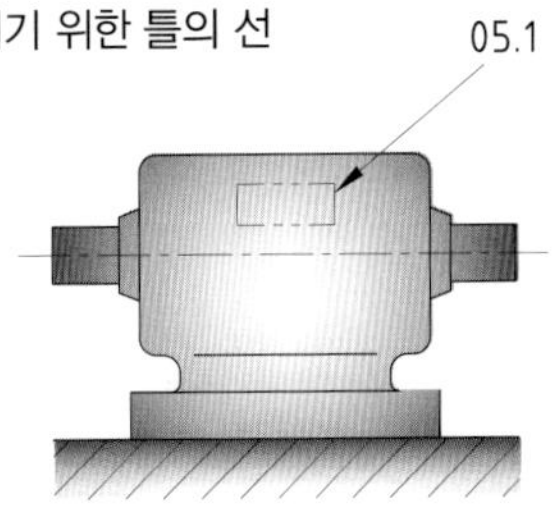 05.1

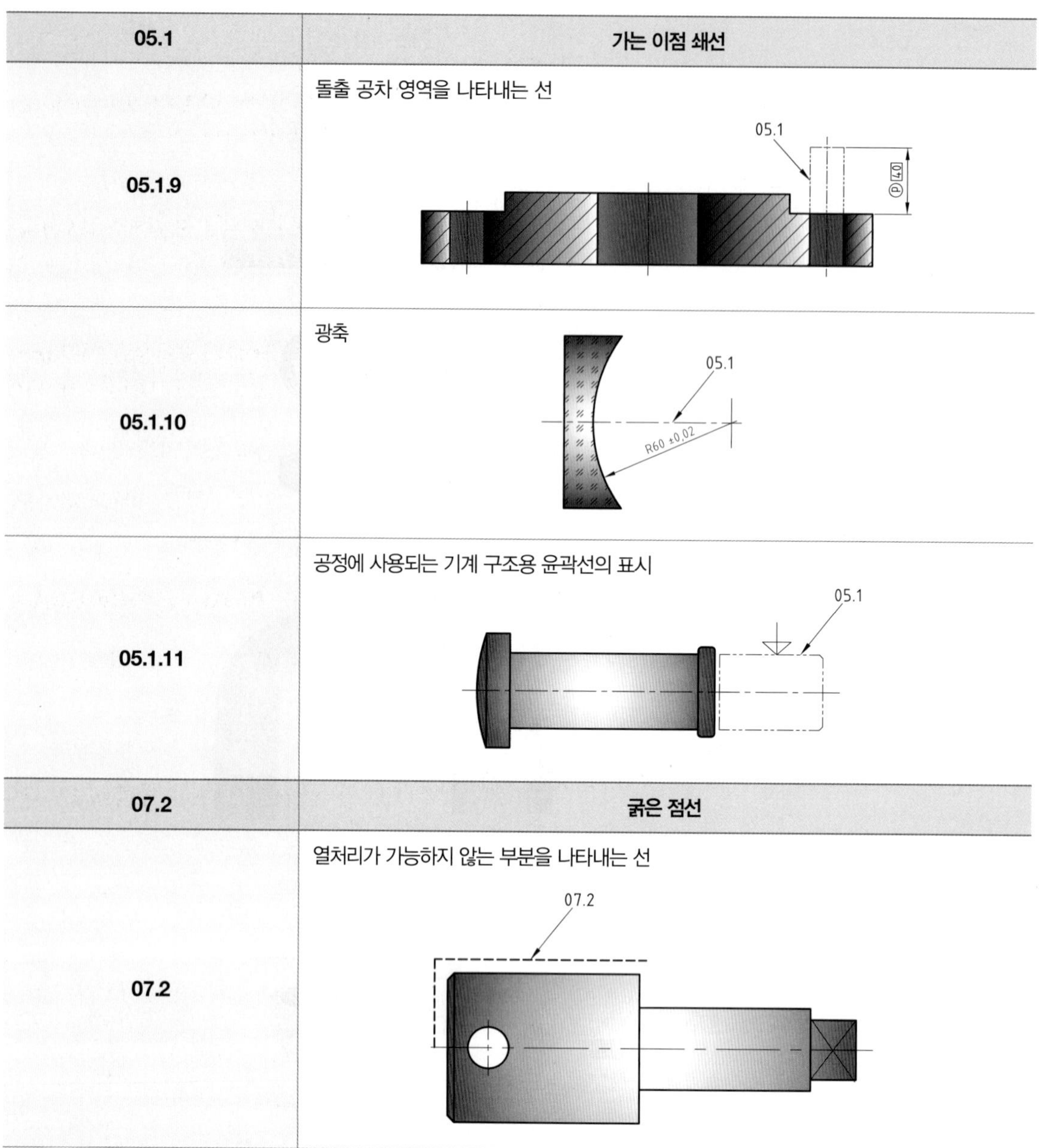

05.1	가는 이점 쇄선
05.1.9	돌출 공차 영역을 나타내는 선 05.1 Ⓟ40
05.1.10	광축 05.1 R60 ±0.02
05.1.11	공정에 사용되는 기계 구조용 윤곽선의 표시 05.1
07.2	**굵은 점선**
07.2	열처리가 가능하지 않는 부분을 나타내는 선 07.2

memo

PART

3

물체의 투상법

Section

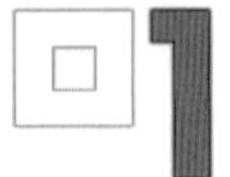

투상법

LESSON 01 일반 사항

투상법은 제3각법에 따르는 것을 원칙으로 하며 3차원 형상의 물체의 모양을 도면을 보는 사람에게 설명하기 위한 수단으로 2차원의 평면에 표현하는 방법으로 물체의 모양을 쉽게 이해할 수 있도록 정해진 방법에 의해 제도하는 방법을 의미한다.

대상물의 좌표면이 투상면에 평행인 직각투상을 정투상이라고 하며 대상물의 주요면을 투상면에 평행한 상태로 놓고 투상하므로 투상선은 서로 나란하게, 또 투상면에 수직의 상태로 닿는다. 다만 필요한 경우에는 제1각법에 따를 수도 있다.

물체에 대한 정보를 가장 많이 주는 투상도는 그 기능적 위치, 제작 위치나 설치 위치 등을 고려하여 정면도를 사용해야 한다. 정면도(투상, 계획, 주요 그림)를 제외한 각각의 투상도에는 대문자로 지시하여 분명하게 알아볼 수 있도록 해야 하며, 관련된 투상도의 방향 지시 화살표에도 반복하여 지시하여야 한다. 투상도의 방향이 어떠하든 대문자는 항상 읽는 방향에서 수직 자세로 위치되어야 하고 방향 지시 화살표 끝이나 선 위에 지시되어야 한다. 방향 지시 화살표에 의해 도시된 투상도는 주 투상도(정면도 또는 기준이 되는 투상도)에 관계없이 위치시켜도 된다. 기분이 되는 투상도에 방향 지시 화살표와 같이 지시한 대문자는 관련 투상도의 바로 위에 기입하여야 한다.

기준 투상도와 관련 투상도의 위치확인

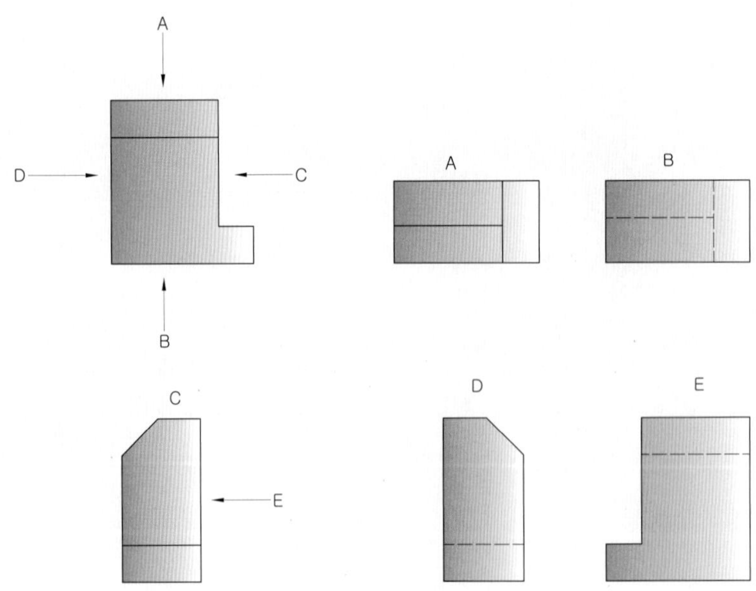

투상도의 표시 방법 일반 사항

① 대상물의 정보를 가장 명료하게 나타내는 투상도를 주 투상도 또는 정면도로 한다.

② 다른 투상도(단면도 포함)가 필요한 경우에는 모호함이 없도록 완전히 대상물을 규정하는데 필요하고, 또한 충분한 투영도 및 단면도의 수로 한다.

③ 가능한 숨겨진 외형선과 모서리를 표현할 필요가 없는 투상도를 선택한다.

④ 불필요한 세부 사항의 반복은 피한다.

LESSON 02 투상법의 분류

어떤 물체에 광선을 비추어 하나의 평면에 맺히는 형태, 즉 형상, 크기, 위치 등을 일정한 법칙에 따라 표시하는 도법을 투상법(projection)이라 한다. 이때 광선을 나타내는 선을 투사선(projection line), 그림이 맺혀진 평면을 투상면(plane of projection), 그려진 그림을 투상도(projection drawing)라 한다. 투상도는 눈의 위치나 물체의 놓는 방법에 따라 형태나 크기가 달라진다. 또한 물체의 모양을 표현하여 제도하는 방법에는 정투상법, 등각 투상법, 사투상법이 있는데, 제품을 제작하기 위하여 모양을 제도하기 위한 방법은 정투상법을 사용한다.

투상법의 분류

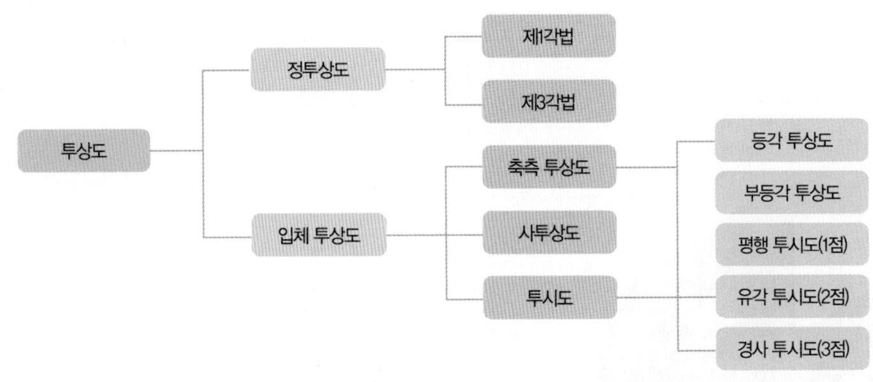

1. 정투상법

정투상법은 3차원의 물체를 2차원의 투상도로 나타내는 방법으로 어떤 물체에 광선을 비추어 하나의 평면에 맺히는 형태, 즉 형상, 크기, 위치 등을 일정한 법칙에 따라 표시하는 도법을 투상법(projection)이라 한다. 일반적으로 하나의 투상도만으로는 물체의 형상 표현을 정확하게 나타낼 수 없기 때문에 여러 개의 투상도를 사용하며 정투상법에는 제1각법과 제3각법이 있다.

2. 투상법의 종류

2.1 정투상도(orthographic projection drawing)

① 투사선이 평행하게 물체를 지나 투상면에 수직으로 닿고 투상된 물체가 투상면에 나란하기 때문에 어떤 물체의 형상도 정확하게 표현할 수 있다. 이러한 투상법을 **정투상법**이라 하며 정투상법에 의해 그려진 도면을 **정투상도**라고 한다.

② 정투상법은 기계제도 분야에서 가장 많이 사용되는 투상법으로 물체의 위치와는 관계가 없이 언제나 같은 형상, 같은 크기의 실제 형상과 크기로 표시된다.

③ 보는 방향에서의 형상과 크기만 나타나고, 다른 부분은 알 수가 없기 때문에 물체 전체 형상을 완전하게 표현하려면 두 개 이상의 투상도가 필요한 경우가 많다.

2.2 등각투상도(isometric projection drawing)

대상물의 정면, 측면, 평면을 **하나의 투상도**로 그려 모양을 쉽게 알 수 있도록 하기 위하여 아래 그림과 같이 대상물을 왼쪽으로 돌린 후 앞으로 기울여 두 개의 옆면 모서리가 수평선과 30°가 되게 잡아서 보고 그리면 물체의 세 모서리가 각각 120°를 이루게 된다. 다시 말해 입방체가 서로 직교하는 모서리를 주축으로 하여 X축, Y축, Z축의 사이각이 120°가 되어 투상된 3개 축의 길이가 동일하고 또한 서로 이루는 각이 똑같이 120°가 된다. 이와 같은 투상도를 등각투상도 또는 등각도라고 하며 입체도에서 가장 많이 사용한다.

등각투상도

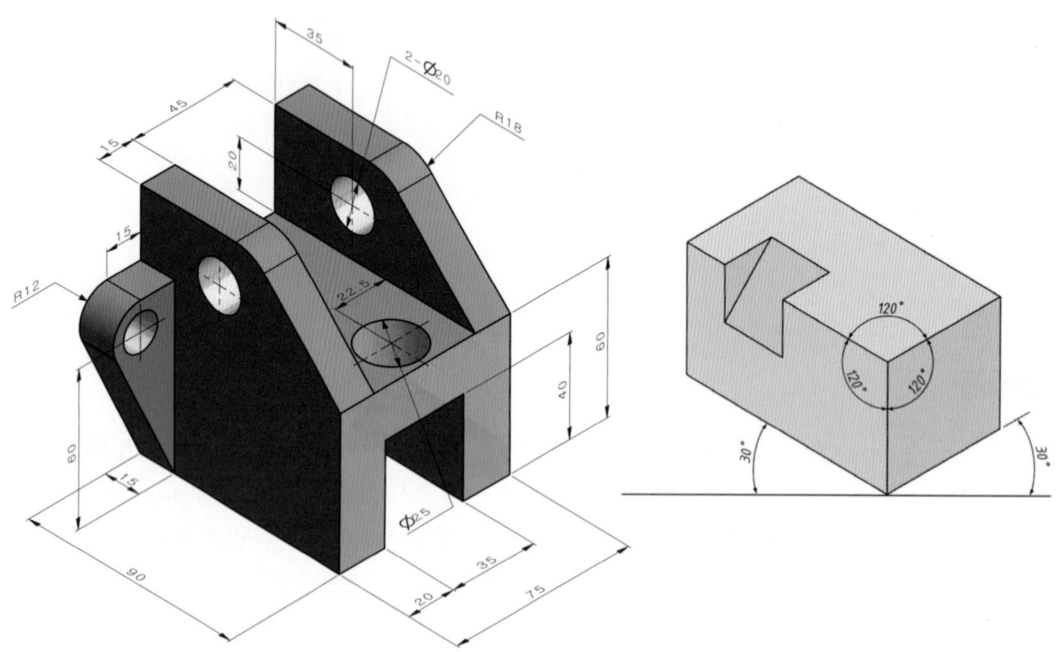

등각구조도

2.3 사투상법

사투상법은 기준선 위에 물체의 정면을 실물과 같은 모양으로 나타내고, 각 꼭짓점에서 기준선과 45°로 경사선을 그은 다음, 이 선 위에 물체의 안쪽 길이를 실제 길이의 1/2로 줄여서 나타내는 방법이다. 물체의 세 면을 동시에 볼 수 있고, 정면이 실물과 같은 모양인 것이 특징이다. 45°의 경사 축으로 그린 것을 카발리에도(cavalier projection drawing), 60°의 경사 축으로 그린 것을 캐비닛도(cabinet projection drawing)라고 한다.

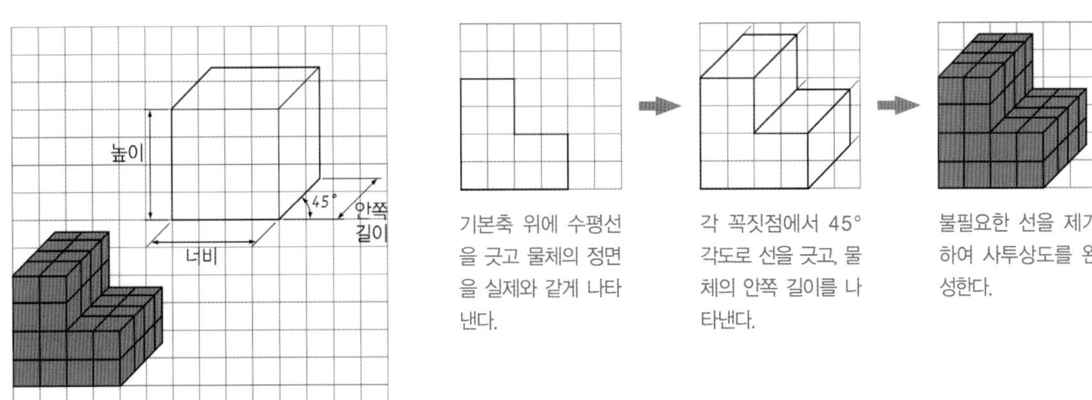

LESSON 03 투상도의 선택

투상도(단면도 포함)가 필요할 때에는 다음 원칙에 따라 선택되어야 한다.

① 최소한으로 필요에 따라 투상도와 단면도의 수를 제한하지만 명확하게 물체의 윤곽을 완전하게 그린다.
② 숨은 윤곽선과 가장자리에 대한 도시를 피한다.
③ 불필요한 부분의 상세한 반복 도시를 피한다.

LESSON 04 부분 투상도

1. 일반 사항

특수한 방법으로 그림 설명이 필요하지만 전체 투상도가 필요하지 않는 물체의 특정 부분은 KS A ISO 128-24에 따라 선 종류를 지그재그의 가는 실선으로 제한된 부분 투상도로 도시해도 좋다.

부분 투상도

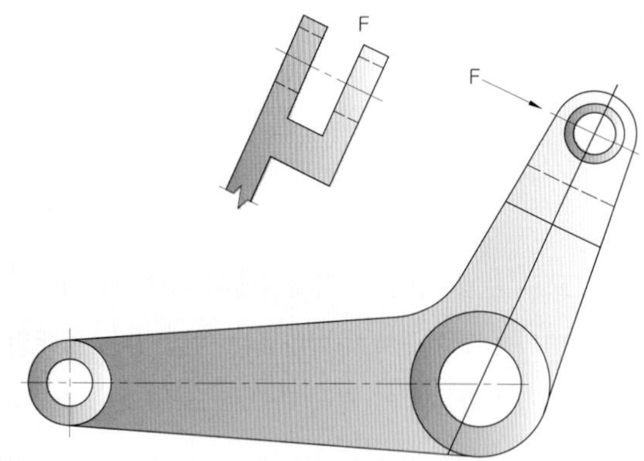

2. 대칭 부분의 부분 투상도

제도 작업 시간과 도면의 여백을 절약하기 위해서 대칭 물체는 전체의 일부분을 제도하여도 된다. 대칭을 표시하는 그림 기호의 선은 각각의 물체에 직각으로 2개의 좁고 짧은 평행선으로 끝단에서 확인시켜야 하며 중심선의 직각으로 그려야 한다.

대칭 부분의 부분 투상도

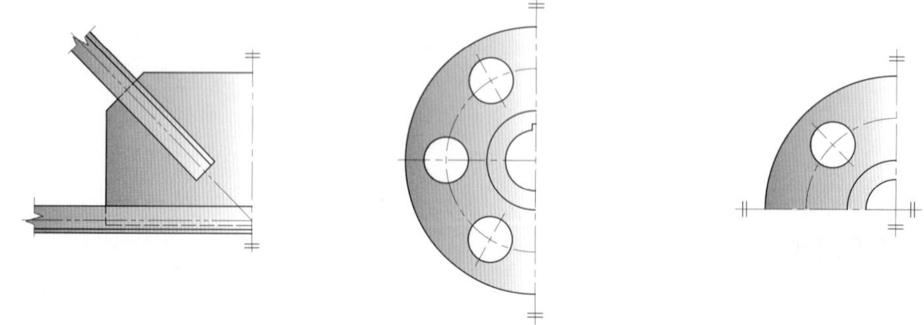

LESSON 05 투상도의 특수 위치

필요하다면 방향 지시 화살표에 의해 지시된 위치보다는 다른 위치에서 투상도의 도시가 허용된다. 투상도가 다른 위치에서 도시되었다는 사실을 아래 그림에 따라 회전 방향을 나타내는 원호 화살표에 의해 분명하게 표시해 주어야 하며, 대문자 뒤에 투상도의 회전 각도를 지시해도 좋다. 사용한다면 다음과 같은 순서로 써야 한다.

특수한 자세로의 투상도 도시

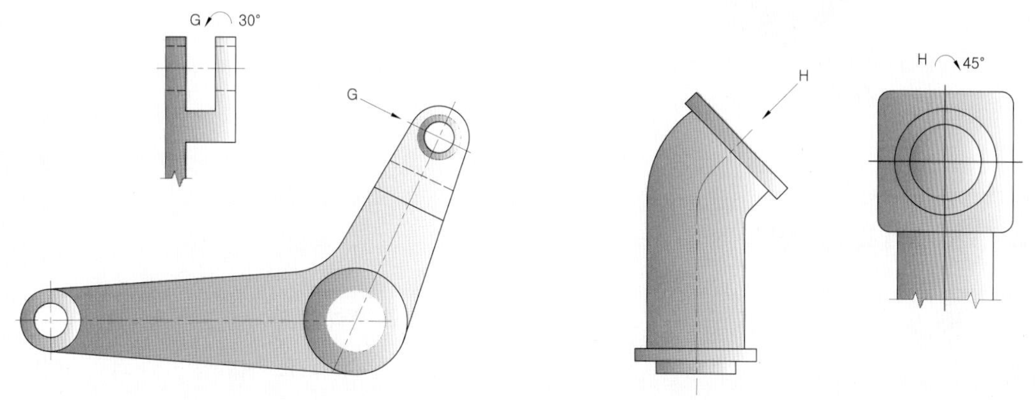

LESSON 06 투상도의 명칭

❶ **정면도(fornt view)** : 물체 앞에서 바라본 모양을 도면에 나타낸 것으로 그 물체의 가장 주된 면, 즉 모양이나 특징이 가장 잘 나타나는 기본이 되는 면을 정면도라 한다.

❷ **평면도(top view)** : 물체의 위에서 바라본 모양을 도면에 나타낸 그림을 말하며, 상면도라고도 한다. 정면도와 함께 많이 사용된다.

❸ **우측면도(right side view)** : 물체의 우측에서 바라본 모양을 도면에 나타낸 그림을 말하며 정면도, 평면도와 함께 많이 사용된다.

❹ **좌측면도(left side view)** : 물체의 좌측에서 바라본 모양을 도면에 표현한 그림을 말한다.

❺ **저면도(botten view)** : 물체의 아래쪽에서 바라본 모양을 도면에 나타낸 그림을 말하며, 저면도라고도 한다.

❻ **배면도(rear view)** : 물체의 뒤쪽에서 바라본 모양을 도면에 나타낸 그림을 말하며 사용하는 경우가 극히 드물다.

투상도의 명칭

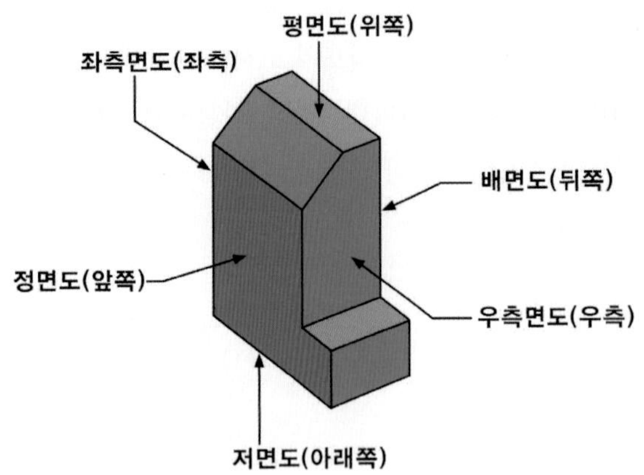

LESSON 07 제1각 투상법

제1각법은 표현할 물체가 관찰자와 물체가 그 위에 직각 투상될 좌표 측과의 사이에 놓이게 되는 직각 투상법이다. 각종의 상들은 주(앞)상 A에 대한 상대적 위치는 앞상 A가 투상된 좌표 측(화상면)의 좌표축이나 그에 평행한 선을 축으로 삼아 이들 각종 상의 투상면들을 회전시킴으로써 결정된다. 따라서 도면 상에서 주상 A에 관하여 나머지 상들은 다음과 같은 위치로 배치된다. 즉 물체의 좌측에서 보이는 형상을 우측에, 우측에서 보이는 형상을 좌측에 배열하면 1각법이 된다.

- **상 B** : 위로부터 내려다 본 상은 아래에
- **상 E** : 아래로부터 올려다 본 상은 위에
- **상 C** : 좌측으로부터 본 상은 우측에
- **상 D** : 우측으로부터 본 상은 좌측에
- **상 F** : 뒤로부터 본 상은 편리한 대로 우측 또는 좌측에

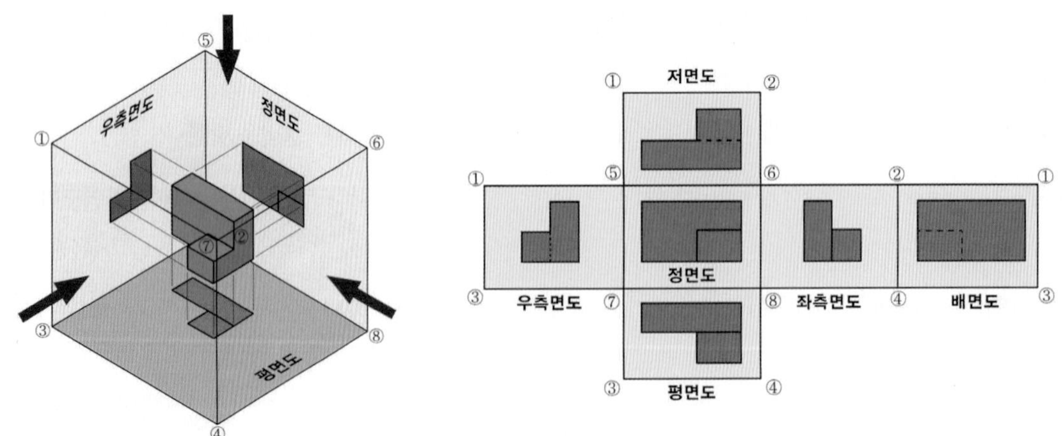

정면도 (a)를 기준하여 다른 투상도는 다음과 같이 배열한다.

① 위에서 본 평면도 (b)는 정면도의 아래에 배열한다.
② 아래에서 본 저면도 (e)는 정면도의 위에 배열한다.
③ 좌측에서 본 좌측면도 (c)는 정면도의 오른쪽에 배열한다.
④ 우측에서 본 우측면도 (d)는 정면도의 왼쪽에 배열한다.
⑤ 뒤에서 본 배면도 (f)는 좌측면도의 오른쪽이나 우측면도의 왼쪽에 편리한 대로 배열할 수 있다.

제1각 투상법의 투상도 배열 위치

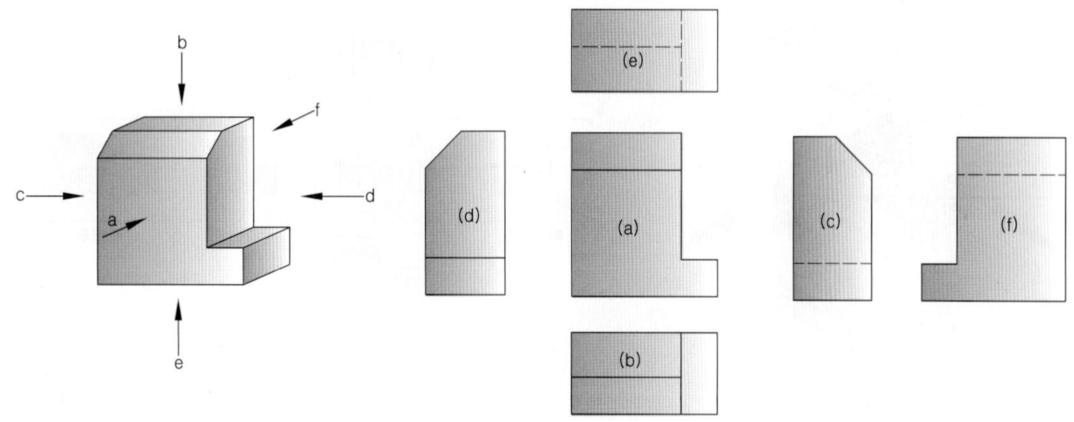

제1각 투상법의 그림 기호

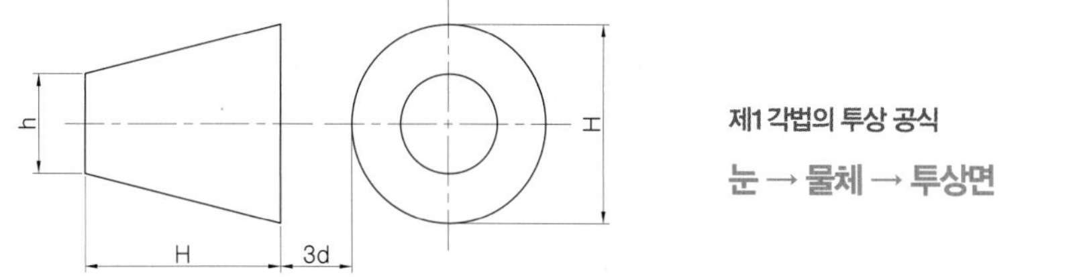

제1각법의 투상 공식

눈 → 물체 → 투상면

LESSON 08 제3각 투상법

제3각법은 표현할 물체가 관찰자가 보았을 때, 물체가 직각 투사될 좌표면의 뒤에 놓이게 되는 직각 투사법이다. 각 투상면 위에서 물체는 마치 무한한 거리에서 투명한 투사면에 직각으로 본 것 같이 표현된다. 제3각법은 물체의 좌측에서 보이는 형상 그대로 좌측에 배치하고 우측에서 보이는 형상 그대로 우측에 배열하는 투상법으로 이해하면 된다. 정면이나 평면, 측면에서 보이는 선중에 동일한 선은 동일 선상에 위치해야 하며 어떤 모델의 형상을 이해할 때에는 경사면과 곡면을 주의하여야 한다.

각종 상의 주상(앞상) A에 대한 상대적 위치는 이들 상의 투상면을 앞상 A가 투상된 좌표면(제도면)의 좌표축의 하나 또는 평행한 선을 축으로 회전시킴으로써 결정된다. 따라서 도면 상에서 주상 A에 대하여 남아지는 상들은 다음과 같은 위치에 배치된다.

- **상 B** : 위로부터 내려다 본 상은 위에
- **상 E** : 아래로부터 올려다 본 상은 아래에
- **상 C** : 좌측으로부터 본 상은 좌측에
- **상 D** : 우측으로부터 본 상은 우측에
- **상 F** : 뒤로부터 본 상은 편리한 대로 우측 또는 좌측에

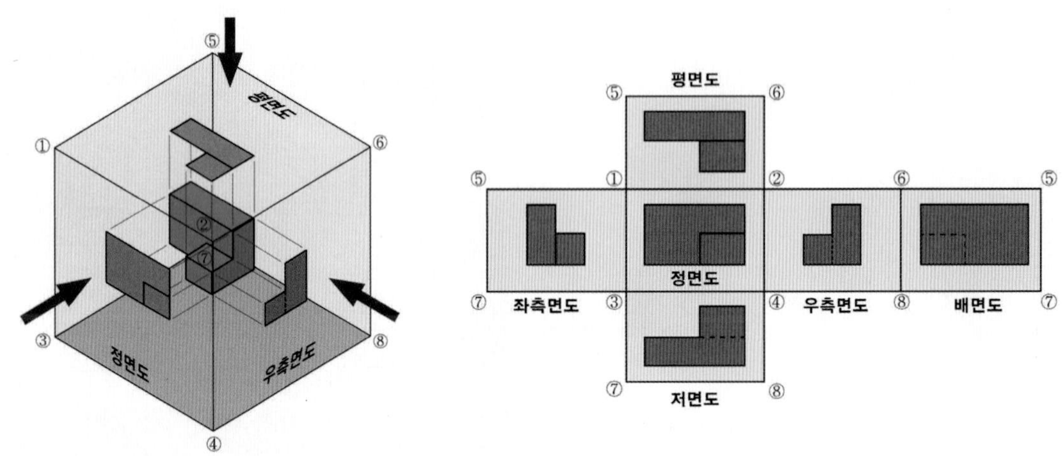

정면도 (a)를 기준하여 다른 투상도는 다음과 같이 배열한다.

① 위에서 본 평면도 (b)는 정면도의 위에 배열한다.

② 아래에서 본 저면도 (e)는 정면도의 아래에 배열한다.

③ 좌측에서 본 좌측면도 (c)는 정면도의 왼쪽에 배열한다.

④ 우측에서 본 우측면도 (d)는 정면도의 오른쪽에 배열한다.

⑤ 뒤에서 본 배면도 (f)는 우측면도의 오른쪽이나 좌측면도의 왼쪽에 편리한 대로 배열할 수 있다.

제3각 투상법의 투상도 배열 위치

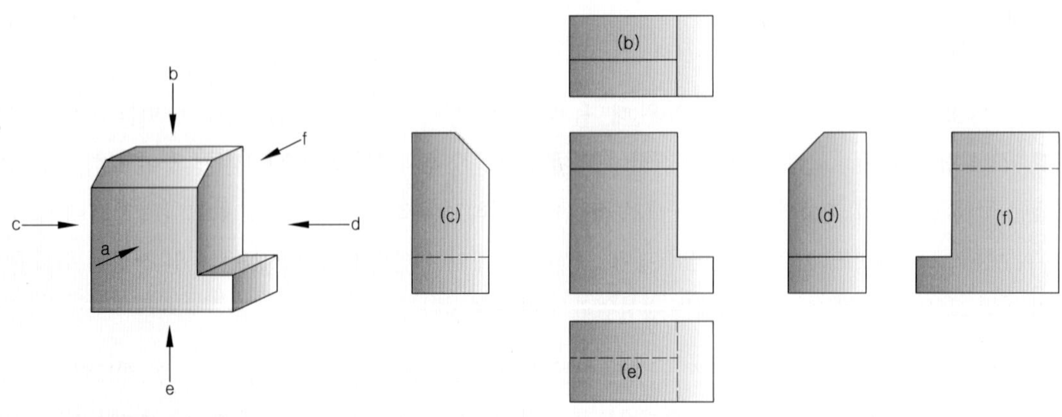

제3각 투상법의 그림 기호

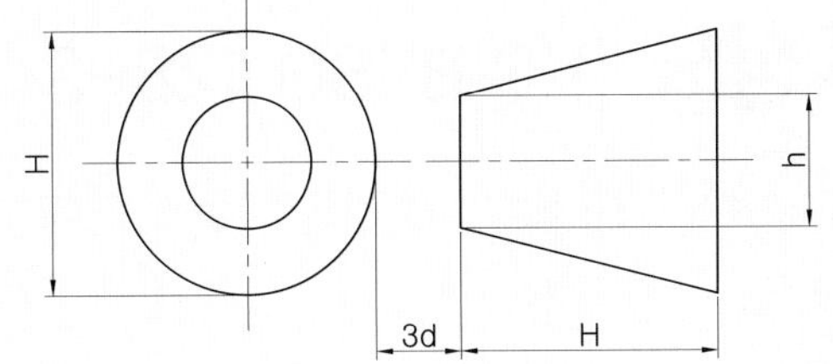

제3각법의 투상 공식

눈 → 투상면 → 물체

LESSON 09 그림 기호

1. 방향 지시 화살표

방향 지시 화살표의 그림 기호

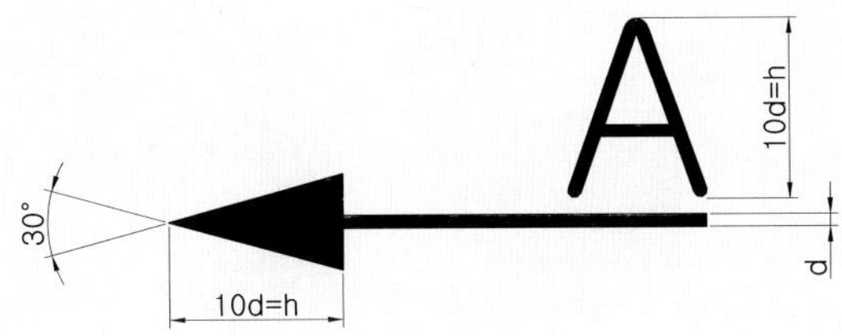

2. 원호 화살표

원호 화살표의 그림 기호

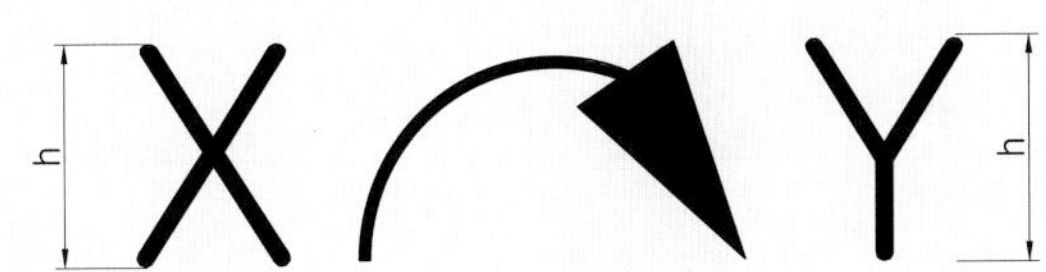

3. 대칭 기호

대칭을 표시하는 그림 기호

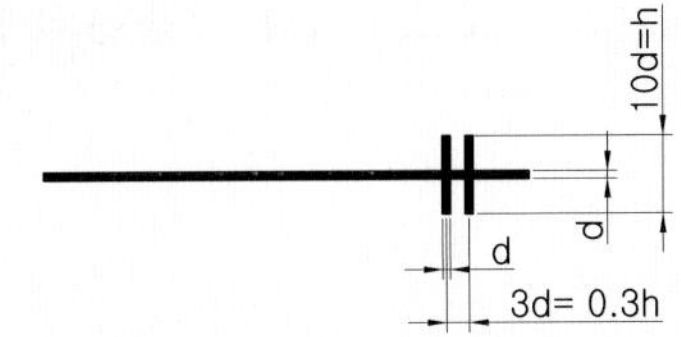

Section

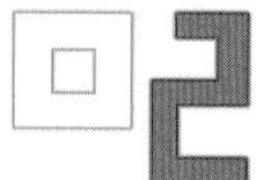

기계제도에서의 투상도 [KS B ISO 128-34]

LESSON 01 국부 투상도

제시된 투상도 도시가 명백한 경우, 축 대칭 부품의 완전 투상도의 도시보다는 국부 투상도가 허용된다. 국부 투상도는 일반 제도에서 사용하는 배열 방법에 관계없이 재3각법의 배열에 따라 그려야 한다. 국부 투상도는 굵은 실선으로 그려야 하고 가는 일점쇄선으로 연결시켜야 한다.

저널의 국부 투상도

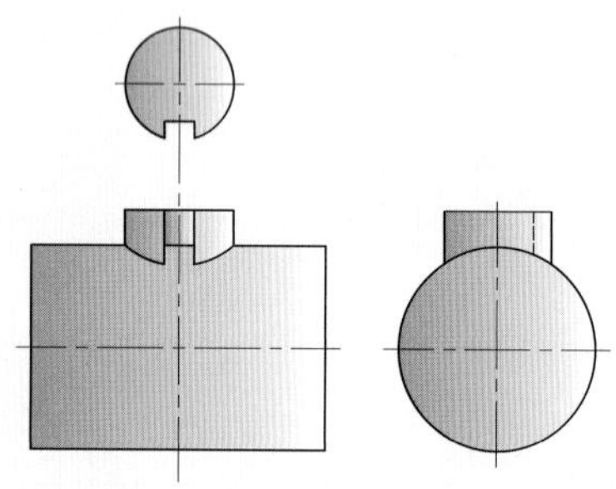

홈의 국부 투상도

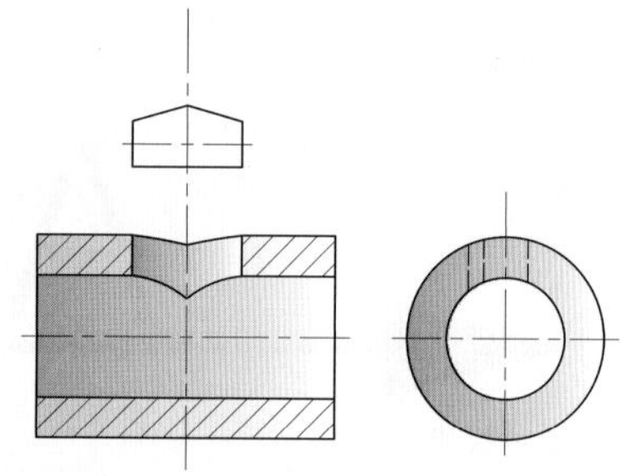

홀(구멍)의 국부 투상도

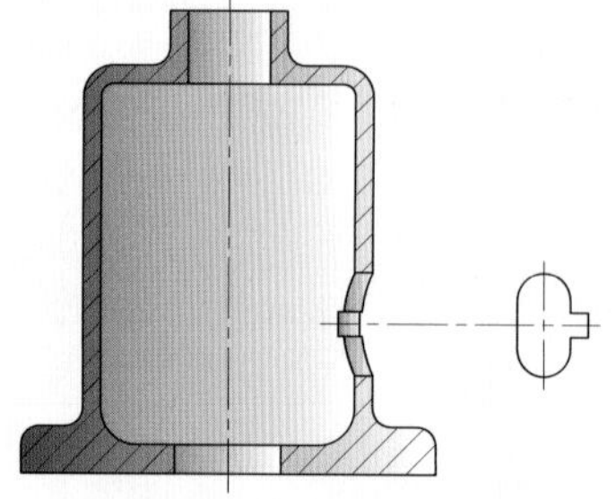

키 홈의 국부 투상도

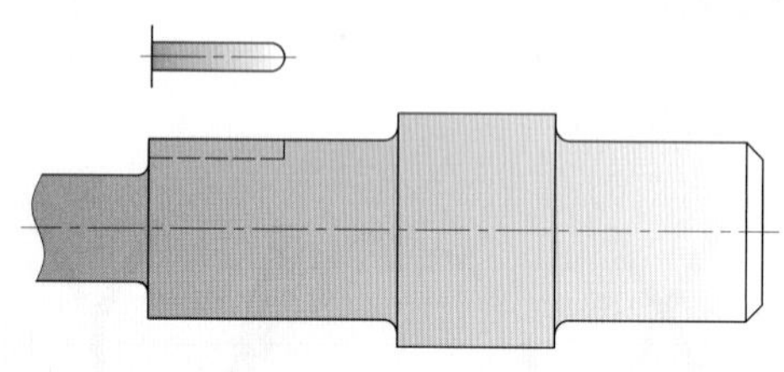

LESSON 02 인접 부품의 윤곽선

주 부품에 인접한 부품이 있을 때는 길고 가는 이점쇄선으로 그려야 한다. 인접 부품은 주 부품을 가리지 않고 도시해야 하지만, 주 부품에 의해 인접 부품이 가려질 수 있으며 절단면에 있는 인접 부품은 해칭해서는 안된다.

묶여 있는 인접 부품

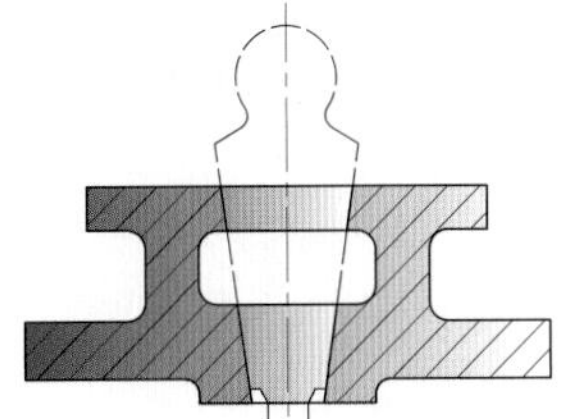

묶여 있는 인접 부품

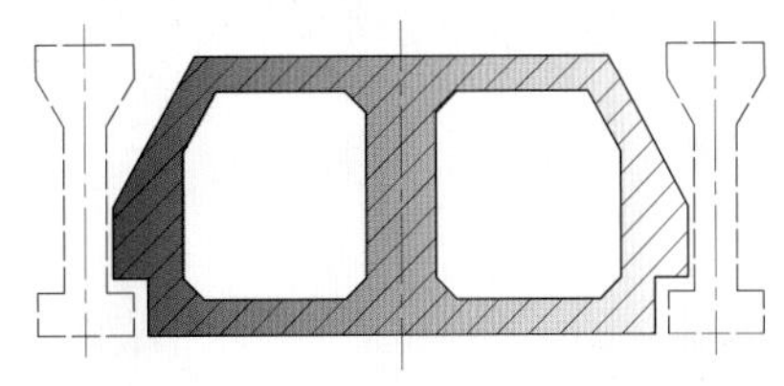

특징적인 윤곽선을 결정적으로 그릴 수 없을 때에는 윤곽선을 에워싼 것으로 추정되는 범위를 아래와 같이 길고 가는 이점쇄선으로 도시한다.

윤곽선의 표시 방법

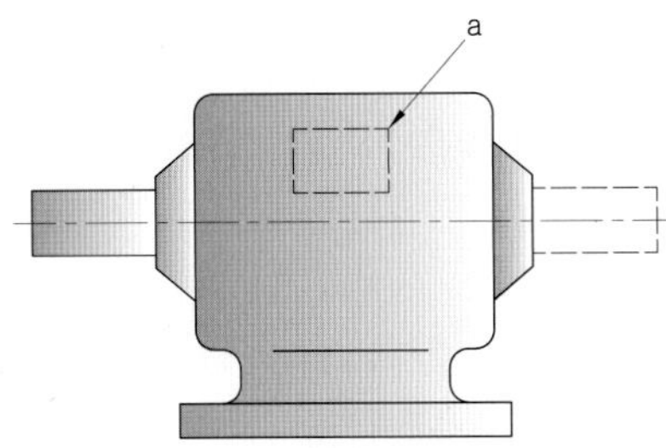

윤곽선의 표시 방법

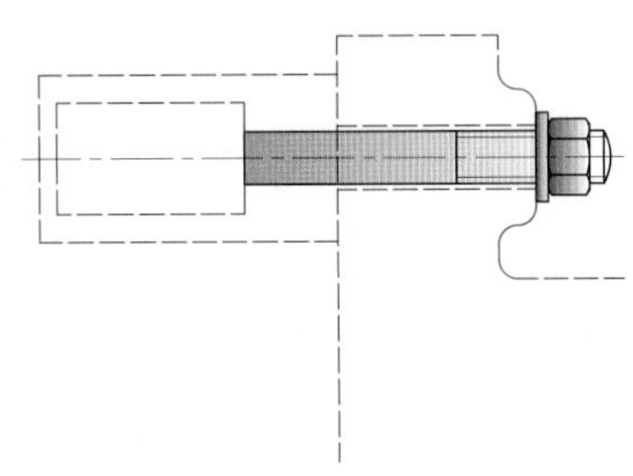

LESSON 03 교차부

기하학적인 교차선이 실제로 보일 때는 굵은 실선으로 그려야 하고, 감추어져 있을 때에는 가는 일점쇄선으로 그린다.

실제의 교차부

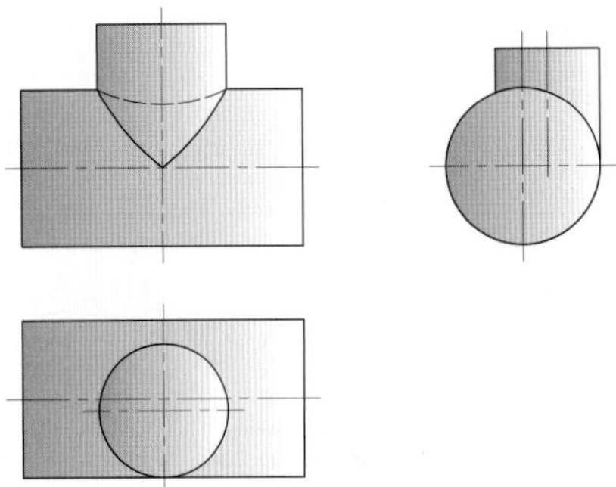

실제의 기하학적인 교차선의 간략 도시는 다음과 같은 교차부에 적용될 수 있다.

- 2개의 원통 사이에서는 교차선이 굵은 직선(실선)으로 대체하여 도시될 수 있다.

• 하나의 원통과 4각 프리즘 사이에서는 교차 직선의 거리가 생략될 수 있다.

그러나 도면의 명확해야 함에 영향을 미친다면 간략 도시는 피한다.

간략화된 교차부

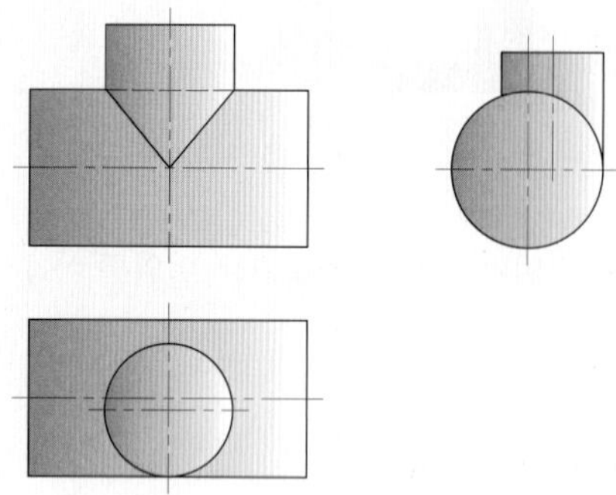

필릿이나 둥근 모퉁이와 같은 가상의 교차선은 윤곽선과 서로 만나지 않은 가는 실선으로 투상도에 도시한다.

가상 교차부

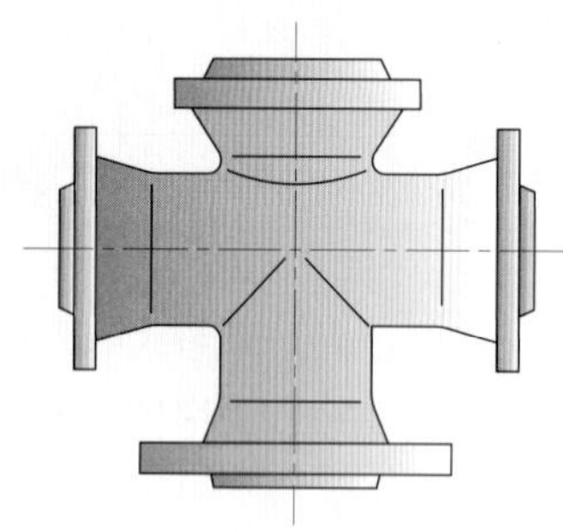

LESSON 04 축의 정사각형 끝면

축의 보충 투상도를 그리지 않기 위해서 축의 절단부나 단면, 정사각형 끝면이나 평면부 또는 테이퍼 끝면은 가는 실선의 대각선으로 도시한다.

정사각형 끝면과 평면부

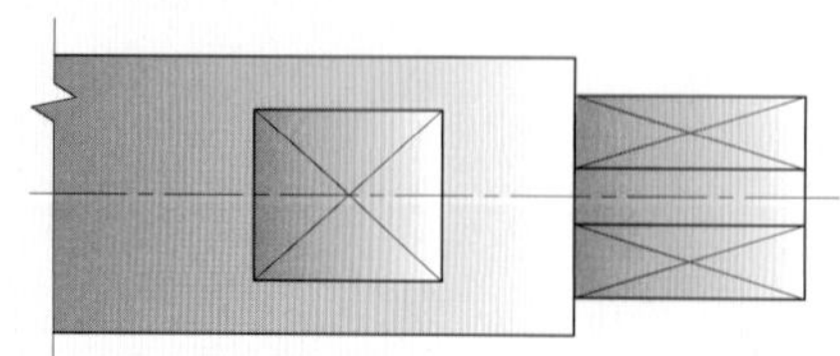

테이퍼된 정사각형 끝부

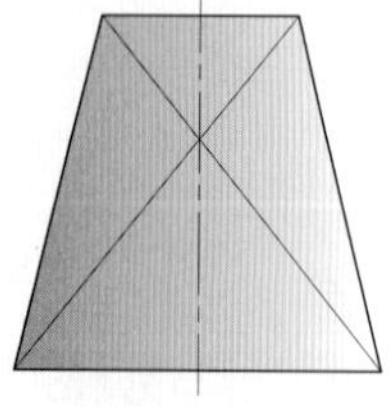

LESSON 05 끊어진 투상도

도면 여백을 절약하기 위해 긴 물체의 일부분만을 그리는 것을 허용한다. 끊어진 부품도의 경계는 손으로 그린 가는 선이나 지그재그 실선으로 그려야 하며 그 부분은 서로 가깝게 그려야 한다.

[비고] 중단된 주 투상도에는 실제의 모양을 도시하지 않는다.

끊어진 투상도

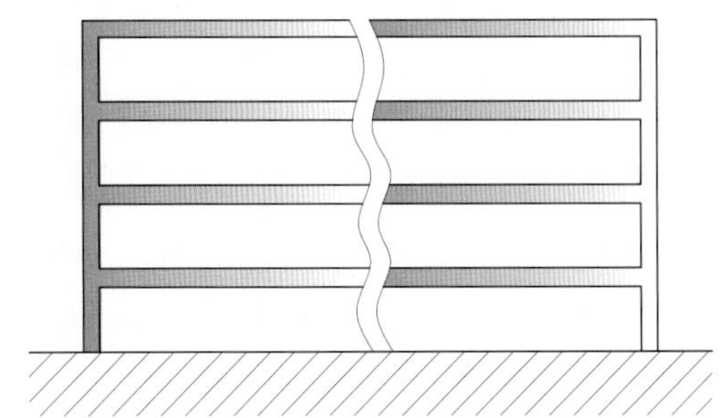

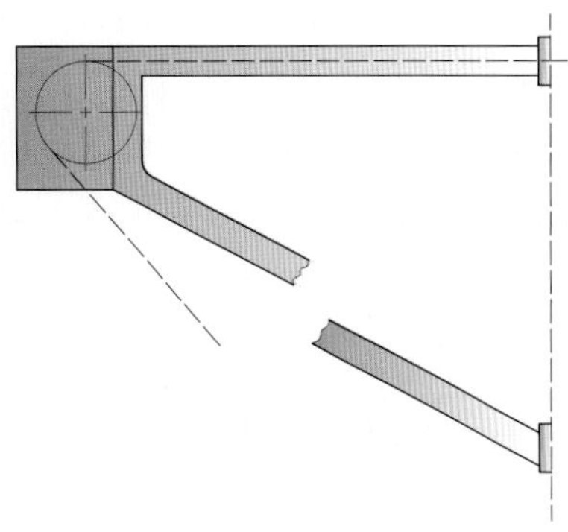

LESSON 06 반복되는 모양

어떤 동일한 크기의 모양이 규칙적으로 반복된다면 단 1개로 그 위치를 도시할 수 있다. 모든 경우에 반복되는 모양의 개수와 종류를 KS B ISO 129-1에 따라 치수를 기입한다.

대칭 모양에서는 도시되지 않은 특정 모양의 반복 위치를 가는 일점쇄선으로 그리고, 비대칭 모양에서는 도시되지 않은 특정 모양의 범위를 아래와 같이 가는 실선으로 도시한다.

반복 대칭 모양 도시

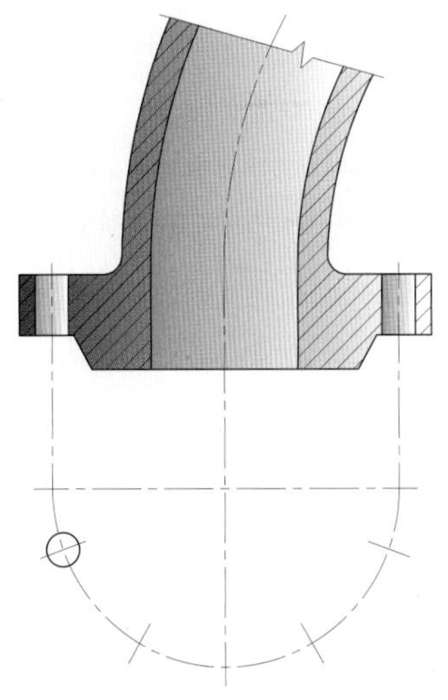

반복 대칭 모양 도시

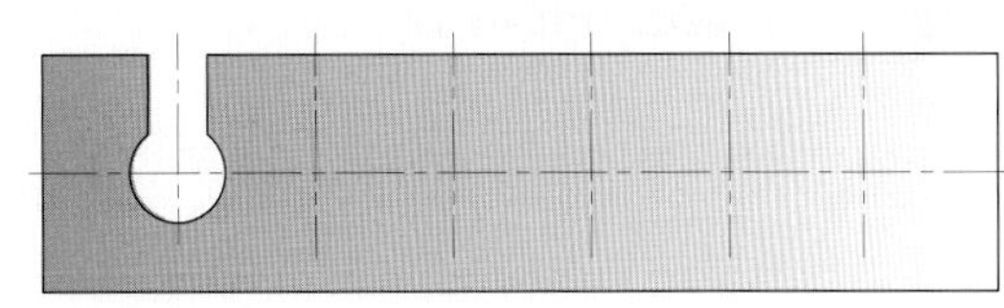

반복 비대칭 모양 도시

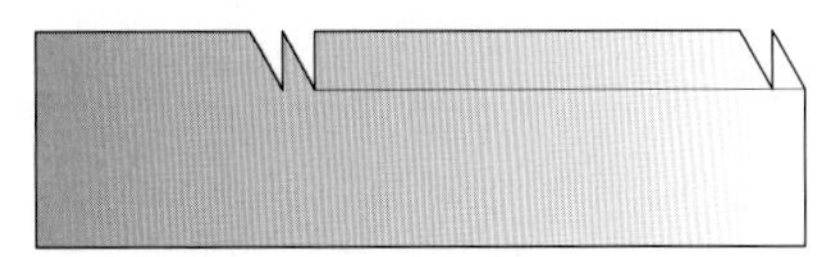

LESSON 07 특정 부분의 확대도

도면의 척도가 모든 특정 부분의 모양을 분명하게 도시할 수 없거나 치수를 기입할 수 없을 때에는 불분명한 특정 부분의 모양 부분을 가는 실선의 원으로 에워싸고, 그 부분을 대문자로 표시한다. 그 부분의 모양은 확대된 척도로 그려야 하며 아래와 같이 인식 문자 다음에 괄호 안에 척도를 표시하여야 한다.

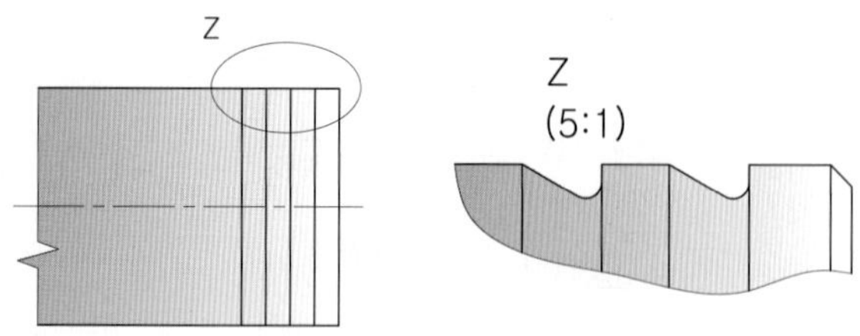

LESSON 08 초기의 윤곽선

소성 가공 때문에 부품의 초기 윤곽선을 도시해야 할 필요가 있을 때는 가는 이점쇄선으로 다음과 같이 도시한다.

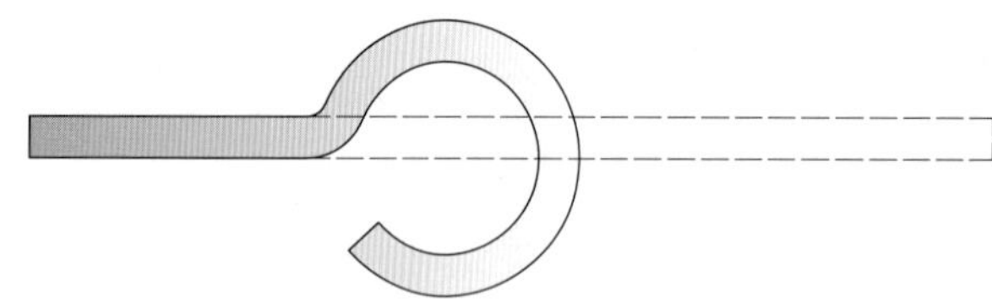

LESSON 09 굽은 부분의 선

전개도에서 굽은 부분의 선은 가는 실선으로 다음과 같이 도시한다.

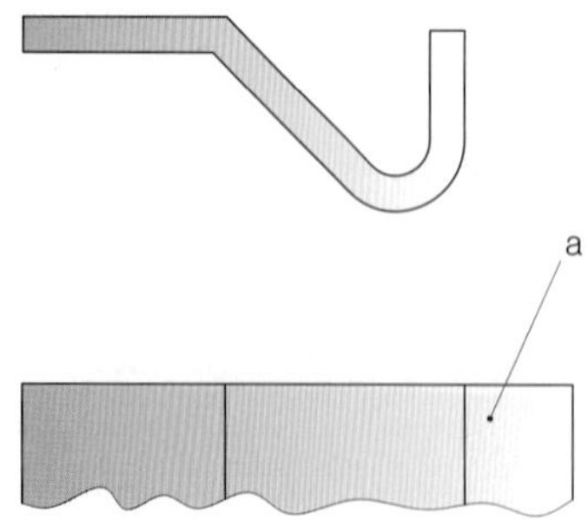

LESSON 10 완만한 경사 부분의 선 또는 곡선

완만한 경사 부분의 선이나 곡선(각이 진 표면, 테이퍼, 피라미드에서)이 너무 작아서 투상 방법으로는 분명하게 도시할 수 없다면, 작은 치수의 모양에 해당되는 부분의 가장자리만을 굵은 실선으로 그려야 하며 다음과 같이 표시한다.

완만한 곡선

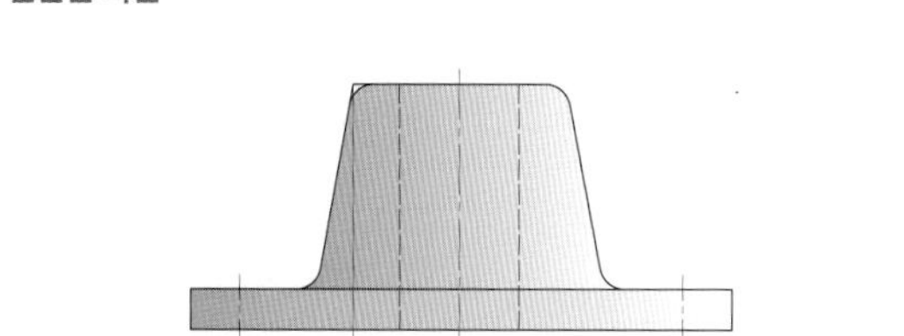

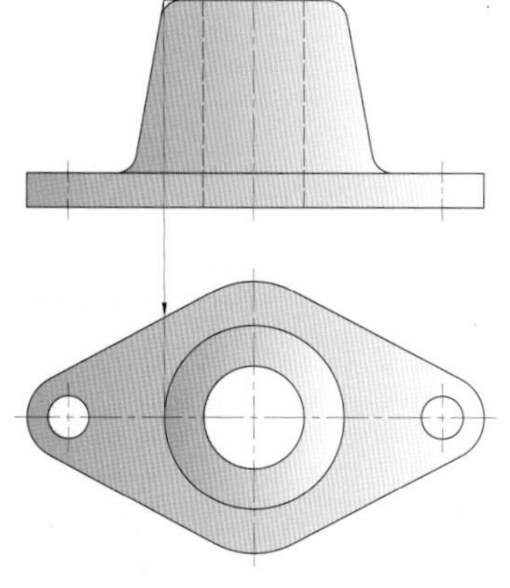

완만한 경사선

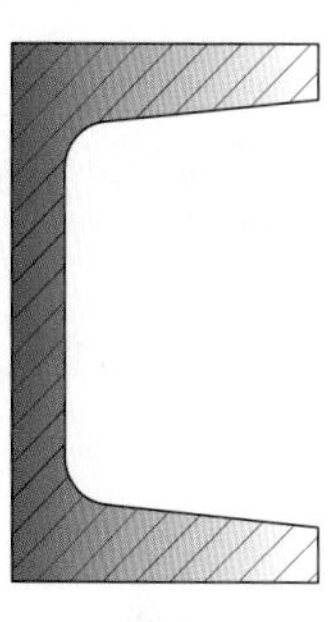

LESSON 11 투명한 물체

투명한 재료로 된 모든 물체는 투명하지 않은 것처럼 그린다.

투명한 물체

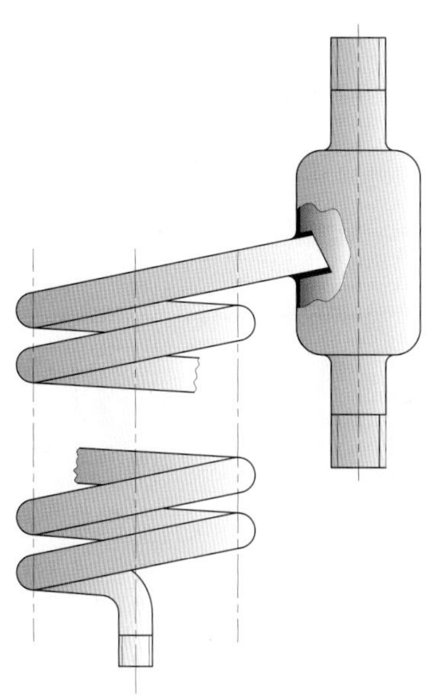

조립 도면과 일반 조립 도면에서 투명한 부품 뒤의 부품은 보이게 그려도 된다.

투명한 물체의 조립

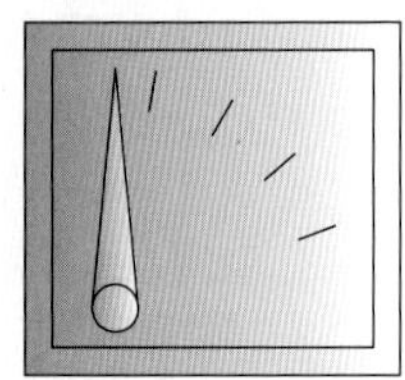

LESSON 12 움직이는 부품

조립 도면에서 움직이는 부품의 초기 위치와 최종 위치는 다음과 같이 가는 이점쇄선으로 보이게 그린다.

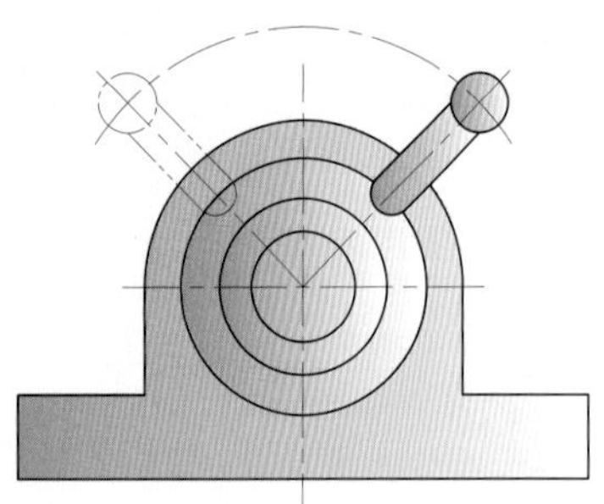

LESSON 13 가공이 끝난 부품과 블랭크

블랭크 제도에서 가공이 끝난 부품의 모양을 또는 가공이 끝난 부품의 제도에서 블랭크의 모양을 도시하는 것이 허용되며, 이 경우 가는 이점쇄선으로 도시한다.

블랭크 제도에서 표시된 가공이 끝난 부품

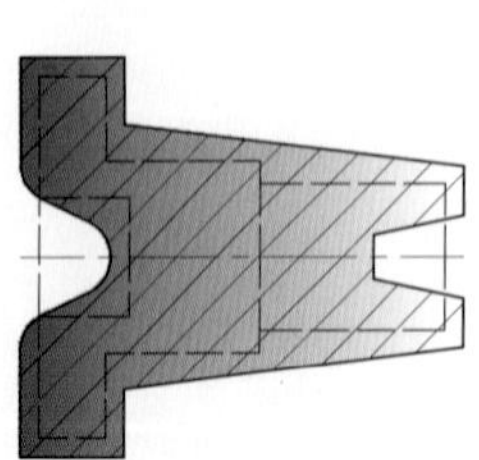

가공이 끝난 부품 제도에서 표시된 블랭크

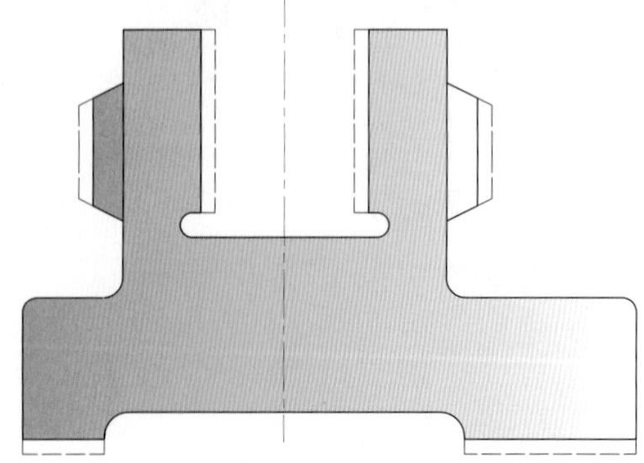

LESSON 14 분리된 동일한 요소로 만들어진 부품

분리되어 있으나 동일한 요소로 만들어진 부품은 동일하게 나타내는 것이 바람직하다. 요소의 위치는 다음과 같이 짧은 가는 실선으로 도시된다.

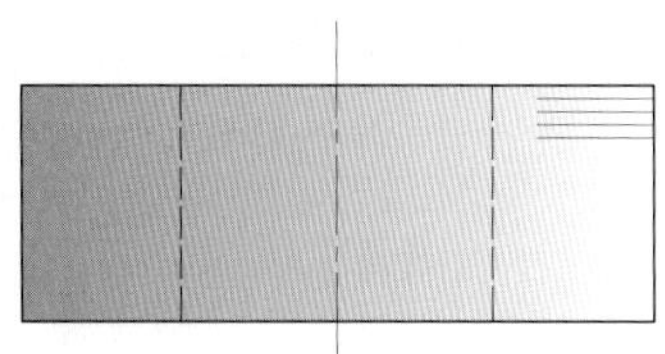

LESSON 15 표면의 패턴

널링(knurling), 주름잡기(corrugation), 홈 새기기(fluting), 격자의 구조는 굵은 실선으로 전체 또는 부분적으로 나타내야 한다.

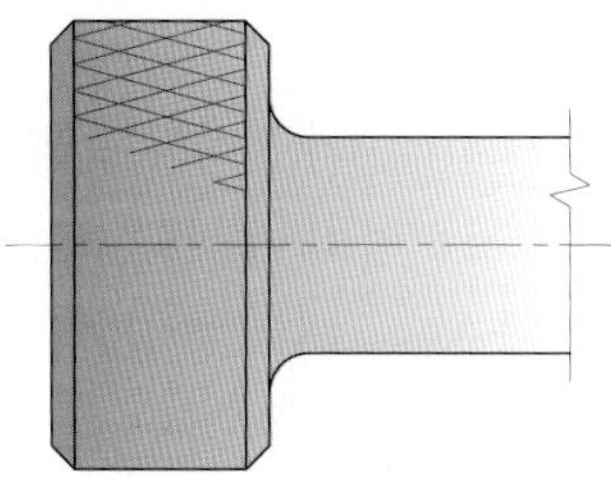

LESSON 16 결 방향과 압연 방향

결 방향과 압연 방향은 부품도에 도시할 필요는 없으나, 필요하다면 다음과 같이 화살머리를 가진 가는 실선으로 도시할 수 있다.

결 방향

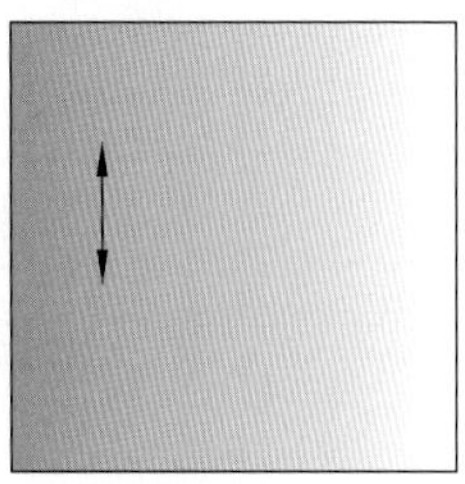

압연 방향

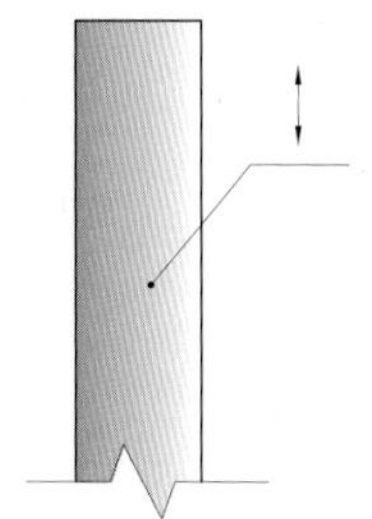

LESSON 17 2개 이상의 동일한 투상도를 가진 부품

임의의 하나의 부품 상에서 2개 이상의 동일한 투상도는 다음과 같이 '대칭 부품'(KS A ISO128-30 참조)이라는 표시와 같게 나타내거나 참조 화살 표시와 대문자나 숫자 또는 둘 따로 나타낼 수 있다.

2개의 동일한 투상도

2개의 동일한 국부 투상도

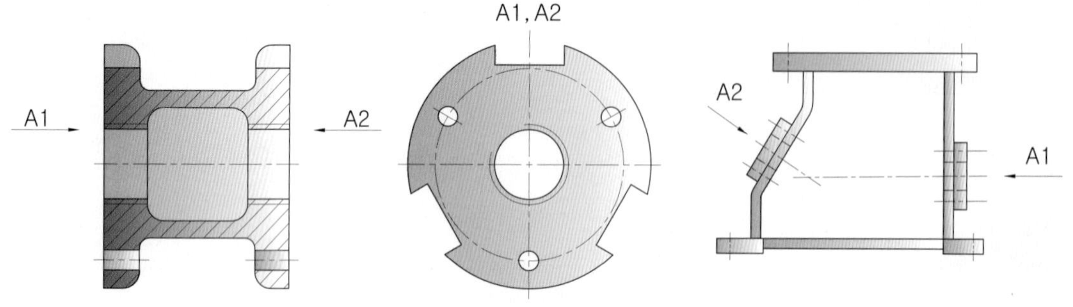

LESSON 18 거울 상의 부품

단순한 부품이 거울 상(mirror image)과 동일할 때, 제작 중 결과적으로 오차가 발생되지 않는다면 2개에 대해서 하나의 표시로 충분하다. 표제란 부근에 설명하는 문구를 적어 놓아야 하며 다음 그림을 참조한다. 필요하다면 치수 기입이 없이 축척으로 그린 2개 부품의 간략 도시를 강조하기 위해 표시될 수 있다.

2개의 동일한 국부 투상도

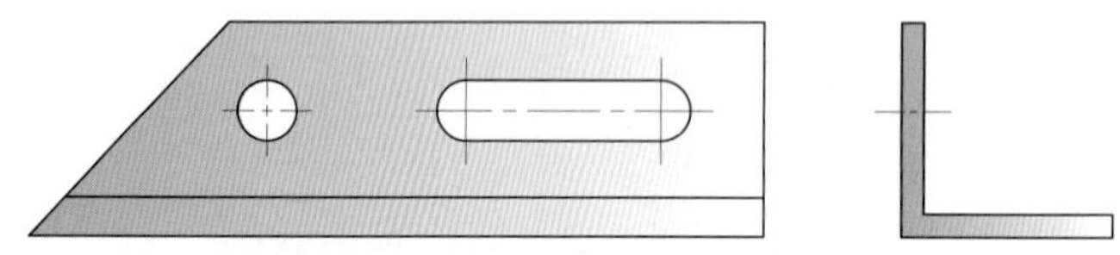

[보기] (표제란에서) 부품 1은 그려진 그대로이고, 부품 2는 거울 상과 동일

Section

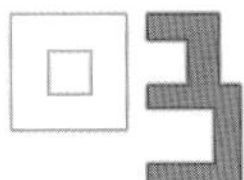

투상도의 선택 및 표시방법

LESSON 01 올바른 투상도의 선택 및 배치

① 투상도는 대상물의 정보(형상이나 기능)을 가장 명료하게 나타내는 투상도를 주투상도(정면도)로 선택하여 특별한 사유가 없는 한 대상물을 가로 길이로 놓은 상태로 도시한다.

② 도면을 보고 가공하는 사람의 입장에서 가공공정을 고려한 방향으로 도시한다.

③ 숨은선을 가급적 적게 도시하고 주투상도를 보충하는 다른 투상도가 필요한 경우에는 모호함이 없도록 완전히 대상물을 규정하는 데 필요하고 충분한 투영도 및 단면도의 수로 한다.

④ 가능한 숨겨진 외형선과 모서리를 표현할 필요가 없는 투상도를 선택한다.

⑤ 불필요한 세부 사항의 반복은 피한다.

올바른 투상도의 배치

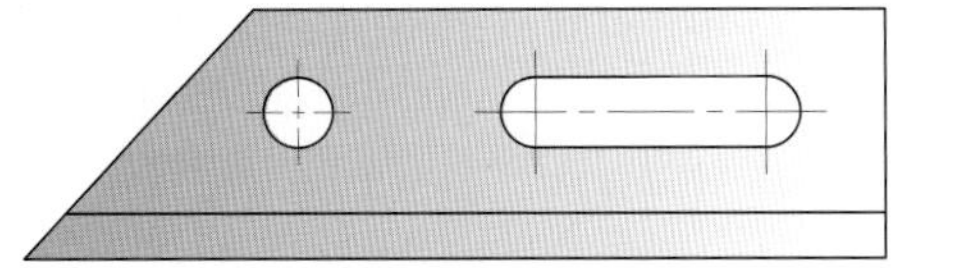

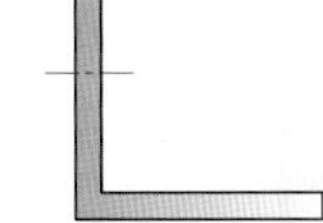

LESSON 02 주투상도(정면도)를 작도하는 요령

주투상도는 대상물의 형상, 특징, 기능 등을 가장 명확하게 나타낼 수 있는 면, 숨은선이 가장 적게 나타나는 면을 선택하여 도시할 필요가 있다. 보통 정면도를 주투상도로 선택하는 경우가 많은데 대상물에 따라 예외의 경우도 있다. 예를 들어 자동차, 선박, 항공기 등은 정면보다는 측면을 정면도로 하는 것이 형상이 보다 명료해진다. 따라서 정면도라고 부르면 대상물의 앞에서 본(정면) 것과 혼동되기 쉬우므로 주투상도로 부르는 것이 좋을 것이다.

① 주 투상도에는 대상물의 형상 및 기능을 가장 명확하게 표시하는 면을 그린다. 또한, 대상물을 도시하는 상태는 도면의 목적에 따라 다음 중 하나를 따른다.

- 조립도 등 주로 기능을 표시하는 도면에서는 대상물을 사용하는 상태
- 부품도 등 가공하기 위한 도면에서는 가공에 있어서 도면을 가장 많이 이용하는 공정에서 개상물을 놓는 상태

선삭 가공의 보기　　　　　　　　　평삭 가공의 보기

[비고] 특별한 이유가 없는 경우, 대상물을 가로 길이로 놓은 상태

② 서로 관련되는 그림의 배치는 되도록 숨은 선을 쓰지 않도록 한다. 다만, 비교 대조하기 불편할 경우에는 예외로 한다.

숨은선을 이용하지 않은 보기

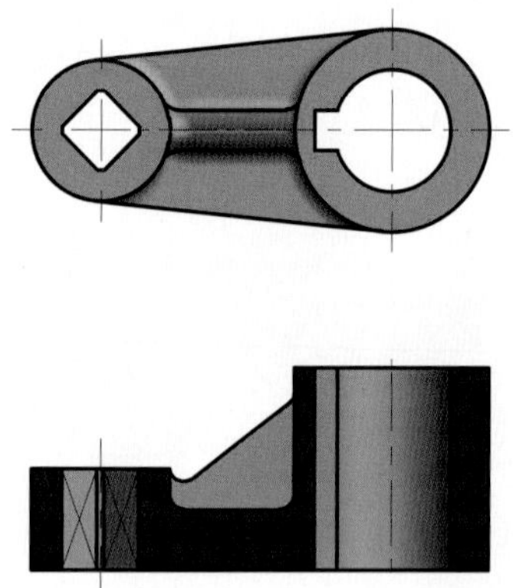

비교 대조하는 구멍의 보기

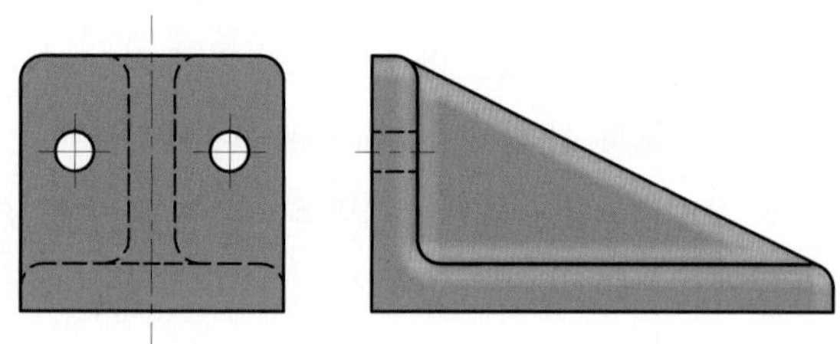

주투상도를 작도하는 요령

① 주투상도는 정면도를 중심으로 측면도나 평면도가 같은 선상에 배치되어야 한다.

② 길이에 관한 치수기입은 정면도나 평면도에 도시한다.

③ 높이치수에 관한 치수기입은 정면도나 측면도에 도시한다.

④ 폭(너비)에 관한 치수기입은 측면도나 평면도에 도시한다.

주투상도를 작도하는 요령

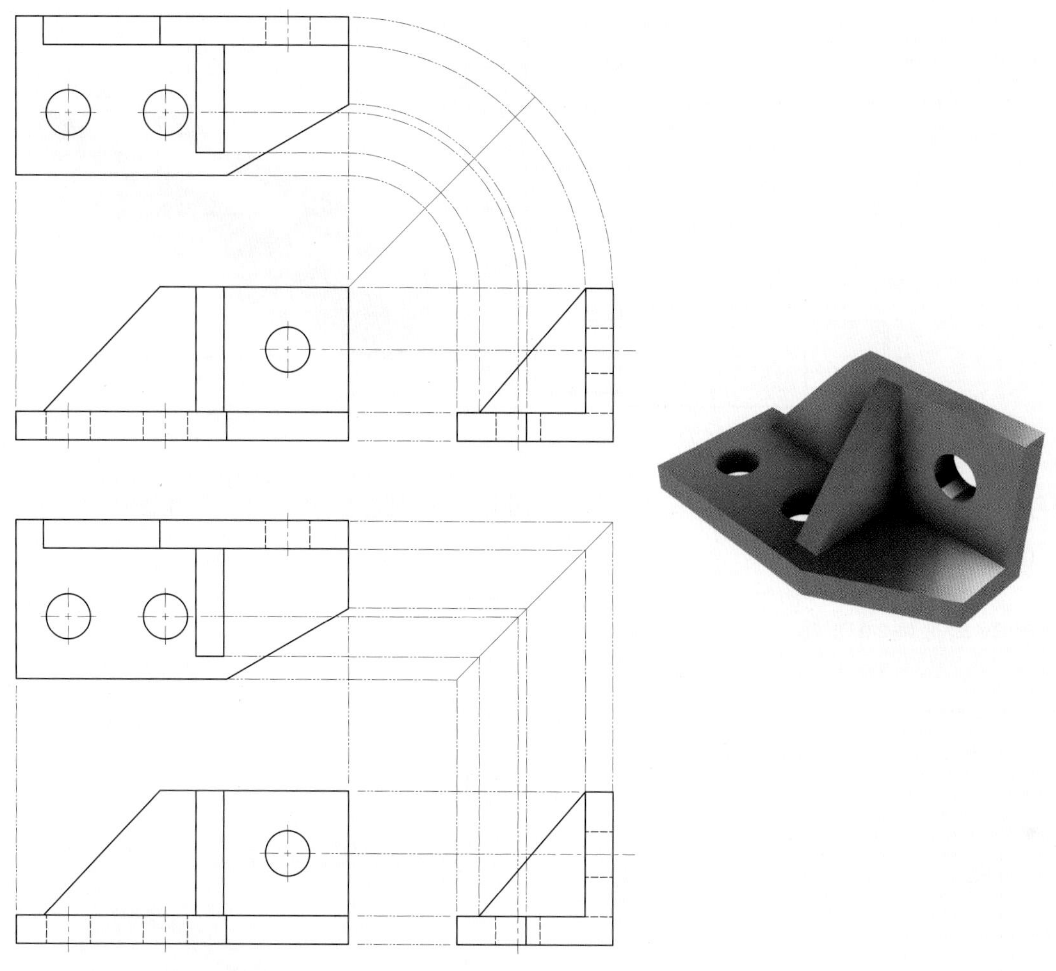

LESSON 03 투상도의 우선 순위

1. 정면도 하나만으로 표현해도 좋은 경우 (축, 판재, 개스킷 등)

물체의 형상이 단순하여 정면도만으로 표현이 가능한 경우에는 1면도, 정면도 이외에 측면도 또는 평면도가 필요한 경우에는 2면도로 그린다. 예를 들어 부품의 형상이 원형(원통형상)인 경우에는 정면도 하나의 투상도만으로도 표현이 가능한데, 이러한 투상도 기법을 **1면도법**이라 하며, 별도로 측면도나 평면도를 도시하지 않아도 좋은 경우이다.

축과 같은 원통 형상의 부품은 치수기입시 Ø(지름) 기호를 붙여주므로 정면도 만으로도 형상을 이해할 수 있기 때문에 측면도나 평면도는 불필요하며 선반에서 가공하는 방향으로 배치한다.

정면도만으로 도시한 예-1 (1면도법)

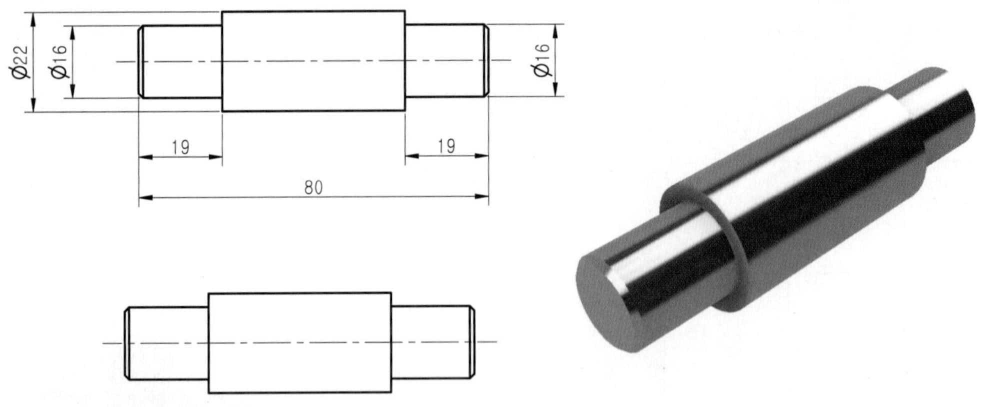

얇은 판재나 개스킷 같은 부품은 투상도 내부에 두께 치수를 나타내는 t기호를 치수 수치 앞에 붙여 나타낸다. (t2 = 두께가 2mm)

정면도만으로 도시한 예-2 (1면도법)

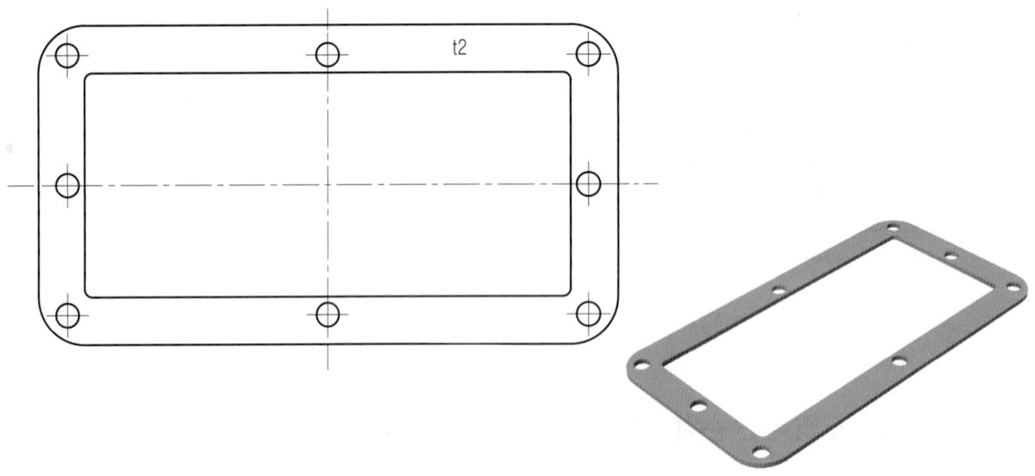

2. 정면도와 측면도만으로 표현해도 좋은 경우

축과 같이 물체가 원통 형상인 부품의 특징을 가장 잘 나타내고 있는 투상도는 정면도와 측면도이며 하나의 투상만으로 표현이 가능하다. 정면도만으로 해독이 어려운 불확실한 형상의 표현은 측면도로 보충해 줄 수 있으며 이 두 곳에 치수를 기입해주는 것만으로도 충분하므로 별도로 평면도를 그려주지 않아도 된다. 이처럼 정면도와 측면도 두 개의 투상도로 표현하는 기법을 **2면도법**이라 한다.

정면도와 측면도만으로 도시한 예-1 (2면도법)

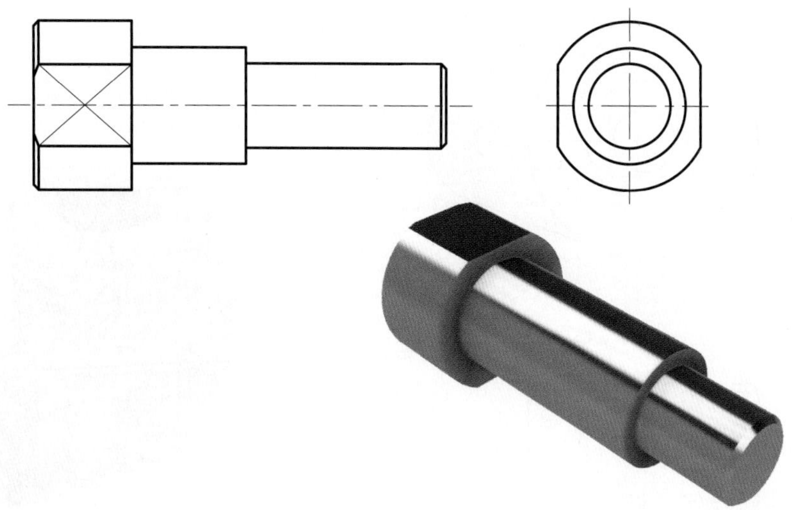

정면도와 측면도만으로 도시한 예-2 (2면도법)

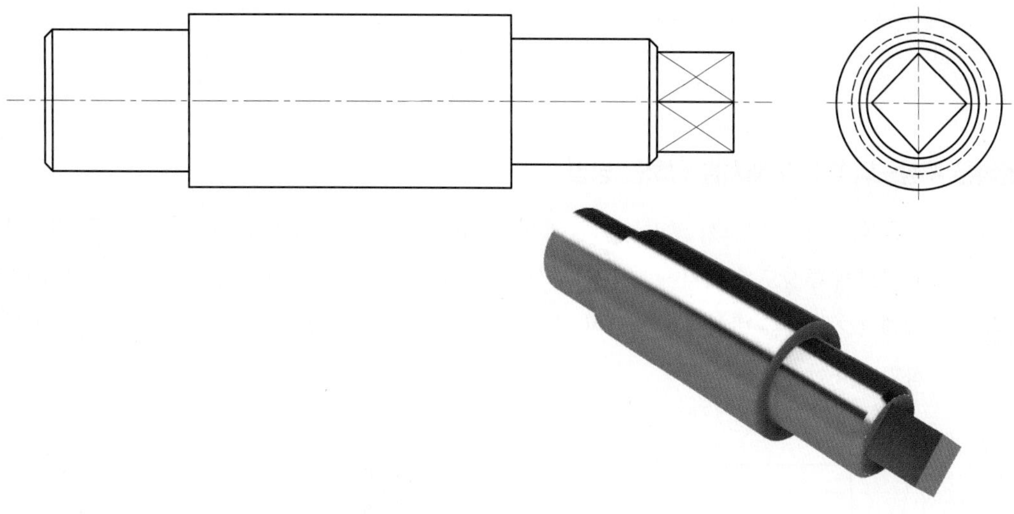

3. 정면도와 평면도만으로 표현해도 좋은 경우

부품의 형상을 가장 잘 나타내고 있는 투상도는 정면도와 평면도이며 이 두 곳에 치수를 기입해주는 것만으로도 우측면도가 결정이 나므로 별도로 우측면도를 그려주는 것은 바람직하지 않다. 이처럼 두 개의 투상도로 표현하는 기법을 **2면도법**이라 한다.

정면도와 평면도만으로 도시한 예 (2면도법)

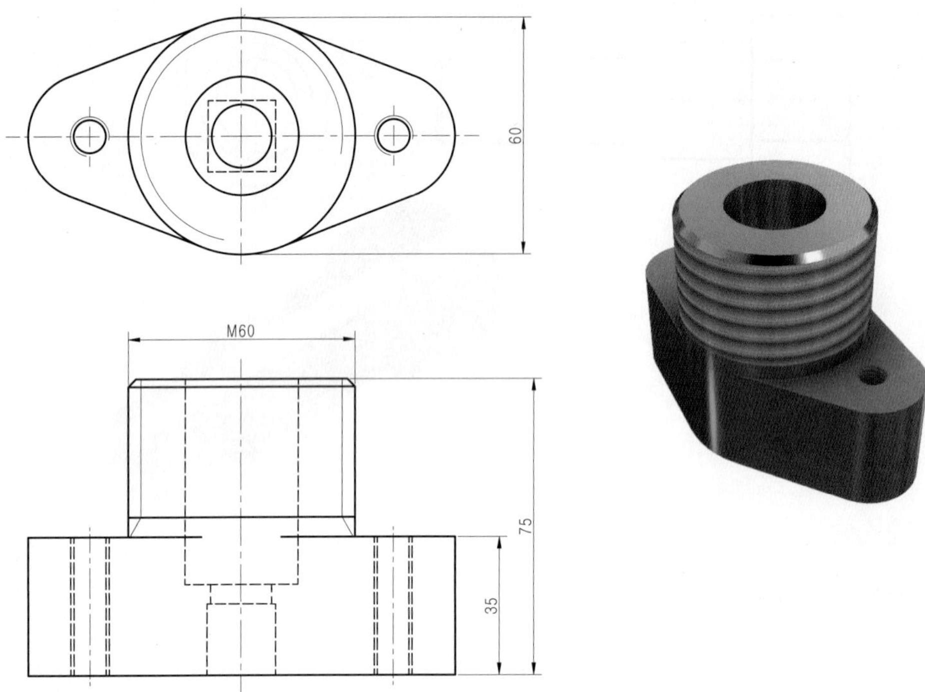

4. 올바른 투상도의 방향과 배치를 정하는 방법

아래 그림과 같은 축 도면을 작도시 그리는 사람에 따라 여러가지 형태의 투상도가 나올 수 있을 것이다. 이 중에서 가장 올바르게 투상도를 배치한 도면은 투상도 ①번이다. 조립도를 보고 부품도를 작도하여 배치할 때는 부품이 실제로 가공되는 방향을 고려하여 작도하는 것이 바람직하며 설계자는 기본적인 기계가공법에 대해 이해를 하고 있어야 한다.

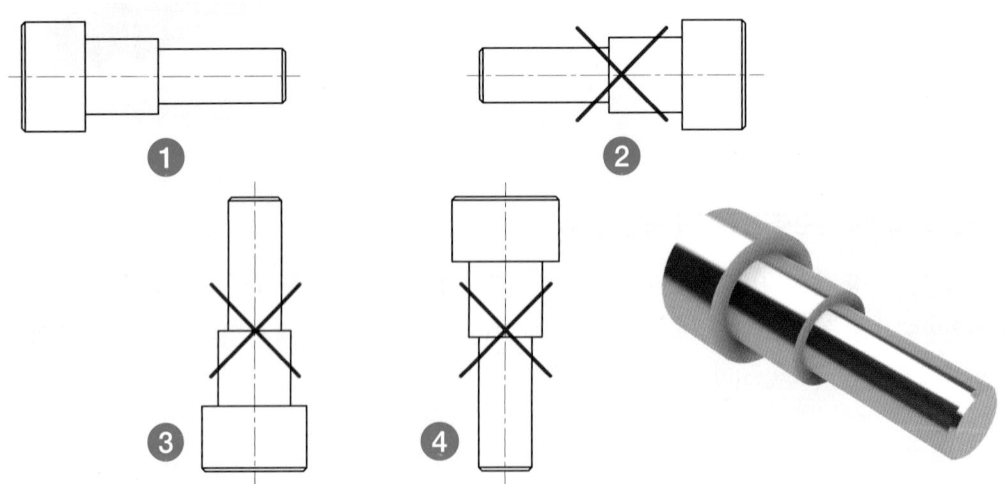

축과 같은 원통형의 부품은 일반적으로 선반(lathe)에서 축의 양쪽끝단에 센터구멍을 가공하고 주축대와 심압대의 센터에 맞물려 고정시킨 후 바이트(bite)로 절삭가공을 하거나 주축대의 척(chuck)에 기준면을 물리고 순차적으로 가공하는 것이 일반적이다. 선반가공에서는 외경 및 내경의 절삭, 단면, 홈, 테이퍼, 드릴링, 보링, 수나사 및 암나사, 널링, 총형가공 등이 가능하며 여기서는 외경절삭과 내경절삭 가공하는 경우 공구(tool)의 절삭가공방향과 부품(공작물)의 설치방향을 고려하여 도시한 예이다.

외경 절삭가공

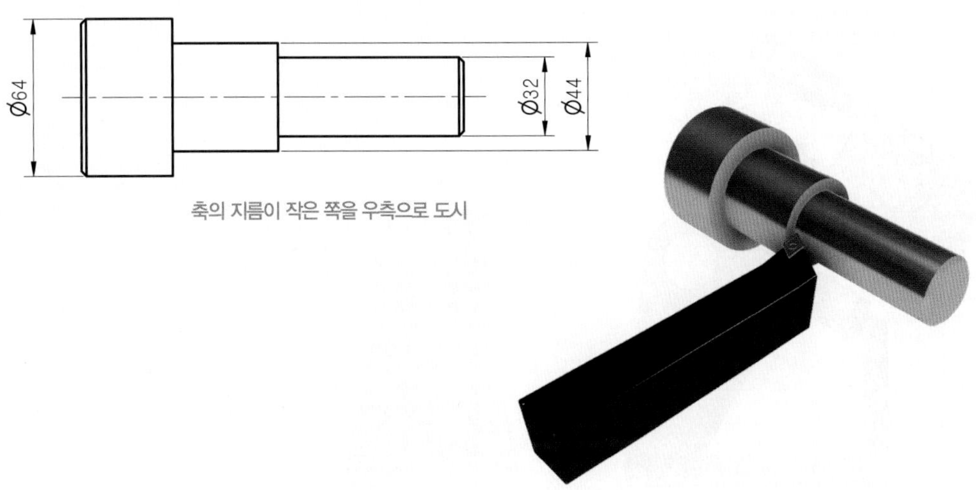

축의 지름이 작은 쪽을 우측으로 도시

내경 절삭가공

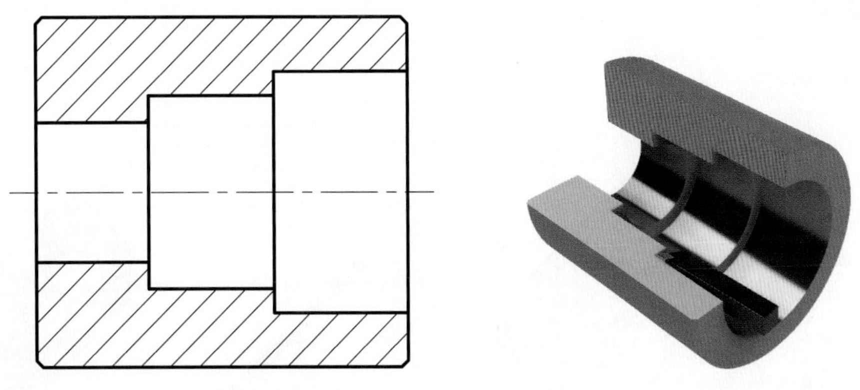
구멍의 지름이 큰 쪽을 우측으로 도시

LESSON 04 보조 투상도

경사면이 있는 대상물에서 그 경사면의 실제 형상을 표시할 필요가 있는 경우에는 다음에 의하여 보조 투상도로 표시한다.

① 대상물 경사면의 실제 형상을 도시할 필요가 있을 경우에는 그 경사면과 맞서는 위치에 보조 투상도를 표시한다. 이 경우, 필요한 부분만을 부분 투상도 또는 국부 투상도로 그리는 것이 좋다.

보조 투상도의 보기

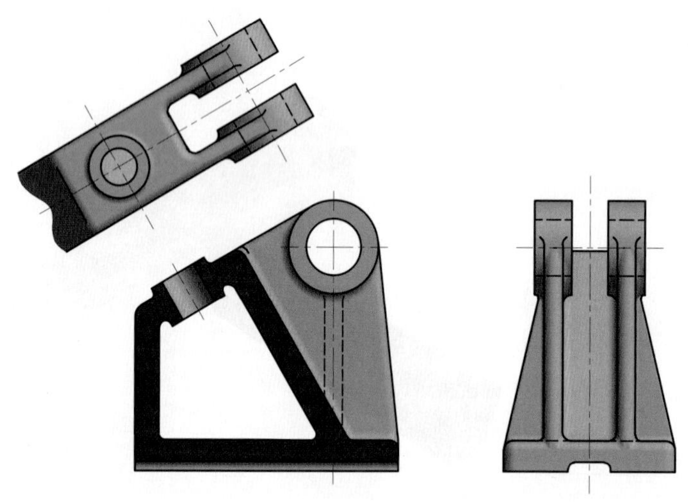

② 지면의 관계 등으로 보조 투상도를 경사면에 맞서는 위치에 배치할 수 없는 경우에는 화살표를 이용하여 나타내고, 그 의미를 화살표 및 영문자의 대문자로 나타낸다. 다만 구부린 중심선으로 연결하여 투상 관계를 표시해도 좋다.

보조 투상법을 이용한 보기

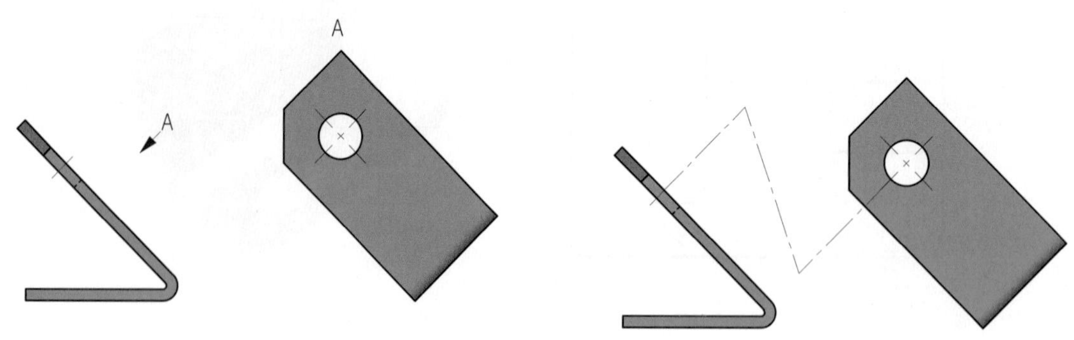

③ 보조 투상도(필요 부분의 투상도도 포함)의 배치 관계가 알기 어려운 경우에는 표시 문자의 각각에 상대 위치의 도면 구역 구분기호를 부기한다.

구분 기호를 부기하는 투상도의 보기

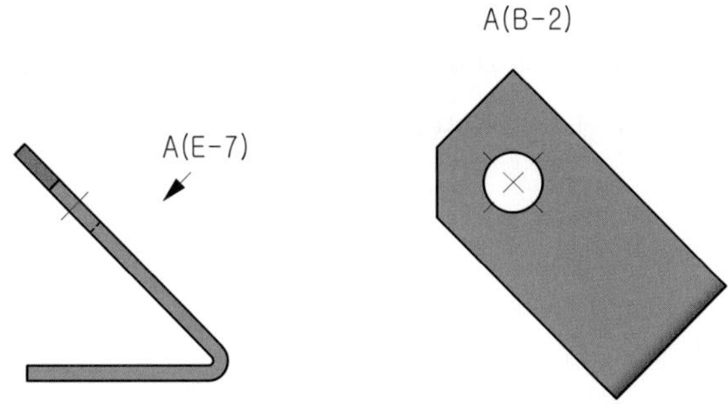

[비고] 구분기호 (E-7)은 보조 투상도가 그려진 도면의 구역을 나타내며, 구분 기호 (B-2)는 화살표가 그려진 도면의 구역을 나타낸다(KS B ISO 5457 참조).

LESSON 05 회전 투상도

투상면이 어떤 각도를 가져서 그 실제 형상을 표시하지 못할 때에는 그 부분을 회전해서 그 실제 형상을 도시할 수 있다. 또한 잘못 볼 우려가 있을 경우에는 작도에 사용한 선을 남긴다.

암의 회전 도시의 보기

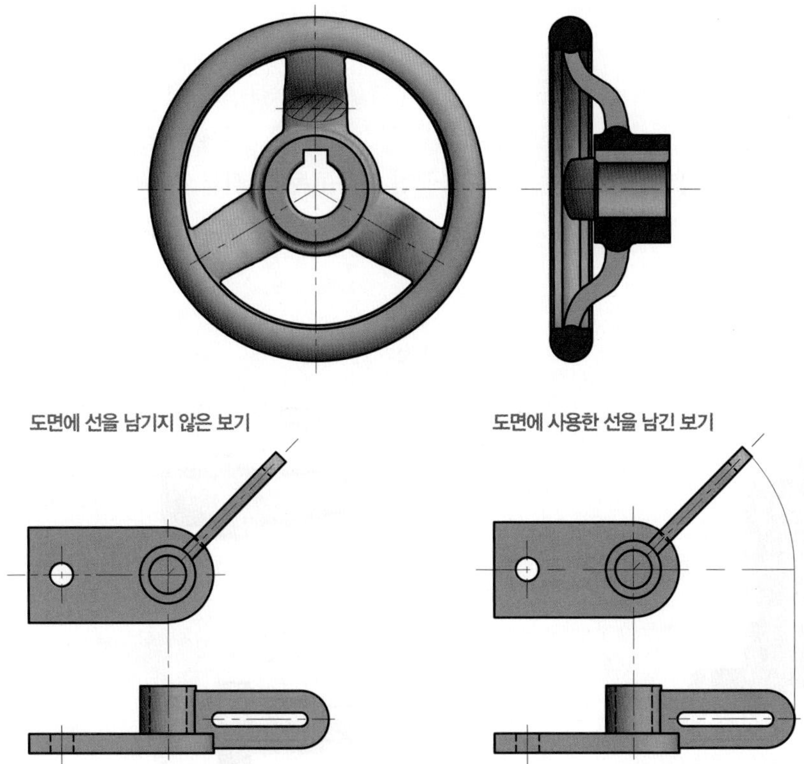

LESSON 06 부분 투상도

그림의 일부를 도시하는 것으로 충분한 경우에는 그 필요 부분만을 부분 투상도로서 표시한다. 이 경우에는 생략한 부분과의 경계를 파단선으로 나타낸다. 다만 명확한 경우에는 파단선을 생략하여도 좋다.

부분 투상도의 보기

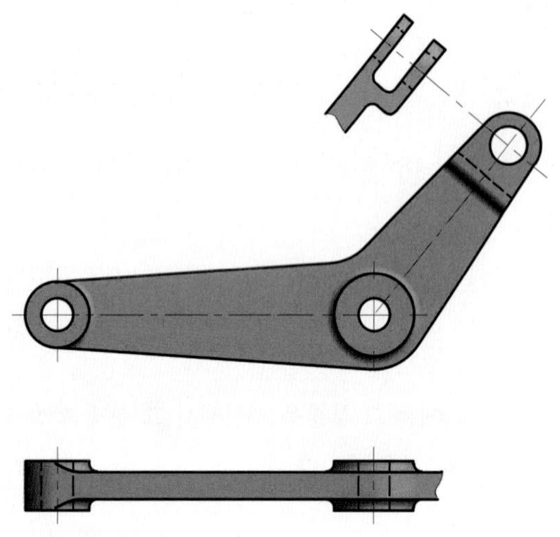

LESSON 07 국부 투상도

대상물의 구멍, 홈 등 한 국부만의 모양을 도시하는 것으로 충분한 경우에는 그 필요 부분을 국부 투상도로 나타낸다. 투상 관계를 나타내기 위하여 원칙으로 주된 그림에 중심선, 기준선, 치수 보조선 등으로 연결한다.

국부 투상도의 보기(1)

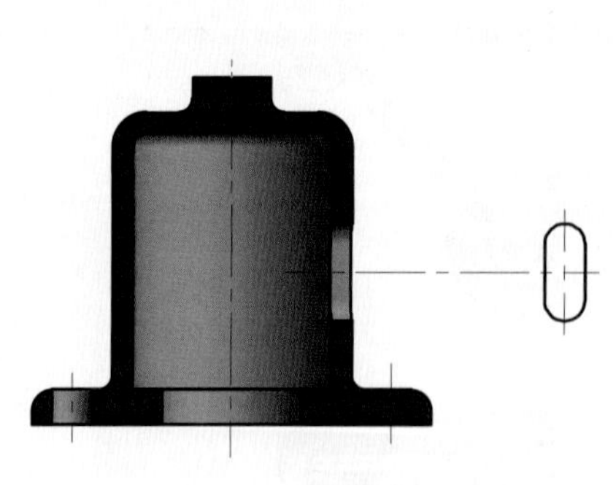

국부 투상도의 보기(2)

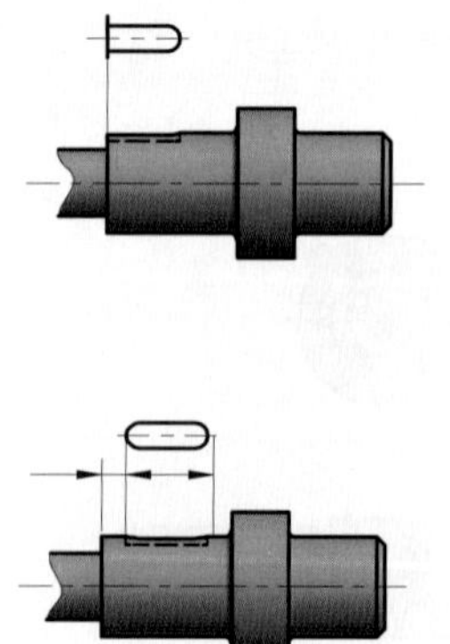

LESSON 08 부분 확대도

특정 부분의 도형이 작아서 그 부분의 도시나 치수 기입을 할 수 없을 때는 그 부분을 가는 실선으로 에워싸고, 영문자 대문자로 표시함과 동시에 그 해당 부분을 다른 장소에 확대하여 그리고, 표시하는 글자 및 척도를 부기한다. 다만, 확대한 그림의 척도를 나타낼 필요가 없는 경우에는 척도 대신 '확대도'라고 부기하여도 좋다.

부분 확대도의 보기

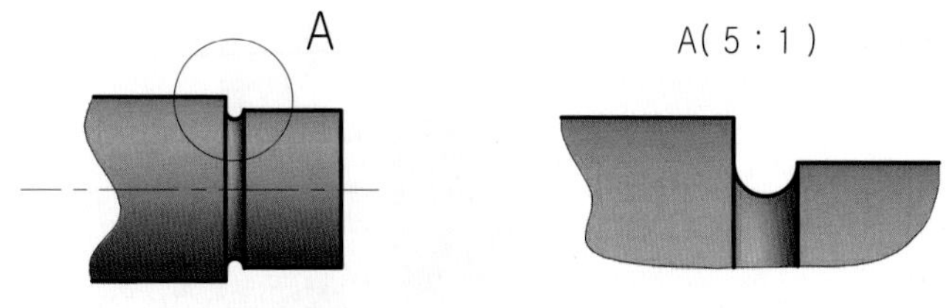

확대도 예시

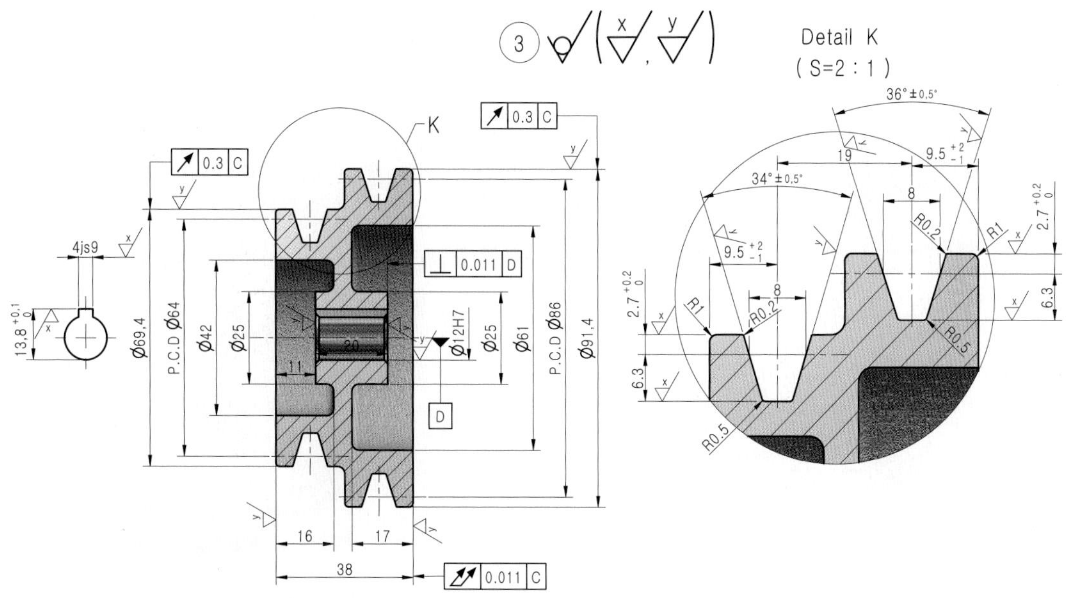

Section

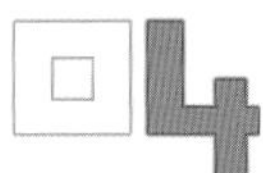

정투상도 작도 실습 심화 과제 도면

1. 레벨 1단계 정투상도 작도

1

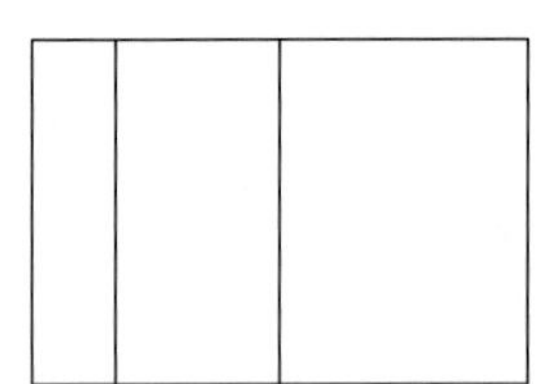

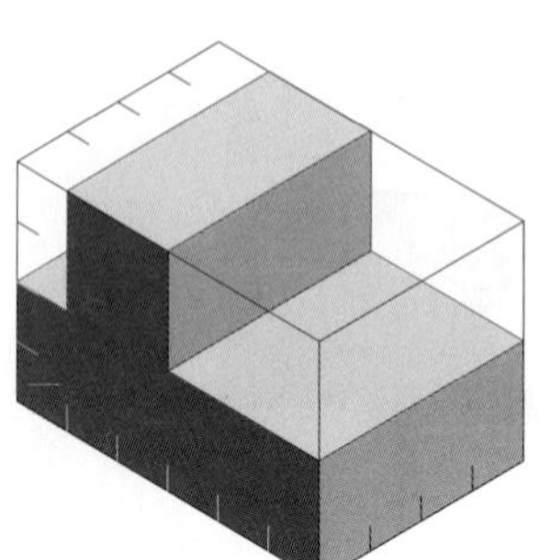

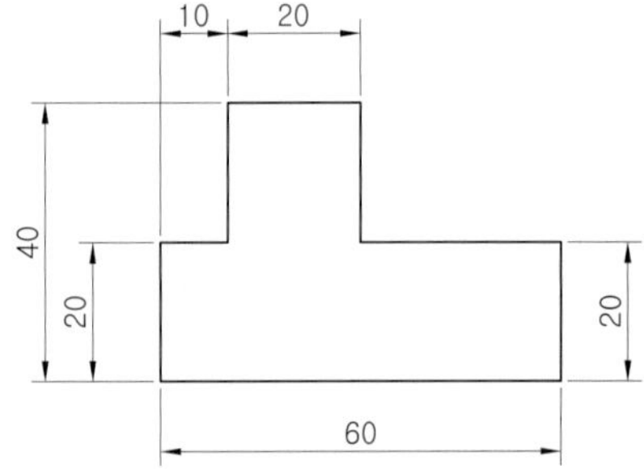

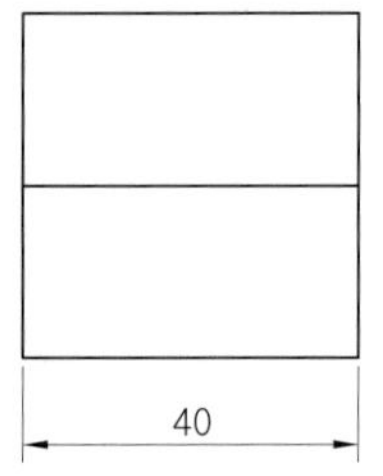

2

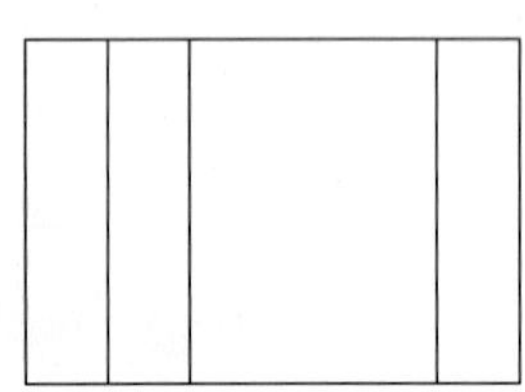

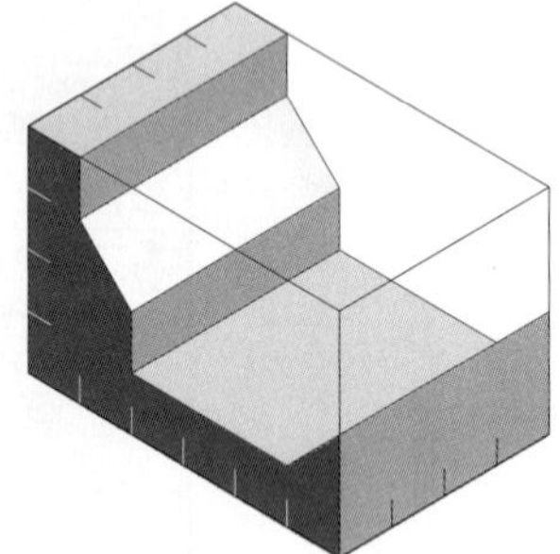

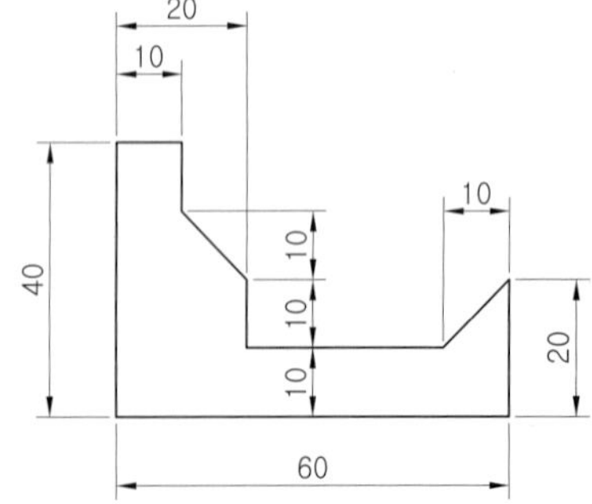

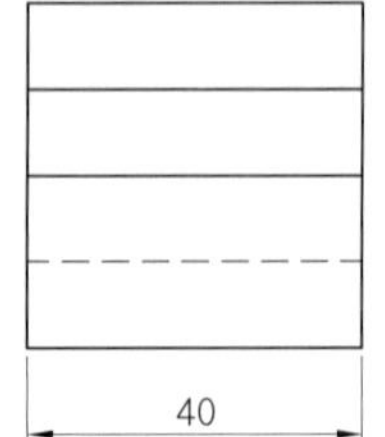

3

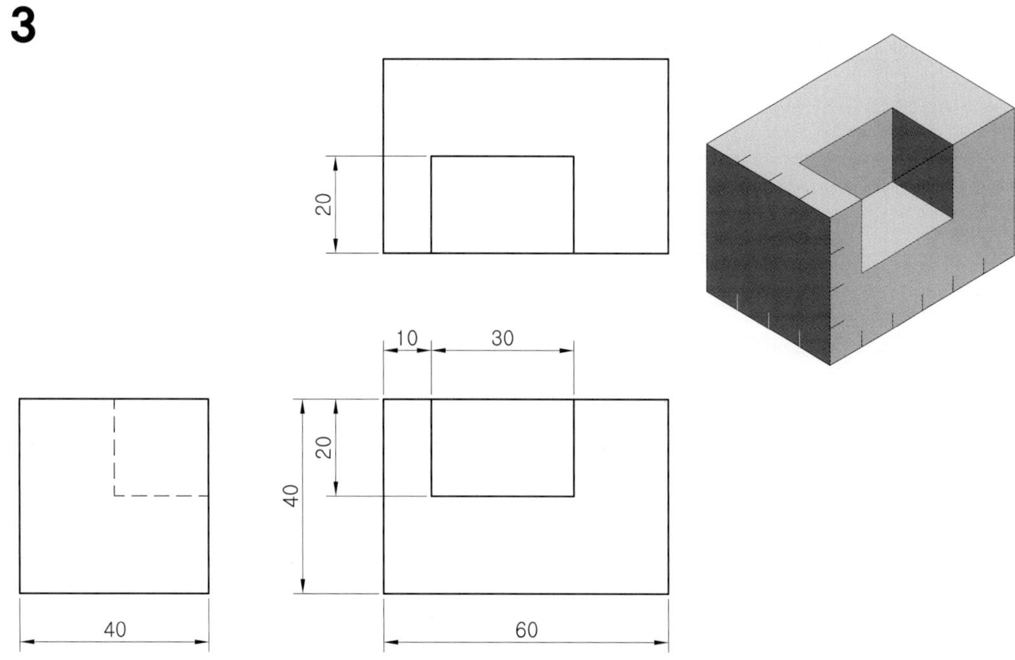

4

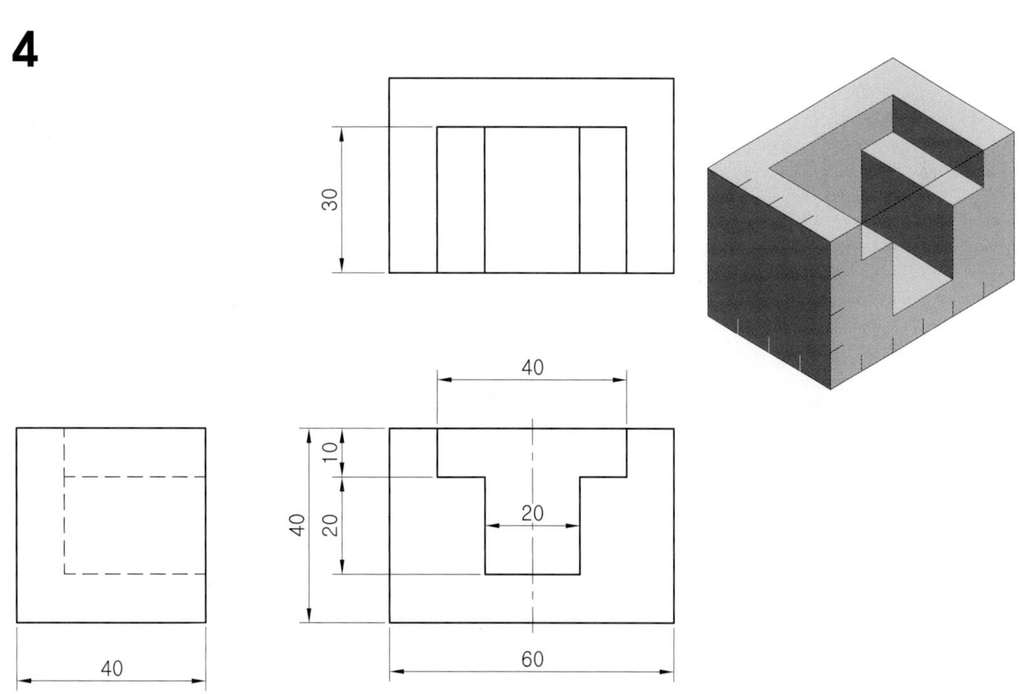

5

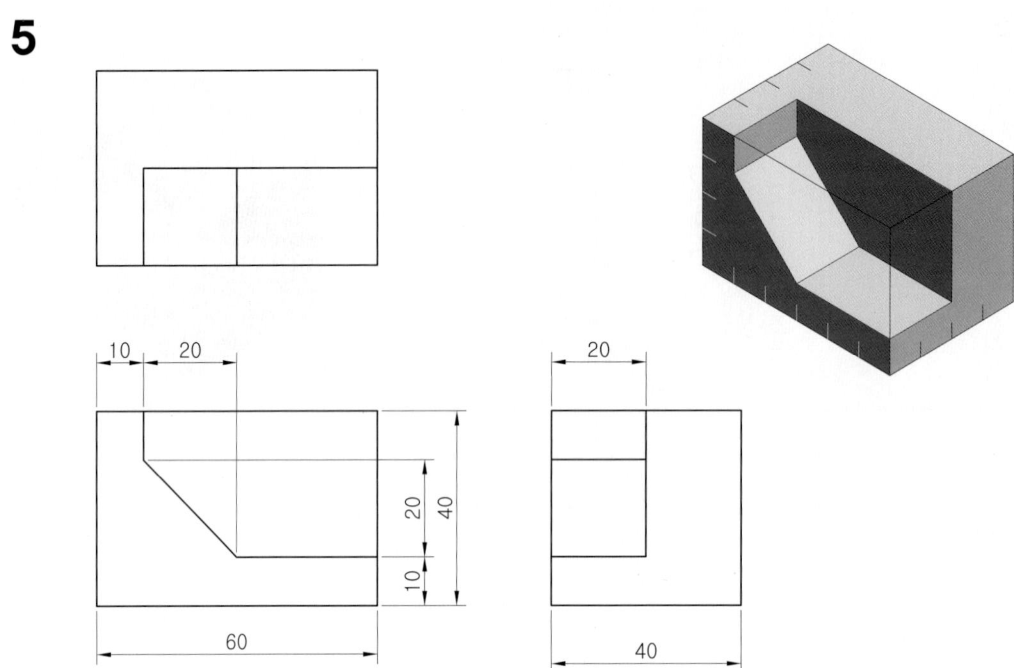

6

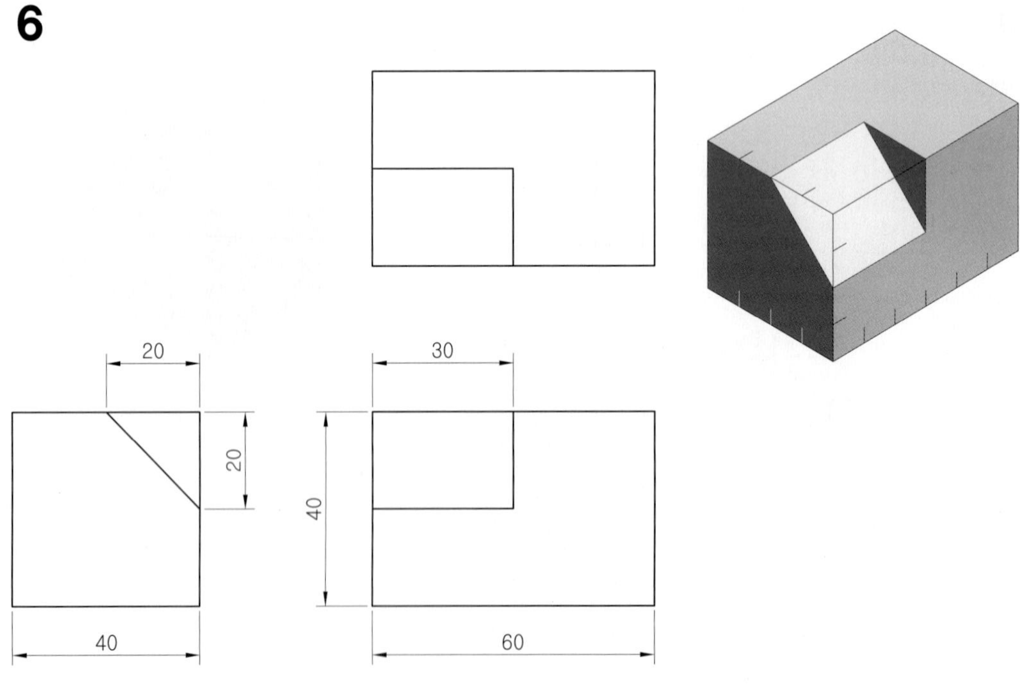

7

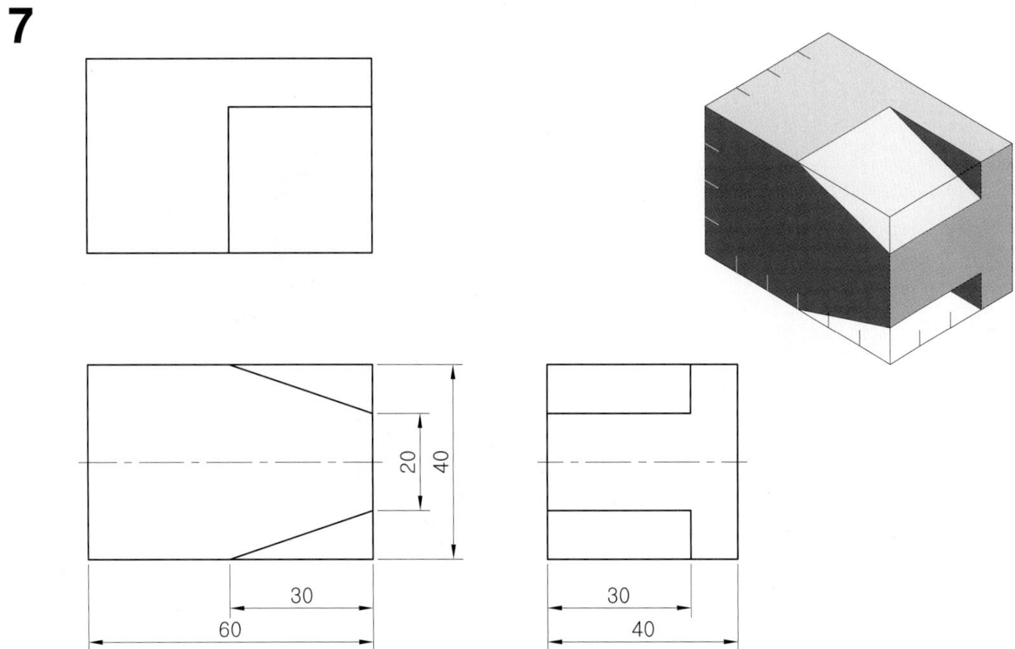

8

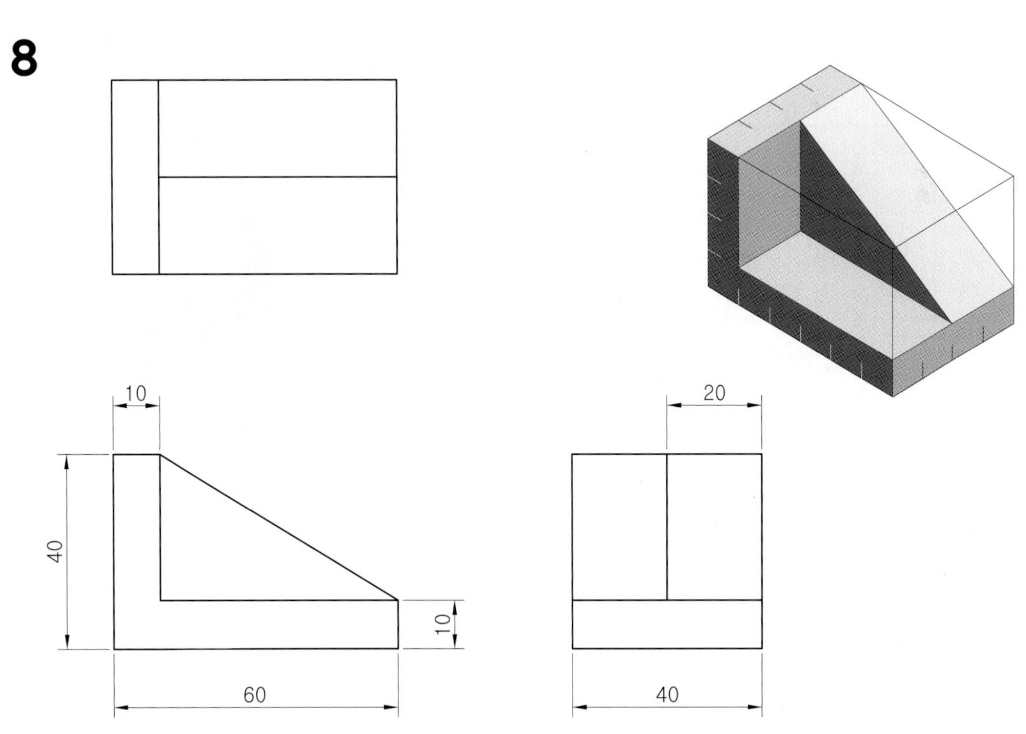

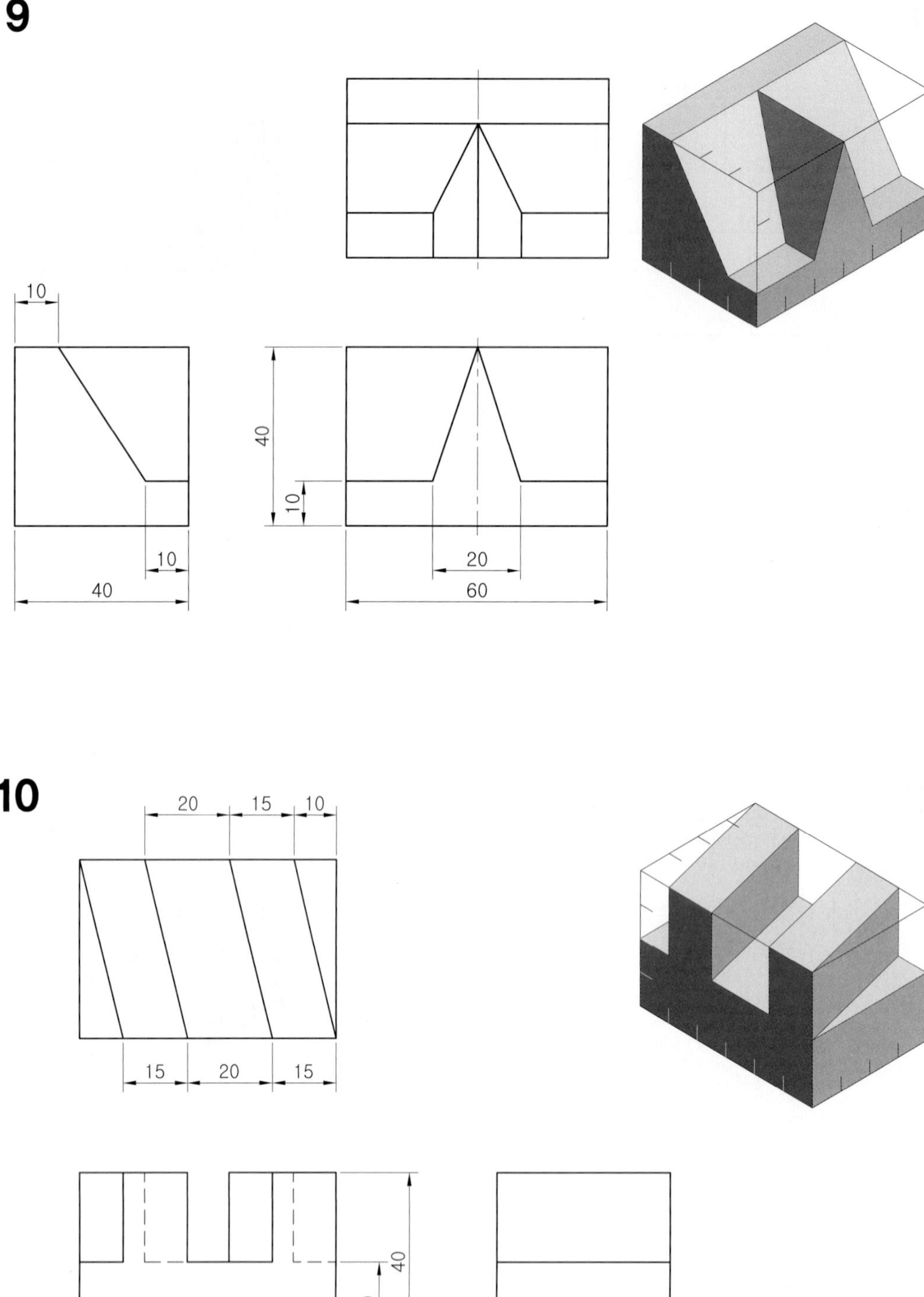
9
10
10
40
10
20
60
10
40
20
15
10
15
20
15
40
20
60
40

11

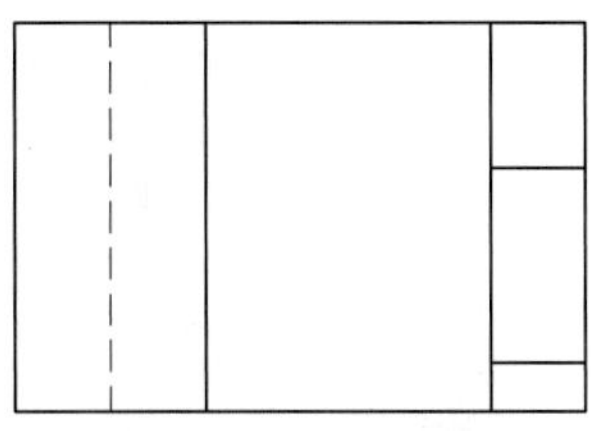

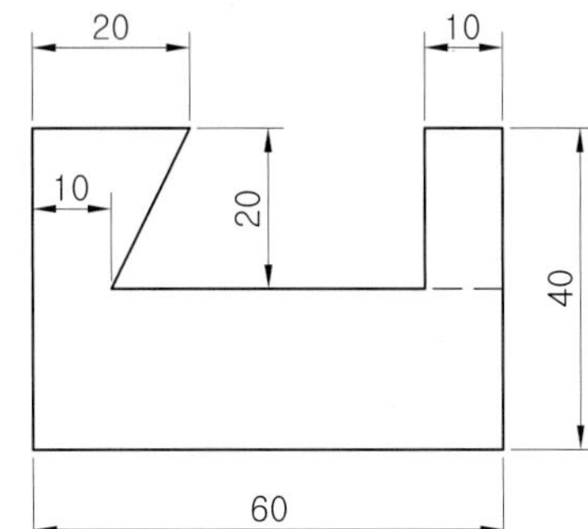

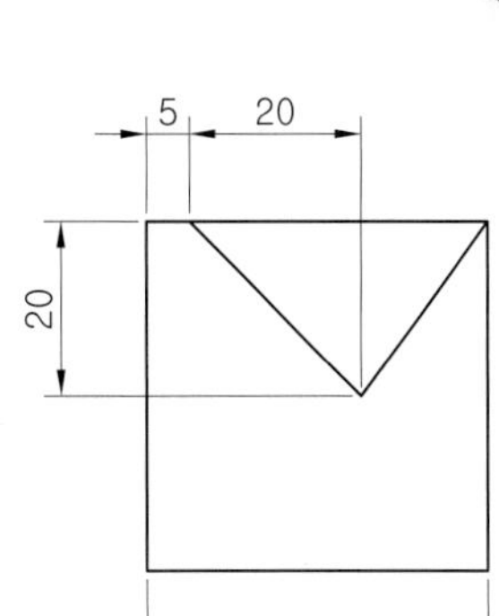

12

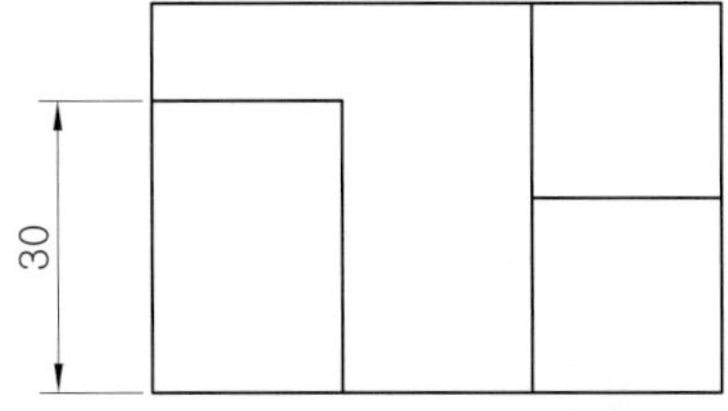

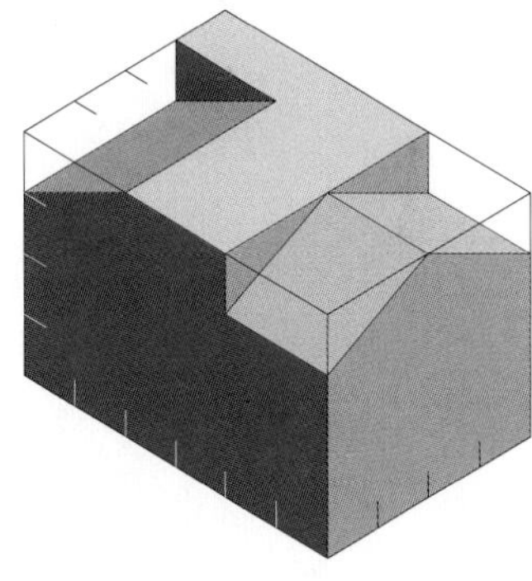

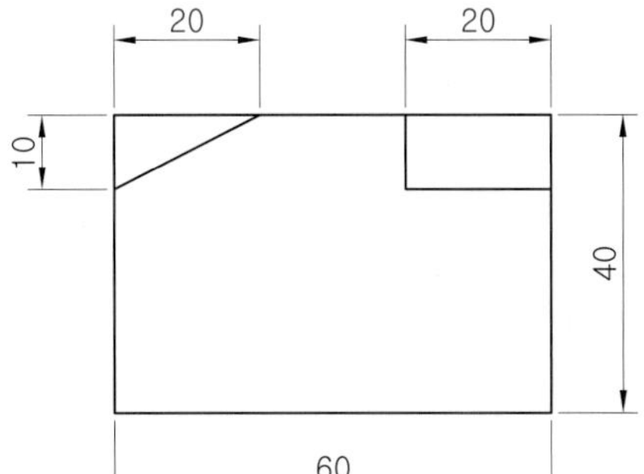

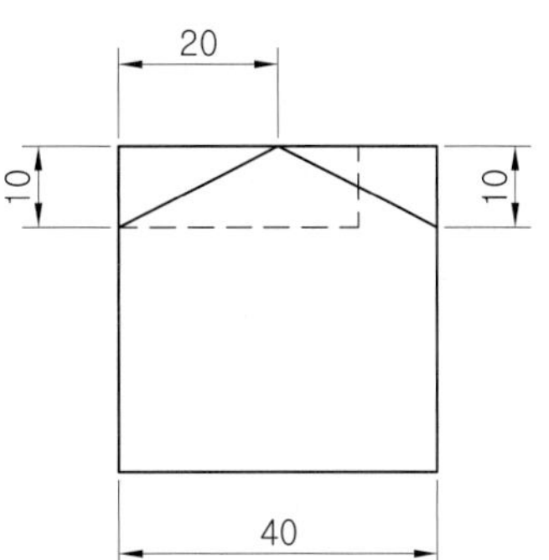

13

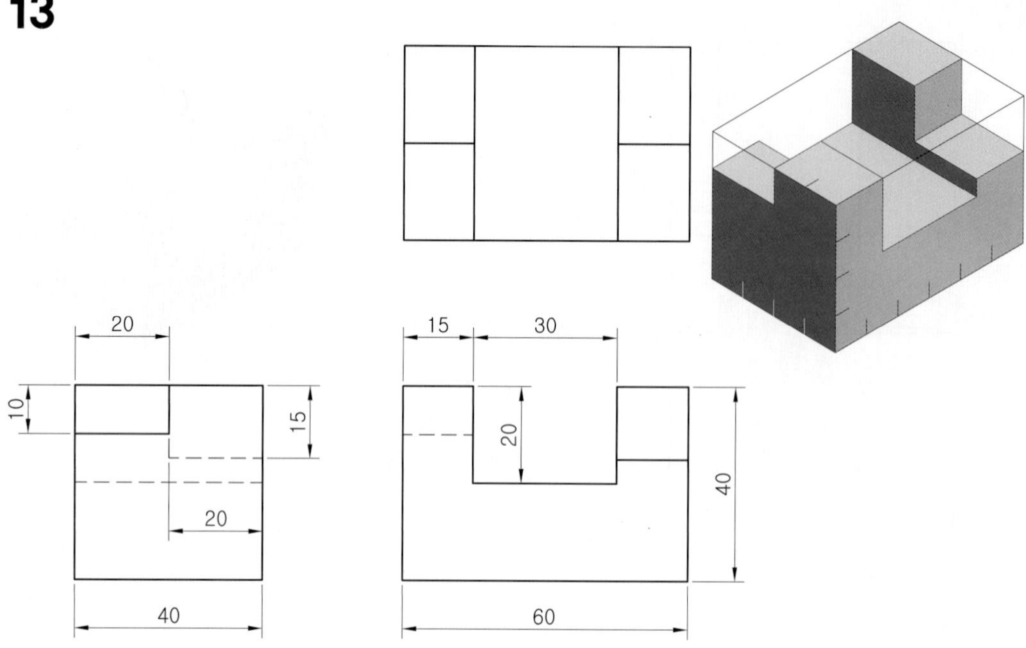

14

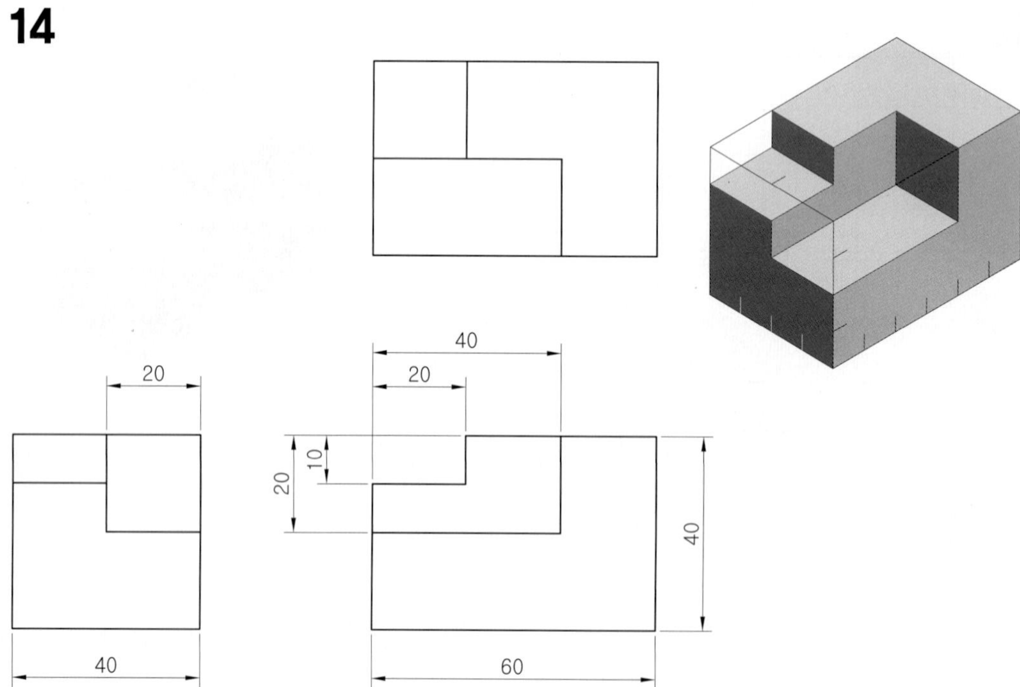

15

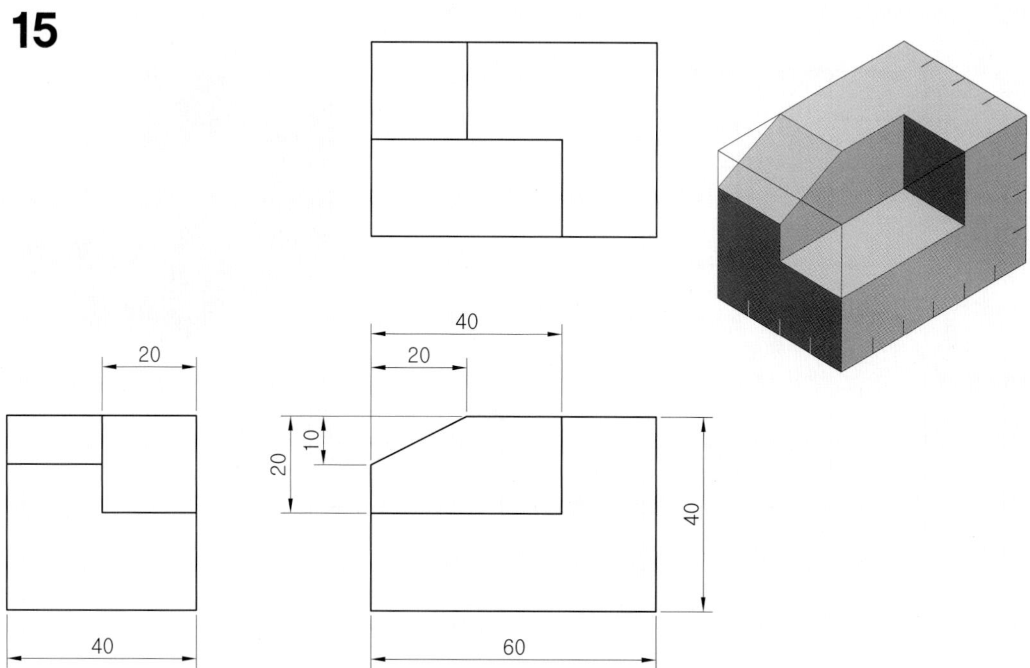

16

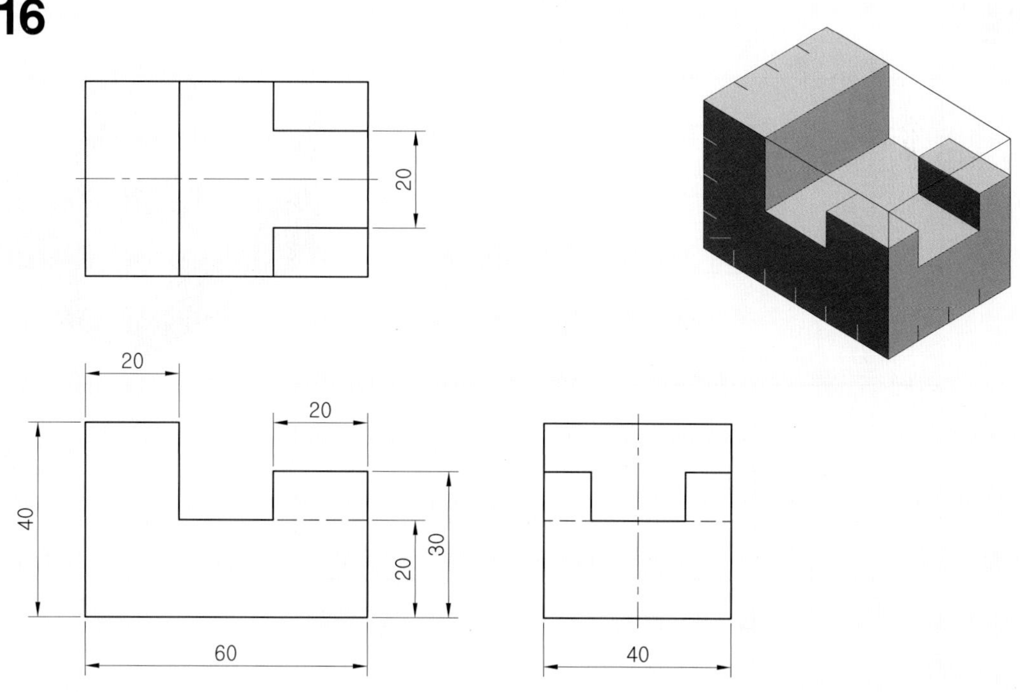

17

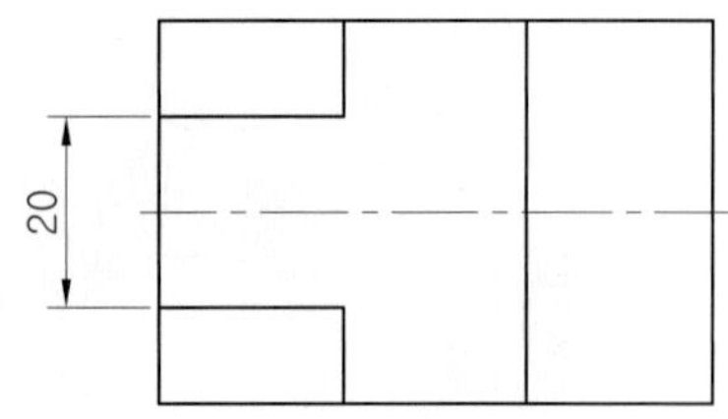

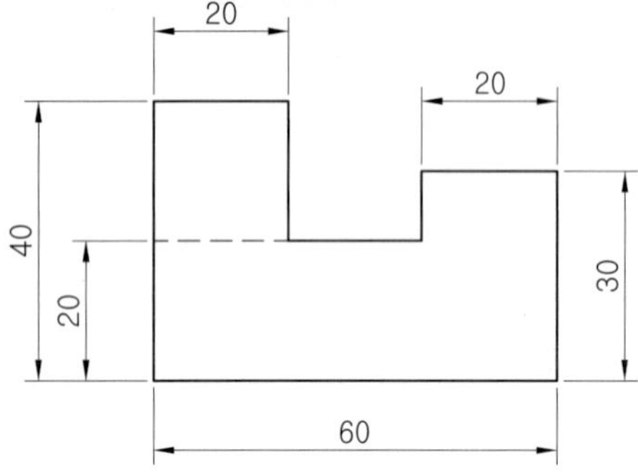

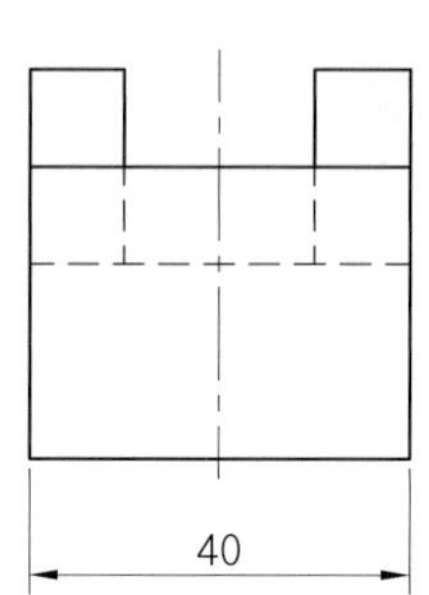

18

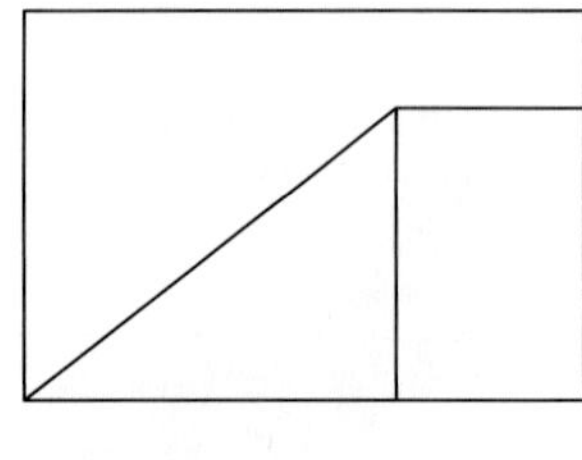

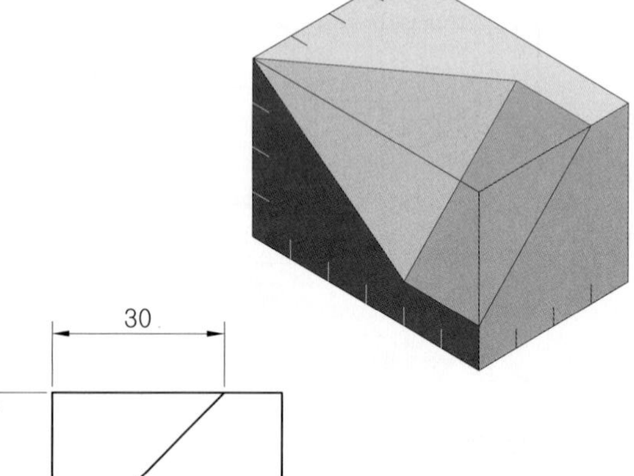

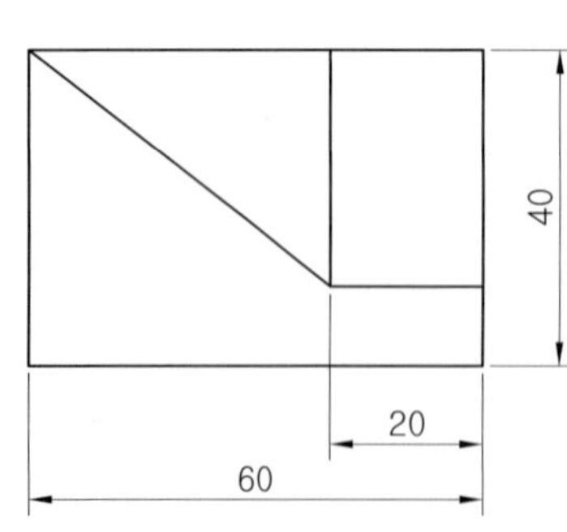

19

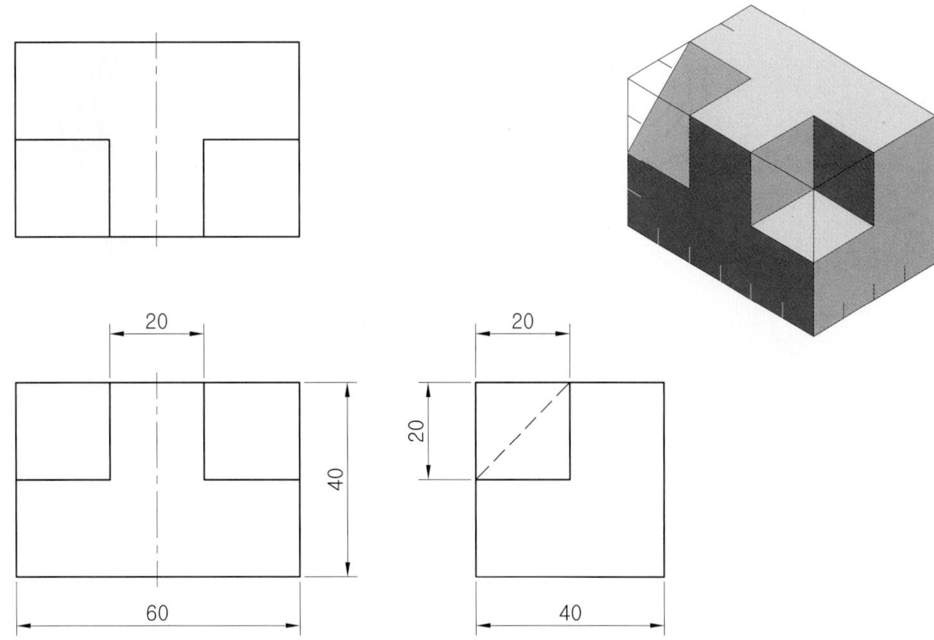

20

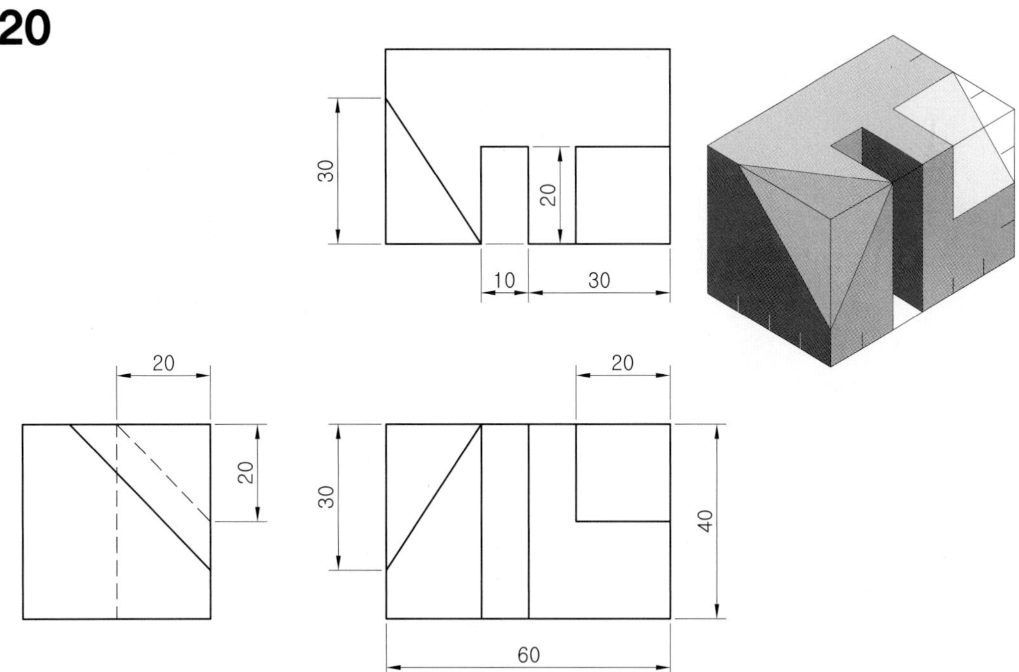

21

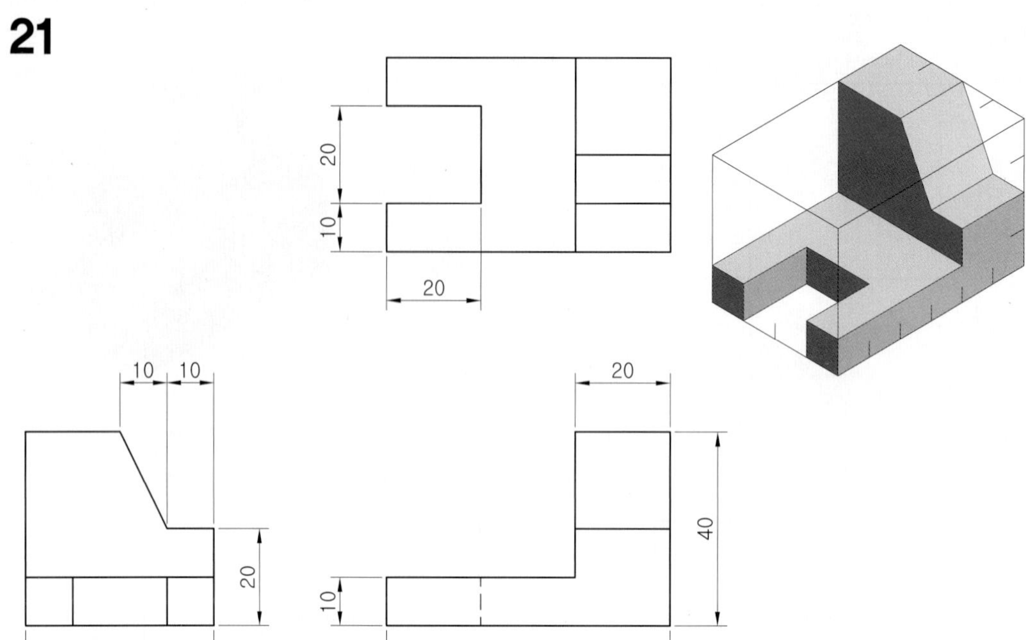

22

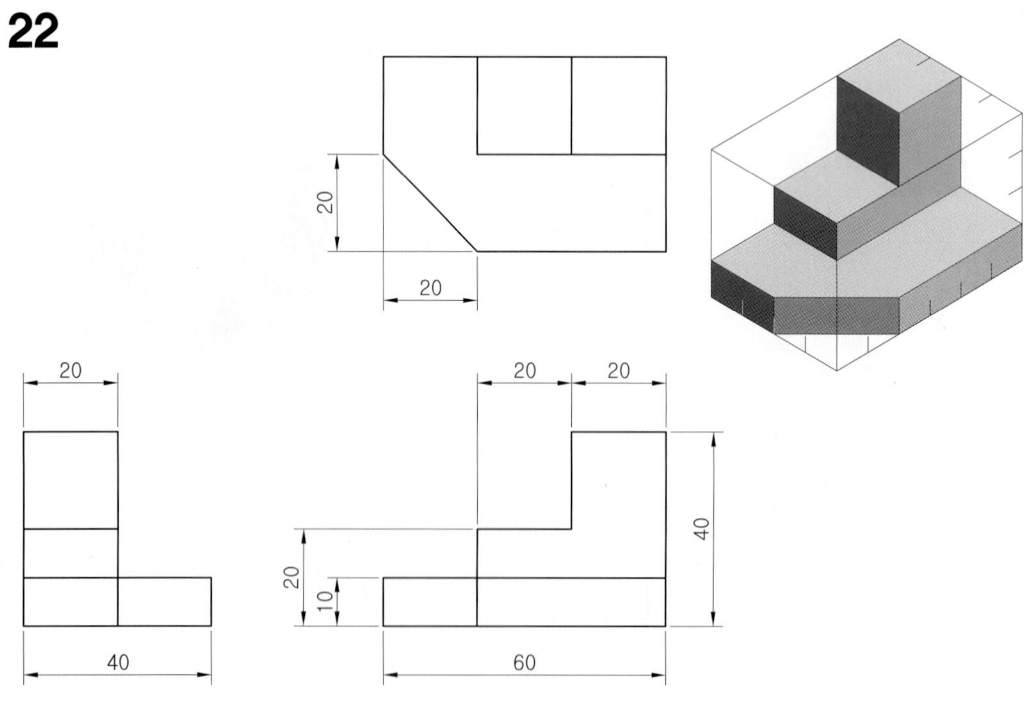

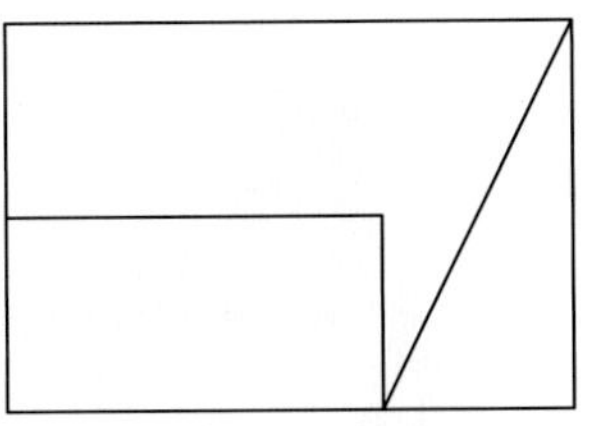

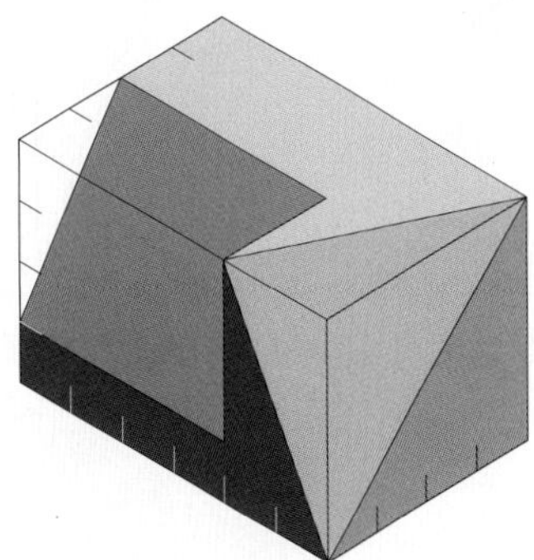

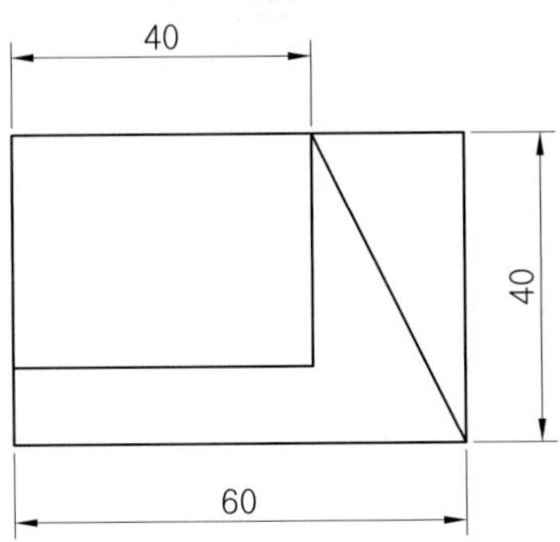

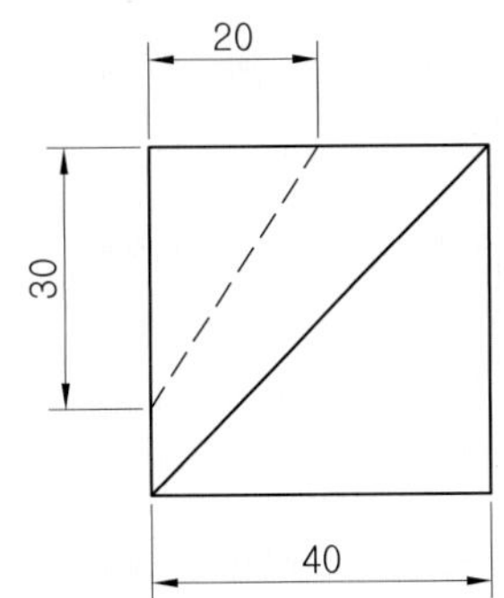

24

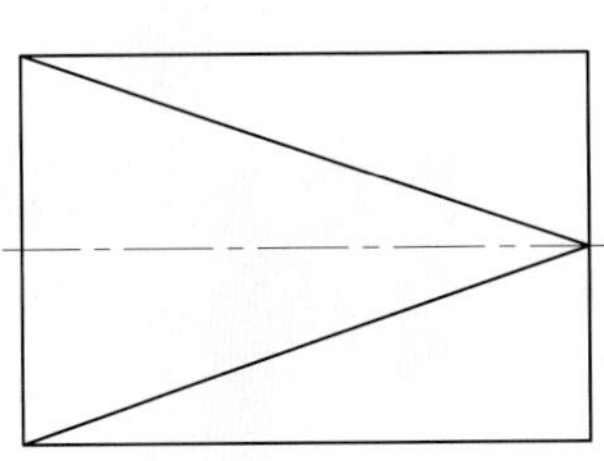

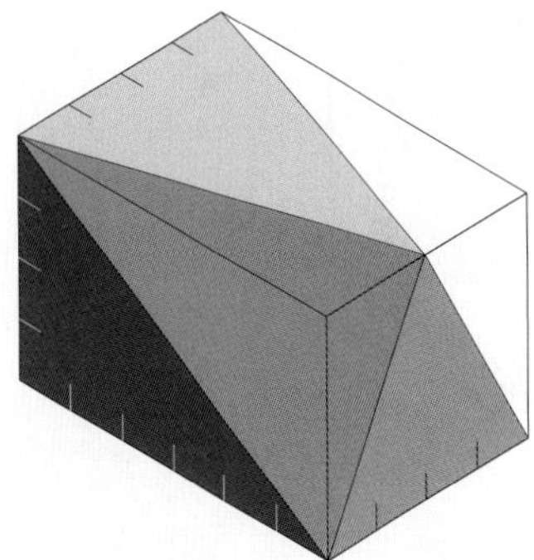

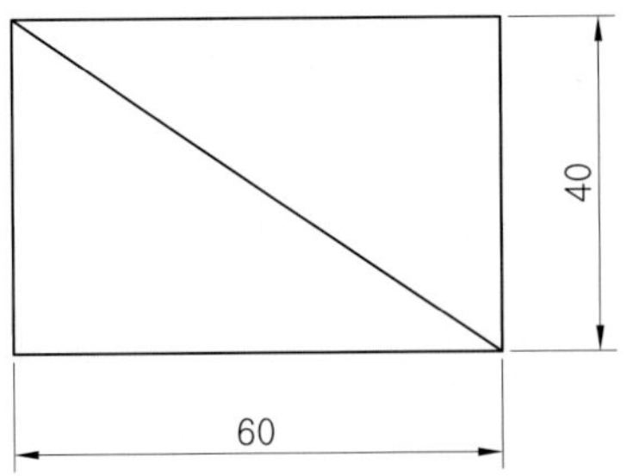

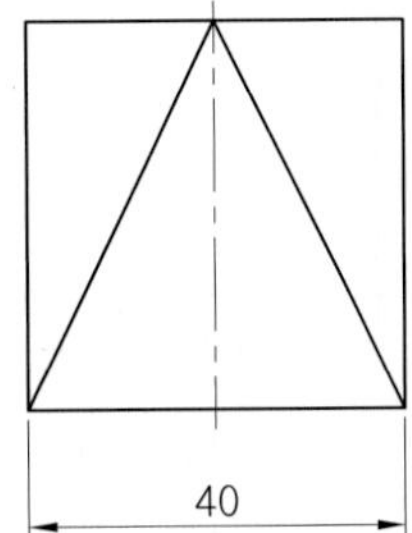

25

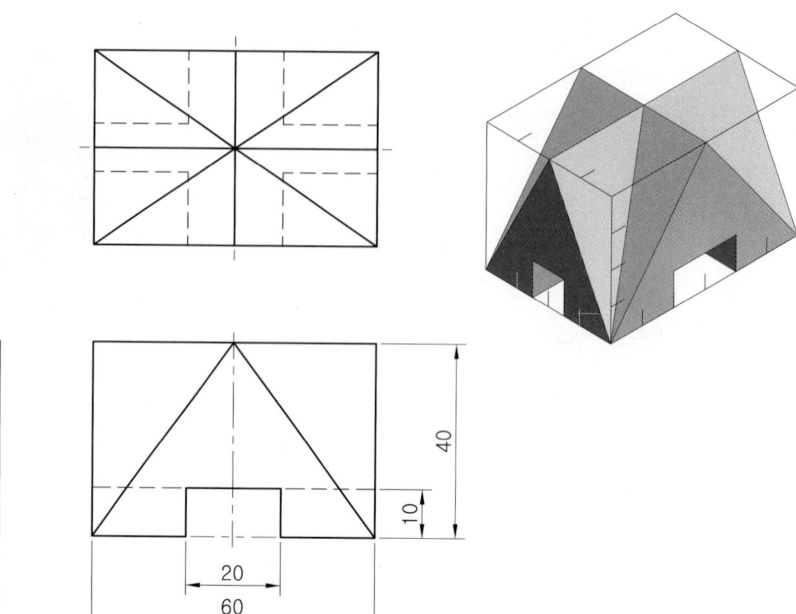

26

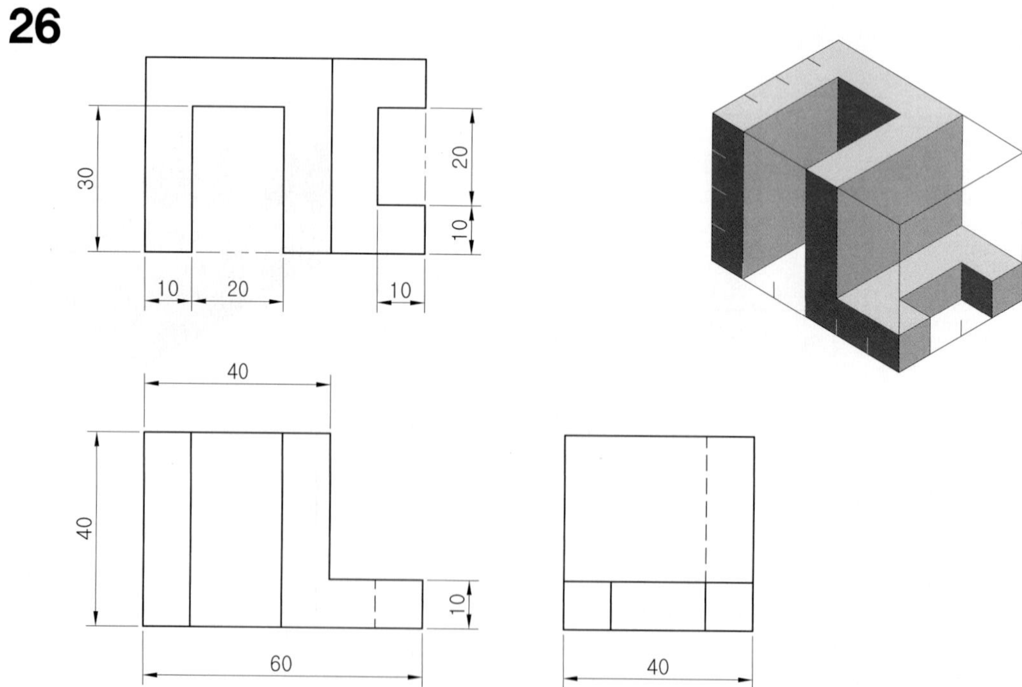

27

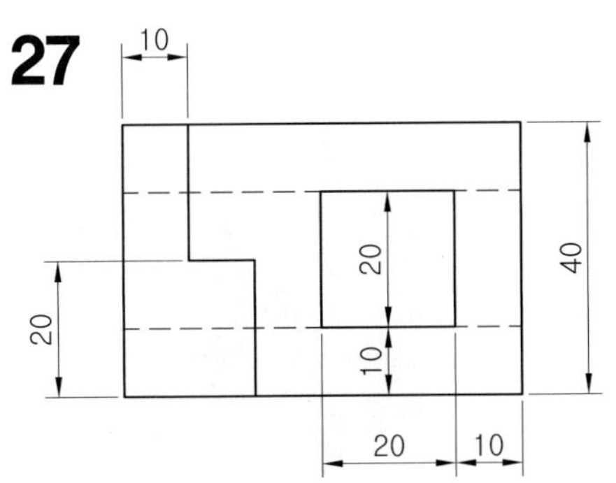

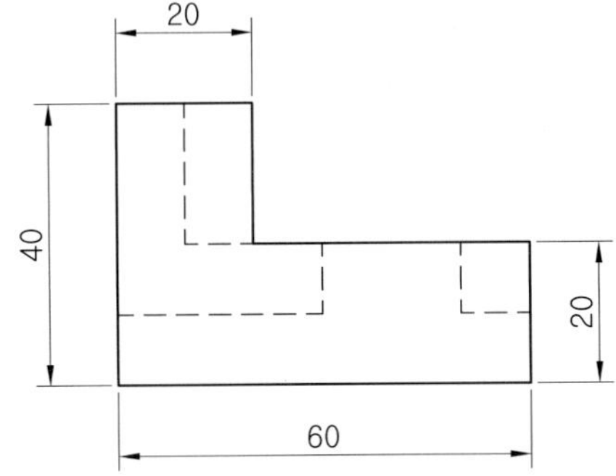

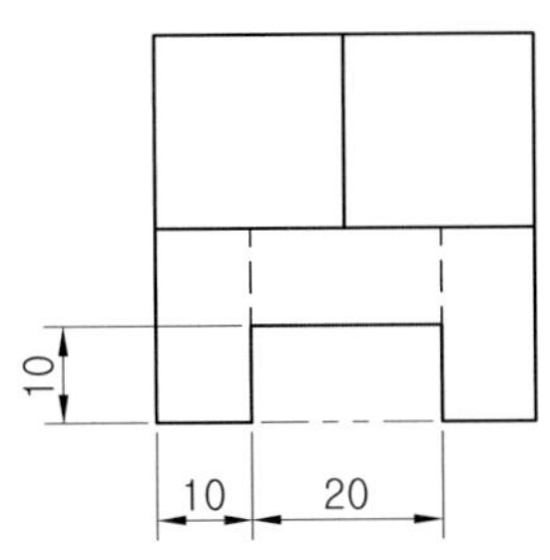

28

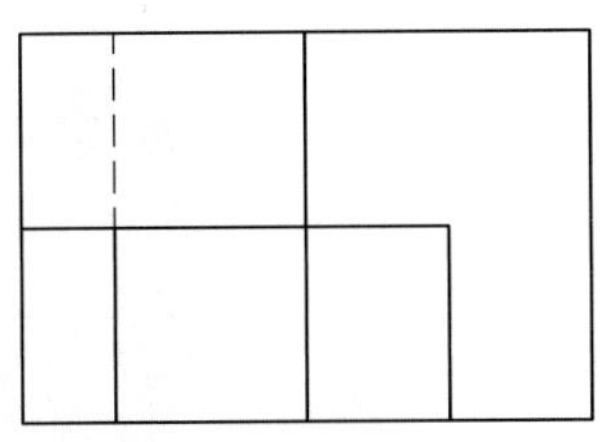

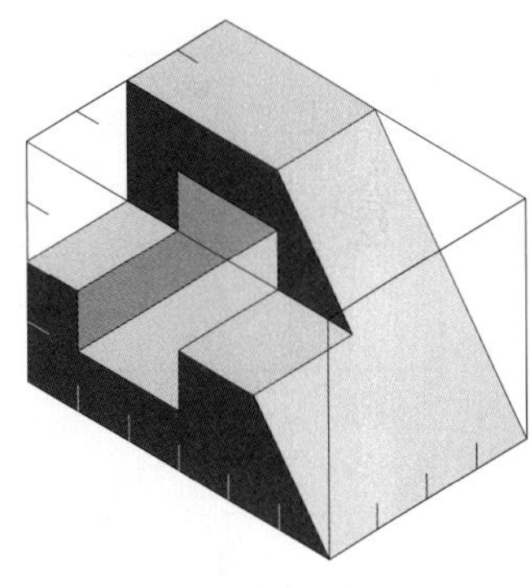

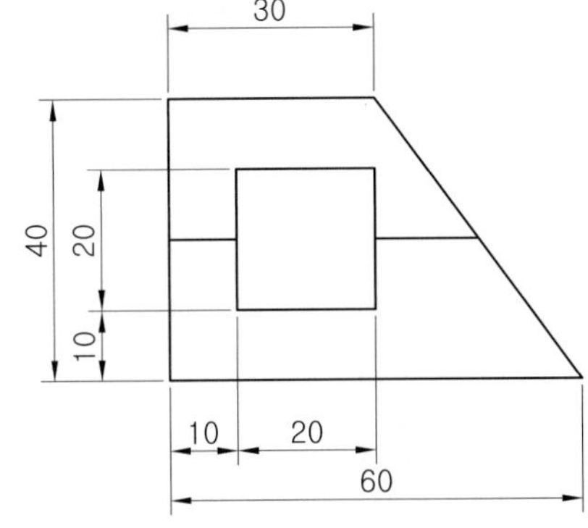

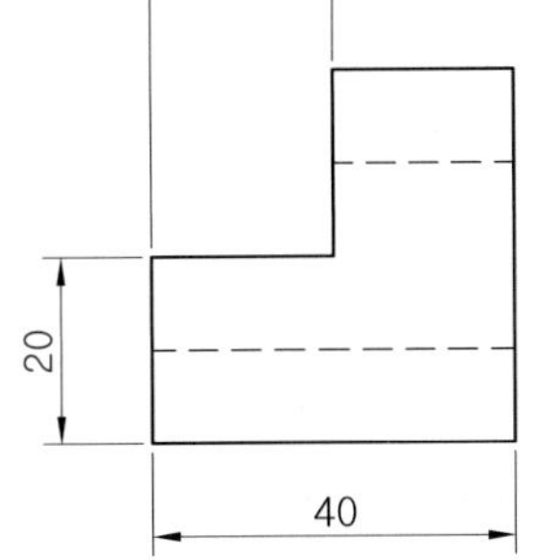

29

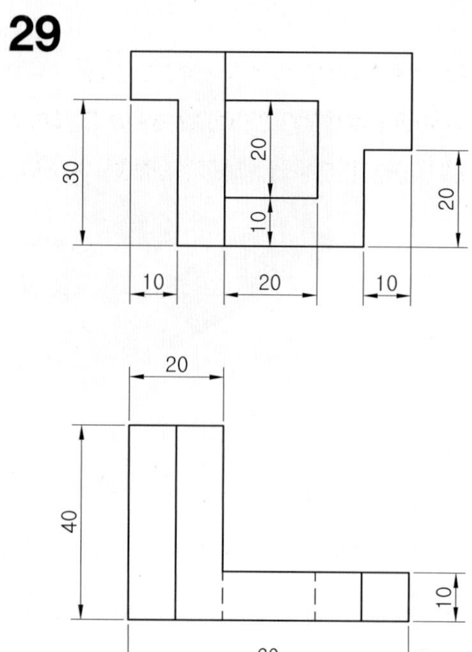

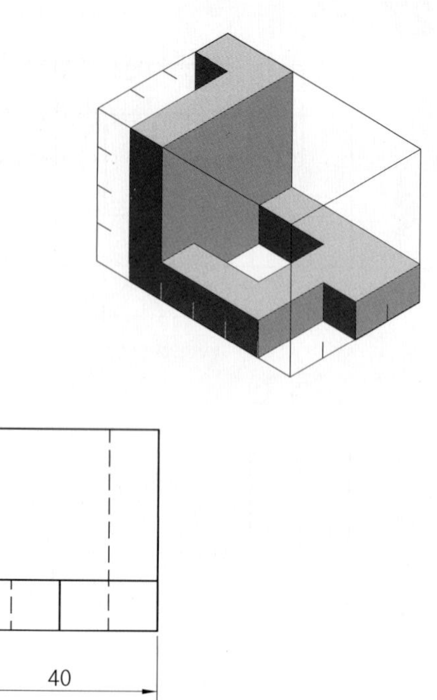

30

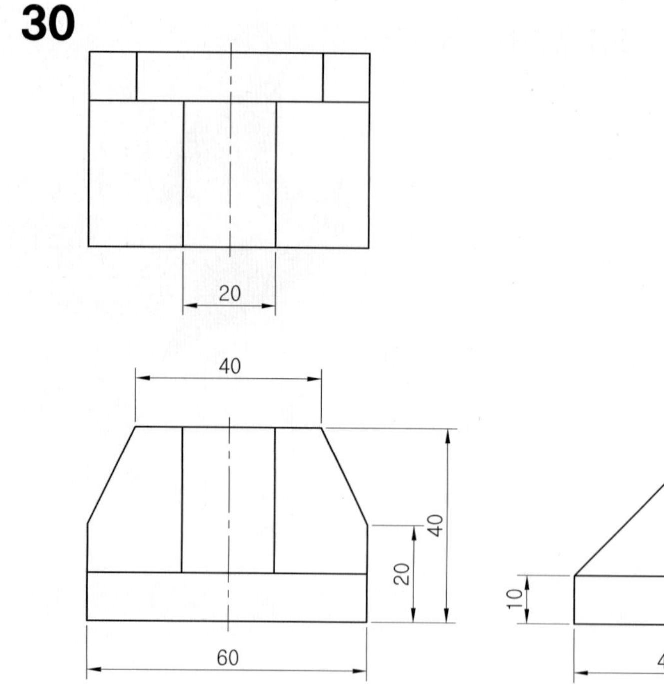

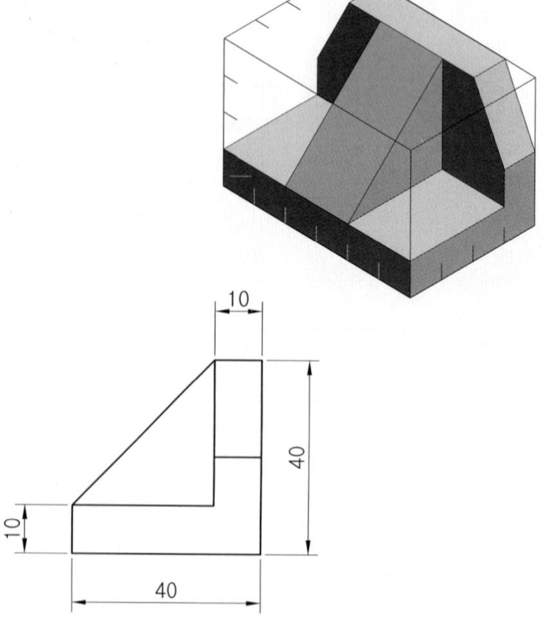

2. 레벨 2단계 정투상도 작도

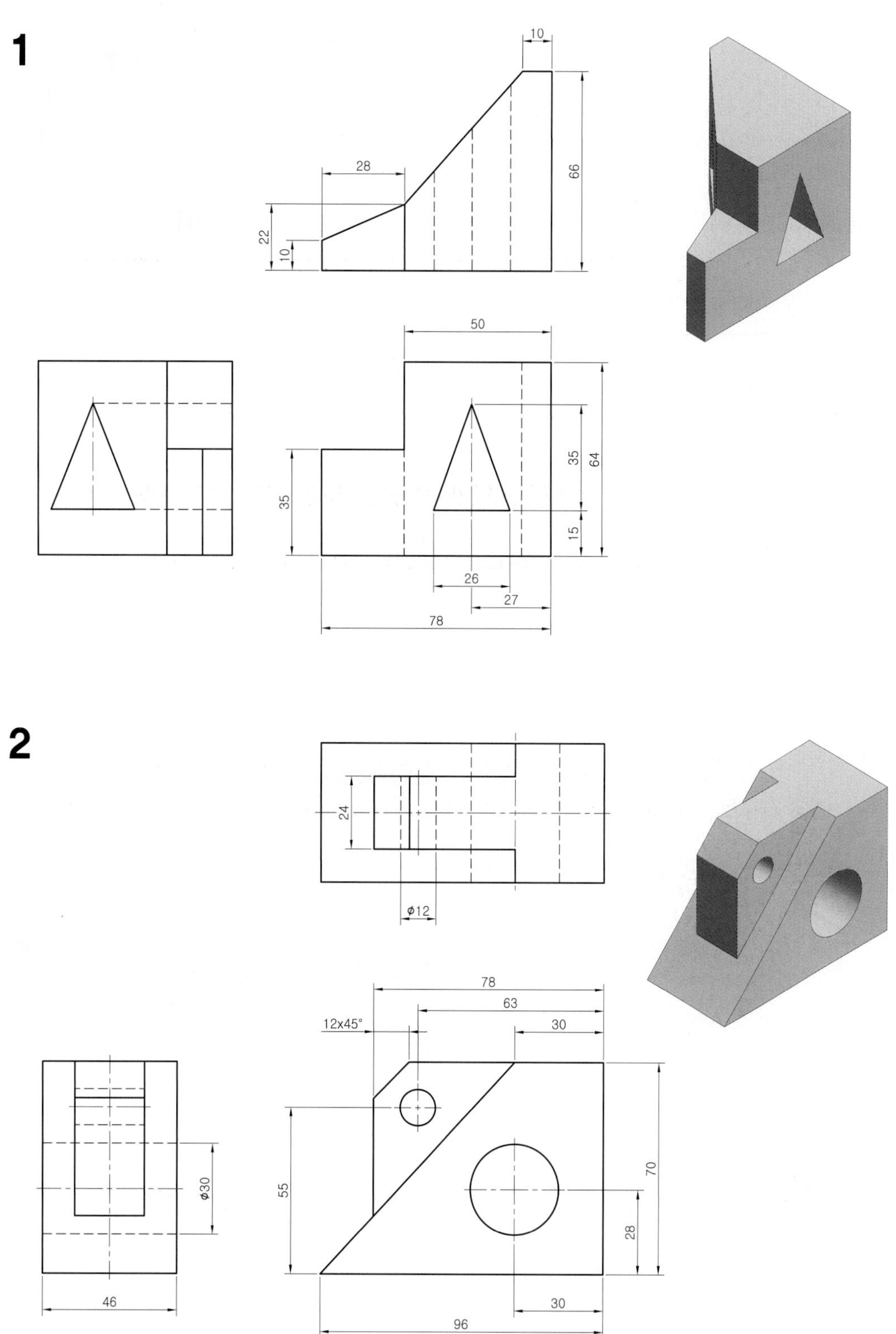

3

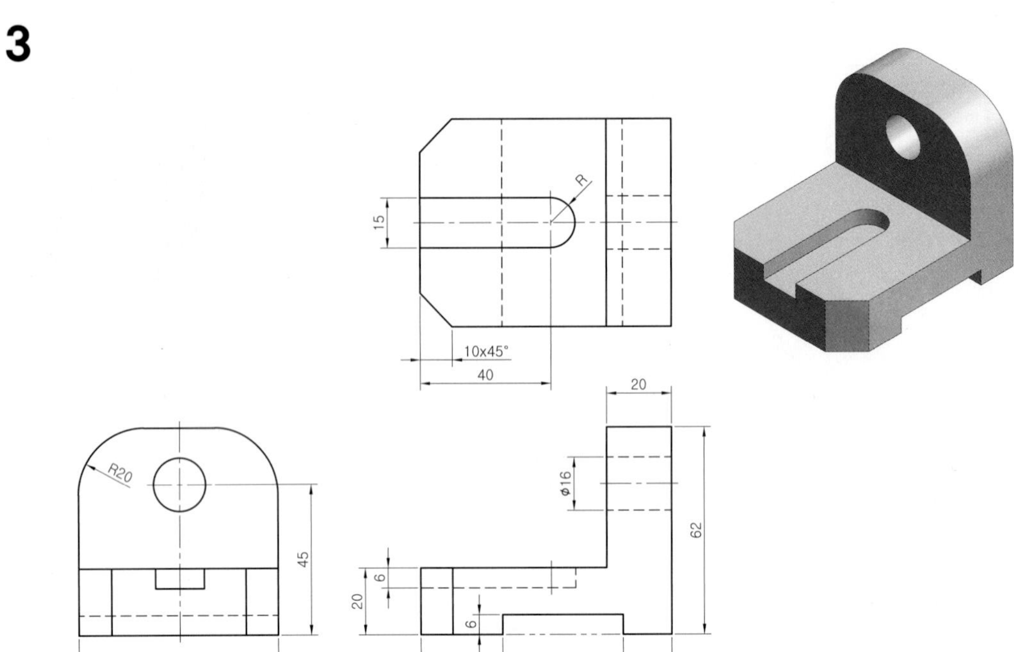

R
15
10x45°
40
20
R20
ϕ16
62
45
6
20
6
37
15
62
77

4

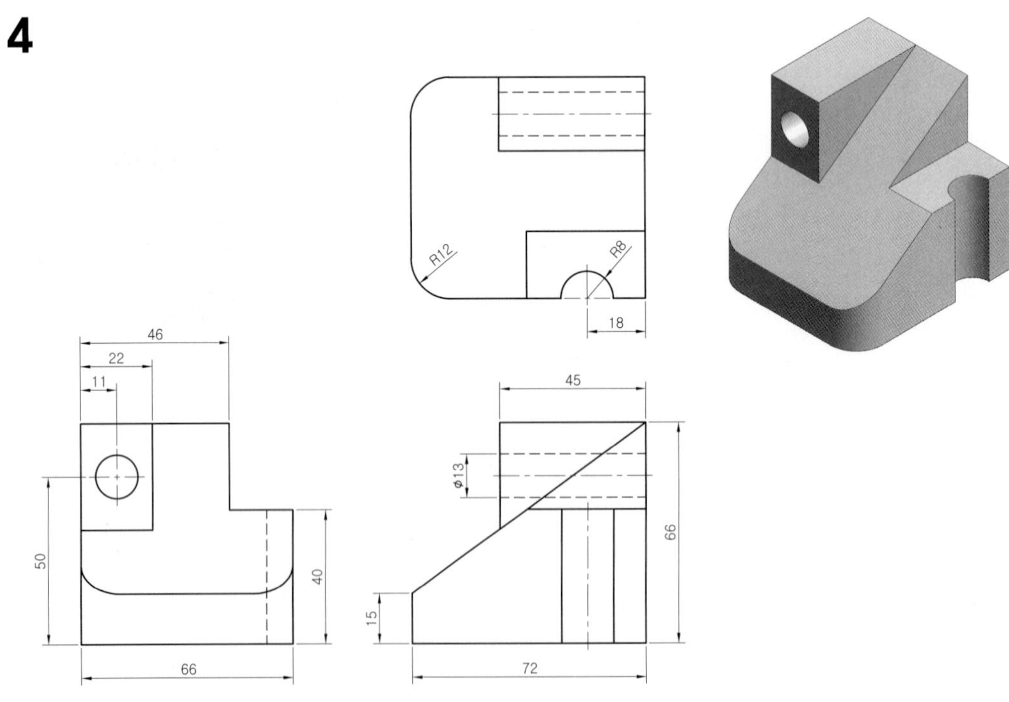

R12
R8
18
46
22
11
45
ϕ13
50
40
66
15
66
72

5

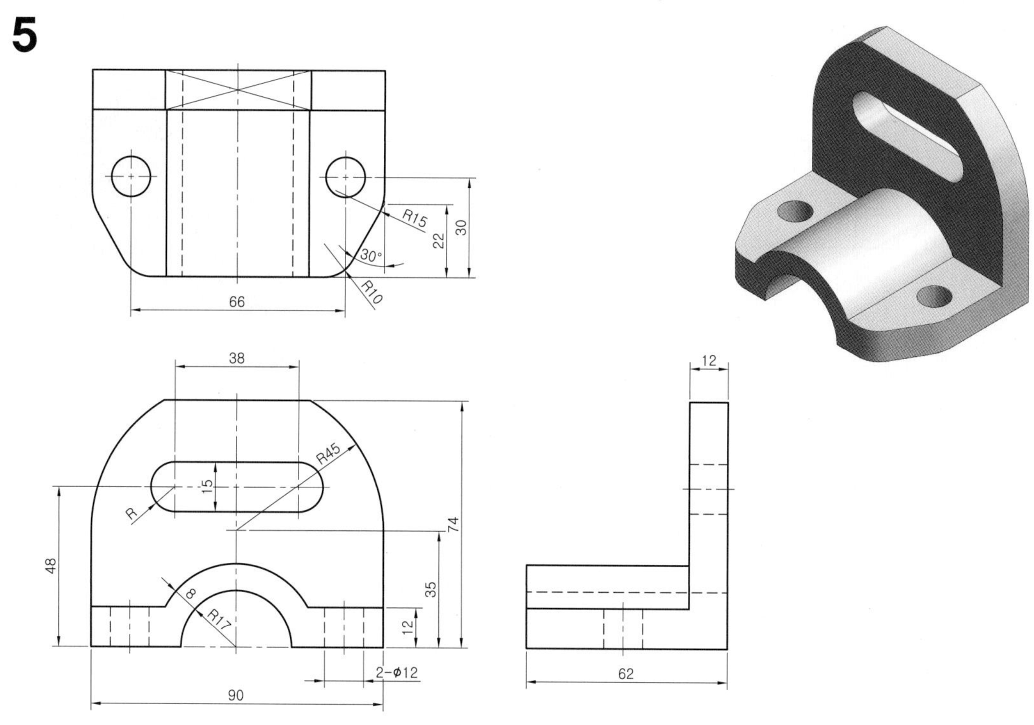
R15
22
30
30°
R10
66
38
R45
15
R
74
48
35
8
R17
12
2-Φ12
90
12
62

6

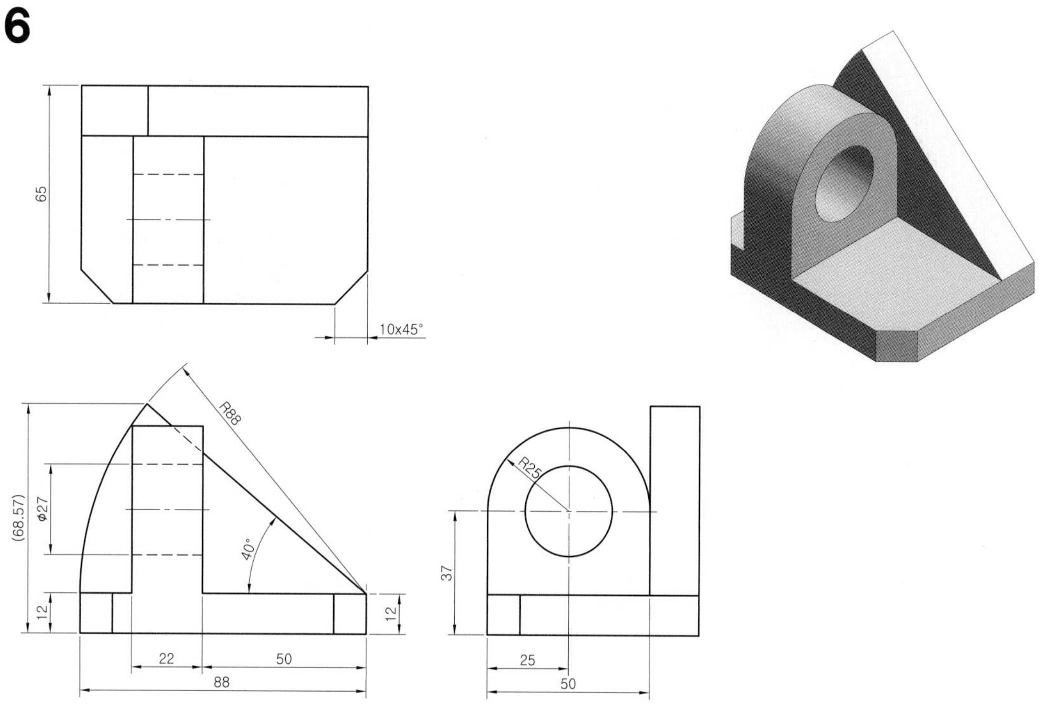
65
10x45°
R88
(68.57)
Φ27
40°
12
12
22
50
88
R25
37
25
50

7

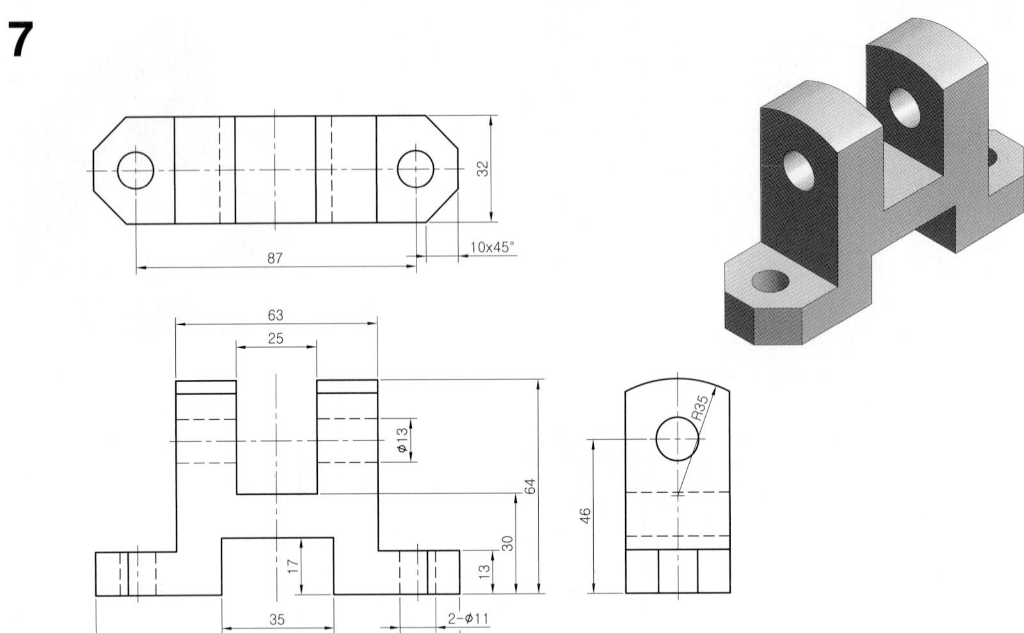

32
10x45°
87
63
25
ϕ13
64
30
13
17
35
2-ϕ11
113
R35
46

8

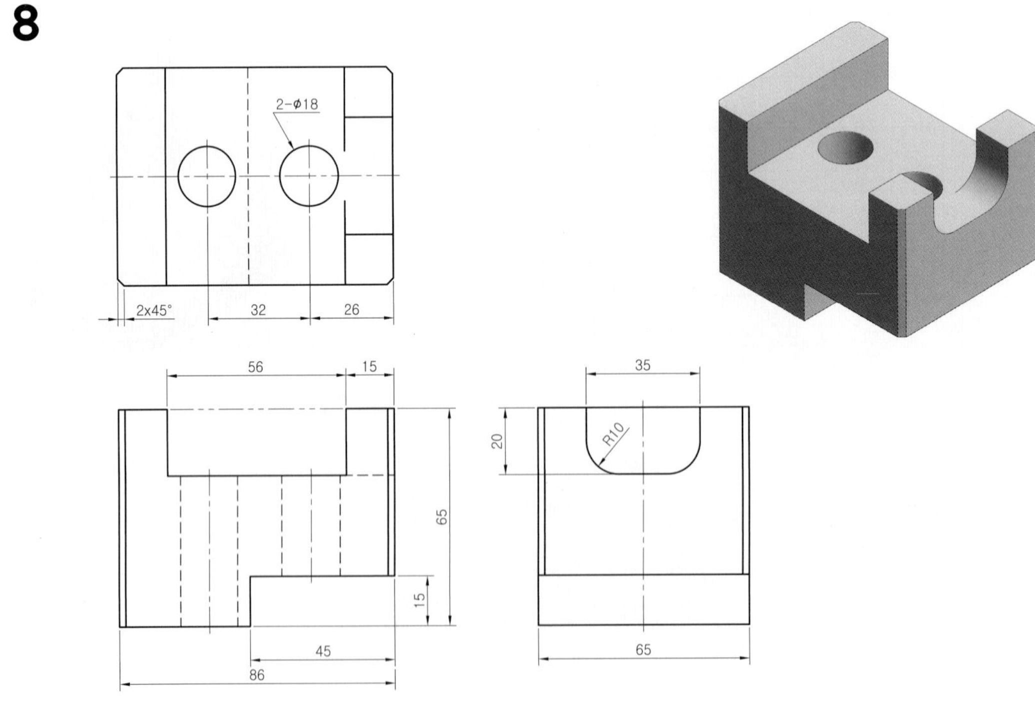

2-ϕ18
2x45°
32
26
56
15
65
15
45
86
35
R10
20
65

9

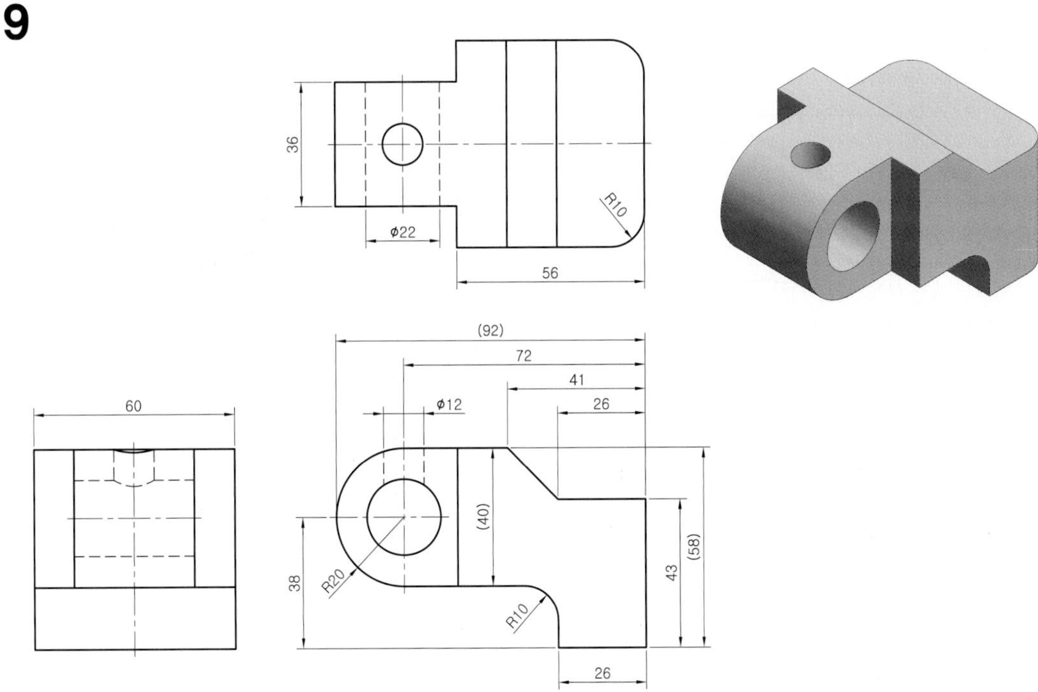
36
ϕ22
R10
56
(92)
72
41
ϕ12
26
60
(40)
43
(58)
38
R20
R10
26

10

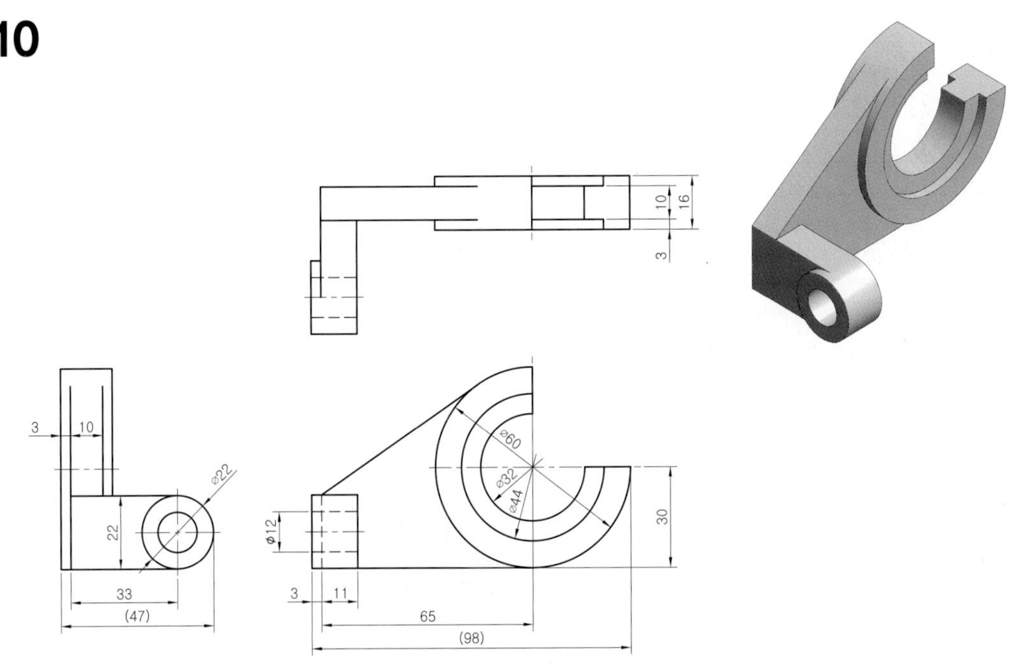
10
16
3
3
10
⌀22
22
33
(47)
⌀60
⌀32
⌀44
ϕ12
30
3
11
65
(98)

11

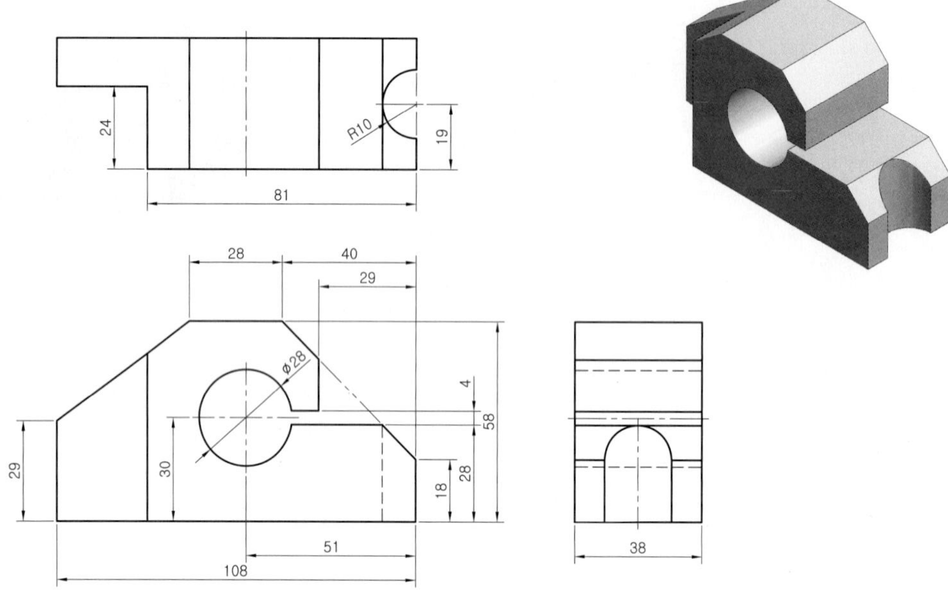
24
R10
19
81
28
40
29
ø28
4
58
29
30
18
28
51
108
38

12

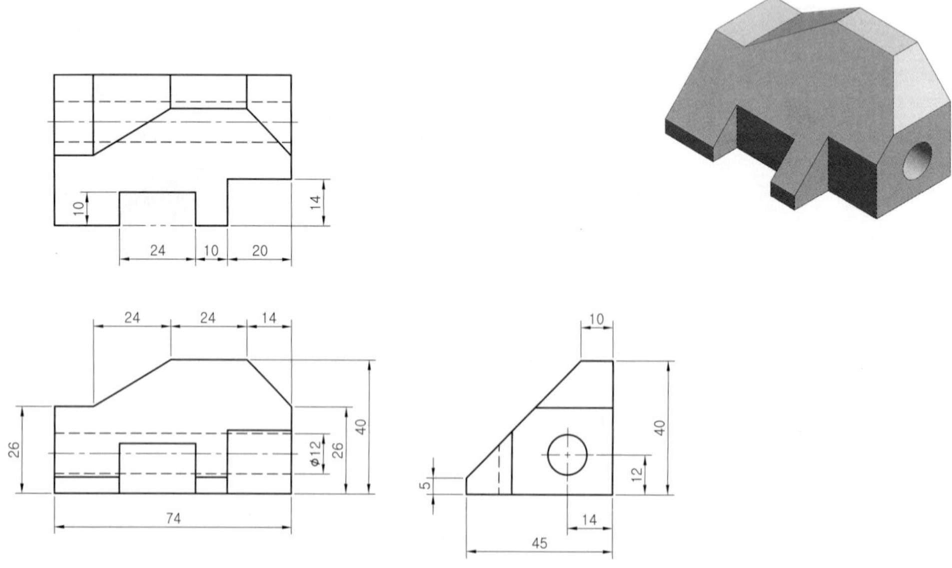
10
14
24
10
20
24
24
14
26
ø12
26
40
74
10
40
5
12
14
45

13

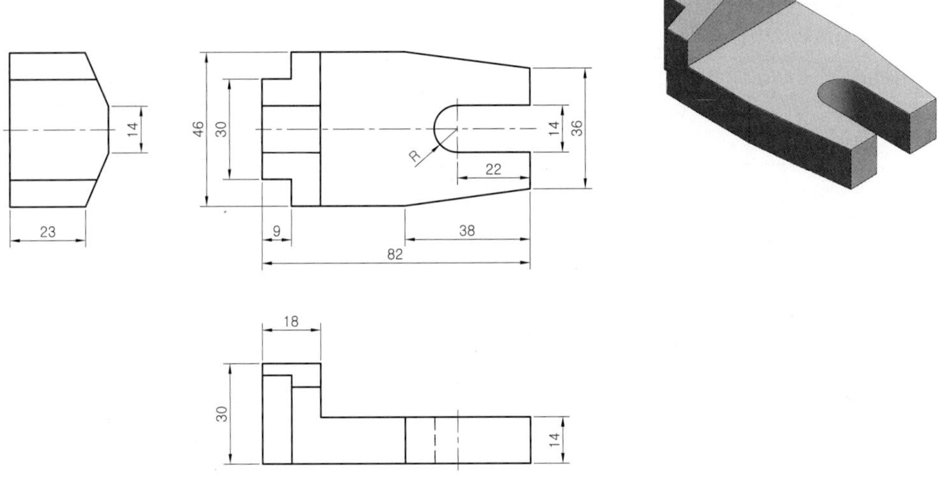
14
23
46
30
R
14
36
22
9
38
82
18
30
14

14

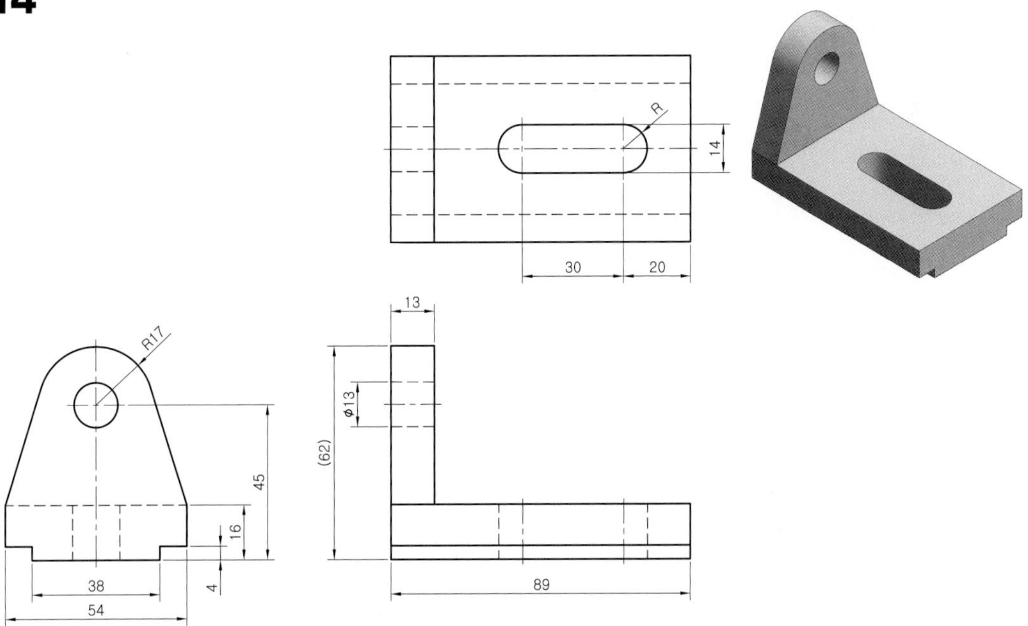
R
14
30
20
13
R17
ϕ13
(62)
45
16
4
38
54
89

15

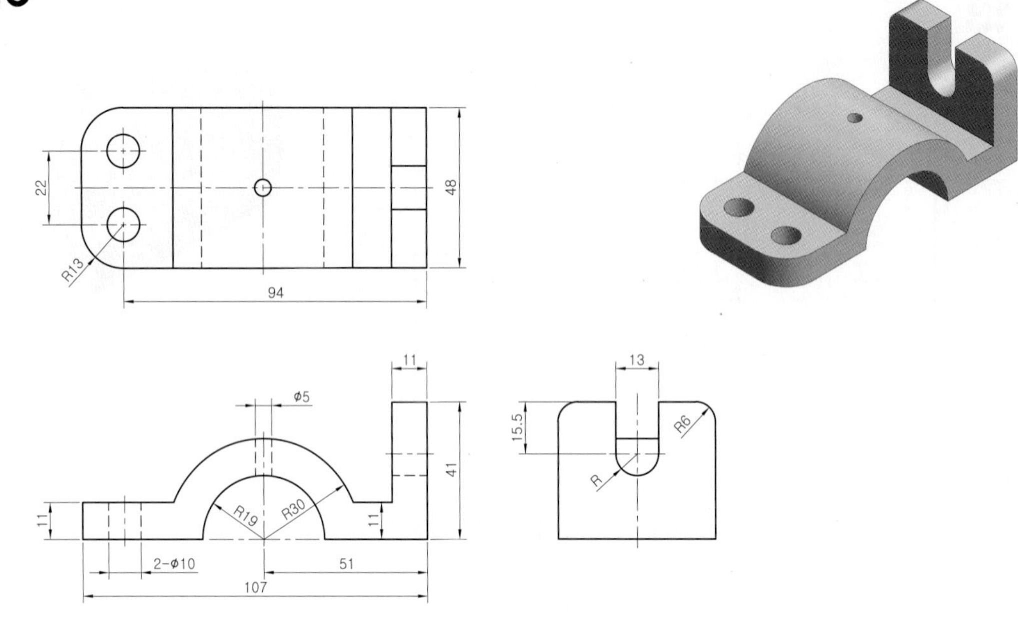
22
48
R13
94
11
ϕ5
41
11
R19
R30
11
2-ϕ10
51
107
13
15.5
R6
R

16

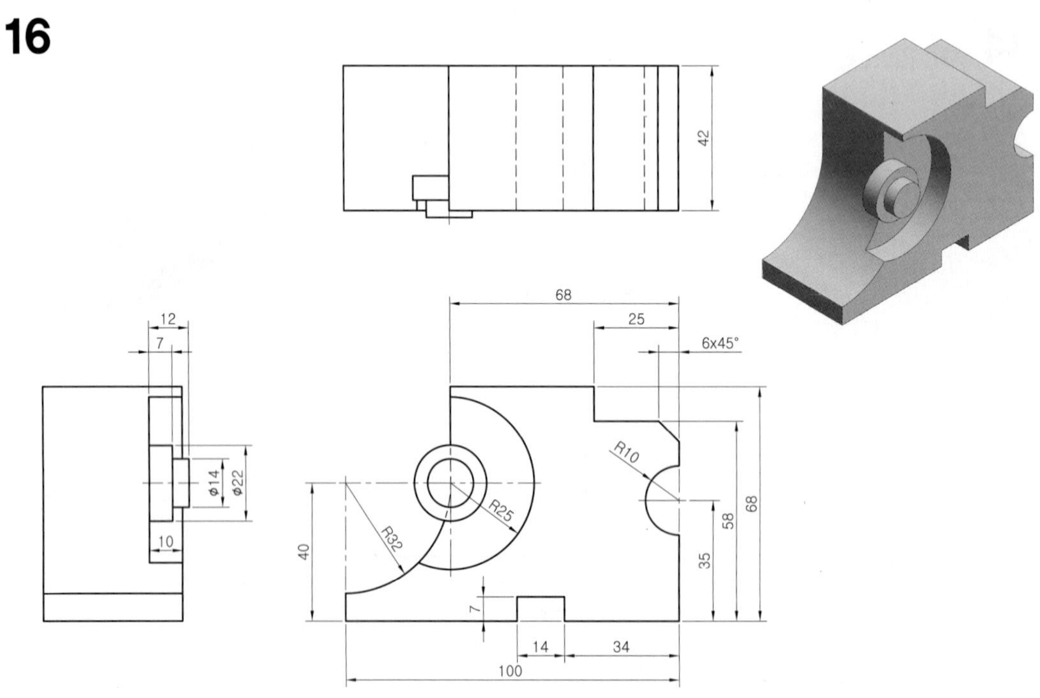
42
68
25
6x45°
12
7
ϕ14
ϕ22
10
R10
R25
R32
40
58
68
35
7
14
34
100

17

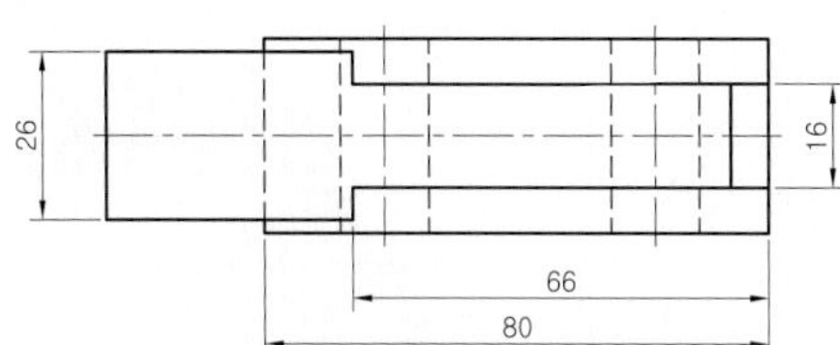
26
16
66
80

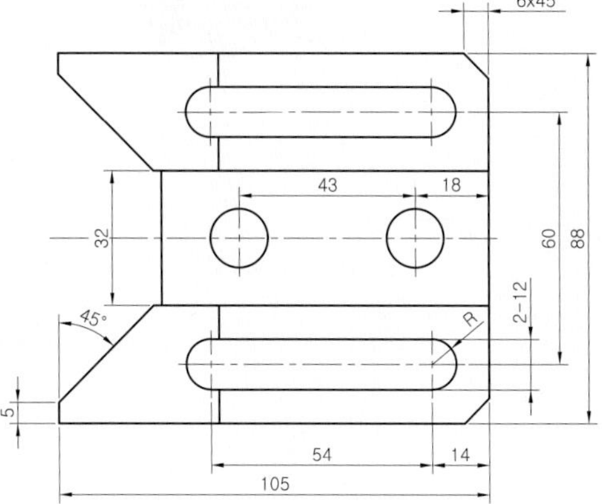
6x45°
43
18
32
60
88
2-12
R
45°
5
54
14
105

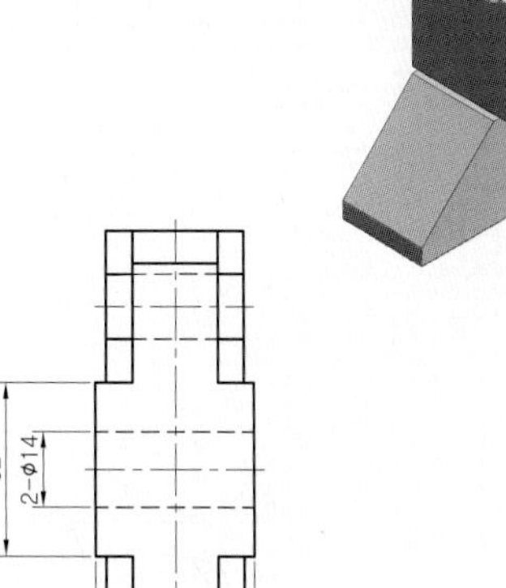
32
2-φ14
30

18

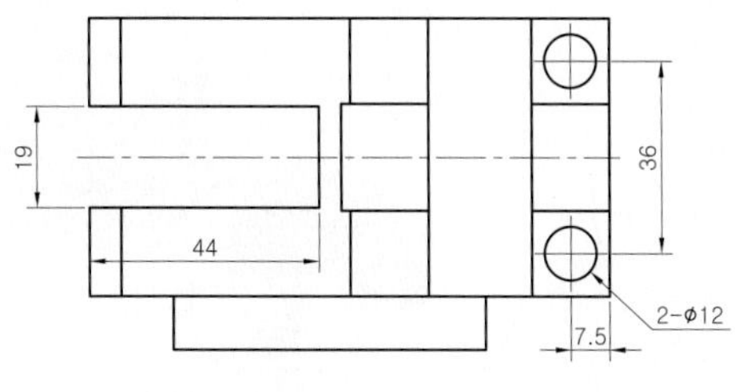
19
36
44
2-φ12
7.5

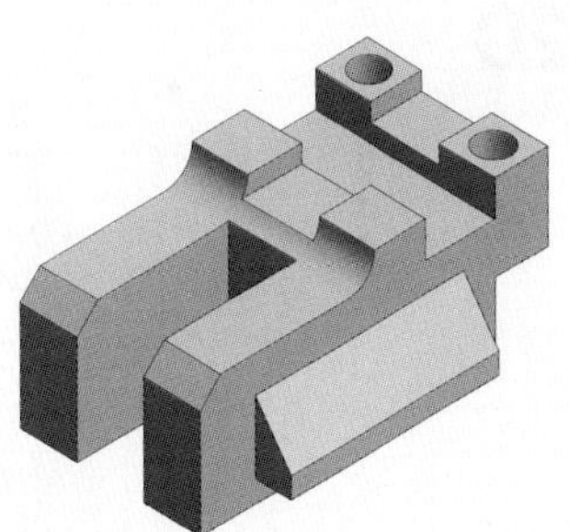

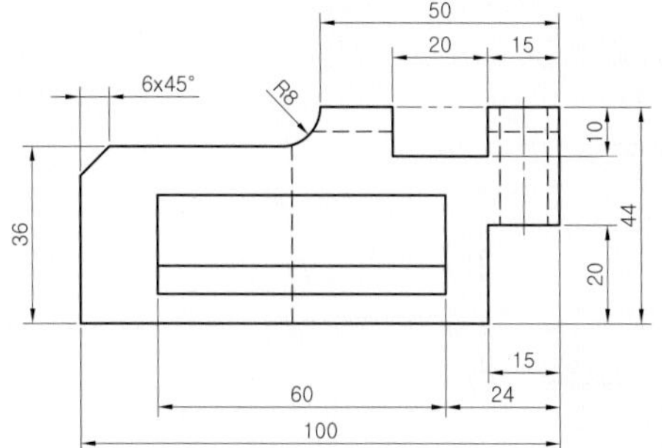
50
20
15
6x45°
R8
10
36
44
20
15
60
24
100

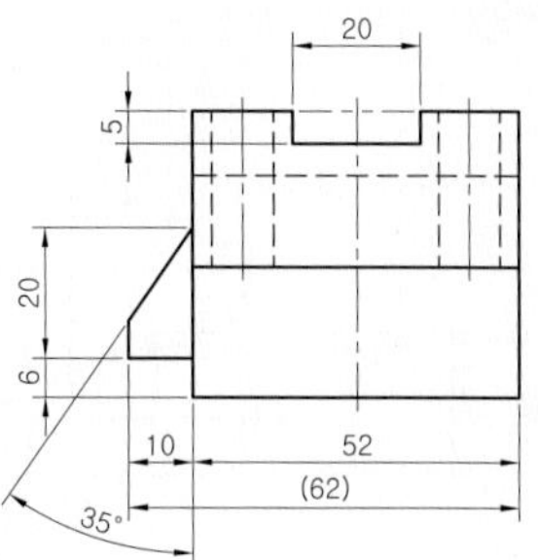
20
5
20
6
10
52
(62)
35°

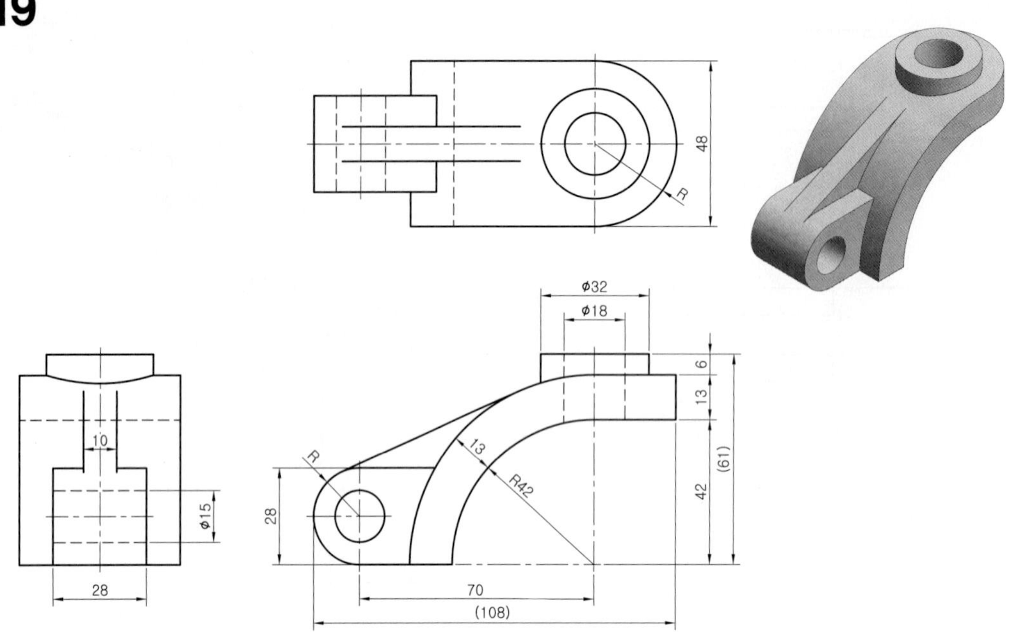
48
R
ϕ32
ϕ18
6
13
(61)
42
13
R42
R
28
10
ϕ15
28
70
(108)

20

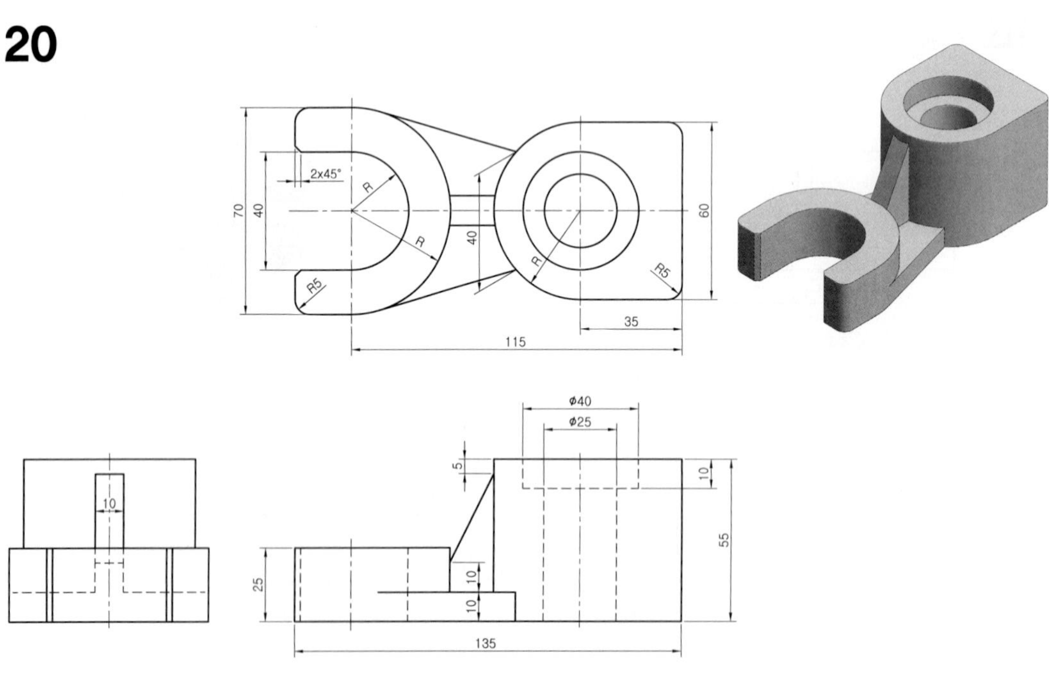
70
40
2x45°
R
R
40
R
R5
R5
60
35
115
ϕ40
ϕ25
5
10
55
10
25
10
10
135

memo

단면도(Sectional view)

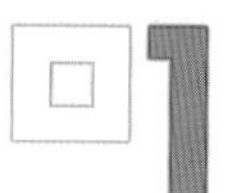

Section 1

[KS A ISO 128-40] 제도 – 절단과 단면에 대한 기본 규정

이 표준은 KS A ISO 5456-2에 명시된 정투상 방법에 따라(기계, 전자, 건축, 토목 공학 등) 제도에서 단면도를 도시하는 범위에 적용되는 일반 원리를 규정한다. 단면도의 범위에 대해서는 KS A ISO 128-50에 따른다.

LESSON 01 단면도의 일반 원리

1. 용어와 정의

용어	정의
절단면	도시된 대상이 절단되는 가상의 면
절단선	절단면의 위치 또는 둘 이상의 절단면인 경우에 단면의 축을 나타내는 선
단면도	절단면 이외에 윤곽선을 보여 주는 단면도
단면(section)	하나 이상의 절단면에 있는 대상의 윤곽선만을 보여 주는 도시 방법
한쪽 단면	중심선으로 분할된 반은 겉모양을 도시하고, 반은 단면도로 그려진 대칭인 물체의 도시 방법
부분 단면	대상의 일부만을 단면도로 나타내는 도시 방법

[비고] '절단'은 건설 분야에서 일반적으로 사용되는 것인 데 비해서 '단면'은 기계 공학 분야에서 일반적으로 사용된다.

건설 분야의 예

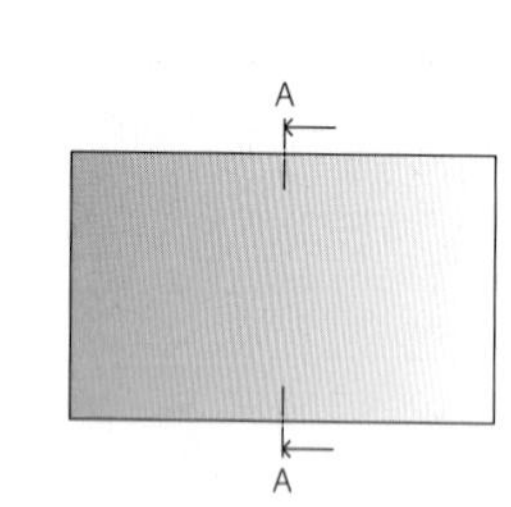

기계 공학 분야의 예

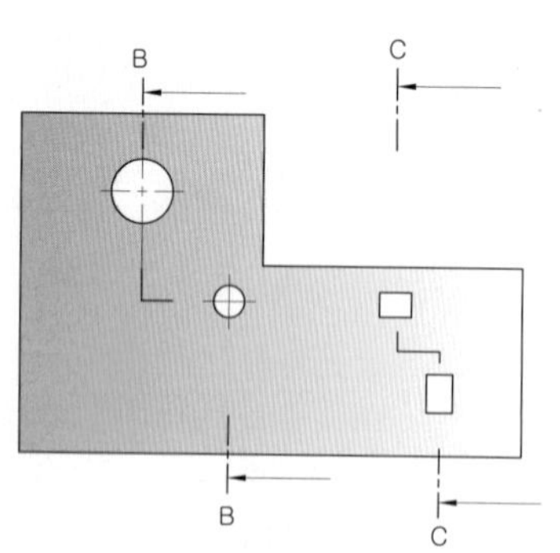

2. 관계되는 투상도에서의 회전 단면

혼동을 일으키지 않는다면 관련된 투상도에서 단면을 한 윤곽을 회전하여 도시할 수 있다. 이 경우에는 단면의 윤곽선은 연속하는 가는 선으로 그려야 하고 더 상세한 도시할 필요가 없다.

관계되는 투상도에서의 회전 단면

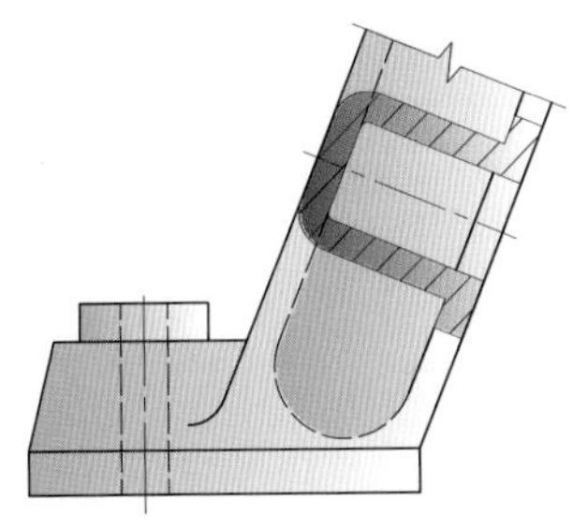

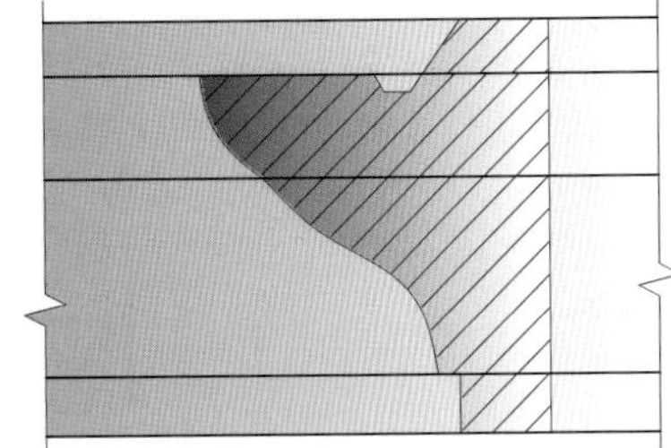

3. 대칭인 물체의 단면

대칭인 부품의 반은 겉모양을 도시하고, 반은 단면도로 도시할 수 있다.

대칭인 부품의 반만 단면도로 나타냄

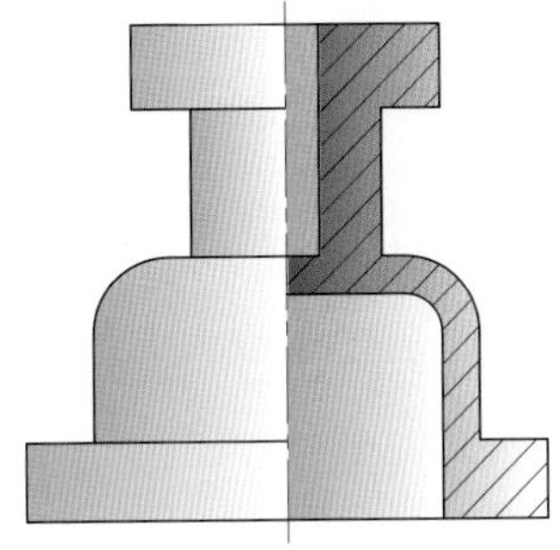

4. 부분 단면

온단면도나 한쪽 단면도로 도시할 필요가 없을 경우에는 부분 단면도로 도시한다. 부분 단면선은 지그재그 선이나 손으로 그린 파단선을 가는 선으로 도시해야 한다.

부분 단면도

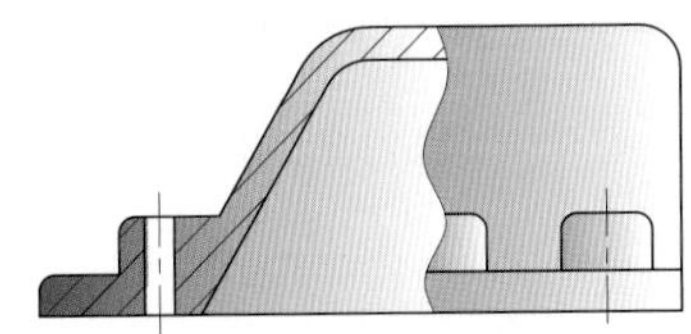

5. 단면 표시 화살표

단면을 표시하는 문자의 높이 h는 제도에 사용되는 일반적인 문자의 크기보다 배 커야 한다. 단면 표시용 화살표는 30°와 90°가 있다.

단면 표시 화살표

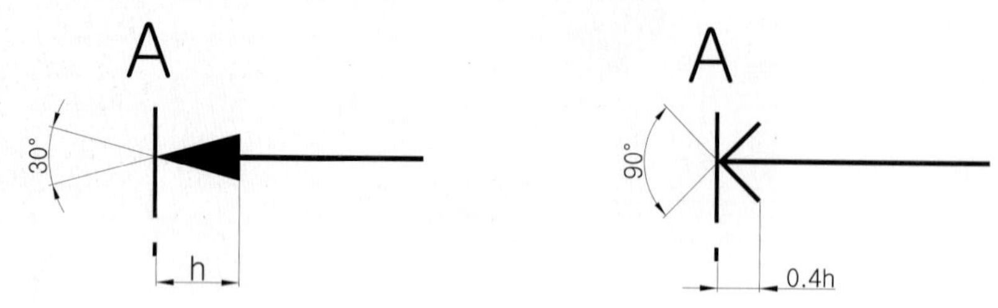

LESSON 02 제도 – 절단 및 단면도 도시에 대한 기본 규정 [KS A ISO 128-50]

이 표준은 단면도에 나타나는 범위의 도시 방법 6가지를 설명한다. 이 방법은 다음과 같은 도시 방법으로 구성되어 있다.

1. 해칭

해칭은 KS A ISO 128-24에 명시된 좁은 연속선으로 그려야 하고 주 윤곽선 또는 단면의 대칭선에 대해서 편리한 각도(대체로 45° 선호)로 그려야 한다.

단면 영역의 해칭 예

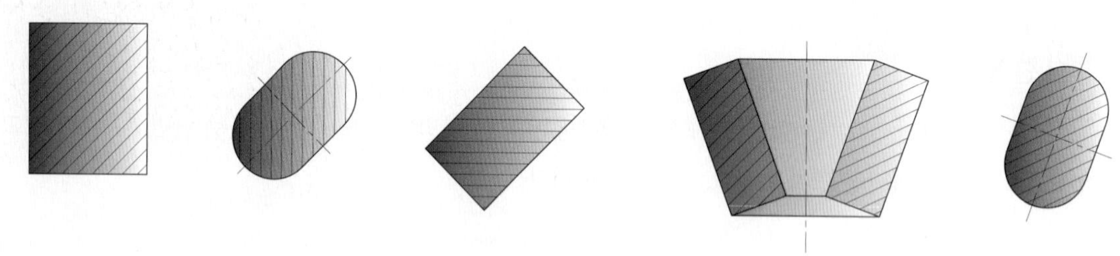

동일한 부품의 단면이 연속하지 않고 분리된 영역은 동일한 방식으로 해칭을 해야 한다. 인접한 부분의 해칭은 해칭선의 방향을 달리하거나 간격을 달리하여 그려야 한다.

인접한 영역의 해칭

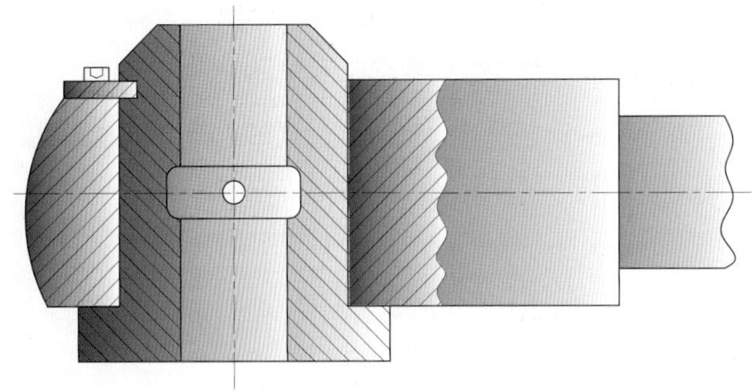

해칭선 사이의 간격은 해칭이 되는 범위의 넓이에 비례해서 결정되어야 하고, ISO 128-20에 명시된 최소 간격에 대한 요구 조건을 따라야 한다. 평행한 동일한 부분의 단면이 나란히 도시되는 경우의 해칭은 같은 방식이어야 하지만 보다 분명하기 위해서 단면 사이의 분할 선을 따라 엇갈리게 도시할 수 있다.

평행한 단면 영역의 해칭

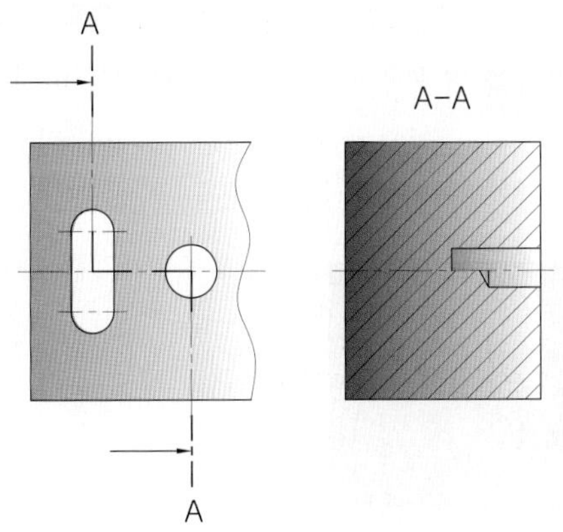

해당 부위가 넓을 경우에는 해칭을 할 범위의 외형 부분에 해칭을 제한할 수 있다.

해칭 부위가 넓을 경우의 외형 부분 해칭

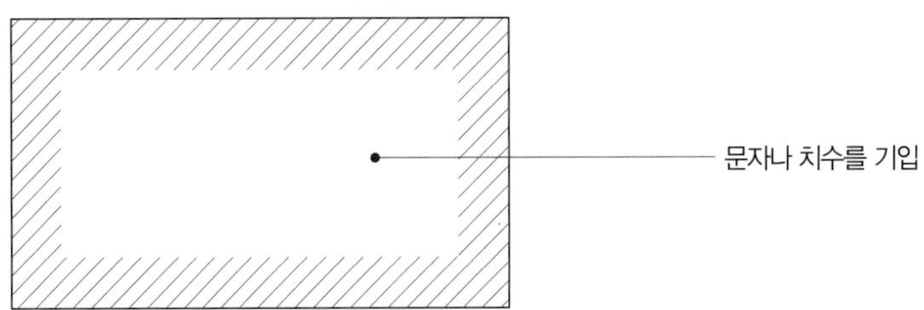

해칭을 한 부위에 치수 등을 기입하기 위해서 해칭을 부분적으로 하지 않을 수 있다.

기입을 위한 해칭의 부분적인 생략

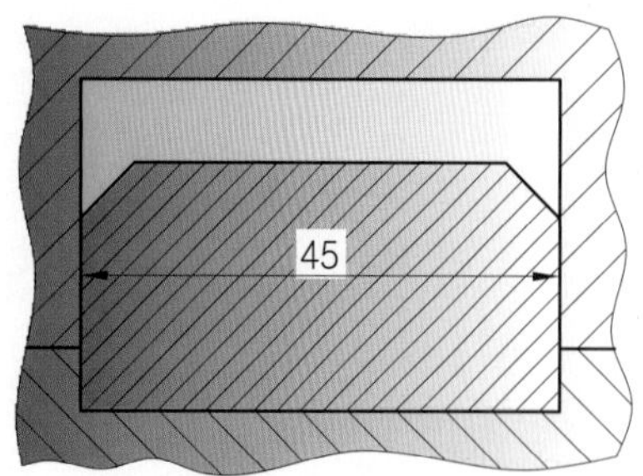

2. 농담이나 명암

농담은 영역 전반에 대한 도트 패턴 또는 짙게 칠하는 방법을 이용한다. 도트 사이의 농담은 농담을 표시하는 단면 범위의 크기와 비례하여 결정되어야 한다. 넓은 단면 범위에서는 농담이 단면 범위의 윤곽 부분에 제한되게 할 수도 있다. 농담이나 명암은 단면 범위의 내부에 기록을 위해 부분적으로 생략될 수도 있다.

도트와 명암을 이용한 농담

3. 매우 굵은 실선

단면 범위는 ISO 128-20에서 명시한 매우 굵은 실선으로 강조할 수도 있다.

강조를 위한 매우 굵은 실선

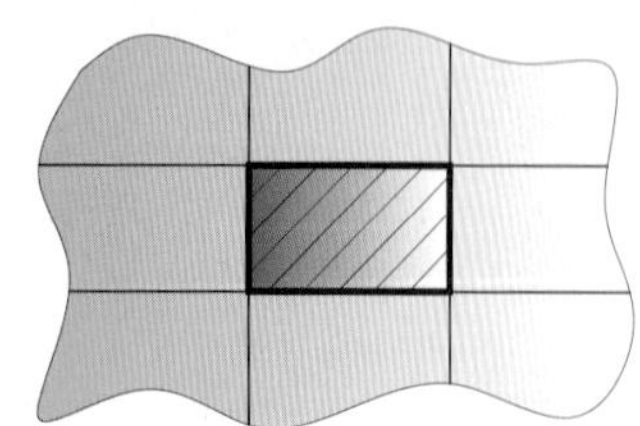

4. 얇은 부분의 단면

얇은 단면은 완전히 검은색으로 나타낸다. 이 방법은 실제 기하학적인 모양을 나타내야 한다.

얇은 단면

5. 인접하는 얇은 부분의 단면

단면은 완전히 검은색으로 나타낼 수 있다. 0.7mm 이상의 간격은 이런 종류의 인접한 단면 부분의 사이는 띄어야 한다.

얇은 인접하는 단면

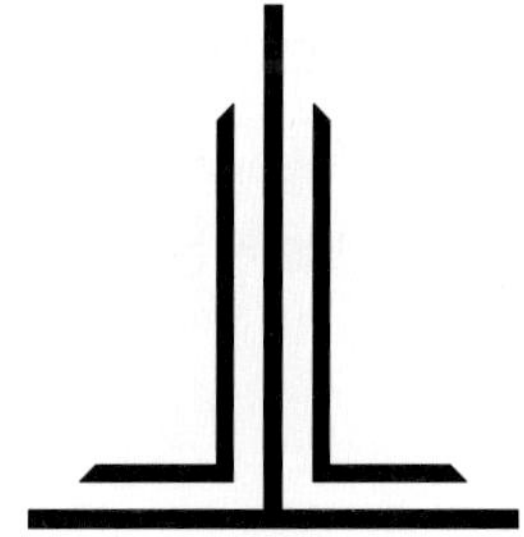

6. 특별한 재료

다른 종류의 재질을 도시하기 위한 방법으로 특정한 재료 도시 방법을 사용할 수 있다. 특별한 도시 방법이 사용되면 도시한 내용에 대해 도면의 어느 부분에 분명하게(즉 범례, 적절한 표준에 대한 참조를 통해)정의해 주어야 한다.

특히 비금속 재료를 나타낼 필요가 있는 경우에는 다음의 표시 방법에 의하거나 또는 해당 규격의 표시 방법에 따른다. 이 경우에도 부품도에 별도로 재질을 문자로 기입한다. 외관 및 단면을 나타내는 경우에도 이를 따르는 것이 좋다.

재료	표시
유리	
보온 흡음재	
목재	
콘크리트	
액체	

LESSON 03 단면도 기법

물체의 내부 모양이나 구조가 복잡한 경우 도면을 작도할 때 형상이 외부에서 보이지 않는 부분은 숨은선(은선, 파선)을 사용하여 도시하게 된다. 하지만 물체의 내외부 형상이 복잡한 경우는 숨은선이 많이 나타나기 때문에 선과 선이 중복 및 교차되는 등 도면을 쉽게 해독하기 힘든 경우가 있다. 이러한 경우에 내부의 보이지 않는 부분을 절단하여 외형선과 해칭선으로 도시하면 숨은선 부분이 보이는 형상으로 나타나 도면을 보는 이들에게 보다 쉽게 이해할 수 있도록 해주는 것이 단면도이다. 단면도에는 전단면도(온단면도), 한쪽단면도(반단면도), 부분단면도, 회전단면도, 곡면단면도, 조합단면도 등이 있으며 제도법에서는 원칙적으로 단면을 하지 않는 키, 볼트, 너트, 베어링 강구 등의 기계요소들이 있다.

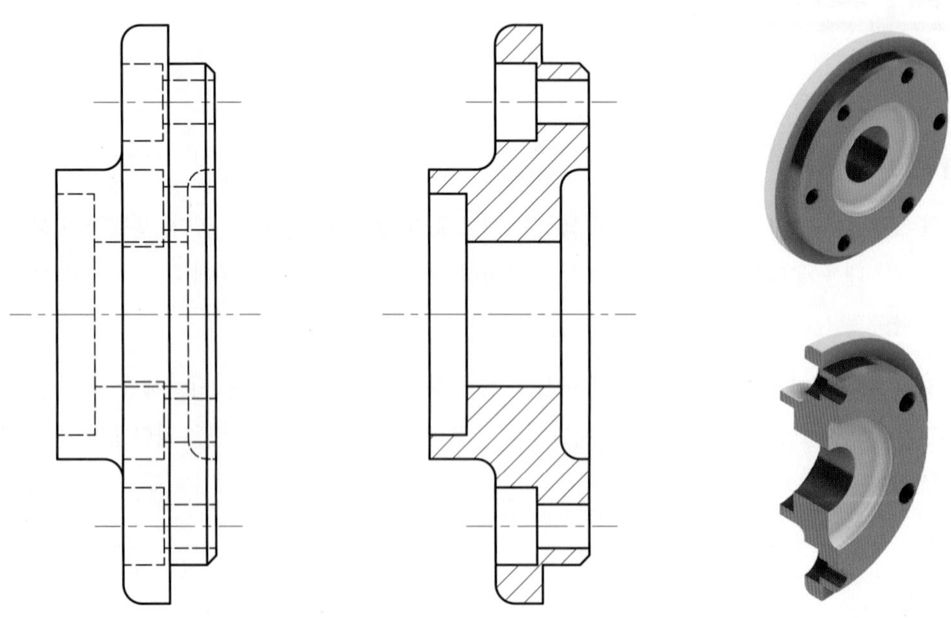

1. 단면의 표시 원칙

① 단면은 원칙적으로 기본 중심선에서 절단한 면으로 나타내며 중심선에 별도의 절단선은 기입하지 않는다.

단면도

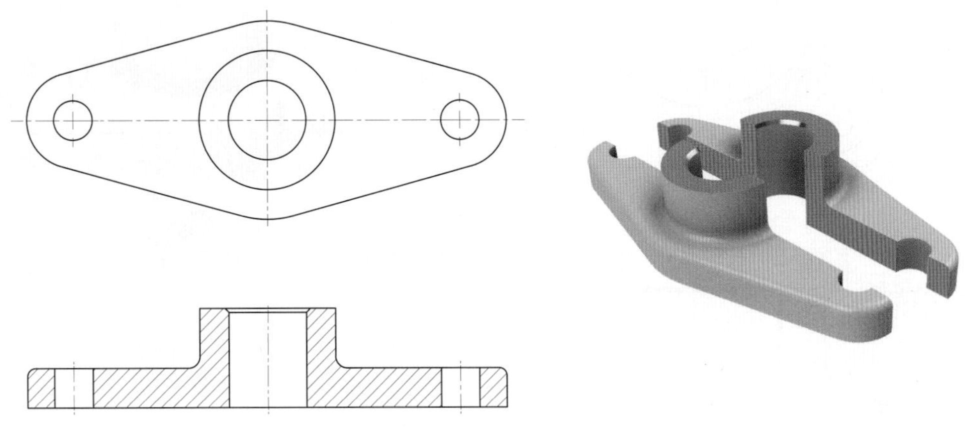

② 단면은 내부 형상을 쉽게 이해할 수 있도록 절단면을 45°의 가는 실선으로 단면부의 면적에 2~3mm의 동일한 간격으로 경사선을 그은 **해칭**(hatching)을 하거나 단면한 내부의 안쪽에 색칠을 하는 **스머징**(smudging)을 하여 나타내며, 간단한 도면이나 쉽게 알아볼 수 있는 형상은 이를 생략할 수 있다.

해칭과 스머징

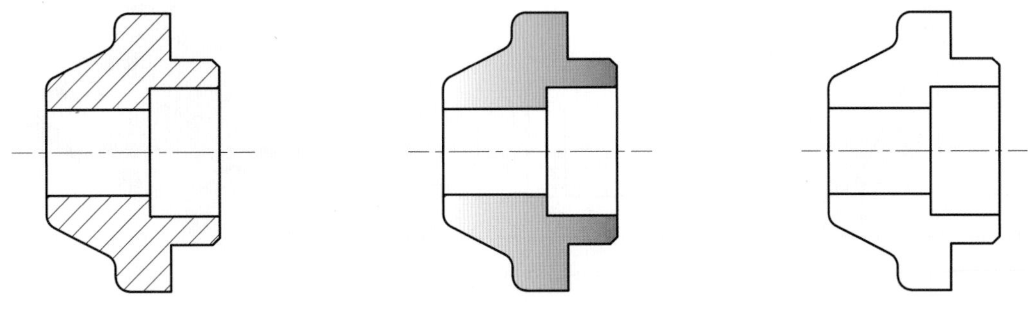

③ 단면으로 잘린 면의 뒤쪽에 보이지 않는 숨은선, 중심선 등은 특별히 도면을 이해하는데 지장이 없는 한 도시하지 않는다.

④ 단면은 필요시에 기본 중심선이 아닌 위치에서 절단한 면으로 도시해도 좋다. 단, 이런 경우에는 절단선 표시를 하여 절단 위치와 방향을 나타내 준다.

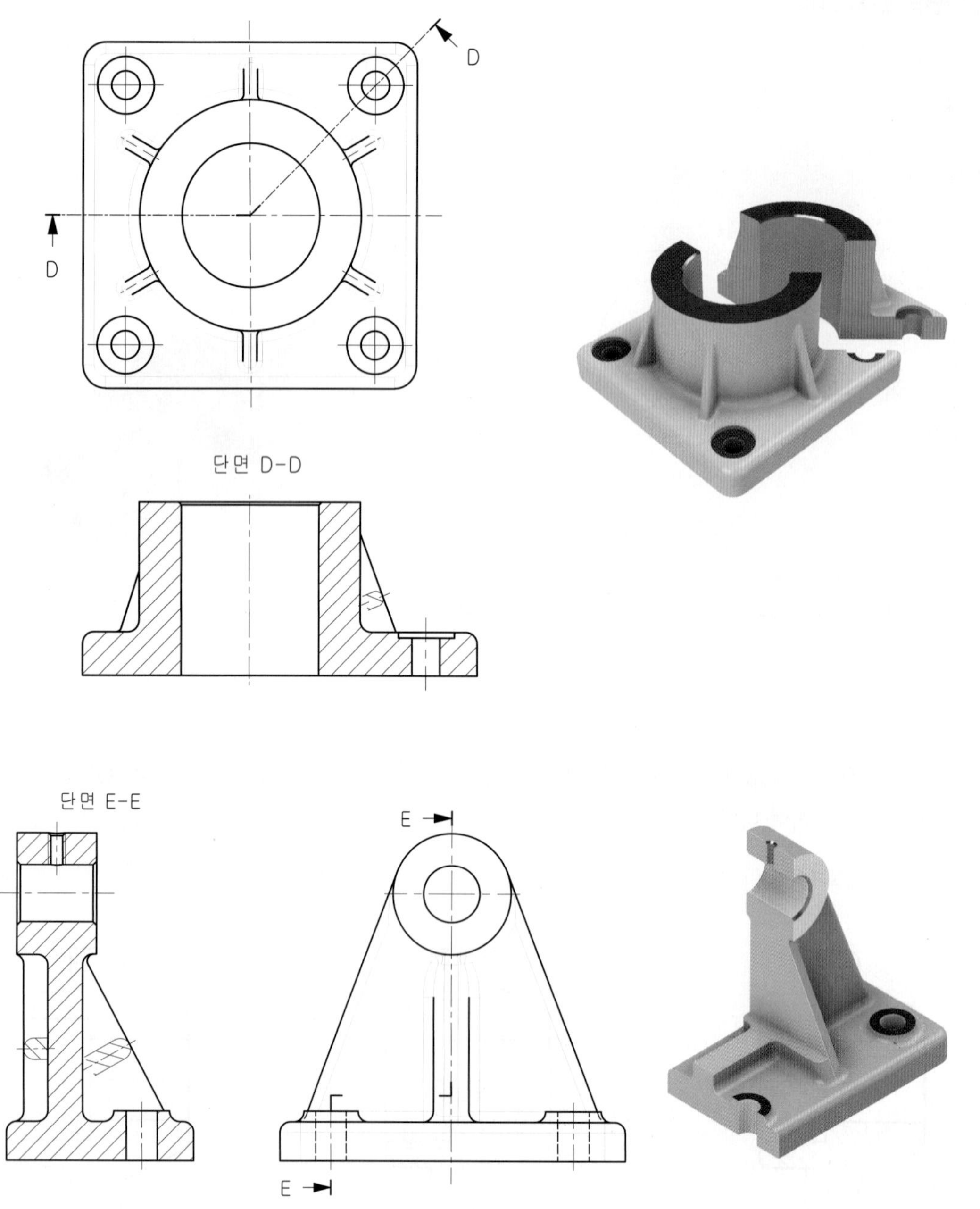

⑤ 여러 개의 부품이 결합된 조립도에 단면을 표시하는 경우 각 부품별로 해칭선의 방향과 각도를 다르게 구분하여 상호 조립되는 부품간의 구분이 명확히 되도록 한다.

여러 개의 부품으로 결합된 조립도의 단면

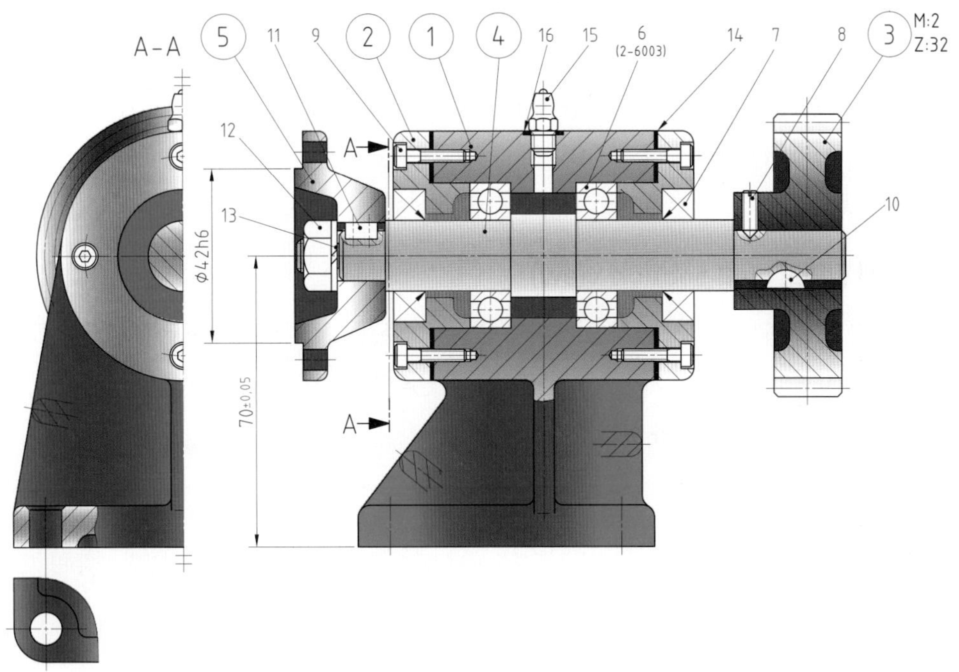

2. 길이방향으로 단면을 하지 않는 부품

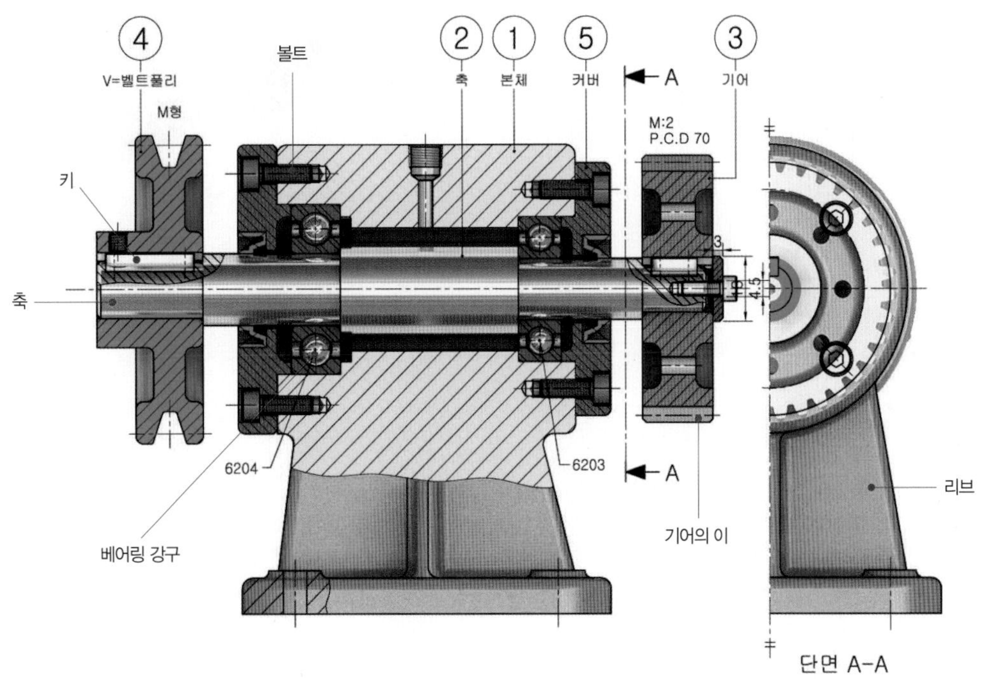

절단하면 오히려 이해를 방해하는 것, 또는 절단하여도 의미가 없는 것은 원칙으로 긴쪽 방향으로는 절단하지 않는다. 예를 들어 체결용 및 동력전달용 기계요소는 단면하여 표시하면 오히려 도면을 해독하는데 있어 혼동을 일으킬 우려가 있으므로 단면으로 잘렸어도 기본적으로 단면으로 나타내지 않는다.

① 축, 핀, 키, 평행핀, 볼트, 너트, 와셔, 멈춤나사, 리벳, 테이퍼 핀 등
② 볼베어링의 강구, 롤러베어링의 롤러, 리브, 암, 기어의 이 등

3. 온 단면도(전 단면도 : full section view)

온 단면도는 주로 대칭 형상을 가진 물체의 기본 중심선을 기준으로 하나의 평면으로 절단하여 그 절단면에 수직한 방향에서 본 형상을 투상한 기법으로 가장 기본적인 단면기법이다. 온 단면도를 도시하는 경우 해당 물체의 형상은 반드시 대칭이 되어야 한다.

단면을 하지 않은 경우의 투상도

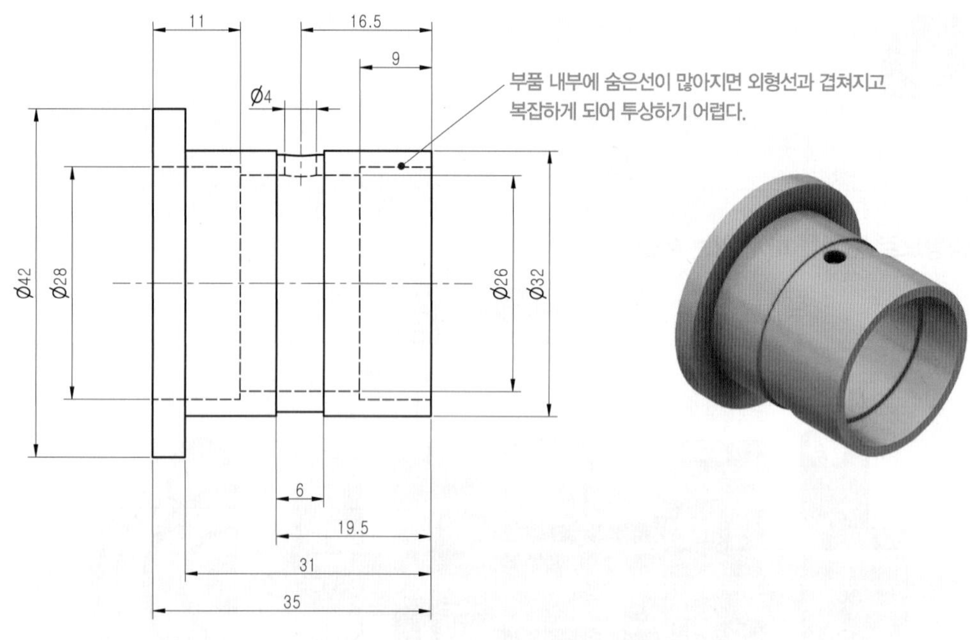

전단면을 하여 도시한 경우의 투상도

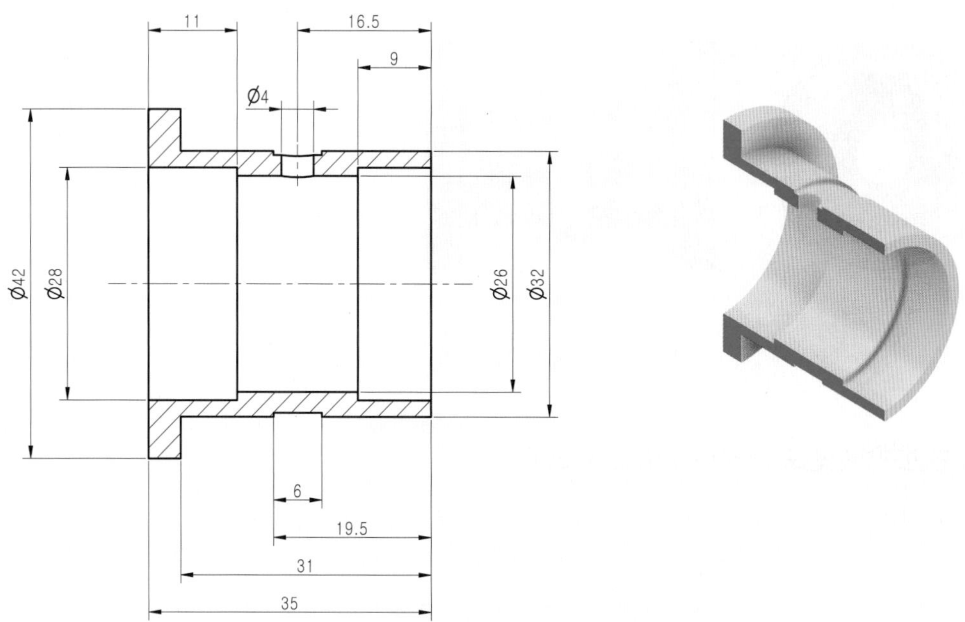

온 단면도는 다음에 따라 그린다.

① 대상물의 기본적인 형상을 가장 좋게 표시할 수 있도록 절단면을 설정하여 그린다. 이 경우에는 절단선은 기입하지 않는다.

온 단면도의 보기(1)

온 단면도의 보기(2)

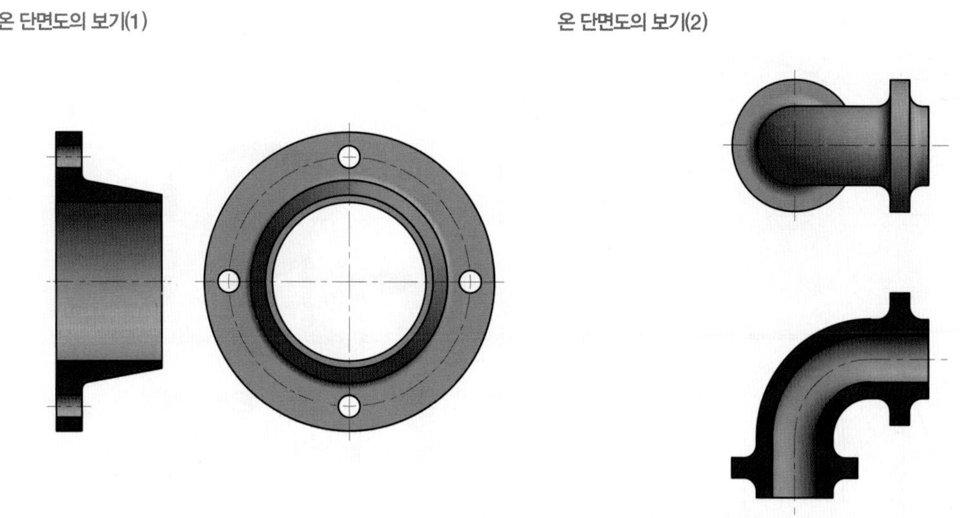

② 필요한 경우에는 특정 부분의 모양을 잘 표시할 수 있도록 절단면을 설정하여 그리는 것이 좋다. 이 경우에는 절단선에 의하여 절단 위치를 나타낸다.

절단 위치를 나타내는 보기

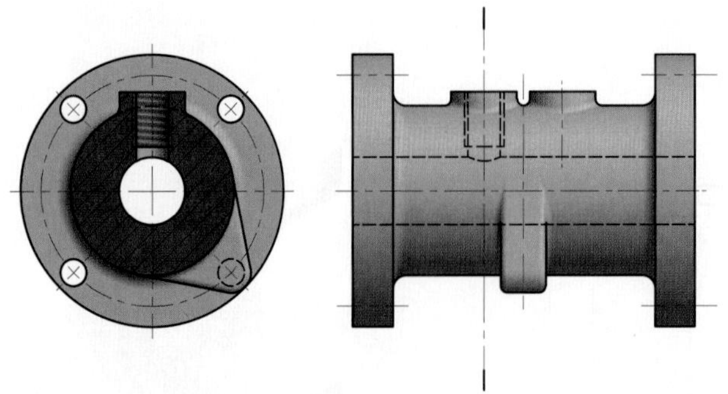

4. 한 쪽 단면도(반단면도 : half section view)

대칭형의 대상물은 외형도의 절반과 온 단면도의 절반을 조합하여 표시할 수 있는 한 쪽 단면도는 물체의 형상이 좌, 우 또는 상, 하로 대칭인 경우 물체의 기본 중심선을 기준으로 하여 1/4만 절단하여 물체의 내부 모양과 외부 모양을 동시에 도시할 수 있는 기법이다. 대칭인 형상을 반단면하여 도시할 때 상하대칭인 경우에는 중심선의 위쪽을 좌우대칭인 경우는 중심선의 우측을 단면으로 도시하여 나타내는 것이 좋다. 또한 단면으로 표시하지 않은 한쪽 면의 보이지 않는 숨은 선은 생략하며 절단선을 기입하지 않는다.

좌우 대칭인 경우의 반단면도

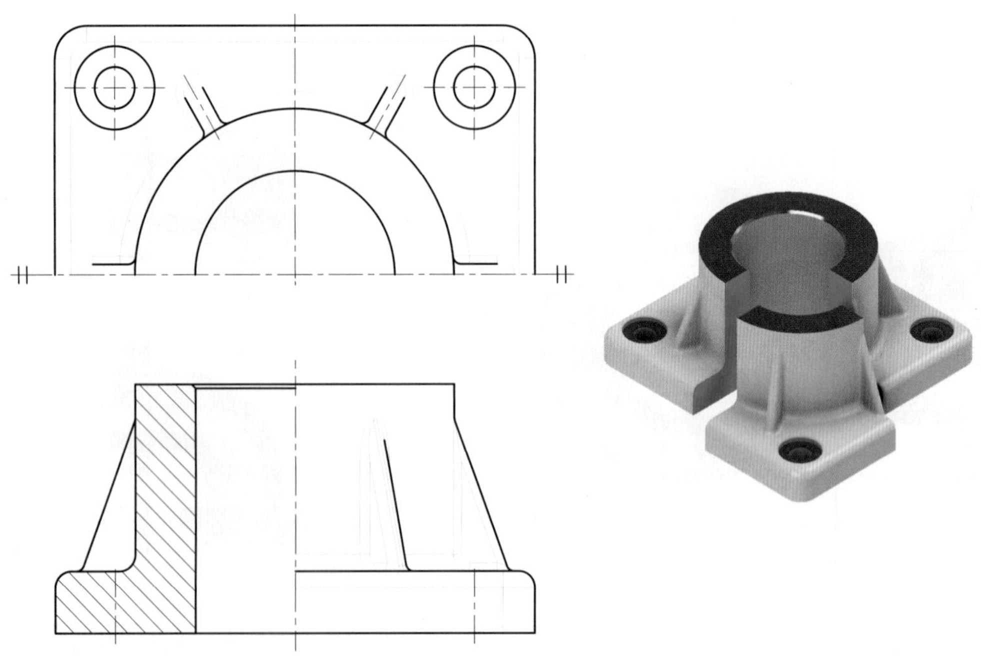

상하 대칭인 경우의 반단면도

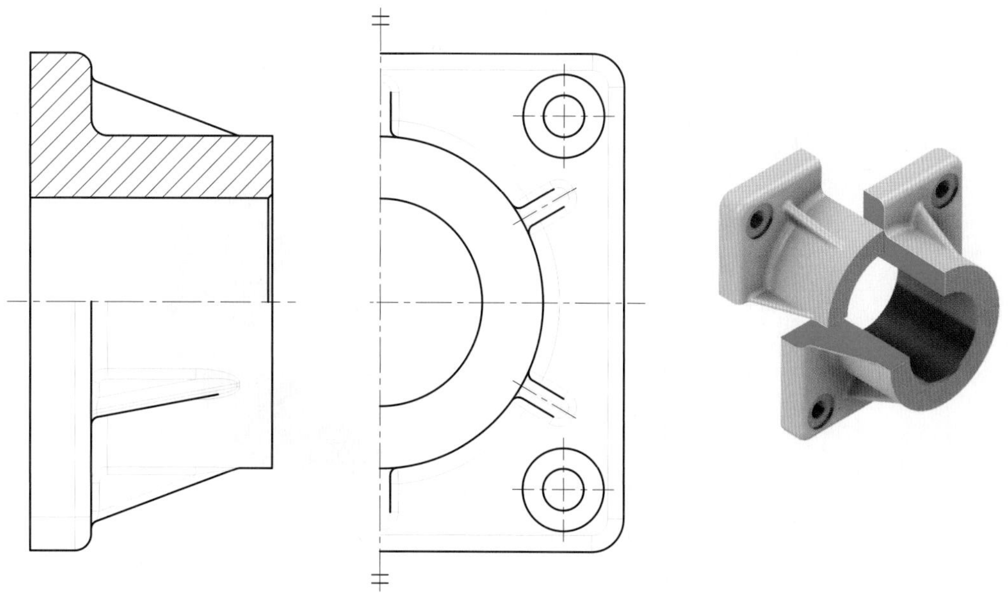

5. 부분 단면도(local section view)

외형도에서 필요로 하는 요소의 일부만을 표시할 수 있는 부분 단면도는 물체의 형상에서 표시하고자 하는 어느 일부분만을 잘라내어 필요한 부분만을 투상하는 기법으로 단면한 부위를 파단선으로 표시하여 경계를 나타내준다. 부분단면도는 물체가 대칭이든 비대칭이든 상관없이 필요한 부분만 절단하여 도시할 수 있으며 자유롭고 폭넓게 이용된다. 특히 축의 경우 키 홈 등의 도시에 있어 자주 사용하는 단면기법이다.

본체의 부분단면도

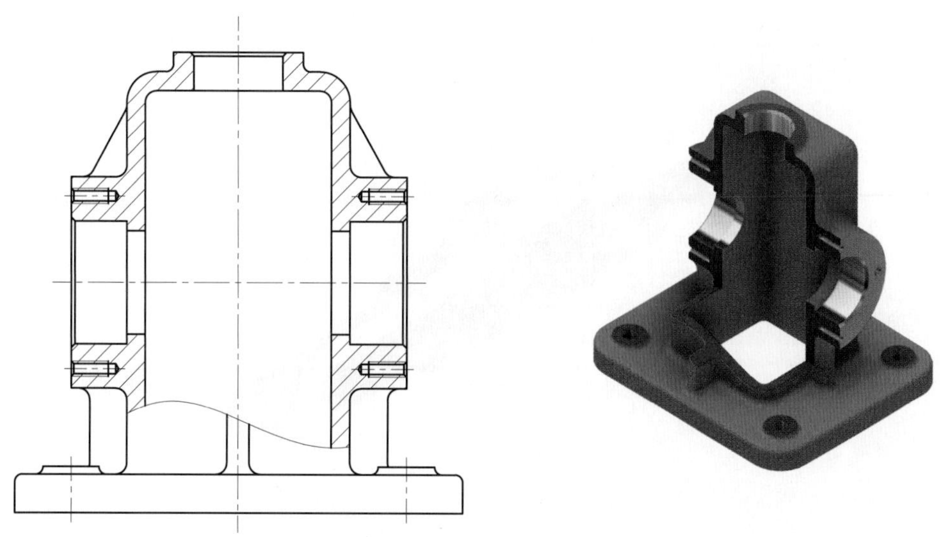

커버의 부분단면도

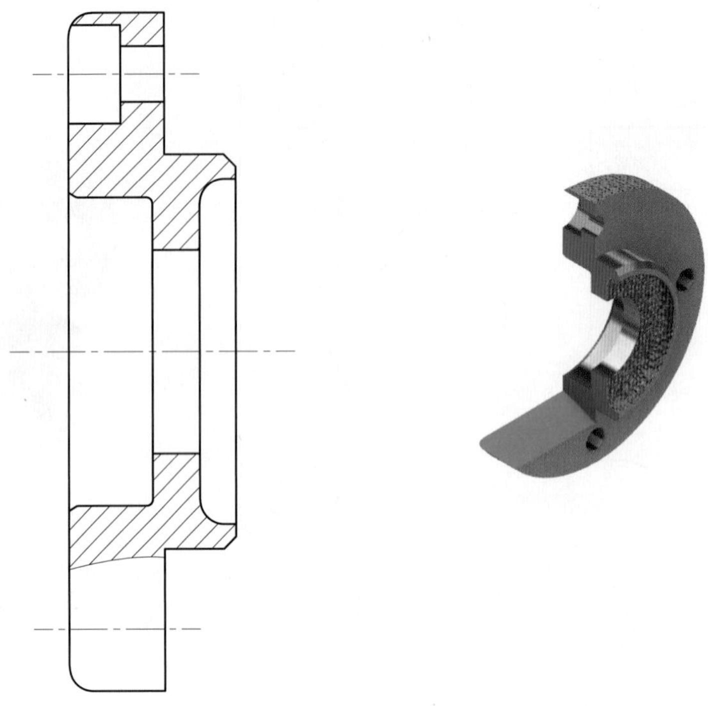

편심축의 부분단면도

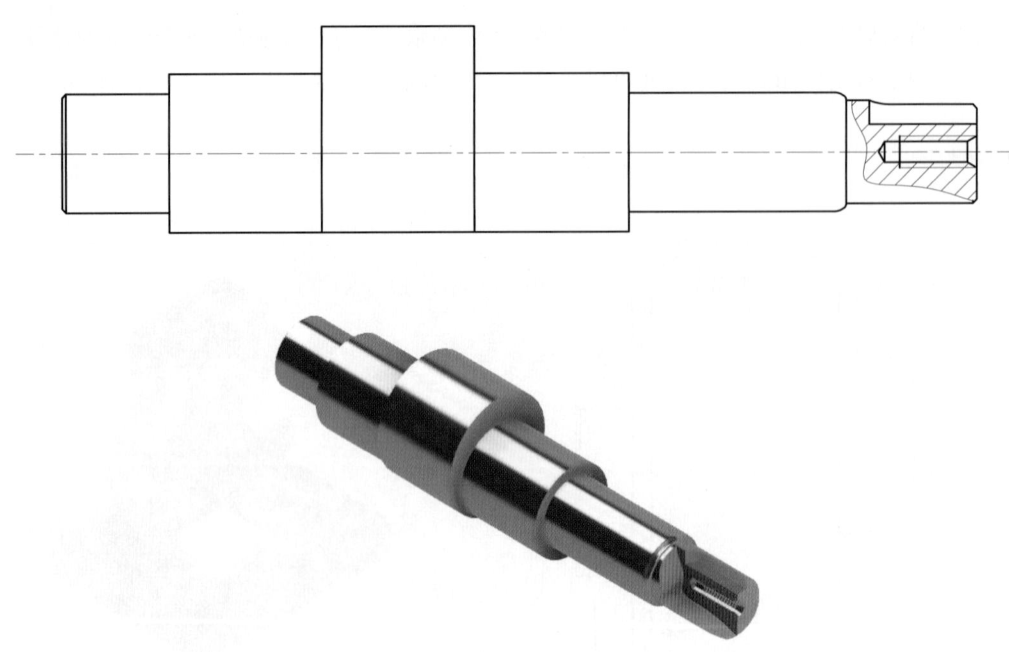

6. 회전도시 단면도(revolved section view)

회전 단면도는 핸들이나 바퀴 및 회전체의 암, 림, 리브, 훅, 축, 구조물의 부재 등의 절단면은 절단할 곳의 전후를 파단해서 그 사이에 그리거나 절단선의 연장선 위에 그리거나 도형 내의 절단한 곳에 겹쳐서 가는 실선을 사용하여 그린다.

길이가 긴 축이나 형강 및 구조물등의 경우 중간을 절단한 부위에서 90°로 회전시켜 단면의 형상을 투상도 내에 나타내거나 절단선을 표시하고 그 연장선이나 인접 부분으로 이동하여 단면 형상을 도시해 주는 기법이다.

6.1 절단한 후에 도시하는 방법

길이가 긴 프로파일의 회전단면 적용예

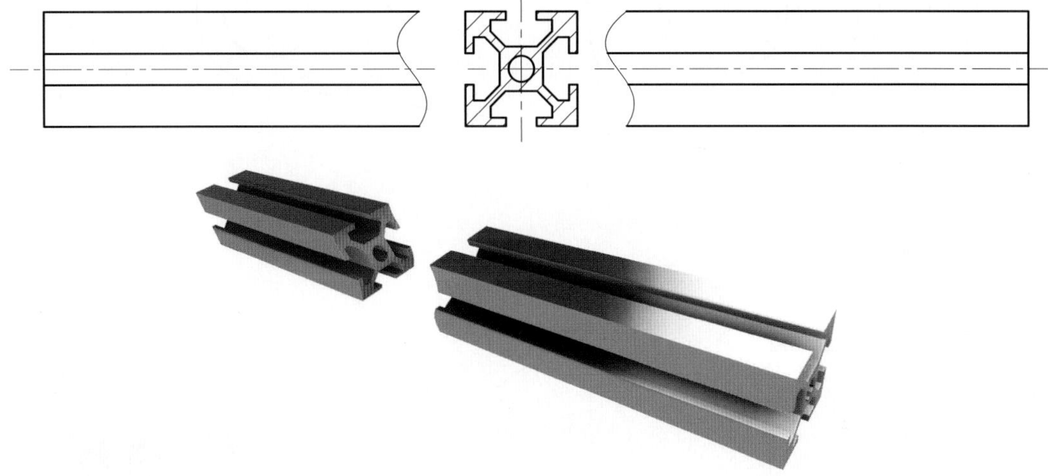

암의 회전단면 적용예

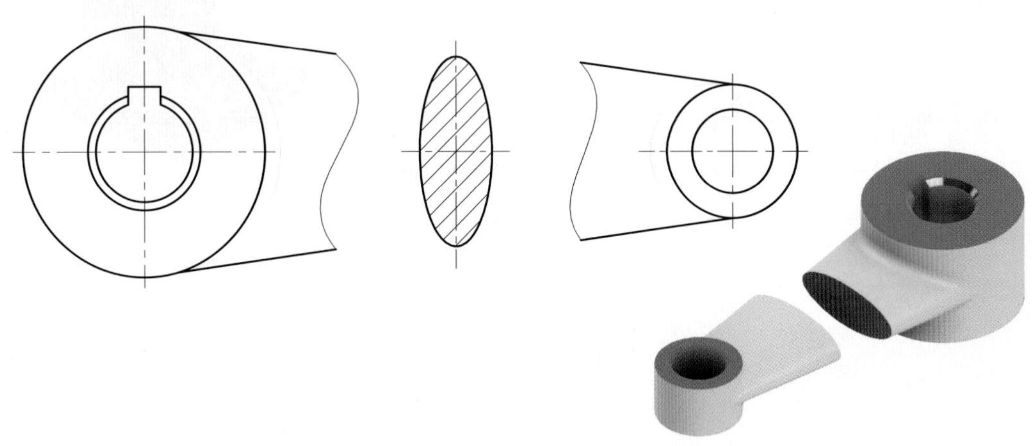

6.2 절단하지 않고 도형내에 도시하는 방법

길이가 긴 형강의 회전단면 적용예

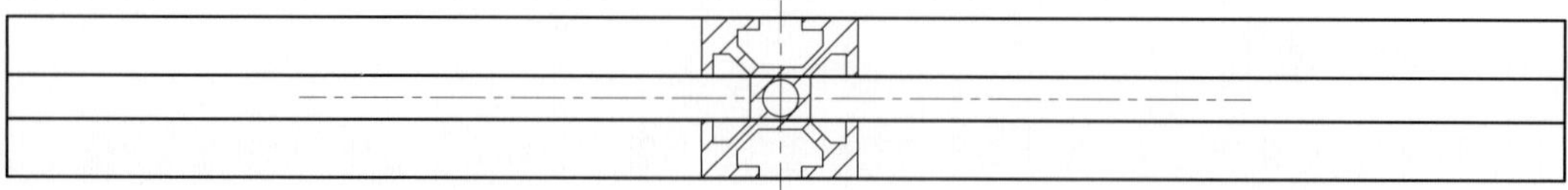

암의 회전단면 적용예

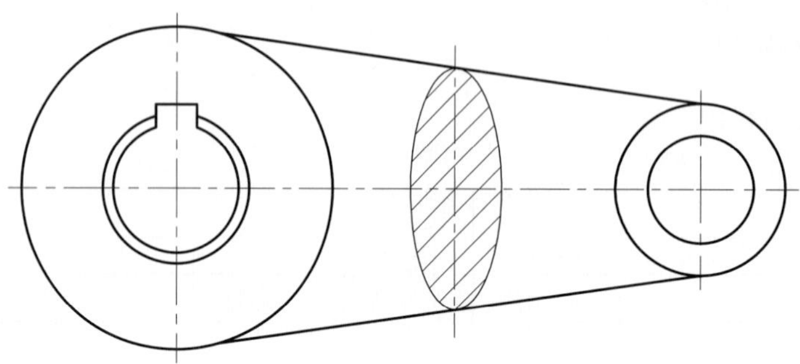

본체 리브의 회전단면 적용예 (1)

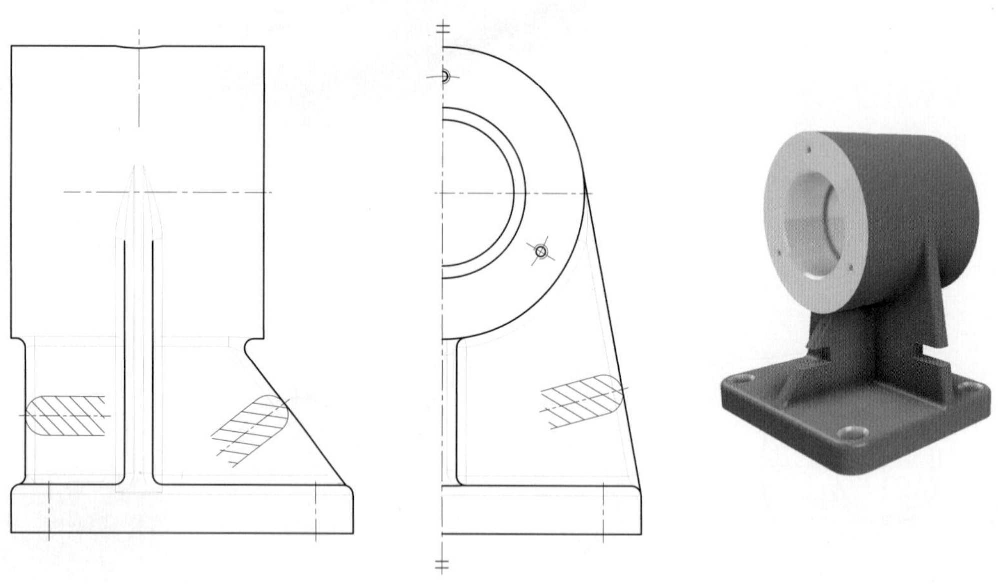

본체 리브의 회전단면 적용예 (2)

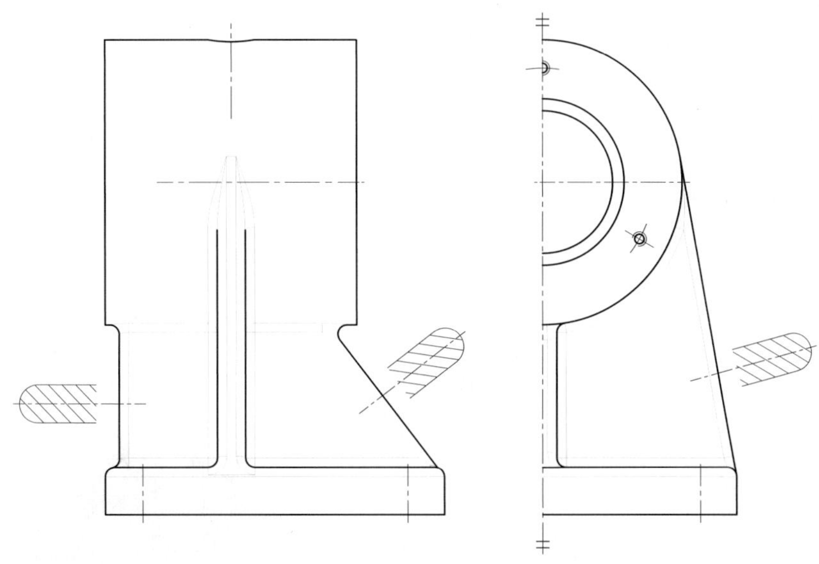

7. 계단 단면도(offset section view)

계단 단면도는 온 단면도와 유사한 기법이나 기본 중심선을 대칭으로 단면을 하는 것이 아니라 절단면이 투상면에 평행 또는 수직하게 계단 형태로 절단하여 도시하는 기법을 말한다. 절단한 위치는 굵은 실선으로 절단의 시작과 끝 및 방향이 변하는 부분에 굵은선으로 표시해주고 시작과 끝부분에는 기호를 붙여 단면도 상에 표기해 준다.

계단 단면도 적용예

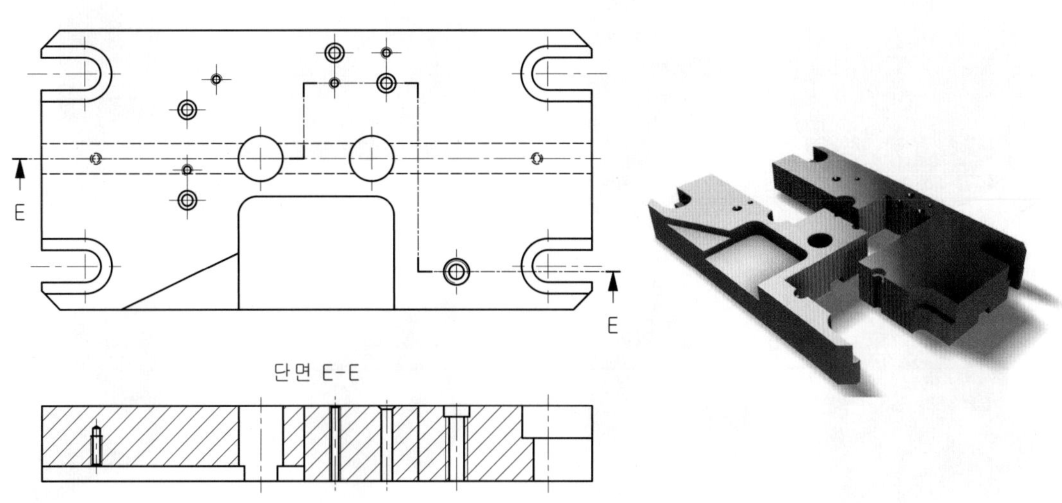

8. 조합에 의한 단면도

① 대칭형 또는 대칭에 가까운 모양을 가진 대상물의 경우에는 대칭의 중심선을 경계로 하여 그 한쪽을 투상면에 평행하게 절단하고, 다른 쪽을 투상면과 어떤 각도를 이루는 방향으로 절단할 수가 있다. 이 경우, 후자의 단면도는 그 각도만큼 투상면 쪽으로 회전시켜서 도시한다.

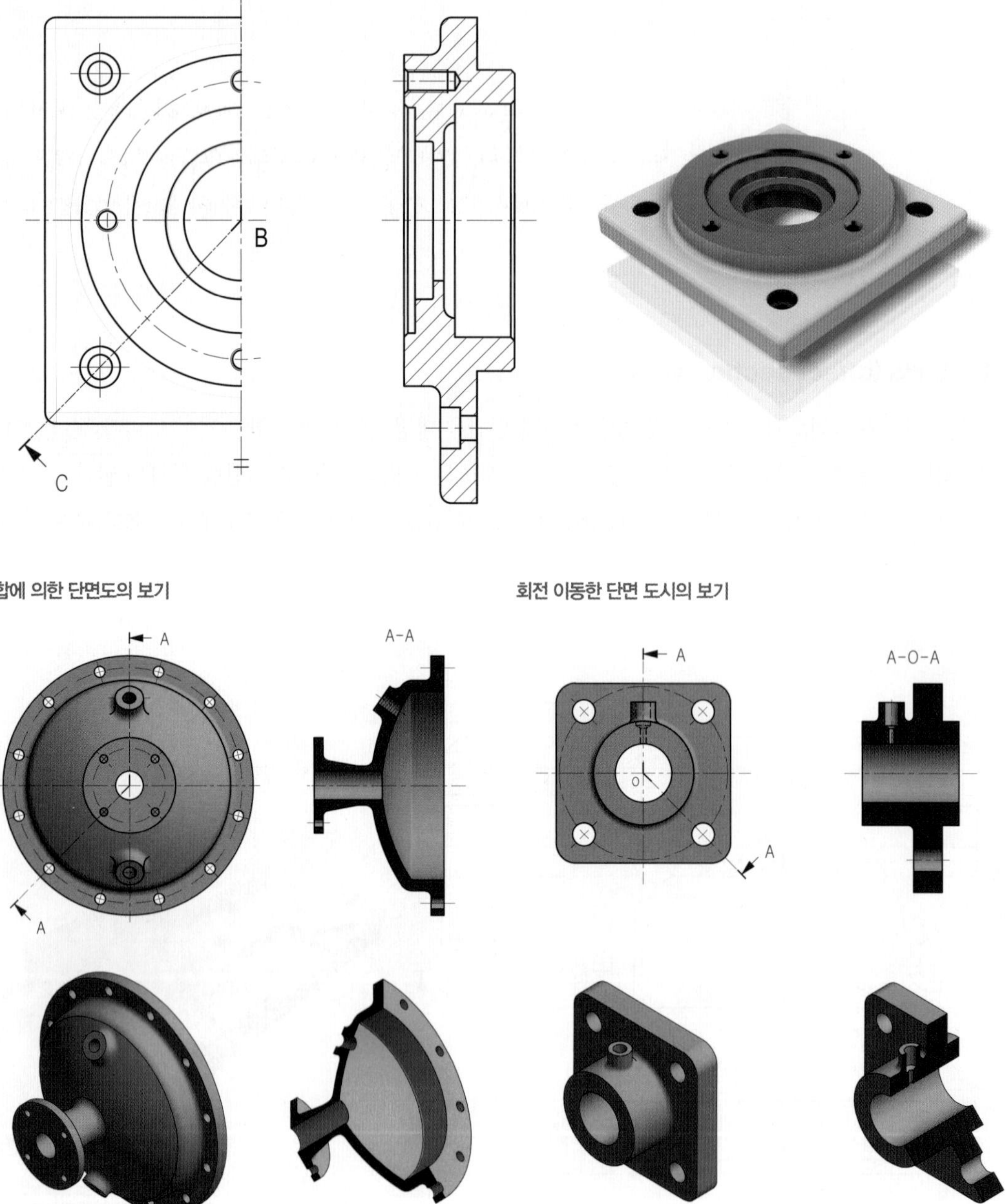

② 단면도는 평행한 두 개 이상의 평면에서 절단한 단면도의 필요 부분만을 합성해서 나타낼 수 있다. 이 경우, 절단선으로 절단해서 위치를 나타내고 조합에 의한 단면도라는 것을 나타내기 위하여 두 개의 절단선을 임의의 위치에서 이어지게 한다.

조합에 의한 단면도의 보기

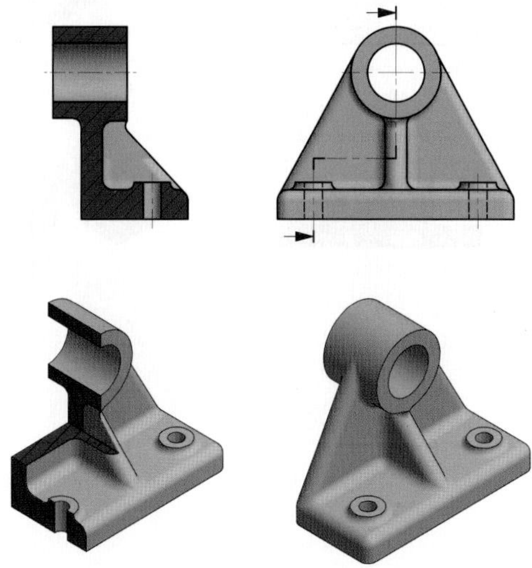

③ 구부러진 관 등의 단면을 표시하는 경우에는 그 구부러진 중심선에 따라 절단하고, 그대로 투상할 수 있다.

구부러진 관 단면도의 보기

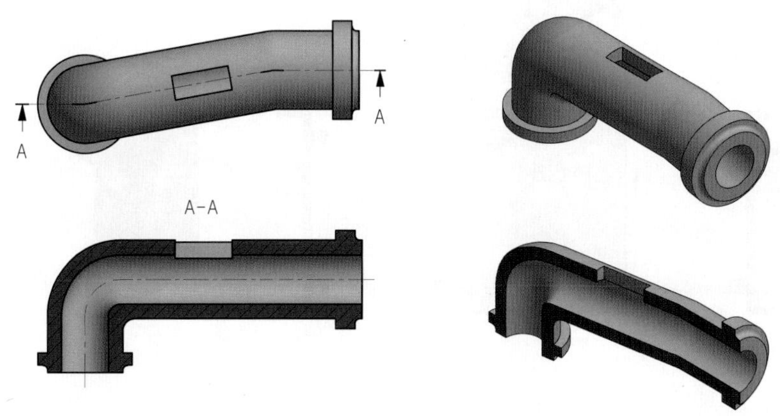

④ 단면도는 필요에 따라 위의 방법을 조합하여 표시하여도 좋다.

단면을 조합해서 표시한 보기(1)　　　　단면을 조합해서 표시한 보기(2)

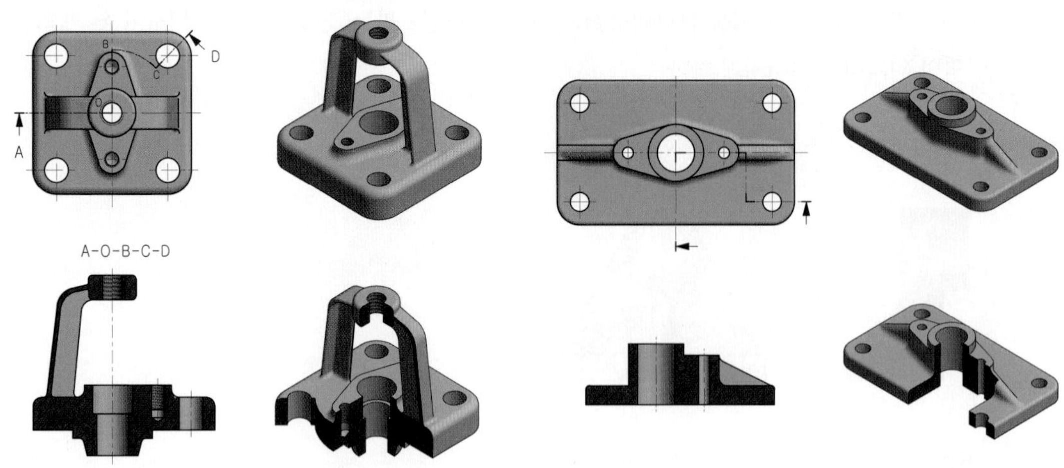

9. 다수의 단면도에 의한 도시

다수의 단면도에 의한 도시는 다음에 따른다.

① 복잡한 형상의 대상물을 표시하는 경우, 필요에 따라 다수의 단면도를 그려도 좋다.

다수의 단면에 의한 보기

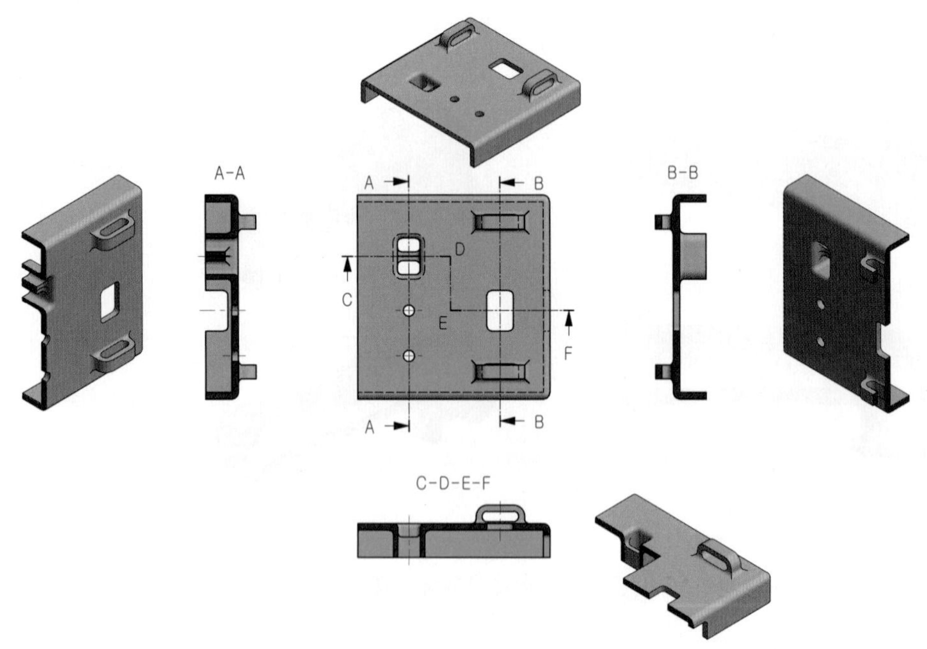

절단선의 연장선상에 단면도를 배치한 보기

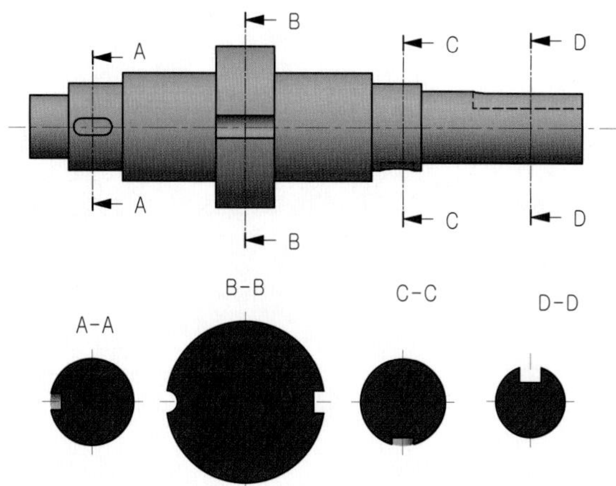

② 하나로 이어진 단면도는 치수의 기입과 도면의 이해에 편리하도록 투상의 방향을 맞추어서 그리는 것이 좋다. 이 경우, 절단선의 연장선상 또는 주 중심선상에 배치하는 것이 좋다. 예를 들어 축과 같이 하나의 축심을 기준으로 키홈이나 베어링용 로크와셔 홈 등이 여러 개 있는 경우가 있을 것이다. 이런 경우 공간 제약으로 치수기입이 불편하거나 직접 치수를 기입하는 경우 도면이 복잡해질 우려가 있다. 이렇게 정해진 도면 영역 내에 회전단면을 표시할 공간이 없는 경우에는 절단선과 연장선이나 임의의 위치에 단면모양을 도시해 줄 수도 있다.

주 중심선상에 단면도를 배치한 보기

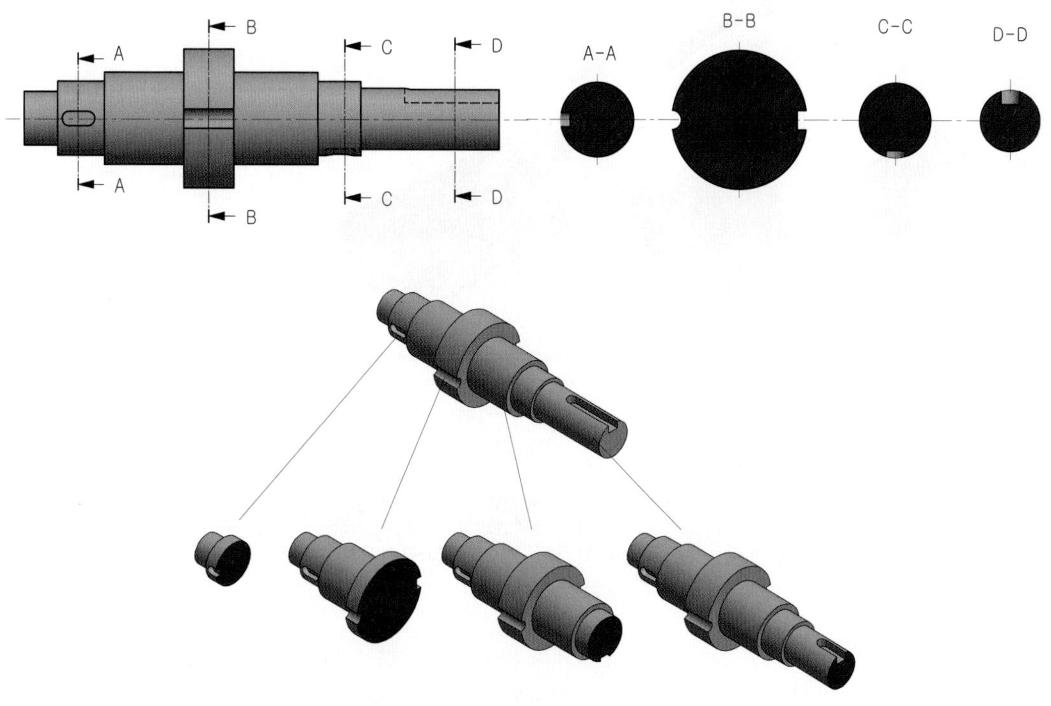

③ 대상물의 모양이 서서히 변화하는 경우 다수의 단면에 의해 표시할 수 있다.

서서히 변화하는 다수의 단면 보기

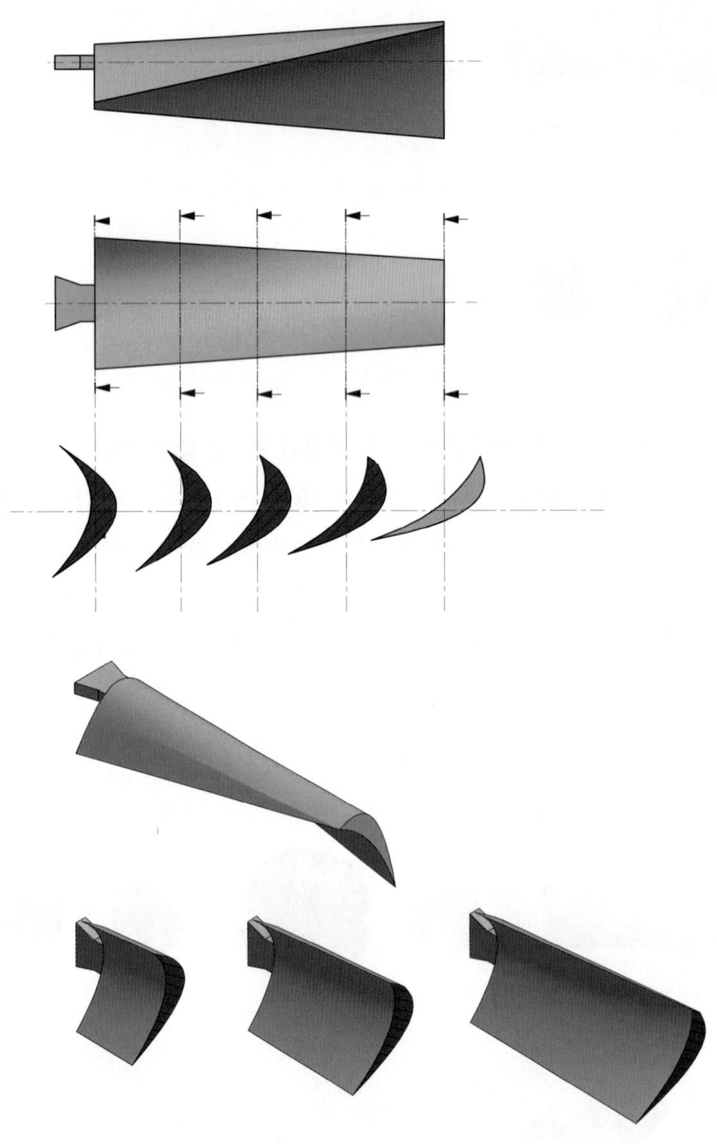

10. 도형의 생략법

도면을 작도하다 보면 대칭인 경우나 긴 축이나 형강등과 같이 중심선을 기준으로 한쪽만 작도해주거나 부분을 파단선으로 절단하여 생략하고 전체길이 치수를 기입해주어도 무방한 때가 있다.

10.1 대칭 도형의 생략법

축, 형강, 파이프 등과 같이 길이가 길어 정해진 양식에 그려 넣기 힘든 경우 생략법을 이용하여 도시할 수 있다. 물체가 좌,우 대칭 혹은 상,하 대칭인 경우 기본 중심선을 기준으로 한쪽만 작도하고 대칭 중심선의 위와 아래와 **2개의 짧은 가는 실선(대칭도시기호)**으로 그어준다. 그리고 긴 축이나 형강 등의 구조물도 실척으로 도면에 나타낼 경우 정해진 사이즈 범위를 벗어나므로 중간을 잘라 파단선으로 표시하고 도면에는 전체길이 치수를 기입한다.

대칭인 부품의 측면도 도시 예

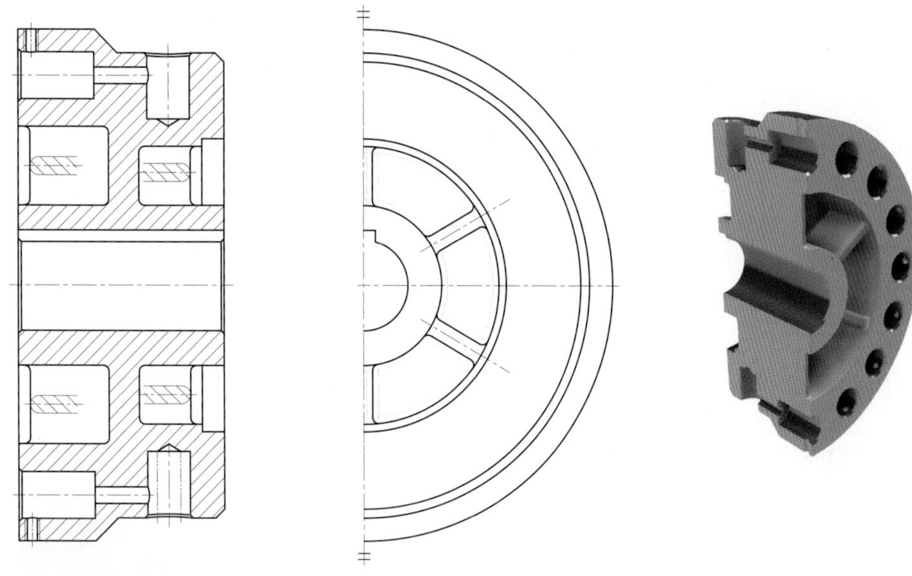

올바른 투상도 배치

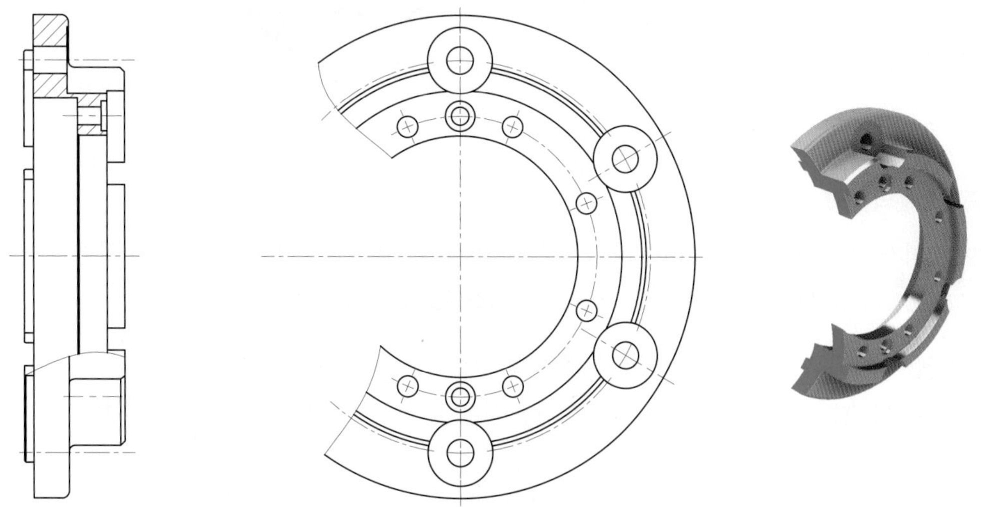

잘못된 투상도 배치 – 대칭 형상의 투상도가 중심선을 넘는 경우 도시한 예

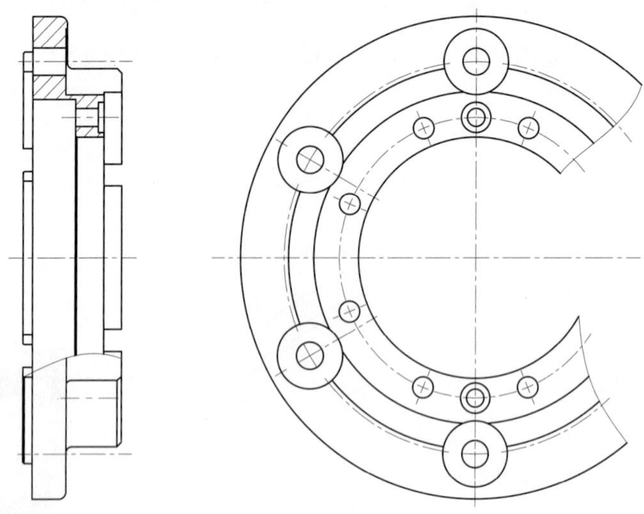

10.2 반복되는 도형의 생략

연장선상에 나란히 배열하기

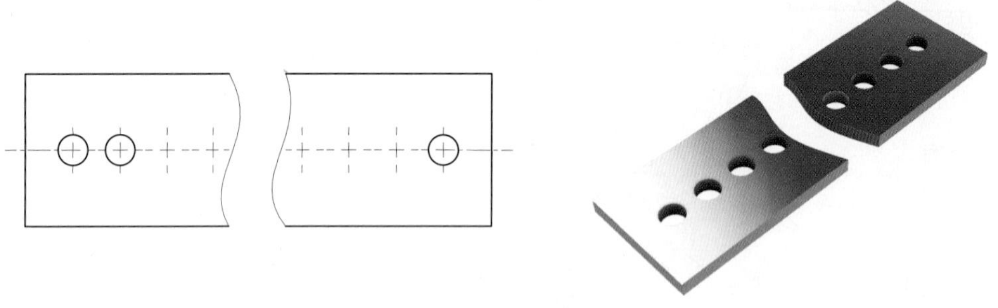

10.3 중간 부분의 생략

축과 같이 길이가 긴 부품의 경우 정해진 도면 양식을 벗어나게 되어 배치가 곤란하므로 동일한 치수가 연속되는 구간을 잘라 파단선이나 지그재그선으로 그어 생략하고 도시할 수 있다.

또한, 요점만을 도시하는 경우 혼동될 염려가 없을 때에는 파단선을 생략하여도 좋다. 또 긴 테이퍼 부분, 또는 기울기 부분을 잘라낸 도시에서는 경사가 완만한 것은 실제의 각도로 도시하지 않아도 좋다.

스플라인 축의 중간 부분을 생략하는 방법

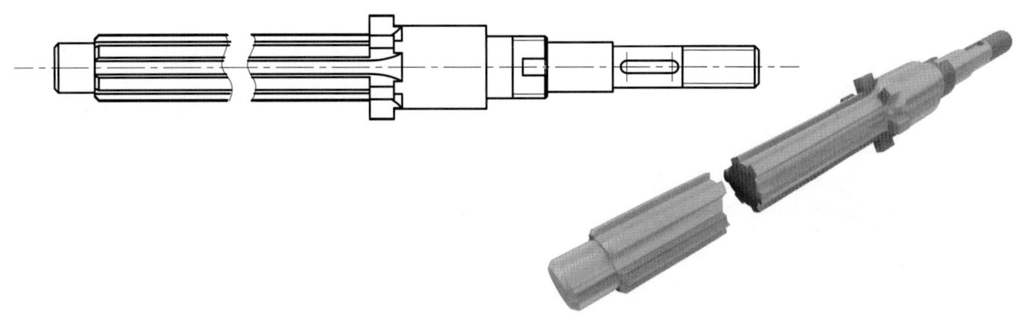

동일 단면형의 부분, 같은 모양이 규칙적으로 줄지어 있는 부분 또는 긴 테이퍼 등의 부분은 지면을 생략하기 위하여 중간 부분을 잘라내서 그 긴요한 부분만을 가까이 도시할 수 있다(예 : 축, 봉, 관, 형강, 래크, 공작기계의 이송나사, 교량의 난간, 사다리, 테이퍼 축 등).

11. 잘못 투상한 도면의 예 및 해칭 방향

11.1 축의 예

축과 같이 길이 방향으로 전체 단면을 해서는 안되는 부품의 경우 키홈이나 암나사 구멍 등과 같이 단면이 필요한 부분만 도시해 주는 것이 형상을 이해하기가 용이하다.

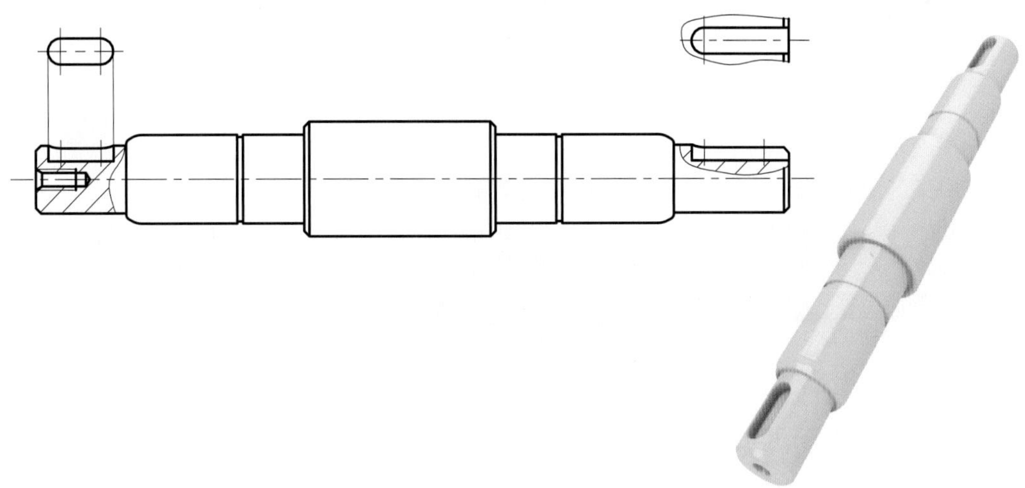

11.2 주물품의 예

❶ 축의 예

● 참고입체도

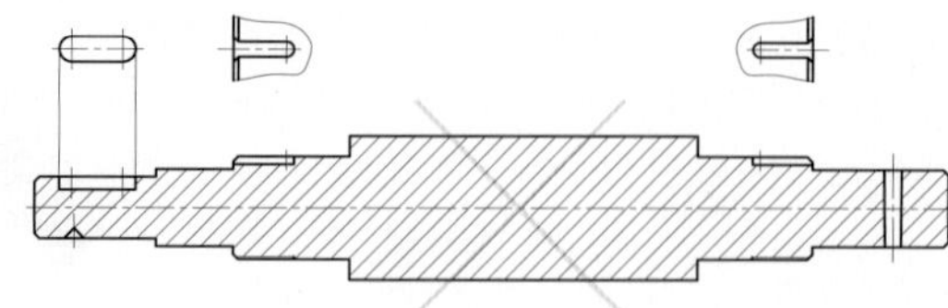

올바르게 해칭한 도면

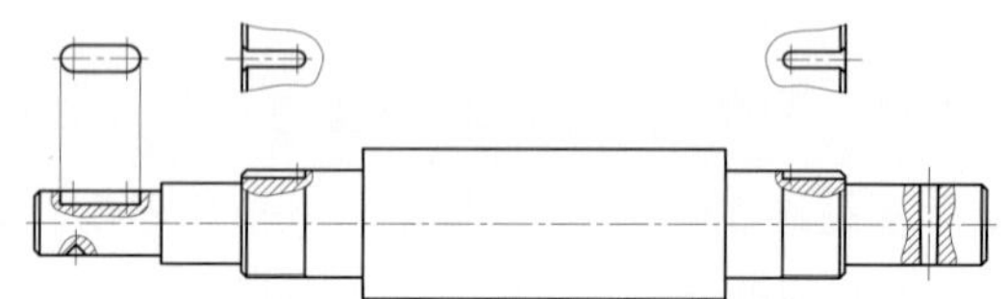

축과 같이 길이방향으로 단면을 해서는 안되는 부품은 키홈 등과 같이 필요한 부분만 단면하여 도시해 주는 것이 형상을 이해하기 쉽다.

● 축의 올바른 도시

❷ 주물품의 예

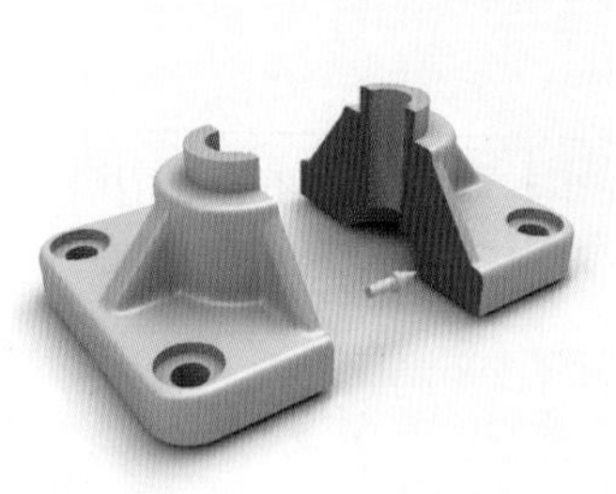

● 참고입체도

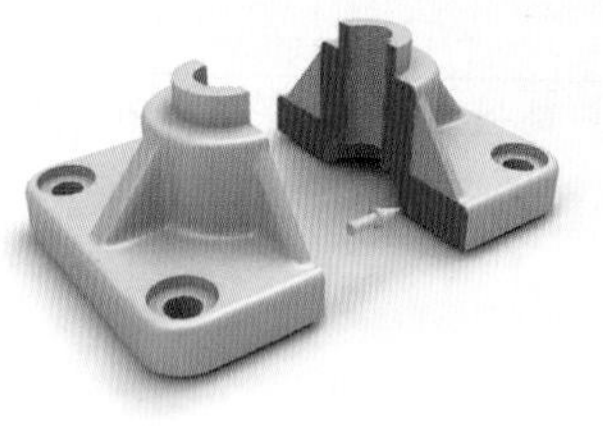

● 참고입체도

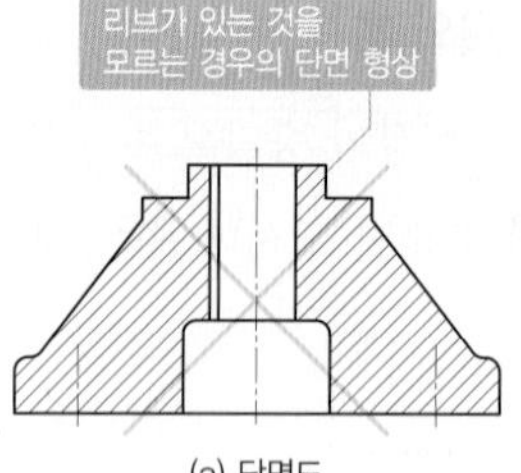

(a) 단면도

● 참고입체도

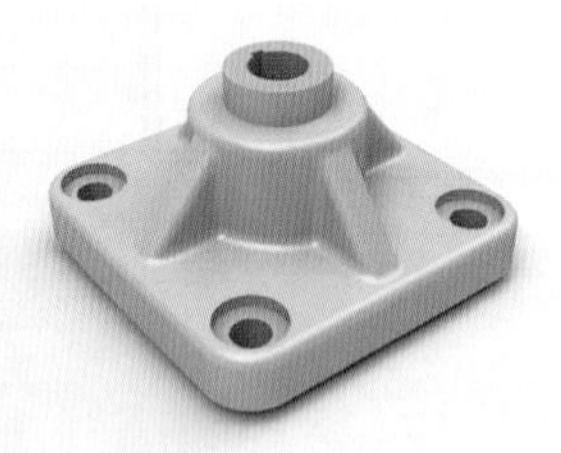

● 참고입체도

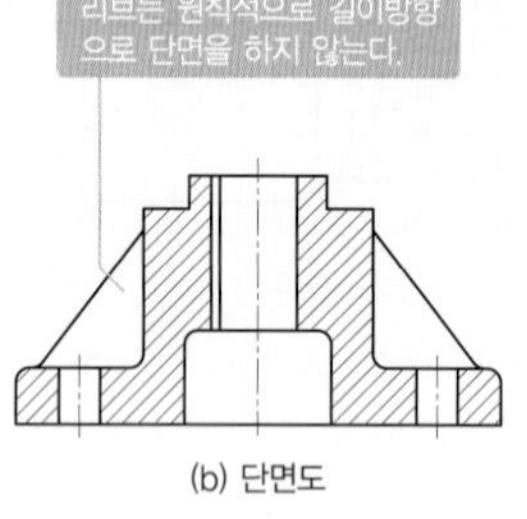

(b) 단면도

11.3 올바른 해칭 방향

해칭선의 방향

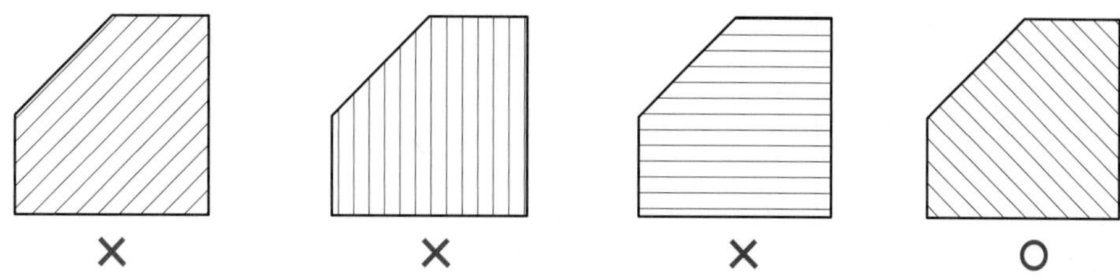

12. 특별한 도시 방법

12.1 2개의 면이 교차하는 부분의 도시방법

얇은 철판을 프레스에서 절곡하거나 밴딩을 하는 경우 2개의 면이 서로 수직인 상태가 안되고 라운드가 만들어진다. 이런 경우 2개의 교차선이 만나는 위치에 가는 실선으로 긋고 교차한 선에 대응하는 위치에는 상관선을 굵은실선(외형선)으로 표시한다.

상관선 도시법

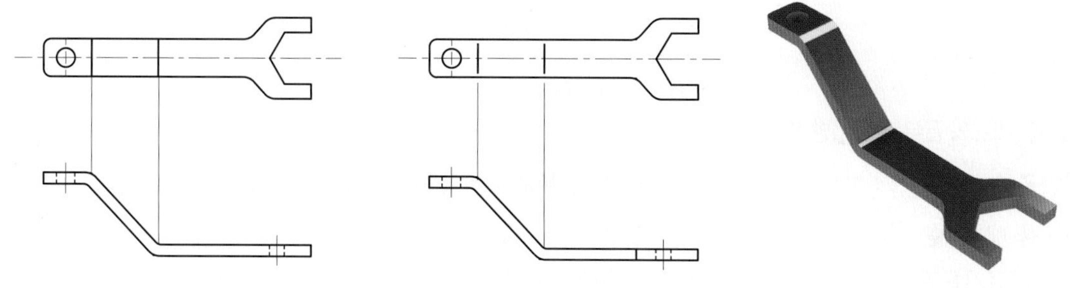

12.2 가상선의 도시방법

가상선은 도시된 물체의 앞면을 표시하거나 가공 전후의 모양을 표시하거나 공구나 지그의 위치를 참고로 표시하는 선 등의 용도로 가는 2점쇄선으로 도시한다.

여러가지 가상선의 도시법

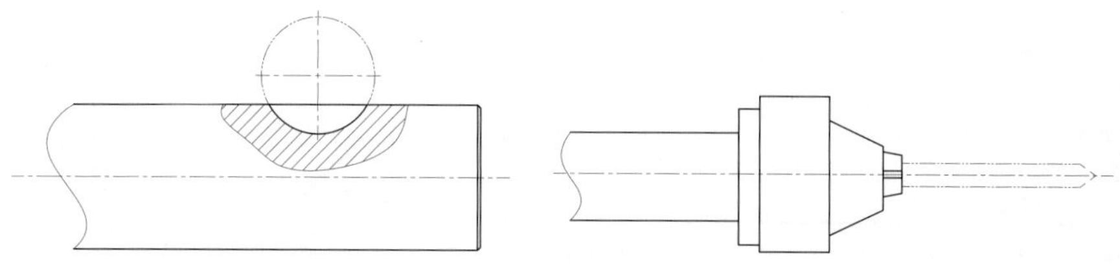

여러가지 가상선의 도시법

12.3 평면인 경우의 도시방법

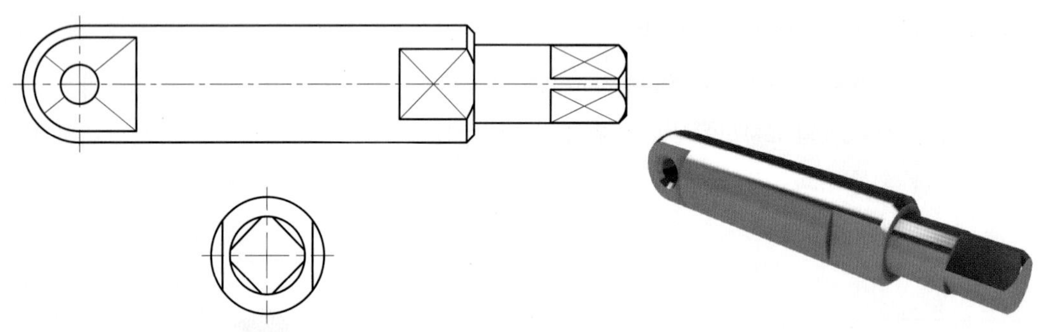

12.4 리브의 끝부분 도시방법

주물품이나 주강품의 경우와 같은 구조물 등에서는 부분적인 응력집중이나 변형을 완화시킬 목적으로 리브(lib)를 배치하는데 우산의 살이나 사람의 갈빗대 등은 리브 구조의 좋은 예이다. 리브가 끝나는 부분에 라운드를 표시를 할 때 아래와 같이 라운드의 크기에 따라 표시법을 안쪽으로 하거나 바깥쪽으로 하거나 선택할 수가 있다.

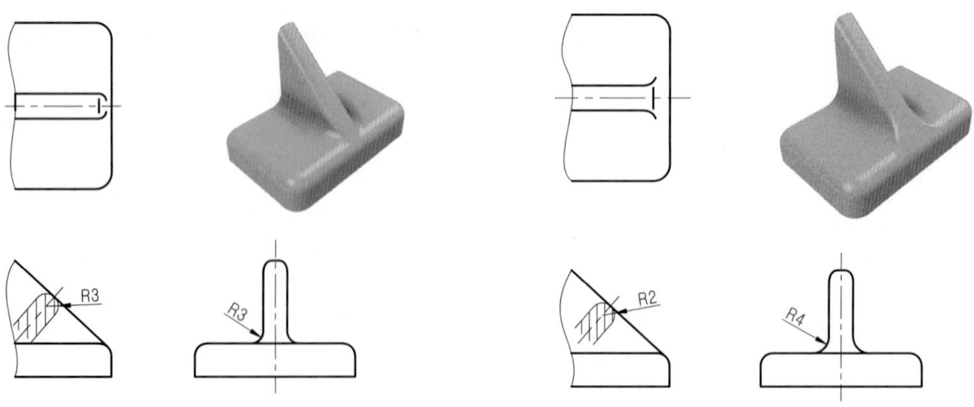

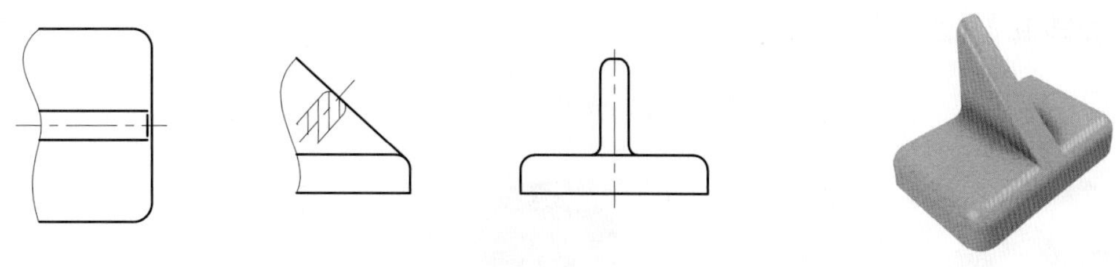

12.5 특수한 가공이나 열처리를 지시하는 부분의 도시방법

서로 맞물려 돌아가는 기어의 이나 스프로킷의 이, 왕복운동을 하며 마찰이 발생하는 실린더와 피스톤, 캠, 편심축, 오일실 립 접촉부등은 일반적으로 열처리를 지시한다. 전체열처리가 필요한 경우는 주석이나 품번 아래에 별도의 지시를 하지만, 부분적으로 열처리가 필요한 곳에는 아래와 같이 열처리나 특수한 가공이 필요한 범위를 외형선에서 약간 띄워 **굵은 1점쇄선**으로 표시할 수 있다. 이 방법은 ISO R218에 따른 표시방법으로 어느 특정 부분만의 치수허용차를 다르게 지시하거나 일부분만 열처리하는 경우에도 사용된다.

축

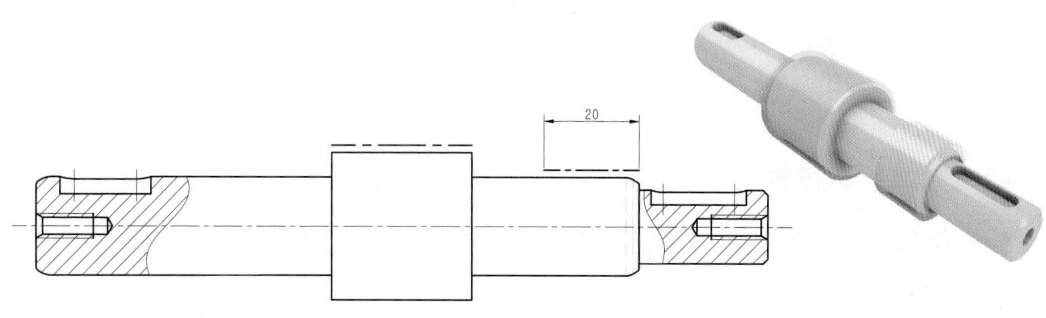

V-블록

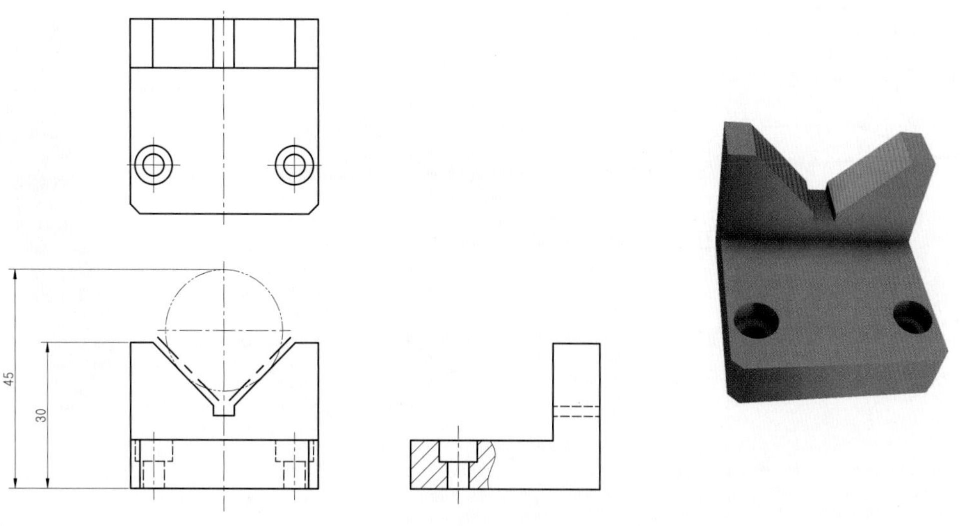

12.6 널링의 표시 방법

빗줄형 널링　　　　바른줄형 널링

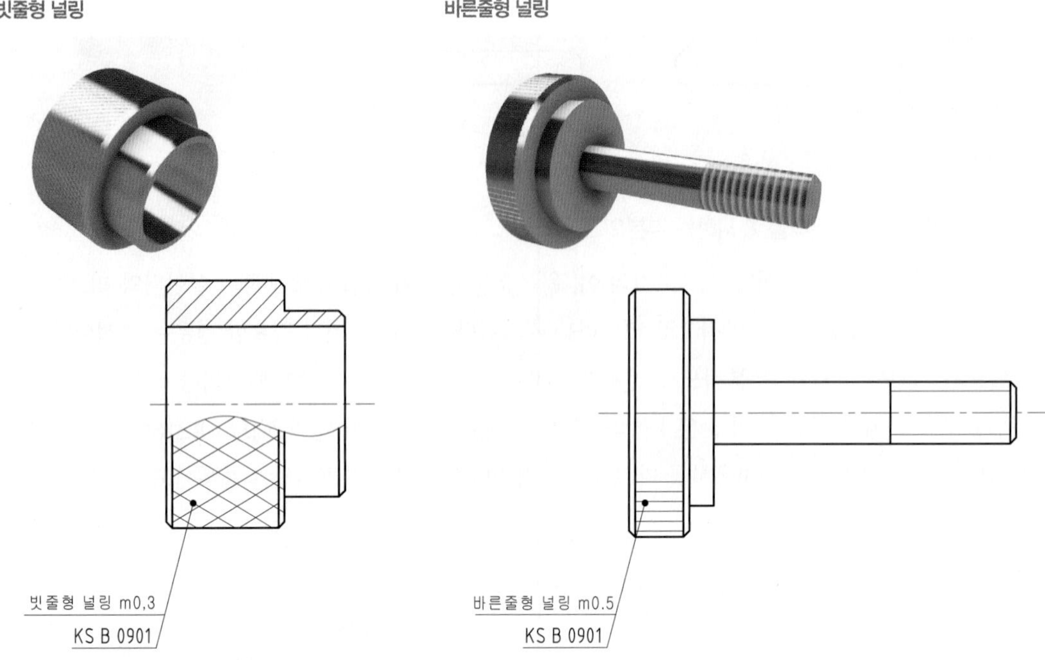

13. 여러 가지 특수 투상도법

앞 장의 투상도에 관한 내용 중 언급한 특수 투상도법에 대해서 다시 한번 자세히 알아 보도록 하겠다.

13.1 보조 투상도

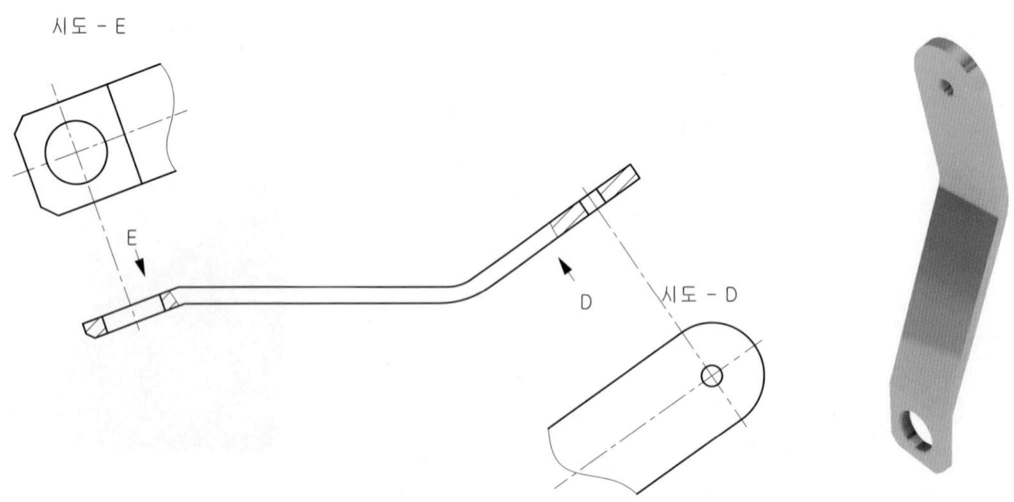

철판 절곡물과 같이 경사진 물체를 투상하면 경사면의 형상이 변형 및 축소되어 실제의 길이나 형상이 나타나지 않는다. 이런 경우 경사면에 평행한 위치에 도시하는 투상도를 **보조투상도**라고 한다. 이곳에 투상을 하게 되면 실제 크기 및 형상이 도시되어 쉽게 이해할 수가 있다.

13.2 부분 투상도

물체의 일부분을 도시하는 것만으로 충분한 경우나 물체의 전체를 도시하는 것보다 오히려 도면을 이해하기 쉬운 경우, 주투상도에서 잘 나타나지 않은 부분 등에 사용하는 투상을 **부분투상도**라고 한다.

부분투상도에서는 투상을 생략한 부분과의 경계는 **파단선**으로 표시해 준다.

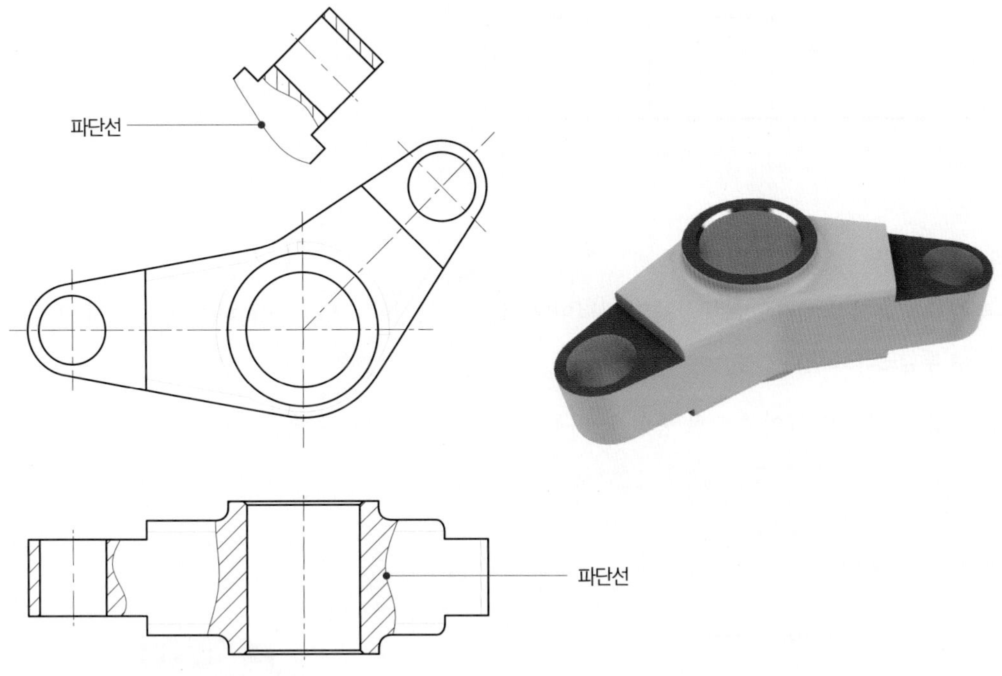

13.3 회전 투상도

투상면이 일정 각도로 경사져 있을 때 실제 형상의 도시가 어려운 경우가 있다. 이 때 경사진 부분만을 회전시켜 도시하는 투상도를 **회전투상도**라고 한다.

투상면에 대하여 대상물의 일부분이 경사 방향으로 있어 잘못 해독할 우려가 있는 경우는 **가는실선**으로 작도선을 남겨준다.

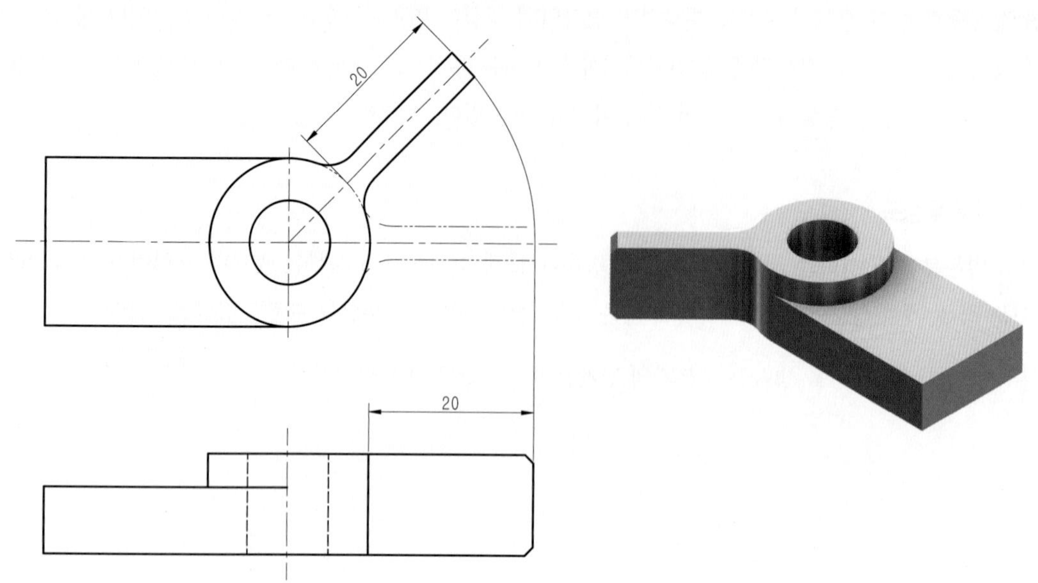

13.4 국부 투상도

부분 투상도와 유사한 개념으로 대상물의 구멍이나 홈 등의 특정한 모양을 도시하여 알기 쉽게 그리는 투상도를 **국부 투상도**라고 한다.

이때는 투상관계를 나타내야 하므로 중심선, 기준선, 치수보조선 등으로 연결하여 도시한다.

하우징의 경우

하우징의 국부투상도 적용 예

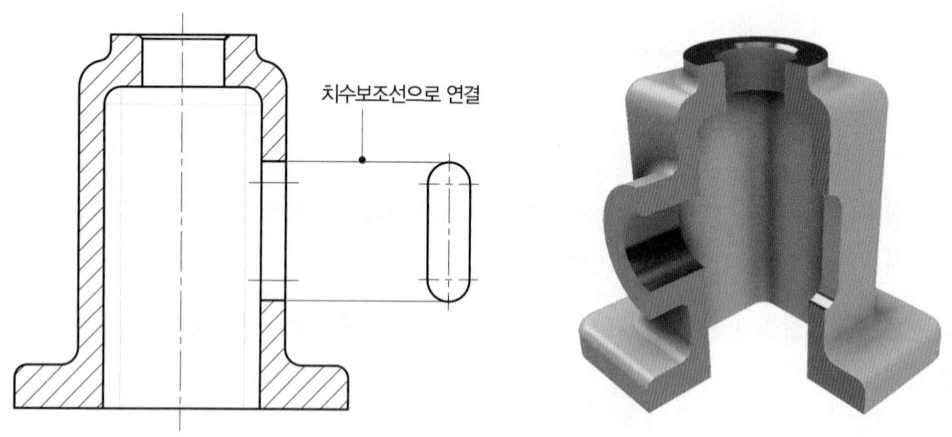

회전체의 경우

키홈의 국부투상도 적용 예

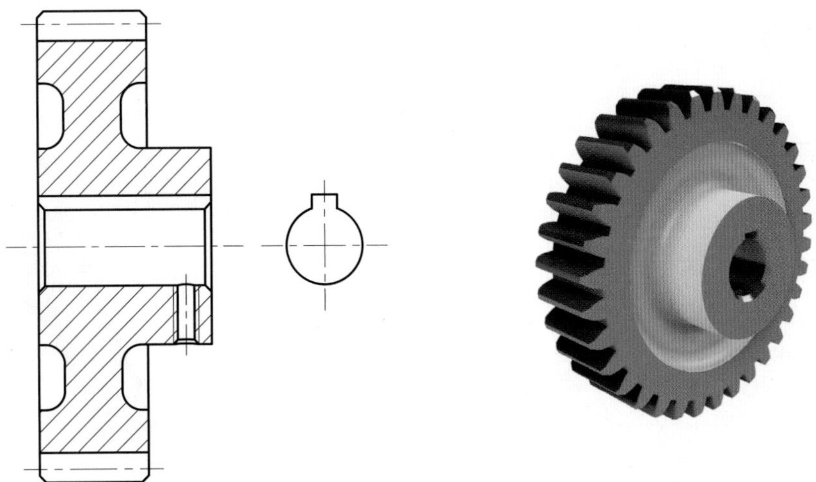

국부투상도를 적용하지 않은 경우

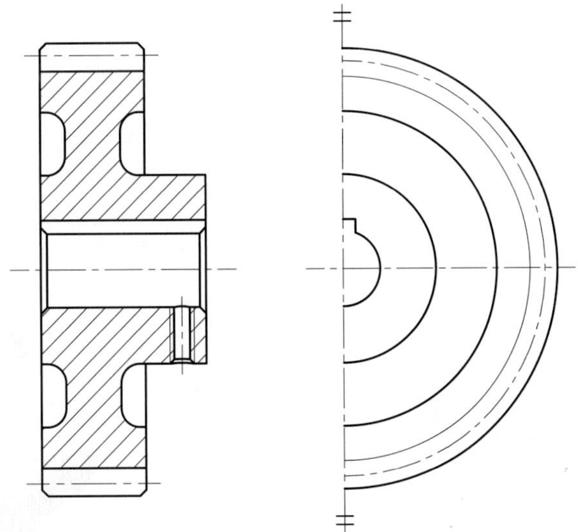

축의 경우

축의 국부투상도 적용 예

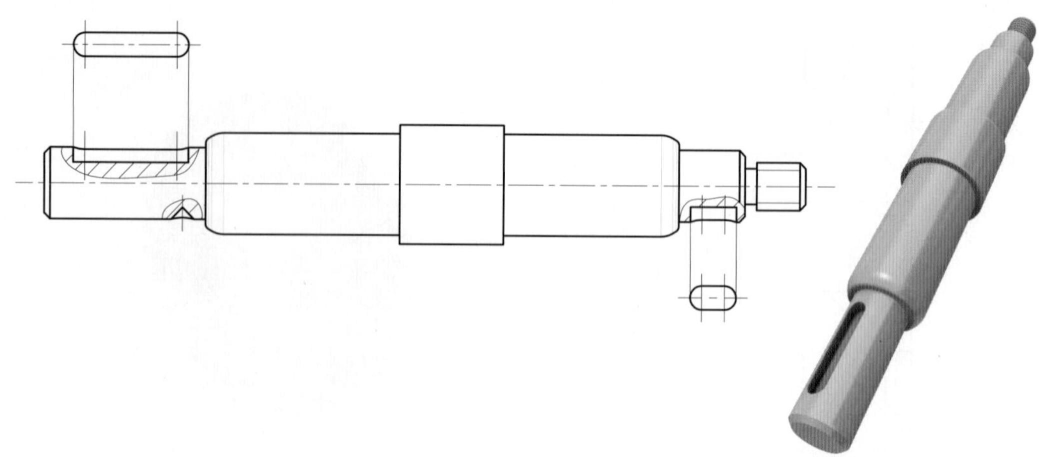

13.5 확대도(상세도)

물체의 일부분이 너무 작아서 알아보기 어렵거나 치수 기입을 하기 곤란한 경우 해당 부분만을 확대하여 도시하고 식별할 문자 기호 및 척도를 기입하여 나타낼 수 있다.

확대도법(상세도법)에 의한 도시 예

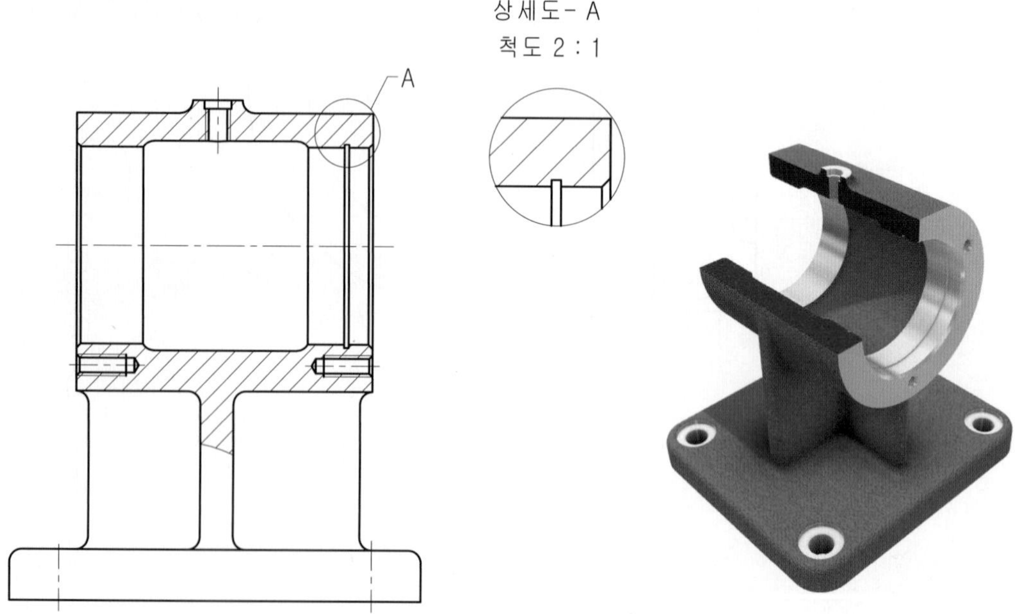

축이나 구멍에 작은 크기의 멈춤링이나 오링 등이 끼워지는 부분이나 릴리프 홈 등 특정 부분이 너무 작아 실척(1:1)으로 작도 후 치수기입을 하려면 곤란한 경우가 있다. 이럴 때는 해당 부분을 **가는실선**으로 표시하고 확대 비율을 결정하고 반드시 실척의 치수를 기입해준다. 확대도 부분을 배척으로 확대하면 실척보다 커지므로 치수 기입을 할 때 꼭 주의해야 한다.

각종 상세도 적용 예

① 오일실 장착부 상세도

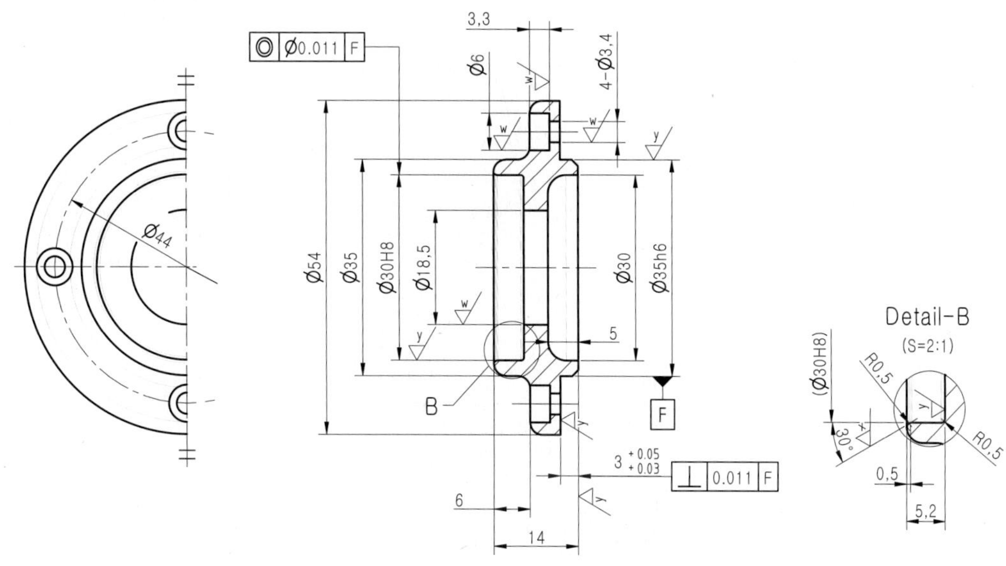

② V-벨트풀리 홈부 상세도

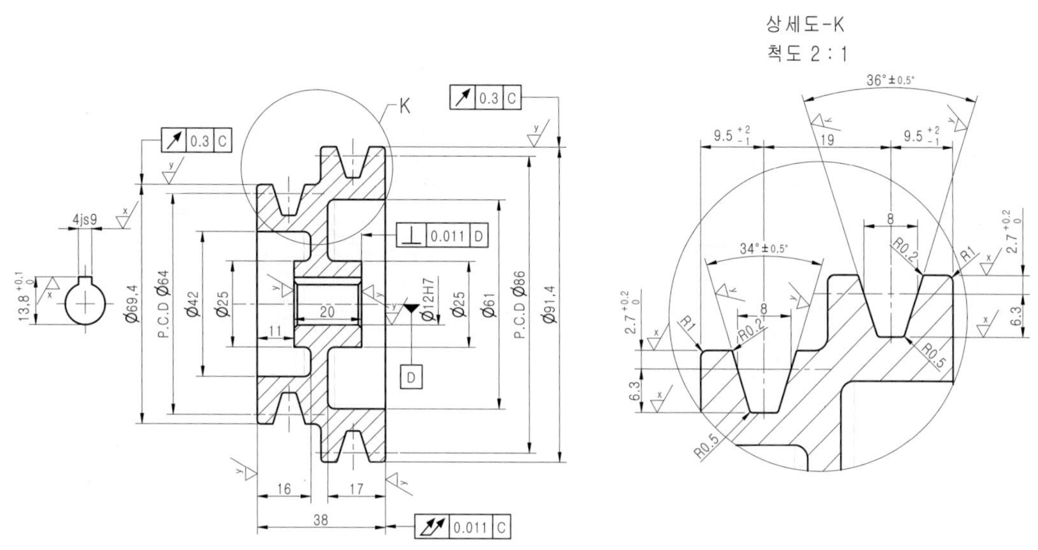

③ 스프로킷 치형부 상세도

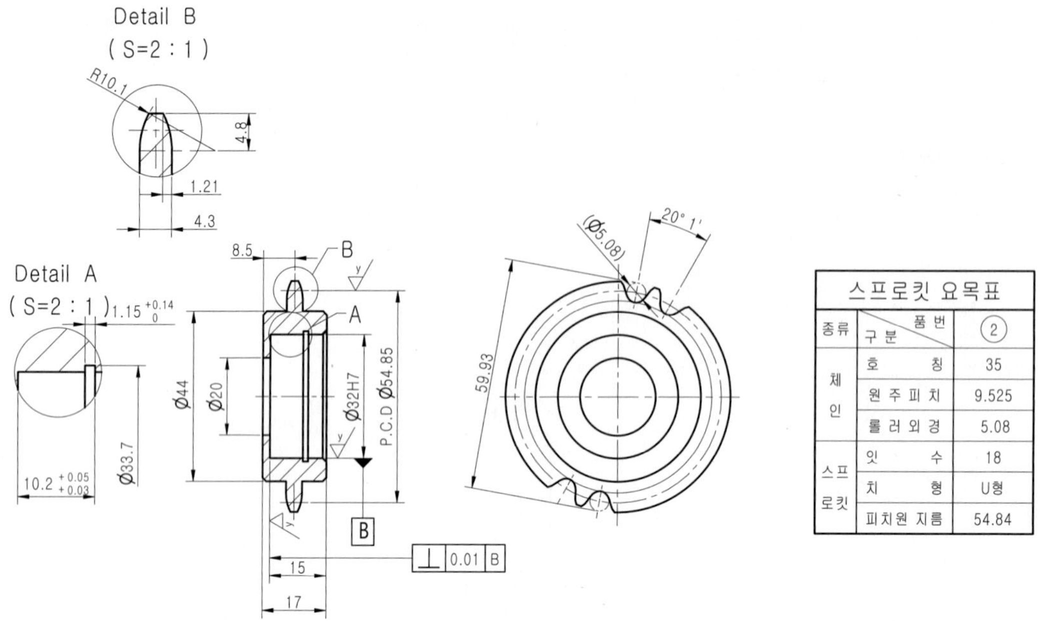

스프로킷 요목표		
종류	구분 \ 품번	②
체인	호칭	35
	원주피치	9.525
	롤러외경	5.08
스프로킷	잇수	18
	치형	U형
	피치원 지름	54.84

④ 구멍용 멈춤링 홈부 상세도

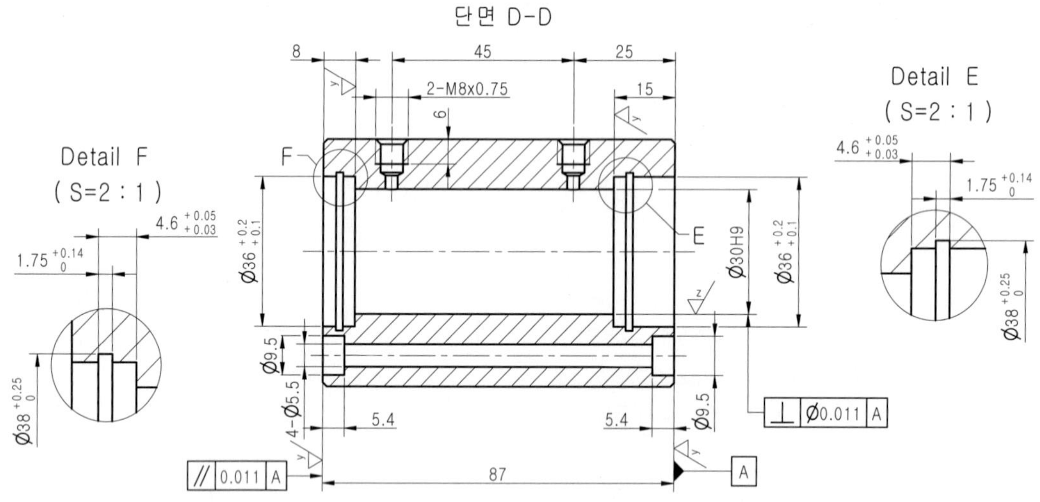

⑤ 축용 멈춤링 홈부 상세도

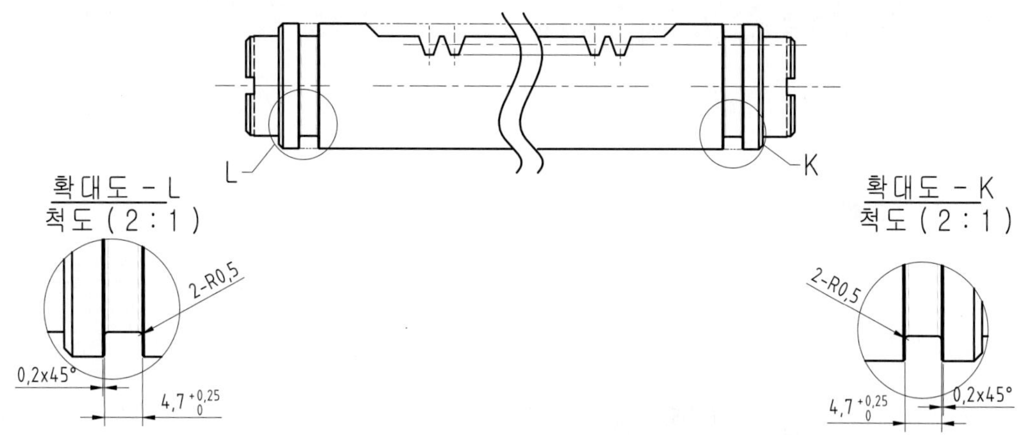

⑥ 오링 홈부 상세도

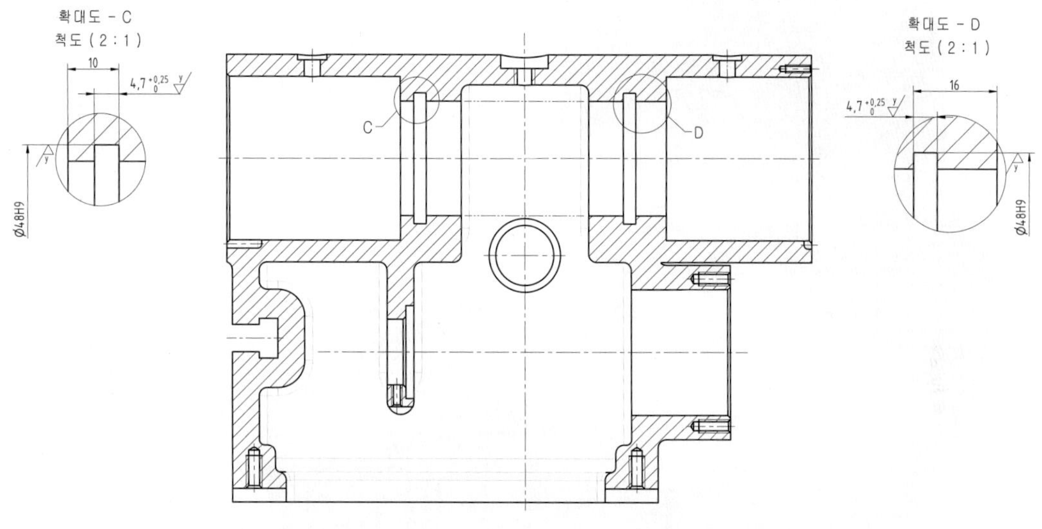

Section 02

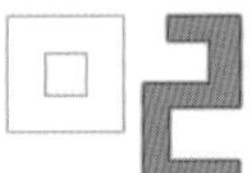

3D형상모델링과 도면작도 실습 과제

1. 3D 모델링 과제 (1)

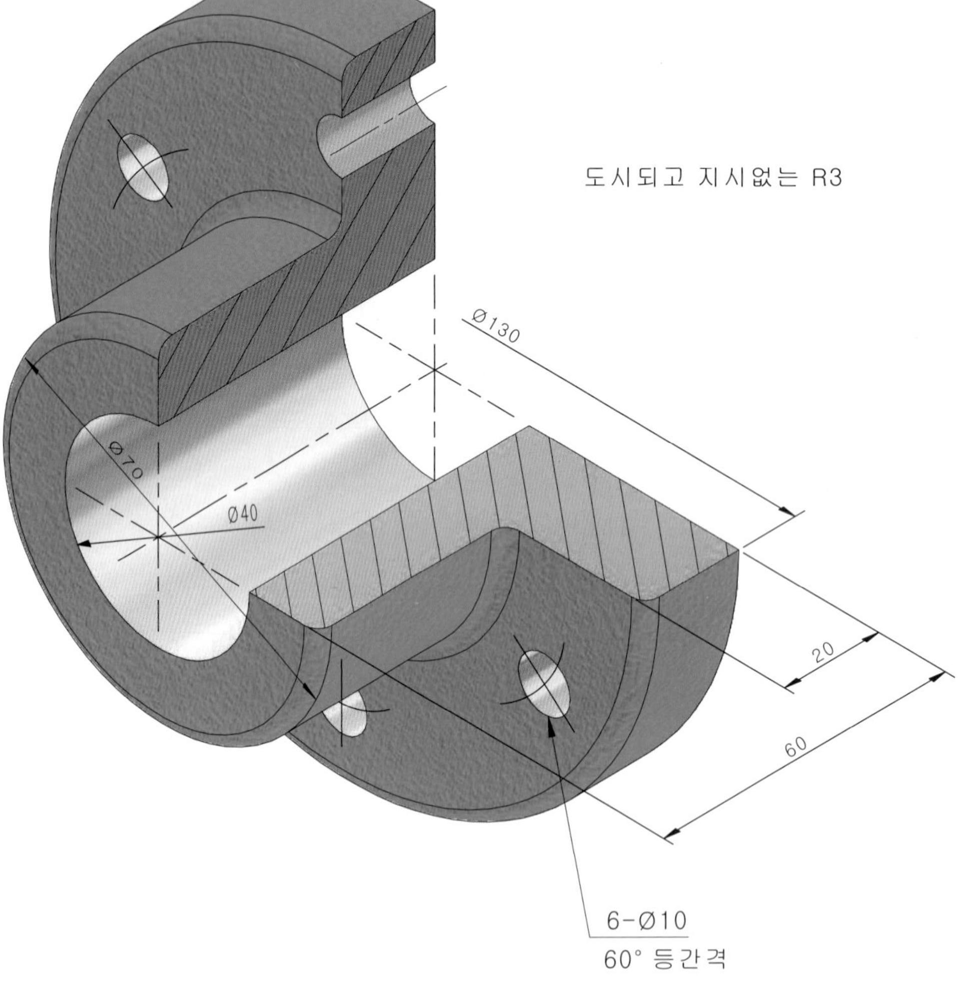

도시되고 지시없는 R3
Ø130
Ø70
Ø40
20
60
6-Ø10
60° 등간격

1. 2D 부품도 작도 (1)

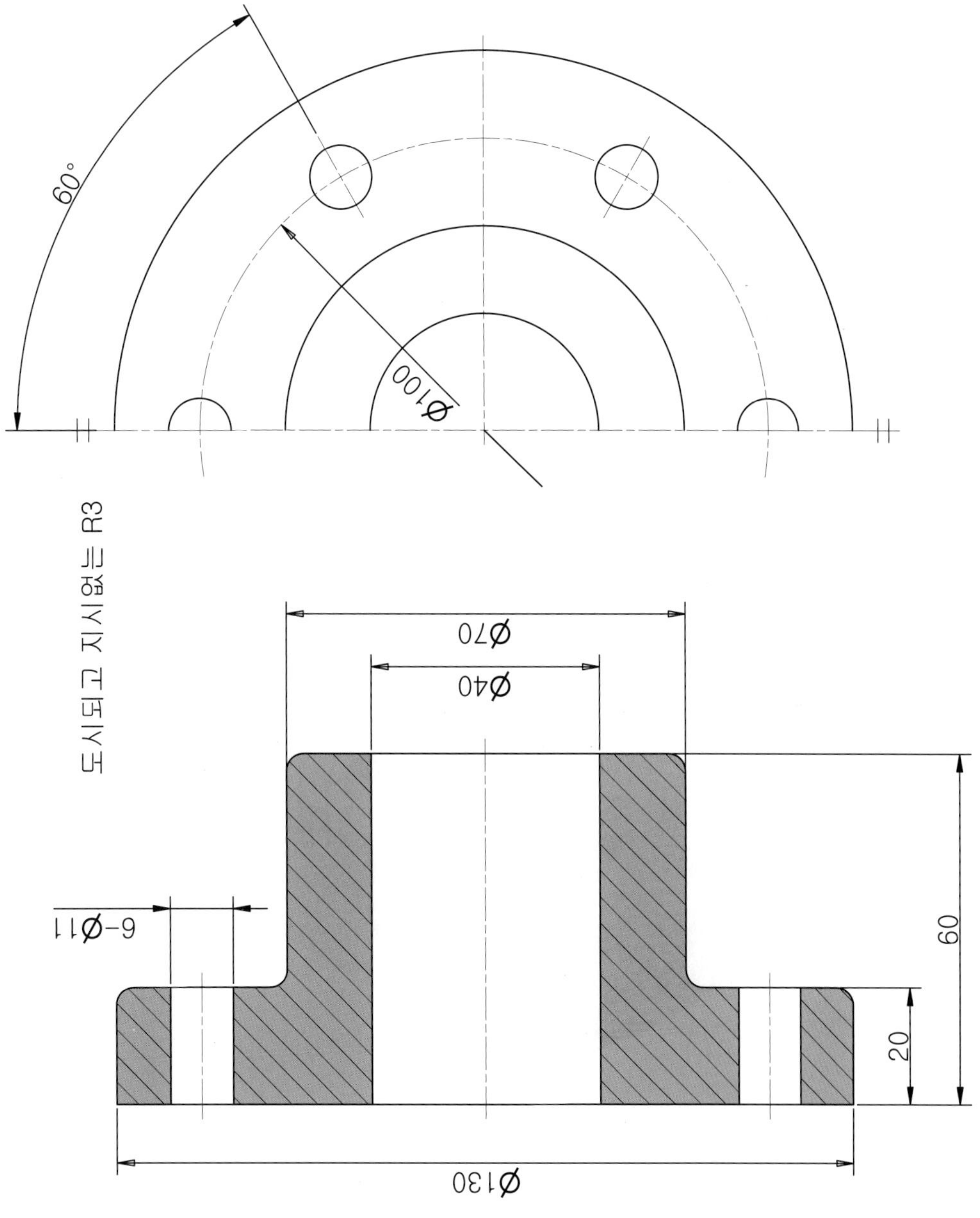

2. 3D 모델링 과제 (2)

120° 등간격

도시되고 지시없는 R3

2. 2D 부품도 작도 (2)

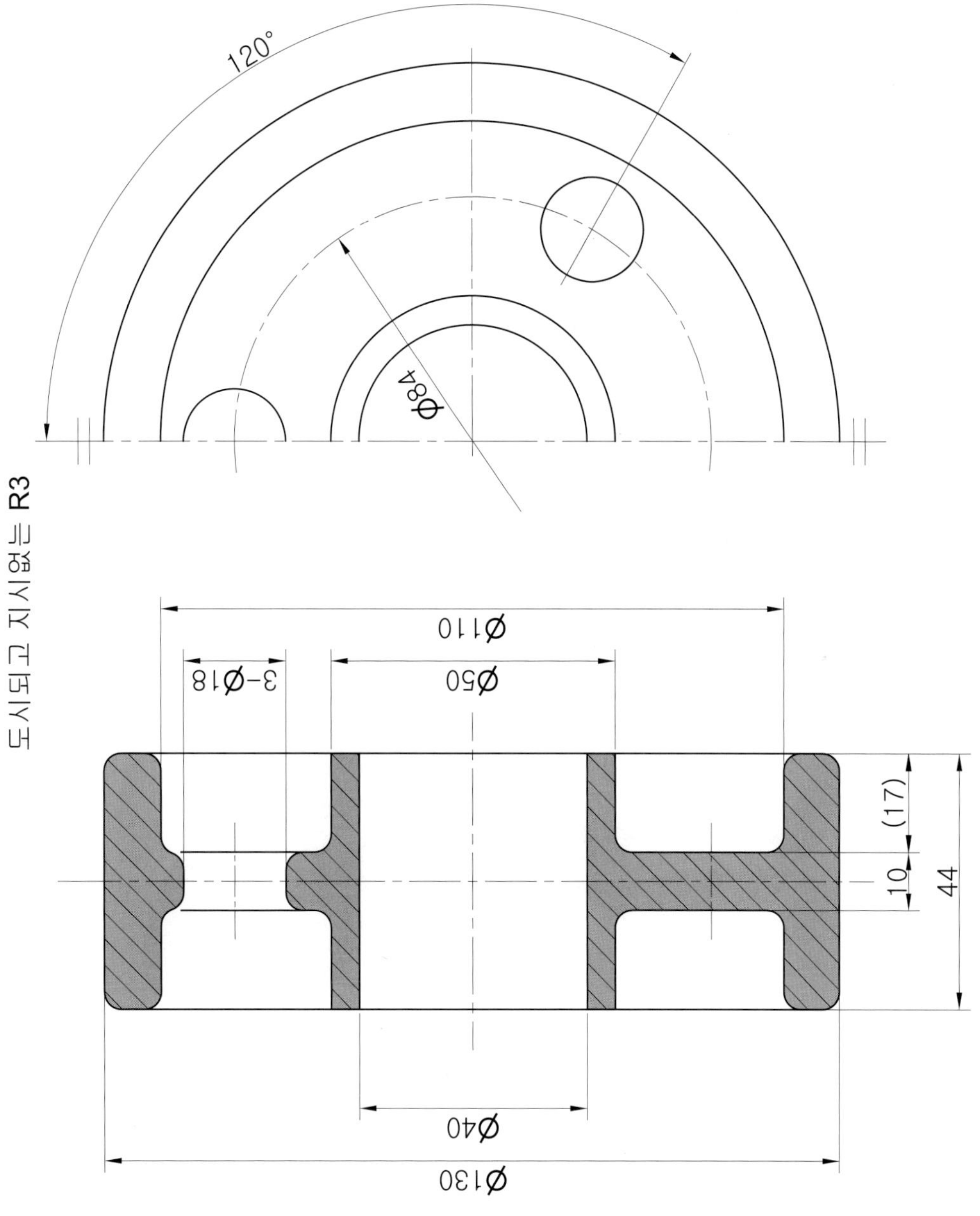

120°

Φ84

도시되고 지시없는 R3

Ø110

3-Ø18

Ø50

(17)

10

44

Ø40

Ø130

3. 3D 모델링 과제 (3)

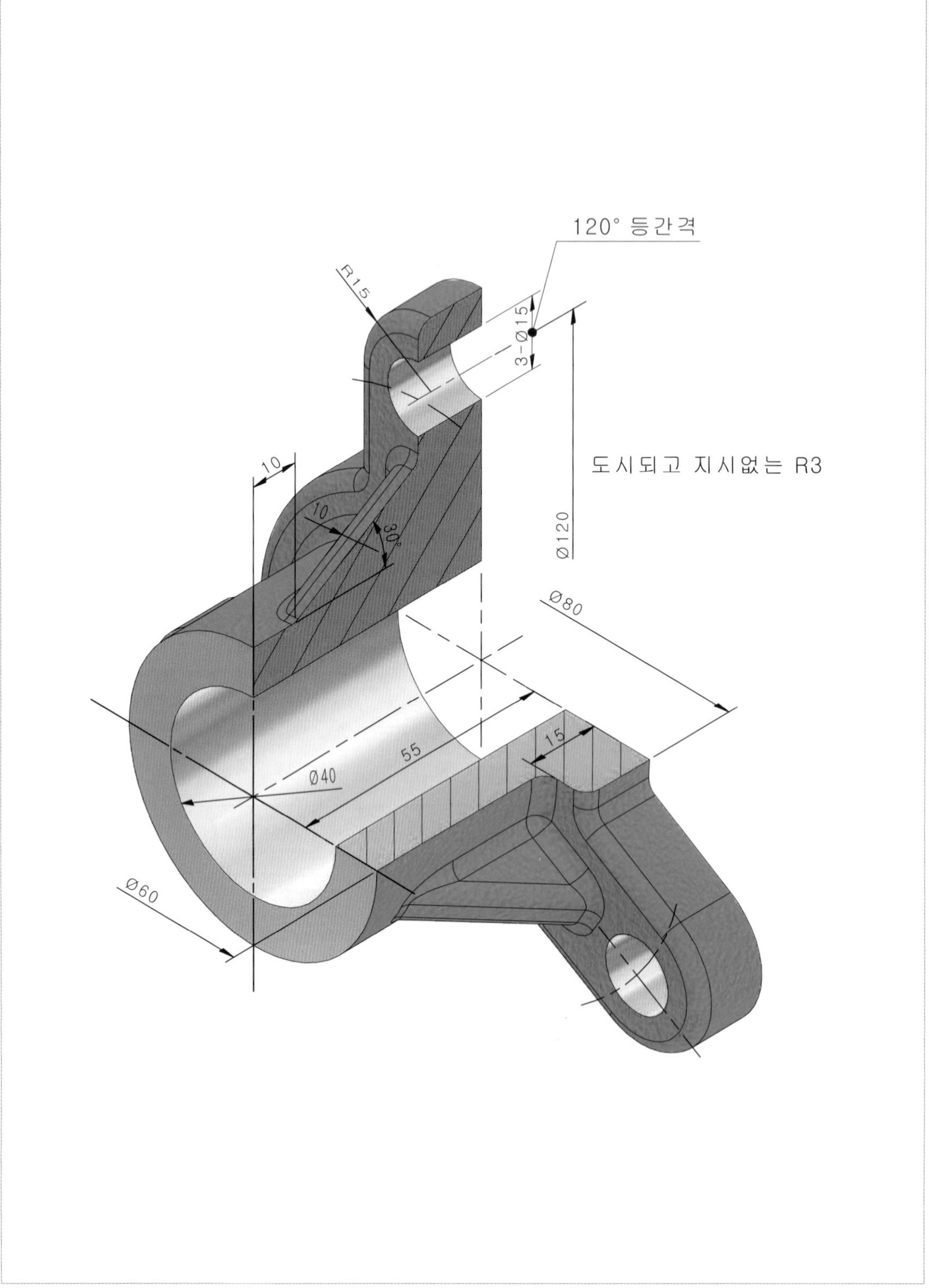

3. 2D 부품도 작도 (3)

도시되고 지시없는 R3

4. 3D 모델링 과제 (4)

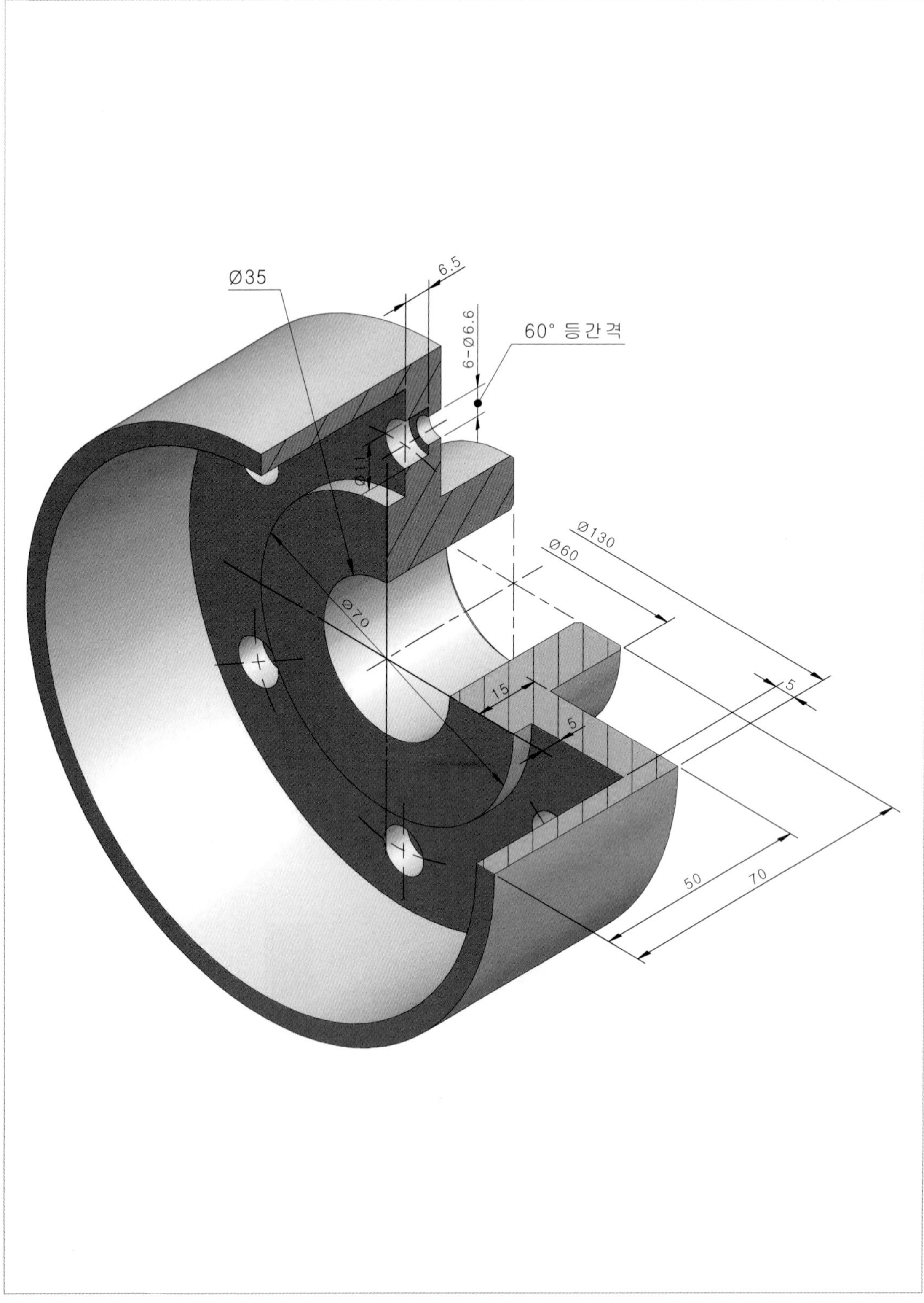

4. 2D 부품도 작도 (4)

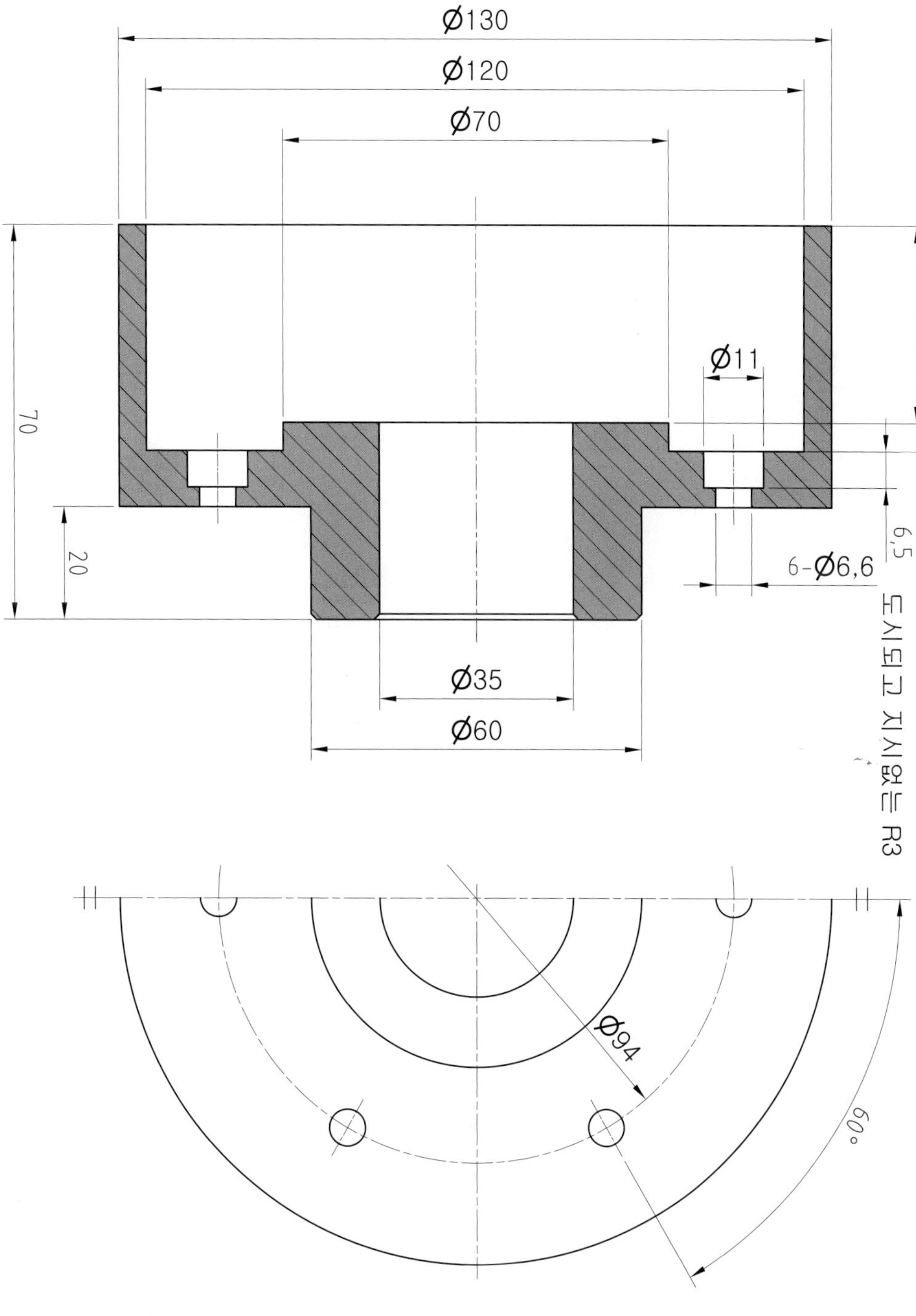

Ø130
Ø120
Ø70
Ø11
35
40
70
20
6,5
6-Ø6,6
도시되고 지시없는 R3
Ø35
Ø60
Ø94
60°

5. 3D 모델링 과제 (5)

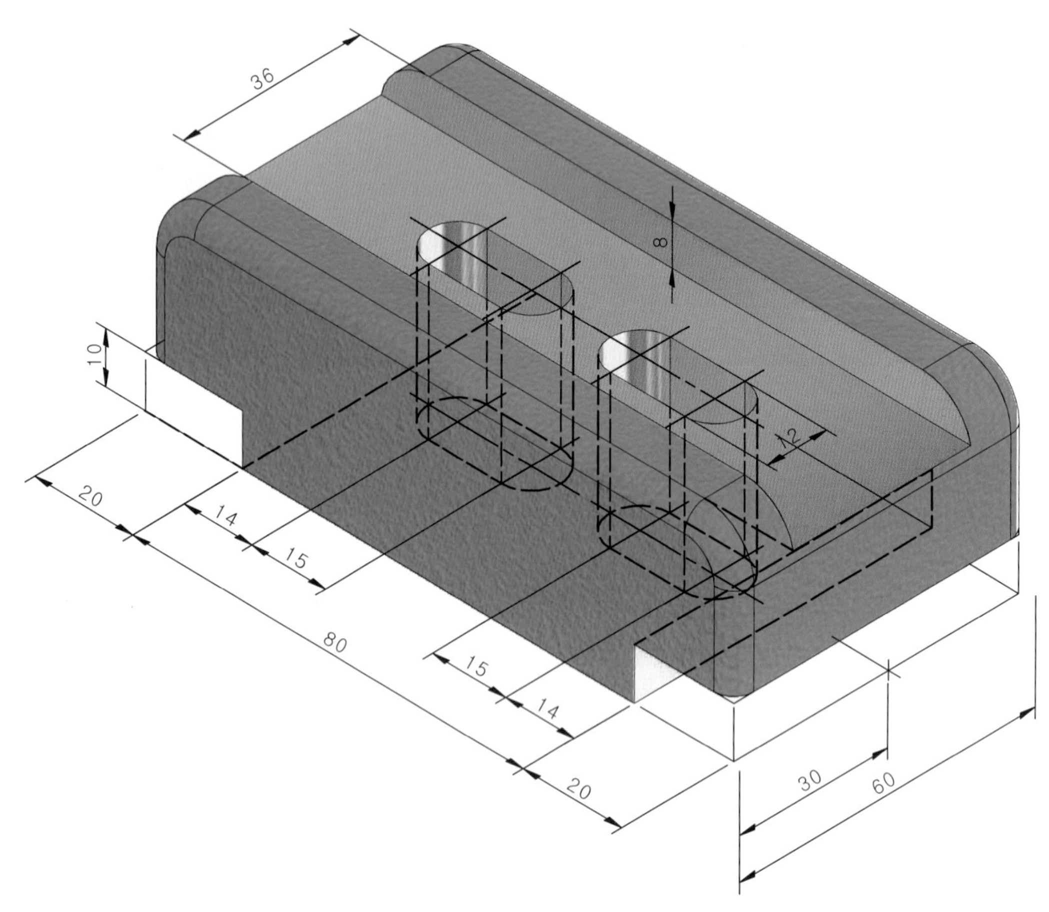

도 시 되 고 지 시 없 는 R4

5. 2D 부품도 작도 (5)

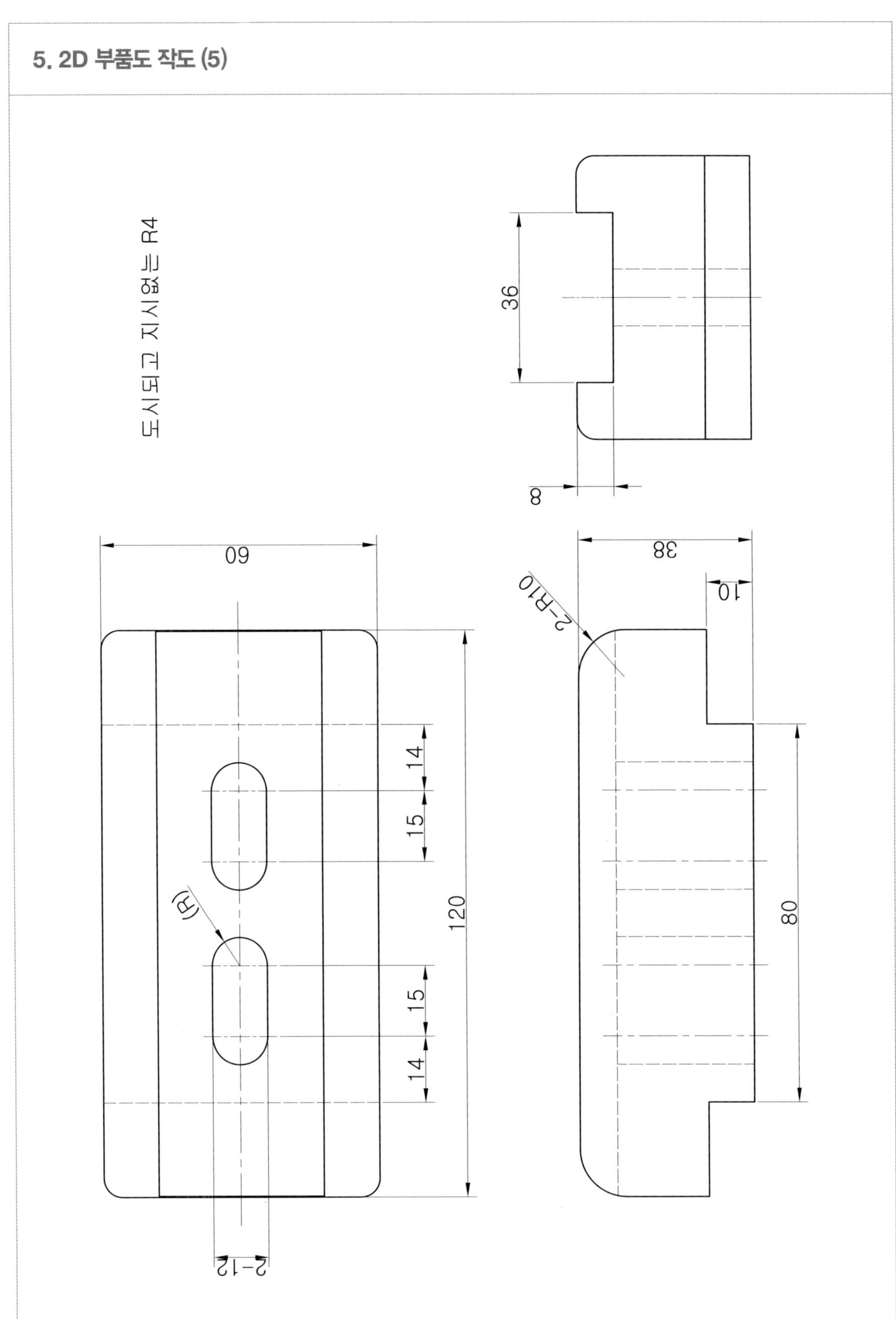

6. 3D 모델링 과제 (6)

도시되고 지시없는 R3

6. 2D 부품도 작도 (6)

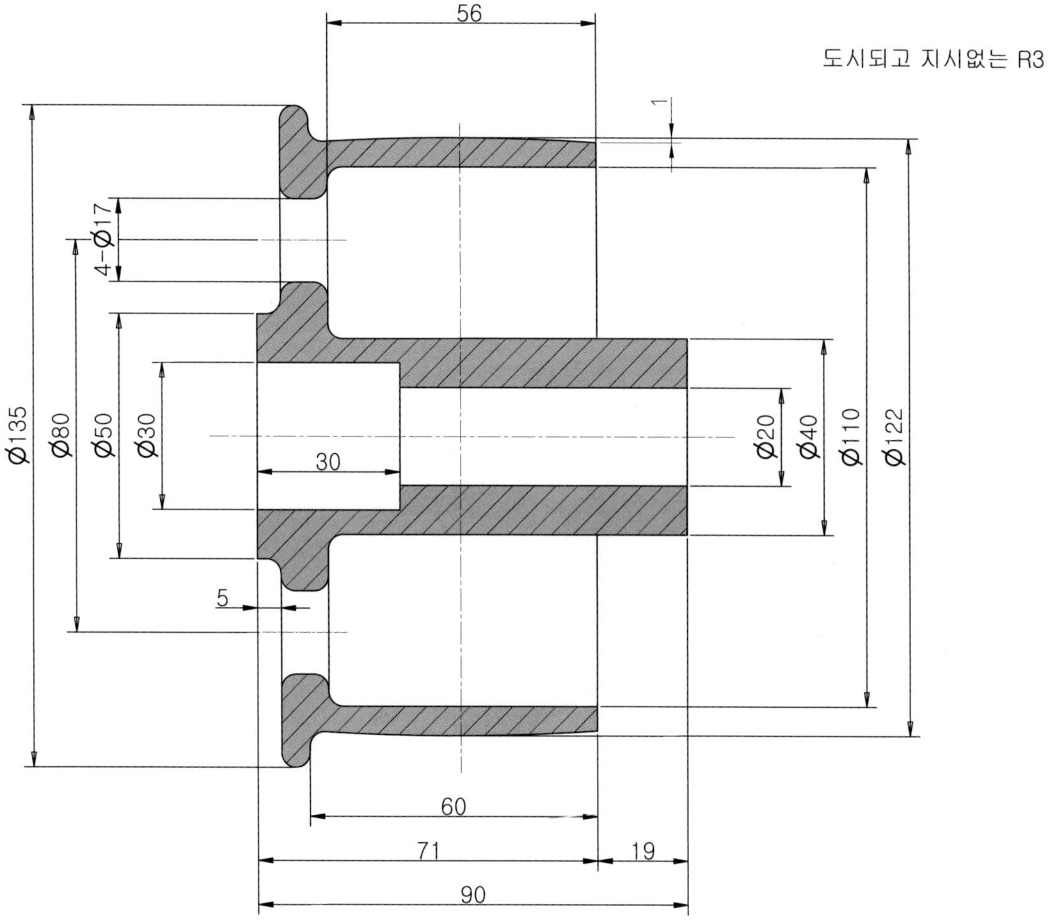

도시되고 지시없는 R3

7. 3D 모델링 과제 (7)

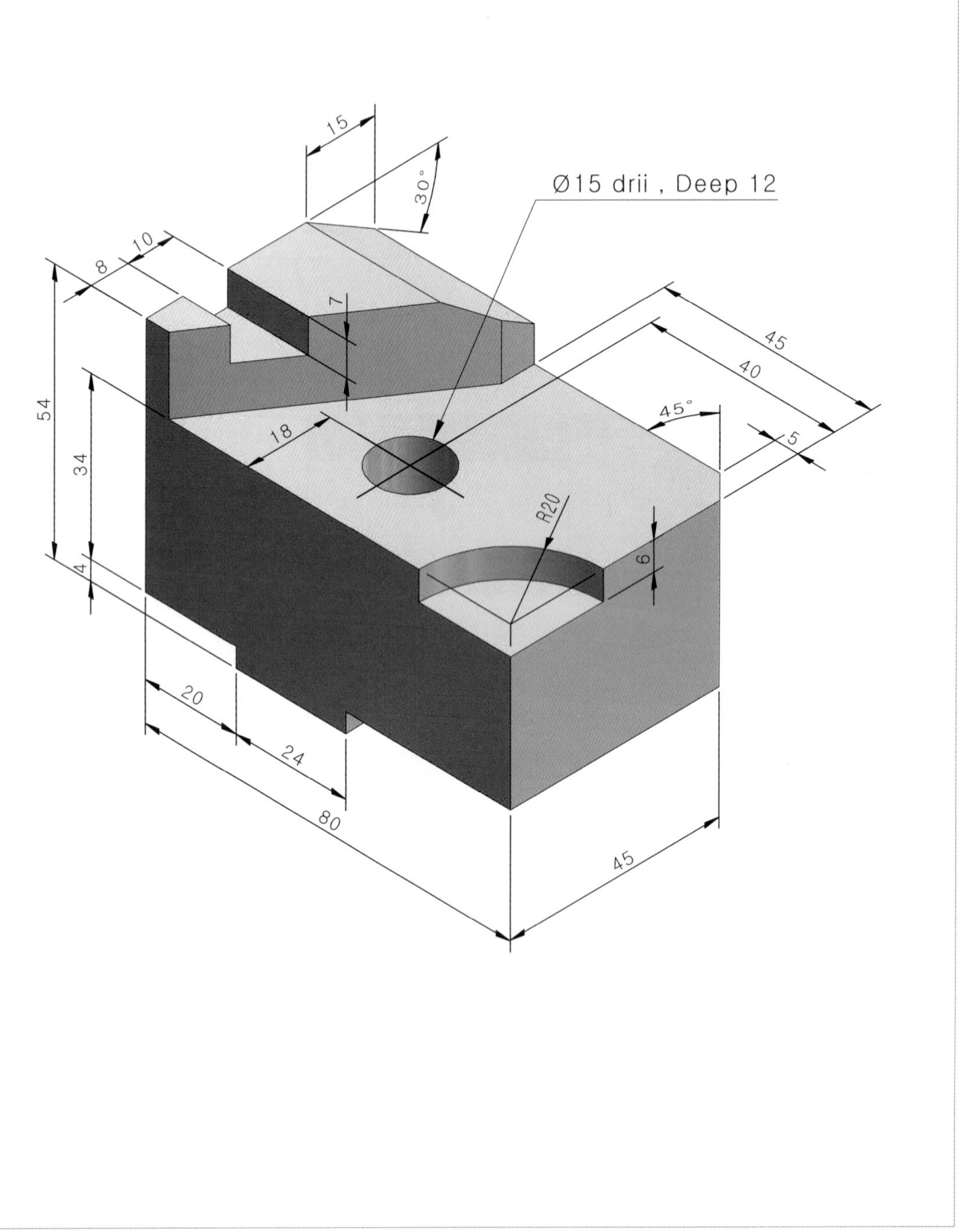

7. 2D 부품도 작도 (7)

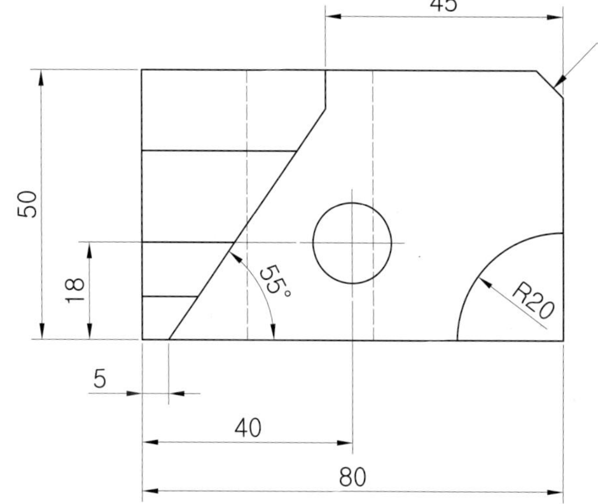

일반 모따기 0.2

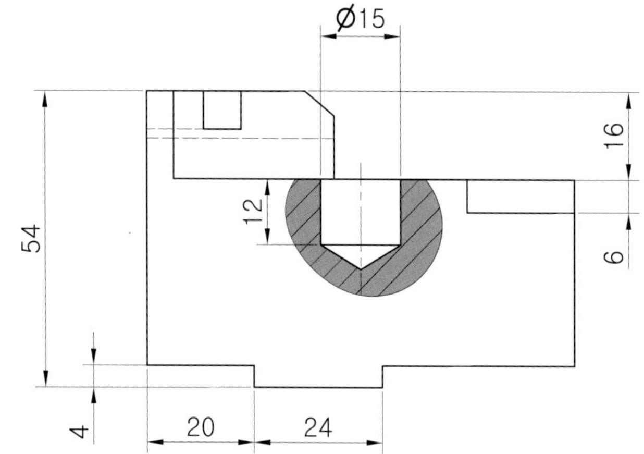

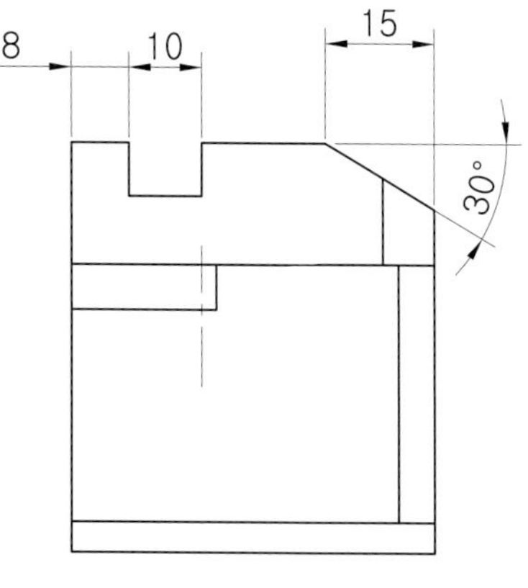

8. 3D 모델링 과제 (8)

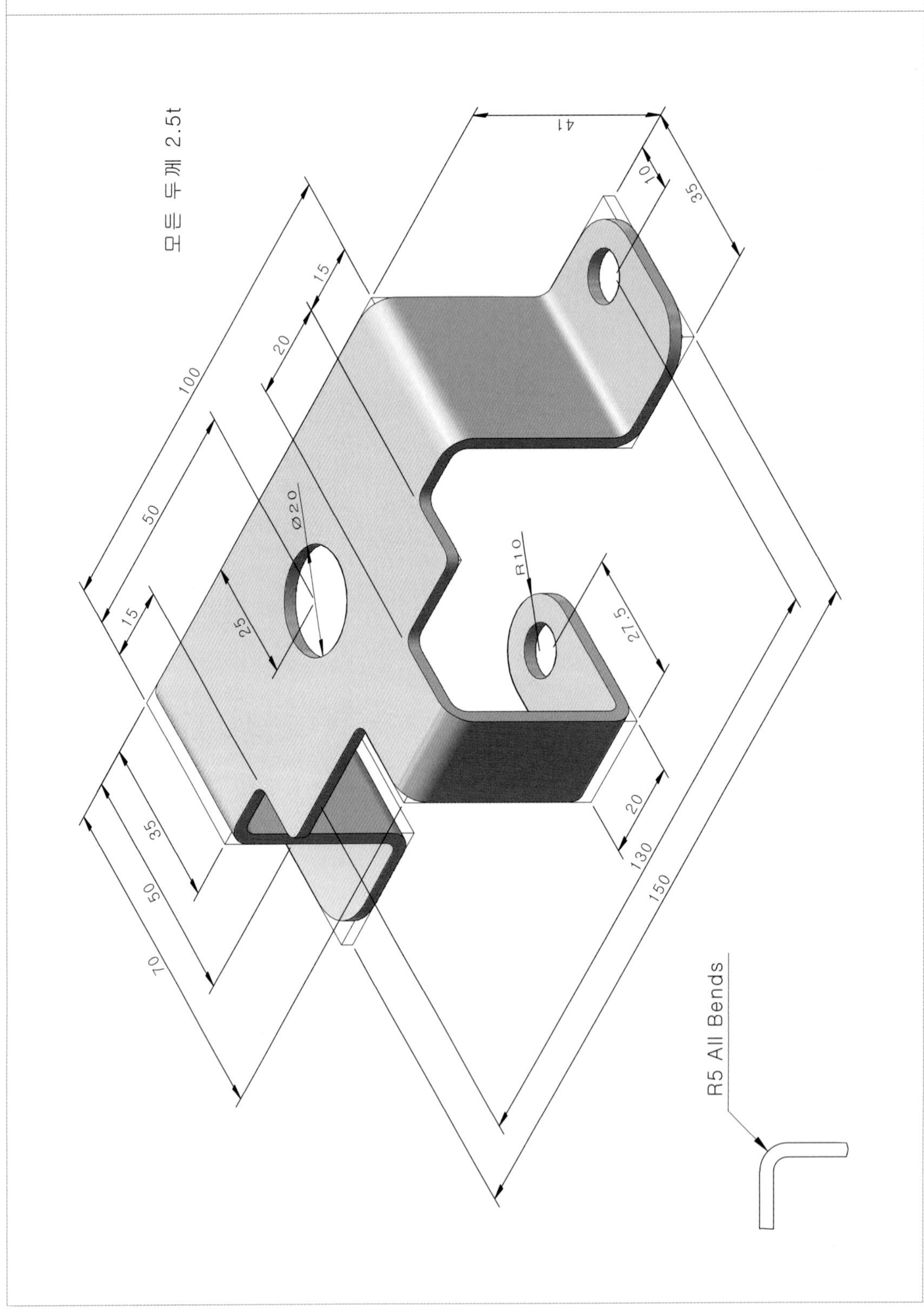
모든 두께 2.5t
41
10
35
100
15
20
50
Ø20
R10
25
27.5
35
50
70
20
130
150
R5 All Bends

8. 2D 부품도 작도 (8)

R5 All bends

모든 두께 2.5t

도시되고 지시없는 R3

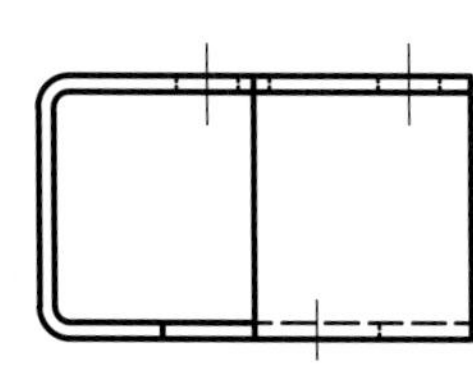

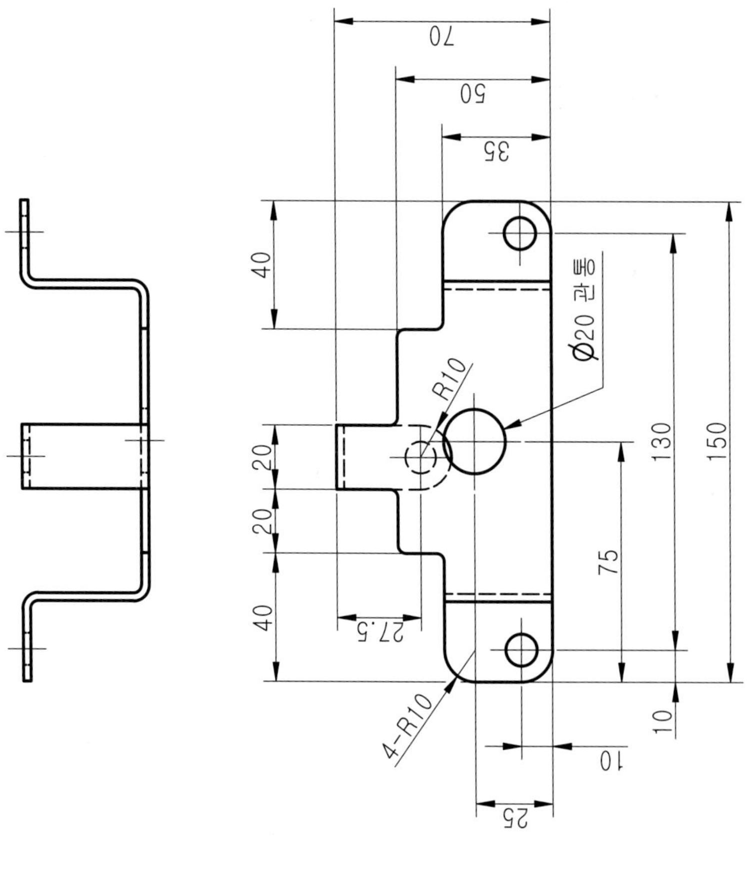

9. 3D 모델링 과제 (9)

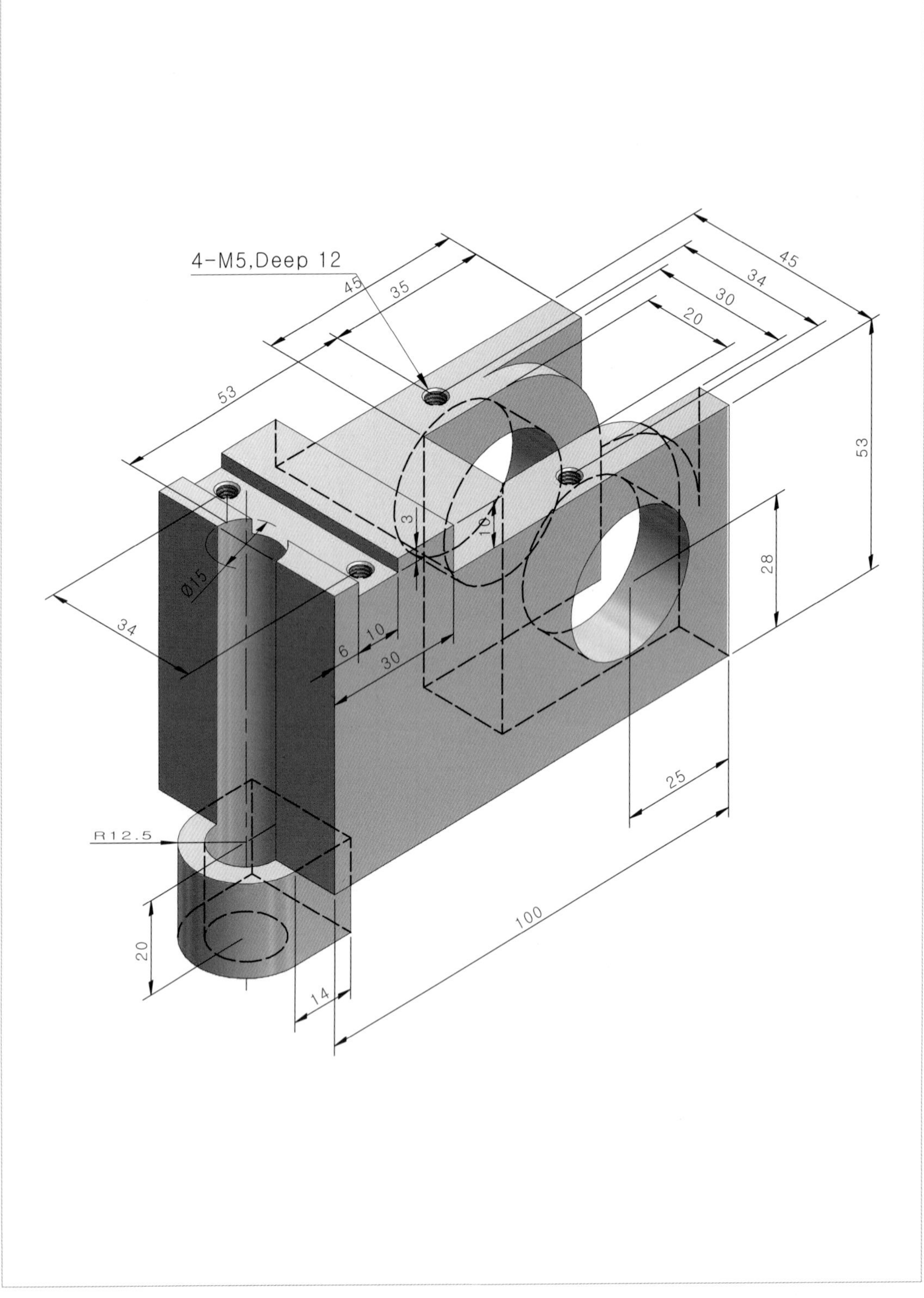

4-M5,Deep 12
45
35
45
34
30
20
53
53
Ø15
3
10
28
34
6
10
30
25
R12.5
100
20
14

9. 2D 부품도 작도 (9)

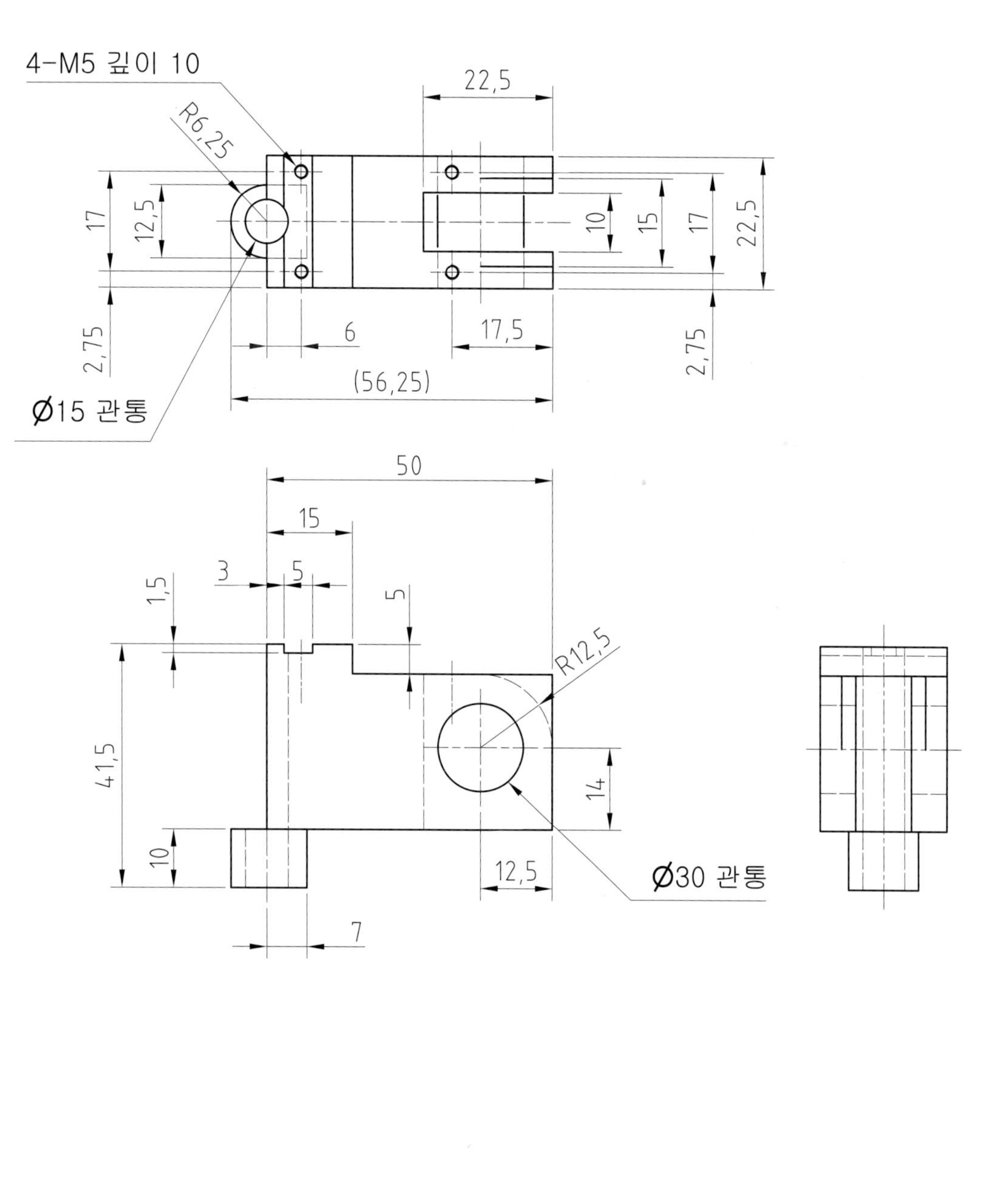

4-M5 깊이 10
R6,25
22,5
17
12,5
10
15
17
22,5
2,75
6
17,5
2,75
(56,25)
Ø15 관통
50
15
3
5
1,5
5
R12,5
41,5
14
10
12,5
Ø30 관통
7

10. 3D 모델링 과제 (10)

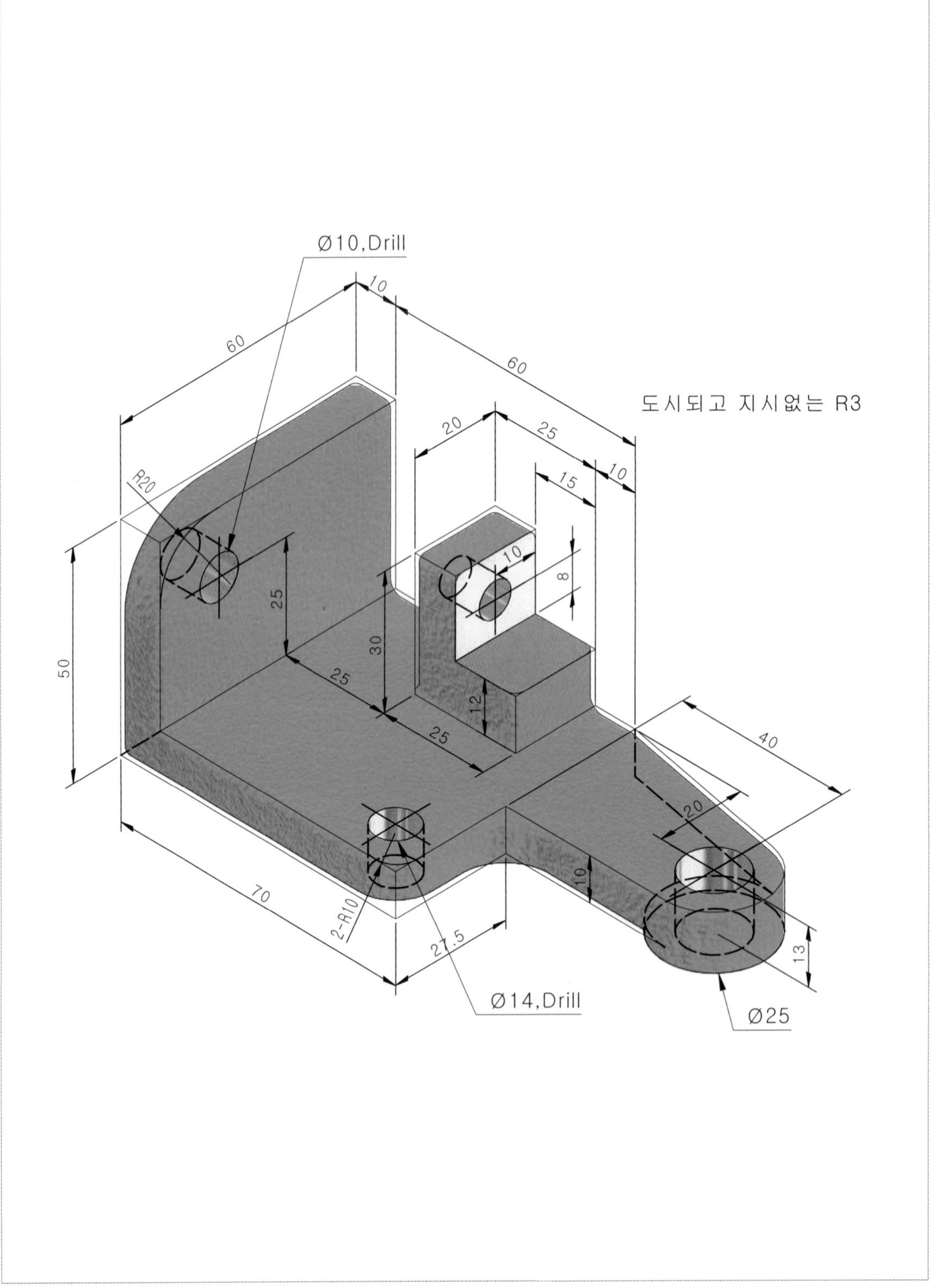

10. 2D 부품도 작도 (10)

11. 3D 모델링 과제 (11)

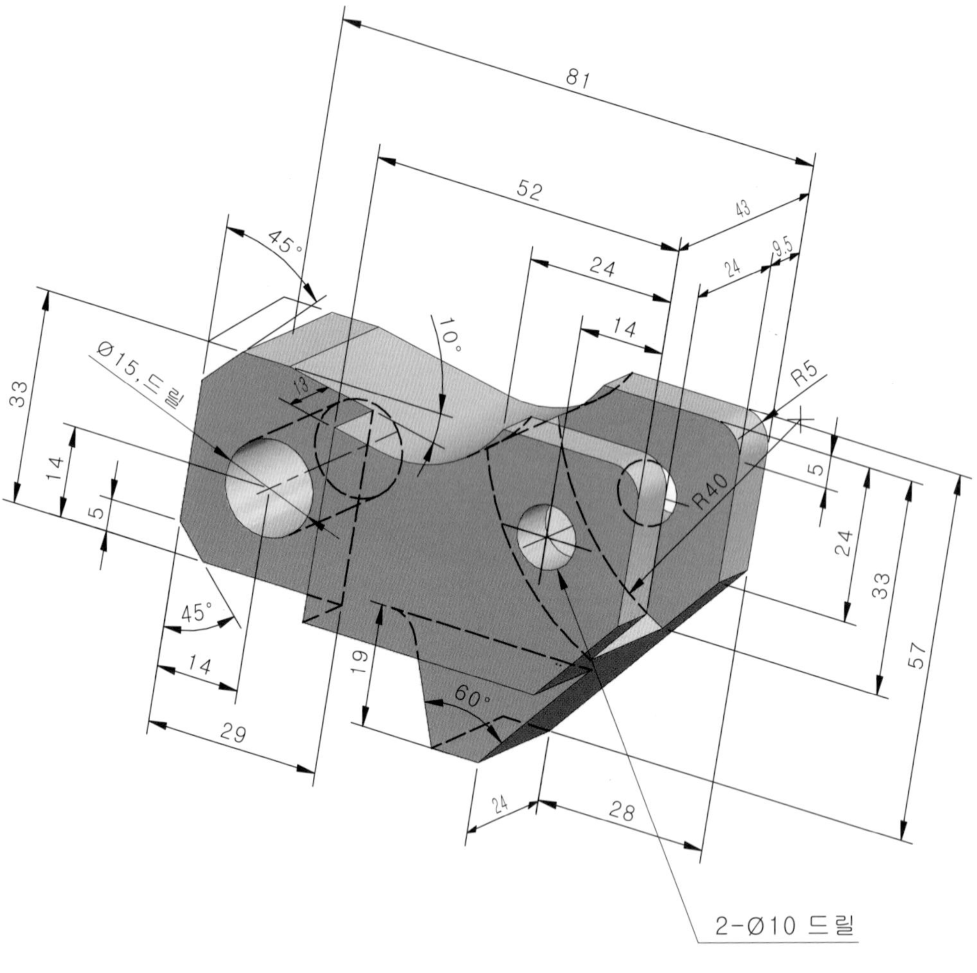

81
52
43
24
24
9.5
14
45°
10°
Ø15, 드릴
13
R5
33
14
5
R40
5
24
33
57
45°
14
29
19
60°
24
28
2-Ø10 드릴

11. 2D 부품도 작도 (11)

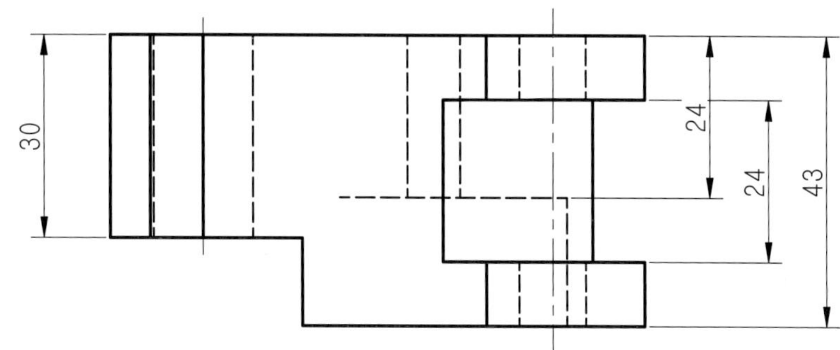

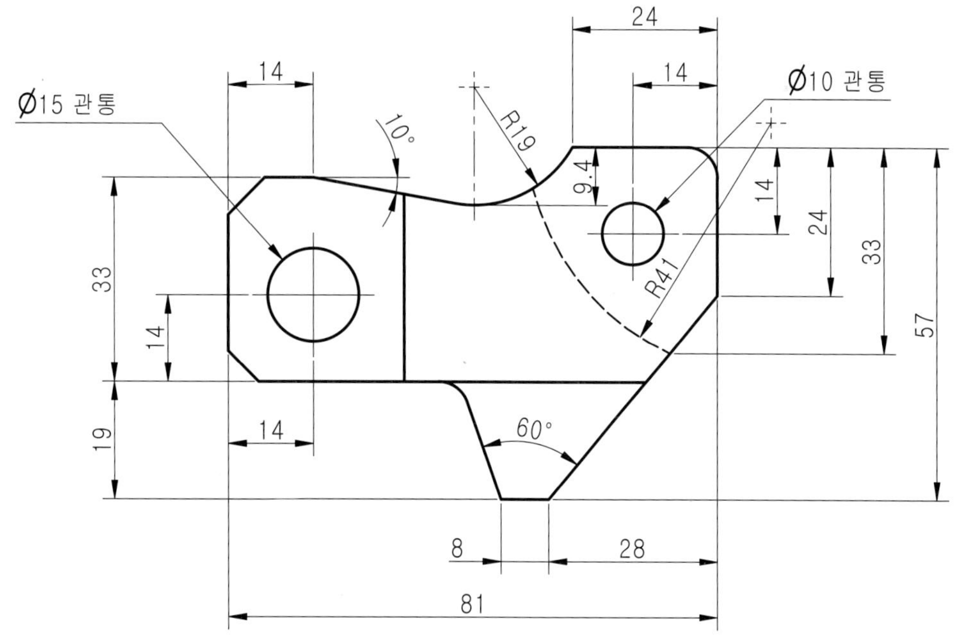

도시되고 지시없는 모따기 5x45°, 필렛 및 라운드 R5

12. 3D 모델링 과제 (12)

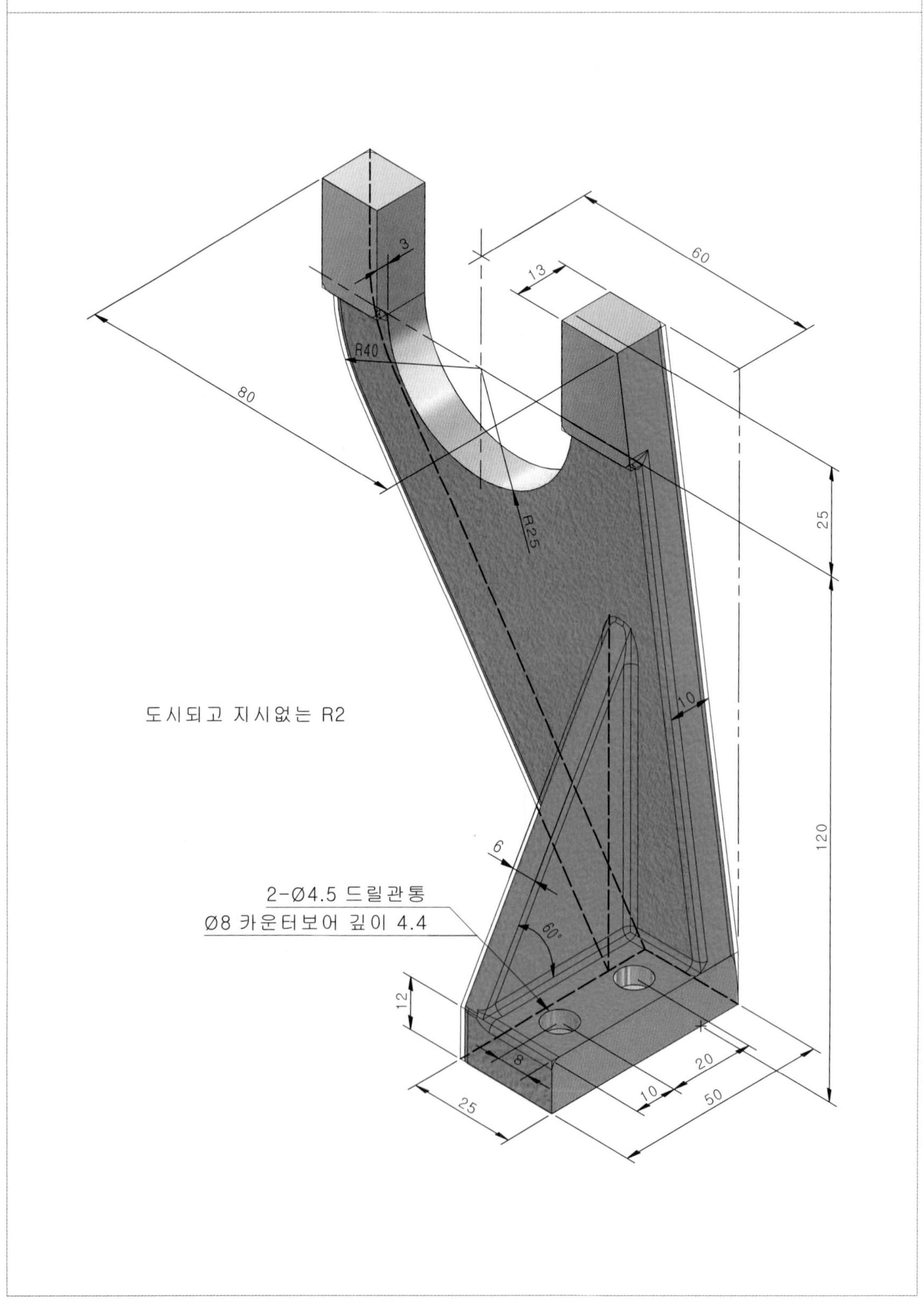

12. 2D 부품도 작도 (12)

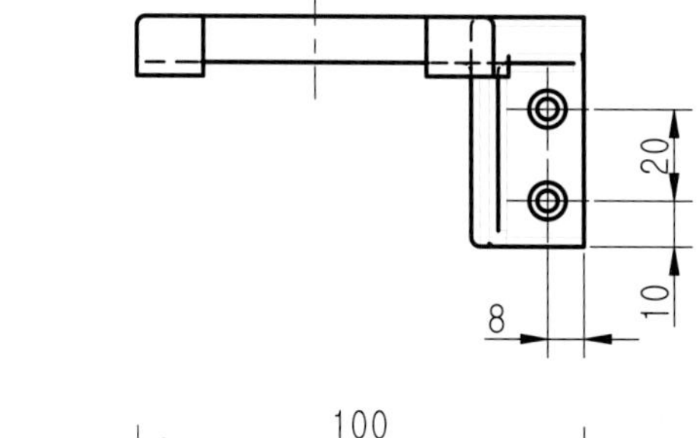

도시되고 지시없는 R2

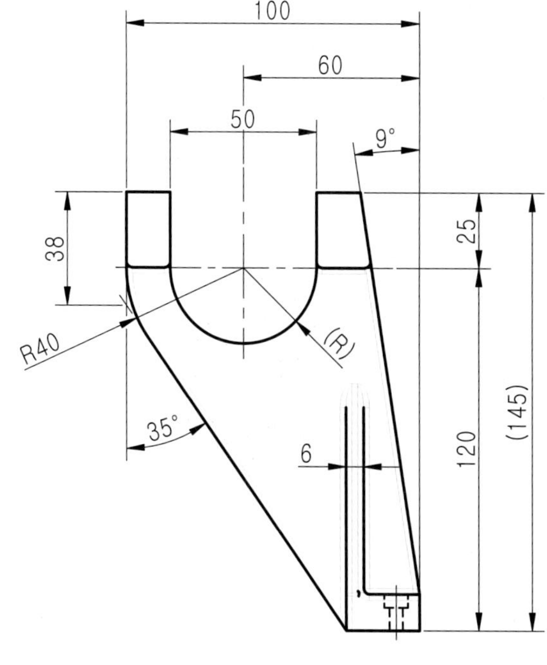

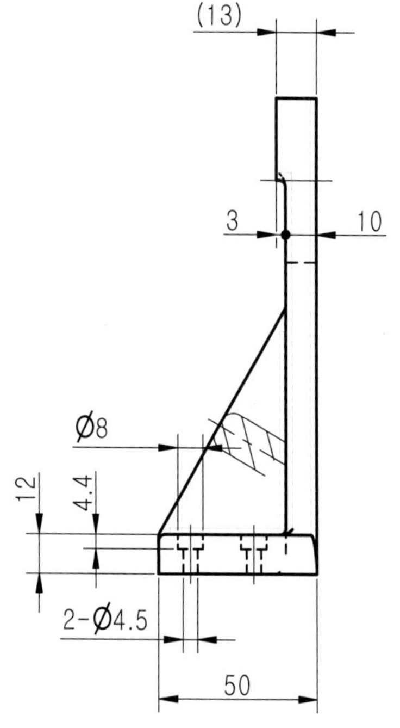

13. 3D 모델링 과제 (13)

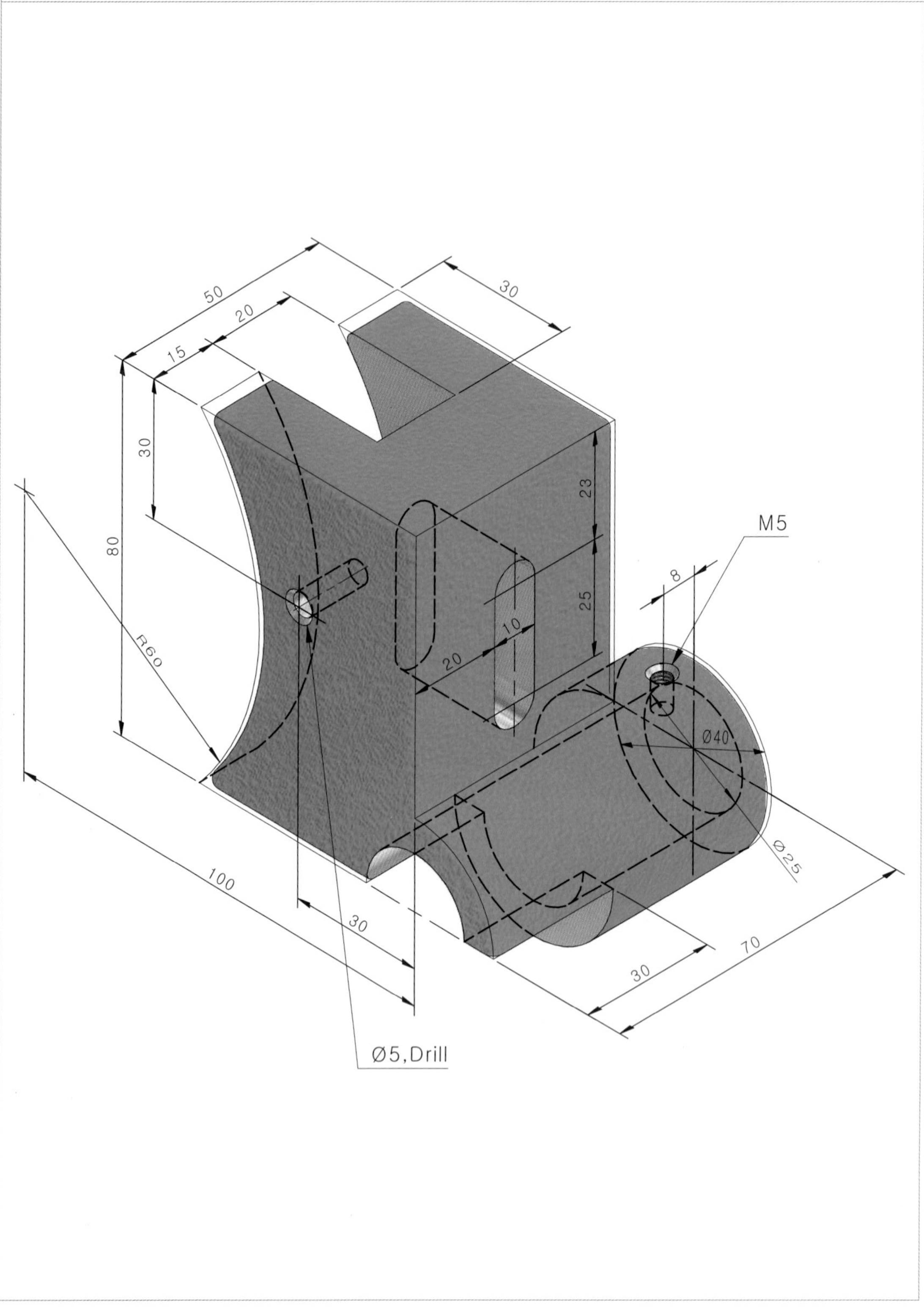

13. 2D 부품도 작도 (13)

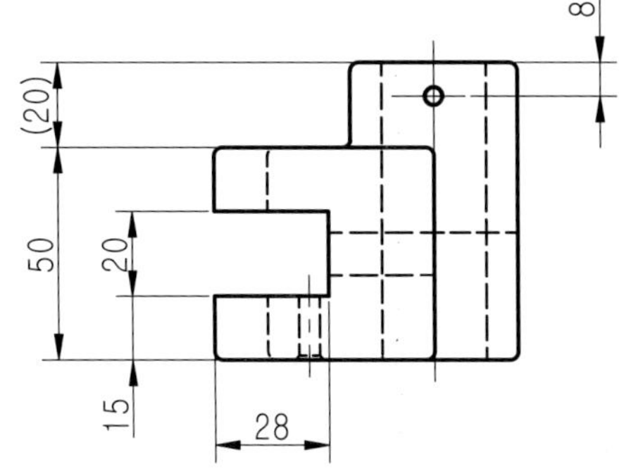

도시되고 지시없는 R2

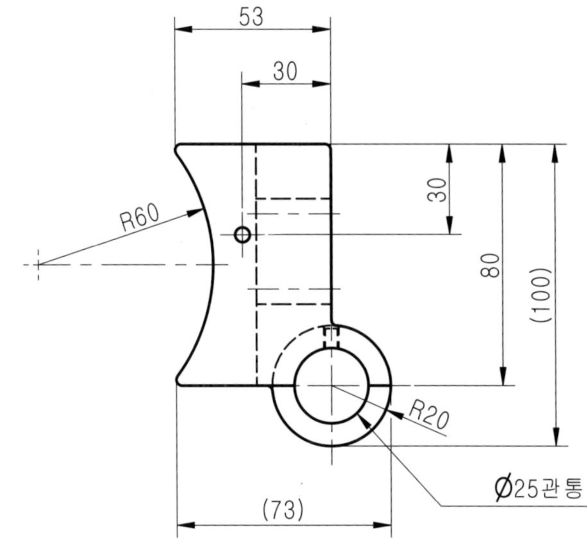

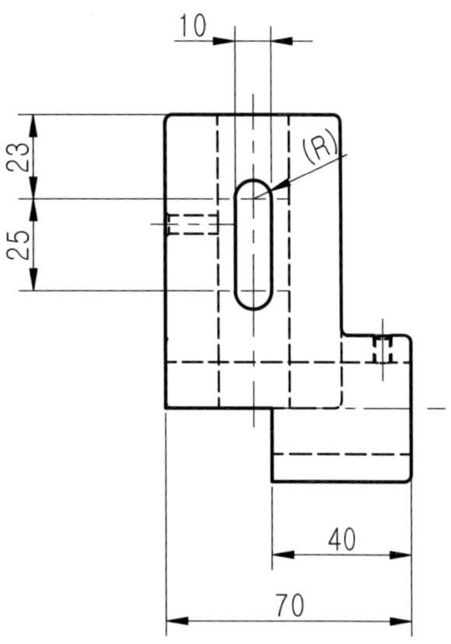

14. 3D 모델링 과제 (14)

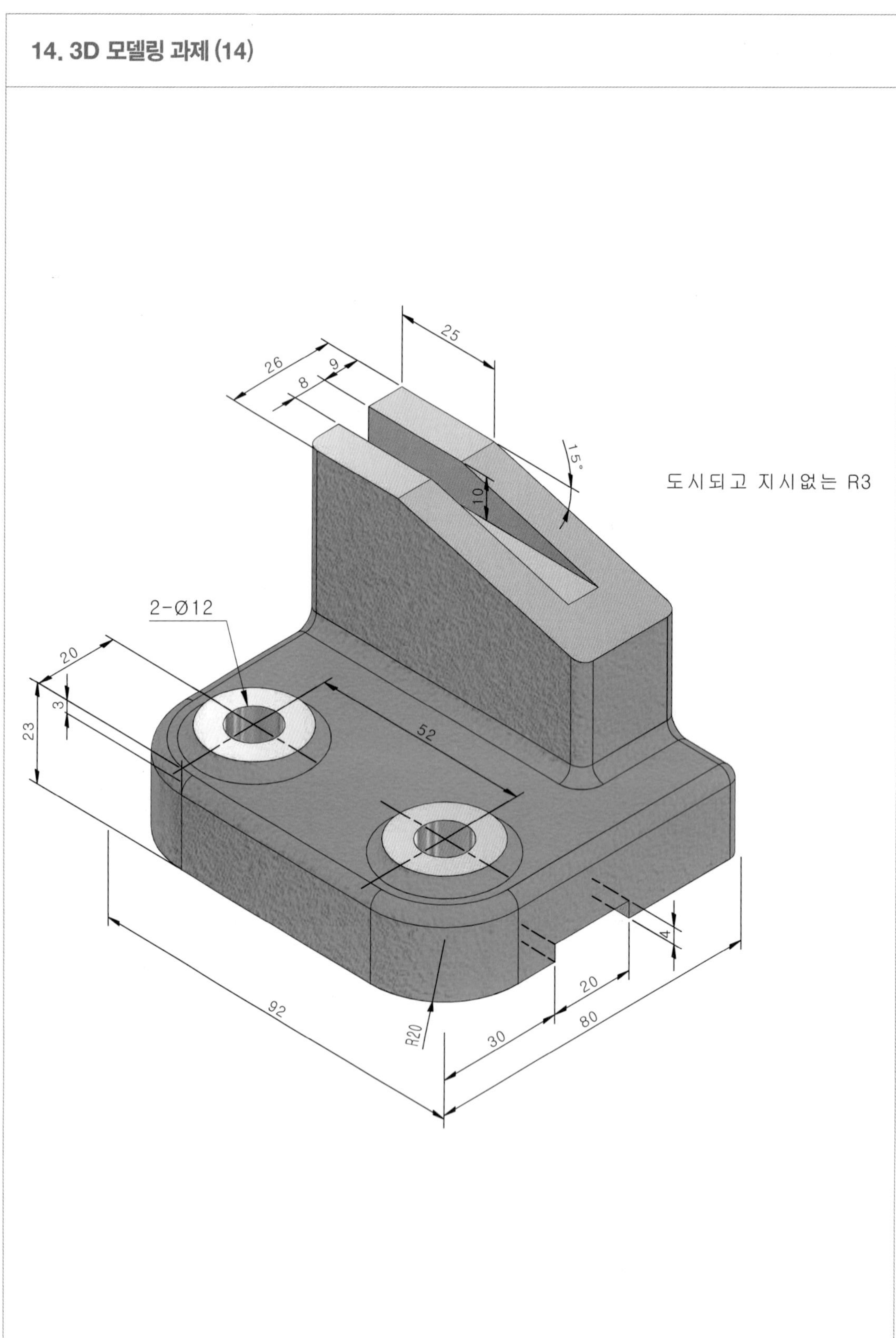

14. 2D 부품도 작도 (14)

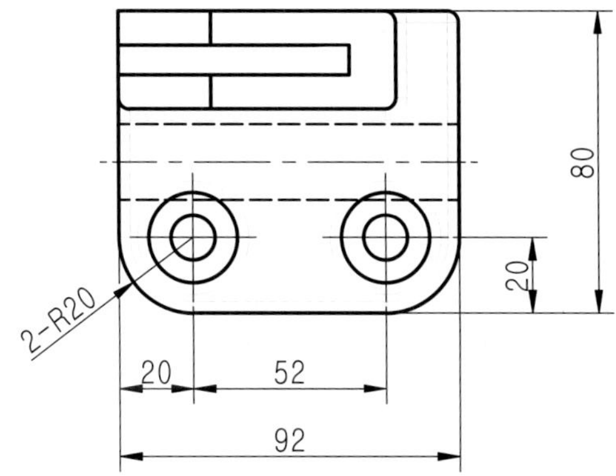

도시되고 지시없는 R3

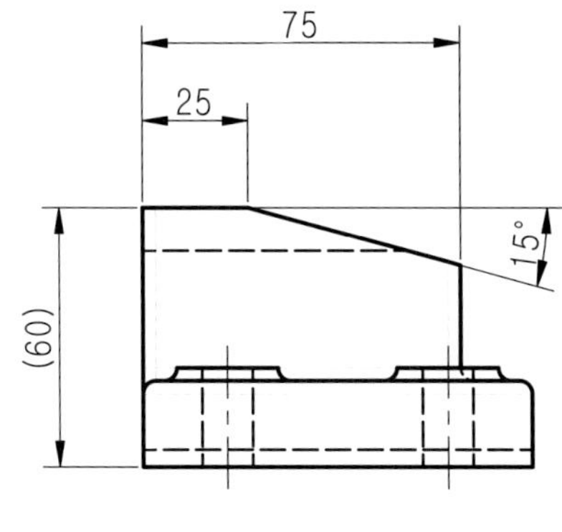

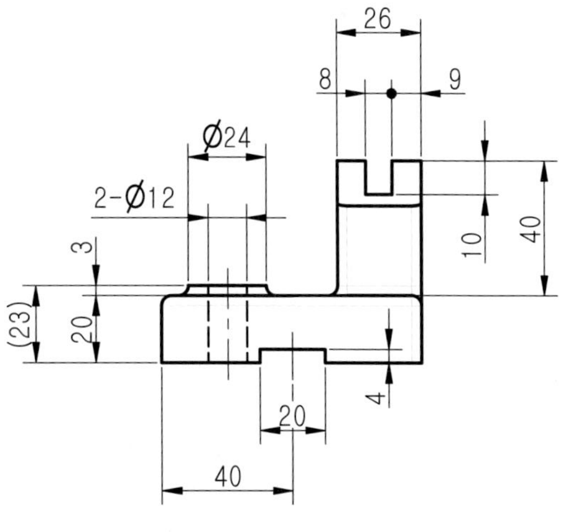

15. 3D 모델링 과제 (15)

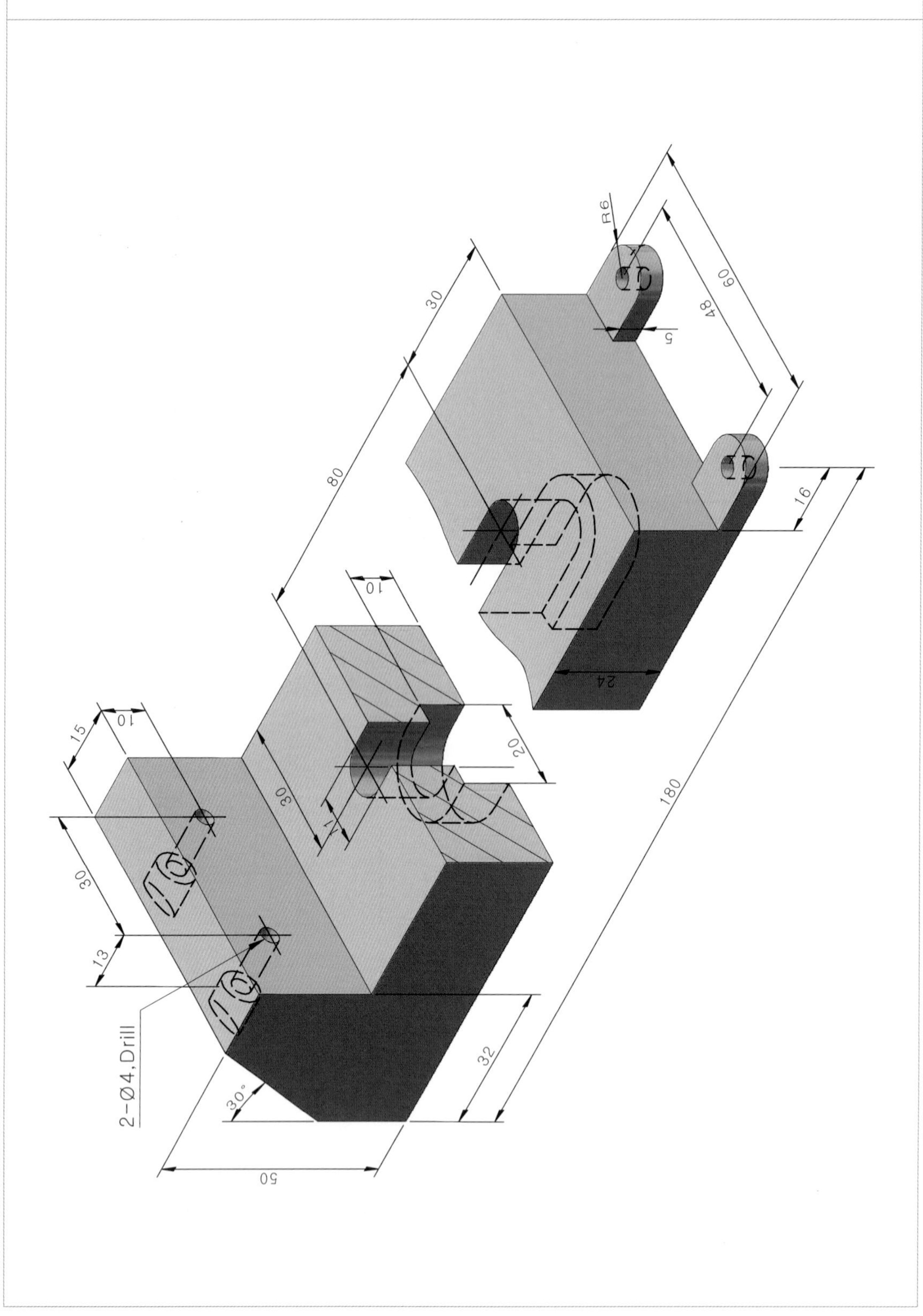

15. 2D 부품도 작도 (15)

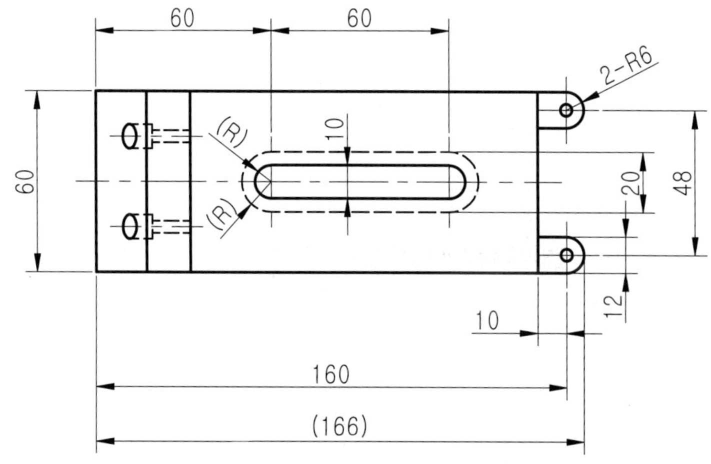

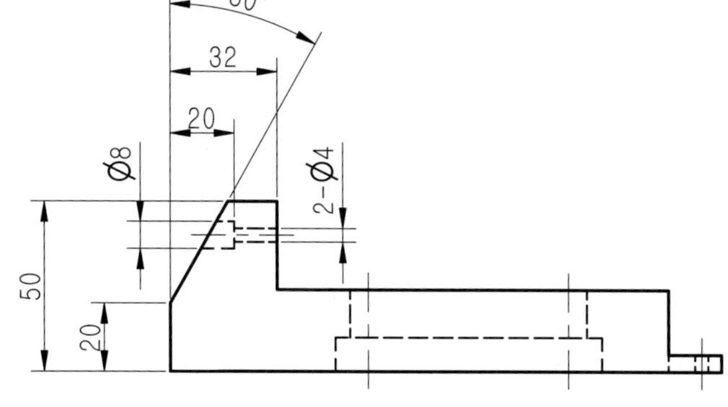

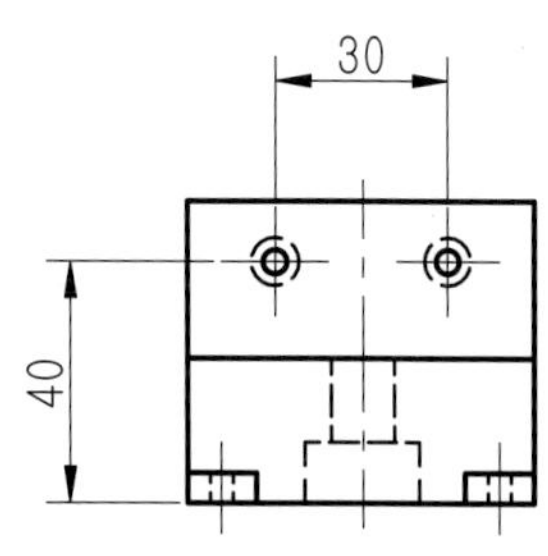

16. 3D 모델링 과제 (16)

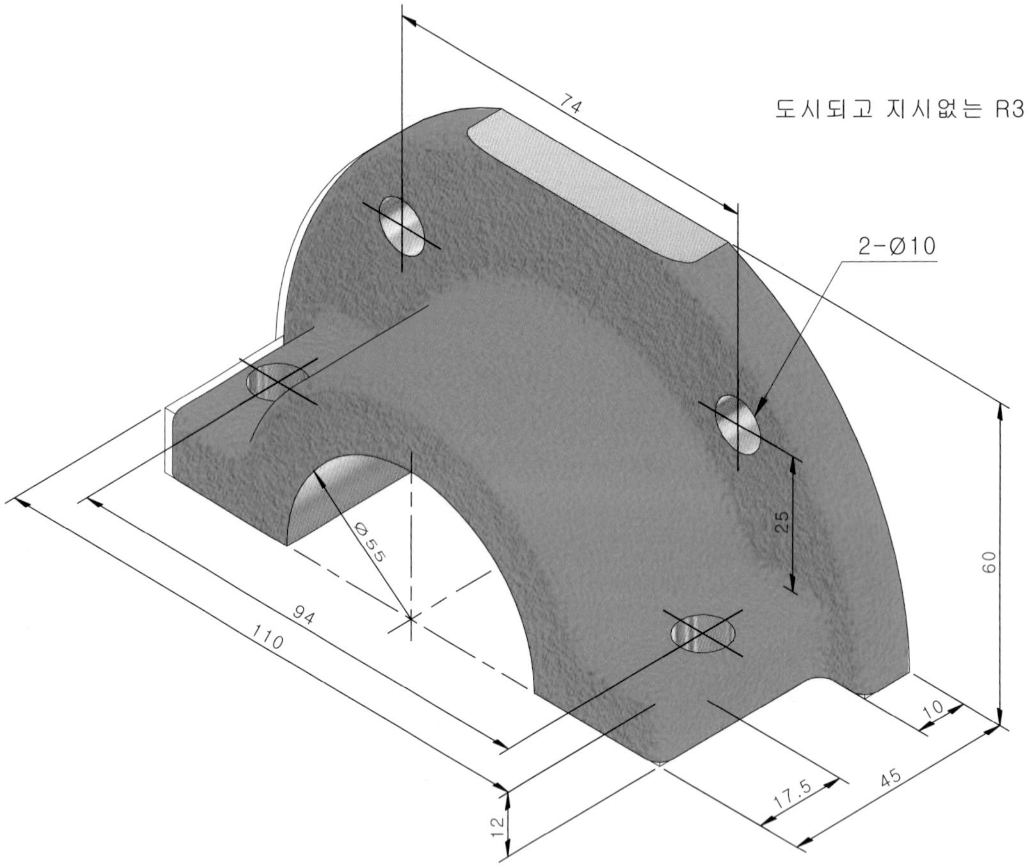

도시되고 지시없는 R3

2-Ø10

74

25

60

Ø55

94

110

10

45

17.5

12

16. 2D 부품도 작도 (16)

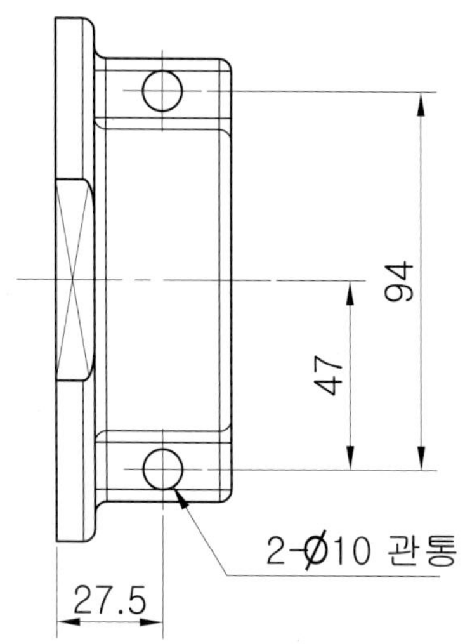

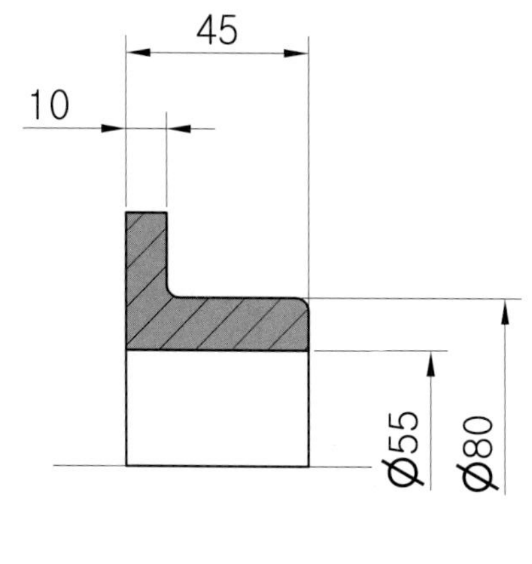

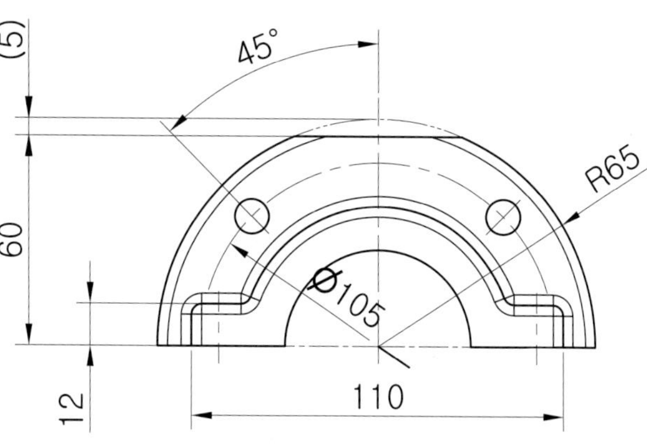

17. 3D 모델링 과제 (17)

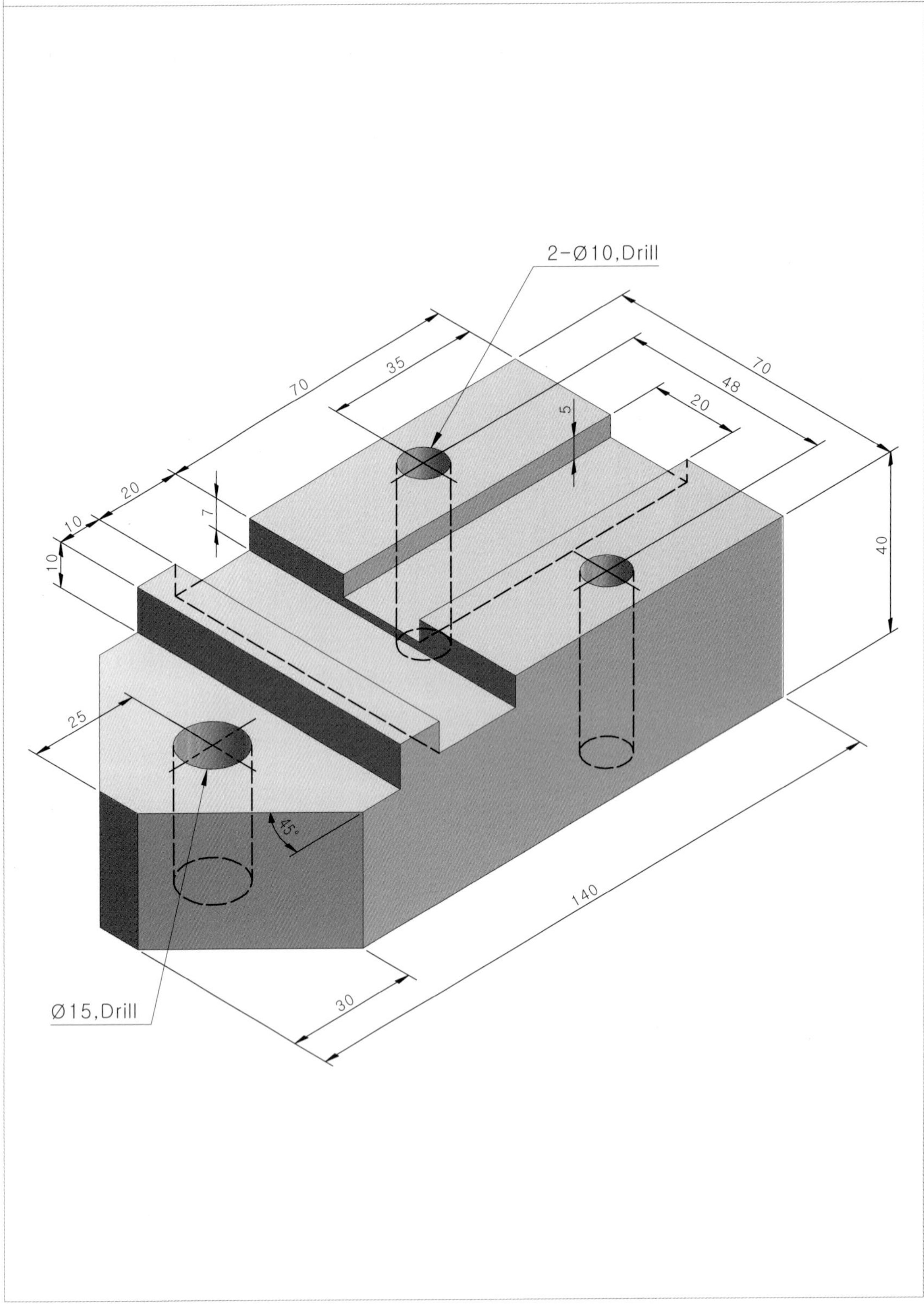

17. 2D 부품도 작도 (17)

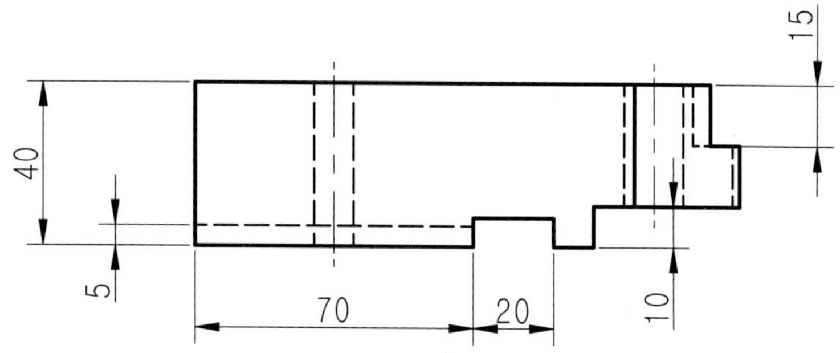

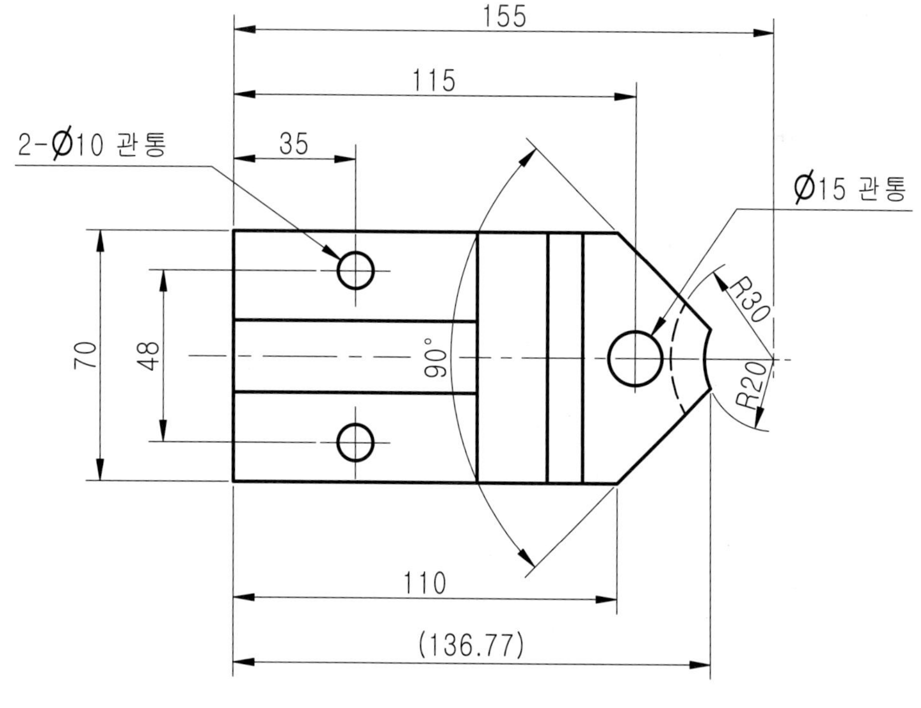

18. 3D 모델링 과제 (18)

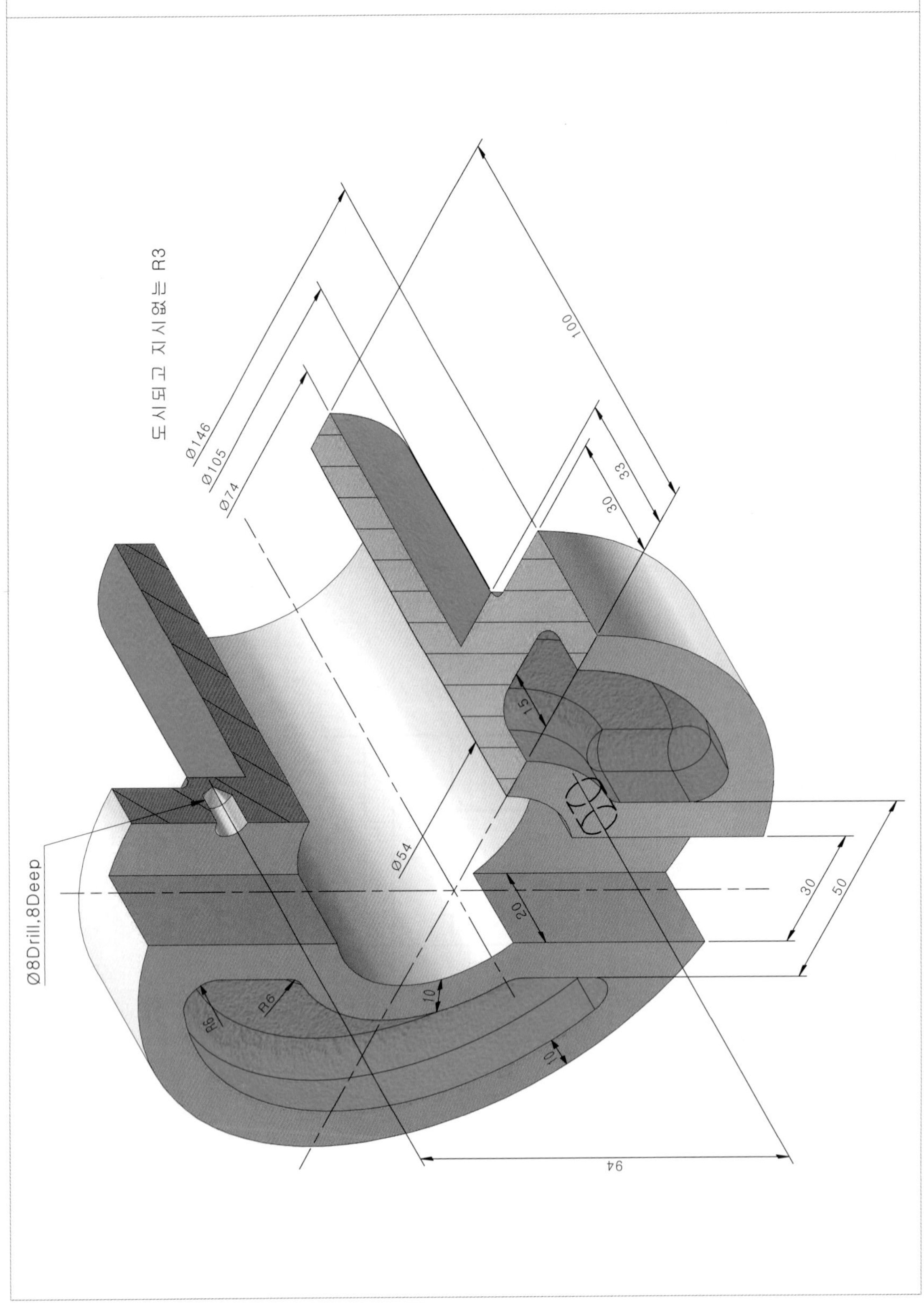

18. 2D 부품도 작도 (18)

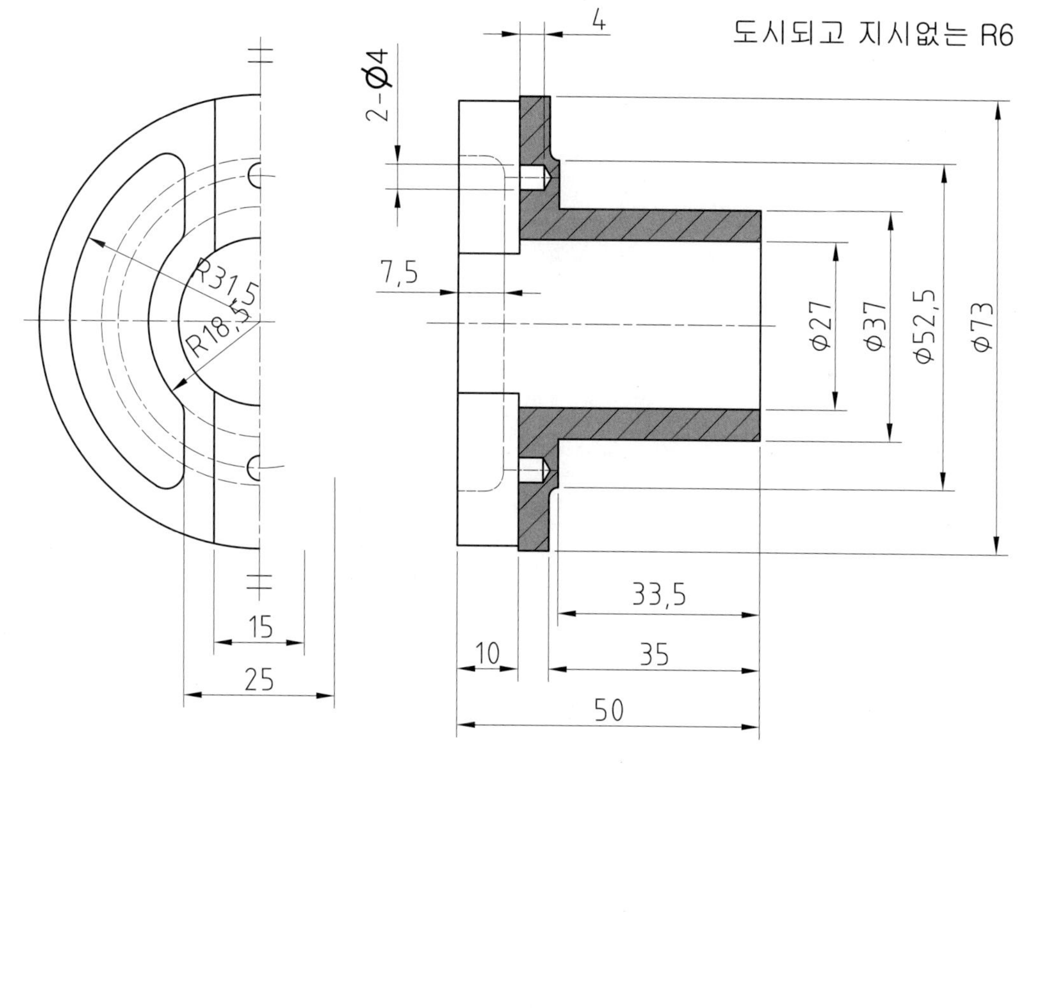

19. 3D 모델링 과제 (19)

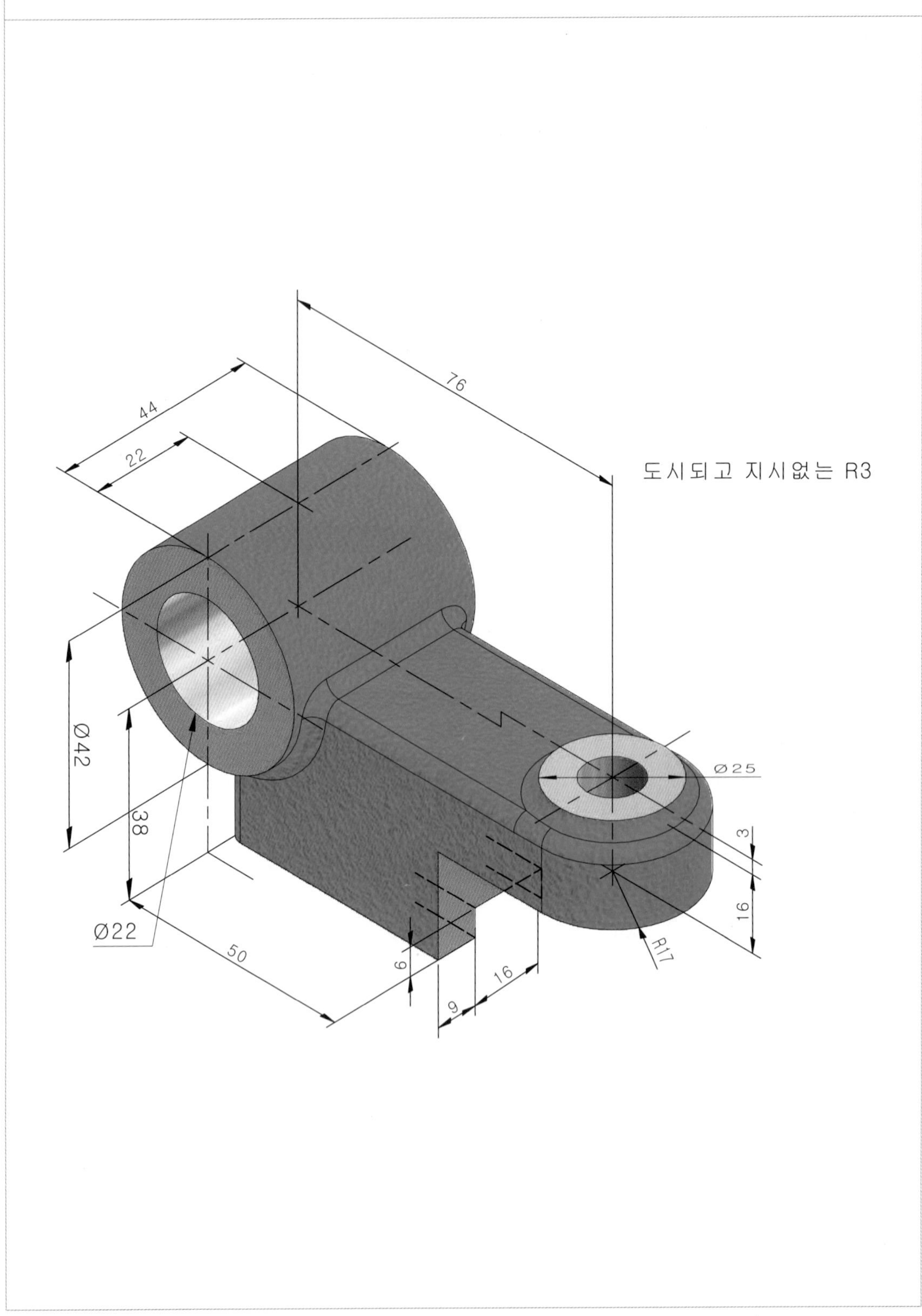

19. 2D 부품도 작도 (19)

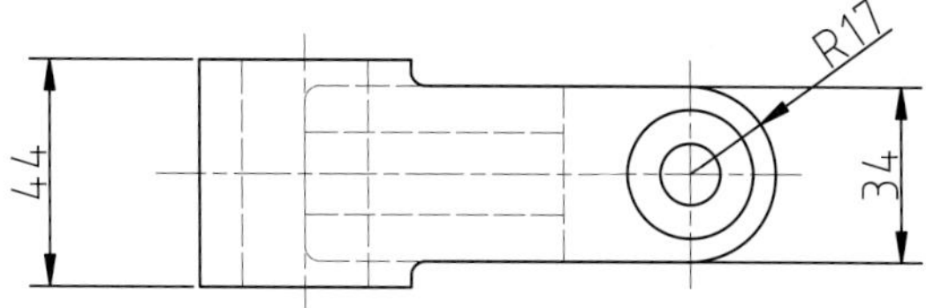

도시되고 지시없는 R3

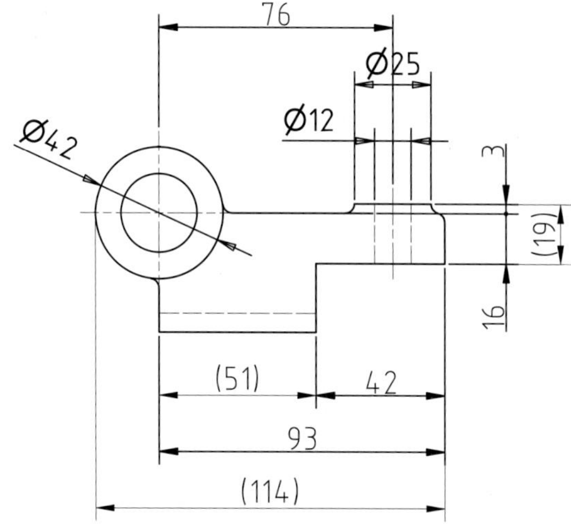

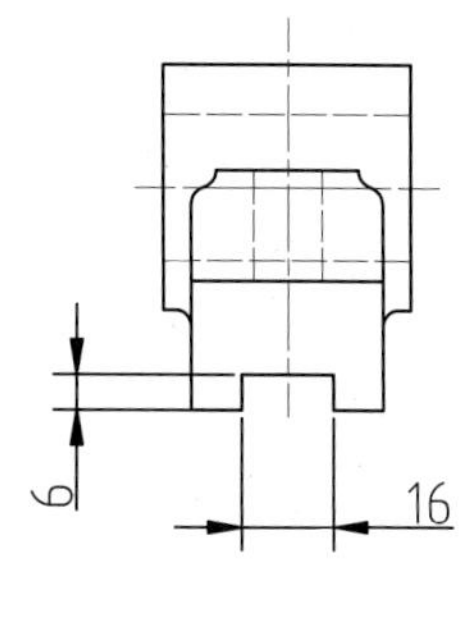

20. 3D 모델링 과제 (20)

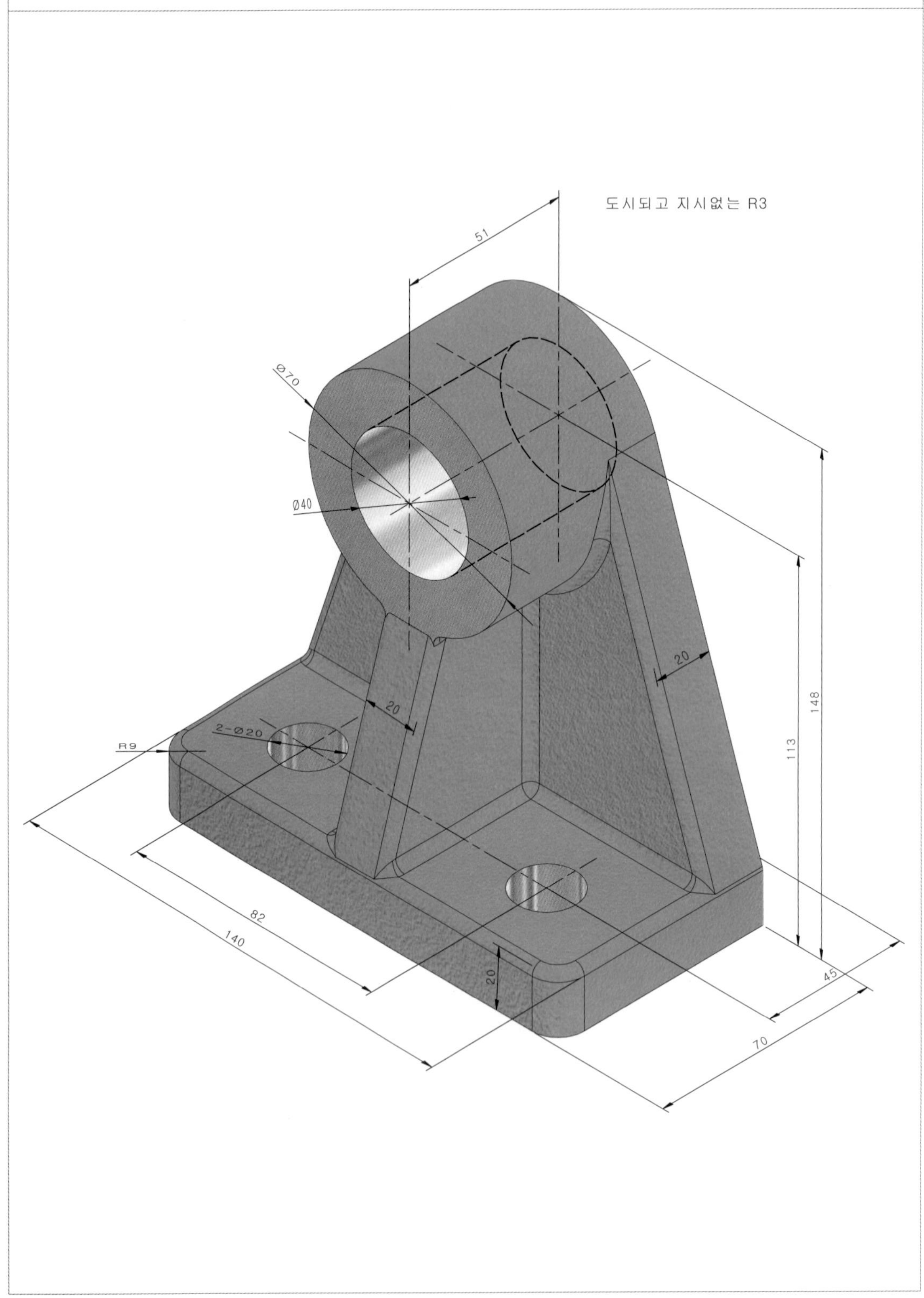

20. 2D 부품도 작도 (20)

도시되고 지시없는 R6

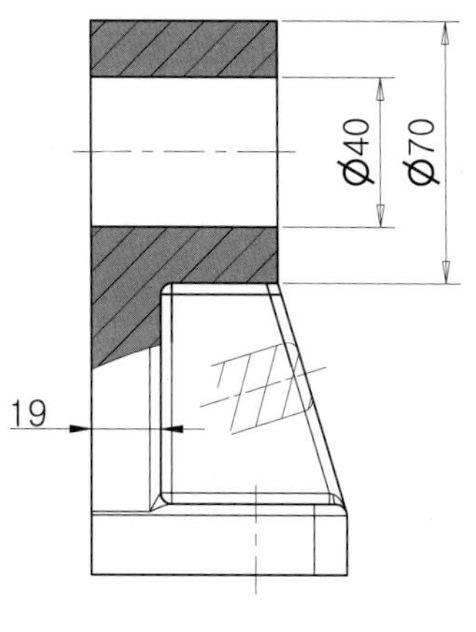

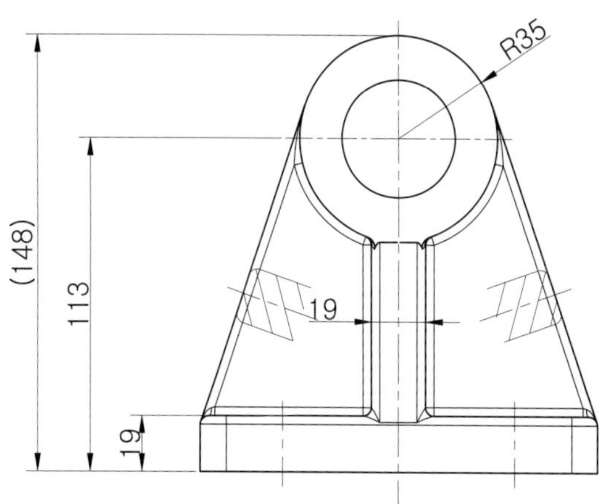

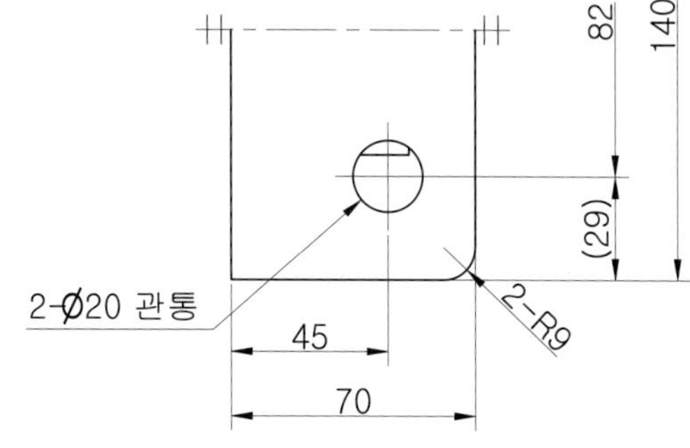

PART

5

치수기입법

Section

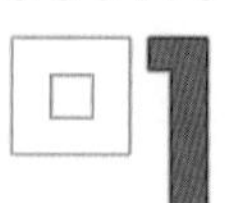

[KS B ISO 129-1] 치수 및 공차의 표시 – 일반 원칙

이 표준은 모든 분야의 제도에서 사용하는 치수 기입 방법의 일반 원칙에 대하여 규정한다.

LESSON 01 용어와 정의

1. 형체

용어	정의
기하학적 형체	점, 선 또는 면 [비고] 기하학적(geometrical)이란 말은 오해의 소지가 없을 경우 생략해도 좋다. 그러므로 이 표준에서 '형체'라는 단어를 단독으로 사용할 것이다.
몸체 형체	어떤 크기를 선 치수 또는 각도 치수로 정의한 기하학적 형상 [비고1] 몸체 형체는 원통, 구, 두 개의 평행면, 쐐기의 원추 [비고2] KS B ISO 286-1 및 ISO/R 1938-1에서 '일반 제품' 및 '단독 형체'와 가까운 뜻이다.
기준 형체	다른 형체를 결정하기 위해 기준(origin)으로 사용되는 형체
반복 형체	같은 간격이나 같은 각도를 가진 주기적 형체로 하나 이상의 기준 형체에 해당한다.

2. 치수를 기입하는 선

용어	정의
중심선	형체의 기하학적 중심을 나타내는 도면상의 선
치수선	두 개의 형체 사이, 하나의 형체와 치수 보조선 사이 또는 두 개의 치수 보조선 사이에서 도면상에 직선이나 곡선으로 치수를 나타내는 선 [비고] 치수 값(수치) 및 임의의 공차 지시는 치수선에 붙인다.
치수 보조선	치수를 기입해야 할 형체와 대응 치수선의 끝을 연결하는 선
지시선	요구사항 등의 정보를 기입선 또는 치수선으로 형체와 연결하는 선 [비고] KS A ISO 128-22로부터 개작하였다.
대칭선	평면이나 대칭축을 표시하는 도면상의 두 개의 짧은 직선
기점 원	누진, 좌표, 표 기입방법의 치수기입을 시작하는 원(원점 또는 기점을 표시하는 작은 원)
단말기호	치수선이나 지시선의 끝을 나타내는 표시

3. 치수

용어	정의
치수	두 개의 형체 사이의 거리 또는 몸체 형체의 크기 사이의 거리 [비고] 선 치수와 각도 치수가 있음
기본 치수, 치수 값	어떤 치수의 수치 값으로 특정 단위로 나타내고 도면에서 선과 관련된 기호로 표시된다. [비고 1] 공차 표시가 없을 때 기본 치수는 치수 값으로 불리기도 한다. [비고 2] 치수 단위는 선 또는 각도로 하는 것이 좋다. [비고 3] 공차한계 및 허용편차는 기본 치수에 적용된다.
선치수	두 개 형체 사이의 직선상 거리 또는 몸체형체의 직선 크기 [비고] 기계제도에서 선 치수는 크기(치수), 거리 및 반지름으로 분류된다.
각도 치수	두 개 형체 사이의 각도 또는 각을 가진 몸체 형체의 각도 [비고] 기계제도에서 각도 치수는 각의 크기 및 각의 거리로 분류된다.
치수공차	어떤 치수의 공차 상한과 하한 사이의 차
참고(보조)치수	다른 치수들로부터 유도된 치수로서 정보 제공용으로만 주어진다.

4. 치수의 기입방법

용어	정의
직렬 치수기입	개개의 치수가 한줄로 기입된 치수 기입방법
좌표 치수기입	좌표계에서 기준 형체로 나타낸 치수 기입방법 [보기] 직각좌표 또는 극좌표는 KS A ISO 10209-2를 참조한다.
병렬 치수기입	병렬 치수선이나 동심을 가진 치수선(대칭치수선)이 있는 기준 형체로부터의 치수 기입방법
누진 치수기입	각각의 형체가 치수 기입되어 있는 기준 형체로부터의 치수 기입방법
표 치수기입	형체 또는 치수를 표로 만들어 숫자나 문자, 기호로 채우거나 기록하는 치수 기입방법

LESSON 02 치수기입 및 공차 표시의 원칙

1. 일반 원칙

모든 치수, 그림기호 및 주석은 도면의 아래 또는 오른쪽(주로 읽는 방향)으로 읽을 수 있도록 표시하여야 한다. 치수는 기하학적 요구사항 중 몇 가지 가운데 하나로서 형체 또는 부품을 분명하고 애매하지 않게 정의하여 사용해도 된다. 다른 기하학적 요구사항은 대부분 명확한 형체의 정의(예 : 기계산업)를 얻기 위한 것으로 기하공차(모양, 자세, 위치 및 흔들림), 표면 조직 및 구석(코너)에 대한 요구사항들이다.

모든 치수 정보는 이 정보가 관련 문서에서 특별히 표시되지 않는 한 완벽해야 하고 도면에 직접적으로 나타내야 한다. 각각의 형체 또는 형체 사이의 관계는 한 번만 치수기입을 하여야 한다, 도면이나 관련 문서에 사용된 단위가 기술되어 있으며, 모든 선 치수를 같은 단위 기호로 나타낸 곳에서는 생략해도 된다.

2. 치수의 위치

치수는 관련 형체를 가장 분명하게 나타낼 수 있는 투상도(view)또는 단면도(section)위에 위치하는 것이 좋다.

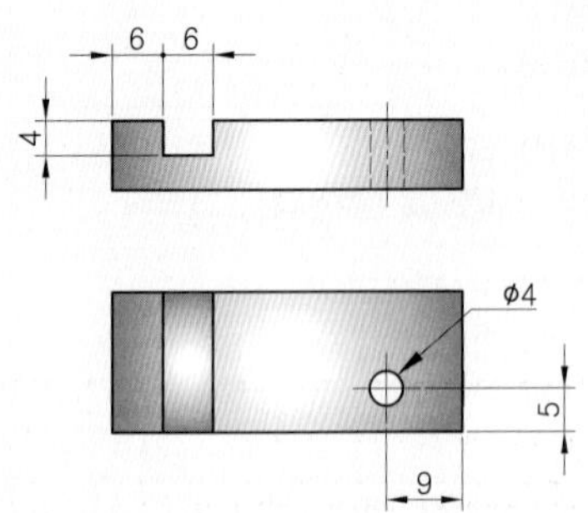

몇 개의 대상 형체가 근접하여 나타낸 곳에서는 그 관련 치수는 모아서 표시하고, 동시에 읽기 쉽도록 구역을 나누어서 표시하는 것이 좋다.

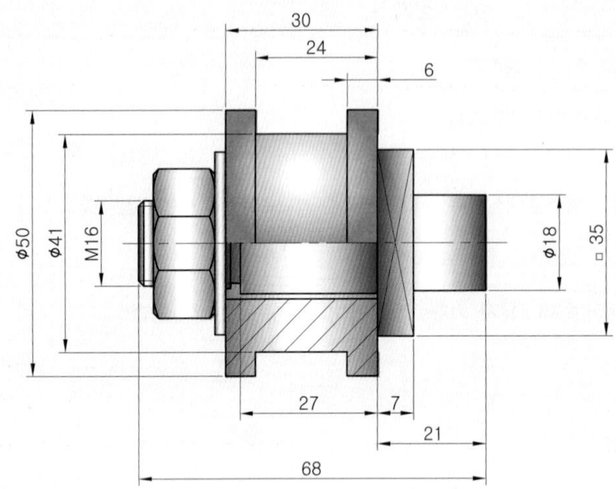

3. 치수의 단위

치수는 한 가지 치수 단위만을 사용하여 표시하여야 한다. 하나의 문서 안에서 여러 가지 치수 단위가 사용되는 곳에서는 그 단위들을 명확하게 표시하여야 한다. 치수에 대해서는 SI 단위를 사용하여야 하고, KS A ISO 80000-1 또는 SI 단위와 관련한 다른 국제 표준을 참조한다. 한계편차는 기본 치수와 같은 단위로 표시하여야 한다.

LESSON 03 치수기입 요소

1. 일반 사항

치수기입 요소는 치수 보조선, 치수선, 지시선, 단말 기호, 기준지점의 표시 및 치수 값(기본 치수)이다.

치수기입 요소

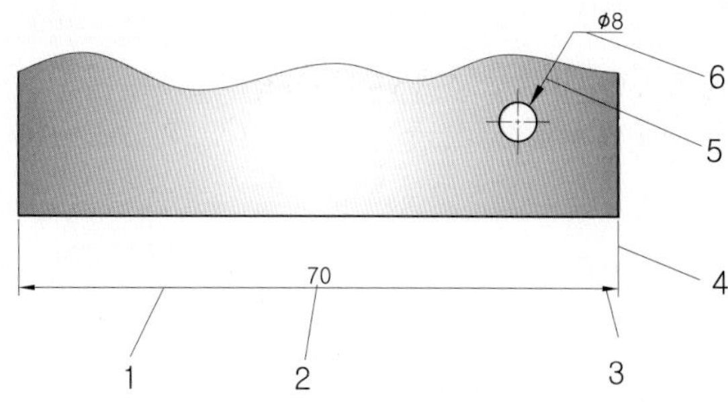

[식별부호]

1	치수선
2	치수 값(기본 치수)
3	단말 기호(여기서는 화살표)
4	치수 보조선
5	지시선
6	기준선(치수기입 선)

2. 치수선

치수선은 ISO 128-20에 따라 가는 실선으로 그려야 하며, 다음 중 하나로 나타내야 한다.

① 치수 기입해야 할 길이에 평행한 치수선

② 각도 치수, 각의 꼭지점 부근의 원호로서의 호 또는 그 호의 중심

③ 반지름의 중심으로부터의 반지름

기입할 공간이 제한적인 곳에서는 치수선은 치수 보조선의 밖에서 화살표와 함께 나타내도 된다.

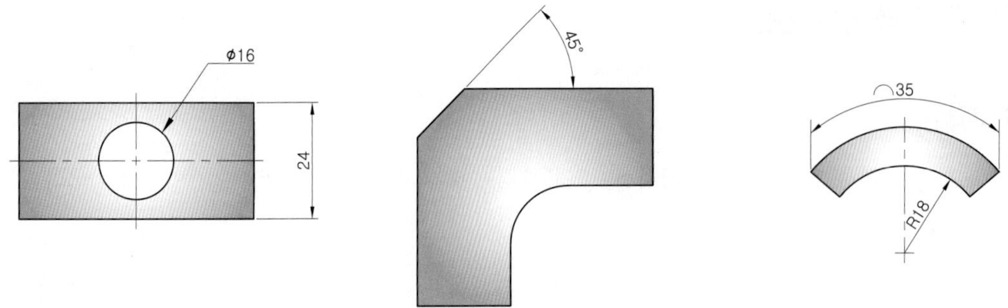

형체의 일부가 생략되어 있는 경우, 치수는 원래의 크기에 해당하는 치수를 기입하여야 한다.

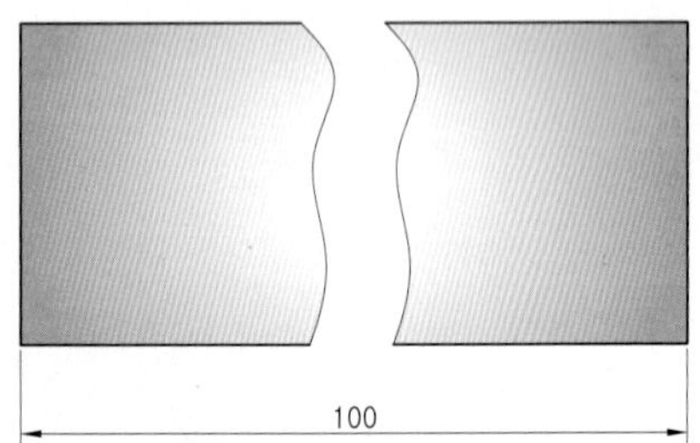

치수선과 다른 선(치수 보조선)의 교차는 피하는 것이 좋으나, 교차가 불가피한 곳에서는 어느 선을 생략하지 않고(끊김이 없이)표시하여야 한다.

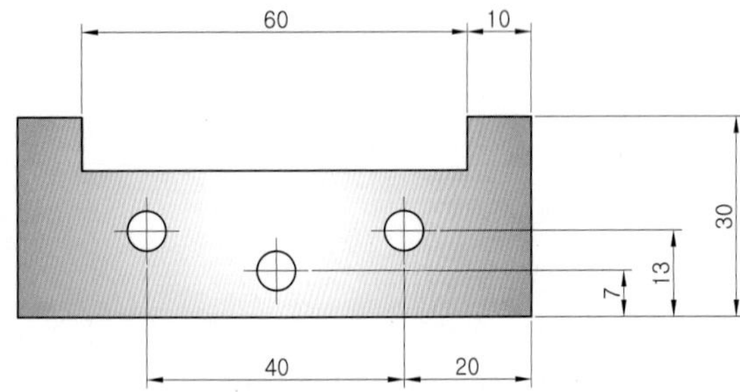

치수선은 다음의 경우 완전하게 끝까지 그리지 않아도 된다.

① 지름의 치수를 표시할 때

② 대칭 형체의 일부만을 투상도 또는 단면도로 그릴 때

③ 형체가 절반만 그려져 있거나 단면의 절반만 그려져 있을 때

④ 치수기입에 대해 기준 형체가 도면에 없거나 표시할 필요가 없을 때

⑤ 건설 도면에서 격자(grid)에 참조될 때

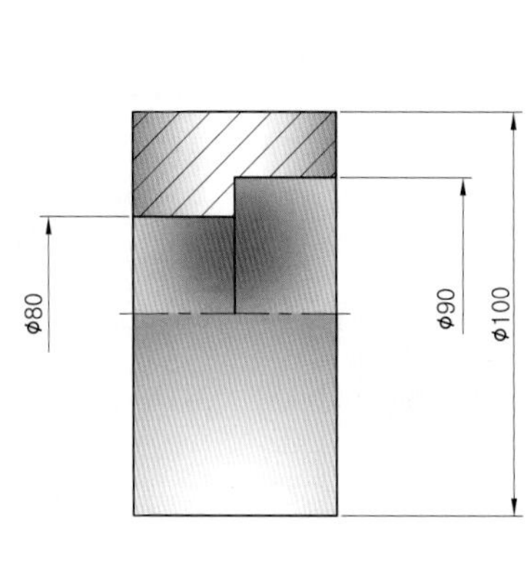

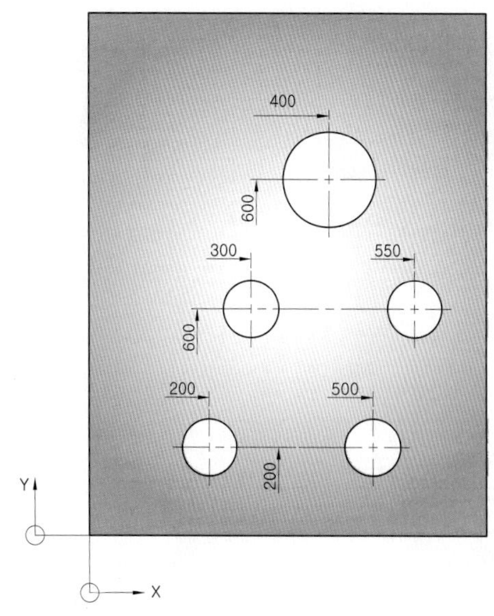

3. 단말 기호 및 기준지점

치수선의 단말 기호는 아래에 설명한 것 중의 하나에 따라야 한다.

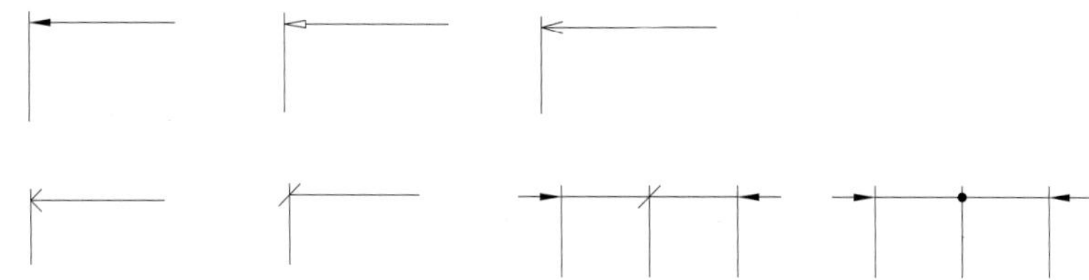

치수선의 기점 기호의 표시는 아래와 같아야 한다.

4. 치수 보조선

치수 보조선은 ISO 128-20에 따라 가는 실선으로 그려야 한다. 치수 보조선은 각각의 치수선을 넘어서 선 너비(line width)의 약 8배 크기로 연장선을 그려야 한다. 치수 보조선은 대응하는 물리적 길이에 수직으로 그리는 것이 좋다.

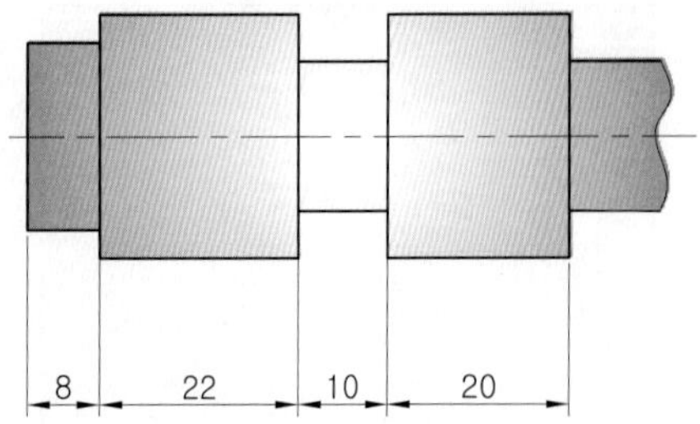

어떤 기술 분야에서는 치수 보조선의 시작점과 형체 사이에 선 너비의 약 8배의 틈(gap)을 허용한다.

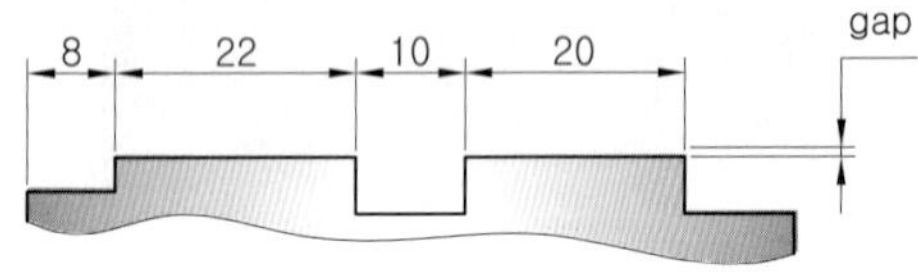

치수 보조선은 사선으로 그려도 되나, 서로 평행해도 된다.

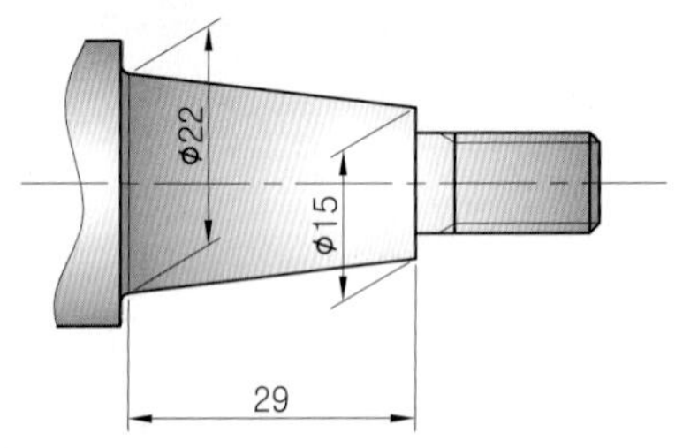

투상도의 윤곽이 교차하는 외형선은 교차점을 넘어서 선 너비의 약 8배로 연장선을 그려야 한다.

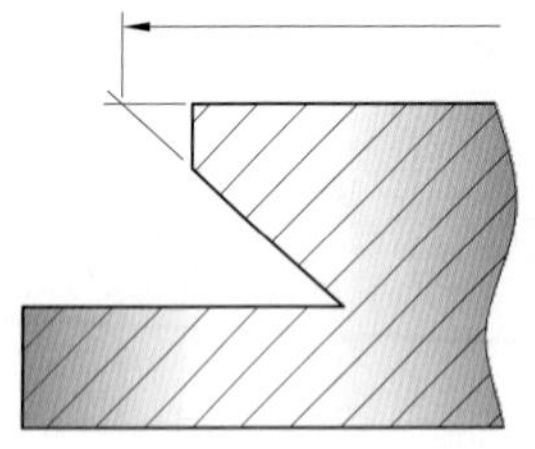

투상 윤곽이 변화하며 유사한 형체의 경우에는 투상도나 형체의 윤곽이 변화가 예상되는 경우의 치수 보조선은 투상선 사이의 교점에 적용한다.

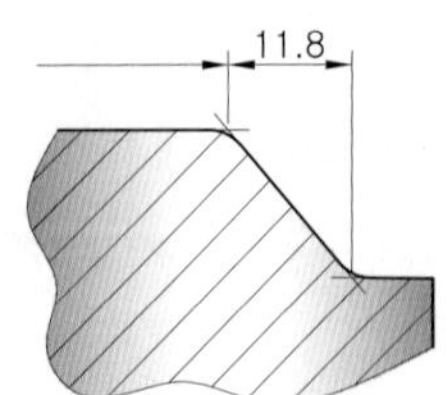

치수 보조선이 이어짐이 명확할 경우에는 중단하여 그을 수 있다. 각도 치수의 경우에는 치수 보조선은 사이의 연장선으로 다리를 그려서 표시한다.

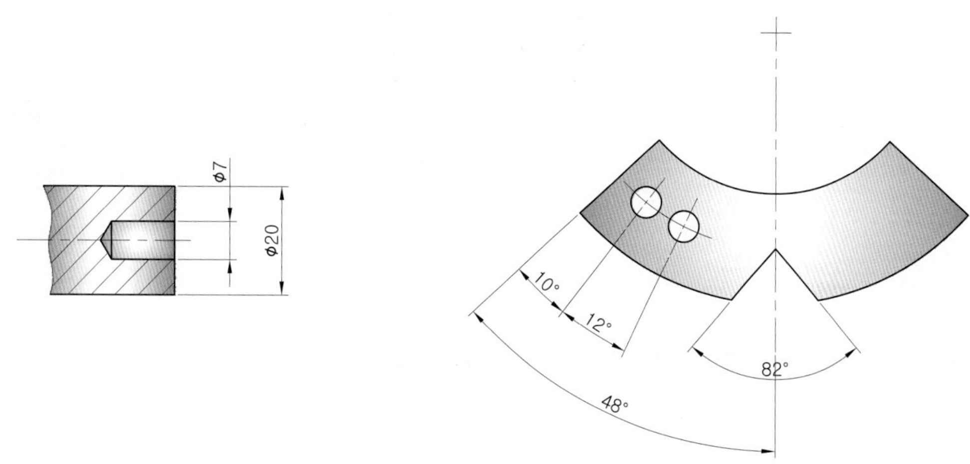

5. 지시선

지시선은 ISO 128-20에 따라 가는 실선으로 그려야 한다. 지시선은 필요 이상 길어서는 안 되며, 형체에 사선으로 그리는 것이 바람직하다. 그러나 각도는 임의의 기존 해칭과 구별되어야 한다.

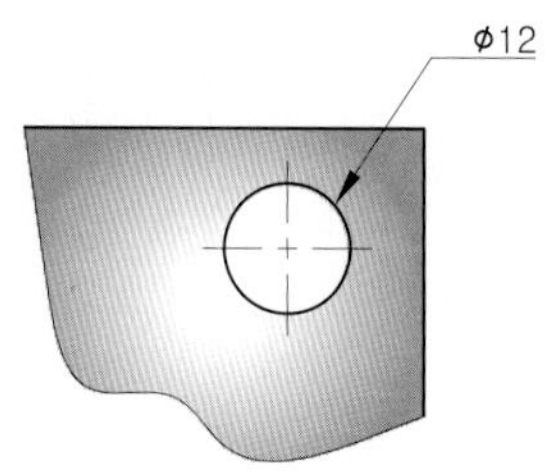

6. 치수 값(기본 치수)

6.1 표시

치수 값은 원도뿐만 아니라 마이크로필름에서 복사한 도면에서도 완전하게 읽을 수 있도록 충분한 크기의 문자로 도면상에 표시되어야 한다.(KS A ISO 6428 참조) KS B ISO 3098-0에 따라 서체 B 직립체가 권장된다.

6.2 치수 값의 위치

짧은 치수 값은 치수선에 나란하고 치수선의 중앙 가까이에서 약간 위쪽(예를 들면, 치수선의 2배~4배 정도)에 위치하여야 한다. 치수 값은 어떤 선과도 교차하거나 분리되지 않도록 위치하여야 한다.

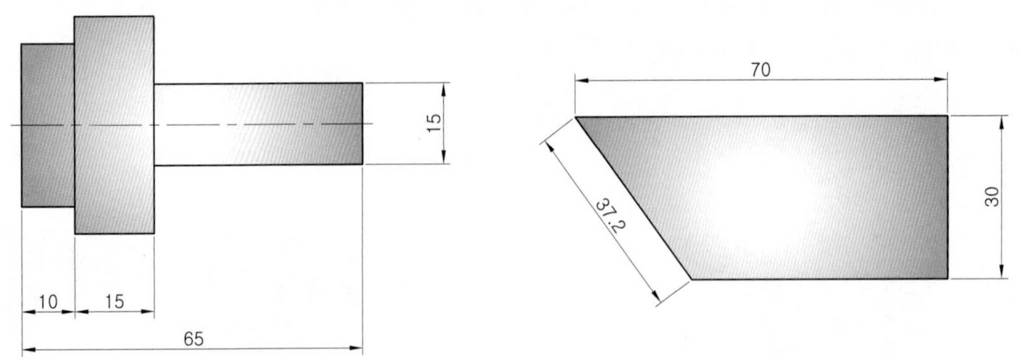

경사진 치수선상의 치수값은 아래와 같이 방향을 잡아야 한다.

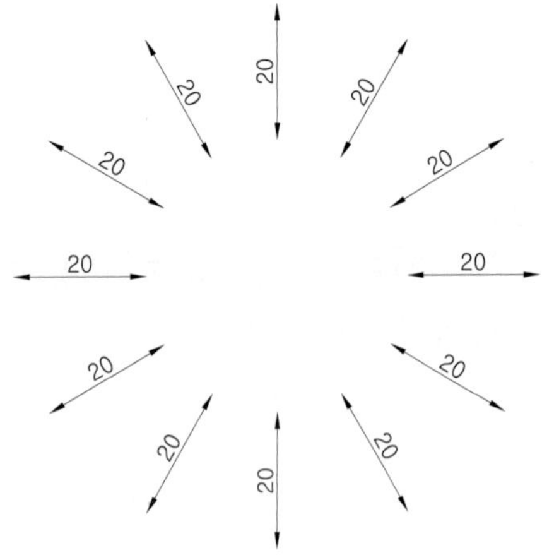

각도 치수선 값은 다음과 같이 방향을 잡아야 한다.

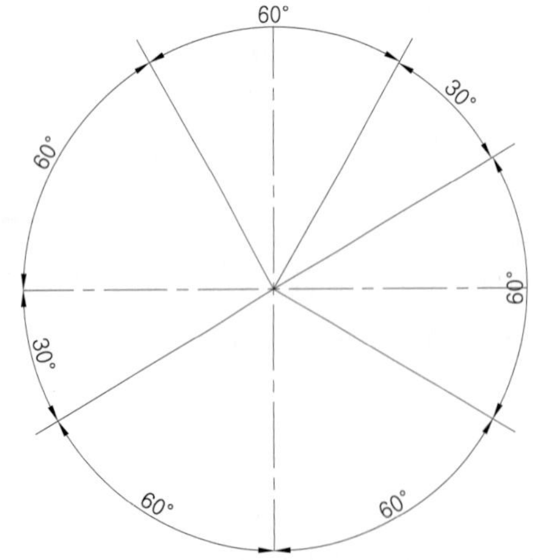

6.3 치수 값의 특수 위치

치수 값의 위치는 종종 다른 상황에 적합할 필요가 있다.

① 치수 값을 기입할 공간이 부족하면, 단말 기호의 한쪽을 지나 치수선의 연장선(인출선) 위에 치수 값을 기입할 수 있다.

② 치수 값은 치수선 위에 기입하거나 치수선의 옆에 기입하고, 치수선이 치수 보조선 사이에 통상의 방법으로 치수 값을 기입하기엔 너무 좁을 경우 인출선(extension lines)위에 기입할 수 있다.

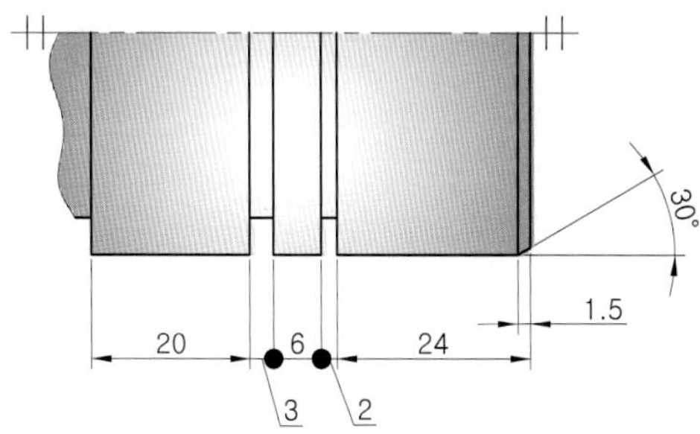

③ 치수선에 나란한 적절한 공간이 없을 경우, 치수 값은 치수선을 연장하여 수평으로 꺾어서 그은 치수선 위에 위치할 수 있다.

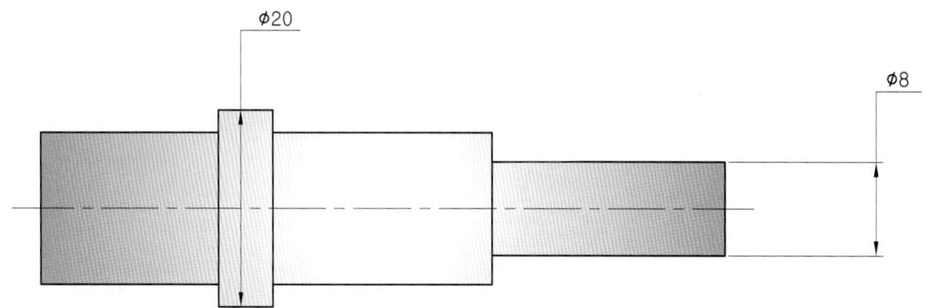

④ 누진치수 기입방법의 치수 값은 화살표 가까이에 표시하여야 한다.

7. 치수 기입용 문자

치수 값을 나타내기 위해 문자를 사용해도 되고, 관련 문서에서 정의하여야 한다.

8. 표 치수 기입

이 방법은 하나의 형체의 공통 형체나 조립체의 일련의 변수를 표 형식으로 나타낼 수 있다.

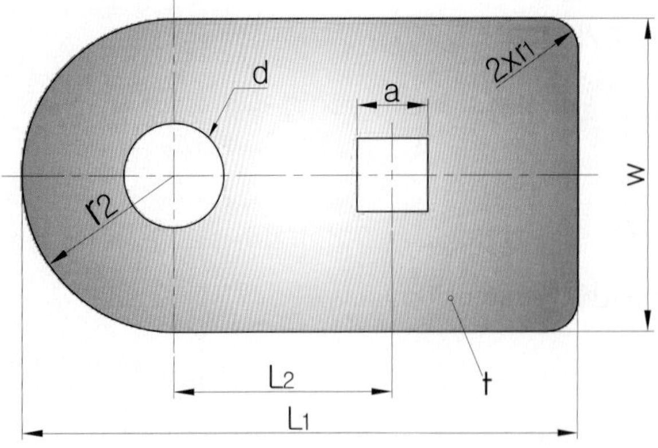

LESSON 04 공차 표시의 요소

1. 일반 규칙

예를 들면, KS B ISO 2768-1 및 KS B ISO 2768-2에 따라 일반 공차를 도면상에 표시할 때에는 표제란의 안이나 가까이에 기술하여야 한다. 허용편차를 표시하는 공차 등급과 숫자의 기호는 기본 치수와 같은 서체높이로 기입하여야 한다. 또한 기본 치수의 서체높이보다 약간 작은 크기의 높이로 하여도 되나 2.5mm보다 작지 않아야 한다.

적용 분야에 따라 치수의 공차는 다음과 같이 나타낸다.

① 공차 등급의 기호

② 한계편차

③ 치수의 한계

④ 통계적 공차 방식

모든 공차는 기계도면에서 형체를 표시하는 상태에 적용한다.

2. 한계편차

치수공차의 요소는 다음 순서로 표시하여 한다.

① 기본 치수

② 한계편차

[참고] 기본 치수(basic dimension)는 KS B ISO 286-1에서는 호칭치수(nominal size)라고 한다.

KS B ISO 286-1에 따른 한계편차는 아래 편차 위에 위 편차를 표시하거나 아래 편차 앞에 위 편차를 '/'로 분리하여 표시하여야 한다. 두 개의 한계편차 중 하나가 0일 때에는 숫자 0을 표시하여야 한다. 공차가 기본 치수에 관련하여 대칭일 경우에는 한계편차는 한 번만 '+'부호 뒤에 나타내야 한다.

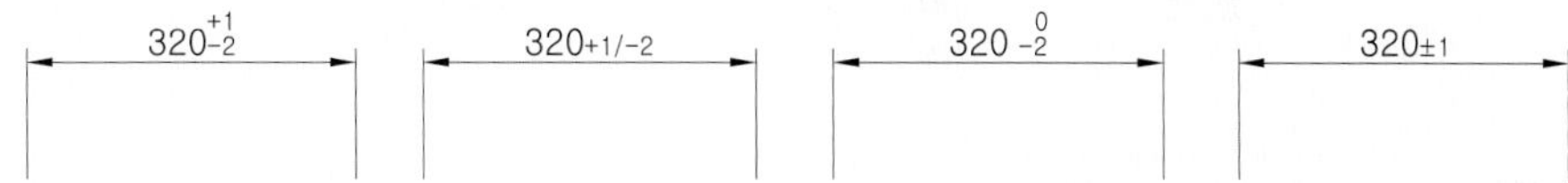

3. 치수의 한계

① 치수의 한계는 최대치와 최소치로 표시한다.

32.198
32.195

② 한쪽 방향으로만 치수를 제한하기 위해서는 'min'또는 'max'를 치수 값에 부가하여 덧붙여서 표시하는 것이 좋다.

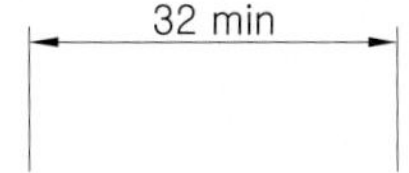

LESSON 05 특수 치수의 표시

1. 치수 값이 있는 그림기호와 문자기호의 기입

다음 기호는 몸체 형체(치수가 있는 형체)의 모양을 구분하기 위해 치수와 함께 사용하여야 한다.

① Ø : 지름

② R : 반지름

③ □ : 정사각형

④ SØ : 구의 지름

⑤ SR : 구의 반지름

⑥ ⌒ : 원호

⑦ t= : 두께

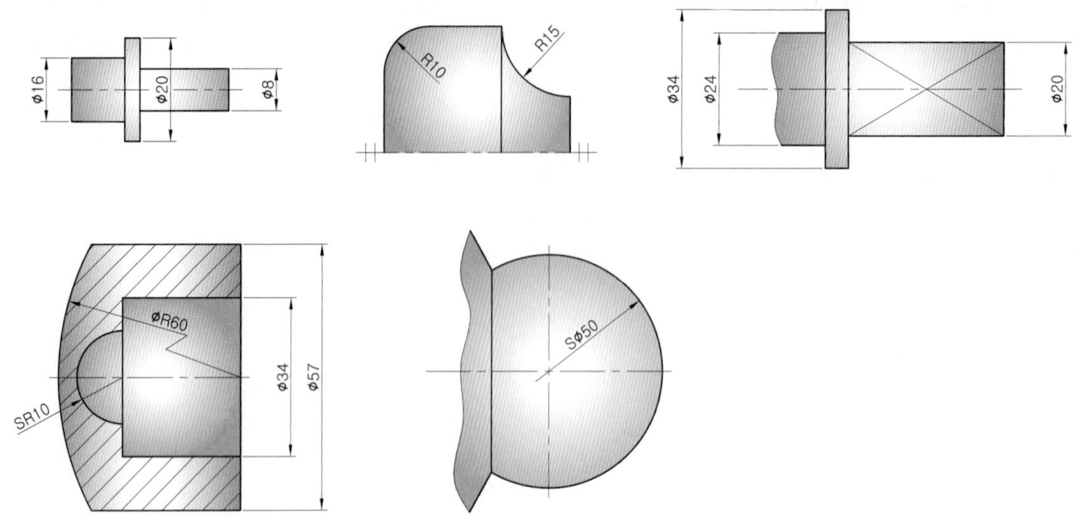

2. 지름

문자 기호 Ø는 치수 값 앞에 있어야 한다. 지름을 하나의 화살표로 나타낼 때에는 치수선은 중심을 지나갈 수 있다.

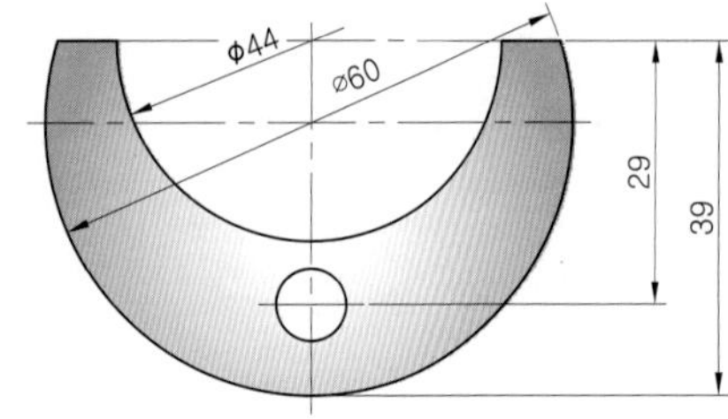

3. 반지름

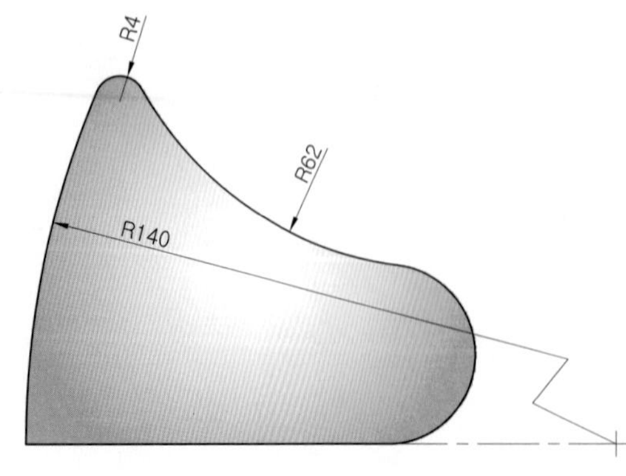

문자 기호 R은 반지름 치수 값 앞에 써야 한다. 반지름 값을 기입할 때에는 하나의 단말 기호만을 사용해 가까이 있어야 한다. 단말 기호는 치수선과 원호의 교차점에 표시하여야 한다. 단말 기호가 화살표이고 반지름의 크기에 의존할 경우에는 화살표는 형체의 외형선이나 치수 보조선의 안쪽이나 바깥쪽 어느 쪽에 표시해도 된다.

반지름의 중심이 제도할 공간의 밖으로 나가는 곳

에서는 반지름의 치수선은 중간을 꺾는 선으로 나타내어야 하고 중심으로부터 외형선(원호)과 수직으로 만나도록 그어야 한다.

4. 구

구의 경우에 기호 SØ 또는 SR은 치수 값의 앞에 기입하여야 한다.

예 : SR60, SØ50

5. 원호, 현 및 각도

원호, 현 및 각도의 치수기입은 다음과 같이 표시하여야 한다. 원호, 도형 그림기호는 치수 값의 앞에 와야 한다.

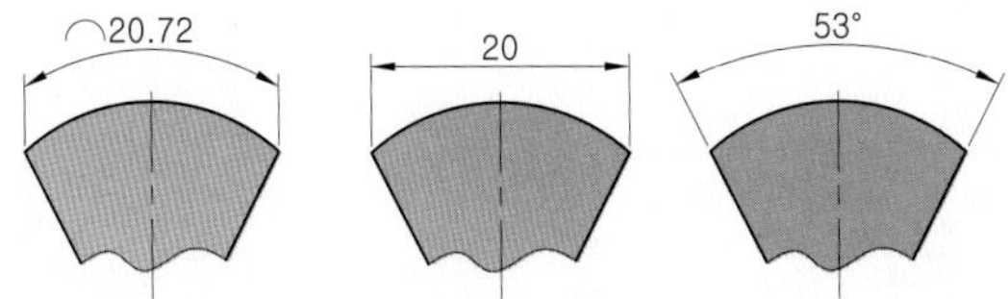

원호의 사이각이 90°보다 크면 치수 보조선은 원호의 중심을 향하게 하여야 한다. 원호 길이와 치수값의 관계가 애매하며느 지시선으로 표시하여야 하며 치수가 기입될 원호 길이에서 화살표로 단말 기호를 나타내고 치수선에서 하나의 점이나 원으로 단말 기호를 표시하여야 한다. 선 치수거나 각도 치수거나 원호의 연결된 여러 치수는 보조 치수선으로 표시한다.

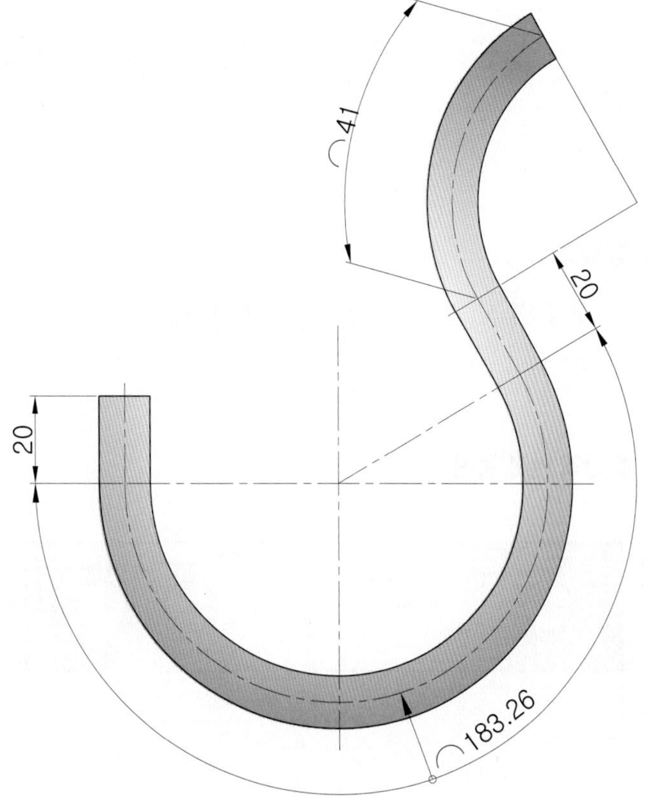

각도의 기본 치수 단위를 제외하고는 각도 치수에 똑같이 적용되며 한계 편차는 항상 표시하여야 한다. 각도의 기본 치수나 각도의 한계 편차를 분이나 초로 나타내면, 분 또는 초 값은 0° 또는 0° 0′ 앞에 기입하는 것이 좋다.

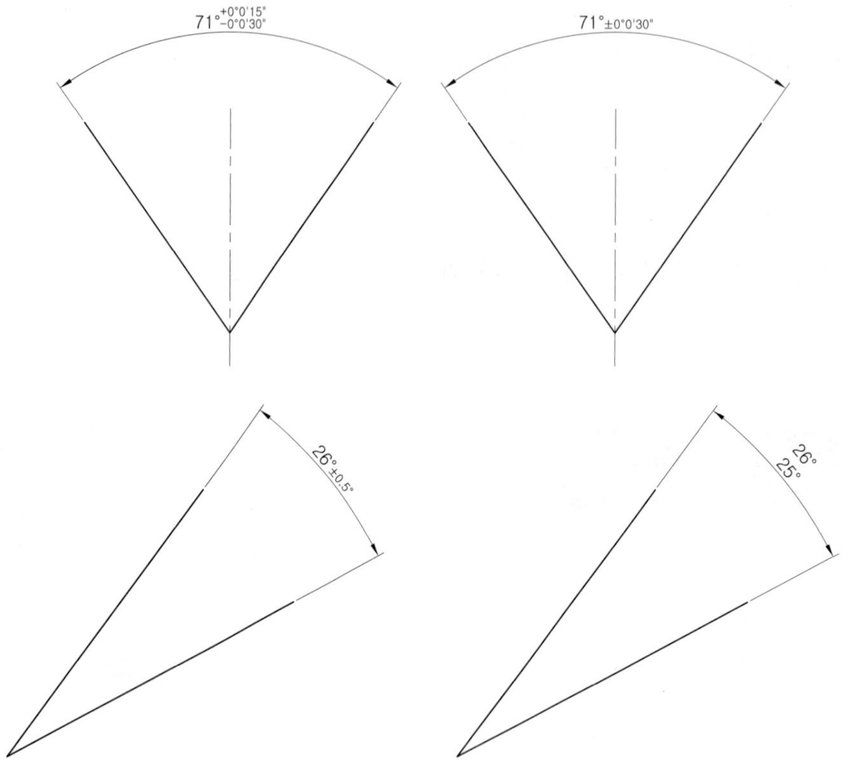

6. 정사각형

정사각형의 한쪽만 치수 기입한다면 그림기호 □는 치수 값의 앞에 기입하여야 한다.

예 : □20

7. 등간격 반복 형체

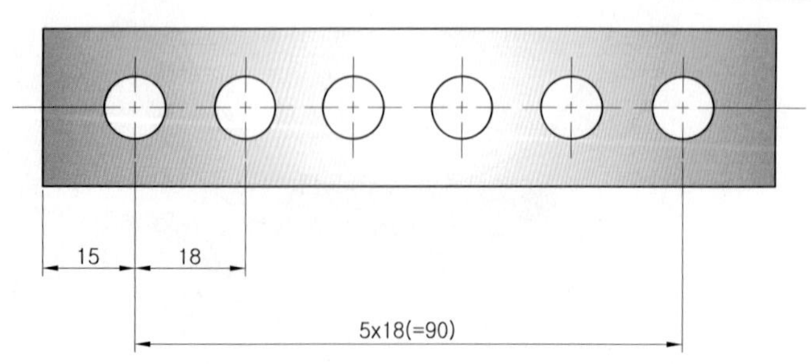

형체가 등간격이고 일정하게 기입된 곳에서의 치수기입은 다음과 같이 단순화해도 된다. 선의 간격은 치수로 기입해도 된다.

반복되는 선의 간격 및 각도의 간격은 간격의 개수와 그 치수 값이나 각도를 'X'기호로 표시하여 치수 기입해도 된다. 간격의 길이와 간격의 개수 사이에 혼동이 될 가능성이 있으면, 하나의 간격에 대해 다음과 같이 치수기입을 하여야 한다.

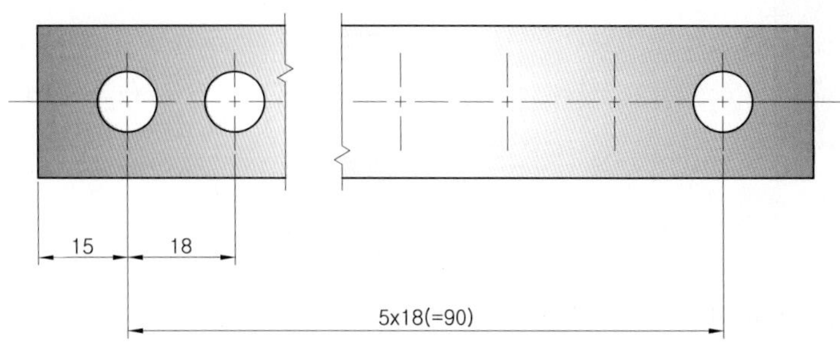

각도의 간격은 다음과 같이 치수 기입해도 된다.

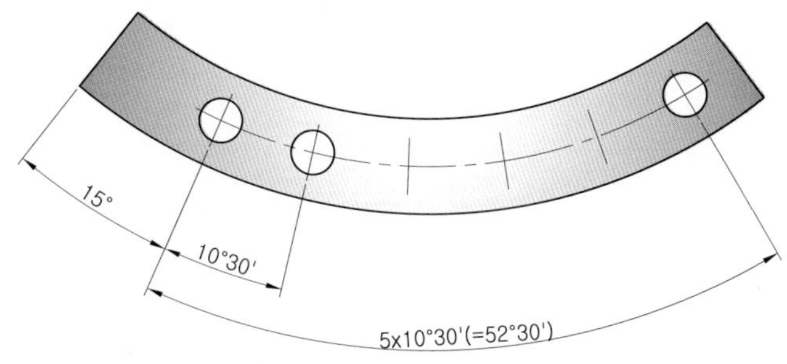

간격 간의 각도는 각도 간격이 분명하고 표시가 혼동되지 않을 곳은 생략해도 된다.

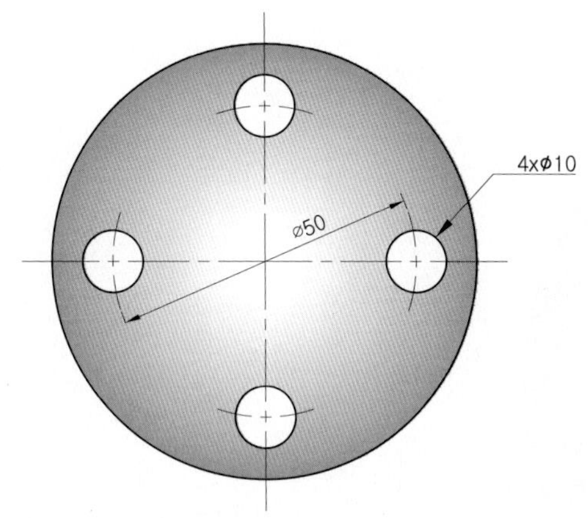

반복 형체가 같은 치수를 나타낸 곳에서 표시가 분명하면, 치수는 한 번만 표시해도 된다.

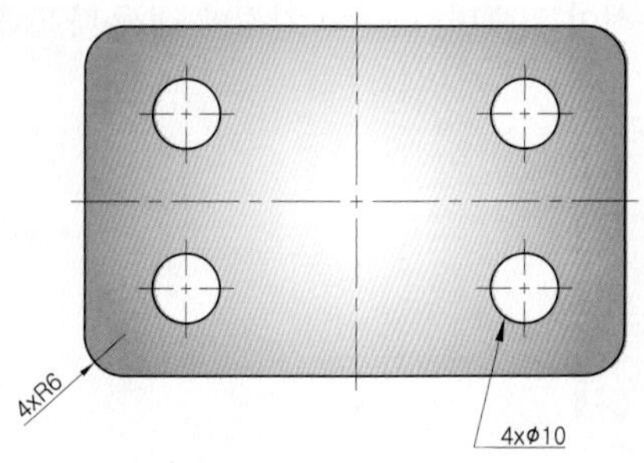

원주상의 간격은 형체의 개수를 표시함으로써 치수기입을 해도 된다.

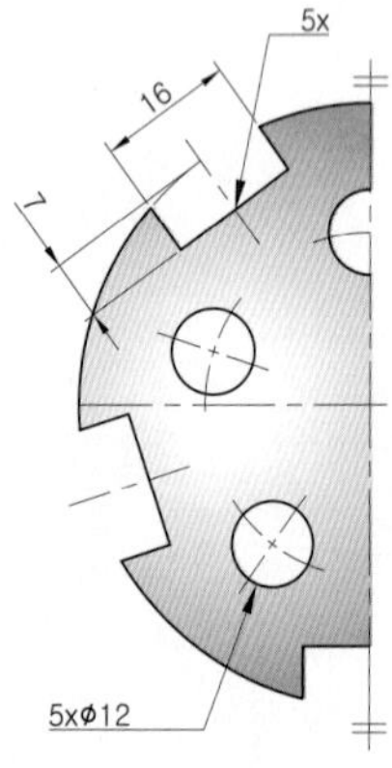

형체가 같은 치수일 경우에는 형체 개수와 그 치수 값을 '×'기호로 표시하여 치수 기입해도 된다.

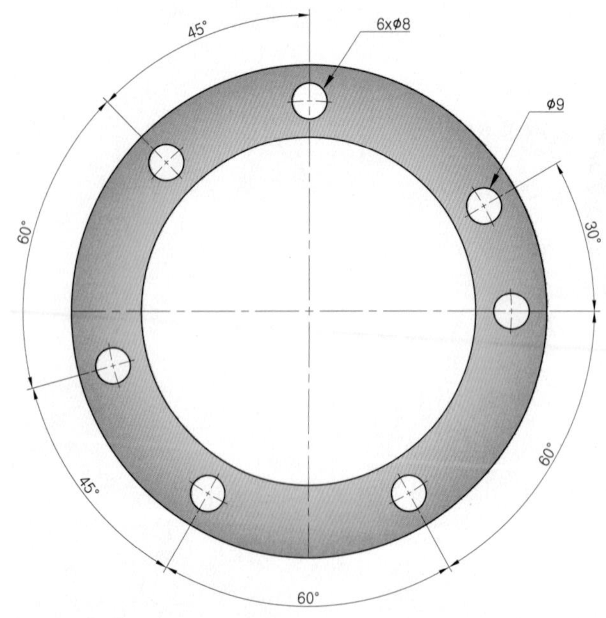

같은 치수 값의 반복을 피하기 위해서나 긴 지시선을 긋는 것을 피하기 위해서 지시한 문자기호는 설명하는 표나 비고로 표시해도 된다.

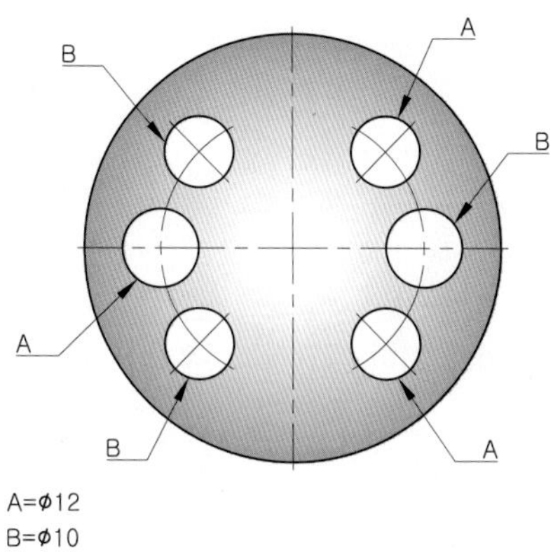

8. 대칭 부품

형체가 대칭으로 기입된 치수는 어느 한쪽에만 표시하여야 한다. 보통 형체의 대칭은 치수기입을 하지 않는 것이 바람직하다. 형체의 1/2 또는 1/4의 표시의 경우, 전체 표시의 경우가 필요하면, 대칭 기호(KS A ISO 128-30 참조)를 대칭축(중심선)의 끝에 표시한다.

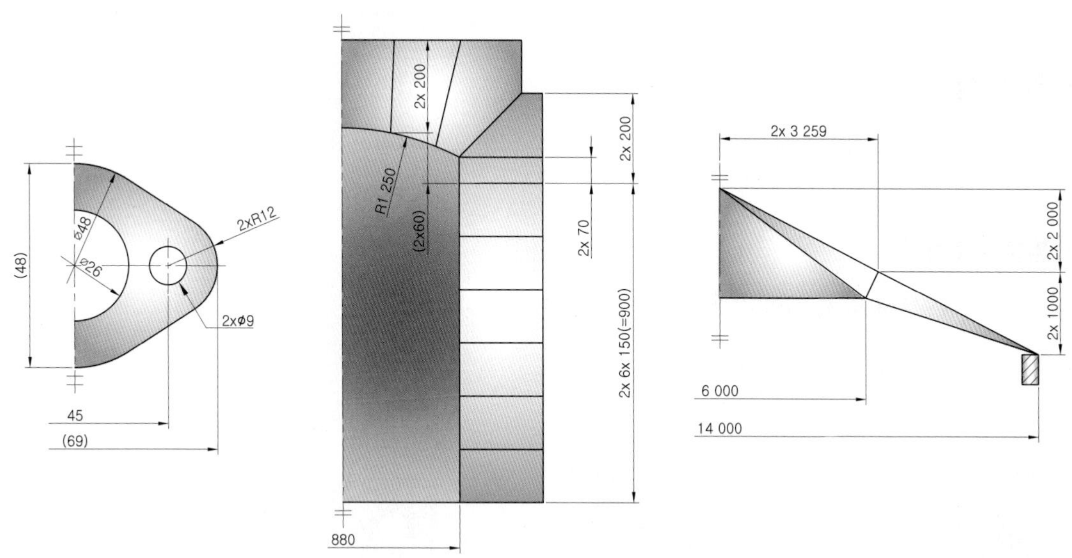

9. 높이 표시

정면도와 단면도는 수평의 치수선을 꺾어 수직으로 그은 끝에 90°의 개방형 화살표로 표시하고, 높이의 치수 값은 수평으로 그은 치수선 위에 표시하여야 한다. 평면도 상의 특정 점에 대한 높이는 'X'로 표시된 점과 연결된 선(인출된 지시선) 위에 수치 값을 기입하여야 한다.

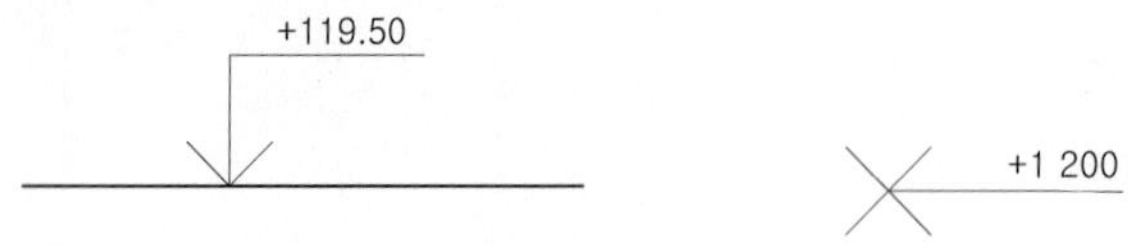

10. 척도가 다른 형체의 치수

수정, 척도와 크기가 다른 형체와 같은 예외적(척도와 다름 또는 비례 척이 아님)인 경우에는 치수 값에 밑줄을 그어 표시하여야 한다.

예 : 30

11. 참고(보조)치수

도면에서 참고(보조)치수는 정보용으로만 쓴다. ( ) 안에 넣어야 하고 공차를 주어서는 안된다.

예 : (69), (2×60), (900)

LESSON 06 치수의 기입

1. 일반사항

치수선은 병렬 치수, 직렬 치수, 누진 치수 또는 이들의 조합으로 기입하여야 한다.

2. 병렬 치수기입

치수선은 하나, 둘 또는 세 개의 직교 방향이나 동심원으로 기입하여야 한다.

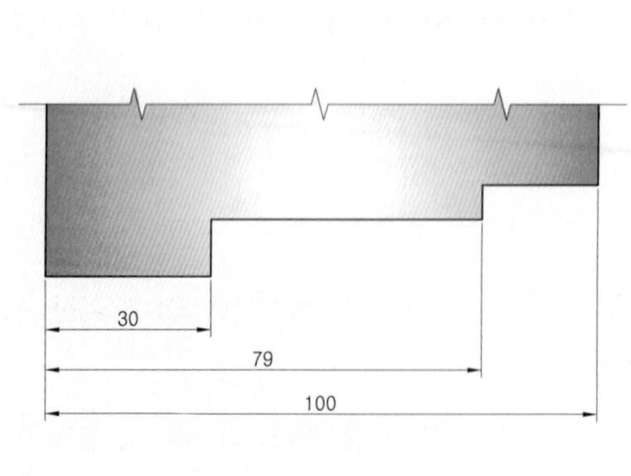

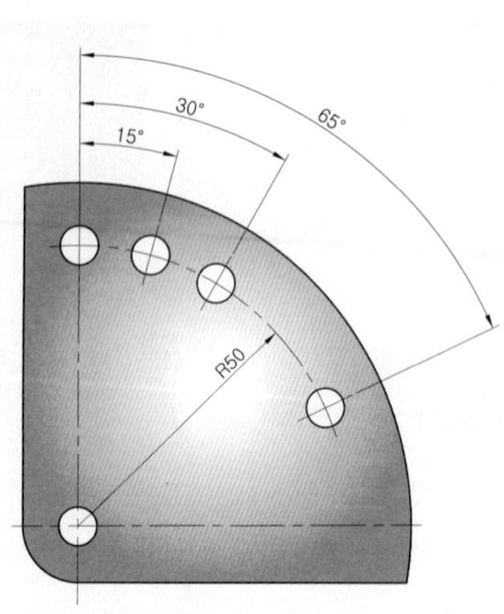

3. 누진 치수기입

누진 치수기입은 간격 제한이 있거나 다른 산업 분야에서 특별히 필요한 경우에 사용해도 된다. 공통 기준점을 다음과 같이 표시하여야 한다.

치수 값은 다음의 어느 것으로 해도 된다.

① 단말 기호 가까이에서, 대응 치수 보조선과 일치하게

② 단말 기호 가까이에서, 치수선 위에 분명하게

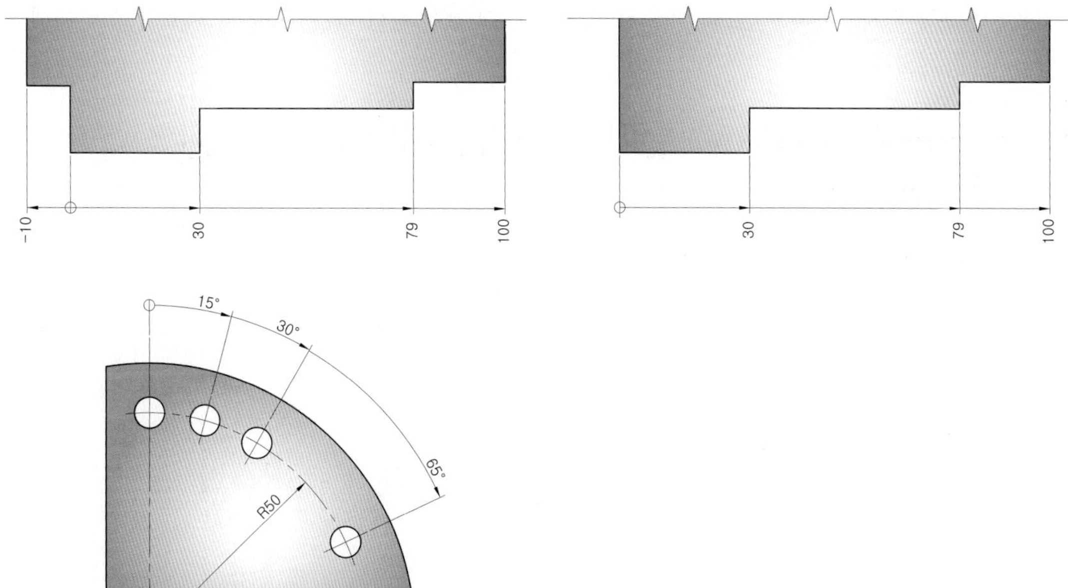

4. 직렬 치수기입

직렬 치수기입을 이용하여 개별 치수들을 하나의 열로써 기입하여야 한다.

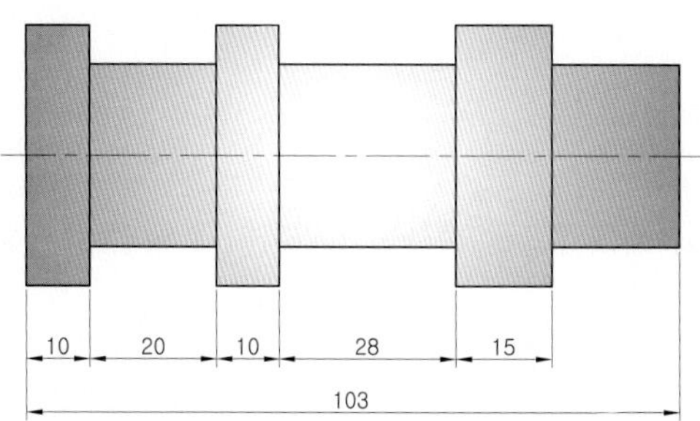

5. 좌표 치수기입

직각좌표는 기준지점(원점)에서 시작하여 선 치수를 직교방향으로 정의한다.

좌표 값은 각 점에 인접하거나 표 형식으로 나타내야 한다. 치수선이나 치수 보조선은 긋지 말아야 한다,

[비고] 건설산업에서는 'X'축과 'Y'축은 각국의 국가표준에 따르기 위해 여러 방법으로 사용될 수 있다. 또한 건설 분야에서 3차원 좌표계에 대해서는 때때로 'Z'로 표시되는 높이는 'X'축과 'Y'축의 동일한 공통 기준지점이 아닐 수도 있다.

극 좌표는 원점에서 시작하여 반지름과 각도로 정의한다. 그 값은 항상 정(+)이고, 극 좌표의 축에 대해 반시계 방향으로 나타내야 한다.

좌표 축의 정(+)과 부(−)의 방향은 다음과 같다. 부의 방향으로 나타낸 치수 값은 부의 부호로 표시하여야 한다.(KS B ISO 6412−2 참조)

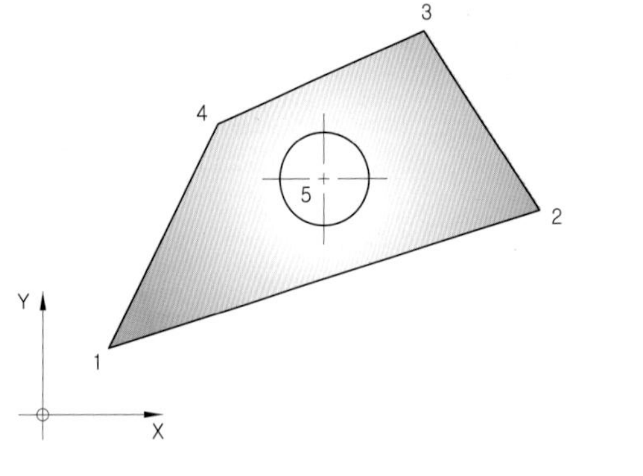

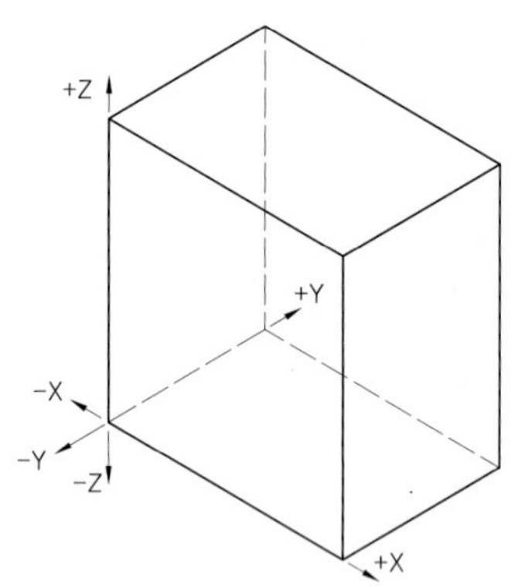

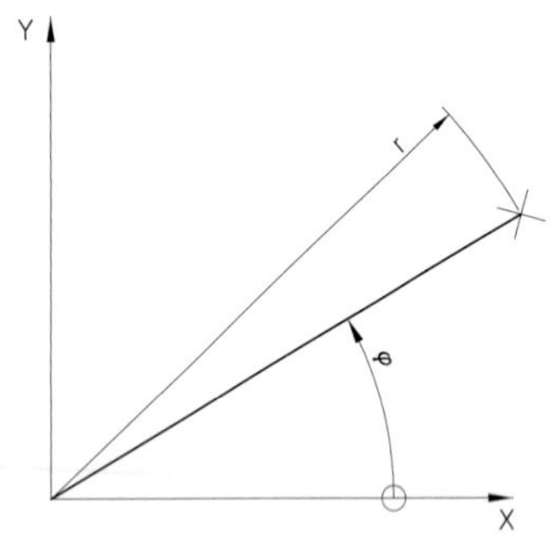

좌표계의 원점은 형체의 구석이나 도면 밖에 두어도 된다. 좌표 값은 그 좌표의 가까이에 직접 표시해도 된다.

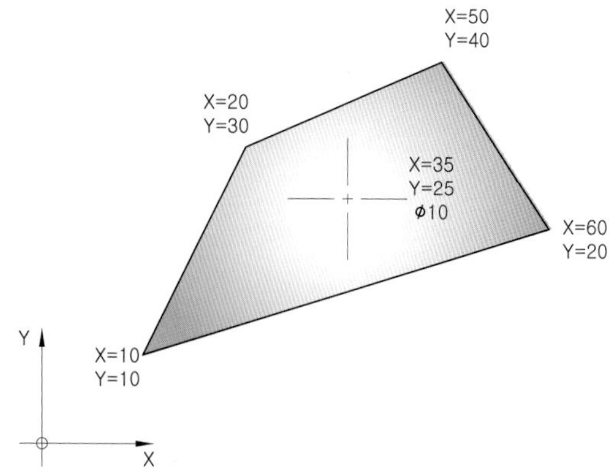

주 좌표계에는 부 좌표계가 있어도 된다. 이 경우 좌표계의 원점 및 좌표계 안의 특수 위치는 아라비아 숫자로 연속 번호를 매겨야 한다. 점은 분할 기호(separation symbol)로 사용하여야 한다.

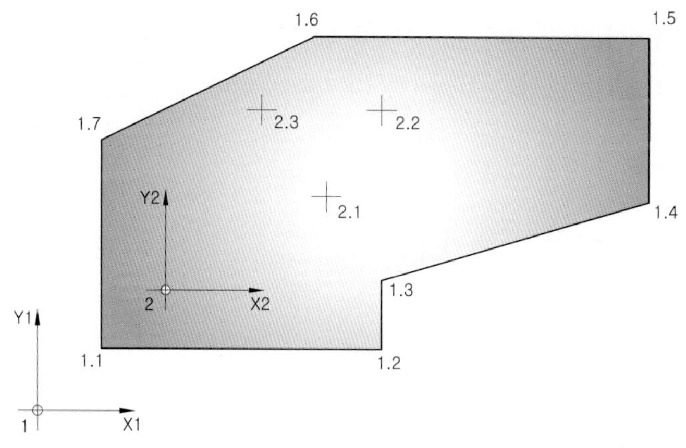

6. 복합 치수기입

2개 이상의 복합된 치수기입을 도면상에 넣어도 된다. 다음은 개별 치수와 복합된 누진 치수기입을 나타내는 보기이다.

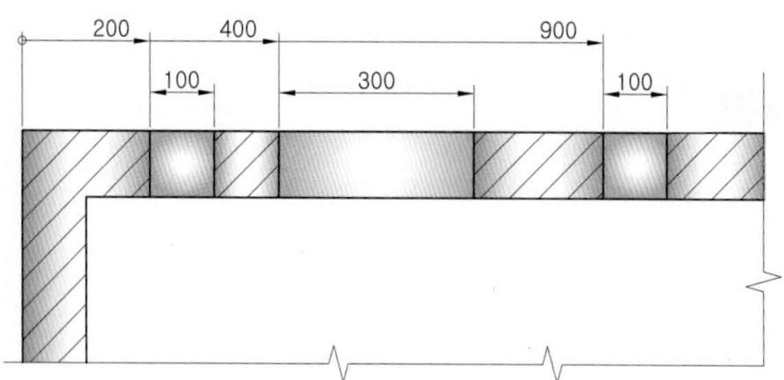

다음은 누진 치수기입과 복합된 병렬 치수기입을 나타내는 보기이다.

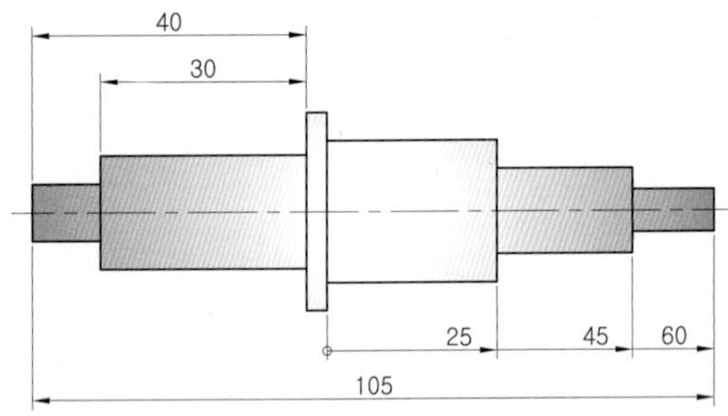

LESSON 07 그림기호의 관계와 치수

이 표준에서 규정한 기호의 크기와 별도로 그려진 도면(치수, 문자, 공차)과 맞추기 위해 KS A ISO 81714-1에 따른 규칙을 다음과 같이 표시하여야 한다. 문자 'a'는 서체용 면적, 'h'는 서체높이를 나타낸다(KS B ISO 3098-0에 따른 서체 B 직립체로 표시). 더 많은 그림기호는 KS A ISO 3098-5에 있다.

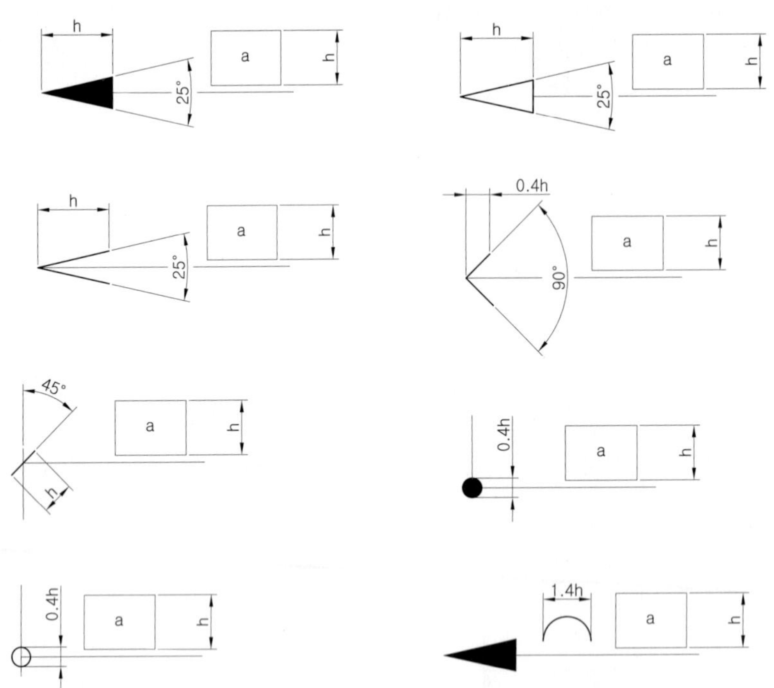

[비고] 국제표준에는 30°로 규정되어 있지만, 한국산업표준 실정에서 맞지 않아 25°로 수정하였다.(각도를 30°로 그릴 경우, KS B ISO 3098-5와 일치하지 않을 것이다).

그림기호와 문자기호의 적용 보기

기호 및 표시	의미
Ø50	지름 50
□50	정사각형 50
R50	반지름 50
SØ50	구의 지름 50
SR50	구의 반지름 50
⌒50	원호 길이 50
+12.25 **+12.25**	높이 12.25의 표시
50	척도와 다름(비례 척이 아님) 50
(50)	참고치수 50
t=5	두께 5
‖	대칭 기호

Section

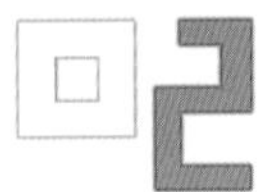

치수기입 방법 [KS B 0001]

도면을 작도하고나서 설계자의 의도를 가공자나 조립자 등 도면을 보는 사람들에게 명확하게 전달하는 수단이 치수기입이다. 도면에 표기된 치수에 의해 부품이 제작되고 제조원가에도 영향을 미치므로 올바른 치수 기입은 매우 중요한 사항이자 설계자가 기본적으로 갖추어야 할 능력이다. 치수기입은 단순히 부품의 치수를 나타내는 것 뿐만 아니라 가공방법, 측정방법, 검사방법 등을 고려하여 기입하지 않으면 안된다. 이 장에서는 한국산업규격(KS)에서 규정하고 있는 KS B 0001(기계제도)를 기본으로 구성하였다.

LESSON 01 치수기입의 원칙

도면에 치수를 기입하는 경우에는 다음에 유의하여 적절히 기입한다.

① 대상물의 **기능**, **제작**, **조립** 등을 고려하여 도면에 필요 불가결하다고 생각되는 치수를 명료하게 지시한다.

② 대상물의 **크기**, **자세** 및 **위치**를 가장 명확하게 표시하는데 필요하고 충분한 치수를 기입한다.

③ 치수는 **치수선**, **치수보조선**, **치수보조기호** 등을 이용하여 치수 수치로 나타낸다.

④ 치수는 되도록 **주투상도**에 집중해서 지시한다.

⑤ 도면에는 특별히 명시하지 않는 한, 그 도면에 도시한 대상물의 **다듬질 치수**를 표시한다.

⑥ 치수는 되도록 **계산해서 구할 필요가 없도록 기입**한다.

⑦ 가공 또는 **조립시**에 **기준이 되는 형체**가 있는 경우에는 그 형체를 기준으로 해서 치수를 기입한다.

⑧ 치수는 되도록 **공정마다 배열을 분리하여 기입**한다.

⑨ **관련 치수**는 되도록 **한 곳에 모아서 기입**한다.

⑩ 치수는 **중복 기입을 피한다**. 그러나 일품 다 잎 그림에서 중복 치수를 기입하는 것이 도면의 이해를 용이하게 하는 경우에는 치수의 중복 기입을 해도 좋다(예를 들면, 중복되는 치수 숫자 앞에 흑점 기호를 붙여 중복 치수를 의미하는 기호에 대해서는 도면에 주기로 표기한다).

⑪ 원호 부분의 치수는 **원호가 180°까지는 반지름**으로 나타내고, **180°를 초과하는 경우에는 지름**으로 나타낸다. 그러나 원호가 180°이내라도 기능상 또는 가공상, 특히 지름의 치수를 필요로 하는 경우에는 지름의 치수를 기입한다.

⑫ **기능상**(호환성을 포함) 필요한 치수에는 KS A ISO 128(모든 부)에 따라 **치수의 허용한계**를 지시한다. 다만, 이론적으로 정확한 치수 및 참조 치수는 제외한다. 또한 치수의 허용 한계의 지시가 없는 경우에는 개별적으로 규정하는 일반 공차를 적용한다. 이 경우 적용 규격 번호 및 등급 기호 또는 수치를 표제란 내에 표기하거나 또는 표제란 근처에 일괄 지시한다.

⑬ 치수 가운데 이론적으로 정확한 치수(TED)는 직사각형 안에 치수 수치를 기입하고, **참고 치수**는 **괄호** 안에 기입한다. 또한, 참고 치수는 검증 대상으로 하지 않는다.

기준으로부터 치수 기입의 보기

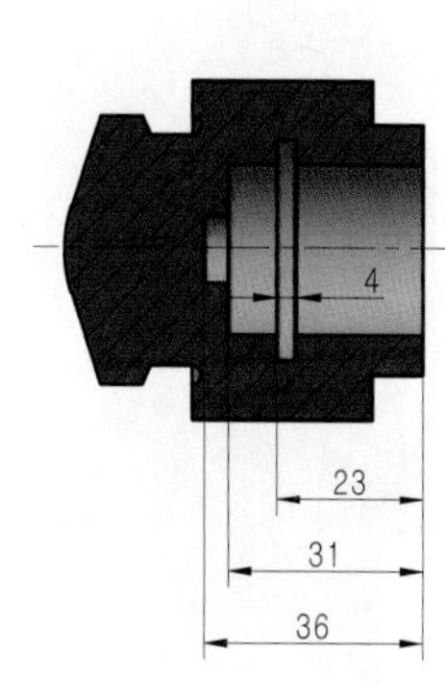

공정마다 치수를 배열한 보기

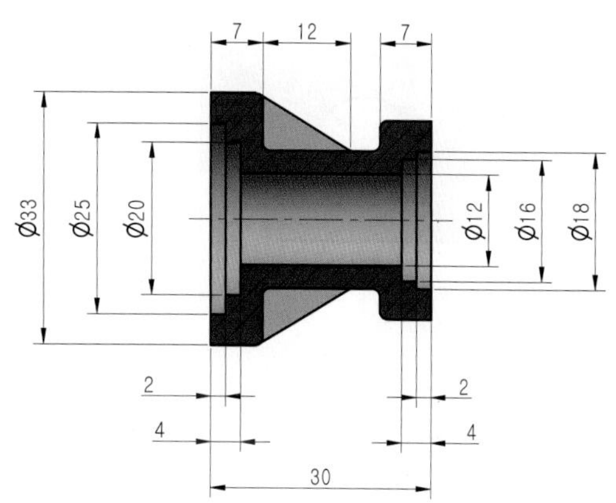

관련 치수 지시의 보기

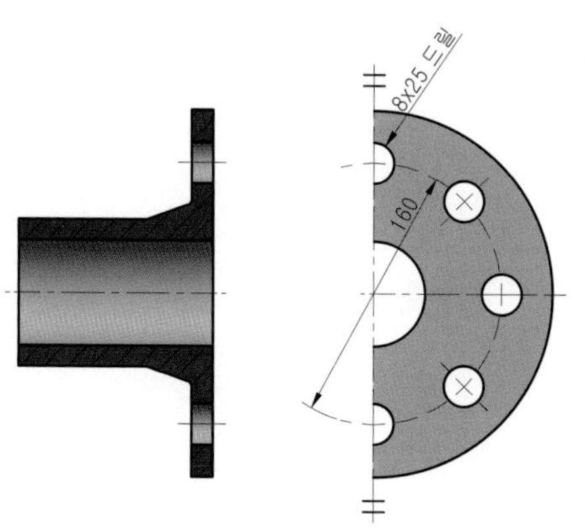

중복 치수 기입의 보기

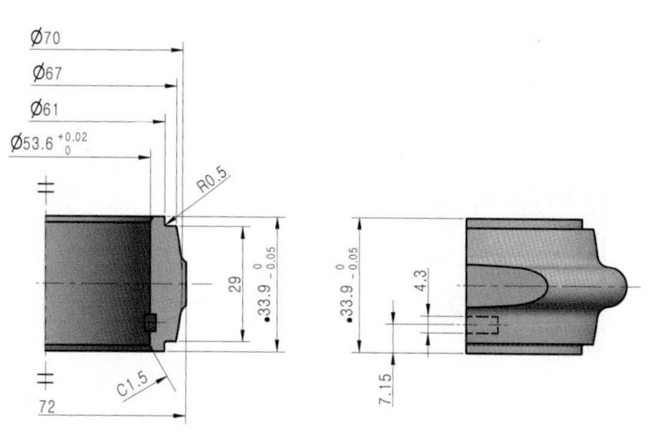

반지름 및 지름의 보기

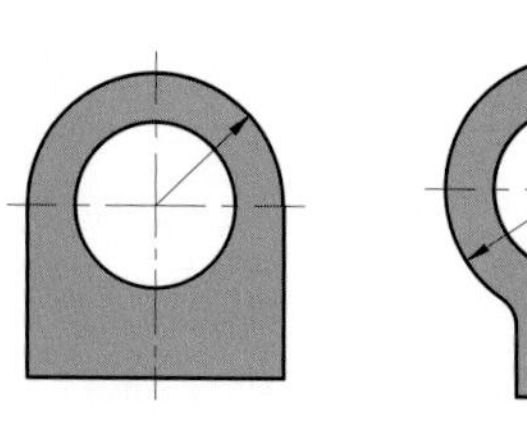

지름의 보기

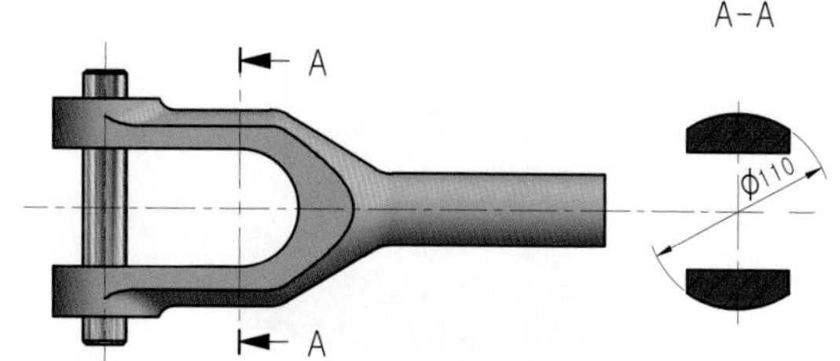

LESSON 02 치수 보조선

치수 보조선은 다음에 따른다.

① 치수는 일반적으로 치수 보조선을 사용하여 치수를 기입하고, 그 위쪽에 치수 값을 지시한다. 그러나 치수 보조선을 그었을 때 오히려 도면에서 혼동의 우려가 있을 경우에는 이에 따르지 않아도 좋다.

치수 보조선 및 치수선의 보기

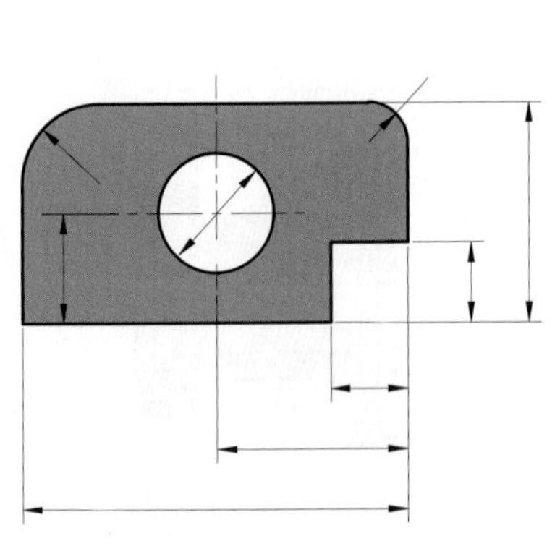

치수 보조선을 사용하지 않은 보기

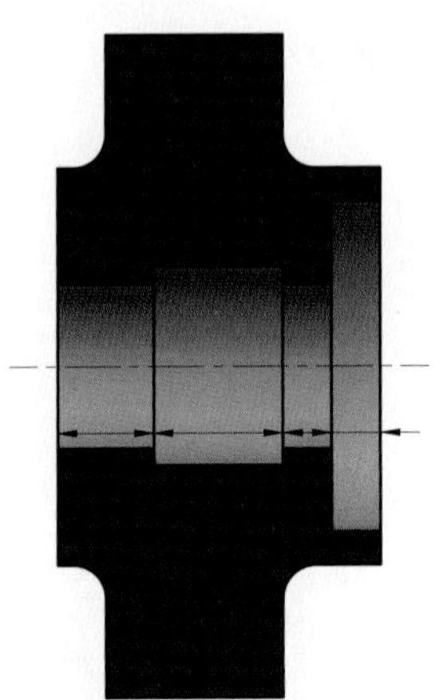

② 치수 보조선은 지시하는 치수 끝에 해당하는 도형상의 점 또는 선의 중심을 지나 치수선에 직각으로 긋고 치수선을 약간 초과하도록 연장한다. 그러나 치수 보조선과 도형 사이를 약간 띄워도 좋지만, 한 도면 내에서는 통일한다.

간격을 설정한 치수 보조선의 보기

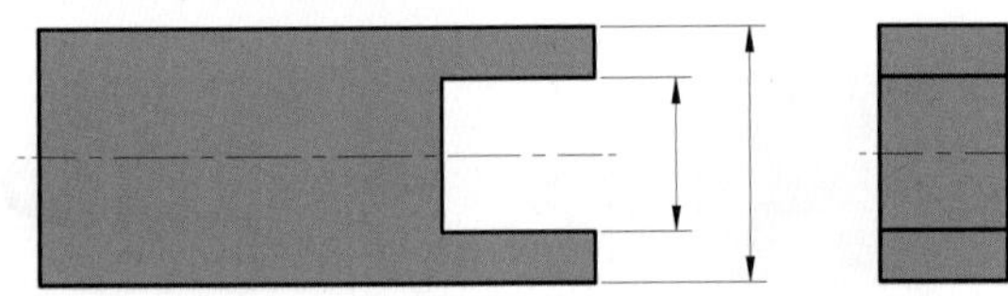

③ 치수를 지시하는 점 또는 선의 위치를 명확히 하기 위해, 특히 필요한 경우에는 치수선에 대해 적절한 각도를 갖는 서로 평행한 치수 보조선을 사용할 수 있다. 이 각도는 가급적 60°가 좋다.

치수의 위치를 명확히 하는 선의 보기

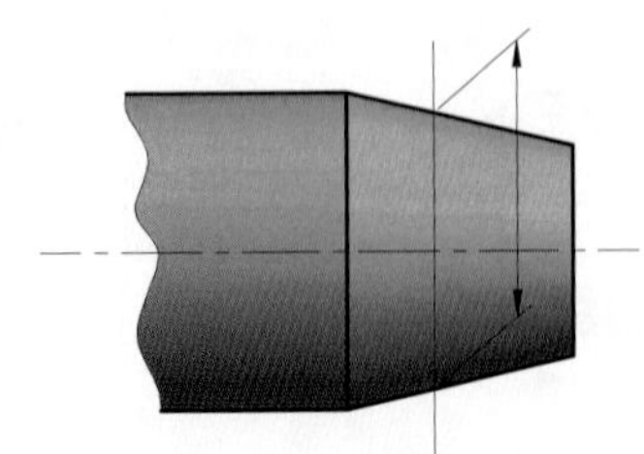

④ 서로 경사진 두 개의 면 사이에 곡률 또는 모따기가 되어있을 때, 두 면이 만나는 위피를 나타내려면, 곡률 또는 모따기 이전의 형상을 가는 실선으로 나타내고, 그 교점에서 치수 보조선을 시작한다. 또한, 이 경우 교점을 명확하게 나타낼 필요가 있는 경우에는 각각의 선을 서로 교차하거나 또는 교차점에 흑점을 기호로 붙인다.

곡률 또는 모따기 부분에서의 치수 보조선 사용의 보기

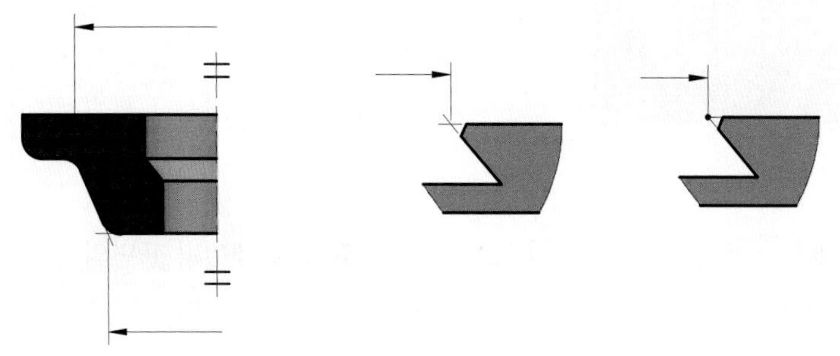

LESSON 03 치수선

치수선은 다음에 따른다.

① 치수선은 지시하는 선/길이 또는 각도를 측정하는 방향으로 평행하게 긋는다.

변, 현, 호의 길이 치수 및 각도 치수

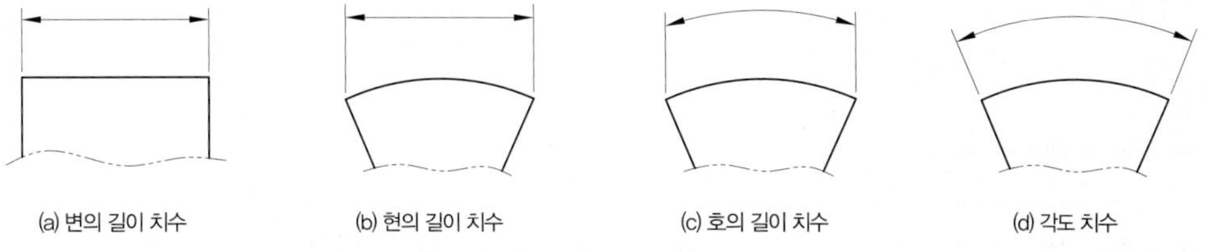

(a) 변의 길이 치수 (b) 현의 길이 치수 (c) 호의 길이 치수 (d) 각도 치수

선의 양 단에는 단말 기호를 붙인다. 또한, 특별한 경우를 제외하고 한 장의 도면 중에서는 화살표 단말 기호를 혼용해서는 안된다.

치수선 끝에 붙이는 기호

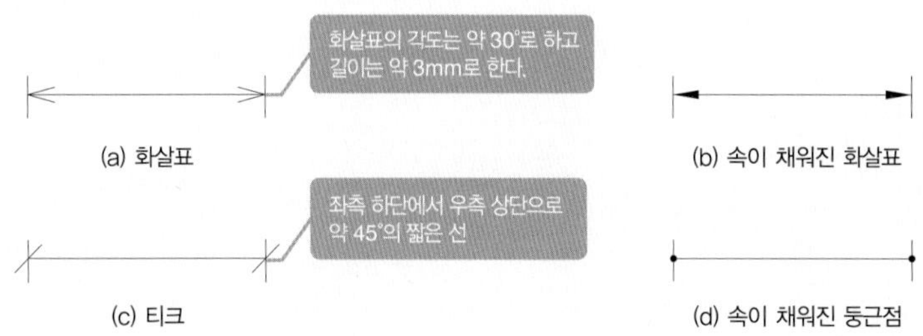

(a) 화살표 (b) 속이 채워진 화살표 (c) 티크 (d) 속이 채워진 둥근점

② 각도 치수를 기입하는 치수선은 각도를 구성하는 두 변 또는 그 연장선(치수 보조선)의 교점을 중심으로 양변 또는 그 연장선 사이에 그린 원호에 나타낸다.

각도 치수를 기입하는 보기

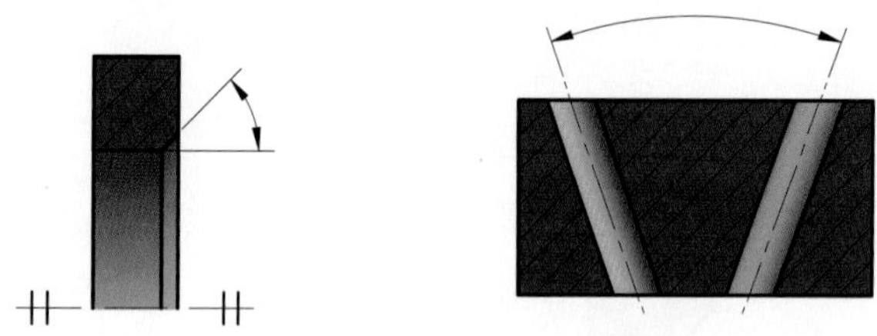

③ 각도 치수를 기입하는 치수선은 형체의 두 평면이 이루는 각 또는 서로 마주 보는 테이퍼 표면의 모선이 이루는 각 사이에 그린 원호로 나타낸다.

각도 치수 치수선의 보기

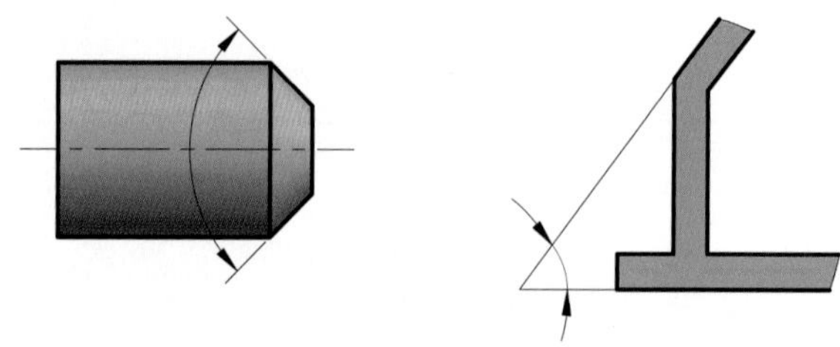

④ 치수가 인접하여 연속하는 경우에는 치수는 일직선 상에 모아 기입하는 것이 좋다. 또한 관련 부분의 치수는 일직선 상에 기입하는 것이 좋다.

치수선을 일직선상에 모아서 기입하는 보기

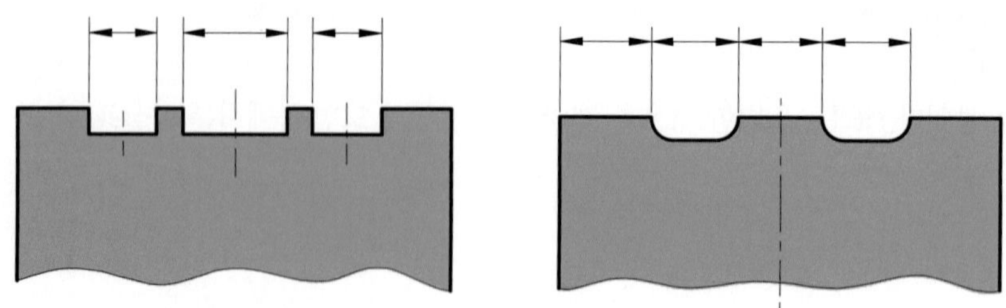

⑤ 단차가 있는 형체 사이의 치수는 다음 중 하나에 따른다.

• 형체 사이에 직렬 치수를 지시한다.

직렬 치수 지시의 보기

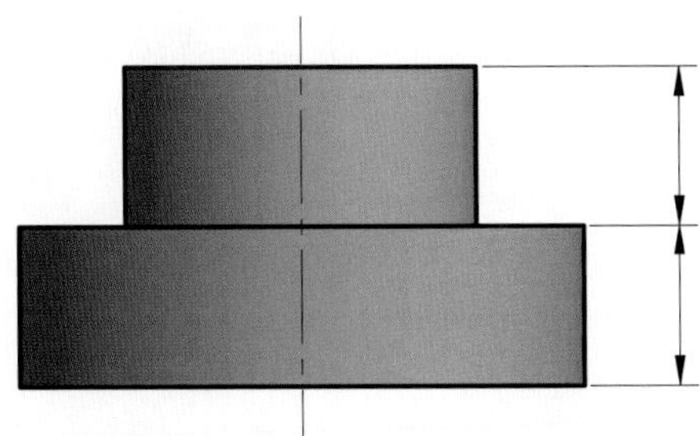

• 누진 치수 기입 방법에 의해서 한쪽 형체 측에는 기점 기호를 다른 한 형체 측에 화살표를 지시한다.

누진 치수 지시의 보기

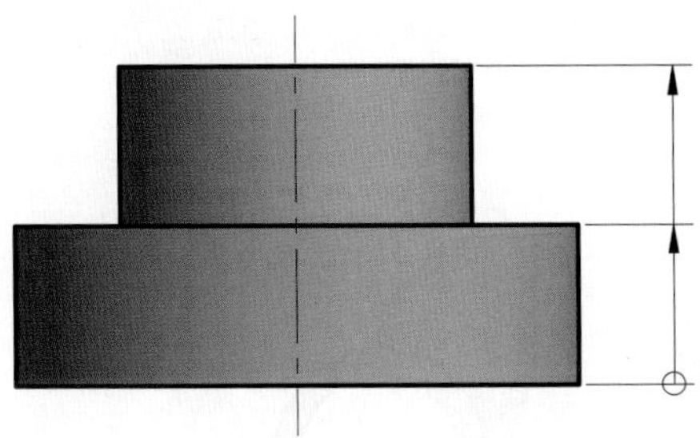

⑥ 구멍 가공의 드릴 지름, 리머 지름, 평면 가공의 밀링 커터 지름, 홈 가공의 브로치 사이즈 등을 지시하면 설계 요구를 충족하는 경우에는 그 공구 지름을 지시한다.

⑦ 좁은 곳에서의 치수 기입은 부분 확대도를 그려 기입하거나 또는 다음 중 하나에 따른다.

• 지시선을 치수선에서 사선으로 긋고 치수 수치를 기입한다. 이 경우에는 지시선 인출 측의 가장자리에 아무것도 붙이지 않는다.

지시선을 이용한 치수 수치 기입의 보기

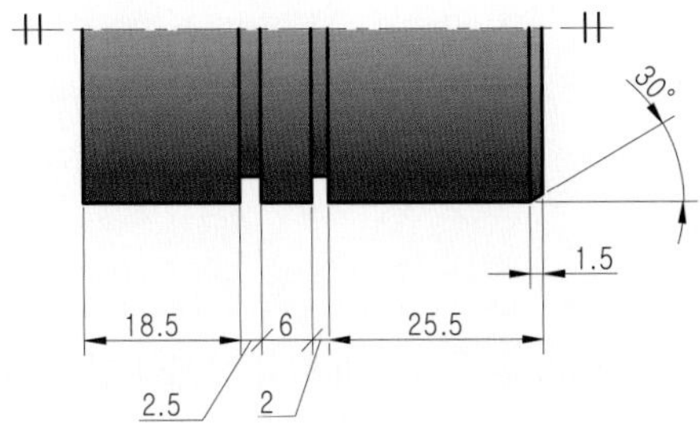

• 치수선을 연장해서 위쪽에 기입해도 좋다.
• 치수 보조선의 간격이 좁아서 화살표를 기입할 여유가 없는 경우에는 화살표 대신 사선 또는 흑점을 이용해도 좋다.

화살표 대신 흑점을 사용한 경우의 보기

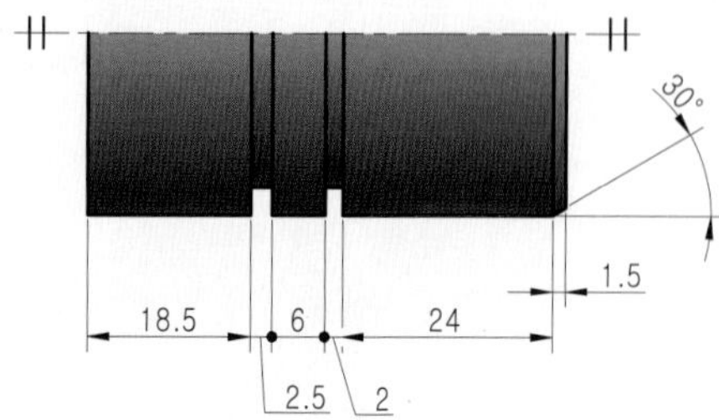

⑧ 대칭 도형에서 대칭 중심선의 한쪽만 나타내는 그림에서는 치수선은 중심선을 넘어 적절한 길이로 연장한다. 이 경우 연장한 치수선의 끝에는 단말기호를 붙이지 않는다. 그러나 오해의 우려가 없는 경우에는 치수선은 중심선을 넘지 않아도 좋다.

대칭 도형의 한쪽 화살표 치수선의 보기

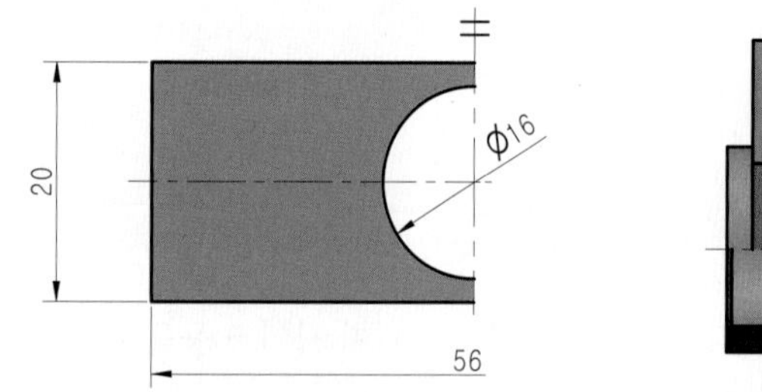

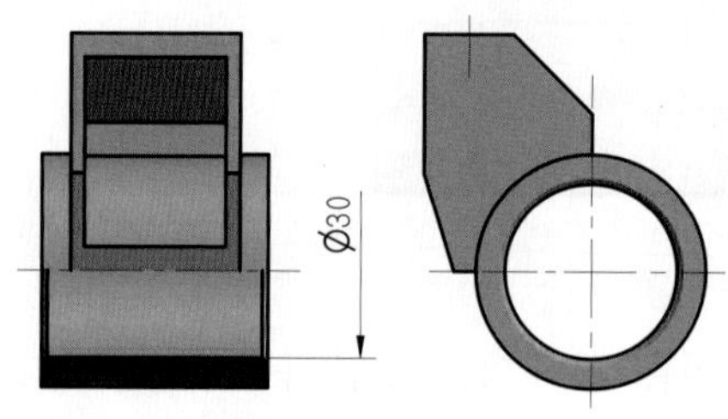

중심선을 초월하지 않은 치수선의 보기

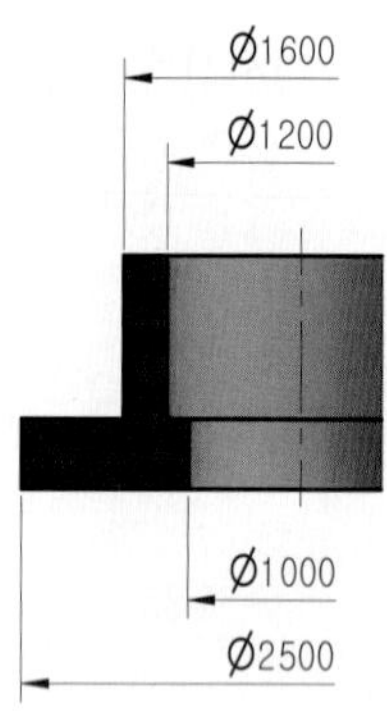

⑨ 대칭 도형에서 다수의 지름 치수를 기입하는 경우에는 치수선의 길이를 더 짧게하여 아래와 같이 다단계로 나누어 기입할 수 있다.

짧은 치수선의 보기

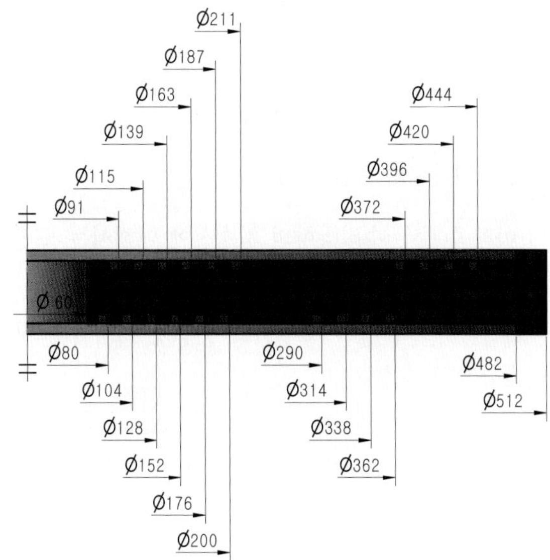

LESSON 04 치수 수치의 표시 방법

도면에 기입하는 크기치수, 위치치수의 단위는 mm를 사용하는 것을 원칙으로 하며, 수치 옆에 그 단위 기호(mm)를 붙이지 않는다. 만약 mm 단위 이외의 것을 사용하는 경우는 그 단위 기호를 붙여준다.

1. 치수 수치

① 선/길이의 치수 수치는 원칙적으로 **밀리미터(mm)**의 단위로 기입하고 치수 옆에 단위 기호는 별도로 붙이지 않는다. 만약, 밀리미터(mm)이외의 단위를 사용하는 경우는 해당 단위기호를 붙이는 것을 원칙으로 한다.

예 도면에 20이라고 치수가 기입되어있다면 20mm를 의미하는 것이다.(cm나 m가 아니다.)
밀리미터(mm)이외 단위 적용시 : 인치(inch), 피트(ft), 센티미터(cm), 미터(m)

② 각도 치수의 수치는 일반적으로 **도(°)**의 단위로 기입하고, 필요한 경우에는 **분(′)**과 **초(″)** 단위를 함께 사용해도 좋다. 도, 분, 초를 나타내는 숫자의 우측 상단에 각 단위 기호 °, ′, ″를 기입한다.

[보기 1] 90°, 24.5° 8° 26′ 5″(또는 8° 22′ 05″), 6° 0′ 14″(또는 6° 00′ 14″), 3′21″ 각도 치수의 값을 라디안 단위로 기입하는 경우에는 그 단위 기호 rad를 기입한다.

[보기 2] 0.62 rad, π /2rad

③ 치수 수치의 소수점은 아래 점으로 하고, 숫자 사이를 적절히 띄우고 그 중간에 쓴다. 또한 치수 숫자의 자리수가 많은 경우에도 쉼표는 붙이지 않는다.

[보기 1] 123.25 12.00 22 320

④ 치수기입은 특별히 지정한 누진 치수 기입법의 경우를 제외하고는 다음에 의한다.

- 치수 수치는 수평 방향의 치수선에 대해서는 도면의 아래쪽에서, 수직방향의 치수선에 대해서는 도면의 오른쪽에서 읽을 수 있도록 지시한다. 경사 방향의 치수선에 대해서도 이에 준하여 기입한다.
- 치수 수치는 치수선의 위쪽으로 약간 떨어진 곳에 기입한다. 이 경우 치수선의 중앙에 지시하는 것이 좋다.

수평 방향 및 수직 방향 치수 수치 지시의 보기

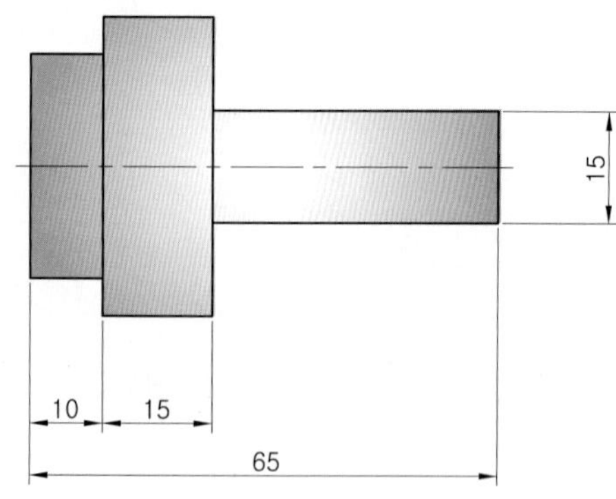

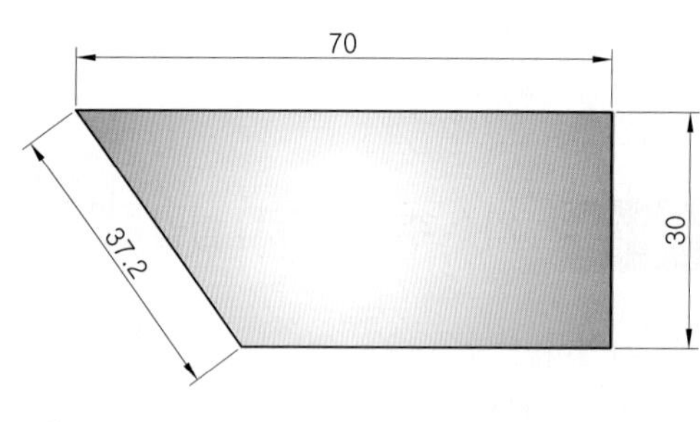

선/길이 치수 기입 방향의 보기

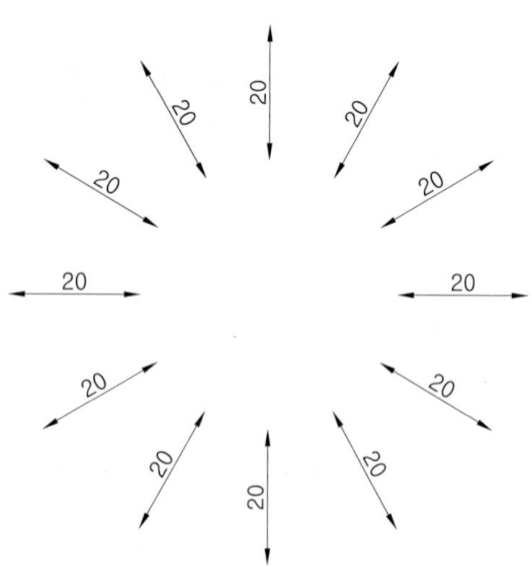

각도 치수 기입 방향의 보기

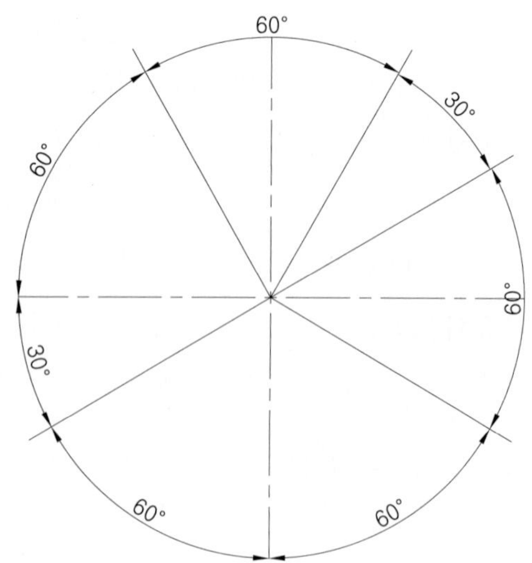

• 치수 수치는 수직선에 대해 왼쪽 위에서 오른쪽 아래로 향해 약 30°이하의 각도를 이루는 방향으로는 치수 기입을 피한다. 그러나 도형의 관계에서 기입해야 하는 경우에는 해당 위치에 따라 혼동되지 않도록 기입한다.

30°이하의 각도를 이루는 방향에 있어서 치수선의 기입을 피하는 보기

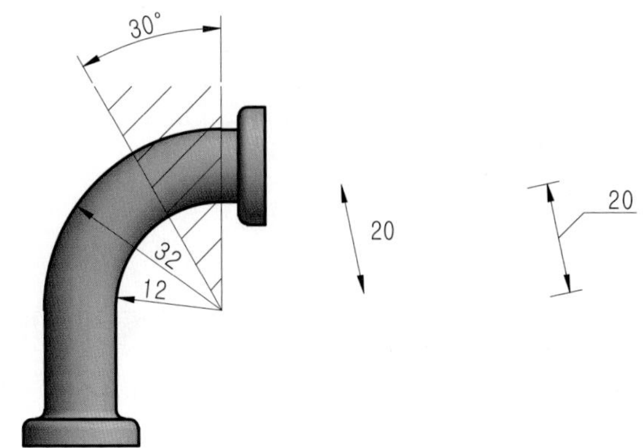

⑤ 치수 수치를 나타내는 일련의 숫자는 도면에 그린 선으로 분할되지 않는 위치에 지시하는 것이 좋다.

⑥ 치수 수치는 선에 겹쳐 기입하지 않아야 한다. 부득이한 경우에는 지시선을 사용하여 기입한다.

치수 수치를 선에 중첩해서 기입하지 않은 보기

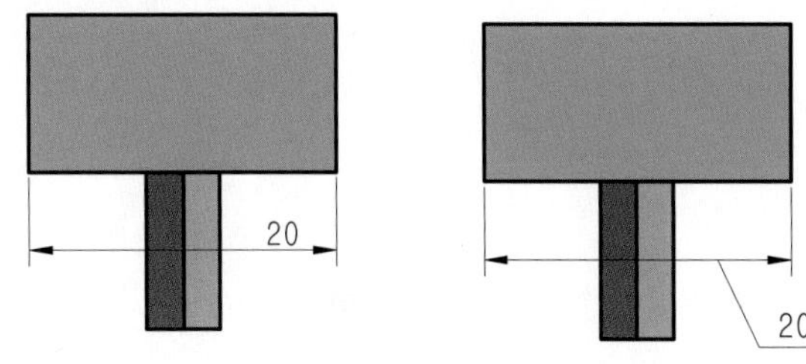

⑦ 치수 수치는 치수선이 교차하지 않는 위치에 기입한다.

치수 수치를 치수선이 교차하지 않는 위치에 기입한 보기

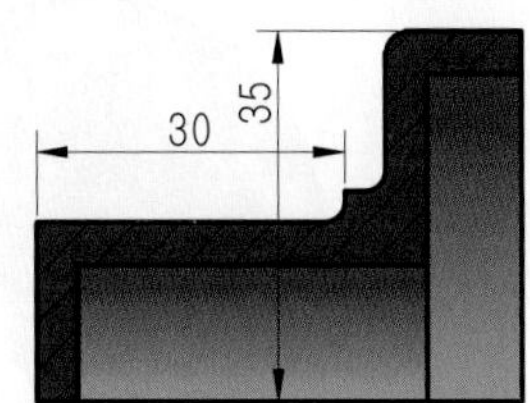

⑧ 치수 보조선을 그어 기입하는 지름 크기가 대칭 중심선 방향으로 나란한 경우에 각 치수선은 가능한 한 같은 간격으로 하고, 작은 치수를 안쪽으로 큰 치수를 바깥쪽으로 하여 치수 수치를 모아 기입한다. 그러나

지면 사정으로 치수선의 간격이 좁은 경우에는 치수 수치를 대칭 중심선의 양쪽에 번갈아 기입해도 좋다.

지름의 지시가 많은 경우의 보기

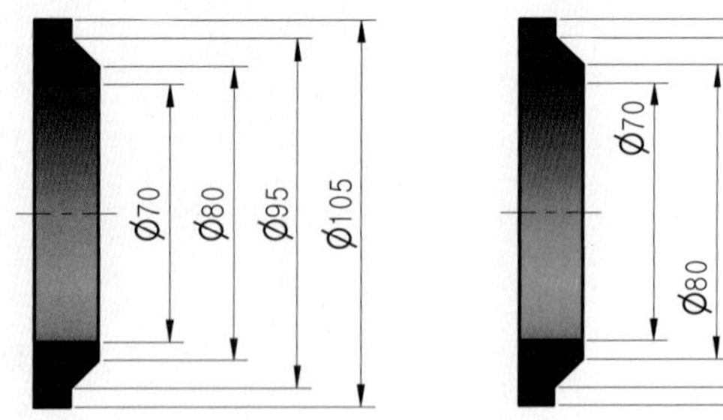

⑨ 치수선이 길고, 그 중앙에 치수값을 기입하면 알기 어려운 경우에는 어느 한쪽의 단말 기호 근처에 치우쳐서 기입할 수 있다.

치수선이 긴 경우의 보기

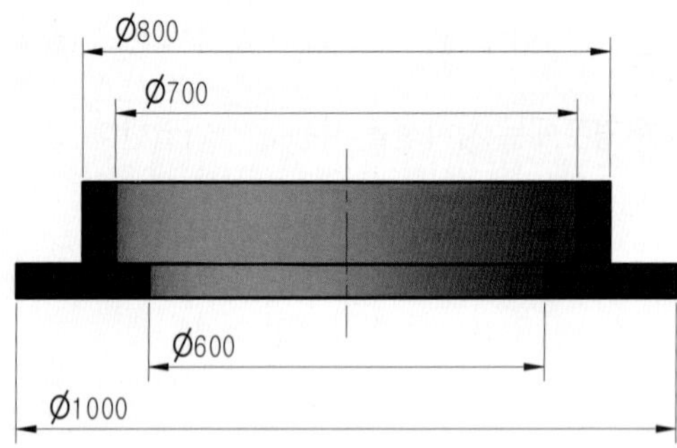

⑩ 치수 수치 대신에 문자 기호를 이용해도 좋다. 이 경우에는 수치를 별도로 표시한다.

표 형식 치수 기입의 보기

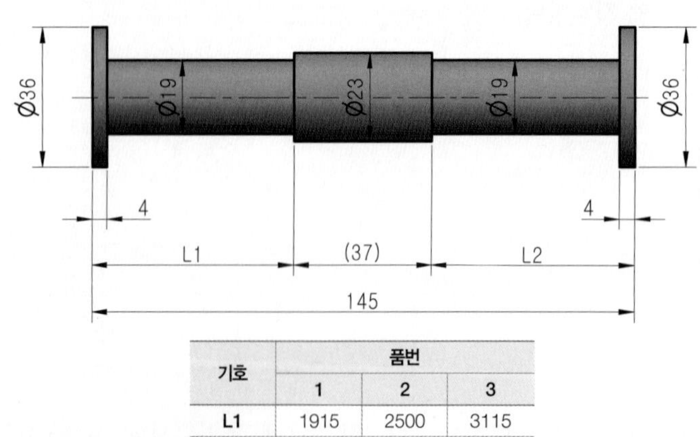

<table>
<tr><th rowspan="2">기호</th><th colspan="3">품번</th></tr>
<tr><th>1</th><th>2</th><th>3</th></tr>
<tr><td>L1</td><td>1915</td><td>2500</td><td>3115</td></tr>
<tr><td>L2</td><td>2085</td><td>1500</td><td>885</td></tr>
</table>

문자 기호를 이용한 보기

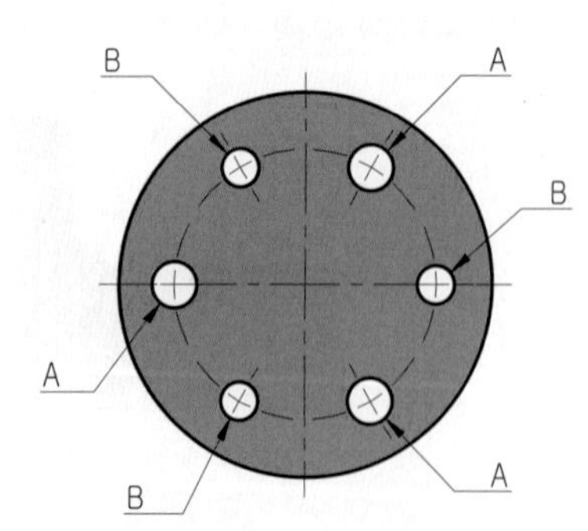

LESSON 05 치수의 배치

1. 직렬 치수 기입

직렬 치수 기입 방법은 직렬로 이어진 개별 치수에 주어진 치수 공차가 순차적으로 누적되어도 좋은 경우에 적용한다.

직렬 치수 기입의 보기

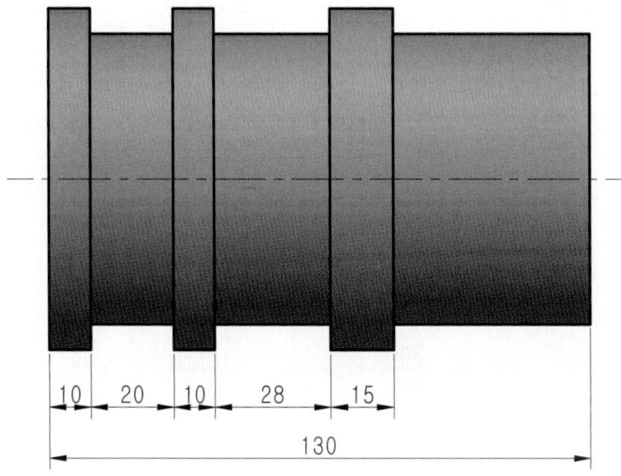

2. 병렬 치수 기입

병렬 치수 기입은 병렬로 치수를 기입하기 때문에 개별 치수 공차가 다른 치수 공차에 영향을 미치지 않는다. 이 경우 공통 측 치수 보조선의 위치는 기능 · 가공 등의 조건을 고려하여 적절히 선택한다.

병렬 치수 기입의 보기

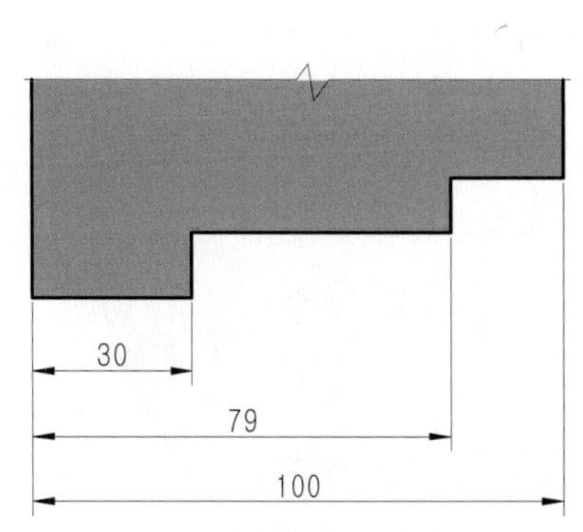

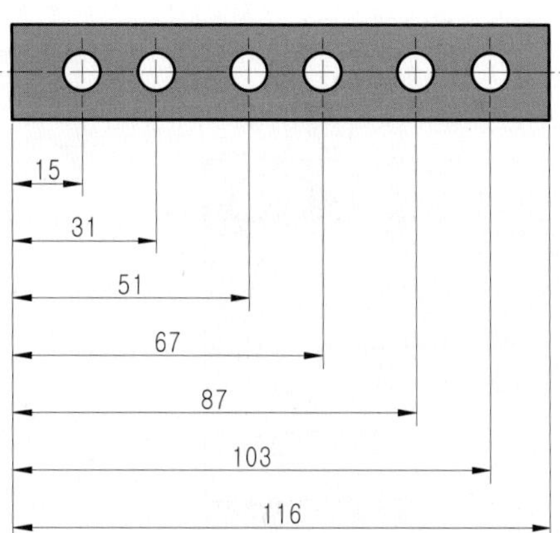

3. 누진 치수 기입

누진 치수 기입은 치수 공차에 대해 병렬 치수 기입법과 완전히 동일한 의미를 가지며, 하나의 형체에서 다음 형체에 치수선을 연결하여 하나의 연속된 치수선을 이용하여 간편하게 표시할 수 있다. 이 경우 치수의 기점 위치는 기점 기호(○)로 나타내고 치수선의 다른쪽 끝은 화살표로 나타낸다. 치수 수치는 치수 보조선에 나란히 기입하거나 화살표 근처의 치수선 위쪽에 지시한다. 또한 누진 치수 기입이라고는 하지만 두 개의 형체간 치수에도 준용할 수 있다. 각도 치수나 반지름 치수 표기도 동일하게 치수선의 화살표 근처에 기입한다. 각도 치수에 있어서도 누진 치수로 지시할 수 있고 반지름 치수에도 누진 치수를 적용할 수 있다.

누진 치수 기입의 보기(1)

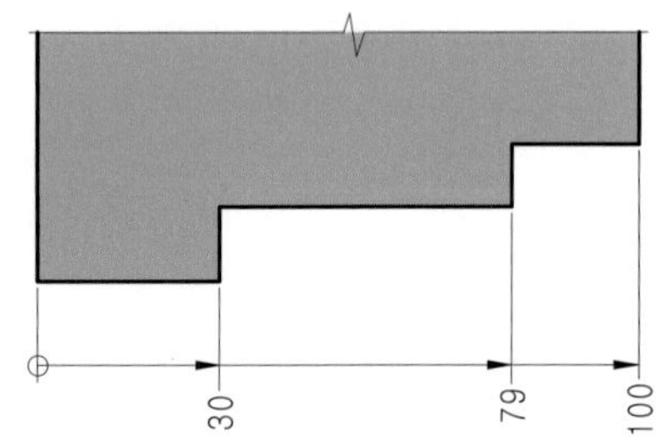

누진 치수 기입의 보기(2)

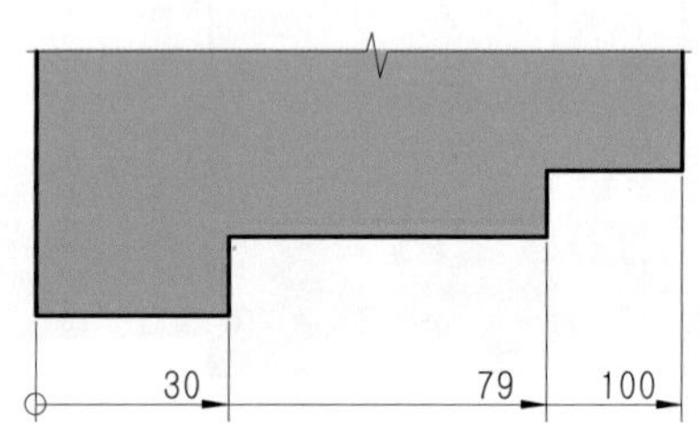

누진 치수 기입의 보기(3)

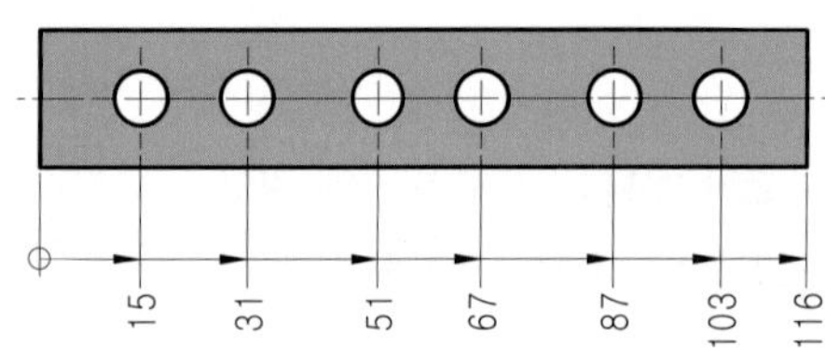

누진 치수 기입의 보기(4)

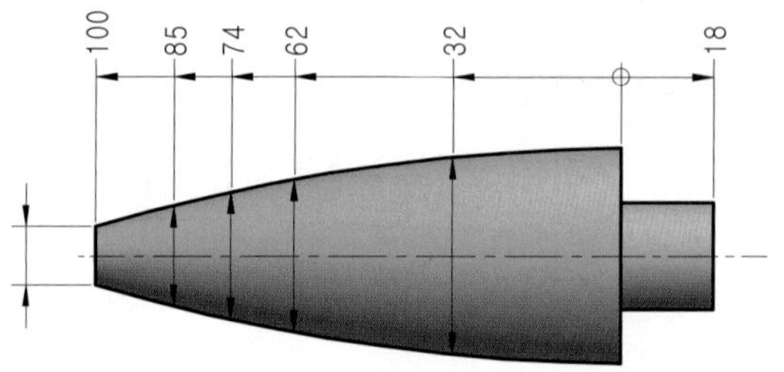

누진 치수 기입의 보기(5)

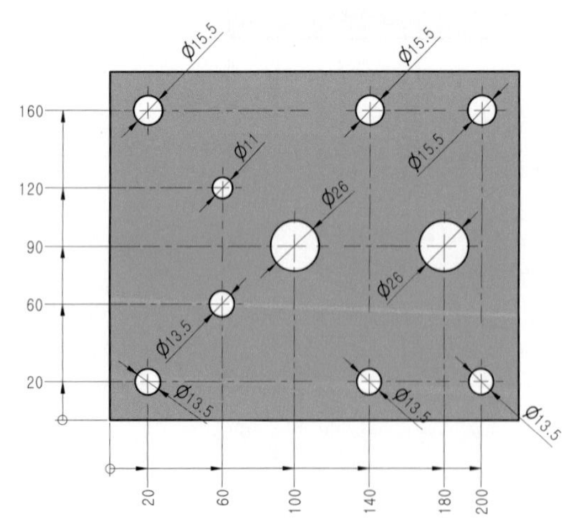

각도의 누진 치수 기입의 보기

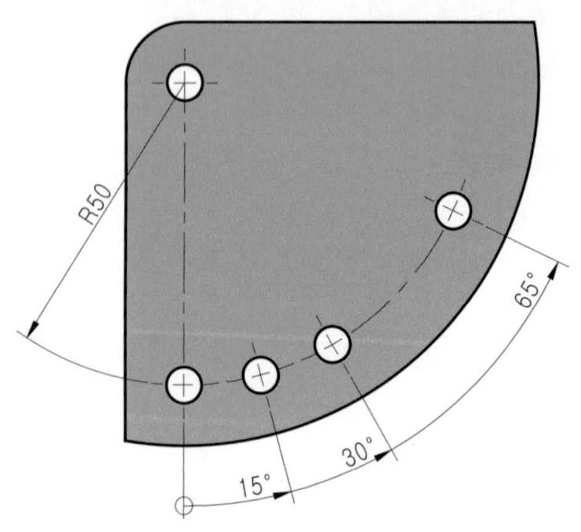

반지름의 누진 치수 기입의 보기

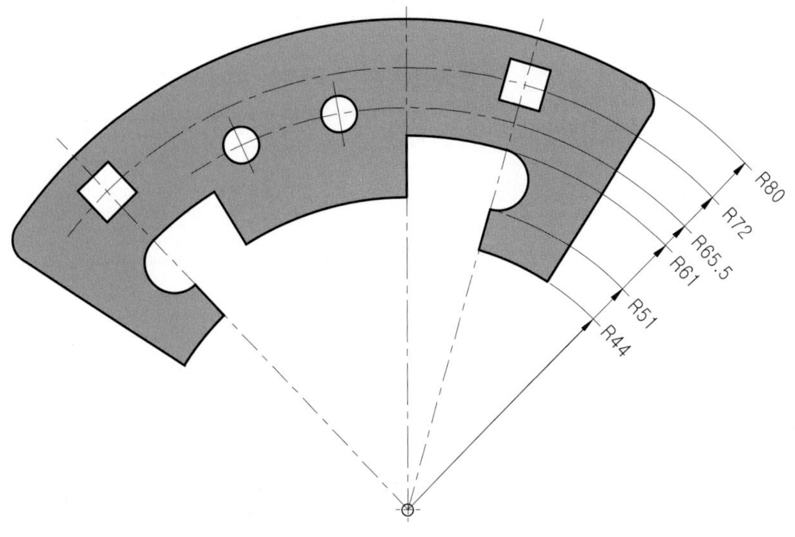

LESSON 06 좌표 치수 기입

1. 직교 좌표 치수 기입

직교 좌표는 원점에서부터 직각 방향의 선형 치수로 정의하며 구멍의 위치, 크기 등의 치수는 직교좌표 치수 기입 방법을 사용하여 나타낼 수 있다. 이 경우 표에 표시된 X 및 Y의 좌표값은 기점으로부터의 치수이다. 또한 형체의 교점도 직교 좌표로 나타낼 수 있다. 기점은 예를 들면 표준 구멍, 대상물의 모서리 등 기능 또는 가공 조건을 고려하여 적절하게 선택한다.

직교 좌표 치수 기입의 보기(1)

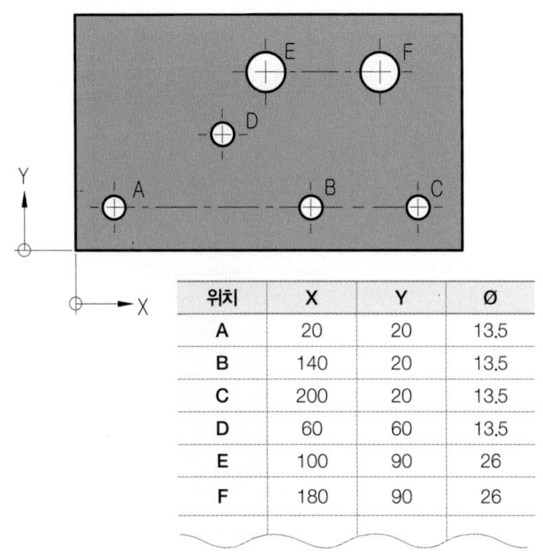

위치	X	Y	Ø
A	20	20	13.5
B	140	20	13.5
C	200	20	13.5
D	60	60	13.5
E	100	90	26
F	180	90	26

직교 좌표 치수 기입의 보기(2)

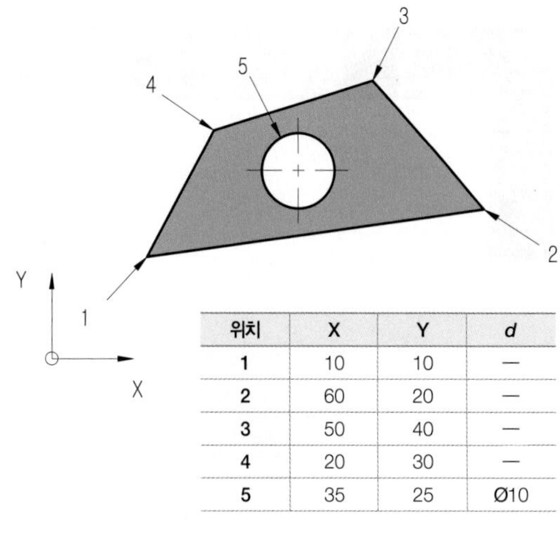

위치	X	Y	*d*
1	10	10	—
2	60	20	—
3	50	40	—
4	20	30	—
5	35	25	Ø10

2. 극좌표 치수 기입

극좌표는 반지름 및 각도의 원점에서 시작하여 정의한다. 극좌표는 항상 극축을 기준으로 반시계 방향으로 나타낸다. 점은 90°교차된 가는 실선으로 표시한다. 캠의 윤곽 등의 치수도 극좌표 치수 기입법을 이용해서 지시할 수 있다.

극좌표 치수 기입의 보기(1)

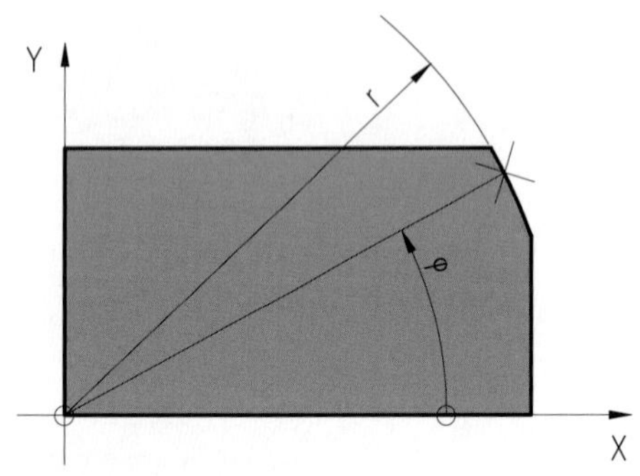

극좌표 치수 기입의 보기(2)

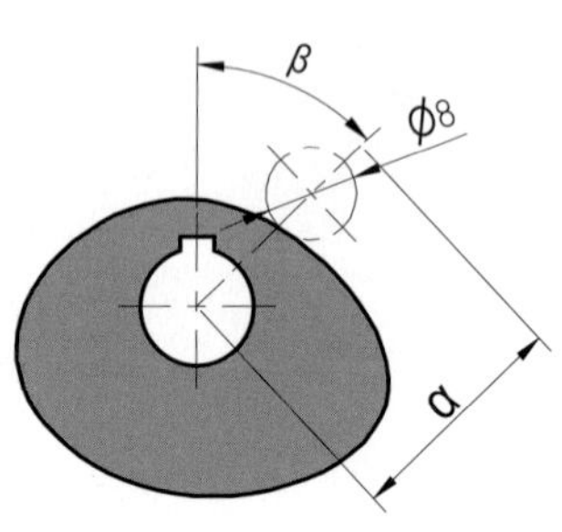

3. 복합 치수 기입

일반적으로 두 가지 이상의 치수 기입 방법이 도면에 복합적으로 표기된다. 아래는 누진 치수와 단일 치수가 도면에서 혼합해서 사용되고 있는 예이다.

복합 치수 기입의 보기(1)

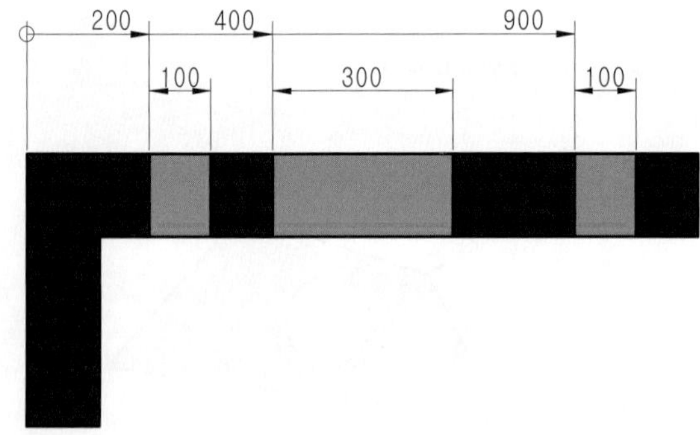

다음은 병렬 치수, 누진 치수 및 단일 치수를 도면에서 혼용해 사용하는 예이다.

복합 치수 기입의 보기(2)

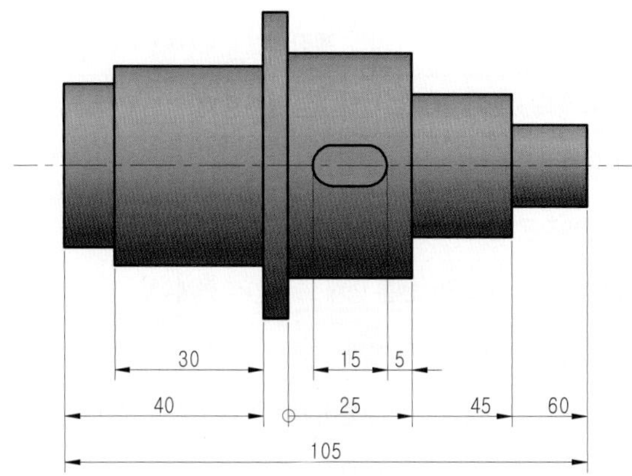

다음은 직렬 치수, 병렬 치수 및 단일 치수가 도면에 복합적으로 사용되고 있는 예이다.

복합 치수 기입의 보기(3)

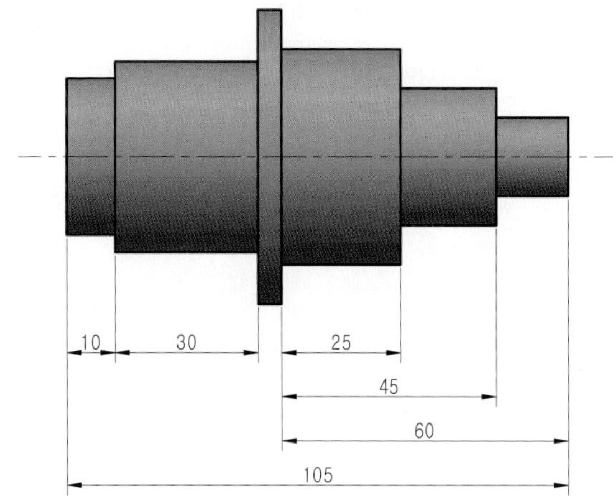

LESSON 07 치수 보조 기호

치수 기입시 치수 수치 앞뒤에 여러 가지 보조기호를 붙이는데 치수 보조기호는 치수수치에 부가하여 해당 치수의 의미를 명확하게 전달하기 위하여 사용된다.

KS규격에서 규정하고 있는 치수 보조기호 외의 보조기호를 만들어 사용하면 도면을 보는 이들에게 혼란을 줄 것이므로 반드시 규정된 보조기호를 사용하도록 해야 한다.

1. 치수 보조 기호의 종류

기호	의미	특징
Ø	지름	원통 형체 또는 지름으로 나타내는 원주 형체
SØ	구의 지름	지름으로 나타내는 구 형체
□	정육면체의 변	4개의 같은 변과 4개의 동일한 각도를 가진 사각 형체
R	반지름	반지름으로 나타내는 원통 형체 또는 원주 형체
SR	구의 반지름	반지름으로 나타내는 구 형체
CR	제어 반지름	직선부와 반지름의 곡선 부분이 매끄럽게 연결되는 반지름
⌒	원호의 길이	평평하지 않은 형체의 곡선 치수
C	45°모따기	45°모따기 치수 표기
t=	두께	t= 으로 표기
⌴	카운터 보어	평평한 바닥이 있는 원통형 구멍은 지름과 깊이로 표시
⌵	카운터 싱크(접시 자리파기)	지름과 각도로 표시하는 원형 모따기
↧	깊이	구멍 또는 내측 형체의 깊이

2. 반지름의 표시 방법

반지름을 나타내는 방법은 다음과 같다.

① 반지름 치수는 반지름 기호 R을 치수 수치 앞에 치수 수치와 같은 크기로 지시한다. 다만 반지름을 나타내는 치수선을 원호의 중심까지 긋는 경우에는 이 기호를 생략해도 좋다.

반지름 지시의 보기

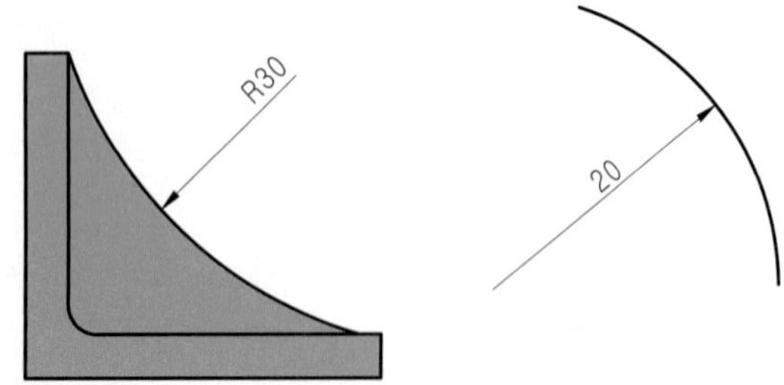

② 호의 반지름을 나타내는 치수선에는 원호 쪽에만 화살표를 붙이고 중심 쪽에는 붙이지 않는다. 또한, 화살표 및 치수 수치를 입력할 공간이 없는 경우에는 다음과 같이 도시할 수 있다.

여러 가지 반지름 지시의 보기

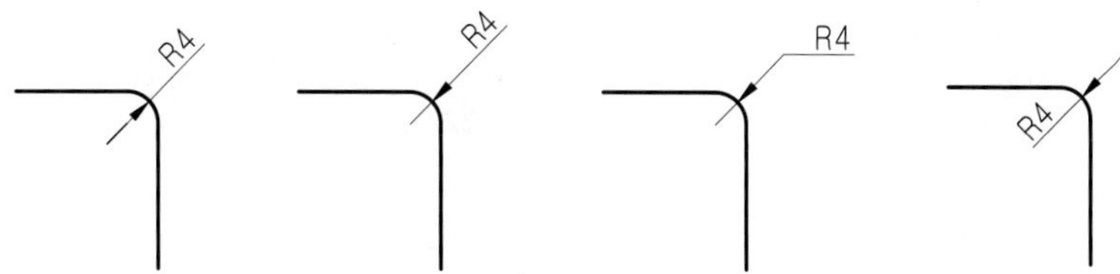

③ 반지름 치수를 지시하기 위해 원호의 중심 위치를 나타낼 필요가 있는 경우에는 십자 또는 흑점으로 그 위치를 나타낸다.

반지름이 큰 지시의 보기

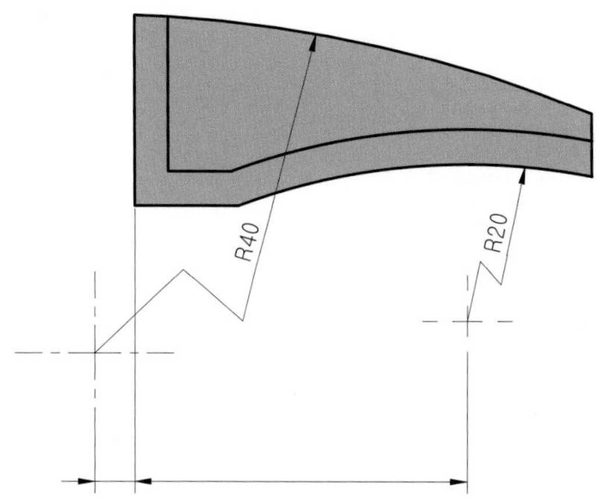

④ 동일 중심을 갖는 반지름은 길이 치수와 마찬가지로, 누진 치수 기입을 사용하여 지시해도 좋다.

누진 치수 기입을 사용하여 반지름을 지시하는 보기

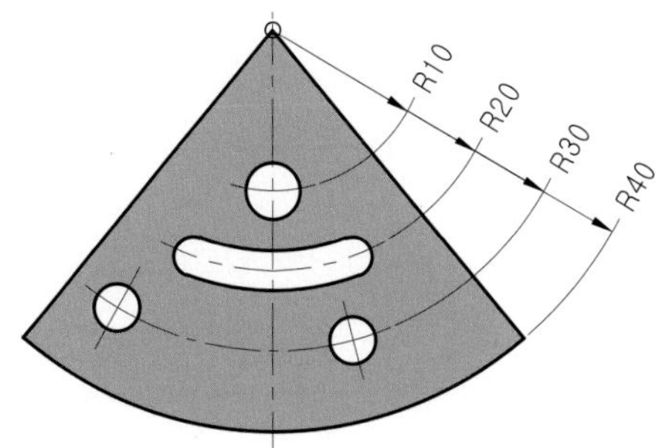

⑤ 실제 형상을 표시하지 않는 투상 도형에 실제 반지름을 지시하는 경우에는 치수 숫자 앞에 '실 R' 문자 기호를, 펼쳐 놓은 상태의 반지름을 지시하는 경우는 '전개 R' 문자 기호를 수치 앞에 기입한다.

실 R 지시의 보기

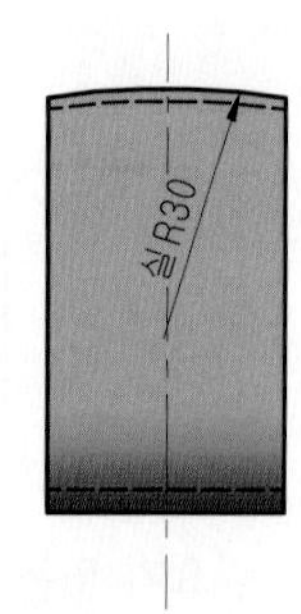

전개 R 지시의 보기

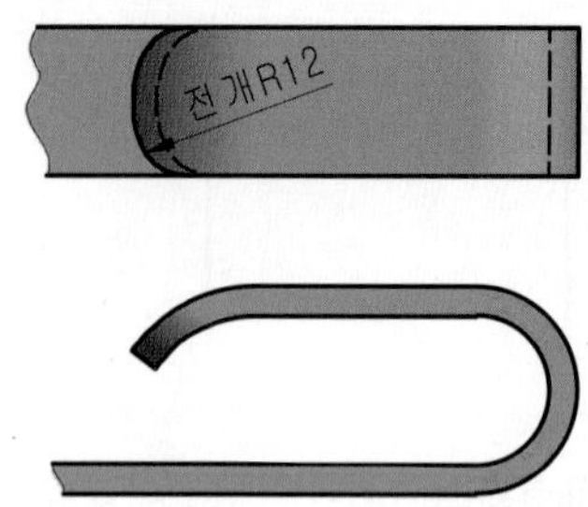

⑥ 평행선을 연결하는 반 원형 형체의 반지름을 설계 기능에 따라 반지름의 치수가 다른 치수에서 파생될 수 있는 경우, 반지름 화살표와 기호 R을 사용하여 치수값을 표시하지 않고 나타낼 수 있다. 또한 반지름의 중심 위치에 대한 치수를 지정하고 반지름 값을 지정할 수 있다.

반 원형 형체 반지름 지시의 보기

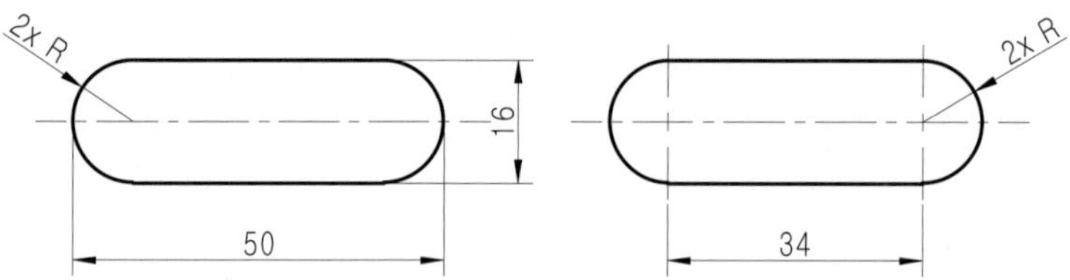

⑦ 모서리의 둥글기, 코너의 둥글기 등에 제어 반지름을 요구하는 경우에는 반지름 수치 앞에 기호 'CR'을 지시한다.

제어 반지름 지시의 보기

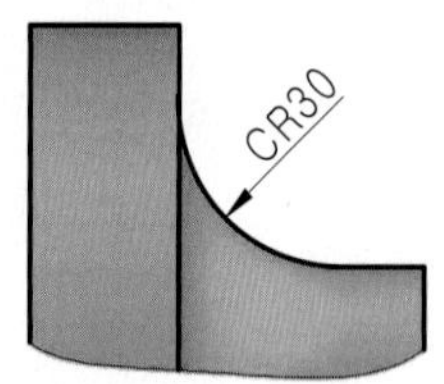

LESSON 08 지름의 표시 방법

① 지름 기호 Ø는 형체의 단면이 원임을 나타내고 있다. 도면에서 지름을 지시할 경우에는 Ø를 치수값 앞에 기입해야 한다. 즉, 기호 Ø는 원형 형상을 정의할 때 표시해야 한다.

② 180°를 넘는 원호 또는 원형 도형에는 치수 수치 앞에 지름 기호 Ø를 기입하여야 한다, 도면 형상에서는 반지름 또는 지름으로 지시할 것인지를 명확히 하여야 한다.

③ 일반적으로 180°보다 큰 호에는 지름 치수로 표시하도록 한다. 지름을 지시하는 치수선이 하나의 화살표로 나타낼 때 치수선은 원의 중심을 통과하고 초과해야 한다.

지름의 표시

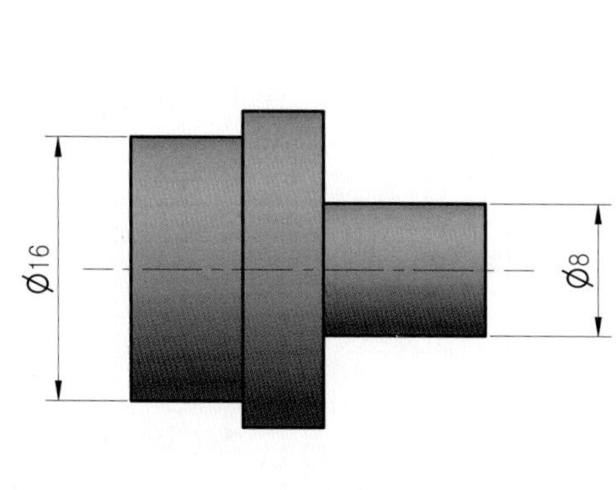

원형 형체에 지름의 표시

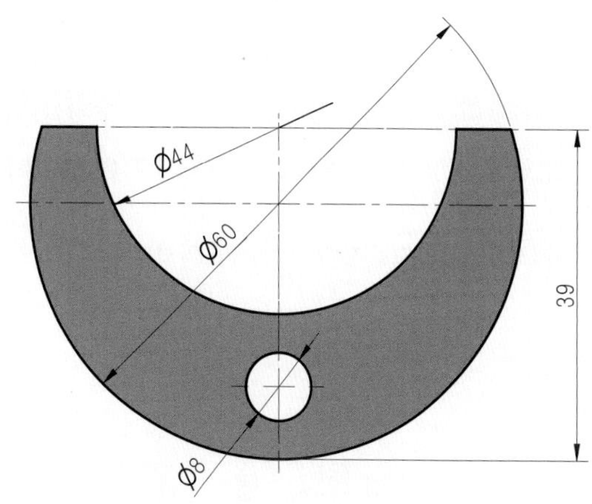

④ 지시선을 사용하여 지름을 표시할 수 있다.

지시선을 사용한 지름의 표시

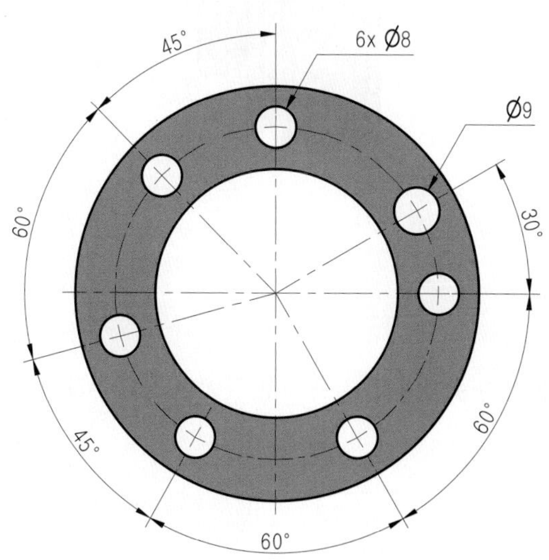

⑤ 대상으로 하는 분의 단면이 원형일 때 그 모양을 원형으로 표현하지 않고 원형임을 나타내는 경우에는 지름 기호 Ø를 치수 수치 앞에 치수 수치와 같은 문자 높이로 기입한다.

다양한 지름 지시의 보기

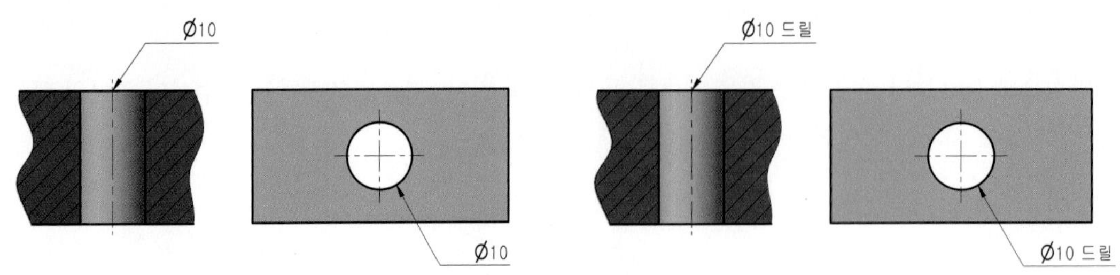

⑥ 지름의 다른 원통이 연속하고 그 치수 수치를 입력할 공간이 없는 경우에는 다음과 같이 한쪽에 치수선의 연장선 및 화살표를 그려 지름 기호 Ø 및 치수 수치를 기입한다.

외측에서 편측으로 화살표를 지시하는 치수 기입의 보기

치수선을 직각으로 구부리는 보기

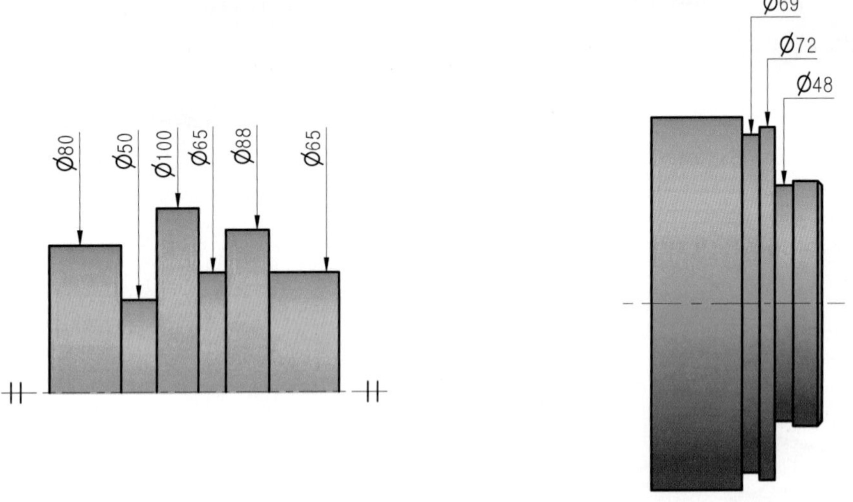

LESSON 09 구의 지름 또는 반지름 표시 방법

① 구의 지름 또는 반지름의 치수는 그 치수 수치의 앞에 치수 숫자와 같은 크기로 구의 기호 SØ 또는 SR을 기입하여 표시한다.

구의 지름 또는 구의 반지름 지시의 보기

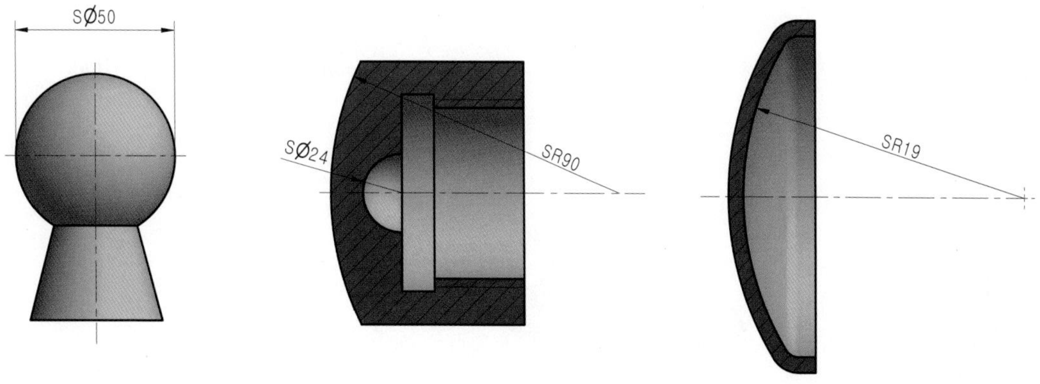

② 구 반지름의 치수가 다른 치수로부터 유도되는 경우에는 반지름을 나타내는 치수선 및 수치없이 기호 SR로 지시한다.

수치 없는 기호(SR) 지시의 보기

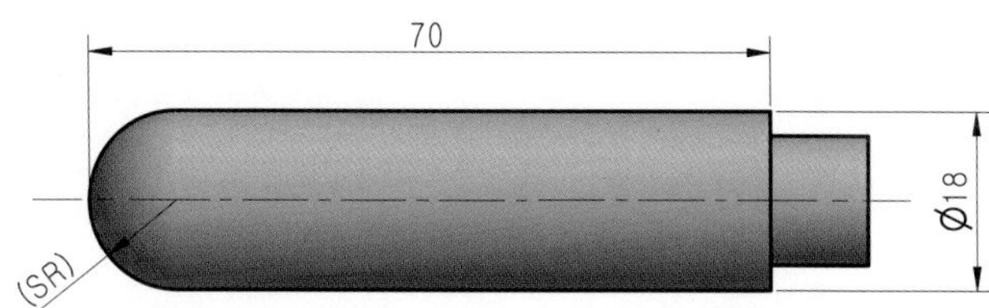

LESSON 10 정사각형 변의 표시 방법

① 대상으로 하는 부분의 단면이 정사각형인 경우 그 형태를 그림으로 표현하지 않고 정사각형인 것을 표시하는 경우에는 그 변의 길이를 나타내는 치수 수치 앞에 치수 수치와 같은 크기로 정사각형의 한 변이라는 것을 나타내는 기호 □를 기입한다.

② 정사각형을 정면에서 보았을 때처럼 정사각형이 그림에 나타나는 경우에는 정사각형임을 나타내는 기호 □를 붙이지 않고, 양 변의 치수를 기입해야 한다.

정사각 기둥의 한 변 지시의 보기

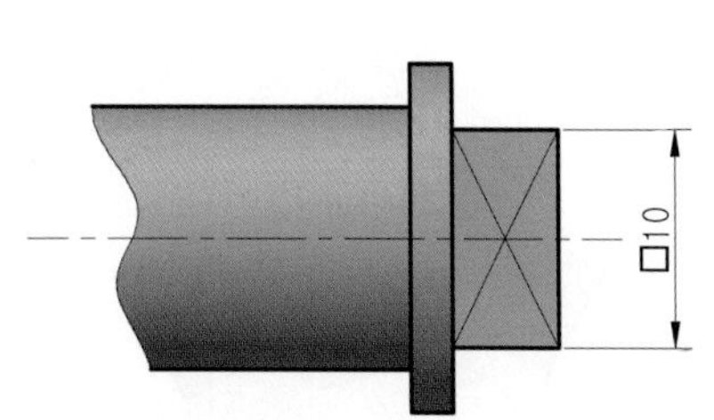

정사각 변 지시의 보기

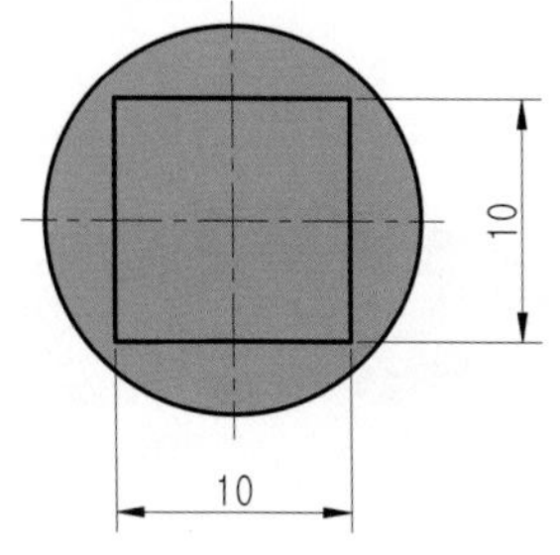

LESSON 11 두께의 표시 방법

부품의 두께는 't=' 기호로 표시하고 한 점으로 끝나는 지시선이 있는 두께 치수로 표시할 수 있다.

부품 두께 지시의 보기

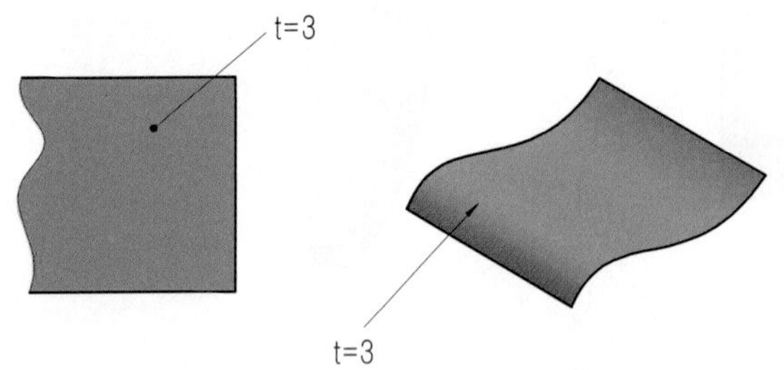

판의 주 투상도에 그 두께 치수를 표시하는 경우에는, 그 도면의 부근 또는 그림 중 보기 쉬운 위치에 두께를 표시하는 치수의 수치 앞에 치수 숫자와 같은 크기로 두께를 나타내는 기호 't='을 기입한다.

두께 지시의 보기

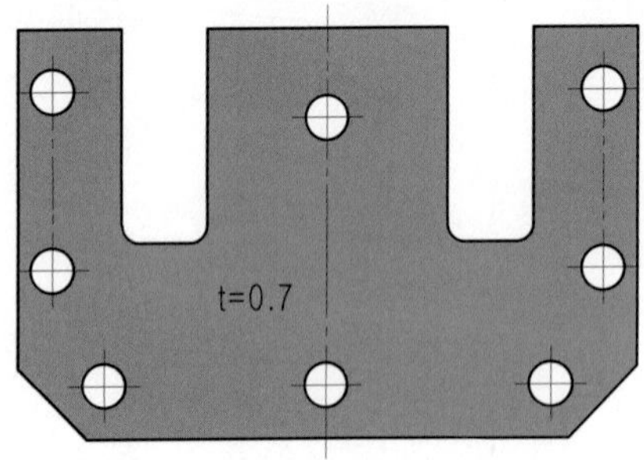

LESSON 12 현 및 원호의 표시 방법

1. 현의 길이 표시 방법

현의 길이는 원칙으로 현에 직각으로 치수 보조선을 긋고, 현에 평행한 치수선을 사용하여 표시한다.

현의 길이 지시의 보기

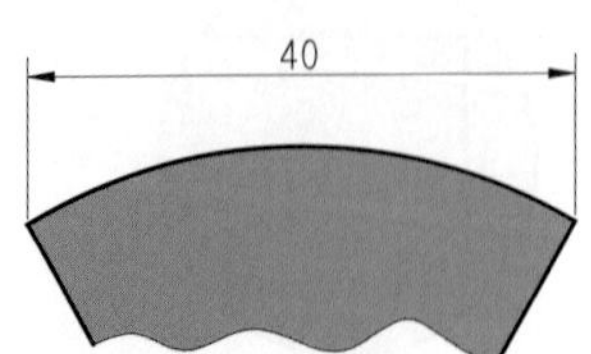

원호의 길이 지시의 보기

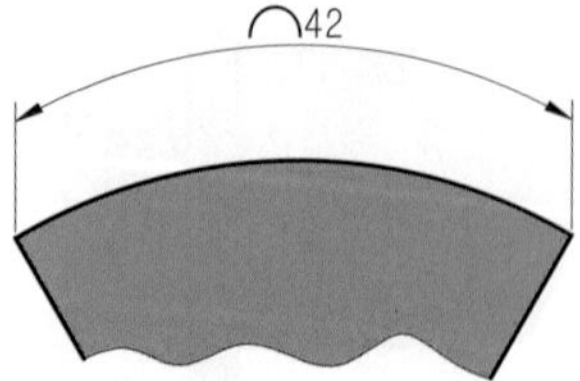

2. 원호의 길이 표시 방법

① 현의 경우와 같은 치수 보조선을 긋고, 그 원호와 동심의 원호를 치수선으로 하고, 치수 수치의 위에 원호를 나타내는 기호를 붙인다. 기존에는 원호 기호를 치수 수치 위에 표기하였으나 원호 기호를 치수 수치 앞에 표기하는 것으로 개정하였다.

② 원호를 구성하는 각도가 클 때나 연속적으로 원호의 치수를 기입할 때는 원호의 중심으로부터 방사형으로 그린 치수 보조선에 치수선을 맞추어도 좋다. 이 경우 2개 이상의 동심 원호 중 1개의 원호의 길이를 명시할 필요가 있을 때에는 다음 중 하나에 따른다.

- 원호의 치수 수치에 대하여 지시선을 긋고 끌어낸 원호 쪽에 화살표를 그린다.
- 원호의 길이 치수 수치 뒤에 원호의 반지름을 괄호에 넣어서 나타낸다. 이 경우에는 원호 길이를 나타내는 기호를 붙이지 않는다.

여러 가지 원호 길이 지시의 보기

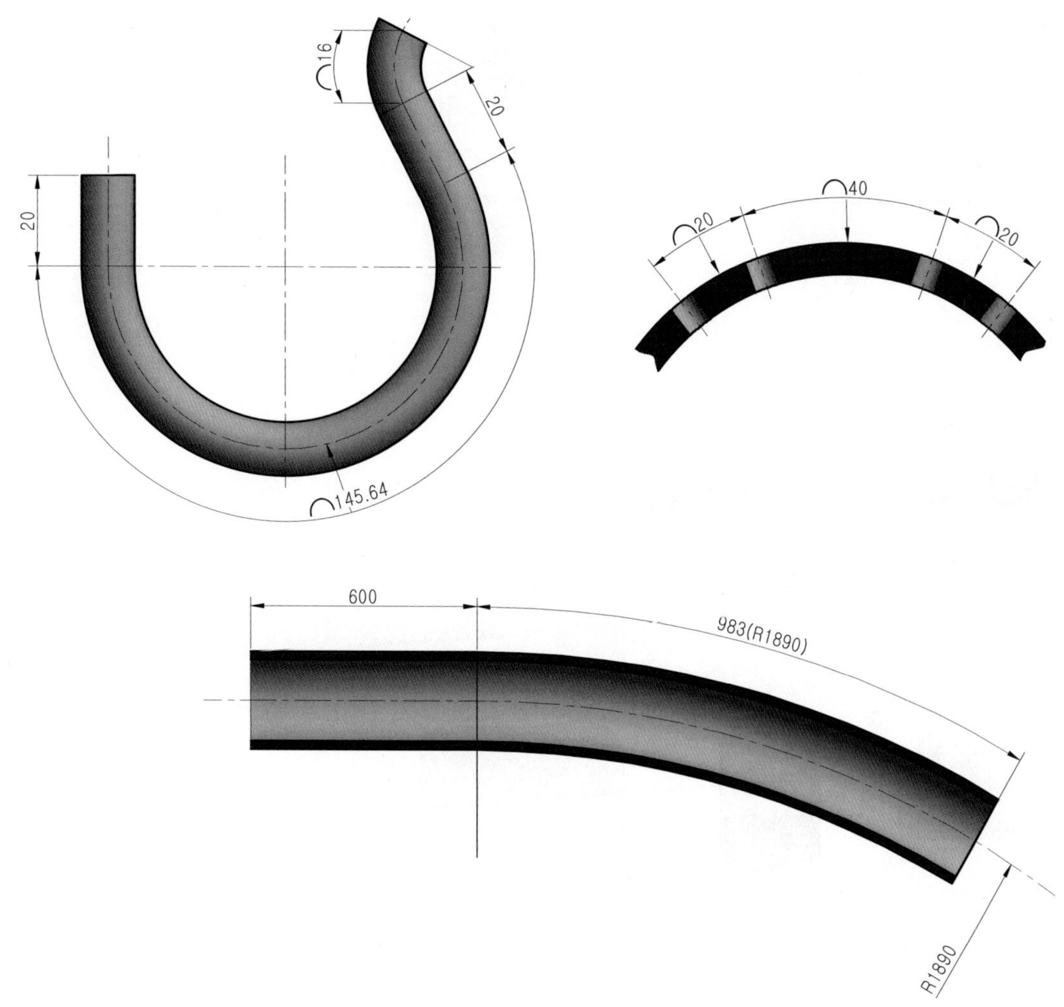

LESSON 13 모따기의 표시법

일반적인 모따기는 보통 치수 기입 방법에 따라 표시한다. 45° 모따기의 경우에는 모따기의 치수 수치×45° 또는 기호 C를 치수 수치 앞에 치수 숫자와 같은 크기로 기입하여 표시한다.

모따기 치수 지시의 보기(1)

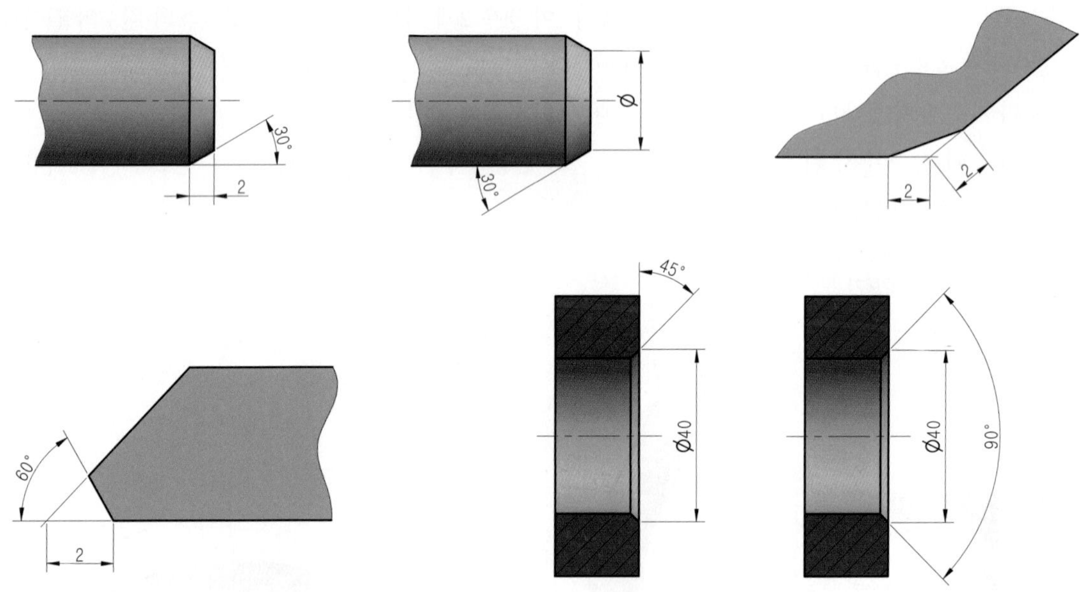

모따기 치수 지시의 보기(2)

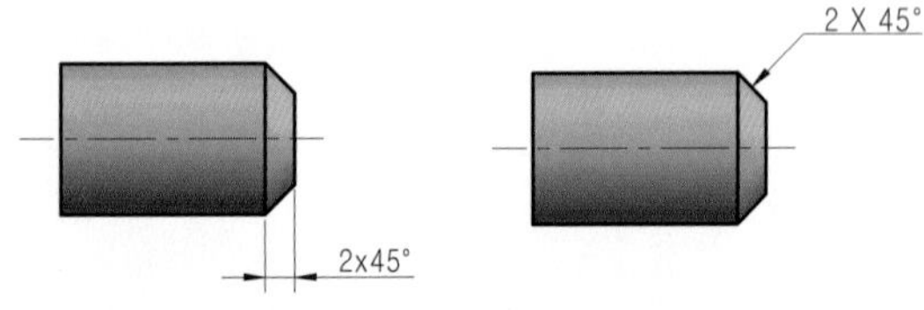

기호 C 지시의 보기

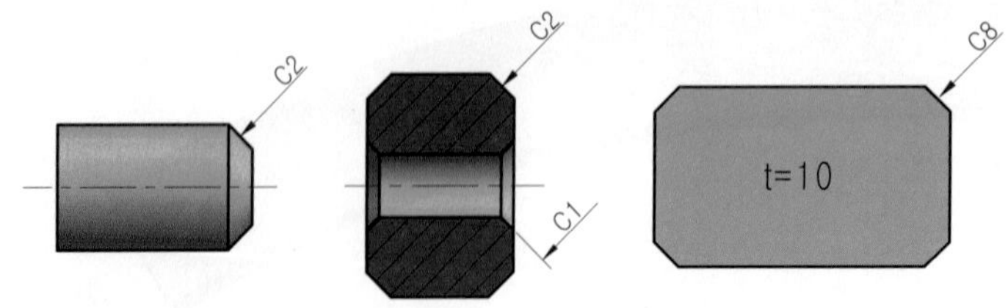

LESSON 14 곡선의 표시법

① 원호로 구성되는 곡선의 치수는 일반적으로는 이들 원호의 반지름과 그 중심 또는 원호 접선의 위치로 표시한다.

곡선 표시 방법의 보기

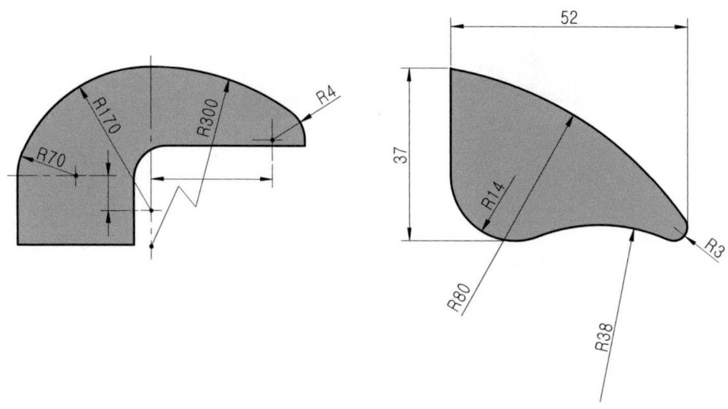

② 원호로 구성되지 않은 곡선의 치수는 곡선상 임의의 점의 좌표 치수로 표시한다. 이 방법은 원호로 구성되는 곡선의 경우에도 필요하면 사용하여도 좋다.

원호로 구성되지 않는 곡선의 치수 기입의 보기

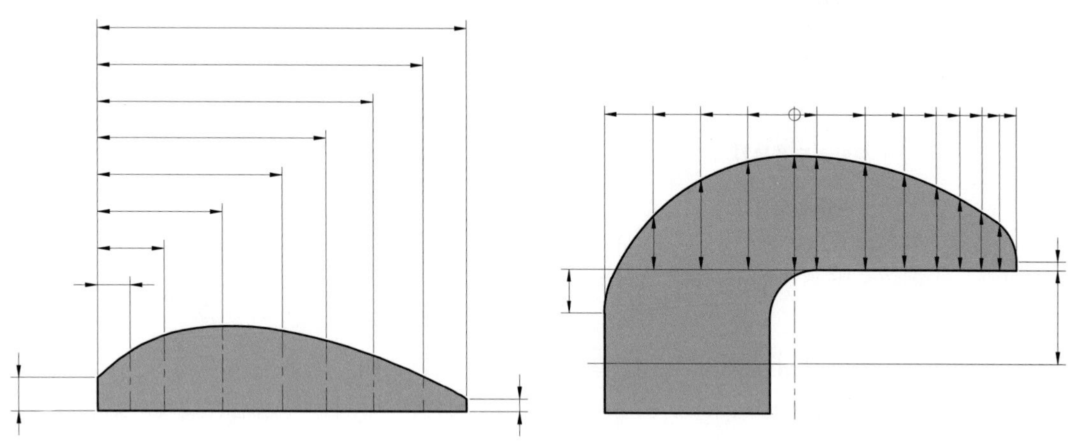

LESSON 15 구멍의 표시법

① 드릴 구멍, 펀칭 구멍, 코어 구멍 등 구멍 가공방법에 의한 구별을 나타낼 필요가 있을 경우에는 원칙으로 공구의 호칭 치수 또는 기준 치수를 나타내고, 그 뒤에 가공 방법의 구별을 가공 방법 용어를 규정하

고 있는 한국산업표준에 따라 지시한다.

구멍 가공 방법 지시의 보기

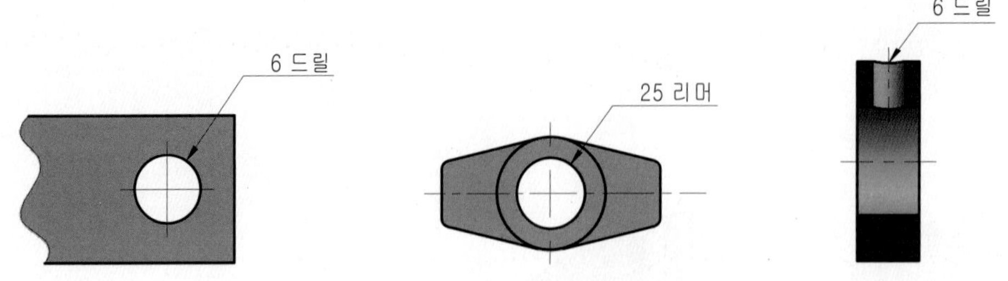

구멍 가공 방법을 간략 지시하는 경우

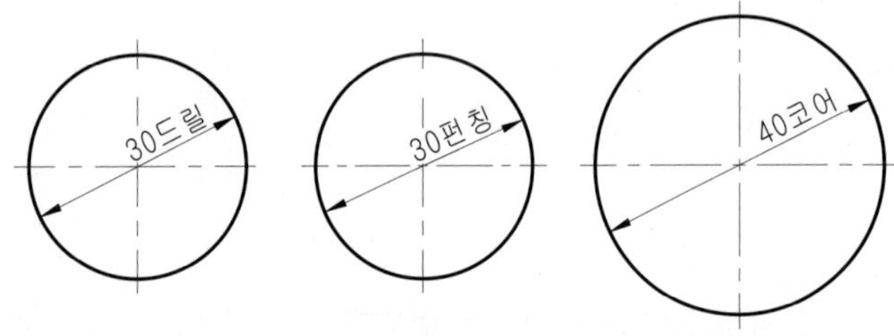

구멍 가공 방법의 간략 표시

가공 방법	간략 지시
생주물(주조한 그대로)	코어
프레스 펀칭	펀칭
드릴로 구멍 뚫기	드릴
리머 다듬질	리머

[비고] 이 경우, 지시한 가공 치수에 대한 치수의 보통 허용차를 적용한다.

② 하나의 피치 선, 피치 원상에 배치되는 1군의 동일 치수의 볼트 구멍, 작은 나사 구멍, 핀 구멍, 리벳 구멍 등의 치수는 구멍에서 지시선을 끌어내어 참조선의 상단에 전체 수를 나타내는 숫자 다음에 ×를 사용하여 구멍의 치수를 지시한다.

이 경우 구멍의 전체 수는 동일 개소에서 1군의 구멍의 전체 수(예를 들면, 양쪽에 플랜지를 갖는 관 이음(파이프 커플링)이라면 편측의 플랜지에 대한 전체 수)를 기입한다.

1군의 동일 치수 지시의 보기

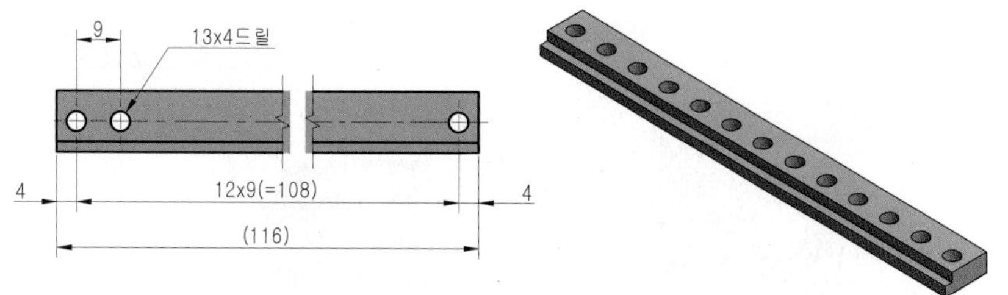

③ 구멍의 깊이를 지시할 때는 구멍의 지름을 나타내는 치수 다음에 구멍의 깊이를 나타내는 기호 '(**그림**)'를 표기하고, 계속해서 구멍 깊이의 수치를 기입한다. 다만, 관통 구멍인 경우는 구멍 깊이를 별도로 기입하지 않는다. 또한, 구멍의 깊이란 드릴의 앞끝의 원추부, 리머의 앞끝의 모따기부 등을 포함하지 않는 원통부의 깊이를 말한다. 그리고, 경사진 구멍의 깊이는 구멍의 중심 축 선상의 길이 치수로 나타낸다.

구멍 깊이의 보기 / 관통 구멍 지시의 보기 / 구멍 깊이 지시의 보기 / 경사진 구멍 깊이 지시의 보기

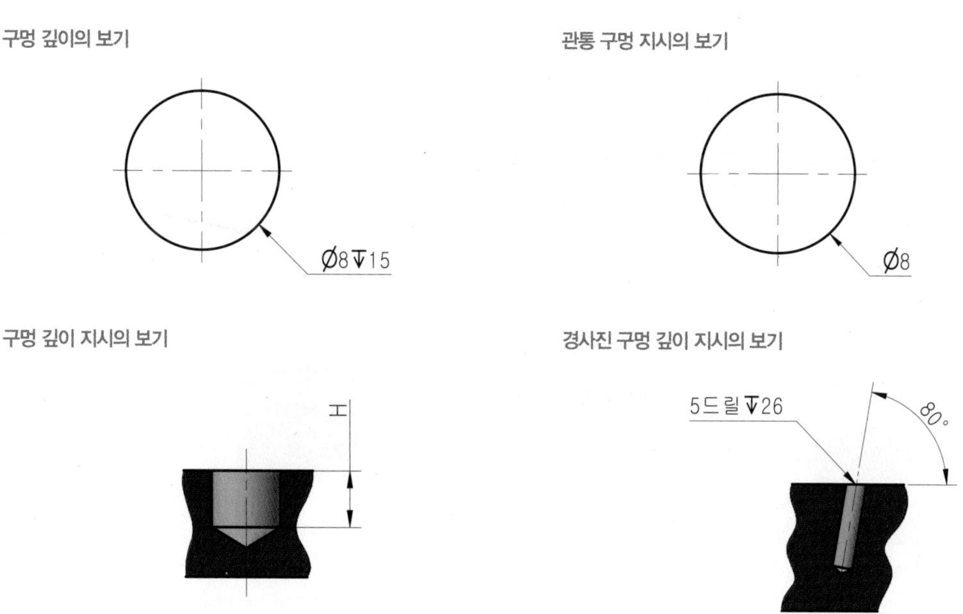

④ 카운터 보어 또는 깊은 카운터 보어의 표시 방법은 카운터 보어 지름을 나타내는 치수 앞에 카운터 보어를 나타내는 기호 '(⌴)'를 표기하고, 계속해서 카운터 보어의 수치를 기입한다. 또한 일반적으로 평면을 확보하기 위해 주조품, 단조품 등의 표면을 깎아내는 정도의 경우에도 그 깊이를 지시한다. 또한 깊은 카운터 보어의 바닥 위치를 반대쪽 면에서 치수를 규제할 필요가 있는 경우에는 그 치수를 지시한다.

카운터 보어 지시의 보기

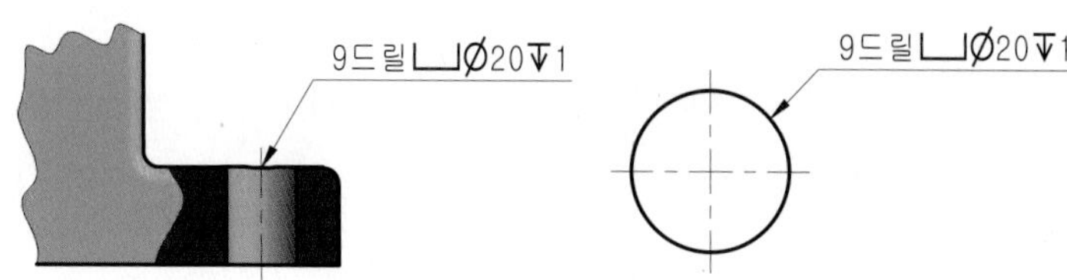

카운터 보어 및 깊은 카운터 보어 지시의 보기

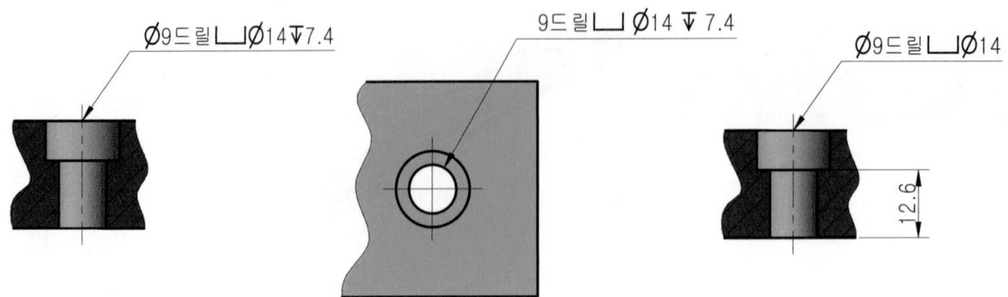

⑤ 카운터 싱크 구멍의 표시 방법은 원추형 구멍의 지름을 나타내는 치수 다음에 카운터 싱크를 나타내는 기호 '∨'를 표시하고, 계속해서 카운터 싱크 입구 지름의 수치를 기입한다. 카운터 싱크 구멍의 깊이 수치를 규제할 필요가 있는 경우에는 카운터 싱크 개구각 및 카운터 싱크 구멍의 깊이 수치를 기입한다.

카운터 싱크 구멍이 원형 형상으로 그려져 있는 도형에 카운터 싱크 구멍을 지시하는 경우에는 내측 원형 형상에서 지시선을 끌어내고, 참조선의 상단에 카운터 싱크 구멍을 지시하는 기호 '∨'에 이어, 카운터 싱크의 입구 지름의 수치를 기입한다.

카운터 싱크의 지시

9드릴∨Ø14

카운터 싱크의 개구각 및 접시머리 구멍 깊이 지시의 보기

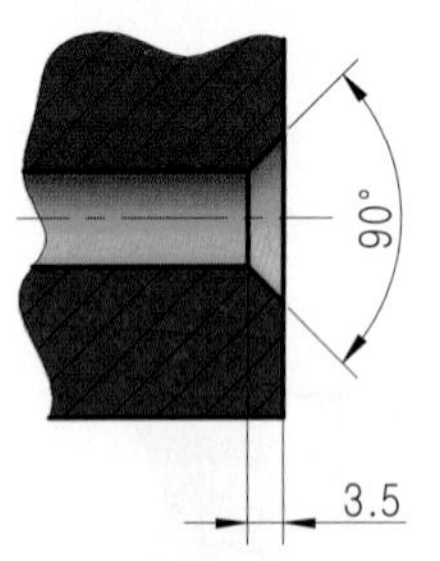

원형 형상에 지시하는 접시머리 구멍 지시의 보기

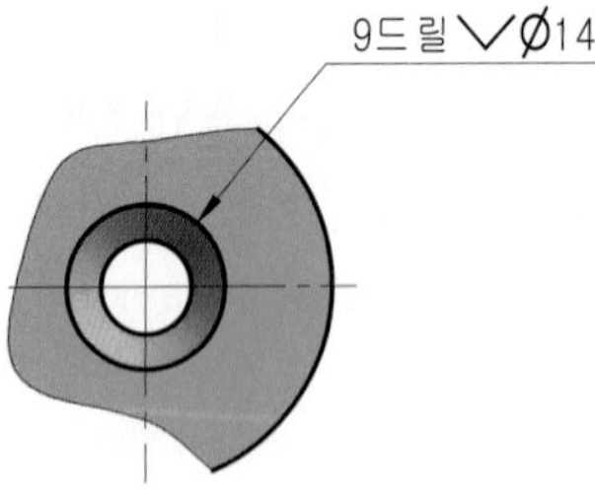

카운터 싱크의 간단한 지시 방법은 카운터 싱크 구멍이 나타나 있는 도형에 대하여 카운터 싱크 구망 입구 지름 및 카운터 싱크 구멍이 뚫린 각도를 치수선 위쪽 또는 그 연장선 상에 ×를 사이에 적어 기입한다.

카운터 싱크 간략 지시 방법의 보기

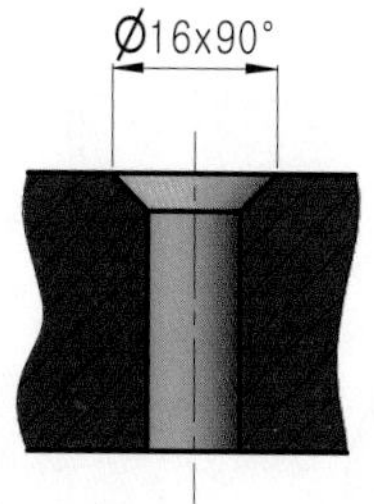

⑥ 긴 원통의 구멍은 구멍의 기능 또는 가공 방법에 따라 치수 기입 방향을 다음 중 하나에 따른다.

- 긴 원 구멍의 길이 및 폭. 이 경우 양 측의 형체는 원호임을 나타내기 위해 (R)로 지시한다.
- 평행한 평면 형체의 길이 및 폭. 이 경우 양 측의 형체는 원호임을 나타내기 위해 (R)로 지시한다.
- 공구의 회전 축선의 이동 거리 및 공구 지름. 이 경우 공구 지름의 지시는 1개소로 한다.

긴 원 구멍 지시의 보기

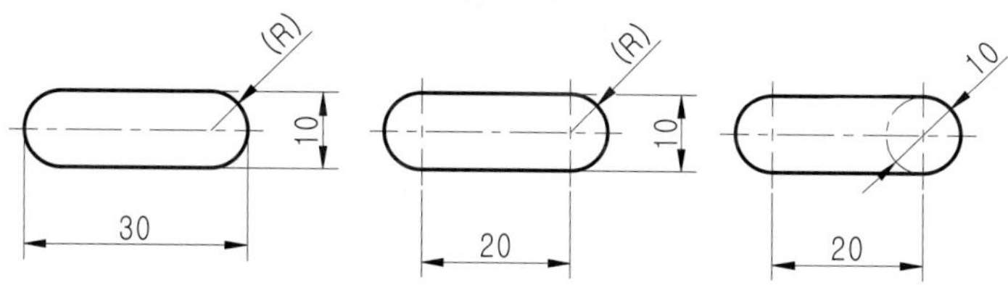

LESSON 16 키홈의 표시 방법

1. 원통 축의 키 홈 표시 방법

① 축의 키 홈은 키홈의 나비, 깊이, 길이, 위치 및 끝부를 표시하는 치수에 따른다.

② 키의 단부(끝)를 밀링커터 등에 의하여 절삭하는 경우에는 기준 위치에서, 공구의 중심까지의 거리와 공구의 지름을 표시한다.

③ 키 홈의 깊이는 키 홈과 반대쪽의 축 지름면으로부터 키 홈의 바닥까지의 치수로 표시한다. 그러나, 특히 필요한 경우에는 키 홈의 중심면의 원주 표면에서 키 홈의 바닥까지의 치수(절삭깊이)로 표시하여도 좋다.

키 홈 치수 지시의 보기

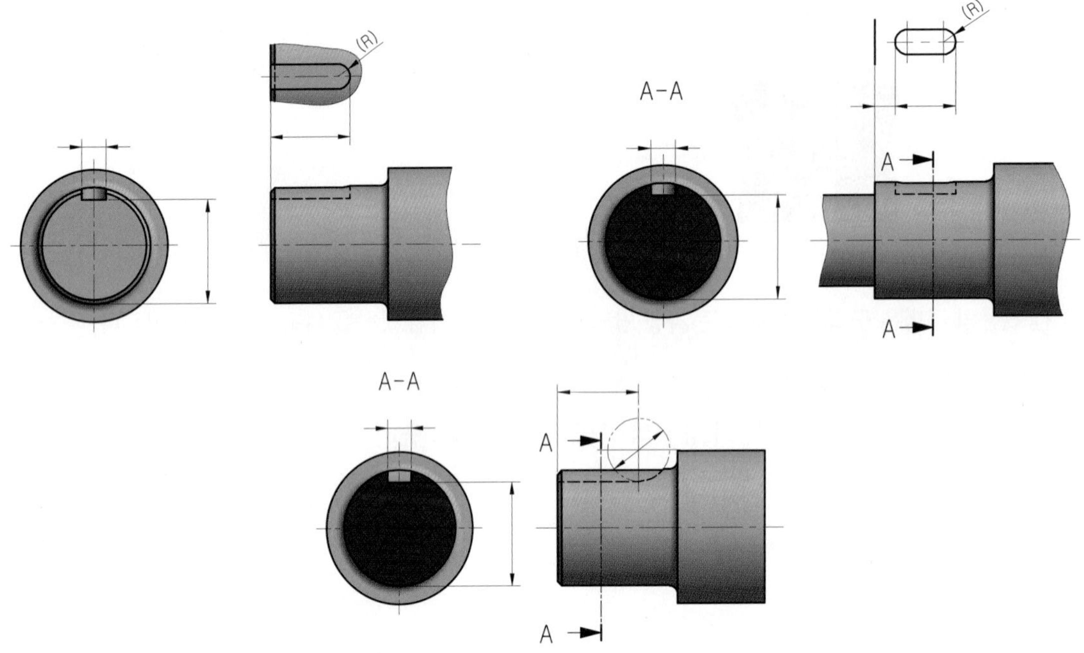

절삭 깊이 지시의 보기

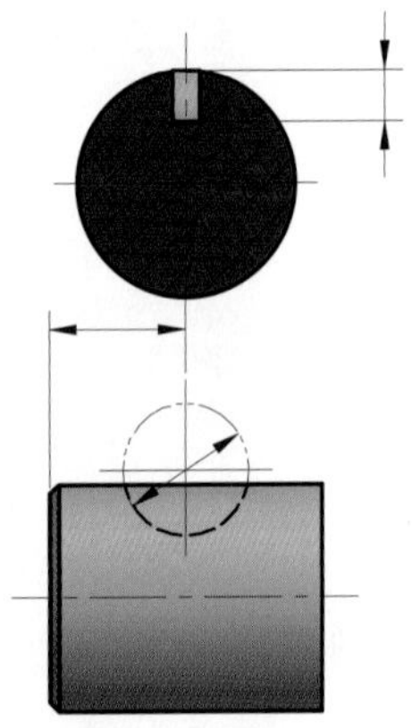

④ 키 홈이 단면에 나타나 있는 경우 보스 안지름의 치수는 한쪽 화살표 단말 기호로 지시한다.

안지름에 또는 가 있는 경우의 보기

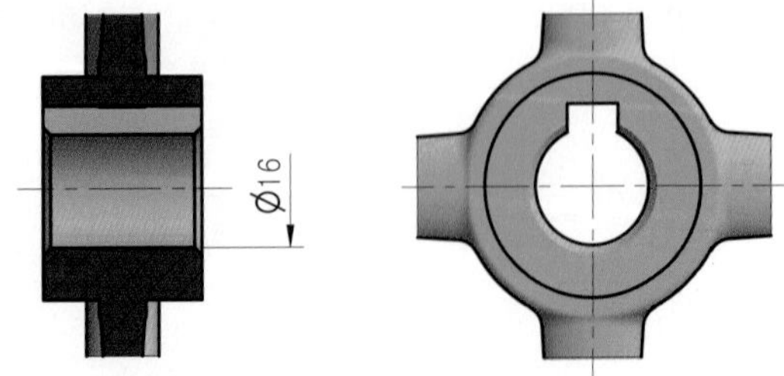

2. 테이퍼 축의 키 홈 표시 방법

테이퍼 축의 키 홈은 개별 형체의 치수를 지시한다.

절삭 깊이 지시의 보기

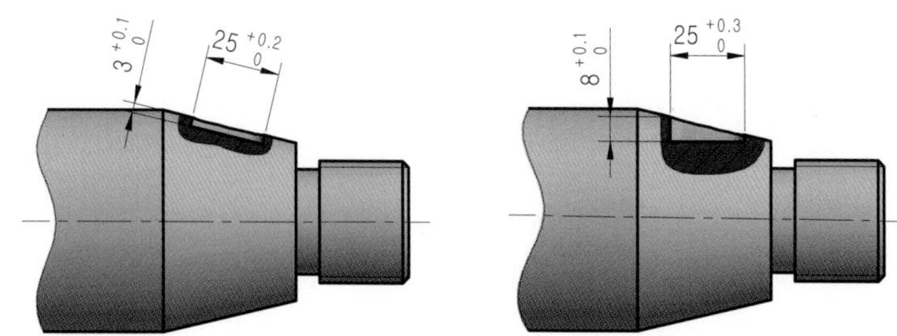

3. 구멍의 키 홈 표시 방법

① 구멍의 키 홈은 키 홈의 폭과 깊이를 나타내는 치수를 지시한다.

② 키 홈의 깊이는 키 홈과 반대쪽 구멍 밑면에서 키 홈의 바닥까지의 치수로 나타낸다. 다만, 특별히 필요한 경우에는 키 홈의 중심면의 구멍 지름면에서 키 홈의 바닥까지의 치수(절삭 깊이)로 나타내어도 좋다.

③ 구배키(경사키)를 이용하는 보스의 키 홈의 깊이는 키 홈이 깊은 쪽에 나타낸다.

구멍의 키 홈 지시의 보기

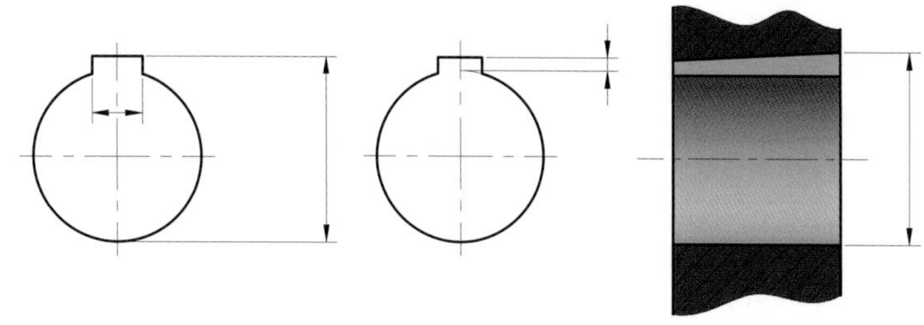

4. 원추 구멍의 키 홈 표시 방법

원추 구멍의 키 홈은 키 홈에 직각인 단면에서의 치수를 지시한다.

원추 구멍 축의 키 홈 지시의 보기

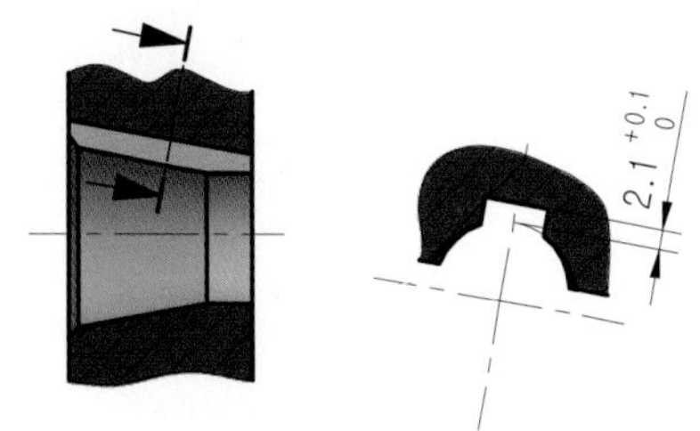

5. 원통 축의 복수의 키 홈 표시 방법

원통 축에서 복수의 동일 치수의 키 홈은 하나의 키 홈 치수를 지시하고 다른 키 홈에 그 개수를 지시한다.

복수의 동일 치수 키 홈 치수 지시의 보기

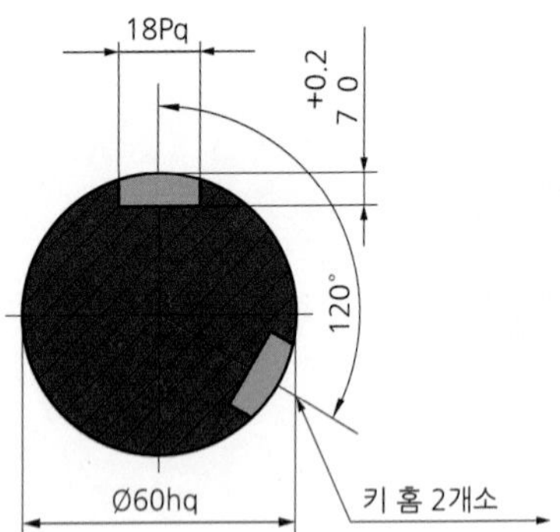

6. 원통 축의 스냅 링 홈의 표시 방법

원통 축에 만드는 스냅 링(멈춤링) 홈은 홈 폭 및 홈 바닥의 지름을 지시한다.

스냅 링 홈의 치수 지시의 보기

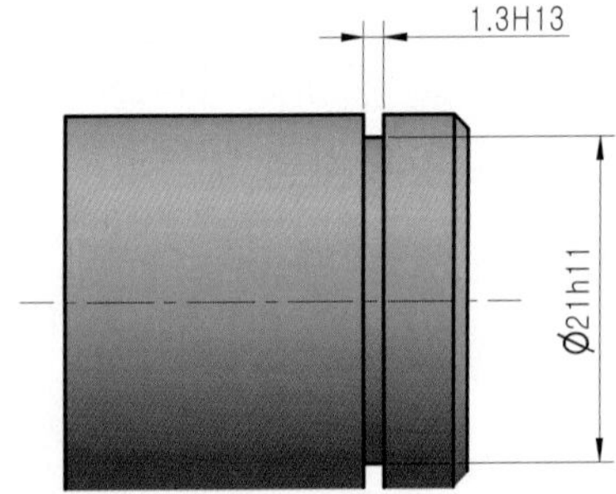

7. 원통 구멍의 스냅 링 홈의 표시 방법

원통 구멍에 만드는 스냅 링(멈춤링) 홈은 홈 폭 및 홈 바닥의 지름을 지시한다.

구멍에 대한 스냅 링 홈의 치수 지시의 보기

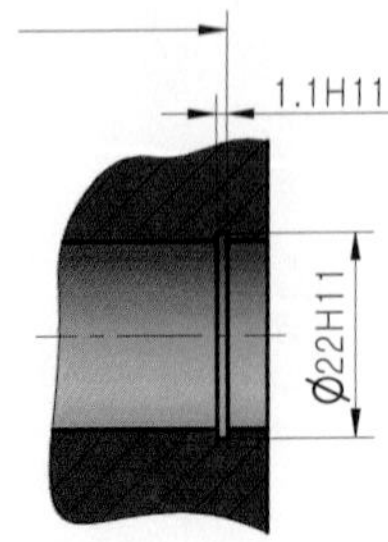

LESSON 17 구배(기울기) 표시 방법

구배는 구배를 가진 형체 근처에 KS B ISO 3040에 따라 참조선을 이용하여 지시한다. 참조선은 수평으로 그어 지시선을 사용하여 형체의 외형과 연결하고, 구배 방향을 나타내는 그림 기호를 구배 방향과 일치시켜 그린다.

구배 지시의 보기

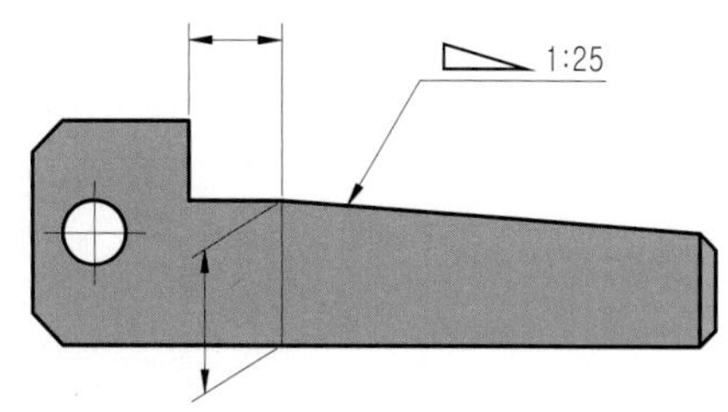

LESSON 18 테이퍼의 표시 방법

테이퍼는 테이퍼가 있는 형체 근처에 KS B ISO 3040에 따라 참조선을 이용하여 지시한다. 참조선은 테이퍼가 있는 형체의 중심선에 평행하게 긋고 지시선을 사용하여 형체의 외형과 연결한다. 다만 테이퍼 비율과 방향을 특히 분명하게 보여줄 필요가 있는 경우에는 테이퍼의 방향을 나타내는 그림 기호를 테이퍼의 방향과 일치시켜 그린다.

테이퍼 지시의 보기

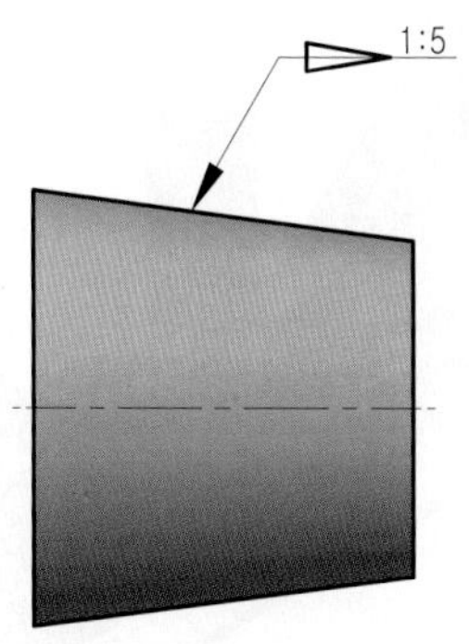

LESSON 19 강 구조물 등의 치수 표시 방법

① 강 구조물 등의 강 구조 선도에서 격점 사이의 치수를 나타낼 필요가 있는 경우에는 그 치수는 부재(部材)를 나타내는 선을 따라 직접 기입한다.

② 강 구조 선도에는 부재를 나타내는 선은 중심선임을 명기하는 것이 좋다. 또한, 격점은 강 구조 선도에서 부재 중심선의 교점을 말한다.

강 구조 선도의 치수 지시의 보기

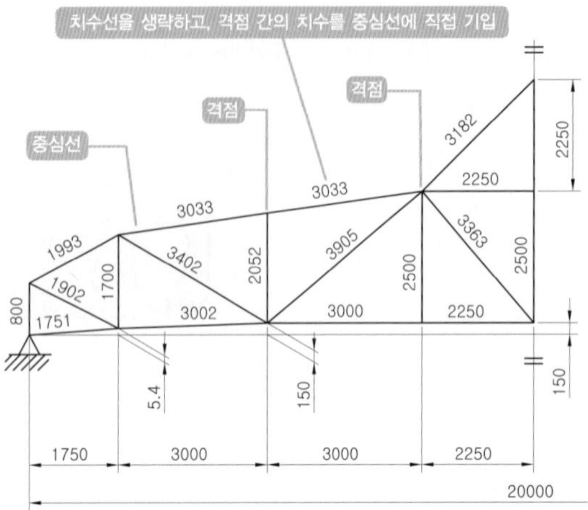

③ 형강, 강관, 각강 등의 치수는 형강의 표시 방법에 따라 각각의 도형을 따라서 기입할 수 있다. 또한, 부등변 ㄱ형강 등을 지시하는 경우에는 형강 변이 어떻게 놓여 있는지를 명확하게 하기 위해 그림에 나와 있는 변의 치수를 기입한다.

형강에 대한 치수 지시의 보기

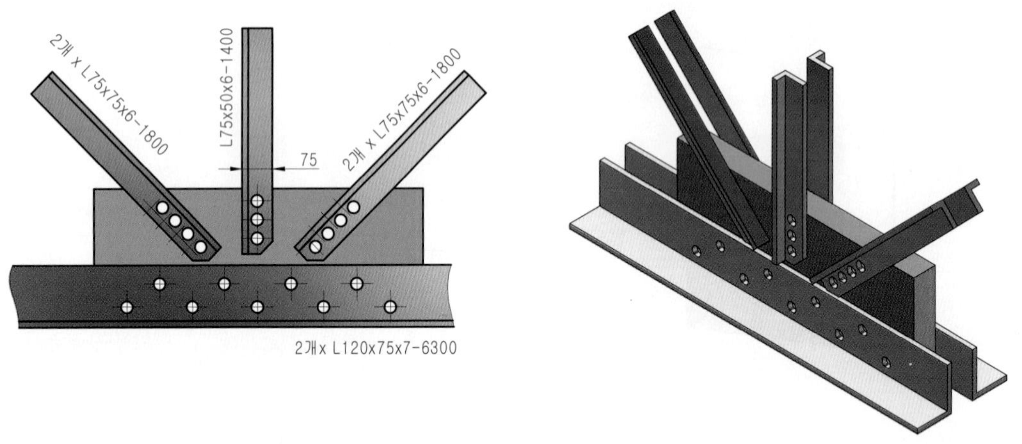

형강의 표시 방법

종 류	단면모양	표시방법	종 류	단면모양	표시방법
등변 ㄱ 형강	A, B, t	∟ A x B x t − L	**경 Z 형강**	A, H, B, t	H x A x B x t − L

부등변 ㄱ 형강	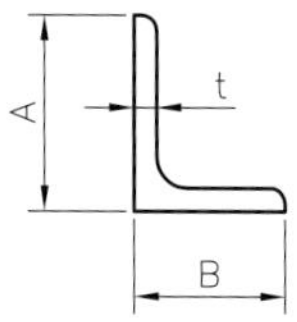	ㄴ A x B x t − L	**립 형강**	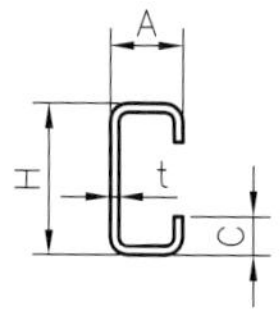	H x A x C x t − L
부등변 부등 두께 ㄱ 형강	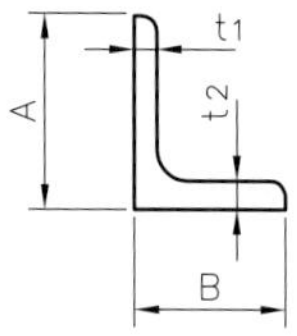	ㄴ A x B x t1 x t2 − L	**립 Z 형강**	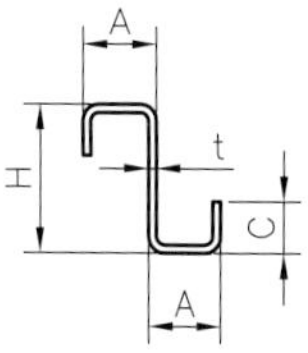	H x A x C x t − L
I 형강	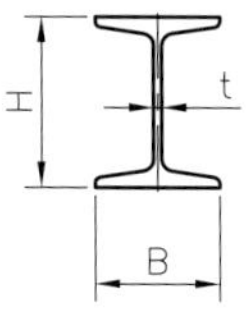	I H x B x t − L	**모자 형강**	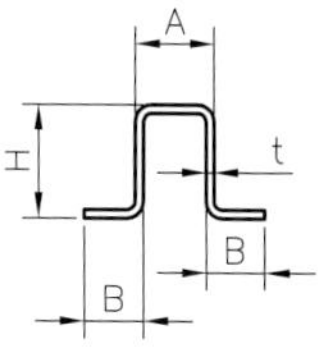	H x A x B x t − L
ㄷ 형강	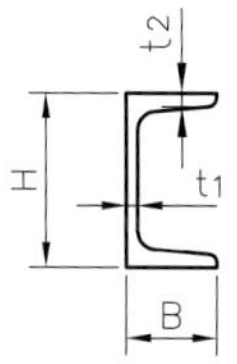	ㄷH x B x t1 x t2 − L	**환 강**		보통 ØA − L
구평형강	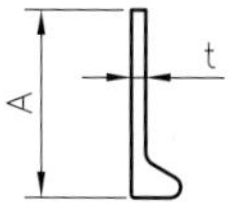	J A x t − L	**강 관**	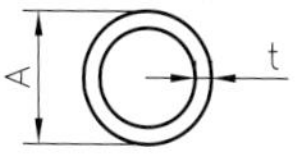	ØA x t − L
T 형강	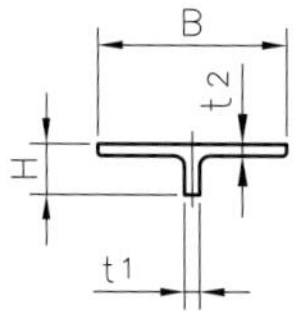	T B x H x t1 x t2 − L	**각 강 관**	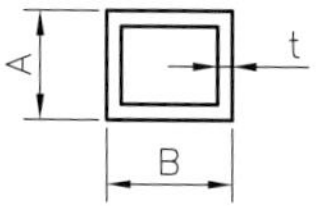	□ A x B x t − L
H 형강	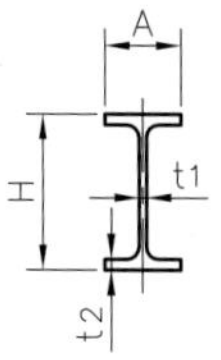	H H x A x t1 x t2 − L	**각 강**	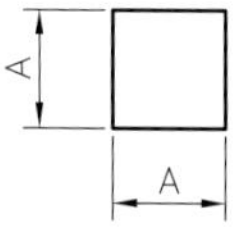	□ A - L
경ㄷ형강	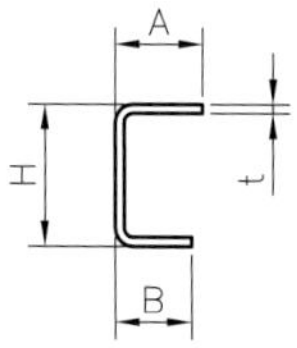	ㄷH x B x t − L	**평 강**	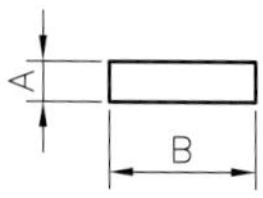	B x A

LESSON 20 얇은 두께 부분의 표시 방법

① 얇은 두께 부분의 단면을 아주 굵은 선으로 나타낸 도형에 치수를 기입하는 경우에는 단면을 나타낸 아주 굵은 선을 따라 판의 내측 치수 또는 판의 외측 치수가 되도록 짧은 가는 실선을 그리고 여기에 치수선의 단말 기호를 닿게 한다.

얇은 두께 부분에 대한 치수 지시의 보기

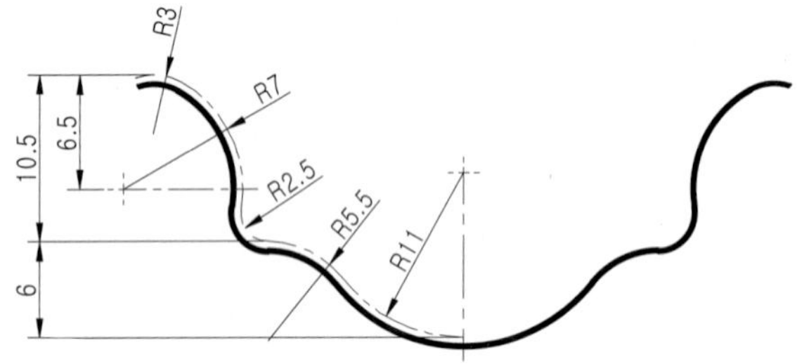

② 내측을 나타내는 치수는 치수 숫자 앞에 'int'를 부기해도 좋다.

'int' 지시의 보기

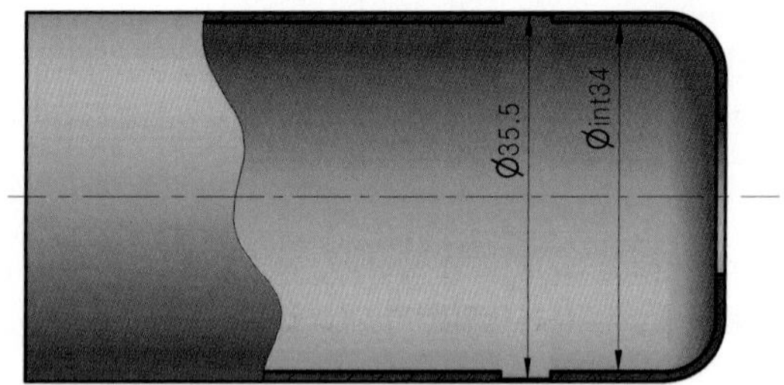

③ 제관품의 형체가 서서히 증가 또는 감소되어('서서히 변하는 치수'라 한다), 어떤 치수가 되도록 지시하는 요구가 있는 경우에는 대상이 되는 형체에서 지시선을 끌어내 참조선의 상단에 '서서히 변하는 치수'라고 지시한다.

서서히 변하는 치수의 보기

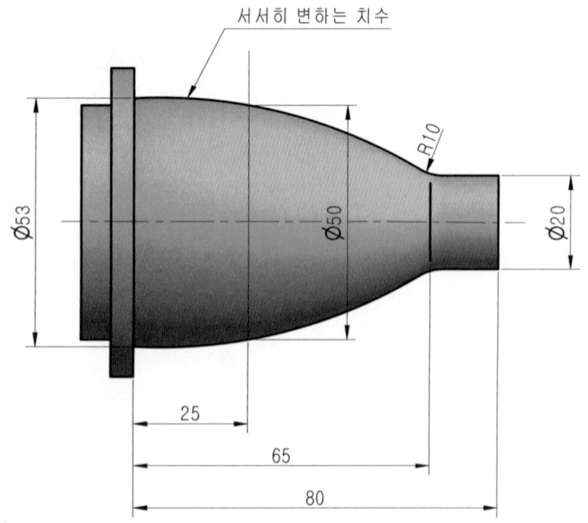

LESSON 21 가공 · 처리 범위 등의 표시

가공, 표면 처리 등의 범위를 한정하는 경우에는 굵은 일점쇄선을 이용하여 위치 및 범위 치수를 기입하고, 가공, 표면처리 등의 요구를 지정한다.

가공 · 처리 범위 지시의 보기

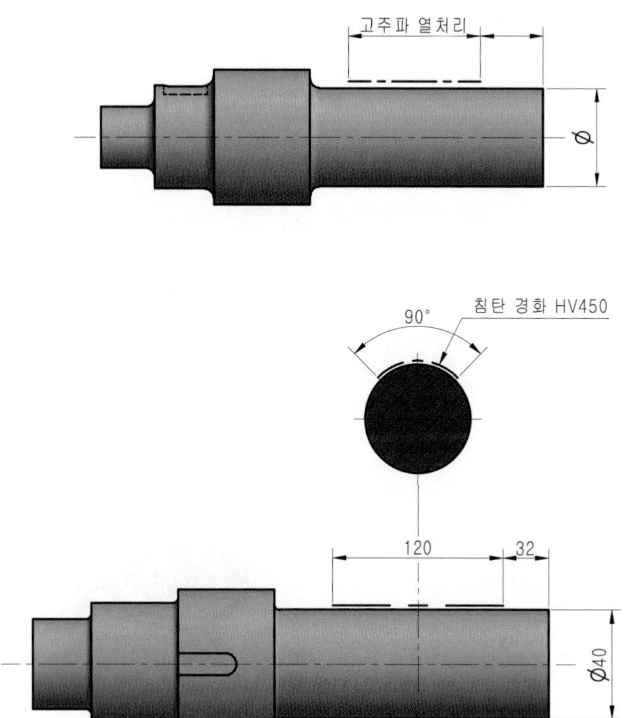

LESSON 22 비 강성 부품의 치수

비강성 부품의 치수는 KS B ISO 10579에 따라 지시한다. 비 강성 부품이란 자유 상태에서 도면에 지시된 치수 공차 기하 · 공차를 넘어 변형하는 부품이다.

LESSON 23 비 비례 치수

일부 도형이 그 치수 수치에 비례하지 않는 경우에는 치수 수치에 가는 실선의 밑줄을 긋는다. 다만 일부를 절단 생략한 경우 등, 특별히 치수와 도형이 비례하지 않음을 표시할 필요가 없는 경우에는 이 선을 생략한다.

비 비례 치수의 보기

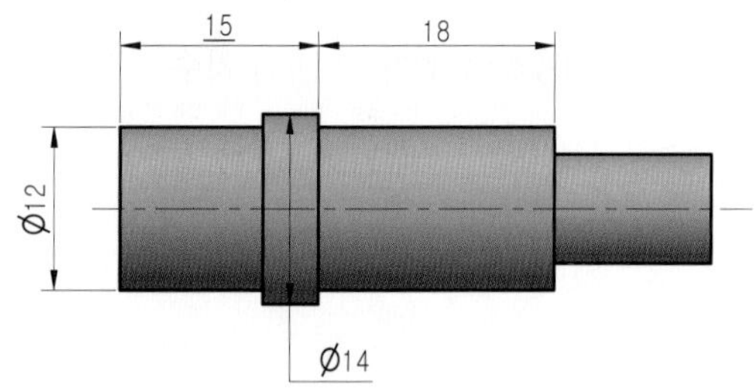

LESSON 24 동일 형상의 치수

T형 파이프 커플링, 코크 등의 플랜지와 같이 1개의 부품에 완전히 동일한 치수인 부분이 두 개 이상 있는 경우에는 치수는 그 중 하나에만 기입하는 것이 좋다. 이 경우 치수를 기입하지 않는 부분에 동일 치수라는 것을 비고로 적는다.

동일 형상 지시의 보기(1)

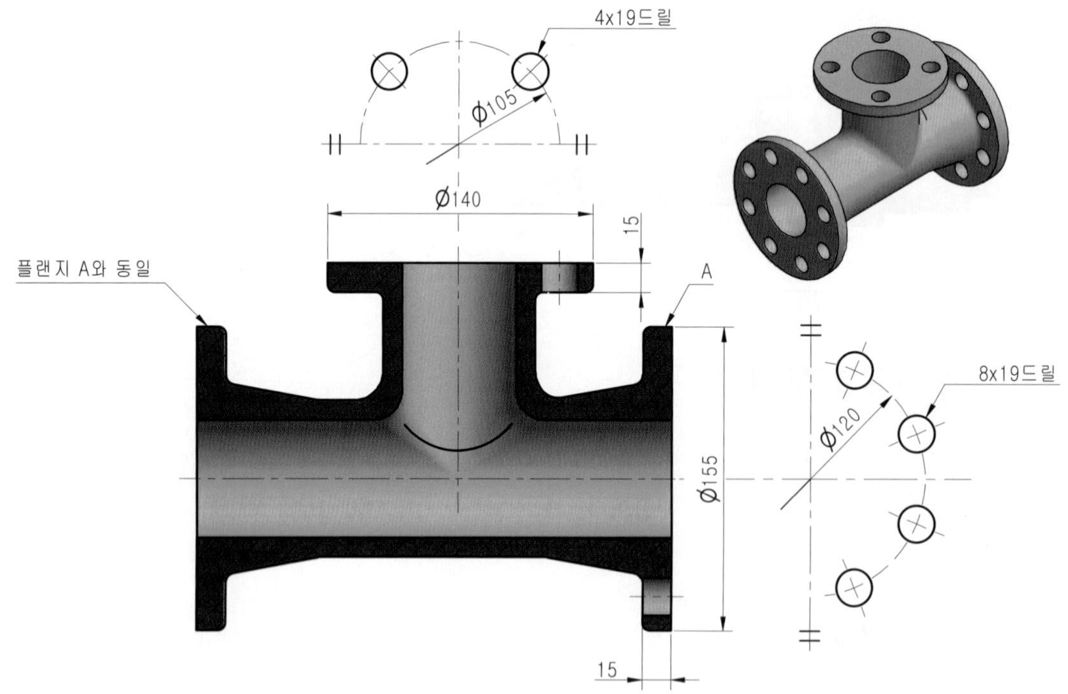

동일 형상 지시의 보기(2)

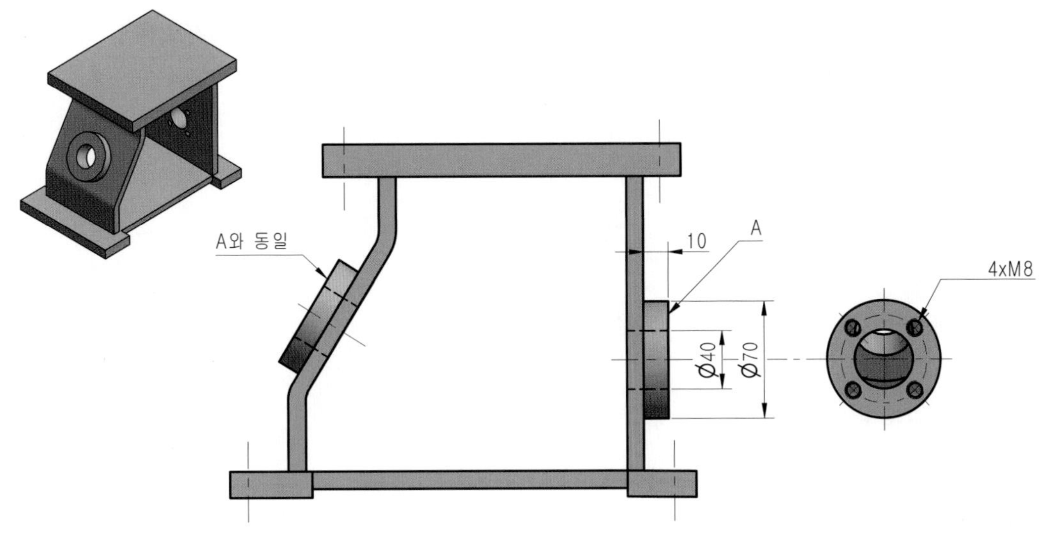

LESSON 25 외형도 치수의 표시 방법

외형도는 가로, 세로 방향 그리고 높이 방향 치수 및 고정 · 설치에 필요한 치수를 지시한다.

외형도 치수 지시의 보기

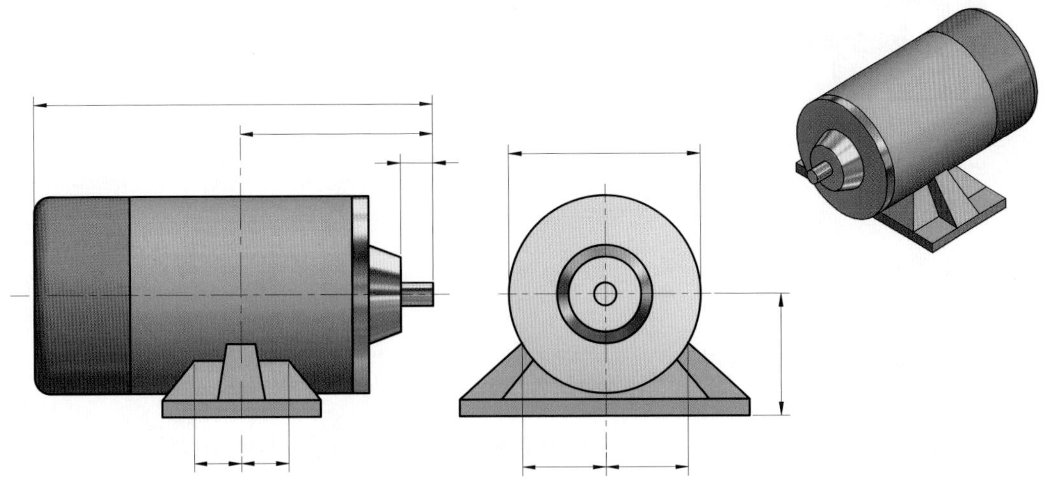

LESSON 26 부품 번호

① 부품 번호는 일반적으로 숫자를 사용한다. 조립 도면 안의 부품에 대해 별도로 제작도가 있는 경우에는 부품 번호 대신 도면 번호를 기입해도 좋다.

② 부품 번호는 다음 중 어느 하나에 따르는 것이 좋다.

- 조립 순서에 따른다.
- 구성 부품의 중요도에 따른다.

[보기 1] 부분 조립품, 주요 부품, 소형 부품, 기타 순

- 기타 근거가 있는 순서에 따른다.

③ 부품 번호를 도면에 작성하는 방법은 다음에 따른다.

- 부품 번호는 명확하게 구분할 수 있는 문자를 사용하거나 문자를 원으로 둘러싸서 나타낸다.
- 부품 번호는 대상으로 하는 도형에 지시선으로 연결하여 작성하는 것이 좋다.
- 도면을 보기 쉽게 하기 위해 부품 번호를 세로 또는 가로로 나란히 기재하는 것이 바람직하다.

부품 번호 기입의 보기

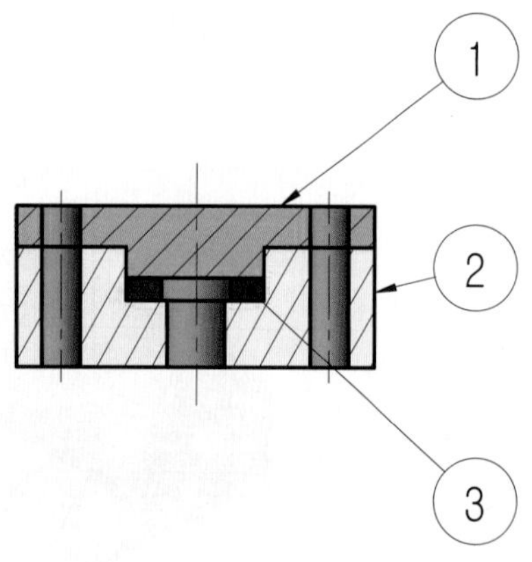

LESSON 27 도면의 정정 · 변경

도면을 정식 출도 후에 도면 내용을 수정 · 변경할 경우에는 정정 또는 변경 사항에 적절한 기호를 기입하고 정정 또는 변경 전의 도형, 치수 등은 판독할 수 있도록 적절하게 보존한다. 이 경우, 정정 또는 변경 사유, 성명, 연월일 등을 명기하여 도면 관리 부서에 신고한다.

[비고] 변경에는 추가 내용도 포함한다.

형상 추가 변경의 보기

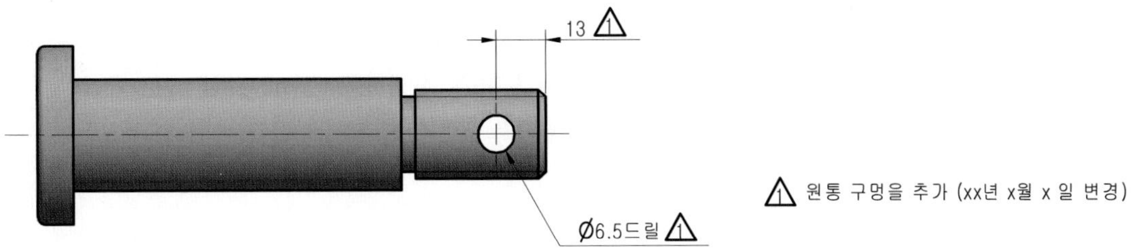

치수 변경의 보기

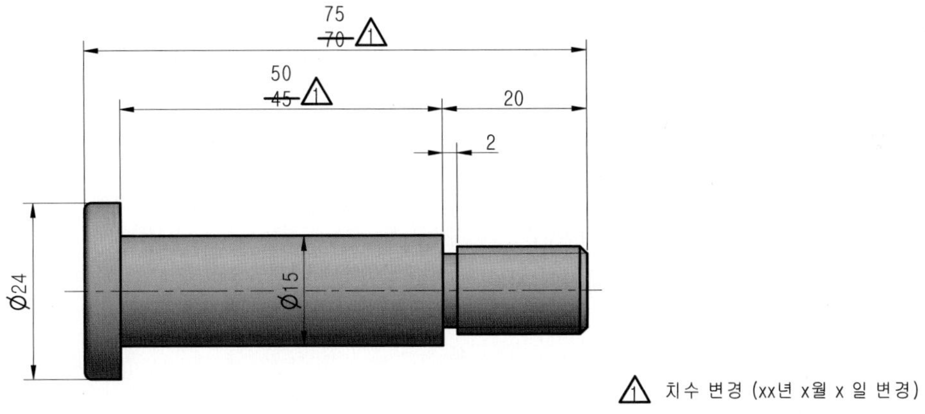

LESSON 28 치수기입의 기법 정리

1. 치수기입 순서

① 제3자가 해독하기 쉽도록 투상도를 작도한다.

② 조립기준면 = 가공기준면이 가장 중요한 기준

③ 가공기준과 기능기준의 치수가 중요치수

④ 치수기입은 가급적 주투상도(정면도)에 집중 기입

⑤ 연관 치수는 가능한 한 1개소에 결정하여 기입

⑥ 끼워맞춤 부위는 반드시 공차와 표면거칠기 및 기하공차를 지시

⑦ 치수기입의 순서는 정답이 없다. (많은 실습과 경험을 통해 논리적으로 기입)

2. 좋은 도면을 작성하기 위한 필수 확인사항

2.1 치수기입

① 투상도를 작도한 후 기준치수, 가공치수, 위치치수, 작은 치수, 전체치수 순으로 기입

② 투상도의 목적에 알맞은 치수기입 (확대도, 단면도, 보조투상도 등의 목적에 맞게 기입)

③ 투상한 부품도 전체를 보면서 치수누락의 확인

2.2 치수공차, 끼워맞춤공차, 기하공차 기입

① 조립부의 치수공차 기입여부

② 끼워맞춤 부분은 반드시 상대 부품과 치수 확인

③ 끼워맞춤 기호는 적절하게 선택

④ 기하공차의 적용 적절성 및 누락여부

2.3 표면거칠기, 열처리, 표면처리(후처리) 지시

① 표면거칠기 기호 기입의 적절성 및 누락 여부

② 기능과 작동을 고려한 열처리와 표면처리의 지시

2.4 주서기입, 부품란, 표제란

① 부품별 개별 주서와 일반주서의 확인 및 누락여부

② 부품 재료선정의 적절성 및 요구사항과의 일치여부

③ 적절한 도면의 배치 및 부품간의 확실한 구별

key point

가공기준과 기능(작동)기준의 결정 → 각 기준으로 부터 치수의 균형있는 전개 → 치수는 가공자의 입장과 가공방향에서 기입 → 대칭형상은 간략하게 도시 → 표면거칠기나 치수공차 및 기하공차로 중요도 표현

Section

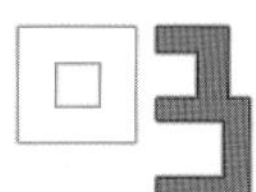

조립도면의 부품 번호 기입법 [KS A ISO 6433]

관련 부품표에서 구성 부품을 식별하기 위하여, 조립도면에서와 같이 조립품 표시에서 부품 번호를 표현하기 위한 규칙을 규정한다.

LESSON 01 일반 요구 사항

부품 번호(part reference)는 연속 순서로 부여하는 것을 추천한다. 조립도에 나타난 동일한 부품은 같은 부품 번호가 주어져야 한다.

조립도(superior assembly)에 포함된 완성된 각각의 하위 조립도(sub-assembly)는 하나의 부품 번호로 명시된다. 모든 부품 번호는 관련된 부품에 관한 적절한 정보를 제공해주는 부품 목록표(KS A ISO 7573)에 나타내야 한다.

LESSON 02 표현

1. 식별자

부품 번호는 숫자만으로 구성하는 것이 바람직하다. 그러나 숫자는 필요한 경우 대문자를 이용하여 확대할 수도 있다.
문자의 설계, 치수 및 간격은 KS B ISO 3098-0에 따라야 한다. 부품 번호는 최대 3문자를 포함하는 것을 추천한다.

2. 외관

동일한 도면상의 모든 부품 번호는 같은 유형의 같은 높이의 문자이어야 한다. 부품 번호는 다른 모든 표시와 분명하게 구별될 수 있어야 한다.

이는 예를 들면 다음과 같은 방법으로 가능하다.

❶ 각 부품 번호의 문자를 동그라미 안에 넣기

이 경우 동그라미는 같은 지름으로 가는 실선으로 그려야 한다.

부품 번호를 동그라미 안에 넣은 경우

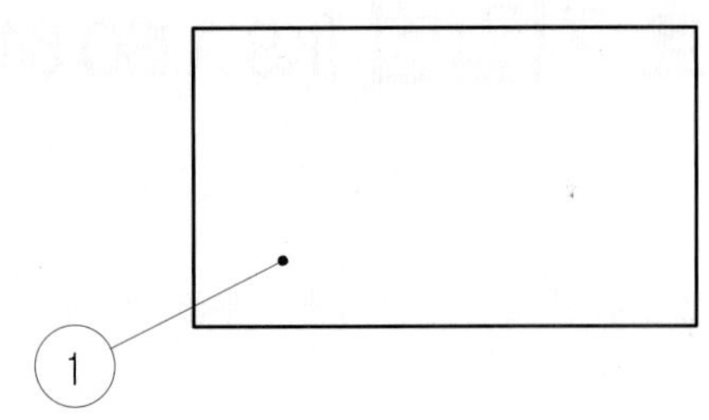

❷ 높이가 더 큰 문자를 사용하기

예를 들면 치수 표시에 사용된 문자 높이의 2배 및 유사한 지시

부품 번호를 높이가 큰 문자 쓴 경우 / 대체 지시 방법

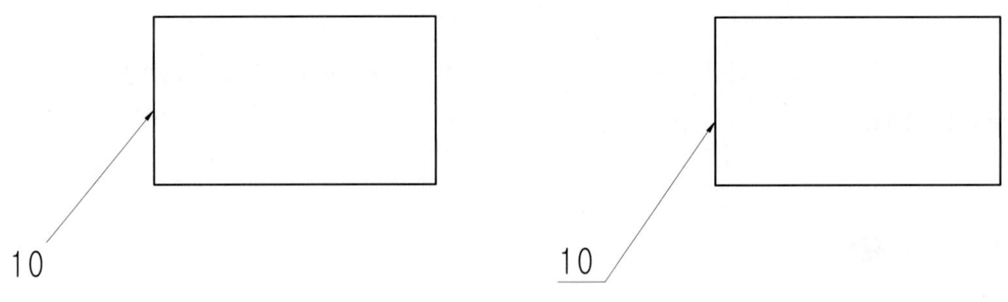

LESSON 03 배치

도면을 명확하게 알아보기 쉽게 하기 위해 부품 번호는 수평의 열이나 수직의 난으로 배치하는 것이 바람직하다. 여러 부품 번호가 공통의 지시선을 사용할 때에는 보기와 같은 4개의 부품 번호에서 다음 방법 중 한 가지에 따라 수평으로 배열해도 좋다.

⑧⑨⑩⑪

8–9–10–11

LESSON 04 관련 부품

나사, 와셔, 너트와 같은 관련 부품의 부품번호는 공통 지시선으로 식별하여도 좋다.

LESSON 05 번호 순서

부품 번호 기입의 분명한 순서는 다음과 같이 채택하는 것이 바람직하다.

① 조립 가능한 순서에 따라

② 구성 부품의 중요도에 따라(하위 조립품, 주요 부품, 덜 중요한 부품 등)

③ 그 외의 논리적 순서에 따라

LESSON 06 보기

조립품에 대한 부품 번호의 적용 보기는 다음과 같다.

조립도에서 부품 번호의 사용

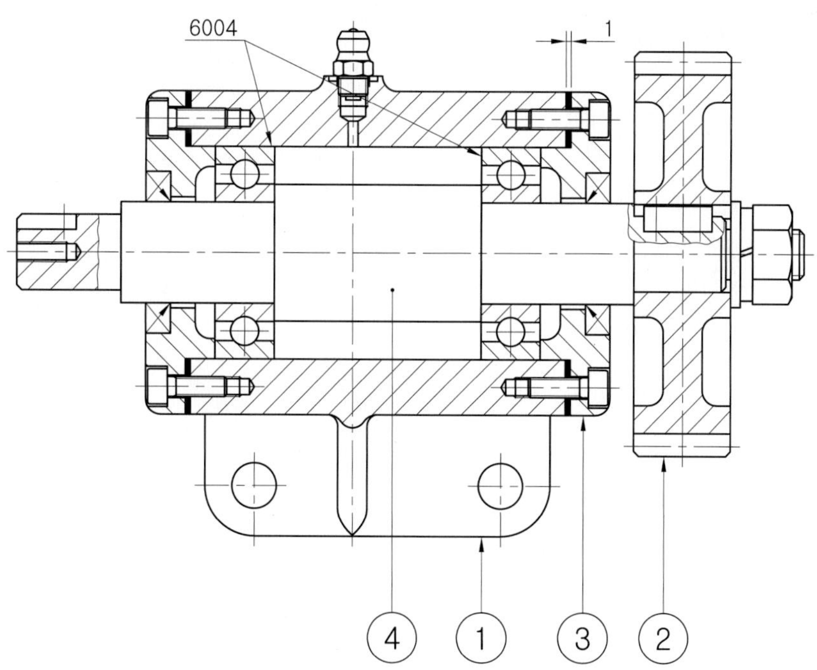

LESSON 07 부품 개수를 표시한 부품 번호

부품 개수(number of parts)는 부품 품목란에 규정하고, 도면상의 부품 번호 수(part reference number)에 연결시키지 않도록 하는 것이 바람직하다. 분명하게 하기 위해 같은 부품 번호 수는 다른 위치에서 반복할 필요가 있을 것이다. 부품의 개수는 각 위치에서 또한 필요할 것이다. 그런 후에 부품 번호 수는 동그라미 안에 넣어야 하고, 부품의 개수는 제도 통칙을 따르는 것이 바람직하다. 부품의 개수는 KS B ISO 129-1에 따라 '×'로 지시하여야 한다.

부품 개수를 표시한 부품 번호

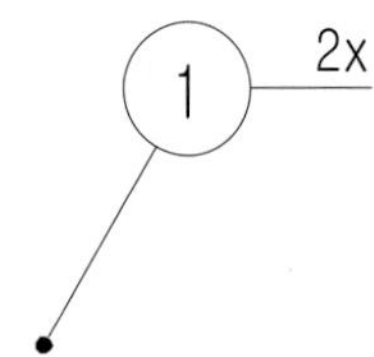

부품 개수가 공통 지시선을 이용하여 여러 부품 번호를 지시할 때 아래 보기를 참조한다.

여러 부품 번호에 대해 공통 지시선으로 표시한 부품 개수의 지시

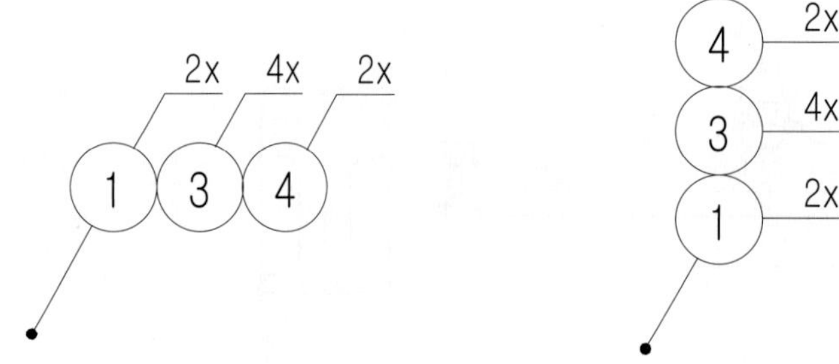

memo

PART

6

치수공차 및 끼워맞춤 설계

Section

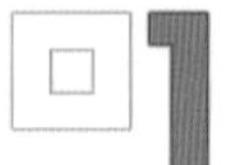

치수공차의 한계 및 끼워맞춤 [KS B 0401]

LESSON 01 치수공차 및 끼워맞춤의 적용 범위

치수공차 및 끼워맞춤에 대한 표준은 **기준 치수가 3150mm** 이하의 형체의 치수 공차의 한계 및 끼워맞춤 방식에 대하여 규정한다.

① 치수공차 방식은 주로 원통 형체를 대상으로 하고 있지만, 원통 이외의 형체에도 적용한다.

② 끼워맞춤 방식은 원통 형체 또는 평행 2평면의 형체 등의 단순한 기하 모양의 끼워맞춤에 대하여 적용한다.

③ 특정한 가공 방법에 대한 치수공차 방식에 대하여 정해진 **표준**이 있을 때는 그 표준을, 또한 기능상 특별한 정밀도가 요구되지 않을 때에는 **보통 허용차**를 적용할 수가 있다.

예 표준 : KS B 0426 강의 열간 형단조품 공차
보통 허용차 : KS B ISO 2768-1 일반공차

LESSON 02 치수공차 및 끼워맞춤의 용어와 정의

- **형체** : 치수공차 방식 · 끼워맞춤 방식의 대상이 되는 기계부품의 부분
- **내측 형체** : 대상물의 내측을 형성하는 형체
- **외측 형체** : 대상물의 외측을 형성하는 형체
- **구멍** : 주로 원통형의 내측 형체를 말하지만, 원형 단면이 아닌 내측 형체도 포함한다.
- **축** : 주로 원통형의 외측 형체를 말하지만, 원형 단면이 아닌 외측 형체도 포함한다.
- **치수** : 형체의 크기를 나타내는 양, 예를 들면 구멍 및 축의 지름을 말하고, 일반적으로 mm를 단위로 하여 나타낸다.
- **실치수** : 형체의 실측 치수
- **허용한계 치수** : 형체의 실 치수가 그 사이에 들어가도록 정한 허용할 수 있는 대소 2개의 극한의 치수. 즉, 최대 허용치수 및 최소 허용치수
- **최대 허용치수** : 형체의 허용되는 최대 치수
- **최소 허용치수** : 형체의 허용되는 최소 치수
- **기준 치수** : 위 치수 허용차 및 아래 치수 허용차를 적용하는데 따라 허용한계 치수가 주어지는 기준이 되

는 치수

[비고] 기준 치수는 정수 또는 소수이다.

보기 : 32, 15, 8.75, 0.5

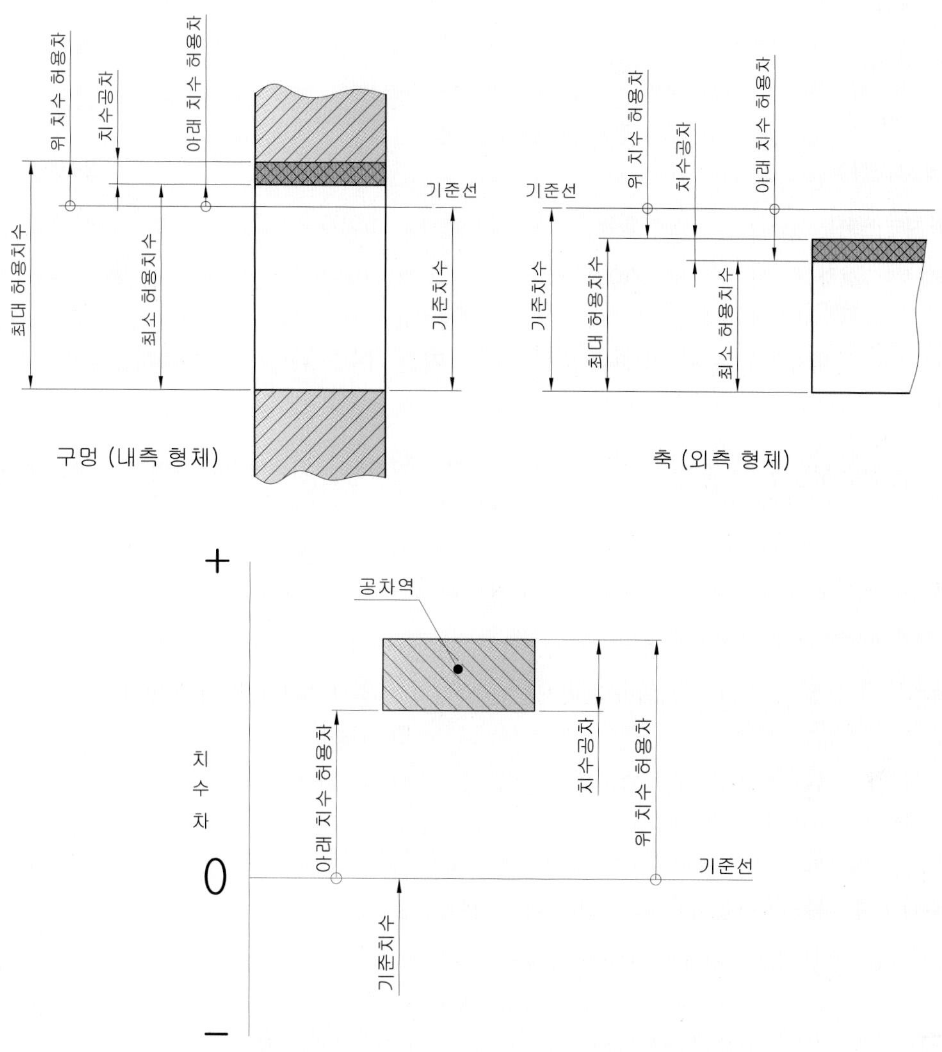

[비고] 이 그림은 공차역 · 치수 허용차 · 기준선의 상호 관계만을 나타내기 위해 간단화한 것이다. 이와 같이 간단화된 그림에서는 기준선은 수평으로 하고, 정(+)의 치수 허용차는 그 위쪽에 부(−)의 치수 허용차는 그 아래쪽에 나타낸다.

- **치수차** : 치수(실 치수, 허용 한계치수 등)와 대응하는 기준치수와의 대수차. 즉, (치수)−(기준치수)
- **치수 공차 방식** : 표준화된 치수 공차와 치수 허용차의 방식
- **위 치수 허용차** : 최대 허용치수와 대응하는 기준 치수와의 대수차. 즉, (최대허용치수)−(기준치수)

  [비고] 구멍의 위 치수 허용차는 기호 ES에 따라 축의 위 치수 허용차는 기호 es에 의해 나타낸다.

- **아래 치수 허용차** : 최소 허용치수와 대응하는 기준 치수와의 대수차. 즉, (최소허용치수)−(기준치수)

  [비고] 구멍의 아래 치수 허용차는 기호 EI에 따라 축의 아래 치수 허용차는 기호 ei에 의해 나타낸다.

• **치수 공차** : 최대 허용치수와 최소 허용치수와의 차, 즉 위 치수 허용차와 아래 치수 허용차와의 차

용어 \ 치수	30±0.02	+0.05 30+0.025	30 −0.02 −0.04
기준 치수	30	30	30
허용한계치수	0.04	0.075	0.02
최대허용치수	30.02	30.05	29.98
최소허용치수	29.98	30.025	29.96
위 치수 허용차	0.02	0.05	0.02
아래 치수 허용차	0.02	0.025	0.04

• **기준선** : 허용 한계치수 또는 끼워맞춤을 도시할 때는 기준 치수를 나타내고, 치수허용차의 기준이 되는 직선

• **기초가 되는 치수 허용차** : 기준선에 대한 공차역의 위치를 결정하는 치수 허용차. 위 치수 허용차 및 아래 치수 허용차의 어느 쪽이고, 보통은 기준선에 가까운 쪽의 치수 허용차

• **기본 공차** : 이 치수 공차 방식 · 끼워맞춤 방식에 속하는 전체의 치수 공차

[비고] 기본 공차는 기호 IT로 나타낸다.

• **공차 등급** : 이 치수공차 방식 · 끼워맞춤 방식으로 전체의 기준 치수에 대하여 동일 수준에 속하는 치수 공차의 일군.

[비고] 공차 등급은 보기를 들면 IT7과 같이, 기호 IT에 등급을 나타내는 숫자를 붙여서 나타낸다.

• **공차역** : 치수 공차를 도시하였을 때, 치수 공차의 크기와 기준선에 대한 그 위치에 따라 결정하는 최대 허용 치수와 최소 허용 치수를 나타내는 2개의 직선 사이의 영역

• **공차역 클래스** : 공차역의 위치와 공차 등급의 조합

• **공차 단위** : 기본 공차의 산출에 사용하는 기준 치수의 함수로 나타낸 단위

[비고] 공차 단위 i는 500mm 이하의 기준 치수에, 공차 단위 I는 500mm를 초과하는 기준 치수에 사용한다.

• **최대 실체 치수** : 형체의 실체가 최대가 되는 쪽의 허용 한계치수. 즉, 내측 형체에 대해서는 최소 허용치수, 외측 형체에 대해서는 최대 허용치수

• **최소 실체 치수** : 형체의 실체가 최소가 되는 쪽의 허용 한계치수. 즉, 내측 형체에 대해서는 최대 허용치수, 외측 형체에 대해서는 최소 허용치수

• **끼워 맞춤** : 구멍과 축의 조립 전의 치수의 차이에서 생기는 관계

• **틈새** : 구멍의 치수가 축의 치수보다도 큰 때의 구멍과 축과의 치수의 차

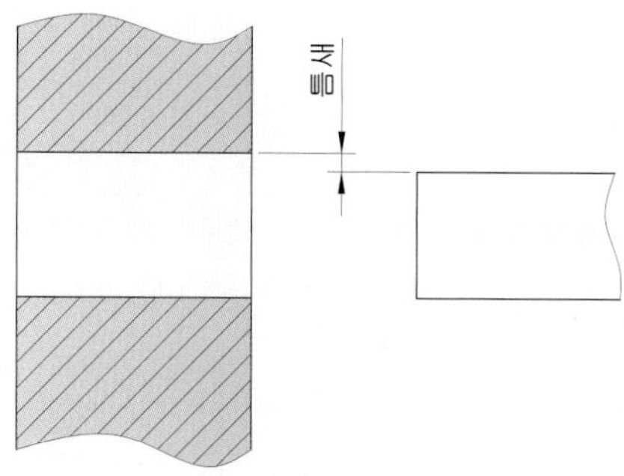

- **최소 틈새** : 헐거운 끼워맞춤에서의 구멍의 최소 허용 치수와 축의 최대 허용 치수와의 차
- **최대 틈새** : 헐거운 끼워맞춤 또는 중간 끼워맞춤에서 구멍의 최대 허용치수와 축의 최소 허용치수와의 차

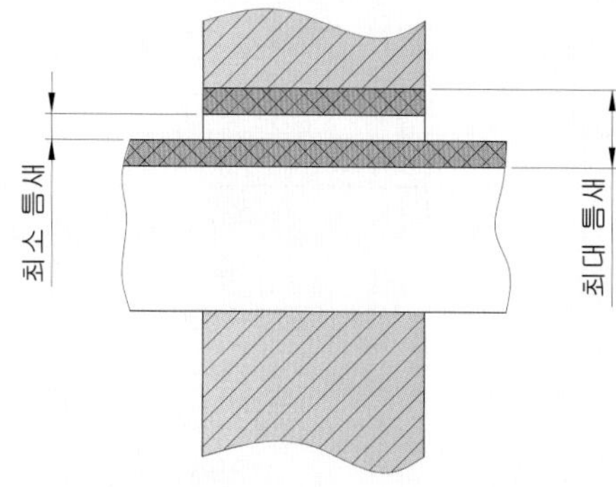

- **죔새** : 구멍의 치수가 축의 치수보다도 작을 때의 조립 전의 구멍과 축과의 치수의 차
- **최소 죔새** : 억지 끼워맞춤에서 조립 전의 구멍의 최대 허용치수와 축의 최소 허용치수와의 차
- **최대 죔새** : 억지 끼워맞춤 또는 중간 끼워맞춤에서 조립전의 구멍의 최소 허용 치수와 축의 최대 허용치수와의 차

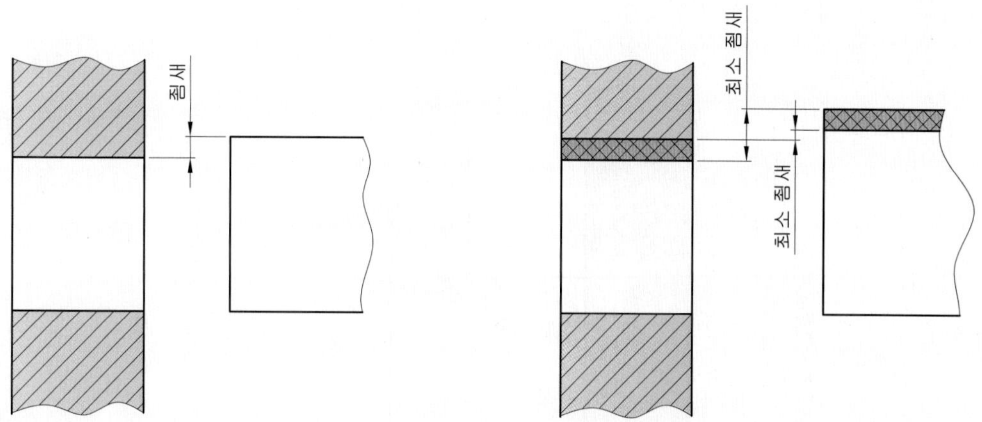

- **헐거운 끼워맞춤** : 조립하였을 때, 항상 틈새가 생기는 끼워맞춤. 즉, 도시된 경우에 구멍의 공차역이 완전히 축의 공차역의 위쪽에 있는 끼워맞춤

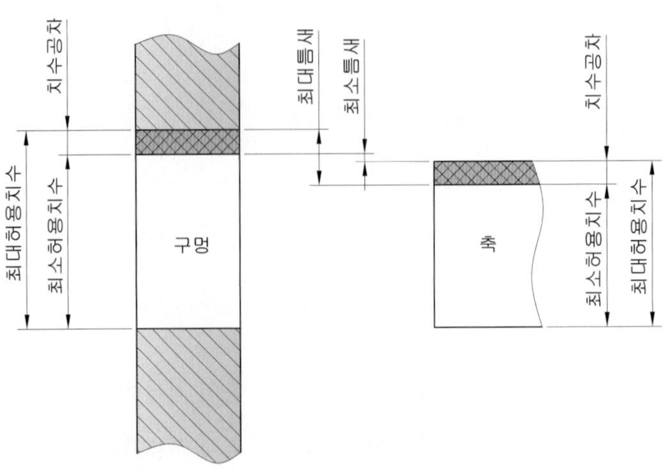

구멍 ø20 H7, 축 ø20 g6의 끼워맞춤

용어 구분	구멍	축
기준치수	ø20	ø20
기호와 공차등급	H7	g6
허용한계치수	ø20 +0.021 0	ø20 −0.007 −0.020
최대허용치수	ø20.021	ø19.993
최소허용치수	ø20.000	ø19.980
치수공차	0.021	0.013
최소 틈새	0.007 (구멍의 최소허용치수 20 − 축의 최대허용치수 19.993)	
최대 틈새	0.041 (구멍의 최대허용치수 20.021 − 축의 최소허용치수 19.980)	
끼워맞춤 종류	헐거운 끼워맞춤	

- **억지 끼워맞춤** : 조립하였을 때, 항상 죔새가 생기는 끼워맞춤. 즉, 도시된 경우에 구멍의 공차역이 완전히 축의 공차역의 아래쪽에 있는 끼워맞춤

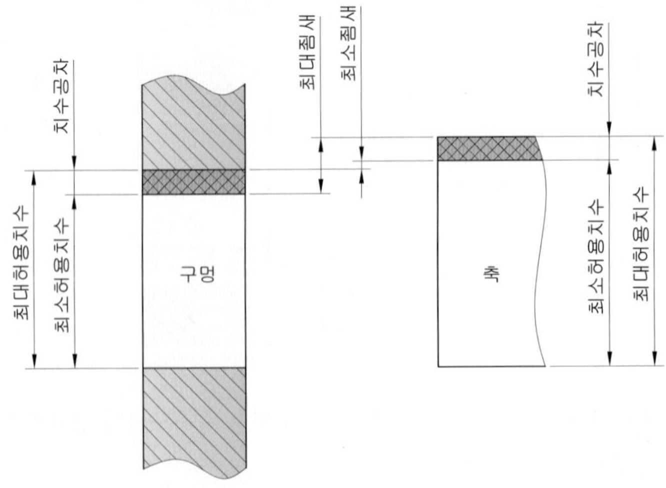

구멍 ø45 H7, 축 ø45 g6의 끼워맞춤

용어 구분	구멍	축
기준치수	ø45	ø45
기호와 공차등급	H7	p6
허용한계치수	ø45 +0.025 0	ø45 +0.035 +0.022
최대허용치수	ø45.025	ø45.035
최소허용치수	ø45.000	ø45.022
치수공차	0.025	0.013
최소 틈새	0.003 (축의 최소허용치수 45.022 – 구멍의 최대허용치수 45.025)	
최대 틈새	0.035 (축의 최대허용치수 45.035 – 구멍의 최소허용치수 45.000)	
끼워맞춤 종류	억지 끼워맞춤	

• **중간 끼워맞춤** : 조립하였을 때, 구멍과 축의 실 치수에 따라 틈새 또는 죔새의 어느 것이나 되는 끼워맞춤. 즉, 도시된 경우에 구멍 및 축의 공차역이 완전히 또는 부분적으로 겹치는 끼워맞춤

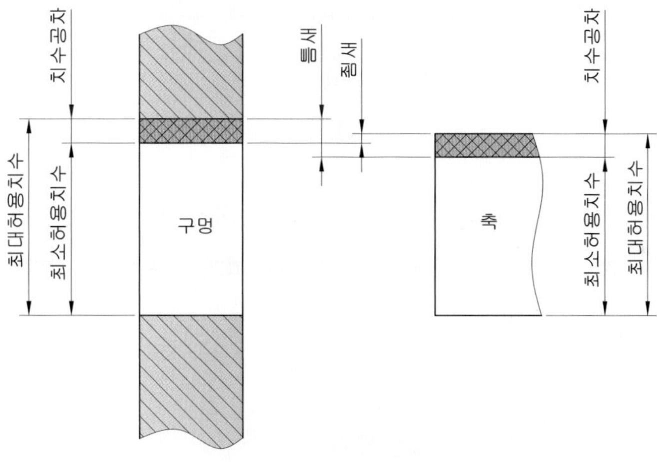

구멍 ø40 H7, 축 ø40 m6의 끼워맞춤

용어 구분	구멍	축
기준치수	ø40	ø40
기호와 공차등급	H6	m6
허용한계치수	ø40 +0.016 0	ø40 +0.025 +0.009
최대허용치수	ø40.016	ø40.025
최소허용치수	ø40.000	ø40.009
치수공차	0.016	0.016
최소 틈새	0.007 (구멍의 최대허용치수 40.016 – 축의 최소허용치수 40.009)	
최대 틈새	0.025 (축의 최대허용치수 45.025 – 구멍의 최소허용치수 40.000)	
끼워맞춤 종류	중간 끼워맞춤	

• **끼워맞춤의 변동량** : 조립하는 구멍 및 축의 치수 공차의 대수합

• **끼워맞춤 방식** : 어떤 치수공차 방식에 속하는 구멍 및 축에 따라 구성되는 끼워맞춤의 방식

• **구멍 기준 끼워맞춤** : 여러 개의 공차역 클래스의 축과 1개의 공차역 클래스의 구멍을 조립하는데에 따라 필요한 틈새 또는 죔새를 주는 끼워맞춤 방식. 이 표준에서는 구멍의 최소 허용치수가 기준치수와 같다. 즉, 구멍의 아래 치수 허용차가 '0'인 끼워맞춤 방식

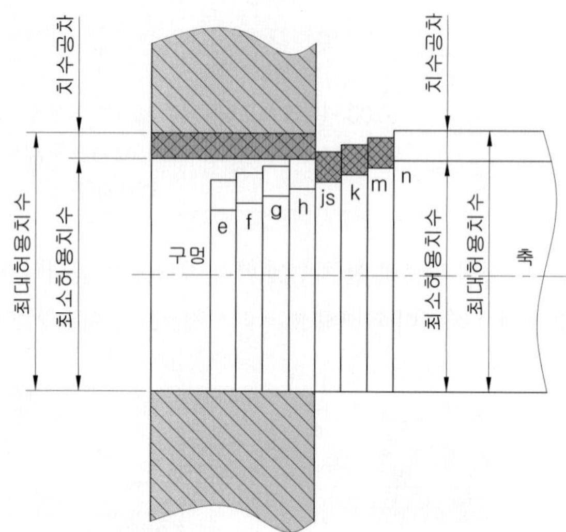

• **축 기준 끼워맞춤** : 여러개의 공차역 클래스의 구멍과 1개의 공차역 클래스의 축을 조립하는데 따라 필요한 틈새 또는 죔새를 주는 끼워맞춤 방식. 이 표준에서는 축의 최대 허용 치수가 기준 치수와 같다. 즉, 축의 위 치수 허용차가 '0'인 끼워맞춤 방식

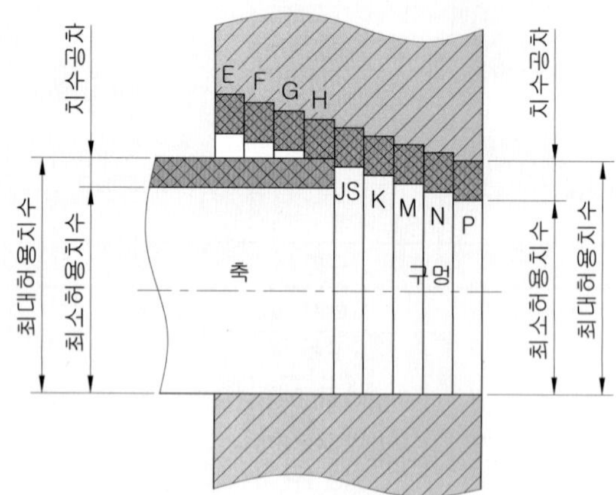

• **기준 구멍** : 구멍 기준 끼워맞춤에서 기준으로 선택한 구멍. 이 표준에서는 아래 치수 허용차가 '0'인 구멍

• **기준 축** : 축 기준 끼워맞춤에서 기준으로 선택한 축. 이 표준에서는 위 치수 허용차가 '0'인 축

LESSON 03 공차 등급

공차 등급은 예를 들면 IT7과 같이 기호 IT에 등급을 나타내는 숫자를 붙여서 나타낸다.

LESSON 04 공차역의 위치

구멍의 공차역의 위치는 A부터 ZC까지의 **대문자** 기호로 **축**의 공차역의 위치는 a부터 zc까지의 **소문자** 기호로 나타낸다. 다만, 혼동을 피하기 위해서 다음 문자는 사용하지 않는다.(I, L, O, Q, W, i, l, o, q, w)

[비고] 보기를 들면, 공차역의 위치 H의 구멍을 약하여 H 구멍, 공차역의 위치 h의 축을 약하여 h축 등으로 부른다.

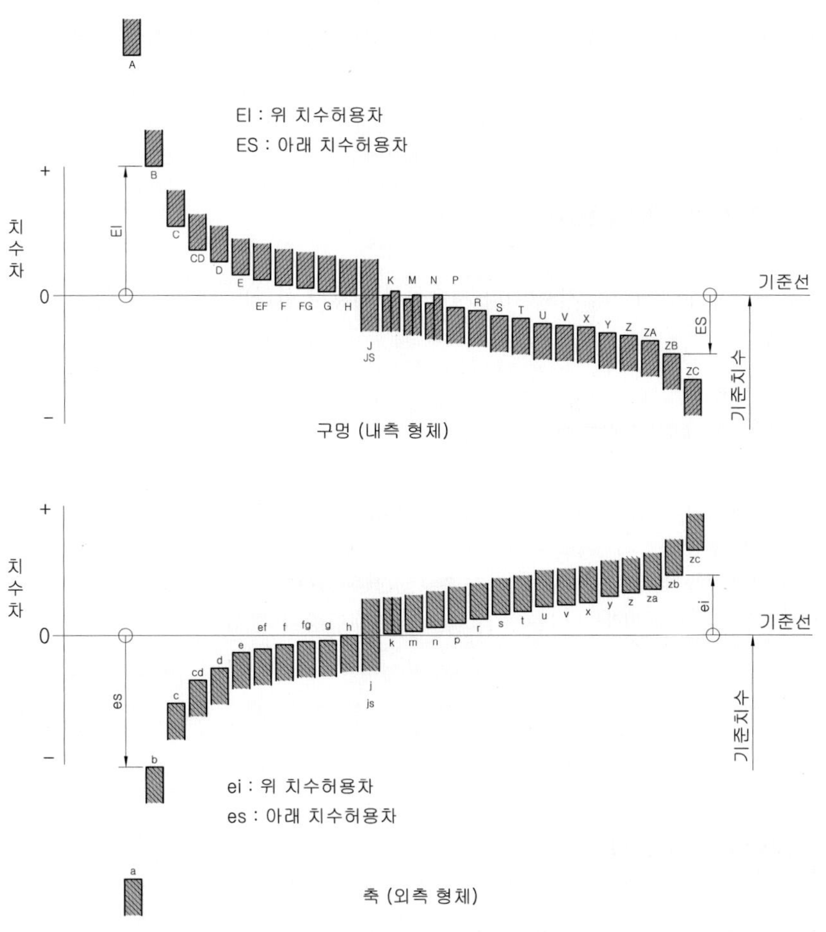

[비고] 일반적으로 기초가 되는 치수 허용차는 기준선에 가까운 쪽의 허용 한계치수를 규정하고 있는 치수 허용차이다.

LESSON 05 공차역 클래스

공차역 클래스는 공차역의 위치의 기호에 공차 등급을 나타내는 숫자를 계속하여 표시한다.

[보기] 구멍의 경우 H7, 축의 경우 h7

LESSON 06 치수 허용차

① **위 치수 허용차** : 구멍의 위 치수 허용차는 기호 ES에 따라, 축의 위 치수 허용차는 기호 es에 따라 표시한다.

② **아래 치수 허용차** : 구멍의 아래 치수 허용차는 기호 EI에 따라, 축의 아래 치수 허용차는 기호 ei에 따라 표시한다.

LESSON 07 치수 허용한계의 표시

치수의 허용한계는 공차역 클래스의 기호(이하 치수공차 기호라 한다)또는 치수 허용차의 값을 기준 치수에 계속하여 표시한다.

[보기] 32H7 80js 100g6 $100^{-0.012}_{-0.034}$

[비고] ① 텔렉스 등의 한정된 문자수의 장치로 통신할 경우에는 구멍과 축을 구별하기 위해서 구멍에 대해서는 H 또는 h를 축에 대해서는 S 또는 s를 기준 치수의 앞에 붙인다.

예 50H 5는 H50H5 또는 h50h5로 하고, 50h 6은 S50H6 또는 s50h6으로 한다.

② 치수의 허용 한계를 허용 한계치수에 따라 나타내는 수가 있다. 이 경우 최대허용치수를 위의 위치에 최소허용치수를 아래의 위치에 겹쳐서 표시한다.

예 99.988
99.966

LESSON 08 끼워맞춤의 표시

끼워맞춤은 구멍 및 축의 공통 기준치수에 구멍의 치수 공차 기호와 축의 치수 공차 기호를 계속하여 표시한다.

[보기] 52H7/g6 52H7–g6 또는 $52\frac{H7}{g6}$

[비고] 텔렉스 등의 한정된 문자수의 장치로 통신하는 경우에는 구멍과 축을 구별하기 위해 구멍과 축에 대하여 기준치수를 표시함과 동시에 구멍에 대해서는 H 또는 h를 축에 대해서는 S 또는 s를 붙인다.

예 52H7/g6은 H52 H7/S52G6 또는 h52h/s52g6으로 한다.

LESSON 09 기준치수의 구분

기본 공차와 기초가 되는 치수 허용차는 각각의 기준치수에 대해 개별로 계산하는 것이 아니고 아래 표의 기준치수의 구분마다 그 구분을 구분하는 2개의 치수 D_1및 D_2의 기하 평균 D로부터 계산한다.

$$D=\sqrt{D_1 \times D_2}$$

[비고] 최초의 기준치수의 구분(3mm 이하)의 D는 1mm와 3mm의 기하평균, 즉 1.732mm로 한다.

기준치수의 구분

500mm 이하의 기준치수							
일반 구분		상세한 구분 ①		일반 구분		상세한 구분 ②	
초과	이하	초과	이하	초과	이하	초과	이하
–	3	상세히 구분하지 않는다.		500	630	500 560	560 630
3	6			630	800	630 710	710 800
6	10			800	1000	800 900	900 1000
10	18	10 14	14 18	1000	1250	1000 1120	1120 1250
18	30	18 24	24 30	1250	1600	1250 1400	1400 1600
30	50	30 40	40 50	1600	2000	1600 1800	1800 2000
50	80	50 65	65 80	2000	2500	2000 2240	2240 2250
80	120	80 100	100 120	2500	3150	2500 2800	2800 3150
120	180	120 140 160	140 160 180				
180	250	180 200 225	200 225 250				
250	315	250 280	280 315				
315	400	315 355	355 400				
400	500	400 450	450 500				

[주]

① 이들은 A~C 구멍 및 R~ZC 구멍 또는 a~c축 및 r~zc 축의 치수 허용차에 사용한다.

② 이들은 R~U 구멍 및 r~u 축의 치수 허용차에 사용한다. (구멍 및 축의 기초가 되는 치수허용차의 수치 참조)

LESSON 10 일반 공차

일반공차(보통공차)란 특별히 정밀도가 요구되지 않는 부분에 일일이 치수공차를 기입하지 않고 정해진 치수 범위 내에서 일괄적으로 공차를 적용할 목적으로 규정된 것이다.

일반공차를 적용함으로써 설계자는 특별한 정밀도를 필요로 하지 않는 치수의 공차까지 고민하고 결정해야 하는 수고를 덜 수 있다. 또, 제도자는 모든 치수에 일일이 공차를 기입하지 않아도 되며 도면이 훨씬 간단하고 명료해진다.

뿐만 아니라 비슷한 기능을 가진 부분들의 공차 등급이 설계자에 관계없이 동일하게 적용되므로 제작자가 효율적인 부품을 생산할 수가 있다.

도면을 보면 대부분의 치수는 특별한 정밀도를 필요로 하지 않기 때문에 치수 공차가 따로 규제되어 있지 않은 경우를 흔히 볼 수 있을 것이다.

적용 범위

일반공차는 KS B ISO 2768-1:2002(2007확인)에 따르면 이 규격은 제도 표시를 단순화하기 위한 것으로 공차 표시가 없는 선형 및 치수에 대한 일반공차를 4개의 등급(f, m, c, v)으로 나누어 규정하고, 일반공차는 금속 파편이 제거된 제품 또는 박판 금속으로 형성된 제품에 대하여 적용한다고 규정되어 있다.

① 선형치수 : 예를 들면 외부 크기, 내부 크기, 눈금 크기, 지름, 반지름, 거리, 외부 반지름 및 파손된 가장자리의 모따기 높이

② 일반적으로 표시되지 않는 각도를 포함하는 각도. 예를 들면 ISO 2768-2에 따르지 않거나 또는 정다각형의 각도가 아니라면 직각(90°)

③ 부품을 가공하여 만든 선형 및 각도 치수(이 규격은 다음의 치수에는 적용하지 않는다)

- 일반 공차에 대하여 다른 규격으로 대신할 수 있는 선형 및 각도 치수
- 괄호 안에 표시된 보조 치수
- 직사각형 프레임에 표시된 이론적으로 정확한 치수

[주기 예]

1. 일반공차
   가) 가공부 : KS B ISO 2768-m
   나) 주강부 : KS B 0418 보통급
   다) 주조부 : KS B 0250 CT-11

- 일반공차의 도면 표시 및 공차등급 : KS B ISO 2768-m
  m은 아래 표에서 볼 수 있듯이 공차등급을 중간급으로 적용하라는 지시인 것을 알 수 있다.

모따기를 제외한 선 치수에 대한 허용 편차

공차 등급		기본 크기 범위에 대한 허용편차(mm)							
호칭	설명	0.5에서 3 이하	3 초과 6 이하	6 초과 30 이하	30 초과 120 이하	120 초과 400 이하	4000 초과 1000 이하	1000 초과 2000 이하	2000 초과 4000 이하
f	정밀	±0.05	±0.05	±0.1	±0.15	±0.2	±0.3	±0.5	–
m	중간	±0.1	±0.1	±0.2	±0.3	±0.5	±0.8	±1.2	±2.0
c	거칠	±0.2	±0.3	±0.5	±0.8	±1.2	±2.0	±3.0	±4.0
v	매우 거칠	–	±0.5	±1.0	±1.5	±2.5	±4.0	±6.0	±8.0

[비고] 0.5mm 미만의 공칭 크기에 대해서는 편차가 관련 공칭 크기에 근접하게 표시되어야 한다.

모따기를 포함한 허용 편차(모서리 라운딩 및 모따기 치수)

공차 등급		기본 크기 범위에 대한 허용편차(mm)		
호칭	설명	0.5 에서 6 이하	3 초과 6 이하	6 초과
f	정밀	±0.2	±0.5	±1
m	중간			
c	거칠	±4.0	±1	±2
v	매우 거칠			

[모따기를 제외한 선 치수에 대한 허용 편차] 표를 참고로 공차등급을 m(중간)급으로 선정했을 경우의 보통허용차가 적용된 상태의 치수표기를 예로 들어보겠다. 일반공차는 공차가 별도로 붙어있지 않은 치수수치에 대해서 어느 지정된 범위안에서 +측으로 만들어지든 –측으로 만들어지든 관계없는 공차범위를 의미한다.

일반공차의 적용 해석

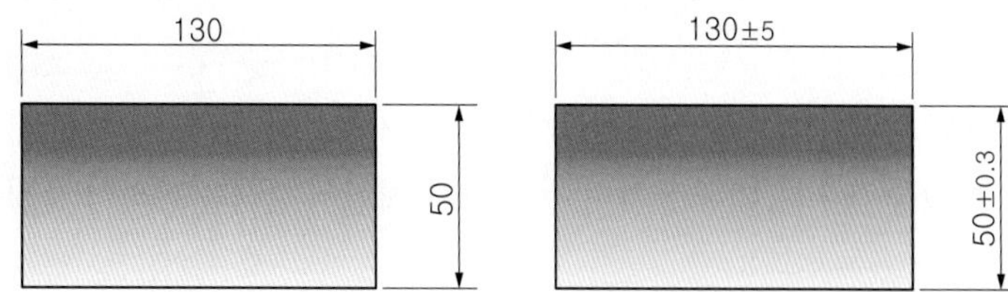

각도 치수의 허용 편차

각도 단위에 규정된 일반 공차는 편차가 아니라 표면의 선 또는 선 요소의 일반적인 방향만을 나타낸다. 실제표면으로부터 유도된 선의 방향은 이상적인 기하학적 형태의 접선의 방향이다. 접선과 실제 선 사이의 최대 거리는 최소 허용값이어야 하며, 각도 치수의 허용 편차는 다음 표를 따른다.

공차 등급		짧은 면의 각과 관련된 길이 범위에 대한 허용 편차(mm)				
호칭	설명	10 이하	10 초과 50 이하	50 초과 120 이하	120 초과 400 이하	400 초과
f	정밀	±1°	±1°30'	±1°20'	±1°10'	±1°5'
m	중간					
c	거침	±1°30'	±1°	±0°30'	±0°15'	±0°10'
v	매우 거침	±3°	±2°	±1°	±0°30'	±0°20'

선형 및 각도 치수의 일반 공차 이면의 개념

① 특정한 공차값 이상으로 공차를 크게 하는 것은 경제적인 측면에서 이득이 없다. 예를 들면 35mm의 지름 을 가진 형체는 '관습상의 공장 정밀도'를 가진 공장에서 높은 수준으로 제조될 수 있다. 위와 같이 특별한 공장에서는 ±1mm의 공차를 규정하는 것이 ±0.3mm의 일반 공차 수치가 충분히 충족되기 때문에 이익이 없다. 그러나 기능적인 이유로 인해 형체가 '일반 공차'보다 작은 공차를 요구하는 경우 이러한 형체는 크기 또는 각도를 규정한 치수 가까이에 작은 공차를 표시하는 것이 바람직하다. 이런 공차의 유형은 일반 공차의 적용 범위 외에 있다. 기능이 일반 공차와 동일하거나 일반 공차보다 큰 공차를 허용하는 경우 공차는 치수에 가까이 표시하는 것이 아니라 도면에 설명되는 것이 바람직하다. 이러한 공차의 유형은 일반공차의 개념을 사용하는 것이 가능하다. 기능이 일반 공차보다 큰 공차를 허용하는 '규정의 예외'가 있으며, 제조상의 경제성 문제이다. 이와 같이 특별한 경우에 큰 공차는 특정 형체의 치수에 가까이 표시되는 것이 바람직하다. (예를 들면 조립체에 뚫린 블라인드 구멍의 깊이)

② 일반 공차 사용시 장점

- 도면을 읽는 것이 쉽고, 사용자에게 보다 효과적으로 의사를 전달하게 된다.
- 일반공차보다 크거나 동일한 공차를 허용하는 것을 알고 있기 때문에 설계자가 상세한 공차 계산을 할 필요가 없으며 시간을 절약할 수 있다.
- 도면은 형상이 이미 정상적인 수행 능력으로 생성될 수 있다는 것을 표시하며 검사 수준을 감소시켜 품질을 향상시킨다.
- 대부분의 경우 개별적으로 표시된 공차를 가지는 치수는 상대적으로 작은 공차를 요구하며, 이로 인해 생산시 주의를 하게 한다. 이것은 생산 계획을 세우는 데 유용하며 검사 요구 사항의 분석을 통하여 품질을 향상시킨다.
- 계약 전에 '관습상의 공장 정밀도'가 알려져 있기 때문에 구매 및 하청 기술자가 주문을 협의할 수 있다. 이러한 관점에서 도면이 완전하기 때문에 구매자와 공급자 사이의 논쟁을 피할 수 있다. 위의 장점들은 일반공차가 초과되지 않을 것이라는 충분한 신뢰성이 있는 경우, 즉 특정 공장의 관습상 공장 정밀도가 도면상에 표시된 일반 공차와 동일하거나 일반 공차보다 양호한 경우에만 얻어진다.

그러므로 작업장은,

- 그의 관습상 작업장 정밀도가 무엇인지를 계측 작업으로 알아내고
- 관습상 작업장 정밀도와 동일하거나 관습상 공장 정밀도보다 큰 일반 공차를 가지는 도면만을 인정하며
- 관습상 작업장 정밀도가 저하되지 않는다는 것을 샘플링 작업으로 조사한다.

모든 불확도 및 오해로 한정되지 않는 '훌륭한 장인 정신'에 의지하는 것은 일반적인 기하학적 공차의 개념에서는 더 이상 불필요하다. 일반적인 기하학적 공차는 '훌륭한 장인 정신'의 요구 정밀도를 정의한다.

③ 기능이 허용하는 공차는 종종 일반 공차보다 크다. 이에 따라 일반공차가 작업편의 어떠한 형상에서 초과되는 경우 그 부분의 기능이 항상 손상되는 것은 아니다. 일반 공차를 초과하는 작업편은 기능이 손상되는 경우에만 거부하는 것이 바람직하다.

LESSON 11 중심거리 허용차

1. 적용 범위

이 규격은 다음에 표시하는 중심거리의 허용차(이하 허용차라 한다)에 대하여 규정한다.

① 기계 부분에 뚫린 두 구멍의 중심거리
② 기계 부분에 있어서 두 축의 중심거리
③ 기계 부분에 가공된 두 홈의 중심거리
④ 기계 부분에 있어서 구멍과 축, 구멍과 홈 또는 축과 홈의 중심거리

[비고] 여기서 구멍, 축 및 홈은 그 중심선에 서로 평행하고, 구멍과 축은 원형 단면이며, 테이퍼(Taper)가 없고, 홈은 양 측면이 평행한 조건이다.

2. 중심거리

구멍, 축 또는 홈의 중심선에 직각인 단면 내에서 중심부터 중심까지의 거리

3. 등급

허용차의 등급은 1급~4급까지 4등급으로 한다. 또 0등급을 참고로 아래 표에 표시한다.

4. 허용차

허용차의 수치는 아래 표를 따른다.

중심거리 허용차 (단위 : μm)

중심 거리 구분(mm) \ 등급		0급 (참고)	1급	2급	3급	4급(mm)
초과	이하					
–	3	±2	±3	±7	±20	±0.05
3	6	±3	±4	±9	±24	±0.06
6	10	±3	±5	±11	±29	±0.08
10	18	±4	±6	±14	±35	±0.09
18	30	±5	±7	±17	±42	±0.11
30	50	±6	±8	±20	±50	±0.13
50	80	±7	±10	±23	±60	±0.15
80	120	±8	±11	±27	±70	±0.18
120	180	±9	±13	±32	±80	±0.20
180	250	±10	±15	±36	±93	±0.23
250	315	±12	±16	±41	±105	±0.26
315	400	±13	±18	±45	±115	±0.29
400	500	±14	±20	±49	±125	±0.32
500	630	–	±22	±55	±140	±0.35
630	800	–	±25	±63	±160	±0.40
800	1000	–	±28	±70	±180	±0.45
1000	1250	–	±33	±83	±210	±0.53
1250	1600	–	±39	±98	±250	±0.63
1600	2000	–	±46	±120	±300	±0.75
2000	2500	–	±55	±140	±350	±0.88
2500	3150	–	±68	±170	±430	±1.05

Section

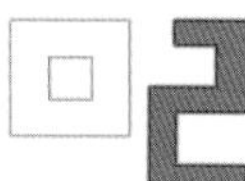

IT 기본 공차

LESSON 01 IT 기본 공차의 값

ISO 공차방식에 따른 기본공차로서 치수공차와 끼워맞춤에 있어서 정해진 모든 치수공차를 의미하는 것으로 IT기본공차 또는 IT라고 호칭하고, 국제 표준화 기구(ISO)공차 방식에 따라 분류하며, IT01 부터 IT18 까지 20 등급으로 구분하여 KS B 0401에 규정하고 있다.

3150mm 까지의 기준 치수에 대한 공차 등급 IT의 수치 [KS B ISO 286-1]

기준치수의 구분(mm)		IT 공차 등급																			
		IT 01	IT 0	IT 1	IT 2	IT 3	IT 4	IT 5	IT 6	IT 7	IT 8	IT 9	IT 10	IT 11	IT 12	IT 13	IT 14	IT 15	IT 16	IT 17	IT 18
초과	이하	기본 공차의 수치 (μm)																			
–	3	0.3	0.5	0.8	1.2	2	3	4	6	10	14	25	40	60	0.1	0.14	0.25	0.40	0.6	1.0	1.4
3	6	0.4	0.6	1	1.5	2.5	4	5	8	12	18	30	48	75	0.12	0.18	0.30	0.48	0.75	1.2	1.8
6	10	0.4	0.6	1	1.5	2.5	4	6	9	15	22	36	58	90	0.15	0.22	0.36	0.58	0.9	1.5	2.2
10	18	0.5	0.8	1.2	2	3	5	7	11	18	27	43	70	110	0.18	0.27	0.43	0.70	1.1	1.8	2.7
18	30	0.6	1.0	1.5	2.5	4	6	8	13	21	33	52	84	130	0.21	0.33	0.52	0.84	1.3	2.1	3.3
30	50	0.6	1.0	1.5	2.5	4	7	11	16	25	39	62	100	160	0.25	0.39	0.62	1.0	1.6	2.5	3.9
50	80	0.8	1.2	2	3	5	8	13	19	30	46	74	120	190	0.30	0.46	0.74	1.2	1.9	3.0	4.6
80	120	1.0	1.5	2.5	4	6	10	15	22	35	54	87	140	220	0.35	0.54	0.87	1.4	2.2	3.5	5.4
120	180	1.2	2.0	3.5	5	8	12	18	25	40	63	100	160	250	0.40	0.63	1	1.6	2.5	4.0	6.3
180	250	2.0	3.0	4.5	7	10	14	20	29	46	72	115	185	290	0.46	0.72	1.15	1.85	2.9	4.6	7.2
250	315	2.5	4.0	6	8	12	16	23	32	52	81	130	210	320	0.52	0.81	1.30	2.1	3.2	5.2	8.1
315	400	3.0	5.0	7	9	13	18	25	36	57	89	140	230	360	0.57	0.89	1.40	2.3	3.6	5.7	8.9
400	500	4.0	6.0	8	10	15	20	27	40	63	97	155	250	400	0.63	0.97	1.55	2.5	4.0	6.3	9.7
500	630	–	–	9	11	16	22	30	44	70	110	175	280	440	0.70	1.10	1.75	2.8	4.4	7	11
630	800	–	–	10	13	18	25	35	50	80	125	200	320	500	0.80	1.25	2	3.2	5.0	8	12.5
800	1000	–	–	11	15	21	29	40	56	90	140	230	360	560	0.90	1.40	2.3	3.6	5.6	9	14
1000	1250	–	–	13	18	24	34	46	66	105	165	260	420	660	1.05	1.65	2.6	4.2	6.6	10.5	16.5
1250	1600	–	–	15	21	29	40	54	78	125	195	310	500	780	1.25	1.95	3.1	5	7.8	12.5	19.5
1600	2000	–	–	18	25	35	48	65	92	150	230	370	600	920	1.5	2.30	3.7	6	9.2	15	23
2000	2500	–	–	22	30	41	57	77	110	175	280	440	700	1100	1.75	2.80	4.4	7	11	17.5	28
2500	3150	–	–	26	36	50	69	93	135	210	330	540	860	1350	2.10	3.30	5.4	8.6	13.5	21	33

[주] ① 공차 등급 IT14~IT18은 기준치수 1mm 이하의 기준 치수에 대하여 사용하지 않는다.
② 500mm를 초과하는 기준 치수에 대한 공차 등급 IT1~IT5의 공차값은 실험적으로 사용하기 위한 잠정적인 것이다.
③ 구멍의 IT 등급은 축의 IT 등급보다 한 등급 위의 것을 적용한다. 예를 들어 축이 IT6이면 구멍은 IT7을 적용하는데 이는 구멍이 축보다 가공이나 측정이 어렵기 때문이다.

IT(International Tolerance) 공차등급의 적용

용도	축	구멍
게이지 제작공차	IT 01 ~ IT 4	IT 01 ~ IT 5
일반 끼워맞춤 공차	IT 5 ~ IT 9	IT 6 ~ IT 10
끼워맞춤 이외의 공차	IT 10 ~ IT 18	IT 11 ~ IT 18

IT공차 등급별 적용 용도

IT 등급	주요 적용 용도
IT 01	고급 정밀 표준 게이지(Gauge)류
IT 0	고급 정밀 표준 게이지(Gauge)류, 고급 단도기(End Standard)
IT 1	표준게이지, 단도기(End Standard)
IT 2	고급게이지, 플러그 게이지 (Plug Gauge)
IT 3	양질의 게이지, 스냅 게이지 (Snap Gauge)
IT 4	게이지, 일반 래핑 (Lapping) 또는 슈퍼피니싱 (Super Finishing) 가공
IT 5	볼베어링, 머신래핑, 정밀 보링, 정밀 연삭, 호닝가공
IT 6	연삭, 보링, 핸드리밍
IT 7	정밀 선삭, 브로칭, 호닝 및 연삭의 일반작업
IT 8	센터작업에 의한 선삭, 보링, 일반 기계 리밍, 터렛 및 자동선반 가공 제품
IT 9	터렛 및 자동선반에 의한 일반가공품, 보통 보링작업, 수직선반, 정밀 밀링작업
IT 10	일반 밀링 작업, 셰이빙, 슬로팅, 플레이너 가공, 드릴링, 압연 및 압출 제품
IT 11	황삭 기계가공, 정밀인발, 파이프, 펀칭, 프레스, 구멍가공
IT 12	일반 Pipe 및 봉 프레스 제품
IT 13	Press 제품, 압연 제품
IT 14	금형, 다이캐스팅, 고무형 Press, 셀몰딩 주조품
IT 15	형단조, 셀몰딩 주조, 시멘트 주조
IT 16	일반 주물 및 불꽃(Gas) 절단품

IT 기본공차 등급과 가공방법과의 관계

가공법	IT 기본 공차 등급							
	4	5	6	7	8	9	10	11
래핑, 호닝								
원통 연삭								
평면 연삭								
다이아몬드 선삭								
다이아몬드 보링								
브로우칭								
분말 압착								
리 밍								
선 삭								
분말 야금								
보 링								
밀 링								
플레이너, 셰이핑								
드릴링								
펀 칭								
다이캐스팅								

Section

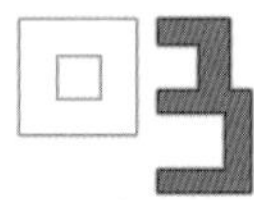

끼워맞춤 공차

끼워맞춤(fit)이란 두 개의 기계부품이 서로 끼워맞추기 전의 치수차에 의하여 틈새 및 죔새를 갖고 상호 조립되는 관계를 말한다. 기계부품에는 구멍(Hole)과 축(Shaft)이 서로 결합되는 경우가 많으며, 사용 목적과 요구 기능에 따라 헐거운 끼워맞춤, 중간 끼워맞춤, 억지 끼워맞춤의 3가지 방법으로 구멍과 축이 결합되는 상태를 말하며 끼워맞춤에 대한 규격이 KS B 0401에 규격으로 정해져 있다.

LESSON 01 끼워맞춤의 두가지 요소

① 구멍 또는 축의 표준 공차 등급

② IT등급 : 도면에 끼워맞춤을 지시할 때는 기준치수 다음에 이 두 가지 요소를 함께 표기해야 한다.

- Ø25H7 : Ø25는 **기준치수**이고, H는 **구멍의 표준 공차 등급**, 7은 **IT 등급**을 나타낸다.
- Ø25g6 : Ø25는 **기준치수**이고, g는 **축의 표준 공차 등급**, 6은 **IT 등급**을 나타낸다.

ISO 공차방식에 따른 기본공차로서 치수공차와 끼워맞춤에 있어서 정해진 모든 치수공차를 의미하는 것으로 IT기본공차 또는 IT라고 호칭하고, 국제 표준화 기구(ISO)공차 방식에 따라 분류하고 있으며, KS규격 KS B 0401에 의하면 0[mm] 초과 500[mm] 이하인 범위의 치수는 IT01, IT0, IT1 부터 IT18까지 20등급으로 분류하고, 500[mm] 초과 3150[mm] 이하인 범위의 치수는 IT1 부터 IT18까지 18등급으로 분류한다. 일반적으로 IT1~IT18의 등급이 사용된다.

구멍 또는 축의 표준 공차 등급과 IT 등급을 합해서 **공차 등급**(tolerance grade)이라 부르기도 한다.

LESSON 02 끼워맞춤 공차의 적용 요령

기계에 조립되는 각 부품의 기능과 작동상태를 고려하여, 가공법과 표준 부품의 적용 여부에 다라서 구멍 기준 끼워맞춤 방식이나 축 기준 끼워맞춤 방식으로 선택하여 적용한다.

① 구멍 기준 끼워맞춤이나 축 기준 끼워맞춤 방식을 같이 적용시키는 것이 편리할 때는 아래 ②와 ③의 방식을 혼합 사용이 가능하다.

② 구멍이 축보다 가공이나 측정이 어려우므로 구멍 기준 끼워맞춤을 선택하여 적용하는 것이 편리하며, 일반적으로 기계 설계 도면 작성시 적용하고 있다.

③ 주로 표준부품을 많이 적용하는 경우와 그 기능상 필요한 설계 도면에서는 축 기준 끼워맞춤 방식을 적용한다.

LESSON 03 상용하는 끼워맞춤

상용하는 끼워맞춤은 H수멍을 기준 구멍으로 하고, 이에 적당한 축을 선택하여 필요한 죔쇄 또는 틈새를 주는 끼워맞춤(구멍 기준 끼워맞춤) 또는 h축을 기준 축으로 하여 이것에 적당한 구멍을 선택하여 필요한 죔쇄 또는 틈새를 주는 끼워맞춤으로(축 기준 끼워맞춤)의 어느 것으로 한다. 기준치수 500mm 이하의 상용하는 끼워맞춤에 사용하는 구멍 · 축의 조립은 아래 표와 같다.

1. 상용하는 구멍 기준 끼워맞춤

기준 구멍	축의 공차역 클래스 (축의 종류와 등급)																
	헐거운 끼워맞춤							중간 끼워 맞춤			억지 끼워 맞춤						
H6						g5	h5	js5	k5	m5							
					f6	g6	h6	js6	k6	m6	n6[1]	p6[1]					
H7					f6	g6	h6	js6	k6	m6	n6	p6[1]	r6[1]	s6	t6	u6	x6
				e7	f7		h7	js7									
H8					f7		h7										
				e8	f8		h8										
			d9	e9													
H9			d8	e8			h8										
		c9	d9	e9			h9										
H10	b9	c9	d9														

[주] 1. [1]로 표시한 끼워맞춤은 치수의 구분에 따라 예외가 생긴다.

2. 중간 끼워맞춤 및 억지 끼워맞춤에서는 기능을 확보하기 위해 선택조합을 하는 경우가 많다.

[참고]

- 공차등급 : 치수공차 방식, 끼워맞춤 방식으로 전체의 기준 치수에 대하여 동일 수준에 속하는 치수공차의 일군을 의미한다. (예: IT7과 같이, IT에 등급을 표시하는 숫자를 붙여 표기함)
- 공차역 : 치수공차를 도시하였을때, 치수공차의 크기와 기준선에 대한 위치에 따라 결정하게 되는 최대 허용치수와 최소 허용치수를 나타내는 2개의 직선 사이의 영역을 의미한다.
- 공차역클래스 : 공차역의 위치와 공차 등급의 조합을 의미한다.

• H7의 기준 구멍이 가장 많은 축의 공차역 클래스(f6~x6, e7~js7)가 규정되어, 이용 범위가 가장 넓다.

2. 상용하는 구멍 기준 끼워맞춤

기준 축	구멍의 공차역 클래스 (구멍의 종류와 등급)																
	헐거운 끼워맞춤							중간 끼워 맞춤			억지 끼워 맞춤						
h5							H6	JS6	K6	M6	N6[1]	P6					
h6					F6	G6	H6	JS6	K6	M6	N6	P6[1]					
					F7	G7	H7	JS7	K7	M7	N7	P7[1]	R7	S7	T7	U7	X7
h7				E7	F7		H7										
					F7		H8										
h8			D8	E8	F8		H8										
			D9	E9	F8		H9										
h9			D8	E8			H8										
		C9	D9	E9			H9										
	B10	C10	D10														

[주] 1. [1]로 표시한 끼워맞춤은 치수의 구분에 따라 예외가 생긴다.

2. 중간 끼워맞춤 및 억지 끼워맞춤에서는 기능을 확보하기 위해 선택조합을 하는 경우가 많다.

[참고]

• 공차등급 : 치수공차 방식, 끼워맞춤 방식으로 전체의 기준 치수에 대하여 동일 수준에 속하는 치수공차의 일군을 의미한다. (예: IT7과 같이, IT에 등급을 표시하는 숫자를 붙여 표기함)

• 공차역 : 치수공차를 도시하였을때, 치수공차의 크기와 기준선에 대한 위치에 따라 결정하게 되는 최대 허용치수와 최소 허용치수를 나타내는 2개의 직선 사이의 영역을 의미한다.

• 공차역클래스 : 공차역의 위치와 공차 등급의 조합을 의미한다.

3. 구멍기준 끼워맞춤으로 하는 이유

① 구멍의 안지름보다 축의 바깥지름이 가공하기 쉽고, 검사(측정) 또한 용이하므로, 구멍의 지름을 "0"기준으로 하여 축지름을 조정하는 편이 좋다.

② 대량 생산 제품의 치수검사에 있어 구멍기준으로 하면 고가인 구멍용 한계게이지가 1개 필요하지만, 축기준으로 하게 되면, 구멍의 지름 공차마다 한계게이지가 필요하게 된다.

③ 구멍 다듬질용 리머가 구멍의 지름마다 필요하게 된다.

④ 열처리 연마봉은 h 공차역 등급으로 제작되어 있으므로, 외경가공을 할 필요없이 구멍기준의 끼워맞춤에 사용할 수가 있다.

LESSON 04 끼워맞춤의 종류 및 적용 예

1. 상용하는 구멍기준식 헐거운 끼워맞춤

기준 구멍	축의 공차역 클래스 (축의 종류와 등급)																
	헐거운 끼워맞춤							중간 끼워 맞춤			억지 끼워 맞춤						
H6						g5	h5	js5	k5	m5							
					f6	g6	h6	js6	k6	m6	n6[1)]	p6[1)]					
H7					f6	g6	h6	js6	k6	m6	n6	p6[1)]	r6[1)]	s6	t6	u6	x6
				e7	f7		h7	js7									

헐거운 끼워맞춤의 적용 예

구멍과 축이 결합할 때 항상 틈새가 발생하는 구멍기준식 헐거운 끼워맞춤의 관계에 대해서 알아보도록 하자. 위의 표에서 헐거운 끼워맞춤이 되는 기준구멍인 H7을 기준으로 축의 공차역이 IT6급의 경우 g5, h5, f6, g6, h6가 해당되며 IT7급의 경우 f6, g6, h6, e7, f7, h7의 공차역이 있다. 헐거운 끼워맞춤은 틈새가 거의 없는 정밀한 운동이 요구되는 부분에 적용한다.

구멍의 표준 공차 등급인 **H**는 상용하는 IT등급인 5~10급(**H5~H10**)까지의 치수허용공차를 보면 아래치수허용차가 항상 '**0**'이며 IT등급과 적용 치수가 커질수록 위 치수 허용차가 (+)측으로 커지는 것을 알 수 있다.

구멍의 공차 영역 등급 (단위 : ㎛ = 0.001mm)

치수구분(mm)		H					
초과	이하	H5	H6	H7	H8	H9	H10
–	3	+4 0	+6 0	+10 0	+14 0	+25 0	+40 0
3	6	+5 0	+8 0	+12 0	+18 0	+30 0	+48 0
6	10	+6 0	+9 0	+15 0	+22 0	+36 0	+58 0

10	14	+8 0	+11 0	+18 0	+27 0	+43 0	+70 0
14	18						
18	24	+9 0	+13 0	+21 0	+33 0	+52 0	+84 0
24	30						

편심구동장치

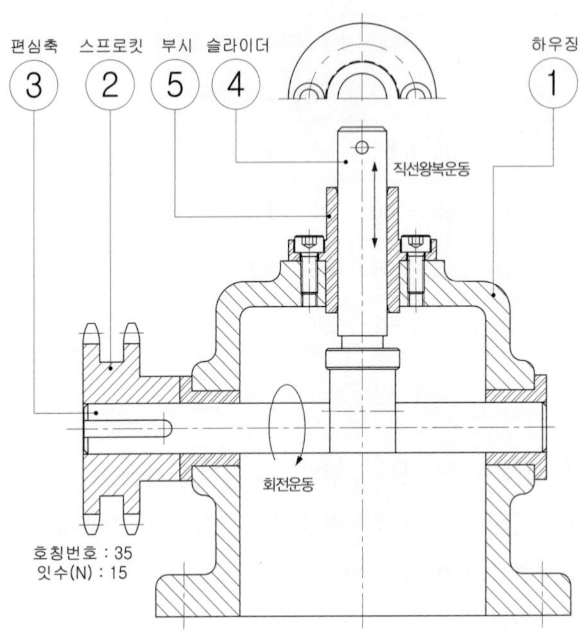

위의 편심구동장치에서 헐거운 끼워맞춤이 필요한 부품을 찾아보면 품번 ④ 슬라이더와 ⑤ 부시는 ③ 편심축이 회전운동을 하게 되면 상하로 왕복운동을 하는데 이런 곳에는된 헐거운 끼워맞춤을 적용한다.

우선 헐거운 끼워맞춤 중 자주 사용되는 **구멍 H7, 축 g6**의 관계를 알아보도록 하자.

품번 ① 하우징에 부시가 고정되어 ④ 슬라이더의 정밀한 운동을 안내해주는데 ⑤ 부시의 안지름은 **Ø12H7** (**Ø12.0~Ø12.018**)으로 기준치수 Ø12를 기준으로 아래치수 허용차는 '0'이며 위치수 허용차가 '+0.018' 이다. 부시의 안지름에 헐겁게 끼워맞춤되어 움직이는 슬라이더의 경우 **Ø12g6** (**Ø11.983~Ø11.994**)로 치수 Ø12를 기준으로 위,아래 치수허용차가 전부(-)측으로 되어있다.

결국 부시의 안지름이 최소허용치수인 Ø12.0으로 제작이 되고 축이 최대허용치수인 Ø11.994로 제작이 되었다고 하더라도 0.006의 틈새를 허용하고 있으므로 **H7/g6**와 같은 끼워맞춤 조합은 구멍과 축 사이에 항상 틈새를 허용하는 헐거운 끼워맞춤이 되는 것이다.

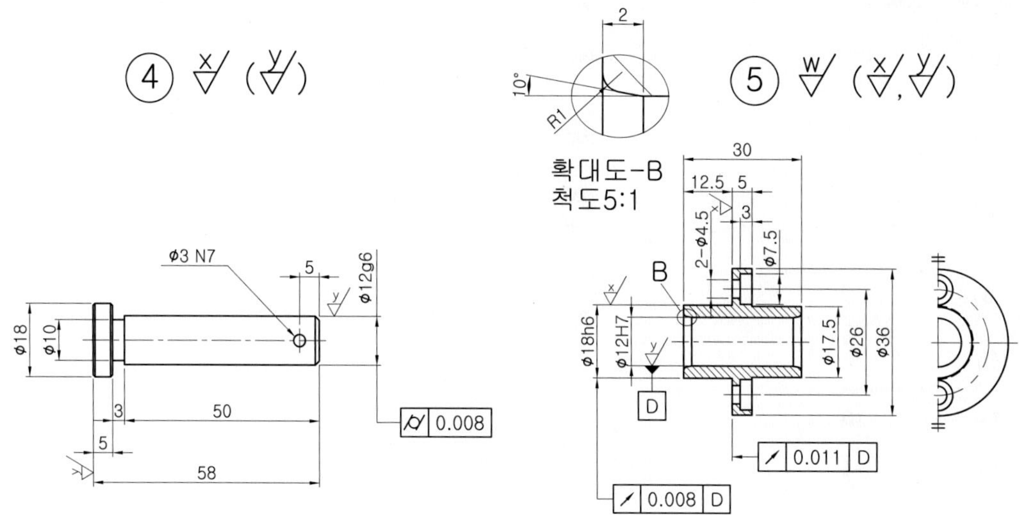

(단위 : ㎛ = 0.001mm)

치수구분(mm)		g		
초과	**이하**	**g4**	**g5**	**g6**
–	3	-2 -5	-2 -6	-2 -8
3	6	-4 -8	-4 -9	-4 -12
6	10	-5 -9	-5 -11	-5 -14
10	14	-6 -11	-6 -14	-6 -17
14	18			
18	24	-7 -13	-7 -16	-7 -20
24	30			

보다 원활한 운동을 위하여 H7/g6보다 틈새를 더 주어 헐겁게 해도 되는 경우는 H7/e7의 공차를 적용할 수도 있으며 부품의 기능과 용도에 따라 H8/f7 등의 여러 가지 조합도 적용할 수 있다.

(단위 : ㎛ = 0.001mm)

치수구분(mm)		e		
초과	이하	e7	e8	e9
–	3	−14 −24	−14 −28	−14 −29
3	6	−20 −32	−20 −38	−20 −50
6	10	−25 −40	−25 −47	−25 −61
10	14	−32 −50	−32 −59	−32 −75
14	18			
18	24	−40 −61	−40 −73	−40 −92
24	30			

2. 상용하는 구멍기준식 중간 끼워맞춤

기준 구멍	축의 공차역 클래스 (축의 종류와 등급)																
	헐거운 끼워맞춤							중간 끼워 맞춤			억지 끼워 맞춤						
H6						g5	h5	js5	k5	m5							
					f6	g6	h6	js6	k6	m6	n6[1)]	p6[1)]					
H7					f6	g6	h6	js6	k6	m6	n6	p6[1)]	r6[1)]	s6	t6	u6	x6
				e7	f7		h7	js7									

중간 끼워맞춤의 적용 예

중간 끼워맞춤은 구멍과 축에 주어진 공차에 따라 틈새가 생길수도 있고, 죔새가 생길수도 있는 끼워맞춤으로 구멍과 축의 실제 치수의 크기에 따라서 억지 끼워맞춤이 될 수도 있고 헐거운 끼워맞춤이 될 수도 있는 끼워맞춤 조합으로 조립 및 분해시에 해머나 핸드 프레스를 사용할 수 있을 정도이며 부품을 손상시키지 않고 분해 및 조립이 가능하다.

중간 끼워맞춤은 지그의 맞춤핀(다웰핀), 베어링 안지름에 끼워지는 축, 부품과 부품의 위치를 맞추는 위치결정 핀, 리머 볼트 등의 끼워맞춤에 적용한다.

리밍지그

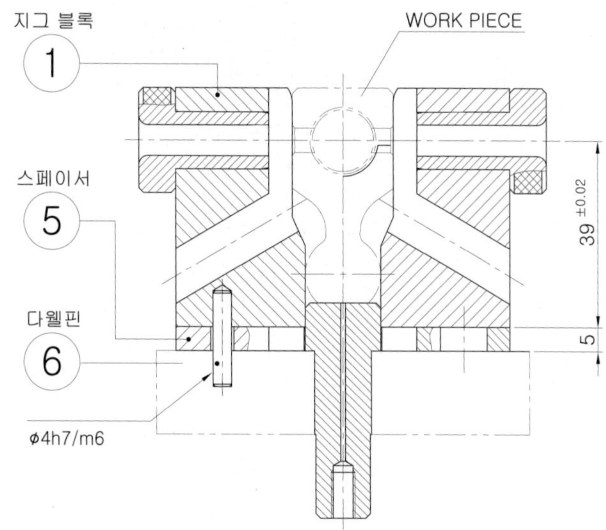

위의 리밍지그에서 품번 ② 지그블록과 하부 플레이트의 위치를 맞추는 기능을 하는 ⑥ 다웰핀의 사례를 보면 구멍은 **Ø4H7**, 다웰핀은 **Ø4m6**으로 되어 있다. 아래 치수 허용차와 위 치수 허용차 모두 +측의 공차로 주어진다. 구멍의 경우 치수 허용차가 4.0~4.012 이고, 다웰핀의 경우 치수 허용차가 4.004 ~ 4.012인데 만약 구멍이 최소 허용치수인 4.0으로 제작이 되고 다웰핀이 최대 허용치수인 4.012로 제작되었다면 0.012만큼의 죔새가 발생할 것이며 반대로 구멍이 최대 허용치수인 4.012로 제작되고 다웰핀이 최소 허용치수인 4.004로 제작되었다면 0.008만큼의 틈새가 발생하게 될 것이다. 따라서 제작되는 실제 치수에 따라 끼워맞춤시에 틈새가 발생할 수도 있고, 죔새가 발생할 수도 있는 끼워맞춤 조합이 된다.

중간끼워맞춤 적용 예

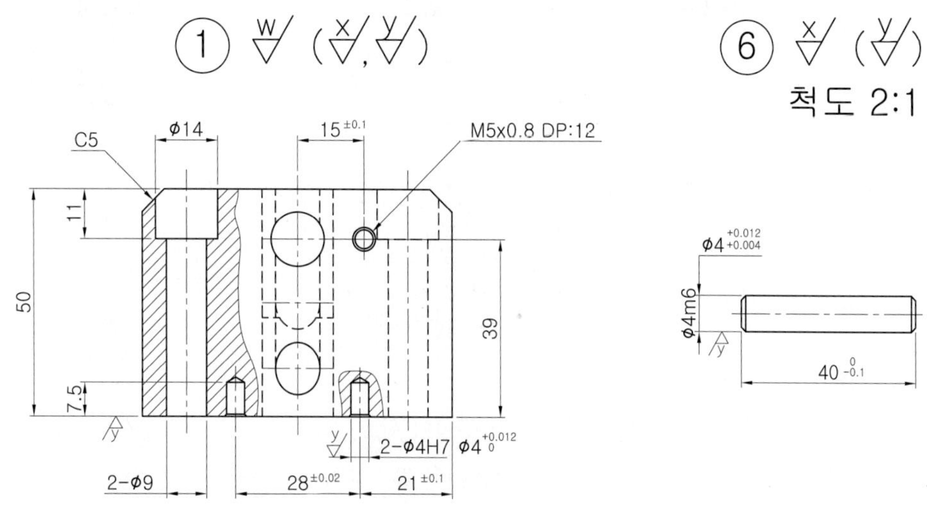

(단위 : ㎛ = 0.001mm)

치수구분(mm)		H					
초과	이하	H5	H6	H7	H8	H9	H10
–	3	+4 0	+6 0	+10 0	+14 0	+25 0	+40 0
3	6	+5 0	+8 0	+12 0	+18 0	+30 0	+48 0
6	10	+6 0	+9 0	+15 0	+22 0	+36 0	+58 0

(단위 : ㎛ = 0.001mm)

치수구분(mm)		m		
초과	이하	m4	m5	m6
–	3	+5 +2	+6 +2	+8 +2
3	6	+8 +4	+9 +4	+12 +4
6	10	+10 +6	+12 +6	+15 +6

3. 상용하는 구멍기준식 억지 끼워맞춤

기준 구멍	축의 공차역 클래스 (축의 종류와 등급)																
	헐거운 끼워맞춤							중간 끼워 맞춤			억지 끼워 맞춤						
H6						g5	h5	js5	k5	m5							
					f6	g6	h6	js6	k6	m6	n6[1)]	p6[1)]					
H7					f6	g6	h6	js6	k6	m6	n6	p6[1)]	r6[1)]	s6	t6	u6	x6
				e7	f7		h7	js7									

[주] 이러한 끼워맞춤은 치수 구분에 따라서 예외가 있을 수 있다.

억지 끼워맞춤의 적용 예

구멍과 축 사이에 주어진 허용한계치수 범위 내에서 구멍이 최소, 축이 최대인 경우에도 죔새가 생기는 끼워맞춤으로 구멍의 최대 허용치수가 축의 최소 허용치수와 같거나 또는 크게 되는 끼워맞춤이다. 억지 끼워맞춤은 서로 단단하게 고정되어 분해하는 일이 없는 한 영구적인 조립이 되며, 부품을 손상시키지 않고 분해하는 것이 곤란하다. 조립 및 분해에 큰 힘이 필요하며 부품을 손상시키지 않고는 분해하기가 어렵다.

채널지그의 드릴 가이드 고정부시 끼워맞춤 적용 예

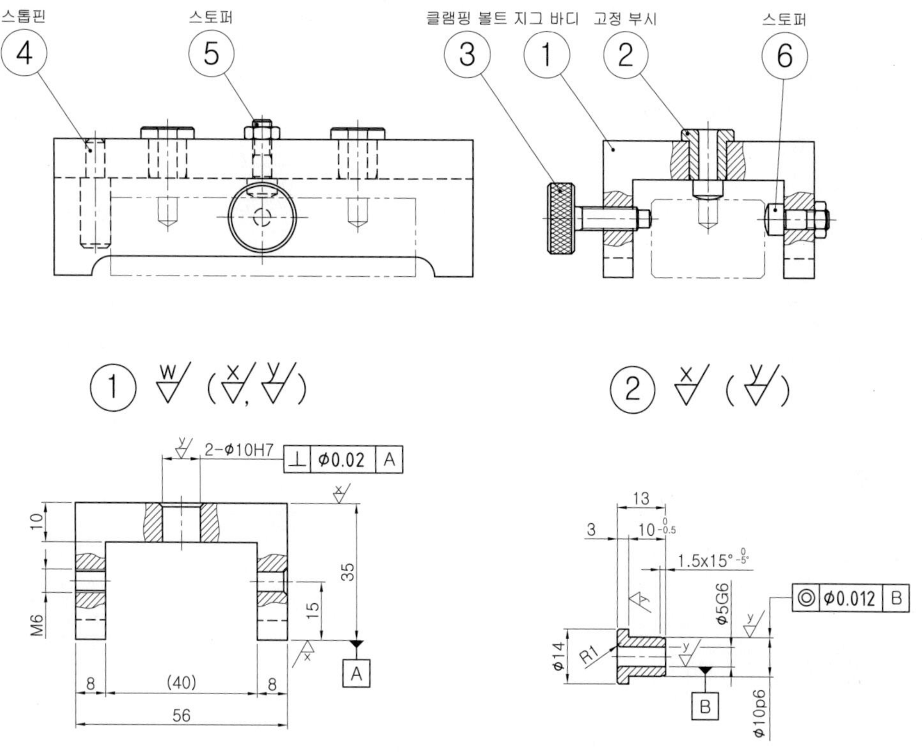

위의 채널지그에서 절삭공구인 드릴을 안내하는 품번 ② 고정 부시가 압입되는 ① 지그 바디와의 끼워맞춤 관계를 살펴보도록 하자. 고정 부시는 억지로 끼워맞추기 위해 외경이 연삭이 되어 있으며 지그 바디에 압입하여 고정하며 지그의 수명이 다 될 때까지 반영구적으로 사용하는 것이 일반적이다.

억지 끼워맞춤에서도 마찬가지로 구멍을 H7로 정하였고 압입하고자 하는 고정 부시는 p6로 선정하였다. 기준치수가 Ø10인 구멍의 경우 H7의 공차역은 Ø10.0~Ø10.015, 부시의 경우 p6의 공차역은 Ø10.015~Ø10.024이다. 구멍의 최대 허용치수가 Ø10.015로 축의 최소 허용치수인 Ø10.015와 같은 것을 알 수 있고 구멍이 최소 허용치수인 Ø10.0으로 제작이 되고 부시가 Ø10.024로 제작되었다면 0.024만큼의 죔새가 발생하여 강제 압입을 해야만 끼워맞춤될 수 있을 것이다.

이처럼 축과 구멍은 정해진 공차 범위 내에서 제작이 되어 항상 죔새가 생기는 끼워맞춤 조합이 될 것이다. **H7구멍**을 기준으로 **축**이 **p6 〈 r6 〈 s6 〈 t6 〈 u6 〈 x6**가 선택 적용될 수 있는데 알파벳 순서가 뒤로 갈수록 압입에 더욱 큰 힘을 필요로 하는 억지끼워맞춤이 되는데 s6, t6, u6, x6 등의 조합은 수축 및 냉각 끼워맞춤 등을 하며 분해할 일이 없는 영구적인 조립이 된다.

구멍의 치수허용차 (단위 : ㎛ = 0.001mm)

치수구분(mm)		H					
초과	**이하**	**H5**	**H6**	**H7**	**H8**	**H9**	**H10**
–	**3**	+4 0	+6 0	+10 0	+14 0	+25 0	+40 0
3	**6**	+5 0	+8 0	+12 0	+18 0	+30 0	+48 0
6	**10**	+6 0	+9 0	+15 0	+22 0	+36 0	+58 0
10	**14**	+8 0	+11 0	+18 0	+27 0	+43 0	+70 0
14	**18**						
18	**24**	+9 0	+13 0	+21 0	+33 0	+52 0	+84 0
24	**30**						

축의 치수허용차 (단위 : ㎛ = 0.001mm)

		n	p	r	s	t	u	x
초과	**이하**	**H5**	**H6**	**H7**	**H8**	**H9**		**H10**
–	**3**	+10 +4	+12 +6	+16 +10	+20 +14	–	+24 +20	+26 +20
3	**6**	+16 +8	+20 +12	+23 +15	+27 +19	–	+31 +23	+36 +28
6	**10**	+19 +10	+24 +15	+28 +19	+32 +23	–	+37 +28	+43 +34
10	**14**	+23 +12	+29 +18	+34 +23	+39 +28	–	+44 +33	+51 +40
14	**18**							+56 +45
18	**24**	+28 +15	+35 +22	+41 +28	+48 +35	–	+54 +41	+67 +54
24	**30**					+54 +41	+61 +48	+77 +64

LESSON 05 끼워맞춤 표시방법

구멍과 축이 서로 결합되어 있는 상태에서의 끼워맞춤 표시법은 구멍 기준 끼워맞춤이나 축 기준 끼워맞춤이나 모두 기준치수 다음에 구멍을 나타내는 기호와 IT공차 등급, 그 다음에 축을 나타내는 기호와 IT공차 등급을 나타낸다.

[보기] Ø25 H7g6 또는 Ø25 H7/g6 또는 $Ø25\frac{H7}{g6}$

또한 축과 구멍이 결합되어 있는 상태에서 공차기호와 IT공차 등급으로 나타내지 않고 치수공차를 수치로 나타낼 필요가 있는 경우에는 치수선 위에 구멍의 치수공차를 기입하고 치수선 아래에 축의 치수공차를 아래와 같이 나타낸다.

축과 구멍이 결합되어 있는 상태에서 치수 기입법

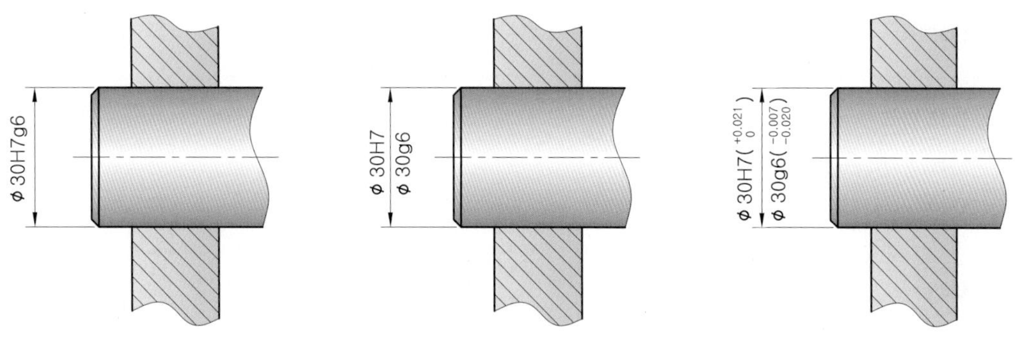

지금까지 끼워맞춤의 종류와 그 사용법에 대해서 알아보고 도면에 실제 적용하는 방법을 알아보았다. 이와 같이 끼워맞춤의 종류는 다양하지만 일반적으로 권장하고 있는 구멍과 축의 끼워맞춤 조합을 상용 끼워맞춤으로 하여 사용하는 것이 좋다.

상용 끼워맞춤의 이해

① 구멍 기준식 끼워맞춤에서는 H5~H10의 6종류의 구멍을 기준으로 해서 여러 가지 축을 조합할 수 있으며 축 기준식 끼워맞춤에서도 h4~h9의 6종류의 축을 기준으로 해서 여러 가지 구멍을 조합할 수 있다.

② 예를 들어, 축이나 구멍의 종류가 25개, 정밀도 등급이 20등급이라고 가정한다면 6x25x20=3,000여 가지의 조합이 가능하다.

③ 이처럼 다양한 끼워맞춤 조합에서 KS에서는 일반적으로 권장할 수 있는 끼워맞춤의 조합을 상용하는 구멍 기준식, 축 기준식 끼워맞춤으로 정하고 있으며 가급적이면 이 상용끼워맞춤을 설계에 적용하는 것이 좋다.

IT 공차등급에 따른 치수공차의 예

기준치수	구멍 기호와 등급	공차 (μ)	공차 (mm)	최대, 최소 치수허용차
Ø35	E7	+75 +50	+0.075 +0.050	25μ (0.025mm)
Ø35	F7	+50 +25	+0.050 +0.025	25μ (0.025mm)
Ø35	G7	+34 +9	+0.034 +0.009	25μ (0.025mm)
Ø35	H7	+25 0	+0.025 0	25μ (0.025mm)
Ø35	Js7	±12.5	±0.0125	25μ (0.025mm)
Ø35	K7	+7 −18	+0.007 −0.018	25μ (0.025mm)
Ø35	M7	0 −25	0 −0.025	25μ (0.025mm)
Ø35	N7	−8 −33	−0.008 −0.033	25μ (0.025mm)
Ø35	P7	−17 −42	−0.017 −0.042	25μ (0.025mm)
Ø35	T7	−45 −70	−0.045 −0.070	25μ (0.025mm)

LESSON 06 끼워맞춤 관계 용어

끼워맞춤이란 축과 구멍이 결합되는 상태를 말하며, 끼워맞춤에 관한 여러 가지 용어와 내용을 이해하고 설계도면 작성시에 각 부품들의 기능과 요구되는 정밀도에 따라 알맞은 끼워맞춤 방식을 선택할 수 있도록 한다.

치수에 따른 끼워맞춤 용어의 구분

용어 \ 치수	30 ± 0.02	$30^{+0.05}_{+0.02}$	$30^{-0.02}_{-0.04}$
기준 치수	30	30	30
허용한계치수	0.04	0.03	0.02

최대허용치수	30.02	30.05	29.98
최소허용치수	29.98	30.02	29.96
위 치수허용차	0.02	0.05	0.02
아래 치수허용차	0.02	0.02	0.04

끼워맞춤 관계 용어

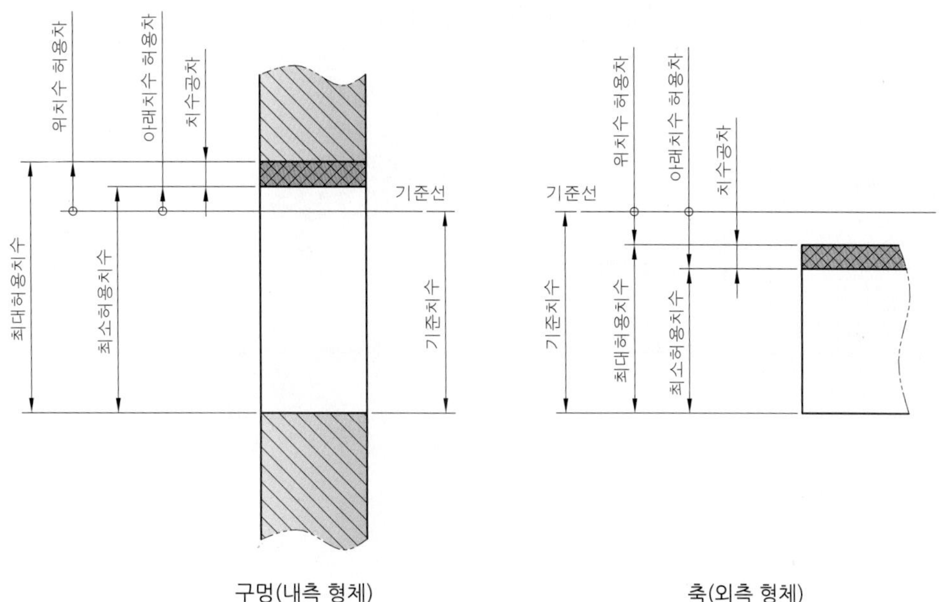

구멍(내측 형체)　　축(외측 형체)

LESSON 07 끼워맞춤의 틈새와 죔새

끼워맞춤하려는 두 개의 부품간의 치수차에 의해 발생되는 끼워맞춤의 관계는 공차역과 등급에 의하여 결정된다. 설계자는 끼워맞춤을 이해하고 부품의 기능에 따라 적절한 끼워맞춤을 선택하고 해당 공차를 선정할 수 있어야 한다.

1. 끼워맞춤 (fit)

2개의 기계 부품이 서로 끼워 맞추기 전의 치수차에 의해 틈새 및 죔새를 갖고 서로 끼워지는 상태를 의미하고, 구멍과 축이 조립되는 관계를 끼워맞춤이라 하며, 헐거운 끼워맞춤, 중간 끼워맞춤, 억지 끼워맞춤이 있다.

2. 틈새 (clearance)

- 최대 틈새 : 구멍의 최대 허용 치수에서 축의 최소 허용 치수를 뺀 값
- 최소 틈새 : 구멍의 최소 허용 치수에서 축의 최대 허용 치수를 뺀 값

3. 죔새 (interference)

- 최대 죔새 : 축의 최대 허용 치수에서 구멍의 최소 허용 치수를 뺀 값
- 최소 죔새 : 축의 최소 허용 치수에서 구멍의 최대 허용 치수를 뺀 값

틈새와 죔새

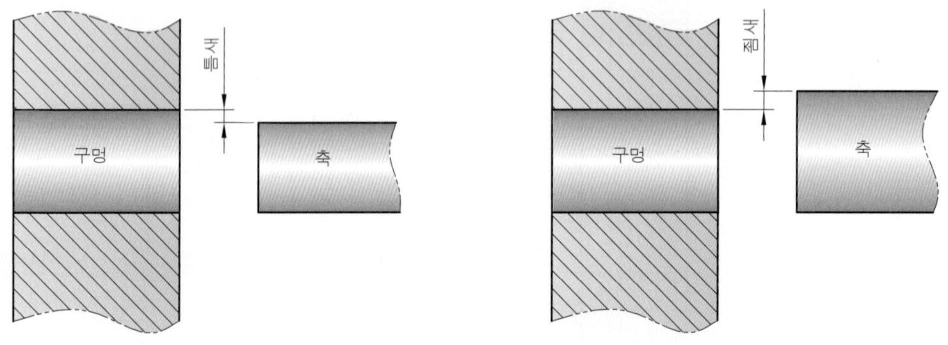

LESSON 08 구멍 기준식과 축 기준식 끼워맞춤

끼워맞춤에는 구멍 기준식 끼워맞춤과 축 기준식 끼워맞춤이 있다. 일반적으로 구멍쪽이 축쪽보다 가공하기도 어렵고 정밀도를 향상시키기도 어렵기 때문에 가공하기 어려운 구멍을 기준으로 하여 가공하기 쉬운 축을 조합하여 여러 가지 끼워맞춤을 얻는 구멍 기준식 끼워맞춤이 주로 사용되고 있다. 또한 구멍기준 끼워맞춤 중에서도 H6와 H7에 끼워맞춤 되는 축의 공차역 범위가 넓어서 헐거운 끼워맞춤부터 억지 끼워맞춤까지 널리 사용되며, 이중에서도 H7에 끼워맞춤되는 축의 공차역 범위가 가장 넓으므로 H7이 가장 많이 이용되고 있는 것이다.

1. 구멍과 축에 대한 표준 공차 등급

1.1 구멍 기준식 끼워맞춤

구멍의 아래 치수 허용차가 "0"인 H기호 구멍을 기준 구멍으로 하고, 구멍의 공차역을 H5~H10으로 정하여 부품의 기능이나 요구되는 정밀도등을 결정하여 필요한 죔새 또는 틈새에 따라 구멍에 끼워맞춤할 여러 가지 축의 공차역을 정한다.

구멍 기준식 끼워맞춤

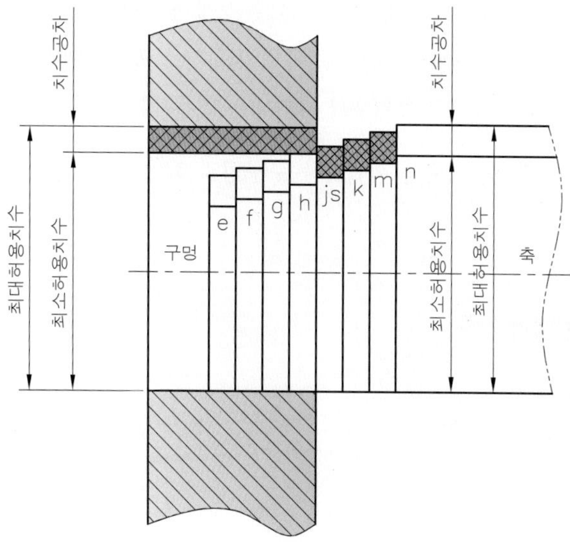

1.2 축 기준식 끼워맞춤

축의 위 치수 허용차가 "0"인 h기호 축을 기준으로 하고, 축의 공차역을 h5~h9로 정하여 부품의 기능이나 요구되는 정밀도등을 결정하여 필요한 죔새 또는 틈새에 따라 축에 끼워맞춤할 여러 가지 구멍의 공차역을 정한다.

축 기준식 끼워맞춤

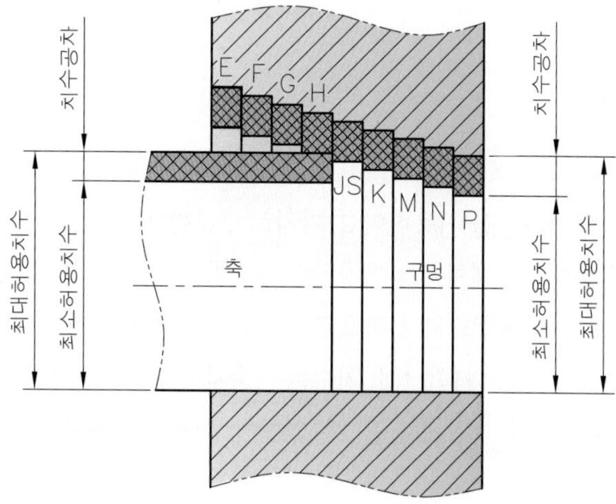

2. 구멍기준 끼워맞춤과 축 기준 끼워맞춤 공차역과 기호

치수공차역이란 최대허용치수와 최소허용치수를 나타내는 2개 직선사이의 영역이다. 치수공차역은 기준선으로부터 상대적인 공차의 위치를 나타내기 위한 것으로 영문자로 표기한다. 구멍과 같이 안치수를 나타내는 경우는 알파벳 대문자를, 축과 같이 바깥치수를 나타내는 영우에는 소문자를 사용한다.

다음은 구멍 기준식 끼워맞춤과 축 기준식 끼워맞춤은 구멍과 축에 대한 표준 공차 등급과 치수 허용차의 상대적인 크기를 나타낸 것이다.

3. 구멍기준 끼워맞춤 공차역과 기호

구멍기준 끼워맞춤 공차역과 그 기호

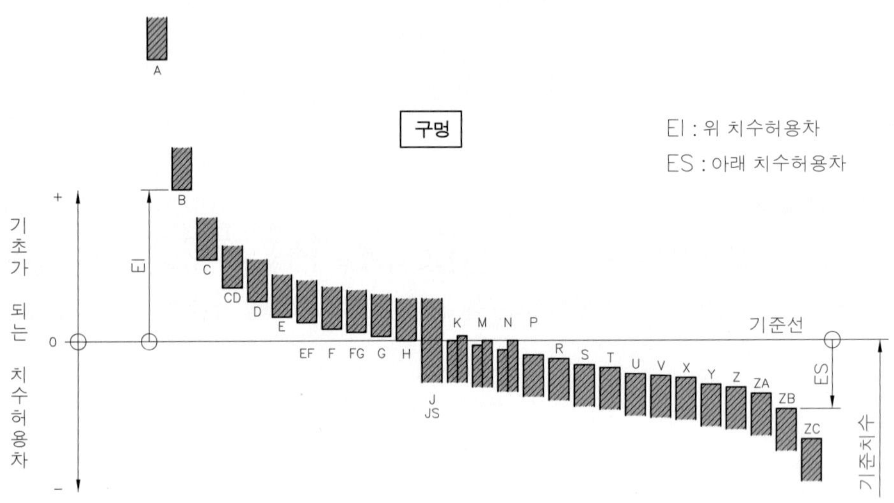

구멍의 공차역 표기법

① 구멍의 끼워맞춤 기호는 A, B, C, CD, D, E, EF, F, FG, G, H, J, JS, K, M, N, P, R, S, T, U, V, X, Y, Z, ZA, ZB, ZC 로 알파벳 대문자를 사용하여 27가지로 구분한다.

② 구멍의 경우 A에 가까워질수록 실제치수가 호칭치수보다 커지고, Z에 가까워질수록 실제치수가 호칭치수보다 작아진다. 즉 A 구멍이 가장 크고 Z 쪽으로 갈수록 구멍의 크기가 작아진다.

③ 구멍공차역(hole tloerance zone) H의 최소 치수는 기준치수와 동일하다.

④ 구멍공차역 JS 공차역에서는 위 그림에서 볼 수 있듯이 위치수 허용차와 아래치수 허용차의 크기가 같다.

4. 축 기준 끼워맞춤 공차역

축기준 끼워맞춤 공차역과 그 기호

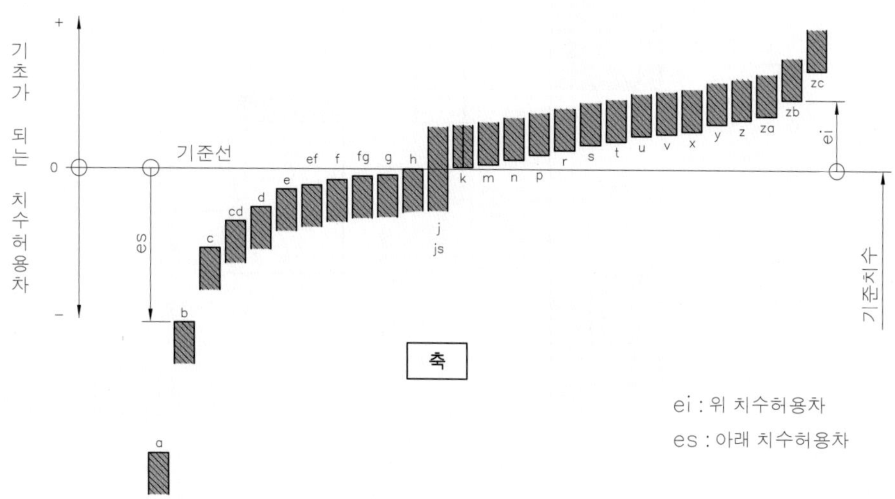

축의 공차역 표기법

① 축의 끼워맞춤 기호는 a, b, c, cd, d, ef, f, fg, g, h, j, js, k, m, n, p, r, s, t, u, v, x, y, z, za, zb, zc 로 알파벳 소문자를 사용하여 27가지로 구분한다.

② 축의 경우 a에 가까워질수록 실제치수가 호칭치수보다 작아지고, z에 가까워질수록 실제치수가 호칭치수보다 커진다. 즉 a 축이 가장 크고 z 쪽으로 갈수록 축의 크기가 커진다.

③ 축공차역(shaft tloerance zone) H의 최소 치수는 기준치수와 동일하다.

④ 구멍공차역 JS 공차역에서는 위 그림에서 볼 수 있듯이 위치수 허용차와 아래치수 허용차의 크기가 같다.

LESSON 09 끼워맞춤 상태에 따른 분류

끼워맞춤의 상태는 헐거운 끼워맞춤에서는 항상 틈새가 있는 끼워맞춤으로 구멍의 최소 치수가 축의 최대 치수보다 큰 상태이고, 억지 끼워맞춤에서는 항상 죔새가 있는 끼워맞춤으로 축의 최소 치수가 구멍의 최대 치수보다 큰 상태이며, 중간 끼워맞춤은 틈새가 생기는 것도 있고 죔새가 생기는 것도 있는 끼워맞춤이다.

1. 헐거운 끼워맞춤 (clerance fit)

구멍과 축을 조립하였을 때 항상 틈새가 생기는 끼워맞춤으로 구멍의 최소 허용 치수가 축의 최대 허용 치수보다 큰 끼워맞춤으로 미끄럼 운동이나 회전운동이 필요한 기계 부품 조립에 적용한다.

헐거운 끼워맞춤

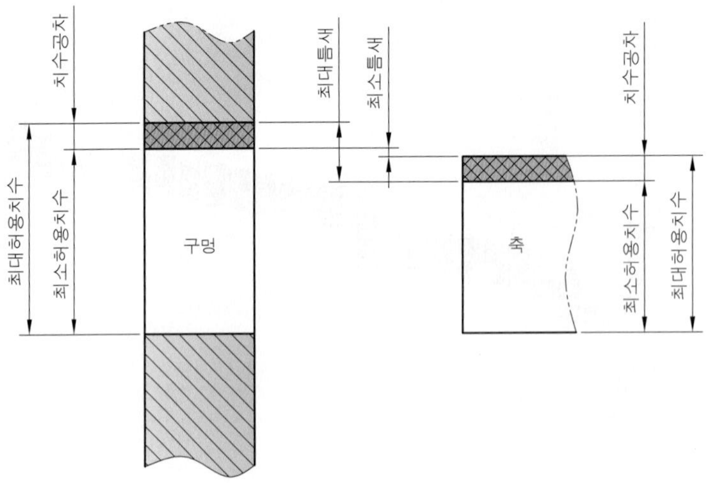

구멍 Ø20 H7 / 축 Ø20 g6의 끼워맞춤 해석

구분	구멍	축
기준 치수	Ø20	Ø20
기호와 공차등급	H7	g6
허용한계치수	+0.021 Ø20 0	−0.007 Ø20 −0.020
최대허용치수	Ø20.021	Ø19.993
최소허용치수	Ø20.0	Ø19.980
치수공차	0.021	0.013
최소 틈새	0.007 (구멍의 최소 20 − 축의 최대 19.993)	
최대 틈새	0.041 (구멍의 최대 20.021 − 축의 최소 19.980)	
끼워맞춤	헐거운 끼워맞춤	

헐거운 끼워맞춤의 적용

서로 조립된 부품을 상대적으로 움직일 수 있는 정도의 끼워맞춤으로 적용 공차기호와 공차등급에 따라 끼워맞춤의 상태가 결정된다.

기준구멍	H6				적용 부분
헐거운 끼워맞춤				c9	• 특히 큰 틈새가 있어도 좋거나 틈새가 필요한 부분 • 조립을 쉽게 하기 위해 틈새를 크게 해도 좋은 부분 • 고온시에도 적당한 틈새를 필요로 하는 부분
			d9	d9	큰 틈새가 있어도 좋거나 틈새가 필요한 부분
		e7	e8	e9	• 약간 큰 틈새가 있어도 좋거나 틈새가 팔요한 부분 • 약간 큰 틈새로 윤활이 좋은 베어링부 • 고온, 고속, 고부하의 베어링부(고도의 강제 윤활)
	f6	f7	f7 f8		• 적당한 틈새가 있어 운동이 가능한 끼워맞춤 • 그리스, 윤활유의 일반 상온 베어링부
	g5	g6			• 경하중 정밀기기의 연속 회전하는 부분 • 틈새가 작은 운동이 가능한 끼워맞춤 • 정밀 주행하는 부분

2. 중간 끼워맞춤 (transition fit)

두 개의 제품을 조립하였을 때 구멍과 축의 실제 치수에 따라 틈새가 생기는 것도 있고 죔새가 생기는 것도 있는 끼워맞춤이다.

중간 끼워맞춤

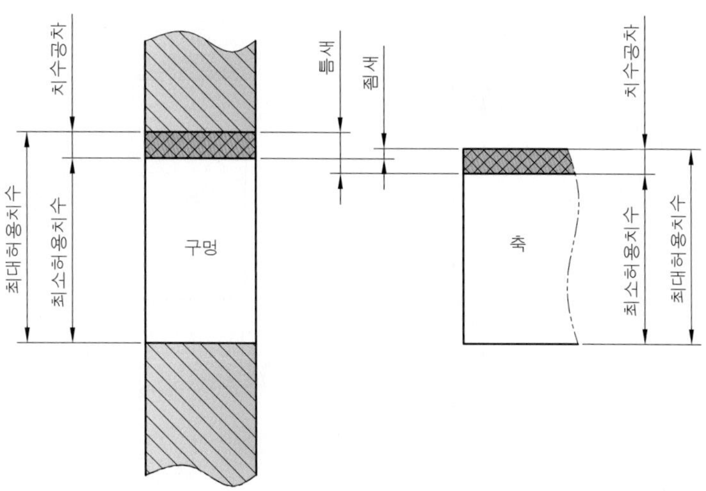

구멍 Ø45 H6 / 축 Ø45 m6의 끼워맞춤 해석

구분	구멍	축
기준 치수	Ø45	Ø45
기호와 공차등급	H6	m6

허용한계치수	$Ø45^{+0.016}_{0}$	$Ø45^{+0.025}_{+0.009}$
최대허용치수	Ø45.016	Ø45.025
최소허용치수	Ø45.0	Ø45.009
치수공차	0.016	0.016
최소 틈새	0.007 (구멍의 최대 45.016 – 축의 최소 45.009)	
최대 틈새	0.025 (축의 최대 45.025 – 구멍의 최소 45.0)	
끼워맞춤	중간 끼워맞춤	

3. 억지 끼워맞춤 (interference fit)

구멍과 축을 조립하였을 때 항상 죔새가 생기는 끼워맞춤으로 구멍의 최대 허용 치수가 축의 최소 허용 치수보다 작은 끼워맞춤으로 프레스에 의한 압입, 열간 압입 등 강제 끼워맞춤으로 영구결합으로 부품 손상 없이 분해가 불가능한 끼워맞춤이다.

억지 끼워맞춤

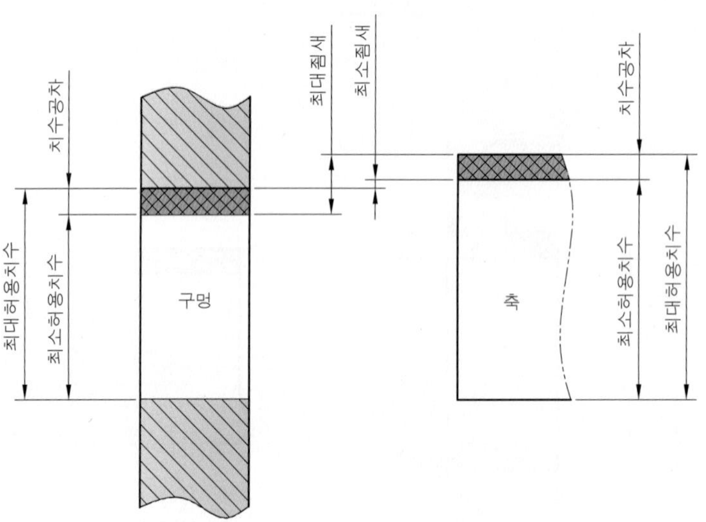

구멍 Ø35 H7 / 축 Ø35 p6의 끼워맞춤 해석

구분	구멍	축
기준 치수	Ø35	Ø35
기호와 공차등급	H7	p6
허용한계치수	$Ø35^{+0.025}_{0}$	$Ø35^{+0.042}_{+0.026}$

최대허용치수	Ø35.025	Ø35.042
최소허용치수	Ø35.0	Ø35.026
치수공차	0.025	0.016
최소 틈새	0.001 (축의 최소 35.026 – 구멍의 최대 35.025)	
최대 틈새	0.042 (축의 최대 35.042 – 구멍의 최소 35.0)	
끼워맞춤	억지 끼워맞춤	

LESSON 10 많이 사용되는 끼워맞춤의 종류와 적용 예

설계자는 상호 조립되는 부품의 기능에 따라 필요한 끼워맞춤을 선정하여 도면에 지시해주어야 한다. 아래 표에 헐거운 끼워맞춤, 중간 끼워맞춤, 억지 끼워맞춤의 상태 및 적용 예를 나타내었다.

1. 헐거운 끼워맞춤의 종류와 적용 예

끼워맞춤 상태	끼워맞춤 구멍 기준	끼워맞춤 상태 및 적용 예
헐거운 끼워맞춤	H9/c9	• 아주 헐거운 끼워맞춤 고온시에도 적당한 틈새가 필요한 부분 • 헐거운 고정핀의 끼워맞춤 • 피스톤 링과 링 홈
	H8/d9 H9/d9	• 큰 틈새가 있어도 좋고 틈새가 필요한 부분 • 기능상 큰 틈새가 필요한 부분, 가볍게 돌려 맞춤 • 크랭크웨이브와 핀의 베어링(측면) • 섬유기계 스핀들
	H7/e7 H8/e8 H9/e9	• 조금 큰 틈새가 있어도 좋거나 틈새가 필요한 부분 • 일반 회전 또는 미끄럼운동 하는 부분 • 배기밸브 박스의 피팅 • 크랭크축용 주 베어링
	H6/f6 H7/f7 H8/f7 H8/f8	• 적당한 틈새가 있어 운동이 가능한 헐거운 끼워맞춤 • 윤활유를 사용하여 손으로 조립 • 자유롭게 구동하는 부분이 아닌, 자유롭게 이동하고 회전하며 정확한 위치결정을 요하는 부분을 위한 끼워맞춤 • 일반적인 축과 부시 • 링크 장치 레버와 부시
	H6/g5 H7/g6	• 가벼운 하중을 받는 정밀기기의 연속적인 회전 운동 부분 • 정밀하게 미끄럼 운동을 하는 부분 • 아주 좁은 틈새가 있는 끼워맞춤이나 위치결정 부분 • 고정밀도의 축과 부시의 끼워맞춤 • 링크 장치의 핀과 레버

2. 중간 끼워맞춤의 종류와 적용 예

끼워맞춤 상태	끼워맞춤 구멍 기준	끼워맞춤 상태 및 적용 예
중간 끼워맞춤	H6/h5 H7/h6 H8/h7 H8/h8 H9/h9	• 윤활제를 사용하여 손으로 움직일 수 있을 정도의 끼워맞춤 • 정밀하게 미끄럼 운동하는 부분 • 림과 보스의 끼워맞춤 • 부품을 손상시키지 않고 분해 및 조립 가능 • 끼워맞춤의 결합력으로 전달 불가
	H6/js5 H7/k6	• 조립 및 분해시 헤머나 핸드 프레스등을 사용 • 부품을 손상시키지 않고 분해 및 조립 가능 • 기어펌프의 축과 케이싱의 고정
	H6/k5 H6/k6 H7/m6	• 작은 틈새도 허용하지 않는 고정밀도 위치결정 • 조립 및 분해시 헤머나 핸드 프레스등을 사용 • 부품을 손상시키지 않고 분해 및 조립 가능 • 끼워맞춤의 결합력으로 전달 불가 • 리머 볼트 • 유압기기의 피스톤과 축의 고정
	H6/m5 H6/m6 H7/n6	• 조립 및 분해시 상당한 힘이 필요한 끼워맞춤 • 부품을 손상시키지 않고 분해 및 조립 가능 • 끼워맞춤의 결합력으로 작은 힘 전달 가능

3. 억지 끼워맞춤의 종류와 적용 예

끼워맞춤 상태	끼워맞춤 구멍 기준	끼워맞춤 상태 및 적용 예
억지 끼워맞춤	H6/n6 H7/p6 H6/p6 H7/r6	• 조립 및 분해에 큰 힘이 필요한 끼워맞춤 • 철과 철, 청동과 동의 표준 압입 고정부 • 부품을 손상시키지 않고 분해 곤란 • 대형 부품에서는 가열끼워맞춤, 냉각끼워맞춤, 강압입 • 끼워맞춤의 결합력으로 작은 힘 전달 가능 • 조인트와 샤프트
	H7/s6 H7/t6 H7/u6 H7/x6	• 가열끼워맞춤, 냉각끼워맞춤, 강압입 • 분해하는 일이 없는 영구적인 조립 • 경합금의 압입 • 부품을 손상시키지 않고 분해 곤란 • 끼워맞춤의 결합력으로 상당한 힘 전달 가능 • 베어링 부시의 끼워맞춤

LESSON 11 끼워맞춤된 제품도면의 공차기입법

구멍과 축의 공차 기호에 의한 끼워맞춤 부품의 허용한계치수 기입을 나타낸 d{와 기준치수와 공차기호 이외에 치수허용차의 수치를 병행하여 기입한 예를 나타내었다.

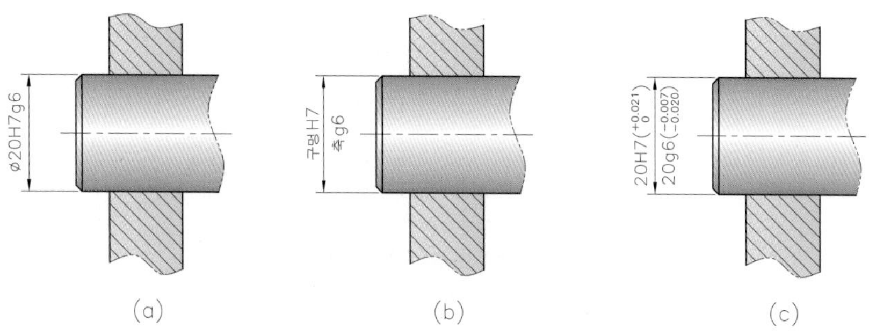

LESSON 12 구멍 기준과 축 기준

구멍의 최소 허용치수를 '0'으로 하고, 이것을 기준으로 해서 축의 공차를 결정하는 방법

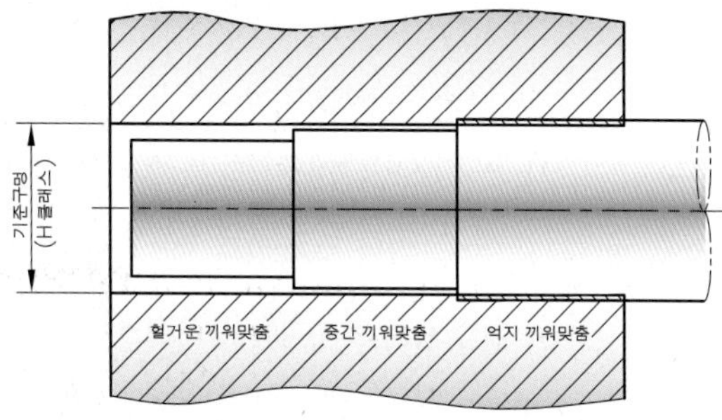

축의 최대 허용치수를 '0'으로 하고, 이것을 기준으로 해서 구멍의 공차를 결정하는 방법

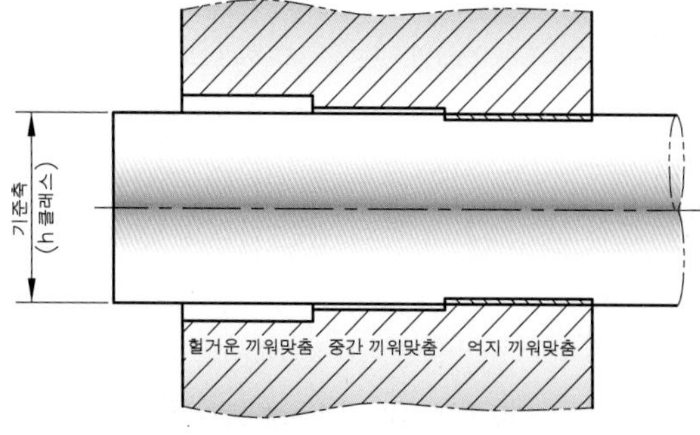

LESSON 13 베어링 끼워맞춤 공차 적용

1. 구름 베어링의 호칭 번호

1.1 호칭 번호의 구성

호칭 번호는 기본 번호 및 보조 기호로 이루어지며, 기본 번호의 구성은 다음과 같다. 보조 기호는 인수 · 인도 당사자 간의 협의에 따라 기본 번호의 전후에 붙일 수 있다.

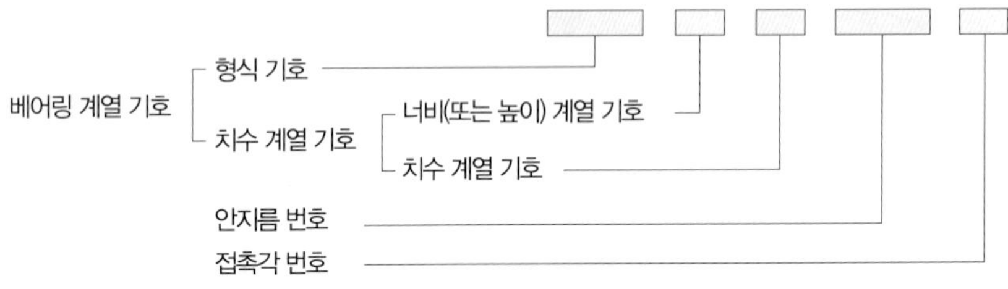

1.2 기본 번호

베어링의 계열 기호

베어링 계열 기호는 형식 기호 및 치수 계열 기호로 이루어지며, 일반적으로 사용하는 베어링 기호는 아래 표들과 같다.

형식기호

베어링의 형식을 나타내는 기호로 한 자리의 아라비아 숫자 또는 한 글자 이상의 라틴 문자로 이루어진다. 또한 치수 계열이 22 및 23의 자동 조심 볼 베어링에서는 형식 기호가 관례적으로 생략되고 있다.

치수 계열 기호

치수 계열 기호는 너비 계열 기호 및 지름 계열 기호의 두 자리의 아라비아 숫자로 이루어진다. 또한, 너비 계열 0 또는 1의 깊은 홈 볼 베어링, 앵귤러 볼 베어링 및 원통 롤러 베어링에서는 너비 계열 기호가 관례적으로 생략되는 경우가 있다.

[비고] 테이퍼 롤러 베어링의 치수 계열 22C, 23C 또는 03D의 라틴 문자 C 또는 D는 호칭 번호의 구성상 접촉각 기호로 취급한다.

안지름 번호

안지름 번호는 베어링의 계열 기호와 같다. 다만, 복식 평면 자리형 스러스트 볼 베어링의 안지름 번호는 같은 지름 계열에서 같은 호칭 바깥 지름을 가진 단식 평면 자리형 스러스트 볼 베어링의 안지름 번호와 동일하게 한다.

호칭 베어링 안지름 mm	안지름 번 호	호칭 베어링 안지름 mm	안지름 번 호	호칭 베어링 안지름 mm	안지름 번 호	호칭 베어링 안지름 mm	안지름 번 호	호칭 베어링 안지름 mm	안지름 번 호
0.6	/0.6	25	05	105	21	360	72	950	/950
1	1	28	/28	110	22	380	76	1000	/1000
1.5	/1.5	30	06	120	24	400	80	1060	/1060
2	2	32	/32	130	26	420	84	1120	/1120
2.5	/2.5	35	07	140	28	440	88	1180	/1180
3	3	40	08	150	30	460	92	1250	/1250
4	4	45	09	160	32	480	96	1320	/1320
5	5	50	10	170	34	500	/500	1400	/1400
6	6	55	11	180	36	530	/530	1500	/1500
7	7	60	12	190	38	560	/560	1600	/1600
8	8	65	13	200	40	600	/600	1700	/1700
9	9	70	14	220	44	630	/630	1800	/1800
10	00	75	15	240	48	670	/670	1900	/1900
12	01	80	16	260	52	710	/710	2000	/2000
15	02	85	17	280	56	750	/750	2120	/2120
17	03	90	18	300	60	800	/800	2240	/2240
20	04	95	19	320	64	850	/850	2360	/2360
22	/22	100	20	340	68	900	/900	2500	/2500

[주] 안지름 번호 중 /0.6, /1.5, /2.5는 다른 기호를 사용할 수 있다.

접촉각 기호

베어링의 형식	호칭 접촉각	접촉각 기호
단열 앵귤러 볼 베어링	10° 초과 22° 이하	C
	22° 초과 32° 이하	A(생략 가능)
	32° 초과 45° 이하	B
테이퍼 롤러 베어링	17° 초과 24° 이하	C
	24° 초과 32° 이하	D

보조 기호

보조 기호											
내부 치수		실 · 실드		궤도륜 모양		베어링의 조합		레이디얼 내부 틈새		정밀도 등급	
내 용	보조기호	내 용	보조기호	내 용	보조기호	내 용	보조기호	내 용	보조기호	내 용	보조기호
주요치수 및 서브유닛의 치수가 ISO 355와 일치하는 것	J3	양쪽실 붙이	UU	내륜 원통 구멍	없음	뒷면 조합	DB	C2 틈새	C2	0 급	없음
				플랜지붙이	F			CN 틈새	CN	6X급	P6X
		한쪽 실 붙이	U	내륜 테이퍼 구멍 (기준 테이퍼비 1/12)	K	정면 조합	DF	C3 틈새	C3	6 급	P6
		양쪽 실드 붙이	ZZ	내륜 테이퍼 구멍 (기준 테이퍼비 1/30)	K30			C4 틈새	C4	5 급	P5
		한쪽 실드 붙이	Z	링 홈 붙이	N	병렬 조합	DT	C5	C5	4 급	P4
				멈춤 링 붙이	NR					2 급	P2

[주] 1. 레이디얼 내부 틈새는 KS B 2102 참조 2. 정밀도 등급은 KS B 2014 참조

2. 베어링의 계열 기호(볼 베어링)

2.1 베어링의 계열 기호

베어링의 형식		단면도	형식 기호	치수 계열 기호	베어링 계열 기호
깊은 홈 볼 베어링	단열 홈 없음 비분리형		6	17 18 19 10 02 03 04	67 68 69 60 62 63 64
앵귤러 볼 베어링	단열 비분리형		7	19 10 02 03 04	79 70 72 73 74
자동 조심 볼 베어링	복렬 비분리형 외륜 궤도 구면		1	02 03 22 23	12 13 22 23
원통 롤러 베어링	단열 외륜 양쪽 턱붙이 내륜 턱 없음		NU	10 02 22 03 23 04	NU 10 NU 2 NU 22 NU 3 NU 23 NU 4
	단열 외륜 양쪽 턱붙이 내륜 한쪽 턱붙이		NJ	02 22 03 23 04	NJ 2 NJ 22 NJ 3 NJ 23 NJ 4
	단열 외륜 양쪽 턱붙이 내륜 한쪽 턱붙이 내륜 이완 리브붙이		NUP	02 22 03 23 04	NUP 2 NUP 22 NUP 3 NUP 23 NUP 4
	단열 외륜 양쪽 턱붙이 내륜 한쪽 턱붙이 L형 이완 리브붙이		NH	02 22 03 23 04	NH 2 NH 22 NH 3 NH 23 NH 4
	단열 외륜 턱없음 내륜 양쪽 턱붙이		N	10 02 22 03 23 04	N10 N2 N22 N3 N23 N4

3. 베어링의 계열 기호(롤러 베어링)

베어링의 형식		단면도	형식 기호	치수 계열 기호	베어링 계열 기호
원통 롤러 베어링	단열 외륜 한쪽 턱붙이 내륜 양쪽 턱붙이		NF	10 02 22 03 23 04	NF 10 NF 2 NF 22 NF 3 NF 23 NF 4
	복열 외륜 양쪽 턱붙이 내륜 턱 없음		NNU	49	NNU49
	복렬 외륜 턱 없음 내륜 양쪽 턱붙이		NN	30	NN 30
솔리드형 니들 롤러 베어링	내륜 붙이 외륜 양쪽 턱붙이		NA	48 49 59 69	NA 48 NA 49 NA 59 NA 69
	내륜 없음 외륜 양쪽 턱붙이		RNA	–	RNA 48(2) RNA 49(2) RNA 59(2) RNA 69(2)
테이퍼 롤러 베어링	단열 분리형		3	29 20 30 31 02 22 22C 32 03 03D 13 23 23C	329 320 330 331 302 322 322C 332 303 303D 313 323 323C
자동 조심 롤러 베어링	복렬 비분리형 외륜 궤도 구면		2	39 30 40 41 31 22 32 03 23	239 230 240 241 231 222 232 213(3) 223
단식 스러스트 볼 베어링	평면 자리형 분리형		5	11 12 13 14	511 512 513 514
복식 스러스트 볼 베어링	평면 자리형 분리형		5	22 23 24	522 523 524
스러스트 자동조심 롤러 베어링	평면 자리형 단식 분리형 하우징 궤도 반궤도 구면		2	92 93 94	292 293 294

[주] (2) 베어링 계열 NA48, NA49, NA59 및 NA69의 베어링에서 내륜을 뺀 서브 유닛의 계열기호이다.
(3) 치수 계열에서는 203이 되나 관례적으로 213으로 되어 있다.

4. 베어링의 호칭 번호와 기호 설명

보기	호칭 번호	기호 설명	
①	6204	62	04
		베어링 계열 기호 (너비 계열 0 지름 계열 2의 깊은 홈 볼 베어링)	안지름 번호 (호칭 베어링 안지름 20mm)

보기	호칭 번호	기호 설명				
②	F684C2P6	F	68	4	C2	P6
		궤도륜 모양 기호 (플랜지붙이)	베어링 계열 기호 (너비 계열 1 지름 계열 8의 깊은 홈 볼 베어링)	안지름 번호 (호칭 베어링 안지름 4mm)	레0 디얼 내부 틈새 기호 (C2 틈새)	정밀도 등급 기호 (6급)

보기	호칭 번호	기호 설명		
③	6203ZZ	62	03	ZZ
		베어링 계열 기호 (너비 계열 0 지름 계열 2의 깊은 홈 볼 베어링)	안지름 번호 (호칭 베어링 안지름 17mm)	실드 기호 (양쪽 실드붙이)

보기	호칭 번호	기호 설명		
④	6306NR	63	06	NR
		베어링 계열 기호 (너비 계열 0 지름 계열 3의 깊은 홈 볼 베어링)	안지름 번호 (호칭 베어링 안지름 30mm)	궤도륜 모양 기호 (멈춤 링붙이)

보기	호칭 번호	기호 설명				
⑤	7210CDTP5	72	10	C	DT	P5
		베어링 계열 기호 (너비 계열 기호 0 지름 계열 2의 앵귤러 볼 베어링)	안지름 번호 (호칭 베어링 안지름 50mm)	접촉각 기호 (호칭 접촉 10° 초과 22° 이하)	조합 기호 (병렬 조합)	정밀도 등급 기호 (5급)

보기	호칭 번호	기호 설명			
⑥	NU318C3P6	NU3	18	C3	P6
		베어링 계열 기호 (너비 계열 기호 0 지름 계열 3의 원통 롤러 베어링)	안지름 번호 (호칭 베어링 안지름 90mm)	레이디얼 내부 틈새 기호 (C3 틈새)	정밀도 등급 기호 (6급)

보기	호칭 번호	기호 설명			
⑦	32007J3P6X	320	07	J3	P6X
		베어링 계열 기호 (너비 계열 기호 2 지름 계열 0의 테이퍼 롤러 베어링)	안지름 번호 (호칭 베어링 안지름 35mm)	주요 치수 및 서브유닛의 치수가 ISO 355의 표준과 일치함을 나타내는 기호	정밀도 등급 기호 (6X급)

보기	호칭 번호	기호 설명			
⑧	232/500KC4	232	/500	K	C4
		베어링 계열 기호 (너비 계열 3 지름 계열 2의 자동 조심 롤러 베어링)	안지름 번호 (호칭 베어링 안지름 500mm)	궤도륜 모양 기호 (기준 테이퍼 1/12의 테이퍼 구멍)	레이디얼 내부 틈새 기호 (C4 틈새)

보기	호칭 번호	기호 설명	
⑨	51215	512	15
		베어링 계열 기호 (높이 계열 1 지름 계열 2의 단식 평면 자리 스러스트 볼 베어링)	안지름 번호 (호칭 베어링 안지름 75mm)

5. 레이디얼 베어링의 축 공차

운전상태 및 끼워맞춤 조건		볼베어링		원통롤러베어링 테이퍼롤러베어링		자동조심 롤러베어링		축의 공차등급	비고
		축 지름(mm)							
		초과	이하	초과	이하	초과	이하		
원통구멍 베어링(0급, 6X급, 6급)									
내륜회전하중 또는 방향부정하중	경하중(1) 또는 변동하중	– 18 100 –	18 100 200 –	– – 40 140	– 40 140 200	– – – –	– – – –	h5 js6 k6 m6	정밀도를 필요로 하는 경우 js6, k6, m6 대신에 js5, k5, m5를 사용한다.
	보통하중(1)	– 18 100 140 200 – –	18 100 140 200 280 – –	– – 40 100 140 200 –	– 40 100 140 200 400 –	– – 40 65 100 140 280	– 40 65 100 140 280 500	js5 k5 m5 m6 n6 p6 r6	단열 앵귤러 볼 베어링 및 원뿔롤러베어링인 경우 끼워맞춤으로 인한 내부 틈새의 변화를 고려할 필요가 없으므로 k5, m5 대신에 k6, m6를 사용할 수 있다.
	중하중(1) 또는 충격하중	– – –	– – –	50 140 200	140 200 –	50 100 140	100 140 200	n6 p6 r6	보통 틈새의 베어링보다 큰 내부 틈새의 베어링이 필요하다.
내륜정지하중	내륜이 축 위를 쉽게 움직일 필요가 있다.	전체 축 지름						g6	정밀도를 필요로 하는 경우 g5를 사용한다. 큰 베어링에서는 쉽게 움직일 수 있도록 f6을 사용해도 된다.
	내륜이 축 위를 쉽게 움직일 필요가 없다.	전체 축 지름						h6	정밀도를 필요로 하는 경우 h5를 사용한다.
중심 축 하중		전체 축 지름						js6	–
테이퍼 구멍 베어링(0급) (어댑터 부착 또는 분리 슬리브 부착)									
전체 하중		전체 축 지름						h9/IT5	전도축 등에서는 h10/IT7(2)로 해도 좋다.

[비고] 이 표는 강제 중실축에 적용한다.

[주] (1) 경하중, 보통하중 및 중하중은 동등가 레이디얼 하중을 사용하는 베어링의 기본 동 레이디얼 정격 하중의 각각 6% 이하, 6%를 초과, 12% 이하 및 12%를 초과하는 하중을 말한다.
(2) IT5급 및 IT7급은 축의 진원도 공차, 원통도 공차 등의 값을 나타낸다.

6. 레이디얼 베어링의 하우징 구멍 공차

조건				하우징 구멍의 공차범위 등급	비고
하우징 (Housing)	하중의 종류		외륜의 축 방향의 이동(3)		
일체 하우징 또는 2분할 하우징	외륜정지 하중	모든 종류의 하중	쉽게 이동할 수 있다.	H7	대형베어링 또는 외륜과 하우징의 온도차가 큰 경우 G7을 사용해도 된다.
		경하중(1) 또는 보통하중(1)		H8	–
		축과 내륜이 고온으로 된다.		G7	대형베어링 또는 외륜과 하우징의 온도차가 큰 경우 F7을 사용해도 된다.
일체 하우징		경하중 또는 보통하중에서 정밀 회전을 요한다.	원칙적으로 이동할 수 없다.	K6	주로 롤러베어링에 적용된다.
			이동할 수 있다.	JS6	주로 볼베어링에 적용된다.
		조용한 운전을 요한다.	쉽게 이동할 수 있다.	H6	–
	방향부정 하중	경하중 또는 보통하중	통상 이동할 수 있다.	JS7	정밀을 요하는 경우 JS7, K7 대신에 JS6, K6을 사용한다.
		보통하중 또는 중하중(1)	이동할 수 없다.	K7	
		큰 충격하중	이동할 수 없다.	M7	–
	외륜회전 하중	경하중 또는 변동하중	이동할 수 없다.	M7	–
		보통하중 또는 중하중	이동할 수 없다.	N7	주로 볼베어링에 적용된다.
		얇은 하우징에서 중하중 또는 큰 충격하중	이동할 수 없다.	P7	주로 롤러베어링에 적용된다.

[비고] 1. 위 표는 주철제 하우징 또는 강제 하우징에 적용한다.
2. 베어링에 중심 축 하중만 걸리는 경우 외륜에 레이디얼 방향의 틈새를 주는 공차범위 등급을 선정한다.

[주] (1) 경하중, 보통하중 및 중하중은 동등가 레이디얼 하중을 사용하는 베어링의 기본 동 레이디얼 정격 하중의 각각 6% 이하, 6%를 초과, 12% 이하 및 12%를 초과하는 하중을 말한다.
(2) 분리되지 않는 베어링에 대하여 외륜이 축 방향으로 이동할 수 있는지 없는지의 구별을 나타낸다.

7. 스러스트 베어링의 축 및 하우징 구멍 공차

7.1 스러스트 베어링(0급, 6급)에 대하여 일반적으로 사용하는 축의 공차 범위 등급

<table>
<tr><th colspan="2" rowspan="2">조건</th><th colspan="2">축 지름(mm)</th><th rowspan="2">축의 공차 범위 등급</th><th rowspan="2">비고</th></tr>
<tr><th>초과</th><th>이하</th></tr>
<tr><td colspan="2">중심 축 하중
(스러스트 베어링 전반)</td><td colspan="2">전체 축 지름</td><td>js6</td><td>h6도 사용할 수 있다.</td></tr>
<tr><td rowspan="2">합성하중
(스러스트 자동조심
롤러베어링)</td><td>내륜정지하중</td><td colspan="2">전체 축 지름</td><td>js6</td><td>–</td></tr>
<tr><td>내륜회전하중
또는
방향부정하중</td><td>–
200
400</td><td>200
400
–</td><td>k6
m6
n6</td><td>k6, m6, n6 대신에
각각 js6, k6, m6도 사용할 수 있다.</td></tr>
</table>

7.2 스러스트 베어링(0급, 6급)에 대하여 일반적으로 사용하는 하우징 구멍의 공차 범위 등급

<table>
<tr><th colspan="2">조건</th><th>하우징 구멍의 공차범위 등급</th><th>비고</th></tr>
<tr><td colspan="2" rowspan="2">중심 축 하중
(스러스트 베어링 전반)</td><td>–</td><td>외륜에 레이디얼 방향의 틈새를 주도록
적절한 공차범위 등급을 선정한다.</td></tr>
<tr><td>H8</td><td>스러스트 볼 베어링에서 정밀을 요하는 경우</td></tr>
<tr><td rowspan="3">합성하중
(스러스트 자동조심
롤러베어링)</td><td>외륜정지하중</td><td>H7</td><td>–</td></tr>
<tr><td rowspan="2">방향부정하중
또는
외륜회전하중</td><td>K7</td><td>보통 사용 조건인 경우</td></tr>
<tr><td>M7</td><td>비교적 레이디얼 하중이 큰 경우</td></tr>
</table>

[비고] 위 표는 주철제 하우징 또는 강제 하우징에 적용한다.

[주] **레이디얼하중과 액시얼하중**

레이디얼 하중이라는 것은 베어링의 중심축에 대해서 직각(수직)으로 작용하는 하중을 말하고 액시얼하중이라는 것은 베어링의 중심축에 대해서 평행하게 작용하는 하중을 말한다. 덧붙여 말하면 스러스트하중과 액시얼하중은 동일한 것이다.

8. 레이디얼 베어링에 대한 축 및 하우징 R과 어깨 높이

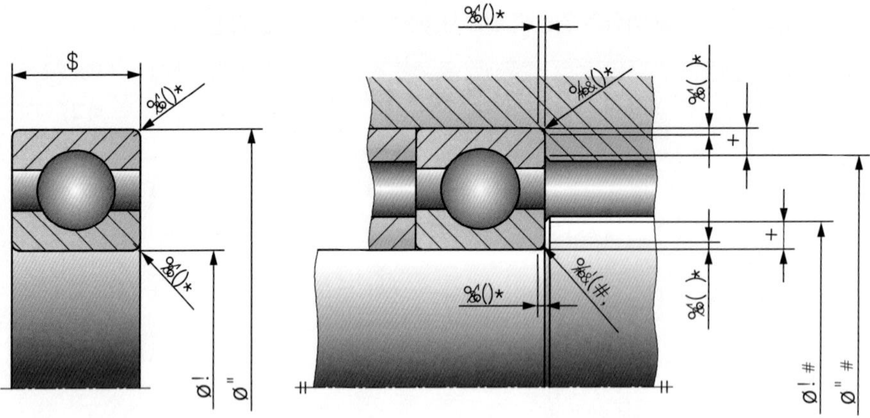

축 및 하우징 모서리 둥근 부분의 반지름 및 레이디얼 베어링에 대한 축 및 하우징 어깨의 높이

호칭 치수	축과 하우징의 부착 관계의 치수		
$r_s min$	$r_{as} max$	일반적인 경우(3)	특별한 경우(4)
		어깨 높이 h(최소)	
0.1	0.1	0.4	
0.15	0.15	0.6	
0.2	0.2	0.8	
0.3	0.3	1.25	1
0.6	0.6	2.25	2
1	1	2.75	2.5
1.1	1	3.5	3.25
1.5	1.5	4.25	4
2	2	5	4.5
2.1	2	6	5.5
2.5	2	6	5.5
3	2.5	7	6.5
4	3	9	8
5	4	11	10
6	5	14	12
7.5	6	18	16
9.5	8	22	20

[주] (3) 큰 축 하중이 걸릴 때에는 이 값보다 큰 어깨 높이가 필요하다.
(4) 축 하중이 작을 경우에 사용한다. 이러한 값은 원뿔 롤러 베어링, 앵귤러 볼 베어링 및 자동 조심 롤러베어링에는 적당하지 않다.

9. 베어링 끼워맞춤의 설계 적용법

9.1 베어링의 끼워맞춤 관계와 공차의 적용

베어링을 축이나 하우징에 설치하여 축방향으로 위치결정하는 경우 베어링 측면이 접촉하는 축의 턱이나 하우징 구멍의 내경 턱은 축의 중심에 대해서 직각으로 가공되어야 한다. 또한 테이퍼 롤러 베어링 정면측의 하우징 구멍 내경은 케이지와 접촉을 방지하기 위하여 베어링 외경면과 평행하게 가공한다.

축이나 하우징의 모서리 반지름은 베어링의 내륜, 외륜의 모떼기 부분과 간섭이 발생하지 않도록 주의를 해야 한다. 따라서 베어링이 설치되는 축이나 하우징 구석의 모서리 반경은 **베어링의 모떼기 치수의 최소값을 초과하지 않는 값**으로 한다. 레이디얼 베어링에 대한 축의 어깨 및 하우징의 어깨의 높이는 궤도륜의 측면에 충분히 접촉시키고, 또한 수명이 다한 베어링의 교체시 분해 공구 등이 접촉될 수 있는 높이로 하여 그에 따른 최소값은 아래 표에 나타내었다.

베어링의 설치에 관계된 치수는 이 턱의 높이를 고려한 직경으로 베어링 치수표에 기재되어 있는 것이 보통이다. 특히 액시얼 하중을 부하하는 테이퍼 롤러 베어링이나 원통롤러 베어링에서는 턱 부위를 충분히 지지할 수 있는 턱의 치수와 강도가 요구된다.

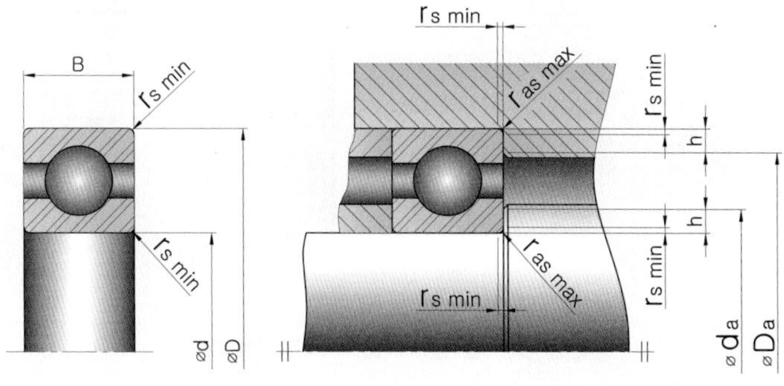

레이디얼 베어링 끼워맞춤부 축과 하우징 R 및 어깨 높이 KS B 2051 : 1995(2005 확인)

단위 :mm

호칭 치수	축과 하우징의 부착 관계의 치수		
베어링 내륜 또는 외륜의 모떼기 치수	적용할 구멍, 축의 최대 모떼기 (모서리 반지름)치수	어깨 높이 h(최소)	
γ_{smin}	γ_{asmax}	일반적인 경우(1)	특별한 경우 (2)
0.1	0.1	0.4	
0.15	0.15	0.6	
0.2	0.2	0.8	
0.3	0.3	1.25	1
0.6	**0.6**	**2.25**	2
1	1	2.75	2.5
1.1	1	3.5	3.25
1.5	1.5	4.25	4

단위 :mm

호칭 치수	축과 하우징의 부착 관계의 치수		
베어링 내륜 또는 외륜의 모떼기 치수	적용할 구멍, 축의 최대 모떼기 (모서리 반지름)치수	어깨 높이 h(최소)	
γ_{smin}	γ_{asmax}	일반적인 경우([1])	특별한 경우 ([2])
2	2	5	4.5
2.1	2	6	5.5
2.5	2	6	5.5
3	2.5	7	6.5
4	3	9	8
5	4	11	10
6	5	14	12
7.5	6	18	16
9.5	8	22	20

[주] (1) 큰 축 하중이 걸릴 때에는 이 값보다 큰 어깨 높이가 필요하다.
(2) 축 하중(액시얼 하중)이 작을 경우에 사용한다. 이러한 값은 테이퍼 롤러 베어링, 앵귤러 볼베어링 및 자동 조심 롤러베어링에는 적당하지 않다.)

9.2 단열 깊은 홈 볼 베어링 6005 장착 관계 치수 적용 예

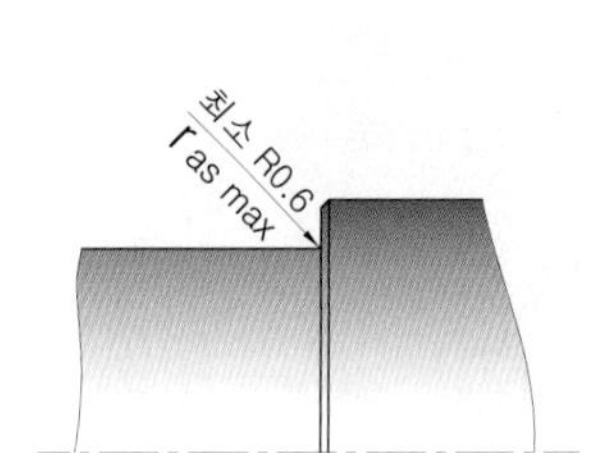

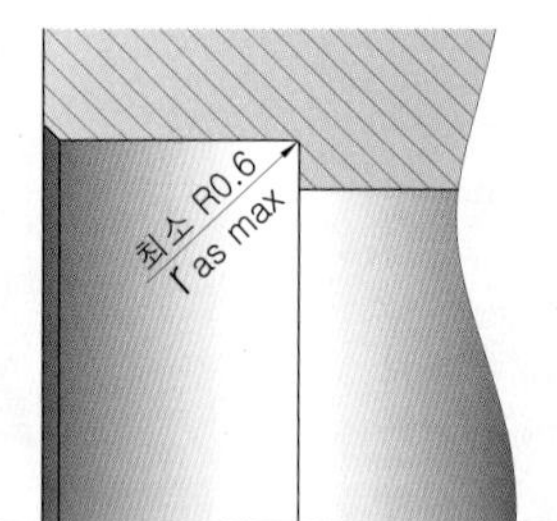

단위 :mm

단열 깊은 홈 볼 베어링 6005 적용 예				
d (축)	D (구멍)	B (폭)	γ_{smin} (베어링 내륜 및 외륜 모떼기 치수)	γ_{asmax} (적용할 축 및 구멍의 최대 모떼기 치수)
25	47	12	0.6	**최소 0.6**

베어링 계열 60 베어링의 호칭 번호 및 치수 [KSB2023]

단위 : mm

호칭 번호	치 수			
개방형	내경	외경	폭	내륜 및 외륜의 모떼기 치수
	d	**D**	**B**	**$r_s$min**
609	9	24	7	0.3
6000	10	26	8	0.3
6001	12	28	8	0.3
6002	15	32	9	0.3
6003	17	35	10	0.3
6004	20	42	12	0.6
6005	**25**	**47**	**12**	**0.6**
6006	30	55	13	1
6007	35	62	14	1

9.3 베어링 끼워맞춤 공차의 선정 요령

① 조립도에 적용된 베어링의 규격이 있는 경우 호칭번호를 보고 KS규격을 찾아 조립에 관련된 치수를 찾고, 규격이 지정되지 않은 경우에는 자나 스케일로 직접 실측하여 안지름, 바깥 지름, 폭의 치수를 찾아 적용된 베어링의 호칭번호를 선정한다.

② 축이나 하우징 구멍의 끼워맞춤 선정은 축이 회전하는 경우 내륜 회전 하중, 축은 고정이고 회전체(기어, 풀리, 스프로킷 등)가 회전하는 경우 외륜 회전 하중을 선택하여 권장하는 끼워맞춤 공차등급을 적용한다.

③ 베어링의 끼워맞춤 선정에 있어 고려해야 할 사항으로 사용하는 베어링의 정밀도 등급, 작용하는 하중의 방향 및 하중의 조건, 베어링의 내륜 및 외륜의 회전, 정지상태를 파악하여 선정해야 한다.

④ 베어링의 등급은 [KS B 2016]에서 규정하는 바와 같이 그 정밀도에 따라 **0급 〈 6X급 〈 6급 〈 5급 〈 4급 〈 2급**으로 하는데 실기과제 도면에 적용된 베어링의 등급은 특별한 지정이 없는 한 **0급**과 **6X급**으로 하며 이들은 ISO 492 및 ISO 199에 규정된 보통급에 상당하며 일반급이라고도 하는데 보통 기계에 사용하는 가장 일반적인 목적으로 사용하는 베어링이고 2급으로 갈수록 고정밀도로 엄격한 공차관리가 적용되는 정밀한 부위에 적용된다.

9.4 내륜 회전 하중, 외륜 정지 하중인 경우의 끼워맞춤 선정 예

베어링 홀더

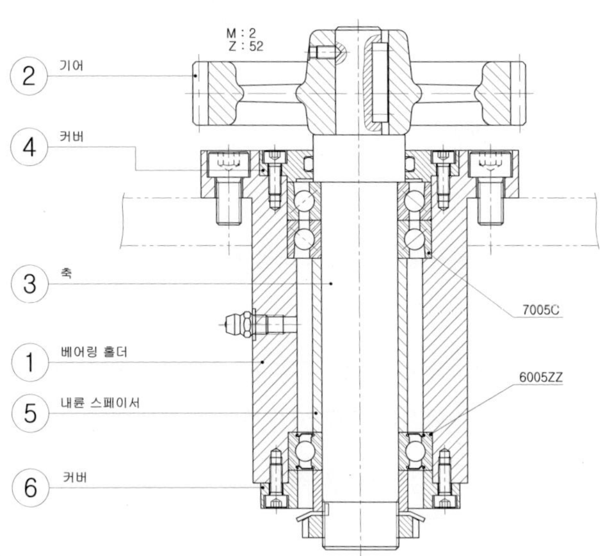

조립도를 분석해 보면 축에 조립된 기어가 회전하면서 축도 회전을 하게 되어 있는 구조이다. 베어링의 내륜이 회전하고 외륜은 정지하중을 받는 일반적인 사용 예이다.

이런 경우 베어링이 조립되는 축과 구멍의 끼워맞춤 관계를 알아보도록 하자. 먼저 운전상태 및 끼워맞춤 조건을 살펴보면 **축은 내륜회전하중**이며, 적용 베어링은 **볼베어링**으로 축 지름은 Ø25이다.

아래 KS 규격에서 권장하는 끼워맞춤에서 선정하면 볼베어링 란에서 축의 지름이 해당되는 18초과 100이하를 찾아보면 축의 공차등급을 js6로 권장하므로 Ø25js6(Ø25±0.065)로 선정한다.

레이디얼 베어링(0급, 6X급, 6급)에 대하여 일반적으로 사용하는 축의 공차 범위 등급 [KS B 2051]

운전상태 및 끼워맞춤 조건		볼베어링		원통롤러베어링 원뿔롤러베어링		자동조심 롤러베어링		축의 공차등급	비 고
		축 지름(mm)							
		초과	이하	초과	이하	초과	이하		
원통구멍 베어링(0급, 6X급, 6급)									
내륜 회전하중 또는 방향부정 하중	경하중 또는 변동하중	–	18	–	–	–	–	h5	정밀도를 필요로 하는 경우 js6, k6, m6 대신에 js5, k5, m5를 사용한다.
		18	**100**	–	40	–	–	**js6**	
		100	200	40	140	–	–	k6	
		–	–	140	200	–	–	m6	
	보통하중	–	18	–	–	–	–	js5	단열 앵귤러 볼 베어링 및 원뿔롤러 베어링인 경우 끼워맞춤으로 인한 내부 틈새의 변화를 고려할 필요가 없으므로 k5, m5 대신에 k6, m6를 사용할 수 있다.
		18	100	–	40	–	40	k5	
		100	140	40	100	40	65	m5	
		140	200	100	140	65	100	m6	
		200	280	140	200	100	140	n6	
		–	–	200	400	140	280	p6	
		–	–	–	–	280	500	r6	
	중하중 또는 충격하중	–	–	50	140	50	100	n6	보통 틈새의 베어링보다 큰 내부 틈새의 베어링이 필요하다.
		–	–	140	200	100	140	p6	
		–	–	200	–	140	200	r6	

이번에는 하우징의 구멍에 끼워맞춤 공차를 선정해 보도록 하자. 하중의 조건은 외륜정지하중에 모든 종류의 하중을 선택하면 큰 무리가 없을 것이다.

따라서 아래 표에서 권장하는 끼워맞춤 공차는 H7이 된다. 적용 볼 베어링의 호칭번호가 6005와 7005로 외경은 Ø47이며 하우징 구멍의 공차는 Ø7H7(Ø47+0.025)으로 선택해 준다.

보통 **외륜정지하중**인 경우에는 하우징 구멍은 H7을 적용하면 큰 무리가 없을 것이다.(단,적용 볼베어링은 일반급으로 하는 경우에 한한다.)

축과 하우징 구멍의 끼워맞춤 공차의 적용 예

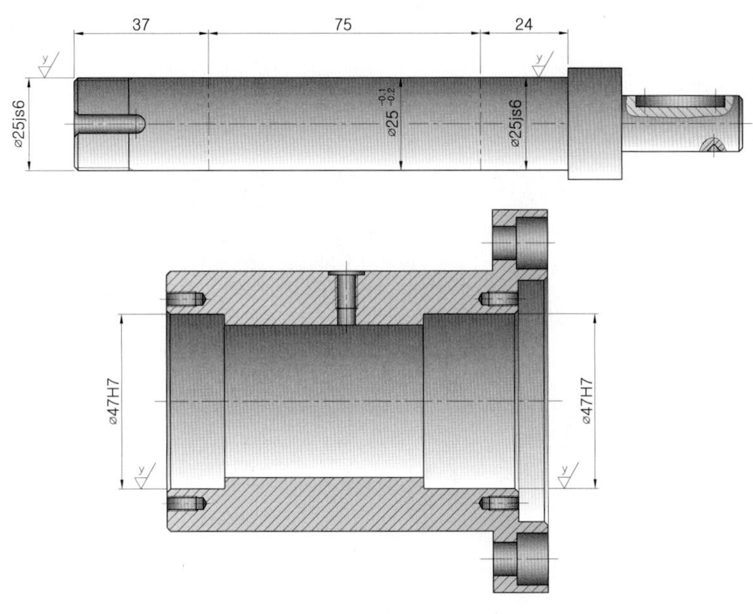

레이디얼 베어링(0급, 6X급, 6급)에 대하여 일반적으로 사용하는 구멍의 공차 범위 등급 [KS B 2051]

조 건				하우징 구멍의 공차범위 등급	비 고
하우징 (Housing)	하중의 종류		외륜의 축 방향의 이동		
일체 하우징 또는 2분할 하우징	외륜정지 하중	**모든 종류의 하중**	쉽게 이동할 수 있다.	**H7**	대형베어링 또는 외륜과 하우징의 온도차가 큰 경우 G7을 사용해도 된다.
		경하중 또는 보통하중		H8	–
		축과 내륜이 고온으로 된다.		G7	대형베어링 또는 외륜과 하우징의 온도차가 큰 경우 F7을 사용해도 된다.
		경하중 또는 보통하중에서 정밀 회전을 요한다.	원칙적으로 이동할 수 없다.	K6	주로 롤러베어링에 적용된다.
			이동할 수 있다.	JS6	주로 볼베어링에 적용된다.
		조용한 운전을 요한다.	쉽게 이동할 수 있다.	H6	–

9.5 내륜 정지 하중, 외륜 회전 하중인 경우의 끼워맞춤 선정 예

스프로킷 구동장치

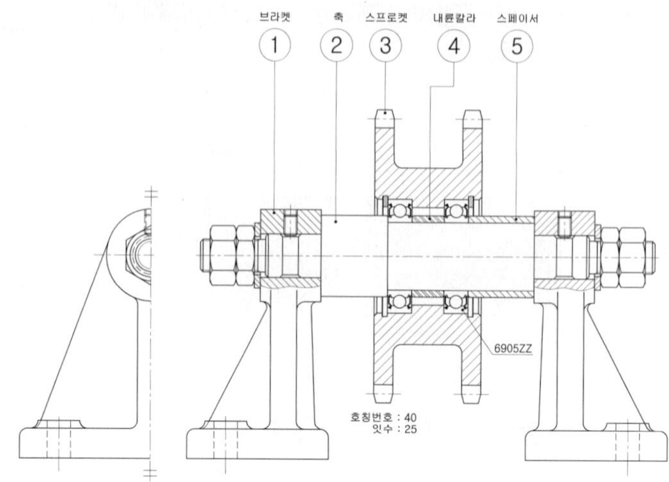

조립도를 분석해 보면 축은 좌우의 브라켓에 고정되어 정지 상태이며 스프로킷이 회전하며 동력을 전달하는 구 조이다. 이런 경우 베어링이 조립되는 축과 구멍의 끼워맞춤 관계를 알아보도록 하자. 먼저 운전상태 및 끼워맞 춤 조건을 살펴보면 **축은 내륜정지하중**이며, 내륜이 축위를 쉽게 움직일 필요가 없으며 적용 베어링은 볼베어 링으로 축 지름은 Ø25이다. 아래 KS규격에서 권장하는 끼워맞춤에서 선정하면 축 지름에 관계없이 축의 공차 등급을 h6로 권장하므로 Ø25h6 가 된다.

레이디얼 베어링(0급, 6X급, 6급)에 대하여 일반적으로 사용하는 축의 공차 범위 등급 [KS B 2051]

<table>
<tr><th colspan="2" rowspan="3">운전상태 및
끼워맞춤 조건</th><th colspan="2">볼베어링</th><th colspan="2">원통롤러베어링
원뿔롤러베어링</th><th colspan="2">자동조심
롤러베어링</th><th rowspan="3">축의
공차등급</th><th rowspan="3">비 고</th></tr>
<tr><th colspan="6">축 지름(mm)</th></tr>
<tr><th>초과</th><th>이하</th><th>초과</th><th>이하</th><th>초과</th><th>이하</th></tr>
<tr><td colspan="10">원통구멍 베어링(0급, 6X급, 6급)</td></tr>
<tr><td rowspan="2">내륜
정지하중</td><td>내륜이 축위를
쉽게 움직일 필요가 있다.</td><td colspan="6">전체 축 지름</td><td>g6</td><td>정밀도를 필요로 하는 경우 g5를 사용한다. 큰 베어링에서는 쉽게 움직일 수 있도록 f6을 사용해도 된다.</td></tr>
<tr><td>내륜이 축위를
쉽게 움직일 필요가
없다.</td><td colspan="6">전체 축 지름</td><td>h6</td><td>정밀도를 필요로 하는 경우 h5를 사용한다.</td></tr>
</table>

이번에는 스프로킷의 구멍에 끼워맞춤 공차를 선정해 보도록 하자. 하중의 조건은 외륜회전하중에 보통하중이며 외륜은 축 방향으로 이동하지 않는다. 따라서 아래 표에서 권장하는 끼워맞춤 공차는 N7이 된다. 적

용 볼 베어링의 호칭번호가 6905로 외경은 Ø42이며 스프로킷 구멍의 공차는 Ø42N7으로 선택해 준다.

축과 스프로킷 구멍의 끼워맞춤 공차의 적용 예

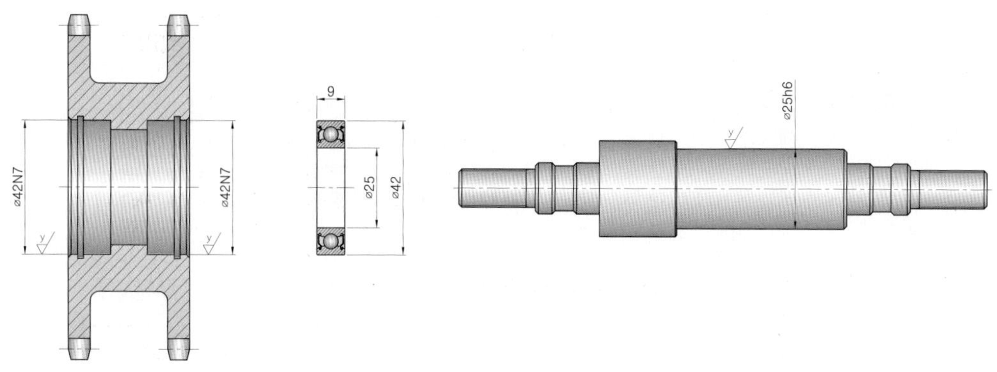

레이디얼 베어링(0급, 6X급, 6급)에 대하여 일반적으로 사용하는 구멍의 공차 범위 등급 [KS B 2051]

조 건				하우징 구멍의 공차범위 등급	비 고
하우징 (Housing)	하중의 종류		외륜의 축 방향의 이동		
일체 하우징 또는 2분할 하우징	외륜정지 하중	모든 종류의 하중	쉽게 이동할 수 있다.	H7	대형베어링 또는 외륜과 하우징의 온도차가 큰 경우 G7을 사용해도 된다.
		경하중 또는 보통하중		H8	–
		축과 내륜이 고온으로 된다.		G7	대형베어링 또는 외륜과 하우징의 온도차가 큰 경우 F7을 사용해도 된다.
일체 하우징		경하중 또는 보통하중에서 정밀 회전을 요한다.	원칙적으로 이동할 수 없다.	K6	주로 롤러베어링에 적용된다.
			이동할 수 있다.	JS6	주로 볼베어링에 적용된다.
		조용한 운전을 요한다.	쉽게 이동할 수 있다.	H6	–
	방향부정 하중	경하중 또는 보통하중	통상 이동할 수 있다.	JS7	정밀을 요하는 경우 JS7, K7 대신에 JS6, K6을 사용한다.
		보통하중 또는 중하중	이동할 수 없다.	K7	
		큰 충격하중	이동할 수 없다.	M7	–
	외륜회전 하중	경하중 또는 변동하중	이동할 수 없다.	M7	–
		보통하중 또는 중하중	**이동할 수 없다.**	**N7**	**주로 볼베어링에 적용된다.**
		얇은 하우징에서 중하중 또는 큰 충격하중	이동할 수 없다.	P7	주로 롤러베어링에 적용된다.

PART

7

표면거칠기

Section

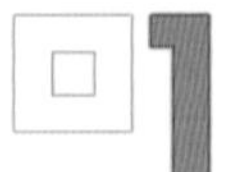

표면거칠기의 종류 및 표시

LESSON 01 표면거칠기의 정의 및 기호

용 어	정 의
표면 거칠기	대상물의 표면(이하 대상면이라 한다.)으로부터 임의로 채취한 각 부분에서의 표면거칠기를 나타내는 파라미터인 산술 평균 거칠기(R_a), 최대 높이(R_y), 10점 평균 거칠기(R_z), 요철의 평균 간격(S_m), 국부 산봉우리의 평균 간격(S) 및 부하 길이율(t_p)의 각각의 산술 평균값 [비고] ① 일반적으로 대상면에서는 각 위치에서의 표면거칠기는 같지 않고 상당히 많이 흩어져 있는 것이 보통이다. 따라서 대상면의 표면거칠기를 구하려면 그 모평균을 효과적으로 추정할 수 있도록 측정 위치 및 그 개수를 정하여야 한다. ② 측정 목적에 따라서는 대상면의 1곳에서 구한 값으로 표면 전체의 표면 거칠기를 대표할 수 있다.
단면 곡선	대상면에 직각인 평면으로 대상면을 절단하였을 때 그 단면에 나타나는 윤곽 [비고] 이 절단은 일반적으로 방향성이 있는 대상면에서는 그 방향에 직각으로 자른다.
거칠기 곡선	단면 곡선에서 소정의 파장보다 긴 표면 굴곡 성분을 위상 보상형 고역 필터로 제거한 곡선
거칠기 곡선의 컷오프값(λ_C)	위상 보상형 고역 필터의 이득이 50%가 되는 주파수에 대응하는 파장(이하 컷오프값이라 한다.)
거칠기 곡선의 기준길이(l)	거칠기 곡선으로부터 컷오프 값의 길이를 뺀 부분의 길이(이하 기준 길이라 한다.)
거칠기 곡선의 평가길이(l_n)	표면 거칠기의 평가에 사용하는 기준 길이를 하나 이상 포함하는 길이(이하 평가 길이라 한다.). 평가 길이의 표준값은 기준 길이의 5배로 한다.
여파 굴곡 곡선	단면 곡선에서 소정의 파장보다 짧은 표면 거칠기의 성분을 위상 보상형 저역 필터로 제거한 곡선
거칠기 곡선의 평균 선(m)	단면 곡선의 표본 부분에서의 여파 굴곡 곡선을 직선으로 바꾼 선(이하 평균 선이라 한다.)
산	거칠기 곡선을 평균 선으로 절단하였을 때 그것들의 교차점의 이웃하는 2점 사이에서의 거칠기 곡선과 평균 선으로 구성되는 공간 부분 [비고] 거칠기 곡선에서 기준 길이의 시작 및 끝 부분이 평균 선의 위쪽에 있는 부분은 산으로 간주한다.
골	거칠기 곡선을 평균 선으로 절단하였을 때에 그것들의 교차점의 이웃하는 2점 사이에서의 거칠기 곡선과 평균 선으로 구성되는 공간 부분 [비고] 거칠기 곡선에서 기준 길이의 시작 및 끝 부분이 평균 선의 아래쪽에 있는 부분은 골로 간주한다.
봉우리	거칠기 곡선의 산에서 가장 높은 표고점
골바닥	거칠기 곡선의 골에서 가장 낮은 표고점 [비고] 거칠기 곡선에서 기준 길이의 시작 및 끝 부분이 평균 선의 아래쪽에 있는 부분은 골로 간주한다.
산봉우리 선	거칠기 곡선에서 뽑아낸 기준 길이 중 가장 높은 산봉우리를 지나는 평균 선에 평행한 선
골바닥 선	거칠기 곡선에서 뽑아낸 기준 길이 중의 가장 낮은 골 바닥을 지나는 평균 선에 평행한 선
절단 레벨	산봉우리 선과 거칠기 곡선에 교차하는 산봉우리선에 평행한 선 사이의 수직 거리
국부산	거칠기 곡선의 두 개의 이웃한 극소점 사이에 있는 실체 부분
국부골	거칠기 곡선의 두 개의 이웃한 극대점 사이에 있는 공간 부분
국부 산봉우리	국부 산에서의 가장 높은 표고점
국부 골바닥	국부 골에서의 가장 낮은 표고점

LESSON 02 표면거칠기의 종류 및 설명

산술 평균 거칠기 Ra

구분	기호	설명
산술 평균 거칠기	Ry	

Ra는 거칠기 곡선으로부터 그 평균 선의 방향에 기준 길이만큼 뽑아내어, 그 표본 부분의 평균선 방향에 X축을, 세 로 배율 방향에 Y축을 잡고, 거칠기 곡선을 y=f(x)로 나타내었을 때, 다음 식에 따라 구해지는 값을 마이크로미터(μm)로 나타낸 것을 말한다.
여기서 l : 기준 길이

$$R_A = \frac{1}{l}\int_0^l |f(x)|\,dx$$

[Ra를 구하는 방법]

① 컷오프값

컷오프값의 종류	0.08mm	0.25mm	0.8mm	2.5mm	8mm	25mm

② Ra를 구할 때의 컷오프값 및 평가 길이의 표준값

Ra의 범위 (㎛)		컷오프값 λ_c (mm)	평가 길이 l_n (mm)
초 과	이 하		
(0.006)	0.02	0.08	0.4
0.02	0.1	0.25	1.25
0.1	2.0	0.8	4
2.0	10.0	2.5	12.5
10.0	80.0	8	40

[비고] Ra는 먼저 컷오프값을 설정한 후에 구한다. 표면 거칠기의 표시 및 지시를 하는 경우에 그 때마다 이것을 지정하는 것이 불편하므로 일반적으로 위 표에 나타내는 컷오프값 및 평가 길이의 표준값을 사용한다.

③ Ra의 표준 수열

단위 : ㎛

0.008				
0.010				
0.012	0.125	1.25	**12.5**	125
0.016	0.160	**1.60**	16.0	160
0.020	**0.20**	2.0	20	**200**
0.025	0.25	2.5	**25**	250
0.032	0.32	**3.2**	32	320
0.040	**0.40**	4.0	40	**400**
0.050	0.50	5.0	**50**	
0.063	0.63	**6.3**	63	
0.080	**0.80**	8.0	80	
0.100	1.00	10.0	**100**	

[비고] 굵은 글씨로 나타낸 공비 2의 수열을 사용하는 것이 바람직하다.

최대 높이 Ry

구분	기호	설명
최대 높이	Ry	Ry는 거칠기 곡선에서 그 평균 선의 방향에 기준 길이만큼 뽑아내어 이 표본 부분의 평균 선에서 산봉우리 선과 골바닥선의 세로배율의 방향으로 측정하여 이 값을 마이크로미터(µm)로 나타낸 것을 말한다.

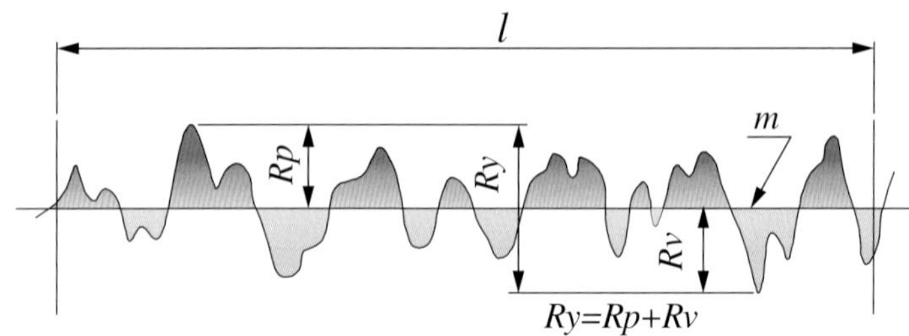

[Ry를 구하는 방법]

[비고] Ry를 구하는 경우에는 흠이라고 간주되는 보통 이상의 높은 산 및 낮은 골이 없는 부분에서 기준 길이만큼 뽑아낸다.

① 기준 길이

Ry를 구하는 경우의 기준 길이	0.08mm	0.25mm	0.8mm	2.5mm	8mm	25mm

② Ry를 구할 때의 기준 길이 및 평가 길이의 표준값

Ry의 범위 (㎛)		컷오프값 l (mm)	평가 길이 l_n (mm)
초 과	이 하		
(0.025)	0.10	0.08	0.4
0.10	0.50	0.25	1.25
0.50	10.0	0.8	4
10.0	50.0	2.5	12.5
50.0	200.0	8	40

[비고] Ry는 먼저기준길이를지정한후에구한다.표면거칠기의표시나지시를하는경우에그때마다 이것을 지정하는 것이 불편하므로, 일반적으로 위 표에 나타내는 기준 길이 및 평가 길이의 표준값을 사용한다. ( )안은 참고값이다.

③ Ry의 표준 수열

단위 : ㎛

	0.125	1.25	**12.5**	125	1250
	0.160	**1.60**	16.0	160	**1600**
	0.20	2.0	20	**200**	
0.025	0.25	2.5	**25**	250	
0.032	0.32	**3.2**	32	320	
0.040	**0.40**	4.0	40	**400**	
0.050	0.50	5.0	**50**	500	
0.063	0.63	**6.3**	63	630	
0.080	**0.80**	8.0	80	**800**	
0.100	1.00	10.0	**100**	1000	

[비고] 굵은 글씨로 나타낸 공비 2의 수열을 사용하는 것이 바람직하다.

10점 평균 거칠기 Rz

구분	기호	설명
10점 평균 거칠기	Rz	(아래 참조)

Rz는 거칠기 곡선에서 그 평균 선의 방향에 기준 길이만큼 뽑아내어 이 표본 부분의 평균선에서 세로 배율의 방향으로 측정한 가장 높은 산봉우리부터 5번째 산봉우리까지의 표고(Yp)의 절대값의 평균값과 가장 낮은 골바닥에서 5번째까지의 골바닥의 표고(Yv)의 절대값의 평균값과의 합을 구하여, 이 값을 마이크로미터(μm)로 나타낸 것을 말한다.

여기에서

$Y_{P1}, Y_{P2}, Y_{P3}, Y_{P4}, Y_{P5}$: 기준 길이 l에 대응하는 샘플링 부분의 가장 높은 산봉우리에서 5번째까지의 표고

$Y_{V1}, Y_{V2}, Y_{V3}, Y_{V4}, Y_{V5}$: 기준 길이 l에 대응하는 샘플링 부분의 가장 낮은 산봉우리에서 5번째까지의 표고

$$R_z = \frac{|Y_{P1}+Y_{P2}+Y_{P3}+Y_{P4}+Y_{P5}| + |Y_{V1}+Y_{V2}+Y_{V3}+Y_{V4}+Y_{V5}|}{5}$$

[Rz를 구하는 방법]

① 기준 길이

Rz를 구하는 경우의 기준 길이	0.08mm	0.25mm	0.8mm	2.5mm	8mm	25mm

② Rz를 구할 때의 기준 길이 및 평가 길이의 표준값

Rz의 범위 (㎛)		컷오프값	평가 길이
초 과	이 하	l (mm)	l_n (mm)
(0.025)	0.10	0.08	0.4
0.10	0.50	0.25	1.25
0.50	10.0	0.8	4
10.0	50.0	2.5	12.5
50.0	200.0	8	40

[비고] Rz는 먼저 기준 길이를 지정한 후에 구한다. 표면 거칠기의 표시나 지시를 하는 경우에 그 때마다 이것을 지정하는 것이 불편하므로 일반적으로 위 표에 나타내는 기준 길이 및 평가 길이의 표준값을 사용한다.

③ Rz의 표준 수열

단위 : ㎛

	0.125	1.25	**12.5**	125	1250
	0.160	**1.60**	16.0	160	**1600**
	0.20	2.0	20	**200**	
0.025	0.25	2.5	**25**	250	
0.032	0.32	**3.2**	32	320	
0.040	**0.40**	4.0	40	**400**	
0.050	0.50	5.0	**50**	500	
0.063	0.63	**6.3**	63	630	
0.080	**0.80**	8.0	80	**800**	
0.100	1.00	10.0	**100**	1000	

[비고] 굵은 글씨로 나타낸 공비 2의 수열을 사용하는 것이 바람직하다.

요철의 평균 간격(S_m)의 정의 및 표시

구분	기호	설명
요철의 평균 간격	S_m	

S_m은 거칠기 곡선에서 그 평균 선의 방향에 기준 길이만큼 뽑아내어 이 부분에서 하나의 산 및 그것에 이웃한 하나의 골에 대응한 평균 선의 길이의 합(이하 요철의 간격이라 한다)을 구하여 이 다수의 요철 간격의 산술 평균값을 마이크로미터(μm)로 나타낸 것을 말한다.

여기에서

S_{mi} : 요철의 간격

n : 기준 길이 내에서의 요철 간격의 개수

$$S_m = \frac{1}{n}\sum_{i=1}^{n} S_n$$

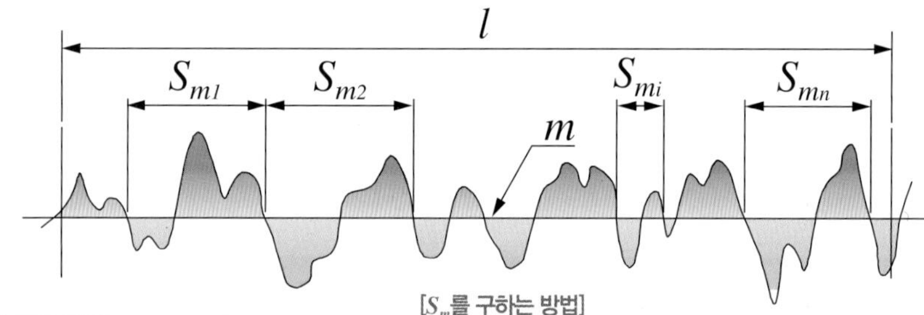

[S_m를 구하는 방법]

① 기준 길이

S_n을 구하는 경우의 기준 길이	0.08mm	0.25mm	0.8mm	2.5mm	8mm	25mm

② S_m을 구할 때의 기준 길이 및 평가 길이의 표준값

Sm의 범위 (mm)		컷오프값	평가 길이
초 과	이 하	l (mm)	l_n (mm)
0.013	0.04	0.08	0.4
0.04	0.13	0.25	1.25
0.13	0.4	0.8	4
0.4	1.3	2.5	12.5
1.3	4.0	8	40

[비고] S_m은 먼저 기준 길이를 지정한 후에 구한다. 표면 거칠기의 표시나 지시를 하는 경우에 그 때마다 이것을 지정하는 것이 불편하므로 일반적으로 위 표에 나타내는 기준 길이 및 평가 길이의 표준값을 사용한다.

③ S_m의 표준 수열

단위 : mm

	0.0125	0.125	1.25	125	12.5
	0.0160	0.160	**1.60**	160	
	0.020	**0.20**	2.0	**200**	
0.002	**0.025**	0.25	2.5	250	
0.003	0.032	0.32	**3.2**	320	
0.004	0.040	**0.40**	4.0	**400**	
0.005	**0.050**	0.50	5.0	500	
0.006	0.063	0.63	**6.3**	630	
0.008	0.080	**0.80**	8.0	**800**	
0.010	**0.100**	1.00	10.0	1000	

[비고] 굵은 글씨로 나타낸 공비 2의 수열을 사용하는 것이 바람직하다.

국부 산봉우리의 평균 간격(*S*)의 정의 및 표시

구분	기호	설명
국부 산봉우리의 평균 간격	*S*	아래 참조

*S*는 거칠기 곡선에서 그 평균 선의 방향에 기준 길이만큼 뽑아내어 이 표본 부분에서 이웃한 국부 산봉우리 사이에 대응하는 평균 선의 길이(이하 국부 산봉우리의 간격이라 한다)를 구하여 이 다수의 국부 산봉우리의 간격의 산술 평균값을 마이크로미터(μm)로 나타낸 것을 말한다.
여기에서
S : 국부 산봉우리의 간격
n : 기준 길이 내에서의 산봉우리 간격의 개수

$$S = \frac{1}{n}\sum_{i=1}^{n} S$$

[*S*를 구하는 방법]

① 기준 길이

S를 구하는 경우의 기준 길이	0.08mm	0.25mm	0.8mm	2.5mm	8mm	25mm

② *S*를 구할 때의 기준 길이 및 평가 길이의 표준값

S의 범위 (mm)		컷오프값	평가 길이
초 과	이 하	l (mm)	l_n (mm)
0.013	0.04	0.08	0.4
0.04	0.13	0.25	1.25
0.13	0.4	0.8	4
0.4	1.3	2.5	12.5
1.3	4.0	8	40

[비고] *S*는 먼저 기준 길이를 지정한 후에 구한다. 표면 거칠기의 표시나 지시를 하는 경우에 그 때마다 이것을 지정하는 것이 불편하므로 일반적으로 위 표에 나타내는 기준 길이 및 평가 길이의 표준값을 사용한다.

③ *S*의 표준 수열

단위 : mm

	0.0125	0.125	1.25	**12.5**
	0.0160	0.160	**1.60**	
	0.020	**0.20**	2.0	
0.002	**0.025**	0.25	2.5	
0.003	0.032	0.32	**3.2**	
0.004	0.040	**0.40**	4.0	
0.005	**0.050**	0.50	5.0	
0.006	0.063	0.63	**6.3**	
0.008	0.080	**0.80**	8.0	
0.010	**0.100**	1.00	10.0	

[비고] 굵은 글씨로 나타낸 공비 2의 수열을 사용하는 것이 바람직하다.

부하 길이율(t_p)의 정의 및 표시

구분	기호	설명
요철의 평균 간격	t_p	(아래 설명 참조)

t_p는 거칠기 곡선에서 그 평균 선의 방향에 기준 길이만큼 뽑아내어 이 표본 부분의 거칠기 곡선을 산봉우리 선에 평행한 절단 레벨로 절단하였을 때에 얻어지는 절단 길이의 합(부하 길이)의 기준 길이에 대한 비를 백분율로 나타낸 것을 말한다.

여기에서

n_p : $b_1 + b_2 + \cdots + b_n$

l : 기준 길이

$$S = \frac{1}{n}\sum_{i=1}^{n} S$$

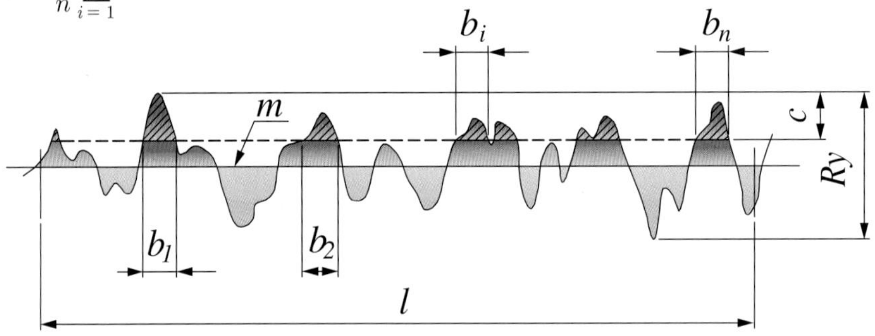

[t_p를 구하는 방법]

① 기준 길이

기준 t_p 길이	0.08mm	0.25mm	0.8mm	2.5mm	8mm	25mm

② t_p를 구하는 경우의 절단 레벨

ⓐ 마이크로미터(μm) 단위의 수치로 나타낸다.

ⓑ Ry에 대한 비를 백분율(%)로 나타낸다. 이 경우에 적용하는 표준 수열을 다음에 나타낸다.

5	10	15	20	25	30	40	50	60	70	75	80	90

[비고] ⓑ에 따라 백분율(%)로 c를 나타내는 경우에는 먼저 기준 길이에서의 거칠기 곡선에서 Ry를 구하여야 한다.

③ t_p의 표준 수열

단위 : mm

t_p(%)	10	15	20	25	30	40	50	60	70	80	90

LESSON 03 표면거칠기 파라미터

면 지시 기호의 치수 비율

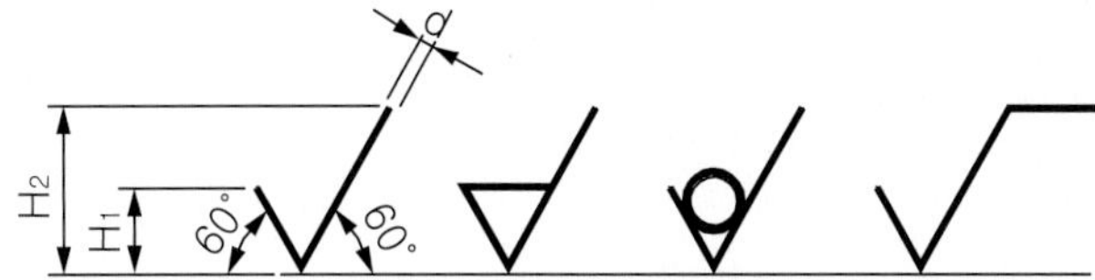

면의 지시 기호의 치수 비율

숫자 및 문자의 높이 (h)	35	5	7	10	14	20
문자를 그리는 선의 굵기 (d)	ISO 3098/I에 따른다(A형 문자는 h/14, B형 문자는 h/10					
기호의 짧은 다리의 높이 (H1)	5	7	10	14	20	28
기호의 긴 다리의 높이 (H2)	10	14	20	28	40	56

표면거칠기 기호 표시법

현장 실무 도면을 직접 접해보면 실제로 다듬질기호(삼각기호)를 적용한 도면들을 많이 볼 수 있을 것이다. 다듬질기호 표기법과 표면거칠기 기호의 표기에 혼동이 있을수도 있는데 아래와 같이 표면거칠기 기호를 사용하고 가공면의 거칠기에 따라서 반복하여 기입하는 경우에는 알파벳의 소문자(w, x, y, z) 부호와 함께 사용한다.

표면거칠기 기호 표시법

w = 12.5 , x = 3.2 , y = 0.8 , z = 0.2

표면거칠기 기호의 의미

아래[그림:(a)]는 제거가공을 허락하지 않는 부분에 표시하는 기호로 주물, 단조등의 공정을 거쳐 제작된 제품에 별도의 2차 기계가공을 하면 안되는 표면에 해당되는 기호이다. [그림:(c)]는 별도로 기계절삭 가공을 필요로 하는 표면에 표시하는 기호이다. 즉, 선반, 밀링, 드릴, 리밍, 보링, 연삭 가공 등 공작기계에 의한 일반적인 가공부에 적용한다. 또한(그림 : w, x, y, z)과 같이 알파벳 소문자와 함께 사용하는 기호들은 표면의 거칠기 상태(정밀도)에 따라 문자기호로 표시한 것이다.

표면거칠기 기호의 의미

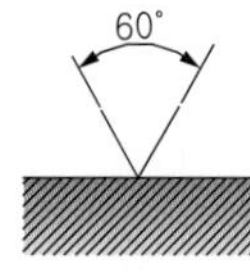

(a) 기본 지시기호

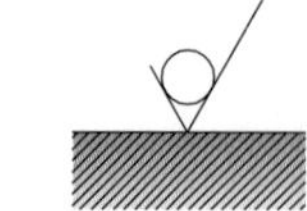

(b) 제거가공을 허락하지 않는 면의 지시기호

(c) 제거가공을 요하는 면의 지시기호

부품도에 기입하는 경우

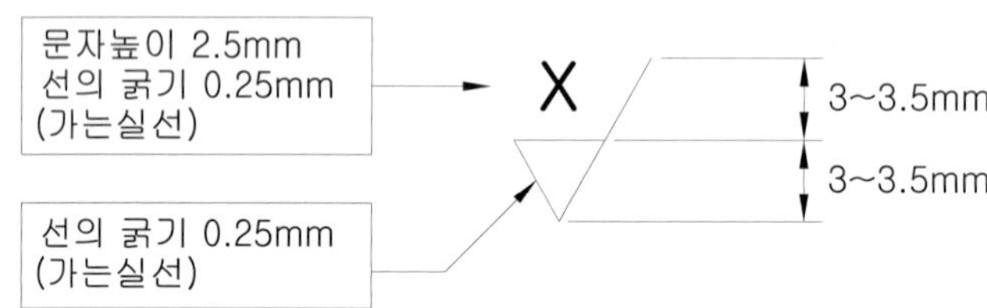

품번 우측에 기입하는 경우

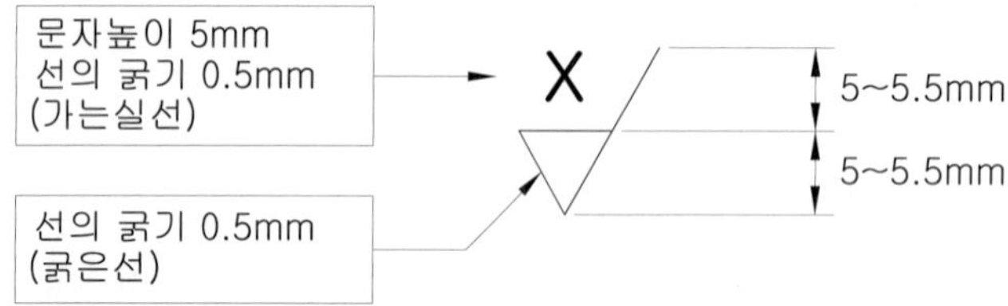

LESSON 04 표면거칠기와 다듬질기호(삼각기호)의 관계

표면거칠기와 다듬질기호(삼각기호)의 관계

	산술평균거칠기 Ra	최대높이 Ry	10점평균거칠기 Rz	다듬질기호(참고)
구분값	0.25	0.1	0.1	▽▽▽▽
	0.05	0.2	0.2	
	0.1	0.3	0.4	
	0.2	0.8	0.8	
	0.4	1.6	1.6	▽▽▽
	0.8	3.2	3.2	
	1.6	6.3	6.3	

구분값	3.2	12.5	12.5	▽▽
	6.3	25	25	
	12.5	50	50	▽
	25	100	100	
	특별히 규정하지 않는다.			∼

LESSON 05 산술평균거칠기(Ra)의 거칠기 값과 적용 예

일반적으로 사용이 되고 있는 **산술평균거칠기(Ra)**의 적용예를 아래에 나타내었다. 거칠기의 값에 따라서 최종 완성 다듬질 면의 정밀도가 달라지며 거칠기(Ra)값이 적을수록 정밀한 다듬질 면을 얻을 수 있다.

산술평균거칠기(Ra)의 적용 예

거칠기의 값	적용 예
Ra 0.025 **Ra 0.05**	**초정밀 다듬질 면** 제조원가의 상승 특수정밀기기, 고정밀면, 게이지류 이외에는 사용하지 않는다.
Ra 0.1	**극히 정밀한 다듬질 면** 제조원가의 상승 연료펌프의 플런저나 실린더 등에 사용한다.
Ra 0.2	**정밀 다듬질 면** 수압실린더 내면이나 정밀게이지 고속회전 축이나 고속회전용 베어링 메카니컬 실 부위 등에 사용한다.
Ra 0.4	**부품의 기능상 매끄러움(미려함)을 중요시하는 면** 저속회전 축 또는 저속회전용 베어링, 중하중이 걸리는 면, 정밀기어 등
Ra 0.8	집중하중을 받는 면, 가벼운 하중에서 연속적으로 운동하지 않는 베어링면, 클램핑 핀이나 정밀나사 등
Ra 1.6	**기계가공에 의한 양호한 다듬질 면** 베어링 끼워맞춤 구멍, 접촉면, 수압실린더 등
Ra 3.2	**중급 다듬질 정도의 기계 다듬질 면** 고속에서 적당한 이송량을 준 공구에 의한 선삭, 연삭등 정밀한 기준면, 조립면, 베어링 끼워맞춤 구멍 등
Ra 6.3	**가장 경제적인 기계다듬질 면** 급속이송 선삭, 밀링, 쉐이퍼, 드릴가공 등 일반적인 기준면이나 조립면의 다듬질에 사용
Ra 12.5	**별로 중요하지 않은 다듬질 면** 기타 부품과 접촉하거나 닿지 않는 면
Ra 25	**별도 기계가공이나 제거가공을 하지 않는 거친면** 주물 등의 흑피, 표면

표면거칠기 표기 및 가공 방법

표면거칠기 기호의 표기 및 가공 방법

<table>
<tr><th colspan="2">명칭
(다듬질정도)</th><th>다듬질 기호
(구 기호)</th><th>표면거칠기 기호
(신 기호)</th><th>가공방법 및 적용부위</th></tr>
<tr><td colspan="2">매끄러운 생지</td><td>∼</td><td>◯√</td><td>① 기계 가공 및 버 제거 가공을 하지 않은 부분
② 주조(주물), 압연, 단조품 등의 표면부
③ 철판 절곡물 등</td></tr>
<tr><td colspan="2">거친 다듬질</td><td>▽</td><td>w√</td><td>① 밀링, 선반, 드릴 등의 공작기계 가공으로 가공 흔적이 남을 정도의 거친 면
② 끼워맞춤을 하지 않는 일반적인 가공면
③ 볼트머리, 너트, 와셔 등의 좌면</td></tr>
<tr><td colspan="2">보통 다듬질
(중 다듬질)</td><td>▽▽</td><td>x√</td><td>① 상대 부품과 끼워맞춤만 하고, 상대적 마찰운동을 하지 않고 고정되는 부분
② 보통공차(일반공차)로 가공한 면
③ 커버와 몸체의 끼워맞춤 고정부, 평행키홈, 반달키홈 등
④ 줄가공, 선반, 밀링, 연마등의 가공으로 가공 흔적이 남지 않을 정도의 가공면</td></tr>
<tr><td rowspan="2">상다듬질</td><td>절삭 다듬질 면</td><td rowspan="2">▽▽▽</td><td rowspan="2">y√</td><td>① 끼워맞춤되어 회전운동이나 직선왕복 운동을 하는 부분
② 베어링과 축의 끼워맞춤 부분
③ 오링, 오일실, 패킹이 접촉하는 부분
④ 끼워맞춤 공차를 지정한 부분
⑤ 위치결정용 핀 홀, 기준면 등</td></tr>
<tr><td>담금질,
경질크로뮴
도금, 연마
다듬질 면</td><td>① 끼워맞춤되어 고속 회전운동이나 직선왕복 운동을 하는 부분
② 선반, 밀링, 연마, 래핑 등의 가공으로 가공 흔적이 전혀 남지않는 미려하고 아주 정밀한 가공면
③ 신뢰성이 필요한 슬라이딩하는 부분, 정밀지그의 위치결정면
④ 열처리 및 연마되어 내마모성을 필요로 하는 미끄럼 마찰면</td></tr>
<tr><td colspan="2">정밀 다듬질</td><td>▽▽▽▽</td><td>z√</td><td>① 그라인딩(연삭), 래핑, 호닝, 버핑 등에 의한 가공으로 광택이 나는 극히 초정밀 가공면
② 고급 다듬질로서 일반적인 기계 부품 등에는 사용안함
③ 자동차 실린더 내면, 게이지류, 정밀스핀들 등</td></tr>
</table>

LESSON 07 표면거칠기 기호 비교 분석

표면 거칠기 기호 비교표

기호		Ry	Rz	N
∅̸ = ∅̸		Ry200	Rz200	N12
w/	= 12.5/	Ry50	Rz50	N10
x/	= 3.2/	Ry12.5	Rz12.5	N8
y/	= 0.8/	Ry3.2	Rz3.2	N6
z/	= 0.2/	Ry0.8	Rz0.8	N4

표면거칠기 및 문자 표시 방향

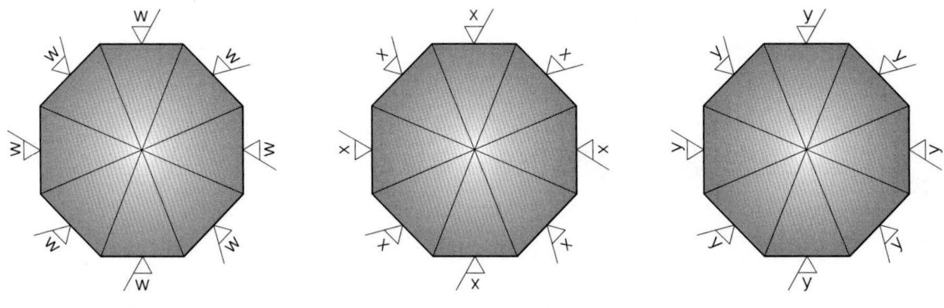

Ra만을 지시하는 경우의 기호와 방향

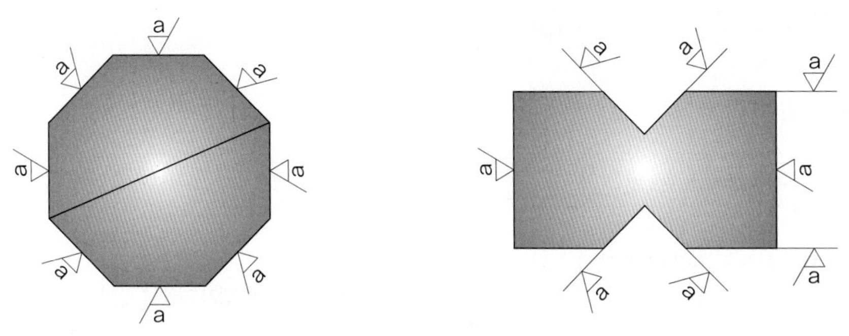

LESSON 08 비교 표면 거칠기 표준편 [KS B 0507]

최대 높이의 구분치에 따른 비교 표준의 범위

거칠기 구분치		0.1S	0.2S	0.4S	0.8S	1.6S	3.2S	6.3S	12.5S	25S	50S	100S	200S
표면 거칠기의 범위 ($\mu m\ Rmax$)	최소치	0.08	0.17	0.33	0.66	1.3	2.7	5.2	10	21	42	83	166
	최대치	0.11	0.22	0.45	0.90	1.8	3.6	7.1	14	28	56	112	224
거칠기 번호 (표준편 번호)		SN1	SN2	SN3	SN4	SN5	SN6	SN7	SN8	SN9	SN10	SN11	SN12

중심선 평균거칠기의 구분치에 따른 비교 표준의 범위

거칠기 구분치		0.025a	0.05a	0.1a	0.2a	0.4a	0.8a	1.6a	3.2a	6.3a	12.5a	25a	50a
표면 거칠기의 범위 ($\mu m\ Rmax$)	최소치	0.02	0.04	0.08	0.17	0.33	0.66	1.3	2.7	5.2	10	21	166
	최대치	0.03	0.06	0.11	0.22	0.45	0.90	1.8	3.6	7.1	14	28	224
거칠기 번호 (표준편 번호)		N1	N2	N3	N4	N5	N6	N7	N8	N9	N10	N11	N12

LESSON 09 제도–표면의 결 도시 방법 [KS B 0617]

용어의 정의

용어	정의
표면의 결	주로 기계 부품, 구조 부재 등의 표면에서의 표면 거칠기, 제거 가공의 필요 여부, 줄무늬 방향, 표면 파상도 등
제거 가공	기계 가공 또는 이것에 준하는 방법에 따라 부품, 부재 등의 표층부를 제거하는것
줄무늬 방향	제거 가공에 의해 생기는 현저한 줄무늬의 모양

제거 가공의 지시 방법

제거 가공의 지시 방법	지시 기호
제거 가공을 요하는 것의 지시	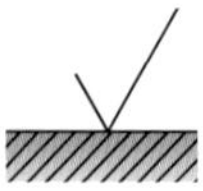 제거 가공을 요하는 면의 지시
제거 가공을 허락하지 않는 것의 지시	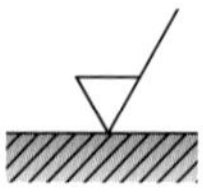 제거 가공을 허락하지 않는 면의 지시
가공 방법 등을 기입하기 위한 가로선	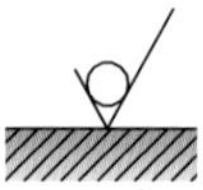 가로선을 부가한 면의 지시 기호

표면 거칠기의 지시 방법

Ra의 상한을 지시한 보기

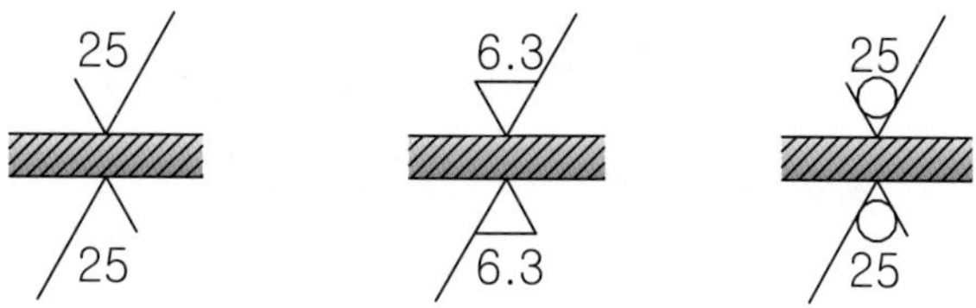

Ra의 상한, 하한을 지시한 보기

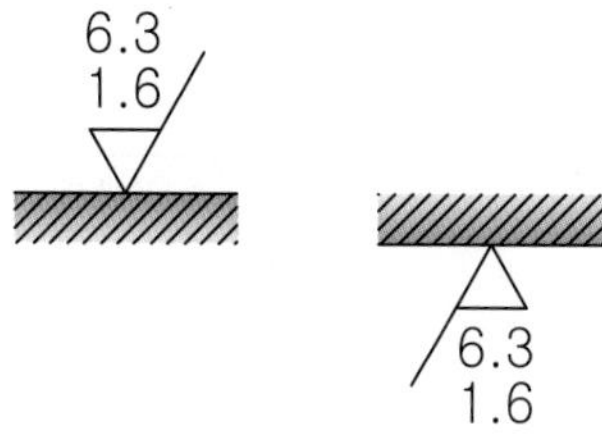

컷오프값 및 평가 길이의 지시

컷오프값 및 평가 길이를 지시한 보기

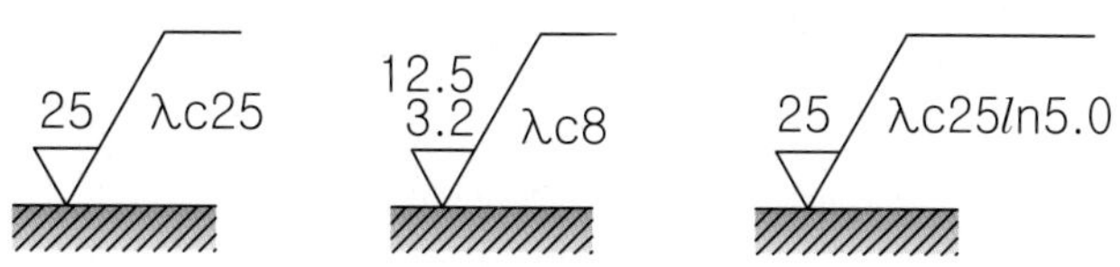

표면 거칠기의 지시값 및 기입 위치

Ry를 지시한 보기

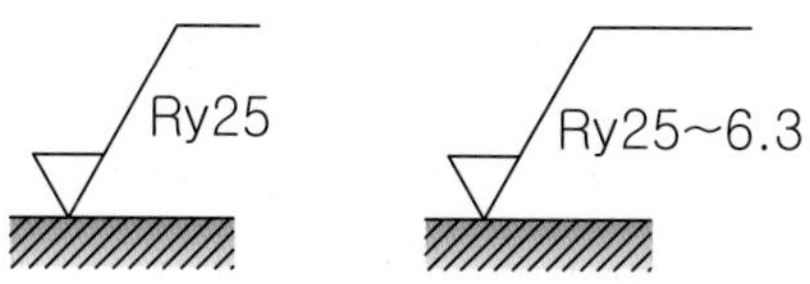

기준 길이 및 평가 길이의 지시

기준 길이를 지시한 보기

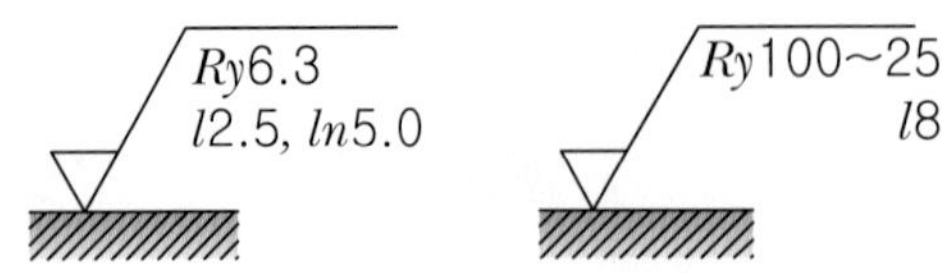

절단 레벨의 지시

tp를 지시한 보기

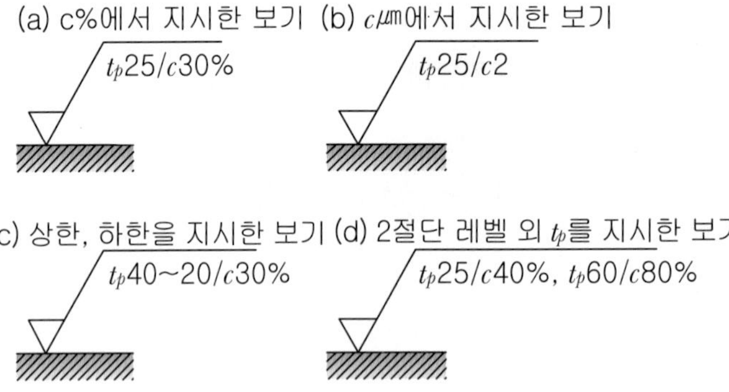

2종류 이상의 파라미터를 지시하는 경우

2종류 이상의 파라미터를 지시한 보기

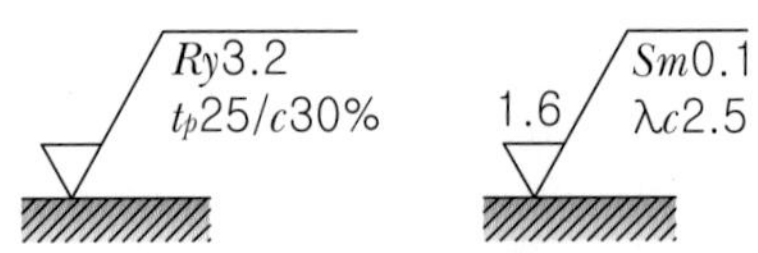

특수한 지시를 하는 경우

특수한 지시의 보기

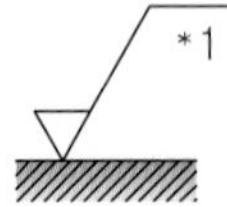

LESSON 10 특수한 요구 사항의 지시 방법

가공 방법

가공 방법을 지시한 보기

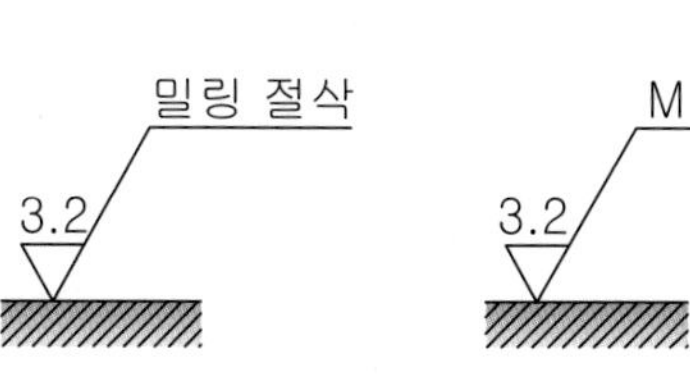

표면 처리의 앞 및 뒤의 표면거칠기를 지시한 보기

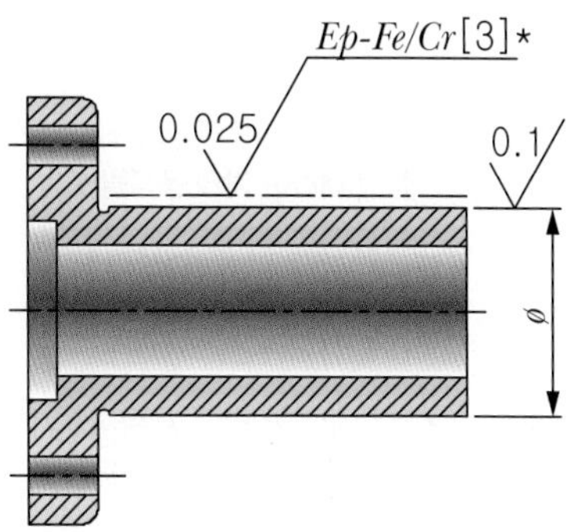

줄무늬 방향

줄무늬 방향을 지시한 보기

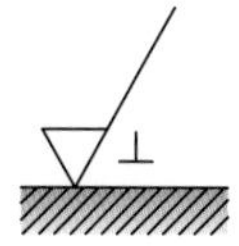

줄무늬 방향의 기호

기호	의미	설명 그림
=	• 가공에 의한 컷의 줄무늬 방향이 기호를 기입한 그림의 투영면에 평행 보기 세이핑 면	
⊥	• 가공에 의한 컷의 줄무늬 방향이 기호를 기입한 그림의 투영면에 직각 • 보기 세이핑 면(수평으로 본 상태) 선삭, 원통 연삭면	
X	• 가공에 의한 컷의 줄무늬 방향이 기호를 기입한 그림의 투영면에 비스듬하게 2방향으로 교차 보기 호닝 다듬질면	

기호	의미	설명 그림
M	• 가공에 의한 컷의 줄무늬가 여러 방향으로 교차 또는 무방향 보기 • 래핑 다듬질면, 슈퍼 피니싱면, 가로 이송을 건 정면 밀링 또는 앤드밀 절삭면	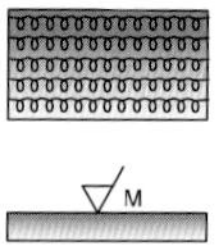
C	• 가공에 의한 컷의 줄무늬가 기호를 기입한 면의 중심에 대하여 거의 동심원 모양 보기 끝면 절삭면	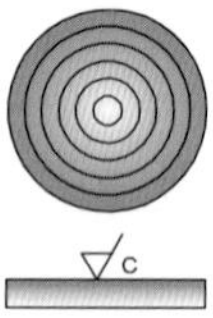
R	• 가공에 의한 컷의 줄무늬가 기호를 기입한 면의 중심에 대하여 거의 방사 모양	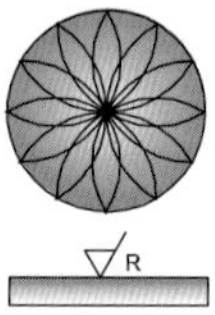

면의 지시 기호에 대한 각 지시 기호의 위치

각 지시 기호의 기입 위치

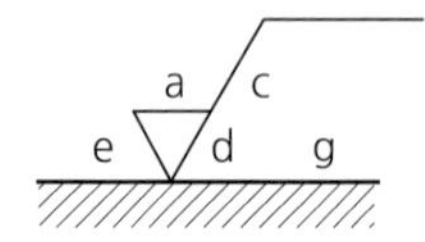

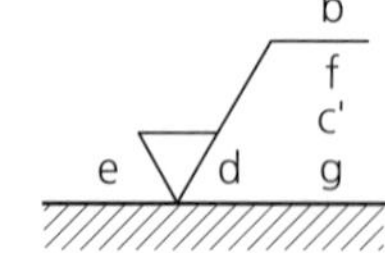

[기호 설명]

a : Ra의값

b : 가공 방법

c : 컷오프값 및 평가 길이

c' : 기준 길이 및 평가 길이

d : 줄무늬 방향의 기호

f : Ra 이외의 파라미터(tp일 때에는 파라미터/절단 레벨)

g : 표면 파상도(KS B 0610에 따른다.)

[비고] a 또는 f 이외에는 필요에 따라 기입한다. 기호 e의 개소에 ISO 1302에서는 다듬질 여유를 기입하게 되어 있다.

LESSON 11 도면 기입법

도면 기입 방법의 기본

기호의 방향

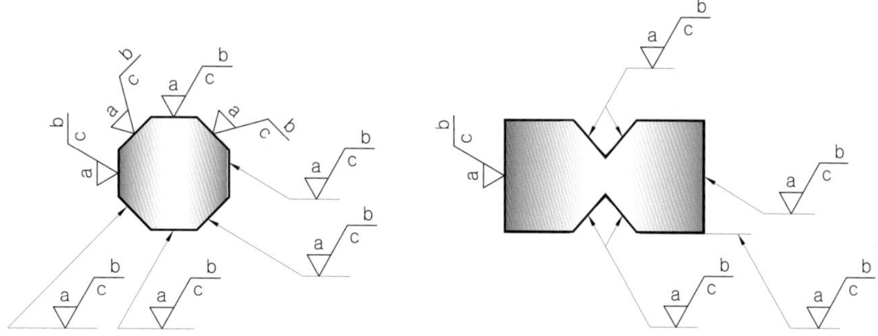

Ra만을 지시하는 경우의 기호의 방향

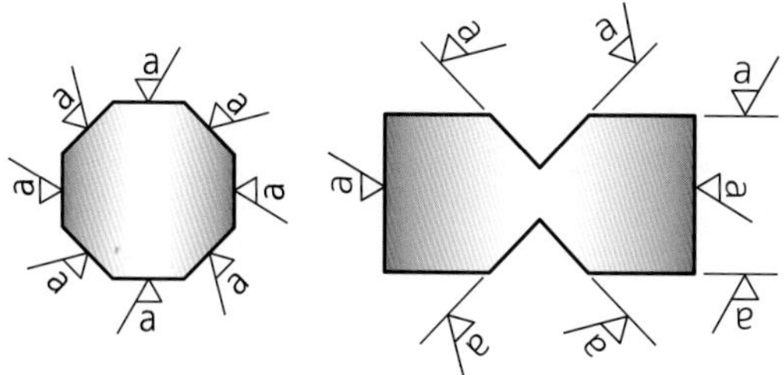

둥글기 및 모떼기에 대한 지시의 보기

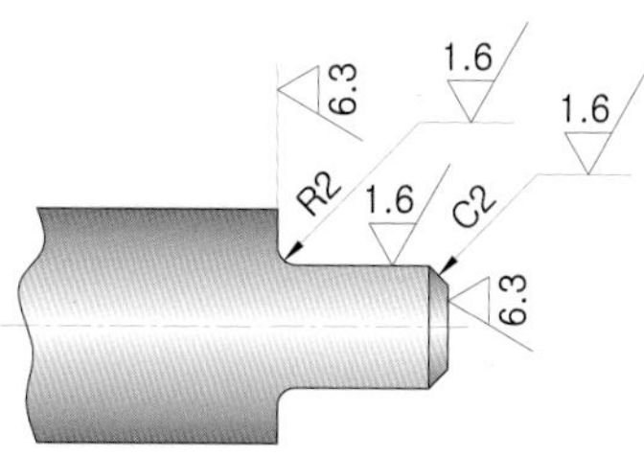

지름 치수의 다음에 기입한 보기

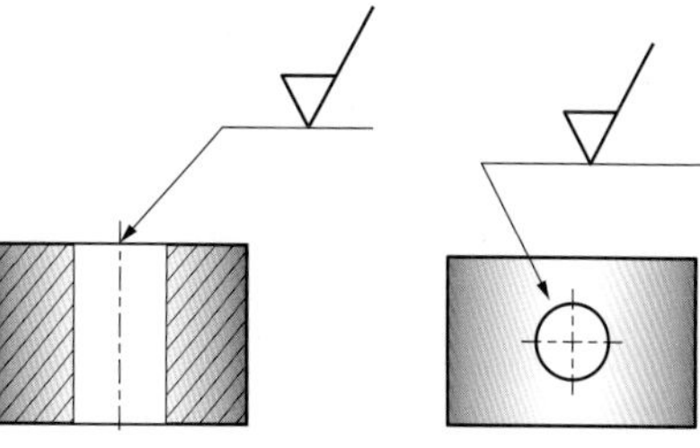

기호의 방향

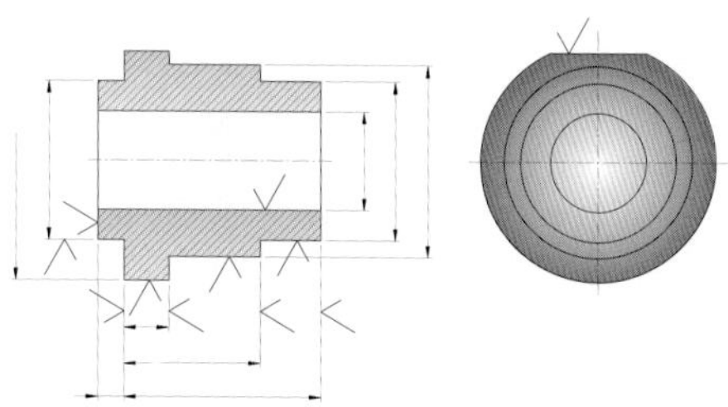

도면 기입의 간략한 방법

전면 동일한 지시의 간략한 방법의 보기

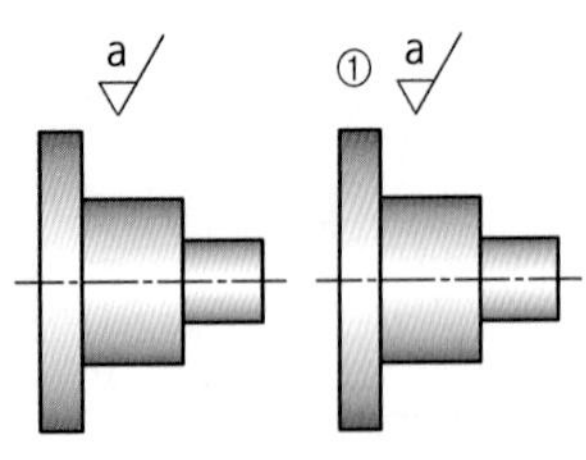

대부분 동일한 지시의 간략한 방법의 보기

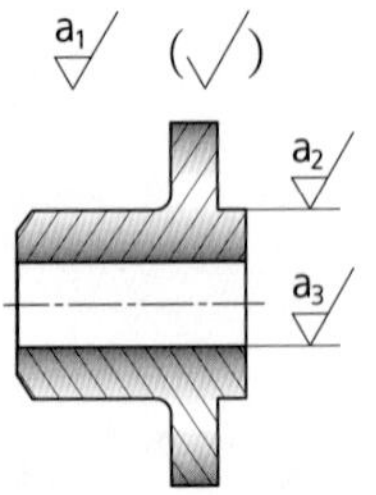

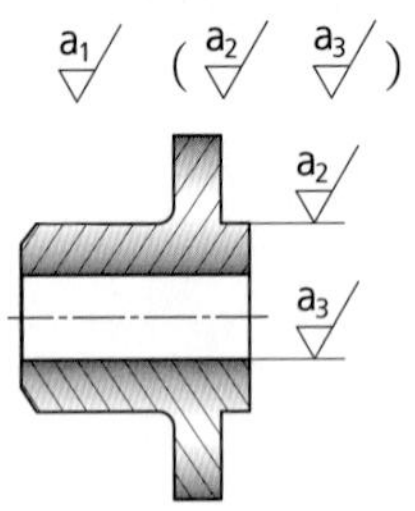

반복 지시의 간략한 방법의 보기

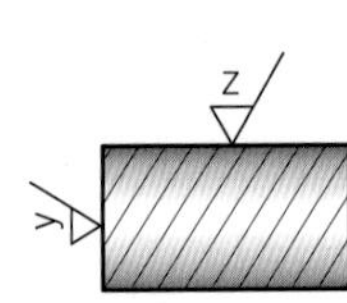

둥글기 및 모떼기에 대한 지시 생략의 보기

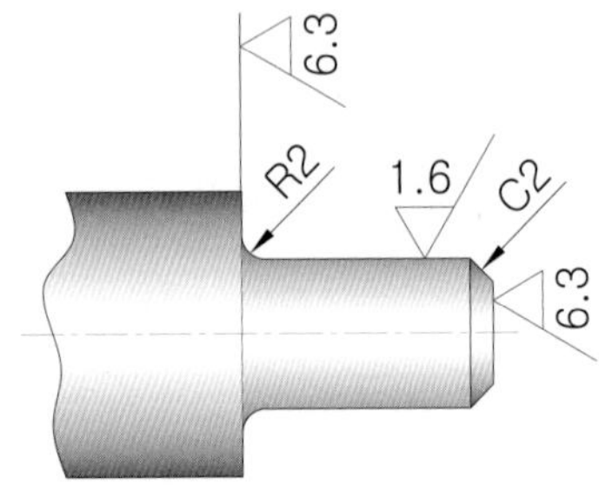

Section

표면거칠기와 다듬질 기호에 의한 기입방법

아직까지 실무 산업현장에서 표면거칠기 기호 대신에 삼각 기호로 표기하는 다듬질 기호를 사용하는 기업의 사례나 예전 도면이 많은 것이 사실이다.

아래에 표시된 다듬질 기호는 참고적으로 보기 바라며 단독적으로 사용하는 것은 좋지만 그 경우에는 삼각 기호의 수와 표면거칠기의 수열에 따른 관계는 표에 표시한 것을 참조한다.

그 외의 값을 지정하는 경우에는 기호 위에 그 값을 별도로 기입하도록 주의를 필요로 한다. 시험에서 요구하는 사항은 다듬질기호의 적용이 아니라 표면거칠기 기호의 적용이므로 주의를 요한다.

다듬질 기호 및 표면거칠기 기호에 의한 기입예

주) 기어 치부 열처리 HRC50±2

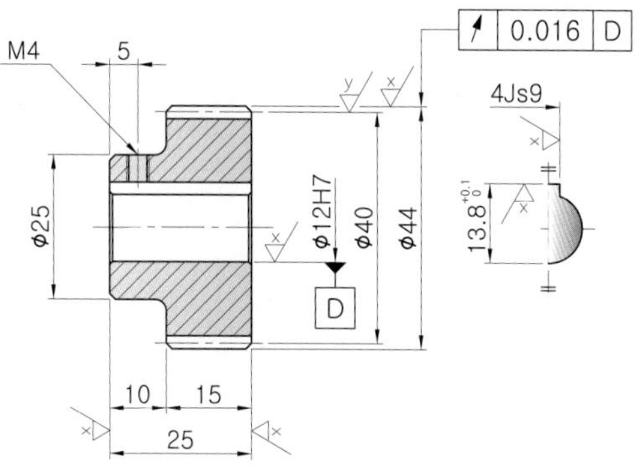

주) 기어 치부 열처리 HRC50±2

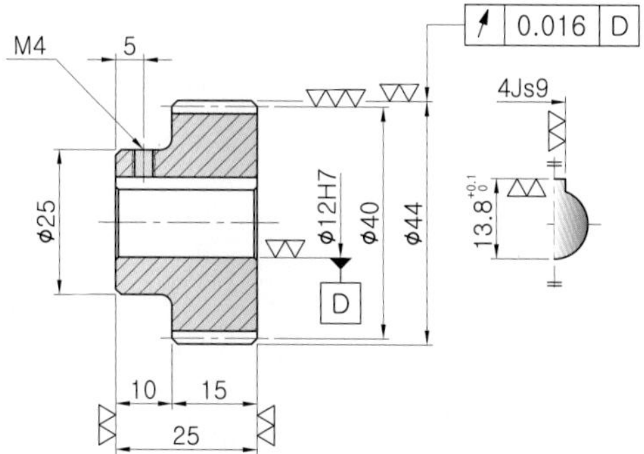

1. 표면거칠기와 다듬질기호(삼각기호)의 관계

표면거칠기와 다듬질기호(삼각기호)의 관계를 아래에 나타내었다.

표면거칠기와 다듬질기호(삼각기호)의 관계

	산술평균거칠기 Ra	최대높이 Ry	10점평균거칠기 Rz	다듬질기호(참고)
구분값	0.25	0.1	0.1	▽▽▽▽
	0.05	0.2	0.2	
	0.1	0.3	0.4	
	0.2	0.8	0.8	
	0.4	1.6	1.6	▽▽▽
	0.8	3.2	3.2	
	1.6	6.3	6.3	
	3.2	12.5	12.5	▽▽
	6.3	25	25	
	12.5	50	50	▽
	25	100	100	
	특별히 규정하지 않는다.			~

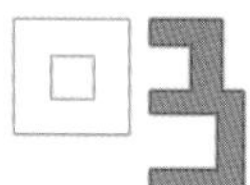

Section

실기시험 과제도면을 통한 기호별 의미 해석

일반적으로 도면에 치수를 기입하고 나서 부품의 조립상태나 끼워맞춤 등을 파악하여 표면거칠기 기호를 외형선이나 치수보조선에 표기해 준다. 표면거칠기를 적용함에 있어서 가장 중요한 사항은 반드시 **기준이 되는 부위, 기능적으로 필요한 부위**에 알맞은 표면거칠기 기호를 적용해야 하는데 각 기호별로 의미를 자세하게 알아보도록 하자.

1. ∀

주조, 다이캐스팅 등의 주물공정을 통해 제작된 부품처럼 주물한 상태의 거친 표면 그대로 아무런 기계가공이나 표면다듬질 작업을 하지 않은 상태 그대로 사용해도 좋은 면에 적용한다. 또한 철판 절곡물이나 벤딩한 상태로 도장하여 그대로 사용하는 면들에 적용한다.

주물표면부

[Tip] 주물품 본체나 하우징의 외부 표면, 벨트 풀리의 외부 표면, 기어의 암(am) 부위, 커버 등 외부로 노출되어 있으면서 접촉하는 부위가 없거나 작동에 전혀 관련이 없는 표면 등에 적용한다.

2. 거친가공부 $\overset{W}{\bigtriangledown}$

원 소재 상태의 재료를 기계절삭 가공했을 때처럼 '가공흔적(무늬)이 그대로 보이는' 표면의 거친 정도를 말한다. 예를 들어 선반에서 바이트로 절삭을 한 경우나 밀링에서 커터로 절삭을 하고나서 손으로 만져보면 매끄럽지 않고 가공흔적 즉 공구가 지나간 흔적에 의해 표면이 까칠한 정도를 느낄 수가 있는 표면의 상태이다.

거친가공부

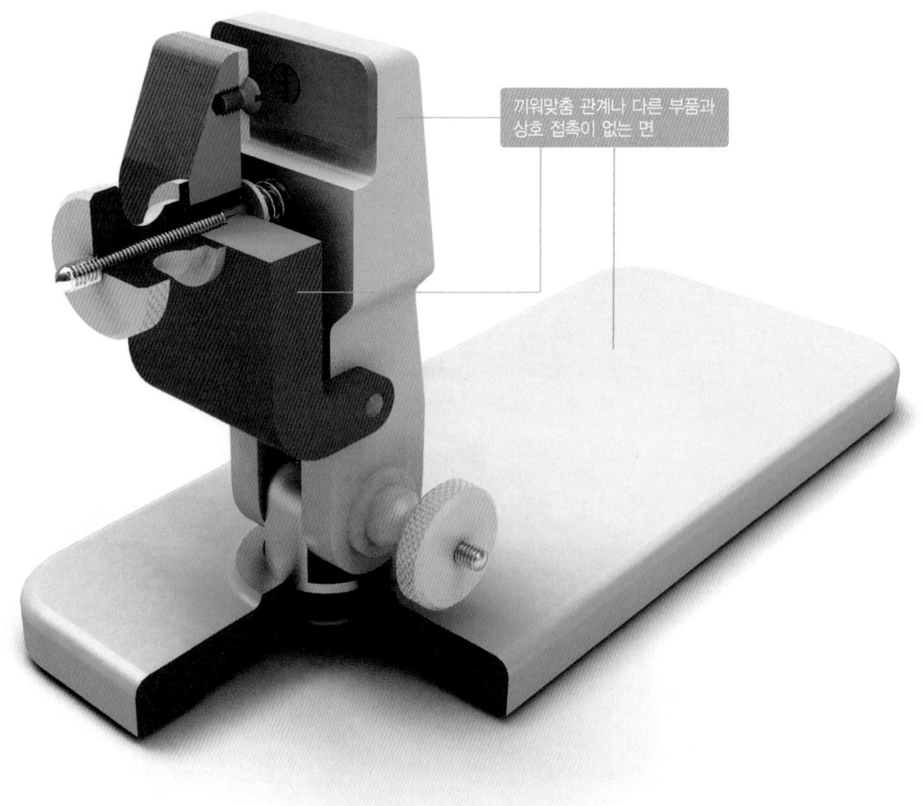

[Tip] 드릴구멍, 모떼기, 선반, 밀링가공 면 등에 적용한다. 서로 끼워맞춤이 없으며 상대 부품과 조립시 볼트나 너트 등에 의해 체결하여 면과 면이 맞닿기는 하지만 작동과는 상관이 없는 단순한 고정면 등에 주로 적용한다.

3. 중급 다듬질 $\overset{X}{\bigtriangledown}$

선반이나 밀링 등의 절삭 가공이 이루어지고 나면 가공흔적이 보이는데 이 표면을 가공용 줄, 정삭 엔드밀 등을 통해 표면 다듬질 처리해야 할 면에 적용한다.

중급 다듬질

[Tip] 주로 조립시 상대 부품과 맞닿는 면으로 작동되지 않지만 조립 후 고정된 상태를 유지해야 하는 부분으로 축과 구멍의 키 홈, 기어의 이끝원, 커버와 몸체의 조립면 등에 적용한다.

4. 상급 다듬질 $\overset{y}{\nabla}$

조금 더 표면을 정밀하게 다듬질하라는 표시로 주로 조립 후 상대부품과 직선왕복 운동이나 회전부 및 마찰 등의 작동을 하는 면에 적용하는데 연삭숫돌 등으로 그라인딩 가공하여 정밀도를 높게 한다.

상급 다듬질

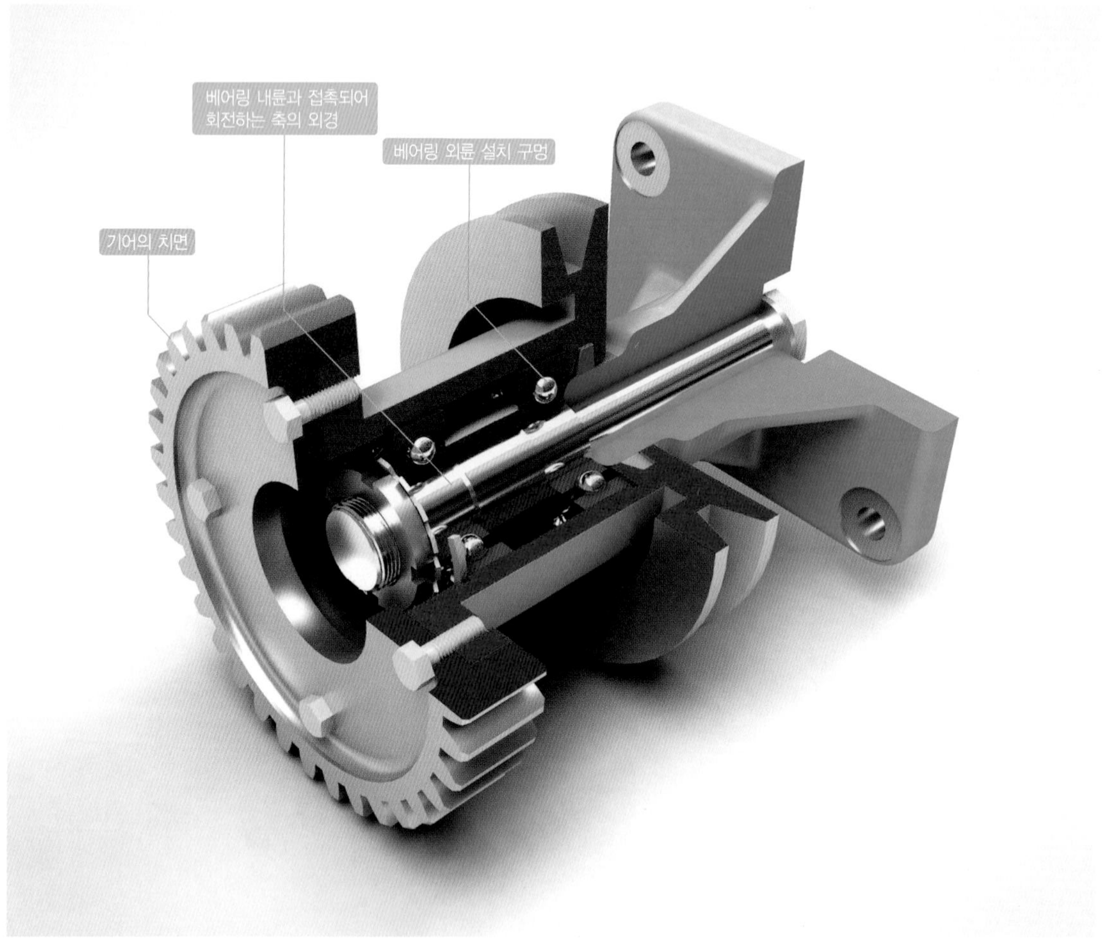

[Tip] 베어링이 조립되는 축의 표면, 기어의 피치원경, 오링이나 오일실, 패킹 등이 끼워지는 내부 구멍, 바이스(vise)의 작동 베드(bed), 부시 내외경 등에 적용한다.

5. 정밀 다듬질 $\overset{z}{\nabla}$

기밀유지가 요구되는 정밀한 부분에 적용한다. 최상급 가공이 되며 경면(거울면)과 같이 얼굴이 비춰질 정도로 가공이 된다. 폴리싱, 래핑, 호닝, 버핑 등의 마무리 공정을 통해 얻게 되는 초정밀급의 표면 다듬질이다.

정밀 다듬질용 호닝헤드

[Tip] 기어를 측정하는 마스터기어, 자동차 엔진 실린더블록의 피스톤 구멍, 커넥팅로드의 피스톤 외경, 축에 고무 패킹이 마찰되며 회전하는 면, 게이지류, 유압실린더 피스톤 외면 등 공기나 유체를 정밀하게 밀봉시키는 구간 등에 적용할수 있다.

Section

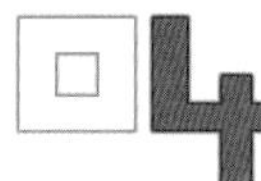

표면거칠기 기호의 적용 예

아래 조립도의 동력전달장치 중에서 품번 ① **본체,** ② **축,** ③ **기어,** ④ **V-벨트 풀리,** ⑤ **커버**에 KS규격에 준하여 실제로 표면거칠기 기호를 표시한 예이다. 표면거칠기에 관련한 기호만 도시하면서 그 의미를 해석해보기로 한다.

동력전달장치 조립도

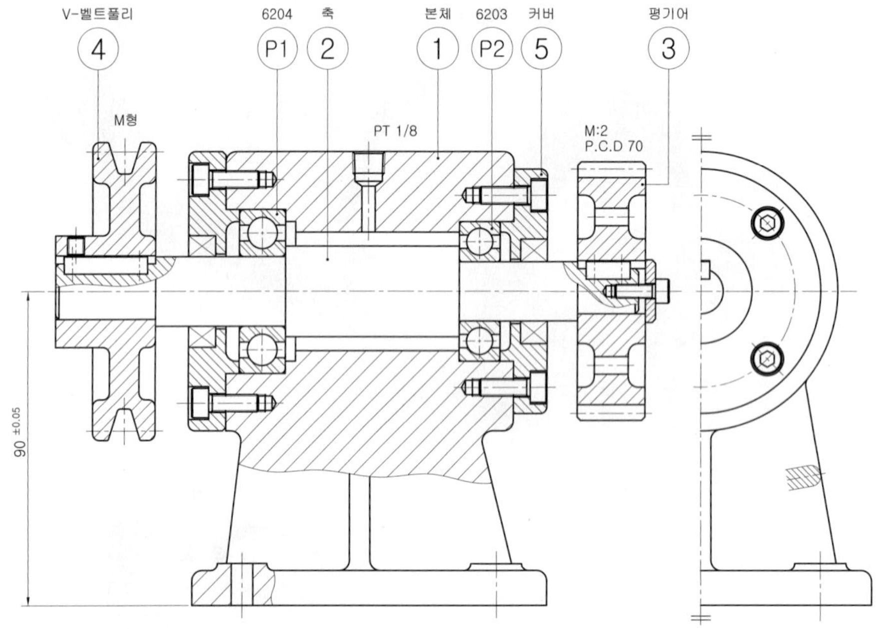

[참고입체도] 동력전달장치 입체도

[참고입체도] 동력전달장치 단면입체도

[참고입체도] 동력전달장치 분해구조도

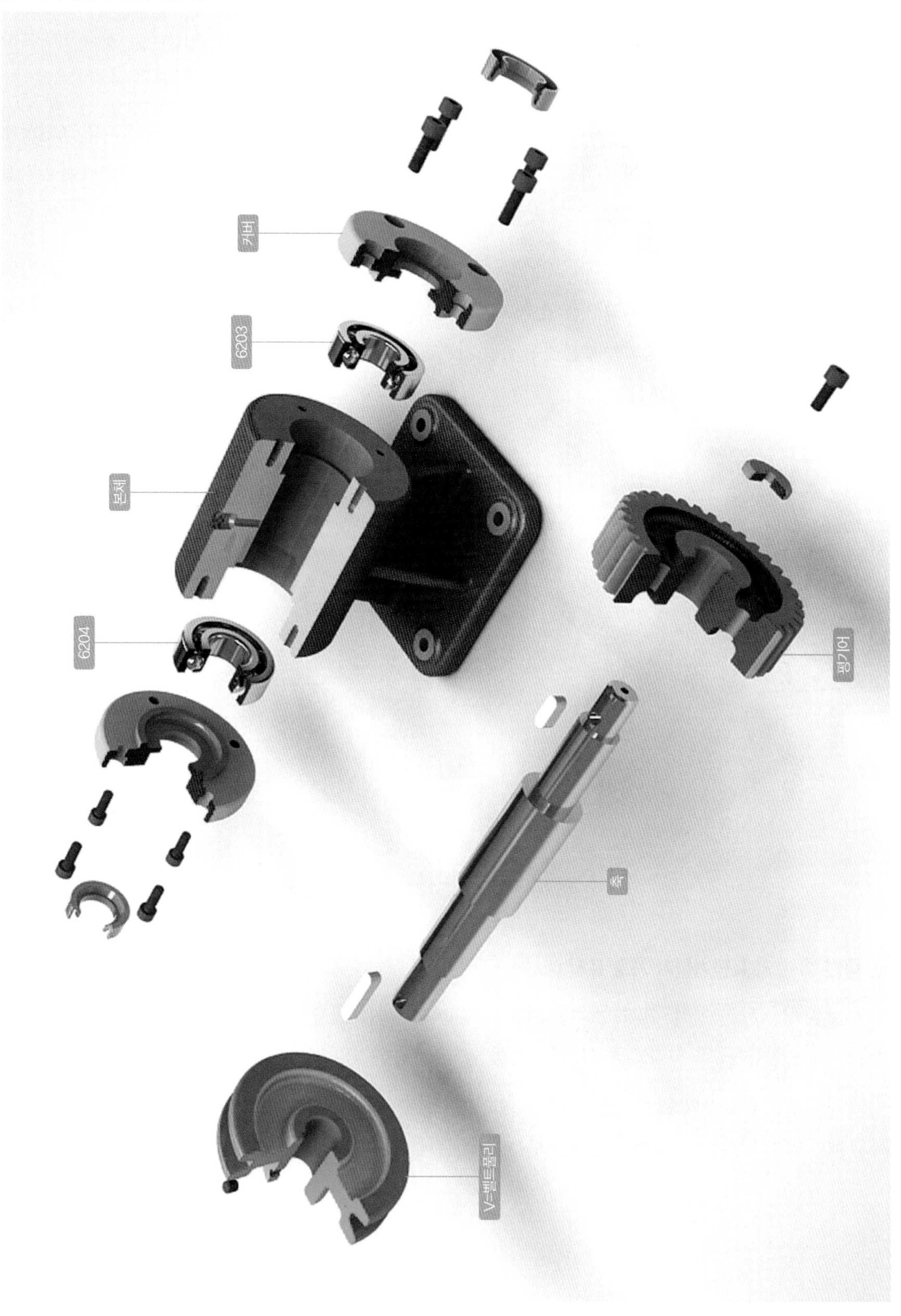

1. 품번 ① 본체의 표면거칠기 기호 표시 예

부품 도면에 표면거칠기 기호를 표시할 때는 실제 부품을 가공하는 방향쪽에서 기입해주는 것이 바람직하다. 즉 절삭공구가 가공시에 닿는 부분을 말한다.

표면거칠기 기호는 보통 부품도면에 치수를 전부 기입하고 배치한 후에 최종적으로 각 부품과의 조립상태 및 끼워맞춤 상관 관계를 고려하여 기입해주는 것이 일반적인 방법이다. 본체 부품도 품번 우측의 표면거칠기 기호를 분석해 보자.

'$\overset{\circ}{\forall}$'는 앞에서 학습하였듯이 주물품과 같이 별도의 가공이나 다듬질을 하지 않는 부분을 의미하는 기호인데 여기서는 '$\overset{w}{\forall}$, $\overset{x}{\forall}$, $\overset{y}{\forall}$' 기호가 표시된 면 이외의 모든 부분을 나타내는 것이다. 따라서 본체 부품은 아래 도면과 같이 조립 및 끼워맞춤되는 부분에 표시된 기호대로 가공을 하면 된다.

본체 입체도 **본체 부품도**

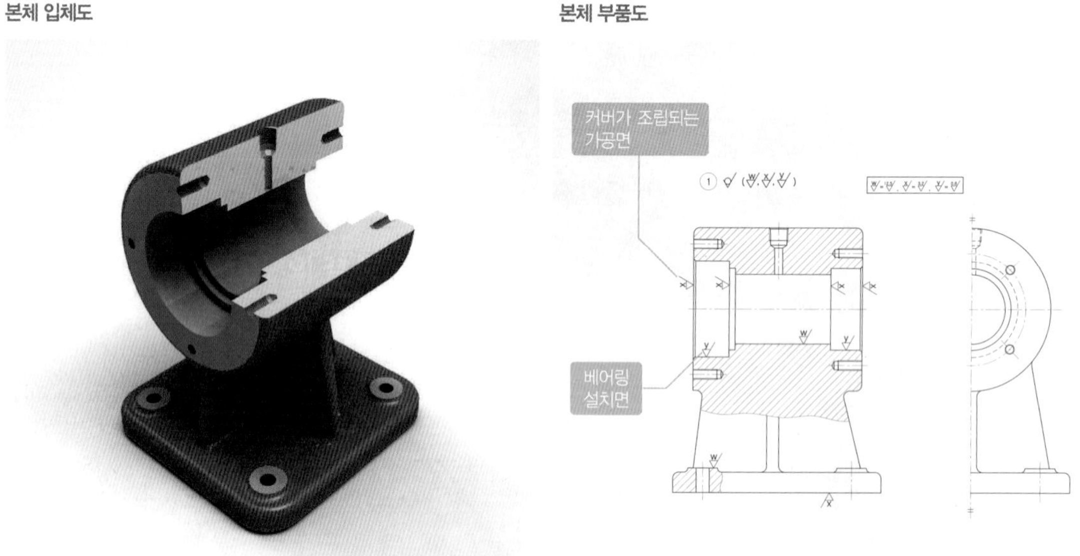

2. 품번 ② 축의 표면거칠기 기호 표시 예

축의 경우에는 주물공정이 아니라 소재를 선반(lathe)이라는 기계에서 척이나 양센터로 중심내기(센터링)를 하고 소재는 회전운동을 시키고 공구는 직선운동을 하여 내, 외경의 절삭 등을 한다.

이 축의 부품도에 표시된 표면거칠기 기호는 키홈을 포함하여 축 전체를 중급다듬질 가공으로 '$\overset{x}{\forall}$'로 실시하고 베어링의 내륜과 접촉하여 회전하는 부분만 상급다듬질인 '$\overset{y}{\forall}$'로 실시하라는 의미이다.

축 입체도 **축 부품도**

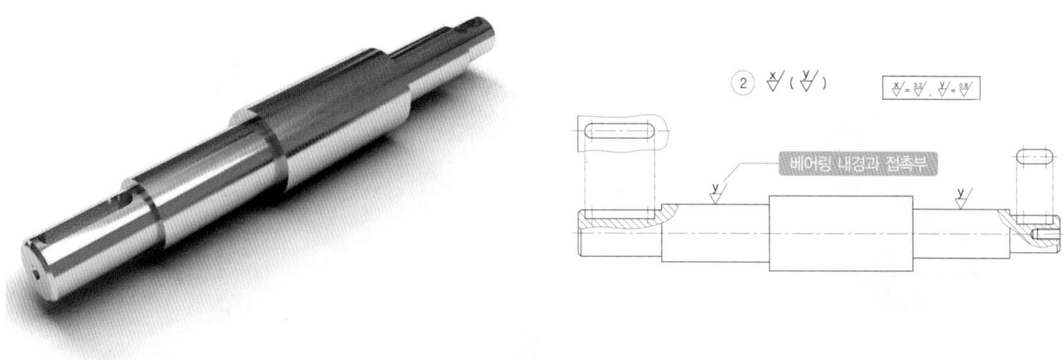

3. 품번 ③ 기어의 표면거칠기 기호 표시 예

실기시험에 자주 등장하는 기어나 풀리 및 커버류의 경우에 재질을 GC(회주철)나 SC(주강) 계열로 적용했다면 주물품으로 해당 부품의 전체 표면거칠기는 '$\overset{\circ}{\nabla}$'로 하게 될 것이다.

하지만 기계구조용 탄소강 등의(SM45C, SCM415 등) 재질로 하였다면 기본적으로 1차 기계가공이 들어가게 되므로 전체 표면거칠기는 '$\overset{W}{\nabla}$'나 '$\overset{X}{\nabla}$'로 지정을 하게 된다.

기어 입체도 **기어 부품도**

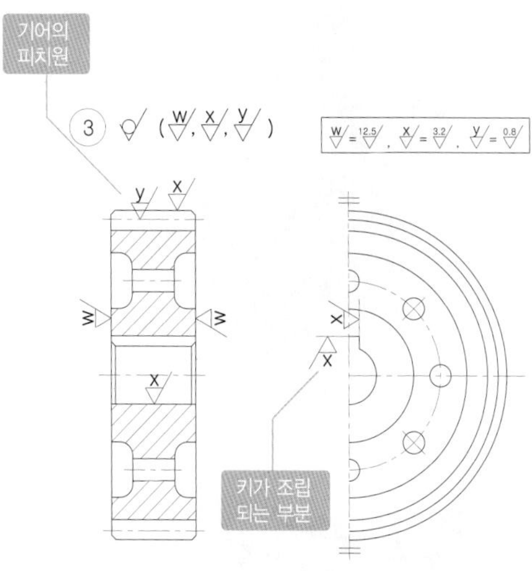

4. 품번 ④ V-벨트 풀리의 표면거칠기 기호 표시 예

V-벨트 풀리 입체도

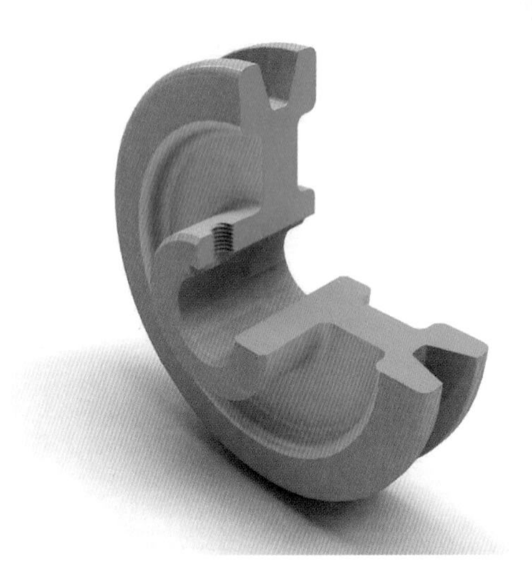

V-벨트 풀리 부품도

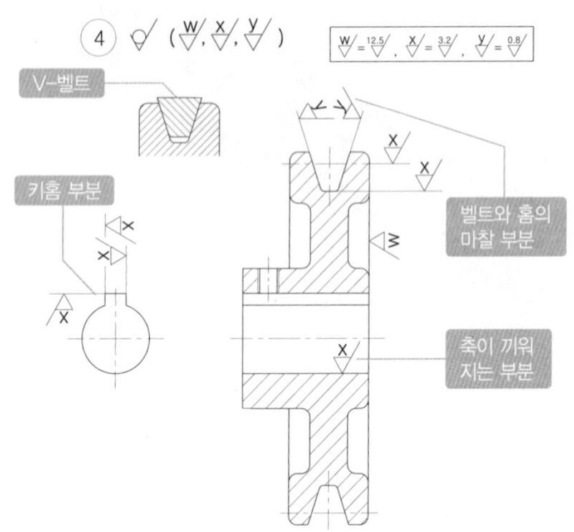

5. 품번 ⑤ 커버의 표면거칠기 기호 표시 예

커버 입체도

선반의 바이트

커버 부품도

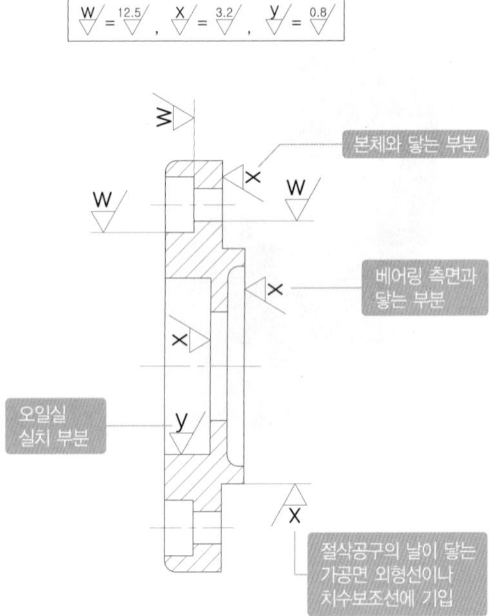

6. 가공방향을 고려한 표면거칠기 기호의 올바른 기입법

표면거칠기 기호를 기입하는 경우 항상 가공자의 입장에서 내가 직접 가공을 한다고 생각하고 기입을 하면 기입 방향을 틀리는 일이 드물게 될 것이다. 어떤 부분을 가공한다고 했을 때 가공 절삭공구가 실제 닿는 방향의 가공면이나 치수보조선 위에 기입해 주면 되는 것이다.

옆 그림과 같이 표면거칠기 기호는 기본적으로 **치수보조선 위**에 기입하는 것이 바람직하며, 치수보조선이 없는 경우나 공간의 제약이 있는 부득이한 경우에는 해당 **가공 표면에 직접 표시**해도 무방하다. 물론 치수보조선 위에도 기입하고 경우에 따라서 가공면에 직접 표시해줘도 틀린 것은 아니다.

표면거칠기 기호를 치수보조선 위에 표시하는 경우

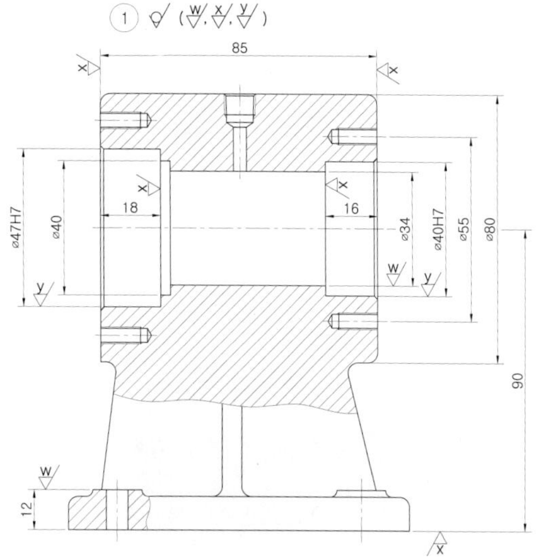

표면거칠기 기호를 해당 가공면에 직접 표시하는 경우

밀링 커터

모든 표면거칠기 기호를 가공 방향의 표면에 표시한 경우

바닥 밀링 가공면

7. 치수보조선 위에 기입한 표면거칠기 기호의 예

품번 ② 축

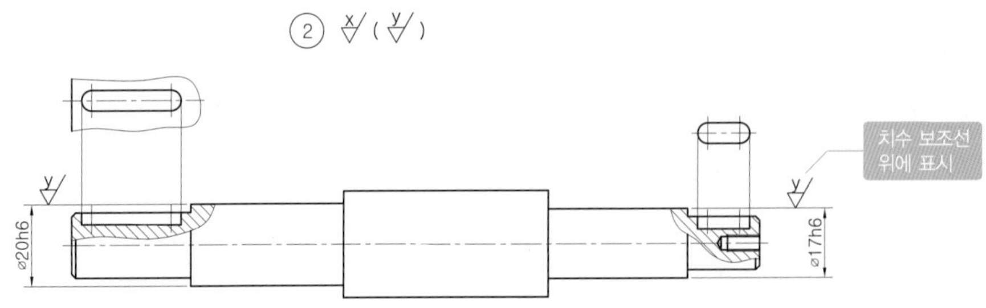

품번 ③ 평기어

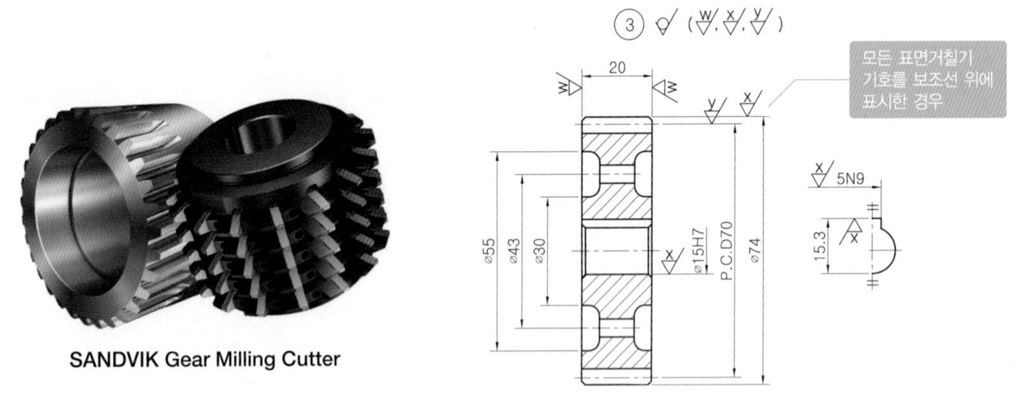

SANDVIK Gear Milling Cutter

품번 ④ V-벨트 풀리

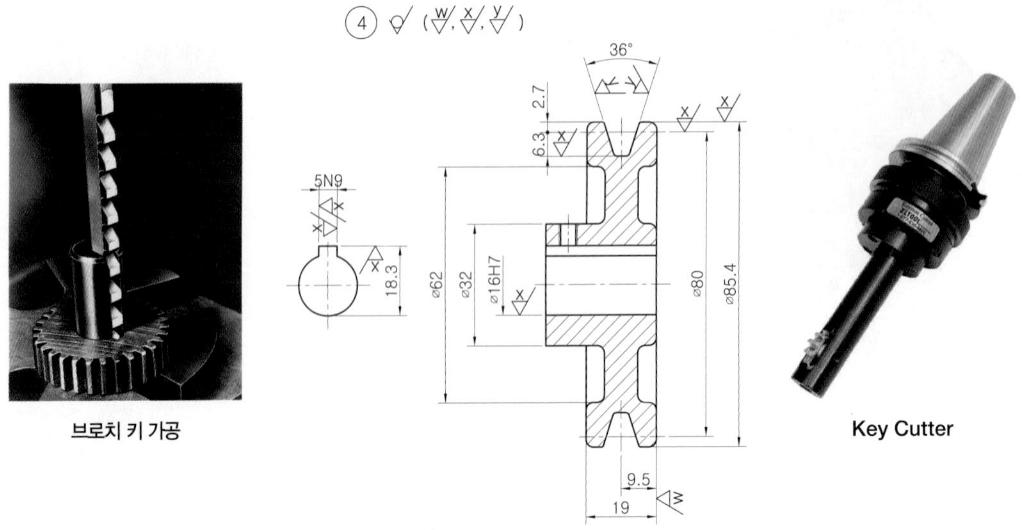

브로치 키 가공

Key Cutter

품번 ⑤ 커버

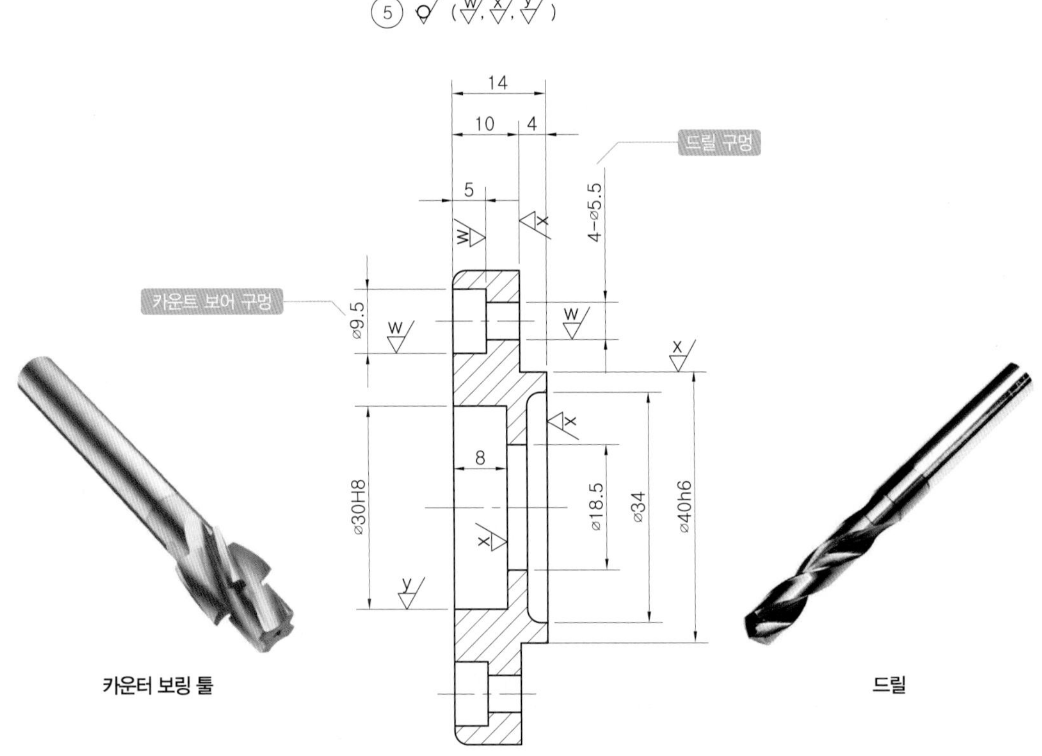

8. 표면거칠기 기호를 잘못 기입한 경우

품번 ① 본체

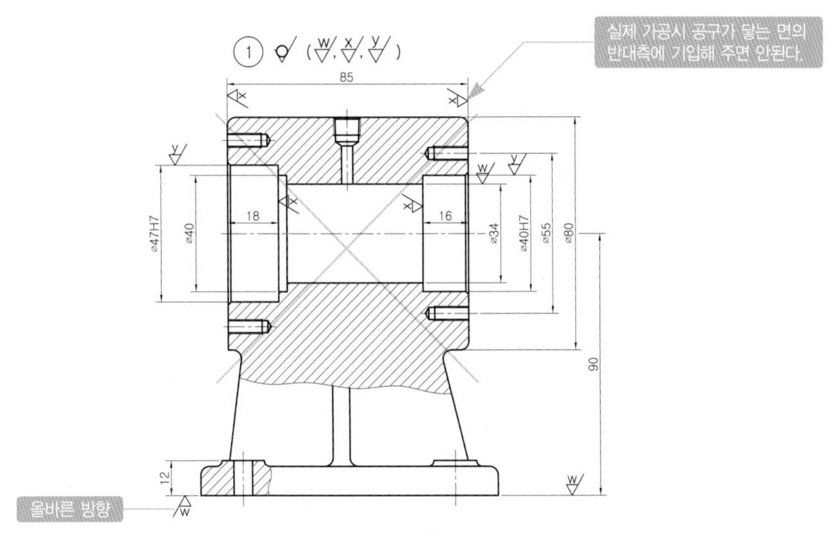

품번 ② 축

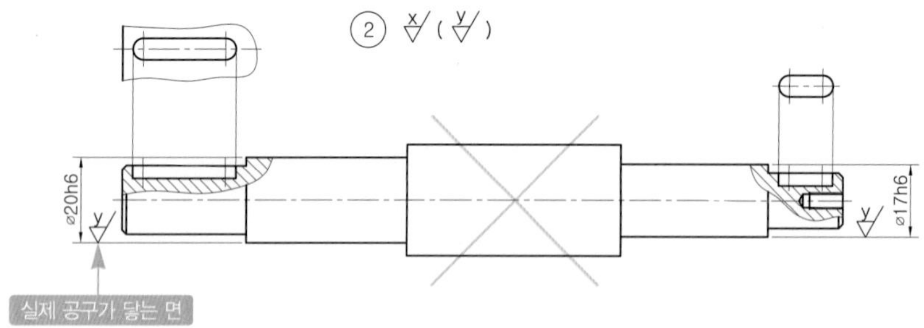

품번 ② 평기어

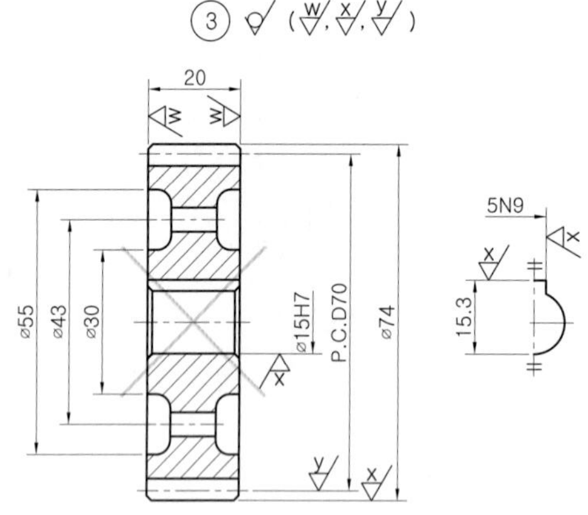

품번 ④ V-벨트 풀리

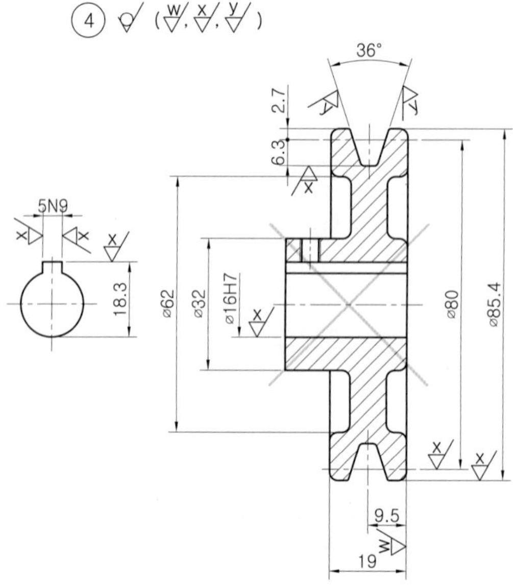

품번 ⑤ 커버

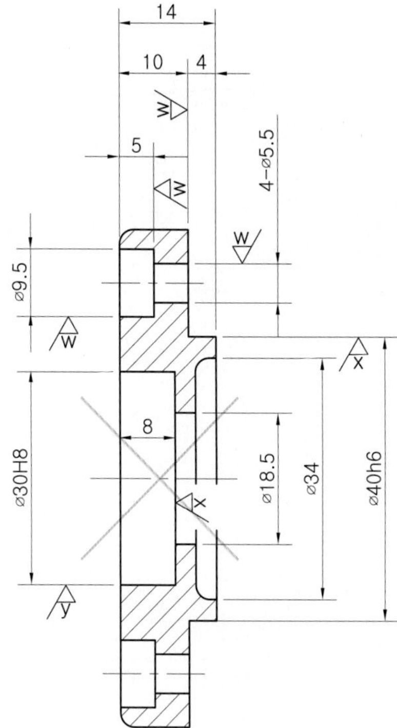

조립도를 분석하여 각 부품들의 조립관계와 기능관계를 파악하여 가공면의 표면거칠기를 선정해 주어야 한다.
이때 부품도면을 보고 실제 가공을 한다고 생각하면 도면 작도시 유리할 것이다.

기하공차의 해석 및 적용

Section
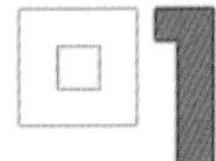

기하공차의 종류와 부가기호

1. 기하공차의 필요성

어떤 최신의 기계 가공법을 이용해도 정확한 치수로 가공하는 것은 거의 불가능하고, 정확한 치수로 원하는 형상을 만들어 낼 수는 없다. 다만 도면에 규제된 각종 조건에 따라서 최대한 근접한 치수나 형상에 접근시키느냐가 문제이다.

이때 치수 공차로만 규제된 도면은 확실한 정의가 곤란하므로 제품의 형상이나 위치에 대한 기하학적 특성을 정확히 규제할 수 없을 때 이를 규제하기 위해 기하공차가 사용되며, 기하공차 시스템은 1950년대말 미국에서 개발되어 특히 다음과 같은 경우에 사용한다.

① 부품과 부품간의 기능 및 호환성이 중요한 때
② 기능적인 검사 방법이 바람직할 때
③ 제조와 검사의 일괄성을 위해 참조 기준이 필요할 때
④ 표준적인 해석 또는 공차가 미리 암시되어 있지 않은 경우이다.

2. 적용 범위

이 규격은 도면에 있어서 대상물의 모양, 자세, 위치 및 흔들림의 공차(이하 이들을 총칭하여 기하공차라 한다. 또 혼동되지 않을 때에는 단순히 공차라 한다.)의 기호에 의한 표시와 그들의 도시 방법에 대하여 규정한다.

3. 공차의 종류 및 설명

공차 구분	공차 설명 및 적용
치수 공차	① 2차원적 규제(직교좌표 방식의 치수기입) ② 길이, 두께, 높이, 직경 등
모양(형상) 공차	① 3차원적 규제 ② 진직도 / 평면도 / 진원도 / 원통도 / 윤곽도 ③ 단독 형체에 적용
자세 공차	① 3차원적 규제 ② 직각도 / 평행도 / 경사도 / 윤곽도 등 ③ 관련 형체에 적용

위치 공차	① 3차원적 규제 ② 위치도, 대칭도, 동심도 ③ 축선 또는 중심면을 갖는 사이즈 형체에 적용
흔들림 공차	형상 공차와 위치 공차 복합 부품 형체 상의 원주 흔들림

4. 기하공차의 종류와 기호

적용하는 형체		공차의 종류	기호	데이텀
단독 형체	모양 (형상) 공차	진직도 (Straightness)	⏤	불필요
		평면도 (Flatness)	⏥	불필요
		진원도 (Roundness)	○	불필요
		원통도 (Cylindricity)	⌭	불필요
단독 형체 또는 관련 형체		선의 윤곽도 (Line profile)	⌒	불필요
		면의 윤곽도 (Surface profile)	⌓	불필요
관련 형체	자세 공차	평행도 (Parallelism)	//	필요
		직각도 (Squareness)	⊥	필요
		경사도 (Angularity)	∠	필요
	위치 공차	위치도 (Position)	⌖	필요 불필요
		동축도 또는 동심도 (Concentricity)	◎	필요
		대칭도 (Symmetry)	⌯	필요
	흔들림 공차	원주 흔들림(Circular runout)	↗	필요
		온 흔들림(Total runout)	⌰	필요

5. 부가 기호

표시하는 내용		기호
공차붙이 형체	직접 표시하는 경우	
	문자 기호에 의하여 표시하는 경우	A A
데이텀	직접 표시하는 경우	
	문자 기호에 의하여 표시하는 경우	A A
데이텀 타깃 기입틀		⌀2 A1
이론적으로 정확한 치수		50
돌출 공차역		Ⓟ
최대 실체 공차 방식		Ⓜ

[비고] 기호란의 문자 기호 및 수치는 P, M을 제외하고 한 보기를 나타낸다.

Section

데이텀과 기하공차의 상호관계

1. 데이텀(Datum)의 정의

데이텀이란 형체의 기준으로, 계산상이나 결합상태의 기준으로 하기 위해서 또는 다른 형체의 형상 및 위치를 결정하기 위해서 정확하다고 가정하는 점, 선, 평면, 원통 등을 말하며 규제형체에 따라 데이텀이 없이 규제되는 경우도 있다.

❶ 평면의 데이텀 : 평면은 실제 완전할 수가 없으며, 이론적으로 정확한 평면은 존재하지 않는다. 데이텀의 형체는 부품이 정반과 같은 표면위에 놓였을 때 접촉하게 되는 세 곳의 높은 돌기부분으로 구성되는 가상평면이 실제 데이텀이라 할 수 있다.

❷ 원통 축선의 데이텀 : 원통의 구멍이나 축의 중심선을 데이텀으로 설정할 경우 데이텀은 구멍의 최대 내접원통의 축직선 또는 축의 최소 외접원통의 축직선에 의해 설정된다. 데이텀 형체가 불완전한 경우에는 원통은 어느 방향으로 움직여도 이 도량이 같아지는 자세가 되도록 설정한다.

설계와 가공 및 측정에 있어 데이텀의 의미

3요소	정의	기준
설계	데이텀이 되는 면, 선, 점 등은 기능이나 조립을 염두에 두고 설계자가 결정한다. ① 우선적으로 결합이 되는 면 (또는 선이나 점) ② 결합한 후에 위치결정을 하기 위한 면 (또는 선이나 점) ③ 기능상 기준이 되는 면 (또는 선이나 점)	도면
가공	데이텀이 되는 면, 선, 점 등을 도면에서 확인하고 그 부분이 가공의 기준이 될 수 있도록 공작기계에 대상 공작물을 세팅하여 도면에서 의도하는 바 대로 가공공정을 결정한다.	부품
측정	데이텀이 되는 면, 선, 점 등을 도면에서 확인하고 그 부분이 측정의 기준이 될 수 있도록 정반이나 게이지를 이용해서 측정 대상물을 고정시킨 후 측정을 실시한다.	도면 부품

2. 데이텀의 표시방법

① 영어의 대문자를 정사각형으로 둘러싸고, 데이텀이라는 것을 나타내는 삼각 기호를 지시선으로 연결해서 나타낸다.

② 데이텀을 지시하는 문자기호를 공차 기입틀에 기입할 때, 한 개의 형체에 의해 설정되는 데이텀은 지시하는 한 개의 문자기호로 나타낸다.

③ 두 개의 형체에 설정하는 공통데이텀은 아래와 같이 하이픈으로 연결한 기호로 나타낸다.

④ 두 개 이상의 우선 순위를 지정할 때는 우선 순위가 높은 순위로 왼쪽에서 오른쪽으로 각각 다른 구획에 기입한다.

3. 기준치수 (basic size)

위치도, 윤곽도 또는 경사도의 공차를 형체에 지정하는 경우, 이론적으로 정확한 위치, 윤곽, 경사 등을 정하는 치수를 사각형 테두리로 묶어 나타낸다. 이를 기준치수라 한다. 치수에 공차를 허용하지 않기 위해, 이론적으로 정확한 위치, 윤곽 또는 각도의 치수를 기준치수로 사용한다.

4. 기하공차 기입 테두리의 표시

기하공차에 대한 표시는 직사각형의 공차기입 테두리를 두칸 또는 그 이상으로 구분하여 그 테두리 안에 기입한다. 첫 번째 칸에는 기하공차의 종류, 두 번째 칸에는 공차역(ø 또는 R, Sø), 직경일 경우에는 ø를 나타내고, 구일 경우에는 Sø를 붙여서 나타낸다. 그리고 공차값, 규제조건에 대한 기호(M, L, P)를 데이텀이 있을 경우 표시한다.

5. 기하공차에 의해 규제되는 형체의 표시방법

기하공차에 의해 규제되는 형체는 공차 기입 테두리로부터 지시선으로 연결해서 도시한다. 이때 지시선의 방향은 공차를 규제하고자 하는 형체에 수직으로 한다.

6. 위치공차 도시방법과 공차역의 관계

① 공차역은 공차값 앞에 ø가 없는 경우에는 공차 기입 테두리와 공차붙이 형체를 연결하는 지시선의 화살표 방향에 존재하는 것으로 취급한다.기호 ø가 부기되어 있는 경우에는 공차역은 원 또는 원통의 내부에 존재하는 것으로서 취급한다.

② 공차역의 나비는 원칙적으로 규제되는 면에 대하여 법선방향에 존재한다.

③ 공차역을 면의 법선방향이 아니고 특정한 방향에 지정할 때는 그 방향을 지정한다.

④ 여러 개의 떨어져 있는 형체에 같은 공차를 공통인 공차 기입 테두리를 사용하여 지정하는 경우, 특별히 지정하지 않는 한 각각의 형체마다 지정하는 공차역을 적용한다.

⑤ 여러 개의 떨어져 있는 형체의 공통의 영역을 갖는 공차값을 지정하는 경우, 공통의 공차 기입 테두리의 위쪽에 '공통 공차역'이라고 기입한다.

⑥ 기하공차에서 지정하는 공차는 대상으로 하고 있는 형체 자체에 적용된다.

7. 돌출공차역(Projected Tolerance Zone)

기하공차에서 지정하는 공차는 대상으로 하고 있는 형체 자체에 적용되어 부품 결합시 문제가 발생하기도 한다. 이러한 문제를 해결하기 위해 형체에만 공차를 규제하는 것이 아니라 조립되는 상태를 고려하여 공차를 규제한다. 즉 조립되어 돌출된 형상을 가상하여 그 돌출부에 공차를 지정하는 것을 말한다.

Section

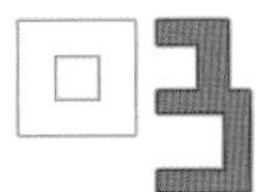

최대실체 공차방식과 실효치수

1. 최대실체 공차방식(Maximum Material Size, MMS)

기하공차의 기초이면서 가장 중요한 원칙의 하나가 최대실체 조건으로서 이는 크기를 갖는 형체(구멍, 축, 핀, 홈, 돌출부)의 실체, 즉 체적이 최대가 되는 상태를 말한다. 축이나 돌출부의 경우에 가장 큰 체적을 가지는 치수는 상한치수(최대실체 치수)이고 구멍이나 홈의 경우에는 그 하한치수가 최대실체 치수이다. 약자는 MMS, 기호는 Ⓜ으로 나타낸다(ANSI 규격에서는 약자로 MMC로 나타낸다).

최대실체 공차방식은 두 개 또는 그 이상의 형체를 조립할 필요가 있을 때, 각각의 치수공차와 형상공차 또는 위치공차 와의 사이에 상호 의존성을 고려하여, 치수의 여유분을 형상공차 또는 위치공차에 부가할 경우에 적용한다.

그러나 기어의 축 사이의 거리와 같이 형체의 치수에도 불구하고 기능상 규제된 위치공차 또는 형상공차를 지켜야 할 경우에는 최대실체 공차방식을 적용해서는 안 된다. 축선 또는 중심면을 가지는 관련 형체에 적용한다. 그러나 평면 또는 평면상의 선에는 적용할 수 없다.

① 축이나 핀 : 최대실체치수 = 최대허용치수(허용된 치수 범위 내의 최대값)
② 구멍이나 홈 : 최대실체치수 = 최소허용치수(허용된 치수 범위 내의 최소값)

2. 최소실체 공차방식(Least Material Size, LMS)

형체의 실체가 최소가 되는 허용한계치수를 갖는 형체의 상태 즉, 크기에 대한 치수공차를 갖는 형체가 허용한계치수 범위 내에서 실체의 체적이나 질량이 최소일 때의 치수를 최소실체치수라 한다. 축이나 핀의 경우에는 최소허용치수가 구멍이나 홈의 경우에는 최대허용치수가 최소실체치수가 된다.

약자는 LMS, 기호는 Ⓛ로 나타내는데 최소실체치수를 도면에 주기로 나타내는 경우에는 약자로 LMS, 규제형체의 도면에 나타내는 경우에는 기호 Ⓛ로 나타낸다.

① 축이나 핀 : 최소실체치수 = 최소허용치수(허용된 치수 범위 내의 최소값)
② 구멍이나 홈 : 최소실체치수 = 최대허용치수(허용된 치수 범위 내의 최대값)

간단하게 정의를 한다면, 외측형체(축, 핀 등)에 있어서나 내측형체에 있어서나 그 부품의 체적이 가장 크게 될 때가 최 대실체상태이고 그 체적이 가장 작게 될 때가 최소실체상태로 이해하면 된다.

구멍과 축의 최대실체치수와 최소실체치수의 해석

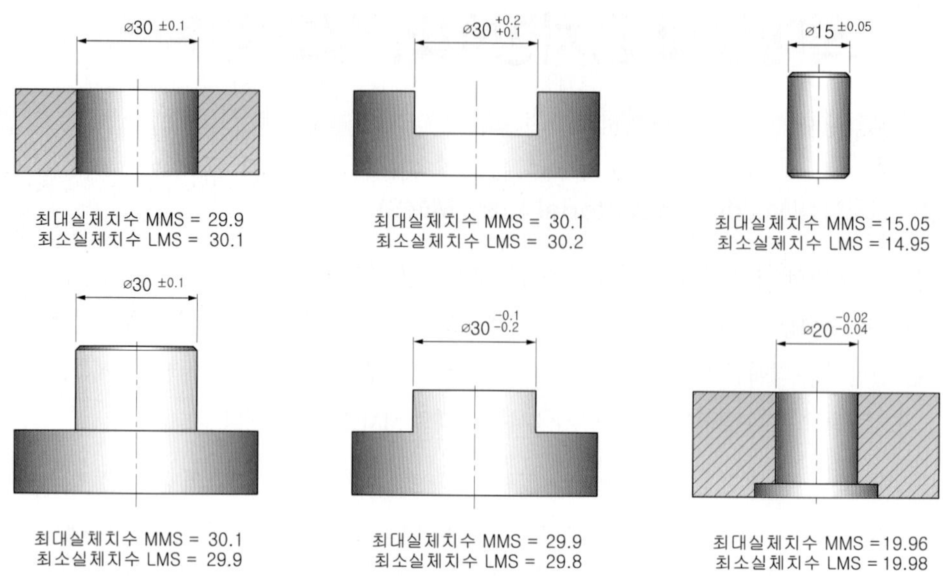

3. 실효치수(Virtual Size)

치수공차와 위치공차에 의하여 상호 결합관계를 갖거나 끼워맞춤되는 부품들이 가장 빡빡하게 결합되는 가장 극한에 있는 상태의 치수를 말한다.

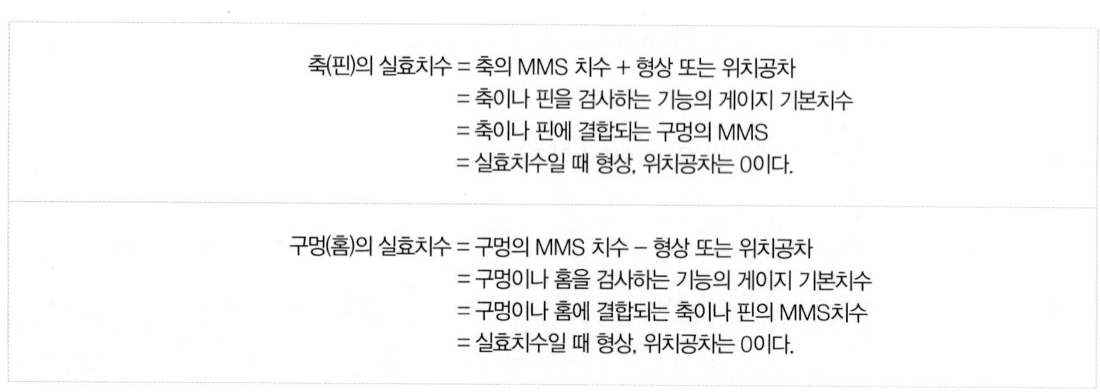

축(핀)의 실효치수 = 축의 MMS 치수 + 형상 또는 위치공차
= 축이나 핀을 검사하는 기능의 게이지 기본치수
= 축이나 핀에 결합되는 구멍의 MMS
= 실효치수일 때 형상, 위치공차는 0이다.

구멍(홈)의 실효치수 = 구멍의 MMS 치수 – 형상 또는 위치공차
= 구멍이나 홈을 검사하는 기능의 게이지 기본치수
= 구멍이나 홈에 결합되는 축이나 핀의 MMS치수
= 실효치수일 때 형상, 위치공차는 0이다.

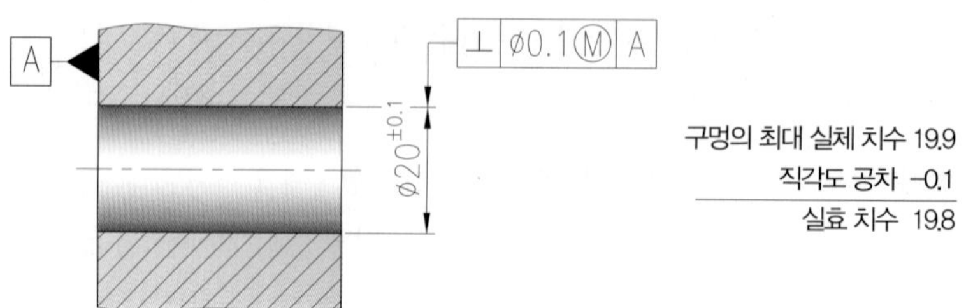

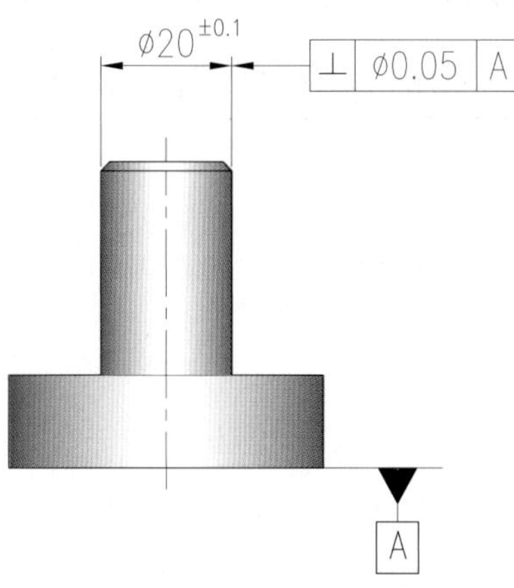

축의 최대 실체 치수 20.1
직각도 공차 +0.05

실효 치수 20.15

Section

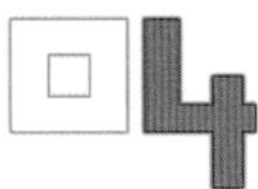

기하공차의 종류 및 설명

LESSON 01 모양 공차

모양 공차는 형상공차라고도 하며 진직도, 평면도, 진원도, 원통도 및 선의 윤곽도와 면의 윤곽도 공차로 6가지가 포함된다. 사용 빈도로 보면 평면도 〉 진직도 〉 진원도 〉 원통도 〉 윤곽도(선, 면)의 순으로 사용되고 있다고 보면 된다. 이 장에서는 기하공차의 의미를 정확히 이해하고 실제로 도면에 기하공차를 적용하고 그 의미를 해석해보기로 한다.

1. 진직도(———, straightness)

진직도는 규제하고자 하는 형체의 표면이나 축선이 기하학적인 정확한 직선으로부터 얼마만큼 벗어나 있는가를 나타내는 크기이다. 평면이나 원통의 표면과 같은 단일표면이나 축선에 적용한다.

1.1 진직도로 규제한 평탄한 표면

한쪽 방향으로 진직도를 규제한 평탄한 표면은 전체 표면이 규제된 진직도 공차 0.1만큼 떨어진 두 개의 평행한 평면 사이에 있어야 한다.

진직도로 규제한 평탄한 표면

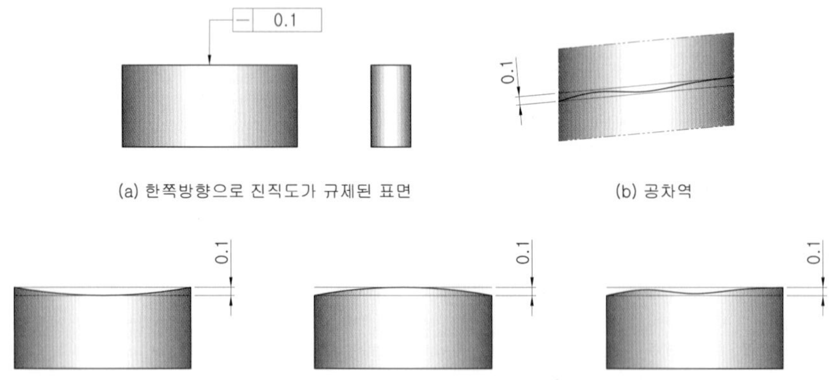

(a) 한쪽방향으로 진직도가 규제된 표면

(b) 공차역

1.2 서로 직각인 두 방향의 진직도

수평 방향 및 수직 방향의 진직도는 그 두 방향에 각각 수직인 기하학적 두 개의 평면으로 하나의 표면에 두 방향의 진직도를 다르게 규제하는 경우에는 정면도와 측면도에 별도로 규제해 주고, 수평 및 수직 방향의 진직도가 동일한 경우에는 평면도로 규제해 준다.

서로 직각인 두 방향의 진직도

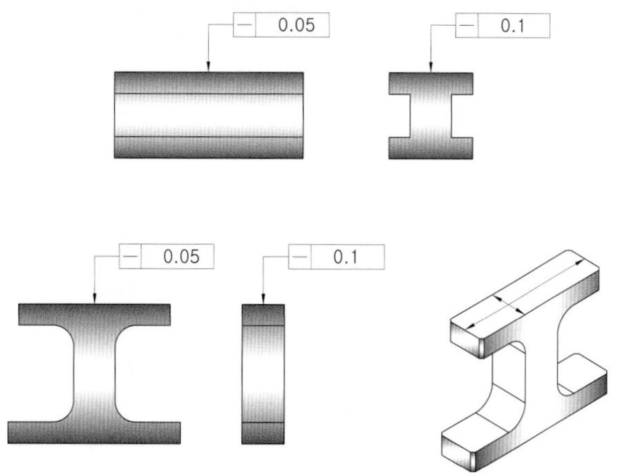

1.3 치수공차 범위 내에서의 진직도

진직도 공차는 규제하는 형체의 치수공차의 범위 내에서 적용하는데 아래 그림과 같이 치수공차가 0.1인 표면은 진직도가 0.1보다 작을 수도 있다.

치수공차 범위 내에서의 진직도

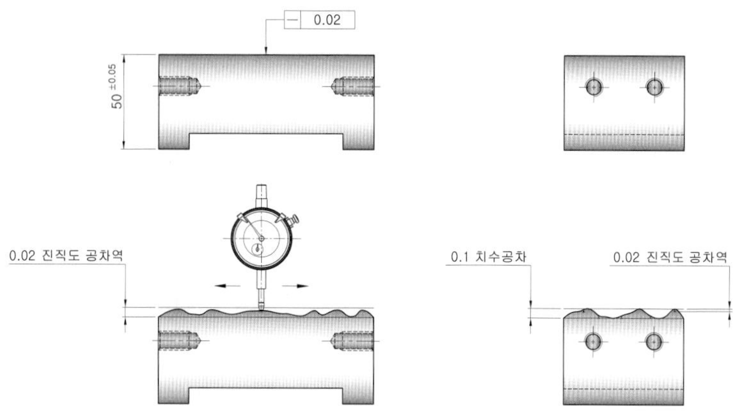

1.4 최대실체 공차방식으로 규제된 진직도(축과 구멍)

기계 부품의 결합상태에 있어 구멍(홈)과 축(핀)과 같은 형체 상호간에 기능적인 관계를 갖고 조립되는 경우가 많다. 이런 기능적인 관계를 갖는 경우에 최대실체 공차방식에 의한 진직도 규제가 바람직하다. 아래 도면에 규제된 치수공차와 진직도 공차를 해석해 보고 실제 구멍과 축의 지름에 따른 허용되는 진직도 공차와 실효치수(VS), 최대실체치수와의 관계를 알아보자.

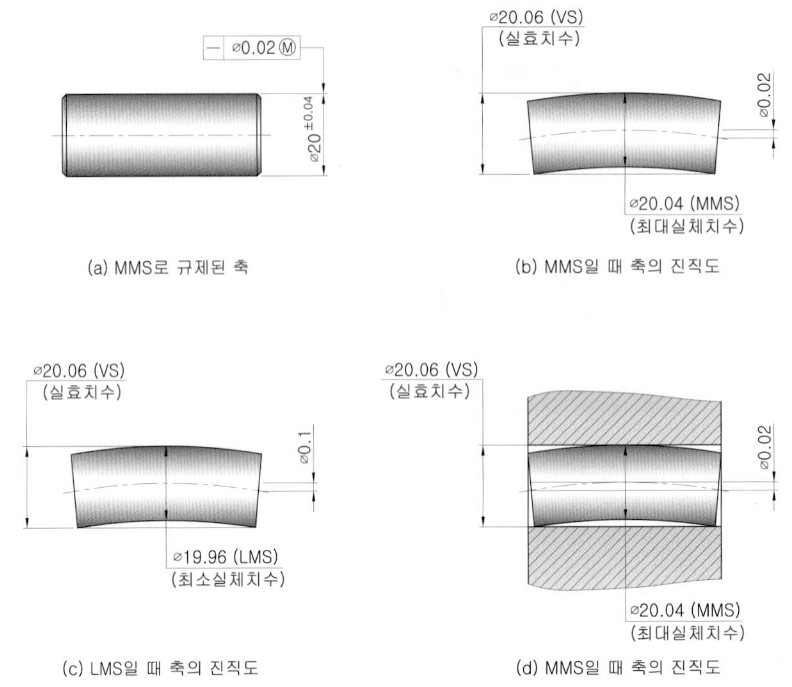

(a) MMS로 규제된 축

(b) MMS일 때 축의 진직도

(c) LMS일 때 축의 진직도

(d) MMS일 때 축의 진직도

위 그림과 같이 실제 축이 최대실체치수(MMS)인 ø20.04일 때, 허용되는 진직도 공차는 ø0.02이고, 실효치수는 ø20.06이다. 따라서 이 축이 최대로 변형이 되었을 때 여기에 결합되는 구멍의 최대실체치수는 ø20.06(축의 최대실체치수 ø20.04 + 진직도공차 ø0.02)으로 구멍의 최소허용치수가 ø20.06보다 작아서는 안된다는 것을 알 수 있다.

실제 축 치수에 따라 추가로 허용되는 진직도 공차

실제 축의 치수	추가로 허용되는 진직도 공차	실효치수(VS)
ø20.04	ø0.02	
ø20.03	ø0.03	
ø20.02	ø0.04	
ø20.01	ø0.05	
ø20.00	ø0.06	ø20.06
ø19.99	ø0.07	
ø19.98	ø0.08	
ø19.97	ø0.09	
ø19.96	ø0.1	

최대실체 공차방식으로 규제된 구멍의 진직도 해석

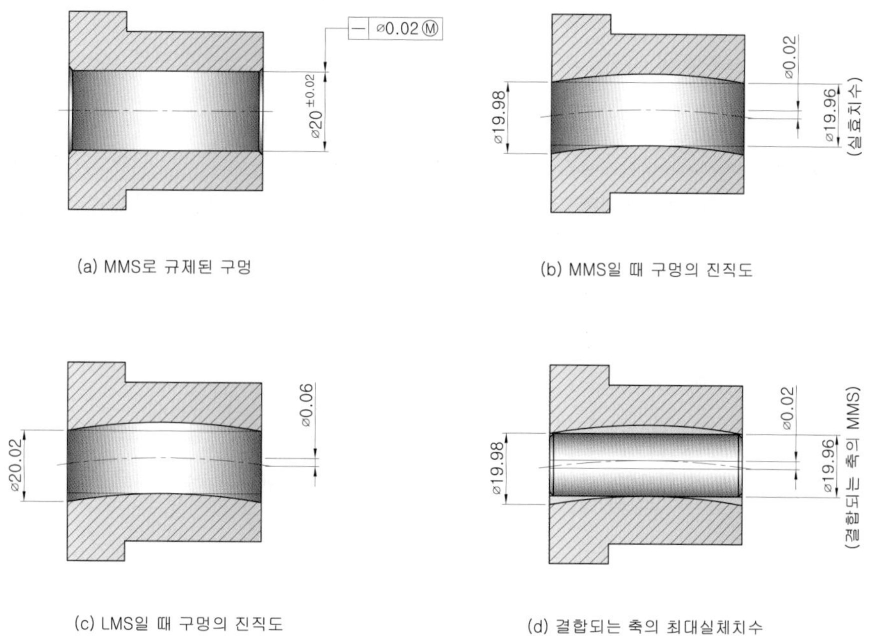

(a) MMS로 규제된 구멍 (b) MMS일 때 구멍의 진직도

(c) LMS일 때 구멍의 진직도 (d) 결합되는 축의 최대실체치수

위 그림과 같이 실제 구멍이 최대실체치수(MMS)인 ø19.98일 때, 허용되는 진직도 공차는 ø0.02이고, 실효치수는 ø19.96이다. 따라서 이 구멍이 실제 ø20.00일 경우에 허용되는 진직도는 최대실체치수 ø19.98에서 추가로 허용된 진직도 공차 0.04와 도면에 지시된 0.02를 합한 0.06까지 진직도가 허용됨을 알 수 있다.

실제 구멍 치수에 따라 추가로 허용되는 진직도 공차

실제 축의 치수	추가로 허용되는 진직도 공차	실효치수(VS)
ø19.98	ø0.02	
ø19.99	ø0.03	
ø20.00	ø0.04	ø19.96
ø20.01	ø0.05	
ø20.02	ø0.06	

key point

- 구멍의 최대실체치수(MMS) = 구멍의 최소허용치수(하한치수)
  구멍의 실효치수(VS) = MMS − 기하공차
- 축의 최대실체치수(MMS) = 축의 최대허용치수(상한치수)
  축의 실효치수(VS) = MMS + 기하공차

key point

- 진직도로 규제할 수 있는 형체는 '직선 형체'이다.
- 진직도는 최대실체 공차방식을 적용할 수 있으며 단독 형체를 규제하는 모양공차이므로 '데이텀'을 필요로 하지 않는다.
- 진직도는 직선형체의 '형상'에 대한 규제로 '자세'나 '위치'의 규제는 할 수 없다.
- 진직도 공차는 규제하는 형체의 치수공차보다 작아야 한다.
- 진직도는 (1) 한쪽 방향, (2) 서로 직각인 두 방향, (3) 방향을 정하지 않은 경우, (4) 표면의 요소로써 직선형체의 4가지 공차역이 있다.

2. 평면도(▱, flatness)

평면도는 규제 형체의 한 평면상에 있는 모든 표면이 기하학적으로 정확한 평면으로부터 벗어난 크기이다. 평면도 공차역은 치수공차 범위 내에서 두 평면 사이의 간격으로 나타내며 일반적으로 치수공차보다 작은 공차를 평면도로 표시한다.

평면도로 규제한 형체의 공차역

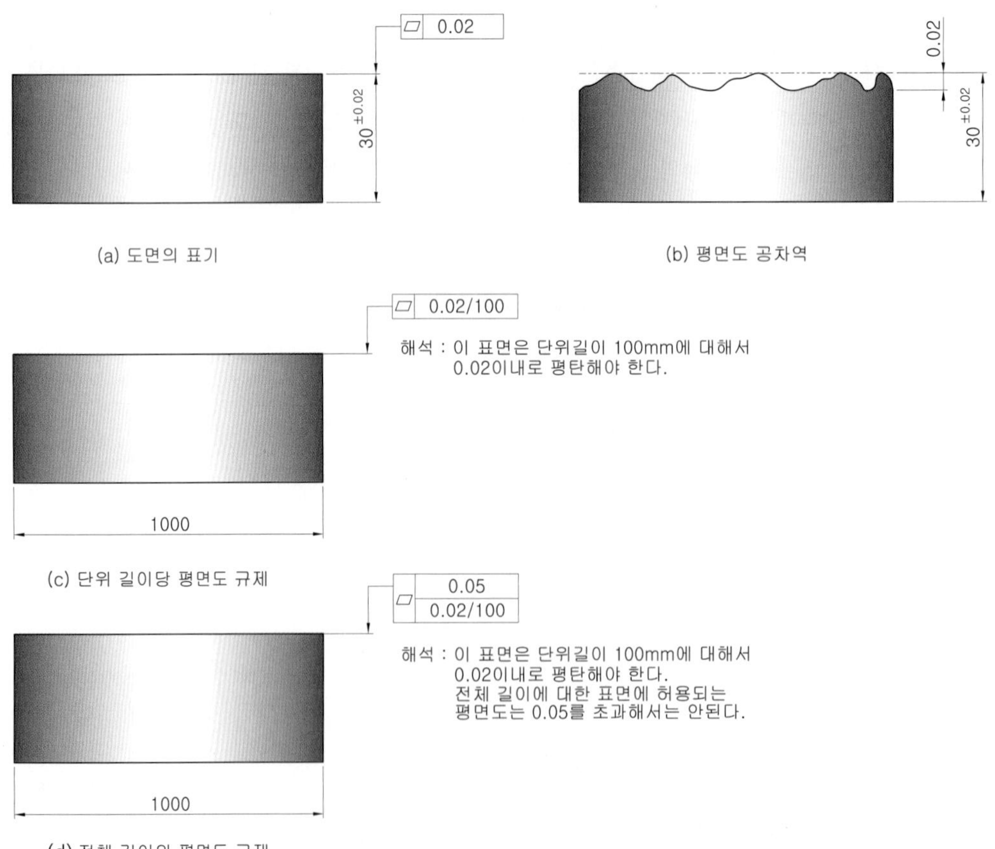

(a) 도면의 표기

(b) 평면도 공차역

(c) 단위 길이당 평면도 규제

(d) 전체 길이의 평면도 규제

평면도는 단독 형체의 모양(형상)만을 규제하는 공차로 최대실체 공차방식의 적용이 불가하고 데이텀을 필요로 하지 않으며 평면도 공차는 규제 형체의 치수공차보다 커서는 안된다. 평면도와 진직도가 조금 혼동이 될 수 있는데 평면도로 지시하는 경우 지시된 평면은 방향에 관계없이 동일한 공차값 범위안에 있어야 한다. 하지만 진직도에서 평면을 지시하는 경우에는 직각방향에 대해서 서로 다른 공차값을 주는 것이 가능하다. 따라서 방향에 의한 모양의 편차를 변경하는 곳에서 공차값을 크게 할 수가 있는 표면에서는 진직도 쪽이 자유도가 높다고 말할 수 있다.

평면도 공차의 적용 예

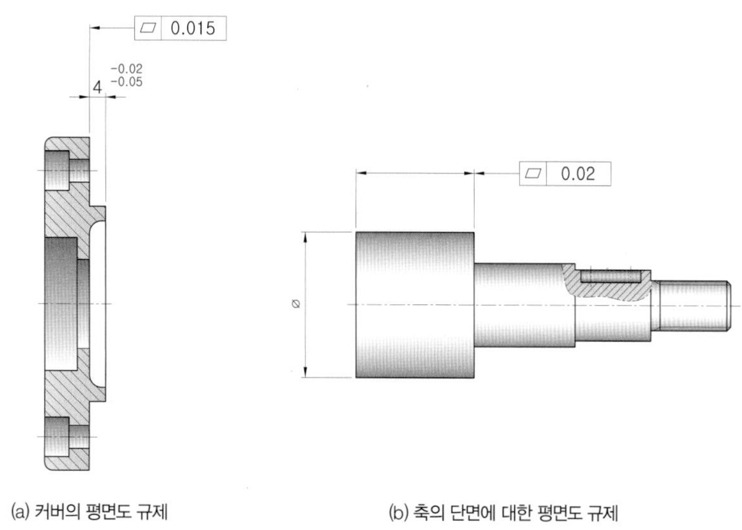

(a) 커버의 평면도 규제 (b) 축의 단면에 대한 평면도 규제

평면도는 규제 형체의 표면이 조립이나 기능상에 있어 중요한 역할을 하여 정밀한 표면이 필요한 경우 데이텀 표면에 평면도를 위 그림과 같이 규제할 수 있다.

데이텀 표면에 규제된 평면도

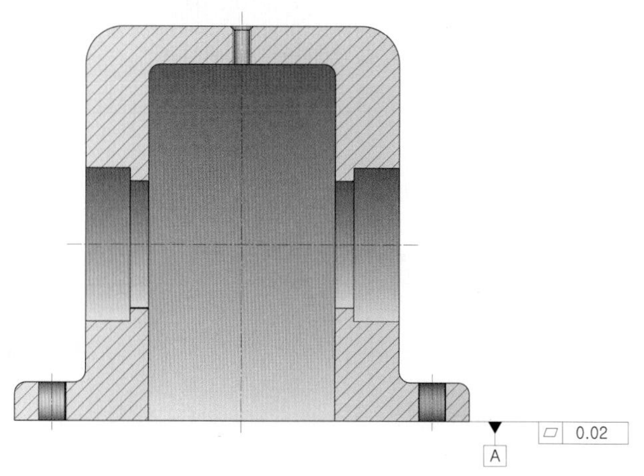

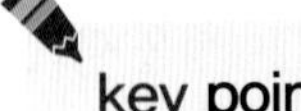

key point

- 평면도로 규제할 수 있는 형체는 '평탄한 표면'이며 평탄한 표면에는 표면의 선도 포함된다.
- 단독 형체를 규제하는 모양공차이므로 '데이텀'을 필요로 하지 않고 '최대실체 공차방식'도 적용할 수 없다.
- 평면도 공차는 규제하는 형체의 치수공차보다 작아야 한다.
- 평면도 공차는 축선과 관련이 없는 평면을 규제하는 공차이므로 기하공차값 앞에 ø를 별도로 붙이지 않는다

3. 진원도(◯, circularity)

진원도는 규제하는 원형형체의 기하학적으로 정확한 원으로부터 벗어난 크기 즉, 중심으로부터 같은 거리에 있는 모든 점이 정확한 원에서 얼마만큼 벗어났는가 하는 측정값이 진원도이다. 원은 하나의 중심으로부터 반지름상의 모든 점이 같은 거리에 있는 곡선으로 진원도 공차역은 원의 표면상에 있는 모든 점이 존재해야 하는 완전한 동심원 사이의 반경상의 공차역이다.

진원도 공차역

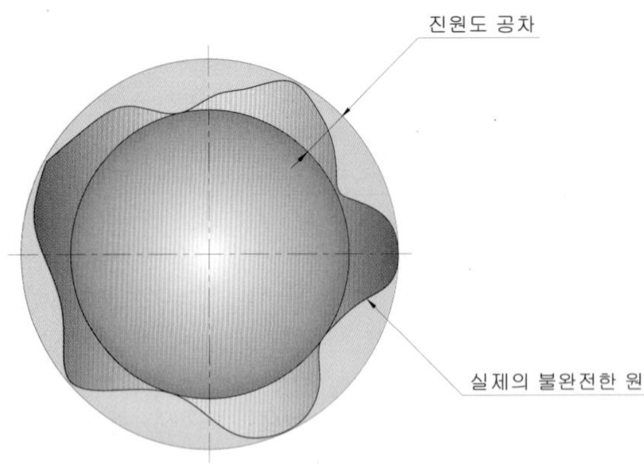

진원도로 규제한 단면이 원형인 형체의 실제 치수에 따른 반지름상의 진원도 공차를 나타내었다. 원통 형체의 지름을 보면 상한치수가 ø40.05 이고 하한치수가 39.95라면 지름의 차이가 0.1이다. 진원도 공차는 공통의 축선에 수직한 반지름상의 공차역이므로 진원도 공차는 0.05이다.

진원도로 규제한 축의 공차역 해석

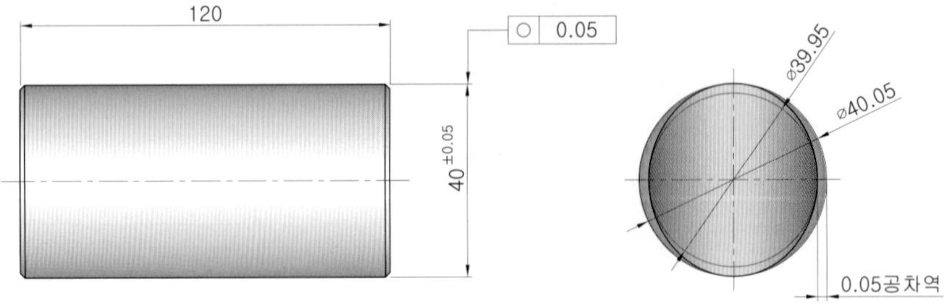

3.1 진원도의 측정

진원도를 측정하는 방법은 여러 가지 측정법이 있으나 여기서는 실무 산업현장에서 쉽게 볼 수 있는 측정법 중 V-블록에 의한 측정법과 양 센터에 의해 지지하여 측정하는 방법을 간단하게 알아보기로 한다. 특히 V-블록 경사면 위에 원통 형상의 축이나 핀 등을 올려 놓고 다이얼 게이지의 측정자를 진원도를 측정하고자 하는 표면에 대고 회전시켜 측정하는 경우 바늘이 이동한 수치의 1/2값이 진원도 공차역이 된다.

다이얼 게이지의 각부 명칭

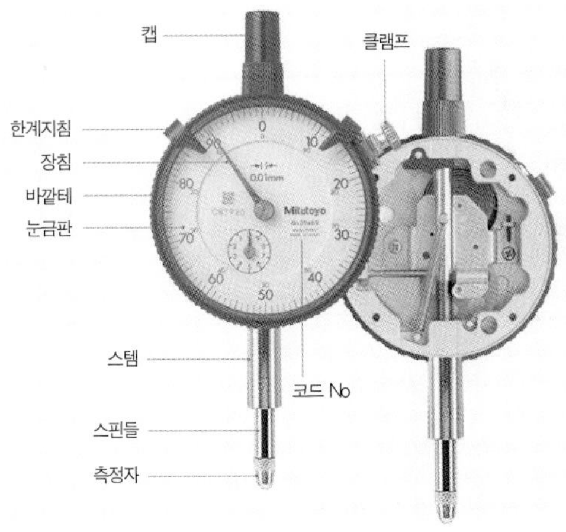

key point

다이얼 게이지는 측정자를 측정하고자 하는 표면에 대고 스핀들의 상하로 움직이면 그 이동량을 지침이 가르키는데 스핀들의 움직임을 지침으로 해독하는 측정기로 일정한 기준값과 비교해서 그 값이나 차이를 판독하는 것이다. 진원도 외에 평행도, 평면도, 편심량 등의 측정이나 선반작업의 센터링, 밀링작업에서 바이스의 클램프, 가공부품의 고정과 측정 등에 널리 사용하고 있는 측정기이다. 또한 다이얼 게이지 스탠드에 고정하여 사용하며 스탠드에는 마그넷 베이스가 부착되어 있어 대상품이 철인 경우 자유로운 각도로 방향에 구애없이 부착하여 측정을 할 수 있는 편리한 측정기이다.

V-블록을 이용한 측정 예

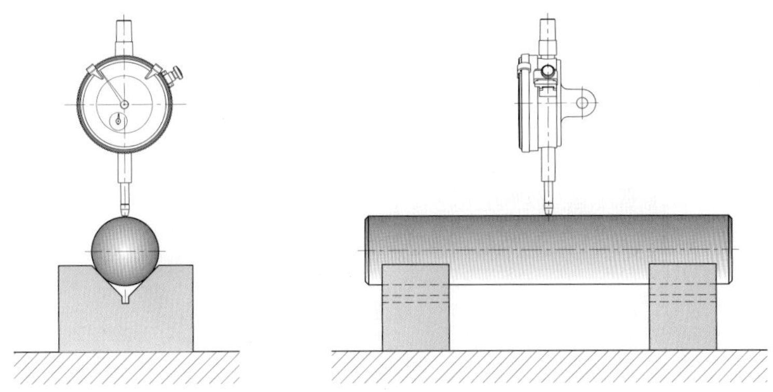

V-블록을 이용한 측정시 진원도 = TIR/2
양 센터(center)를 이용한 측정시 진원도 = TIR
TIR(Total Indicator Reading) = 인디게이터 움직임 전량

양 센터(center)를 이용한 측정 예

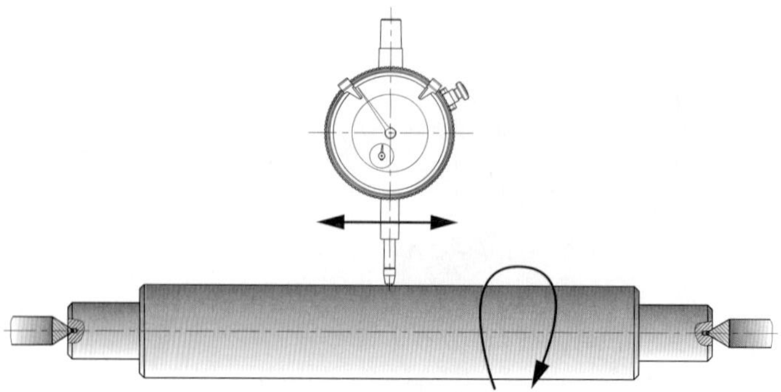

key point

- 진원도로 규제하는 대상 형체는 '축선'이 아니다.
- 단면이 원형인 축이나 구멍과 같은 단독형체를 규제하는 모양공차이므로 '데이텀'을 필요로 하지 않고 '최대실체 공차 방식'도 적용할 수 없다.
- 진원도 공차역은 반지름상의 공차역으로 직경을 표시하는 ø를 붙이지 않는다.
- 원통형이나 원추형의 진원도는 축선에 대해서 직각 방향에 공차역이 존재하므로 공차 기입시 화살표는 축선에 대해서 직각으로 표시한다.

4. 원통도(⌭, cylindricity)

원통도는 원통형상의 모든 표면이 완전히 평행한 원통으로부터의 벗어난 정도를 규제하며, 그 공차는 반경상의 공차역이다. 진원도는 중심에 수직한 단면상의 표면의 측정값이고, 원통도는 축직선에 평행한 원통형상 전체 표면의 길이 방향에 대하여 적용한다.

원통도의 도면 지시와 공차역

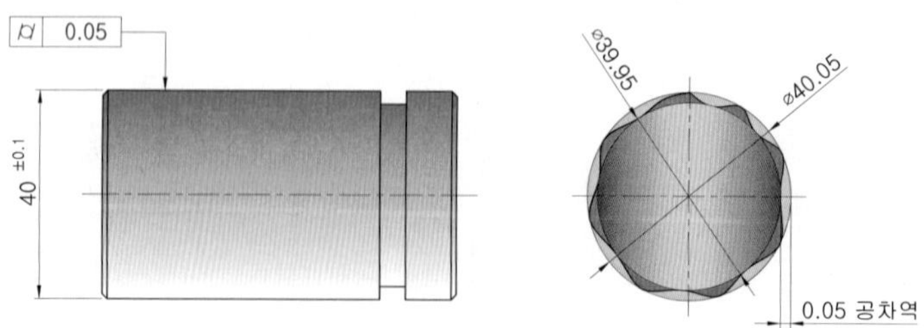

key point

- 원통도로 규제하는 대상 형체는 원통 형상의 축이나 테이퍼가 있는 형체이다.
- 단면이 원형인 축이나 구멍과 같은 단독 형체를 규제하는 모양 공차이므로 '데이텀'을 필요로 하지 않고 '최대실체 공차 방식'도 적용할 수 없다.
- 원통도 공차는 '진직도', '진원도', '평행도'의 복합 공차라고 할 수 있다.
- 원통도 공차역은 규제 형체의 치수 공차보다 항상 작아야 한다.

5. 윤곽도 공차(profile tolerance)

윤곽은 물체의 불규칙한 외곽의 형상으로 직선과 원호 및 곡선의 조합일 수도 있고 제도 용구 중 운형자로 그린 것 같이 불규칙한 곡선일 수도 있다. 윤곽도 공차는 실제 제품이 기준 윤곽으로부터 벗어난 크기로서 면의 윤곽도(⌓)와 선의 윤곽도(⌒)로 2종류로 구분한다.

선의 윤곽도(profile of a line)는 이론적으로 정확한 치수에 의한 기하학적 윤곽선에 대해서 얼마만큼 벗어나도 좋은가를 표시한 것이다.

선의 윤곽도의 도면 지시와 공차역

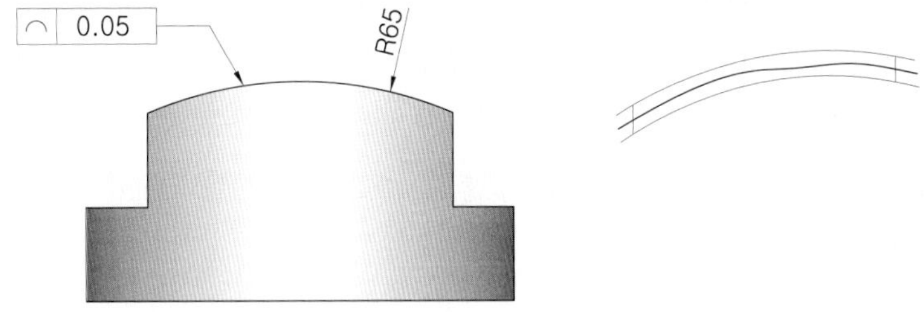

면의 윤곽도(profile of a surface)는 이론적으로 정확한 치수에 의한 기하학적 윤곽면에 대해서 얼마만큼 벗어나도 좋은가를 표시한 것이다.

면의 윤곽도의 도면 지시와 공차역

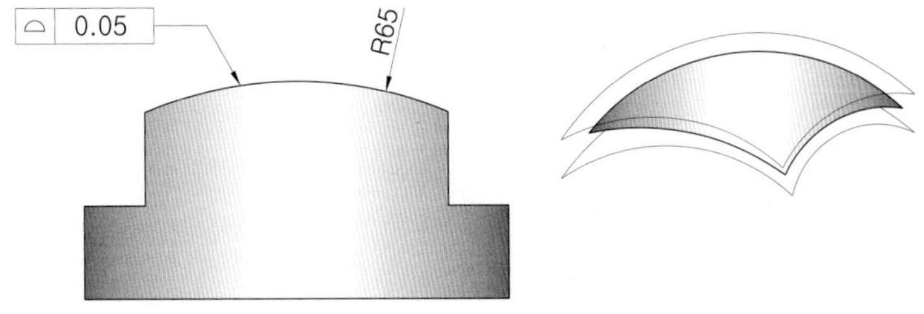

key point

- 윤곽도는 면의 윤곽도와 선의 윤곽도의 2가지 종류가 있다.
- 윤곽도는 데이텀에 의해 규제할 수도 있고 단독 형체에 규제할 수도 있다.
- 윤곽도는 최대실체 공차방식을 적용하지 않는다.

LESSON 02 자세 공차

자세 공차는 기준 데이텀을 이용해서 규제하려는 관련 형체의 자세편차를 규제하는 기하공차로 평행도, 직각세도, 경사도의 3종류가 있으며 이중에서 평행도와 직각도는 실제로 다른 기하공차보다도 사용 빈도가 높은 기하공차 중의 하나이므로 반드시 이해를 하고 적용할 수 있어야 한다.

1. 평행도(//, palallelism)

평행도는 데이텀을 기준으로 규제된 형체의 표면, 선, 축선이 기하학적 직선 또는 기하학적인 평면으로 부터의 벗어난 크기이다. 데이텀이 되는 기준 형체에 대해서 평행한 이론적으로 정확한 기하학적 축직선 또는 평면에 대해서 얼마만큼 벗어나도 좋은가를 규제하는 기하공차이다. 축직선이 규제 대상인 경우는 ø가 붙는 경우가 있으며 평면이 규제 대상인 경우는 공차값 앞에 ø를 붙이지 않는다. 또한 평행도는 반드시 데이텀이 필요하며 부품의 기능상 필요한 경우에는 1차 데이텀 외에 참조할 수 있는 2차, 3차 데이텀의 지정도 가능하다. 여기서 데이텀에 대해서 정확한 이해를 해야 앞으로 학습하게 될 기하공차의 적용에 있어 무리가 없을 것이다.

데이텀은 앞장에서도 설명을 했지만 기하공차의 실제 적용에 있어 아주 중요한 사항이므로 다시 한번 언급을 한다. 데이텀은 특히 자세공차나 흔들림공차 및 위치공차에서 자주 사용하게 되는데 데이텀은 쉽게 설명하면 조립과 측정과 가공에 있어 기준이 되는 평면이나 축직선, 구멍의 중심 등 서로 관련이 있는 두 형체중에서 기능상으로 더욱 중요하다고 판단되는 형체를 기준으로 한 것을 말한다. 우리가 흔히 'A와 B는 서로 평행하다'라는 말을 하는데 이는 '어느 하나를 기준으로 하여 평면상의 서로 나란한 두 직선이 만나지 않을 때'로 정의할 수 있는 위치관계가 있기 때문이다. 이 때 A나 B 중에 어느 하나의 기준 직선이 바로 데이텀이 되는 것이다. 이제 데이텀이라는 용어에 대해서 이해를 했다고 보고 평행도를 적용하여 규제할 수 있는 조건을 알아보자.

평행도로 규제할 수 있는 형체의 조건

[1] 기준이 되는 하나의 데이텀 평면과 서로 나란한 다른 평면

[2] 데이텀 평면과 서로 나란한 구멍의 중심(축직선)

[3] 하나의 데이텀 구멍 중심(축직선)과 나란한 구멍 중심을 갖는 형체

[4] 서로 직각인 두 방향(수평, 수직)의 평행도 규제

하나의 데이텀 평면과 서로 나란한 다른 평면의 평행도

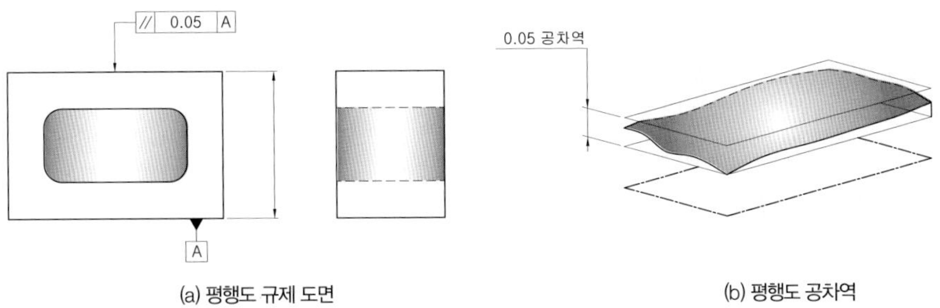

(a) 평행도 규제 도면 (b) 평행도 공차역

데이텀 평면과 서로 나란한 구멍의 중심(축직선)의 평행도

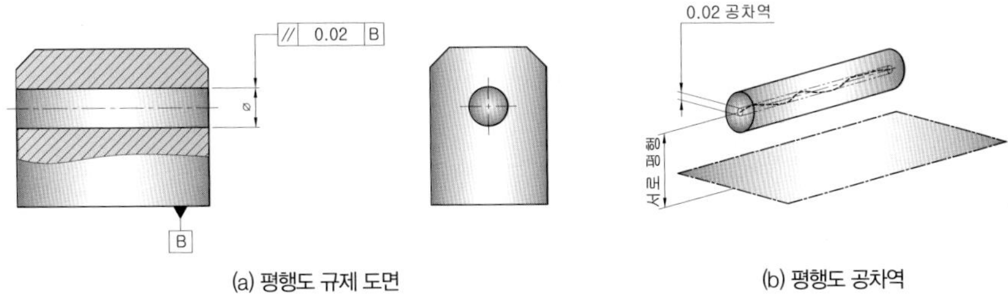

(a) 평행도 규제 도면 (b) 평행도 공차역

두 개의 나란한 구멍 중심(축직선)을 갖는 형체에 규제한 평행도

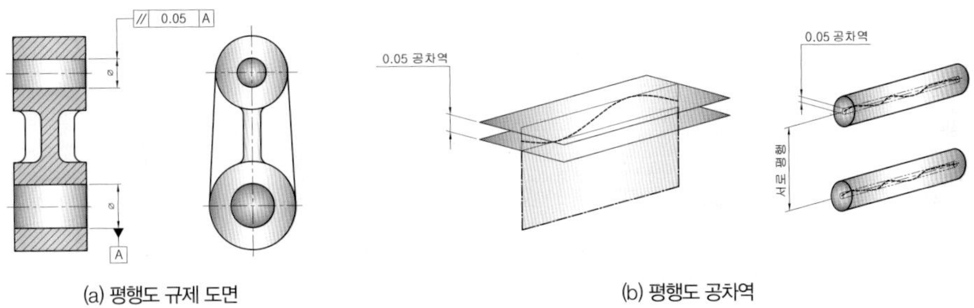

(a) 평행도 규제 도면 (b) 평행도 공차역

서로 직각인 두 방향(수평, 수직)의 평행도 규제

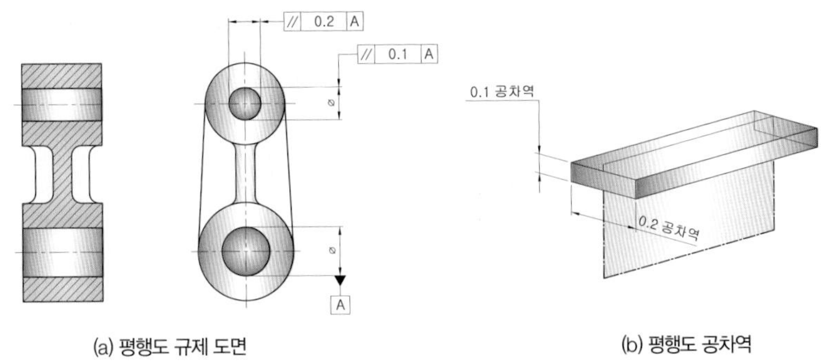

(a) 평행도 규제 도면 (b) 평행도 공차역

실제 도면상에 규제된 평행도 공차 해석

아래 그림은 커넥팅 로드라는 부품으로 ø18 및 ø14 구멍에는 축을 지지해주는 미끄럼 베어링의 일종인 무급유 부시(oil free bush)가 끼워맞춤 되어 작동상 중요한 기능을 하는 것으로 실제 무급유 부시는 표준화되어 시중에서 쉽게 구할 수 있는 기계요소이며 실제 산업 현장에서도 다양한 곳에 사용되고 있으며 이 도면에서 공차의 기준은 일반적인 용도로 가벼운 하중(경하중)을 받는 조건으로 가정한다.

또한 부시가 끼워맞춤 되는 구멍 공차의 경우에도 권장하는 허용공차가 있으며 여기서는 부시의 외경 m6에 대해 구멍의 내경은 H7을 추천하고 있다.

이처럼 일반적으로 자주 사용하는 구멍과 축의 끼워맞춤은 'IT 5급~IT 10급 : 주로 끼워맞춤(Fitting)을 적용하는 부분'에서 선택적으로 적용을 해 주면 큰 무리는 없을 것이다.

아래 그림의 커넥팅 로드의 끼워맞춤 공차값의 경우는 구멍의 경우 H7, F7 즉 IT7급이 주로 적용이 되었고 축의 경우는 m6, e7 즉 IT6급과 IT7급이 적용되었음을 알 수 있는데 기하공차의 값은 IT6급과 IT7급의 기본 공차값 보다 한 단계 더 정밀한 등급인 IT5급이나 IT4급을 적용하여 규제해주면 실제 결합상의 큰 문제는 없을 것이라고 본다.

평행도 공차의 적용 예

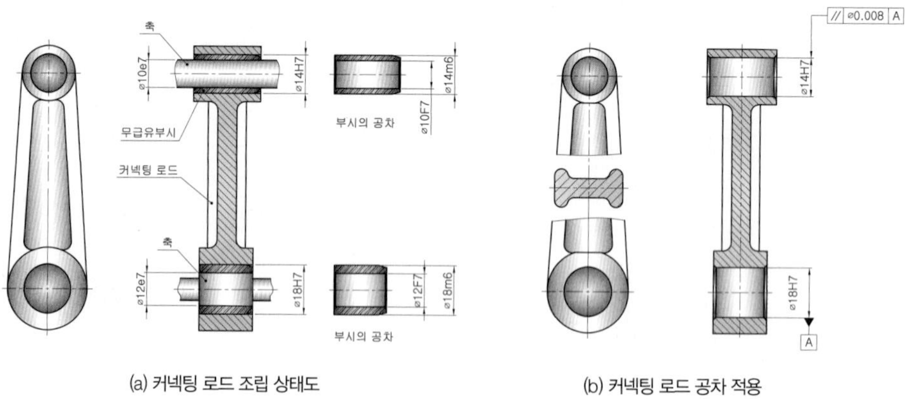

(a) 커넥팅 로드 조립 상태도

(b) 커넥팅 로드 공차 적용

이 도면에 실제 적용한 평행도 공차를 해석해보면 ø18H7 구멍을 기준 데이텀 Ⓐ로 설정하고 ø14H7구멍에 평행도 공차로 규제하였는데 이는 평행도의 규제조건 중 '하나의 데이텀 구멍 중심(축직선)과 나란한 구멍 중심을 갖는 형체'에 해당하는 사항으로 데이텀 Ⓐ를 기준으로 상부의 구멍 중심은 ø0.008 범위 내에서 평행해야 한다는 규제 조건으로 해석하면 된다.

평행도 공차의 공차역 해석

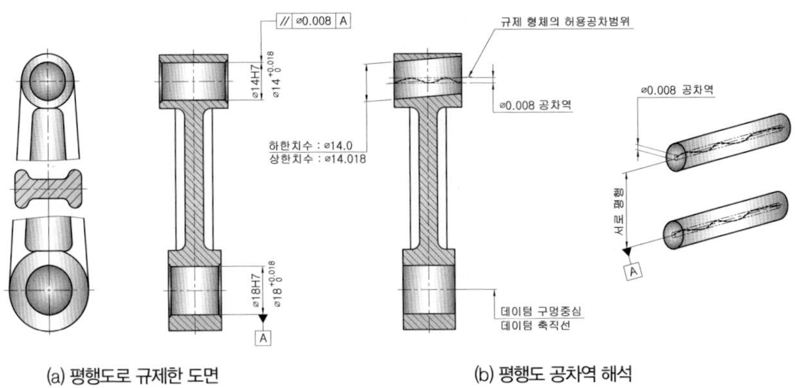

(a) 평행도로 규제한 도면 (b) 평행도 공차역 해석

key point

급유 부시는 동합금형이나 청동주물에 특수성분을 첨가하고 다공질화된 주물에 윤활유를 함침시킨 미끄럼 베어링의 일종으 로 무급유로 사용할 수 있고 고하중 저속운동을 하는 부분에 최적이며 왕복운동, 빈번한 기동과 정지 등 유막 형성이 곤란한 장소에서 뛰어난 마모 특성을 발휘하는 기계요소로 부시의 내경의 공차 F7형에 권장 추천하는 상대축의 공차는 아래와 같다.

d8 : 일반용(고부하) f8 : 고정밀도용

e7 : 일반용(경부하) g6 : 고정밀도용(간헐적인 운동)

최대실체 공차방식(MMS)으로 규제된 평행도

최대실체 공차방식(MMS)으로 규제된 평행도를 해석해보자. 아래 그림에서 평행도 공차 ø0.02에 Ⓜ이 붙은 것은 MMS 방식을 적용한 것을 나타내는 데이텀 A를 기준으로 규제하는 상부의 구멍의 중심은 최대실체치수 ø25.00(하한치수) 일 때 규제된 평행도 공차가 ø0.02이다. 실제 구멍이 지름공차 범위내에서 최소실체치수(상한치수)로 커지면서 추가로 허용되는 공차가 생긴다. 여기서 구멍의 실효치수(VS)는 [하한치수−평행도공차]로 25.00−0.02=24.98 이 된다.

최대실체 공차방식(MMS)으로 규제된 평행도의 해석

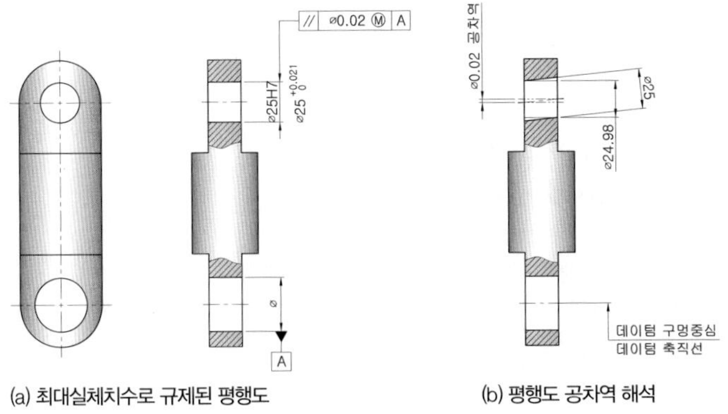

(a) 최대실체치수로 규제된 평행도 (b) 평행도 공차역 해석

실제 구멍 치수에 따라 추가로 허용되는 평행도 공차

실제 축의 치수	추가로 허용되는 진직도 공차	실효치수(VS)
ø25.000	ø0.02	ø24.98
ø25.020	ø0.04	
ø25.021	ø0.041	

데이텀 및 규제 형체에 최대실체 공차방식(MMS)을 적용한 평행도의 해석

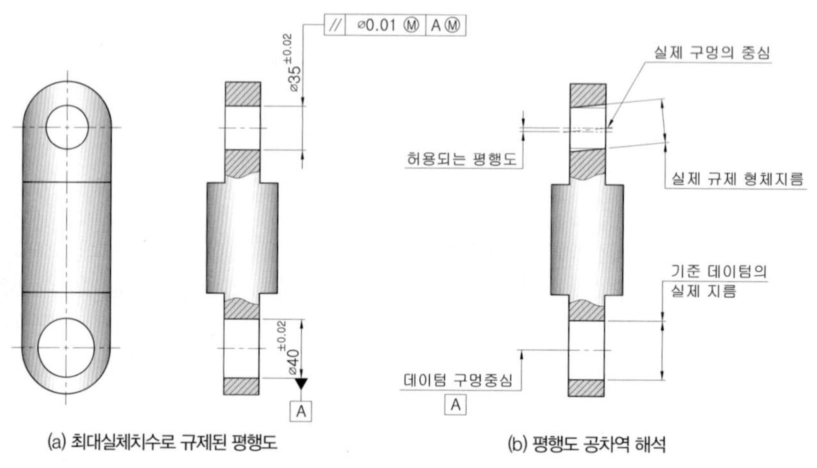

(a) 최대실체치수로 규제된 평행도

(b) 평행도 공차역 해석

데이텀 및 규제 형체에 최대실체 공차방식(MMS)을 적용한 평행도

기준 데이텀의 실제 지름	실제로 규제하는 형체의 지름	추가로 허용되는 평행도 공차
ø39.98	ø34.98	ø0.01
ø39.99	ø34.99	ø0.02
ø40.00	ø35.00	ø0.03
ø40.01	ø35.01	ø0.04
ø40.02	ø35.02	ø0.05

key point

- 평행도는 축직선 형체와 평면 형체를 규제한다.
- 평행도는 진직도, 평면도등의 모양(형상)공차를 포함하고 있다.
- 평행도는 최대실체 공차방식을 적용할 수 있으며 데이텀이 필요하다.
- 규제 대상인 축직선 형체가 데이텀 축직선에 대해서 규제하는 경우는 공차값 앞에 ø가 붙으며 평면이 규제 대상인 경우는 공차값 앞에 ø를 붙이지 않는다.

2. 직각도(⊥, squareness)

데이텀을 기준으로 규제되는 형체의 기하학적 평면이나 축직선 또는 중간면이 완전한 직각으로부터 벗어난 크기이다. 여기서 한 가지 주의해야 할 것은 직각도는 반드시 데이텀을 기준으로 규제되어야 하며, 자세공차로 단독형상으로 규제될 수 없다. 규제 대상 형체가 축직선인 경우는 공차값의 앞에 ø를 붙이는 경우가 있으나 규제 형체가 평면인 경우는 ø를 붙이지 않는다. 직각도로 규제할 수 있는 규제 조건과 형체 및 공차역에 대해서 알아보자.

직각도로 규제할 수 있는 형체의 조건

[1] 데이텀 평면을 기준하여 한 방향으로 직각인 직선 형체

[2] 데이텀 평면에 서로 직각인 두 방향의 직선 형체

[3] 데이텀 평면에 방향을 정할 수 없는 원통이나 구멍 중심(축직선)을 갖는 형체

[4] 직선형체(축직선)의 데이텀에 직각인 직선형체(구멍중심)나 평면 형체

[5] 데이텀 평면에 직각인 평면 형체

데이텀 평면을 기준하여 한 방향으로 직각인 직선 형체의 규제

한 방향의 직각도 규제는 그 방향과 기준 데이텀 평면에 수직인 기하학적으로 평행한 두 평면에서 데이텀에 수직한 직선형체 즉 왼쪽 평면은 0.05의 평행한 두 평면안에 있어야 한다는 것을 규제한 것이다.

데이텀 평면을 기준하여 한 방향으로 직각인 직선 형체의 규제

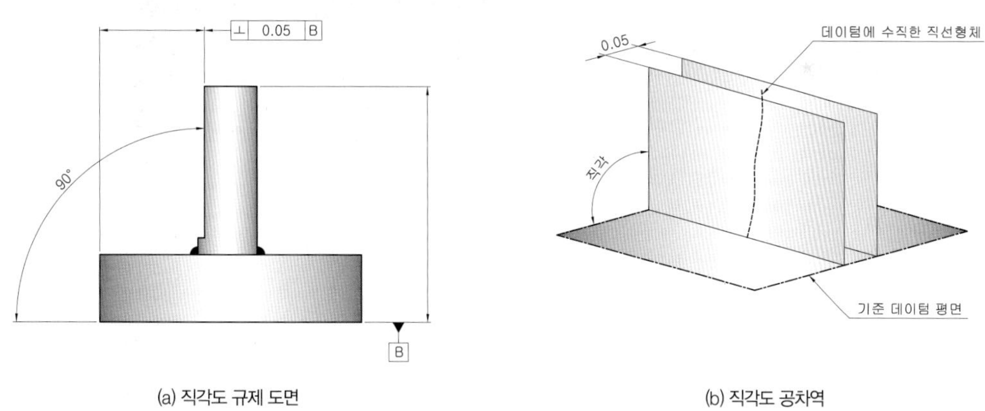

(a) 직각도 규제 도면 (b) 직각도 공차역

데이텀 평면에 서로 직각인 두 방향의 직선 형체 규제

데이텀 평면 A에 대해서 수직인 상태로 규제 대상형체 하부의 상태를 도시한 것과 같은 상태에 있어서 직각 두 방향의 공차역을 가지고 있다. 이런 경우는 제품의 기능상 좌우방향에 비해서 다른 방향의 규제가 특히 요구되는 경우에 적용하는데 결국 이 경우의 공차역은 0.1x0.2를 단면으로 하는 직방체가 된다.

데이텀 평면에 서로 직각인 두 방향의 직선 형체 규제

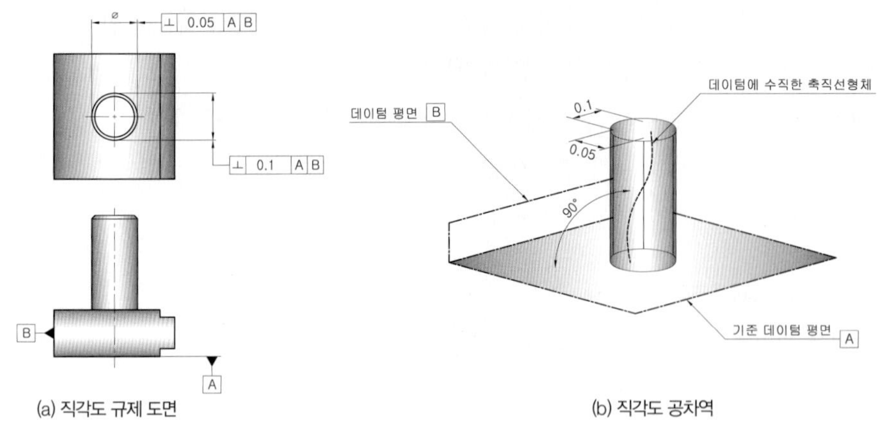

(a) 직각도 규제 도면 (b) 직각도 공차역

데이텀 평면에 방향을 정할 수 없는 원통이나 구멍 중심(축직선)을 갖는 형체의 규제

데이텀 평면 Ⓐ에 대해서 방향을 정할 수 없는 경우 직각도의 공차역은 공차값을 직경으로 하는 원통이나 구멍 중심(축직선)내에 존재한다. 직각도의 공차값이 동일하다 하더라도 어긋나는 각도는 길이가 짧은 축의 경우가 길이가 긴 축의 경우보다 크게 되는 것을 주의해야 한다. 아래 예제 도면에서처럼 (c)짧은 축의 직각도 규제와 (d)긴 축 의 직각도 규제를 비교해보면 직각도 공차는 ø0.05로 동일하지만 어긋난 각도를 보면 (c)짧은 축은 약 0.143°이고 (d)긴 축은 약 0.072°이다. 짧은 축의 경우 기능적으로 축의 어긋난 각도가 0.143° 까지 허용되는 부품이라면 긴 축의 경우는 직각도가 ø0.1로도 좋다는 것을 알 수 있다.

데이텀 평면에 방향을 정할 수 없는 원통이나 구멍 중심(축직선)을 갖는 형체의 규제

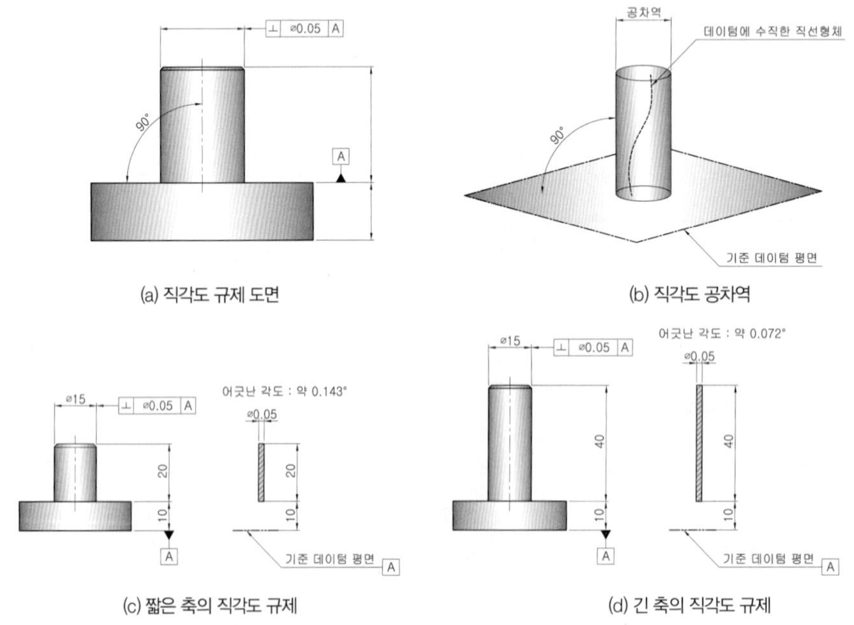

(a) 직각도 규제 도면 (b) 직각도 공차역

(c) 짧은 축의 직각도 규제 (d) 긴 축의 직각도 규제

직선 형체의 데이텀에 직각인 직선 형체나 평면 형체

데이텀이 평면 형체가 아니라 구멍(축직선)이 되어 직각으로 뚫린 수직한 축직선에 대한 규제나 구멍(축직선)의 데이텀에 직각으로 가공된 평면 형체에 대한 규제이다.

직선 형체의 데이텀에 직각인 직선 형체나 평면 형체

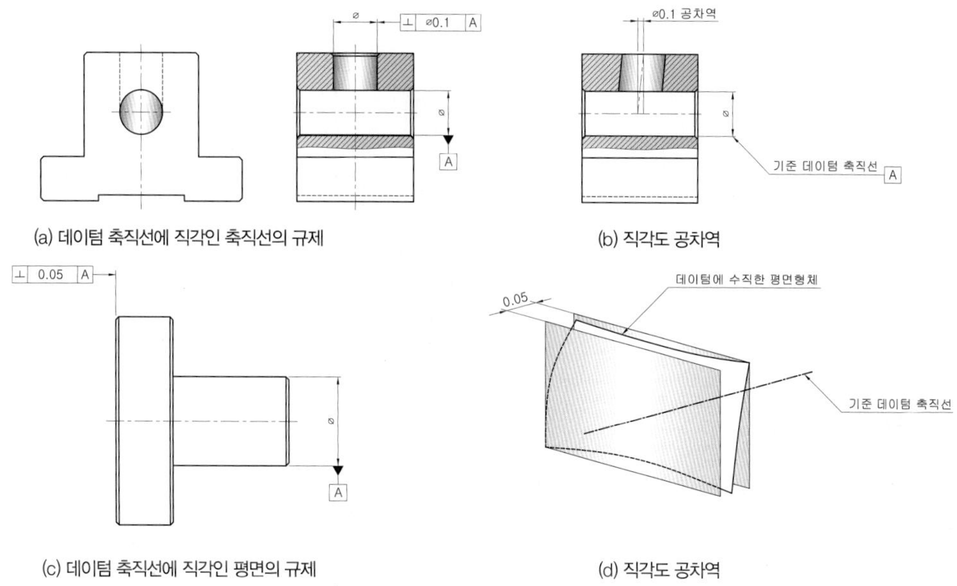

(a) 데이텀 축직선에 직각인 축직선의 규제 (b) 직각도 공차역

(c) 데이텀 축직선에 직각인 평면의 규제 (d) 직각도 공차역

데이텀 평면에 직각인 평면 형체

데이텀이 평면 형체인 경우 평면에 대한 규제 형체의 직각도는 데이텀 평면에 수직한 기하학적 평면에서 그 평면 형체를 규제하는 데 두 평면의 사이가 최소가 되는 허용 공차값인 0.05의 범위 내에 존재해야 한다.

데이텀 평면에 직각인 평면 형체

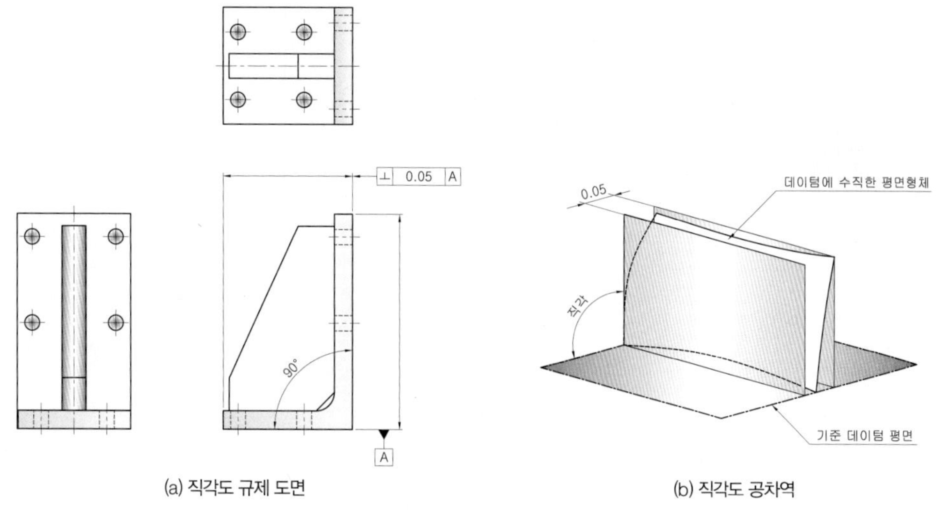

(a) 직각도 규제 도면 (b) 직각도 공차역

최대실체공차방식(MMS)로 규제된 직각도

아래 그림의 조립도를 예로 들어 기준 데이텀으로 지정한 평면형체를 기준으로 구멍에 끼워맞춤되는 품번 ① 하우징(축)에 최대실체 공차방식을 적용하여 규제된 직각도를 해석해 보자.

모터 구동장치 조립도

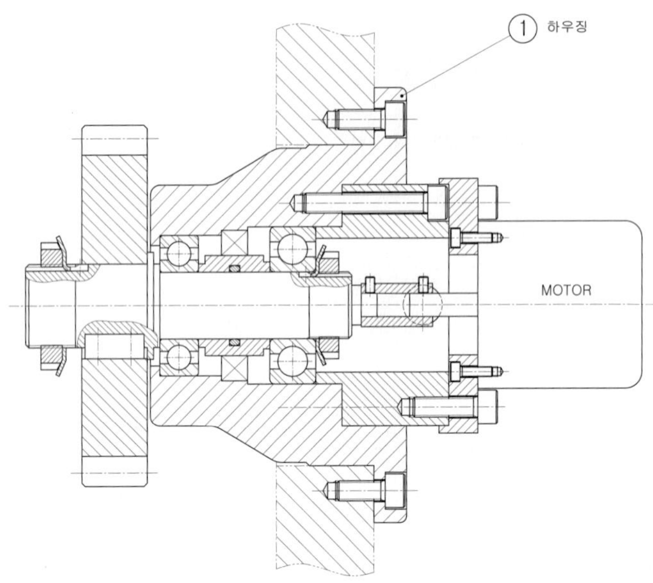

최대실체공차방식(MMS)로 규제된 실제 도면의 직각도 해석

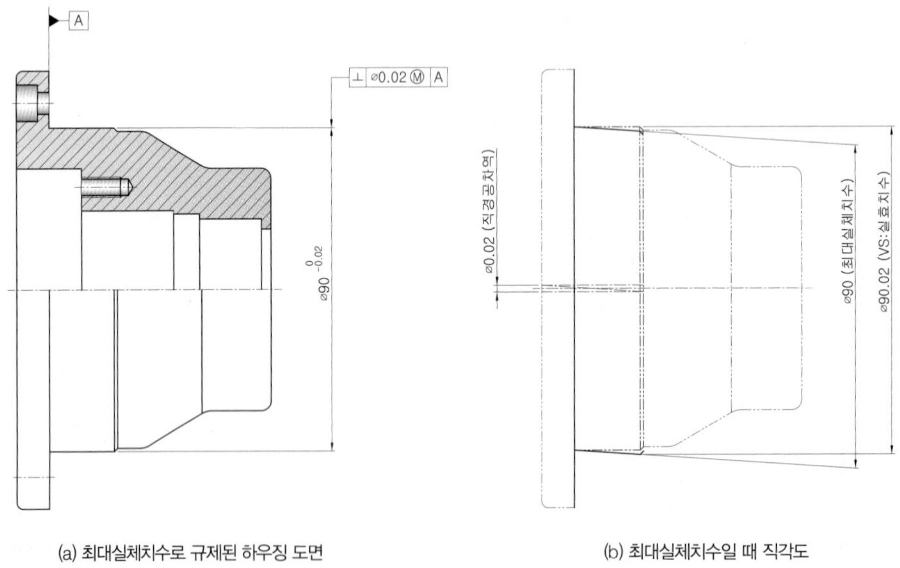

(a) 최대실체치수로 규제된 하우징 도면

(b) 최대실체치수일 때 직각도

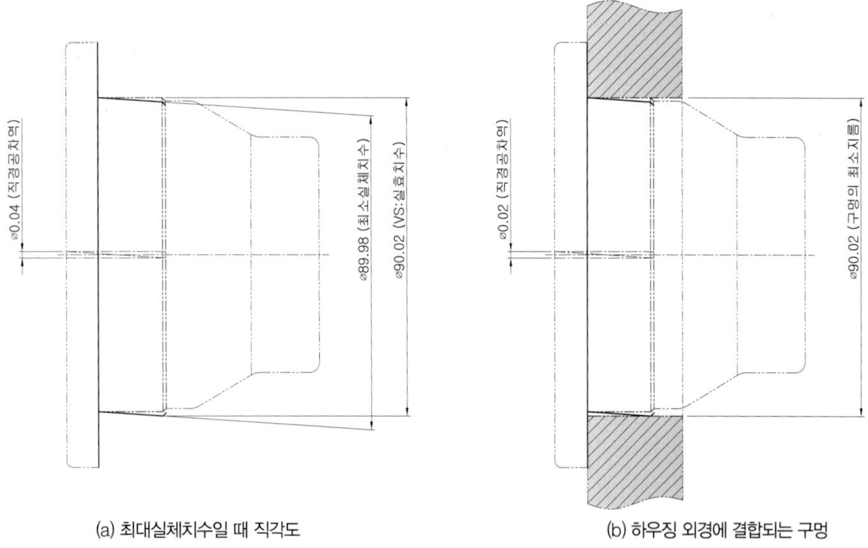

(a) 최대실체치수일 때 직각도

(b) 하우징 외경에 결합되는 구멍

실제치수 : ø89.98~ø90.00mm
최대실제치수(MMS) : ø90.00mm = 최대허용치수
규제된 직각도 공차 : ø0.02mm
실효치수(VS) : 최대실체치수(MMS)+직각도 공차 ø0.02 = ø90.02mm
허용된 직각도 공차 : ø0.02 ~ø0.04mm

동적 공차 선도

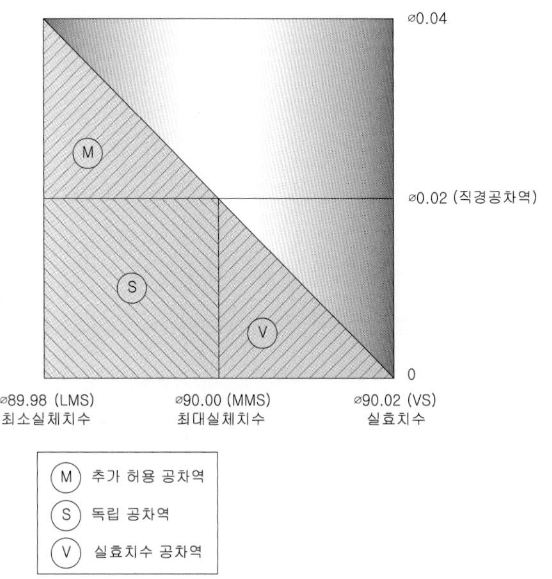

key point

- 직각도는 주로 평면 형체와 직선 형체를 규제한다.
- 직각도는 진직도, 평면도등의 모양(형상)공차를 포함하고 있다.
- 직각도는 최대실체 공차방식을 적용할 수 있으며 데이텀이 필요하다.
- 직각도는 진직도나 평면도보다 엄격한 공차를 지시하며 직각도와 동일한 공차값으로 진직도나 평면도를 지시하는 것은 무의미한 규제이다.

3. 경사도(∠ , angularity)

경사도란 규제하는 직선 형체나 평면 형체의 데이텀에 대해서 이론적으로 정확한 각도를 갖는 직선이나 평면으로부터 벗어난 크기를 말하는데 다시 말해 90°를 제외한 임의의 각도를 갖는 평면이나 직선, 중간면에 대해 데이텀을 기준으로 규제된 경사도 공차 범위 내에서 폭 공차역이나 지름공차역으로 규제하는 것이다. 여기서 주의할 것은 경사도 공차는 각도에 대한 공차가 아니고 규정된 각도의 기울기를 갖는 두 평면 사이의 간격으로 형체에 규제된 공차는 규제 형체의 평면, 축직선 또는 중간면이 공차역 내에 있어야 한다.

경사도로 규제할 수 있는 형체의 조건

[1] 기준 데이텀 직선(축직선)에 대한 직선(축직선) 형체의 규제

[2] 기준 데이텀 평면에 대한 직선(축직선) 형체의 규제

[3] 기준 데이텀 직선(축직선)에 대한 평면 형체의 규제

[4] 기준 데이텀 평면에 대한 평면 형체의 규제

기준 데이텀 직선에 대한 직선 형체의 규제

기준 데이텀 축직선에 대한 직선 형체의 경사도 규제

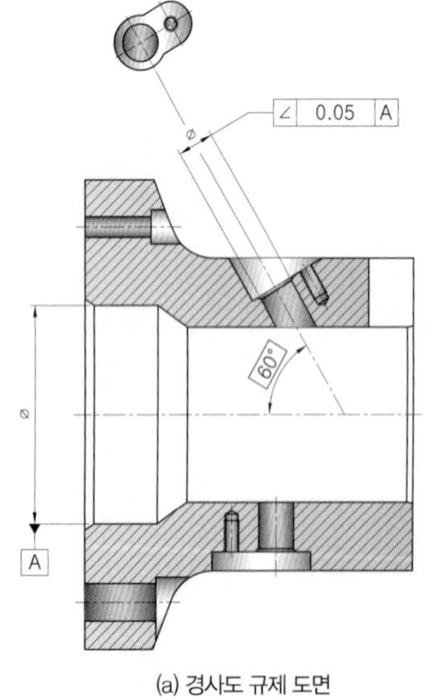

(a) 경사도 규제 도면

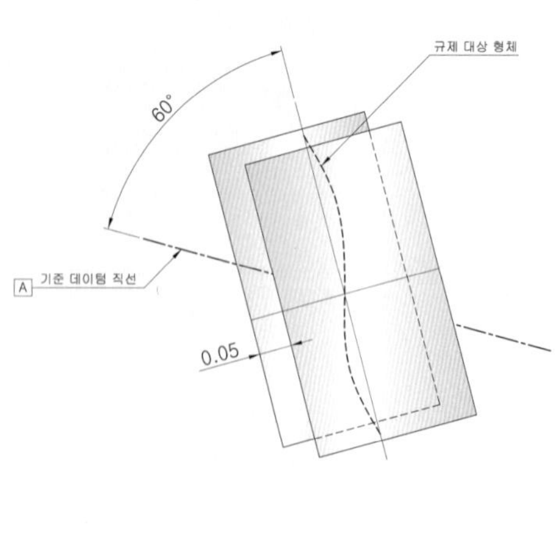

(b) 경사도 공차역

기준 데이텀 평면에 대한 직선 형체의 규제

기준 데이텀 직선에 대한 직선 형체의 경사도 규제

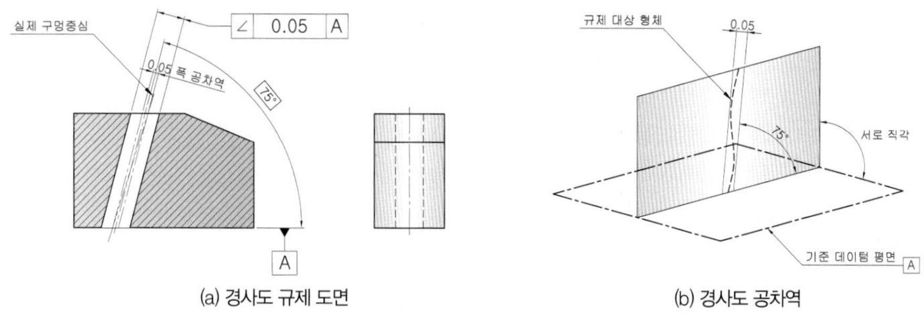

(a) 경사도 규제 도면 (b) 경사도 공차역

구멍의 중심은 기준 데이텀 평면 Ⓐ에 대해서 75°로 경사진 구멍의 중심으로부터 0.05의 평행한 폭 사이 내에 구멍 중심이 있어야 한다.

기준 데이텀 직선에 대한 평면 형체의 규제

기준 데이텀 직선에 대한 평면 형체의 경사도 규제

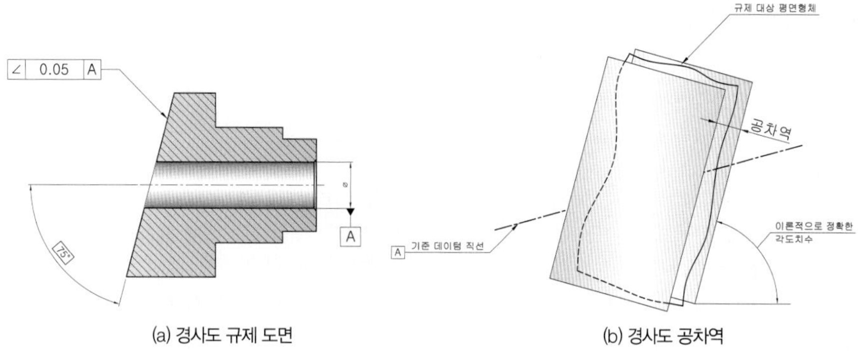

(a) 경사도 규제 도면 (b) 경사도 공차역

기준 데이텀 평면에 대한 평면 형체의 규제

기준 데이텀 평면에 대한 평면 형체의 경사도 규제

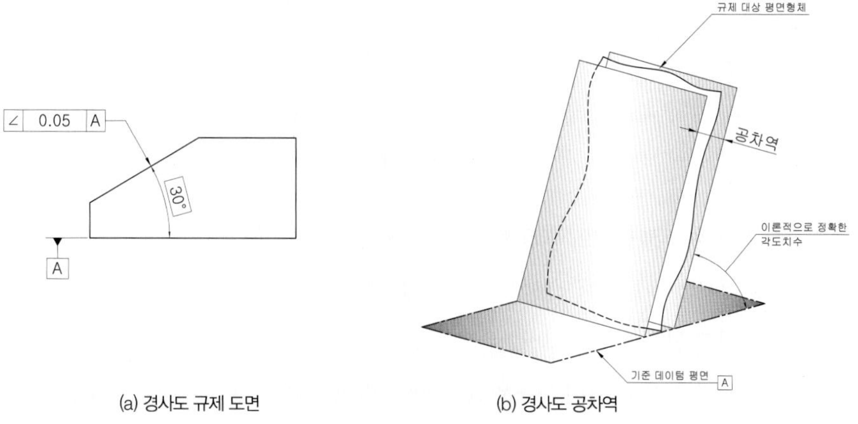

(a) 경사도 규제 도면 (b) 경사도 공차역

key point

- 경사도는 주로 평면 형체와 직선 형체를 규제한다.
- 경사도는 직각도, 평행도 등의 자세공차와 함께 형체의 자세는 규제할 수 있지만 위치에 대한 규제는 하지 않는다.
- 경사도는 최대실체 공차방식을 적용할 수 있으며 데이텀이 필요하다.

LESSON 03 흔들림 공차

흔들림은 데이텀을 기준으로 규제형체 (원통, 원추, 호, 평면)를 1회전시킬 때 이론적으로 완전한 형상으로부 터 벗어난 크기이다. 흔들림 공차는 원통이나 원추 및 곡면 윤곽이나 평면 등 데이텀을 기준으로 규제되며, 데이텀을 기준으로 한 진원도, 진직도, 직각도, 원통도, 평행도 등을 포함한 복합 공차로서 최대실체 공차방식은 적용되지 않는다.

흔들림 공차는 원통 형상의 회전 축(shaft), 롤러(roller) 등 주로 기계의 작동에 있어 회전과 관련이 있는 기능을 요구하는 부품에 적용 효과가 높은 기하공차이다. 흔들림 공차는 원주흔들림과 온흔들림 의 두 종류가 있다.

key point

- 흔들림 공차는 모양 공차, 자세 공차, 위치 공차와 다른 성질의 기하공차이다.
- 흔들림 공차는 진원도, 진직도, 직각도, 원통도, 평행도 등의 오차를 포함하고 있는 복합공차이다.
- 흔들림 공차는 최대실체 공차방식이 적용되지 않으며 반드시 기준 데이텀이 필요하다.
- 흔들림 공차의 기준 데이텀을 설정시에는 나사, 스플라인, 기어 등의 외경은 기능상 중요한 형상이지만 기준 축으로 적용하는 것을 피해야 한다.

1. 원주 흔들림(↗, circular runout)

원주 흔들림은 데이텀 축직선에 수직한 임의의 측정 평면 위에서 데이텀 축직선과 일치하는 중심을 갖고 반지름 방향으로 규제된 공차만큼 벗어난 두 개의 동심원 사이의 영역을 말한다.

이것은 규제하는 평면의 전체 윤곽을 규제하는 것이 아니라 각 원주 요소의 원주 흔들림을 규제한 것으로 진원도와 동심도의 상태를 복합적으로 규제한 상태가 된다.

1.1 데이텀 축직선에 대한 반지름 방향의 원주 흔들림

규제 형체를 데이텀 축직선을 기준으로 1회전 시켰을 때, 공차역을 축직선에 수직한 임의의 측정 평면 위에서 반지름 방향으로 규제된 공차만큼 떨어진 두 개의 동심원 사이의 영역이다. 아래 그림과 같이 양단이 있는 원통축은 양쪽에 베어링 등으로 지지하는 역할을 하는 경우가 많은데 각각의 축직선을 데이텀으로 지정하여 공통 데이텀 축직선 A-B를 중심으로 회전시켜 반지름 방향의 원주 흔들림을 규제하는 예로써 일반적으로 많이 사용한다.

반지름 방향의 원주 흔들림

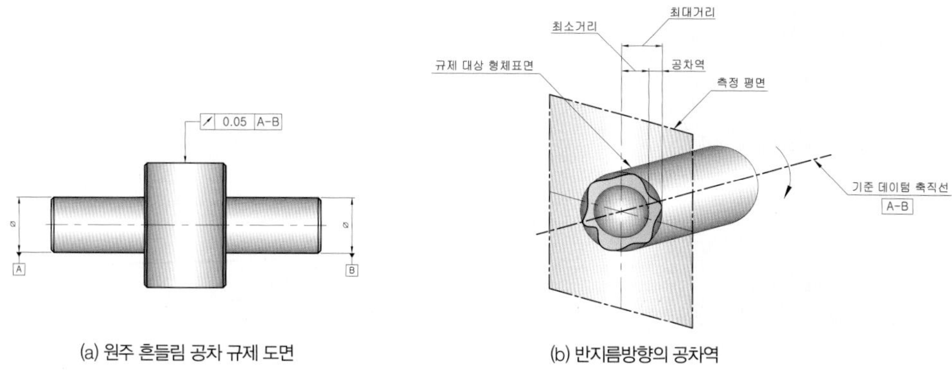

(a) 원주 흔들림 공차 규제 도면

(b) 반지름방향의 공차역

1.2 축 방향의 원주 흔들림

규제 형체가 데이텀 축직선에 대해 수직한 기하학적 평면으로부터 규제 형체의 표면까지의 거리의 최대값과 최소값의 차이를 나타낸다. 아래 그림과 같이 규제했을 경우 데이텀 축직선을 기준으로 임의의 측정 위치에서 1회전시켰을 때 0.05mm 범위 내에 있어야 한다.

축 방향의 원주 흔들림

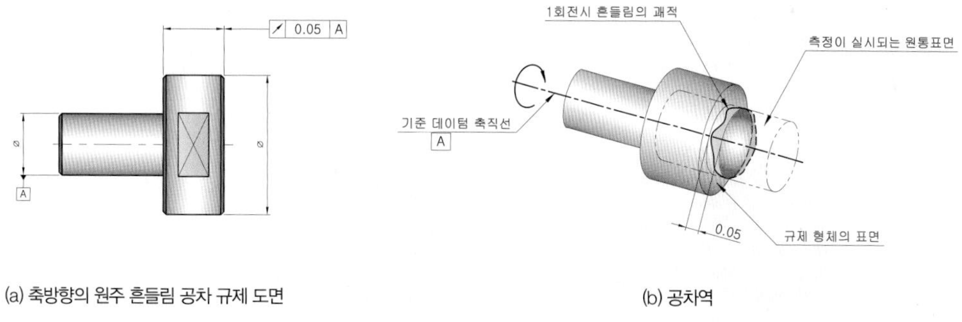

(a) 축방향의 원주 흔들림 공차 규제 도면

(b) 공차역

1.3 데이텀을 기준으로 경사진 표면이나 곡면의 원주 흔들림

공차역은 데이텀 축선과 일치하는 축선을 가지며, 그 원주면이나 곡면이 데이텀과 직교하는 임의의 측정 원추면이나 곡면 위에 있고 규제된 공차만큼 떨어진 두 개의 원 사이에 낀 영역이다.

경사진 표면이나 곡면의 원주 흔들림

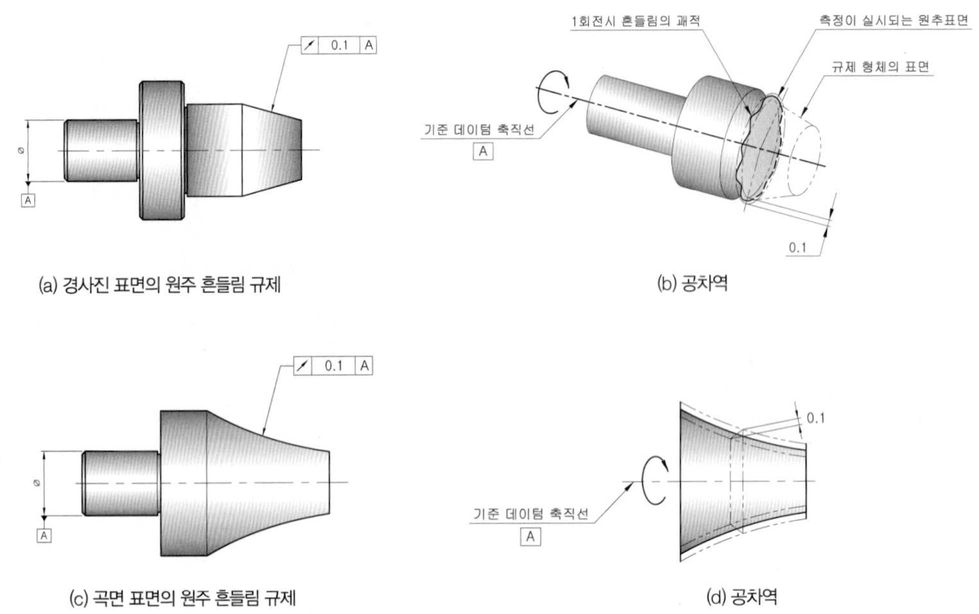

(a) 경사진 표면의 원주 흔들림 규제

(b) 공차역

(c) 곡면 표면의 원주 흔들림 규제

(d) 공차역

1.4 부분적인 반지름 방향의 원주 흔들림

데이텀 축직선을 축으로 하여 회전면을 가지고 있는 부품의 규제 형체에서 원주 방향의 일부분에도 반지름 방향의 원주 흔들림 공차를 적용할 수 있다. 또한 부분적으로 여러 개의 원통면을 가지고 있는 부품의 경우도 반지름 방향의 원주 흔들림 공차를 적용할 수 있다.

부분적인 반지름 방향의 원주 흔들림

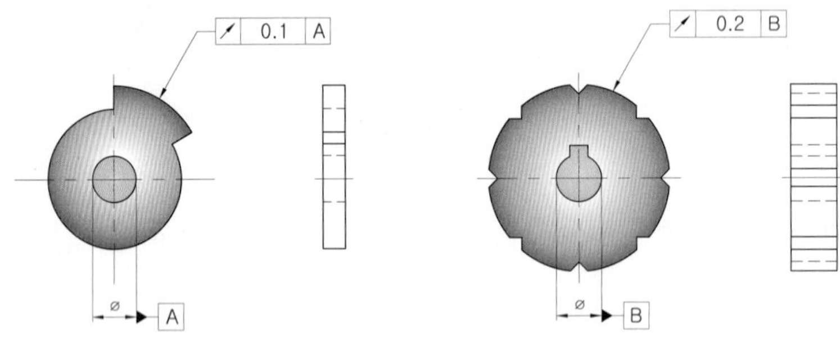

원주 흔들림 공차의 규제 예

전동축과 같이 회전하는 원통 형체의 기하공차 적용시 원주 흔들림 공차나 동심도를 적용하는 사례가 일반적이다. 아래 그림의 전동축은 기어박스(gear box)에 적용된 실무 사례 도면으로 원주 흔들림을 규제하는 부분의 축지름 공차는 그 기능과 베어링의 하중에 따라 ø25k5를 적용하였는데 k5는 IT5급에 해당하는 기본 공차이며 축의 치수허용차는 +0.011 ~ +0.002로 0.009의 치수허용차를 가지고 있다. 그러면 이 축

지름에 알맞은 원주 흔들림 공차는 얼마로 하면 이상적일까 하는 의문이 생길 것이다. 일반적으로 구멍은 H7(IT7급) 축은 h6(IT6급)과 같이 끼워맞춤 종류에 따라 선정을 해주고 기하공차는 IT7, IT6급 보다 한 단계 정밀한 IT5급이나 IT4급을 적용해 주고 있다. 이 도면에서 전동축은 k5 즉, IT5급의 정밀도를 부여하고 있는데 축의 기능에 따라 필요한 기하공차를 선정하여 준다면 동일한 등급인 IT5급을 적용하거나 필요 시 더욱 정밀도를 요구한다면 IT4급의 기하공차를 적용해주면 이상적일 것이다. 반드시 이렇게 기하공차를 적용해야 한다는 기준에 대한 표준규격이나 문헌은 아직까지는 찾지 못하였다.

실제 산업 현장에서는 보유하고 있는 가공기계의 정밀도를 주기적으로 점검하여 실제 그 기계가 발휘할 수 있는 성능(가공오차 또는 가공정밀도)을 고려하고 측정할 수 있는 범위내에서 공차를 지정해주는 것이 일반적인 경우이다. 예를 들어 적용하려는 축지름의 공차가 ø35h6일 때 기하공차를 IT5급을 적용한다면 공차값은 0.011mm이다. 이런 경우 그 부품의 기능상에 문제가 없다는 판단 아래 가공이나 측정의 측면을 고려해서 미크론 단위(1/1000)가 아닌 0.01mm(1/100)단위로 규제해 주어 가공 및 측정상 불필요한 공차를 관리해 주는 사례들이 있다. 무조건 미크론 단위까지 규제해 준다면 더욱더 정밀한 공작기계와 측정기가 필요하며 이런 공차규제는 제조 원가의 상승을 초래하게 되는 이유가 될 수 있다.

전동축에 적용된 원주 흔들림 공차(IT4급 및 5급 적용 예)

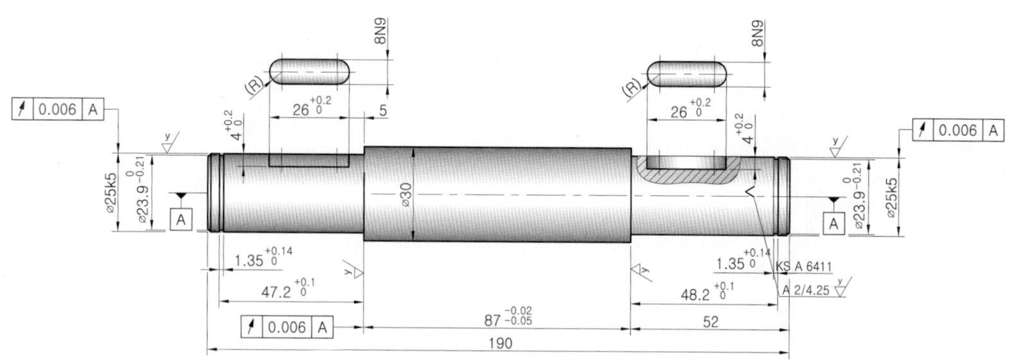

(a) IT 4급을 적용한 원주 흔들림 공차

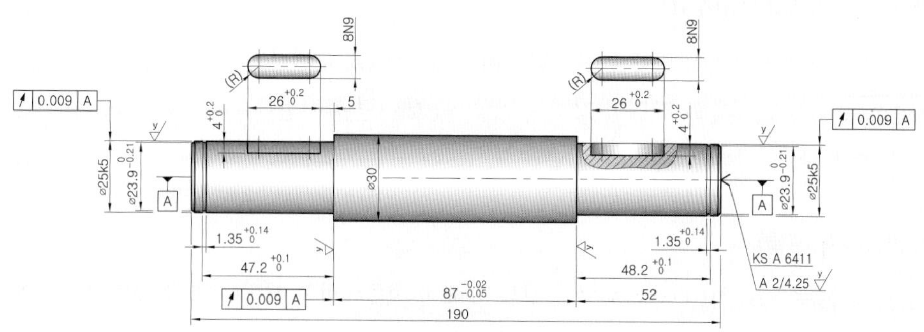

(b) IT 5급을 적용한 원주 흔들림 공차

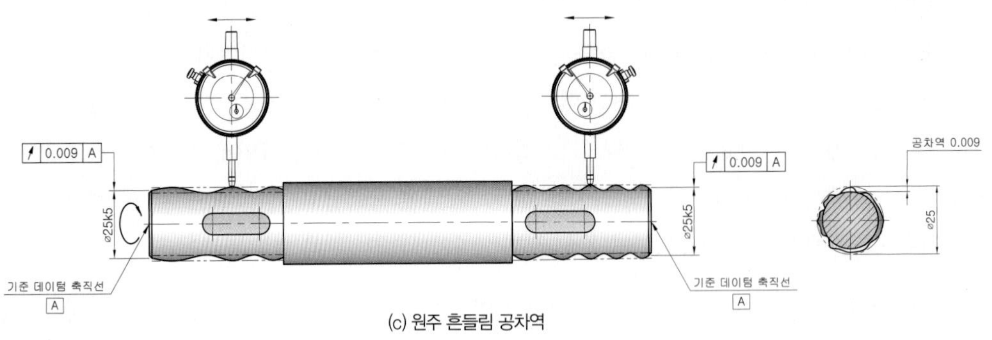

(c) 원주 흔들림 공차역

데이텀 축직선에 직각인 평면에 적용된 원주 흔들림 공차

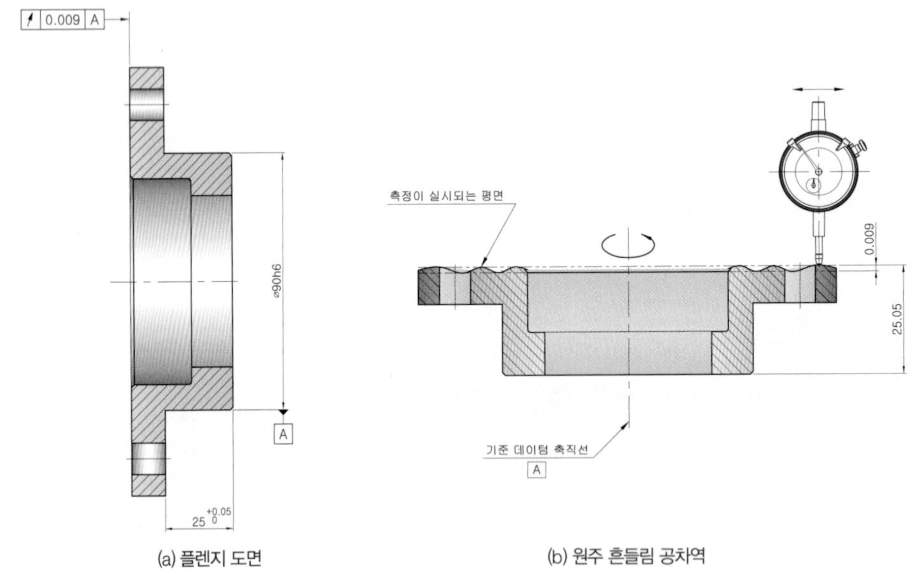

(a) 플렌지 도면 (b) 원주 흔들림 공차역

2. 온 흔들림(⌰, total runout)

온흔들림은 반지름 방향과 축 방향의 2종류가 있으며 원통 표면을 갖거나 원형면을 갖는 대상물을 데이텀 축직선을 기준으로 회전했을 때 그 표면이 지정된 방향, 즉 데이텀 축직선에 수직인 방향(반지름 방향)과 평행인 방향으로 벗어나는 크기를 말한다.

2.1 반지름 방향의 온 흔들림

데이텀 축직선을 기준축으로 하는 원통 표면을 갖는 규제 형체를 1회전 시켰을때 그 공차역은 원통 표면상의 전 영역에서 규제된 공차만큼 떨어진 두 개의 동축 원통 사이의 영역이다.

반지름 방향의 온 흔들림 규제

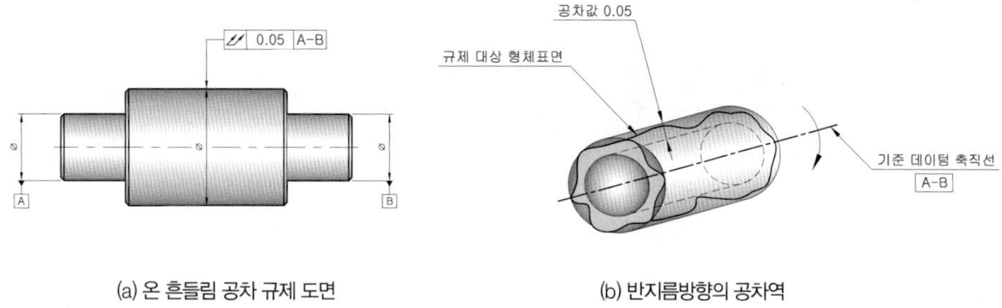

(a) 온 흔들림 공차 규제 도면 (b) 반지름방향의 공차역

2.2 축직선 방향의 온 흔들림

데이텀 축직선에 수직한 평면을 갖는 규제 형체를 데이텀 축직선을 기준으로 1회전 시켰을 때 원통 표면의 임의의 점에서 규제된 공차만큼 떨어진 두 개의 평행한 평면 사이에 있는 영역이다. 원통 측면을 따라 이동하면서 측정한다.

축직선 방향의 온 흔들림 규제

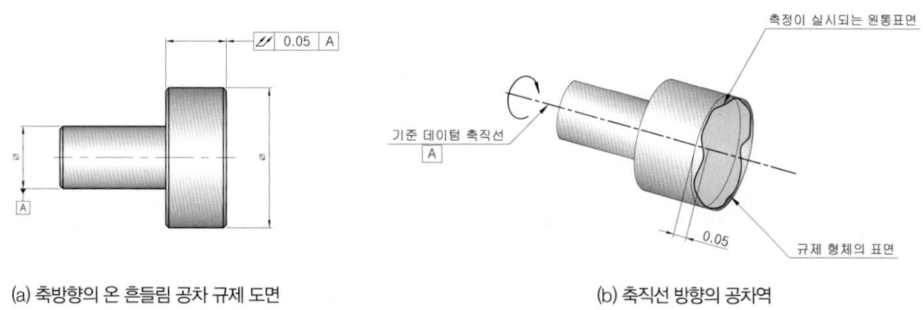

(a) 축방향의 온 흔들림 공차 규제 도면 (b) 축직선 방향의 공차역

온 흔들림 공차의 규제 예

데이텀 축직선(축심)에 대해 동심인 원통 표면의 온 흔들림과 공차역에 관한 규제 예로 온 흔들림 공차역은 데이텀 축직 선에 수직한 방향에서 회전시켰을 때의 공차역과 다이얼 게이지를 원통 표면에서 축선 방향으로 이동시키면 다이얼 게이지의 측정자가 닿는 표면의 굴곡에 따라 스핀들이 상하로 이동하면서 움직이는 지침의 이동량을 읽어 측정한 측정값이 규제한 공차값인 0.009를 벗어나지 않아야 한다는 것이다.

온 흔들림 공차 적용 및 해석

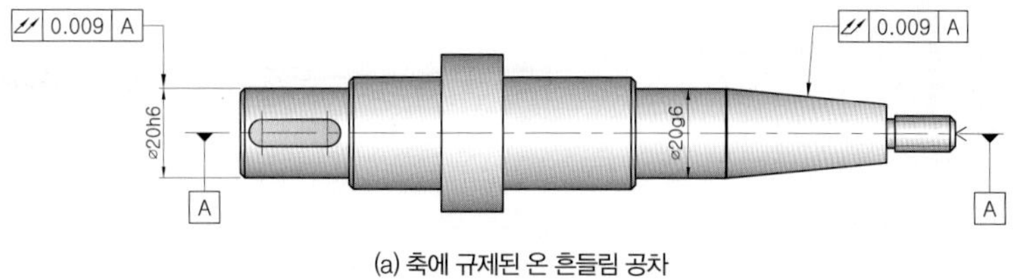

(a) 축에 규제된 온 흔들림 공차

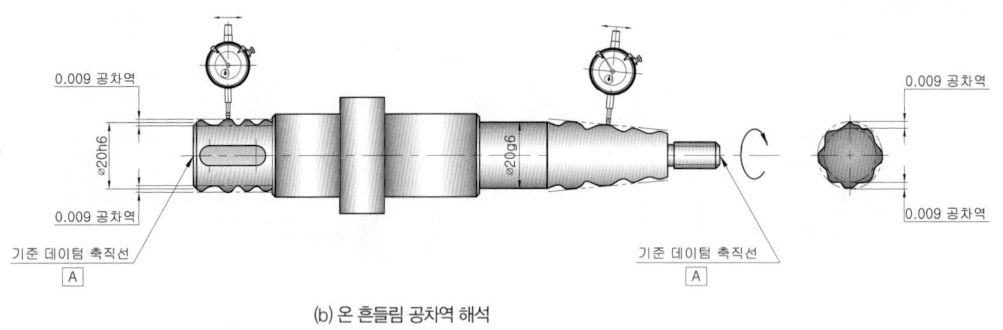

(b) 온 흔들림 공차역 해석

LESSON 04 위치 공차

위치공차에는 동심도, 대칭도, 위치도의 3가지 종류가 있는데 그 중에서도 위치도 공차는 적용시 효율적인 제품의 생산 및 적용 효과가 높은 기하공차로 제조산업 현장에서 널리 활용되고 있다. 위치 공차는 자세 공차와 모양 공차를 포함한 복합공차로서 위치 공차로 규제하는 경우에는 자세 공차나 형상 공차를 별도로 규제해주지 않아도 된다.

1. 동심도(◎, concentricity)

동심도(同心度)는 동축도(同軸度)라고도 부르는데 먼저 원과 원통의 차이점을 이해해보자. 원은 중심을 가지며 그 중심을 기준으로 반지름상에 동일한 거리 내에 있는 점들이 모여 원을 형성한다. 즉 원은 중심을 가지고는 있으나 원통 형체와 같이 축심(軸心)을 가지고 있는 것은 아니다. 동심도는 데이텀이 원의 중심이 되고 규제 형체는 원형 형체의 중심이 되며, 동축도(coaxiality)는 데이텀이 축직선(축심)이 되고 규제 형체는 축선이 된다. 동축도는 데이텀 축직선과 동일 직선 위에 있어야 할 축선이 데이텀 축직선으로부터 어긋난 크기를 나타내며, 동심도는 데이텀인 원의 중심에 대해 원형 형체의 중심의 위치가 벗어난 크기를 말한다. 하지만 기계공학에서는 동심이나 동축이라는 용어를 보통 함께 사용한다. 공작물이나 제품의 구멍에 안내 역할을 하는 위치결정핀, 회전하며 동력을 전달하는 전동축 등의 외경이나 베어링 및 부시 등 원통 형상의 기계요소가 끼워맞춤되는 구멍에 흔히 적용된다.

동심도와 공차역

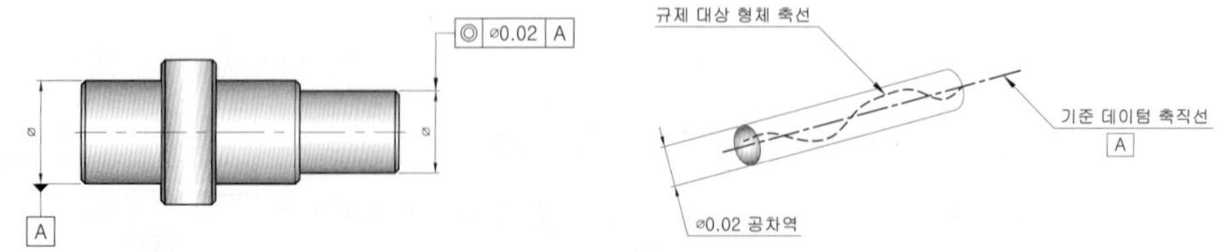

동심도 공차역과 측정 예

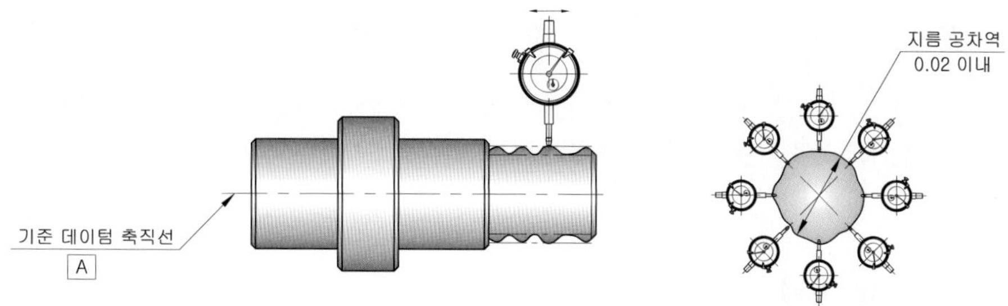

공통데이텀 축직선을 두 개로 규제한 공차역의 해석

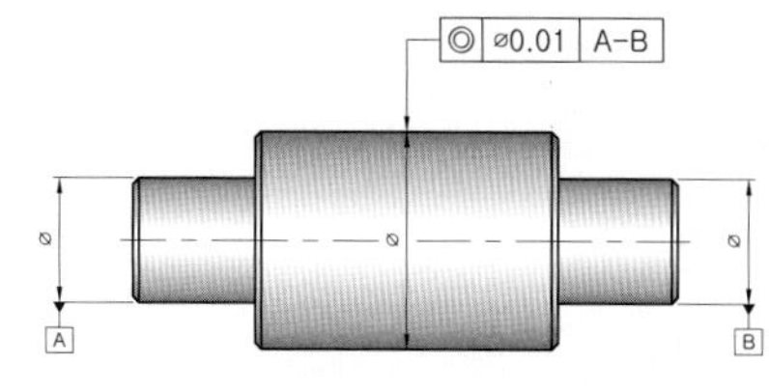

(a) 공통데이텀 축선으로 규제한 동심도

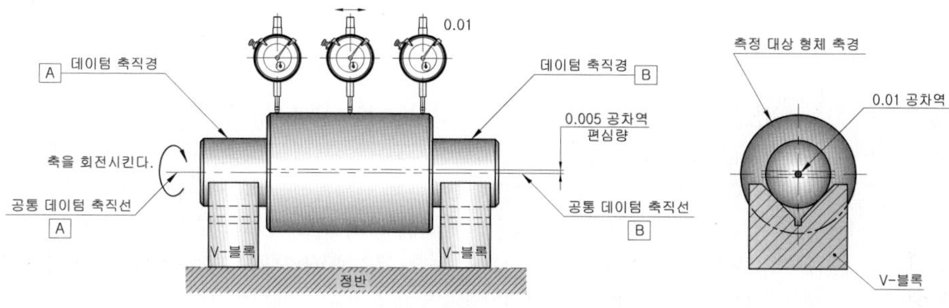

(b) 공통데이텀 축선으로 규제한 동심도의 측정 및 해석

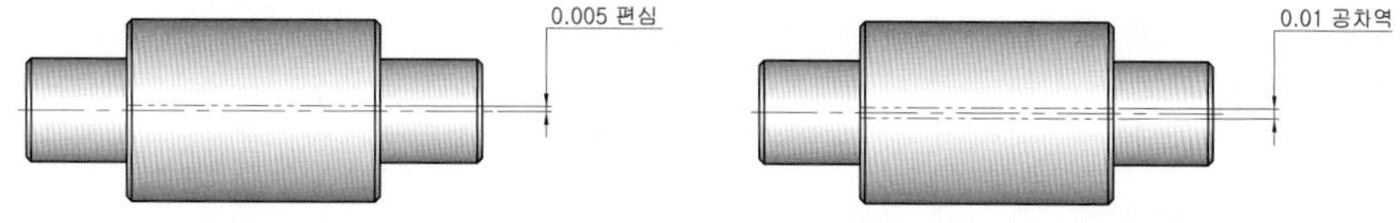

(c) 공통데이텀 축선으로 규제한 축심의 편심

key point

- 동심도 공차는 주로 원통형상에 적용되나 축심을 가지는 형상에도 적용할 수 있다.
- 동심도 공차는 자세 공차인 평행도나 직각도의 경우와 마찬가지로 관계 특성을 가지므로 반드시 데이텀을 기준으로 적용한다.

key point

- 동심도 공차는 데이텀 축심을 기준으로 규제되는 형체의 공차역이 원통형이므로 규제하는 공차값 앞에 ø를 붙이며 최대실체 공차방식은 적용하지 않는다.
- 동심도 공차는 동일한 축심을 기준(공통 데이텀 축직선)으로 여러 개의 직경이 다른 원통 형체에 대한 규제를 할 수 있으며 데이텀 축직선을 기준으로 회전하는 회전축의 편심량을 규제하는 경우 주로 적용된다.

2. 대칭도(⌯, symmetry)

대칭도는 기준인 선이나 면 즉, 데이텀 축직선이나 데이텀 중심평면에 대해 서로 대칭이어야 할 형체가 대칭 위치로부터 벗어난 크기를 말한다.

대칭도로 규제할 수 있는 형체의 조건

[1] 위치가 동일한 축선(축직선)과 축선

[2] 위치가 동일한 중심면(중간면, 중심 평면)과 중심면

[3] 위치가 동일한 중심면(중간면, 중심 평면)과 축선

[4] 1개의 축선에 대해 서로 수직한 두 방향에 규제(데이텀 중심 평면과 규제 형체의 축선)

key point

- 대칭도 공차는 주로 데이텀 평면으로 서로 대칭이 되어야 할 홈의 중간면에 적용한다.
- 대칭도 공차는 데이텀 축직선 또는 중심 평면을 기준으로 규제되는 형체의 공차역이 대칭 위치로부터 벗어난 크기를 규제하므로 공차값 앞에 ø(지름)를 붙이지 않으며 최대실체 공차방식을 적용할 수 있다.
- 대칭도 공차는 데이텀이 필요하며 규제 형체에 적용된 치수공차 값의 1/2보다 대칭도 공차값이 작아야 한다.
- 대칭도 공차는 ISO와 KS 규격에서는 규격화되어 있지만 ANSI 규격에서는 대칭도로 규제되는 형체는 위치도로 규제하고 있다. 그 이유는 대칭도와 위치도의 공차역이 동일하게 해석되기 때문이다.

대칭도의 적용과 해석

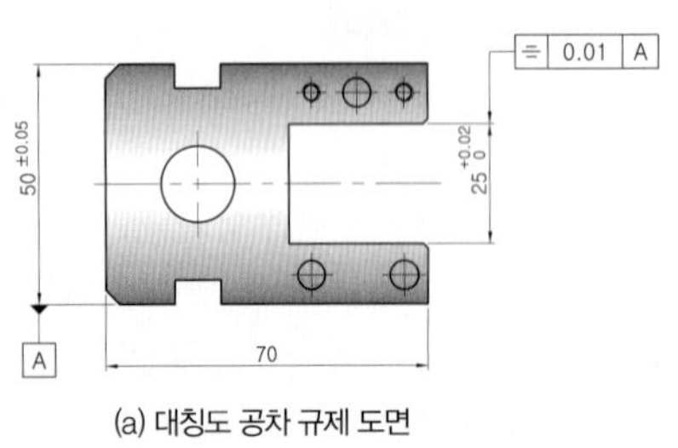

(a) 대칭도 공차 규제 도면

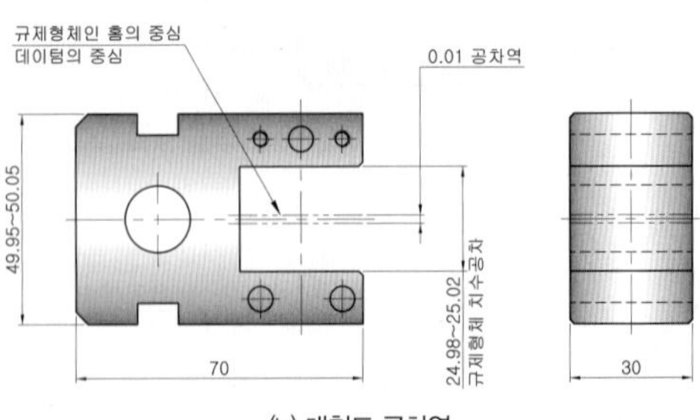

(b) 대칭도 공차역

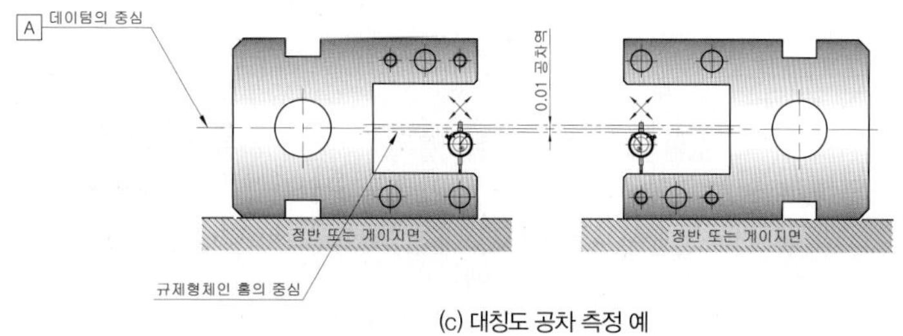

(c) 대칭도 공차 측정 예

대칭도의 여러 가지 적용 예

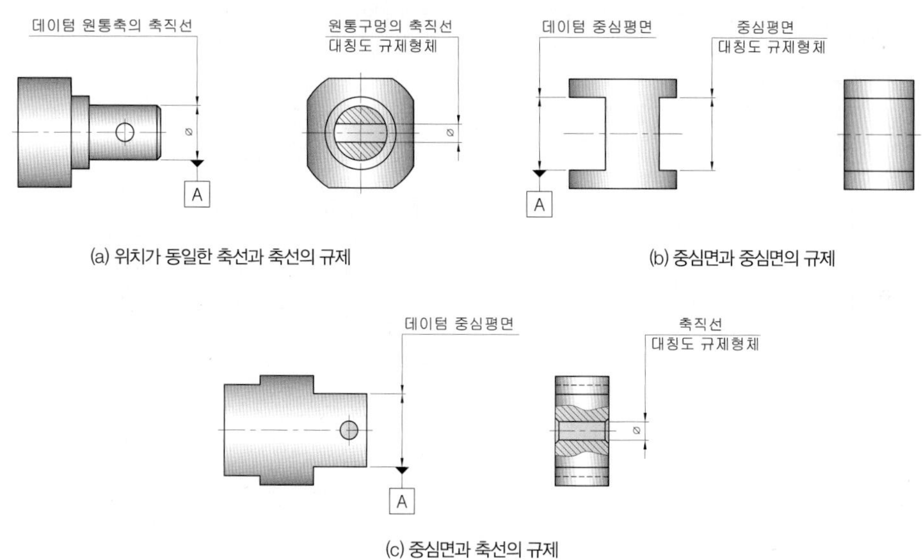

(a) 위치가 동일한 축선과 축선의 규제

(b) 중심면과 중심면의 규제

데이텀 중심평면

축직선

대칭도 규제형체

A

(c) 중심면과 축선의 규제

3. 위치도(⌖ , position)

위치도는 형체가 다른 형체나 데이텀의 규정 위치에서부터 점, 직선 형체 또는 평면 형체가 기하학적으로 정확한 위치로부터의 벗어난 크기를 말한다. 치수 공차만으로 위치를 규제한다면 공차 누적이 생기는 수가 많고 기준으로 정한 위치에 따라 공차누적과 해석도 달라지게 된다. 위치도는 끼워맞춤 결합되는 부품 상호 간의 호환성 및 기능을 고려한 최대실체조건(MMC)에 의한 여러 가지 장점이 있어 제조산업 현장에서 가장 널리 사용되고 있는 기하공차 중의 하나이다.

위치도로 규제할 수 있는 형체의 조건

[1] 서로 위치관계를 갖는 축심을 갖는 구멍이나 원통형 형상의 축

[2] 서로 위치관계를 갖는 비원형 형상의 홈이나 돌출부 형상(홈)의 위치

[3] 1차 데이텀 또는 2차, 3차 데이텀을 기준으로 규제되는 형체의 위치

[4] 구멍(Hole), 키홈 형태의 슬롯(Slot) 및 탭(Tap) 등과 같은 형상 간의 중심거리

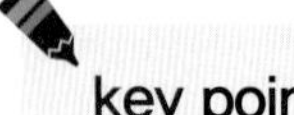

key point

- 위치도 공차는 진직도, 직각도, 진원도, 동심도, 평행도 등이 암시되어 규제할 수 있는 복합공차이다.
- 위치도 공차는 부품의 기능상의 요구나 호환성이 요구되는 형체를 규제하는 기하공차로 최대실체 공차방식을 적용하여 최대한으로 활용할 수 있다.
- 대량 생산에 있어 부품을 검사하는 경우 원통형 공차 영역을 가진 위치도 공차의 사용시 기능게이지(Functional gage)를 적용하여 기하공차로 규제된 부품을 효율적으로 검사할 수 있어 생산성 향상에 기여한다.
- 위치도 공차는 직교 좌표 방식의 치수기입에 비해서 허용되는 공차역이 정사각형의 공차 영역에서 원통 영역이 되어 허용공차가 증가한다.

두 개의 구멍을 가진 부품과 두 개의 핀(축)을 가진 부품의 위치도 규제와 결합 관계 해석

핀이 결합되는 구멍에 규제된 위치도 해석

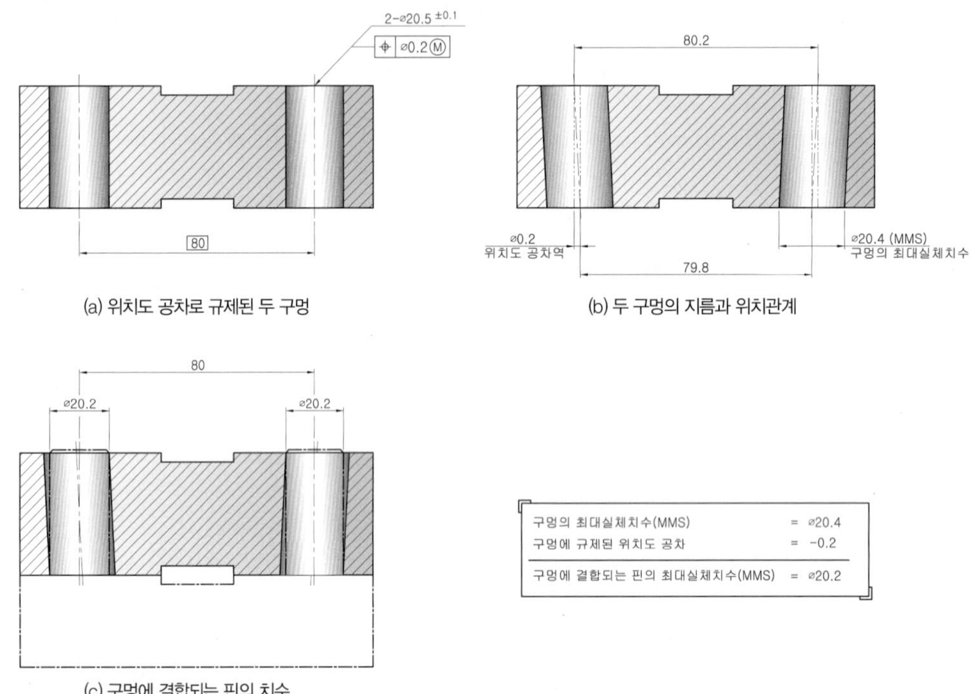

(a) 위치도 공차로 규제된 두 구멍

(b) 두 구멍의 지름과 위치관계

(c) 구멍에 결합되는 핀의 치수

구멍의 최대실체치수(MMS)	=	ø20.4
구멍에 규제된 위치도 공차	=	−0.2
구멍에 결합되는 핀의 최대실체치수(MMS)	=	ø20.2

위 [그림(a)]도면과 같이 구멍에 규제된 위치도와 결합되는 핀과의 관계에 대해 해석을 해보자. 두 구멍의 중심거리 치수를 80으로 하고 위치도 공차를 최대실체공차방식(MMR)으로 ø0.2로 규제하였다. 이 때 두 구멍간의 지름과 위치 관계를 보면 그림(b)와 같이 구멍의 최대실체치수(MMS : ø20.4)일 때 규제된 위치도 공차 ø0.2 범위 내에서 두 구멍간의 중심거리가 79.8~80.2로 제작될 수도 있다. 이 때가 구멍에 핀이 끼워질 때가 최악의 결합상태가 된다. 그림(b)에서 구멍의 지름이 ø20.4일 때 하나의 구멍이 ø0.2 범위 내에서 기울어진 상태로 된다면 여기에 결합되는 핀의 최대실체치수는 ø20.2(구멍의 하한치수−위치도공차)보다 커서는 안된다.

이런 경우에 두 개의 핀의 치수가 ⌀20.2이라면 두 핀의 중심거리는 정확하게 80이 되어야만 결합을 보증할 수 있는데 이 때 두 핀의 위치도 공차는 0이어야만 결합을 보증할 수 있다는 의미로 해석할 수 있다.

두 개의 구멍에 대한 치수 공차와 규제 조건에 따른 해석

구멍 치수	규제 위치도공차	구멍 지름치수	허용 공차역	실효지수 (VS)	기준 중심거리	최소 중심거리	최대 중심거리
⌀20.5±0.1	⌀0.2	⌀20.4 Ⓜ	⌀0.2	⌀20.2	80	79.8	80.2
		⌀20.6 Ⓛ	⌀0.4	⌀20.2	80	79.8	80.4

구멍에 결합되는 핀에 규제된 위치도 해석

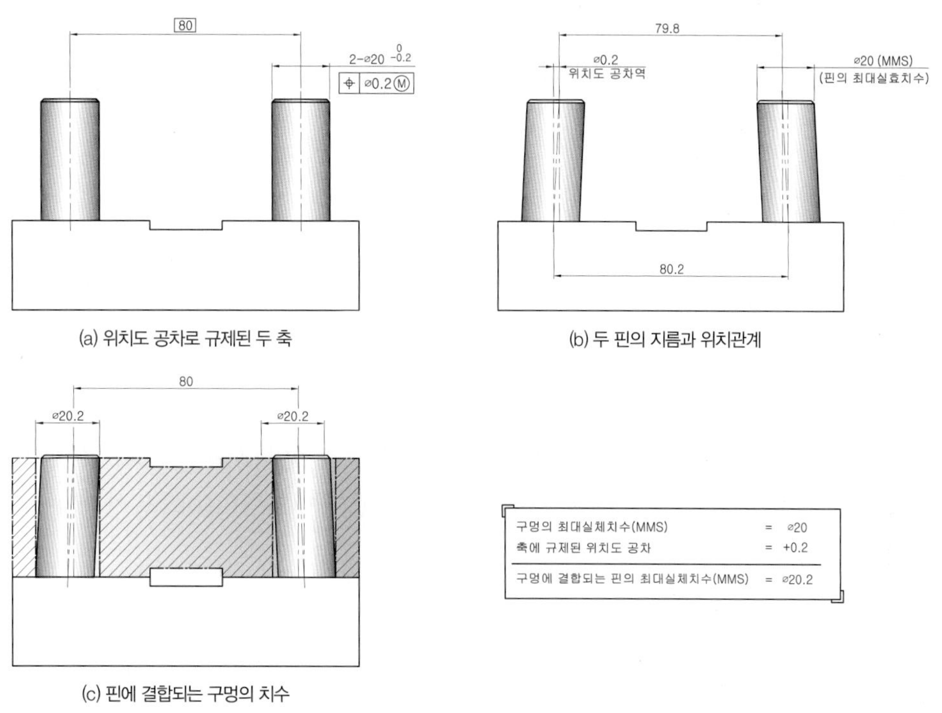

(a) 위치도 공차로 규제된 두 축

(b) 두 핀의 지름과 위치관계

(c) 핀에 결합되는 구멍의 치수

위 [그림 (a)] 도면과 같이 구멍에 결합되는 두 개의 핀의 중심거리를 80을 기준으로 하여 핀의 위치도공차를 ⌀0.2로 규제하였다. 이 때 두 핀 간의 지름과 위치 관계를 보면 그림(b)와 같이 핀의 최대실체치수(MMS : ⌀20)일 때 규제된 위치도 공차 ⌀0.2 범위 내에서 두 구멍 간의 중심거리가 79.8~80.2로 제작될 수도 있으며 이 때가 두 구멍과 결합시에 최악의 결합 상태가 된다. 여기에 결합되는 두 구멍의 최대실체치수는 ⌀20.2(핀의 상한치수 + 위치도공차)보다 작아서는 안된다. 이런 경우에 두 개의 구멍의 치수가 ⌀20.2이라면 두 구멍의 중심거리는 정확하게 80이 되어야만 결합을 보증할 수 있는데 이 때 두 구멍의 위치도 공차는 0이어야만 결합을 보증할 수 있다는 의미로 해석할 수 있다.

두 개의 핀의 치수 공차와 규제 조건에 따른 해석

핀 치수	규제 위치도공차	핀 지름치수	허용 공차역	실효치수 (VS)	기준 중심거리	최소 중심거리	최대 중심거리
ø20.5	ø0.2	ø20.0 Ⓜ	ø0.2	ø20.2	80	79.8	80.2
		ø19.8 Ⓛ	ø0.4	ø20.2	80	79.6	80.4

최악의 결합 관계와 MMS일 때 구멍과 핀의 치수차

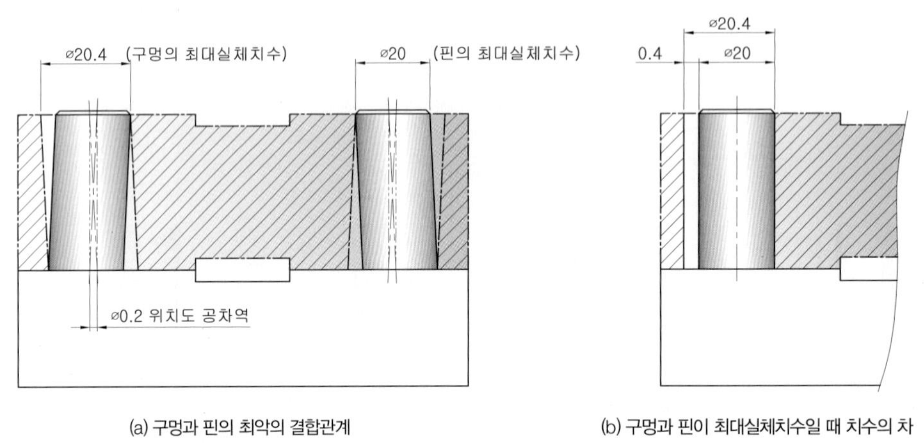

(a) 구멍과 핀의 최악의 결합관계

(b) 구멍과 핀이 최대실체치수일 때 치수의 차

위 [그림(a)] 도면과 앞 장의 [그림(a)]와 같이 두 개의 구멍과 두 개의 핀이 서로 결합되는 두 개의 부품이 최악의 조건에서 조립되는 관계를 위 그림에 나타내었다. 실제 두 부품이 구멍의 중심과 핀의 중심이 서로 반대 방향으로 기울어져 경사지고 구멍은 최소 지름(ø20.4), 핀은 최대 지름(ø20)으로 제작되어 두 부품이 서로 결합되는 경우가 최악의 조립 조건이 되는 것이다.

두 부품이 서로 MMS의 조건으로 제작되었다고 하면 위 [그림 (b)]와 같이 구멍과 핀의 MMS 차이는 ø20.4−ø20=0.4이다. 따라서 틈새 0.4의 범위가 되므로 최악의 결합 조건에서도 결합이 보증이 된다. 서로 결합되는 구멍과 핀의 최대 실체치수(MMS) 조건일 때 치수의 차(틈새)를 구멍과 핀의 두 부품에 위치도 공차로 규제하여 적용한 예이다.

Section

IT 기본공차 등급과 가공 방법과의 관계

공작기계의 발달에 따라 대상물을 기하학적인 형상에 가깝도록 정밀하게 가공할 수 있게 되었으며, 더불어 정밀도가 높은 측정기가 개발되어 아주 미세한 단위까지 측정할 수 있게 되었다. 지금도 가공의 기술은 계속 진보하고 있으며 컴퓨터와 공작기계의 접목으로 작업자의 숙련도에 의존하던 난해한 가공기술도 어렵지 않게 처리하고 있다. 아래는 일반적인 가공법에 따른 IT 기본공차 등급 적용 예이다.

가공법	IT 기본 공차 등급							
	IT4	IT5	IT6	IT7	IT8	IT9	IT10	IT11
래핑, 호닝								
원통 연삭								
평면 연삭								
다이아몬드 선삭								
다이아몬드 보링								
브로우칭								
분말 압착								
리밍								
선삭								
분말 야금								
보링								
밀링								
플레이너, 셰이핑								
드릴링								
펀칭								
다이캐스팅								

Section

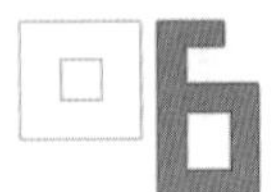

IT 등급의 공차값이 아닌 일반적으로 적용하는 기하공차의 공차역

제조산업 현장에서 적용하는 기하공차 값을 살펴보면 IT 등급의 치수 구분에 따른 공차값을 따르지 않은 예가 많다. 실무에서는 도면에 공차를 규제시에 자체 보유하고 있는 공작기계나 외주 가공시 해당 업체가 보유한 공작기계의 성능 즉, 그 기계가 낼 수 있는 정밀도 이상으로 공차를 규제하게 되면 더욱 정밀한 가공을 할 수 있는 기계를 찾아야 한다.

일반적으로 아주 정밀한 가공이 필요한 경우 0.005, 정밀한 가공에는 0.01~0.05, 보통급의 가공에는 진원도나 동심도의 경우 0.02를 다른 기하공차는 0.05~0.1 정도를 적용한다. 거친급에서는 진원도나 동심도의 경우 0.05를 다른 기하공차 는 0.1~0.2 정도를 적용하는데 이는 표준 규격으로 규정되어 있는 것이 아니라 일반적으로 실무에서 적용하는 기하공차의 공차값이니 참조하길 바란다.

이러한 공차값은 IT 등급에서 주로 끼워맞춤을 적용하는 등급인 IT5~IT10급의 경우 기본공차가 미크론 단위로 예를 들어 ø40에 IT5급을 적용시 공차값은 0.011이 되는데 이러한 공차값에서는 1/1000 단위의 공차를 0.01로 하여 1/100 단위로 공차를 관리해 준 것이며, ø20에 IT7급을 적용시 공차값은 0.021이 되는데 이런 경우 0.02로 적용하여 1/1000 단위에서 관리해야 하는 공차를 1/100 단위로 현장에 맞도록 공차관리를 해준 경우가 될 수도 있으며 범용 공작기계가 낼 수 있는 정밀도를 고려하여 각 산업 현장의 조건에 알맞게 규제를 해준 것으로 아래 일반적으로 적용하는 기하공차 및 공차역은 하나의 일례이므로 참조할 수 있기 바란다.

일반적으로 적용하는 기하공차 및 공차역

종류	적용하는 기하공차	공차 기호	정밀급	보통급	거친급	데이텀
모양	진직도 공차	—	0.02/1000	0.05/1000	0.1/1000	불필요
			0.01	0.05	0.1	
			ø0.02	ø0.05	ø0.1	
	평면도 공차	▱	0.02/100	0.05/100	0.1/100	
			0.02	0.05	0.1	

모양	진원도 공차	○	0.005	0.02	0.05	불필요
	원통도 공차	⌭	0.01	0.05	0.1	
	선의 윤곽도 공차	⌒	0.05	0.1	0.2	
	면의 윤곽도 공차	⌓	0.05	0.1	0.2	
자세	평행도 공차	//	0.01	0.05	0.1	필요
	직각도 공차	⊥	0.02/100	0.05/100	0.1/100	
			0.02	0.05	0.1	
			ø0.02	ø0.05	ø0.05	
	경사도 공차	∠	0.025	0.05	0.1	
위치	위치도 공차	⌖	0.02	0.05	0.1	
			ø0.02	ø0.05	ø0.1	
	동심도 공차	◎	0.01	0.02	0.05	
	대칭도 공차	⌯	0.02	0.05	0.1	
흔들림	원주 흔들림 공차 온 흔들림 공차	↗ ⌰	0.01	0.02	0.05	

Section

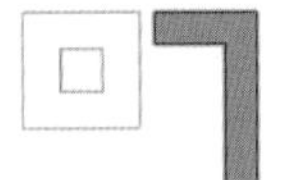

기하공차의 선정 요령

LESSON 01 기하공차 적용 테크닉(국가기술자격증 실기 적용 예)

투상과 치수기입 및 도면 배치, 재료와 열처리 선정 등을 아무리 잘하였더라도 각 부품에 표면거칠기나 기하공차를 적절하게 기입하지 않았다면 실기 시험 채점 대상에서 감점의 요인이 되어 좋은 결과를 기대하기 어려울 것이다. 도면을 작도하고 나서 중요한 기능적인 역할을 하는 부분이나 끼워맞춤하는 부품들에 기하공차를 적용하게 되는데 과연 기하공차의 값을 얼마로 주어야 옳은 지에 대한 고민들을 한 번씩은 해보게 될 것이다.

실기시험에서 기하공차의 적용시 기준치수(기준길이)에 대하여 IT 몇 등급을 적용하라고 딱히 규제하고 있지 않는 이상 가장 적절한 기하공차 영역을 찾으려고 애쓰지 않아도 된다. 일반적으로 현재 실기시험 응시자들의 추세를 보면 기준치수를 찾아 IT5~IT7 등급을 적용하는 사례들을 많이 볼 수 있는데, 이는 정확한 기하공차를 적용하는 기준은 아닌 것이라는 점을 명심해야 한다.

보통 끼워맞춤 공차는 구멍의 경우 IT7급(H7,N7 등)이나 IT8급(H8 등)을 적용하며 축의 경우 IT6급(h6, js6, k6, m6 등)이나 IT5급(h5, js5, k5, m5) 등을 적용하는 사례가 일반적이다. 따라서 기하공차의 값은 요구되는 정밀도에 따라 IT4급~IT7급에 해당하는 기본 공차의 수치를 찾아 적절하게 규제해 주고 있는 것으로 이해하면 될 것이다. 또한 IT5급 등의 특정 등급을 지정하여 일괄적으로 규제하는 경우는 도면 작도시 편의상 그렇게 적용하는 것으로 반드시 기하공차의 값을 IT5급에서만 적용해야 하는 것은 아니라는 점을 이해해야 할 것이다.

물론 실무사례에서도 찾아보면 기준치수(기준길이)와 IT등급에 따른 기하공차를 적용한 예도 찾아볼 수가 있다. 하지만 일반적인 경우에는 기준치수(기준길이)에 한정하지 않고 제품의 기능상 무리가 없는 한 제조사에서 보유하고 있는 공작기계나 측정기의 정밀도에 따라 기하공차를 적용해 주고 있다. 그렇지 않고 기능적으로 필요 이상의 기하공차를 남발하게 된다면 도면의 요구조건을 충족시키기 위하여 외주제작과 더불어 가공제작이 완료된 부품의 정밀한 측정을 위하여 보다 고정밀도의 측정기를 보유한 곳에서 검사를 하게 되어 제조원가의 상승을 초래하게 될 것이다.

예를 들어 정밀급인 경우 기하공차 값은 0.01~0.02, 보통급(일반급)인 경우 0.03~0.05, 거친급인 경우에는 0.1~0.2, 아주 높은 정밀도를 필요로 하는 경우에는 0.002~0.005 정도로 지정해주는 사례가 실무현장에서는 일반적인 것이다. 이는 기준치수 ø40에 IT5급을 적용해보면 0.011이 되는데 이런 경우 0.01로 적용하여 1/1000(μm) 단위에서 관리해야 하는 공차를 1/100 단위로 현장 조건에 맞도록 공차 관리를 해주는 경우이다. 0.011을 0.01로 규제해 주었다고 하더라도 틀렸다고 할 수는 없을 것이다. 해당 부품이 그 기능상 0.01 이내에서 정밀도의 대상이 되는 점, 선, 축선, 면을 갖는 형체의 정밀도 중에서 공차에 관련이 되는 크기, 형상, 자세, 위치의 4요소를 치수공차와 기하공차를 이용하여 적절하게 규제하여 도면을 완성해 주는 것이 더욱 중요한 사항이라고 본다.

특히 국가기술자격증 실기시험에서 무엇보다 중요한 것은 기하공차를 규제하고자 하는 형체에 올바른 기하공차를 적용하느냐가 더 중요한 것이라고 판단하는데 어떤 부품의 면이 데이텀을 기준으로 그 기능상 직각도가 중요한 부분(수직)인데 엉뚱하게 원통도나 동심도를 부여하면 틀리게 되는 것이다.

지금부터 일반적으로 널리 사용하는 기하공차를 가지고 규제하고자 하는 대상형체에 따라 올바른 기하공차를 적용하고 데이텀이 필요한 경우 데이텀을 어떻게 선정하는지 알아보면서 기하공차의 적용에 대하여 이해하고 실기 예제 도면에 적용해 보기로 하자.

LESSON 02 데이텀의 선정의 기준 원칙 및 우선순위 선정방법(자격 시험 과제 도면에서의 예)

① 데이텀은 치수를 측정할 때의 기준이 되는 부분

② 기계 가공이나 조립시에 기준이 되는 부분

③ 축을 지지하는 베어링이 조립되는 본체의 끼워맞춤 구멍

④ 기계 요소들이 조립되는 본체(몸체, 하우징 등)의 넓은 가공 평면(조립되는 상태에 따라 기준이 되는 바닥 면 또는 측면)

⑤ 동력을 전달하는 회전체(기어, 풀리 등)에 축이 끼워지는 구멍 또는 키홈 가공이 되어있는 구멍

⑥ 치공구에서 공작물이 위치 결정되는 로케이터(위치결정구)의 끼워맞춤 부분

⑦ 드릴지그에서 지그 베이스의 밑면과 드릴부시가 끼워지는 부분

⑧ 베어링이나 키홈 가공을 하여 회전체를 고정시키는 축의 축심이나 기능적인 역할을 하는 축의 외경 축선

⑨ 베어링이나 오일실, 오링 등이 설치되는 중실축 및 중공축의 축선

LESSON 03 동력전달장치의 기하공차 적용 예

참고 입체도

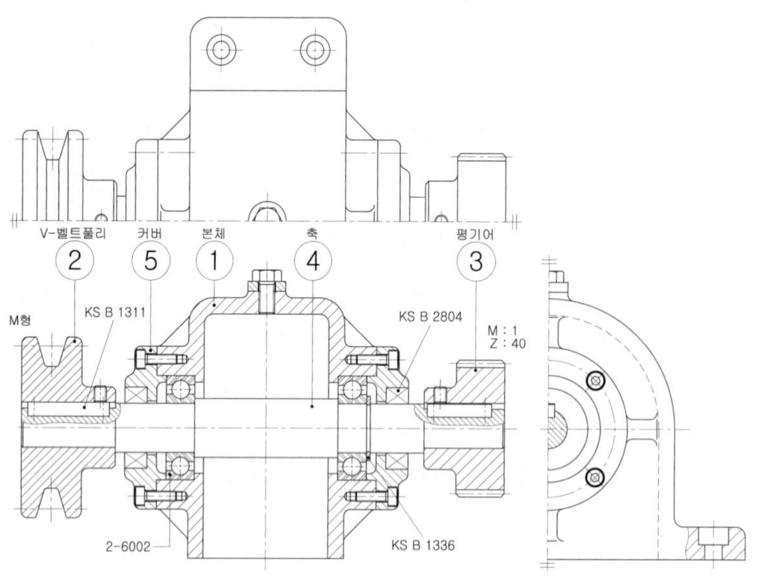

IT기본공차 등급에 따른 기하공차의 적용 비교

품번	기하공차 규제 대상 형체	기하공차의 적용				데이텀의 선정
		기하공차의 종류	기준치수 (기준길이)	공차 등급		
				IT5급	IT7급	
①	6002 좌측 베어링 설치 구멍의 축직선	평행도	70	ø0.015	ø0.022	본체 바닥면 A (상대 부품과 조립기준면)
	6002 우측 베어링 설치 구멍의 축직선	평행도	70	ø0.015	ø0.022	본체 바닥면
		동심도	ø32	ø0.011	ø0.016	2차 데이텀 B 6002 베어링 구멍
	본체에 커버가 조립되는 면	직각도	65	ø0.018	ø0.025	본체 바닥면 A
②	V-벨트풀리 바깥지름(외경)	원주흔들림	ø55.4	ø0.015	ø0.022	ø12H7구멍의 축직선 C
③	기어의 이끝원	원주흔들림	ø42	ø0.008	ø0.011	ø12H7 구멍의 축직선 D
④	원통 축직선	원주흔들림	ø12			전체 원통의 공통 축직선 E
			ø15			
⑤	본체 조립시 커버 접촉면	직각도 또는 원주흔들림	ø50	ø0.015	ø0.022	ø32h6 원통 축직선
	오일실 설치부 구멍의 축선	동심도 또는 원주흔들림	ø25	ø0.009	ø0.013	

LESSON 04 부품도에 기하공차 적용하기

1. 데이텀(DATUM)을 선정한다.

보통 본체나 하우징과 같은 부품은 내부에 베어링과 축이 끼워맞춤되고 양쪽에 커버가 설치되며 본체 외부로 돌출된 축의 끝단에 기어나 풀리 등의 회전체가 조립이 되는 구조가 일반적이다. 이러한 본체에서의 데이텀(기준면)은 상대 부품과 견고하게 체결하여 고정시킬 때 밀착이 되는 바닥면과 베어링이 설치되는 구멍의 축직선이 된다. (본체 형상에 따라 기준은 달라질 수가 있다.) 결국 본체 바닥면은 가공과 조립 및 측정의 기준이 되고, 기준면에 평행한 구멍의 축직선은 베어링과 축이 결합되어 회전하며 동력을 전달시키는 주요 운동 부분이 되는 것이다.

2. 베어링을 설치할 구멍에 평행도를 선정한다.

평행도는 데이텀을 기준으로 규제된 형체의 표면, 선, 축선이 기하학적 직선 또는 기하학적인 평면으로부터의 벗어난 크기이다. 데이텀이 되는 기준 형체에 대해서 평행한 이론적으로 정확한 기하학적 축직선 또는 평면에 대해서 얼마만큼 벗어나도 좋은가를 규제하는 기하공차이다. 축직선이 규제 대상인 경우는 ø가 붙는 경우가 있으며 평면이 규제 대상인 경우는 공차값 앞에 ø를 붙이지 않는다. 또한 평행도는 반드시 데이텀이 필요하며 부품의 기능상 필요한 경우에는 1차 데이텀 외에 참조할 수 있는 2차, 3차 데이텀의 지정도 가능하다.

평행도로 규제할 수 있는 형체의 조건

[1] 기준이 되는 하나의 데이텀 평면과 서로 나란한 다른 평면
[2] 데이텀 평면과 서로 나란한 구멍의 중심(축직선)
[3] 하나의 데이텀 구멍 중심(축직선)과 나란한 구멍 중심을 갖는 형체
[4] 서로 직각인 두 방향(수평, 수직)의 평행도 규제

3. 평행도 공차를 기입한다.

평행도로 규제할 수 있는 형체의 조건 중 '데이텀 평면과 서로 나란한 구멍의 중심(축직선)', '하나의 데이텀 구멍 중심(축직선)과 나란한 구멍 중심을 갖는 형체'에 해당하는데 여기서 본체는 바닥 기준면인 1차 데이텀 [A]와 좌측의 볼베어링 6002가 설치되는 구멍의 축직선을 평행도로 규제해 준 다음 2차 데이텀 [B]로 선정한 후 우측의 볼베어링 6002가 설치되는 구멍을 데이텀 [A]에 대한 평행도와 2차 데이텀 [B]에 대해서 동심도로 규제해주면 이상적이다.(여기서 동력을 전달받는 쪽을 V-벨트 풀리라고 가정했을 때 좌측의 베어링 설치 구멍을 2차 데이텀으로 선정하면 좋다.)

여기서 **기준 치수(기준 길이)는 ø32H7의 구멍 치수가 아니라 평행도를 유지해야 하는 축직선의 전체 길이로 선정해 준다.** 즉, ø32H7의 구멍이 좌우에 2개소가 있고, 그 구멍의 축선 길이가 70이므로 IT 기본공

차 표에서 선정할 기준 치수의 구분에서 찾을 기준 길이는 70이 된다. 따라서 아래 표에서 70이 해당하는 기준 치수를 찾아보면 50초과 80이하의 치수 구분에 해당되는 것을 알 수 있으며, 실기시험에서 일반적으로 적용하는 IT5 등급을 적용한다면 기하공차 값은 13μm(0.013mm)이 IT6 등급을 적용한다면 19μm(0.019mm)을 선택하면 된다.

만약 IT 기본공차 등급이 아닌 현장 실무 공차를 적용한다면 '정밀급'에 해당하는 0.01~0.02 정도의 값을 선택해 주면 큰 무리는 없을 것이다.

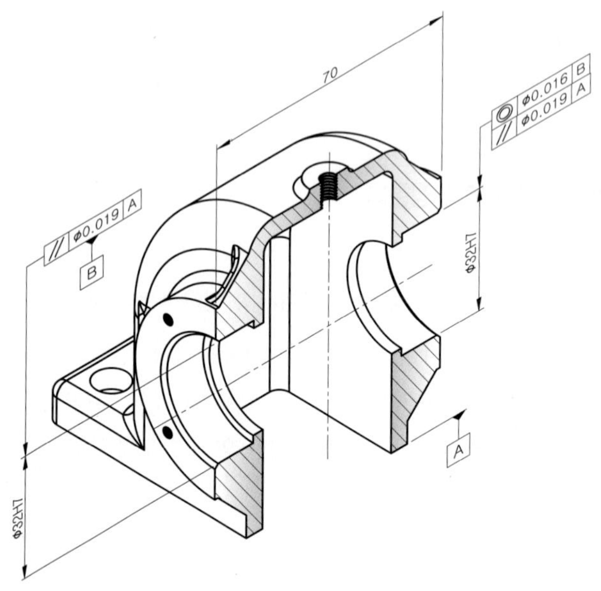

4. 동심도 공차를 기입한다.

그리고, 우측의 베어링 설치 구멍은 바닥 기준면 [A]에 대해서 평행도로 규제해주고 좌측의 구멍인 2차 데이텀 [B]에 대해서 서로 동심을 유지하는 것이 중요하므로 동심도 공차를 규제해 주었다.

여기서 동심도를 규제하는 기준치수는 평행도를 규제했던 축선 길이 70이 아니라 ø32의 베어링 설치 구멍의 지름 치수에 대해 적용해주면 되는데 그 이유는 동심도는 데이텀인 원의 중심에 대해서 원형 형체의 중심 위치가 벗어난 크기를 말하는 것으로 원의 중심으로부터 반지름상의 동일한 거리내에 있는 형체를 규제하므로 ø32의 구멍 지름의 치수를 기준 길이(기준 치수)로 선정하는 것이다.

따라서 **동심도 공차가 규제되어야 할 기준 치수인 ø32가 해당하는 IT 공차역 범위 클래스는 30초과 50이하이므로 공차값은 IT5 등급을 적용한다면 11μm(0.011mm)이 IT6 등급을 적용한다면 16μm(0.016mm)을 선택**하면 된다. 만약 IT 기본공차 등급이 아닌 현장 실무 공차를 적용한다면 정밀급에 해당하는 0.01~0.02 정도의 값을 선택해주면 큰 무리는 없을 것이다.

[본체 부품에 평행도와 동심도 규제 예]

기준치수의 구분 (mm)		IT 공차 등급			
		IT 5 급	IT 6 급	IT 7 급	IT 8 급
수치의 산출		$7i$	$10i$	$16i$	$25i$
초과	이하	기본 공차의 수치(㎛)			
–	3	4	6	10	14
3	6	5	8	12	18
6	10	6	9	15	22
10	18	8	11	18	27
18	30	9	13	21	33
30	50	11	16	25	39
50	80	**13**	**19**	**30**	**46**

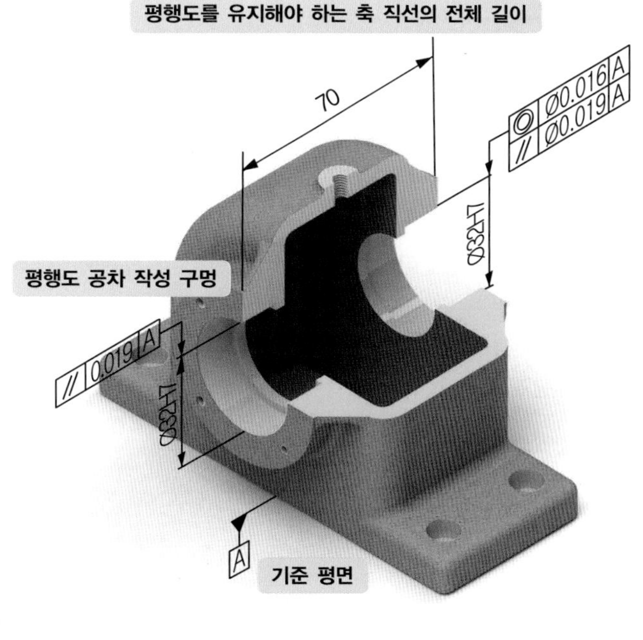

IT(International Tolerance) 기본공차 [KS B 0401]

기준치수의 구분 (mm)		IT 공차 등급																			
		IT 01 급	**IT 0 급**	**IT 1 급**	**IT 2 급**	**IT 3 급**	**IT 4 급**	**IT 5 급**	**IT 6 급**	**IT 7 급**	**IT 8 급**	**IT 9 급**	**IT 10 급**	**IT 11 급**	**IT 12 급**	**IT 13 급**	**IT 14 급**	**IT 15 급**	**IT 16 급**	**IT 17 급**	**IT 18 급**
수치의 산출		–	–	–	–	–	–	$7i$	$10i$	$16i$	$25i$	$40i$	64	$100i$	$160i$	$250i$	$400i$	$640i$	$1000i$	$1600i$	$2500i$
초과	**이하**	**기본 공차의 수치(μm)**																			
–	**3**	0.3	0.5	0.8	1.2	2	3	4	6	10	14	25	40	60	100	140	250	400	600	1000	1400
3	**6**	0.4	0.6	1	1.5	2.5	4	5	8	12	18	30	48	75	120	180	300	480	750	1200	1800
6	**10**	0.4	0.6	1	1.5	2.5	4	6	9	15	22	36	58	90	150	220	360	580	900	1500	2200
10	**18**	0.5	0.8	1.2	2	3	5	8	11	18	27	43	70	110	180	270	430	700	1100	1800	2700
18	**30**	0.6	1.0	1.5	2.5	4	6	9	13	21	33	52	84	130	210	330	520	840	1300	2100	3300
30	**50**	0.6	1.0	1.5	2.5	4	7	11	16	25	39	62	100	160	250	390	620	1000	1600	2500	3900
50	**80**	0.8	1.2	2	3	5	8	13	19	30	46	74	124	190	300	460	740	1200	1900	3000	4600
80	**120**	1.0	1.5	2.5	4	6	10	15	22	35	54	87	140	220	350	540	870	1400	2000	3500	5400
120	**180**	1.2	2.0	3.5	5	8	12	18	25	40	63	100	160	250	400	630	1000	1600	2500	4000	6300
180	**250**	2.0	3.0	4.5	7	10	14	20	29	46	72	115	185	290	460	720	1150	1850	2900	4600	7200
250	**315**	2.5	4.0	6	8	12	16	23	32	52	81	130	210	320	520	810	1300	2100	3200	5200	8100
315	**400**	3.0	5.0	7	9	13	18	25	36	57	89	140	230	360	570	890	1400	2300	3600	5700	8900
적용부품 정밀도		초정밀부품 기준 게이지 류						정밀, 일반기계가공부품 일반적인 끼워맞춤 공차						주로 끼워맞춤을 하지 않는 비기능면 공차							

일반적으로 적용하는 기하공차 및 공차역

종류	적용하는 기하공차	공차 기호	정밀급	보통급	거친급	데이텀
모양	진직도 공차	—	0.02/1000	0.05/1000	0.1/1000	불필요
			0.01	0.05	0.1	
			ø0.02	ø0.05	ø0.1	
	평면도 공차	▱	0.02/100	0.05/100	0.1/100	
			0.02	0.05	0.1	
모양	진원도 공차	○	0.005	0.02	0.05	
	원통도 공차	⌭	0.01	0.05	0.1	
	선의 윤곽도 공차	⌒	0.05	0.1	0.2	
	면의 윤곽도 공차	⌓	0.05	0.1	0.2	
자세	평행도 공차	//	0.01	0.05	0.1	필요
	직각도 공차	⊥	0.02/100	0.05/100	0.1/100	
			0.02	0.05	0.1	
			ø0.02	ø0.05	ø0.05	
	경사도 공차	∠	0.025	0.05	0.1	
위치	위치도 공차	⌖	0.02	0.05	0.1	
			ø0.02	ø0.05	ø0.1	
	동심도 공차	◎	0.01	0.02	0.05	
	대칭도 공차	⌯	0.02	0.05	0.1	
흔들림	원주 흔들림 공차 온 흔들림 공차	↗ ⌰	0.01	0.02	0.05	

5. 직각도 공차를 기입한다.

직각도는 데이텀을 기준으로 규제되는 형체의 기하학적 평면이나 축직선 또는 중간면이 완전한 직각으로부터 벗어난 크기이다. 여기서 한 가지 주의해야 할 것은 직각도는 반드시 데이텀을 기준으로 규제되어야 하며, 자세공차로 단독 형상으로 규제될 수 없다. 규제 대상 형체가 축직선인 경우는 공차값의 앞에 ø를 붙이는 경우가 있으나 규제 형체가 평면인 경우는 ø를 붙이지 않는다.

직각도로 규제할 수 있는 형체의 조건

[1] 데이텀 평면을 기준으로 한 방향으로 직각인 직선 형체

[2] 데이텀 평면에 서로 직각인 두 방향의 직선 형체

[3] 데이텀 평면에 방향을 정할 수 없는 원통이나 구멍 중심(축직선)을 갖는 형체

[4] 직선 형체(축직선)의 데이텀에 직각인 직선 형체(구멍중심)나 평면 형체

[5] 데이텀 평면에 직각인 평면 형체

본체 바닥 기준면인 1차 데이텀 A에 대해서 직각이 필요한 부분은 커버가 조립이 되는 좌우 2개의 면(ø50)으로 직각도로 규제할 수 있는 형체의 조건 중 데이텀 평면을 기준으로 한 방향으로 직각인 직선 형체에 해당한다.

[커버가 조립되는 본체 부품도에 직각도 규제 예]

기준치수의 구분 (mm)		IT 공차 등급			
		IT 5급	IT 6급	IT 7급	IT 8급
수치의 산출		$7i$	$10i$	$16i$	$25i$
초과	이하	기본 공차의 수치(㎛)			
–	3	4	6	10	14
3	6	5	8	12	18
6	10	6	9	15	22
10	18	8	11	18	27
18	30	9	13	21	33
30	50	11	16	25	39
50	**80**	**13**	**19**	**30**	**46**

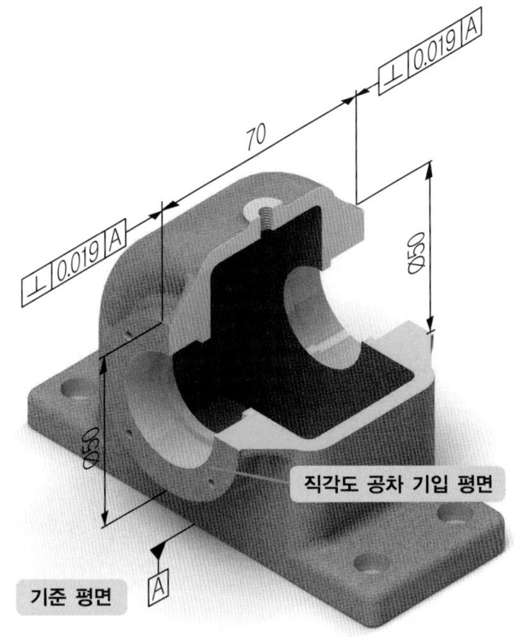

여기서 **기준 치수(기준 길이)는 ø50의 커버 조립면 외경 치수가 아니라 데이텀을 기준으로 직각도를 유지해야 하는 직선의 전체 길이로 선정해**준다. 즉, 바닥 기준면 A에서 규제 형체의 가장 높은 부분의 높이 치

수인 65가 되므로 IT 기본공차표에서 선정할 기준 치수의 구분에서 찾을 기준 길이는 65가 된다. 따라서 위의 IT 기본공차표에서 65가 해당하는 기준 치수를 찾아보면 50초과 80이하의 치수 구분에 해당되는 것을 알 수 있으며, IT5 등급을 적용한다면 기하공차 값은 13μm(0.013mm)이 IT6 등급을 적용한다면 19μm(0.019mm)을 선택하면 된다. 또한 구멍이나 축선이 아닌 평면을 규제하므로 직각도 공차값 앞에 ø기호를 붙이지 않는다. 만약 IT 기본공차 등급이 아닌 현장 실무 공차를 적용한다면 정밀급에 해당하는 0.01~0.02 정도의 값을 선택해주면 큰 무리는 없을 것이다.

[커버 부품도에 기하공차 규제 예]

기준치수의 구분 (mm)		IT 공차 등급			
		IT 5 급	IT 6 급	IT 7 급	IT 8 급
수치의 산출		$7i$	$10i$	$16i$	$25i$
초과	이하	기본 공차의 수치(μm)			
–	3	4	6	10	14
3	6	5	8	12	18
6	10	6	9	15	22
10	18	8	11	18	27
18	**30**	**9**	**13**	**21**	**33**
30	**50**	**11**	**16**	**25**	**39**
50	80	13	19	30	46

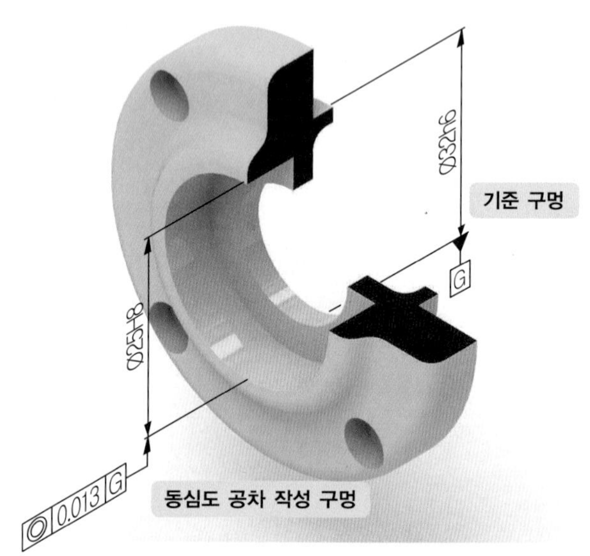

이번에는 본체에 결합되는 커버에 기하공차를 적용해 보자. 커버와 같은 부품은 구멍에 끼워맞춤하여 볼트로 체결하는데 이때 구멍에 끼워지는 축의 바깥 지름(ø32h6)이 기준 데이텀이 된다. 데이텀 G를 기준으로 오일실이 설치되는 구멍과 커버와 본체가 닿는 측면에 기하공차를 규제해준다. 먼저 오일실이 설치되는 구멍은 데이텀을 기준으로 동심도나 원주흔들림 공차를 적용할 수 있는데 기하공차 값은 공차를 적용하고자 하는 부분의 구멍의 지름 즉, ø25H8을 기준 길이로 선정하여 적용한다.

따라서 위의 IT 기본공차 표에서 25가 해당하는 기준 치수를 찾아보면 18초과 30이하의 치수 구분에 해당되는 것을 알 수 있으며, IT5 등급을 적용한다면 기하공차 값은 9μm(0.009mm)이 IT6 등급을 적용한다면 13μm(0.013mm) 을 선택하면 된다. 만약 IT 기본공차 등급이 아닌 현장 실무 공차를 적용한다면 정밀급에 해당하는 0.01~0.02 정도의 값을 선택해주면 큰 무리는 없을 것이다.

그리고, 커버와 본체가 조립되는 측면의 직각도의 기준 길이는 3의 돌출부 치수가 아닌 본체와 접촉되는 가장 넓은 면적의 지름, 즉 ø50으로 선정한다. 따라서 위의 IT 기본공차 표에서 50이 해당하는 기준 치수를 찾아보면 30초과 50이하의 치수 구분에 해당되는 것을 알 수 있으며, IT5 등급을 적용한다면 기하공차 값은 11μm(0.011mm)이 IT6 등급을 적용한다면 16μm(0.016mm) 을 선택하면 된다.

만약 IT 기본공차 등급이 아닌 현장 실무 공차를 적용한다면 정밀급에 해당하는 0.01~0.02 정도의 값을 선택해주면 큰 무리는 없을 것이다. 또한, 직각도나 동심도 대신에 복합공차인 원주흔들림 공차를 적용해주어도 무방하다.

6. 축에 기하공차 적용

축과 같은 원통 형체는 서로 지름이 다르지만 중심은 하나인 양쪽 끝의 축직선이 데이텀 기준이 된다. 기준 축직선을 데이텀으로 하는 경우도 있지만 중요도가 높은 부분의 직경을 데이텀으로 다른 직경을 가진 부분을 동심도로 규제하기도 한다.

축은 보통 진원도, 원통도, 진직도, 직각도 등의 오차를 포함하는 복합 공차인 원주 흔들림(온 흔들림) 공차를 적용하는 사례가 많다. 원주 흔들림 규제 조건 중 '데이텀 축직선에 대한 반지름 방향의 원주 흔들림'에 해당한다.

베어링의 내륜과 끼워맞춤되는 부분 즉, 축의 좌우측의 ø15h5에 적용하며, 위의 IT 기본공차 표에서 15가 해당하는 기준 치수를 찾아보면 10초과 18이하의 치수 구분에 해당되는 것을 알 수 있으며, IT5 등급을 적용한다면 기하공차 값은 8μm(0.008mm)이 IT6 등급을 적용한다면 11μm(0.011mm) 을 선택하면 된다.

또한 원주 흔들림 공차는 원통축을 규제하므로 공차값 앞에 ø기호를 붙이지 않는다. 만약 IT 기본공차 등급이 아닌 현장 실무 공차를 적용한다면 '정밀급'에 해당하는 0.01~0.02 정도의 값을 베어링이 보통급을 사용한다고 보았을 때 '보통급'으로 선택하여 0.03~0.05 정도로 선정해 주어도 큰 무리는 없을 것이다.

[축에 원주 흔들림 규제 예]

기준치수의 구분 (mm)		IT 공차 등급			
		IT 5 급	IT 6 급	IT 7 급	IT 8 급
수치의 산출		$7i$	$10i$	$16i$	$25i$
초과	이하	기본 공차의 수치(㎛)			
–	3	4	6	10	14
3	6	5	8	12	18
6	10	6	9	15	22
10	18	**8**	**11**	**18**	**27**
18	30	9	13	21	33
30	50	11	16	25	39
50	80	13	19	30	46

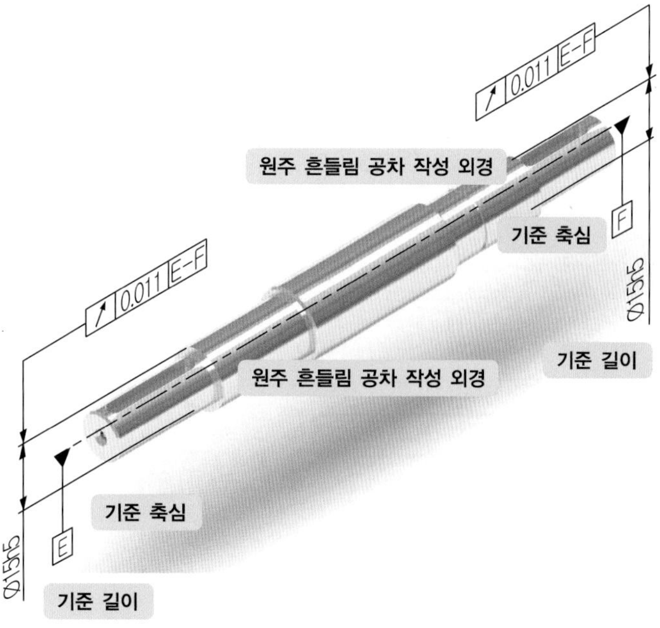

여기서 원주 흔들림의 기준 길이는 규제 형체인 축의 길이 치수가 아닌 원주 흔들림 공차를 규제하려는 해당 축의 외경(축지름)으로 선정한다. 이는 원주 흔들림은 데이텀 축직선에 수직한 임의의 측정 평면 위에서 데이텀 축직선과 일치하는 중심을 갖고 반지름 방향으로 규제된 공차만큼 벗어난 두 개의 동심원 사이의 영역을 의미하는 것으로 이는 규제하고자 하는 평면의 전체 윤곽을 규제하는 것이 아니라 각 원주 요소의 원주 흔들림을 규제한 것으로 진원도와 동심도의 상태를 복합적으로 규제한 상태가 되는 것이다.

아래 축 부품 도면에 규제한 원주 흔들림 공차는 데이텀 축직선에 대한 반지름 방향의 원주 흔들림으로 이는 규제 형체를 데이텀 축선을 기준으로 1회전 시켰을 때, 공차역은 축직선에 수직한 임의의 측정 평면 위에서 반지름 방향으로 규제된 공차만큼 떨어진 두 개의 동심원 사이의 영역을 말하는 것으로 보통 원통축은 하우징이나 본체에 설치된 2개 이상의 베어링으로 지지되는 경우가 많은데 공통 데이텀 축직선을 기준 중심으로 회전시켜 반지름 방향의 원주 흔들림을 규제하는 예로 일반적으로 널리 사용되며 실기시험에서도 원통축과 같은 형체는 규제하고자 하는 축 직경의 치수를 기준 치수로 하여 공차값을 적용하는 사례가 많다.

7. 기어에 기하공차 적용

기어나 V-벨트 풀리, 평벨트 풀리, 스프로킷과 같은 회전체는 일반적으로 축에 키홈을 파서 키를 끼워맞춤한 후 역시 키홈이 파져 있는 회전체의 보스부를 끼워맞춤한다. 이런 경우 데이텀은 회전체에 축이 끼워지는 키홈이 나 있는 구멍이 되며, 구멍을 기준으로 기어나 스프로킷의 이끝원이나 벨트 풀리의 외경에 원주 흔들림 공차를 적용해 주는 것이 일반적이다.

[기어에 원주 흔들림 규제 예]

기준치수의 구분 (mm)		IT 공차 등급			
		IT 5 급	IT 6 급	IT 7 급	IT 8 급
수치의 산출		7*i*	10*i*	16*i*	25*i*
초과	이하	기본 공차의 수치(㎛)			
–	3	4	6	10	14
3	6	5	8	12	18
6	10	6	9	15	22
10	18	8	11	18	27
18	30	9	13	21	33
30	**50**	**11**	**16**	**25**	**39**
50	80	13	19	30	46

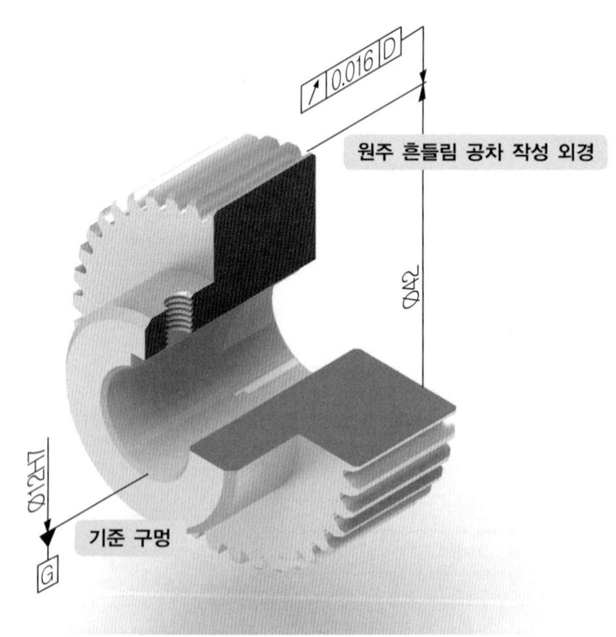

기어에 원주 흔들림을 적용하려는 부분은 외경 즉 이끝원인데 이 외경 치수가 기준 치수가 된다. 앞의 IT 기본공차표에서 42가 해당하는 기준 치수를 찾아보면 30초과 50이하의 치수 구분에 해당되는 것을 알 수 있으며, IT5 등급을 적용한다면 기하공차 값은 11μm(0.011mm)이 IT6 등급을 적용한다면 16μm(0.016mm)을 선택하면 된다. 또한 원주 흔들림 공차는 원통축을 규제하므로 공차값 앞에 ø기호를 붙이지 않는다. 실제 현장 도면 중에는 기어의 피치원에 원주 흔들림 공차를 적용해 주는 경우도 있다.

8. V-벨트 풀리에 기하공차 적용

V-벨트 풀리의 경우도 기어와 마찬가지로 기하공차를 적용해 주면 되는데 여기서는 ø55.4가 기준 치수가 된다. 따라서 위의 IT 기본공차표에서 55.4가 해당하는 기준 치수를 찾아 보면 50초과 80이하의 치수 구분에 해당되는 것을 알 수 있으며, IT5 등급을 적용한다면 기하공차 값은 13μm(0.013mm)이 IT6 등급을 적용한다면 19μm(0.019mm)을 선택하면 된다. 마찬가지로 원주 흔들림 공차는 원통축을 규제하므로 공차값 앞에 ø기호를 붙이지 않는다.

만약 IT 기본공차 등급이 아닌 현장 실무 공차를 적용한다면 '정밀급'에 해당하는 0.01~0.02 정도의 값을 선정해 주어도 큰 무리는 없을 것이다.

[V-벨트 풀리에 원주 흔들림 규제 예]

기준치수의 구분 (mm)		IT 공차 등급			
		IT 5급	IT 6급	IT 7급	IT 8급
수치의 산출		7*i*	10*i*	16*i*	25*i*
초과	이하	기본 공차의 수치(㎛)			
–	3	4	6	10	14
3	6	5	8	12	18
6	10	6	9	15	22
10	18	8	11	18	27
18	30	9	13	21	33
30	50	11	16	25	39
50	80	13	19	30	46

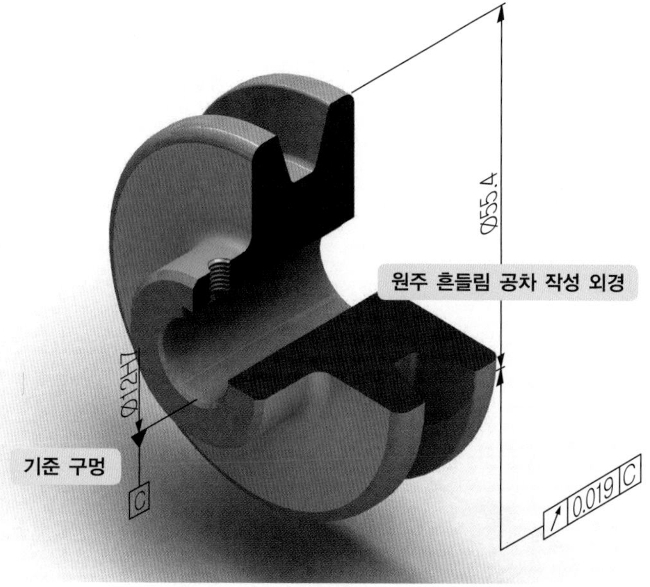

LESSON 05 공압 실린더에 기하공차 적용하기

공압 기기는 공장 자동화(FA) 설비 등에 널리 사용되고 있으며 실린더나 에어척 등 구조나 종류에 따라 다양한 형태가 있다. 아래 공압 실린더는 피스톤형으로 실린더 튜브 내에 피스톤과 피스톤 로드를 가진 구조이며 실린더의 호칭 크기는 보통 실린더 튜브의 안지름으로 한다. 피스톤은 피스톤 로드와 연결되어 공기 압력을 받아 실린더 튜브와 마찰하며 왕복 운동을 하며 작동시 내부 압력이 발생하므로 내마모성과 충분한 내압성을 필요로 하는 부품이다.

공압 실린더 조립도

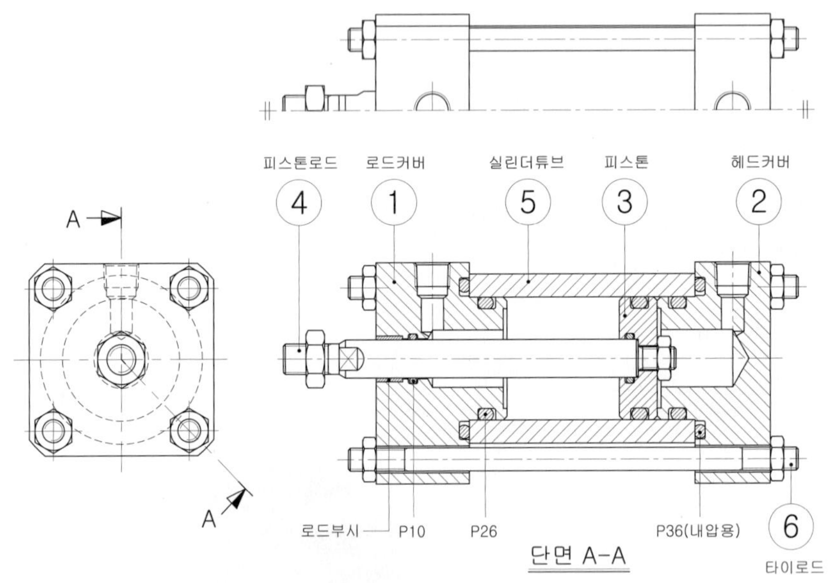

참고 입체도

1. 로드커버에 기하공차 적용하기

1.1 기준 데이텀의 선정

로드커버는 실린더 튜브 내경에 끼워맞춤되어 피스톤 로드가 왕복 운동시 안내하는 역할을 하는데, 먼저 데이텀은 실린더 튜브 내경에 끼워맞춤되는 로드커버의 외경 ø32h9으로 선정한다.

1.2 직각도 공차를 기입한다.

실린더 튜브와 직각으로 결합되어 공기의 누설을 방지해야 하는 기능이 중요하므로 로드커버의 조립면에 직각도를 규제해준다. 기준치수는 ø50이 아니라 ø65가 되는데 IT6급에서 50초과 80이하에 해당하는 19μm(0.019mm)을 적용한다. 여기서 IT 공차 등급은 IT6급으로도 충분하다고 판단하여 일괄적으로 적용하였다.

1.3 동축도 공차를 기입하다.

데이텀 축을 기준으로 피스톤 로드를 안내하는 부시가 설치되는 구멍 즉, ø12H7 구멍의 동심도가 필요하다. 동축도 공차는 데이텀 축직선과 동일한 직선 위에 있어야 할 축선이 데이텀 축직선으로부터 어긋난 크기를 말하며, 여기서 ø32h9의 외경과 ø12H7 구멍이 동일한 축선상에 위치해야 하므로 기준 길이는 규제하고자 하는 부분의 최대 길이로 선정한다. 즉 ø32h9의 외경과 ø12H7 구멍까지의 거리가 35이므로 동축도 공차의 기준 치수를 IT6급에서 30초과 50이하에 해당하는 16μm0.016mm)을 적용한다.

[로드커버 기하공차 규제 예]

기준치수의 구분 (mm)		IT 공차 등급			
		IT 5 급	IT 6 급	IT 7 급	IT 8 급
수치의 산출		7*i*	10*i*	16*i*	25*i*
초과	이하	기본 공차의 수치(μm)			
–	3	4	6	10	14
3	6	5	8	12	18
6	10	6	9	15	22
10	18	8	11	18	27
18	30	9	13	21	33
30	50	11	16	25	39
50	80	13	19	30	46

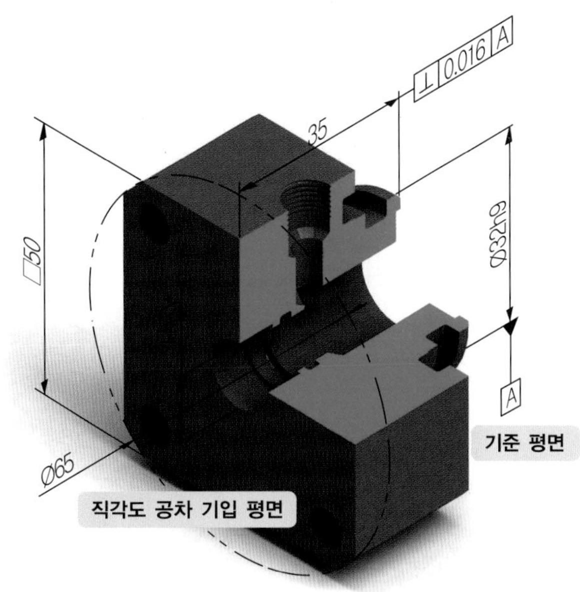

2. 피스톤에 기하공차 적용하기

피스톤과 같이 원통축에 내경이 가공되어 있는 경우 내경을 기준 데이텀으로 하여 외경 및 측면을 기하공차로 규제해준다. 내경 Ø10H7에 대해서 외경 Ø32f8이 동심이 유지되어야 하는데 여기서 기준치수는 Ø32f8이 되므로 IT6급에서 30초과 50이하에 해당하는 16μm(0.016mm)을 적용한다.

그리고 피스톤이 왕복 운동을 하며 1번 로드커버와 2번 헤드커버에 접촉을 하는데 이 양측면에 온 흔들림 공차를 적용해준다. 기준 길이는 공차를 기입하고자 하는 측면이 속하는 외경 즉 Ø32로 하며 마찬가지로 IT6급에서 30초과 50이하에 해당하는 16μm(0.016mm)을 적용한다.

[피스톤 기하공차 규제 예]

기준치수의 구분 (mm)		IT 공차 등급			
		IT 5 급	**IT 6 급**	IT 7 급	IT 8 급
수치의 산출		7*i*	10*i*	16*i*	25*i*
초과	이하	기본 공차의 수치(㎛)			
–	3	4	6	10	14
3	6	5	8	12	18
6	10	6	9	15	22
10	18	8	11	18	27
18	30	9	13	21	33
30	**50**	**11**	**16**	**25**	**39**
50	80	13	19	30	46

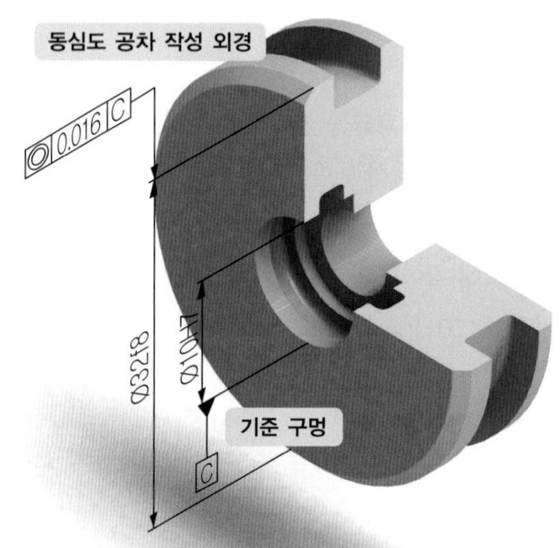

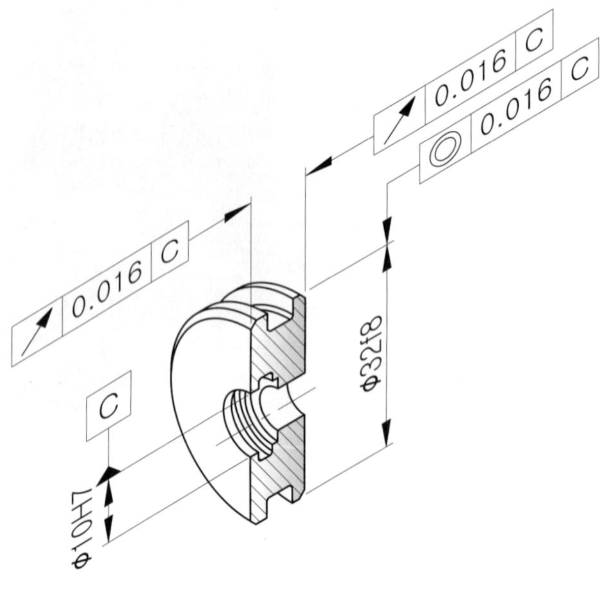

3. 피스톤 로드에 기하공차 적용하기

피스톤 로드는 피스톤의 운동으로 얻어진 힘을 외부로 전달하는 역할을 하는데 압축, 인장, 굽힘, 진동 등의 하중에 견딜 수 있는 충분한 강도와 내마모성을 필요로 하는 부품이다. 기하공차는 ø10g6 축지름에 진직도나 진원도 또는 원통도를 적용할 수 있다. 여기서는 진원도로 규제해 보았는데 이 때 기준 치수는 원통축의 전체 길이 80이 아닌 축의 외경 ø10g6로 하며 공차값은 IT6급에서 6초과 10이하에 해당하는 9μm(0.009mm)을 적용한다. 이는 진원도로 규제하는 대상 형체는 '축선'이 아니라 단면이 원형인 축이나 구멍과 같은 단독 형체를 규제하는 모양 공차이기 때문이며 데이텀 또한 불필요한 것이다. 또한 진원도 공차역은 반지름상의 공차역이므로 직경을 표시하는 ø를 붙이지 않는다.

[피스톤 로드 기하공차 규제 예]

기준치수의 구분 (mm)		IT 공차 등급			
		IT 5 급	**IT 6 급**	IT 7 급	IT 8 급
수치의 산출		$7i$	$10i$	$16i$	$25i$
초과	이하	기본 공차의 수치(㎛)			
–	3	4	6	10	14
3	6	5	8	12	18
6	**10**	**6**	**9**	**15**	**22**
10	18	8	11	18	27
18	30	9	13	21	33
30	50	11	16	25	39
50	80	13	19	30	46

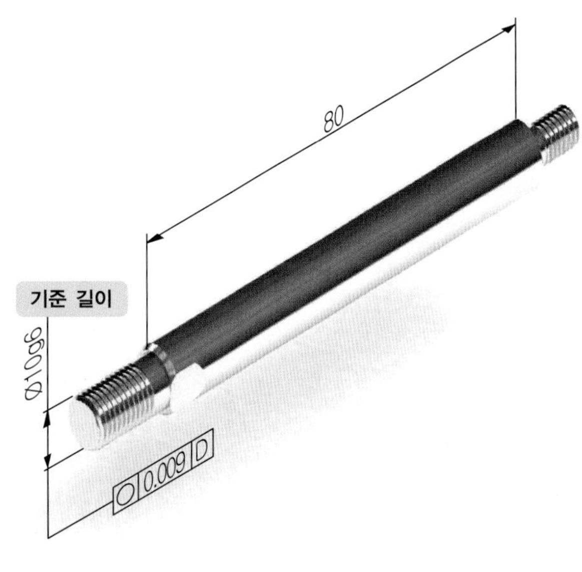

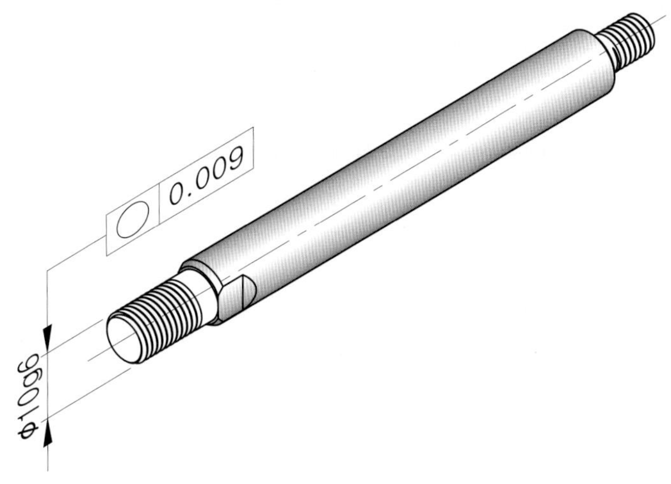

4. 실린더 튜브에 기하공차 적용하기

실린더 튜브는 피스톤 링을 사용하는 경우 진원도는 IT6급, 원통도는 IT7급을 적용하고 기타 패킹을 사용하는 경우는 진원도와 원통도는 IT9급까지도 적용하는 실사례가 있다. 실린더 튜브의 안지름은 호닝 가공을 하며 피스톤의 운동을 안내하는 중요한 구멍이므로 데이텀으로 선정하고 또한 로드커버와 헤드커버가 맞닿는 측면의 직각이 중요하므로 직각도를 규제해 준다. 그리고, 직각도로 규제한 면에 대해 반대측 면의 평행도가 필요하므로 2차 데이텀으로 선정 후 평행도로 규제해 준다.

원통도는 진원도와 달리 축직선에 평행한 원통 형상 전체 표면의 길이 방향에 대해 적용하므로 기준 길이는 원통의 직경이 아닌 전체 길이로 한다. 여기서 원통도는 IT7급을 적용해 보기로 하고 IT7급에서 60이 속하는 50초과 80이하에 해당하는 30μm(0.030mm)을 적용한다.

[실린더 튜브 기하공차 규제 예]

기준치수의 구분 (mm)		IT 공차 등급			
		IT 5급	IT 6급	**IT 7급**	IT 8급
수치의 산출		$7i$	$10i$	$16i$	$25i$
초과	이하	기본 공차의 수치(μm)			
–	3	4	6	10	14
3	6	5	8	12	18
6	10	6	9	15	22
10	18	8	11	18	27
18	30	9	13	21	33
30	50	11	16	25	39
50	**80**	**13**	**19**	**30**	**46**

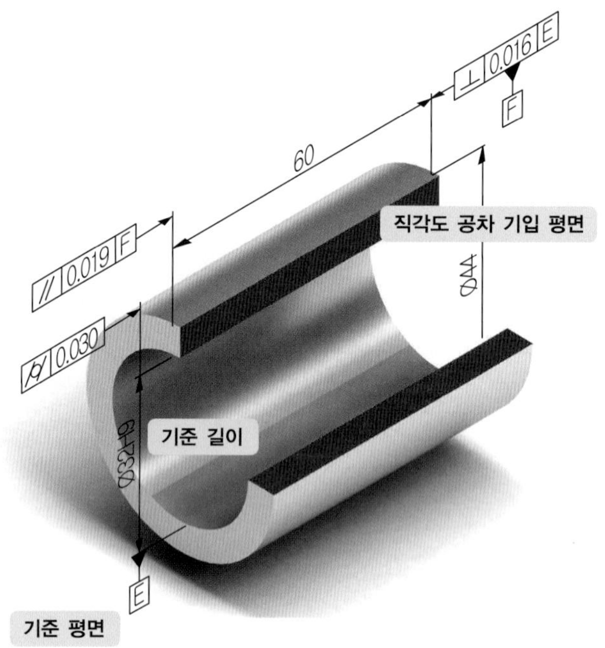

직각도와 평행도는 IT6급을 적용하기로 하고 마찬가지로 기준 치수를 직각도는 ø44가 속하는 16μm(0.016mm)을 평행도는 2차 데이텀을 기준으로 평행도가 유지되어야 하는 구간의 길이 즉 60을 기준 치수로 하여 적용하면 19μm(0.019mm)이 된다.

memo

PART 9

KS규격의 도면 적용 요령

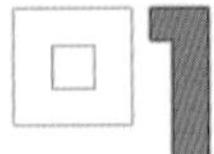

Section 01

평행키 [KS B 1311:2009]

1. 용도

보통 축은 베어링에 의해 양단 지지되고 있는 경우가 일반적이며 축의 한쪽 또는 양쪽에 기어나 풀리와 같은 회전체의 보스(boss)와 축에 키홈을 파고 키를 끼워넣어 고정시켜 회전운동시에 미끄럼 발생없이 동력을 전달하는 곳에 사용하는 축계 기계요소이다.

2. 종류

평행키(활동형, 보통형, 조임형), 반달키, 경사키, 접선키, 둥근키, 안장키, 평키(납작키), 원뿔키, 스플라인, 세레이션 등이 있는데 일반적으로 평행키(묻힘키)의 보통형이 가장 널리 사용한다.

LESSON 01 여러 가지 키의 종류 및 형상

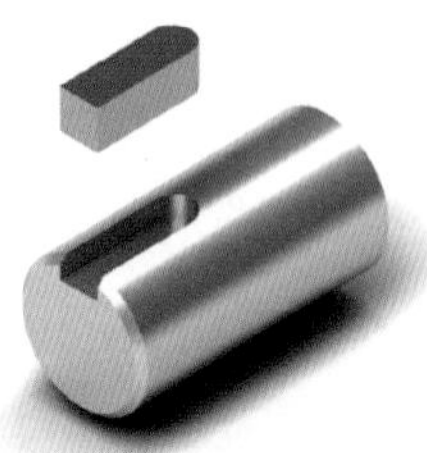

평행키(한쪽 둥근형, C)

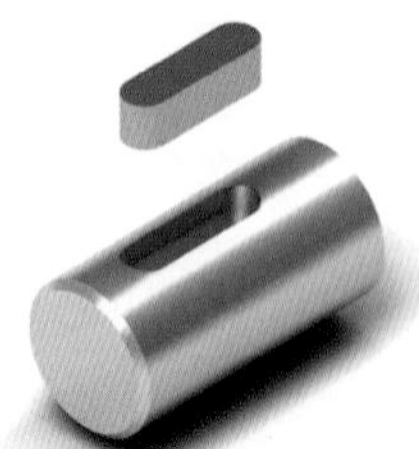

평행키(양쪽 둥근형, A)

반달키(WA)

평행키 활동형(미끄럼키)

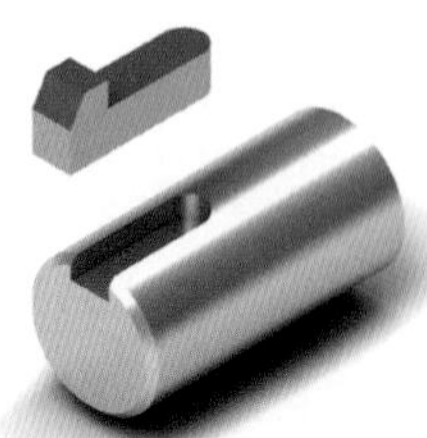

머리붙이 경사키(TG)

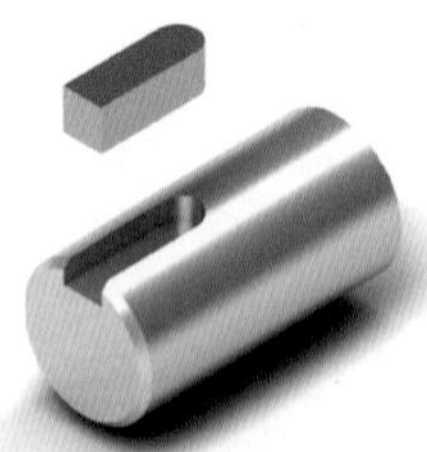

머리없는 경사키(T)

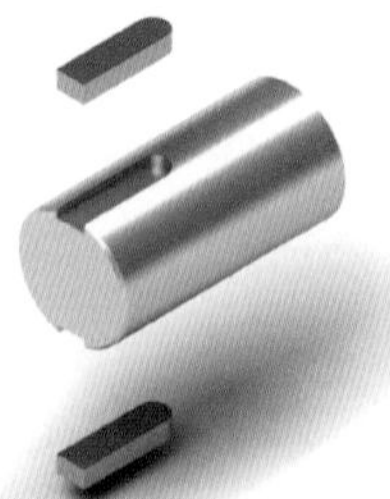

양쪽 키

키플레이트

LESSON 02 기준치수 및 축과 구멍의 KS규격 주요 치수

기준치수 및 축과 구멍의 KS규격 주요 치수

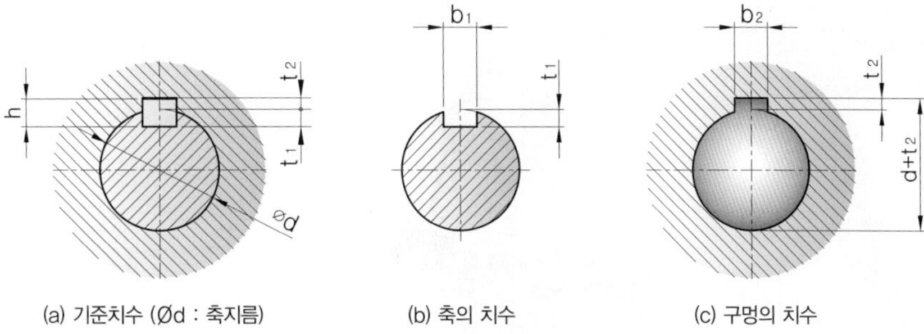

(a) 기준치수 (Ød : 축지름) (b) 축의 치수 (c) 구멍의 치수

LESSON 03 엔드밀로 가공된 축의 치수 기입 예

축의 키홈은 일반적으로 홈 밀링커터나 엔드밀이라는 절삭공구를 사용하여 가공을 하며 회전체의 보스(구멍)의 키홈은 브로치(broach)라는 공구나 슬로터(slotter)를 이용해서 가공한다. 슬로터는 대량 생산의 경우 사용하며 키홈 뿐만 아니라 스플라인 등 다각형 구멍의 가공에 편리하다.

밀링머신의 절삭가공 예

Soild carbide mill

(이미지 제공 : SECO)

엔드밀로 축의 키홈 가공 예

밀리에서 여러가지 홈 가공 예

(이미지 제공 : SANDVIK)

브로치의 키홈 절삭가공 예

키홈 가공용 브로치

브로치로 기어 내경 키홈 가공 예

슬로터의 절삭가공 예

슬로팅머신용 공구(toollings)

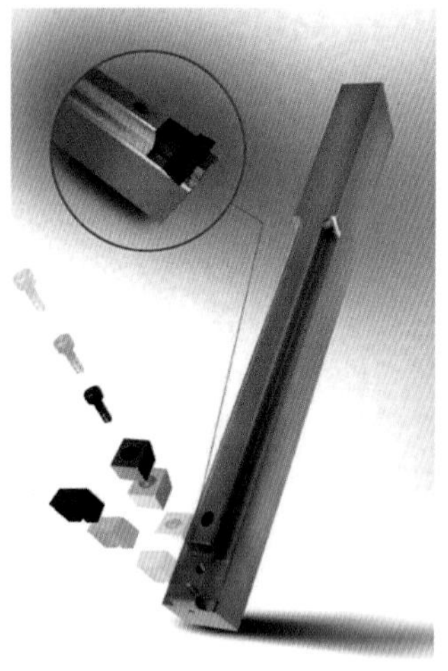

슬로팅머신

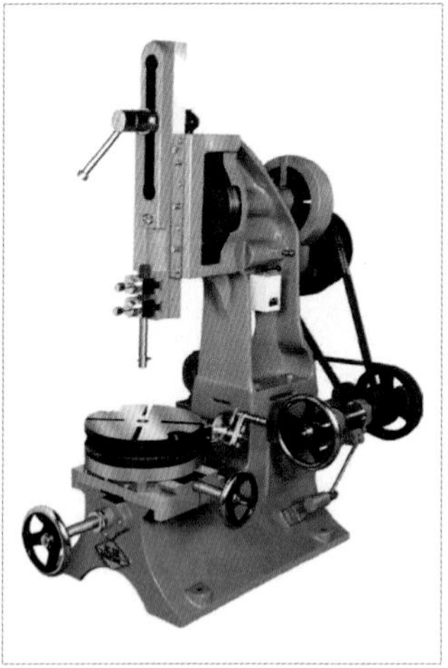

엔드밀로 가공된 축의 치수 기입 예

적용 축지름 Ø15

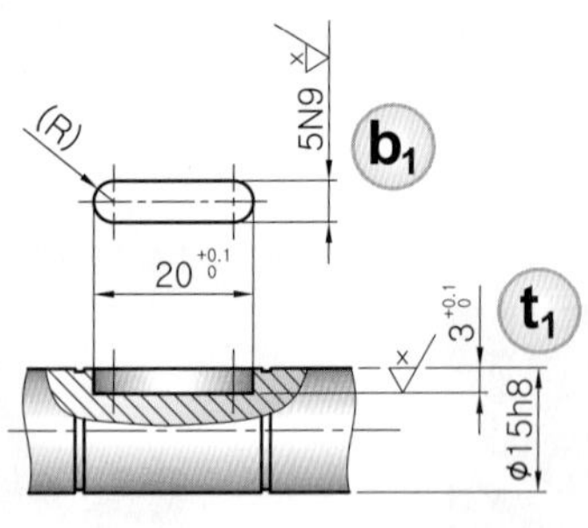

적용 축지름 Ø20

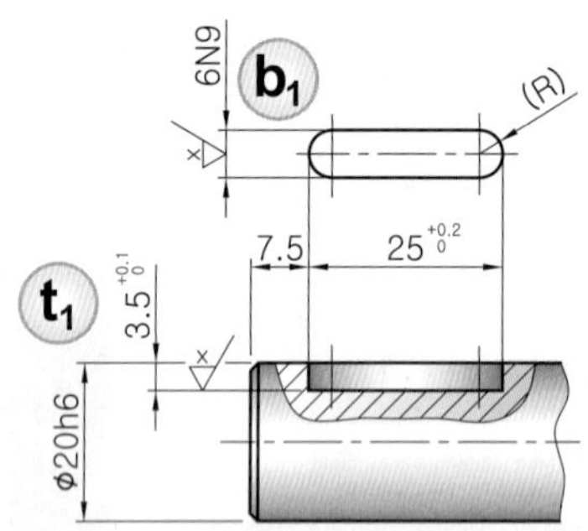

LESSON 04 구멍의 키홈 치수 기입 예

적용 구멍지름 Ø20

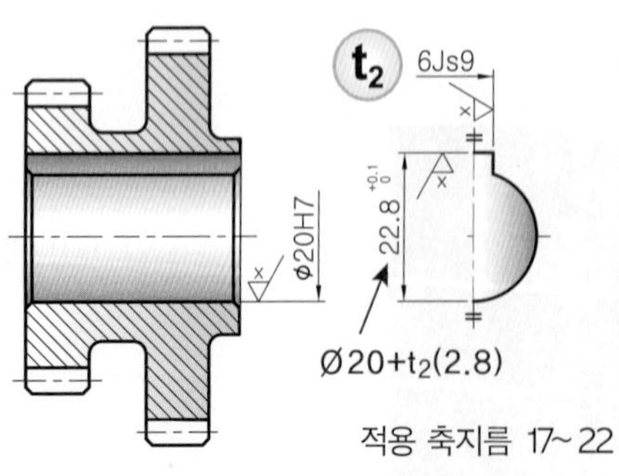

적용 구멍지름 Ø13

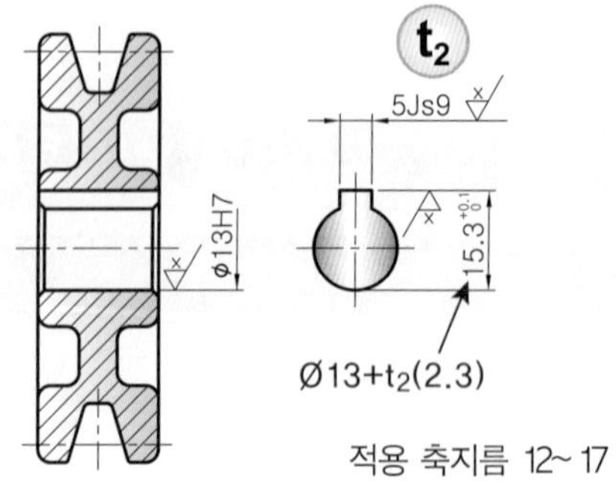

LESSON 05 밀링커터로 가공된 축의 치수 기입 예

적용 축지름 Ø18

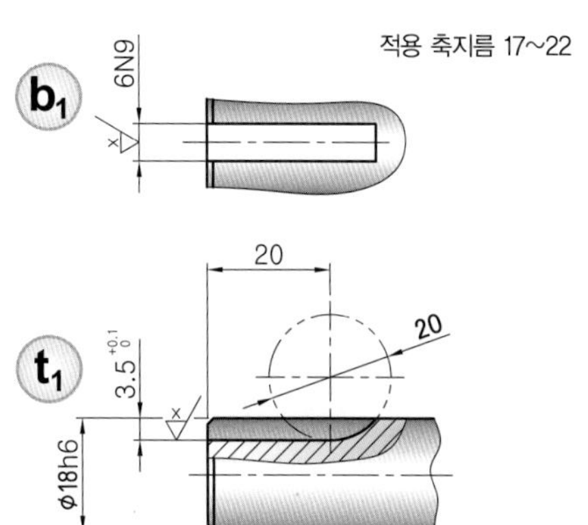

적용 축지름 Ø16

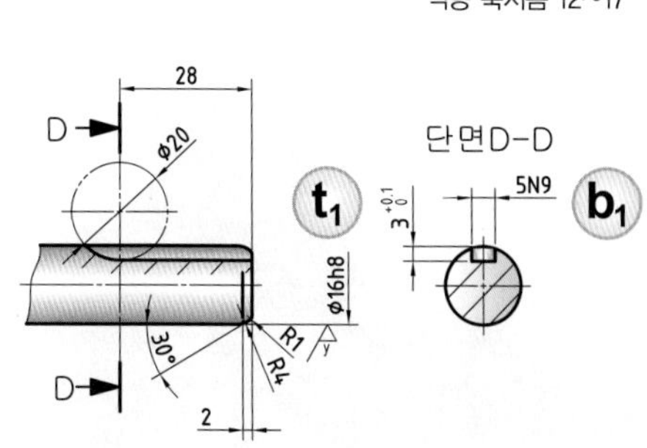

평행키 보통형(구, 묻힘키 보통급) 주요 규격 치수

<table>
<tr><th>적용 축지름
Ød
초과~이하</th><th>기준치수
b_1, b_2</th><th>축
t_1</th><th>구멍
t_2</th><th>t_1, t_2의
허용차</th><th>축
b_1
허용차
N9</th><th>구멍
b_2
허용차
Js9</th></tr>
<tr><td>6~8</td><td>2</td><td>1.2</td><td>1.0</td><td rowspan="5">+0.1
0</td><td rowspan="2">−0.004
−0.029</td><td rowspan="2">±0.0125</td></tr>
<tr><td>8~10</td><td>3</td><td>1.8</td><td>1.4</td></tr>
<tr><td>10~12</td><td>4</td><td>2.5</td><td>1.8</td><td rowspan="3">0
−0.030</td><td rowspan="3">±0.0150</td></tr>
<tr><td>12~17</td><td>5</td><td>3.0</td><td>2.3</td></tr>
<tr><td>17~22</td><td>6</td><td>3.5</td><td>2.8</td></tr>
<tr><td>20~25</td><td>7</td><td rowspan="2">4.0</td><td>3.0</td><td rowspan="5">+0.2
0</td><td rowspan="3">0
−0.036</td><td rowspan="3">±0.0180</td></tr>
<tr><td>22~30</td><td>8</td><td rowspan="3">3.3</td></tr>
<tr><td>30~38</td><td>10</td><td rowspan="2">5.0</td></tr>
<tr><td>38~44</td><td>12</td><td rowspan="2">0
−0.043</td><td rowspan="2">±0.0215</td></tr>
<tr><td>44~50</td><td>14</td><td>5.5</td><td>3.8</td></tr>
</table>

LESSON 06 동력전달장치에 적용된 평행키의 KS규격을 찾아 도면에 적용하는 법

위에 축과 구멍의 키홈 치수 기입 예처럼 키홈의 치수를 KS규격에서 찾는 방법은 키가 조립되는 **기준 축지름 d**에 해당하는 규격을 찾아 축에는 **키홈의 깊이** t_1과 **폭**인 b_1을 찾아 적용하여 구멍에도 키홈의 깊이 t_2와 폭인 b_2에 해당되는 **허용차**를 기입해 주면 된다. 평행키는 사용빈도가 높고, 실기시험 출제 도면에도 자주 나오는 부분이므로 반드시 키가 조립되는 축과 구멍의 키홈 치수 및 허용차를 올바르게 적용할 수 있어야 한다. 키홈의 치수에는 조임형과 보통형이 있는데 특별한 지시가 없는 한 일반적으로 **보통형(허용차 b_1 : N9, b_2 : J_S9)**를 적용해 주면 된다.

1. 동력전달장치에 적용된 키의 치수 기입법

동력전달장치의 축과 회전체(평벨트 풀리, 스퍼기어)에 적용된 평행키(보통형) 관련 KS규격의 주요 규격 치수 및 공차를 찾아서 실제 도면에 적용해 보도록 하겠다.

참고 입체도

동력전달장치에 적용된 평행키

평벨트 풀리와 축의 평행키

스퍼기어와 축의 평행키

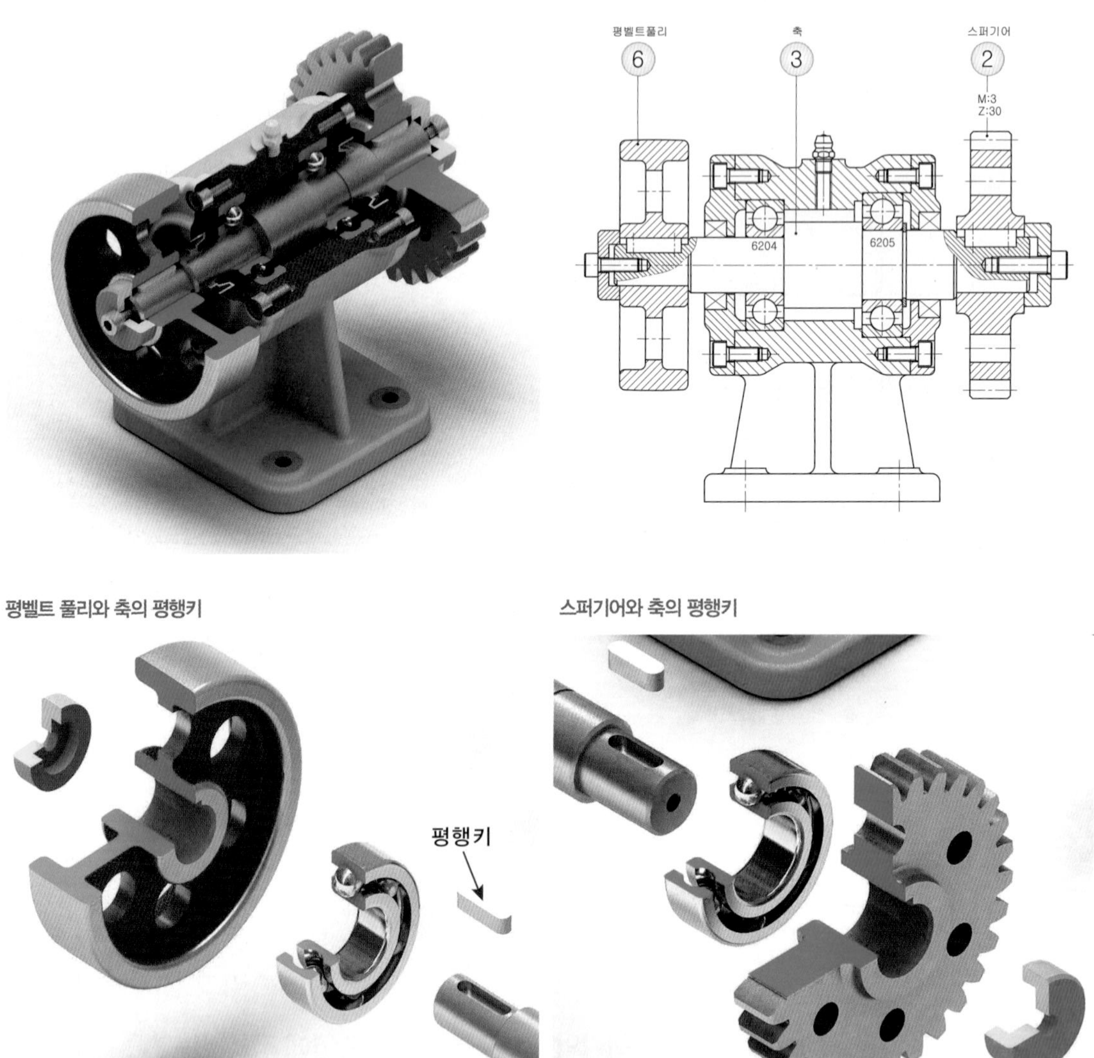

2. 축에 파져 있는 키홈의 치수

축에 관련된 키홈의 치수는 [KS B 1311]에 따라서 제일 먼저 적용하는 **축지름 d**에 해당하는 t_1과 b_1의 치수를 찾아 기입하면 된다.

적용하는 기준 축지름 Ø15mm, Ø20m

축에 관련된 키홈의 주요 KS 규격 치수

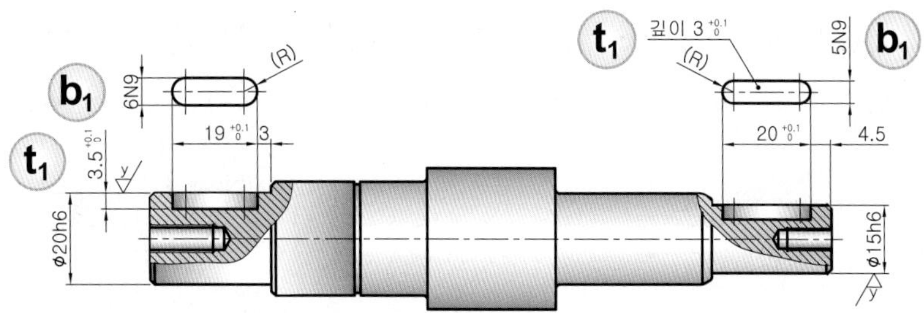

[주] 투상도 및 치수는 평행키와 관련된 사항들만 도시하였다.

3. 구멍에 파져 있는 키홈의 치수

평벨트풀리와 스퍼기어의 구멍에 관련된 키홈의 치수는 축의 경우와 마찬가지로 제일 먼저 적용하는 **축지름 d**에 해당하는 t_2와 b_2의 치수를 찾아 기입하면 된다. 이때 주의사항으로 구멍쪽의 키홈의 깊이인 t_2는 축지름 d와 합한 값을 기입하고 공차를 적용해주는 것이 바람직하다.

구멍에 관련된 키홈의 주요 KS 규격 치수

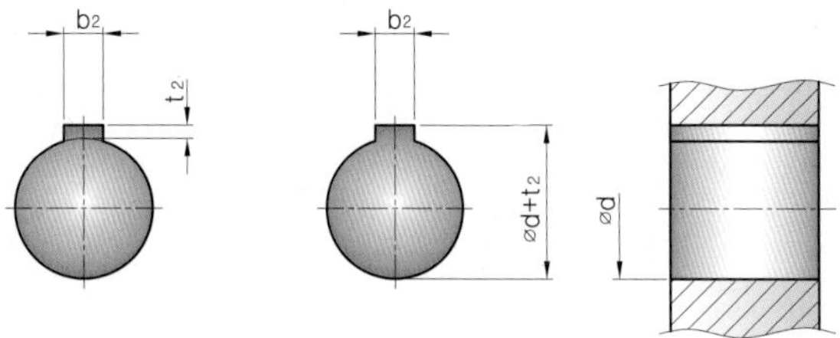

4. 구멍에 끼워지는 축지름이 기준이 된다. 구멍지름 : Ø15mm, Ø20mm

평벨트 풀리의 키홈

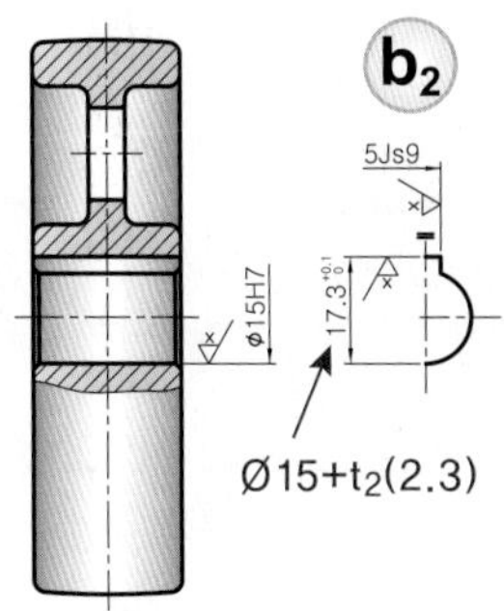

스퍼기어의 키홈

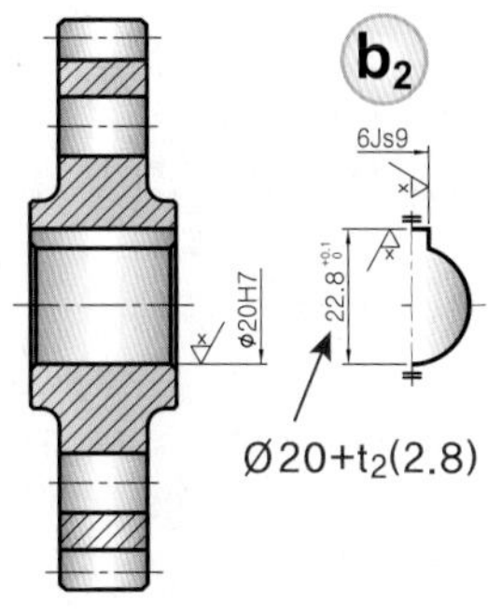

[주] 투상도 및 치수는 평행키와 관련된 사항들만 도시하였다.

평행키의 KS규격 [KS B 1311]

묻힘키 및 키홈에 대한 표준은 일반 기계에 사용하는 강제의 평행키, 경사키 및 반달키와 이것들에 대응하는 키홈에 대하여 아래와 같이 KS 규격으로 규정하고 있다.

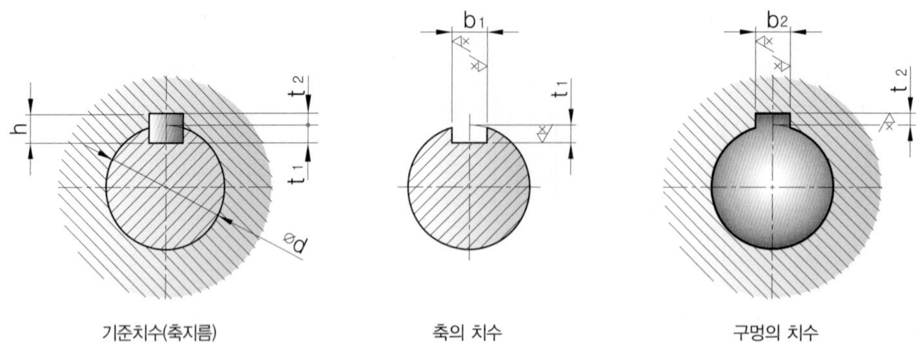

기준치수(축지름)　　축의 치수　　구멍의 치수

[단위 : mm]

키의 호칭 치수 b×h	키의 치수							키홈의 치수								참고
	b		h			c	l	b_1 b_2의 기준치수	조립형	보통형		r_1 및 r_2	t_1 (축) 기준치수	t_2 (구멍) 기준치수	t_1 t_2의 허용오차	적용하는 축지름 d (초과~이하)
	기준치수	허용차 (h9)	기준치수	허용차					b_1, b_2 허용차 (P9)	b_1 (축) 허용차 (N9)	b_2 (구멍) 허용차 (Js9)					
2×2	2	0 −0.025	2	0 −0.025	h9	0.16 ~ 0.25	6~20	2	−0.006 −0.031	−0.004 −0.029	±0.012 5	0.08 ~ 0.16	1.2	1.0	+0.1 0	6~8
3×3	3		3				6~36	3					1.8	1.4		8~10
4×4	4	0 −0.030	4	0 −0.030			8~45	4	−0.012 −0.042	0 −0.030	±0.015 0		2.5	1.8		10~12
5×5	5		5			0.25 ~ 0.40	10~56	5				0.16 ~ 0.25	3.0	2.3		12~17
6×6	6		6				14~70	6					3.5	2.8		17~22
(7×7)	7	0 −0.036	7	0 −0.036			16~80	7	−0.015 −0.051	0 −0.036	±0.018 0		4.0	3.3	+0.2 0	20~25
8×7	8		7	0 −0.090	h11		18~90	8					4.0	3.3		22~30
10×8	10		8			0.40 ~ 0.60	22~110	10				0.25 ~ 0.40	5.0	3.3		30~38
12×8	12	0 −0.043	8				28~140	12	−0.018 −0.061	0 −0.043	±0.021 5		5.0	3.3		38~44
14×9	14		9				36~160	14					5.5	3.8		44~50
(15×10)	15		10				40~180	15					5.0	5.3		50~55
16×10	16		10				45~180	16					6.0	4.3		50~58
18×11	18		11	0 −0.110			50~200	18					7.0	4.4		58~65

적용하는 기준 축지름은 키의 강도에 대응하는 토크(Torque)에서 구할 수 있는 것으로 일반 용도의 기준으로 나타낸다. 키의 크기가 전달하는 토크에 대하여 적절한 경우에는 축지름보다 굵은 축을 사용하여도 좋다. 그 경우에는 키의 옆면이 축 및 허브에 균등하게 닿도록 t_1, t_2를 수정하는 것이 좋다. 적용하는 축지름보다 가는 축에는 사용하지 않는 편이 좋다. 도면에 키가 적용되어 있는 경우 자로 재면 여러가지 수치가 나오는데 키의 길이 'l'의 치수는 키홈처럼 규격화된 것이 아니라 표준으로 제작되는 범위 내에서 설계자가 선정해주면 된다.

키홈의 길이는 키보다 긴 경우가 많으며, 실제로 현장에서는 표준길이로 절단하여 판매하는 키를 구매하여 필요에 맞게 절단하고 거친 절단부를 다듬질하여 사용한다. 적용하는 축지름이 겹치는 경우가 있는데 예를 들어 20~25와 22~30과 같은 경우에는 키의 호칭치수(b×h)를 보고 (7×7)의 경우처럼 괄호로 표기한 것은 국제규격(ISO)에 없는 경우로서 가능하면 설계에 사용하지 않는 것이 좋다.

Section 02 반달키

홈 밀링커터로 축에 반달 모양의 홈가공을 하고 반원판 모양의 키를 회전체에 끼워맞추어 사용하는데 축에 테이퍼가 있어도 사용이 가능하며 단점으로는 축에 홈을 깊이 파야 하므로 축의 강도가 저하될 수가 있어 비교적 큰 힘이 걸리지 않는 곳에 사용한다. 키홈은 A종 둥근바닥과 B종 납작바닥으로 구분한다. 둥근바닥의 반달키는 기호로 WA, 납작바닥의 반달키는 기호 WB로 표기하며 키는 홈 속에서 자유롭게 기울어질 수 있어 키가 자동적으로 축과 보스에 조정된다.

한국산업표준[KS B 1311]에 따르면 반달키는 보통형과 조임형으로 세분하고, 구멍용 키홈의 너비 b_2의 허용차를 **보통형**에서 J_S9로 **조임형**에서는 P9로 새로 규정하고 있다. 반달키의 KS 규격을 찾는 방법은 평행키와 동일하며 축지름 d를 기준으로 키홈 지름 d_1의 치수가 작은 것과 키홈의 깊이 t_1의 깊이치수가 작은 것을 찾아 적용하고 나머지 규격 치수를 찾아 적용하면 된다.

모터 축에 적용된 반달키

반달키 가공용 홈 밀링커터

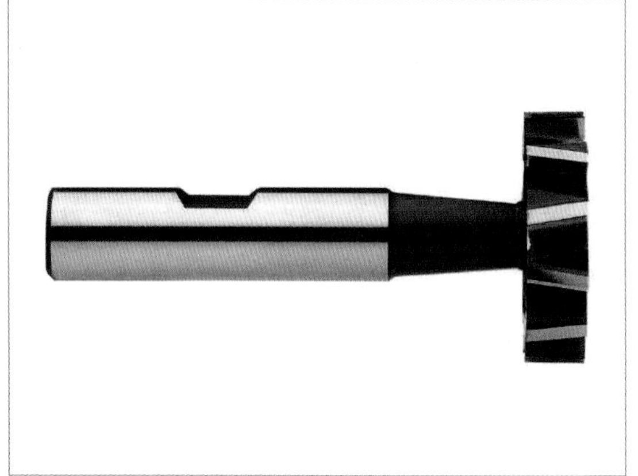

반달키 치수 기입 예 (기준 축지름 Ø12)

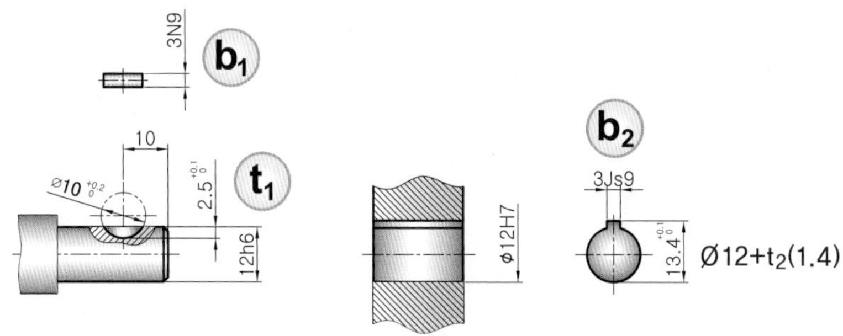

반달키 치수 기입 예 (기준 축지름 Ø20)

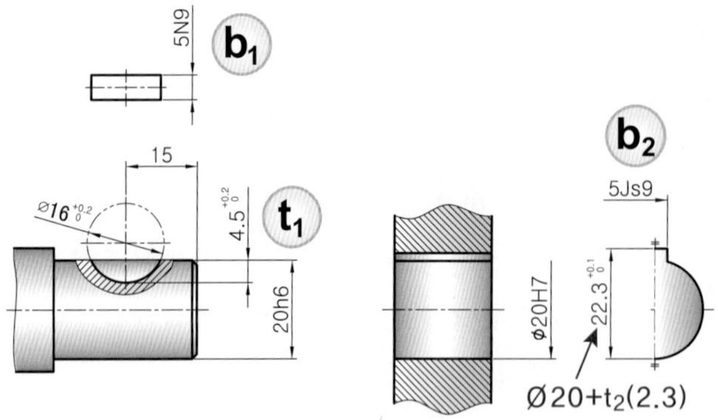

반달키의 허용차

<table>
<tr><th colspan="5">새로운 규격</th><th colspan="5">구 규격</th></tr>
<tr><th rowspan="2" colspan="2">키의 종류</th><th rowspan="2">키의 너비
b</th><th rowspan="2">키의 높이
h</th><th colspan="2">키홈의 너비</th><th rowspan="2">키의 종류</th><th rowspan="2">키의 너비 b</th><th rowspan="2">키의 높이 h</th><th colspan="2">키홈의 너비</th></tr>
<tr><th>b1</th><th>b2</th><th>b1</th><th>b2</th></tr>
<tr><td rowspan="2">반달키</td><td>보통형</td><td rowspan="2">h9</td><td rowspan="2">h11</td><td>N9</td><td>Js9</td><td rowspan="2">반달키</td><td rowspan="2">h9</td><td rowspan="2">h11</td><td rowspan="2">N9</td><td rowspan="2">F9</td></tr>
<tr><td>조임형</td><td colspan="2">P9</td></tr>
</table>

반달키 키홈의 모양과 치수 [KS B 1311 : 2009]

기준치수 및 축과 구멍의 KS 규격 주요 치수

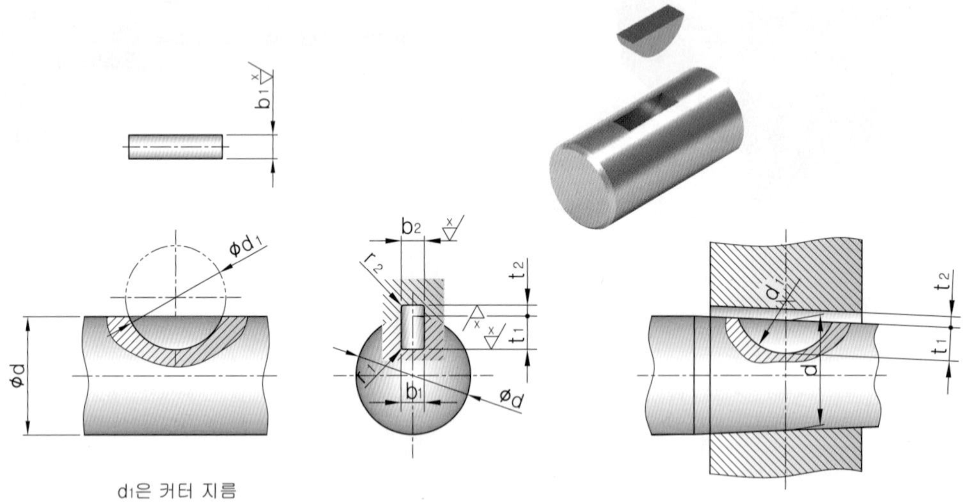

[단위 : mm]

키의 호칭 치수 b×d_0	키 홈 의 치 수											참고 (계열 3)
	b_1, b_2의 기준 치수	보통형		조임형	t_1 (축)		t_2(구멍)		r_1 및 r_2	d_1		적용하는 축 지름 d (초과~이하)
		b_1 허용차 (N9)	b_2 허용차 (Js9)	b_1, b_2의 허용차 (P9)	기준 치수	허용차	기준 치수	허용차	키 홈 모서리	기준 치수	허용차 (h9)	
2.5×10	2.5	−0.004 −0.029	±0.012	−0.006 −0.031	2.7	+0.1 0	1.2	+0.1 0	0.08~0.16	10	+0.2 0	7~12
(3×10)	3				2.5		1.4			10		8~14
3×13	3				3.8	+0.2 0				13		9~16
3×16	3				5.3					16		11~18
(4×13)	4	0 −0.030	±0.015	−0.012 −0.042	3.5	+0.1 0	1.7			13		11~18
4×16	4				5.0	+0.2 0	1.8		0.16~0.25	16		12~20
4×19	4				6.0					19	+0.3 0	14~22
5×16	5				4.5		2.3			16	+0.2 0	14~22
5×19	5				5.5					19	+0.3 0	15~24
5×22	5				7.0	+0.3 0				22		17~26
6×22	6				6.5		2.8			22		19~28
6×25	6				7.5			+0.2 0		25		20~30
(6×28)	6				8.6	+0.1 0	2.6	+0.1 0		28		22~32
(6×32)	6				10.6					32		24~34

Section

경사키 [KS B 1311:2009]

경사키는 테이퍼키(taper key) 혹은 구배키라고도 한다. 경사키와 축, 경사키와 보스는 폭방향으로 서로 평행하며, 경사키는 축과 보스에 모두 헐거운 끼워맞춤을 적용한다. 키의 폭 b는 축부분 키홈의 폭 b_1보다 작고, 보스 부분 키홈의 폭 b_2보다 작다. 즉, 경사키의 폭방향 끼워맞춤에서 축부분 키홈과 키 사이의 결합을 **D10/h9**(**헐거운 끼워맞춤**)로 적용한다.

경사키 및 키홈의 모양과 치수 [KS B 1311]

기준치수 및 축과 구멍의 KS 규격 주요 치수

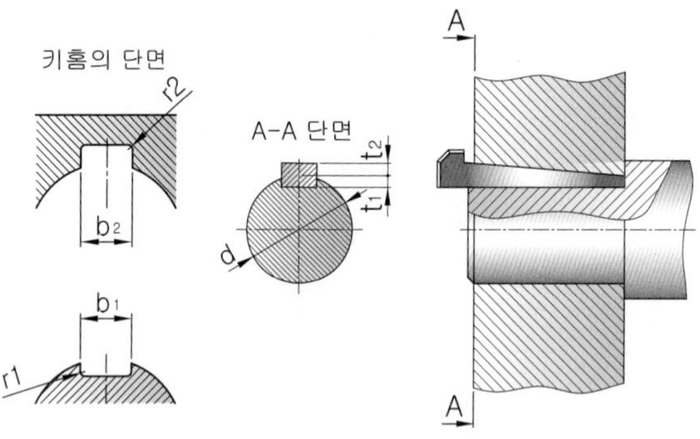

[단위 : mm]

키의 호칭 치수 b×h	키의 치수								키홈의 치수						참고
	b		h			h_1	c	l	b_1 및 b_2		r_1 및 r_2	t_1 (축) 기준치수	t_2 (구멍) 기준치수	t_1, t_2 허용오차	적용하는 축 지름 d (초과~이하)
	기준치수	허용차 (h9)	기준치수	허용차					기준치수	허용차 (D10)					
2×2	2	0 −0.025	2	0 −0.025	h9	−	0.16 ~ 0.25	6~20	2	+0.060 +0.020	0.08 ~ 0.16	1.2	0.5	+0.05 0	6~8
3×3	3		3			−		6~36	3			1.8	0.9		8~10
4×4	4	0 −0.030	4	0 −0.030		7		8~45	4	+0.078 +0.030		2.5	1.2	+0.1 0	10~12
5×5	5		5			8	0.25 ~ 0.40	10~56	5		0.16 ~ 0.25	3.0	1.7		12~17
6×6	6		6			10		14~70	6			3.5	2.2		17~22
(7×7)	7	0 −0.036	7.2	0 −0.036				16~80	7	+0.098 +0.040		4.0	3.0		20~25
8×7	8		7	0 −0.090	h11	11	0.40 ~ 0.60	18~90	8			4.0	2.4	+0.2 0	22~30
10×8	10	0 −0.043	8			12		22~110	10	+0.120 +0.050	0.25 ~ 0.40	5.0	2.4		30~38
12×8	12		8			12		28~140	12			5.0	2.4		38~44
14×9	14		9			14		36~160	14			5.5	2.9		44~50
(15×10)	15		10.2	0 −0.110		15		40~180	15			5.0	5.0	+0.1 0	50~55
16×10	16		10	0 −0.090		16		45~180	16			6.0	3.4	+0.2 0	50~58
18×11	18		11	0 −0.110		18		50~200	18			7.0	3.4		58~65
20×12	20	0 −0.052	12			20	0.60 ~ 0.80	56~220	20	+0.149 +0.065	0.40 ~ 0.60	7.5	3.9		65~75

경사키 치수 기입 예

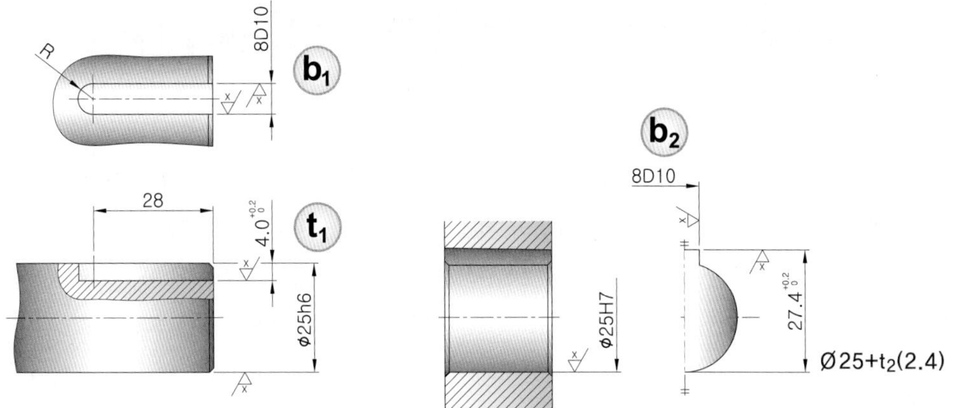

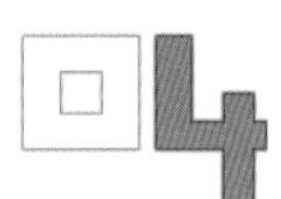

Section 04

[KS B 1003, KS B 1003의 부속서] 자리파기, 카운터보링, 카운터싱킹

6각 구멍붙이(6각 홈붙이) 볼트에 관한 규격은 KS B 1003에 규정되어 있으며, 6각 구멍붙이 볼트를 사용하여 기계 부품을 결합시킬 때 볼트의 머리가 노출되지 않도록 볼트 머리 높이보다 약간 깊은 자리파기(카운터보링, DCB) 가공을 실시하는데 KS B 1003의 부속서에 6각 구멍붙이 볼트에 대한 자리파기 및 볼트 구멍 치수의 규격이 정해져 있다. 볼트 구멍 지름 및 카운터 보어 지름은 KS B ISO273에 규정되어 있으며, 볼트 구멍 지름의 등급은 나사의 호칭 지름과 볼트의 구멍 지름에 따라 1~4급으로 구분하며, 4급은 주로 주조 구멍에 적용한다.

자리파기용 공구와 자리파기의 종류

드릴 / 카운터보어 / 카운터싱크

자리파기 / 깊은 자리파기 / 카운터싱크

볼트 구멍 및 카운터 보어 지름

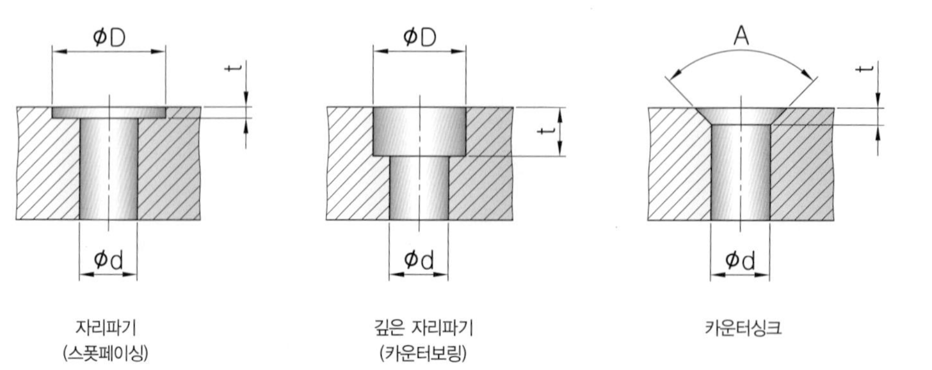

자리파기 (스폿페이싱) / 깊은 자리파기 (카운터보링) / 카운터싱크

호칭		자리파기 (Spot Facing)		깊은 자리파기 (Counter Bore)		카운터싱크 (Counter sink)		도면 지시 예
나사	∅d	∅D	깊이 (t)	∅D	깊이 (t)	깊이 (t)	각도(A)	
M3	3.4	9	0.2	6.5	3.3	1.75		
M4	4.5	11	0.3	8	4.4	2.3		
M5	5.5	13	0.3	9.5	5.4	2.8	$90^{\circ}{}^{+2''}_{0}$	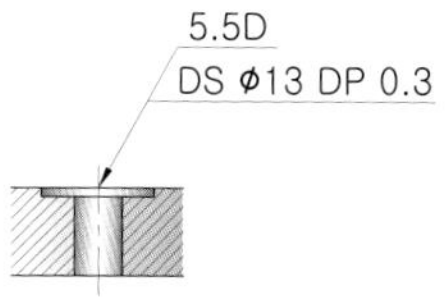 5.5D DS Φ13 DP 0.3
M6	6.6	15	0.5	11	6.5	3.4		
M8	9	20	0.5	14	8.6	4.4		
M10	11	24	0.8	17.5	10.8	5.5		
M12	14	28	0.8	22	13	6.5		
M14	16	32	0.8	23	15.2	7		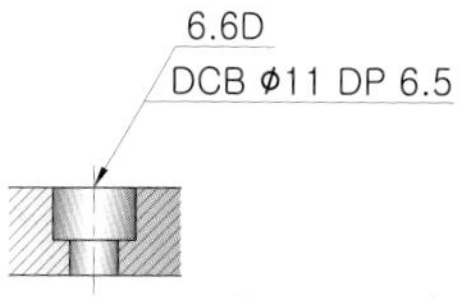 6.6D DCB Φ11 DP 6.5
M16	18	35	1.2	26	17.5	7.5	$90^{\circ}{}^{+2''}_{0}$	
M18	20	39	1.2	29	19.5	8		
M20	22	43	1.2	32	21.5	8.5		
M22	24	46	1.2	35	23.5	13.2		
M24	26	50	1.6	39	25.5	14		
M27	30	55	1.6	43	29	–	$60^{\circ}{}^{+2''}_{0}$	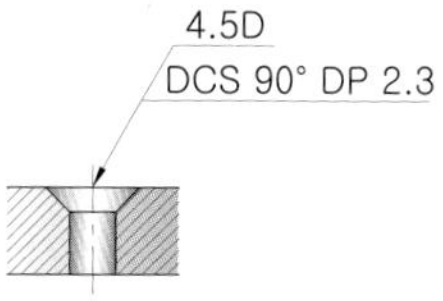 4.5D DCS 90° DP 2.3
M30	33	62	1.6	48	32	16.6		
M33	36	66	2.0	54	35	–		

Section

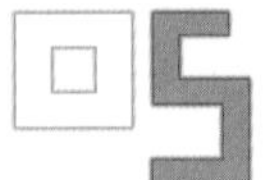

치공구용 지그 부시

부시(bush)는 드릴(drill), 리머(reamer), 카운터 보어(counter bore), 카운터 싱크(counter sink), 스폿 페이싱(spot facing) 공구와 기타 구멍을 뚫거나 수정하는데 사용하는 회전공구를 위치결정(locating)하거나 안내(guide)하는데 사용하는 정밀한 치공구(Jig & Fixture) 요소이다. 부시는 반복 작업에 의한 재료의 마모와 가공 후 정밀도를 유지하기 위해 통상 열처리를 실시하고 정확한 치수로 연삭되어 있으며 동심도는 일반적으로 0.008 이내로 한다.

여러가지 치공구 요소의 형상

칼라 없는 고정부시

칼라 있는 고정부시

노치형 삽입부시

노치형 삽입부시

지그용 멈춤쇠

지그용 멈춤나사

지그용 너트

지그용 너트(평면 자리붙이형)

지그용 너트(구면 자리붙이형)

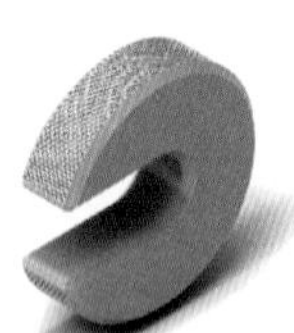

C형 와셔

구면 와셔

고리 모양 와셔

위치결정 핀

캠 스트랩 클램프

스트랩 클램프

여러가지 부시의 치공구 요소

커넥팅로드 고정구

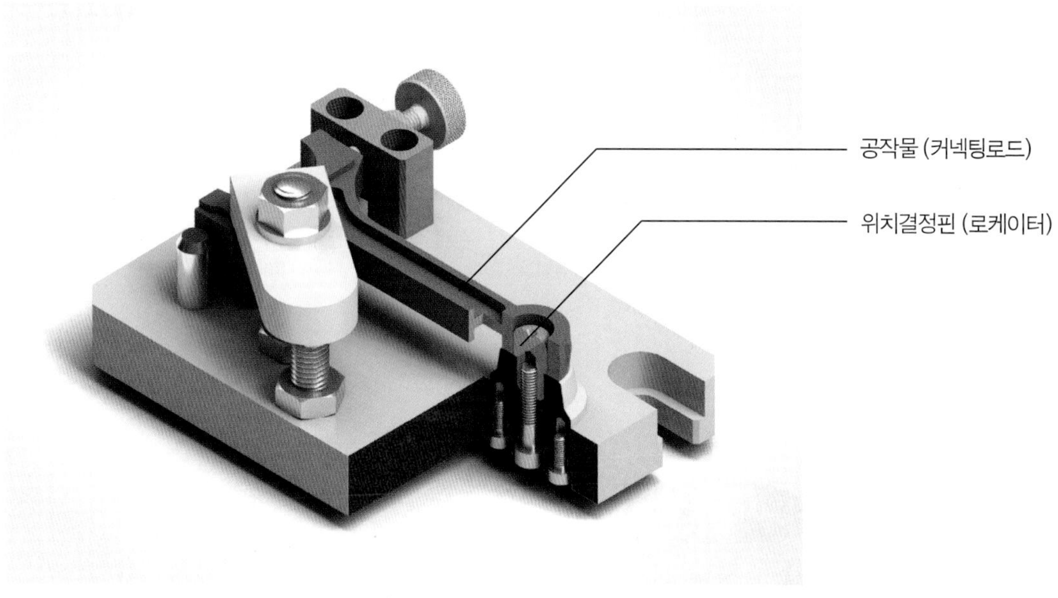

드릴 부시의 치수결정 순서

1. 드릴 직경 선정
2. 부시의 내경과 외경 선정
3. 부시의 길이와 부시 고정판(jig plate) 두께 결정
4. 부시의 위치 결정(locating)

LESSON 01 고정 부시(press fit bush)

고정 부시는 머리가 없는 고정 부시와 머리가 있는 고정 부시의 두 가지 종류가 있으며 부시를 자주 교환할 필요가 없는 소량 생산용 지그에 사용한다.

지그용 고정 부시 치수 기입 예

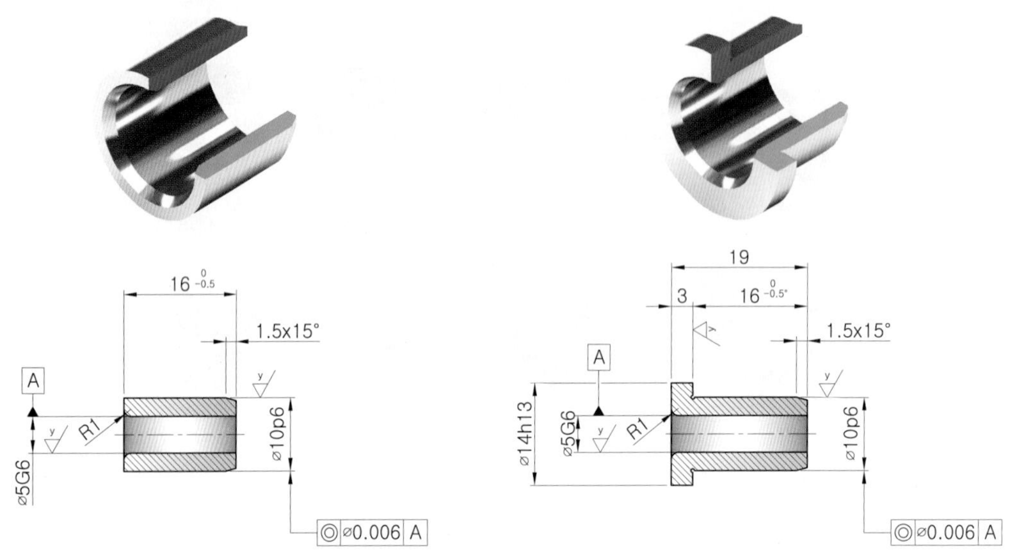

머리없는 고정부시 머리있는 고정부시

1. 드릴(drill)이나 리머(reamer) 가공시 공구(tool)의 안내(guide) 역할을 치공구 요소이다.
2. 재질은 STC3(탄소공구강), SKS3(합금공구강) 등을 사용한다.
3. 전체 열처리를 한다. (예 : H_RC 60± 2)

지그용 고정부시 [KS B 1030]

칼라없는 고정부시

칼라있는 고정부시

드릴 부시의 설계 방법

❶ 드릴 직경을 결정하는데는 공작물의 구멍 가공 치수에 의해 결정한다.

❷ 드릴 부시의 내경과 외경은 결정된 드릴 직경을 호칭지름으로 하여 고정부시만으로 할 것인가, 고정부시와 함께 삽입부시를 적용할 것인가를 제작될 공작물의 수량과 가공공정에 따라 결정한다.

고정 부시

칼라 없는 고정부시

칼라 있는 고정부시

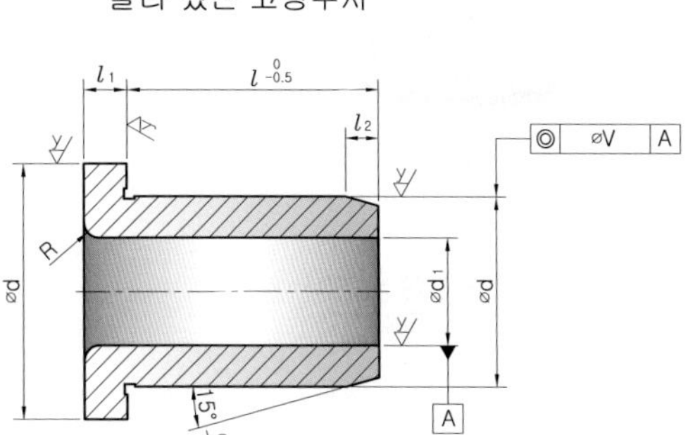

d_1 드릴용(G6) 리머용(F7)	d		d_2		공차 ($l\,^{0}_{-0.5}$)	l_1	l_2	R
	기준 치수	허용차(p6)	기준치수	허용차(h13)				
1 이하	3	+ 0.012 + 0.006	7	0 − 0.220	6 8	2	1.5	0.5
1 초과 1.5 이하	4	+ 0.020 + 0.012	8					
1.5 초과 2 이하	5		9		6 8 10 12			0.8
2 초과 3 이하	7	+ 0.024 + 0.015	11	0 − 0.270	8 10 12 16	2.5		
3 초과 4 이하	8		12					1.0
4 초과 6 이하	10		14		10 12 16 20	3		
6 초과 8 이하	12	+ 0.029 + 0.018	16					2.0
8 초과 10 이하	15		19	0 − 0.330	12 16 20 25			
10 초과 12 이하	18		22			4		

LESSON 02 삽입부시(renewable bush)

삽입부시는 지그 플레이트에 라이너 부시(가이드 부시)를 설치하여 라이너 부시 내경에 삽입 부시 외경이 미끄럼 끼워맞춤 되도록 연삭되어 있으며, 부시가 마모되면 교환을 할 수 있는 다량 생산용 지그에 적합하며, 다양한 작업을 위하여 라이너 부시에 여러 용도의 삽입 부시를 교환하여 사용된다. 삽입 부시는 회전 삽입 부시와 고정 삽입부시로 분류한다.

지그용 고정 삽입부시 치수 기입 예

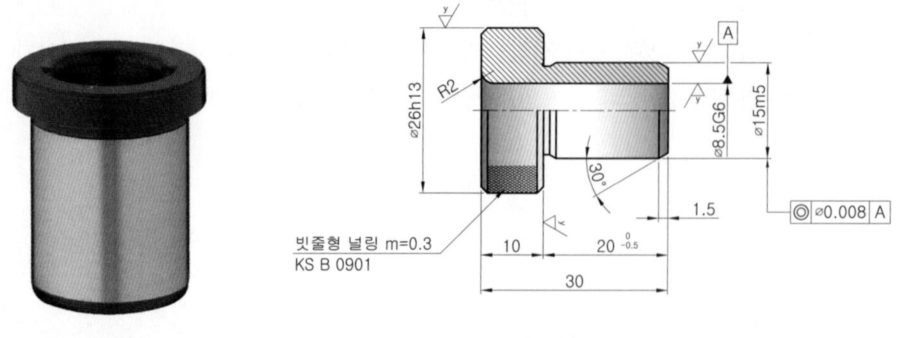

지그용 고정 삽입부시

지그용 고정 삽입부시 [KS B 1030]

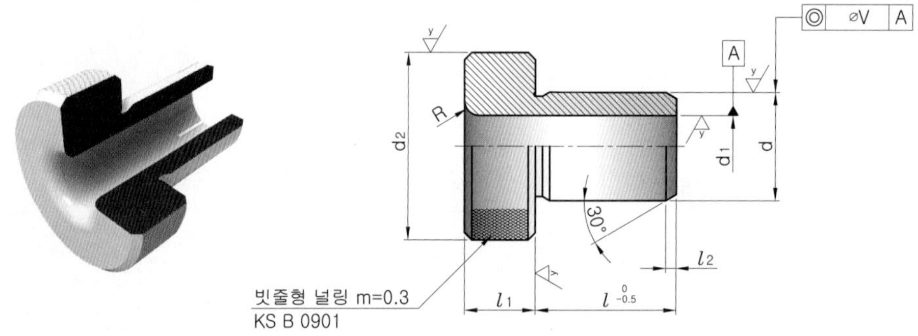

d_1 드릴용(G6) 리머용(F7)	d		d_2		$l\ ^{0}_{-0.5}$	l_1	l_2	R
	기준 치수	허용차 (m5)	기준 치수	허용차 (h13)				
4 이하	8	+ 0.012 + 0.006	15	0 − 0.270	10 12 16	8	1.5	1
4 초과 6 이하	10		18		12 16 20 25			
6 초과 8 이하	12	+ 0.015 + 0.007	22	0 − 0.330		10		2
8 초과 10 이하	15		26		16 20 (25) 28 36			
10 초과 12 이하	18		30					
12 초과 15 이하	22	+ 0.017 + 0.008	34	0 − 0.390	20 25 (30) 36 45	12		
15 초과 18 이하	26		39					
18 초과 22 이하	30		46		25 (30) 36 45 56			3

1. 하나의 구멍에 여러 가지 작업을 할 경우 교체 및 장착이 용이한 부시로 노치형 부시라고도 한다.
2. 부시 재질은 STC3(탄소공구강), SKS3(합금공구강) 등을 사용한다.
3. 전체 열처리를 한다.(예: H_RC 60± 2)

LESSON 03 라이너 부시(liner bush)

삽입 부시의 안내용 고정부시로 지그판에 영구히 설치하며, 정밀하고 높은 경도를 지니기 때문에 지그의 정밀도를 장기간 유지할 수 있다. 머리 없는 것과 머리 있는 것의 두가지가 있다.

라이너 부시 치수 기입 예

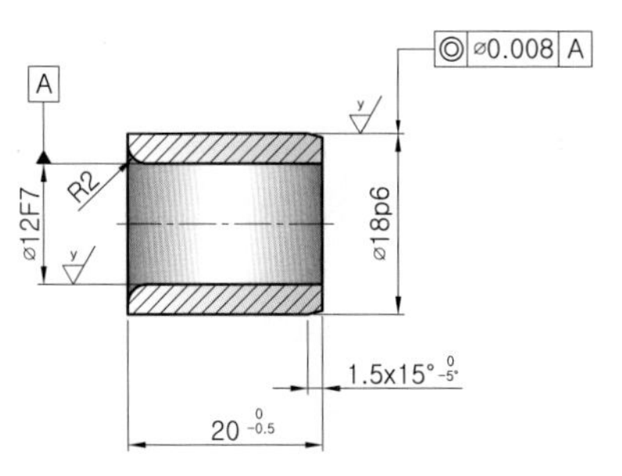

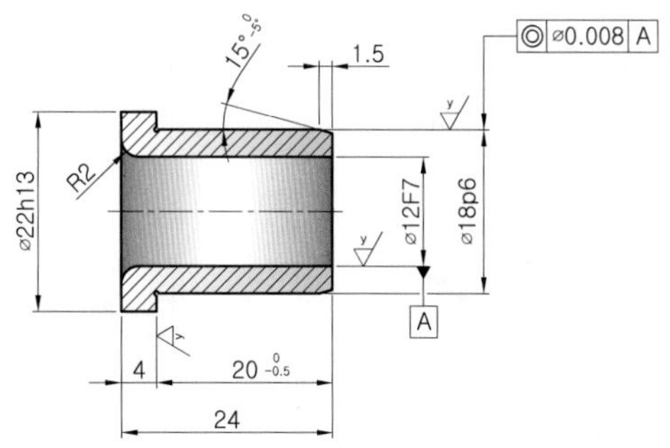

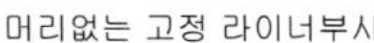
머리없는 고정 라이너부시

머리있는 고정 라이너부시

라이너 부시 [KS B 1030]

칼라 없는 라이너부시

칼라 있는 라이너부시

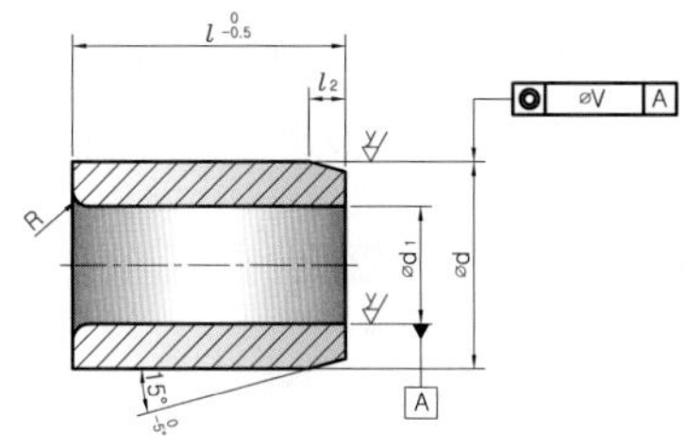

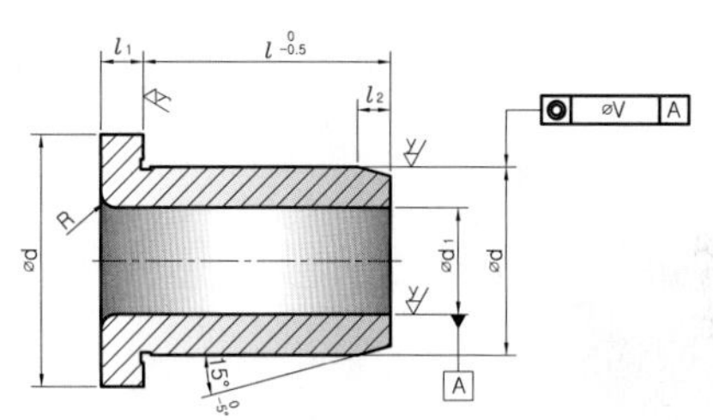

[단위 : mm]

<table>
<tr><th colspan="2">d1</th><th colspan="2">d</th><th colspan="2">d2</th><th rowspan="2">$l\ ^{0}_{-0.5}$</th><th rowspan="2">l_1</th><th rowspan="2">l_2</th><th rowspan="2">R</th></tr>
<tr><th>기준 치수</th><th>허용차 (F7)</th><th>기준 치수</th><th>허용차 (p6)</th><th>기준 치수</th><th>허용차 (h13)</th></tr>
<tr><td>8</td><td rowspan="2">+0.028
+0.013</td><td>12</td><td rowspan="3">+0.029
+0.018</td><td>16</td><td>0
− 0.270</td><td>10 12 16</td><td rowspan="2">3</td><td rowspan="8">1.5</td><td rowspan="5">2</td></tr>
<tr><td>10</td><td>15</td><td>19</td><td rowspan="4">0
− 0.330</td><td rowspan="2">12 16 20 25</td></tr>
<tr><td>12</td><td rowspan="3">+0.034
+0.016</td><td>18</td><td>22</td><td rowspan="3">4</td></tr>
<tr><td>15</td><td>22</td><td rowspan="3">+0.035
+0.022</td><td>26</td><td rowspan="2">16 20 (25) 28 36</td></tr>
<tr><td>18</td><td>26</td><td>30</td></tr>
<tr><td>22</td><td rowspan="3">+0.041
+0.020</td><td>30</td><td>35</td><td rowspan="3">0
− 0.390</td><td rowspan="2">20 25 (30) 36 45</td><td rowspan="3">5</td><td rowspan="3">3</td></tr>
<tr><td>26</td><td>35</td><td rowspan="2">+0.042
+0.026</td><td>40</td></tr>
<tr><td>30</td><td>42</td><td>47</td><td>25 (30) 36 45 56</td></tr>
</table>

LESSON 04 노치형 부시

회전 삽입 부시(slip renewable bush)라고도 하며, 이 부시는 한 구멍에 여러가지 가공 작업을 할 경우 라이너 부시를 지그판에 고정시킨 후 노치형 부시를 삽입한 후 플랜지부에 잠금나사로 고정시켜 사용한다.

노치형 부시 치수 기입 예

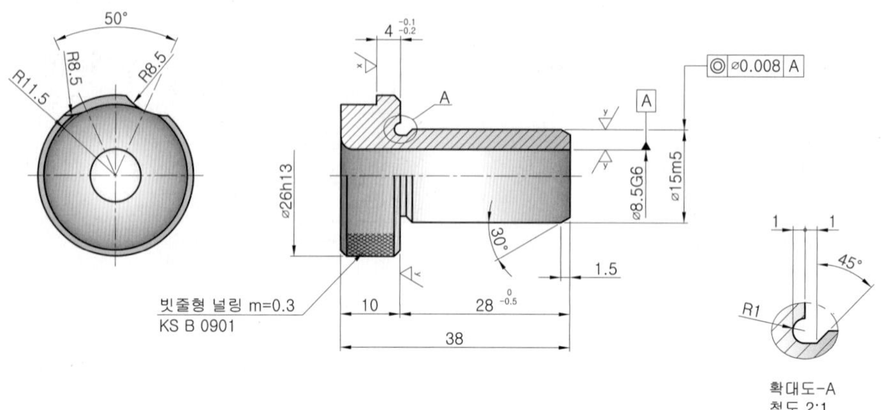

지그용 노치형 부시

노치형 부시 [KS B 1030]

노치형 부시의 주요 치수

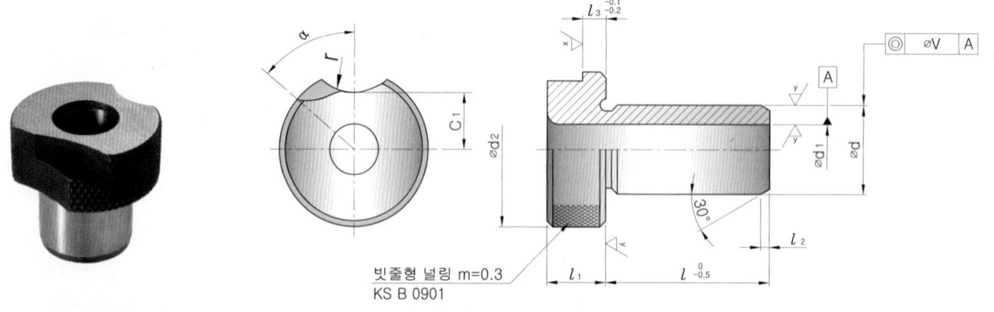

지그용 노치형 부시

[단위 : mm]

<table>
<tr><th rowspan="2">d₁
드릴용(G6)
리머용(F7)</th><th colspan="2">d</th><th colspan="2">d₂</th><th rowspan="2">$l\,^{0}_{-0.5}$</th><th rowspan="2">l_1</th><th rowspan="2">l_2</th><th rowspan="2">R</th><th colspan="2">l_3</th><th rowspan="2">C₁</th><th rowspan="2">r</th><th rowspan="2">α
(°)</th></tr>
<tr><th>기준
치수</th><th>허용차
(m5)</th><th>기준
치수</th><th>허용차
(h13)</th><th>기준
치수</th><th>허용
차</th></tr>
<tr><td>4 이하</td><td>8</td><td rowspan="2">+ 0.012
+ 0.006</td><td>15</td><td rowspan="2">0
− 0.270</td><td>10 12 16</td><td rowspan="2">8</td><td rowspan="8">1.5</td><td rowspan="2">1</td><td rowspan="2">3</td><td rowspan="8">− 0.1
− 0.2</td><td>4.5</td><td rowspan="2">7</td><td rowspan="2">65</td></tr>
<tr><td>4 초과 6 이하</td><td>10</td><td>18</td><td rowspan="2">12 16 20 25</td><td>6</td></tr>
<tr><td>6 초과 8 이하</td><td>12</td><td rowspan="3">+ 0.015
+ 0.007</td><td>22</td><td rowspan="3">0
− 0.330</td><td rowspan="3">10</td><td rowspan="5">2</td><td rowspan="5">4</td><td>7.5</td><td rowspan="3">8.5</td><td>60</td></tr>
<tr><td>8 초과 10 이하</td><td>15</td><td>26</td><td rowspan="2">16 20 (25) 28 36</td><td>9.5</td><td rowspan="2">50</td></tr>
<tr><td>10 초과 12 이하</td><td>18</td><td>30</td><td>11.5</td></tr>
<tr><td>12 초과 15 이하</td><td>22</td><td rowspan="3">+ 0.017
+ 0.008</td><td>34</td><td rowspan="3">0
− 0.390</td><td rowspan="2">20 25 (30) 36 45</td><td>12</td><td>13</td><td rowspan="3">10.5</td><td rowspan="2">35</td></tr>
<tr><td>15 초과 18 이하</td><td>26</td><td>39</td><td></td><td>15.5</td></tr>
<tr><td>18 초과 22 이하</td><td>30</td><td>46</td><td>25 (30) 36 45 56</td><td></td><td>3</td><td>5.5</td><td>19</td><td>30</td></tr>
</table>

LESSON 05 드릴지그 실례

드릴지그-1

드릴지그-2

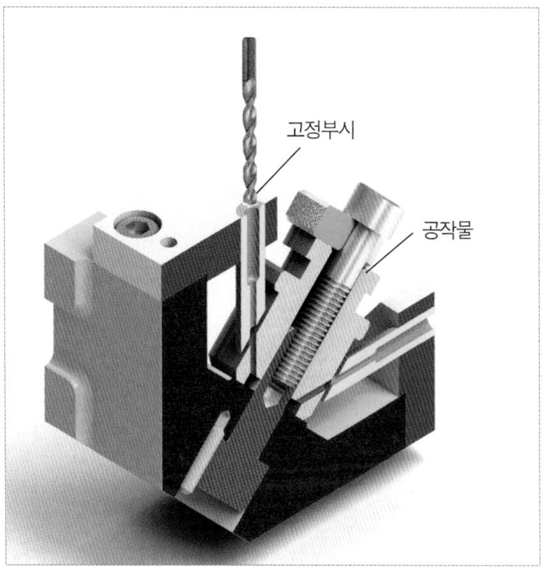

LESSON 06 지그 설계의 치수 표준

1. 센터 구멍

선반, 밀링용 지그의 구멍은 다음의 5종류로 한다.

D = 12mm 이하 ± 0.01mm

D = 16mm 이하 ± 0.01mm

D = 20mm 이하 ± 0.01mm

D = 25mm 이하 ± 0.01mm

(선반은 가급적 이 구멍을 이용한다.)

D = 35mm 이하 ± 0.01mm

(밀링은 가급적 이 구멍을 이용한다.)

부치 설치 예

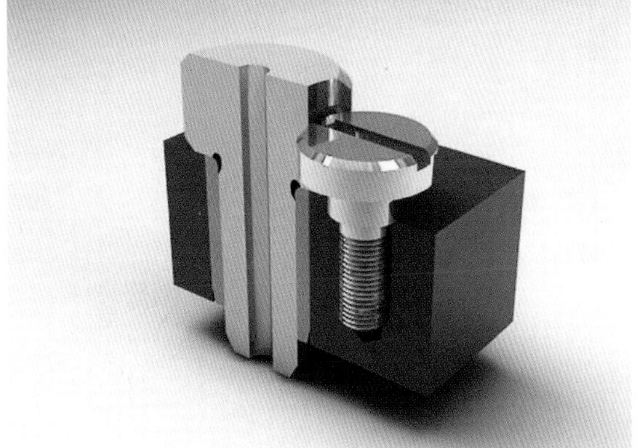

2. 중심맞춤 구멍

중심맞춤 구멍(중심맞춤 센터 및 리머 볼트용 구멍)의 중심거리에 대해서는 다음의 치수공차를 적용한다.

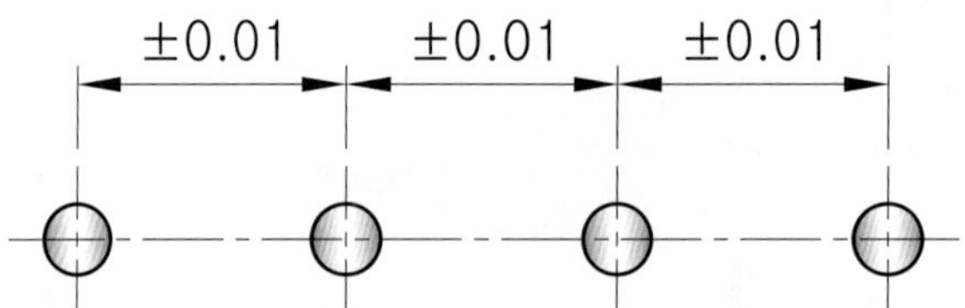

3. 볼트 구멍의 거리

볼트 구멍 등과 같이 축과 구멍과 0.5mm 이상의 틈새를 갖는 구멍의 중심거리에 대해서는 다음의 치수공차를 적용한다.

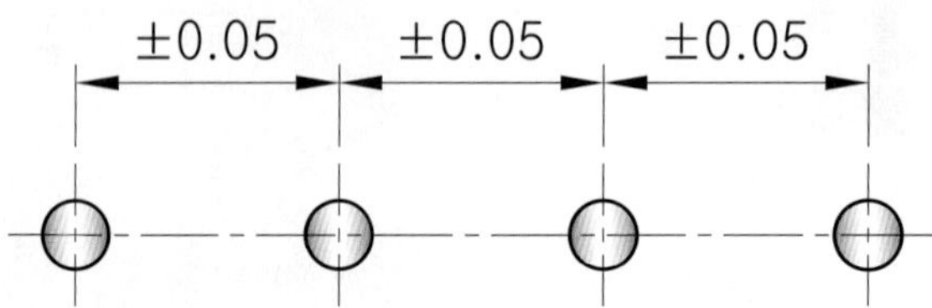

4. 각도

각도 특히 정밀도를 요구하지 않는 각도에는 다음의 치수공차를 적용한다.

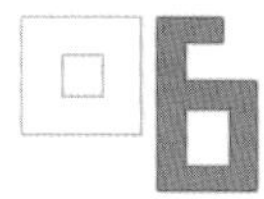

Section

6 V-벨트 풀리

벨트 풀리는 평벨트 풀리와 이붙이 벨트 풀리(타이밍 벨트 풀리) 및 V-벨트 풀리 등으로 분류하며 이 중에서 V-벨트 풀리는 말 그대로 풀리에 V자 형태의 홈 가공을 하고 단면이 사다리꼴 모양인 벨트를 걸어 동력을 전달할 때 풀리와 벨트 사이에 발생하는 쐐기 작용에 의해 마찰력을 더욱 증대시킨 풀리로 주철제가 많지만 강판이나 경합금제의 것도 있다.

KS 규격에서는 KS B 1400, 1403에 규정되어 있으며, V-벨트 풀리의 종류로는 호칭 지름에 따라서 **M**형, **A**형, **B**형, **C**형, **D**형, **E**형 등 6종류가 있는데 M형의 호칭 지름이 가장 작으며 E형으로 갈수록 호칭 지름 및 형상 치수가 크게 된다. 타이밍 벨트는 벨트의 이와 풀리의 홈이 서로 맞물려 동력을 전달하는 것으로 벨트의 미끄러짐이 없어 벨트의 장력 조절이 필요없고 윤활유 급유가 장치가 필요 없는 장점이 있으며 속도 범위와 동력전달 범위가 넓어 널리 사용되고 있다. 타이밍 풀리의 치형은 인벌류트 치형을 사용하고 있으며 인벌류트 치형은 벨트가 풀리에 맞물려 돌아갈 때 벨트 치형의 운동에 따라서 조성된 궤적을 기본으로 설계하는데 회전 중의 벨트 이와 풀리의 이의 간섭이 적고 매우 부드러운 회전을 얻을 수가 있다.

LESSON 01 KS규격의 적용방법

아래 V-벨트의 KS규격에서 기준이 되는 호칭치수는 V-벨트의 형별(M,A,B,C,D,E)과 호칭지름(dp)가 된다. 일반적으로 도면에서는 형별을 표기해주는데 형별 표기가 없는 경우 조립도면에서 호칭지름(dp)과 $\alpha°$의 각도를 재서 작도하면 된다. 예를 들어 V-벨트의 형별이 **A형**으로 되어있고 **호칭지름(dp)**이 **87mm**라고 한다면, 아래 규격에서 $\alpha°$, l_0 , k , k_0 , e , f , de 치수를 찾아 적용하고 부분확대도를 적용하는 경우 확대도를 작도한 후에 r_1, r_2, r_3의 수치를 찾아 적용해주면 된다.

V-벨트 풀리의 KS규격

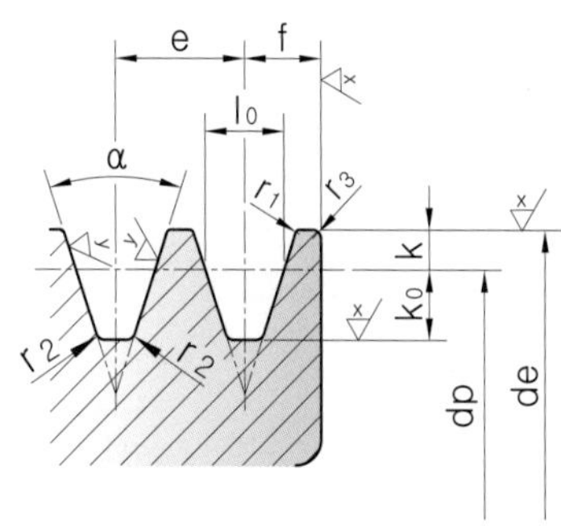

홈부 각 부분의 치수허용차

V벨트의 형별	α의 허용차(°)	k의 허용차	e의 허용차	f의 허용차
M	± 0.5	+0.2 0	–	±1
A			± 0.4	
B				
C		+0.3 0	± 0.5	
D		+0.4 0		+2 −1
E		+0.5 0		+3 −1

[비고] k의 허용차는 바깥지름 de를 기준으로 하여, 홈의 나비가 l_0가 되는 dp의 위치의 허용차를 나타낸다.

주철제 V-벨트 풀리 홈부분의 모양 및 치수 [KS B 1400]

V벨트 형 별	호칭지름 (dp)	$\alpha°$	l_0	k	k_0	e	f	r_1	r_2	r_3	(참 고) V 벨트의 두께	비고
M	50 이상 71 이하 71 초과 90 이하 90 초과	34 36 38	8.0	2.7	6.3	–	9.5	0.2~0.5	0.5~1.0	1~2	5.5	M형은 원칙적으로 한 줄만 걸친다.(e)
A	71 이상 100 이하 100 초과 125 이하 125 초과	34 36 38	9.2	4.5	8.0	15.0	10.0	0.2~0.5	0.5~1.0	1~2	9	
B	125 이상 160 이하 160 초과 200 이하 200 초과	34 36 38	12.5	5.5	9.5	19.0	12.5	0.2~0.5	0.5~1.0	1~2	11	
C	200 이상 250 이하 250 초과 315 이하 315 초과	34 36 38	16.9	7.0	12.0	25.5	17.0	0.2~0.5	1.0~1.6	2~3	14	
D	355 이상 450 이하 450 초과	36 38	24.6	9.5	15.5	37.0	24.0	0.2~0.5	1.6~2.0	3~4	19	
E	500 이상 630 이하 630 초과	36 38	28.7	12.7	19.3	44.5	29.0	0.2~0.5	1.6~2.0	4~5	25.5	

V-벨트 풀리의 바깥둘레 흔들림 및 림 측면 흔들림의 허용값

호칭지름	바깥둘레 흔들림의 허용값	림 측면 흔들림의 허용값	바깥지름 d_e의 허용값
75 이상 118 이하	± 0.3	± 0.3	± 0.6
125 이상 300 이하	± 0.4	± 0.4	± 0.8
315 이상 630 이하	± 0.6	± 0.6	± 1.2
710 이상 900 이하	± 0.8	± 0.8	± 1.6

1. 호칭치수는 형별(예 : M형)과 호칭지름(dp)가 된다.
2. 풀리의 재질은 보통 회주철(GC250)을 적용한다.
3. 형별 중 M형은 원칙적으로 한줄만 걸친다.(기호 : e)
4. 크기는 형별에 따라 M, A, B, C, D, E형으로 분류하고, 폭이 가장 좁은 것은 M형, 가장 넓은 것은 E형이다.

LESSON 02 V-벨트풀리 치수 기입 예

아래 편심구동장치에서 품번 ② M형, dp=60mm 일 때 작도 및 치수 기입 적용 예

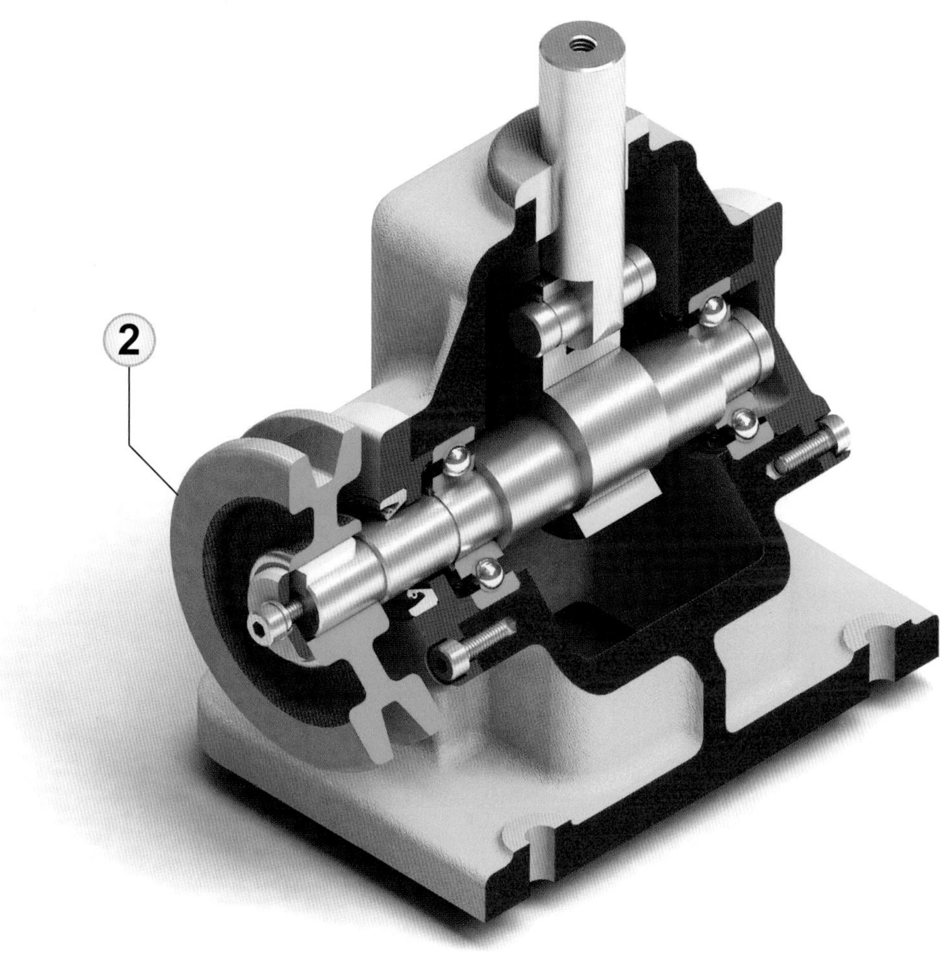

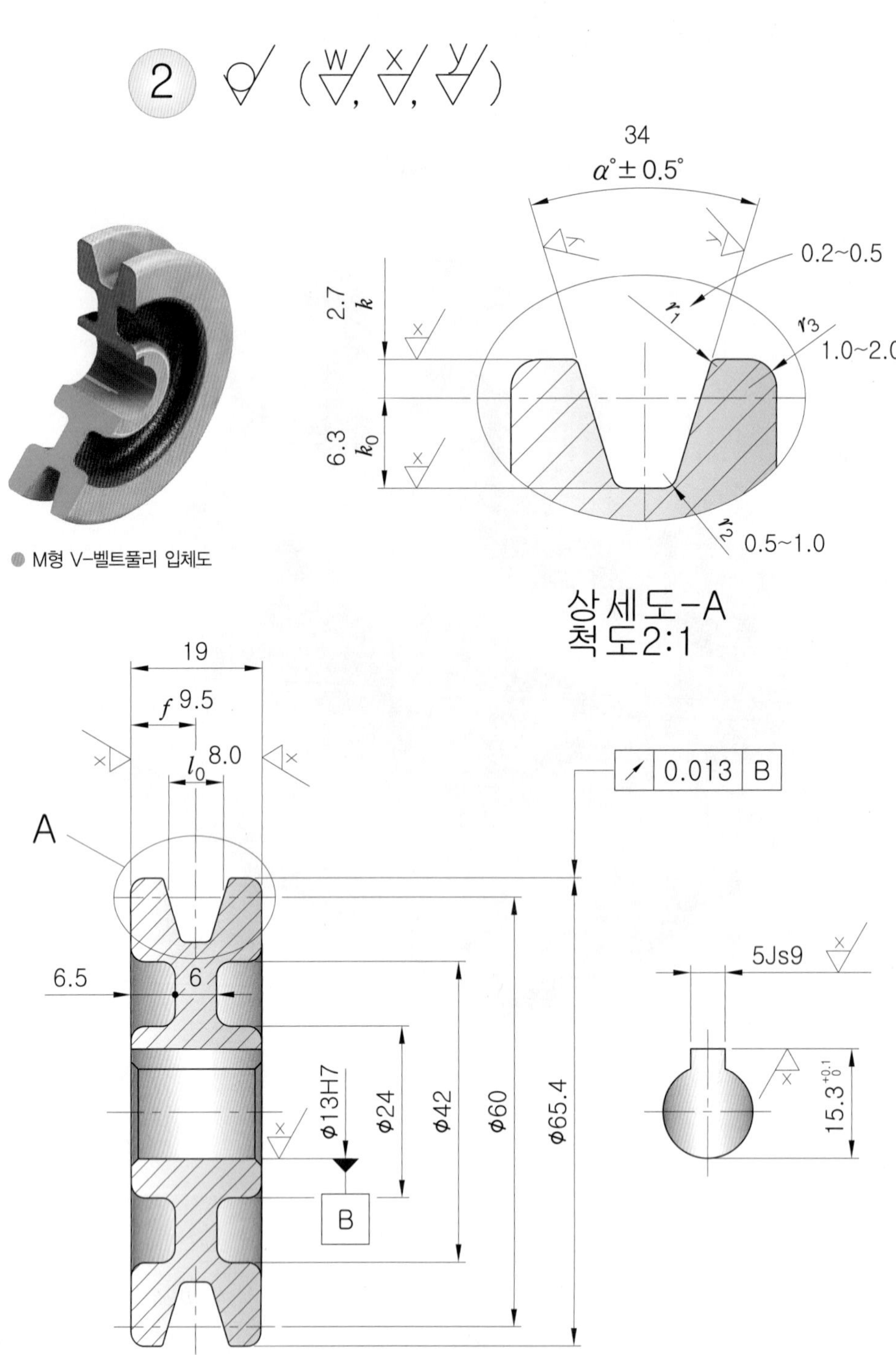

2
(w, x, y)
34
α°±0.5°
0.2~0.5
r_1
r_3
1.0~2.0
2.7
k
6.3
k_0
r_2
0.5~1.0
상세도-A
척도2:1
19
f 9.5
l_0 8.0
A
0.013
B
6.5
6
Φ13H7
Φ24
Φ42
Φ60
Φ65.4
5Js9
15.3 +0.1 0

● M형 V-벨트풀리 입체도

Section

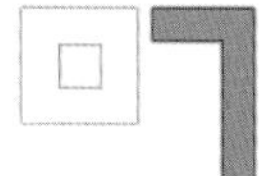

나사의 제도법

LESSON 01 나사의 표시법 KS B 0200

❶ 나사의 호칭

- 나사의 종류의 약호 : 표준화된 기호 예 M, G, Tr, HA 등
- 호칭지름 또는 크기 : 예 20, 1/2, 40, 4.5 등

❷ 나사의 등급

❸ 나사산의 감긴 방향 지시

- 왼나사 : 나사의 호칭에 약호 LH 추가 표시
- 동일 부품에 오른나사와 왼나사가 있는 경우 필요시 오른나사는 호칭방법에 약호 RH 추가 표시

❹ 나사의 제도법

나사는 그 종류에 따라 생기는 나선의 형상을 도시하려면 복잡하고 작도하기도 쉽지 않은데 나사의 실형 표시는 절대적으로 필요한 경우에만 사용하고 KS B ISO 6410:2009 에 의거하여 나선은 직선으로 하여 약도법으로 제도하는 것을 원칙으로 하고 있다.

LESSON 02 나사 제도시 용도에 따른 선의 분류 및 제도법 KS B ISO 6410

❶ **굵은 선(외형선)** : 수나사 바깥지름, 암나사 안지름, 완전 나사부와 불완전 나사부 경계선

❷ **가는 실선** : 수나사 골지름, 암나사 골지름, 불완전 나사부

❸ 나사의 끝면에서 본 그림에서는 나사의 골지름은 가는 실선으로 그려 원주의 3/4에 가까운 원의 일부로 표시하고 오른쪽 상단 1/4 정도를 열어둔다. 이때 모떼기 원을 표시하는 굵은 선은 일반적으로 생략한다.

❹ 나사부품의 단면도에서 해칭은 암나사 안지름, 수나사 바깥지름까지 작도한다.

❺ 암나사의 드릴구멍(멈춤구멍) 깊이는 나사 길이에 1.25배 정도로 작도한다. 일반적으로 나사 길이치수는 표시하나 멈춤구멍 깊이는 보통 생략한다. 특별히 멈춤구멍 깊이를 표시할 필요가 있는 경우 간단한 표시를 사용해도 좋다.

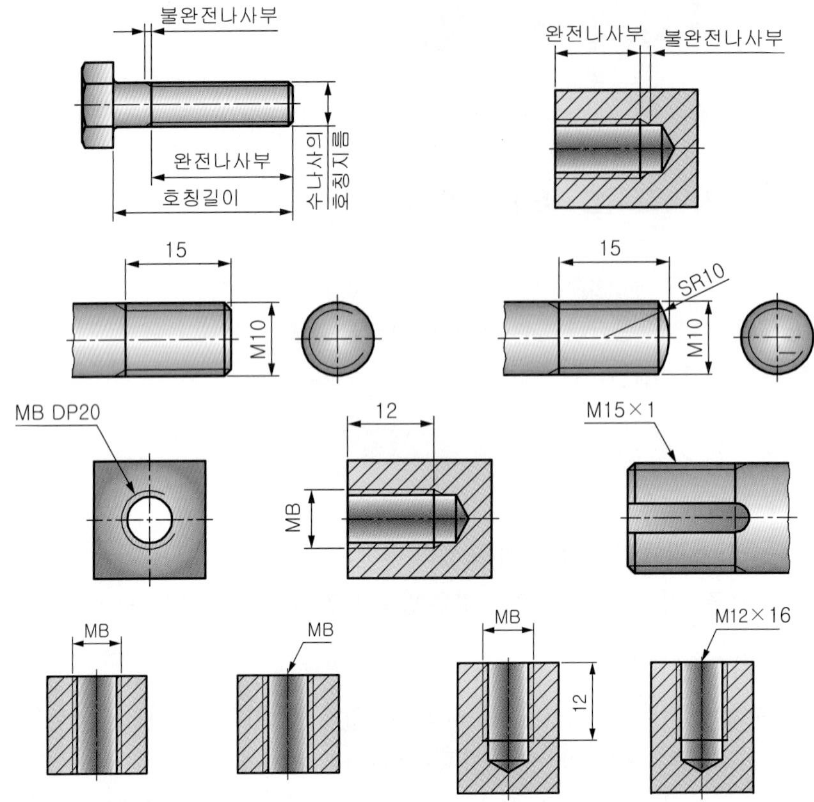

오른나사는 일반적으로 특기할 필요가 없다.
왼나사는 나사의 호칭 방법에 약호 LH

LESSON 03 나사 작도 예

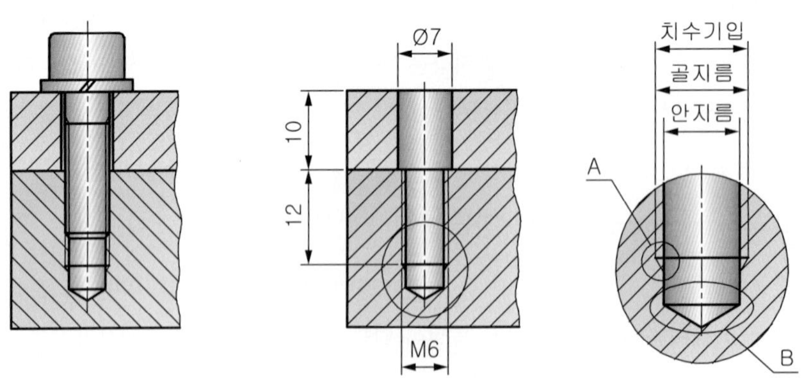

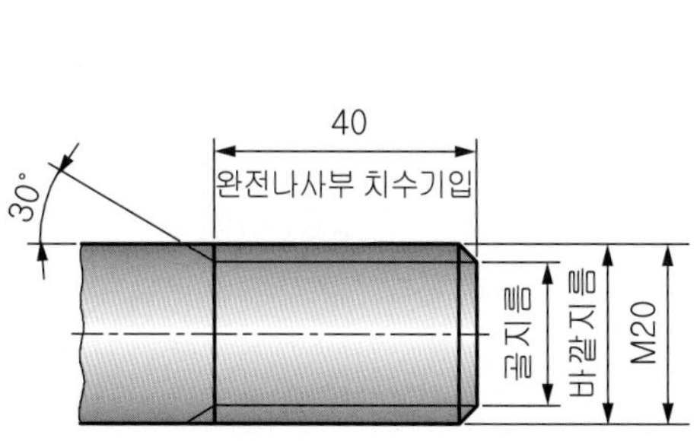

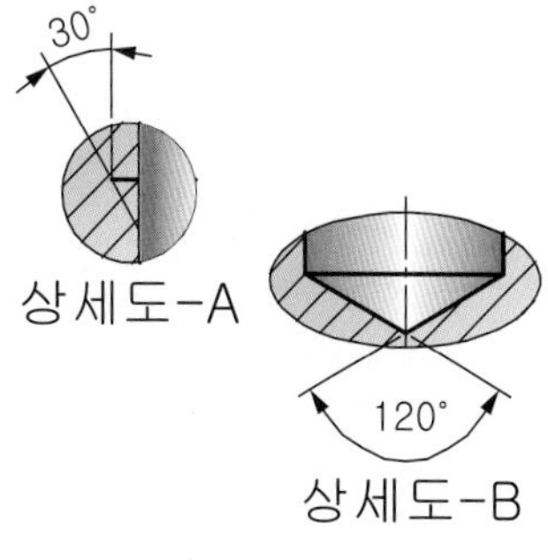

LESSON 04 체결하는 방법에 따른 볼트의 종류

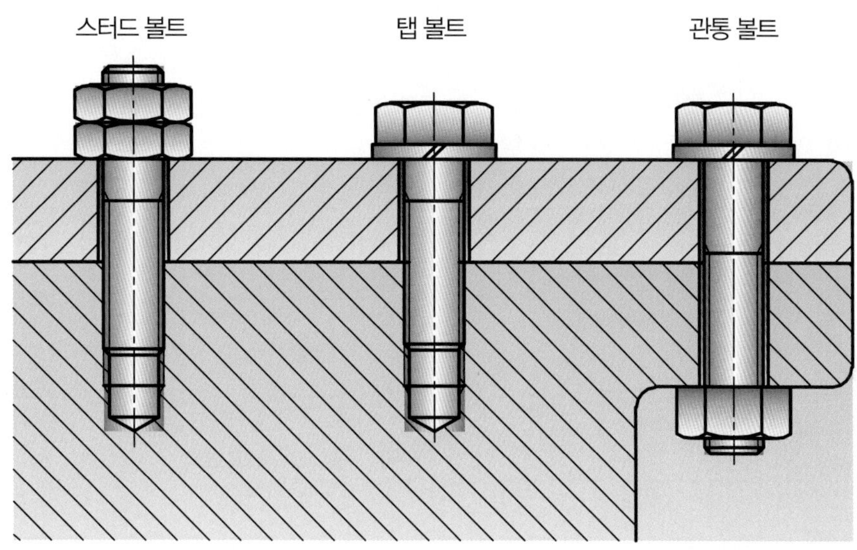

[참고]

- 관통 볼트 : 상호 체결하고자 하는 두 부품에 구멍 가공을 하여 볼트를 관통시킨 다음 나사부를 너트로 조인다.
- 탭 볼트 : 부품의 한 쪽에는 암나사를 가공하고 다른 부품에는 구멍 가공을 하여 볼트머리를 스패너나 육각렌치로 죄어 체결한다.
- 스터드볼트 : 축의 양쪽에 나사가공이 된 머리가 없는 볼트로 부품의 한 쪽에는 탭을 내고 다른 부품에는 구멍 가공을 하여 체결 후 너트로 조인다.

나사의 종류를 표시하는 기호 및 나사의 호칭에 대한 표시 방법의 보기

구 분		나사의 종류		나사의 종류를 표시하는 기호	나사의 호칭에 대한 표시 방법의 보기	관련 표준
일반용	ISO 표준에 있는것	미터보통나사		M	M8	KS B 0201
		미터가는나사			M8x1	KS B 0204
		미니츄어나사		S	S0.5	KS B 0228
		유니파이 보통 나사		UNC	3/8-16UNC	KS B 0203
		유니파이 가는 나사		UNF	No.8-36UNF	KS B 0206
		미터사다리꼴나사		Tr	Tr10x2	KS B 0229의 본문
		관용테이퍼 나사	테이퍼 수나사	R	R3/4	KS B 0222의 본문
			테이퍼 암나사	Rc	Rc3/4	
			평행 암나사	Rp	Rp3/4	
	ISO 표준에 없는것	관용평행나사		G	G1/2	KS B 0221의 본문
		30도 사다리꼴나사		TM	TM18	
		29도 사다리꼴나사		TW	TW20	KS B 0206
		관용 테이퍼나사	테이퍼 나사	PT	PT7	KS B 0222의 본문
			평행 암나사	PS	PS7	
		관용 평행나사		PF	PF7	KS B 0221
특수용		후강 전선관나사		CTG	CTG16	KS B 0223
		박강 전선관나사		CTC	CTC19	
		자전거나사	일반용	BC	BC3/4	KS B 0224
			스포크용		BC2.6	
		미싱나사		SM	SM1/4 산40	KS B 0225
		전구나사		E	E10	KS C 7702
		자동차용 타이어 밸브나사		TV	TV8	KS R 4006의 부속서
		자전거용 타이어 밸브나사		CTV	CTV8 산30	KS R 8004의 부속서

관용나사의 종류

❶ 관용 테이퍼나사 : 관, 관용 부품, 유체 기계 등의 접속에 있어 나사부의 내밀성을 주목적으로 한 나사

❷ 관용 평행 나사 : 관, 관용 부품, 유체 기계 등의 접속에 있어 기계적 결합을 주목적으로 한 나사

나사의 종류		ISO 규격	구 JIS 규격		KS 규격	
관용 테이퍼 나사	테이퍼 수나사	R	PT	JIS B 0203	R	KS B 0222
	테이퍼 암나사	Rc	PT		Rc	
	평행 암나사	Rp	PS		Rp	
관용 평행 나사	관용 평행 수나사	G (A 또는 B를 붙인다)	PF	JIS B 0202	G (A 또는 B를 붙인다)	KS B 0221
	관용 평행 암나사	G	PF		G	

Section

T-홈

T홈은 보통 범용밀링이나 레이디얼 드릴링머신의 베드(bed) 면에 여러 개의 홈이 있어 공작물이나 바이스(vise)를 견고하게 고정하는 경우에 T홈 볼트로 위치를 결정한 후 너트로 죄어 사용한다.

LESSON 01 T홈의 모양 및 주요 치수

T홈의 주요치수

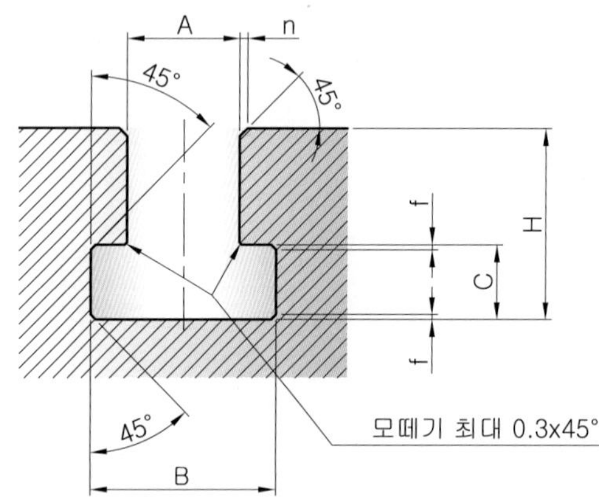

T홈 커터

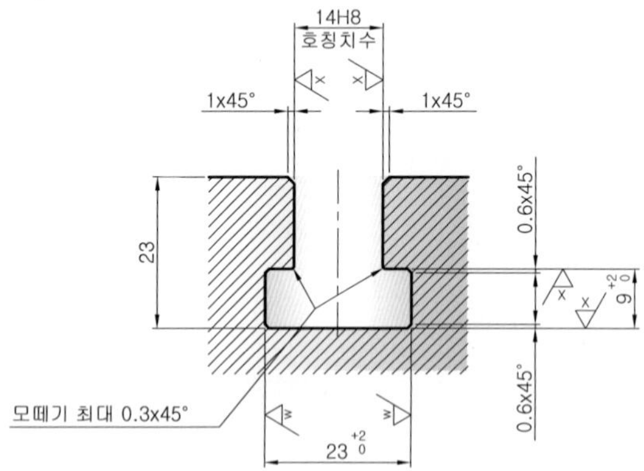

tip

1. T홈의 호칭치수는 A로 위쪽 부분의 홈이다.
2. 치수기입이 복잡한 경우는 상세도로 도시한다.
3. T홈의 호칭치수 A의 허용차는 0급에서 4급까지 5등급이 있다.

LESSON 02 T홈의 치수 기입예

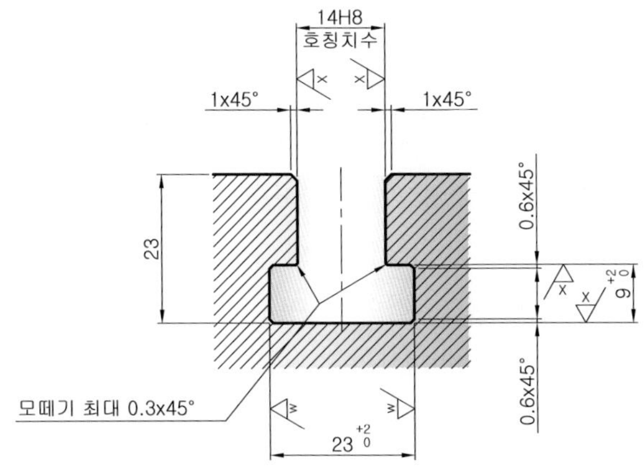

[비고] T홈의 호칭치수 A는 1급을 기준으로 적용하였다.

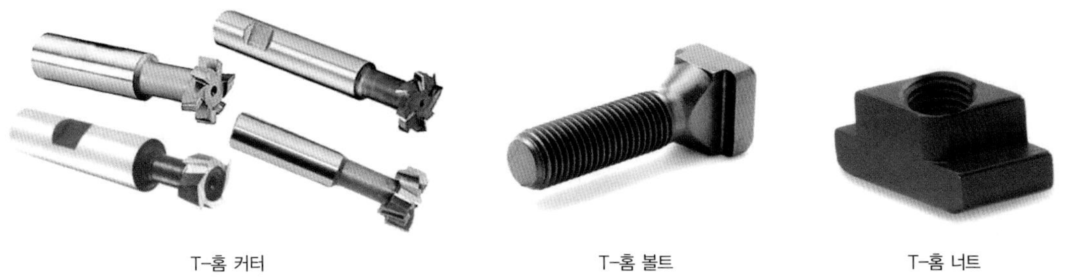

T-홈 커터　　T-홈 볼트　　T-홈 너트

Section

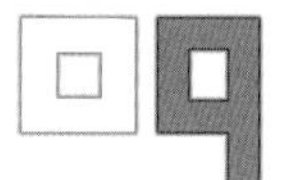

멈춤링(스냅링)

멈춤링은 축용과 구멍용의 2종류가 있으며, 흔히 스냅링(snap ring)이라 부르는데 베어링이나 축계 기계요소들의 이탈을 방지하기 위해 축과 구멍에 홈 가공을 하여 스냅링 플라이어(snap ring plier)라고 하는 전용 조립공구를 사용하여 스냅링에 가공되어 있는 2개소의 구멍을 이용해서 스냅링을 벌리거나 오므려 조립한다. 고정링으로는 C형과 E형 멈춤링이 일반적으로 사용된다. C형은 KS 규격에서 호칭번호 10에서 125까지 규격화되어 있다. E형은 그 모양이 E자 형상의 멈춤링으로 비교적 축지름이 작은 경우에 사용하며, 축지름이 1mm 초과 38mm 이하인 축에 사용하며 탈착이 편리하도록 설계되어 있다. 또한 멈춤링은 충분한 강도를 가져야 하며, 재료의 탄성이 크기 때문에 조립 후 위치의 유지와 탈착이 쉬워야 한다.

여러 가지 멈춤링의 종류 및 형상

축용 C형 멈춤링

구멍용 C형 멈춤링

E형 멈춤링

축용 C형 동심 멈춤링

구멍용 C형 동심 멈춤링

LESSON 01 축용 C형 멈춤링(스냅링)

축용 C형 멈춤링 설치 상태도

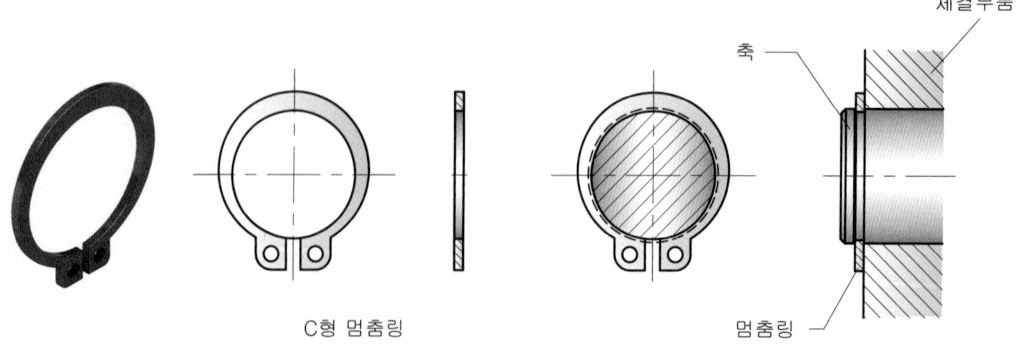

C형 멈춤링

축용 C형 멈춤링에 적용되는 주요 KS규격 치수

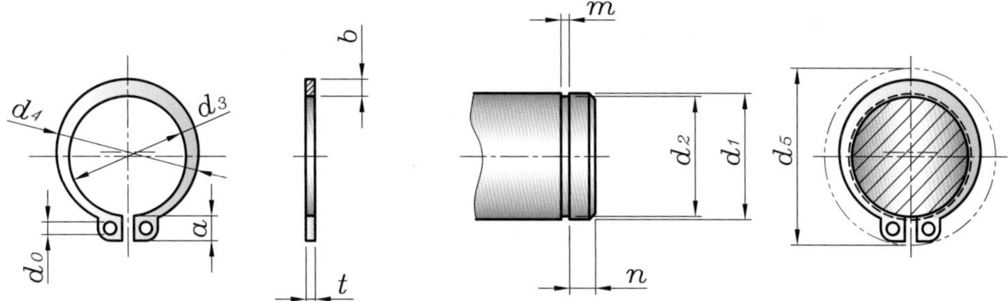

축용 C형 멈춤링의 치수기입

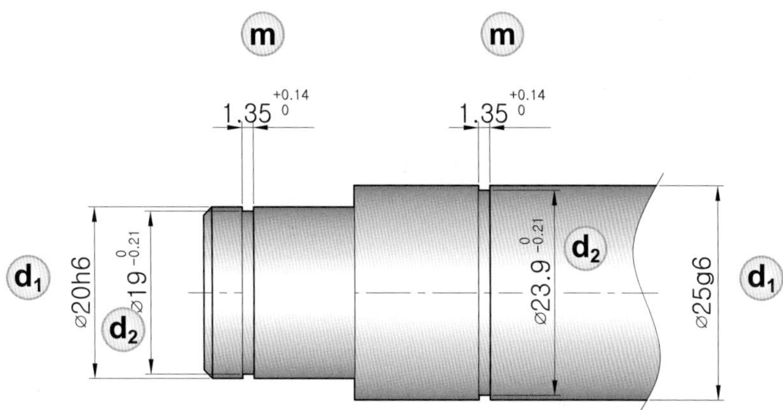

tip

1. T홈의 호칭치수는 A로 위쪽 부분의 홈이다.
2. 치수기입이 복잡한 경우는 상세도로 도시한다.
3. T홈의 호칭치수 A의 허용차는 0급에서 4급까지 5등급이 있다.

멈춤링 적용 예

축용 스냅링과 스냅링 플라이어

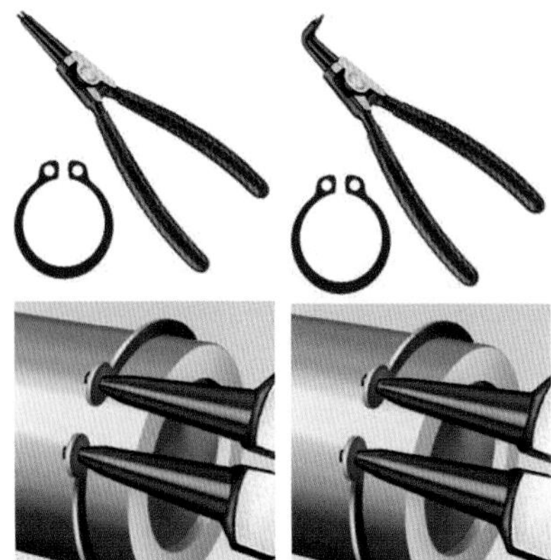

구멍용 스냅링과 스냅링 플라이어

나사의 종류를 표시하는 기호 및 나사의 호칭에 대한 표시 방법의 보기

[단위 : mm]

호칭			멈춤링							적용하는 축(참고)						
			d_3		t		b	a	d_0	d_5	d_1	d_2		m		n
1	2	3	기준치수	허용차	기준치수	허용차	약	약	최소			기준치수	허용차	기준치수	허용차	최소
10			9.3	±0.15	1	±0.05	1.6	3	1.2	17	10	9.6	0 −0.09	1.15	+0.14 0	1.5
	11		10.2				1.8	3.1		18	11	10.5	0 −0.11			
12			11.1	±0.18			1.8	3.2	1.5	19	12	11.5				
		13	12				1.8	3.3		20	13	12.4				
14			12.9				2	3.4	1.7	22	14	13.4				
15			13.8				2.1	3.5		23	15	14.3				
16			14.7				2.2	3.6		24	16	15.2				
17			15.7				2.2	3.7		25	17	16.2				
18			16.5		1.2	±0.06	2.6	3.8	2	26	18	17		1.35		
	19		17.5				2.7	3.8		27	19	18				
20			18.5	±0.2			2.7	3.9		28	20	19	0 −0.21			
		21	19.5				2.7	4		30	21	20				
22			20.5				2.7	4.1		31	22	21				
	24		22.2				3.1	4.2		33	24	22.9				
25			23.2				3.1	4.3		34	25	23.9				

구멍용 멈춤링 설치 상태도

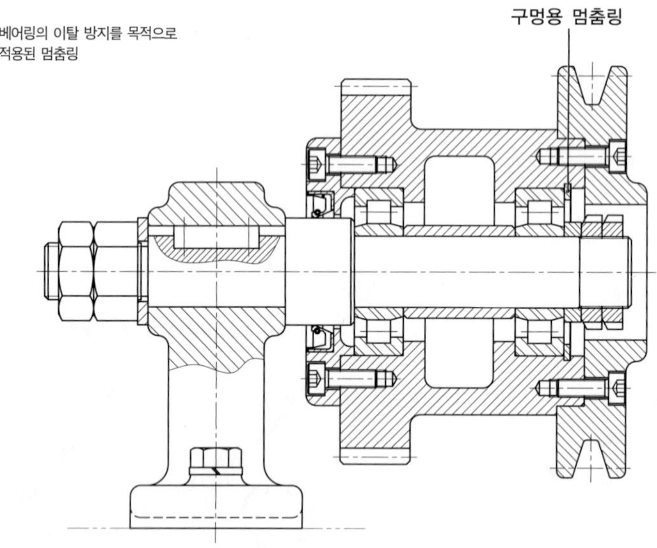

1. 멈춤링이 체결되는 구멍의 지름을 호칭 지름 d_1으로 한다.
2. d_1을 기준으로 멈춤링이 끼워지는 d_2, 홈의 폭 m 및 각 부의 허용차를 찾아 기입한다.
3. 치수기입이 복잡한 경우는 상세도로 도시한다.

구멍용 C형 멈춤링 [KS B 1336]

축용 C형 멈춤링에 적용되는 주요 KS규격 치수

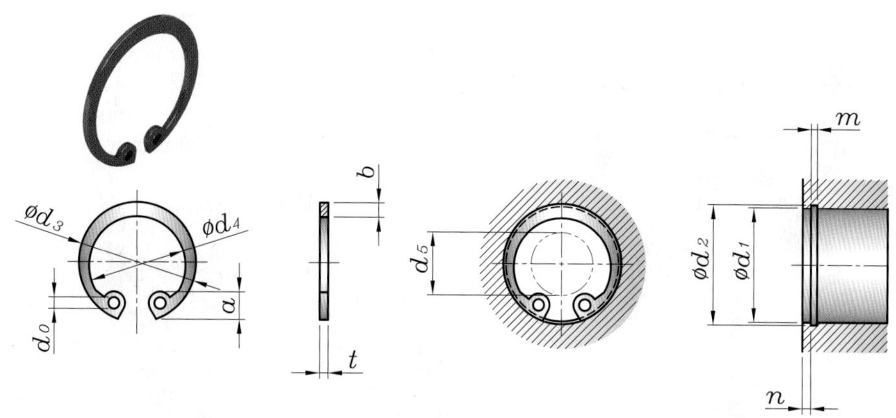

[단위 : mm]

호칭			멈춤링							적용하는 구멍 (참고)						
			d_3		t		b	a	d_0	d_5	d_1	d_2		m		n
1	2	3	기준 치수	허용차	기준 치수	허용차	약	약	최소			기준 치수	허용차	기준 치수	허용차	최소
10			10.7				1.8	3.1	1.2	3	10	10.4				
11			11.8				1.8	3.2		4	11	11.4				
12			13				1.8	3.3	1.5	5	12	12.5				
	13		14.1	±0.18			1.8	3.5		6	13	13.6	+0.11 0			
14			15.1				2	3.6		7	14	14.6				
	15		16.2				2	3.6		8	15	15.7				
16			17.3		1	±0.05	2	3.7	1.7	8	16	16.8		1.15		
	17		18.3				2	3.8		9	17	17.8				
18			19.5				2.5	4		10	18	19				
19			20.5				2.5	4		11	19	20				1.5
20			21.5				2.5	4		12	20	21				
		21	22.5	±0.2			2.5	4.1		12	21	22				
22			23.5				2.5	4.1		13	22	23	+0.21 0			
	24		25.9				2.5	4.3	2	15	24	25.2			+0.14 0	
25			26.9				3	4.4		16	25	26.2				
	26		27.9		1.2		3	4.6		16	26	27.2				
28			30.1				3	4.6		18	28	29.4		1.35		
30			32.1				3	4.7		20	30	31.4				
32			34.4			±0.06	3.5	5.2		21	32	33.7				
		34	36.5	±0.25			3.5	5.2		23	34	35.7				
35			37.8				3.5	5.2		24	35	37				
	36		38.8		1.6		3.5	5.2		25	36	38		1.75		
37			39.8				3.5	5.2		26	37	39	+0.25 0			
	38		40.8				4	5.3	2.5	27	38	40				2
40			43.5				4	5.7		28	40	42.5				
42			45.5	±0.4	1.8	±0.07	4	5.8		30	42	44.5		1.95		
45			48.5				4.5	5.9		33	45	47.5				
47			50.5	±0.45			4.5	6.1		34	47	49.5		1.9		

스냅링 플라이어와 설치 홈 가공

스냅링 플라이어

스냅링 홈 가공

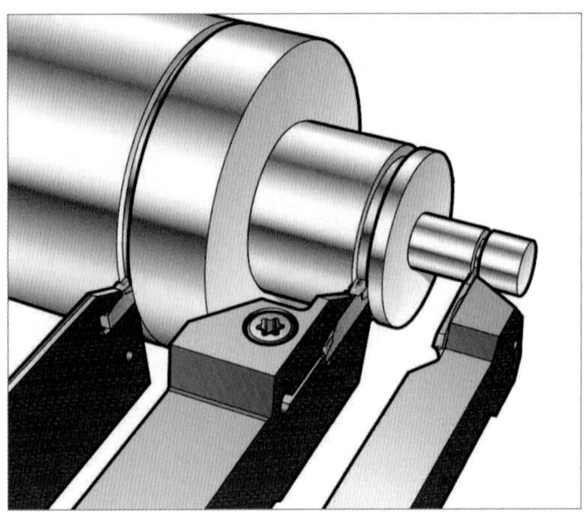

LESSON 02 C형 동심 멈춤링의 적용 [호칭지름 Ø20mm인 경우의 축과 구멍의 적용 예]

축용 C형 동심 멈춤링 적용 치수

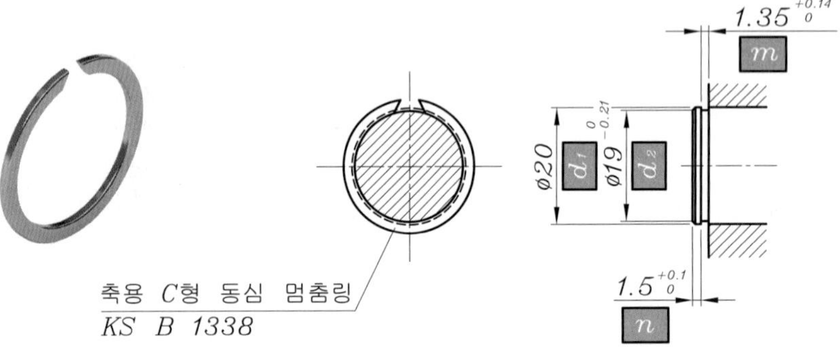

구멍용 C형 동심 멈춤링 적용 치수

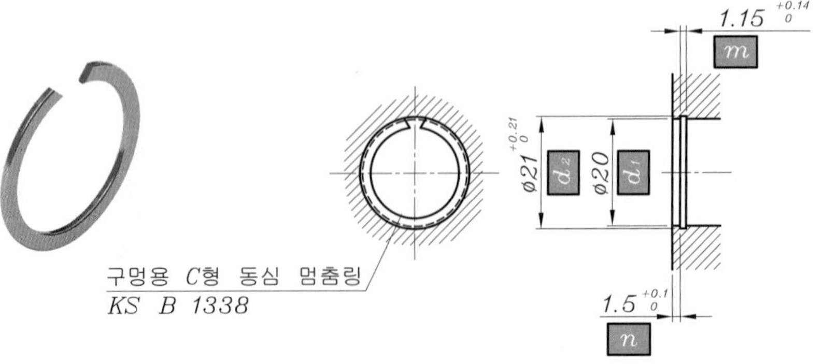

LESSON 03 E형 멈춤링(스냅링)의 치수 적용

E형 멈춤링은 비교적 축의 지름이 작은 경우에 적용하며, 그 형상이 E자 모양의 멈춤링으로축 지름이 1~38mm 이하인 축에 적용할 수 있도록 표준 규격화되어 있으며 탈착이 편리한 형상으로 되어 있다.

호칭지름은 적용하는 축의 안지름 d_2이다.

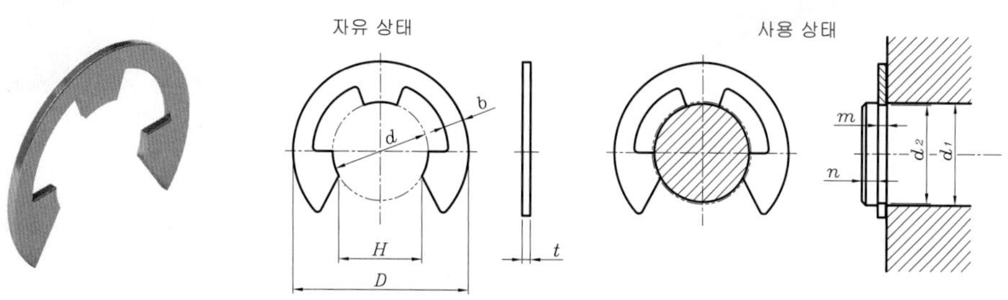

E형 멈춤링 [KS B 1337]

[단위 : mm]

호칭지름	멈춤링									적용하는 축 (참고)						
	d		D		H		t		b	d_1의 구분		d_2		m		n
	기본치수	허용차	기본치수	허용차	기본치수	허용차	기본치수	허용차	약	초과	이하	기본치수	허용차	기본치수	허용차	최소
0.8	0.8	0 −0.08	2	±0.1	0.7		0.2	±0.02	0.3	**1**	**1.4**	**0.8**	+0.05 0	**0.3**		**0.4**
1.2	1.2		3		1		0.3	±0.025	0.4	**1.4**	**2**	**1.2**		**0.4**	+0.05 0	**0.6**
1.5	1.5	0 −0.09	4		1.3	0 −0.25	0.4		0.6	**2**	**2.5**	**1.5**				**0.8**
2	2		5		1.7		0.4	±0.03	0.7	**2.5**	**3.2**	**2**	+0.06 0	**0.5**		
2.5	2.5		6		2.1		0.4		0.8	**3.2**	**4**	**2.5**				**1**
3	3		7		2.6		0.6		0.9	**4**	**5**	**3**				
4	4		9	±0.2	3.5		0.6		1.1	**5**	**7**	**4**		**0.7**		
5	5	0 −0.12	11		4.3	0 −0.30	0.6		1.2	**6**	**8**	**5**	+0.075 0			**1.2**
6	6		12		5.2		0.8	±0.04	1.4	**7**	**9**	**6**			+0.1 0	
7	7	0 −0.15	14		6.1		0.8		1.6	**8**	**11**	**7**		**0.9**		**1.5**
8	8		16		6.9	0 −0.35	0.8		1.8	**9**	**12**	**8**	+0.09 0			**1.8**
9	9		18		7.8		0.8		2.0	**10**	**14**	**9**				**2**
10	10		20		8.7		1.0	±0.05	2.2	**11**	**15**	**10**		**1.15**		
12	12	0 −0.18	23		10.4		1.0		2.4	**13**	**18**	**12**	+0.11 0			**2.5**
15	15		29	±0.3	13.0	0 −0.45	**1.6**		2.8	**16**	**24**	**15**		**1.75**		**3**
19	19	0 −0.21	37		16.5		**1.6**	±0.06	4.0	**20**	**31**	**19**	+0.13 0		+0.14 0	**3.5**
24	24		44		20.8	0 −0.50	2.0	±0.07	5.0	**25**	**38**	**24**		**2.2**		**4**

에어척

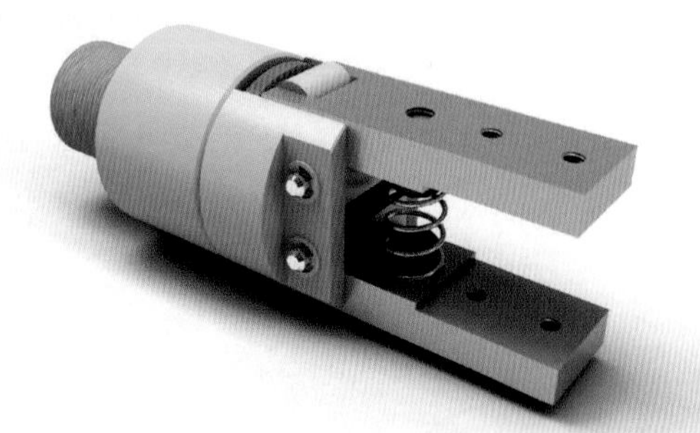

에어척 분해도

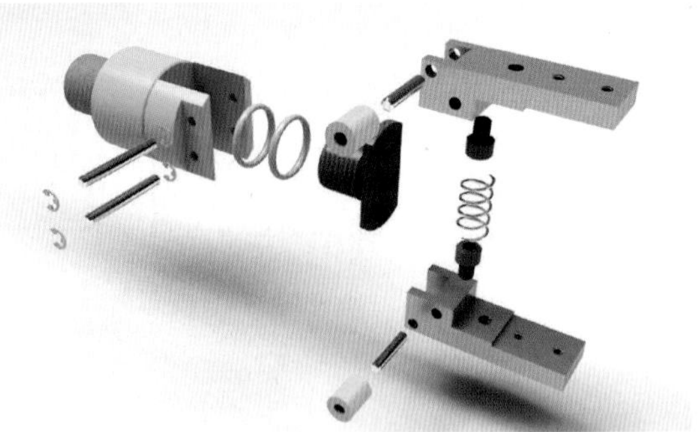

E형 멈춤링의 치수기입 예

적용하는 축지름 : Ø4
E형 스냅링 호칭 : 2.5

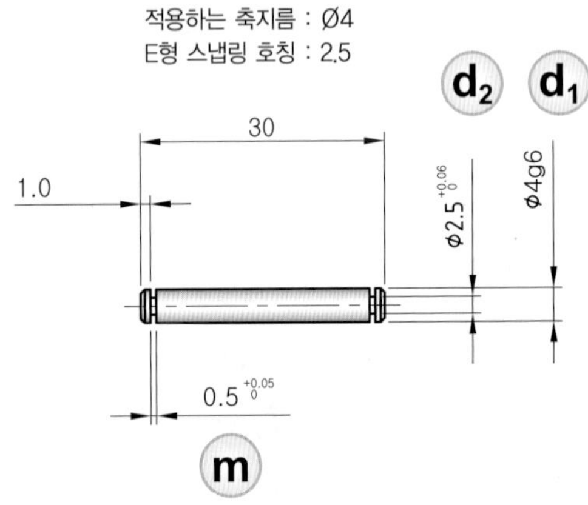

적용하는 축지름 : Ø6
E형 스냅링 호칭 : 4

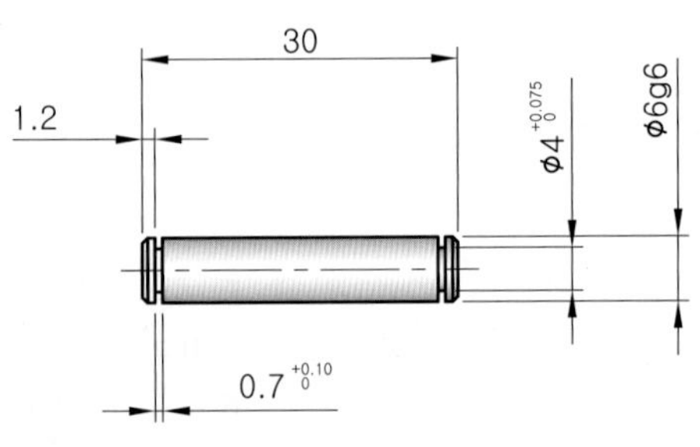

적용하는 축지름 : Ø8
E형 스냅링 호칭 : 6

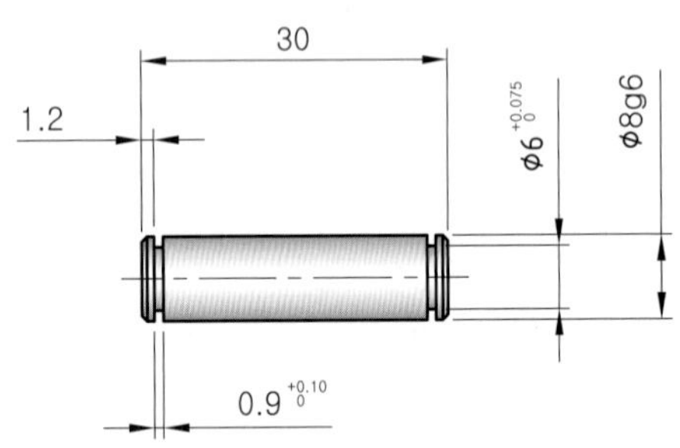

적용하는 축지름 : Ø12
E형 스냅링 호칭 : 10

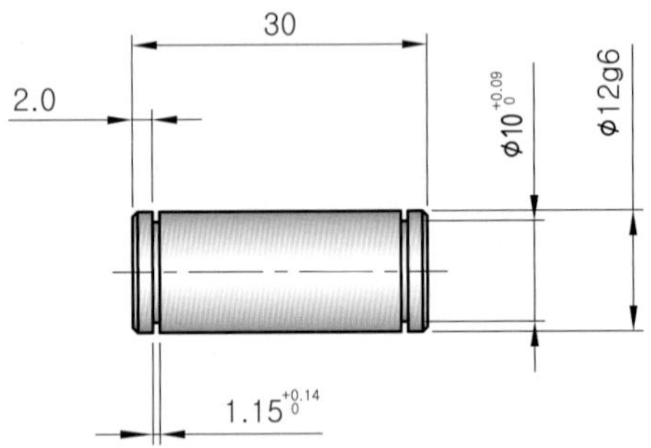

Section

오일실

오일실은 회전용으로 사용하며 외부로부터 침투되는 먼지나 오염물질 등을 내부에 있는 오일, 그리스 및 윤활제 등과 접촉하지 못하도록 하는 역할을 하는 기계요소이다. 독일에서 최초로 개발되었으며, 현재는 다양한 오일실이 개발되어 산업 현장 곳곳에서 사용되고 있다. 특히 기계류의 회전축 베어링 부를 밀봉시키고, 윤활유를 비롯한 각종 유체의 누설을 방지하며 외부에서 이물질, 더스트(dust) 등의 침입을 막는 회전용 실로서 가장 일반적으로 사용되고 있다.

LESSON 01 오일실의 KS규격을 찾아 적용하는 방법

오일실의 KS규격을 찾아 적용하는 방법은 적용할 **축지름** d를 기준으로 **오일실**의 **외경** D와 오일실의 폭:B를 찾고 축의 경우에는 오일실이 삽입되는 **축끝**의 **모떼기 치수**와 **축지름**에 대한 알맞은 **공차**를 적용하고, 구멍의 경우에는 오일실이 삽입되는 **구멍**의 **모떼기 치수**와 **공차** 그리고 **하우징**의 **폭**에 적용되는 허용차를 찾아 적용시키면 된다. 다음의 조립도에 도시된 오일실의 표현 방법은 다르지만 둘 다 오일실이 적용된 것을 나타낸다.

오일실의 도시법 [1]

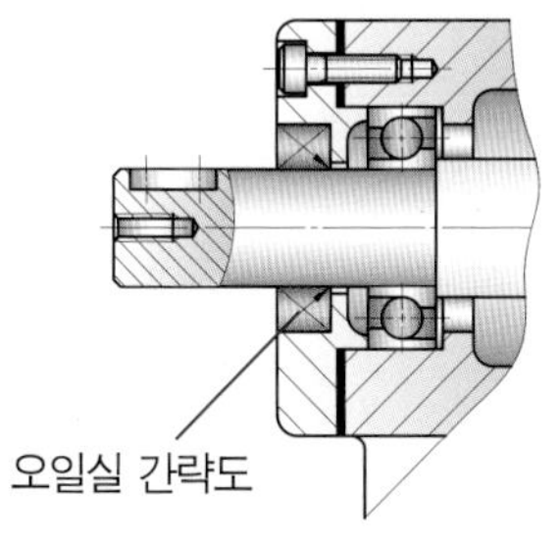

오일실의 도시법 [2]

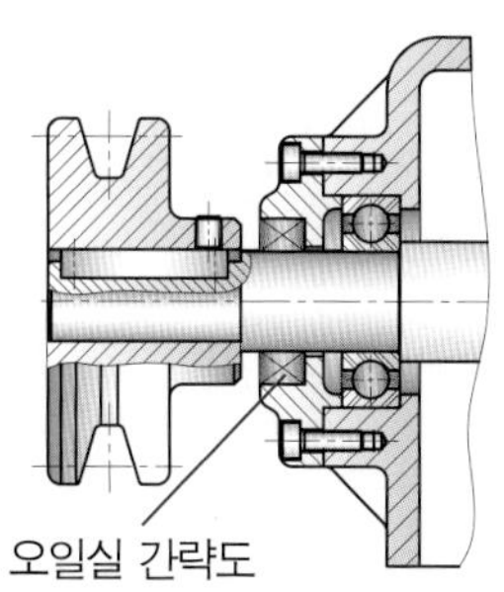

대표적인 오일실의 형상과 각부의 명칭

축 및 하우징의 치수

축 및 하우징의 치수

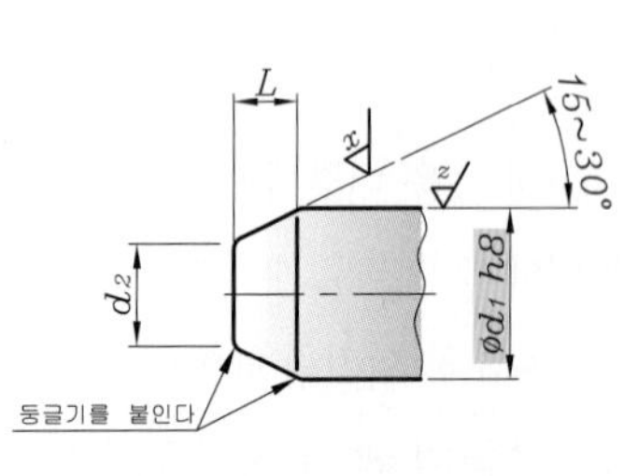

축의 치수 적용

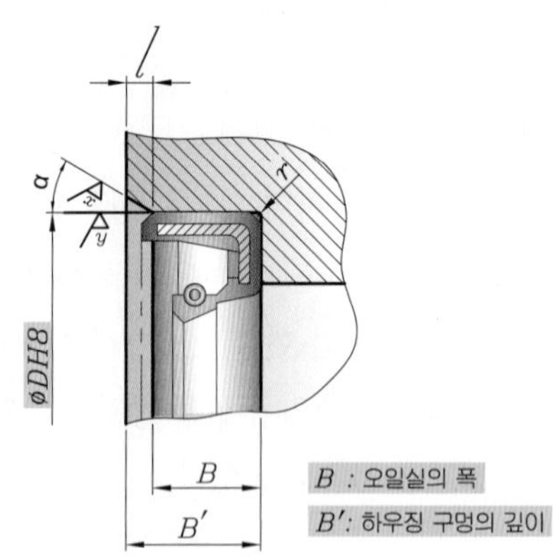

하우징 구멍의 치수 적용

오일실 폭	하우징 폭
B	B'
6 이하	B + 0.2
6~10	B + 0.3
10~14	B + 0.4
14~18	B + 0.5
18~25	B + 0.6

1. 축의 지름 **d**를 기준으로 오일실의 외경 D, 폭 B를 찾아 치수를 적용한다.
2. $\alpha = 15 \sim 30°$
3. $l = 0.1B \sim 0.15B$
4. $r \geq 0.5mm$
5. D = 오일실의 외경

오일실 [KS B 2804]

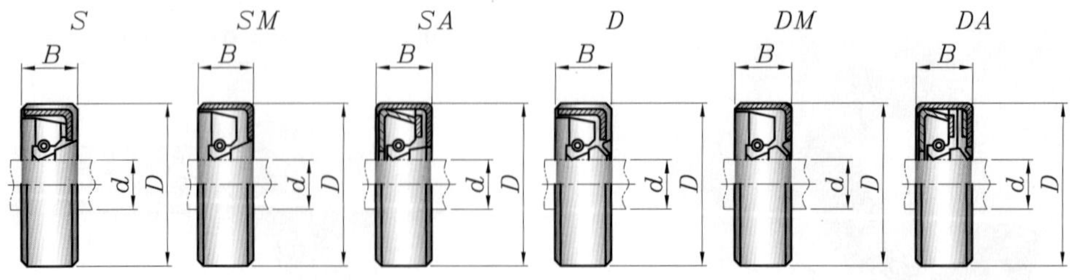

[단위 : mm]

호칭 안지름 d	바깥 지름 D	오일실 폭 B	하우징 폭 B'	호칭 안지름 d	바깥 지름 D	오일실 폭 B	하우징 폭 B'
7	18	7	7.3	20	32	8	8.3
	20				35		
8	18	7		22	35	8	
	22				38		
9	20	7		24	38	8	
	22				40		
10	20	7		25	38	8	
	25				40		
11	22	7		★26	38	8	
	25				42		
12	22	7		28	40	8	
	25				45		
★13	25	7		30	42	8	
	28				45		
14	25	7		32	52	11	11.4
	28			35	55	11	
15	25	7		38	58	11	
	30			40	62	11	

LESSON 02 축 및 구멍의 치수

오일실 조립부 치수 기입예

[축의 치수] 기준 축 지름이 Ø30mm 인 경우 적용 예

축의 오일실 조립부 치수 기입예

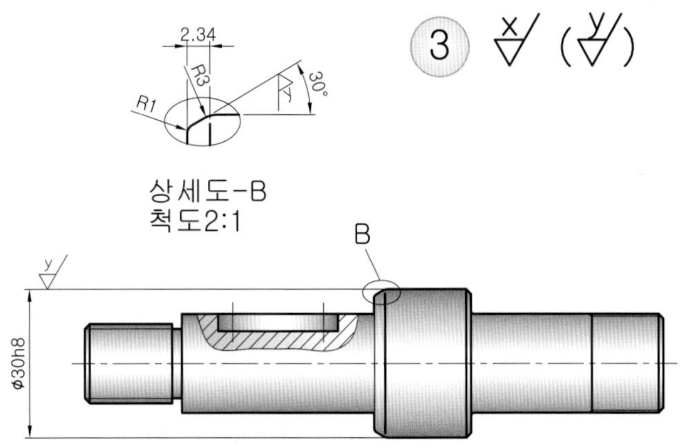

[구멍의 치수] 축 지름(기준) d=15, 바깥지름 D=25, 나비 B=7

커버 구멍의 오일실 조립부 치수 기입예

❶ α=30°로 정한다.

❷ $l=0.1\times B=0.1\times 7=0.7$ 또는 $l=0.15\times B=0.15\times 7=1.05$

축의 지름에 따른 끝단의 모떼기 치수(d_1, d_2, L)

축끝의 모떼기 치수

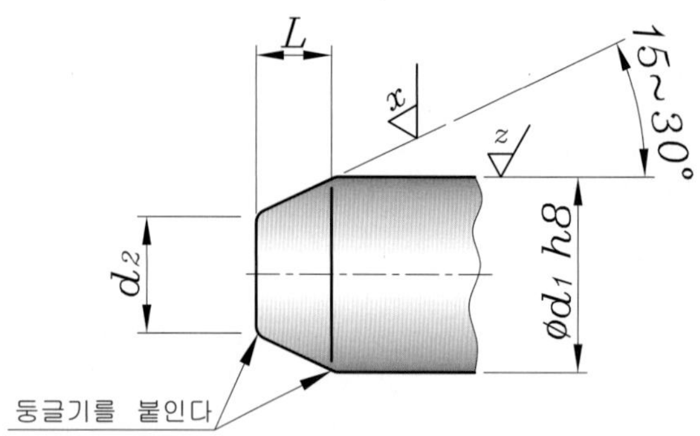

축의 지름 d_1	d_2 (최대)	모떼기 L 30°	축의 지름 d_1	d_2 (최대)	모떼기 L 30°	축의 지름 d_1	d_2 (최대)	모떼기 L 30°
7	5.7	1.13	55	51.3	3.2	180	173	6.06
8	6.6	1.21	56	52.3	3.2	190	183	6.06
9	7.5	1.3	★ 58	54.2	3.2	200	193	6.06
10	8.4	1.39	60	56.1	3.38	★210	203	6.06
11	9.3	1.47	★ 62	58.1	3.38	220	213	6.06
12	10.2	1.56	63	59.1	3.38	(224)	(217)	6.06
★ 13	11.2	1.56	65	61	3.46	★230	223	6.06
14	12.1	1.65	★ 68	63.9	3.55	240	233	6.06
15	13.1	1.65	70	65.8	3.64	250	243	6.06
16	14	1.73	(71)	(66.8)	3.64	260	249	9.53
17	14.9	1.82	75	70.7	3.72	★270	259	9.53
18	15.8	1.91	80	75.5	3.9	280	268	10.39
20	17.7	1.99	85	80.4	3.98	★290	279	9.53
22	19.6	2.08	90	85.3	4.07	300	289	9.53
24	21.5	2.17	95	90.1	4.24	(315)	(304)	9.53
25	22.5	2.17	100	95	4.33	320	309	9.53
★ 26	23.4	2.25	105	99.9	4.42	340	329	9.53
28	25.3	2.34	110	104.7	4.59	(355)	(344)	9.53
30	27.3	2.34	(112)	(106.7)	4.59	360	349	9.53
32	29.2	2.42	★115	109.6	4.68	380	369	9.53
35	32	2.6	120	114.5	4.76	400	389	9.53
38	34.9	2.68	125	119.4	4.85	420	409	9.53
40	36.8	2.77	130	124.3	4.94	440	429	9.53
42	38.7	2.86	★135	129.2	5.02	(450)	(439)	9.53
45	41.6	2.94	140	133	6.06	460	449	9.53
48	44.5	3.03	★145	138	6.06	480	469	9.53
50	46.4	3.12	150	143	6.06	500	489	9.53
★ 52	48.3	3.2	160	153	6.06			
			170	163	0.06			

[비고] ★을 붙인 것은 KS B 0406에 없는 것이고, (　)를 붙인 것은 되도록 사용하지 않는다.

Section

11 널링 [KS B 0901]

널링(Knurling)은 핸들, 측정 공구 및 제품의 손잡이 부분에 바른줄이나 빗줄 무늬의 홈을 만들어서 미끄럼을 방지하는 가공이다. 널링의 표시 방법은 간단하며 **빗줄형**의 경우 **해칭각도(30°)**에 주의한다.

1. 널링 표시 방법

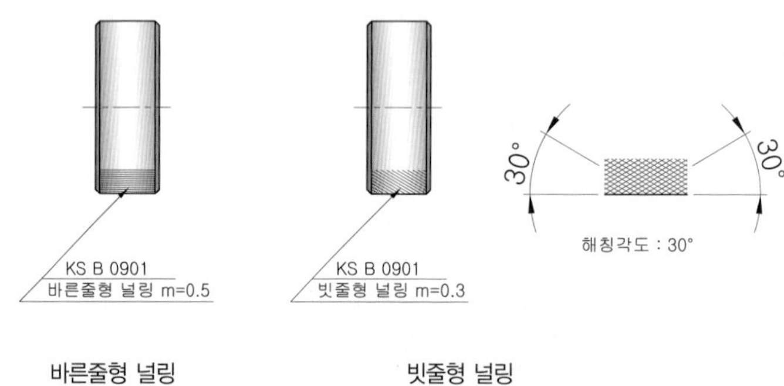

바른줄형 널링　　　빗줄형 널링

2. 널링 도시 예

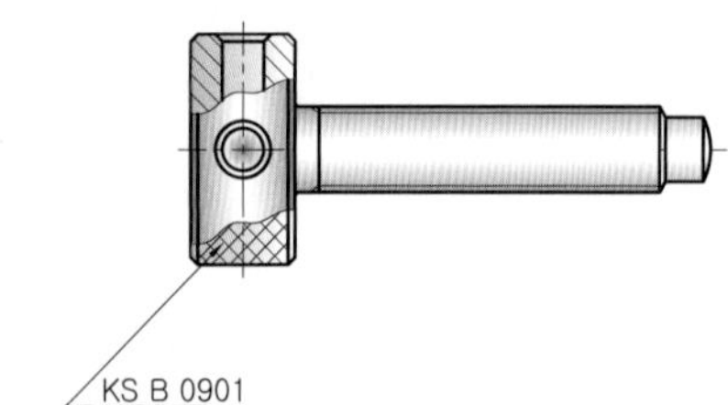

3. 널링가공용 공구

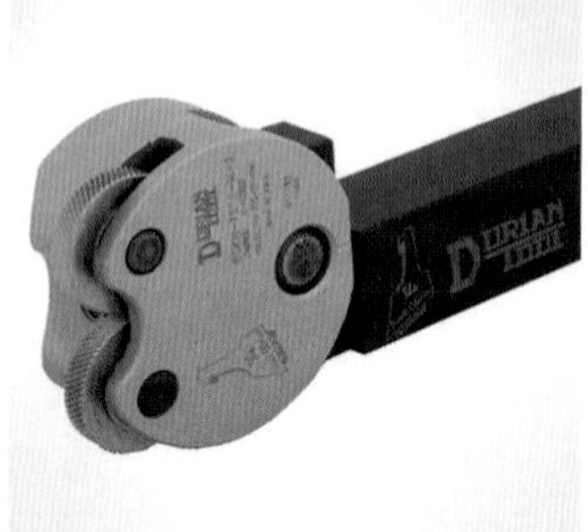

4. 널링 가공 부품 예

[바른줄형 널링]

바른줄형

[밧줄형 널링]

빗줄형

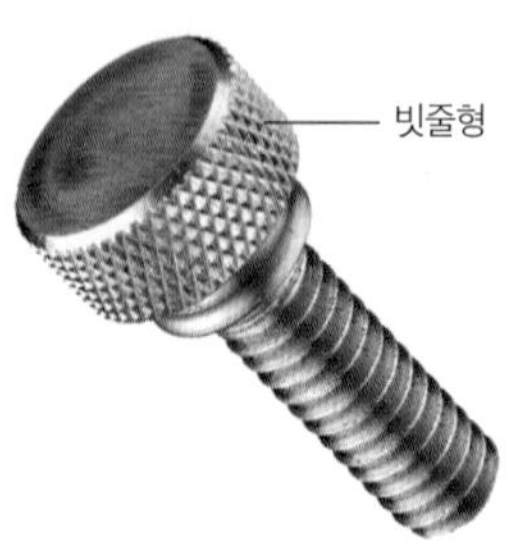

Section

12 표면거칠기 기호의 크기 및 방향과 품번 도시법

표면거칠기 기호 및 다듬질 기호의 비교와 명칭 그리고, 표면거칠기 기호를 도면상에 도시하는 방법과 문자의 방향을 알아보도록 하자. 부품도상에 기입하는 경우와 품번 우측에 기입하는 방법에 대해서 알기 쉽도록 그림으로 나타내었다.

표면거칠기 표기법

명칭(다듬질 정도)	다듬질 기호(구기호)	표면거칠기(신기호)	산술(중심선) 평균거칠기(Ra)값	최대높이(Ry)값	10점 평균 거칠기(Rz)값
매끄러운 생지	∼	∀		특별히 규정하지 않는다.	
거친 다듬질	▽	w∀	Ra25 Ra12.5	Ry100 Ry50	Rz100 Rz50
보통 다듬질	▽▽	x∀	Ra6.3 Ra3.2	Ry25 Ry12.5	Rz25 Rz12.5
상 다듬질	▽▽▽	y∀	Ra1.6 Ra0.8	Ry6.3 Ry3.2	Rz6.3 Rz3.2
정밀 다듬질	▽▽▽▽	z∀	Ra0.4 Ra0.2 Ra0.1 Ra0.05 Ra0.025	Ry1.6 Ry0.8 Ry0.4 Ry0.2 Ry0.1	Rz1.6 Rz0.8 Rz0.4 Rz0.2 Rz0.1

표면거칠기 기호의 크기 및 방향 도시법과 품번 도시법

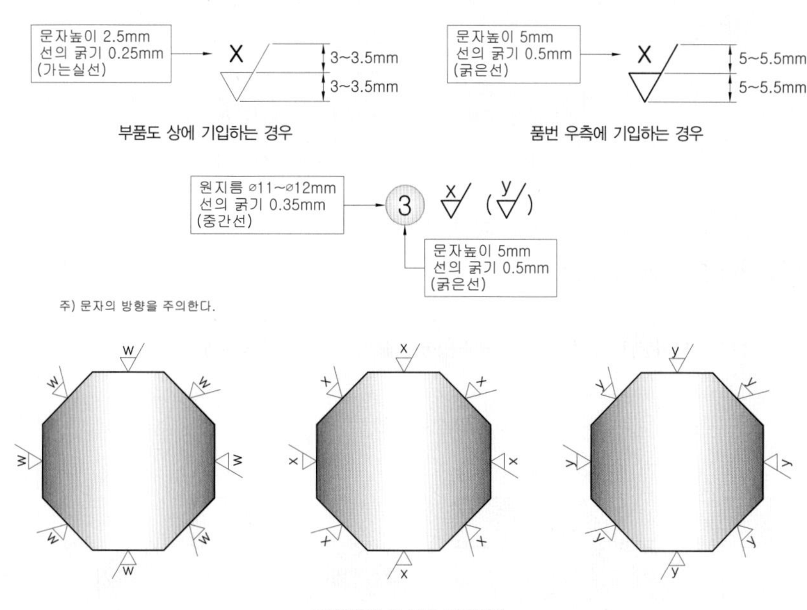

표면거칠기 및 문자 표시 방법

Section

센터 [KS B 0410, KS B 0618, KS A ISO 6411]

센터(Center)는 선반(lathe) 작업에 있어서 축과 같은 공작물을 주축대와 심압대 사이에 끼워 지지하는 공구로 주축에 끼워지는 회전센터(live center)와 심압대에 삽입되는 고정센터(dead center)가 있다. 센터의 각도는 보통 60°이나 대형 공작물의 경우 75°, 90°의 것을 사용하는 경우도 있다.

선반 가공시 공작물의 양끝을 센터로 지지하기 위하여 센터드릴로 가공해두는 구멍을 센터 구멍(Center hole)이라고 한다. 센터 구멍의 치수는 KS B 0410을 따르고 센터 구멍의 간략 도시 방법은 KS A ISO 6411-1:2002를 따른다.

범용선반

회전센터

고정센터

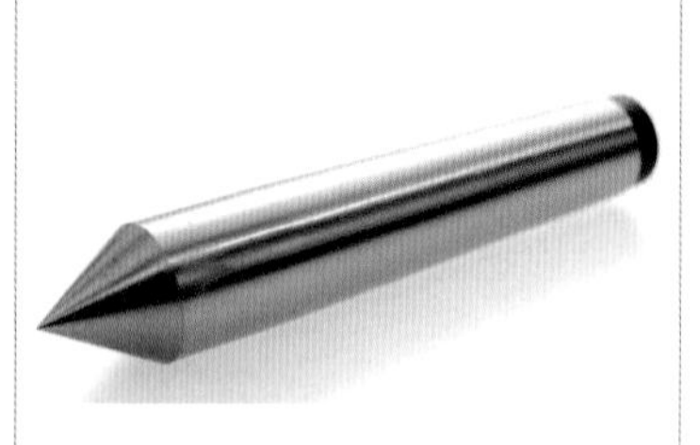

1. 센터 구멍의 종류 [KS B 0410]

종 류	센터 각도	형식	비 고
제 1 종	60°	A형, B형, C형, R형	A형 : 모떼기부가 없다.
제 2 종	75°	A형, B형, C형	B, C형 : 모떼기부가 있다.
제 3 종	90°	A형, B형, C형	R형 : 곡선 부분에 곡률 반지름 r이 표시된다.

2. 센터 구멍의 표시방법 [KS B 0618 : 2000]

센터 구멍	반드시 남겨둔다.	남아 있어도 좋다.	남아 있어서는 안된다.	기호 크기
도시 기호	<	없음(무기호)	K	기호 선 굵기 (약 0.35mm)
도시 방법	규격번호 호칭방법	규격번호 호칭방법	규격번호 호칭방법	5 60 4

3. 센터 구멍의 호칭

센터 구멍의 호칭은 적용하는 드릴에 따라 다르며, 국제 규격이나 이 부분과 관계있는 다른 규격을 참조할 수 있다. 센터 구멍의 호칭은 아래를 따른다.

❶ 규격의 번호

❷ 센터 구멍의 종류를 나타내는 문자(R, A 또는 B)

❸ 파일럿 구멍 지름 d

❹ 센터 구멍의 바깥지름 D(D_1~D_3)
두 값(d와 D)은 "/"로 구분지어 표시한다.

규격번호 : KS A ISO 6411-1, A형 센터 구멍, 호칭지름 d = 2mm, 카운터싱크지름 D= 4.25mm인 센터 구멍의 도면 표시법은 다음과 같다.

KS A ISO 6411 -1 A 2/4.25

4. 센터 구멍의 적용예

❶ 센터 구멍을 남겨놓아야 하는 경우의 치수기입 법(KS A ISO 6411-1 표시법)

센터 구멍을 남겨놓아야 하는 경우의 치수기입법 (KS A ISO 6411-1 표시법)

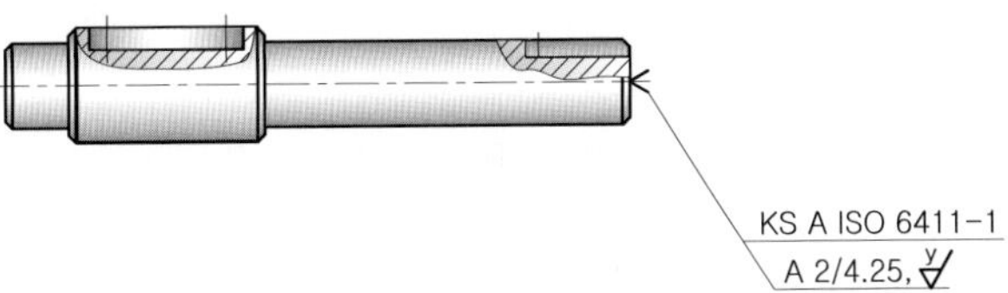

❷ 센터 구멍을 남겨놓지 말아야 하는 경우의 치수기입 법(KS A ISO 6411-1 표시법)

센터 구멍을 남겨놓지 말아야 하는 경우의 치수기입 법 (기존 표시법)

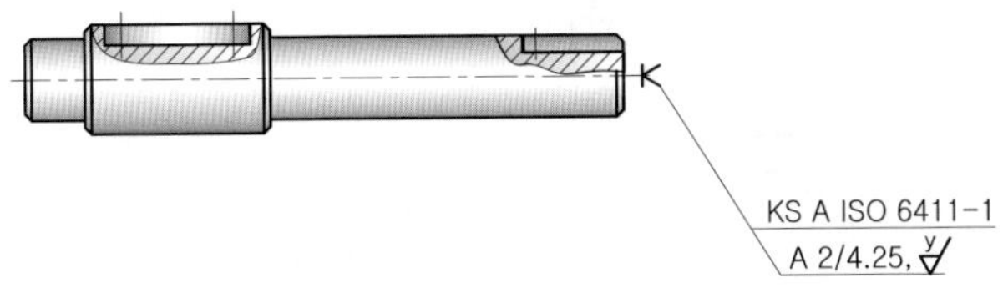

[참고] 센터구멍 가공

Section

14 오링 [KS B 2799]

오링(O-Ring)은 고정용 실의 대표적인 요소이며, 단면이 원형인 형상의 패킹(packing)의 하나로써, 일반적으로 축이나 구멍에 홈을 파서 끼워넣은 후 적절하게 압축시켜 기름이나 물, 공기, 가스 등 다양한 유체의 누설을 방지하는데 사용하는 기계요소로 재질은 합성고무나 합성수지 등으로 하며 밀봉부의 홈에 끼워져 기밀성 및 수밀성을 유지하는 곳에 많이 사용된다. 실 가운데 패킹과 오링이 있는데 패킹은 주로 공압이나 유압 실린더 기기와 같이 왕복 운동을 하는 곳에 주로 사용되며, 오링은 주로 고정용으로 여러 분야에 널리 사용되고 있다.

아래 도면의 공압실린더 조립도의 부품 중에 오링이 조립되어있는 품번② 피스톤과 품번④ 로드커버의 부품도면에서 오링과 관련된 규격을 적용해 본다.

공압실린더 조립도

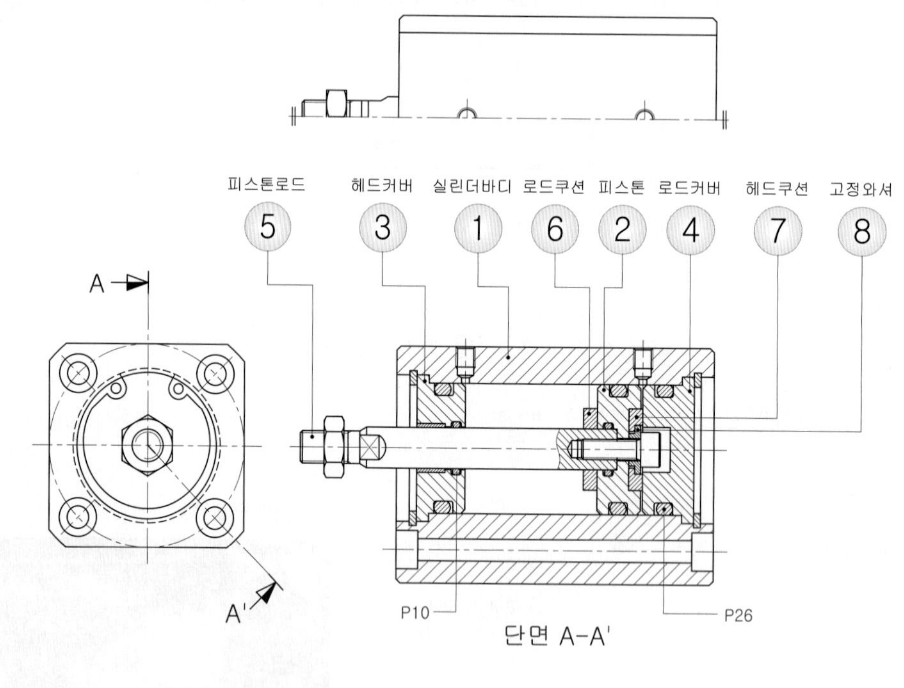

참고로 오링 중 P계열은 운동용과 고정용으로 G계열은 고정용으로만 사용한다.

오링이 장착된 공압실린더

공압실린더 분해구조도

LESSON 01 오링 규격 적용 방법

품번② 피스톤에는 2개소의 오링이 부착된 것을 알 수가 있다. 먼저 호칭치수 **d=10H7/10e8** 내경부위에 적용된 오링의 공차를 찾아 넣어보자. 호칭치수 **d10**을 기준으로 오링이 끼워지는 바깥지름 **D=13**, 홈부의 치수 구분 중에 **G**의 경우는 오링을 1개만 사용했으므로 '백업링 없음에서 **2.5**를 찾고 공차 **+0.25~0**을 적용해준다(상세도-A 참조). 또한 **R**은 **최대 0.4**임을 알 수가 있다.

피스톤 부품도

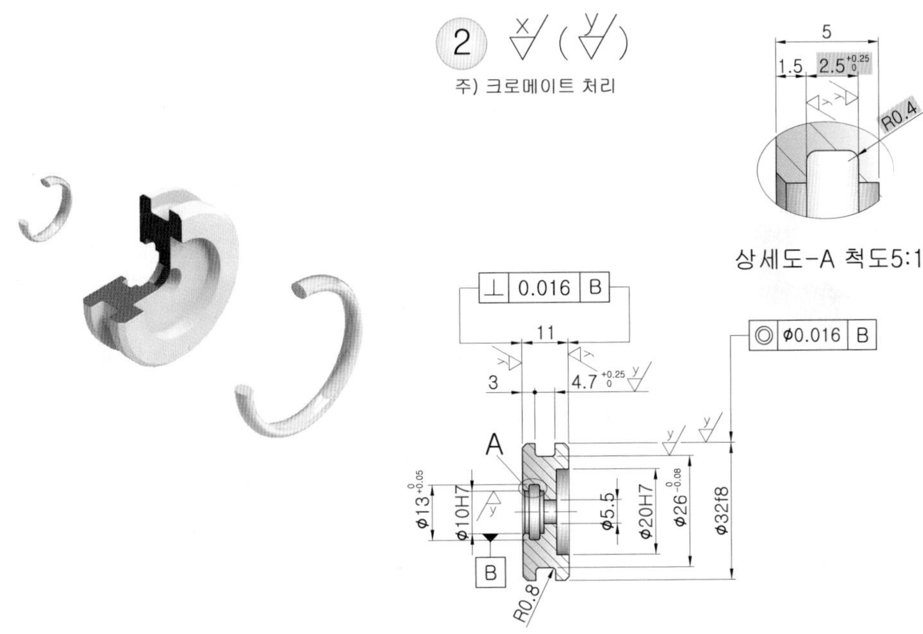

다음으로 호칭치수 **D=32**의 외경에 적용되는 오링의 치수를 찾아보면, **d=26**이고 공차는 **0~−0.08**, 그리고 홈부 **G**의 치수는 역시 백업링을 사용하지 않으므로 **G=4.7**에 공차는 **+0.25~0**임을 알 수가 있다. 또한 **R**은 최대 **0.7**로 적용하면 된다.

운동용 및 고정용 (원통면)의 홈 부의 모양 및 치수

<table>
<tr><th rowspan="3">O링의 호칭번호</th><th colspan="13">홈 부의 치수</th></tr>
<tr><th colspan="2" rowspan="2">d</th><th colspan="3">참 고</th><th colspan="2" rowspan="2">D</th><th rowspan="2">D의 허용차에 상당하는 끼워맞춤 기호</th><th colspan="3">G+0.25 0</th><th rowspan="2">R 최대</th><th rowspan="2">E 최대</th></tr>
<tr><th colspan="3">d의 허용차에 상당하는 끼워맞춤 기호</th><th>백업링 없음</th><th>백업링 1개</th><th>백업링 2개</th></tr>
<tr><td>P3</td><td>3</td><td rowspan="8">0 −0.05</td><td rowspan="8">h9</td><td rowspan="8">f8</td><td rowspan="4">e9</td><td>6</td><td rowspan="8">+0.05 0</td><td>H10</td><td rowspan="8">2.5</td><td rowspan="8">3.9</td><td rowspan="8">5.4</td><td rowspan="8">0.4</td><td rowspan="8">0.05</td></tr>
<tr><td>P4</td><td>4</td><td>7</td><td rowspan="7">H9</td></tr>
<tr><td>P5</td><td>5</td><td>8</td></tr>
<tr><td>P6</td><td>6</td><td>9</td></tr>
<tr><td>P7</td><td>7</td><td rowspan="4">e8</td><td>10</td></tr>
<tr><td>P8</td><td>8</td><td>11</td></tr>
<tr><td>P9</td><td>9</td><td>12</td></tr>
<tr><td>P10</td><td>10</td><td>13</td></tr>
</table>

다음으로 **품번④ 로드커버**의 부품도면에서 오링과 관련된 규격을 적용해 보자. 마찬가지로먼저 호칭치수 **D=32, d=26**을 기준으로 해서 도면에 적용하면 아래와 같이 치수 및 공차가 적용됨을 알 수가 있다.

피스톤 부품도

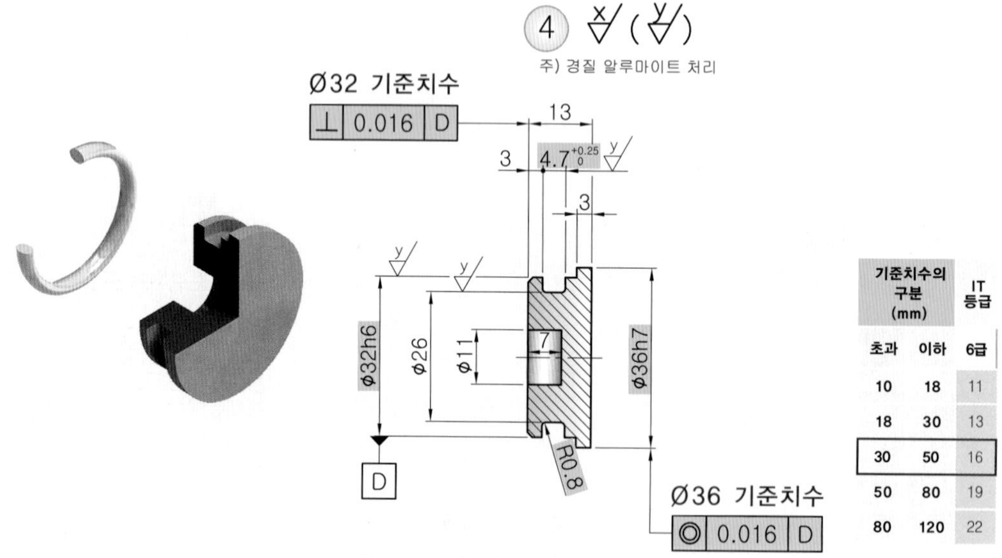

기준치수의 구분 (mm)		IT 등급
초과	이하	6급
10	18	11
18	30	13
30	50	16
50	80	19
80	120	22

O링의 호칭번호	홈 부의 치수												
	d		[참 고]			D		D의 허용차에 상당하는 끼워맞춤 기호	$G^{+0.25}_{0}$			R 최대	E 최대
			d의 허용차에 상당하는 끼워맞춤 기호						백업링 없음	백업링 1개	백업링 2개		
P22A	22	$^{0}_{-0.08}$	h9	f8	e8	28	$^{+0.08}_{0}$	H9	4.7	6.0	7.8	0.7	0.08
P22.4	22.4					28.4							
P24	24					30							
P25	25					31							
P25.5	25.5					31.5							
P26	26					32							
P28	28					34							
P29	29					35							
P29.5	29.5					35.5							
P30	30					36							
P31	31				e7	37							
P31.5	31.5					37.5							
P32	32					38							
P34	34					40							
P35	35					41							
P35.5	35.5					41.5							
P36	36					42							
P38	38					44							
P39	39					45							
P40	40					46							
P41	41					47							
P42	42					48							
P44	44					50							
P45	45					51							
P46	46					52							
P48	48					54							
P49	49					55							
P50	50					56							

PART

10

주석문의 해석과 도면 검도법

Section
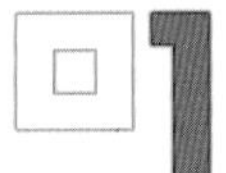

주석(주서)문의 예와 설명

LESSON 01 주석(주서)의 의미와 예

다음 주서는 도면에 일반적으로 많이 기입하는 것을 나열한 것으로 부품의 재질이나 열처리 및 가공방법 등을 고려하여 선택적으로 기입하면 된다. 주서의 위치는 보통 도면양식에서 우측 하단부의 부품란 상단에 배치하는 것이 일반적이다.

주석(주서)문의 예

1. 일반공차 가) 가공부 : KS B ISO 2768-m[f : 정밀, m : 중간, c : 거침, v : 매우 거침]
   나) 주강부 : KS B 0418 보통급
   다) 주조부 : KS B 0250 CT-11
   라) 프레스 가공부 : KS B 0413 보통급
   마) 전단 가공부 : KS B 0416 보통급
   바) 금속 소결부 : KS B 0417 보통급
   사) 중심거리 : KS B 0420 보통급
   아) 알루미늄 합금부 : KS B 0424 보통급
   자) 알루미늄 합금 다이캐스팅부 : KS B 0415 보통급
   차) 주조품 치수 공차 및 절삭여유방식 : KS B 0415 보통급
   카) 단조부 : KS B 0426 보통급(해머, 프레스)
   타) 단조부 : KS B 0427 보통급(업셋팅)
   파) 가스 절단부 : KS B 0427 보통급
2. 도시되고 지시없는 모떼기는 1×45°, 필렛 및 라운드 R3
3. 일반 모떼기 0.2×45°, 필렛 R0.2
4. ⍻ 부 외면 명청색, 명적색 도장 (해당 품번기재)
5. 내면 광명단 도장
6. –-– 부 표면 열처리 $H_RC50\pm$ 0.2 깊이$\pm$ 0.1 (해당 품번기재)
7. 기어치부 열처리 $H_RC40\pm$ 0.2 (해당 품번기재)
8. 전체 표면열처리 $H_RC50\pm$ 0.2 깊이$\pm$ 0.1 (해당 품번기재)
9. 전체 크롬 도금 처리 두께 0.05$\pm$ 0.02 (해당 품번기재)
10. 알루마이트 처리 (알루미늄 재질 적용시)
11. 파커라이징 처리
12. 표면거칠기 기호

주석(주서)문의 작성예

주 서

1.일반공차-가)가공부 : KS B ISO 2768-m
나)주조부 : KS B 0250 CT-11
다)주강부 : KS B 0418 보통급
2.도시되고 지시없는 모떼기 1x45°, 필렛 및 라운드 R3
3.일반 모떼기 0.2x45°, 필렛 R0.2
4. 전체 열처리 H_RC 50±2(품번 3, 4)
5.⍻ 부 외면 명청색, 명회색 도장 후 가공(품번 1, 2)
6.표면 거칠기 기호 비교표

⍻ = ⍻, Ry200, Rz200, N12
w/ = 12.5/, Ry50, Rz50, N10
x/ = 3.2/, Ry12.5, Rz12.5, N8
y/ = 0.8/, Ry3.2, Rz3.2, N6
z/ = 0.8/, Ry0.8, Rz0.8, N4

[주] 표면거칠기 기호 중 Ry는 최대높이, Rz는 평균거칠기, N(숫자)은 비교표준 게이지 번호를 나타낸다. 주석문에는 도면 작성시에 부품도면 상에 나타내기 곤란한 사항들이나 전체 부품도에 중복이 되는 사항들을 위의 예시와 같이 나타내는데 도면상의 부품들과 관계가 없는 내용은 빼고 반드시 필요한 부분만을 나타내준다.

주석(주서)문의 설명

일반공사의 해석

일반공차(보통공차)란 특별한 정밀도를 요구하지 않는 부분에 일일이 공차를 기입하지 않고 정해진 치수 범위 내에서 일괄적으로 적용할 목적으로 규정되었다. 보통공차를 적용함으로써 설계자는 특별한 정밀도를 필요로 하지 않는 치수의 공차까지 고민하고 결정해야 하는 수고를 덜 수 있다. 또, 제도자는 모든 치수에 일일이 공차를 기입하지 않아도 되며 도면이 훨씬 간단하고 명료해진다. 뿐만 아니라 비슷한 기능을 가진 부분들의 공차 등급이 설계자에 관계없이 동일하게 적용되므로 제작자가 효율적인 부품을 생산할 수가 있다. 도면을 보면 대부분의 치수는 특별한 정밀도를 필요로 하지 않기 때문에 치수 공차가 따로 규제되어 있지 않은 경우를 흔히 볼 수가 있을 것이다.

일반공차는 KS B ISO 2768-1 : 2002(2007확인)에 따르면 이 규격은 제도 표시를 단순화하기 위한 것으로 공차 표시가 없는 선형 및 치수에 대한 일반공차를 4개의 등급(f, m, c, v)으로 나누어 규정하고, 일반공차는 금속 파편이 제거된 제품 또는 박판 금속으로 형성된 제품에 대하여 적용한다고 규정되어 있다.

1. 일반공차

가) 가공부 : KS B ISO 2768-m　　나) 주강부 : KS B 0418 보통급　　다) 주조부 : KS B 0250 CT-11

일반공차의 도면 표시 및 공차등급 : KS B ISO 2768-m
m은 아래 표에서 볼 수 있듯이 공차등급을 중간급으로 적용하라는 지시인 것을 알 수 있다.

파손된 가장자리를 제외한 선형 치수에 대한 허용 편차 KS B ISO 2768-1

[단위 : mm]

공차등급		보통치수에 대한 허용편차							
호칭	설명	0.5에서 3 이하	3 초과 6 이하	6초과 30 이하	30 초과 120 이하	120 초과 400 이하	4000 초과 1000 이하	1000 초과 2000 이하	2000 초과 4000 이하
f	정밀	±0.05	±0.05	±0.1	±0.15	±0.2	±0.3	±0.5	-
m	중간	±0.1	±0.1	±0.2	±0.3	±0.5	±0.8	±1.2	±0.2
c	거침	±0.2	±0.3	±0.5	±0.8	±1.2	±2.0	±3.0	±4.0
v	매우 거침	-	±0.5	±1.0	±1.5	±2.5	±4.0	±6.0	±8.0

일반공차의 적용 해석

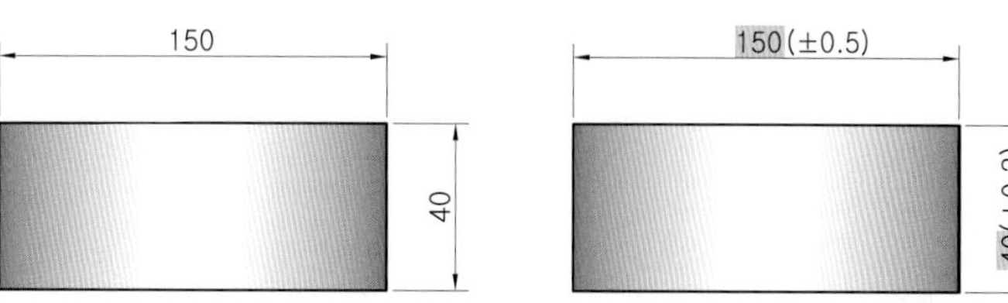

(a) 공차가 없는 치수표기　　(b) 일반공차(중급) 을 표기한 치수표기

위 표를 참고로 공차등급을 **m(중간)**급으로 선정했을 경우의 보통허용차가 적용된 상태의 치수표기를 윗 그림에 표시하였다.

일반공차는 공차가 별도로 붙어 있지 않은 치수 수치에 대해서 어느 지정된 범위안에서 +측으로 만들어지든 −측으로 만들어지든 관계없는 공차범위를 의미한다.

주조부 : KS B 0250 CT-11에 대한 해석

이 규격은 금속 및 합금주조품에 관련한 치수공차 및 절삭 여유 방식에 관한 사항인데 여기서는 시험에 나오는 주서문의 예를 보고 주조품의 치수공차에 관한 사항만 해석해보기로 한다.

주조품의 치수공차는 **CT1~CT16**의 16개 등급으로 나누어 규정하고 있으며 위의 주서 예에 CT-11은 등급을 적용하면 된다.

주조품의 치수공차 KS B 0250

[단위 : mm]

주조한 대로의 주조품의 기준치수		전체 주조 공차															
초과	이하	주조 공차 등급 CT															
		1	2	3	4	5	6	7	8	9	10	11	12	13	14	15	16
–	10	0.09	0.13	0.18	0.26	0.36	0.52	0.74	1	1.5	2	2.8	4.2	–	–	–	–
10	16	0.1	0.14	0.2	0.28	0.38	0.54	0.78	1.1	1.6	2.2	3	4.4	–	–	–	–
16	25	0.11	0.15	0.22	0.3	0.42	0.58	0.82	1.2	1.7	2.4	3.2	4.6	6	8	10	12
25	40	0.12	0.17	0.24	0.32	0.46	0.64	0.9	1.3	1.8	2.6	3.6	5	7	9	11	14
40	63	0.13	0.18	0.26	0.36	0.5	0.7	1	1.4	2	2.8	4	5.6	8	10	12	16
63	100	0.14	0.2	0.28	0.4	0.56	0.78	1.1	1.6	2.2	3.2	4.4	6	9	100	14	18
100	160	0.15	0.22	0.3	0.44	0.62	0.88	1.2	1.8	2.5	3.6	5	7	10	12	16	20
160	250	–	0.24	0.34	0.5	0.7	1	1.4	2	2.8	4	5.6	8	11	14	18	22
250	400	–	–	0.4	0.56	0.78	1.1	1.6	2.2	3.2	4.4	6.2	9	12	16	20	25
400	630	–	–	–	0.64	0.9	1.2	1.8	2.6	3.6	5	7	10	14	18	22	28
630	1000	–	–	–	–	1	1.4	2	2.8	4	6	8	11	16	20	25	32
1000	1600	–	–	–	–	–	1.6	2.2	3.2	4.6	7	9	13	18	23	29	37
1600	2500	–	–	–	–	–	–	2.6	3.8	5.4	8	10	15	21	26	33	42
2500	4000	–	–	–	–	–	–	–	4.4	6.2	9	12	17	24	30	38	49
4000	6300	–	–	–	–	–	–	–	–	7	10	14	20	28	35	44	56
6300	10000	–	–	–	–	–	–	–	–	–	11	16	23	32	40	50	64

주강부 : KS B 0418 보통급에 대한 해석

주강품의 보통공차에 대한 KS B 0418의 대응국제규격 ISO 8062이며 KS B 0418에서는 보통 공차의 등급을 3개 등급(정밀급, 중급, 보통급)으로 나누고 있지만, ISO 8062에서는 공차등급을 CT1~CT16의 16개 등급으로 나누어 규정하고 있다.

주강품의 길이 보통 공차 KS B 0418:2001

[단위 : mm]

치수의 구분	공차 등급 및 허용차		
	A급(정밀급)	B급(중급)	C급(보통급)
120 이하	±1.8	±2.8	±4.5
120 초과 315 이하	±2.5	±4.0	±6.0
315 초과 630 이하	±3.5	±5.5	±9.0
630 초과 1250 이하	±5.0	±8.0	±12.0
1250 초과 2500 이하	±9.0	±14.0	±22.0
2500 초과 5000 이하	–	±20.0	±35.0
5000 초과 10000 이하	–	–	±63.0

2. 도시되고 지시없는 모떼기 1×45°, 필렛 및 라운드 R3

모떼기(chamfering)는 모따기 혹은 모서리 면취작업이라고 하며 공작물이나 부품을 기계절삭 가공하고 나면 날카로운 모서리들이 발생하는데 이런 경우 일일이 도면의 모서리 부분에 모떼기 표시를 하게 되면 도면도 복잡해지고 시간도 허비하게 된다. 특별한 끼워맞춤이 있거나 기능상 반드시 모떼기나 둥글게 라운드 가공을 지시해주어야 하는 곳 외에는 일괄적으로 모떼기 할 부분은 C1(1×45°)로 다듬질하고 필렛 및 라운드는 R3 정도로 하라는 의미이다. 즉, 도면에 아래와 같이 모떼기나 라운드 표시가 되어 있지만 별도로 지시가 없는 경우에 적용하라는 주서이다.

모떼기의 도시

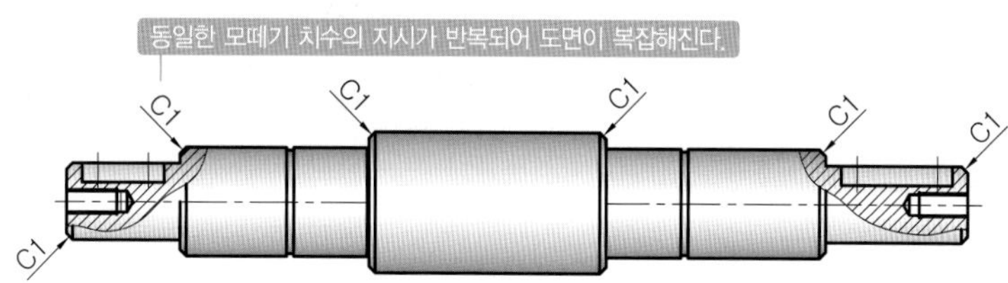

라운드의 도시

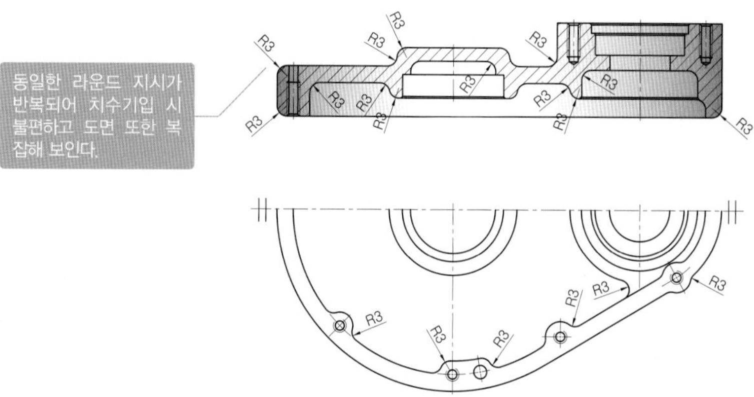

3. 일반 모떼기 0.2×45°, 필렛 R0.2

일반 모떼기나 필렛은 도면에 별도로 표시가 되어 있지 않은 모서리진 부분을 일괄적으로 일반 모떼기 0.2~0.5×45°, 필렛 R0.2 정도로 다듬질하라는 의미이다.

일반모떼기

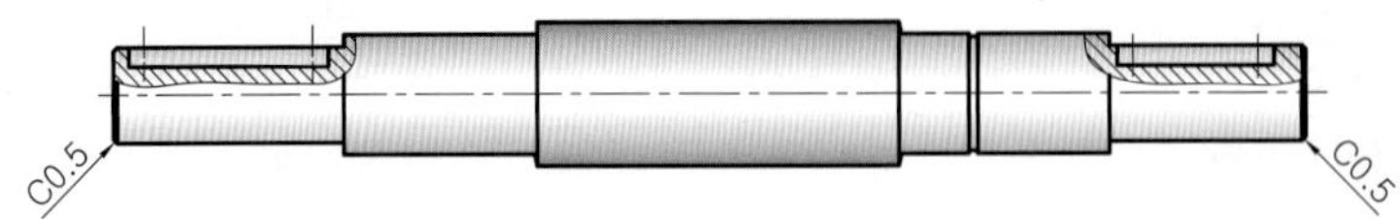

4. ◇/ 부 외면 명청색, 명적색 도장 (해당 품번기재)

일반적으로 본체나 하우징 및 커버의 경우 회주철(gray casting)을 사용하는 경우가 많은데 회주철은 말 그대로 주물제작을 하고 나면 주물면이 회색에 가깝다. 기계가공을 한 부분과 주물면의 색상이 유사하여 쉽게 가공면의 구분이 되지 않는 경우가 있는데 이런 경우 주물면과 가공면을 쉽게 구별할 수 있도록 밝은 청색이나 밝은 적색의 도장을 하는 경우가 있다. 주물은 회주철 외에도 주강품이나 알루미늄, 황동, 아연, 인청동 등 비철금속에도 많이 사용하는 공정이다. 쉽게 생각해 가마솥이나 형상이 복잡한 자동차의 실린더블록 및 헤드, 캠샤프트, 가공기 베드, 모터 하우징, 밸브의 바디 등이 대부분 주물품이라고 보면 된다.

평행키의 KS규격 [KS B 1311]

묻힘키 및 키홈에 대한 표준은 일반 기계에 사용하는 강제의 평행키, 경사키 및 반달키와 이것들에 대응하는 키홈에 대하여 아래와 같이 KS 규격으로 규정하고 있다.

주물품

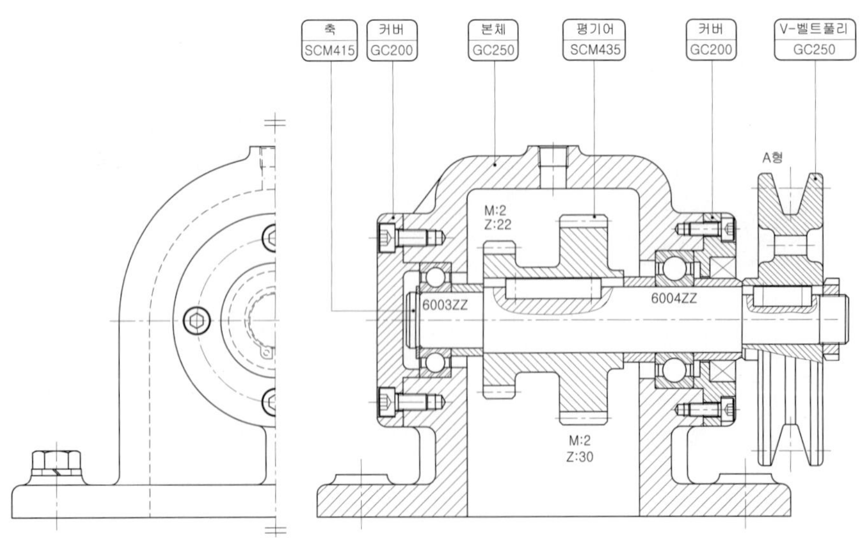

외면 명청색 도장 예

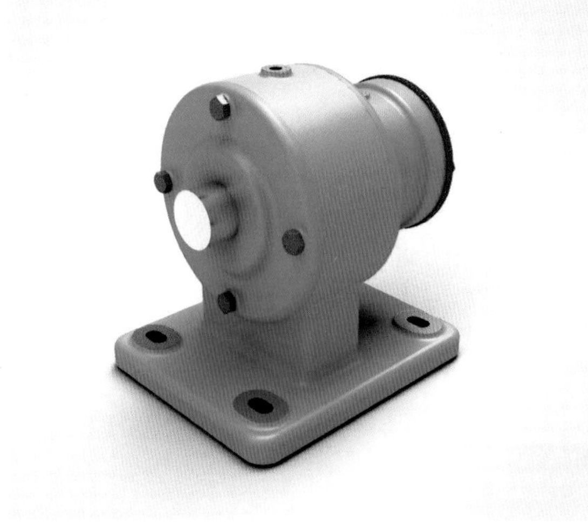

외면 명적색 도장 예

5. 내면 광명단 도장 (해당 품번기재)

광명단은 방청페이트라고도 하는데 이는 철강의 녹 및 부식을 방지하기 위해서 실시하는 도장(페인팅)작업 중의 하나이다.

참고로 도장에는 분체도장과 소부도장이라는 것이 있는데 분체도장은 액체도장과 달리 200℃ 이상의 고온에서 분말도료를 녹여서 철재에 도장하는 방법으로 내식성, 내구성, 내약품성이 우수하고 쉽게 손상이 되지 않으며 모서리 부분에 대한 깔끔한 마무리, 먼지 등에 오염되지 않는 깨끗한 도막을 얻을 수 있는 장점이 있고, 소부도장은 열경화성수지를 사용하여 도장 후 가열하여 건조시키는 공정으로 방청능력이 우수하고 단단하고 균일한 도막 형성으로 아름다운 외관을 갖게 하는 도장이다.

6. —·— 표면 열처리 $H_RC50 \pm 0.2$ 깊이 ± 0.1 (해당 품번기재)

열처리에 관련한 사항은 주서에 표기된 내용만을 가지고 간략하게 그 의미를 해석해 보기로 한다. 기어가 맞물려 돌아가는 이(tooth)나 스프로킷의 치형부, 마찰이 발생하는 축의 표면 등은 해당 표면부위에만 열처리를 지시해 준다. 불필요한 부분까지 전체 열처리를 해주는 것은 좋지 않다.

축의 표면 열처리 지시 예

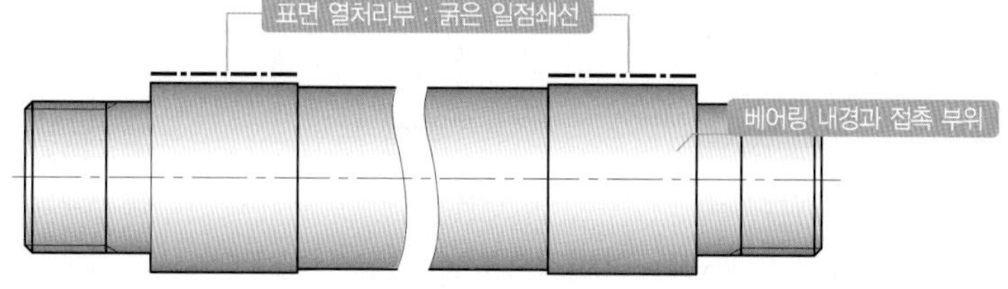

스프로킷 치부의 표면 열처리 지시 예

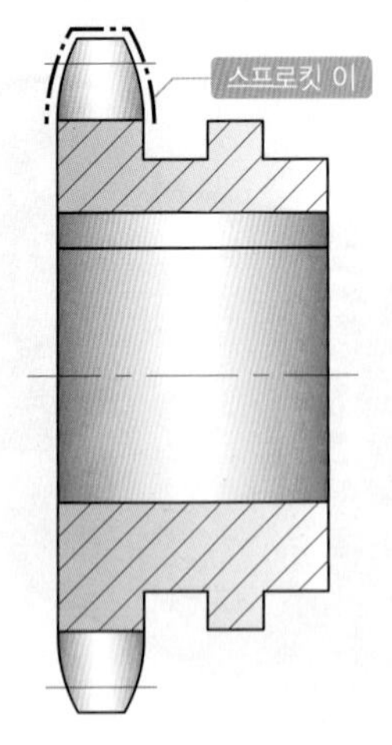

V-블록의 표면 열처리 지시 예

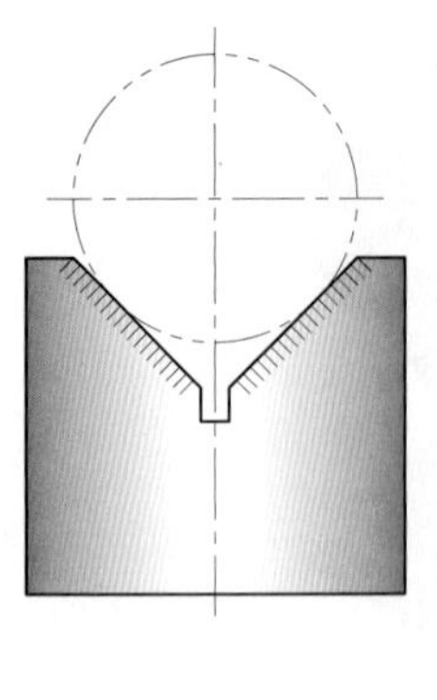

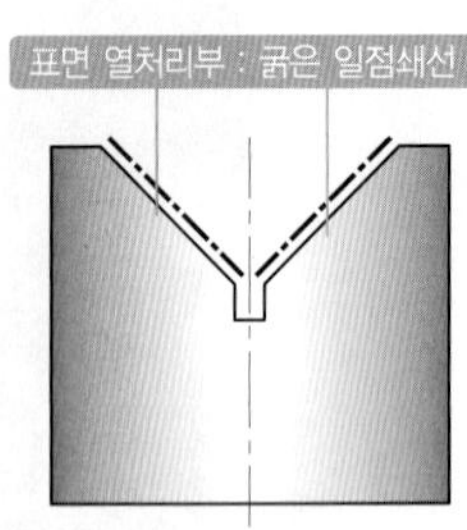

현장 실무 표현 예

tip

로크웰경도(Rockwell Hardness)

H_RC는 경도를 측정하는 시험법 중에 로크웰경도 C 스케일을 말하는데 이는 꼬지각이 120°이고 선단의 반지름이 0.2mm인 원뿔형 다이아몬드를 이용하여 누르는 방법으로 열처리된 합금강, 공구강, 금형강 등의 단단한 재료에 주로 사용된다. B 스케일은 지름이 1.588mm인 강구를 눌러 동합금, 연강, 알루미늄합금 등 연하고 얇은 재료에 주로 사용하며 금속재료의 경도 시험에서 가장 널리 사용된다고 한다.

브리넬경도(Brinell Hardness)

브리넬경도는 강구(볼)의 압자를 재료에 일정한 시험하중으로 시편에 압입시켜 이때 생긴 압입자국의 표면적으로 시편에 가한 하중을 나눈 값을 브리넬 경도값으로 정의하며 기호로는 H_B를 사용하고 주로 주물, 주강품, 금속소재, 비철금속 등의 경도 시험에 편리하게 사용한다.

쇼어경도(Shore Hardness)

쇼어경도는 끝에 다이아몬드가 부착된 중추가 유리관 속에 있으며 이 중추를 일정한 높이에서 시편의 표면에 낙하시켜 반발되는 높이를 측정할 수 있다. 경도값은 중추의 낙하높이와 반발높이로 구해진다. 기호는 H_S로 표기한다.

비커스경도(Vickers Hardness)

비커스경도는 꼬지각이 136°인 다이아몬드 사각뿔의 피라미드 모양의 압자를 이용하여 시편의 표면에 일정 시간 힘을 가한 다음 시편의 표면에 생긴 자극(압흔)의 표면적을 계산하여 경도를 산출한다. 기호는 H_V로 표기한다.

7. 기어치부 열처리 $H_RC40 \pm 0.2$ (해당 품번기재)

시험에 자주 나오는 평기어는 일반적으로 대형기어의 재질은 주강품(예 : SC480)으로 하고, 소형기어의 재질은 SCM415, SCM440, SNC415 정도를 사용한다. 열처리의 경도를 표기할 때 **$H_RC40 \pm 0.2$**로 지정하는 이유로는 대부분의 경우 기어 이빨의 크기가 작기 때문에 **$H_RC55 \pm 0.2$**으로 열처리를 했을 경우 강도가 강하여 맞물려 회전시 깨질 우려가 있으므로 이빨의 파손을 방지하기 위하여 사용한다. 기어의 치부나 스프로킷의 치부 표면 열처리는 일반적으로 $H_RC40 \pm 0.2$ 정도로 지정하면 무리가 없다.

평기어의 표면 열처리 지시 예

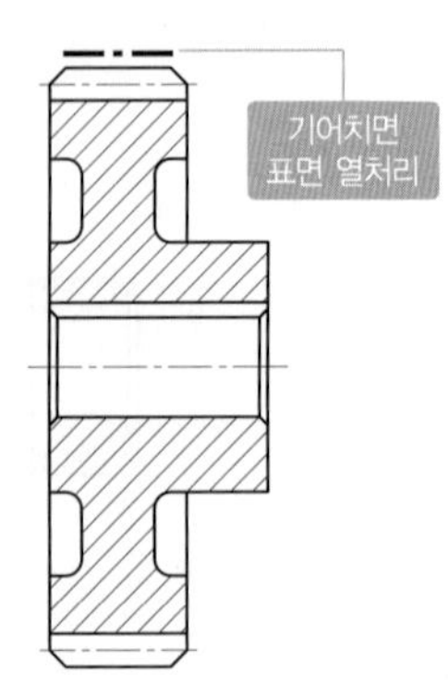

8. 전체 표면 열처리 $H_RC50\pm0.2$ 깊이 ±0.1 (해당 품번기재)

전체 표면 열처리 지시 예

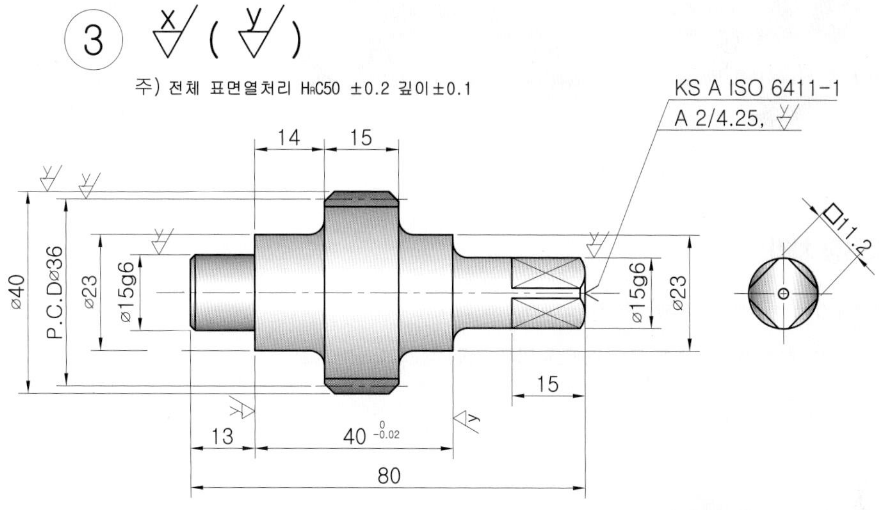

9. 전체 크로뮴 도금 처리 두께 0.05±0.02 (해당 품번기재)

크로뮴 도금은 높은 내마모성, 내식성, 윤활성, 내열성 등을 요구하는 곳에 사용되며 표면이 아름답다. 실린더의 피스톤 로드같은 열처리된 강에 경질 크로뮴 도금 처리를 한 후에 연마처리하여 사용하는 것이 일반적이다.

핸들

크로뮴 도금 처리 지시 예

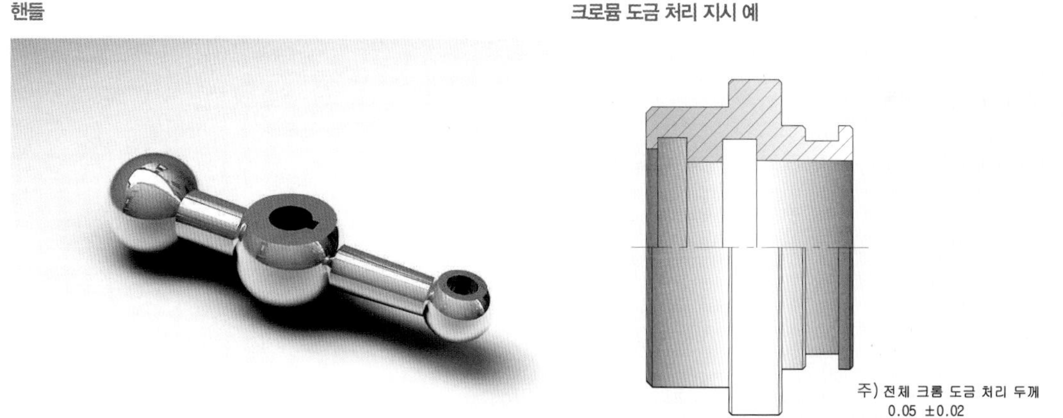

10. 알루마이트 처리(알루미늄 재질 적용시)

알루마이트(allumite)는 흔히 '방식화학 피막처리'라고 한다. 알루마이트 처리를 하고 나면 노란색으로 보이지만 무지개 빛깔이 난다(조개껍질 내부가 반사되어 보이는 것과 비슷함).

레이디얼 빔 커플링

리지드 커플링

죠 커플링

11. 파커라이징 처리

파커라이징(parkerizing)은 흔히 '인산염 피막처리'라고 하며 기계부품 중에 검은색을 띤 흑갈색의 부품들이 인산염 피막처리를 한 것이다. '흑착색'은 알칼리염처리를 말한다.

스퍼기어

래크

12. 표면거칠기 기호

주서의 하단에 나타내는 표면거칠기 기호 비교표들이다.

표면거칠기 기호 비교

기호				
∽/ = ∽/	,	Ry200	, Rz200	, N12
w/ = 12.5/	,	Ry50	, Rz50	, N10
x/ = 3.2/	,	Ry12.5	, Rz12.5	, N8
y/ = 0.8/	,	Ry3.2	, Rz3.2	, N6
z/ = 0.2/	,	Ry0.8	, Rz0.8	, N4

지금까지 주석문에 대해서 각 항목별로 의미하는 바를 알아보았다. 앞의 내용은 하나의 예로써 그 순서와 내용의 적용에 있어서는 주어진 상황에 맞게 표기하면 되고, 다만 도면을 보는 제3자가 이해하기 쉽도록 기입해 주고 도면과 관련있는 사항들만 간단명료하게 표기해주는 것이 바람직하다. 또한 시험에서 사용하는 주석문과 실제 산업 현장에서 사용하는 주석문은 다를 수가 있으며 각 기업의 사정에 맞는 주석문을 적용하고 있는 것이 일반적인 사항이다.

현장용 주서의 일례

NOTE
1. 날카로운 모서리 C0.5로 면취할 것.
2. 지시없는 BOLT & TAP HOLE간 거리 공차는 ±0.1이내일 것.
3. 인산염 피막처리 할 것.

NOTE
1. 날카로운 모서리 C0.5로 면취할 것.
2. BOLT HOLE및 TAP HOLE간 거리 공차는 ±0.1 이내일것.
3. 용접부 각장 크기는 2.3$\sqrt{t}$로 연속 용접할 것.
4. 용접후 응력 제거할 것.
5. 백색아연 도금 할것.(두께 : 3~5um)
6. TAP 부는 도금하지말 것.

NOTE
1. 날카로운 모서리 C0.5로 면취할 것.
2. 지시없는 BOLT & TAP HOLE간 거리 공차는 ±0.1이내일 것.
3. 백색아연 도금 처리 할 것.(두께:3~5um)
4. (-·-·-·-)부 고주파 열처리할 것. (H_RC 45~50).

NOTE
1. 날카로운 모서리 C0.5로 면취할 것.
2. BOLT HOLE및 TAP HOLE간 거리 공차는±0.1 이내일 것.
3. 용접부 각장 크기는 2.3$\sqrt{t}$로 연속 용접할 것.
4. 용접후 응력 제거할 것.
5. 지정색 (NO. 5Y 8.5/1) 페인팅할 것. (기계 가공부 제외)
6. 전체 침탄열처리할 것. (단, 나사부 침탄방지할 것)

Section
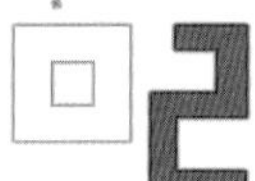

도면의 검도 요령(기능사/산업기사/기사 공통)

주어진 조립도를 측정하고 해독하여 부품도면 작성을 완료하였다면 이제 마지막으로 요구사항에 맞게 제대로 작도하였는지 검도를 하는 과정이 필요하다. 대부분 주어진 시간 내에 도면을 완성하고 여유있게 검도하는 충분한 시간적 여유를 갖지 못하는 경우가 있을 것이다. 시간이 촉박하다고 당황하지 말고 절대로 미완성상태의 도면을 제출하는 것보다 약간의 시간을 할애해서 최종적으로 검도를 실시하고 제출하는 것이 좋다. 보통 2D 도면 작성에서 실수하거나 오류를 범하는 사례가 많아 감점의 대상이 되므로 반드시 자신이 작성한 도면을 검도하는 습관을 갖는 것이 좋은데 검도는 아래와 같은 요령으로 실시한다면 시험에서나 실무에서도 도움이 될 것이다.

1. 도면 작성에 관한 검도 항목

① 도면 양식은 **KS규격**에 준했는가? (A4,A3,A2,A1,A0)
② 부품도는 도면을 보고 이해하기 쉽게 나타내었는가?
③ 정면도, 평면도, 측면도 등 **3각법**에 의한 정투상으로 적절히 배치했는가?
④ 부품이나 제품의 형상에 따라 **보조투상도**나 **특수투상도**의 사용은 적절한가?
⑤ 단면도에서 **단면의 표시**는 적절하게 나타냈는가?
⑥ **선의 용도에 따른 종류**와 **굵기**는 적절하게 했는가? (CAD 지정 LAYER 구분)

2. 치수기입 검도 항목

① **누락**된 **치수**나 **중복**된 **치수**, **계산**을 **해야 하는 치수**는 없는가?
② 기계가공에 따른 **기준면 치수 기입**을 했는가?
③ **치수보조선**, **치수선**, **지시선**, **문자**는 적절하게 도시했는가?
④ 소재 선정이 용이하도록 **전체길이**, **전체높이**, **전체 폭**에 관한 **치수누락**은 없는가?
⑤ **연관 치수**는 해독이 쉽도록 **한곳에 모아 쉽게 기입**했는가?

3. 공차 기입 검도 항목

① 상대 부품과의 **조립** 및 **작동 기능**에 필요한 **공차**의 기입을 적절히 했는가?
② 기능상에 필요한 **치수공차**와 **끼워맞춤 공차**의 적용을 올바르게 했는가?
③ 서로 연관이 있는 부품과 부품이 상호 결합되는 조건에 따른 **끼워맞춤** 기호와 **표면거칠기 기호**의 선택은 올바른가?

④ 키, 베어링, 오링, 오일실, 스냅링 등 기계요소 부품들의 공차적용은 **KS규격**을 찾아 올바르게 적용했는가?

⑤ 동일 축선에 베어링이 2개 이상인 경우 동심도 기하공차를 기입하였는가?

4. 요목표, 표제란, 부품란, 일반 주서 기입 내용 검도 항목

① 기어나 스프링 등 기계요소 부품들의 **요목표** 및 **내용**의 **누락**은 없는가?

② **표제란**과 **부품란**에 기입하는 **내용**의 **누락**은 없는가?

③ 구매부품의 경우 정확한 모델사양과 메이커, 수량 표기 등은 조립도와 비교해 올바른가? (실무에 해당)

④ 가공이나 조립 및 제작에 필요한 **주서** 기입 내용이나 열처리 등의 **지시사항**은 적절하고 누락된 것은 없는가?

5. 제품 및 부품 설계에 관한 검도 항목

① 부품 구조의 **상호 조립 관계**, **작동**, **간섭 여부**, **기능**은 이상없는가?

② 적절한 **재료** 및 **열처리 선정**으로 기능에 이상이 없고 열처리 지정시 열처리가 가능한 재료를 선정했는가?

③ 각 부품의 가공과 기능에 알맞는 **표면거칠기**를 지정했는가?

④ 제품 및 부품에 공차 적용시 **올바른 공차** 적용을 했는가?

⑤ 각 **재질별 열처리 방법**의 **선택**과 **기호 표시**가 적절한가?

⑥ **표면처리(도금, 도장** 등)는 적절하고 타 부품들과 조화를 이루는가?

⑦ 부품의 **가공성**이 좋고 일반적인 기계 가공에 무리는 없는가?

6. 도면의 외관

① 주어진 과제도면 양식에 알맞게 **선의 종류**와 **색상** 및 **문자크기** 등을 설정했는가?
(오토캐드 레이어의 외형선, 숨은선, 중심선, 가상선, TEXT 크기, 화살표 크기 등)

② 표준 **3각법**에 따라 투상을 하고 도면안에 투상도는 **균형있게 배치**하였는가?

③ 도면의 크기는 **표준 도면양식**에 따라 올바르게 그렸는가?
(A2 : 594 × 420, A3 : 420 × 297)

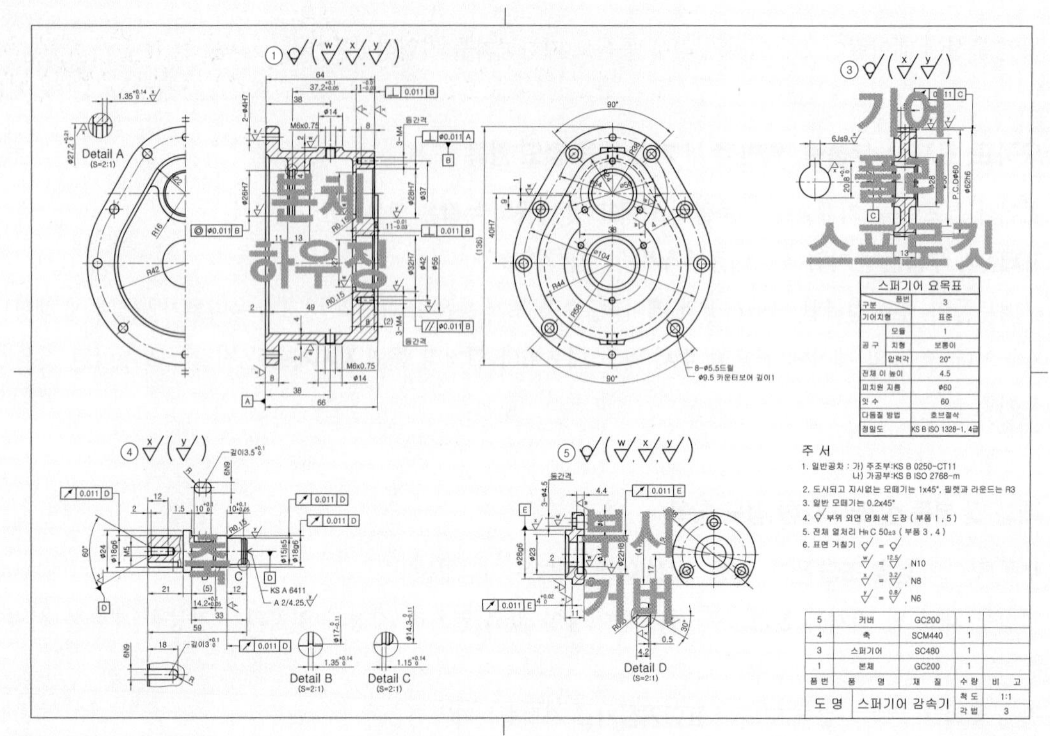

일반적으로 ①번으로 지시되는 부품은 본체나 베드, 하우징, 몸체, 브라켓 등으로 조립도 상에서 가장 큰 부품이나 복잡한 형상의 주물품 또는 용접구조물, 제관물이나 지그 플레이트, 프레임 등의 경우처럼 큰 기계 가공품으로 주어지는 것이 일반적이다.

자격시험에서도 부품도 작성 후 배치시에 가장 큰 부품을 도면 양식에서 좌측 상단부에 배치하는 게 도면을 보기에도 좋고 치수기입도 용이한 편이다.(1도면에 여러 장의 부품도를 작성하는 경우)

[참고] KS A 3007 : 1998(2003 확인) 제도용어 중

① **1품 1엽 도면** : 1개의 부품 또는 조립품을 1매의 제도 용지에 그림 도면

② **1품 다엽 도면** : 1개의 부품 또는 조립품을 2매 이상의 제도 용지에 그림 도면

③ **다품 1엽 도면** : 몇 개의 부품, 조립품 등을 1매의 제도 용지에 그린 도면

memo

기계요소제도 및 요목표 작성법

LESSON 01 스퍼기어 제도 및 요목표

1. 스퍼기어 제도 및 요목표 작성법

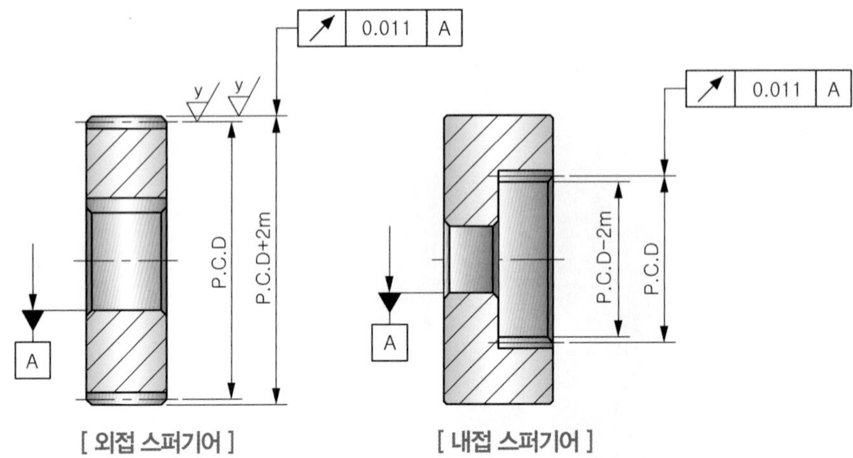

[외접 스퍼기어]   [내접 스퍼기어]

스퍼기어 요목표		
기어 치형		표준
공 구	모듈	□
	치형	보통이
	압력각	20°
전체 이 높이		□
피치원 지름		□
잇 수		□
다듬질 방법		호브절삭
정밀도		KS B ISO 1328-1, 4급

(10, 8, 40, 80)

스퍼기어 제도법

① 기어의 이는 생략하며, 간략법에 의해 도시한다.
② **이끝원**(이끝선)은 **굵은 실선**(초록색)으로 작도한다.
③ **피치원**(피치선)은 **가는 1점쇄선**(빨간색/흰색)으로 작도한다.
④ **이뿌리원**(이뿌리선)은 **가는 실선**(빨간색/흰색)으로 작도한다.
⑤ **정면도**를 **단면도**로 도시하는 경우 **이뿌리원**(치저원)은 **굵은 실선**(초록색)으로 작도한다.

요목표 도시법

① 요목표의 외곽 테두리선은 **굵은 실선**(초록색)으로 작도한다.
② 요목표의 안쪽 구분선은 **가는 실선**(빨간색/흰색)으로 작도한다.

2. 스퍼기어의 제도 및 요목표 작성 예시

국가기술자격시험 작업형 실기에서 보통 모듈과 잇수를 지정해주므로 필요한 계산식은 아래 예제 정도면 충분하다.

모듈 : 1, 잇수 : 50인 경우

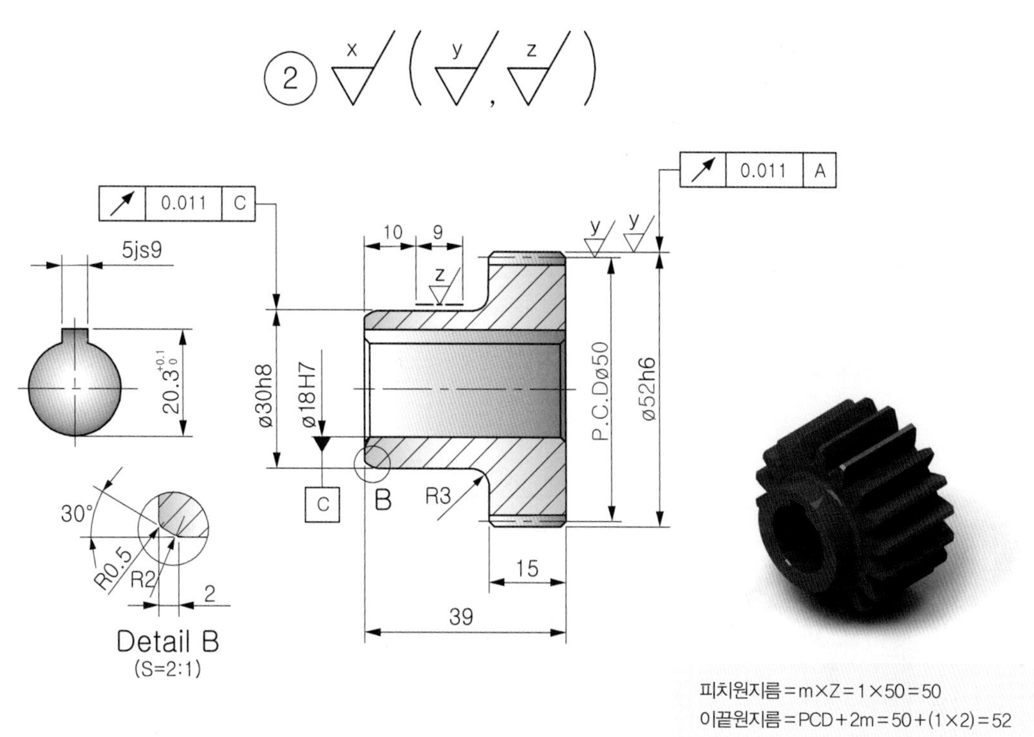

피치원지름 = m×Z = 1×50 = 50
이끝원지름 = PCD + 2m = 50 + (1×2) = 52

모듈 : 2, 잇수 : 25인 경우

단위 : mm

스퍼기어 요목표		
기어 치형		표준
공 구	모듈	2
	치형	보통이
	압력각	20°
전체 이 높이		4.5
피치원 지름		50
잇 수		25
다듬질 방법		호브절삭
정밀도		KS B ISO 1328-1, 4급

스퍼기어 기호 및 계산공식	계산 예
모듈 : m, 잇수 : Z, 피치원 지름 : PCD	모듈(m) 2, 잇수(Z) 25인 경우 1. 전체 이높이 h=2.25m=2.25×2=4.5 2. 피치원 지름 PCD=2×25=50 3. 이끝원 지름 D=50+(2×2)=54 4. 모듈 $m=\frac{D}{Z}=\frac{50}{25}=2$
1. 전체 이높이 h=2.25×모듈 h=2.25m 2. 피치원 지름 PCD=모듈×잇수 PCD=m×Z 3. 이끝원 지름 외접기어 : D=PCD+2m 내접기어 : D_2=PCD−2m 4. 모듈 $m=\frac{D}{Z}$	

LESSON 02 래크와 피니언 제도 및 요목표

1. 래크와 피니언 제도 및 요목표 작성법

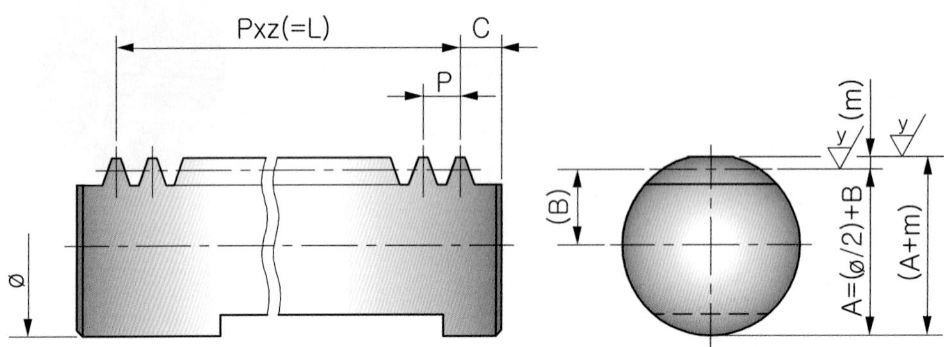

래크와 피니언 제도법

① 이끝원(이끝선)은 굵은 실선(초록색)으로 작도한다.

② 피치원(피치선)은 가는 1점쇄선(빨간색/흰색)으로 작도한다.

③ 이뿌리원(이뿌리선)은 가는 실선(빨간색/흰색)으로 작도한다.

④ 정면도를 단면도로 도시하는 경우 이뿌리원은 굵은 실선(초록색)으로 작도한다.

요목표 도시법

① 요목표의 외곽 테두리선은 굵은 실선(초록색)으로 작도한다.

② 요목표의 안쪽 구분선은 가는 실선(빨간색/흰색)으로 작도한다.

래크와 피니언 요목표			
구분 \ 품번		② (래크)	③ (피니언)
기어 치형		표준	
공 구	모듈	□	
	치형	보통이	
	압력각	20°	
전체 이 높이		□	
피치원 지름		–	□
잇 수		□	□
다듬질 방법		호브절삭	
정밀도		KS B ISO 1328－1, 4급	

30 20 20
70
10 8

래크와 피니언 기어 기호 및 계산공식
1. 전체 이높이 h＝2.25×m 2. 피니언 피치원 지름 P.C.D＝m×z 3. 원주 피치(이와 이사이 거리) P＝m×π 4. 래크의 길이 L＝P×z 5. 피니언 바깥지름 D＝PCD＋2m 6. 축의 중심선에서 피치선까지 거리 B=조립도에서 실측 7. 축의 외경에서 피치선까지 거리 A＝(∅÷2)+B (축지름 : ∅) 8. 축의 끝단에서 기어 치형이 시작되는 부분 사이의 거리치수 C=P÷2 일반적으로 C의 치수는 (래크축의 전체길이–래크기어길이)÷2를 하여 정수로 적용한다.

2. 래크와 피니언 제도 및 요목표 작성 예시

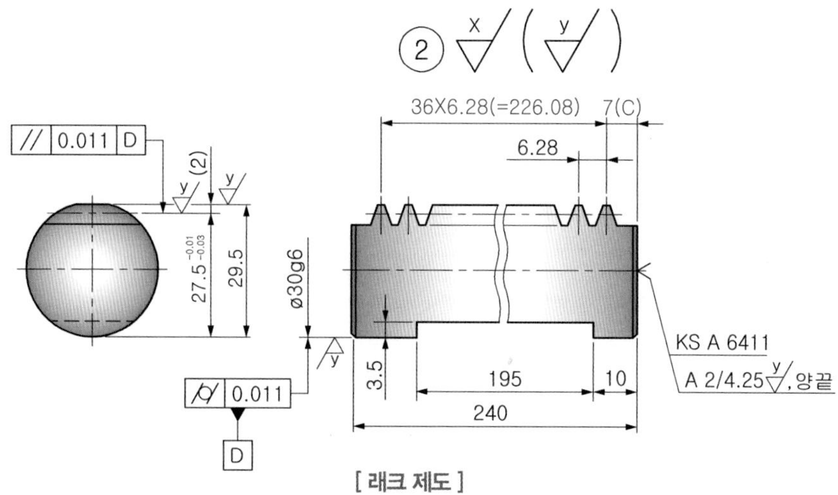

[래크 제도]

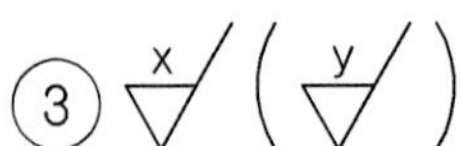

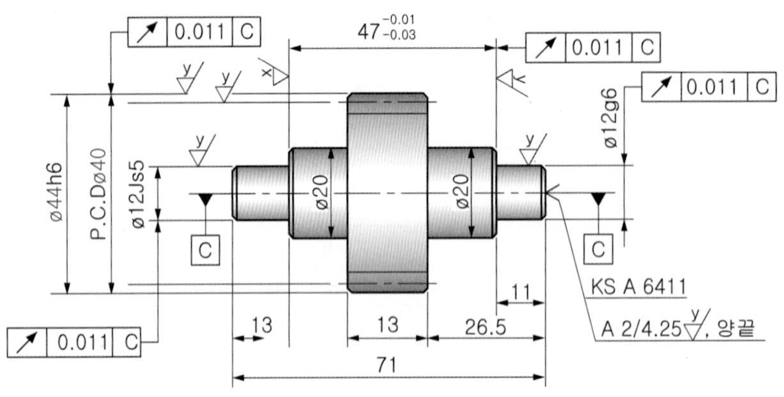

[피니언 제도]

래크와 피니언 요목표			
구분 품번		② (래크)	③ (피니언)
기어 치형		표준	
공 구	모듈	2	
	치형	보통이	
	압력각	20°	
전체 이 높이		4.5	
피치원 지름		–	∅40
잇 수		37	20
다듬질 방법		호브절삭	
정밀도		KS B ISO 1328－1, 4급	

래크와 피니언 기어 기호 및 계산공식
1. 전체 이높이 **h = 2.25 × m** = 2.25 × 2 = 4.5 2. 피니언 피치원 지름 **P.C.D = m × z** = 2 × 20 = 40 3. 원주 피치(이와 이사이 거리) **P = m × π** = 2 × π = 6.28 4. 래크의 길이 **L = P × z** = 6.28 × 36 = 226.08 5. 피니언 바깥지름 **D = PCD + 2m** = 40 + (2 × 2) = 44 6. 축의 중심선에서 피치선까지 거리 B = 조립도에서 실측 7. 축의 외경에서 피치선까지 거리 A = (∅ ÷ 2) + B (축지름 : ∅) = (30 ÷ 2) + 12.5 = 27.5 8. 축의 끝단에서 기어 치형이 시작되는 부분 사이의 거리치수 C = P ÷ 2 일반적으로 C의 치수는 (래크축의 전체길이 − 래크기어길이) ÷ 2를 하여 정수로 적용한다. 위 도면의 경우 **240 − 226.08 = 13.92 ÷ 2 = 6.96** 따라서 반올림하여 7로 적용한다.

LESSON 03 웜과 웜휠 제도 및 요목표

1. 웜과 웜휠 제도 및 요목표 작성법

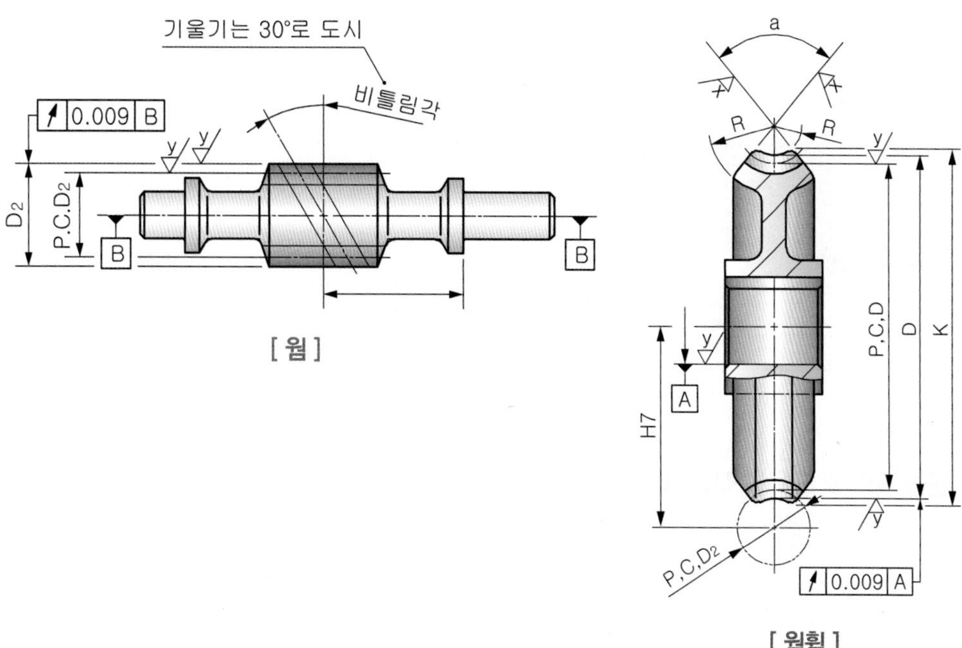

[웜]

[웜휠]

웜과 웜휠 제도법

① 기어의 이는 생략하며, 간략법에 의해 도시한다.
② **이끝원**(이끝선)은 **굵은 실선**(초록색)으로 작도한다.
③ **피치원**(피치선)은 **가는 1점쇄선**(빨간색/흰색)으로 작도한다.
④ **이뿌리원**(이뿌리선)은 **가는 실선**(빨간색/흰색)으로 작도한다.
⑤ **정면도를 단면도**로 도시하는 경우 **이뿌리원**(치저원)은 **굵은 실선**(초록색)으로 작도한다.

요목표 도시법

① 요목표의 외곽 테두리선은 **굵은 실선**(초록색)으로 작도한다.
② 요목표의 안쪽 구분선은 **가는 실선**(빨간색/흰색)으로 작도한다.

웜과 웜휠		
구분 / 품번	① (웜)	② (웜휠)
원주 피치	–	□
리 드	□	–
피치원경	□	□
잇 수	–	□
치형 기준 단면	축직각	
줄수, 방향	□	
압력각	20°	
진행각	□	
모 듈	□	
다듬질 방법	호브절삭	연삭

10 8

30 50

80

2. 웜과 웜휠 제도 및 요목표 작성 예시

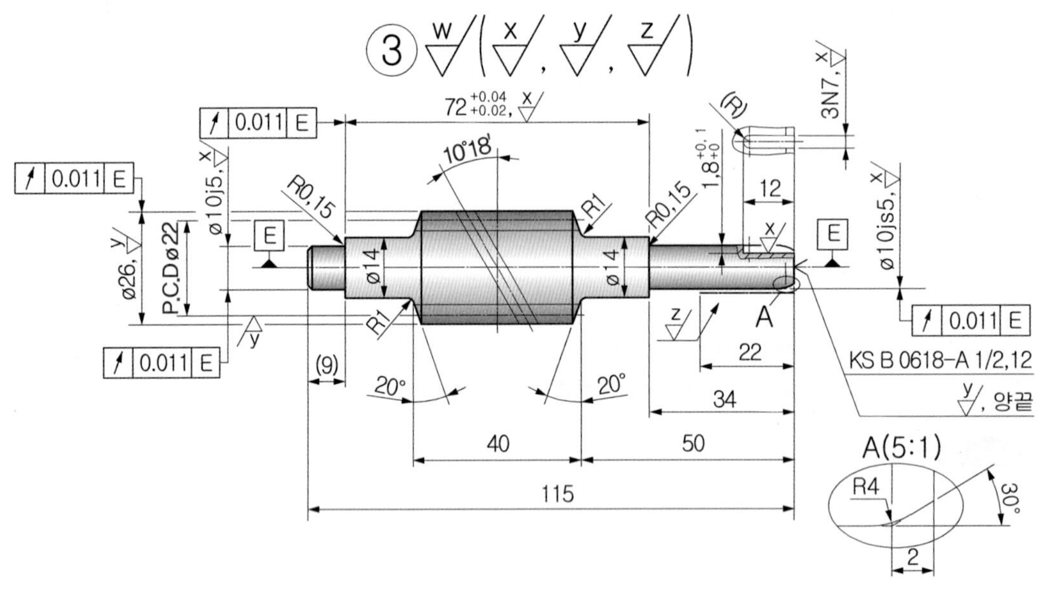

[웜 제도]

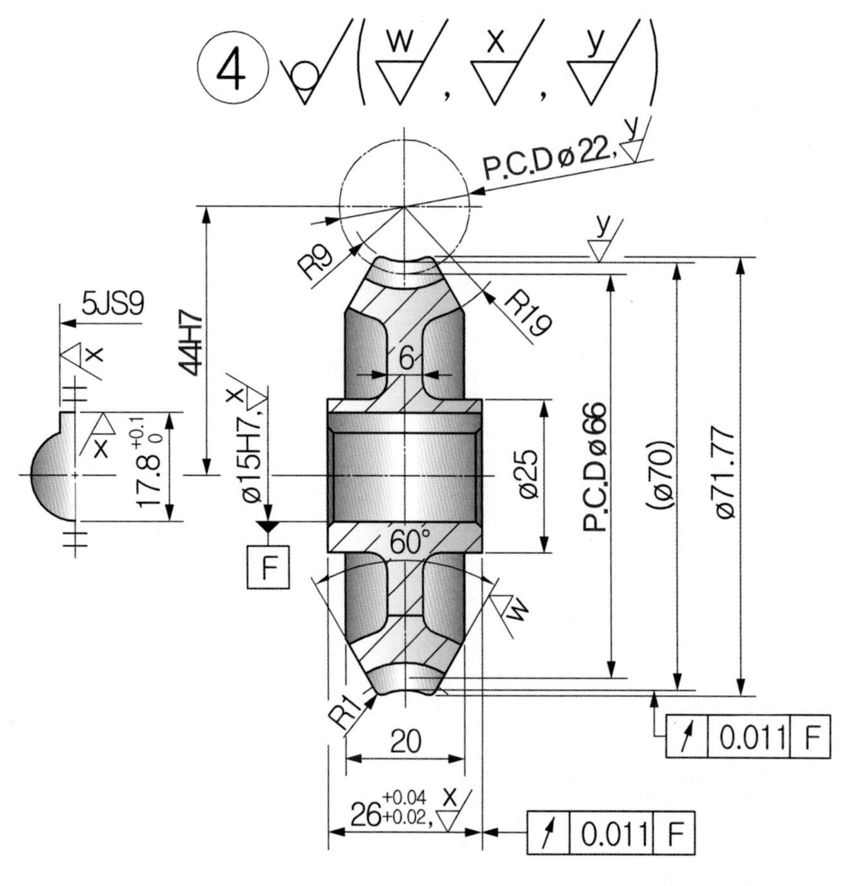

[웜휠 제도]

단위 : mm

웜과 웜휠		
구분 품번	③ (웜)	④ (웜휠)
원주 피치	–	6.28
리 드	12.56	–
피치원경	22	66
잇 수	–	33
치형 기준 단면	축직각	
줄수, 방향	2줄, 우	
압력각	20°	
진행각	10° 18′	
모 듈	2	
다듬질 방법	호브절삭	연삭

웜과 웜휠 계산공식		
항 목	웜(줄 수 Z_w)	웜휠(줄 수 Z_g)
리드	$l = p_a Z_w = 6.28 \times 2 = 12.56$	$l = i \cdot \pi D_g$ i : 각속도비
리드각 (진행각)	$\tan\gamma = \dfrac{l}{\pi \times D_w} = \dfrac{12.56}{\pi \times 22} = 0.18172$ $\tan^{-1}\dfrac{12.56}{\pi \times 22} = 10.29973 \fallingdotseq 10^\circ 18'$	–
피치원 지름	$D_w = \dfrac{l}{\pi \tan\gamma} = \dfrac{12.56}{\pi \times 0.18172} = 22.0$	$D_g = m_s \cdot Z_g = 2 \times 33 = 66$
이뿌리원 지름	$D_{r1} = D_w - 2h_{f1}$	$D_{r2} = D_g - 2h_{f2}$
바깥지름 또는 이끝원 지름	$D_{o1} = D_w + 2h_{aq}$	목지름 : $D_t = D_g + 2h_{a2}$ 이끝지름 : $D_{o2} = D_t + 2h_i$
총 이높이	$h_1 = h_{a1} + h_{f1}$	$h_2 = h_{a2} + h_{f2} + h_i$
이끝 높이 증가량	–	$h_i = \left(\dfrac{D_w}{2} - h_{f1}\right)\left(1 - \cos\dfrac{\theta}{2}\right)$
유효 이너비	–	$b_e = \sqrt{D_{o1}^2 - D_w^2} = 2\sqrt{h_{a1}(D_w + h_{a1})}$
중심거리	$A = \dfrac{D_w + D_g}{2} = \dfrac{22 + 66}{2} = 44$	

LESSON 04 헬리컬 기어 제도 및 요목표

1. 헬리컬 기어 제도 및 요목표 작성법

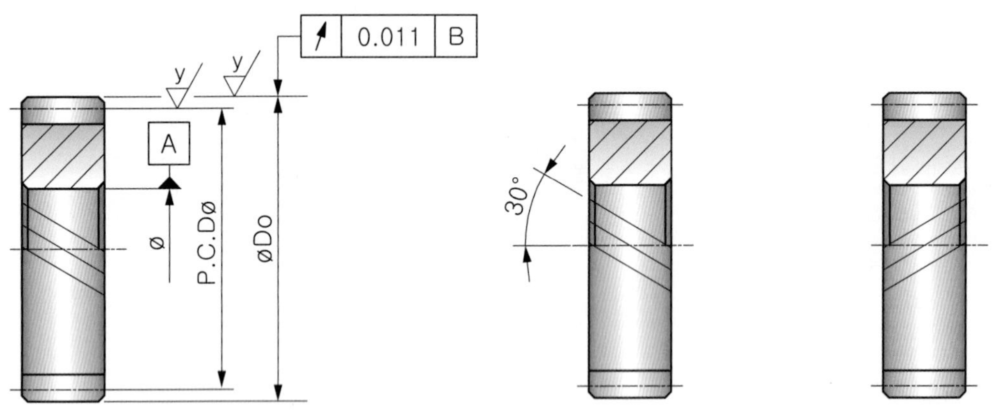

헬리컬 기어 요목표		
기어 치형		표준
공 구	모듈	□
	치형	보통이
	압력각	20°
전체 이 높이		□
치형 기준면		치직각
피치원 지름		□
잇 수		□
리 드		□
방 향		□
비틀림 각		15°
다듬질 방법		호브절삭
정밀도		KS B ISO 1328-1, 4급

40

80

10

8

헬리컬 기어 제도법

① **이끝원**(이끝선)은 **굵은 실선**(초록색)으로 작도한다.

② **피치원**(피치선)은 **가는 1점쇄선**(빨간색/흰색)으로 작도한다.

③ **이뿌리원**(이뿌리선)은 **가는 실선**(빨간색/흰색)으로 작도한다.

④ **정면도**를 **단면도**로 도시하는 경우 **이뿌리원**은 **굵은 실선**(초록색)으로 작도한다.

⑤ 헬리컬기어의 **잇줄 방향**은 3개의 **가는 실선**(빨간색/흰색)으로 도시한다.

⑥ 헬리컬기어의 **잇줄 방향**은 단면을 한 경우는 **가는 이점쇄선**(빨간색/흰색)으로 도시한다.

⑦ 헬리컬기어의 **잇줄 방향**은 단면을 하지 않는 경우는 **가는 실선**(빨간색/흰색)으로 도시한다.

요목표 도시법

① 요목표의 외곽 테두리선은 **굵은 실선**(초록색)으로 작도한다.

② 요목표의 안쪽 구분선은 **가는 실선**(빨간색/흰색)으로 작도한다.

2. 헬리컬 기어의 제도 및 요목표 작성 예시

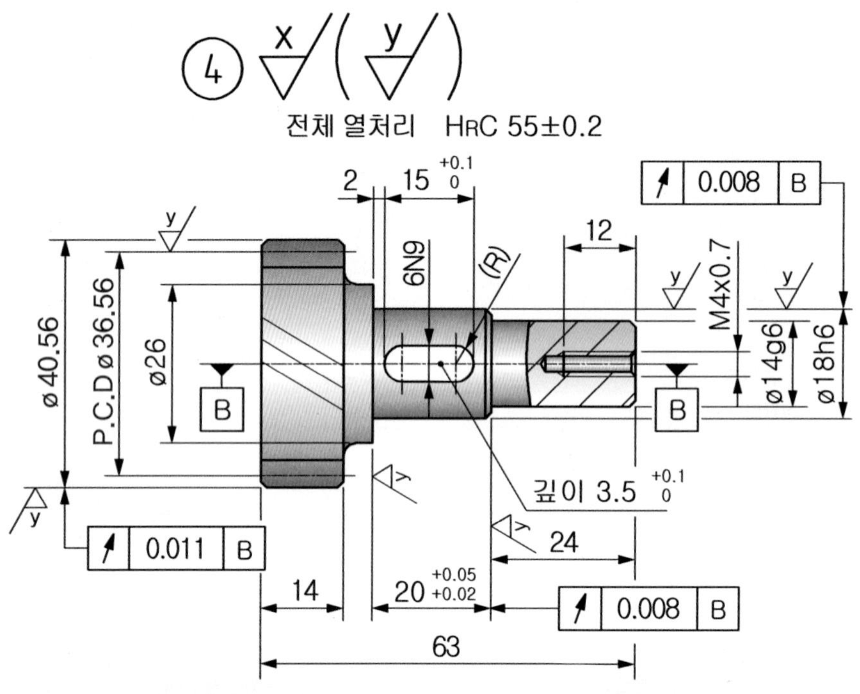

단위 : mm

헬리컬 기어 요목표		
기어 치형		표준
공 구	모듈	2
	치형	보통이
	압력각	20°
전체 이 높이		4.5
치형 기준면		치직각
피치원 지름		36.56
잇 수		18
리 드		725.18
방 향		우
비틀림 각		10°
다듬질 방법		호브절삭
정밀도		KS B ISO 1328-1, 4급

헬리컬 기어 계산 공식

• **치직각 모듈**

m_n : 치직각 모듈=2

• **피치원 지름**

$$D_s = Z_s m_s = Z\frac{m_n}{\cos\beta}$$

$$D_s = 18\times 2.0311 \fallingdotseq 36.56$$

• **바깥 지름**

$$D_o = D_s + 2m_n = \left(\frac{Z_s}{\cos\beta}+2\right)m_n$$

$$D_o = 36.56 + (2\times 2) = 40.56$$

• **리드**

$$L = \frac{\pi\times D_s}{\tan\beta} = \frac{\pi\times 36.56}{\tan 10} = 725.18$$

• **비틀림각**

$$\beta = \tan^{-1}\frac{\pi\times D_s}{L} = \tan^{-1}\frac{\pi\times 36.56}{L} = 9.99 \fallingdotseq 10$$

• **전체 이높이**

$$2.25m_n = 2.25m_s \times \cos\beta$$

$$2.25\times 2 = 4.5$$

LESSON 05 베벨 기어 제도 및 요목표

1. 베벨 기어 제도 및 요목표 작성법

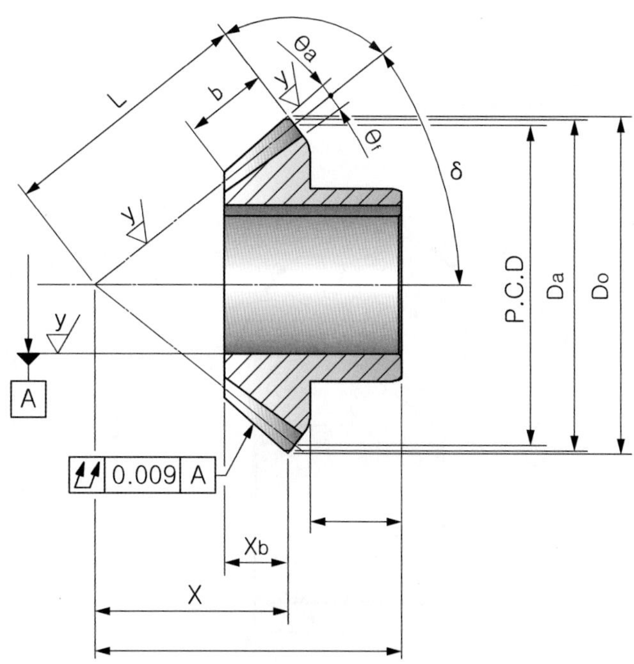

베벨 기어 제도법

① 이끝원(이끝선)은 굵은 실선(초록색)으로 작도한다.

② 피치원(피치선)은 가는 1점쇄선(빨간색/흰색)으로 작도한다.

③ 이뿌리원(이뿌리선)은 가는 실선(빨간색/흰색)으로 작도한다.

④ 정면도를 단면도로 도시하는 경우 이뿌리원은 굵은 실선(초록색)으로 작도한다.

요목표 도시법

① 요목표의 외곽 테두리선은 **굵은 실선**(초록색)으로 작도한다.

② 요목표의 안쪽 구분선은 **가는 실선**(빨간색/흰색)으로 작도한다.

베벨 기어		
기어 치형		글리슨 식
공 구	모듈	□
	치형	보통이
	압력각	20°
축 각		90°
전체 이 높이		□
피치원 지름		□
피치 원추각		□
잇 수		□
다듬질 방법		절삭
정밀도		KS B 1412, 4급

2. 베벨 기어 제도 및 요목표 작성 예시

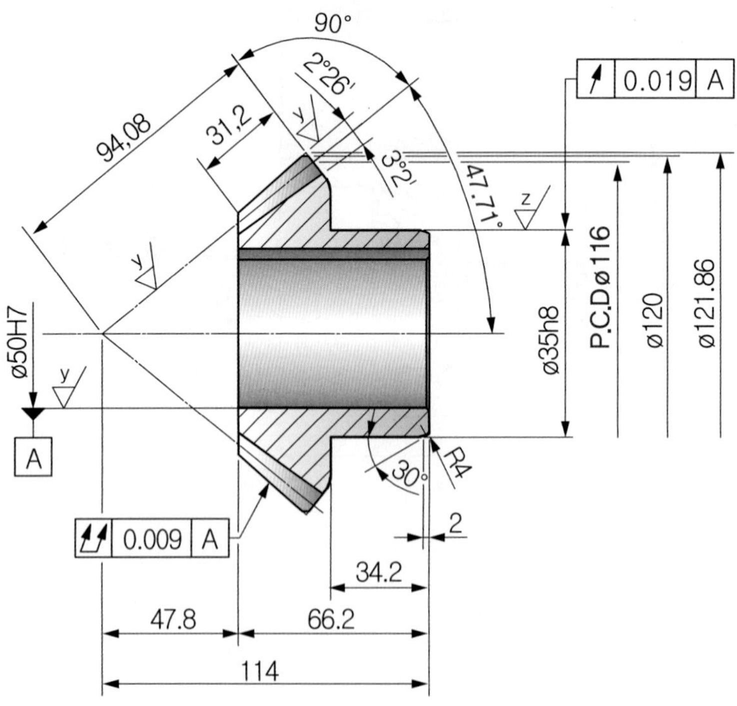

단위 : mm

베벨 기어		
기어 치형		글리슨 식
공 구	모듈	4
	치형	보통이
	압력각	20°
축 각		90°
전체 이 높이		□
피치원 지름		116
피치 원추각		47.71°
잇 수		29
다듬질 방법		절삭
정밀도		KS B 1412, 4급

축각 : 베벨 기어짝의 피치각들의 합과 같은 각

베벨기어 기호 및 주요 계산공식

- **모듈** $m=4$, 압력각 : $\alpha=20°$, 잇수 : $Z_1=29$, $Z_2=37$ 축각 : $\Sigma=90°$
- **이뿌리높이** $h_f=1.25m=1.25\times4=5$
- **피치원지름** : $PCD=mZ=4\times29=116$
- **피치원추각** :

$$\delta_1=\tan^{-1}\left(\frac{\sin\Sigma}{\frac{z_2}{z_1}+\cos\Sigma}\right)=\tan^{-1}\left(\frac{\sin 90}{\frac{37}{29}+\cos 90}\right)=47.71°$$

$$\delta_2=\Sigma-\delta_1=90-47.71=42.29$$

- **원추거리** : $L=\frac{PCD}{2\sin\delta_2}=\frac{116}{2\sin 42.29}=94.08$
- **바깥지름(외단 치선원 직경)** $D_a=D+2h\cos\delta$

$$=116+2(4)\cos 47.71$$
$$=121.86$$

LESSON 06 섹터 기어 제도 및 요목표

섹터기어 기호 및 계산공식

1. **이 사이 각도** A_1

$$A_1=\frac{360}{Z}$$

2. **전체 이의 각** A_2

$$A_2=Z\times A$$

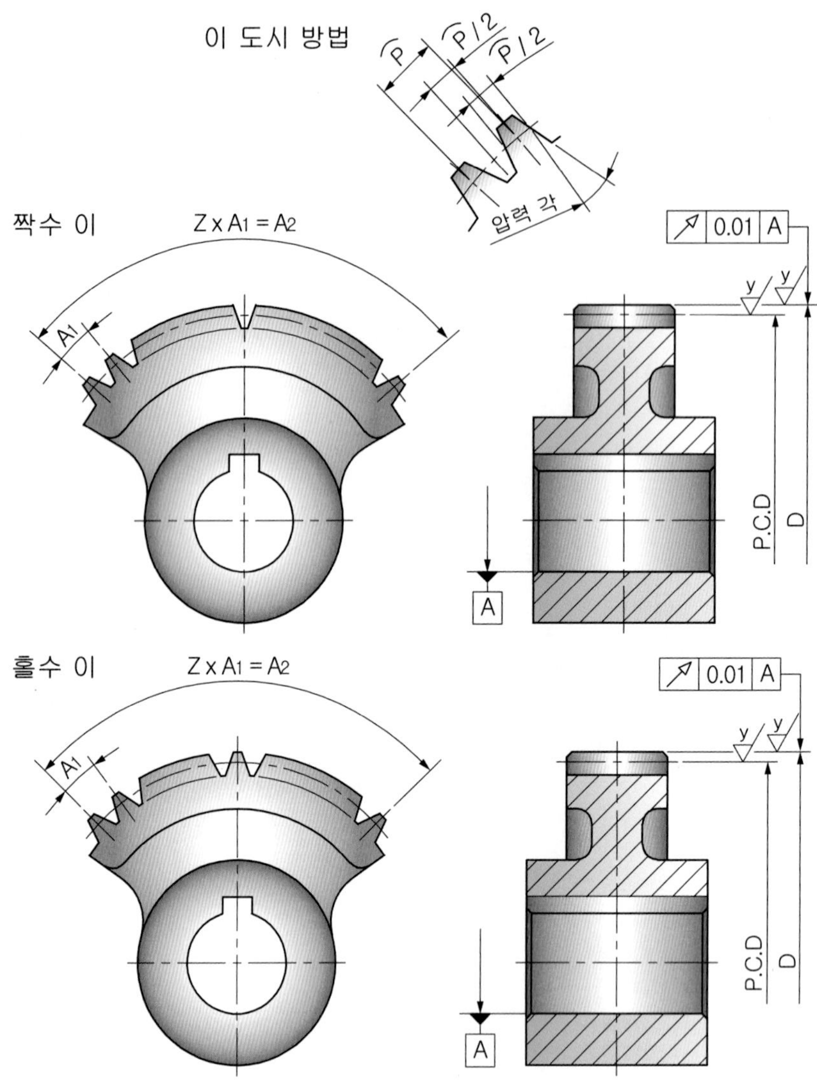

섹터 기어 제도법

① **이끝원**(이끝선)은 **굵은 실선**(초록색)으로 작도한다.

② **피치원**(피치선)은 **가는 1점쇄선**(빨간색/흰색)으로 작도한다.

③ **이뿌리원**(이뿌리선)은 **가는 실선**(빨간색/흰색)으로 작도한다.

④ **정면도를 단면도**로 도시하는 경우 **이뿌리원**(치저원)은 **굵은 실선**(초록색)으로 작도한다.

LESSON 07 체인 스프로킷 제도 및 요목표

1. 체인 스프로킷 제도 및 요목표 작성법

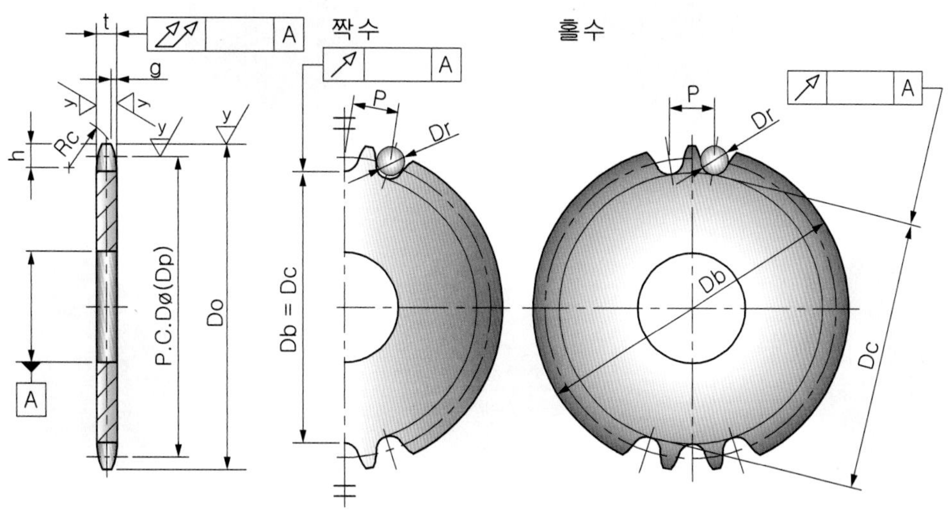

체인 스프로킷 제도법

① **이끝원**(이끝선)은 **굵은 실선**(초록색)으로 작도한다.

② **피치원**(피치선)은 **가는 1점쇄선**(빨간색/흰색)으로 작도한다.

③ **이뿌리원**(이뿌리선)은 **가는 실선**(빨간색/흰색)으로 작도한다.

④ **정면도**를 **단면도**로 도시하는 경우 **이뿌리원**은 **굵은 실선**(초록색)으로 작도한다.

요목표 도시법

① 요목표의 외곽 테두리선은 **굵은 실선**(초록색)으로 작도한다.

② 요목표의 안쪽 구분선은 **가는 실선**(빨간색/흰색)으로 작도한다.

체인 스프로킷		
종류	**구분 \ 품번**	
체인	호칭	
	원주피치	P
	롤러외경	D_r
스프로킷	잇수	Z
	치형	S
	피치원경	D_p

(치수: 열 폭 30, 20, 20 / 전체 70, 행 높이 10, 8)

[2열형] [보스분리형]

[A형] [B형] [C형]

2. 체인 스프로킷 제도 및 요목표 작성 예시

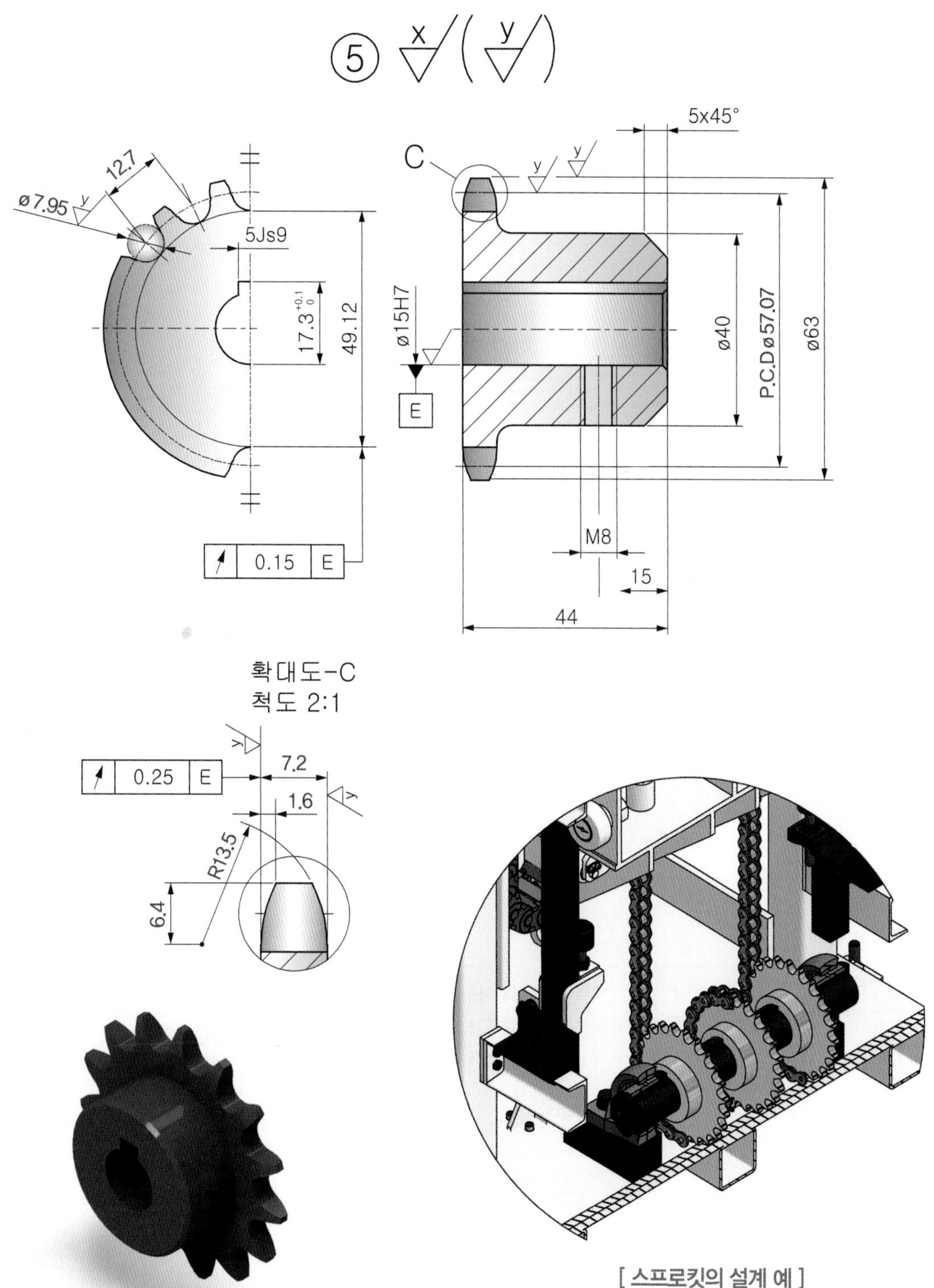

[스프로킷의 설계 예]

체인 스프로킷		
종류	구분 \ 품번	②
체인	호칭	40
	원주피치	12.70
	롤러외경	ϕ7.95
스프로킷	잇수	14
	치형	U형
	피치원경	ϕ57.07

LESSON 08 롤러 체인용 스프로킷 치형

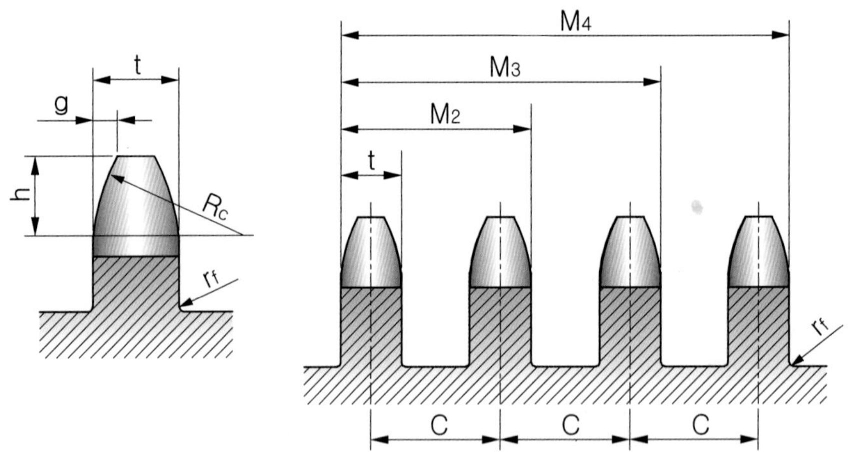

호칭 번호	가로치형 (횡치형)								가로 피치 C	적용 롤러체인(참고)		
	모떼기 폭g (약)	모떼기 깊이 h (약)	모떼기 반지름 R_c (최소)	둥글기 r_f (최대)	치폭 t(최대)		이폭 전체 이폭 t · M			원주 피치 P	롤러 외경 D_r (최대)	롤러 링 내 폭 w (최소)
					단열	2,3 열	4열 이상	허용차				
25	0.8	3.2	6.8	0.3	2.8	2.7	2.4	0 −0.20	6.4	6.35	3.30	3.10
35	1.2	4.8	10.1	0.4	4.3	4.1	3.8		10.1	9.525	5.08	4.68
41	1.6	6.4	13.5	0.5	5.8	–	–		–	12.70	7.77	6.25

40	1.6	6.4	13.5	0.5	7.2	7.8	6.5	0 −0.25	14.4	12.70	7.95	7.85
50	2.0	7.9	16.9	0.6	8.7	8.4	7.9		18.1	15.87 5	10.16	9.40
60	2.4	9.5	20.3	0.8	11.7	11.3	10.6	0 −0.30	22.8	19.05	11.91	12.57
80	3.2	12.7	27.0	1.0	14.6	14.1	13.3		29.3	25.40	15.88	15.75
100	4.0	15.9	33.8	1.3	17.6	17.0	16.1	0 −0.35	35.8	31.75	19.05	18.90
120	4.8	19.0	40.5	1.5	23.5	22.7	21.5	0 −0.40	45.4	38.10	22.23	25.22
140	5.6	22.2	47.3	1.8	23.5	22.7	21.5	0 −0.40	48.9	44.45	25.40	25.22
160	6.4	25.4	54.0	2.0	29.4	28.4	27.0	0 −0.45	58.5	50.80	28.58	31.55
200	7.9	31.8	67.5	2.5	35.3	34.1	32.5	0 −0.55	71.6	63.50	39.68	37.85
240	9.5	38.1	81.0	3.0	44.1	42.7	40.7	0 −0.65	87.8	76.20	47.63	47.35

LESSON 09 V-벨트 풀리 제도

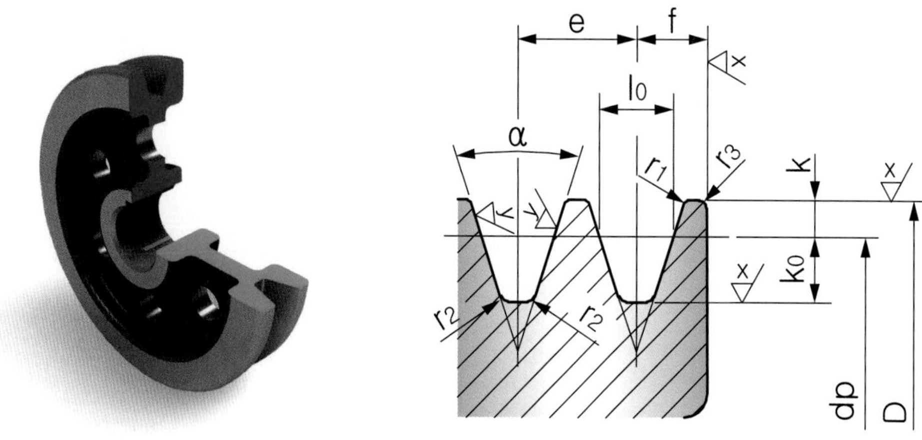

단위 : mm

V벨트 형 별	호칭지름 (d_p)	$\alpha°$ (±0.5°)	ℓ_0	k	k_0	e	f	r1	r2	r3	(참 고) V 벨트의 두께
M	50 이상 71 이하 71 초과 90 이하 90 초과	34 36 38	8.0	2.7	6.3	–	9.5 ±1	0.2~0.5	0.5~1.0	1~2	5.5
A	71 이상 100 이하 100 초과 125 이하 125 초과	34 36 38	9.2	4.5	8.0	15.0 ±0.4	10.0 ±1	0.2~0.5	0.5~1.0	1~2	9
B	125 이상 160 이하 160 초과 200 이하 200 초과	34 36 38	12.5	5.5	9.5	19.0 ±0.4	12.5 ±1	0.2~0.5	0.5~1.0	1~2	11
C	200 이상 250 이하 250 초과 315 이하 315 초과	34 36 38	16.9	7.0	12.0	25.5 ±0.5	17.0 ±1	0.2~0.5	1.0~1.6	2~3	14
D	355 이상 450 이하 450 초과	36 38	24.6	9.5	15.5	37.0 ±0.5	24.0	0.2~0.5	1.6~2.0	3~4	19
E	500 이상 630 이하 630 초과	36 38	28.7	12.7	19.3	44.5 ±0.5	29.0	0.2~0.5	1.6~2.0	4~5	25.5

[비고] 1. M형은 원칙적으로 한 줄만 걸친다.
2. V벨트 풀리에 사용하는 재료는 KS D 4301의 3종(GC 200) 또는 이와 동등 이상의 품질인 것으로 한다.
3. k의 허용차는 바깥지름 d_e를 기준으로 하여, 홈의 나비가 ℓ_0가 되는 d_p의 위치의 허용차를 나타낸다.

LESSON 10 홈부 각 부분의 치수 허용차

단위 : mm

V벨트의 형별	α의 허용차(°)	k의 허용차	e의 허용차	f의 허용차
M	± 0.5	+0.2 0	–	±1
A			± 0.4	
B				
C		+0.3 0	± 0.5	
D		+0.4 0		+2 −1
E		+0.5 0		+3 −1

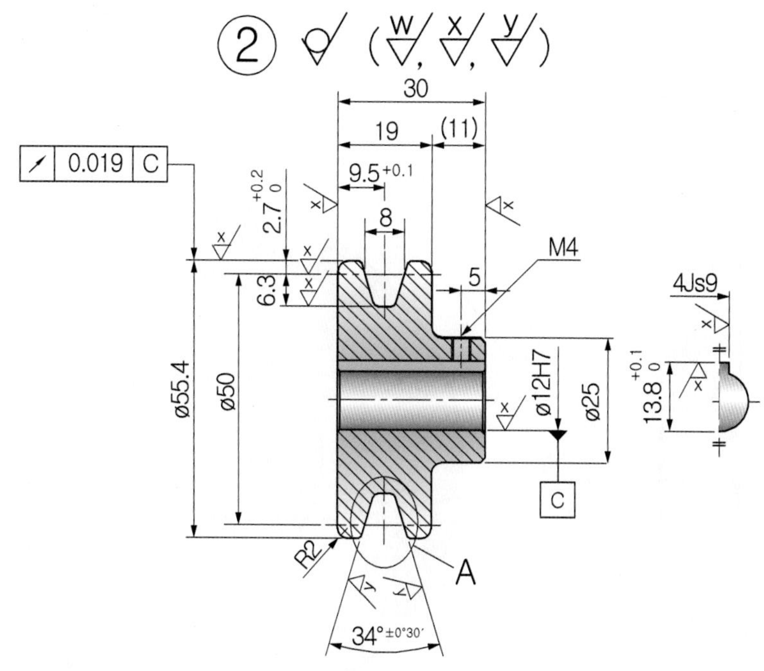

확대도-A 척도2:1

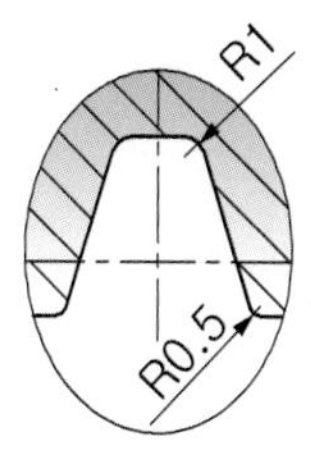

LESSON 11 래칫 휠 제도 및 요목표

1. 래칫 휠 제도 및 요목표 작성법

래칫 휠 요목표	
종류	구분 / 품번
잇 수	□
원주 피치	□
이 높이	□

40 40

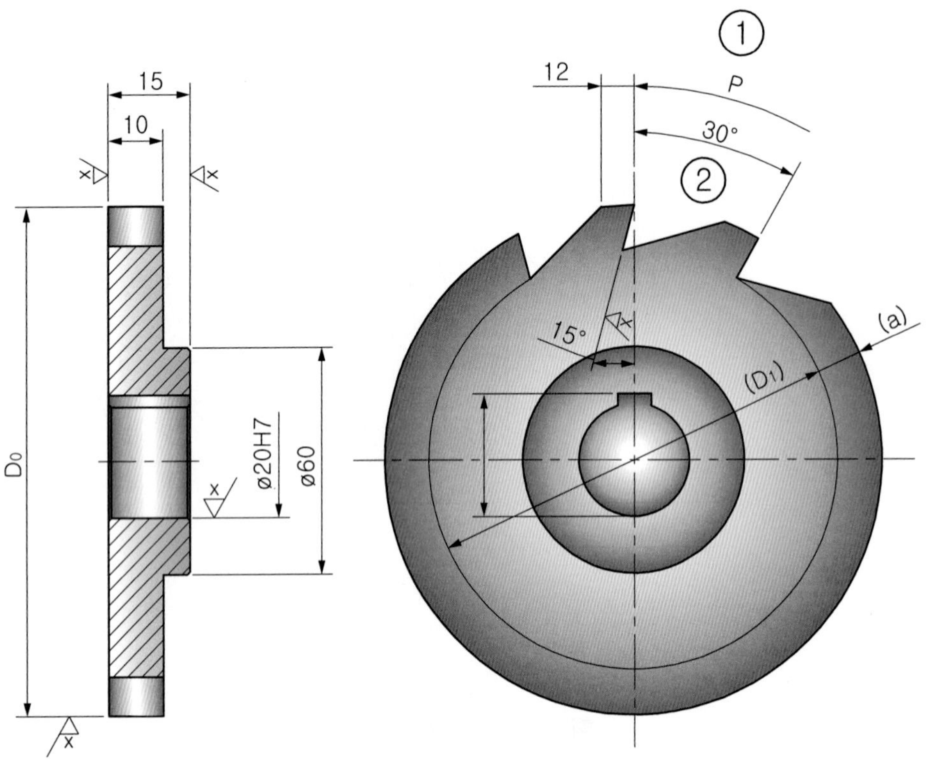

래칫 휠 제도법

① **이끝원**(이끝선)은 **굵은 실선**(초록색)으로 작도한다.

② **우측면도**의 **이뿌리원**(이뿌리선)은 **가는 실선**(빨간색/흰색)으로 작도한다.

③ **정면도**를 **단면도**로 도시하는 경우 **이뿌리원**은 **굵은 실선**(초록색)으로 작도한다.

요목표 도시법

① 요목표의 외곽 테두리선은 **굵은 실선**(초록색)으로 작도한다.

② 요목표의 안쪽 구분선은 **가는 실선**(빨간색/흰색)으로 작도한다.

래칫휠 계산공식
① 이의 크기는 원주피치(P) M(모듈)로 정한다. ② 잇수(Z) 6~8 : 체인블록 12~20 : 차동식 기어장치 16~25 : 기어정지장치의 고정블록 ③ 계산 공식 원주피치 $P=\dfrac{D_0}{Z}$ 이높이(a) = 0.35P (환산하여 기입) 예 47.12×0.35 = 16.49 도면상의 이높이 a = 16으로 기입한다. 이뿌리지름 = D_0(외경) − $2a$이높이

2. 래칫 휠 제도 및 요목표 작성 예시

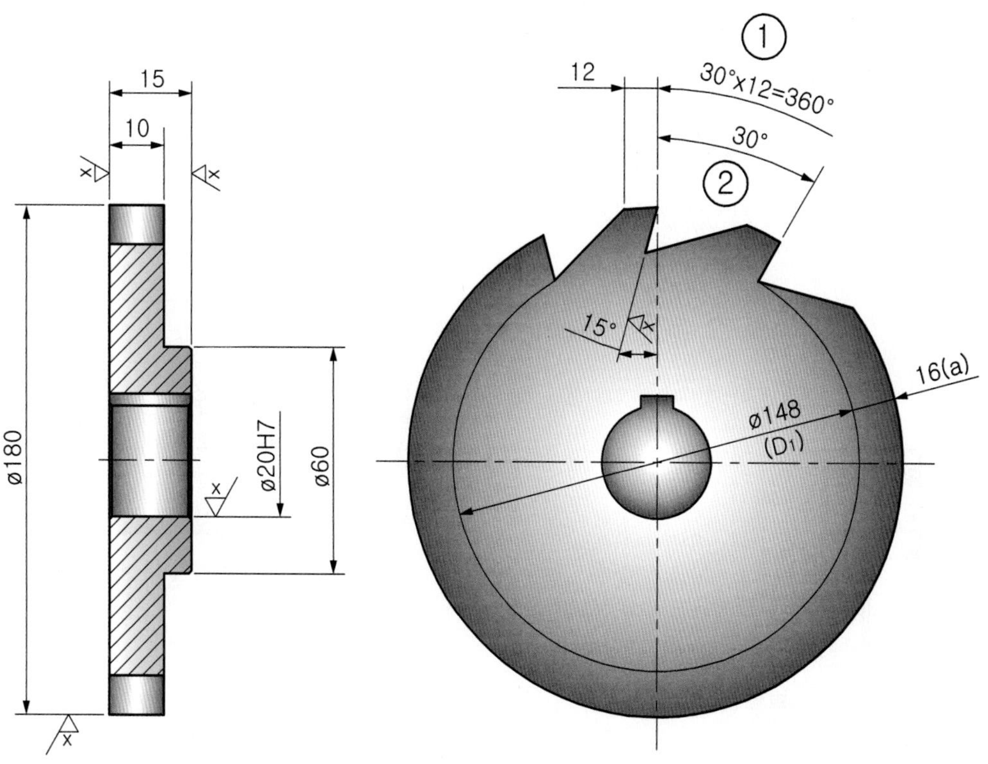

래칫 휠 요목표	
종류	구분 \ 품번
잇 수	12
원주 피치	47.12
이 높이	16

①, ②의 치수는 래칫이 각도 분할 역할 및 다른 중요 기능으로 사용되는 경우
②의 각도에 치수공차 및 ①의 치수를 병기한다.
단, 중요도가 낮을 경우 ①의 기입은 생략해도 좋다.

문자 및 눈금 각인 요목표

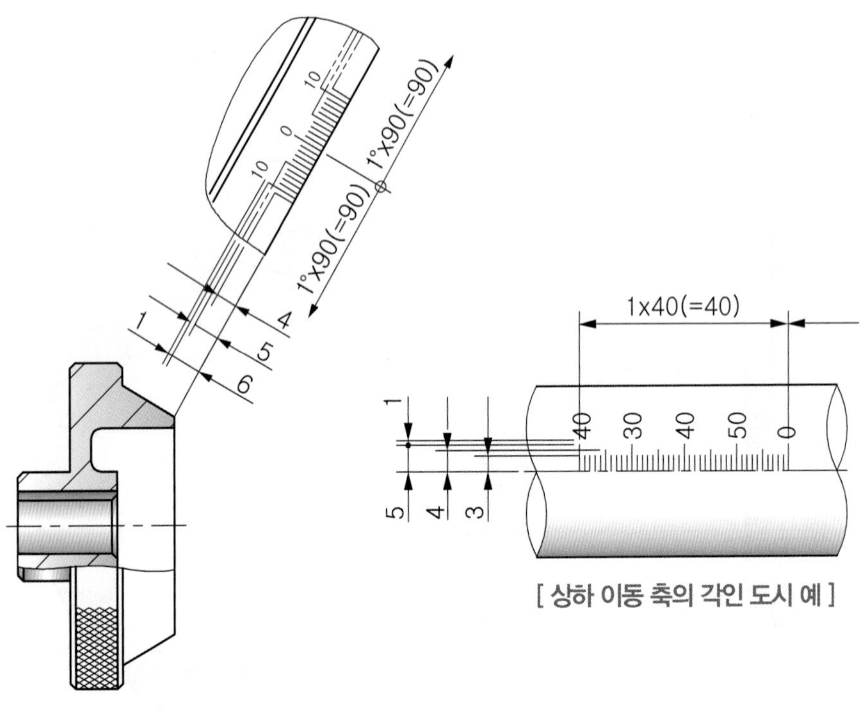

[원통부 각인 도시 예]

[상하 이동 축의 각인 도시 예]

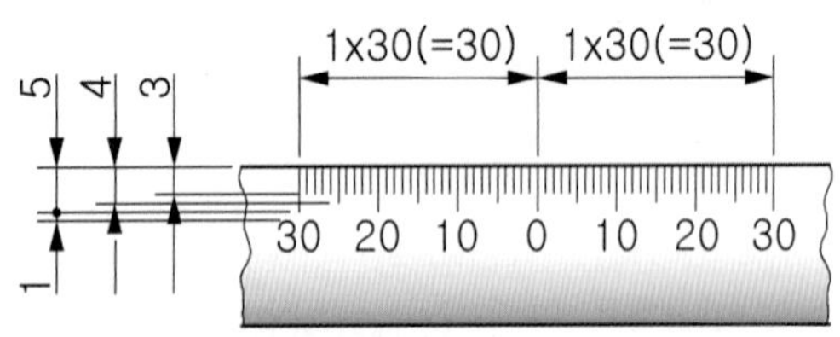

[면부의 각인 도시 예]

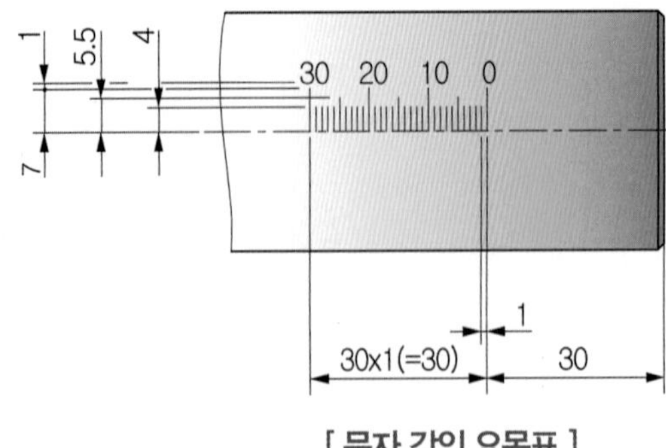

[문자 각인 요목표]

문자, 눈금 각인		
품번	④, ⑤	
구분	눈금	문자
문자높이	–	3
각인	음각	
선 폭	0.3	
선 깊이	0.2	
글자체	–	고딕
도장	흑색, 0은 적색	
공정	표면처리 후	

[주] 눈금은 1마다 각인하고, 숫자는 10마다 각인한다.
눈금은 1°마다 각인하고, 숫자는 10°마다 각인한다.

[1] 각인 : 각인은 눈금이나 글자를 새기는 것을 말하며, 음각( )은 오목하게 파는 것을 양각( )은 블록하게 만드는 것을 말한다.
[2] 도장 : 일종의 페인트 칠을 하는 것으로 문자나 눈금에 색을 입히는 것을 말한다.

LESSON 13 스플라인 축과 구멍의 제도

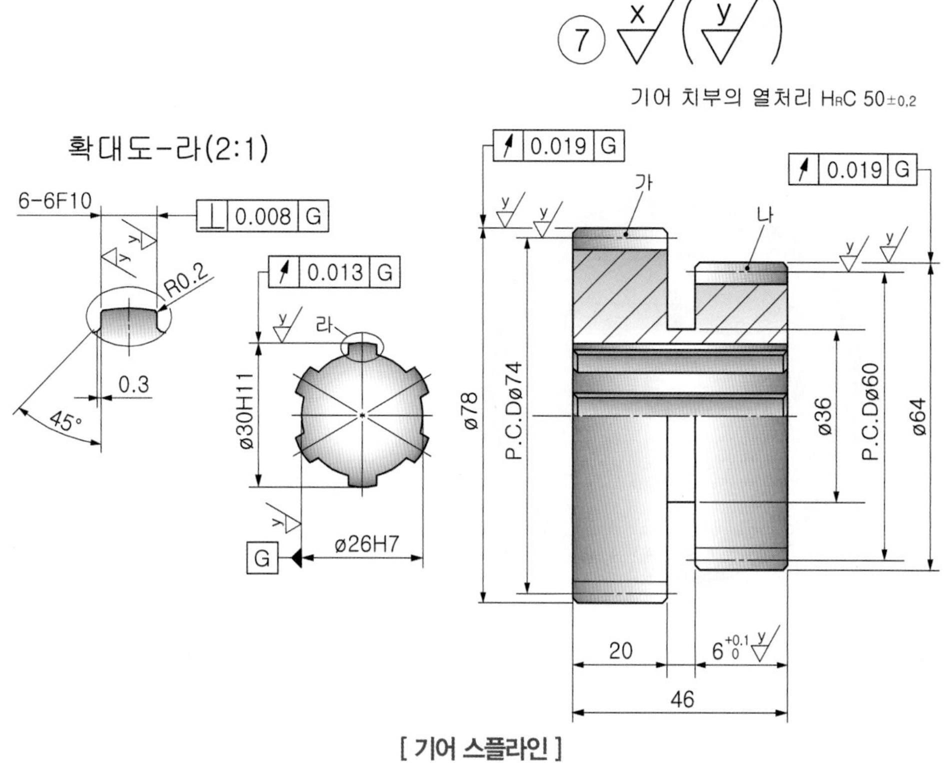

[기어 스플라인]

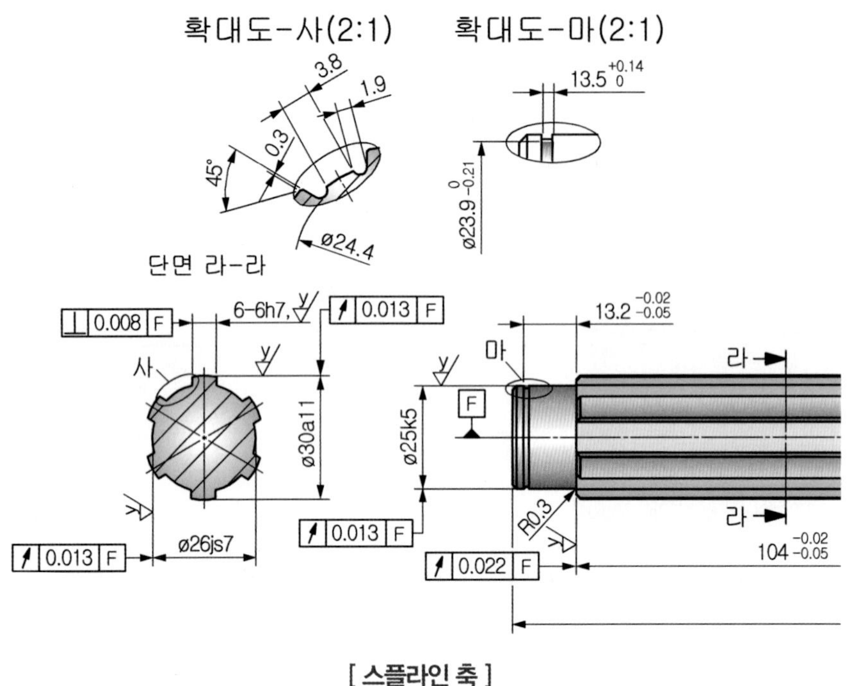

[스플라인 축]

LESSON 14 정면캠 및 선도 (1)

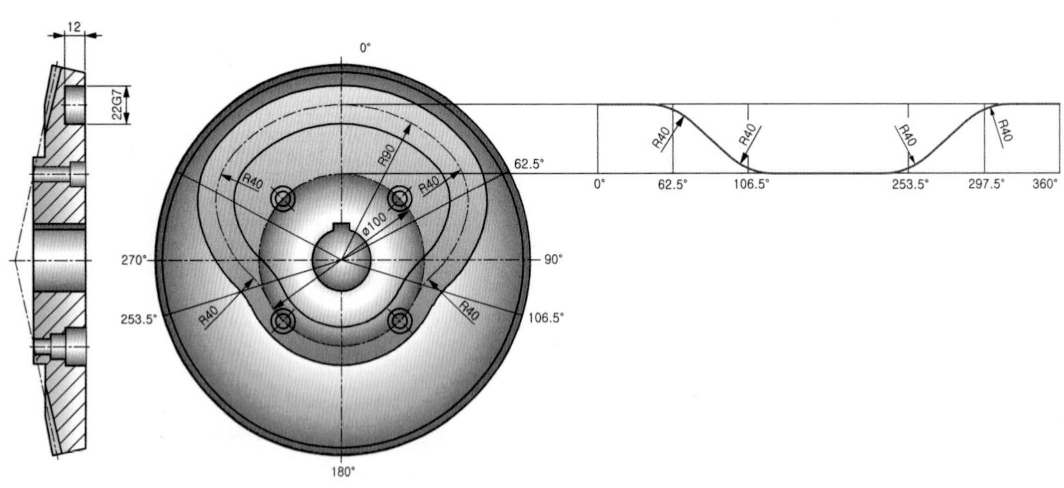

LESSON 15 정면캠 및 선도 (2)

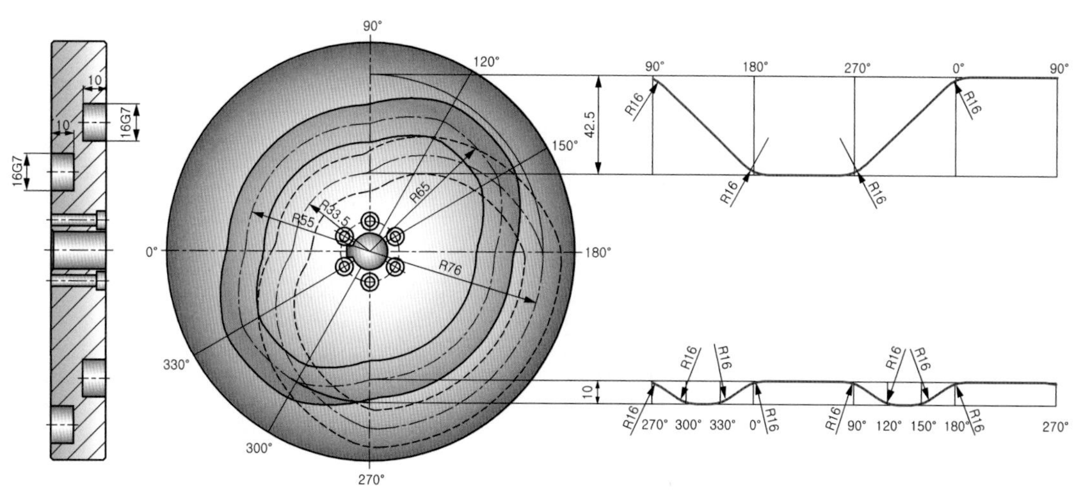

LESSON 16 판캠 및 선도

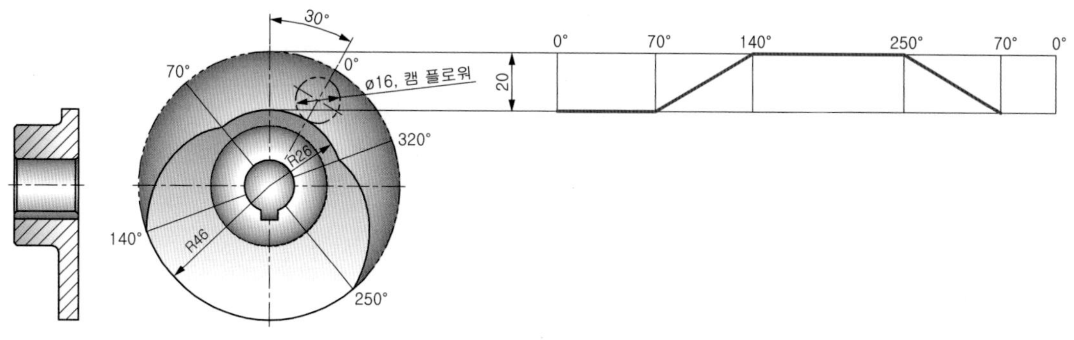

LESSON 17 단면캠 및 선도

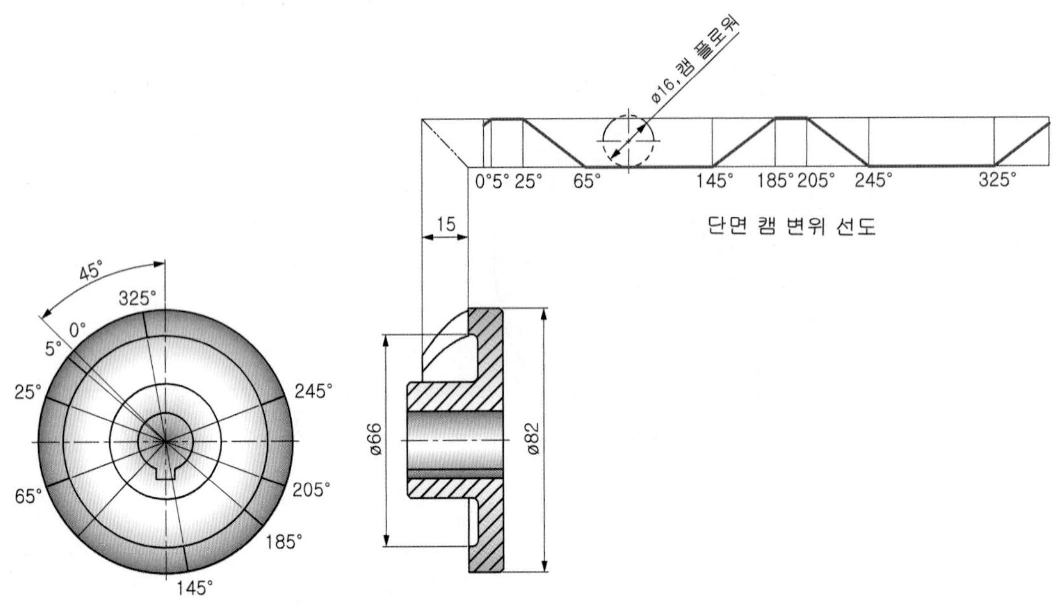

LESSON 18 원형캠 계산 및 종동부의 동작변화

▼ 원형캠 계산, 종동부의 변환 동작

동작	위치 deg	고도 m	최소/최대 속도 m/s		최소/최대 가속도 m/s²		반전
5차 다항식	0－48	0－19.5	0	0.182812	－2.81458	2.81458	0.5
Dwell	48－120	19.5－19.5	0	0	0	0	－
5차 다항식	120－168	19.5－0	－0.182812	0	－2.81458	2.81458	0.5
미정의	168－360	19.5	0	0	0	0	－
캠에서의 최대값		19.5	－0.182812	0.182812	－2.81458	2.81458	－
최대 압력각 44.0846 deg ≦ 30 최소 곡률 반지름 16.7284 mm ≧ 17.8571							

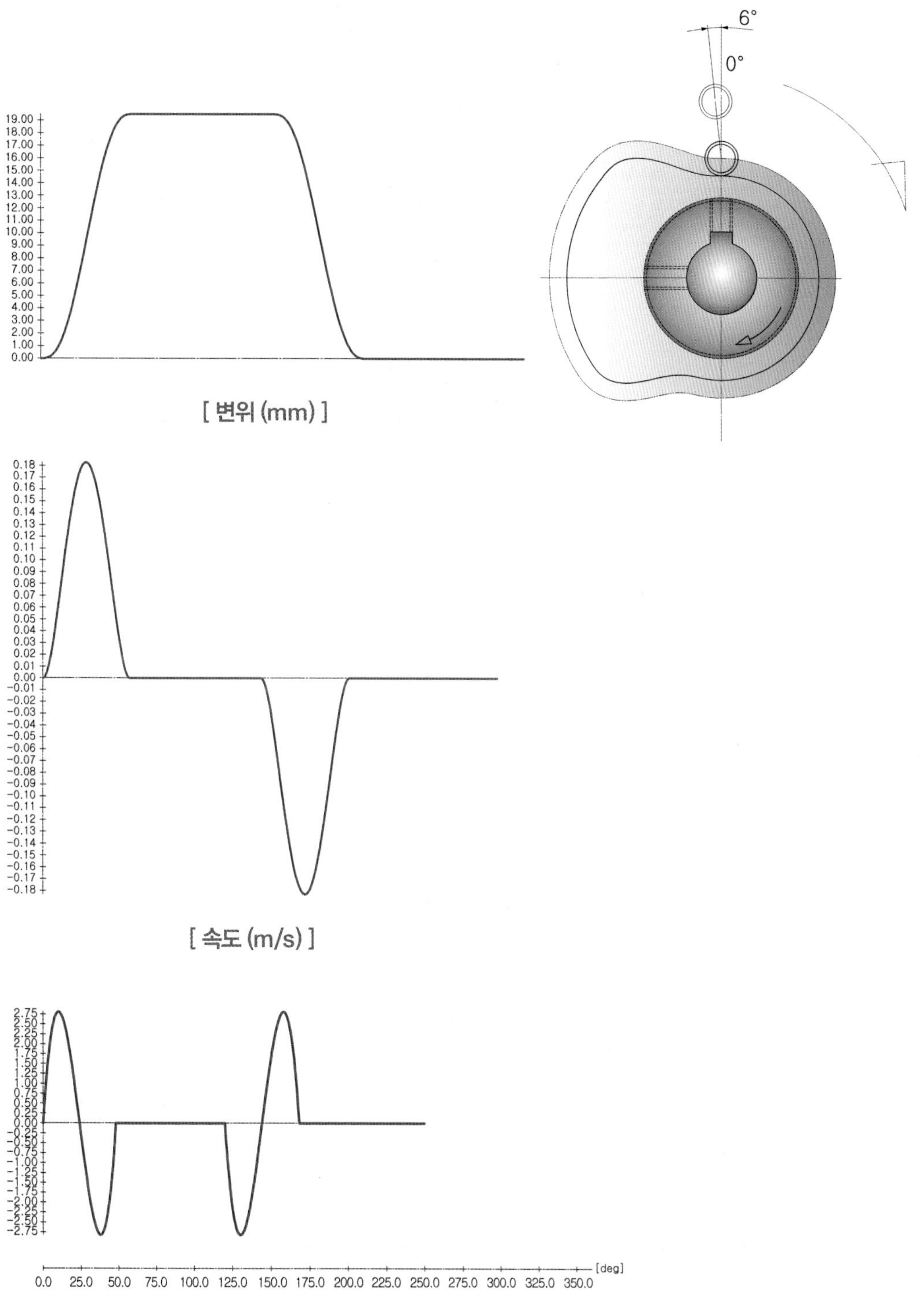
6°
0°
[변위 (mm)]
[속도 (m/s)]
[deg]
0.0 25.0 50.0 75.0 100.0 125.0 150.0 175.0 200.0 225.0 250.0 275.0 300.0 325.0 350.0

[가속도 (m/s^2)]

LESSON 19 판캠 및 캠곡선 (1)

CAM 명칭	판 CAM
CAM 곡선	변형 정현 곡선 (Modified sine)
종절 구성	SINE 형
회전 방향	CW
가공 시작점	"A"

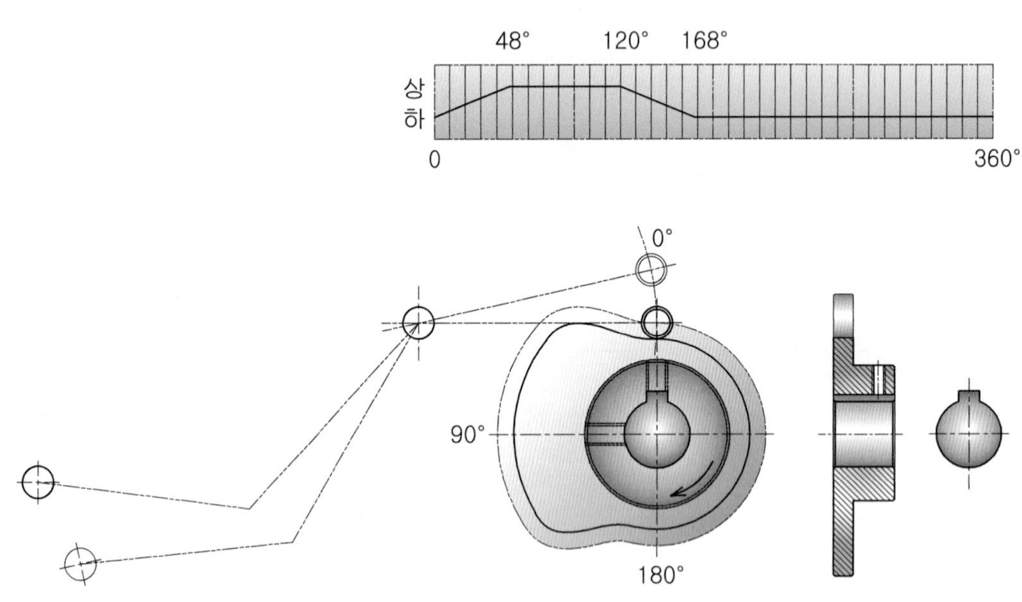

LESSON 20 판캠 및 캠곡선 (2)

CAM 명칭	판 CAM
CAM 곡선	변형 정현 곡선 (Modified sine)
종절 구성	SINE 형
회전 방향	CW
가공 시작점	"A"

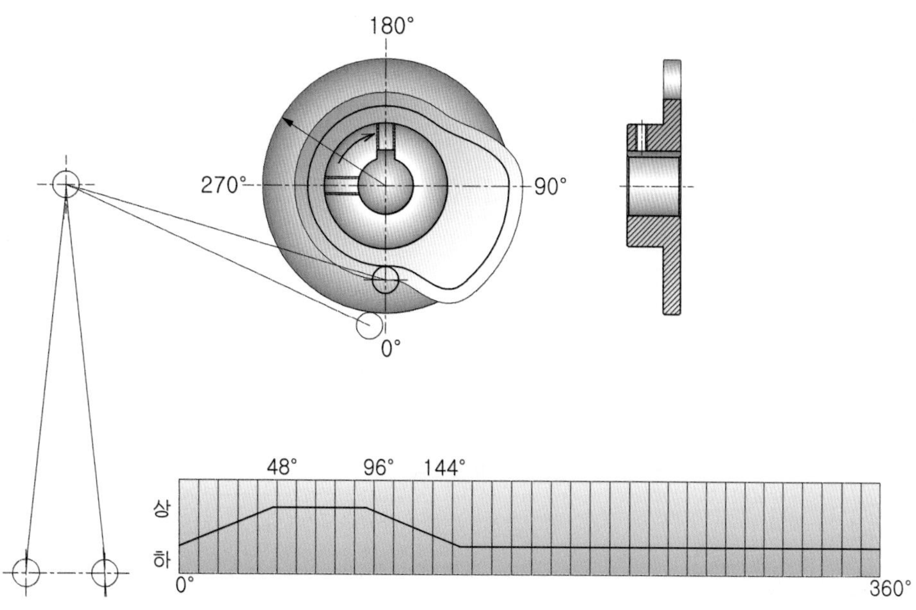

LESSON 21 판캠 및 캠곡선 (3)

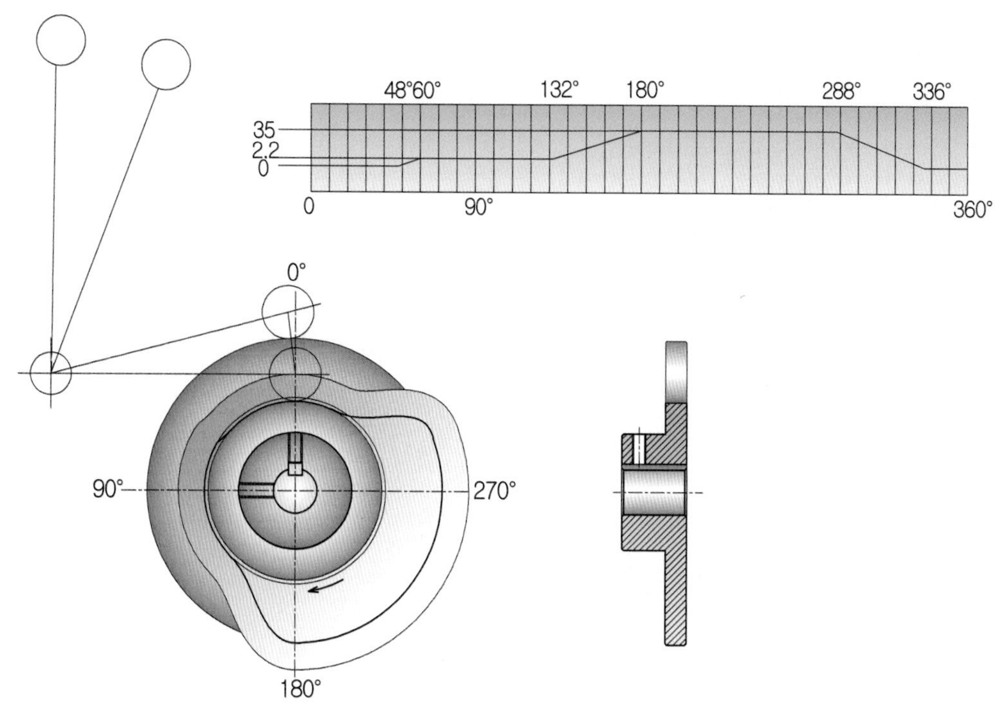

CAM 명칭	판 CAM
CAM 곡선	변형 정현 곡선 (Modified sine)
종절 구성	SINE 형
회전 방향	CW
가공 시작점	"A"

LESSON 22 냉간 성형 압축 코일 스프링 제도 및 요목표

냉간 성형 압축 코일 스프링 요목표		
재료		SWOSC-V
재료의 지름 mm		4
코일 평균 지름 mm		26
코일 바깥 지름 mm		30±0.4
총 감김수		11.5
자리 감김수		각 1
유효 감김수		9.5
감김 방향		오른쪽
자유 길이 mm		(80)
스프링 상수 N/mm		15.3
지정	하중 N	–
	하중시의 길이 mm	–
	길이[(1)] mm	70
	길이시의 하중 N	153±10%
	응력 N/mm^2	190
최대 압축	하중 N	–
	하중시의 길이 mm	–
	길이[(1)] mm	55
	길이시의 하중 N	382
	응력 N/mm^2	476
밀착 길이 mm		(44)
코일 바깥쪽 면의 경사 mm		4이하
코일 끝부분의 모양		맞댐끝(연삭)
표면 처리	성형 후의 표면 가공	쇼트 피닝
	방청 처리	방청유 도포

[주] [(1)] 수치 보기는 길이를 기준으로 하였다.

[비고] 1. 기타 항목 : 세팅한다.
2. 용도 또는 사용 조건 : 상온, 반복하중
3. 1N/mm^2 = 1MPa

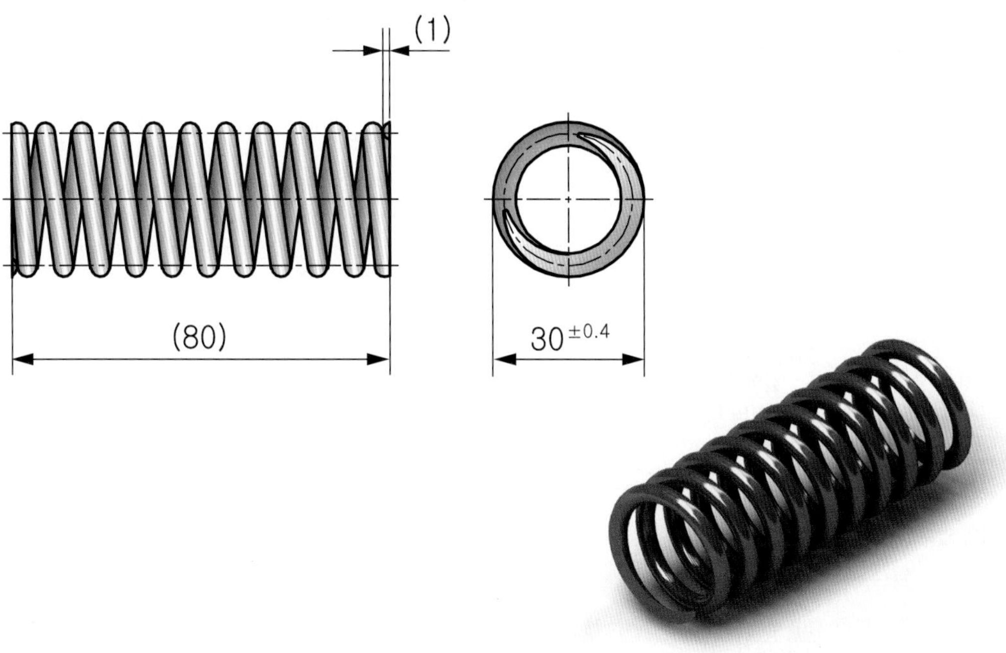

LESSON 23 열간 성형 압축 코일 스프링 제도 및 요목표

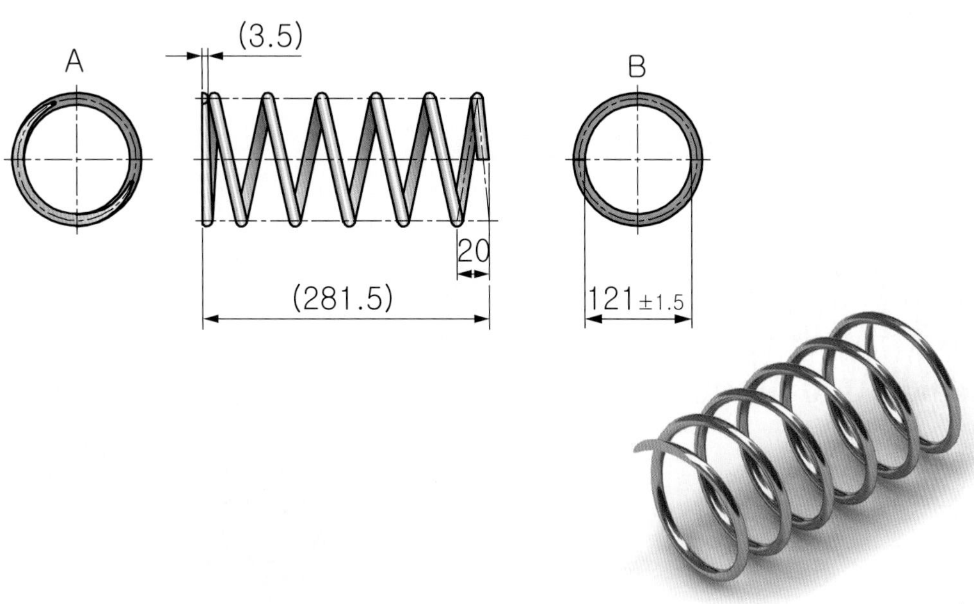

열간 성형 압축 코일 스프링 요목표		
재료		SPS6
재료의 지름 mm		14
코일 평균 지름 mm		135
코일 안지름 mm		121±1.5
총 감김수		6.25
자리 감김수		A측 : 1, B측 : 0.75
유효 감김수		4.5
감김 방향		오른쪽
자유 길이 mm		(281.5)
스프링 상수 N/mm		34.0±10%
지정	하중 N	–
	하중시의 길이 mm	–
	길이[(1)] mm	166
	길이시의 하중 N	3925±10%
	응력 N/mm^2	566
최대 압축	하중 N	–
	하중시의 길이 mm	–
	길이[(1)] mm	105
	길이시의 하중 N	6000
	응력 N/mm^2	865
밀착 길이 mm		(95.5)
코일 바깥쪽 면의 경사 mm		15.6 이하
경 도 HBW		388~461
코일 끝부분의 모양		A측 : 맞댐끝(테이퍼) B측 : 벌림끝(무연삭)
표면 처리	재료의 표면 가공	연삭
	성형 후의 표면 가공	쇼트 피닝
	방청 처리	흑색 에나멜 도장

[주] [(1)] 수치 보기는 길이를 기준으로 하였다.
[비고] 1. 기타 항목 : 세팅한다.
2. 용도 또는 사용 조건 : 상온, 반복하중
3. $1N/mm^2 = 1MPa$

LESSON 24 테이퍼 코일 스프링 제도 및 요목표

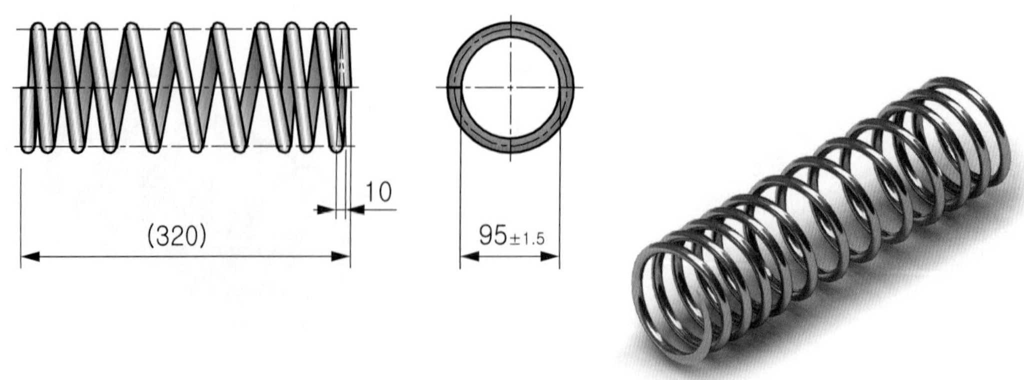

<table>
<tr><th colspan="3">테이퍼 코일 스프링 요목표</th></tr>
<tr><td colspan="2">재료</td><td>SPS6</td></tr>
<tr><td colspan="2">재료의 지름 mm</td><td>12.5[9.4]</td></tr>
<tr><td colspan="2">코일 평균 지름 mm</td><td>107.5[104.4]</td></tr>
<tr><td colspan="2">코일 안지름 mm</td><td>95±1.5</td></tr>
<tr><td colspan="2">총 감김수</td><td>10</td></tr>
<tr><td colspan="2">자리 감김수</td><td>각 0.75</td></tr>
<tr><td colspan="2">유효 감김수</td><td>8.5</td></tr>
<tr><td colspan="2">감김 방향</td><td>오른쪽</td></tr>
<tr><td colspan="2">자유 길이 mm</td><td>(320)</td></tr>
<tr><td colspan="2">같은 지름 부분의 피치 mm</td><td>43.4</td></tr>
<tr><td colspan="2">테이퍼 부분의 피치 mm</td><td>27.1</td></tr>
<tr><td colspan="2">제1스프링 상수[(2)] N/mm</td><td>16.4±10%</td></tr>
<tr><td colspan="2">제2스프링 상수 N/mm</td><td>48.2±10%</td></tr>
<tr><td rowspan="5">지정</td><td>하중 N</td><td>–</td></tr>
<tr><td>하중시의 길이 mm</td><td>–</td></tr>
<tr><td>길이[(1)] mm</td><td>196</td></tr>
<tr><td>길이시의 하중 N</td><td>2500±10%</td></tr>
<tr><td>응력 N/mm²</td><td>459</td></tr>
<tr><td rowspan="5">최대 압축</td><td>하중 N</td><td>–</td></tr>
<tr><td>하중시의 길이 mm</td><td>–</td></tr>
<tr><td>길이[(1)] mm</td><td>140</td></tr>
<tr><td>길이시의 하중 N</td><td>5170</td></tr>
<tr><td>응력 N/mm²</td><td>848</td></tr>
<tr><td colspan="2">밀착 길이 mm</td><td>(124)</td></tr>
<tr><td colspan="2">경 도 HBW</td><td>388~461</td></tr>
<tr><td colspan="2">코일 끝부분의 모양</td><td>벌림끝(무연삭)</td></tr>
<tr><td rowspan="3">표면 처리</td><td>재료의 표면 가공</td><td>연삭</td></tr>
<tr><td>성형 후의 표면 가공</td><td>쇼트 피닝</td></tr>
<tr><td>방청 처리</td><td>흑색 에나멜 도장</td></tr>
</table>

[주] (1) 수치 보기는 길이를 기준으로 하였다.
(2) 0~1190N

[비고] 1. 안지름 기준으로 한다.
2. [ ] 안은 작은 지름쪽 치수를 나타낸다.
3. 기타 항목 : 세팅한다.
4. 용도 또는 사용 조건 : 상온, 반복하중
5. 1N/mm² = 1MPa

LESSON 25 각 스프링 제도 및 요목표

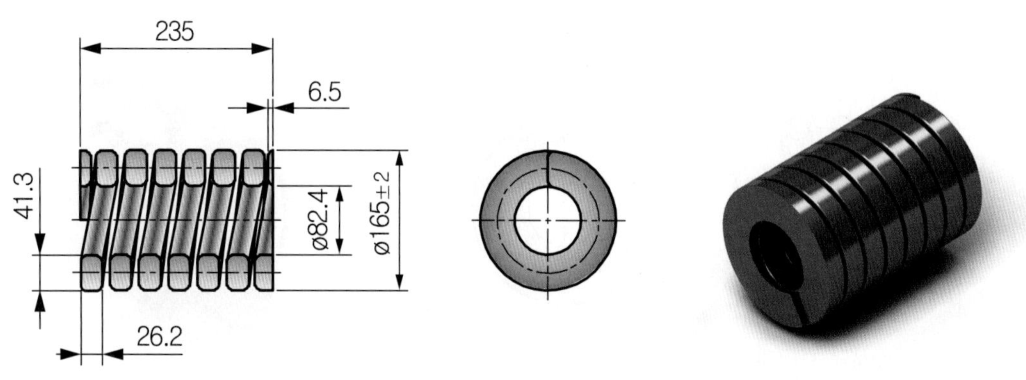

각 스프링 요목표		
재료		SPS9
재료의 지름 mm		41.3×26.2
코일 평균 지름 mm		123.8
코일 바깥 지름 mm		165±2
총 감김수		7.25±0.25
자리 감김수		각 0.75
유효 감김수		5.75
감김 방향		오른쪽
자유 길이 mm		(235)
스프링 상수 N/mm		1570
지정	하중(3) N	49000
	하중시의 길이 mm	203±3
	길이(1) mm	–
	길이시의 하중 N	–
	응력 N/mm²	596
최대 압축	하중 N	73500
	하중시의 길이 mm	188
	길이(1) mm	–
	길이시의 하중 N	–
	응력 N/mm²	894
밀착 길이 mm		(177)
경 도 HBW		388~461
코일 끝부분의 모양		맞댐끝(테이퍼 후 연삭)
표면 처리	재료의 표면 가공	연삭
	성형 후의 표면 가공	쇼트 피닝
	방청 처리	흑색 에나멜 도장

[주] (1) 수치 보기는 길이를 기준으로 하였다.
(3) 수치 보기는 하중을 기준으로 하였다.

[비고] 1. 기타 항목 : 세팅한다.
2. 용도 또는 사용 조건 : 상온, 반복하중
3. 1N/mm² = 1MPa

LESSON 26 이중 코일 스프링 제도 및 요목표

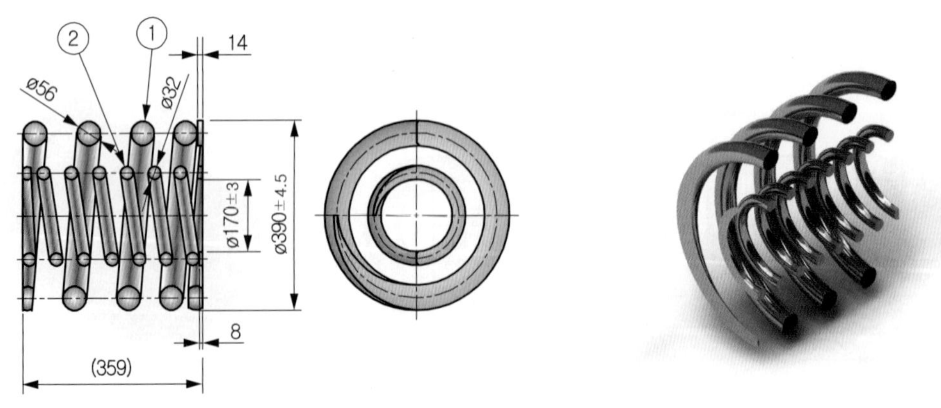

이중 코일 스프링 요목표			
조합 No.		①	②
재료		SPS11A	SPS9A
재료의 지름 mm		56	32
코일 평균 지름 mm		334	202
코일 안지름 mm		278	170±3
코일 바깥 지름 mm		390±4.5	234
총 감김수		4.75	7.75
자리 감김수		각 1	각 1
유효 감김수		2.75	5.75
감김 방향		오른쪽	왼쪽
자유 길이 mm		(359)	(359)
스프링 상수 N/mm		1086	
		883	203
지정	하중(3) N	88260	
		71760	16500
	하중시의 길이 mm	277.5±4.5	
		277.5	277.5
	길이(1) mm	–	
	길이시의 하중 N	–	
	응력 N/mm^2	435	321
최대 압축	하중(3) N	131360	
		106800	24560
	하중시의 길이 mm	238	
		238	238
	길이(1) mm	–	
	길이시의 하중 N	–	
	응력 N/mm^2	648	478
밀착 길이 mm		(238)	(232)
코일 바깥쪽 면의 경사 mm		6.3	6.3
경 도 HBW		388~461	
코일 끝부분의 모양		맞댐끝(테이퍼 후 연삭)	
표면 처리	재료의 표면 가공	연삭	
	성형 후의 표면 가공	쇼트 피닝	
	방청 처리	흑색 에나멜 도장	

[주] (1) 수치 보기는 길이를 기준으로 하였다.
(3) 수치 보기는 하중을 기준으로 하였다.

[비고] 1. 기타 항목 : 세팅한다.
2. 용도 또는 사용 조건 : 상온, 반복하중
3. $1N/mm^2 = 1MPa$

LESSON 27 인장 코일 스프링 제도 및 요목표

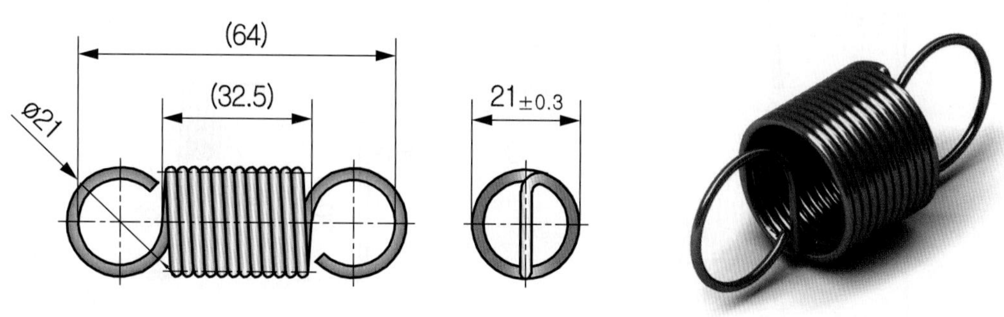

인장 코일 스프링 요목표		
재료		HSW－3
재료의 지름 mm		2.6
코일 평균 지름 mm		18.4
코일 바깥 지름 mm		21±0.3
총 감김수		11.5
감김 방향		오른쪽
자유 길이 mm		(64)
스프링 상수 N/mm		6.28
초 장 력 N		(26.8)
지정	하중 N	－
	하중시의 길이 mm	－
	길이[(1)] mm	86
	길이시의 하중 N	165±10%
	응력 N/mm^2	532
최대 허용 인장 길이 mm		92
고리의 모양		둥근 고리
표면 처리	성형 후의 표면 가공	－
	방청 처리	방청유 도포

[주] [(1)] 수치 보기는 길이를 기준으로 하였다.
[비고] 1. 기타 항목 : 세팅한다.
2. 용도 또는 사용 조건 : 상온, 반복하중
3. $1N/mm^2 = 1MPa$

LESSON 28 비틀림 코일 스프링 제도 및 요목표

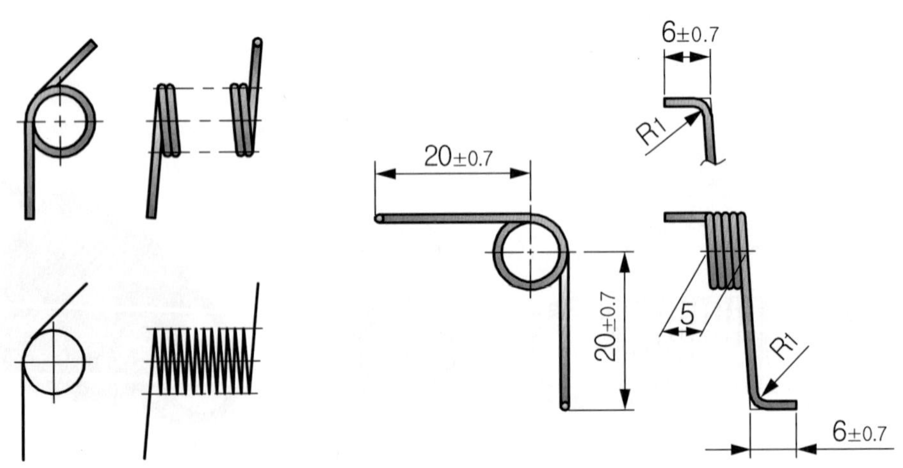

비틀림 코일 스프링 요목표		
재료		STS 304－WPB
재료의 지름 mm		1
코일 평균 지름 mm		9
코일 안지름 mm		8±0.3
총 감김수		4.25
감김 방향		오른쪽
자유 각도(4) 도(°)		90±15
지정	나선각 도(°)	–
	나선각시의 토크 N · mm	–
	(참고)계화 나선각 도(°)	–
안내봉의 지름 mm		6.8
사용 최대 토크시의 응력 N/mm²		–
표면 처리		–

[주] (4) 수치 보기는 자유시 모양을 기준으로 하였다.

[비고] 1. 기타 항목 : 세팅한다.
2. 용도 또는 사용 조건 : 상온, 반복하중
3. 1N/mm² = 1MPa

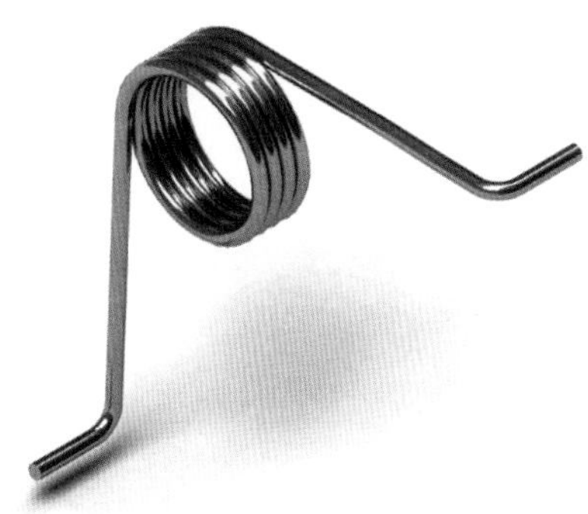

LESSON 29 지지, 받침 스프링 제도 및 요목표

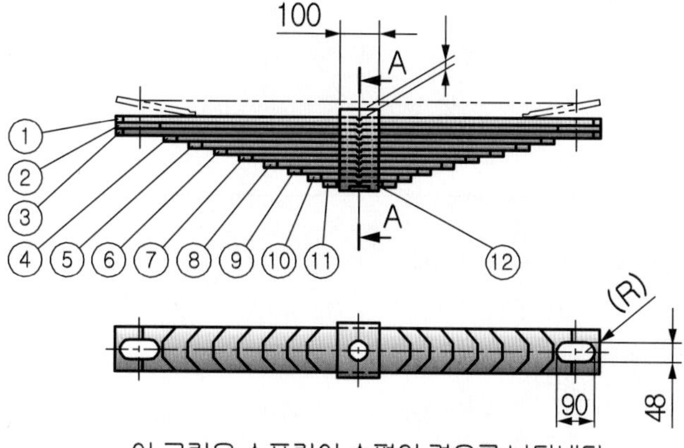

이 그림은 스프링이 수평인 경우를 나타낸다.

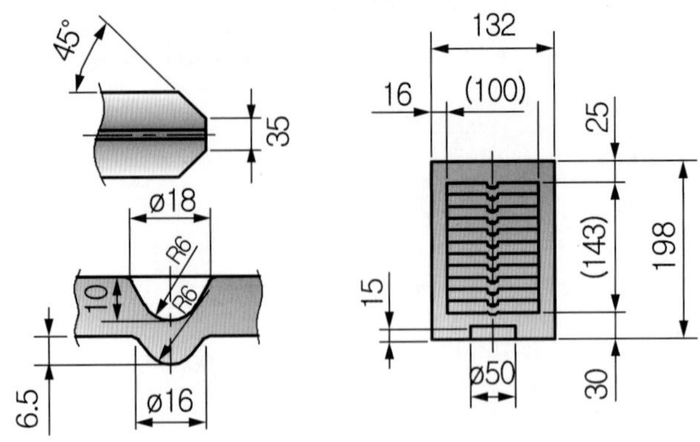

스프링 판					
재료		SPS3			
치수 · 모양	번호	길 이 mm	판두께 mm	판나비 mm	단면 모양
	1	1190	13	100	KS D 3701의 A종
	2	1190			
	3	1190			
	4	1050			
	5	950			
	6	830			
	7	710			
	8	590			
	9	470			
	10	350			
	11	250			

부속 부품			
번 호	명 칭	재 료	개 수
12	허리죔 띠	SM 10C	1

하중 특성				
	하 중 N	뒤말림 mm	스 팬 mm	응 력 N/mm^2
무하중시	0	38	–	0
표준 하중시	45990	5	–	343
최대 하중시	52560	0±3	1070±3	392
시험 하중시	91990	–	–	686

[비고] 1. 기타 항목 a) 스프링 판의 경도 : 331~401HBW

b) 첫 번째 스프링 판의 텐션면 및 허리죔 띠에 방청 도장한다.

c) 완성 도장 : 흑색 도장

d) 스프링 판 사이에 도포한다.

2. $1N/mm^2 = 1MPa$

테이퍼 판 스프링 제도 및 요목표

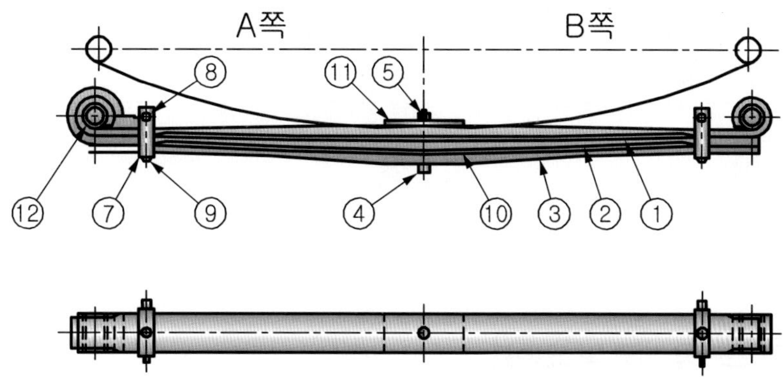

이 그림은 스프링이 수평인 경우를 나타낸다.

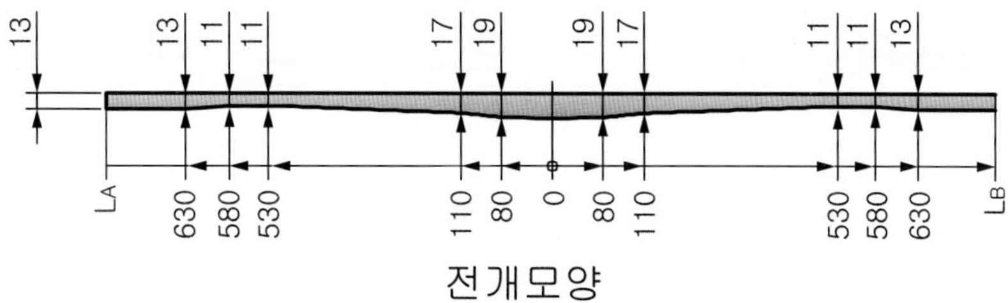

전개모양

스프링 판					
번 호	전개 길이 mm			판 나 비 mm	재 료
	LA(A쪽)	LB(B쪽)	계		
1	916	916	1832	90	SPS11A
2	950	765	1715		
3	765	765	1530		

번 호	부품 번호	명 칭	개 수
4		센터 볼트	1
5		너트, 센터 볼트	1
6		부 시	2
7		클 립	2
8		클립 볼트	2
9		리 벳	2
10		인터리프	3
11		스페이서	1

스프링 상수 N/mm		250		
	하 중 N	높 이 mm	스 팬 mm	응 력 N/mm²
무하중시	0	180	–	0
지정 하중시	22000	92±6	1498	535
시험 하중시	37010	35	–	900

[비고] 1. 경도 : 388~461HBW
2. 쇼트 피닝 : No1~3리프
3. 완성 도장 : 흑색 도장
4. $1N/mm^2 = 1MPa$

LESSON 31 겹판 스프링 제도 및 요목표

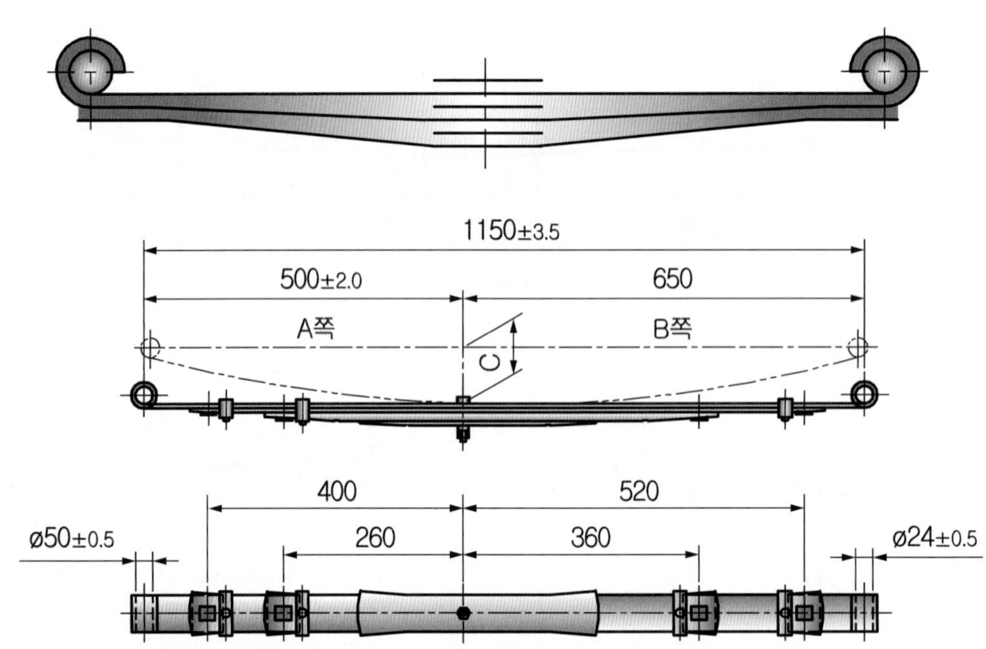

스프링 판(KS D 3701의 B종)						
번 호	전개 길이 mm			판 두 께 mm	판 나 비 mm	재 료
	A쪽	B쪽	계			
1	676	748	1424	6	60	SPS6
2	430	550	980			
3	310	390	700			
4	160	205	365			

번 호	부품 번호	명 칭	개 수
5		센터 볼트	1
6		너트, 센터 볼트	1
7		클 립	2
8		클 립	1
9		라이너	4
10		디스턴스 피스	1
11		리 벳	3

스프링 상수 N/mm		21.7		
	하 중 N	뒤말림 mm	스 팬 mm	응 력 N/mm^2
무하중시	0	112	−	0
지정 하중시	2300	6±5	1152	451
시험 하중시	5100	−	−	1000

[비고] 1. 경도 : 388~461HBW
2. 쇼트 피닝 : No1~4리프
3. 완성 도장 : 흑색 도장
4. 1N/mm^2 = 1MPa

LESSON 32 토션바 제도 및 요목표

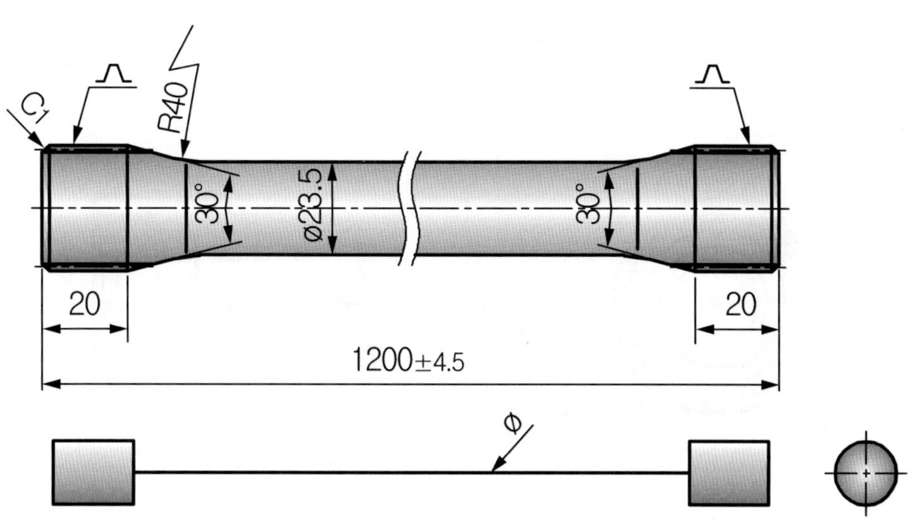

토션바 요목표		
재료		SPS12
바의 지름 mm		23.5
바의 길이 mm		1200±4.5
손잡이 부분의 길이 mm		20
손잡이 부분의 모양 · 치수	모 양	인벌류트 세레이션
	모 듈	0.75
	압력각 도(°)	45
	잇 수	40
	큰 지름 mm	30.75
스프링 상수 N/m/도		35.8±1.1
표 준	토 크 N · m	1270
	응 력 N/mm^2	500
최 대	토 크 N · m	2190
	응 력 N/mm^2	855
경 도 HBW		415~495
표면 처리	재료의 표면 가공	연 삭
	성형 후의 표면 가공	쇼트 피닝
	방청 처리	흑색 애나멜 도장

[비고] 1. 기타 항목 : 세팅한다. (세팅 방향을 지정하는 경우에는 방향을 명기한다.)
2. $1N/mm^2 = 1MPa$

LESSON 33 벌류트 스프링 제도 및 요목표

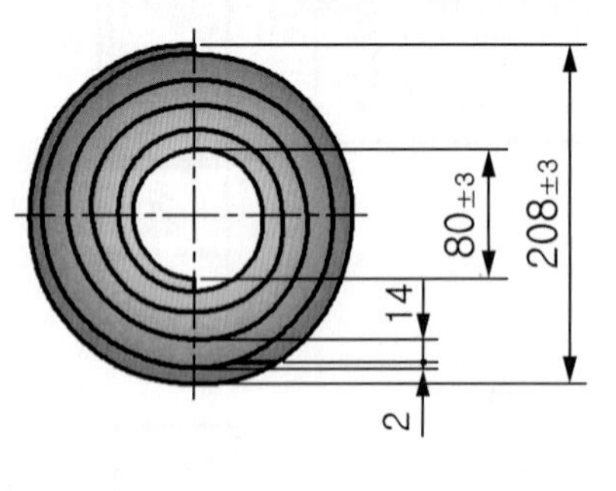

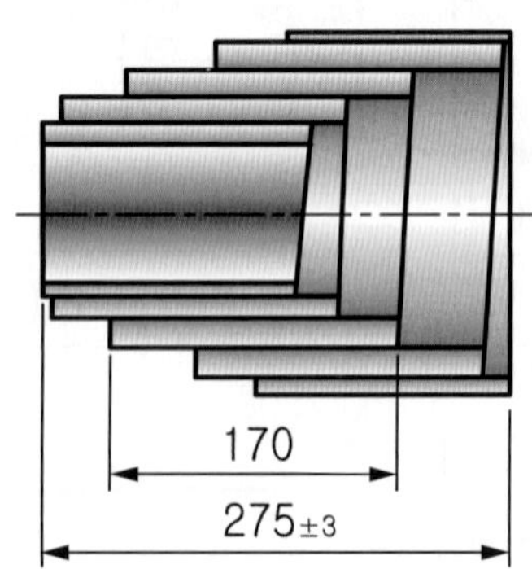

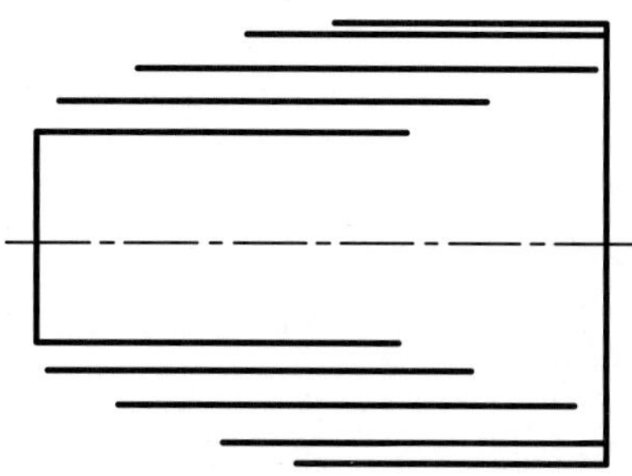

벌류트 스프링 요목표		
재료		SPS9 또는 SPS 9A
재료 사이즈(판나비×판두께) mm		170×14
안 지름 mm		80±3
바깥 지름 mm		208±3
총 감김수		4.5
자리 감김수		각 0.75
유효 감김수		3
감김 방향		오른쪽
자유 길이 mm		275±3
스프링 상수(처음 접착까지) N/mm		1290
지정	하중 N	–
	하중시의 길이 mm	–
	길이[(1)] mm	245
	길이시의 하중 N	39230±15%
	응력 N/mm^2	390
최대 압축	하중 N	–
	하중시의 길이 mm	–
	길이[(1)] mm	194
	길이시의 하중 N	111800
	응력 N/mm^2	980
처음 접합 하중 N		85710
경 도 HBW		341~444
표면 처리	성형 후의 표면 가공	쇼트 피닝
	방청 처리	흑색 에나멜 도장

[비고] 1. 기타 항목 : 세팅한다.
2. 용도 또는 사용 조건 : 상온, 반복하중
3. $1N/mm^2 = 1MPa$

LESSON 34 스파이럴 스프링 제도 및 요목표

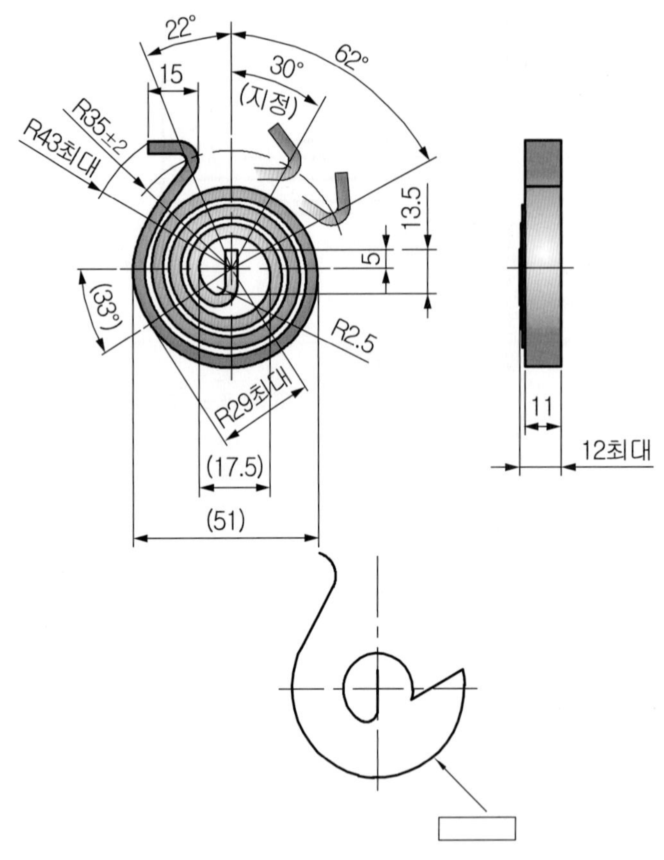

스파이럴 스프링 요목표		
재료		HSWR 62 A
판 두 께 mm		3.4
판 나 비 mm		11
감김 수		약 3.3
전체 길이 mm		410
축 지 름 mm		ø14
사용 범위 도(°)		30~62
지 정	토 크 N · m	7.9±4.0
	응 력 N/mm²	764
경 도 HRC		35~43
표면 처리		인산염 피막

[비고] 1N/mm² = 1MPa

LESSON 35 S자형 스파이럴 스프링 제도 및 요목표

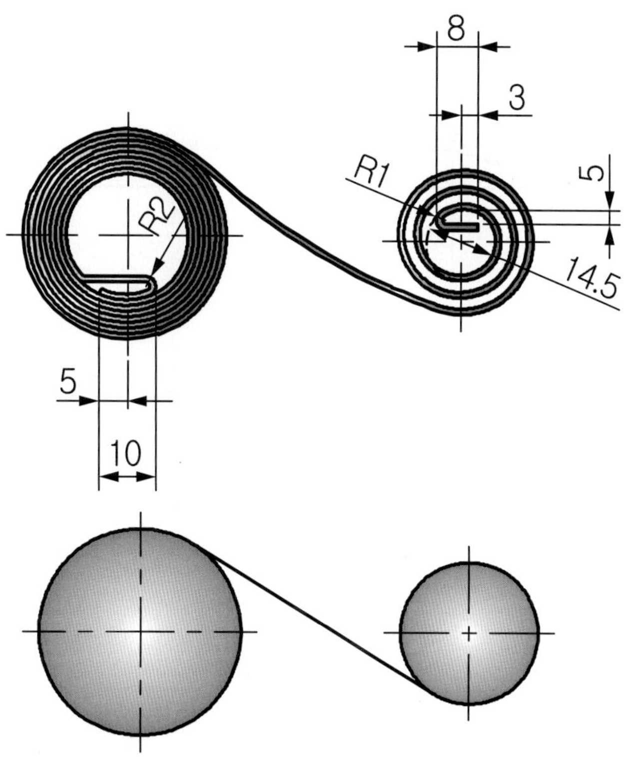

[S자형 스파이럴 스프링]

S자형 스파이럴 스프링 요목표	
재료	STS301 – CSP
판 두 께 mm	0.2
판 나 비 mm	7.0
전체 길이 mm	4000
경 도 HV	490 이상
10회전시 되감기 토크 N · m	69.6
10회전시의 응력 N/mm^2	1486
감김 축지름 mm	14
스프링 상자의 안지름 mm	50
표면 처리	–

[비고] $1N/mm^2 = 1MPa$

LESSON 36 접시 스프링 제도 및 요목표

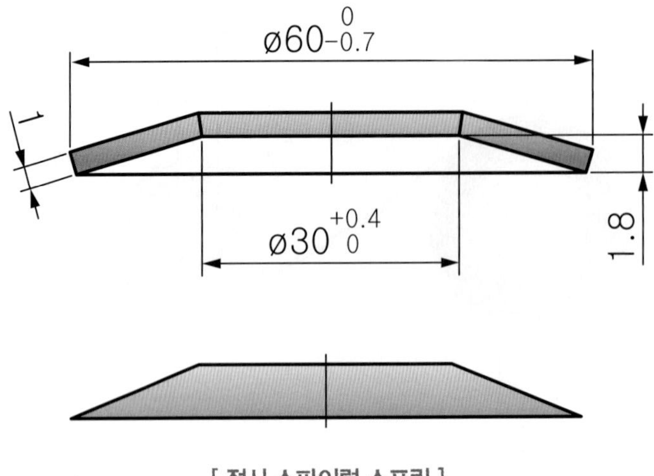

[접시 스파이럴 스프링]

<table>
<tr><th colspan="2">접시 스프링 요목표</th><th></th></tr>
<tr><td colspan="2">재료</td><td>STC5－CSP</td></tr>
<tr><td colspan="2">안 지름 mm</td><td>$30^{+0.4}_{0}$</td></tr>
<tr><td colspan="2">바깥 지름 mm</td><td>$60^{0}_{-0.7}$</td></tr>
<tr><td colspan="2">판두께 mm</td><td>1</td></tr>
<tr><td colspan="2">길이 mm</td><td>1.8</td></tr>
<tr><td rowspan="3">지정</td><td>휨 mm</td><td>1.0</td></tr>
<tr><td>하중 N</td><td>766</td></tr>
<tr><td>응력 N/mm^2</td><td>1100</td></tr>
<tr><td rowspan="3">최대 압축</td><td>휨 mm</td><td>1.4</td></tr>
<tr><td>하중 N</td><td>752</td></tr>
<tr><td>응력 N/mm^2</td><td>1410</td></tr>
<tr><td colspan="2">경 도 HV</td><td>400~480</td></tr>
<tr><td rowspan="2">표면 처리</td><td>성형 후의 표면 가공</td><td>쇼트 피닝</td></tr>
<tr><td>방청 처리</td><td>방청유 도포</td></tr>
</table>

[비고] 1N/mm^2 = 1MPa

memo

PART

12

기계재료와 열처리 표시법

Section

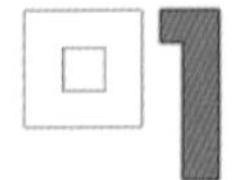

기계재료 기호의 표시법

기계재료의 종류는 다양하며 국가별 공업규격에 따라 재료의 표시 기호가 통일이 되지 않아 서로 다른 규격들도 많다. 부품의 기능과 용도를 파악하고 올바른 기계재료를 선정하는 일은 중요한 사항이다. 아래와 같이 도면양식에서 우측 하단의 표제란을 작성하고, 부품명 옆에 재료를 선정하여 재료기호를 기입해 준다. 재료기호는 종류에 따라 화학성분, 기계적인 성질 및 용도에 따라 지정이 된다. 일반적으로 3부분으로 구성하여 나타내지만 필요에 따라 4부분으로 나타낼 수도 있다.

표제란

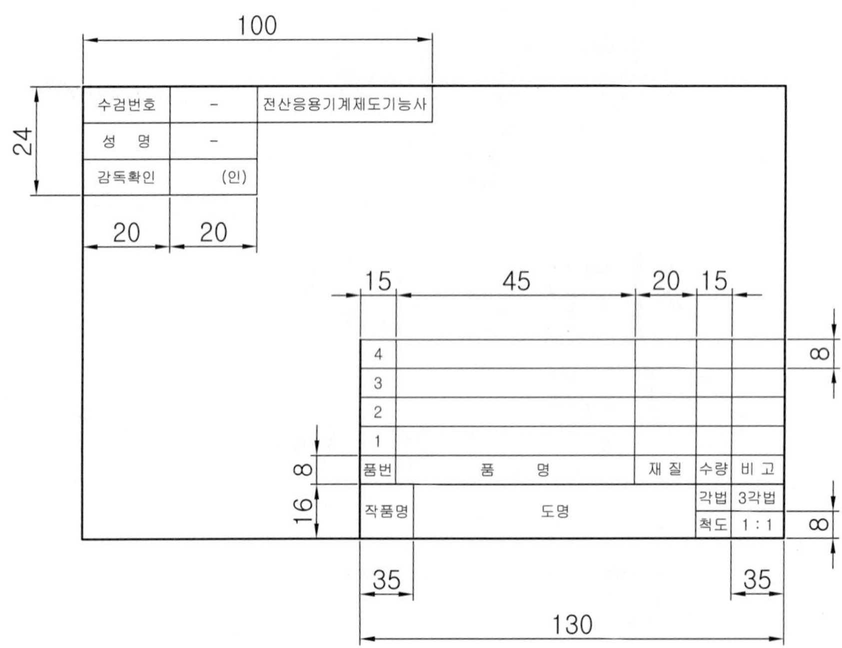

LESSON 01 기계재료 표시방법

일반구조용 압연강재의 경우

S S 400

- 400: 인장강도(400N/mm² 이상)
- S: 일반 구조용(General Structure)
- S: 강(Steel)

기계구조용 탄소강재의 경우

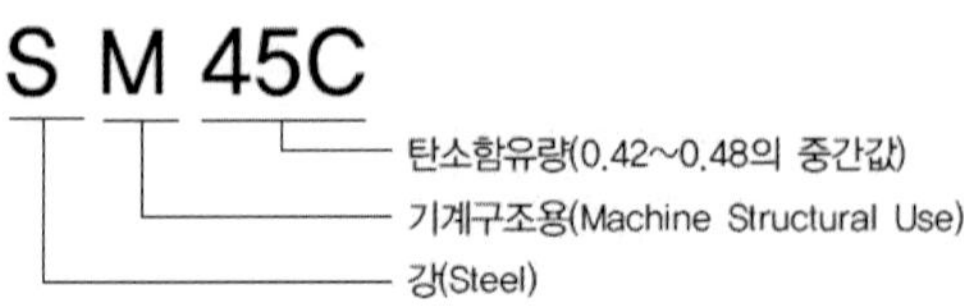

회주철의 경우

G C 300

- 인장강도(300N/mm² 이상)
- 주철(Iron Castings)
- 회(Gray)

크로뮴몰리브데넘 강재의 경우

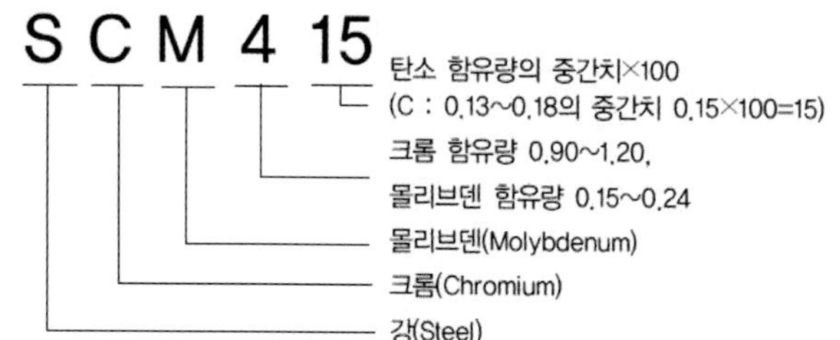

LESSON 02 재료 기호의 구성 및 의미

1. 첫 번째 부분의 기호

재질을 표시하는 기호로 재질의 영문명에서 머리문자나 원소기호를 사용하여 나타낸다.

기호	재질명	영문명	기호	재질명	영문명
Al	알루미늄	aluminum	**F**	철	Ferrum
AlBr	알루미늄 청동	aluminum bronze	**GC**	회주철	Gray casting
Br	청동	bronze	**MS**	연강	Mild steel
Bs	황동	brass	**NiCu**	니켈구리합금	Nickel copper alloy
Cu	구리	copper	**PB**	인청동	Phosphor bronze
Cr	크로뮴	chrome	**S**	강	steel
HBs	고강도 황동	high strength brass	**SM**	기계구조용	Machine structure steel
HMn	고망간	high magnanese	**WM**	화이트메탈	White Metal

2. 두 번째 부분의 기호

규격명이나 제품명을 표시하는 기호로 봉, 판, 주조품, 단조품, 관, 선재 등의 제품을 모양별 종류나 용도를 표시하며 영어 또는 로마 글자의 머리글자를 사용하여 나타낸다.

기호	재질명	기호	재질명
B	봉(Bar)	**MC**	가단 주철품
BC	청동 주물	**NC**	니켈크로뮴강
BsC	황동 주물	**NCM**	니켈크로뮴 몰리브데넘강
C	주조품(Casting)	**P**	판(Plate)

CD	구상흑연주철 (Spheroidal graphite iron castings)	FS	일반 구조용강 (Steels for general structure)
CP	냉간압연 연강판	PW	피아노선(Piano wire)
Cr	크로뮴강(Chromium)	S	일반 구조용 압연재 (Rolled steels for general structure)
CS	냉간압연강대	SW	강선(Steel wire)
DC	다이캐스팅(Die casting)	T	관(Tube)
F	단조품(Foring)	TB	고탄소크로뮴 베어링강
G	고압가스 용기	TC	탄소공구강
HP	열간압연 연강판 (Hot-rolled mild steel plates)	TKM	기계구조용 탄소강관 (Carbon steel tubes for machine structural purposes)
HR	열간압연(Hot-rolled)	THG	고압가스 용기용 이음매 없는 강관
HS	열간압연강대(Hot-rolled mild steel strip)	W	선(Wire)
K	공구강(Tool steels)	WR	선재(Wire rod)
KH	고속도 공구강(High speed tool steel)	WS	용접구조용 압연강

3. 세 번째 부분의 기호

재료의 종류를 나타내는 기호로 재료의 최저인장강도, 재료의 종별 번호, 탄소함유량을 나타내는 숫자로 표시한다.

기호	기호의 의미	보기	기호	기호의 의미	보기
1	1종	SCP 1	5A	5종 A	SPS 5A
2	2종	SCP 2	34	최저인장강도	WMC 34
A	A종	SWS50A	C	탄소함유량	SM45C
B	B종	SWS50B			

4. 네 번째 부분의 기호

필요에 따라 재료 기호의 끝 부분에는 열처리기호나 제조법, 표면마무리 기호, 조질도 기호 등을 첨가하여 표시할 수 있다.

구분	기호	기호의 의미	구분	기호	기호의 의미
조직도 기호	**A**	어닐링한 상태	열처리 기호	**N**	노멀라이징
	H	경질		**Q**	퀜칭 템퍼링
	1/2H	1/2 경질		**SR**	시험편에만 노멀라이징
	S	표준 조질		**TN**	시험편에 용접 후 열처리
표면마무리 기호	**D**	무광택 마무리	기타	**CF**	원심력 주강관
	B	광택 마무리		**K**	킬드강

Section

자주 사용하는 기계재료의 종류와 용도

일반적으로 자주 사용되는 기계재료의 종류와 기호 및 용도 등에 관하여 정리하였다. 산업 현장에서는 아직도 일본 JIS규격이 그대로 사용되는 사례가 많아 간혹 같은 재료 기호를 가지고도 혼동을 일으키는 경우도 있다. 여러 가지 재료의 JIS규격 기호들과 KS규격 기호를 참고하기 바란다. KS에서는 철강과 비철로 구분하여 규정하고 있다.

LESSON 01 일반 철강 재료

종류	재료 기호 KS	재료 기호 JIS	용도	특징
일반 구조용 압연 강재	**SS 400**	SS 400 (구 SS 41)	일반 기계 부품	가공성 및 용접성이 양호
기계 구조용 탄소강 강재	**SM 45C**	S 45C	스프로켓, 평기어 풀리 등 일반 기계 부품	열처리 가능 , 인장강도 58kgf/㎟
	SM 50C	S 50C		열처리 가능, 인장강도 66kgf/㎟
연마봉강 (냉간 인발)	**SS 400D**	SS 400D	원형, 육각지주 일반 기계 부품	정밀도 및 표면조도 양호, 소재 상태로 또는 약간의 절삭가공으로 사용 가능
탄소공구강 강재	**STC 4**	SK 4	드릴, 바이트, 줄, 펀치, 정 등	비교적 열처리가 간단하며 값이 싸다.
	STC 5	SK 5		
합금공구강 강재	**STS 3**	SKS 3	열처리 부품, 위치결정 핀 지그용 부시	열처리에 의한 변형이 탄소공구강보다 매우 적다.
크로뮴 몰리브데넘 강재	**SCM 435**	SCM 435	강도가 필요한 일반 기계 부품, 지그용 핀이나 고정 나사, 볼스크류 등	가공성 양호, 기계 가공시간 단축, 내마모성 우수, 기계가공 후 연마 후 우수한 경면 효과
	SCM 415	SCM 415		
	SCM 420	SCM 420		
유황 및 유황복합 쾌삭강 강재	**SUM 21**	SUM 21	일반 기계 부품(쾌삭용 강재)	피삭성 향상을 위해 탄소강에 유황을 첨가한 쾌삭강
	SUM 22L	SUM 22L		유황 이외에 납도 첨가된 쾌삭강
	SUM 24L	SUM 24L		
고탄소 크로뮴 베어링강 강재	**STB 2**	SUJ 2	구름베어링, LM SHAFT, 맞춤핀, 캠 팔로워 등	베어링 강
냉간압연강 강재	**SCP**	SPCC	커버, 케이스 등	상온에 가까운 온도에서 압연 제조, 치수 정밀도가 양호하고 절곡, 프레스, 절단 가공성 및 용접성이 양호
열간압연강 강재	**SHP**	SPHC	일반 기계 구조용 부품	일반적인 사용 두께는 6mm 이하

LESSON 02 스테인리스강 재료

스테인리스강은 철강의 최대 결점인 녹발생을 방지하기 위하여 표층부에 부동태를 형성해서 녹슬지 않는 성질을 갖는 강으로서, 주성분으로 Cr을 함유하는 특수강으로 정의하며 표면이 미려하고 청결감이 좋아 안정된 분위기를 느끼게 하며 또한 그 표면처리 가공은 경면(거울면) 상태로부터 무광택, Hair Line, Etching(부식에 의한), 화학착색등 여러 모양으로 표면가공이 가능하다. 내식성이 우수하고, 내마모성이 높으며 기계적 성질이 좋다. 또한 강도가 크고 저온 특성이 우수하며 내화 및 내열성(고온강도)이 크다.

스테인리스강은 크게 4가지로 분류가 되는데 페라이트계, 오스테나이트계, 마르텐사이트계, 석출경화계로 구분이된다. 합금성분의 차이로 단가의 차이가 나며 이중 석출경화계가 가장 비싸다. 페라이트계의 대표적인 합금강은 STS405, 430, 434 등이 있으며, 오스테나이트계의 대표적인 합금강은 STS304, 305, 316, 321 등이 있으며, 이 재질은 다른 것에 비해 연한 성질이 있어 굽힘가공이 용이한 편이다. 우리가 흔히 사용하는 수저나 젓가락, 의료용기기, 스테인리스 수도관 등의 재료로 사용이 된다. 마르텐사이트계의 대표적인 합금강은 STS410, 420, 431, 440 등이 있으며 실린더, 피스톤, 절단공구, 금형공구 등 어느 정도의 강도가 필요한 제품에 사용되고 있다. 석출경화계는 오스테나이트계와 마르텐사이트계의 두 성질을 모두 만족하고, 대표적인 합금강으로는 STS630, 631이 있으며 내식성이 우수할 뿐만 아니라 시효경화처리를 통해 높은 경도를 얻을 수 있다.

주요 스테인리스강의 종류 및 용도

종류	재료 기호 KS	재료 기호 JIS	주요 용도 및 특징
오스테나이트계	**STS303**	SUS303	자성이 없으며 SUS304보다 절삭성이 좋음. 볼트, 너트, 축, 밸브, 항공기부속품 등
오스테나이트계	**STS304**	SUS304	일반내식강,내열강으로 범용성이 가장 높은 재료로 기계적 특성 및 내식성이 우수하다. 가정용 식기, 싱크대 등
오스테나이트계	**STS316**	SUS316	• 바닷물이나 각종 매체에 304계열보다 뛰어난 내해수성이 있다. Mo의 첨가로 특히 내식성이 우수하며 고온에서 Creep강도가 뛰어나다. • 316L은 용접부에 사용한다.
마르텐사이트계	**STS440C**	SUS440C	• 열처리 가능 • 내식성은 오스테나이트 계열보다 떨어짐 • 스테인리스강 중에서 가장 경도가 높다.
마르텐사이트계	**STS410**	SUS410	• 가공성은 우수하고 열처리에 의하여 경화됨(자성있음) • 내식성은 오스테나이트 계열보다 떨어짐 • 기계부품, 식기류, 칼날, 볼트, 너트, 펌프샤프트 등 • 403 및 410은 자경성이 있으며 이중 403은 경도와 내식성이 높으며 터빈용에 사용한다. • 410은 값이 싸고 열처리 효과면에서 일반 스테인리스강보다 좋다.

LESSON 03 알루미늄 합금 재료

알루미늄 합금은 열처리에 의한 경화 여부에 기준을 두어 구분하고 있다. 비열처리 알루미늄 합금의 강도는 실리콘(Si), 철(Fe), 망간(Mn), 마그네슘(Mg) 등의 원소에 의한 고용 강화 혹은 분산 강화에 의해 결정된다. 1XXX, 3XXX, 4XXX, 5XXX 계열에 속하는 금속들이다. 근본적으로 석출물에 의해서 경화하는 조직상의 특성을 가지고 있기에 열처리에 의해 경화하지 않는다. 비열처리 알루미늄 합금을 용융 용접하게 되면 열영향부의 강도가 저하한다. 구리(Cu), 망간(Mn), 아연(Zn), 규소(Si) 등의 원소는 알루미늄 합금의 온도가 올라갈수록 고용도가 높아진다. 따라서 열처리에 의해서 이들 합금 원소의 석출과 고용화에 의한 경화를 이룰 수 있다. 이러한 의미에서 이들 합금 원소가 첨가된 알루미늄 합금을 열처리 알루미늄 합금이라고 구분하다. 여기에 속하는 합금은 2XXX, 6XXX 와 7XXX 계열 그리고, 합금 원소 조합에 따라 일부 4XXX 계열이 있다.

주요 알루미늄 합금의 기호 및 용도

재료 기호	합금 종류	용도 및 적용
A2011	Al-Cu 계 합금	쾌삭 합금으로 가공성은 우수하지만 내식성이 떨어진다. 일반용 강력재, 나사 및 나사 부분품
A2017	Al-Cu 계 합금	• 열처리 알루미늄 합금으로 강도가 높고, 열간 가공성도 좋다. 항공기나 미사일용 재료 등 고강도를 요하는 재료. 용접성이 나쁘다. • 듀랄루민이라고 부른다.
A5052	Al-Mg 계 합금	중경도의 강도를 지닌 합금으로 내식성, 용접성이 양호하다. 화학기기부품, 차량, 선박, 지붕용 재료 등 각종 구조재
A5056	Al-Mg 계 합금	내해수성이 뛰어나고 절삭가공에 의한 표면거칠기가 양호하다.
A6061	Al-Mg-Si 계 합금	열처리 알루미늄 합금으로 내식성, 용접성이 양호하고, 중간 정도의 강도로 건축, 토목용재, 하수용 기자재, 스포츠 용품 등
A6063	Al-Mg-Si 계 합금	대표적인 압출용 합금 6061보다 강도는 낮으나 압출성이 우수하고, 복잡한 단면 모양의 형재가 얻어지고 내식성, 표면 처리성도 양호하다. 새시 등의 건축용 재료, 토목용 재료, 가구, 가전제품 등
A7075	Al-Zn-Mg 계 합금	알루미늄 합금 중 가장 강도가 높은 합금의 하나이다.항공기용 재료 등

ALDC7(알루미늄 합금 다이캐스팅)

가볍고 전연성이 양호하며 가공이 용이한 금속으로 용도는 실린더 블록(cylinder block)과 헤드커버(head cover), 크랭크 케이스(crank case), 모터 하우징(motor housing) 등에 사용하는 재질이다.

AC9A(알루미늄 합금 주물)

가볍고 전연성, 주조성, 전도성이 양호하며 용도는 자동차용 피스톤, 공랭식 실린더 등 주로 다양한 종류의 피스톤(piston)에 많이 사용하는 재질이다.

LESSON 04 동합금 재료

동(Cu)은 옛날부터 사용되어 오던 금속으로, 열 및 전기의 전도율이 좋으며, 아름답고 내식성 또한 우수하며 연신성이 풍부해서 전선이나 전기 기계 기구등의 도전재료로 널리 사용되고 있다.

황동은 일반적으로 眞鍮라고 부르고, Cu와 Zn을 주성분으로 한 동합금으로서 미량의 다른 원소를 함유한 특수 황동도 있다. 황동은 주조, 가공이 용이하고 기계적 성질이 좋고, 아름다운 색과 광택을 가지며 가격이 저렴하기 때문에 기계기구, 창틀, 선풍기의 base, 기타 미술품 등에 쓰인다. 황동의 종류에는 Tambac, 7 3 황동, 6 4 황동, 주물용 황동이 있으며 아연(Zn)의 함유량에 따라 분류된다.

청동(青銅)은 Cu와 Sn으로 된 합금으로 가장 오래 전부터 사용되어 왔고, 검(劍), 장신구 등으로 쓰이며, 12세기 경 대포(大砲)의 주조에 쓰이고 나서 부터, 청동을 포금(砲金)이라 부르게 되었다. 청동은 강하고 단단하며, 주조하기 쉽고 내식성이 있으며, 광택도 있으므로, 현재도 더욱 활발하게 쓰이고 있다.

청동의 종류에는 보통 청동(Zn을 함유한 청동, Pb를 함유한 청동) 과 특수 청동(인청동, 알루미늄 청동, 니켈 청동, 硅素 청동, Beryllium청동)으로 구분할 수 있다. 이중에서 베릴륨(Beryllium) 청동은 현저한 시효경화성(時效硬化性)을 갖고 있으며, 동 합금 중 최고의 강도를 갖고 있다.

예를 들어 Be(beryllium) 2.6~2.9%, Co 0.35~0.65%, 나머지가 Cu인 합금의 인장강도는 120kg/㎟ 내외로 대단히 강하다. 그러나 Be가 고가이므로, 일반용 동합금에서는 별로 사용되지 않으며 고급 정밀기계 부품으로서, 시계용 spring, 축 베어링, 애자 금구 등의 내마모성, 내피로성, 내식성, 고온강도를 요구하는 부품에 사용하고 있다.

동합금의 종류 및 용도

종류		기호	용도 및 적용
고력 황동	1종	HBsC1C	강도, 경도가 높고 내식성, 인성이 좋다. 베어링, 밸브시트, 밸브가이드, 베어링 유지기, 레버, 암, 기어, 선박용 의장품 등
	2종	HBsC2C	강도가 높고 내마모성이 좋다. 경도는 HBsC1C보다 높고 강성이 있다. 베어링, 베어링 유지기, 슬리퍼, 엔드플레이트, 밸스시트, 밸브가이드, 특수실린더, 일반기계부품 등
	3종	HBsC3C	특히 강도, 경도가 높고 고하중의 경우에도 내마모성이 좋다. 저속 고하중의 미끄럼부품, 밸브, 부싱, 웜기어, 슬리퍼, 캠, 수압실린더 부품 등
	4종	HBsC4C	고력황동 중에서 특히 강도, 경도가 높고 고하중의 경우에도 내마모성이 좋다. 저속 고하중의 미끄럼부품, 교량용 베어링, 베어링, 부싱, 너트, 웜기어, 내마모판 등
청동	1종	BC1C	피삭성이 좋고 납땜성(brazing & soldering)이 좋다. 수도꼭지부품, 베어링, 명판, 일반기계부품 등
	2종	BC2C	내압성, 내마모성, 내식성이 좋고 기계적 성질도 좋다. 베어링, 슬리브, 부싱, 기어, 선박용 원형창, 전동기기부품 등

청동	3종	BC3C	내압성, 내마모성, 기계적 성질이 좋고 내식성이 BC2C보다도 좋다. 베어링, 슬리브, 부싱, 밸브, 기어, 전동기기부품, 일반기계부품 등
	6종	BC6C	내압성, 내마모성, 피삭성이 좋다. 베어링, 슬리브, 부싱, 밸브 시트 링, 너트, 회전부 슬리브, 가이드 레일 부품, 헤더 수도꼭지 부품, 일반기계부품 등
	7종	BC7C	기계적 성질이 BC6C보다 약간 좋다. 베어링, 소형펌프부품, 일반기계부품 등
인청동	2종	PBC2C	내식성 내마모성이 좋다. 기어, 웜기어, 베어링, 부싱, 슬리브, 일반기계부품 등
	3종	PBC3C	경도가 높고 내마모성이 좋다. 미끄럼부품, 유압실린더, 슬리브, 기어, 라이너, 가이드 롤라, 회전부 롤라, 회전부 부싱,제지용 각종 롤 등
연입 청동	3종	LBC3C	면압이 높은 베어링에 적합하고 친밀성이 좋다. 중고속 고하중용 베어링, 엔진용 베어링 등
	4종	LBC4C	LBC3C보다 친밀성이 좋다. 중고속 중하중용 베어링, 차량용 베어링, 화이트 메탈의 뒤판 등
	5종	LBC5C	연입청동 중에서 친밀성, 내스코어링성이 특히 좋다. 중고속 저하중용 베어링, 엔진용 베어링 등
알루미늄 청동	1종	AlBC1C	강도, 인성이 높고 굽힘에도 강하다. 내식성, 내열성, 내마모성, 저온 특성이 좋다. 베어링, 부싱, 기어, 밸브시트, 플런저, 제지용 롤 등
	2종	AlBC2C	강도가 높고 내식성, 내마모성이 좋다. 베어링, 기어, 부싱, 밸브시트, 날개바퀴, 볼트, 너트, 안전공구 등
	3종	AlBC3C	강도가 특히 높고 내식성, 내마모성이 좋다. 베어링, 부싱, 펌프부품, 선박용 볼트 너트, 화학공업용 기기부품 등

LESSON 05 주단조품 및 동합금 주물

주단조품 및 동합금 주물 종류 및 용도

종류	재료 기호 KS	재료 기호 JIS	기호 설명	용도 및 특징
회주철품 3종	**GC200**	FC200	G : Gray C : Casting 200 : 인장강도	주조 기계부품, 펌프, 산업용 부품, 밸브 등
회주철품 4종	**GC250**	FC250		자동차용 실린더 블록, 실린더 헤드, 배기 매니폴드, 변속기 케이스, 공작기계 베드, 테이블, 유압밸브 바디, 유압모터/펌프 하우징 등
구상흑연주철품 4종	**DC600**	FCD600	D : Ductile C : Casting	산업용 롤라, 기계 바퀴, 산업용 펌프 등
흑심가단 주철품	**BMC**	FCMB	B : Black M : Malleable C : Casting	자동차부품, 관이음쇠, 차량부품, 자전거부품, 밸브, 공구 등

페라이트 가단 주철품	**PMC**	FCMP	P : Pearlite M : Malleable C : Casting	기어, 밸브, 공구 등 내마모성이 요구되는 부품
백심가단 주철품	**WMC**	FCMW	W : White M : Malleable C : Casting	탄소를 제거할 수 있는 깊이에 한계가 있어 두께 수 mm, 무게 1kg 정도의 소형부품에 사용
청동주물 6종	**BrC6**	BC6	B : Bronze C : Casting	내압성, 내마모성, 피삭성, 주조성 양호하며 열처리 가능. 일반용 밸브, 베어링, 부시, 슬리브 등
황동주물	**BsC**	YBsC	B : Brass C : Casting	전기부품, 계기부품, 일반기계부품, 장식용품 등

LESSON 06 강관 재료

강관 재료의 종류 및 용도

종류	재료 기호 KS	재료 기호 JIS	기호 설명	용도 및 특징
배관용 탄소강 강관	**SPP**	SGP	S : Steel P : Pipe P : Piping	증기,물, 가스 및 공기 등의 사용압력 10kg/㎠ 이하의 일반 배관용. 호칭경은 6~500A, 흑 · 백관
압력배관용 탄소강 강관	**SPPS**	STPG	S : Steel P : Pipe P : Pressure S : Service	350℃ 이하, 사용압력 10~100kg/㎠의 압력 배관용, 외경은 SPP와 같고 두께는 스케줄 치수 계열로 Sch #80 까지 호칭경 6~500A
기계구조용 탄소강 강관	**STM**	STKM	S : Steel T : Tube M : Machine	자동차, 자전거, 기계, 항공기 등의 기계부품으로 절삭해서 사용
일반 구조용 탄소강 강관	**SPS**	STK	S : Steel P : Pipe S : Structure	일반 구조용 강재로 사용되며, 관경은 21.7~101.6mm, 두께 1.9~16.0mm

LESSON 07 스프링 재료

스프링용 재료의 종류 및 용도

종류	재료 기호 KS	재료 기호 JIS	기호 설명	용도 및 특징
피아노선	**PW-1** **PW-2**	SWP-A SWP-B	P : Piano W : Wire	고강도로 고품질 스프링 또는 포밍용

경강선 (KS D 3559)	**HSW1** **HSW2** **HSW3**	SWB	H : Hard S : Steel W : Wire	일반적인 응력에 사용 저렴한 스프링 또는 포밍용
		SWC		경강선 2종 및 3종은 주로 스프링용으로 사용 고품질 스프링 또는 포밍용
스프링용 탄소강 오일 템퍼션	**SWO**	SWO	S : Spring W : Wire O : Oil	열처리, 템퍼링된 것 일반적인 용도의 스프링
밸브 스프링용 탄소강 오일 템퍼션	**SWO-V**	SWO-V	S : Spring W : Wire O : Oil V : Valve	열처리, 템퍼링된 것 표면상태가 양호하고 균일한 인장강도가 있다.
밸브 스프링용 크로뮴바나듐 오일 템퍼션	**SWOCV-V**	SWOCV-V	S : Spring W : Wire O : Oil C : Chromium V : Vanadium V : Valve	열처리, 템퍼링된 것 충격하중이나 약간 고온용
밸브 스프링용 실리콘 크로뮴강 오일 템퍼션	**SWOSC-V**	SWOSC-V	S : Spring W : Wire O : Oil S : Silicon C : Chromium V : Valve	열처리, 템퍼링된 것 충격하중이나 약간 고온용
스프링용 스테인리스 강선	**STSx-WSWH**	SUSxCS	ST : Stainless SW : Wire S : Shoft H : Hard	일반적인 내식, 내열용 스프링용에 자성이 있다.

Section

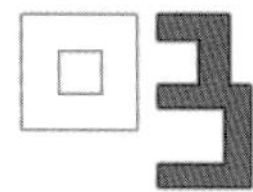

부품별 재료 선정 예

LESSON 01 자주 사용하는 기계재료 개요

실기시험에서 자주 사용되는 부품들의 형상을 보고 재질 및 열처리를 선정하는 데 있어 참고가 될 수 있도록 정리하였다. 동력전달장치나 치공구 등의 과제도면에서는 보통 3~5개의 부품을 지정하고 도면을 작도하게 하고 있다. 몇가지의 주요 부품에 적용하는 재질들을 이해하면 조립도를 해독하고나서 재료의 선정이나 재료에 따른 올바른 열처리의 지정시 고민하지 않아도 될 것이다.

1. 일반 구조용 압연 강재 [KS D 3503]

일반 구조용 압연강은 평강, 각재, 환봉, 강판, 형강등으로 제작되어 **일반구조물**이나 **용접구조물**, **기계 프레임**, **브라켓**류 제작 등에 흔히 사용되는 강재로 현장에서는 SS41(구KS : SB41)이라는 JIS 구기호로 표기된 도면을 쉽게 접할 수 있으며, KS규격과 JIS규격에서는 신기호인 **SS 400**으로 변경하여 규격화 되어 있다. 일반 구조용 압연 강재는 **가공성**과 **용접성**이 **양호**하여 일반 기계 부품 및 구조물에 폭 넓게 사용되고 있다. 용접성에 있어서 SS400은 판 두께가 50㎜를 초과하지 않는 한 거의 문제되지 않으며, SS490 및 SS540은 용접하지 않는 곳에 사용한다. 판 두께가 50㎜ 이상인 경우 용접이 필요할 때는 SS400을 사용해서는 안되며, 용접구조용 압연강제(SWS)를 사용한다.

일반 구조용 압연 강재의 종류와 기호

종류의 기호		적요
SI 단위	종래 단위	
SS 300	SS 34	강판, 강대, 평강 및 봉강
SS 400	SS 41	강판, 강대, 평강 및 봉강 및 형강
SS 490	SS 50	
SS 540	SS 55	두께 40mm 이하의 강판, 강대, 평강, 형강 및 지름, 변 또는 맞변거리 40mm 이하의 봉강

2. 기계 구조용 탄소강

기계 구조용 탄소강은 탄소(C)이외에도 Mn, Si, P, S 등이 함유되어 있는데 강의 성질의 조정은 주로 **탄소량**에 의하여 행하여진다. **탄소량**이 **증가**됨에 따라 **경도**, **강도**가 **증가**하며 **연신율**, **단면수축율**이 **감소**한다. 기계구조용 탄소강의 대부분은 압연 또는 단조상태 그대로 혹은 풀림(Annealing)또는 불림(Normalizing)을 행하여 사용하는 것이 일반적인데 SM28C이상이면 담금질 효과가 있게 되므로 강인성을 필요로 하는 기계 부품에서는 담금질, 뜨임을 실시하여 사용한다. 기계구조용 탄소강재는 SM10C에서 SM58C까지와 SM9CK, SM15CK, SM20CK의 23종류가 있으며 이 중에서 **CK**가 붙는 3종류는 **침탄열처리**용이다.

탄소량에 따른 분류

❶ 저탄소강(SM10C~SM25C)

이 범위의 탄소강은 열처리 효과를 기대할 수 없으므로 비교적 강도를 필요로 하지 않는 것에 사용되고 인성이 있으며 용접도 용이해서 일반 기계 구조 부품에 널리 사용된다.

❷ 중탄소강(SM28C~SM48C)

이 범위의 탄소강은 냉간가공성, 용접성은 약간 나쁘게 되나 담금질, 뜨임에 의하여 강인성이 증대되므로 비교적 중요한 기계구조부품에 사용된다. 그중에서도 특히 SM40C~SM58C의 것은 고주파담금질에 의해 표면경화시켜 피로 강도가 높고, 또 마모에 강한 기계부품에 사용가능하므로 용도가 광범위하여 실제로 많이 사용되고 있다.

❸ 고탄소강(SM50C~SM58C)

이 탄소강은 열처리 효과가 크고 담금질성이 양호하나 인성이 부족하므로 표면의 경도를 필요로 하는 기계부품에 사용되며 비교적 사용 용도가 한정되어 있다.

3. 크로뮴 몰리브데넘 강 (SCM : Chromium Molybdenum Steels)

크로뮴 몰리브데넘강은 구조용 합금강으로 SCM415~SCM822 까지 10종이 있으며 SCM415와 SCM430 등이 많이 사용된다. 강인강에는 Ni-Cr강이 가장 중요하지만 Cr강에 소량의 Mo를 첨가하면 우수한 성질을 얻을 수가 있으므로 이 강종은 값이 비싼 Ni를 절약하기 위하여 Ni-Cr강의 대용강으로 사용된다. 주요 용도로는 기어, 볼트, 축, 콜렛, 죠, 공구등이다.

4. 니켈 크로뮴 몰리브데넘 강재 (SNCM : Nickel Chromium Molybdenum Steels)

Ni-Cr강은 뜨임취성에 민감하여 큰 질량의 것은 내부까지 급냉시키는 것이 곤란하므로 Mo을 0.3% 정도 첨가하여 **뜨임취성**을 **방지**하는 동시에 **담금질성**을 **향상**시킨다. 주요 용도로는 차동장치, 캠 축, 피스톤 핀, 트랜스미션 기어, 웜 기어, 스플라인 축 등 중간 강도를 요구하는 부품이다.

5. 니켈 크로뮴강 (SNC : Nickel Chromium Steels)

Ni을 첨가하면 강도를 증가시키고 인성을 저하시키지 않기 때문에 Ni은 우수한 합금원소로 분류된다. Cr에 의한 담금질성은 Cr량이 1% 이상으로 되면 현저하게 작용효과가 완만하게 되므로 Ni을 첨가함으로써 담금질성이 더욱 개선이 되며, 또한 강인성을 증가시키는 등 담금질 경화성이 개선된다. 하지만 가공에 있어서는 백점(白点)등의 미세한 균열(Crack)이 생기기 쉽고 그 밖에 열처리가 적합하지 않으면 뜨임취성을 일으키므로 주의해야 한다. 주요 용도로는 볼트, 너트, 프로펠러 축, 기어, 랙, 스플라인 축, 캠축, 너클, 코어 드릴, 대패날, 송곳, 피스톤 로드 등이다.

6. 합금공구강 (Alloy Tool Steel)

용도에 따라 내마모성(耐磨耗性)을 비롯하여 내압 ·내산(耐酸) ·내열 등 여러 가지 특성이 요구된다. 크게 구별하면 탄소만으로 특성을 낸 탄소공구강과 탄소 외에 다른 원소를 넣어서 특성을 향상시킨 합금공구강으로 분류한다. 탄소공구강은 탄소량이 0.6~1.5%인 고탄소강으로, 황, 인, 비금속 개재물이 적고 담금질 및 뜨임처리해서 사용한다. 탄소량이 적은 것은 인성(靭性)이 좋고, 많은 것은 내마모성 및 절삭 능력이 우수하다. 합금공구강은 탄소공구강에 0.5~1.0%의 크로뮴, 4~5%의 텅스텐을 가한 절삭용과 0.07~1.3%의 니켈에 소량의 크로뮴을 가한 톱용이 대표적이며, 역시 담금질 및 뜨임처리하여 사용한다. 이 밖에도 망간, 몰리브데넘, 바나듐, 실리콘 등을 첨가해서 **인성** 및 **내마모성** 등을 높여주기도 한다.

STC : 탄소공구강

STS : 합금공구강

7. 베어링강 (STB : Steel Tool Bearing)

베어링강은 회전하는 베어링의 궤도륜(race)과 볼(ball) 및 롤러(roller)등의 제조에 사용하는 강으로 주로 탄소량과 크로뮴량이 많은 **고탄소**(高炭素), **고크로뮴강**이 사용되며, 13크로뮴 스테인리스강을 사용하는 것도 있다. 고탄소-크로뮴베어링강의 화학성분으로, 1종과 2종은 베어링 강구(鋼球)나 롤러베어링용에, 3종은 대형 롤러베어링용에 사용된다. 고탄소-크로뮴강은 780~850℃ 에서 담금질(quenching), 140~160℃로 뜨임(tempering) 처리하여 H_RC 62~65의 경도로 한다.

① **STB1**(JIS : SUJ1)은 소형 볼 베어링용으로 사용되지만 경화능과 뜨임저항이 나쁘므로 사용량이 가장 적은 편이다.

② **STB2**(JIS : SUJ2)는 표준 베어링강으로 가장 널리 사용되는 대표적인 베어링강으로 주로 직선왕복 운동을 하는 **리니어 샤프트**에 **경질크로뮴도금**을 하여 널리 사용한다. 경도는 고주파 열처리하여 H_RC58이상으로 한다.

③ STB3(JIS : SUJ3)는 경화능이 좋기 때문에 대형 베어링에 사용된다.

8. 회주철 (GC : Gray Casting)

회주철품은 시험과제 도면에서 흔히 적용되는 재질로서 주물품을 말한다. 가격이 저렴하고 주조성이 우수하며 내마모성이 크고 내식성이 비교적 좋으며 진동의 흡수 능력이 좋다. 형상이 복잡하거나 리브나 라운드가 많아 기계가공으로써 완성제작하기 곤란한 본체나 몸체 및 하우징, 케이스, 본체 커버 등과 V-벨트 풀리, 일체형 평 벨트풀리 등의 기계요소들은 회주철제를 적용하는데 몸체의 두께가 비교적 얇은 경우에는 GC200을 두께가 비교적 두꺼운 경우에는 GC300을 적용해 준다.

9. 주강

강(steel)으로 주조한 주물을 주강이라 부른다. 주강은 형상이 복잡하거나 대형으로 단조가공이 곤란한 기어등에 자주 사용된다. 탄소강 주강품은 탄소함유량이 0.2%~0.4% 이하로 SC360, SC410, SC450, SC480으로 구분하며 기호의 뒤에 붙은 수치는 인장강도를 의미한다.(SC480 : 인장강도 480 N/㎟) 주강은 주조를 한 상태로는 조직이 균일하지 않으므로 주조 후 완전 풀림을 실시하여 조직을 미세화시키고 주조응력을 제거해야 하는 단점이 있다. 이같은 단점으로 인해 과거에는 주강기어가 많이 제작 되었으나 요즘에는 특수한 경우나 대형기어를 제작하는 곳 외에는 잘 사용하지 않는다. 시험과제 도면에서는 주로 본체나 기계가공이 곤란한 복잡한 형상 등에 적용한다.

LESSON 02 동력전달장치의 부품별 재료 선정 범례

부품의 명칭	재료 기호	재료의 종류	비고
본체 또는 몸체 (BASE or BODY)	GC200	회주철	• 주조성 양호, 절삭성 우수 • 외면 명청, 명적, 명회색 도장 • 공작기계 베드, 내연기관 실린더, 피스톤 등 • 펄라이트 + 페라이트 + 흑연
	GC250 GC300	회주철	
	SC480	주강	• 외면 명회색 도장 • 강도를 요하는 부품
축(SHAFT)	SM40C	기계구조용 탄소강	탄소함유량 0.37~0.43
	SM45C	기계구조용 탄소강	탄소함유량 0.42~0.48
	SM15CK	기계구조용 탄소강	탄소함유량 0.13~0.18(침탄 열처리)
	SCM435 SCM440	크로뮴 몰리브데넘강	전체열처리 $H_RC50\pm2$
커버(COVER)	GC200	회주철	• 본체와 동일한 재질 사용 • 외면 명청,명회,명적색 도장
	GC250	회주철	
	SC480	주강	
V벨트풀리(V-BELT PULLEY)	GC200 GC250	회주철	

스프로킷(SPROCKET)	SCM440 SCM435	크로뮴 몰리브데넘강	전체열처리 $H_RC50\pm2$
스퍼어기어(SPUR GEAR)	SNC415	니켈 크로뮴강	• 기어치부 열처리 $H_RC50\pm2$ • 전체열처리 $H_RC50\pm2$
	SCM435	크로뮴 몰리브데넘강	
	SC480	주강	
래크(Rack)	SNC415 SCM435	니켈 크로뮴강 크로뮴 몰리브데넘강	전체열처리 $H_RC50\pm2$
피니언(Pinion)	SNC415	니켈 크로뮴강	전체열처리 $H_RC50\pm2$
웜샤프트(Worm shaft)	SCM435	크로뮴 몰리브데넘강	전체열처리 $H_RC50\pm2$
래칫(Ratchet)	SM15CK	기계구조용 탄소강	침탄열처리
로프 풀리(Rope pulley)	SC480	주강	
링크(Link)	SC480	주강	
칼라, 스페이서(Collar, Spacer)	SM45C	기계구조용 탄소강	베어링 간격유지용 링
스프링(Spring)	PW1	피아노선	
베어링용 부시(Bearing bush)	PBC2	인청동주물	
클러치(Clutch)	SC480	주강	
핸들(Handle)	SS400	일반구조용 압연강	
평벨트 풀리(Flat pulley)	GC250	회주철	
스프링(Spring)	PW1	피아노선	
편심축(Eccentric shaft)	SCM415	크로뮴 몰리브데넘강	전체열처리 $H_RC50\pm2$

LESSON 03 치공구 (Jig & Fixture) 요소의 부품별 재료 선정 범례

부품의 명칭	재료 기호	재료의 종류	비고
지그 베이스(JIG Base)	SCM415	크로뮴 몰리브데넘강	기계가공용
	STC3	탄소공구강재	
	SM45C	기계구조용강	
하우징, 몸체(Housing, Body)	SC480	주강	주물용
가이드 부시(Guide Bush)	STC3	탄소공구강재	• 드릴, 엔드밀 등 공구 안내용 • 전체열처리 $H_RC65\pm2$
	SK3	탄소공구강	
플레이트(Plate)	SM45C	기계구조용 탄소강	

스프링(Spring)	SPS3	실리콘 망간강재	겹판, 코일, 비틀림막대 스프링
	SPS6	크로뮴 바나듐강재	코일, 비틀림막대 스프링
	SPS8	실리콘 크로뮴강재	코일 스프링
	PW1	피아노선	스프링용
서포트(Support)	STC3	탄소공구강재	
가이드블록(Guide Block)	SCM430	크로뮴 몰리브데넘강	
베어링부시(Bearing Bush)	PBC2	인청동주물	
	WM3	화이트 메탈	
V-블록(V-Block)	STC3 SM45C	탄소공구강 기계구조용 탄소강	지그 고정구용, 브이블록, 클램핑 죠
클램프죠(Clamping Jaw)			
로케이터(Locator)	SC480	크로뮴 몰리브데넘강	위치결정구
측정핀(Measuring Pin)			측정핀
슬라이더(Slider)			슬라이더
고정다이(Fixed Die)			고정대
힌지핀(Hinge Pin)	SM45C	기계구조용 탄소강	
C와셔(C-Washer)	SS400	일반구조용 압연강재 2종	
지그용 고리모양 와셔	SS400	일반구조용 압연강재 2종	인장강도 41~50 kg/mm
지그용 구면 와셔	STC7	탄소공구강 5종	H_RC 30~40
지그용 육각볼트, 너트	SM45C SS400		
핸들(Handle)	SM35C	기계구조용 탄소강	큰 힘 필요시 SF40 적용
클램프(Clamp)	SM45C		
캠(Cam)	SM45C SM15CK		마모부 H_RC 40~50 SM15CK 는 침탄열처리용
텅(Tonge)	STC3		T홈에 공구 위치결정시 사용
쐐기(Wedge)	STC5, SM45C		열처리해서 사용
필러 게이지	STC5, SM45C		H_RC 58~62
세트 블록(Set bLOCK)	STC3	두께 1.5~3mm	H_RC 58~62

LESSON 04 공유압 기기의 부품별 재료 선정 범례

부품의 명칭	재료 기호	재료의 종류	비고
실린더 튜브(Cylinder Tube)	ALDC7	다이캐스팅용 알루미늄 합금	• 피스톤의 미끄럼 운동을 안내하며 압축 공기의 압력실 역할 • 실린더튜브 내면은 경질 크로뮴도금
피스톤(Piston)	PBC2	인청동주물	공기압력을 받는 실린더 튜브 내에서 미끄럼 운동
피스톤 로드(Piston Rod)	SCM415 SM45C	크로뮴 몰리브데넘강 기계구조용 탄소강	• 부하의 작용에 의해 가해지는 압축, 인장, 굽힘, 진동 등의 하중에 견딜 수 있는 충분한 강도와 내마모성 요구 • 합금강 사용시 표면 경질크로뮴도금
핑거(Finger)	SCM430	크로뮴 몰리브데넘강	집게역할을 하며 핑거에 별도로 죠(JAW)를 부착 사용
로드부시(Rod Bush)	PBC2	인청동주물	왕복운동을 하는 피스톤 로드를 안내 및 지지하는 부분으로 피스톤 로드가 이동시 베어링 역할 수행
실린더헤드(Cylinder Head)	ALDC7	다이캐스팅용 알루미늄 합금	원통형 실린더 로드측 커버나 에어척의 헤드측 커버를 의미
링크(Link)	SCM415	크로뮴 몰리브데넘강	링크 레버 방식의 각도 개폐형
커버(Cover)	ALDC7	다이캐스팅용 알루미늄 합금	• 실린더 튜브 양끝단에 설치 • 피스톤 행정거리 결정
힌지핀(Hinge Pin)	SCM435 SM45C	크로뮴 몰리브데넘강 기계구조용 탄소강	레버 방식의 공압척에 사용하는 지점 핀
롤러(Roller)	SCM440	크로뮴 몰리브데넘강	
타이 로드(Tie Rod)	SM45C	기계구조용 탄소강	실린더 튜브 양끝단에 있는 헤드커버와 로드커버를 체결

Section

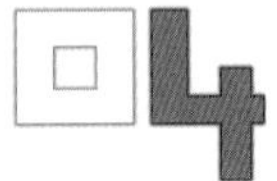

기계재료의 열처리 개요 및 기술자료

조립도를 보고 투상을 하여 치수기입과 공차의 선정 및 표면거칠기 기호를 지정한 다음에는 각 부품별로 재질을 선정해주고 그 부품 기능에 따른 기계적 성질을 맞추어주기 위하여 열처리를 선정하게 된다.

열처리는 기계 부품 제조 공정 중 필수적인 공정으로, 기계를 구성하는 부품의 기능에 요구되는 여러가지 **기계적 성질**을 **향상**시켜 기계의 **기능 향상** 및 **수명**을 **연장**시킬 수 있다. 특히 공구강, 고속도강, 금형용강 등의 합금강은 원료 자체가 비싸고 제품 설계와 가공에 있어서 기술적인 어려움이 많아 부품 제조에 소요되는 생산 원가가 비싼데, 이런 부품의 열처리는 그 결과가 매우 중요하며 열처리 불량으로 인한 손실 또한 커질 수도 있다는 점을 명심해야 한다.

LESSON 01 열처리의 주요 목적

① **경도** 또는 **인장강도**를 **증가**시키기 위한 목적(담금질, 담금질 후 보통 취약해지는 것을 막기 위해 뜨임 처리)

② 조직을 **연한 성질**로 변화시키거나 또는 **기계 가공**에 **적합한 상태**로 만들기 위한 목적(어닐링, 탄화물의 구상화 처리)

③ **조직**을 **미세화**하고 방향성을 적게 하며, **균일한 상태**로 만들기 위한 목적(노멀라이징)

④ **냉간 가공**의 영향을 **제거**할 목적(중간 어닐링, 변태점 이하의 온도로 가열함으로써 연화 처리)

⑤ **내부 응력**을 **제거**하고 사전에 기계 가공에 의한 제품의 비틀림의 발생 또는 사용중의 파손이 발생하는 것을 방지할 목적 (응력제거 어닐링)

⑥ 산세 또는 전기 도금에 의해 외부에서 강중으로 확산하여 용해된 수소를 제거하여 수소에 의한 취화를 적게 하기 위한 목적 (150~300℃로 가열)

⑦ **조직**을 **안정화**시킬 목적(어닐링, 템퍼링, 심냉 처리 후 템퍼링)

⑧ 내식성을 개선할 목적(스테인리스 강의 퀜칭)

⑨ **자성**을 **향상**시키기 위한 목적(규소강판의 어닐링)

⑩ **표면**을 **경화**시키기 위한 목적(고주파 경화, 화염 경화)

⑪ 강에 **점성**과 **인성**을 **부여**하기 위한 목적(고망간(Mn)강의 퀜칭)

이상과 같은 열처리는 강의 화학 조성과 용도에 따라 열처리 방법이 결정된다.

LESSON 02 열처리의 종류와 개요

만약 열처리가 필요한 부품에 별도의 지시를 해주지 않는다면 감점의 대상이 되고 나아가 열처리가 되지 않은 부품을 그대로 사용하게 되면 쉽게 마모되어 부품을 금방 교체해야 하는 일이 발생할 수도 있을 것이다. 일반적으로 많이 사용하는 열처리의 종류와 개요에 대해 이해를 하고 설계에 적용할 수 있는 능력을 갖추어야 한다.

1. 담금질 (퀜칭,quenching)

강을 적당한 온도로 가열하여 오스테나이트 조직에 이르게 한 뒤, 마텐자이트 조직으로 변화시키기 위해 급냉시키는 열처리 방법이다. 즉, 강을 단단하게 하기 위하여 강 고유의 온도까지 가열해서 적당한 시간을 유지한 후에 급냉시켜 얻는 조직으로 A3, A1 상 30~50℃에서 유지 후 물 또는 기름에 급냉시켜 얻는다. 담금질은 강의 **경도**와 **강도**를 **증가**시키기 위한 것이다. 강의 담금질 온도가 너무 높으면 강의 오스테나이트 결정 입자가 성장하여 담금질 후에도 기계적 성질이 나빠지고 균열이나 변형이 일어나기 쉽다. 따라서 담금질 온도에 주의해야 한다. 인장, 굽힘, 전단, 내마모성 등 기계적 성질을 향상시키기 위한 경화를 목적으로 한다. 부분 담금질은 강이나 주철로 만든 부품의 필요한 부분만을 열처리하여 기계적, 물리적 성질을 향상시키고자 할 때 사용하는 열처리를 말한다. 탄소함유량이 0.025%C 이하에서는 담금질이 되지 않는다. 담금질을 시키려면 침탄 후 실시해야 하고, 0.25%C 이상에서만 담금질이 가능하며 0.8%C 일 때 가장 담금질이 잘된다고 한다.

담금질처리하는 부품

① 회전, 왕복, 운동부, 습동부 등의 긁힘이나 흠집 등의 방지와 내마모성을 향상

① 내마모성을 필요로 하는 부품

2. 풀림 (어닐링,annealing)

일반적으로 풀림이라 하면 완전 풀림(full annealing)을 말한다. A3, A1 상 30~50℃에서 적당한 시간을 유지시킨 후 로냉(로중에서 냉각)하는 방법으로 주조나 고온에서 오랜 시간 단련된 금속재료는 오스테나이트 결정 입자가 커지고 기계적 성질이 나빠진다. 재료를 일정 온도까지 일정 시간 가열을 유지한 후 서서히 냉각시키면, 변태로 인해 최초의 결정 입자가 붕괴되고 새롭게 미세한 결정입자가 조성되어 **내부 응력**이 **제거**될 뿐만 아니라 **재료**가 **연화**된다. 풀림에는 완전풀림, 항온풀림, 구상화풀림, 확산풀림, 응력제거풀림, 연화풀림 등이 있으며, 이러한 목적을 위한 열처리 방법을 풀림이라 부른다.

풀림의 목적

① 단조나 주조 등의 기계 가공에서 발생한 **내부 응력**의 **제거**

② **열처리**에서 발생하는 경화된 **재료**의 **연화**

③ **가공**이나 **공작**으로 경화된 **재료**의 **연화**

④ 금속 결정 입자의 **미세화**

⑤ **절삭성 향상** 및 **냉간가공성 개선**

풀림처리하는 부품

① 소재의 경화, 내부응력의 제거, 비틀림(변형) 방지가 필요한 부품

② 철판 구조물, 주물 부품 등 경도를 필요로 하는 부품

3. 불림 (노멀라이징, normalizing)

불림의 목적은 결정 조직을 미세화하고 냉간 가공이나 단조 등으로 인한 **내부 응력**을 **제거**하며 재료의 결정 조직이나 기계적 성질과 물리적 성질 등을 표준화시키는 데 있다. 강을 불림 처리하면 취성이 저하되고, 주강의 경우 주조 상태에 비해 연성이나 인성 등 기계적 성질이 현저히 개선된다. 재료를 변태점 이상의 적당한 온도로 가열한 다음 일정 시간 유지시킨 후 바람이 없는 조용한 공기 중에서 냉각시킨다. 이렇게 하여 미세하고 균일하게 표준화된 금속 조직을 얻을 수 있다. 불림처리는 A3, A1, Acm 상 30~50℃에서 적당한 시간을 유지한 후 공냉시키는 방법으로 이렇게 해서 얻은 조직을 표준 조직(standard structure)이라 한다.

불림의 목적

① 조직의 균일화 및 미세화　② 피삭성의 개선　③ 잔류응력의 제거

4. 뜨임 (템퍼링, tempering)

담금질한 강은 경도가 증가된 반면 취성을 가지게 되고, 표면에 잔류응력이 남아 있으면 불안정하여 파괴되기 쉽다. 따라서 **재료에 적당한 인성을 부여**하기 위해서는 **담금질 후**에 반드시 뜨임처리를 해야 한다. 즉 담금질 한 조직을 안정한 조직으로 변화시키고 잔류 응력을 감소시켜, 필요로 하는 성질과 상태를 얻기 위한 것이 뜨임의 목적이다. 담금질한 강을 적당한 온도까지 가열하여 다시 냉각시킨다. 담금질만 실시한 강은 아주 단단하고 취약하므로 기계 재료로 사용할 수 없으므로 **경도는 다소 낮추더라도 인성**(Toughness)을 주기 위해서 A1(723℃)점 이하에서 실시하는 열처리이다.

key point

담금질은 강(순철과 탄소의 합금)을 일정한 온도 이상으로 가열시킨 후 빠르게 냉각(급냉)시키는 열처리를 의미하며, 가열 시킨 후 빠른 냉각은 강을 단단하게 만든다. 즉, 경도가 높아지는 것을 말하며, **경도**가 **너무 높은 것**은 **깨지기 쉽게** 된다. 그래서 뜨임을 하는 것인데 경도가 높아진 강을 적당한 온도로 알맞게 가열하면 강의 높은 경도는 그대로 유지하는 반면에 강도는 상당히 높아지게 된다. 이처럼 높은 경도와 강도를 얻어 강인한 재질을 만드는 열처리를 마치 **밥을 한 후**에 **뜸을 들이는 것**과 비슷하다고해서 '**뜨임**'이라고 한다. 뜨임은 강인한 쇠를 만들기 위해 담금질 후 공정으로 꼭 필요한 공정이며, 이러한 담금질 및 뜨임 공정을 영어의 머릿글자를 따서 'QT'(Quenching & Tempering)이라고 하고 한자로는 **조질(調質)처리**라고 한다.

5. 침탄경화법(Carburizing)

침탄이란 재료의 표면만을 단단한 재질로 만들기 위해 다음과 같은 단계를 사용하는 방법이다. 탄소함유량이 0.2% 미만인 저탄소강이나 저탄소 합금강을 침탄제 속에 파묻고 오스테나이트 범위로 가열한 다음, 그 표면에 탄소를 침입하고 확산시켜서 표면층만을 고탄소 조직으로 만든다. 침탄 후 담금질하면 표면의 침탄층은 마텐자이트 조직으로 경화시켜도 중심부는 저탄소강 성질을 그대로 가지고 있어 이중 조직이 된다.

표면이 단단하기 때문에 내마멸성을 가지게 되며, 재료의 중심부는 저탄소강이기 때문에 인성을 가지게 된다. 이러한 성질 때문에 고부하가 걸리는 기어에는 대개 침탄 열처리를 사용한다. 침탄법은 침탄에 사용되는 침탄제에 따라 고체침탄법, 액체침탄법, 가스침탄법으로 나눈다. 특별히 액체 침탄의 경우, 질화도 동시에 어느 정도 이루어지기 때문에 침탄 질화법이라 부른다. 표면측만을 경화, 특히 내마모성 혹은 내피로성을 얻는 것을 주 목적으로 한다.

표면경화 처리를 하는 부품

① 표면경화를 필요로 하는 부품에 경화 방지 부분 (나사, 핀 홀)이 있는 부품
② 충격 하중을 반복적으로 받는 부품
③ 열변형이 발생할 우려가 있는 부품
④ 절단 부위에 크랙(Crack) 현상이 발생할 소지가 있는 부품

6. 고주파 표면경화법(Induction hardening)

0.4~0.5%의 탄소를 함유한 **고탄소강**을 **고주파**를 사용하여 일정 온도로 가열한 후 **담금질**하여 **뜨임**하는 방법이다. 이 방법에 의하면 0.4% 전후의 구조용 탄소강으로도 합금강이 갖는 목적에 적용할 수 있는 재료를 얻을 수 있다. 표면경화 깊이는 가열되어 오스테나이트 조직으로 변화되는 깊이로 결정되므로 가열 온도와 시간 등에 따라 다르다. 보통 열처리에 사용되는 가열 방법은 열에너지가 전도와 복사 형식으로 가열하는 물체에 도달하는 방식을 이용하고 있다.

그러나 고주파 가열법에서는 전자 에너지 형식으로 가공물에 전달되고, 전자 에너지가 가공물의 표면에 도달하면 유도 2차 전류가 발생한다. 이 때 가공물 표면에 와전류(eddy current)가 발생하여 표피효과(skin effect)가 된다. 2차 유도전류는 표면에 집중하여 흐르므로 표면경화에는 다음과 같은 장점이 나타난다.

고주파 표면 경화법의 특징

① 표면에 에너지가 집중하기 때문에 가열 시간을 단축할 수 있어 작업비가 싸다.
② 가공물의 응력을 최대한 억제할 수 있다.
③ 가열시간이 극히 짧으므로 탈탄되는 일이 없고 표면경화의 산화가 극히 적다.
④ 열처리 불량(담금질 균열 및 변형)이 거의 없다.
⑤ 강의 표면은 경도가 높고 내마모성이 향상된다.

⑥ 기계적 성질이 향상되고 동적강도가 높다.

⑦ 재질은 보통 0.30~0.6% 탄소강이면 충분하기 때문에 고탄소강이나 특수강을 필요로 하지 않는다.

7. 화염경화법 (Flame Hardening)

화염경화법은 산소-아세틸렌가스, 프로판가스 또는 천연가스 등을 열원으로 한 가스불꽃으로 강의 표면을 급속히 가열하여 담금질 온도가 되면 냉각액을 표면에 분사하여 경화시키는 방법으로써 이 방법은 강전체를 경화시키는 것보다 효과적이며 담금질에 의한 균열을 방지할 수 있으며 인장도, 충격치, 내마모성 등을 향상시킨다.

화염경화법의 장점

① 주철, 주강, 특수강, 탄소강 등 거의 모든 강에 담금질 할 수 있다

② 노안에 장입할 수 없는 대형부품의 부분 담금질도 가능하다.

③ 전용 담금질 장치를 제외하고 가열장치의 이동이 가능하다.

④ 장치가 간단한 편이고 다른 담금질 방법에 비해서 설비비가 저렴하다.

⑤ 부분 담금질이나 담금질 깊이의 조절이 가능하다.

⑥ 담금질 균열이나 변형이 적다.

⑦ 기계가공을 생략할 수 있다.

⑧ 강재의 표면은 경화되고 내마모성이 우수하다.

⑨ 강재의 부품은 동적강도가 크고 기계적 성질이 우수하다.

⑩ 간단한 소형부품은 용접용 토오치로도 담금질이 가능하다.

화염경화법의 단점

① 가열온도를 정확하게 측정할 수 없으므로 담금질 조작에는 숙련된 기술이 필요하다.

② 화구(노즐 : nozzle)의 설계와 제작이 정밀해야 한다.

③ 불꽃을 일정하게 조절하기가 어렵다.

④ 급속한 가열이므로 복잡한 형상의 것이나 모서리가 있는 부분은 열에 의한 치수의 변형이 생기기 쉽다.

⑤ 가스의 취급 및 조작시에 위험이 따르며 전문성이 요구된다.

LESSON 03 강의 열처리 경도 및 용도

기계 구조용 탄소강				
구분	탄소함유량	담금질	용도	경도
SM 20CK	0.18 ~ 0.23	화염고주파	강도와 경도가 크게 요구되지 않는 기계부품	H_RC 40
SM 35C	0.32 ~ 0.38	화염고주파	크랭크축, 스플라인축, 커넥팅 로드	H_RC 30
SM 45C	0.42 ~ 0.48	화염고주파	톱, 스프링, 레버, 로드	H_RC 40
SM 55C	0.52 ~ 0.58	화염고주파	강도와 경도가 크게 요구되지 않는 기계부품	H_RC 50
SM 9CK	0.07 ~ 0.12	침탄	강도와 경도가 크게 요구되지 않는 기계부품	H_RC 30
SM 15CK	0.13 ~ 0.18	침탄	강도와 경도가 크게 요구되지 않는 기계부품	H_RC 35
크로뮴강				
SCr 430	0.28 ~ 0.33	화염고주파	롤러, 줄, 볼트, 캠축, 액슬축, 스터드	H_RC 36
SCr 440	0.38 ~ 0.43	화염고주파	강력볼트, 너트, 암, 축류, 키, 노크 핀	H_RC 50
SCr 420	0.18 ~ 0.23	침탄	강력볼트, 너트, 암, 축류, 키, 노크 핀	H_RC 45
크로뮴 몰리브데넘강				
SCM 430	0.28 ~ 0.33	화염고주파	롤러, 줄, 볼트, 너트, 자동차 공업에서 연결봉	H_RC 50
SCM 440	0.38 ~ 0.43	화염고주파	암, 축류, 기어, 볼트, 너트, 자동차 공업에서 연결봉	H_RC 55
니켈크로뮴강				
SNC 236	0.32 ~ 0.40	화염고주파	강력볼트, 너트, 크랭크축, 축류, 기어, 스플라인축, 건설기계부품	H_RC 55
SNC 631	0.27 ~ 0.35	화염고주파	강력볼트, 너트, 크랭크축, 축류, 기어, 스플라인축, 건설기계부품	H_RC 50
SNC 236	0.32 ~ 0.40	화염고주파	강력볼트, 너트, 크랭크축, 축류, 기어, 스플라인축, 건설기계부품	H_RC 55
SNC 415	0.12 ~ 0.18	침탄	기어, 피스톤 핀, 캠축	H_RC 55
니켈 크로뮴 몰리브데넘강				
SNCM 240	0.38 ~ 0.43	화염고주파	크랭크축, 축류, 연결봉, 기어, 강력볼트, 너트	H_RC 56
SNCM 439	0.36 ~ 0.43	화염고주파	크랭크축, 축류, 연결봉, 기어, 강력볼트, 너트	H_RC 55
SNCM 420	0.17 ~ 0.23	침탄	기어, 축류, 롤러, 베어링	H_RC 45
탄소 공구강				
STC 105	1.00 ~ 1.10	화염고주파	드릴, 끌, 해머, 펀치, 칼, 탭, 블랭킹다이	H_RC 62
합금 공구강				
STS 3	0.9 ~ 1.00	화염고주파	냉간성형 다이스, 브로치, 블랭킹 다이	H_RC 65

LESSON 04 표면경화강과 열처리 경도

구분	재질	탄소(%)	경화깊이	H_RC	용도 및 특징
침탄 표면 경화	SM9CK	0.09	0.5 ~ 2.0	58	• 탄소 함유량 0.25% 이하 • 분쇄 로울러, 클러치 이면, 스프라켓 휠 • 캠, 축, 피스톤, 핀, 기어 SNCM 강력 기어 • 축류 압연
	SM12CK	0.12			
	SC21	0.03 ~ 0.18		56	
	SNC22	0.12 ~ 0.18		60	
	SNCM26	0.13 ~ 0.20		60	
	SCM21	0.15		50	
질화 표면 경화	SNC3	0.36	0.095 ~ 0.4	64	• Al, Cr : 질화 쉽게 하고 경도 높임 • Mo : 경화 깊이 깊게, 뜨임 취성 방지 • 열기관 실린더, 피스톤, 열간 압연 로울러, 핀치차, 연료 분사 노즐, 다이스, 절삭공구
	SACM2	0.4 ~ 0.5		72	
	SNCM9	0.44 ~ 0.5		64	
고주파 표면 경화	SM35C	0.35	고주파 0.05 ~ 1.5	40	소형 정, 축, 핀 스크류기어, 캠
	SM40C	0.40		64	
	SM45C	4.45		50	
	SM50C	0.50		58	
	SM55C	0.55		62	
화염 경화	SNC1,2,3	0.35	화염 0.8 ~ 6	62	대형 크랭크 축, 베드 미끄럼 면, 기어, 캠
	SNCM6,7,8,9	0.45		64	
	SCM4	0.4		60	
	STC5,6,7	0.8		56	
화염 경화	SPS10	0.5	화염 0.8 ~ 6	58	대형 크랭크 축, 베드 미끄럼 면, 기어, 캠
	STS410	0.2		45	
쇼트 피이닝	SPS1 ~ 11	0.4 ~ 0.9	가공경화	38	스프링 (연삭, 쇼트 피이닝, 부루잉 에나멜)

LESSON 05 열처리 범례 및 각종 부품의 침탄 깊이 예

열처리 명칭	비커스경도 (HV)	담금질깊이 (mm)	열처리 변형	열처리 가능한 재질	대표적인 재질	비고
전체 열처리	750 이하	전체	재료에 따라 다르다	고탄소강 C〉0.45%	STS3 STS21 STB2 SKH51 STS93 STC95 SM45C	• 강재를 경화하거나 강도 증가를 위해 변태점 이상 적당한 온도로 가열 후 급속 냉각하는 열처리 조작 • 스핀들이나 정밀기계 부품은 가급적 사용하지 않는 것이 좋다.
침탄 열처리	750 이하	표준 0.5 최대 2	중간	저탄소강 C〈0.3%	SCM415 SNCM220	• 부분 열처리 가능 • 열처리 깊이를 도면에 지시할 것 • 정밀 부품에 적합
고주파 열처리	500 이하	1~2	크다.	중탄소강 C0.3~0.5%	SM45C	• 고주파 유도 전류로 강재 표면을 급열시킨 후 급냉하여 경화시키는 방법 • 부분 열처리 가능 • 소량의 경우 비용 증가 • 내피로성이 우수
질화 열처리	900~1000	0.1~0.2	적다.	질화강	SACM645	• 강재 표면에 단단한 질화 화합물 경화층을 형성시키는 표면 경화법 • 열처리 강도가 가장 높다. • 정밀 기계 부품에 적합 • 미끄럼 베어링용 스핀들에 적합
연질화처리 (터프트라이드)	탄소강 500 스테인리스 1000	0.01~0.02	적다.	철강재료	SM45C SCM415 SK3 스테인리스	• 터프트라이드는 연질화라는 질화 처리법의 일종이다. • 내피로성, 내마모성 우수 • 내식성은 아연 도금과 같은 정도 • 열처리 후 연마가 불가능하므로 정밀 부품에는 부적합 • 무급유 윤활에 적합
블루잉	–	–	–	선재	SWP–B	• 저온 어닐링이다. • 성형 시의 내부 응력을 제거하여 탄성을 높인다.

침탄깊이(mm)	필요 성능	대표적인 부품 예
0.5 이하	내마모성만을 필요로 하고 강도는 별로 중요시되지 않는 부품	로드볼, 쉬프트 포크, 속도계 기어, 펌프 축 등
0.5~1.0	내마모성과 동시에 높은 하중에 대한 강도를 필요로 하는 부품	변속기기어, 스티어링 암, 볼 스터드, 밸브 로커암 축

1.0~1.5	슬라이딩 및 회전 등의 마모에 대한 고압하중, 반복 굴곡 하중에 견딜 수 있는 강도를 요하는 부품	링기어, 드라이브 피니언, 슬라이드 피니언, 피스톤 핀, 캠 샤프트, 롤러베어링, 기어축, 너클핀 등
1.5 이상	고도의 충격적 마모, 비교적 고도의 반복하중에 충분히 견딜 수 있는 부품	연결축, 캠 등

LESSON 06 기어 재료와 열처리

재료명칭	KS 재료기호	JIS 재료기호	인장강도 N/㎟	신장 % 이상	압축 % 이상	경도 HB	특징과 열처리 및 용도 예
기계구조용 탄소강	SM 15CK	S15CK	490 이상	20	50	143~235	저탄소강, 침탄 열처리로 고강도
	SM 45C	S45C	690 이상	17	45	201~269	• 가장 일반적인 중탄소강 • 조질 및 고주파 열처리
기계구조용 합금강	SCM 435	SCM 435	930 이상	15	50	269~331	• 중탄소 합금강(C 함유량 0.3~0.7%) • 조질 및 고주파 열처리 • 고강도(굽힘강도/치면강도)
	SCM 440	SCM 440	980 이상	12	45	285~352	
	SNCM 439	SNCM 439	980 이상	16	45	293~352	
	SCr 415	SCr 415	780 이상	15	40	217~302	• 저탄소 합금강(C 함유량 0.3% 이하) • 표면경화처리(침탄, 질화, 침탄질화 등) • 고강도(굽힘강도/치면강도가 큼) • 웜휠 이외의 각종 기어에 사용
	SCM 415	SCM 415	830 이상	16	40	235~321	
	SNC 815	SNC 815	980 이상	12	45	285~388	
	SNCM 220	SNCM 220	830 이상	17	40	248~341	
	SNCM 420	SNCM 420	980 이상	15	40	293~375	
일반구조용 압연강재	SS400	SS400	400 이상	–	–	–	저강도/저가
회주철	GC200	FC200	200 이상	–	–	223 이하	강에 비해 저강도이며 대량생산용 기어
구상 흑연주철	GCD500-7	FCD500-7	500 이상	7	–	150~230	고정밀도인 덕타일 주철, 대형 주조 기어
스테인리스강	STS303	SUS303	520 이상	40	50	187 이하	• STS304보다 피삭성(쾌삭)양호 • 늘어붙지 않는 성질 향상
	STS304	SUS304	520 이상	40	60	187 이하	가장 넓게 사용되는 스테인리스강, 식품기구 등
	STS316	SUS316	520 이상	40	60	187 이하	해수 등에 대하여 STS304보다 우수한 내식성

스테인리스강	STS420J2	SUS420J2	540 이상	12	40	217 이상	열처리 가능한 마르텐사이트계
	STS440C	SUS440C	–	–	–	H_RC58 이상	열처리하여 최고 경도를 실현, 치면강도가 큼
비철금속	C3604	C3604	335	–	–	HV80 이상	쾌삭 황강, 각종 소형 기어
	CAC502 (PBC2)	CAC502	295	10	–	80 이상	인청동 주물, 웜휠에 최적
	CAC702 (AlBC2)	CAC702	540	15	–	120 이상	알루미늄 청동주물, 웜휠 등
엔지니어링 플라스틱		MC901	96	–	–	HRR 120	• 기계 가공 기어 • 경량화 및 녹슬지 않음
		MC602ST	96	–	–	HRR 120	
		M90	62	–	–	HRR 80	• 사출성형기어, 저가로 대량 생산 적합 • 가벼운 부하가 걸리는 곳에 적용

LESSON 07 작용 하중에 따른 기어재료와 열처리와 경도 예

하중의 종류		정의	열처리 방법
경하중 (輕荷重)	충격하중이 작고 마모 또한 적은 경우	SM35C~SM45C	조질처리(담금질 및 뜨임)
	단지 내마모성을 필요로 하는 경우	SM15CK	침탄, 담금질, 뜨임 (질화층 0.2~0.4mm 정도)
중하중 (中荷重)	중간 정도의 강도와 내마모성을 필요로 하는 경우	SM35C~SM45C	조질 후 고주파열처리 이끝의 표면 경도 H_RC47~56 정도
		SCM415 SCr415	침탄, 담금질, 뜨임(경화층 0.6~1.0mm 정도) 표면 경도 H_RC55~60 정도
	피로강도를 필요로 하는 경우	SM40C~SM45C	조질 후 고주파열처리 이끝의 표면 경도 H_RC47~56 정도
		SCM435 SCM440	조질 후 질화처리 GAS 연질화, 타프트라이드 처리
고하중 (高荷重)	내충격성을 특히 필요로 하는 경우	SNC815 SNCM420 SNCM815	침탄, 담금질, 뜨임 표면 경도 H_RC58~64 정도
	내마모성을 필요로 하는 경우	SNCM420 SCM421 SCM822	침탄, 담금질, 뜨임 표면 경도 H_RC62 이상
	내마모성 및 피로강도를 필요로 하는 경우	SM45C SM48C	조질 후 고주파열처리, 이뿌리부까지 담금질 실시. 이끝의 표면 경도 H_RC56~60 정도

특수한 경우		질화강	조질 후 질화처리 실시
		합금강 SCM435	조질 후 질화처리 실시
	내식성을 필요로 하는 경우	오스테나이트 페라이트 마르텐자이트계 스테인리스강	내식성 이외에 필요한 성질을 포함시킬 것을 고려해서 최적의 열처리 선정
	내열성을 필요로 하는 경우	Fe–Cr–Ni 합금	최적의 열처리 실시

기어의 열처리 경도 예

강의 종류	재료의 기호	조질경도 HS	전면담금질경도 HS	고주파열처리 경도 H_RC	침탄열처리 표면경도 H_RC	고주파열처리 중심부 경도 HB
니켈크로뮴강	SNC 631	37 ~ 40	50 ~ 55	50 ~ 55	–	–
	SNC 836	38 ~ 42	50 ~ 55	50 ~ 55	–	–
	SNC 415	–	–	–	55 ~ 60	217 ~ 321
	SNC 815	–	–	–	58 ~ 64	285 ~ 388
니켈크로뮴 몰리브데넘강	SNCM 439	43 ~ 51	65 ~ 70	–	–	–
	SNCM 447	45 ~ 53	65 ~ 70	–	–	–
	SNCM 220	–	–	–	58 ~ 64	248 ~ 341
	SNCM 415	–	–	–	58 ~ 64	255 ~ 341
	SNCM 420	–	–	–	58 ~ 64	293 ~ 375
	SNCM 815	–	–	–	58 ~ 64	311 ~ 375
크로뮴강	SCr 415	–	–	–	58 ~ 64	217 ~ 300
	SCr 420	–	–	–	58 ~ 64	235 ~ 320
크로뮴 몰리브데넘강	SCM 435	37 ~ 40	45 ~ 50	45 ~ 50	–	–
	SCM 440	38 ~ 42	50 ~ 55	(50 ~ 53)(1)	–	–
	SCM 415	–	–	–	58 ~ 64	235 ~ 321
	SCM 420	–	–	–	58 ~ 64	262 ~ 341
	SCM 421	–	–	–	58 ~ 64	285 ~ 263
탄소강	SM15CK	–	–	–	55 ~ 62 2)	131 3)
	SM35C	25 ~ 35	35 ~ 45	35 ~ 40	–	–
	SM45C	31 ~ 40	45 ~ 55	40 ~ 45	–	–
	SM55C	33 ~ 42	55 ~ 65	45 ~ 50	–	–

[주] 1. 고주파 열처리를 하지 않는 편이 좋다. 2. 수냉의 경우이다. 유냉의 경우 50~55 정도 3. 최대값을 나타낸다.

[참고] 이의 크기와 침탄 깊이

모듈 mm	1 초과 1.5 이하	1.5 초과 2 이하	2 초과 2.75 이하	2.75 초과 4 이하	4 초과 6 이하	6 초과 9 이하	2 초과 2.75 이하
침탄깊이 mm	0.2 ~ 0.5	0.4 ~ 0.7	0.6 ~ 1.0	0.8 ~ 1.2	1.0 ~ 1.4	1.2 ~ 1.7	1.3 ~ 2.0

[주] 침탄 깊이는 가스침탄인 경우 대략적인 표준값이며, 고체 및 액체침탄인 경우에는 위 표의 값보다 작게한다.

LESSON 08 열처리 경도별 구분

경 도	구분
$H_RC40\pm 2$	보통 과제도면상의 기어의 이의 크기는 작은 편이다. 기어의 이나 스프로킷의 이가 작은 경우 $H_RC50\pm$ 2 이상의 경도로 열처리를 실시하게 되면 강도가 강하여 쉽게 깨지게 될 우려가 있으므로 이가 파손되지 않도록 하기 위하여 사용한다.
$H_RC50\pm 2$	보통 전동축과 같이 운전중에 지속적으로 하중을 받는 부분에 사용하며 일반적으로 널리 사용되는 열처리로 강도가 크게 요구되는 곳에 적용한다.
$H_RC60\pm 2$	보통 드릴부시의 경우처럼 공구와 부시간에 직접적인 마찰이 발생하는 부분에 적용한다. 내륜이 없는 니들 베어링의 축 부분 등에 사용한다.

LESSON 09 대표적인 열처리의 특징

열처리 항목	고주파열처리	화염열처리	침탄열처리	연질화		질화
적용 재료	0.4~0.6%C 탄소강 SCM435, SCM440 SMn443, SNC836 SNCM 439 등	0.4~0.6%C 탄소강 SK5~7, 덕타일주철 SCr435, SCr440 SCM435, SCM440등	0.23%C 이하 탄소강 SNC415, SNC815 SCM415, SCM420 SNCM420 등	① 저탄소강, 중탄소강	② 탄소강 합금강 스테인리스 주강	SACM645 등 질화처리를 위해 알루미늄과 크로뮴을 함유하고 있을 것이 조건
열처리 방법	열처리를 할 기어를 코일 속에 넣고 코일에 고주파의 전류를 흐르게 하면, 과전류가 발생하며 기어의 표면이 가열되어 적열한다. 바로 냉각수로 급냉처리한다. 가열코일과 급냉장치를 별도로 하고 연속적으로 길이방향으로 이송하여 길이가 긴 공작물도 열처리를 할 수 있다.	고주파열처리에서 비용이 높아지게(소량생산, 대형 공작물) 되는 경우, 다른 열처리법과 비교해서 저가이다. 경화시키고 싶은 부분만을 버너 등으로 가열해서 표면이 오스테나이트 조직으로 되었을 때 급냉시키면 그 부분만 경화된다.	기어를 목탄, 탄소베릴륨 등과 함께 주철 도가니 속에 넣어 밀봉한 후 노 속에 넣어 900~950°의 온도로 4~8시간 가열하면 표면에 다품종 소량생산에 적합하다. 가스침탄은 침탄탄소량, 침탄깊이의 조절이 간단하고 표면에 부착하는 스케일도 적다. 품질도 양호하며 대량생산에 적합하다.	① NaCN을 주성분으로 한 염욕으로 저, 중탄소강을 0.2mm 이하의 얇은 층을 만든다. 열처리 온도 750~900℃로 소량생산에 적합하고 경제적이지만 염욕은 유해하여 환경에 좋지 않다. ② 터프트라이드 : 염욕질화법 NaCNO, 열처리온도는 500~600°C, 열처리시간은 2시간, 0.015~0.02의 경화층		재료는 담금질 뜨임하여 소르바이트 조직으로 하고 다듬질 후 질화로에 넣는다. 500~600C에서 암모니아가스를 주입하면 분해된 질소가 기어의 표면에 흡수되어 경화층이 생긴다. 처리시간은 경화층의 깊이에 따라 수십시간에서 100시간의 장시간을 요한다.

경화층	구멍의 내면, 단면내부까지 경화시키기는 곤란하다. 경화능이 있는 재료를 사용하여 급속히 표면만을 가열함에 따라 내부는 거의 원상태의 조직으로 보존이 가능하다. 경화표면의 산화도 적고 급속한 가열과 급냉처리를 한다. 조질을 실시한 담금질 온도도 30~50° 높은 온도에서 수냉한다. 직접가열로 열효율이 좋지만 기어의 경우 이끝경도가 높아지고 이뿌리부는 기어끝부 보다도 경도가 낮게 된다.		고체침탄에서는 침탄깊이의 허용차를 0.2mm 이하로 하는 것은 곤란하다. 0.7mm 이하의 침탄에는 적합하지 않다. 제품의 형상에 관계없이 균일한 깊이의 경화층을 얻을 수 있다. 경화가 필요없는 부분은 피복하여 침탄을 방지한다.	경제적이며 열처리 시간도 짧다. 터프트라이드는 자기윤활성이 있어 마찰계수를 저감할 수 있다.	열처리온도가 낮으므로 열의 영향에 의한 변형이 적다. 경화층은 내마모, 내열, 내식성에 우수하다. 경화층은 질소에 의해 0.02~0.03mm 정도 팽창한다.
경도	H_S 55 ~ 75 H_RC 41~ 56	H_S 55 ~ 75 H_RC 41~ 56	H_S 70 ~ 85 H_RC 52~ 62	H_S 88 ~ 92 H_RC 64~ 66	H_S 100 이상 H_RC 68 이상
생산성	부분 경화 가능, 열처리시간이 짧음, 자동화 가능, 대량생산에 적합하다.	부분 경화 가능, 열처리시간이 짧음, 장치가 간단, 온도제어 곤란하다.	전체 열처리가 된다. 가열시간이 길다.	경제적이고 열처리시간 짧다.	전체 열처리가 된다. 열처리시간이 오래 걸린다.
경화층 깊이	0.8 ~ 7mm (단, 4mm 이상은 합금강)	1 ~ 12mm (단, 4mm 이상은 합금강)	고체침탄 (0.7 ~ 5mm) 가스침탄 (0.2 ~ 5mm)	0.015 ~ 0.02mm (전용기는 0.1 ~ 0.2mm)	0.1 ~ 0.6mm (0.4 이상은 비경제적)
특징	간단한 모양으로 대량생산가능, 전기조작의 자동화 가능, 비교적 안정된 열처리, 부분 열처리 가능, 담금질 장치가 고가	부품의 크기나 모양에 제한이 없다. 부분 열처리 가능, 열처리 장치 저가, 가열온도 제어곤란하다.	탄소농도 조정 용이(가스), 침탄깊이가 균일, 침탄깊이 제어 용이하다.	충격하중에 약하다.	내마모, 내열 및 내식성 우수, 질화 후 열처리 불필요, 변형이 극히 적다.
기어 이외 적용 부품	체인휠, 핀	크랭크 샤프트 캠 샤프트	축, 핀, 캠, 롤러 체인 부시	캠 샤프트	디젤 분사 노즐 게이지 류

LESSON 10 열처리 종류에 따른 경도 표시법과 철강재료의 허용응력

일반 부품의 열처리 종류 및 경도 표시법

종류	재료			표면 경도
	KS		JIS	
	신기호	구기호		

황삭 후 조질처리 (추가 가공 가능)	SM45C	SM45C	S45C	H_RC 20~25
	SCM415	SCM21	SCM415	H_RC 20~25
	SCM430 SCM435	SCM2 SCM3	SCM430 SCM435	H_RC 20~25
고주파 (또는 화염경화) 담금질, 뜨임	SM45C	SM45C	S45C	H_RC 40~45
	SCM430	SCM2	SCM430	H_RC 50~55
	SCM435	SCM3	SCM435	H_RC 52~59
	GC300	GC300	FC300	H_RC 45~55 (슬라이드 베드 Hs70~)
	STD11	STD11	SKD11	H_RC 60~65
침탄열처리, 뜨임	SCM415	SCM21	SCM415	H_RC 60~65 열처리 깊이 0.88m
담금질 뜨임	STB2	STB2	SUJ2	H_RC 60~65
	STC85	STC5	SK5	H_RC 59~
	STC95	STC4	SK4	H_RC 61~
	STC105	STC3	SK3	H_RC 63~
	STS3	STS3	SKS3	H_RC 62~65

철강재료의 허용응력

[단위 : MPa]

응력	부하	연강	경강	주철	주강	니켈강
인장	정하중 중하중 충격, 변동하중	90 ~ 120 54 ~ 70 48 ~ 60	120 ~ 180 70 ~ 108 60 ~ 90	30 18 15	60 ~ 120 30 ~ 72 30 ~ 60	120 ~ 180 80 ~ 120 40 ~ 60
압축	정하중 중하중	90 ~ 120 54 ~ 70	120 ~ 180 70 ~ 108	90 50	90 ~ 150 54 ~ 90	120 ~ 180 80 ~ 120
굽힘	정하중 중하중 충격, 변동하중	90 ~ 120 54 ~ 70 45 ~ 60	120 ~ 180 70 ~ 108 60 ~ 90	45 27 19	72 ~ 120 45 ~ 72 37 ~ 60	120 ~ 180 80 ~ 120 40 ~ 60
전단	정하중 중하중 충격, 변동하중	72 ~ 100 43 ~ 56 36 ~ 48	100 ~ 144 60 ~ 86 48 ~ 72	30 18 18	48 ~ 96 29 ~ 58 24~48	96 ~ 144 64 ~ 96 32 ~ 48
비틀림	정하중 중하중 충격, 변동하중	60 ~ 100 36 ~ 56 30 ~ 48	100 ~ 144 60 ~ 86 48 ~ 72	30 18 15	48 ~ 96 29 ~ 58 24 ~ 48	90 ~ 144 60 ~ 96 30 ~ 48

PART 13

스머징을 통한 도면해독능력 향상 실습

◈ 1. 동력전달장치-1 조립도 ◈

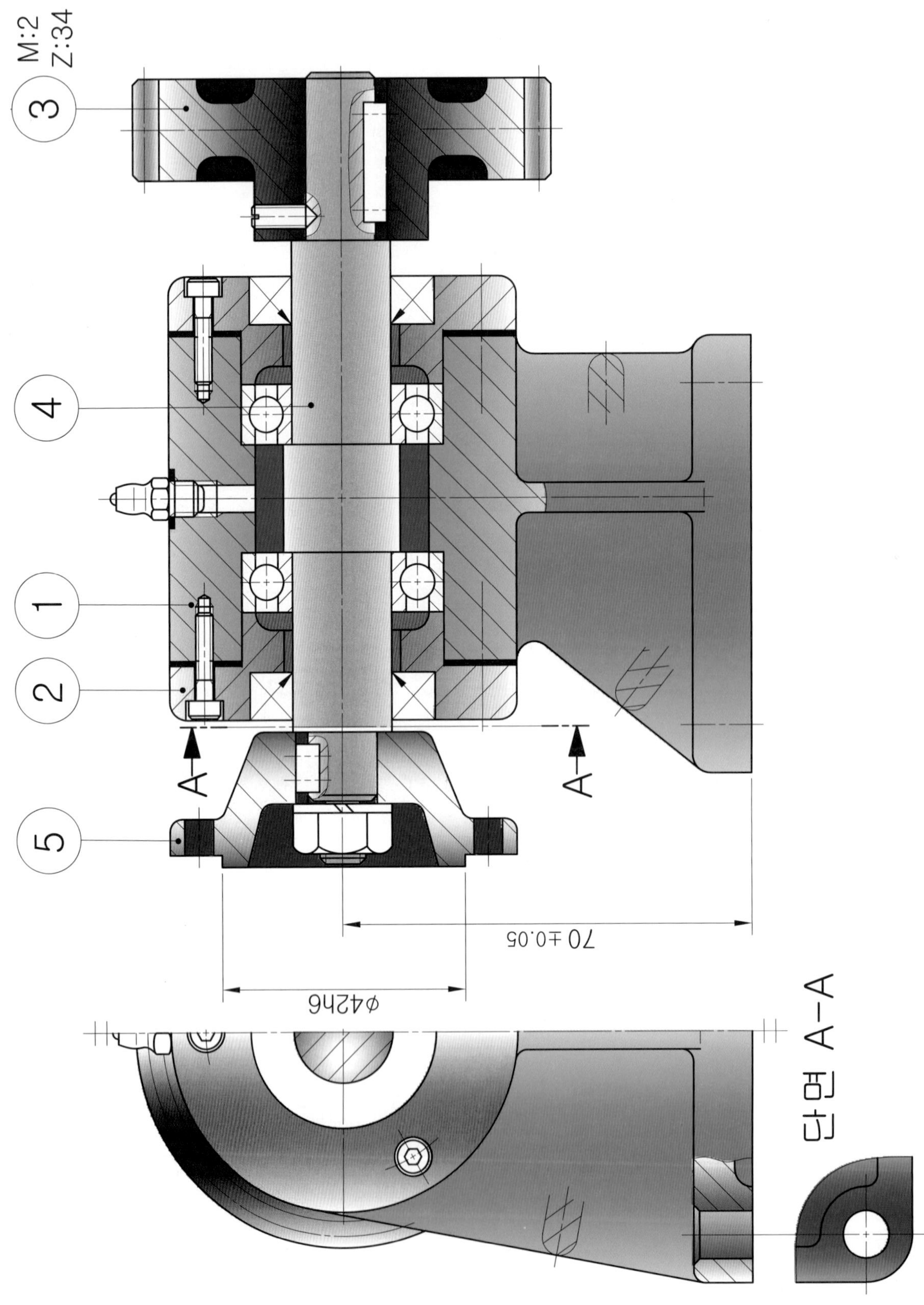

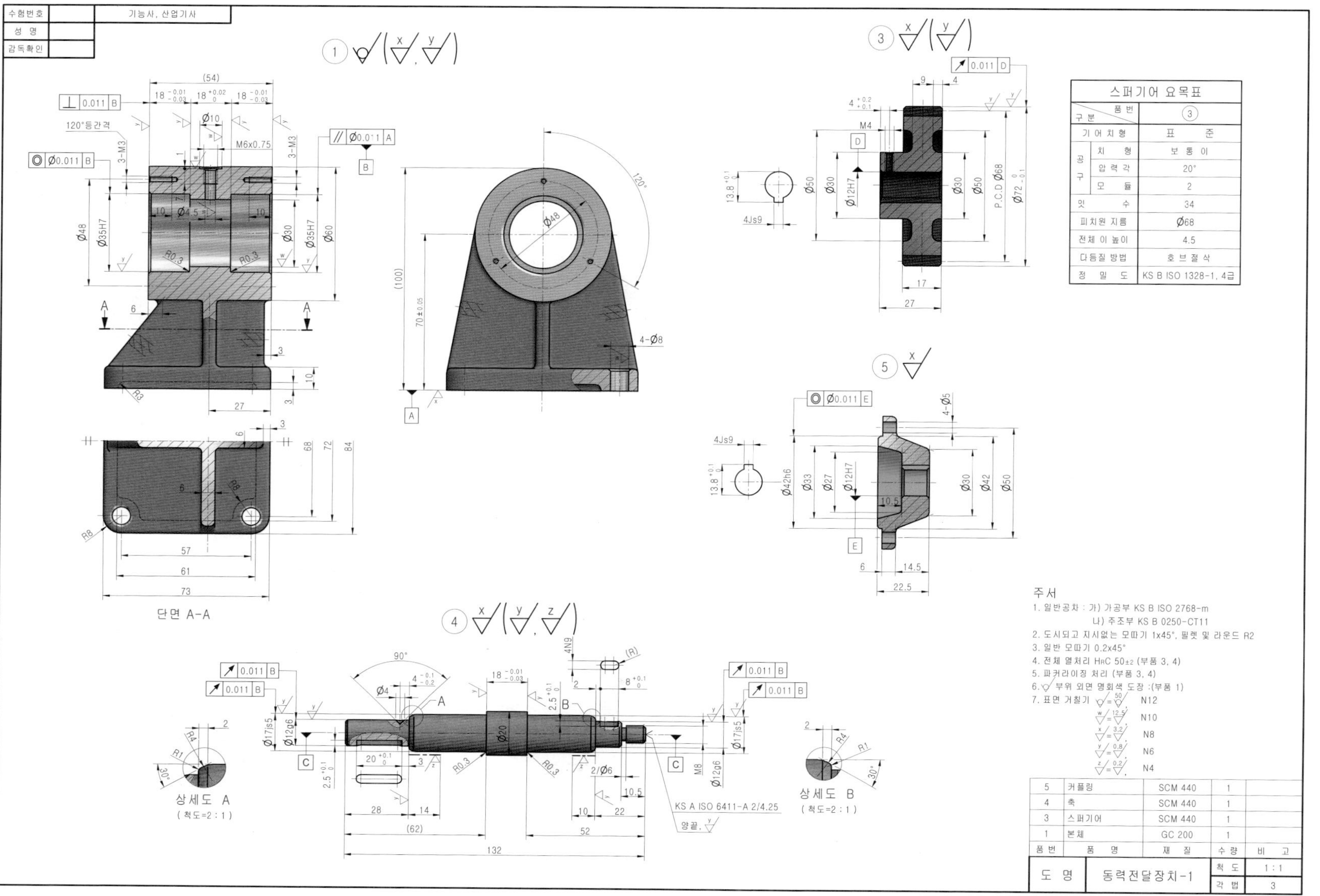

수험번호
성 명
감독확인
기능사, 산업기사
스퍼기어 요목표
구분 / 품번 | ③
기어치형 | 표준
공구 치형 | 보통이
압력각 | 20°
모듈 | 2
잇수 | 34
피치원 지름 | Ø68
전체 이 높이 | 4.5
다듬질 방법 | 호브절삭
정밀도 | KS B ISO 1328-1, 4급
단면 A-A
상세도 A (척도=2:1)
상세도 B (척도=2:1)
KS A ISO 6411-A 2/4.25
주서
1. 일반공차 : 가) 가공부 KS B ISO 2768-m
나) 주조부 KS B 0250-CT11
2. 도시되고 지시없는 모따기 1x45°, 필렛 및 라운드 R2
3. 일반 모따기 0.2x45°
4. 전체 열처리 HRC 50±2 (부품 3, 4)
5. 파커라이징 처리 (부품 3, 4)
6. 부위 외면 명회색 도장 :(부품 1)
7. 표면 거칠기 N12 N10 N8 N6 N4
5 | 커플링 | SCM 440 | 1
4 | 축 | SCM 440 | 1
3 | 스퍼기어 | SCM 440 | 1
1 | 본체 | GC 200 | 1
품번 | 품명 | 재질 | 수량 | 비고
도명 | 동력전달장치-1 | 척도 1:1 | 각법 3

◈ 1. 동력전달장치-1 3D 랜더링 등각투상도 ◈

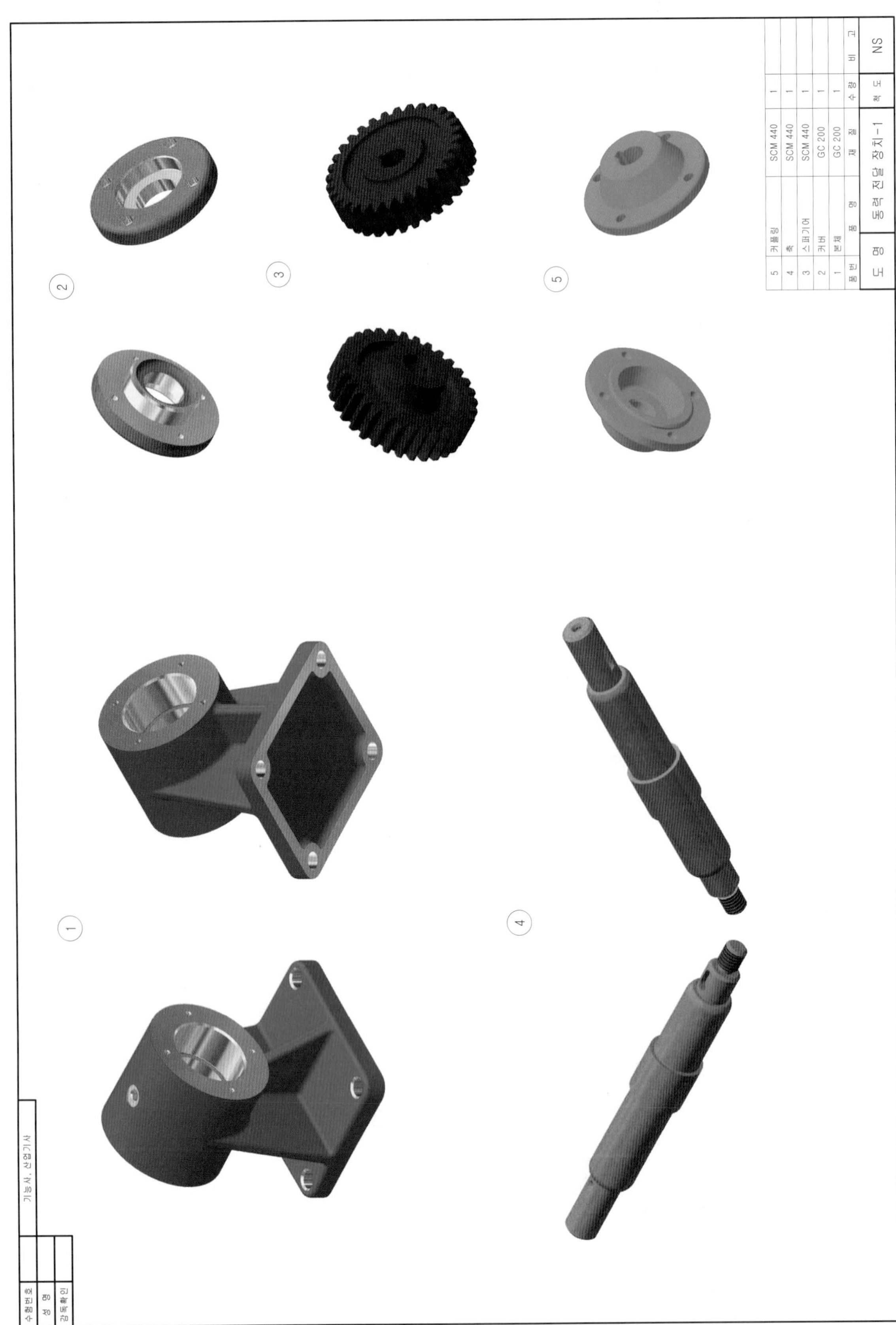

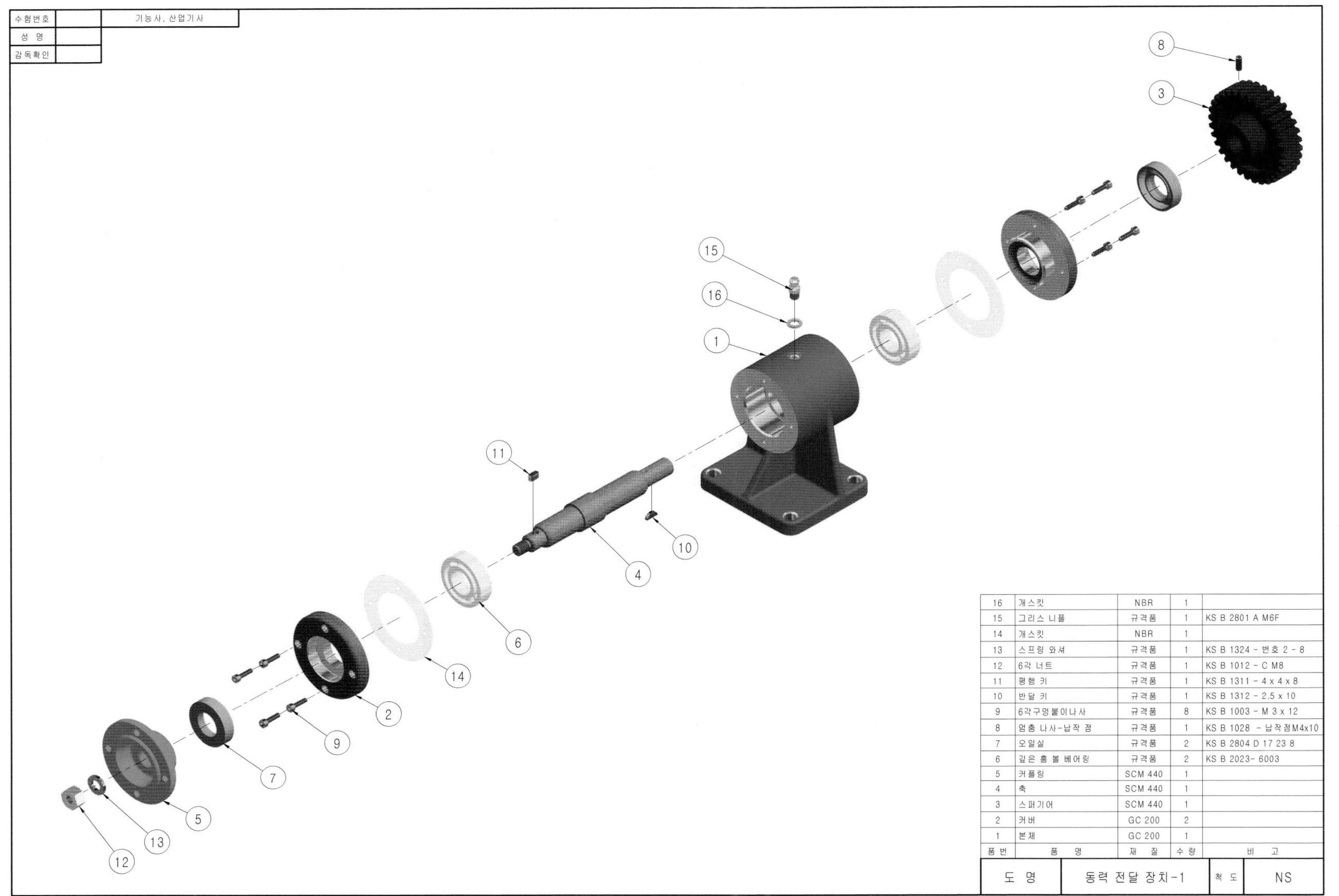

16	개스킷	NBR	1	
15	그리스 니플	규격품	1	KS B 2801 A M6F
14	개스킷	NBR	1	
13	스프링 와셔	규격품	1	KS B 1324 - 번호 2 - 8
12	6각 너트	규격품	1	KS B 1012 - C M8
11	평행 키	규격품	1	KS B 1311 - 4 x 4 x 8
10	반달 키	규격품	1	KS B 1312 - 2.5 x 10
9	6각구멍붙이나사	규격품	8	KS B 1003 - M 3 x 12
8	멈춤 나사-납작 점	규격품	1	KS B 1028 - 납작점M4x10
7	오일실	규격품	2	KS B 2804 D 17 23 8
6	깊은 홈 볼 베어링	규격품	2	KS B 2023- 6003
5	커플링	SCM 440	1	
4	축	SCM 440	1	
3	스퍼기어	SCM 440	1	
2	커버	GC 200	2	
1	본체	GC 200	1	
품번	품 명	재 질	수량	비 고
도 명	동력 전달 장치-1	척 도	NS	

◈ 2. 동력전달장치-2 조립도 ◈

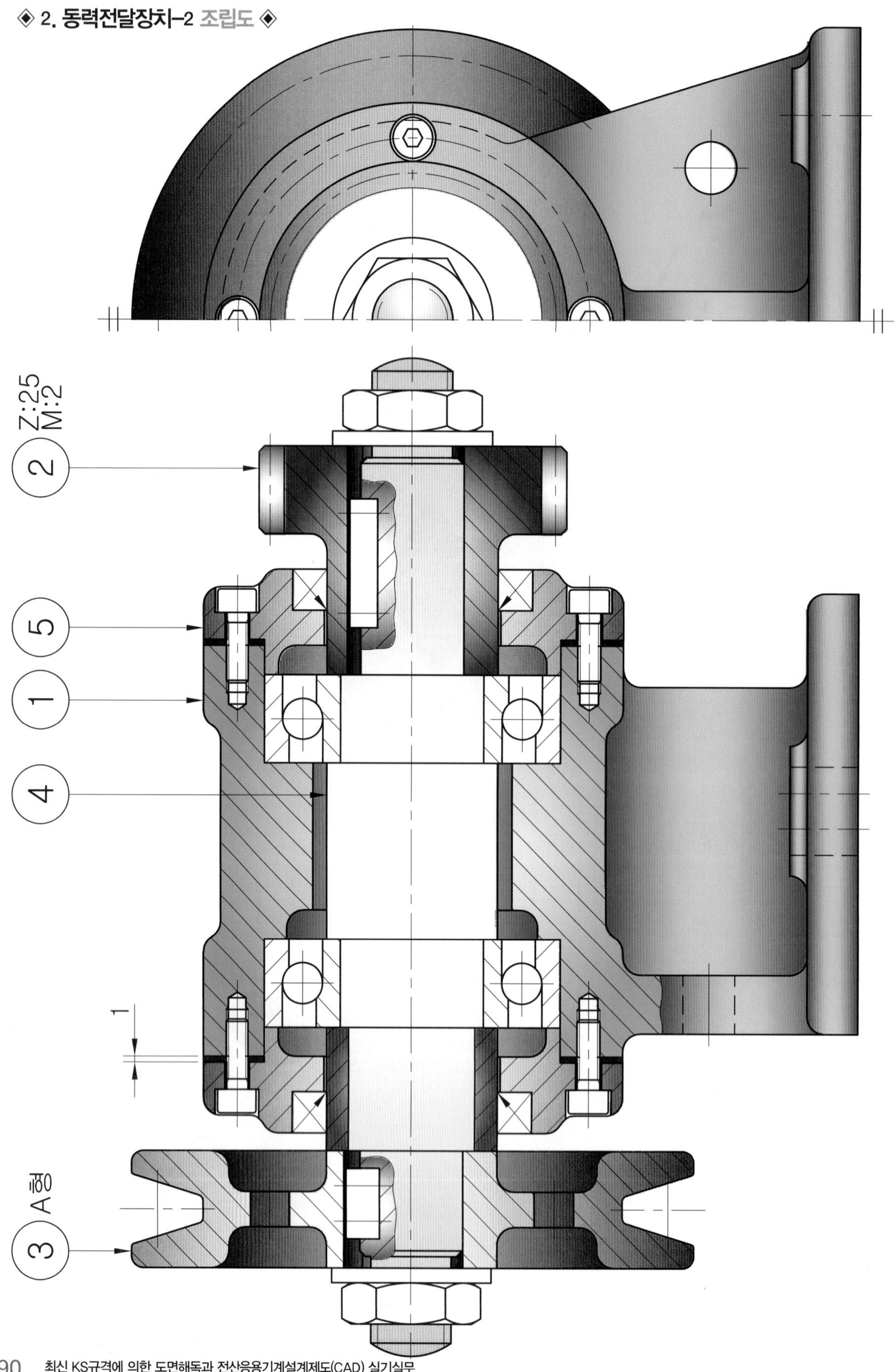

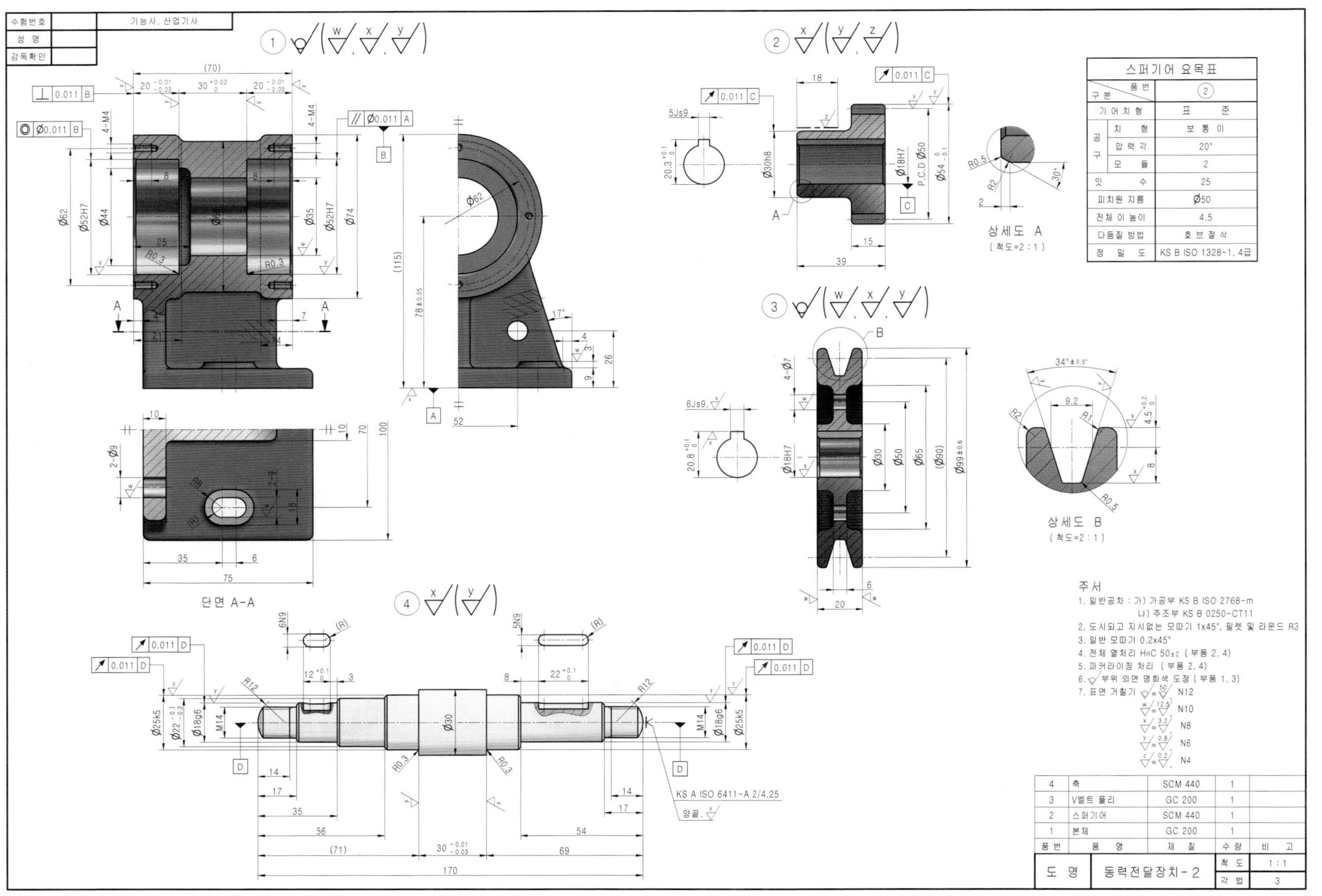
수험번호
성 명
감독확인
기능사, 산업기사
스퍼기어 요목표
구분 / 품번: ②
기어치형: 표준
공구 치형: 보통이
압력각: 20°
모듈: 2
잇수: 25
피치원 지름: Ø50
전체 이 높이: 4.5
다듬질 방법: 호브절삭
정밀도: KS B ISO 1328-1, 4급
상세도 A
(척도=2:1)
상세도 B
(척도=2:1)
단면 A-A
주서
1. 일반공차 : 가) 가공부 KS B ISO 2768-m
나) 주조부 KS B 0250-CT11
2. 도시되고 지시없는 모따기 1x45°, 필렛 및 라운드 R3
3. 일반 모따기 0.2x45°
4. 전체 열처리 HRC 50±2 (부품 2, 4)
5. 파커라이징 처리 (부품 2, 4)
6. 부위 외면 명회색 도장 (부품 1, 3)
7. 표면 거칠기
N12
N10
N8
N6
N4
KS A ISO 6411-A 2/4,25
양끝.
4 축 SCM 440 1
3 V벨트 풀리 GC 200 1
2 스퍼기어 SCM 440 1
1 본체 GC 200 1
품번 품명 재질 수량 비고
도명 동력전달장치-2
척도 1:1
각법 3

◈ 2. 동력전달장치-2 3D 랜더링 등각투상도 ◈

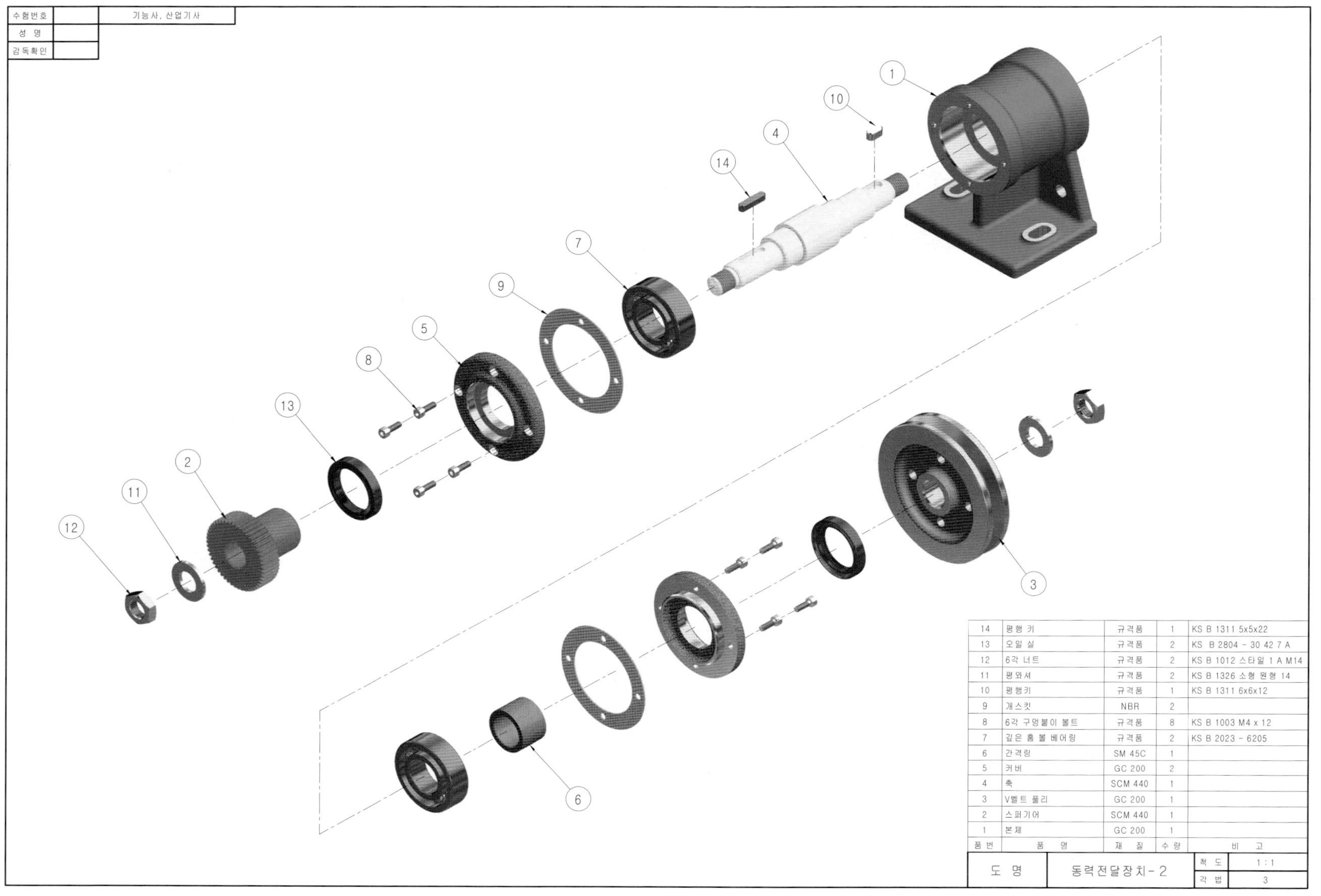

품번	품명	재질	수량	비고
14	평행 키	규격품	1	KS B 1311 5x5x22
13	오일 실	규격품	2	KS B 2804 - 30 42 7 A
12	6각 너트	규격품	2	KS B 1012 스타일 1 A M14
11	평와셔	규격품	2	KS B 1326 소형 원형 14
10	평행키	규격품	1	KS B 1311 6x6x12
9	개스킷	NBR	2	
8	6각 구멍붙이 볼트	규격품	8	KS B 1003 M4 x 12
7	깊은 홈 볼 베어링	규격품	2	KS B 2023 - 6205
6	간격링	SM 45C	1	
5	커버	GC 200	2	
4	축	SCM 440	1	
3	V벨트 풀리	GC 200	1	
2	스퍼기어	SCM 440	1	
1	본체	GC 200	1	

◈ 3. 동력전달장치-3 조립도 ◈

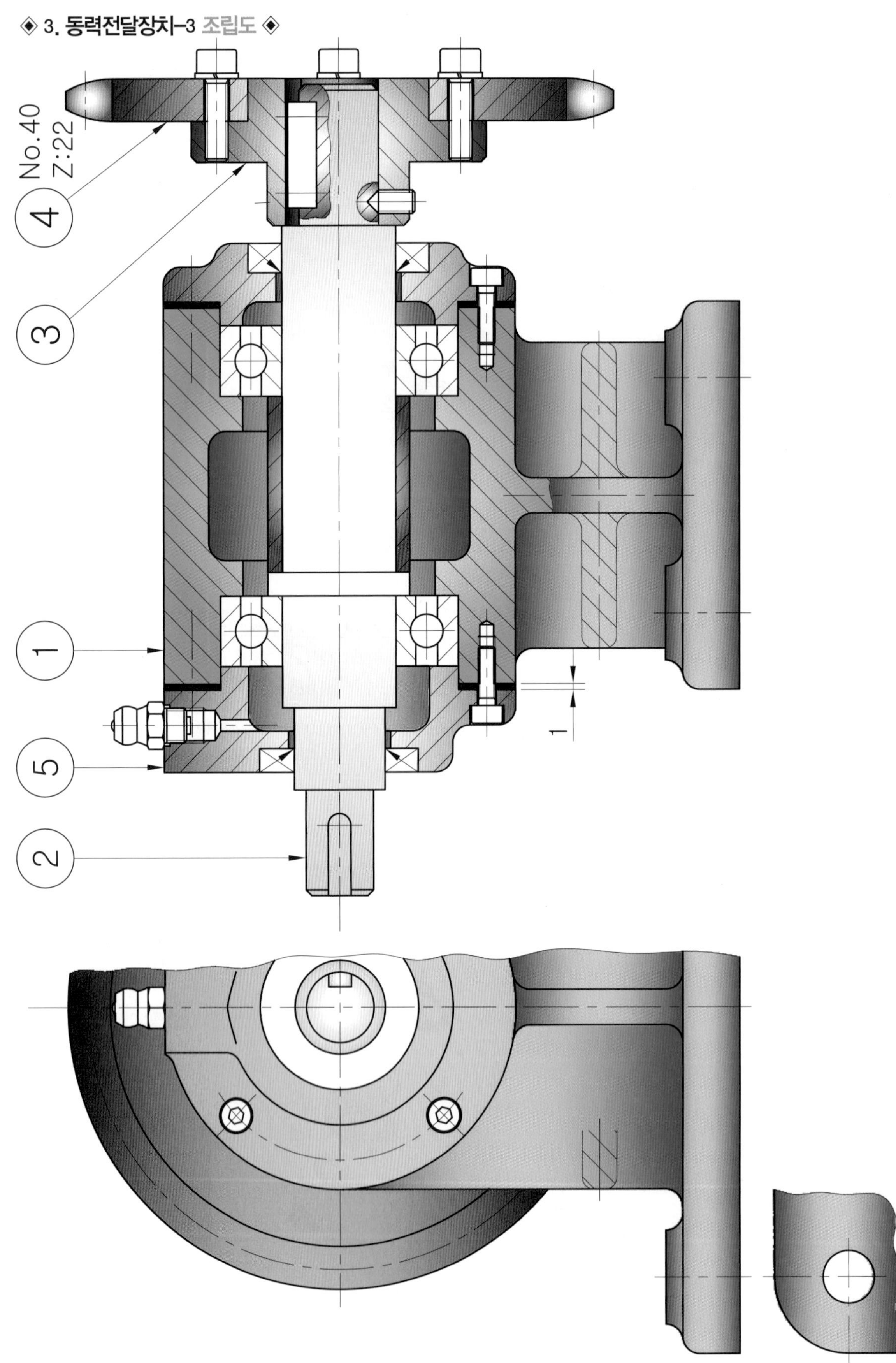

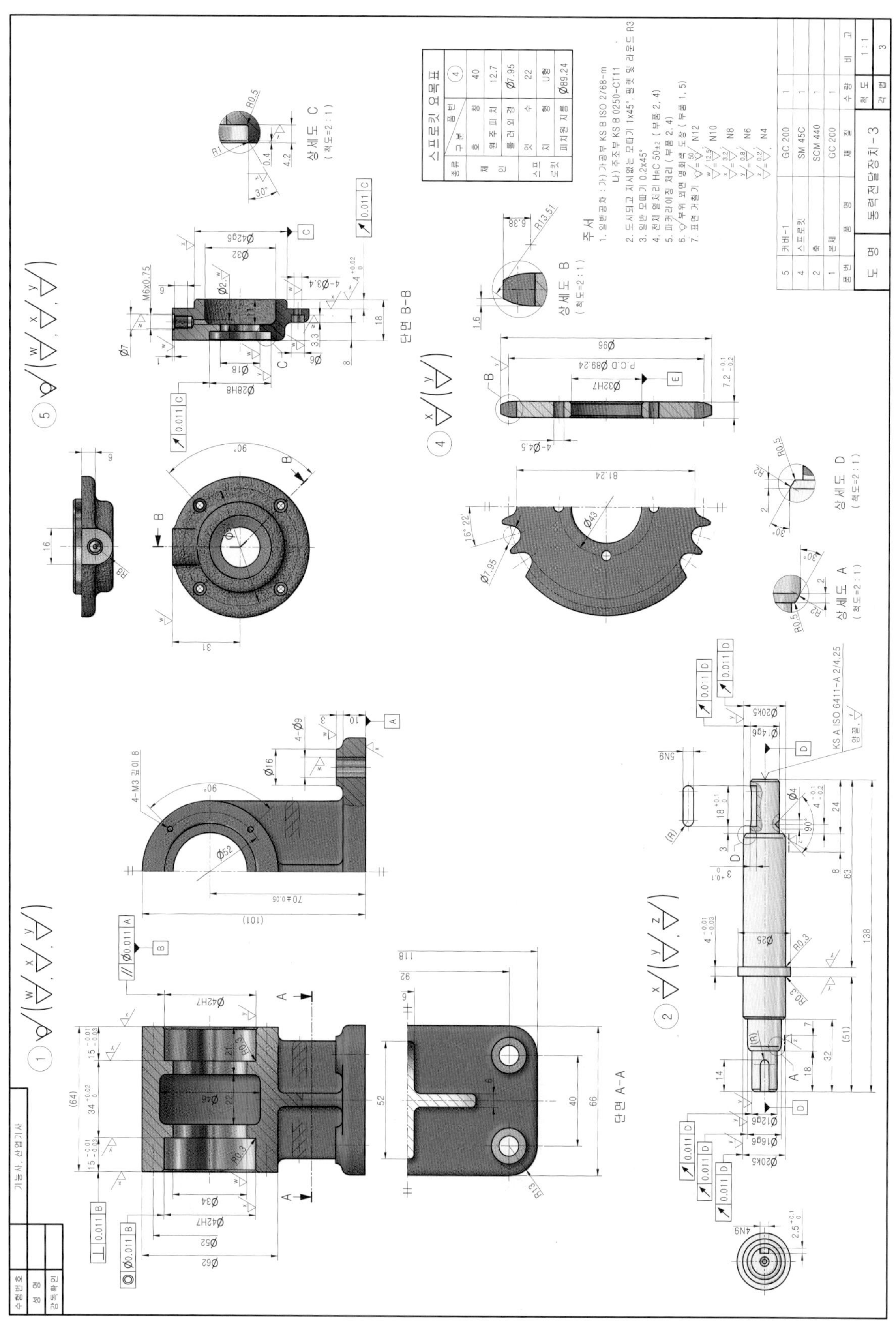

스프로킷 요목표
종류 / 구분 / 품번 / 4
체인 / 호칭 / 40
원주피치 / 12.7
롤러외경 / Ø7.95
스프로킷 / 잇수 / 22
치형 / U형
피치원 지름 / Ø89.24
주서
1. 일반공차 : 가) 가공부 KS B ISO 2768-m
나) 주조부 KS B 0250-CT11
2. 도시되고 지시없는 모따기 1x45°, 필렛 및 라운드 R3
3. 일반 모따기 0.2x45°
4. 전체 열처리 HRC 50±2 (부품 2, 4)
5. 파커라이징 처리 (부품 2, 4)
6. 부위 외면 명회색 도장 (부품 1, 5)
7. 표면 거칠기
단면 A-A
단면 B-B
상세도 A (척도=2:1)
상세도 B (척도=2:1)
상세도 C (척도=2:1)
상세도 D (척도=2:1)
KS A ISO 6411-A 2/4.25
5 커버-1 GC 200 1
4 스프로킷 SM 45C 1
2 축 SCM 440 1
1 본체 GC 200 1
품번 품명 재질 수량 비고
도명 동력전달장치-3 척도 1:1 각법 3
기능사, 산업기사
수험번호
성명
감독확인

◈ 3. 동력전달장치-3 3D 랜더링 등각투상도 ◈

◈ 3. 동력전달장치-3 분해등각도 ◈

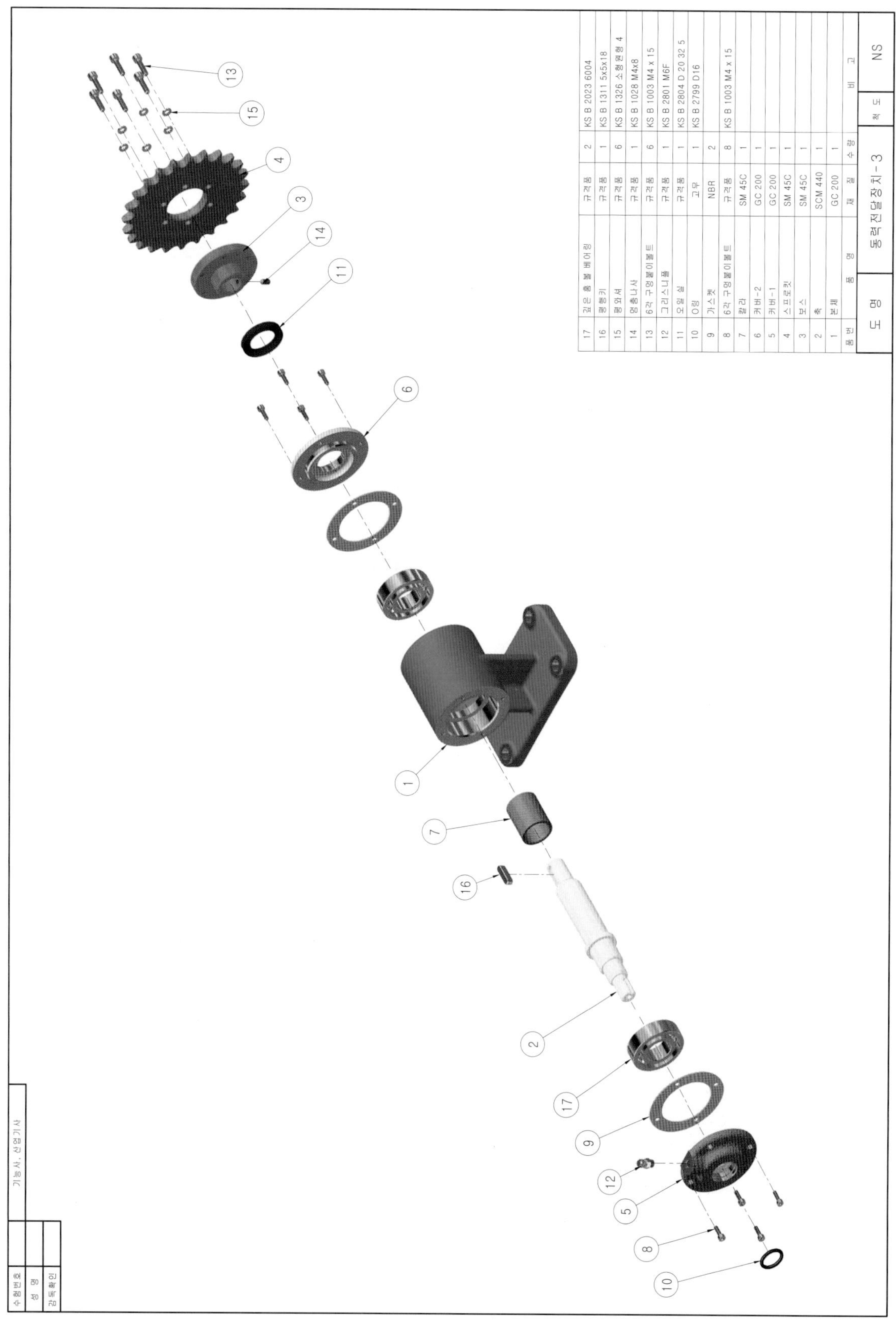

품번	품 명	재 질	수 량	비 고
17	깊은 홈 볼 베어링	규격품	2	KS B 2023 6004
16	평행키	규격품	1	KS B 1311 5x5x18
15	평와셔	규격품	6	KS B 1326 소형원형 4
14	멈춤나사	규격품	1	KS B 1028 M4x8
13	6각 구멍붙이볼트	규격품	6	KS B 1003 M4 x 15
12	그리스니플	규격품	1	KS B 2801 M6F
11	오일 실	규격품	1	KS B 2804 D 20 32 5
10	O링	고무	1	KS B 2799 D16
9	가스켓	NBR	2	
8	6각 구멍붙이볼트	규격품	8	KS B 1003 M4 x 15
7	칼라	SM 45C	1	
6	커버-2	GC 200	1	
5	커버-1	GC 200	1	
4	스프로킷	SM 45C	1	
3	보스	SM 45C	1	
2	축	SCM 440	1	
1	본체	GC 200	1	

도 명	동력전달장치-3	척 도	NS

◈ 4. 동력전달장치-4 조립도 ◈

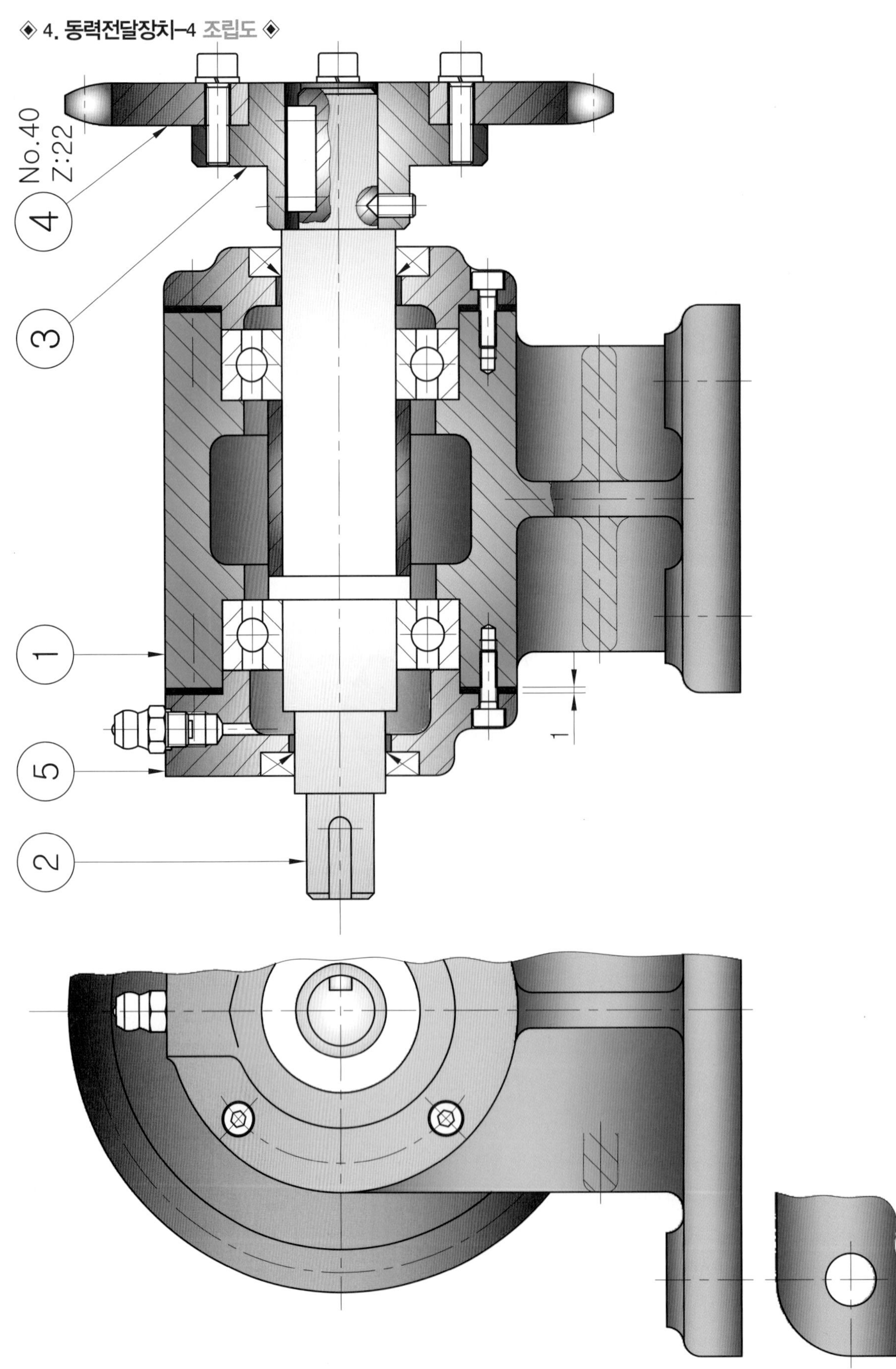

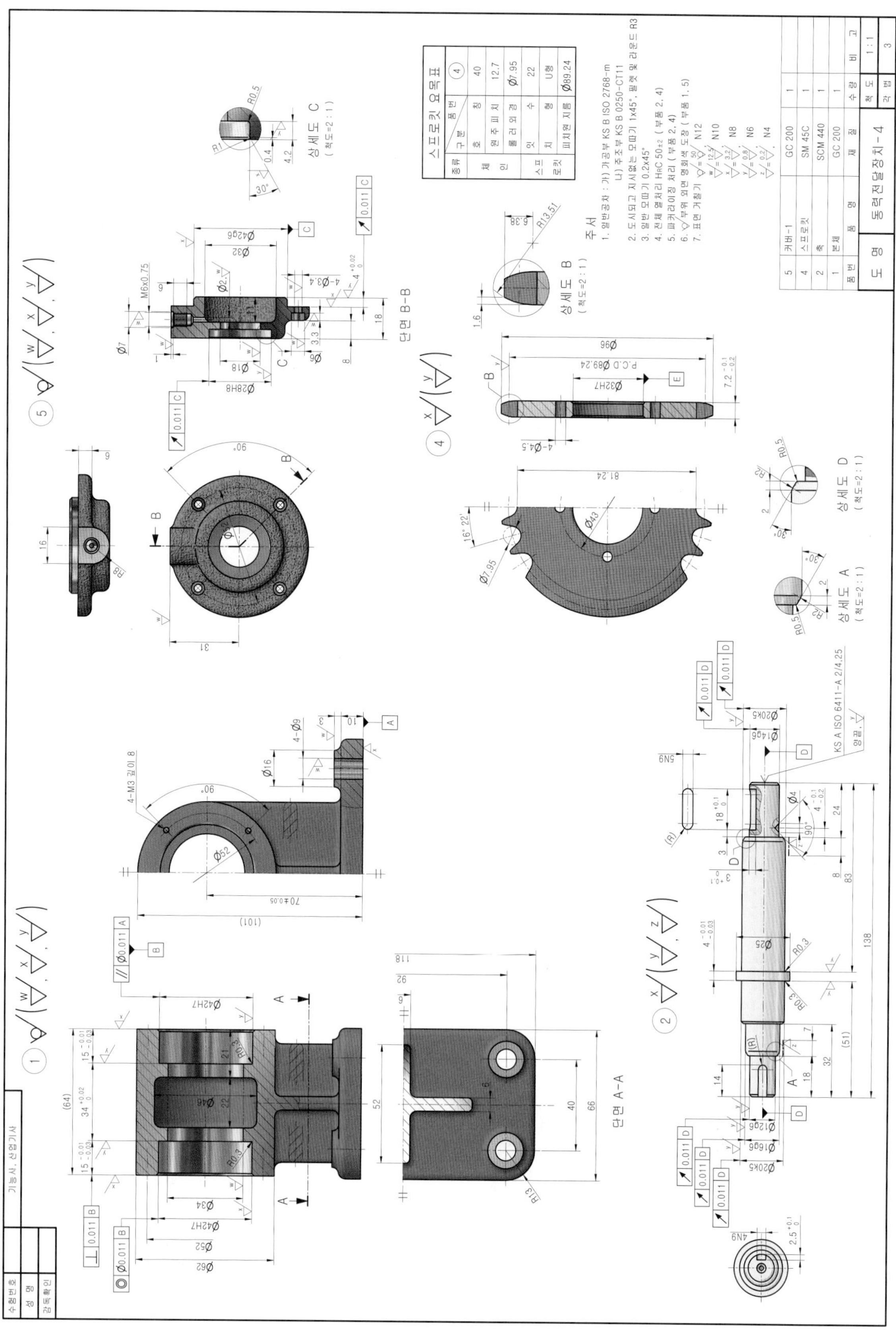

단면 A-A
단면 B-B
상세도 A (척도=2:1)
상세도 B (척도=2:1)
상세도 C (척도=2:1)
상세도 D (척도=2:1)
스프로킷 요목표
주 서
1. 일반공차 : 가) 가공부 KS B ISO 2768-m
나) 주조부 KS B 0250-CT11
2. 도시되고 지시없는 모떼기 1x45°, 필렛 및 라운드 R3
3. 일반 모떼기 0.2x45°
4. 전체 열처리 HRC 50±2 (부품 2, 4)
5. 파커라이징 처리 (부품 2, 4)
7. 표면 거칠기
5 커버-1 GC 200 1
4 스프로킷 SM 45C 1
2 축 SCM 440 1
1 본체 GC 200 1
도 명 동력전달장치-4
척 도 1:1
각 법 3
수험번호
성 명
감독확인

4
5
3
1
2
5 커버-1 GC 200 1
4 스프로킷 SM 45C 1
3 보스 SM 45C 1
2 축 SCM 440 1
1 본체 GC 200 1
품번 품명 재질 수량 비고
도명 동력전달장치-4 척도 NS
기능사, 산업기사
수험번호
성명
감독확인

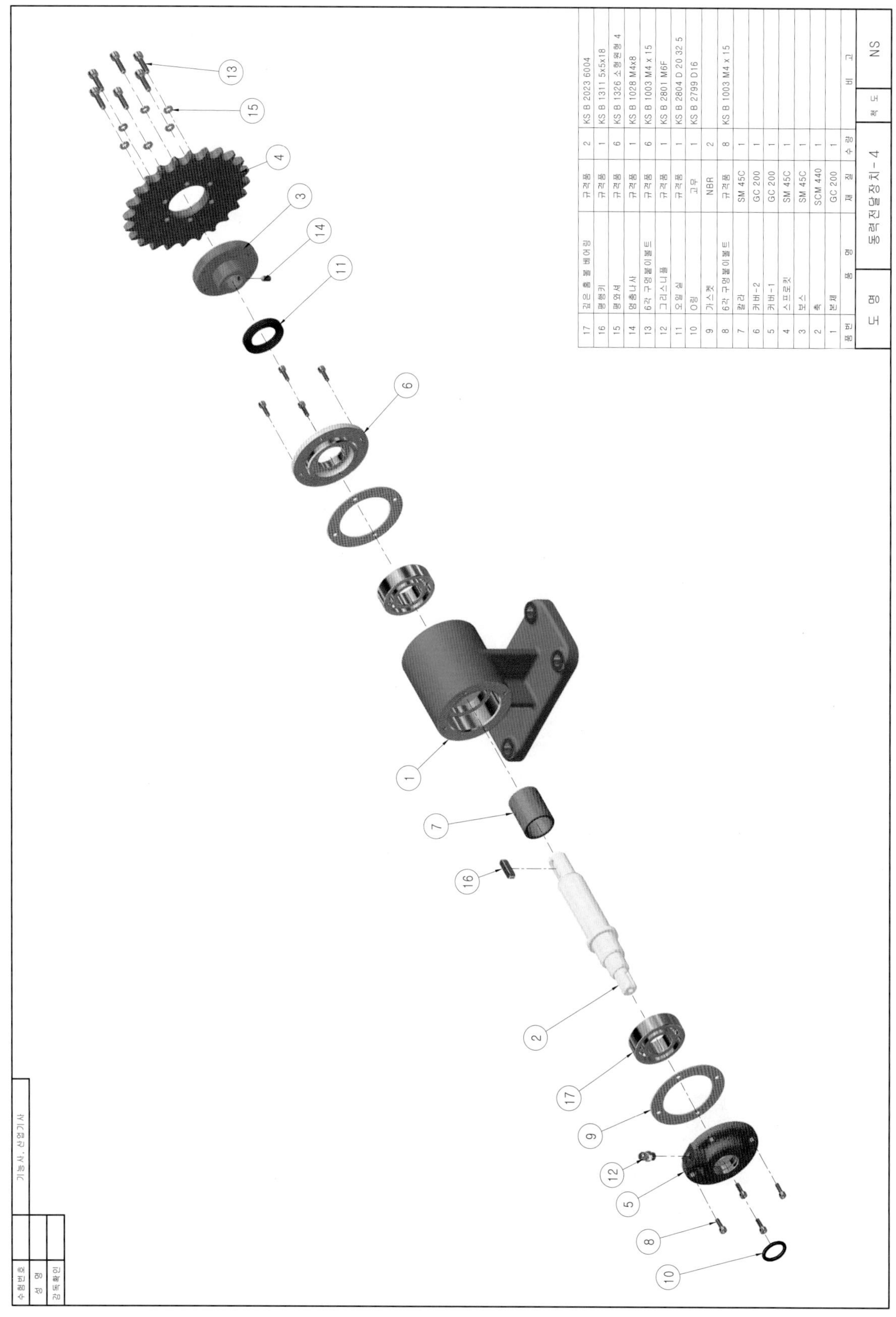

품번	품 명	재 질	수량	비 고
17	깊은 홈 볼 베어링	규격품	2	KS B 2023 6004
16	평행키	규격품	1	KS B 1311 5x5x18
15	평와셔	규격품	6	KS B 1326 소형원형 4
14	멈춤나사	규격품	1	KS B 1028 M4x8
13	6각 구멍붙이볼트	규격품	6	KS B 1003 M4 x 15
12	그리스니플	규격품	1	KS B 2801 M6F
11	오일실	규격품	1	KS B 2804 D 20 32 5
10	O링	고무	1	KS B 2799 D16
9	가스켓	NBR	2	
8	6각 구멍붙이볼트	규격품	8	KS B 1003 M4 x 15
7	칼라	SM 45C	1	
6	커버-2	GC 200	1	
5	커버-1	GC 200	1	
4	스프로킷	SM 45C	1	
3	보스	SM 45C	1	
2	축	SCM 440	1	
1	본체	GC 200	1	
도 명	동력전달장치-4		척 도	NS

◈ 5. 동력전달장치-5 조립도 ◈

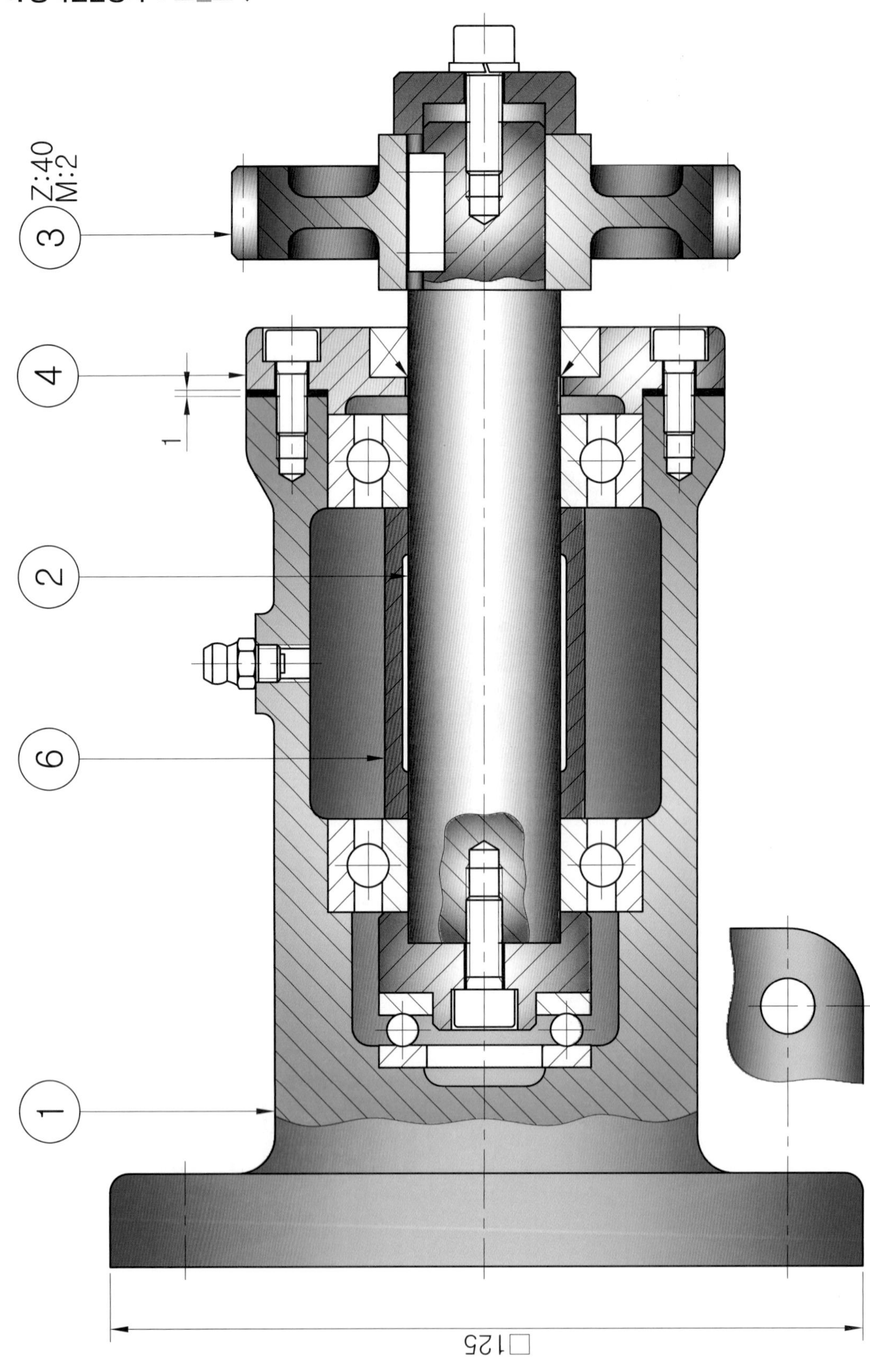

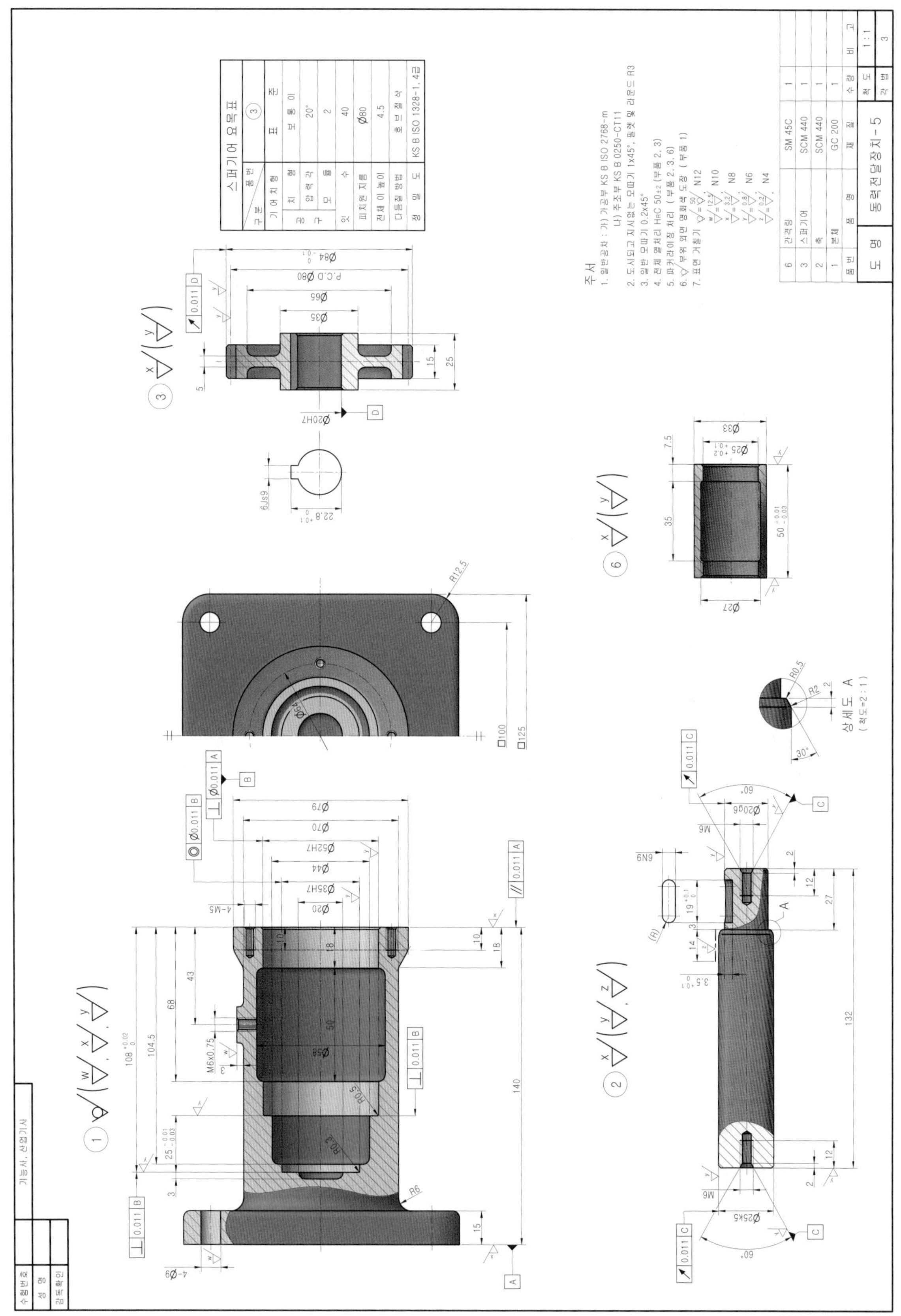

③
④
⑤
①
②
6 간격링 SM 45C 1
4 커버 GC 200 1
3 스퍼기어 SCM 440 1
2 축 SCM 440 1
1 본체 GC 200 1
품번 품 명 재 질 수 량 비 고
도 명 동력전달장치-5 척 도 NS
수험번호
성 명
감독확인
기능사, 산업기사

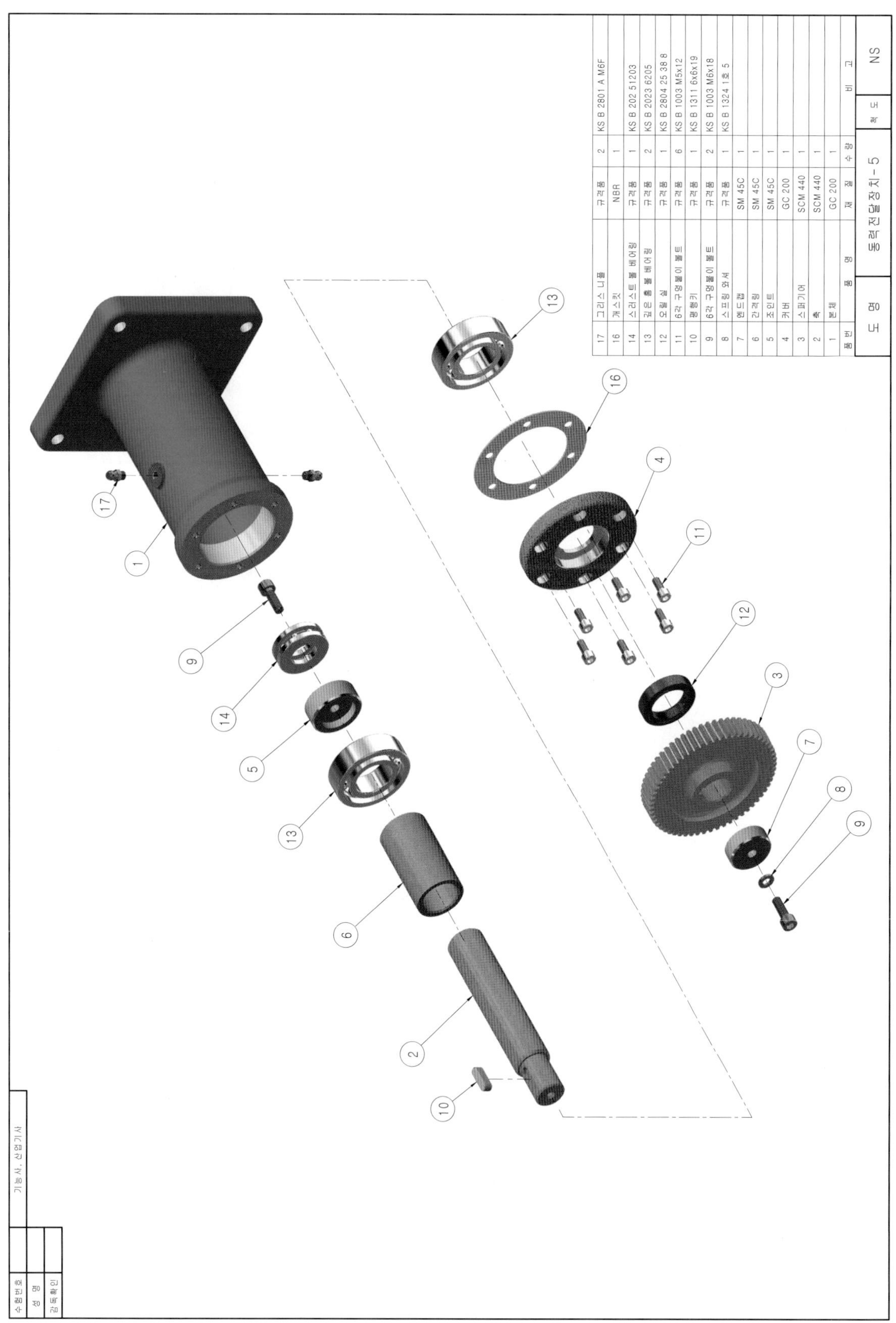
17 그리스 니플 규격품 2 KS B 2801 A M6F
16 개스킷 NBR 1
14 스러스트 볼 베어링 규격품 1 KS B 202 51203
13 깊은 홈 볼 베어링 규격품 2 KS B 2023 6205
12 오일 실 규격품 1 KS B 2804 25 38 8
11 6각 구멍붙이 볼트 규격품 6 KS B 1003 M5x12
10 평행키 규격품 1 KS B 1311 6x6x19
9 6각 구멍붙이 볼트 규격품 2 KS B 1003 M6x18
8 스프링 와셔 규격품 1 KS B 1324 1호 5
7 엔드캡 SM 45C 1
6 간격링 SM 45C 1
5 조인트 SM 45C 1
4 커버 GC 200 1
3 스퍼기어 SCM 440 1
2 축 SCM 440 1
1 본체 GC 200 1
품번 품명 재질 수량 비고
도명 동력전달장치-5 척도 NS
수험번호
성명
감독확인
기능사, 산업기사

◈ 6. V-벨트전동장치 조립도 ◈

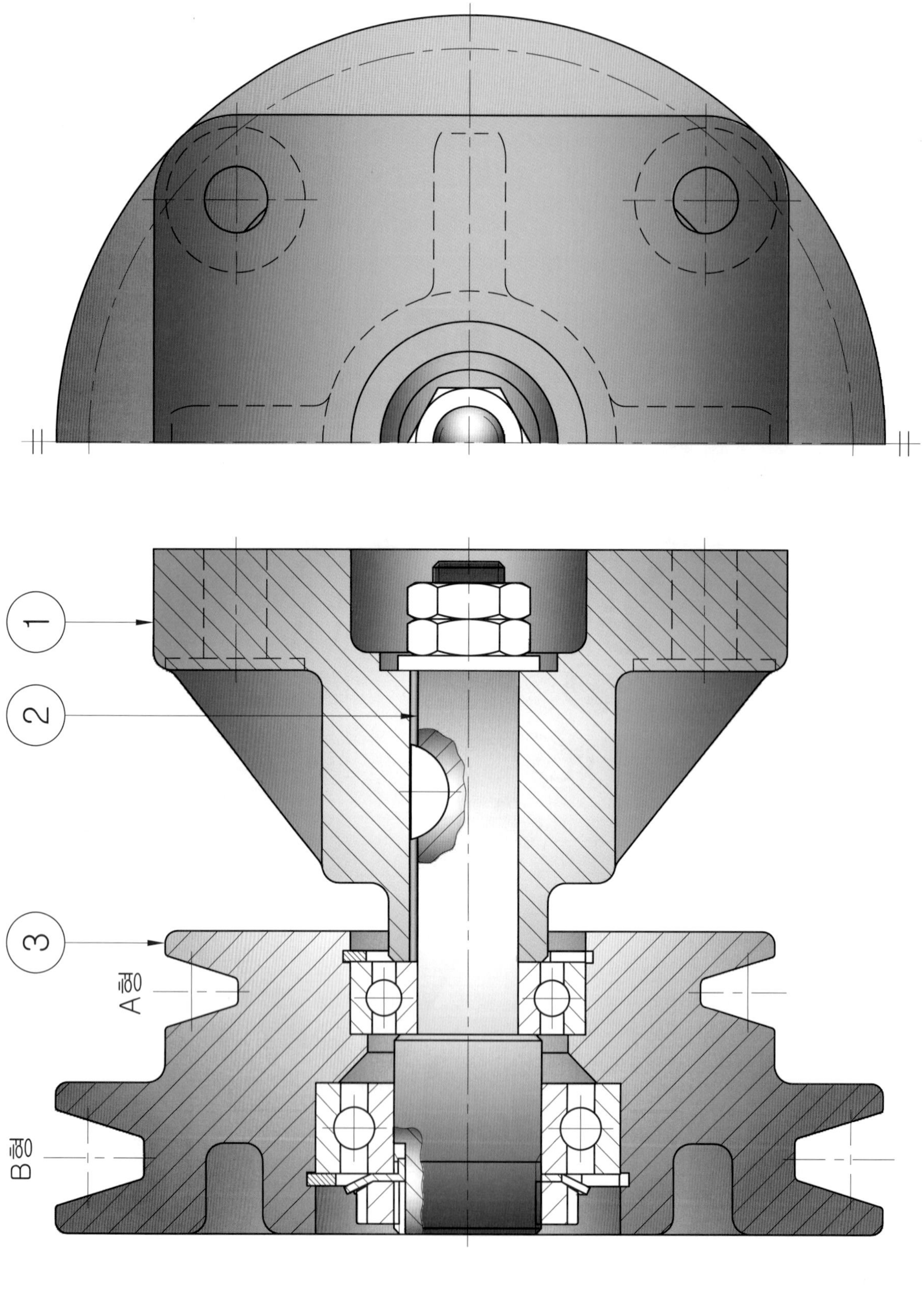

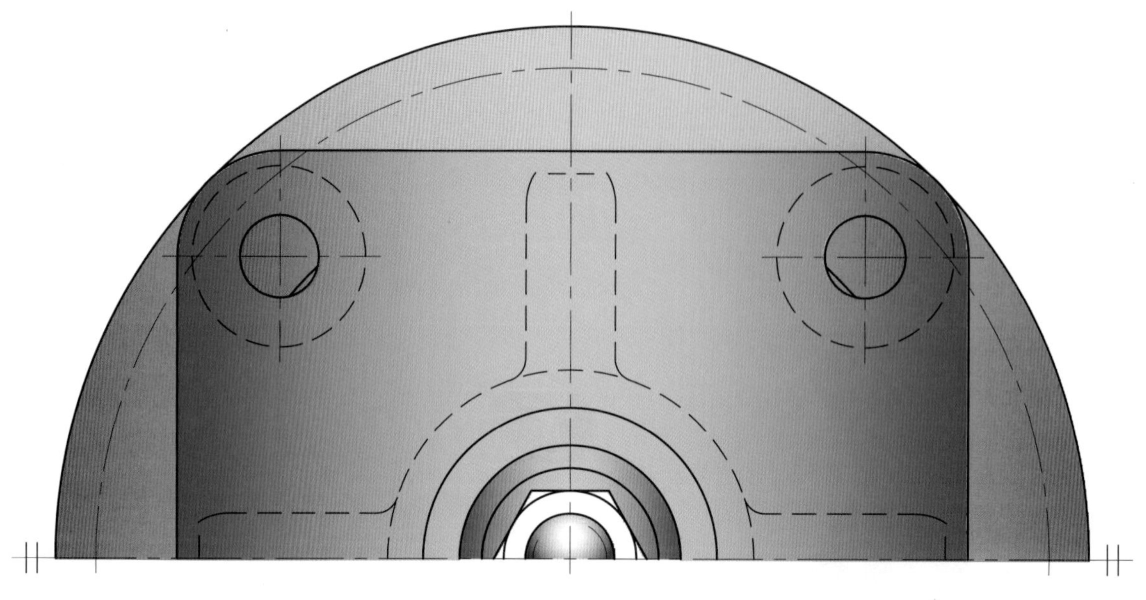

1

2

3

A형

B형

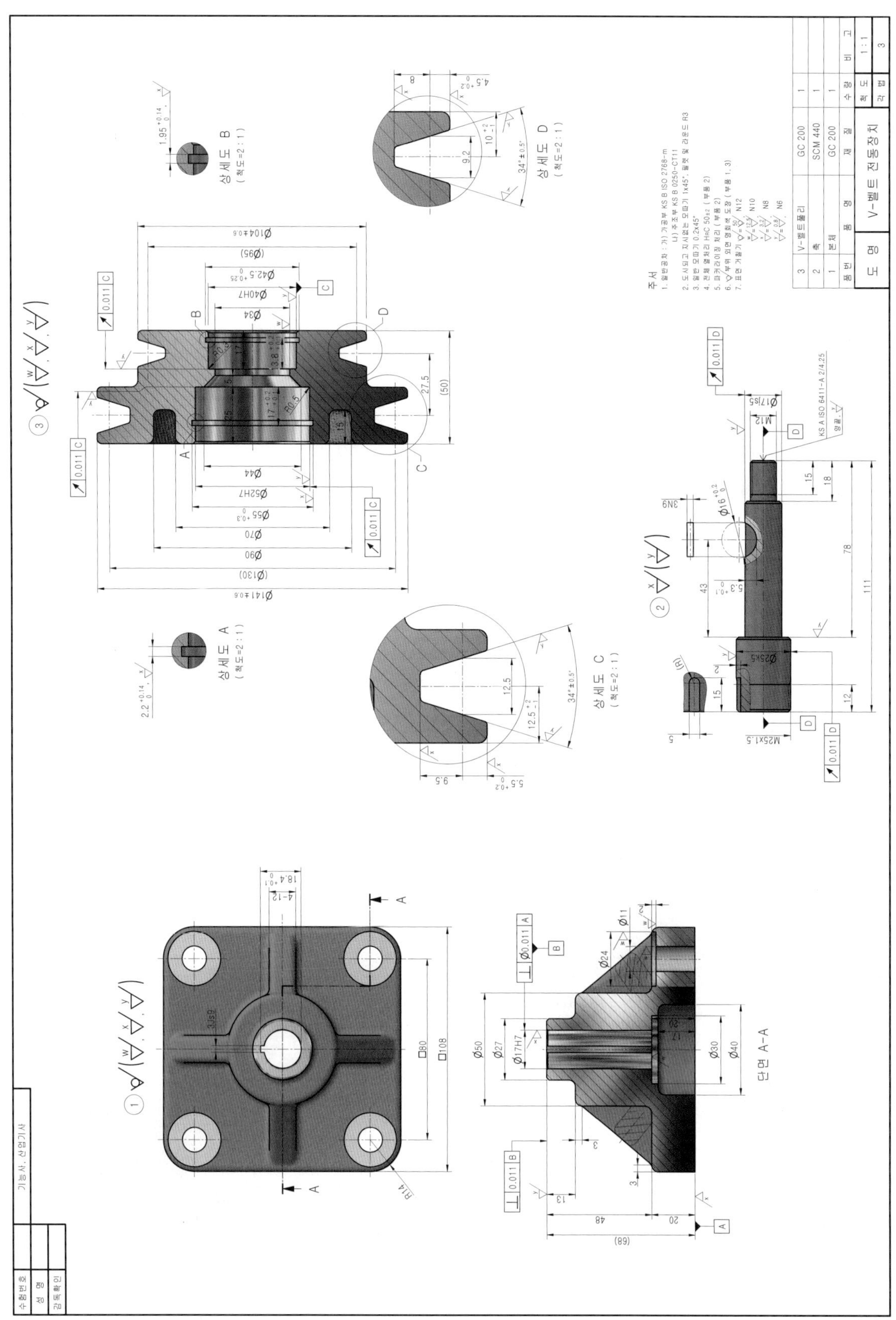
주서
1. 일반공차 : 가) 가공부 KS B ISO 2768-m
나) 주조부 KS B 0250-CT11
2. 도시되고 지시없는 모떼기 1x45°, 필렛 및 라운드 R3
3. 일반 모떼기 0.2x45°
4. 전체 열처리 HrC 50±2 (부품 2)
5. 파커라이징 처리 (부품 2)
6. 부위 외면 명회색 도장 (부품 1, 3)
7. 표면 거칠기
3 V-벨트풀리 GC 200 1
2 축 SCM 440 1
1 본체 GC 200 1
품번 품명 재질 수량 비고
도명 V-벨트 전동장치
척도 1:1
각법 3
상세도 A (척도=2:1)
상세도 B (척도=2:1)
상세도 C (척도=2:1)
상세도 D (척도=2:1)
단면 A-A
기능사, 산업기사
수험번호
성명
감독확인

◈ 6. V-벨트전동장치 3D 랜더링 등각투상도 ◈

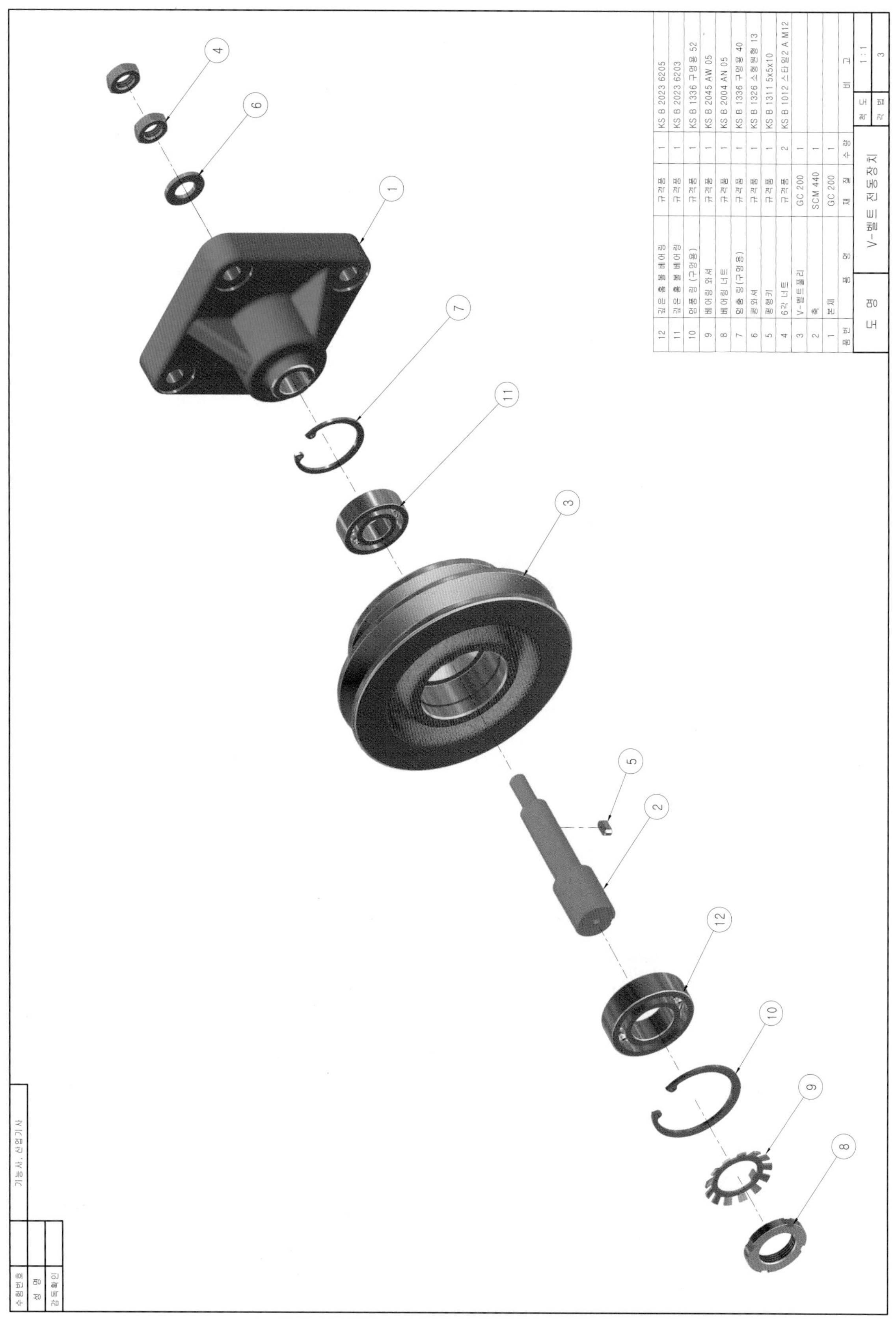

품번	품명	재질	수량	비고
12	깊은 홈 볼 베어링	규격품	1	KS B 2023 6205
11	깊은 홈 볼 베어링	규격품	1	KS B 2023 6203
10	멈춤 링(구멍용)	규격품	1	KS B 1336 구멍용 52
9	베어링 와셔	규격품	1	KS B 2045 AW 05
8	베어링 너트	규격품	1	KS B 2004 AN 05
7	멈춤 링(구멍용)	규격품	1	KS B 1336 구멍용 40
6	평와셔	규격품	1	KS B 1326 소형원형 13
5	평행키	규격품	1	KS B 1311 5x5x10
4	6각 너트	규격품	2	KS B 1012 스타일2 A M12
3	V-벨트풀리	GC 200	1	
2	축	SCM 440	1	
1	본체	GC 200	1	

◈ 7. 평벨트전동장치 조립도 ◈

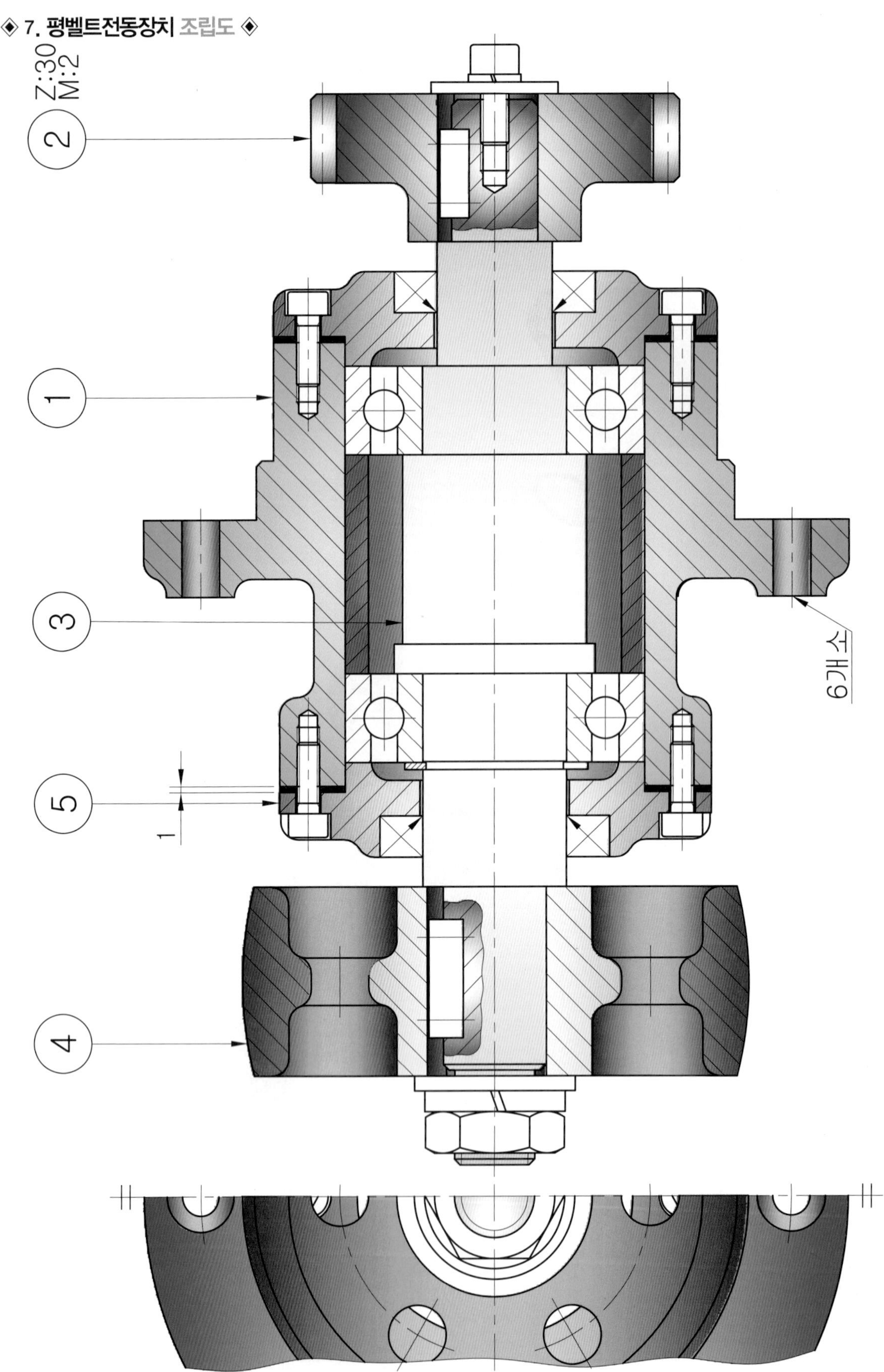

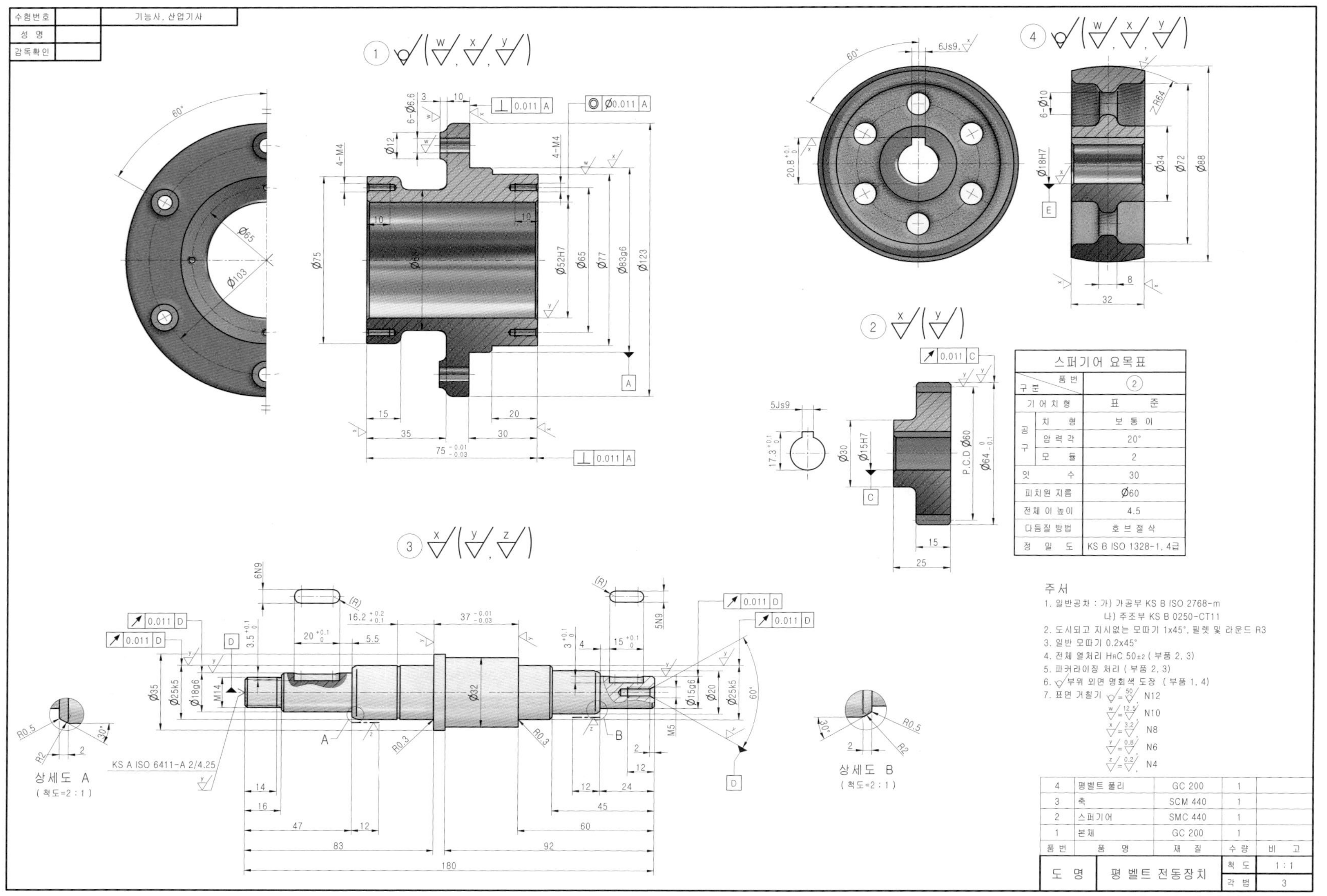
수험번호
성 명
감독확인
기능사, 산업기사
스퍼기어 요목표
품번 ② / 구분
기어치형 표준
공구 치형 보통이
압력각 20°
모듈 2
잇수 30
피치원 지름 Ø60
전체 이 높이 4.5
다듬질 방법 호브절삭
정밀도 KS B ISO 1328-1, 4급
주서
1. 일반공차 : 가) 가공부 KS B ISO 2768-m
나) 주조부 KS B 0250-CT11
2. 도시되고 지시없는 모따기 1x45°, 필렛 및 라운드 R3
3. 일반 모따기 0.2x45°
4. 전체 열처리 HRC 50±2 (부품 2, 3)
5. 파커라이징 처리 (부품 2, 3)
6. 부위 외면 명회색 도장 (부품 1, 4)
7. 표면 거칠기
N12
N10
N8
N6
N4
4 평벨트 풀리 GC 200 1
3 축 SCM 440 1
2 스퍼기어 SMC 440 1
1 본체 GC 200 1
품번 품명 재질 수량 비고
도명 평벨트 전동장치
척도 1:1
각법 3
상세도 A (척도=2:1)
상세도 B (척도=2:1)
KS A ISO 6411-A 2/4.25

◈ 7. 평벨트전동장치 3D 랜더링 등각투상도 ◈

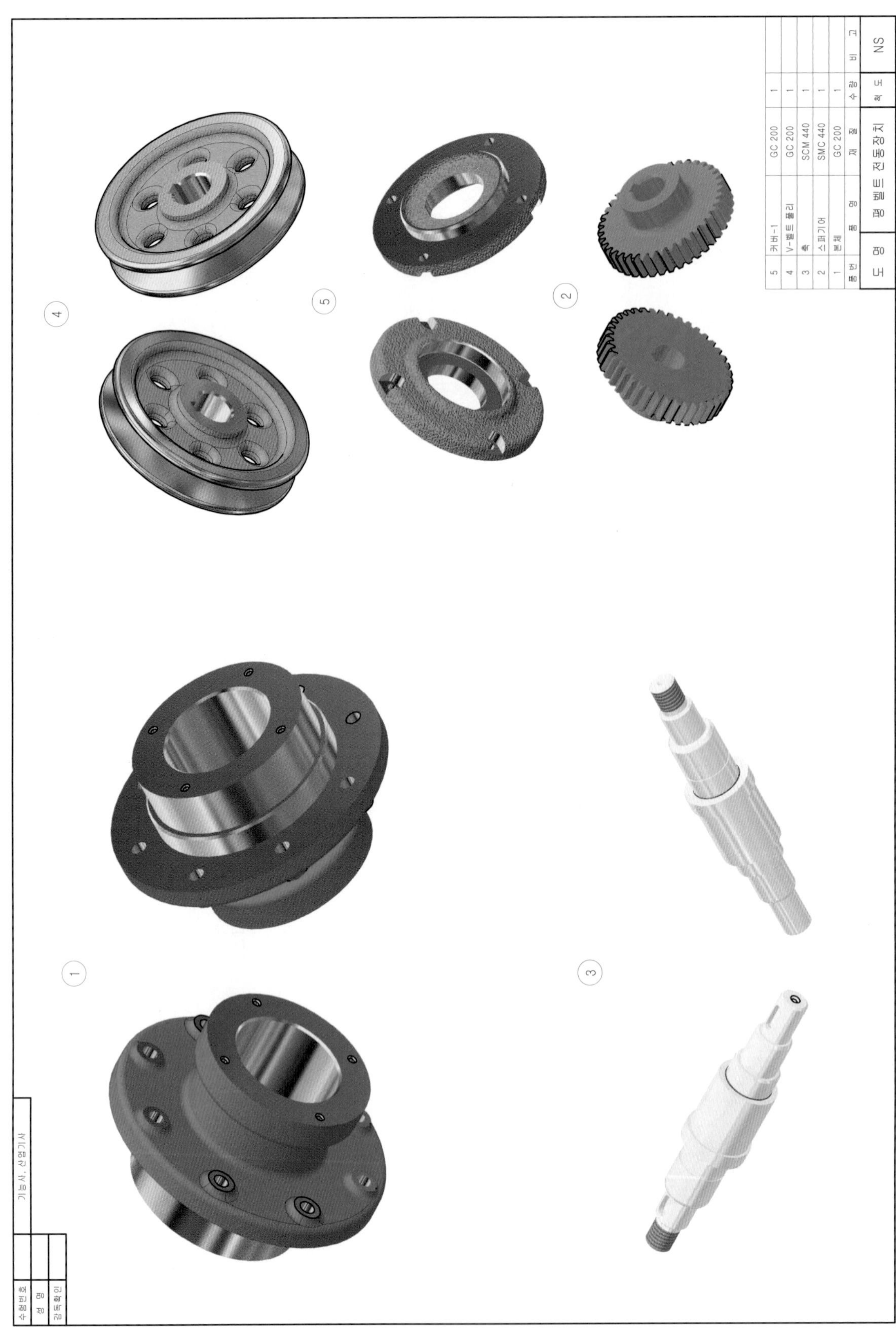

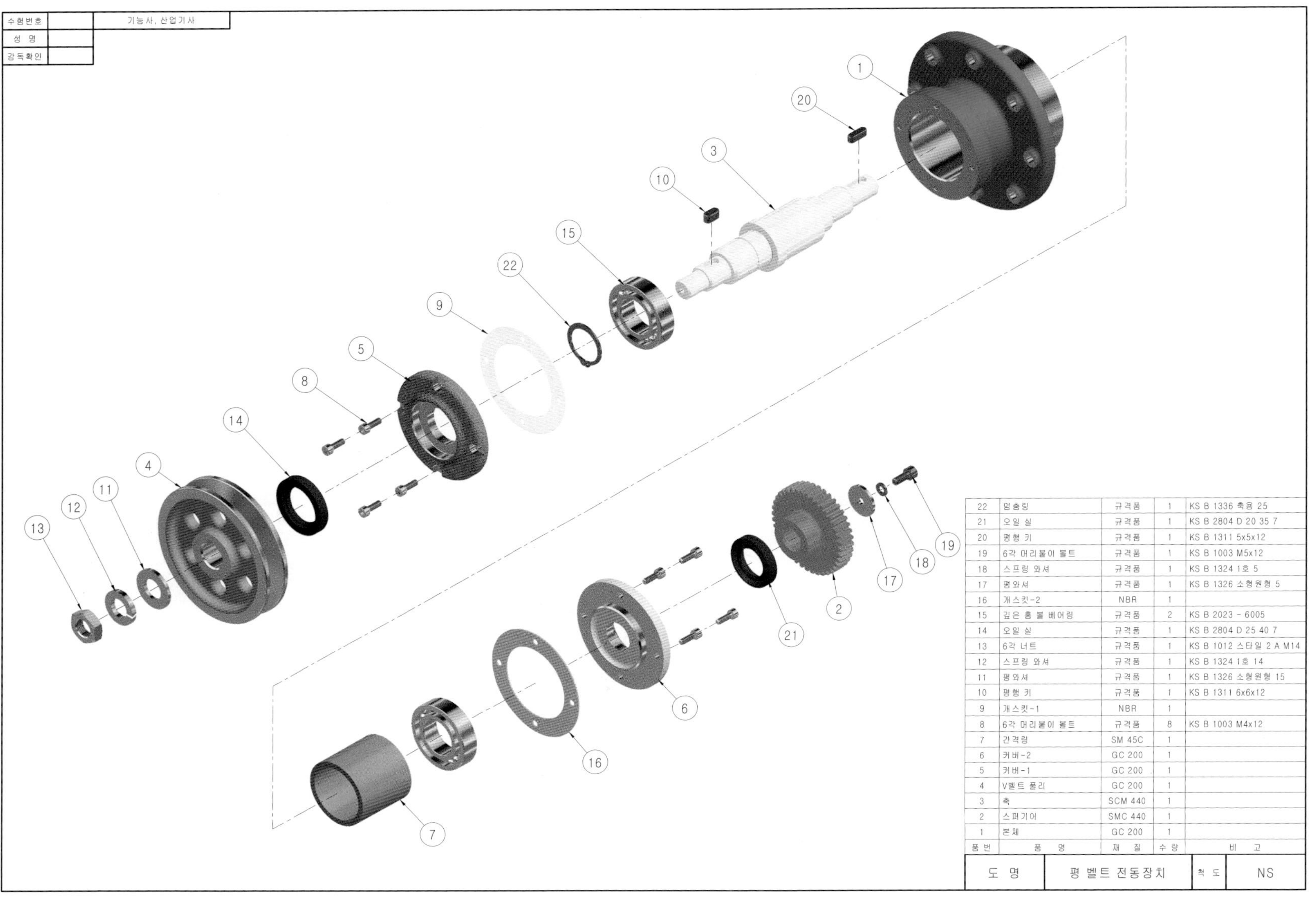

품번	품명	재질	수량	비고
22	멈춤링	규격품	1	KS B 1336 축용 25
21	오일 실	규격품	1	KS B 2804 D 20 35 7
20	평행 키	규격품	1	KS B 1311 5x5x12
19	6각 머리붙이 볼트	규격품	1	KS B 1003 M5x12
18	스프링 와셔	규격품	1	KS B 1324 1호 5
17	평와셔	규격품	1	KS B 1326 소형원형 5
16	개스킷-2	NBR	1	
15	깊은 홈 볼 베어링	규격품	2	KS B 2023 - 6005
14	오일 실	규격품	1	KS B 2804 D 25 40 7
13	6각 너트	규격품	1	KS B 1012 스타일 2 A M14
12	스프링 와셔	규격품	1	KS B 1324 1호 14
11	평와셔	규격품	1	KS B 1326 소형원형 15
10	평행 키	규격품	1	KS B 1311 6x6x12
9	개스킷-1	NBR	1	
8	6각 머리붙이 볼트	규격품	8	KS B 1003 M4x12
7	간격링	SM 45C	1	
6	커버-2	GC 200	1	
5	커버-1	GC 200	1	
4	V벨트 풀리	GC 200	1	
3	축	SCM 440	1	
2	스퍼기어	SMC 440	1	
1	본체	GC 200	1	

도 명	평 벨트 전동장치	척 도	NS

◈ 8. 피벗베어링하우징 조립도 ◈

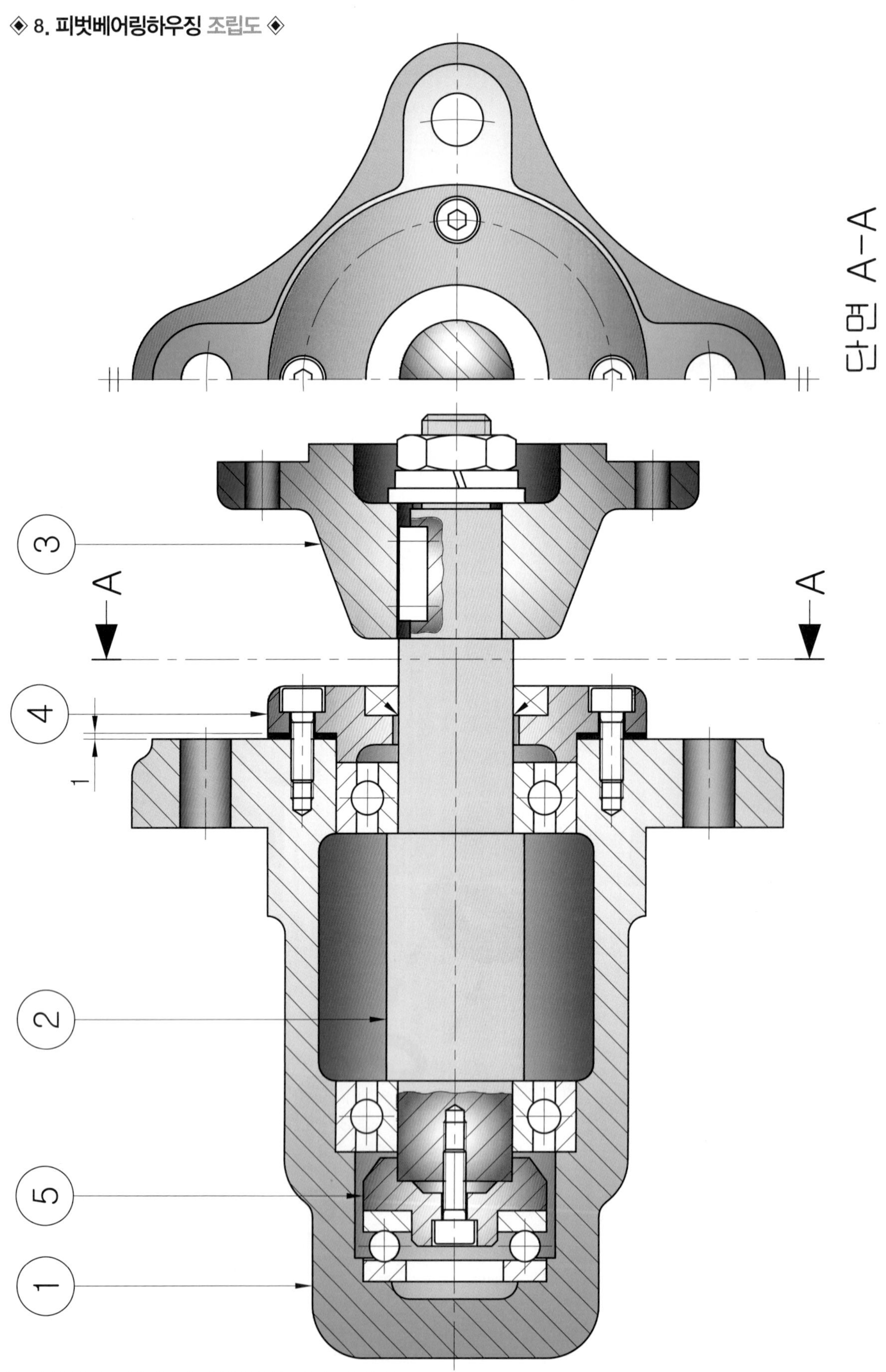

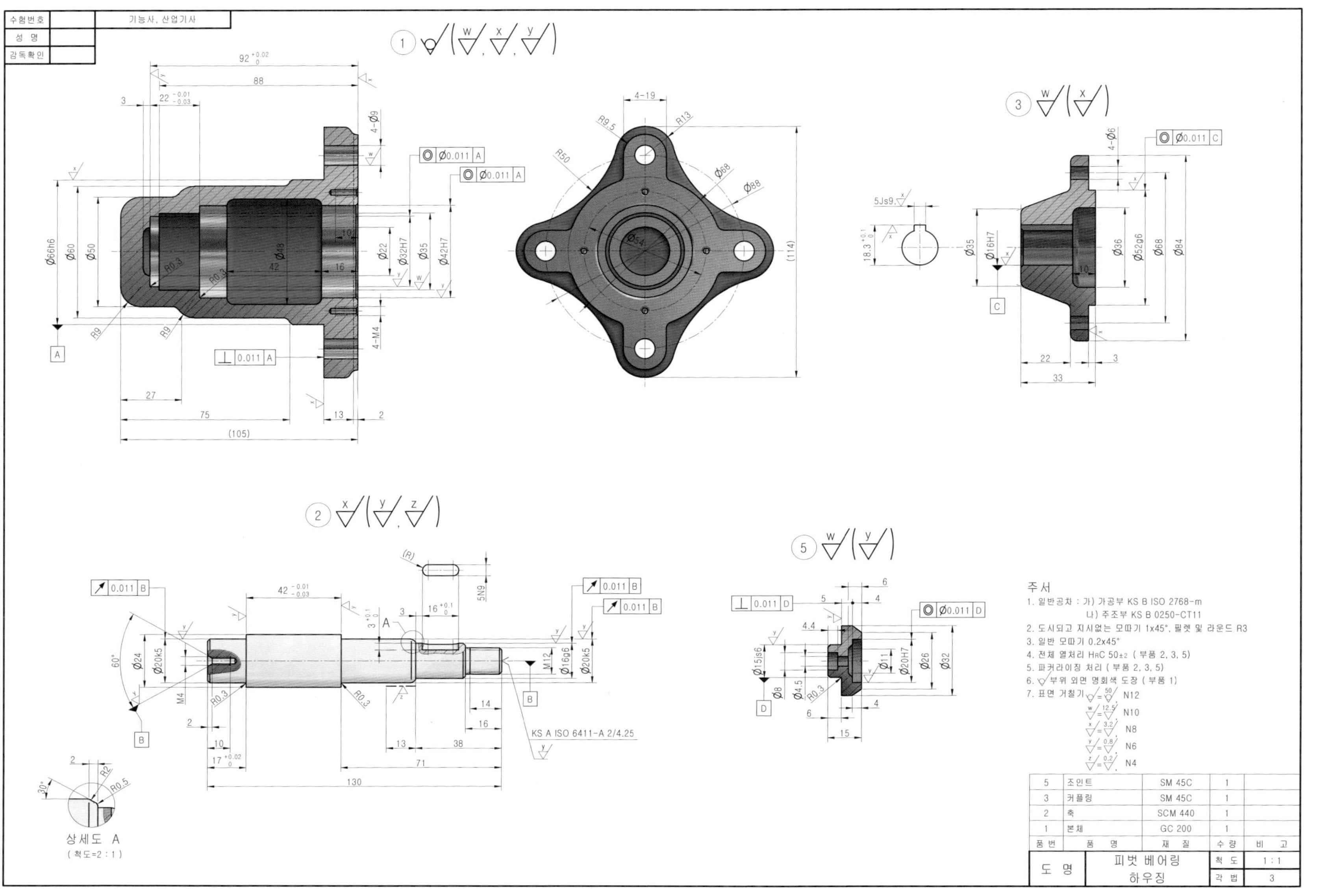
수험번호
성 명
감독확인
기능사, 산업기사
상세도 A
(척도=2 : 1)
주서
1. 일반공차 : 가) 가공부 KS B ISO 2768-m
나) 주조부 KS B 0250-CT11
2. 도시되고 지시없는 모따기 1x45°, 필렛 및 라운드 R3
3. 일반 모따기 0.2x45°
4. 전체 열처리 HRC 50±2 (부품 2, 3, 5)
5. 파커라이징 처리 (부품 2, 3, 5)
6. 부위 외면 명회색 도장 (부품 1)
7. 표면 거칠기 N12
N10
N8
N6
N4
5 조인트 SM 45C 1
3 커플링 SM 45C 1
2 축 SCM 440 1
1 본체 GC 200 1
품번 품명 재질 수량 비고
도 명 피벗 베어링 하우징
척 도 1 : 1
각 법 3

◈ 8. 피벗베어링하우징 3D 랜더링 등각투상도 ◈

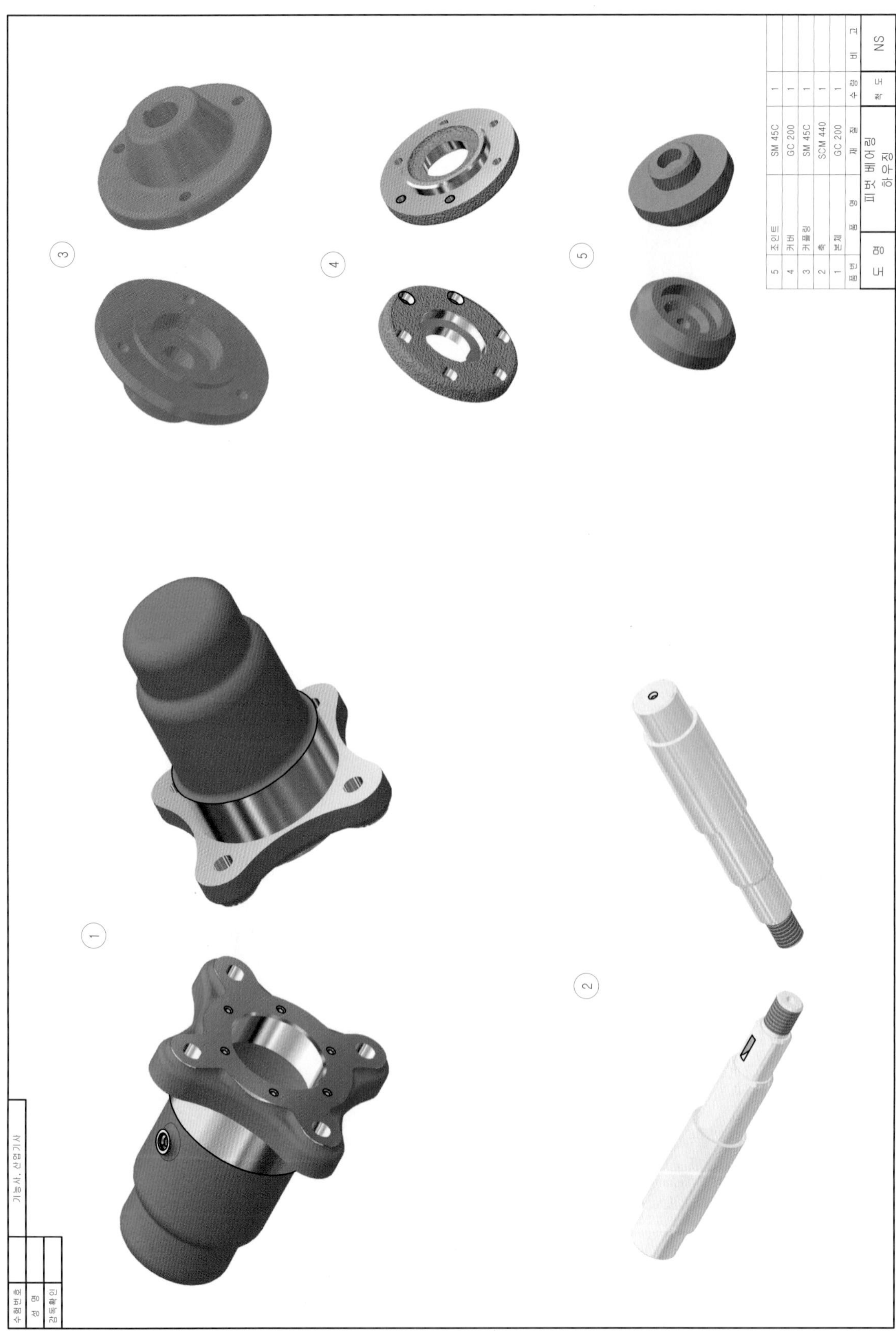

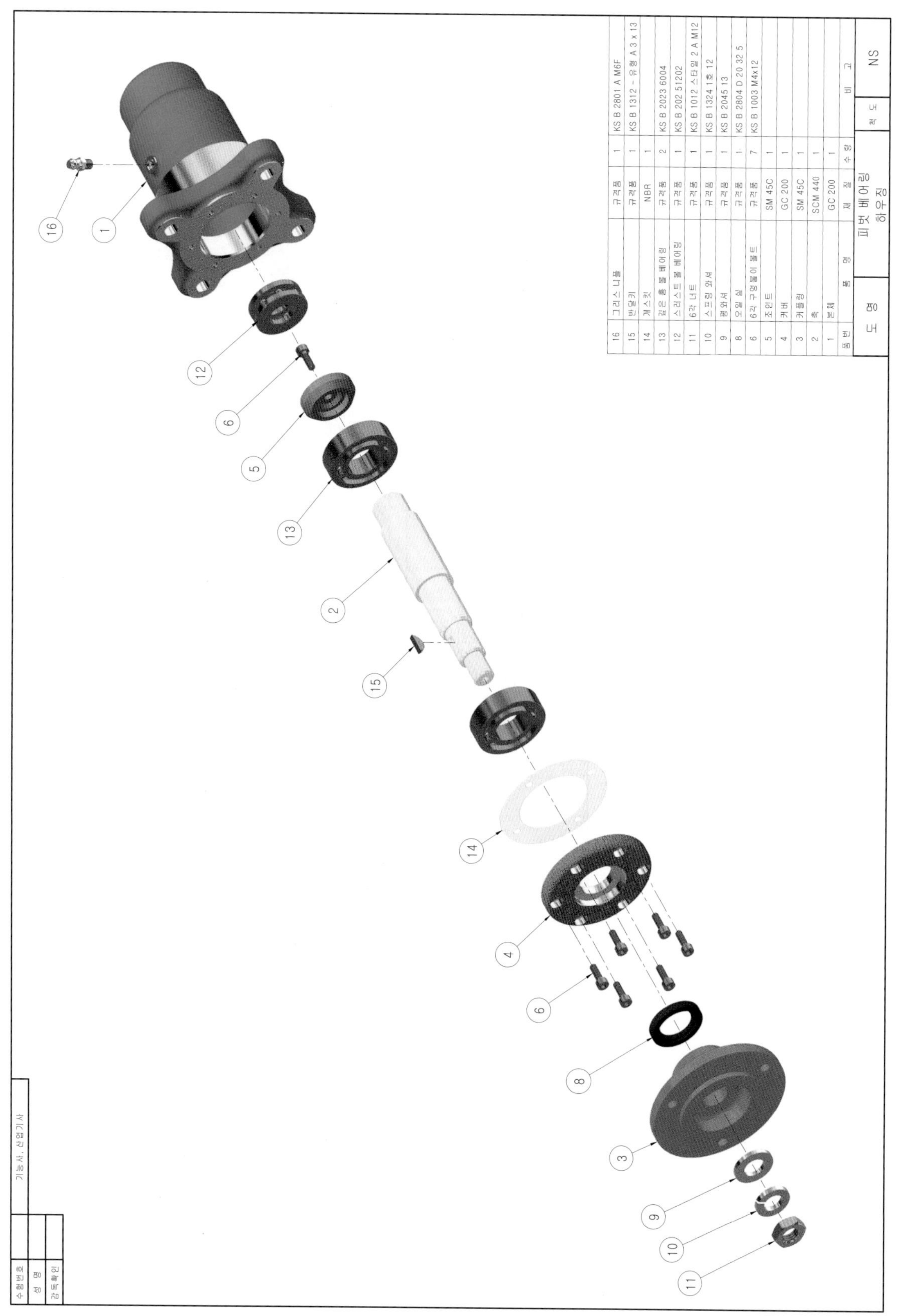

품번	품 명	재 질	수 량	비 고
16	그리스 니플	규격품	1	KS B 2801 A M6F
15	반달키	규격품	1	KS B 1312 - 유형 A 3 x 13
14	개스킷	NBR	1	
13	깊은 홈 볼 베어링	규격품	2	KS B 2023 6004
12	스러스트 볼 베어링	규격품	1	KS B 202 51202
11	6각 너트	규격품	1	KS B 1012 스타일 2 A M12
10	스프링 와셔	규격품	1	KS B 1324 1호 12
9	평와셔	규격품	1	KS B 2045 13
8	오일 실	규격품	1	KS B 2804 D 20 32 5
6	6각 구멍붙이 볼트	규격품	7	KS B 1003 M4x12
5	조인트	SM 45C	1	
4	커버	GC 200	1	
3	커플링	SM 45C	1	
2	축	SCM 440	1	
1	본체	GC 200	1	

도 명	피벗 베어링 하우징	척 도	NS

◈ 9. 아이들러 조립도 ◈

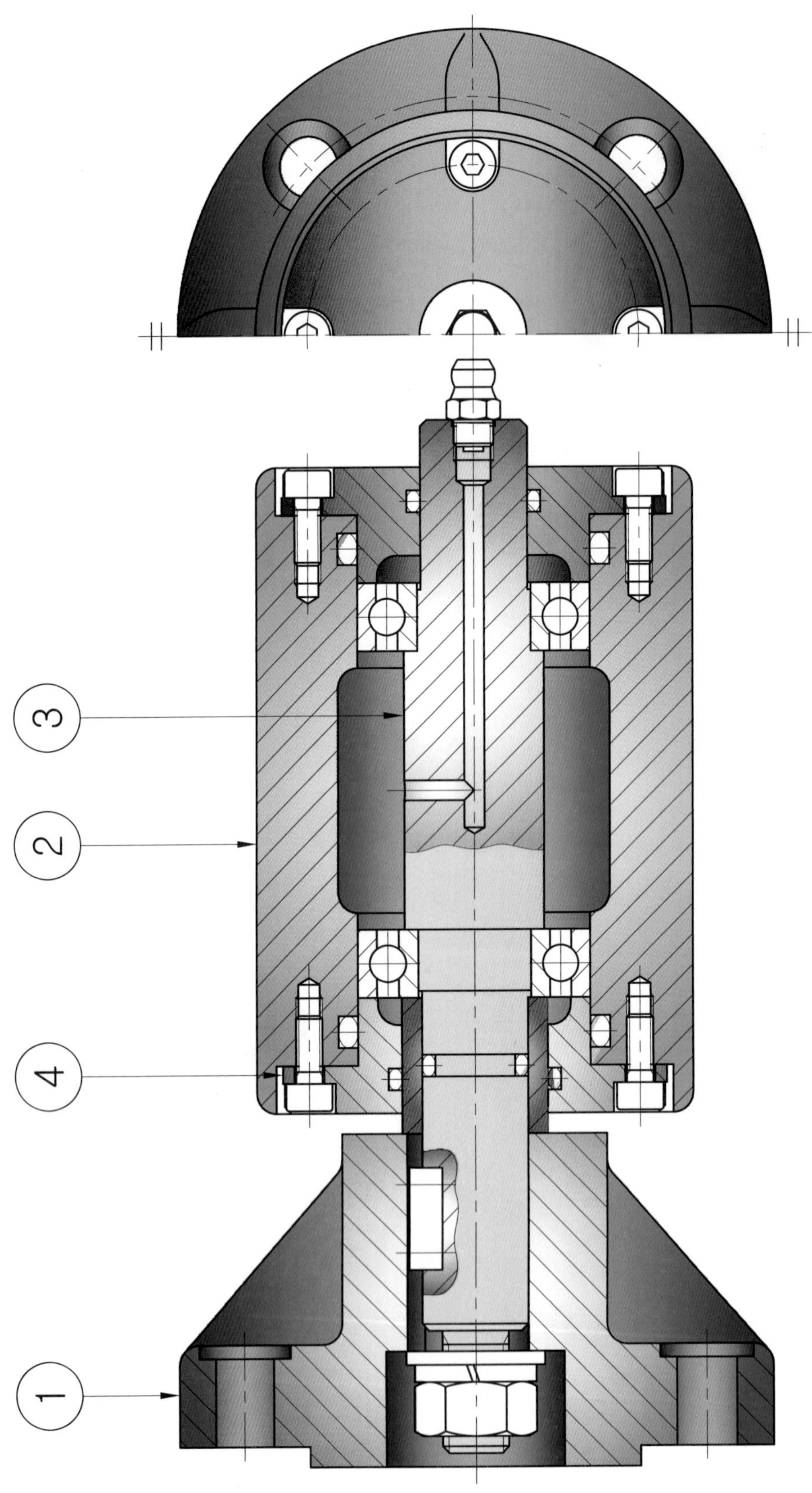

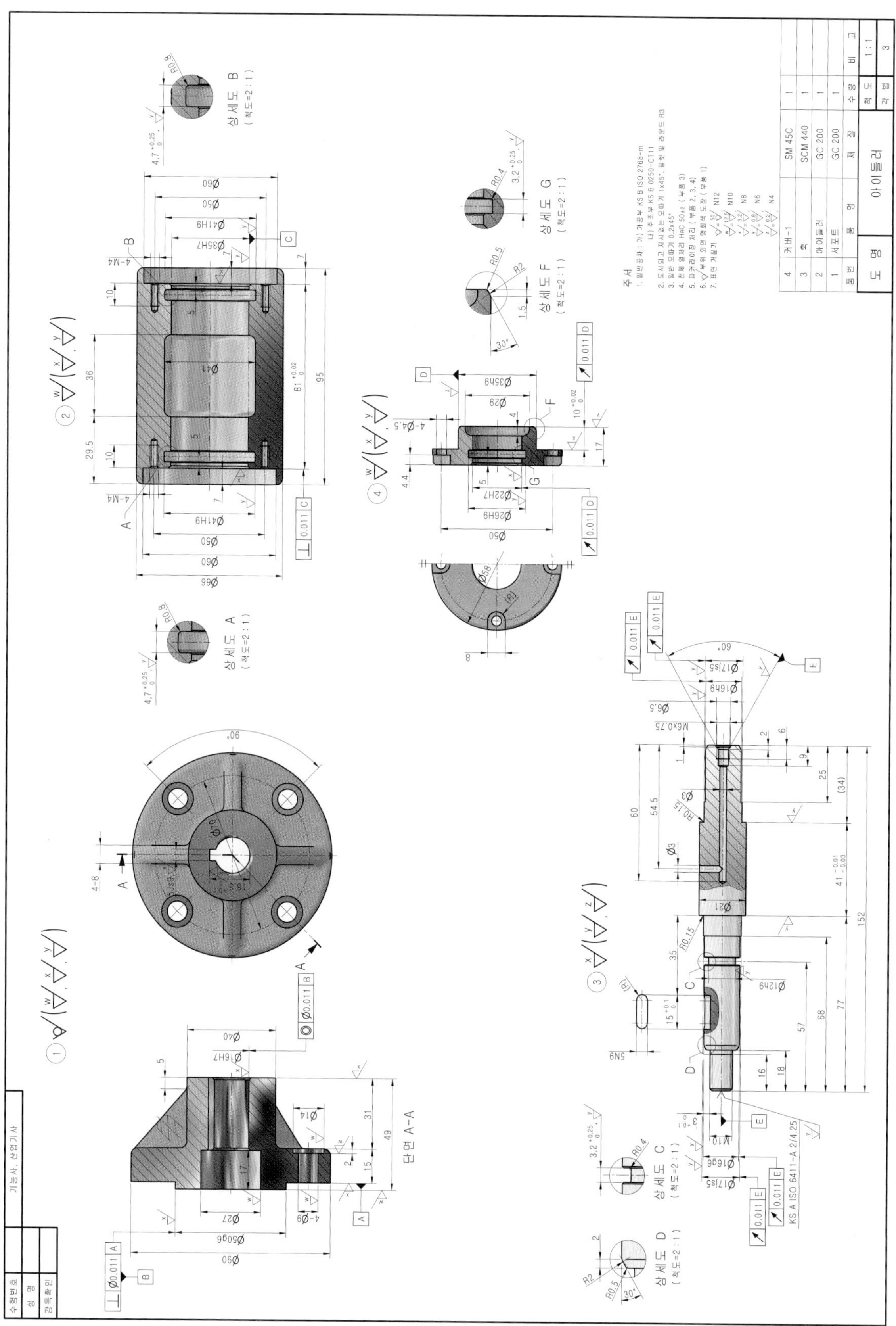

상세도 A (척도=2:1)
상세도 B (척도=2:1)
상세도 C (척도=2:1)
상세도 D (척도=2:1)
상세도 F (척도=2:1)
상세도 G (척도=2:1)
단면 A-A
KS A ISO 6411-A 2/4.25
4 커버-1 SM 45C 1
3 축 SCM 440 1
2 아이들러 GC 200 1
1 서포트 GC 200 1
품번 품명 재질 수량 비고
도명 아이들러 척도 1:1 각법 3
수험번호
성명
감독확인
기능사, 산업기사

◈ 9. 아이들러 3D 랜더링 등각투상도 ◈

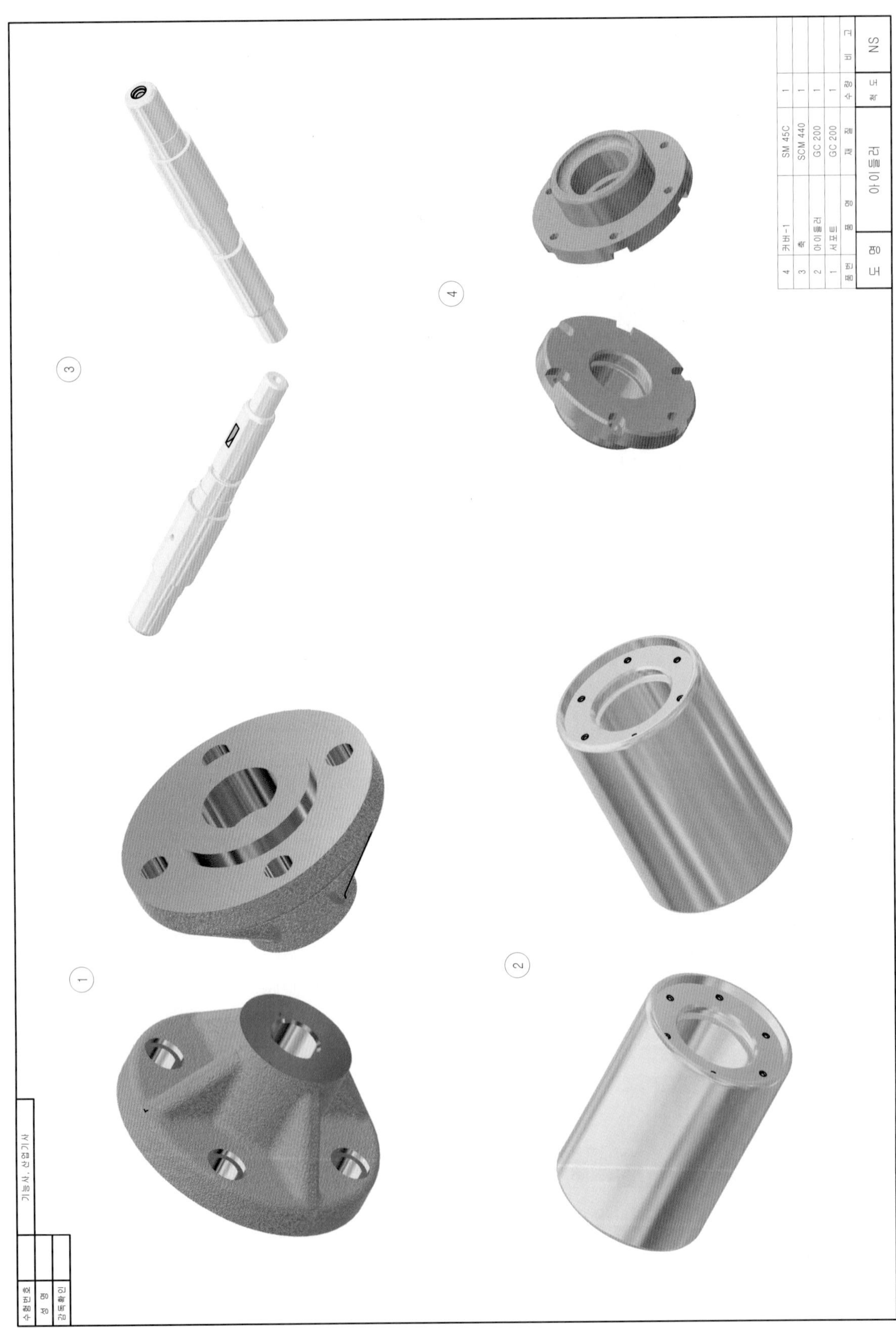

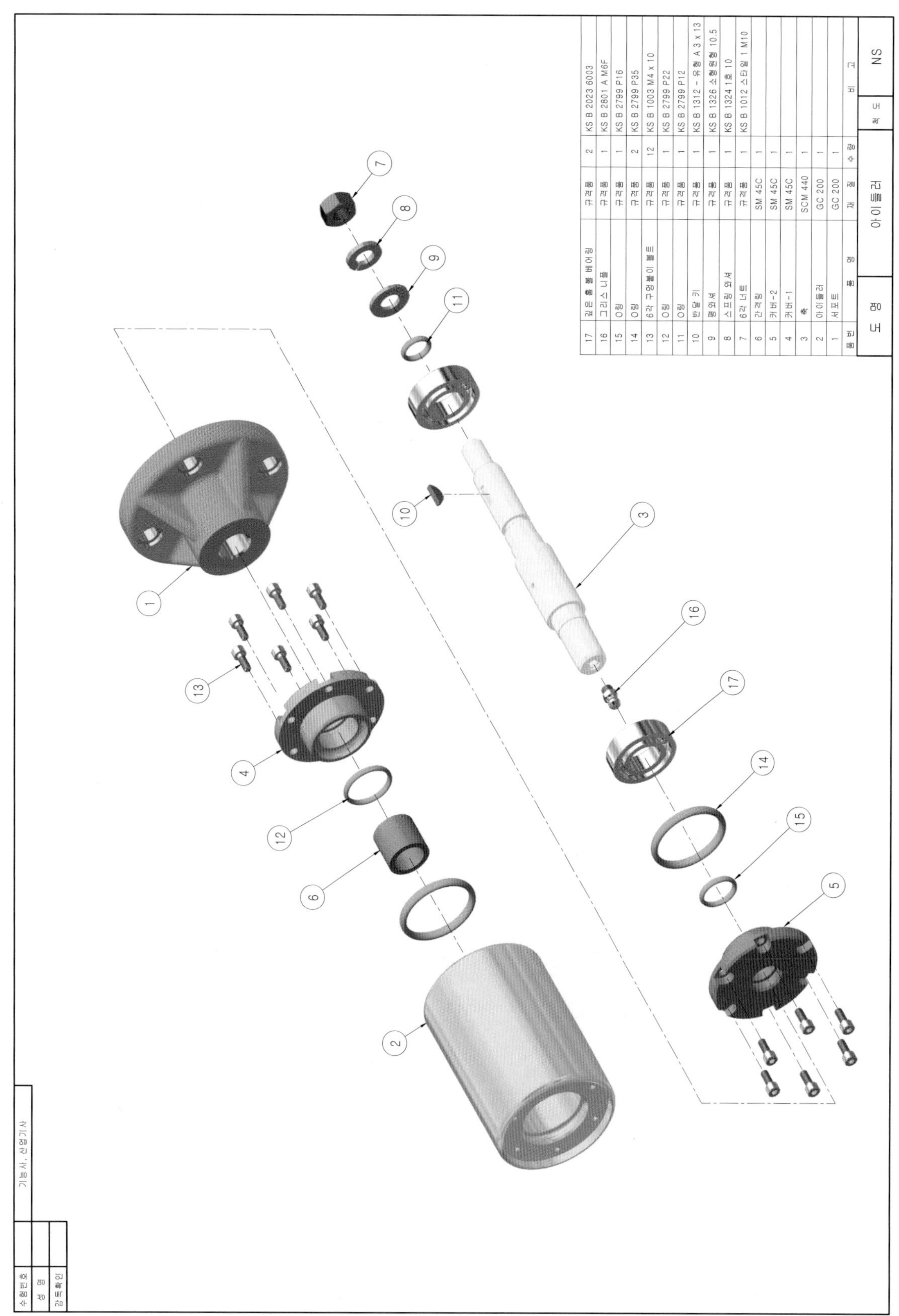
17 깊은 홈 볼 베어링 규격품 2 KS B 2023 6003
16 그리스 니플 규격품 1 KS B 2801 A M6F
15 O링 규격품 1 KS B 2799 P16
14 O링 규격품 2 KS B 2799 P35
13 6각 구멍붙이 볼트 규격품 12 KS B 1003 M4 x 10
12 O링 규격품 1 KS B 2799 P22
11 O링 규격품 1 KS B 2799 P12
10 반달 키 규격품 1 KS B 1312 - 유형 A 3 x 13
9 평와셔 규격품 1 KS B 1326 소형 원형 10.5
8 스프링 와셔 규격품 1 KS B 1324 1호 10
7 6각 너트 규격품 1 KS B 1012 스타일 1 M10
6 간격링 SM 45C 1
5 커버-2 SM 45C 1
4 커버-1 SM 45C 1
3 축 SCM 440 1
2 아이들러 GC 200 1
1 서포트 GC 200 1
품번 품명 재질 수량 비고
도 명 아이들러 척 도 NS
기능사, 산업기사
수험번호
성 명
감독확인

◈ 10. 기어박스 조립도 ◈

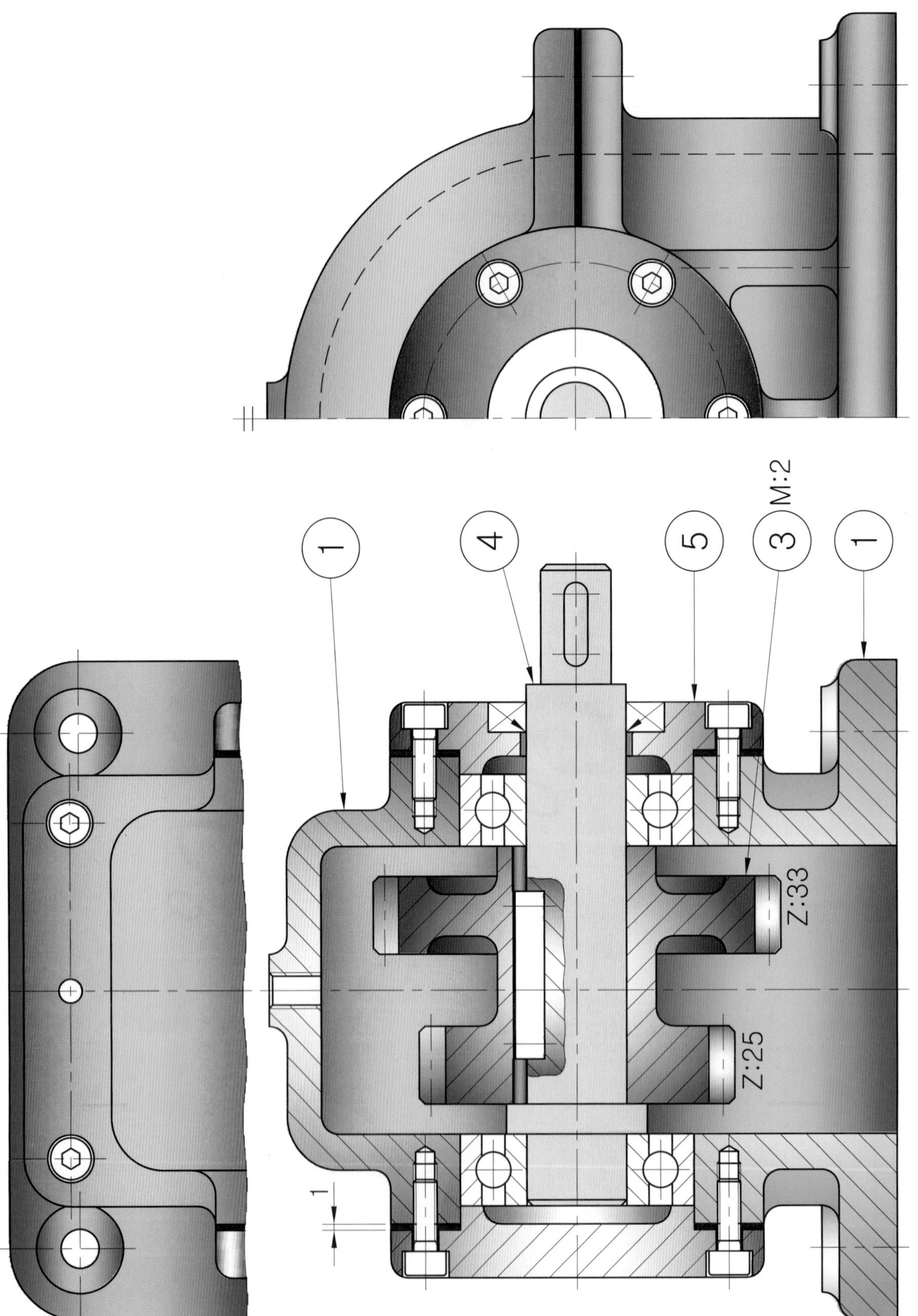

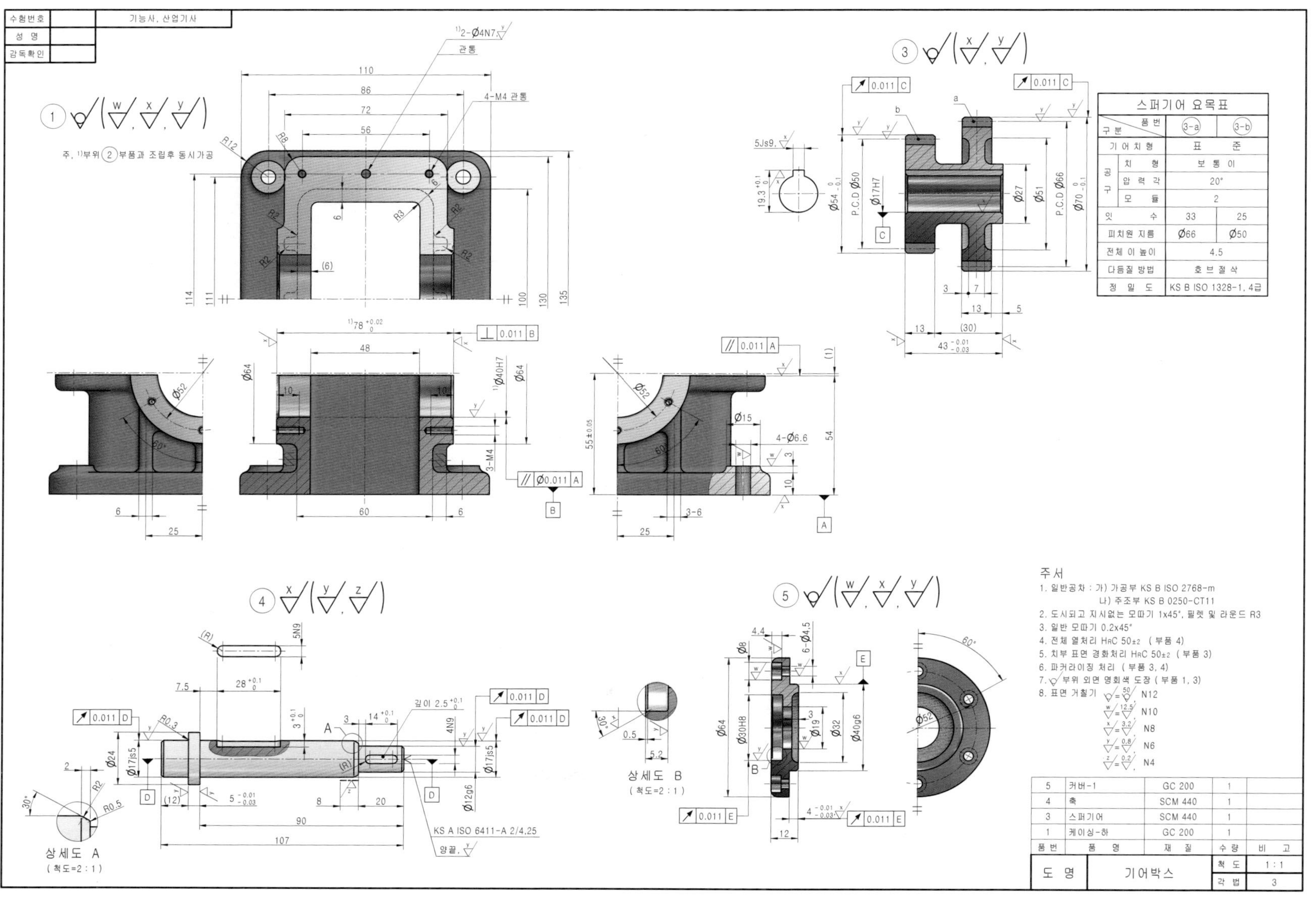
수험번호
성 명
감독확인
기능사, 산업기사
주, 1)부위 ② 부품과 조립후 동시가공
1)2-Ø4N7 관통
4-M4 관통
스퍼기어 요목표
구분 / 품번: 3-a, 3-b
기어치형: 표준
공구 치형: 보통이
공구 압력각: 20°
공구 모듈: 2
잇수: 33, 25
피치원 지름: Ø66, Ø50
전체 이 높이: 4.5
다듬질 방법: 호브절삭
정밀도: KS B ISO 1328-1, 4급
주서
1. 일반공차 : 가) 가공부 KS B ISO 2768-m
나) 주조부 KS B 0250-CT11
2. 도시되고 지시없는 모따기 1x45°, 필렛 및 라운드 R3
3. 일반 모따기 0.2x45°
4. 전체 열처리 HRC 50±2 (부품 4)
5. 치부 표면 경화처리 HRC 50±2 (부품 3)
6. 파커라이징 처리 (부품 3, 4)
7. 부위 외면 명회색 도장 (부품 1, 3)
8. 표면 거칠기 N12 N10 N8 N6 N4
상세도 A (척도=2:1)
상세도 B (척도=2:1)
KS A ISO 6411-A 2/4.25
양끝
깊이 2.5
5 커버-1 GC 200 1
4 축 SCM 440 1
3 스퍼기어 SCM 440 1
1 케이싱-하 GC 200 1
품번 품명 재질 수량 비고
도명 기어박스 척도 1:1 각법 3

◈ 10. 기어박스 3D 랜더링 등각투상도 ◈

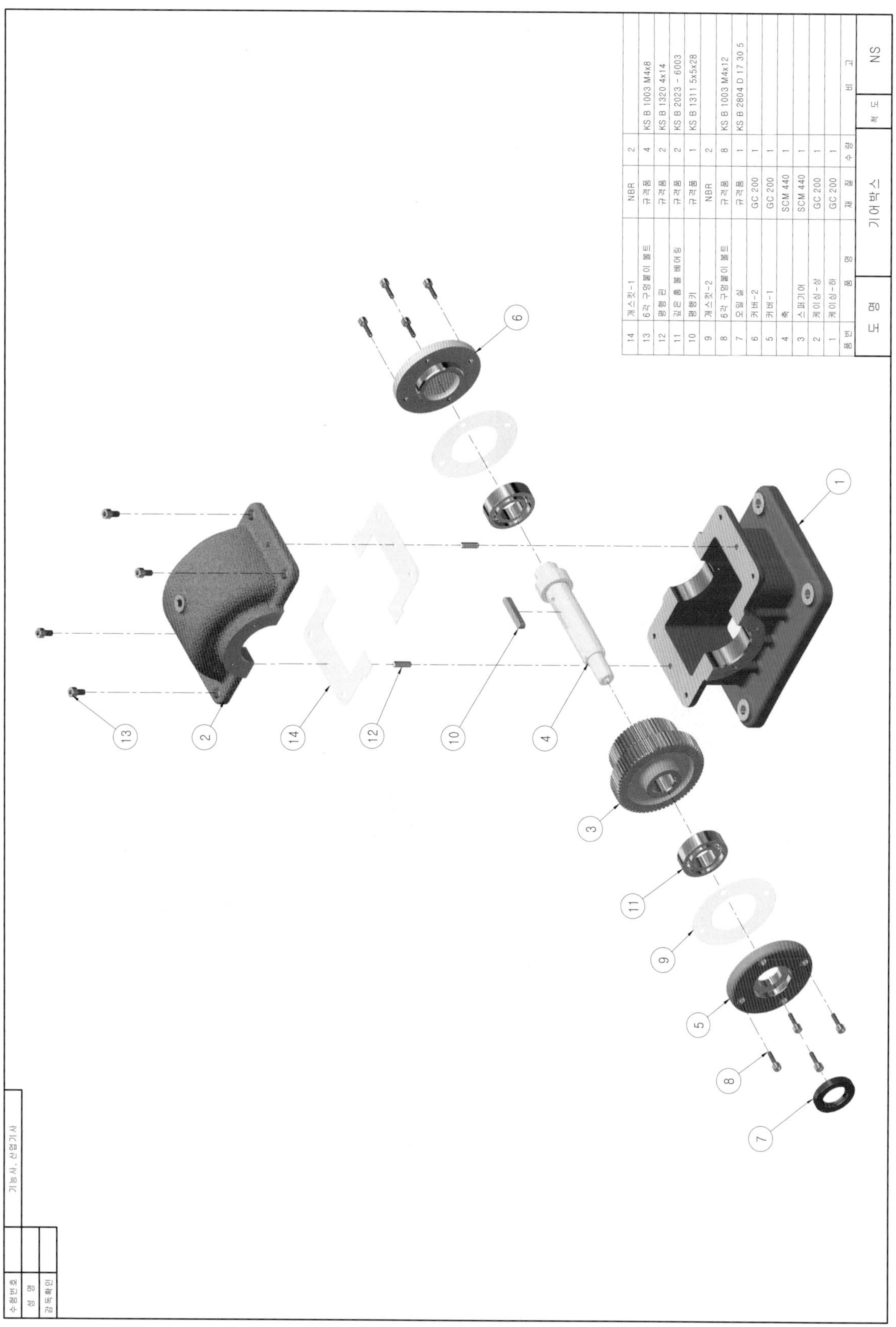

품번	품명	재질	수량	비고
14	개스킷-1	NBR	2	
13	6각 구멍붙이 볼트	규격품	4	KS B 1003 M4x8
12	평행 핀	규격품	2	KS B 1320 4x14
11	깊은 홈 볼 베어링	규격품	2	KS B 2023 - 6003
10	평행키	규격품	1	KS B 1311 5x5x28
9	개스킷-2	NBR	2	
8	6각 구멍붙이 볼트	규격품	8	KS B 1003 M4x12
7	오일 실	규격품	1	KS B 2804 D 17 30 5
6	커버-2	GC 200	1	
5	커버-1	GC 200	1	
4	축	SCM 440	1	
3	스퍼기어	SCM 440	1	
2	케이싱-상	GC 200	1	
1	케이싱-하	GC 200	1	

도명	기어박스	척도	NS

◈ 11. 축받침장치 조립도 ◈

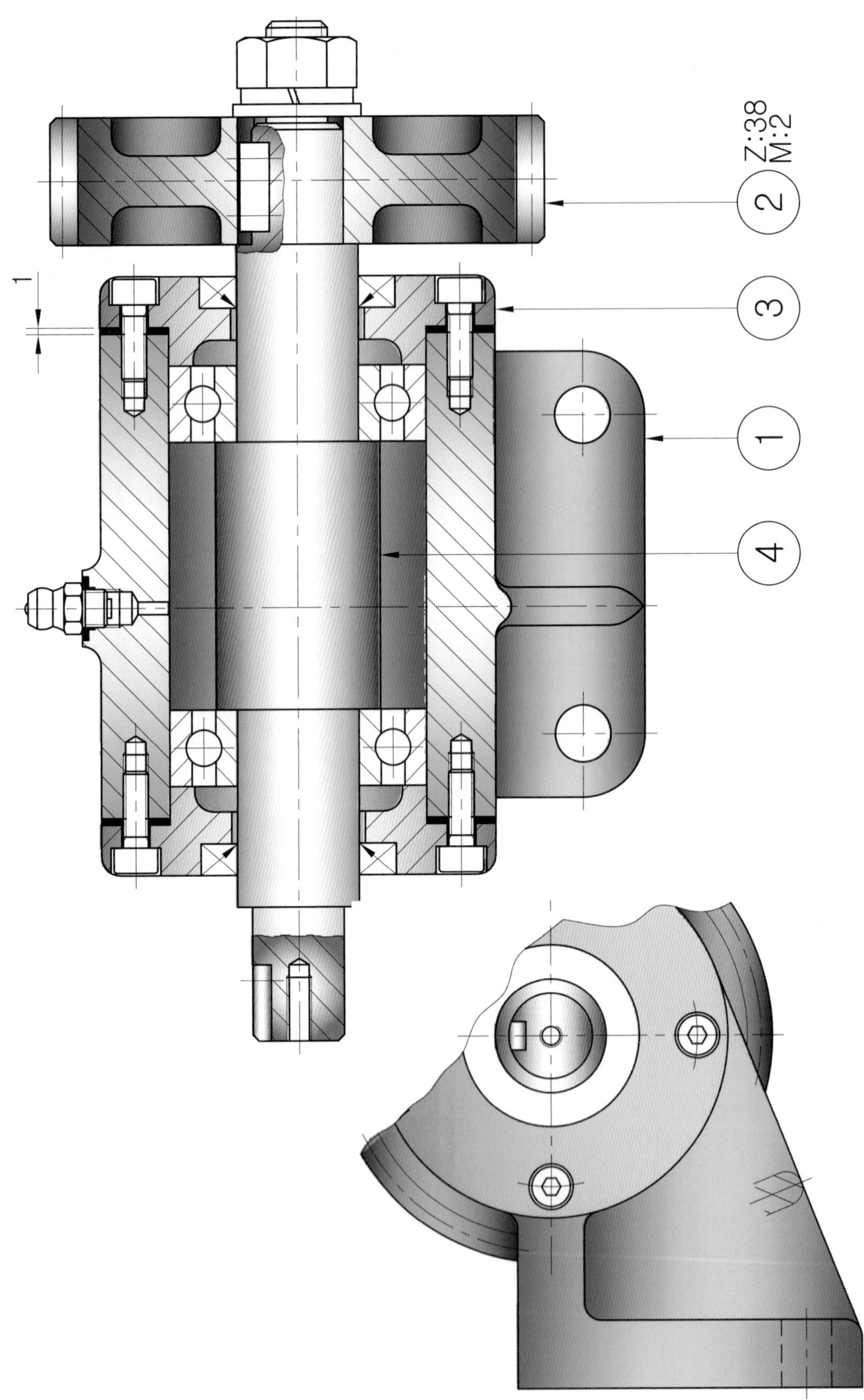

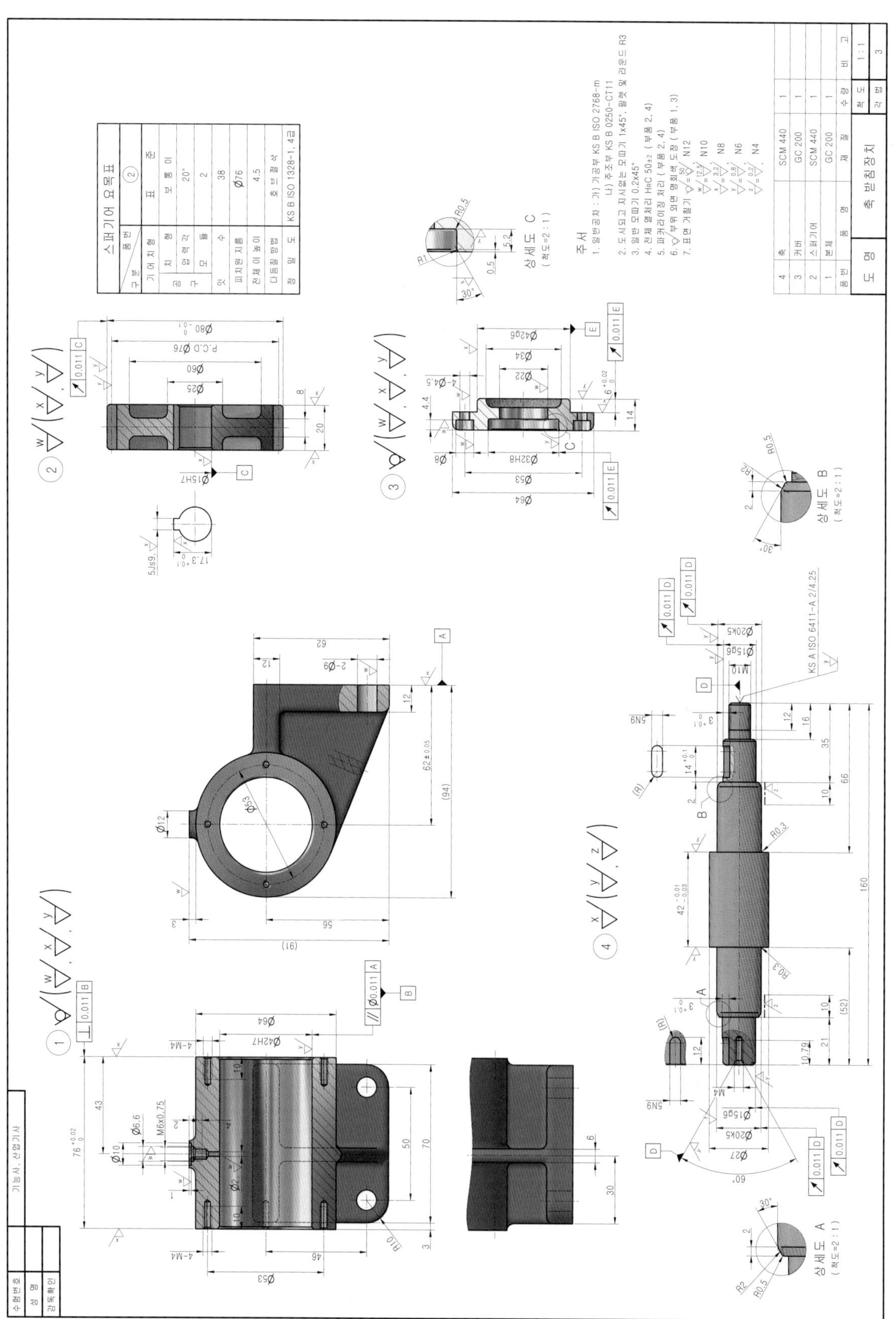
스퍼기어 요목표
기어치형 표준
공구 치형 보통 이
압력각 20°
모듈 2
잇수 38
피치원 지름 Ø76
전체 이 높이 4.5
다듬질 방법 호브절삭
정밀도 KS B ISO 1328-1, 4급
상세도 A (척도=2:1)
상세도 B (척도=2:1)
상세도 C (척도=2:1)
KS A ISO 6411-A 2/4.25
주서
1. 일반공차 : 가) 가공부 KS B ISO 2768-m
나) 주조부 KS B 0250-CT11
2. 도시되고 지시없는 모따기 1x45°, 필렛 및 라운드 R3
3. 일반 모따기 0.2x45°
4. 전체 열처리 HRC 50±2 (부품 2, 4)
5. 파커라이징 처리 (부품 2, 4)
6. 부위 외면 명회색 도장 (부품 1, 3)
7. 표면 거칠기
4 축 SCM 440 1
3 커버 GC 200 1
2 스퍼기어 SCM 440 1
1 본체 GC 200 1
품번 품명 재질 수량 비고
도명 축받침장치 척도 1:1 각법 3
수험번호 성명 감독확인
기능사, 산업기사

◈ 11. 축받침장치 3D 랜더링 등각투상도 ◈

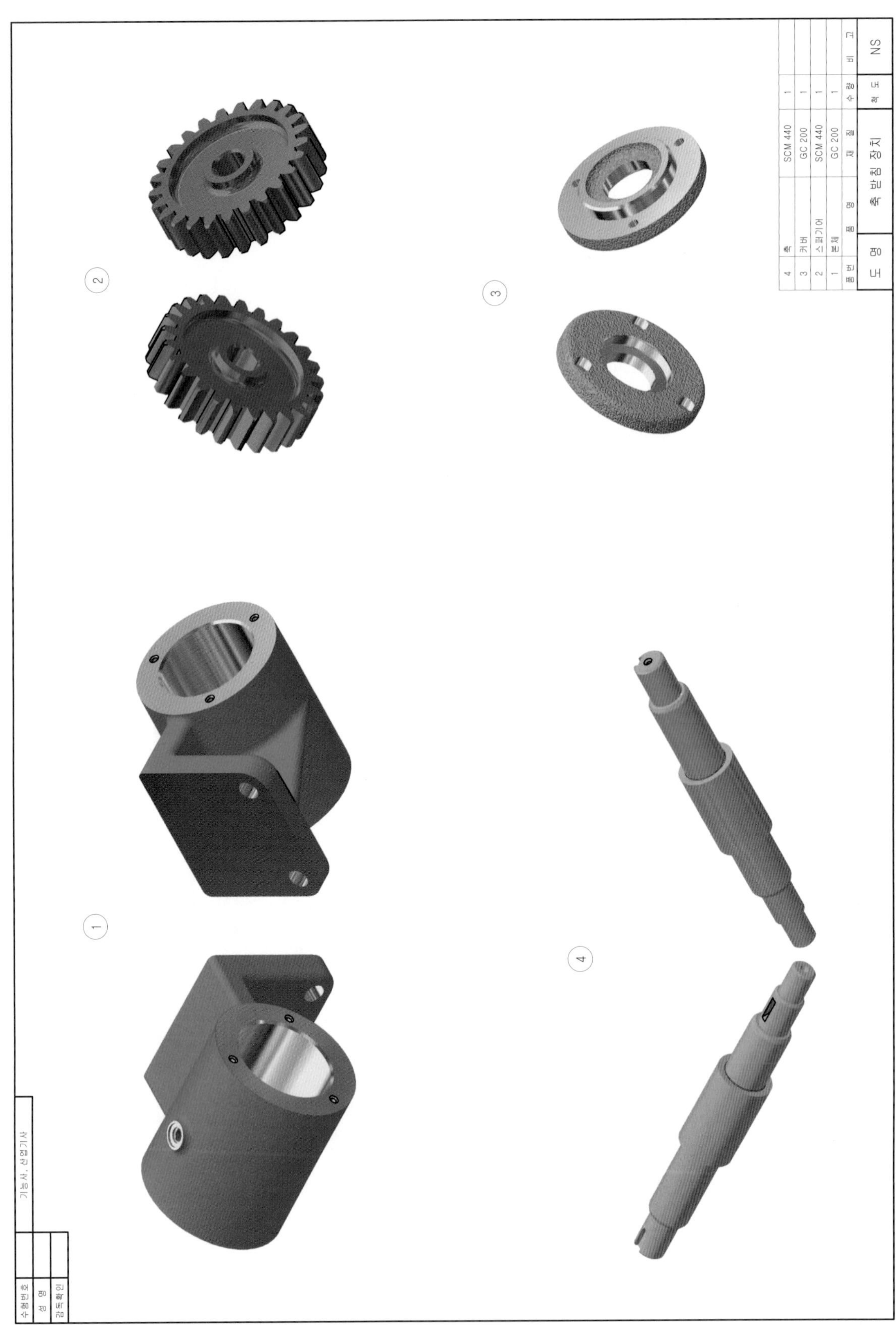

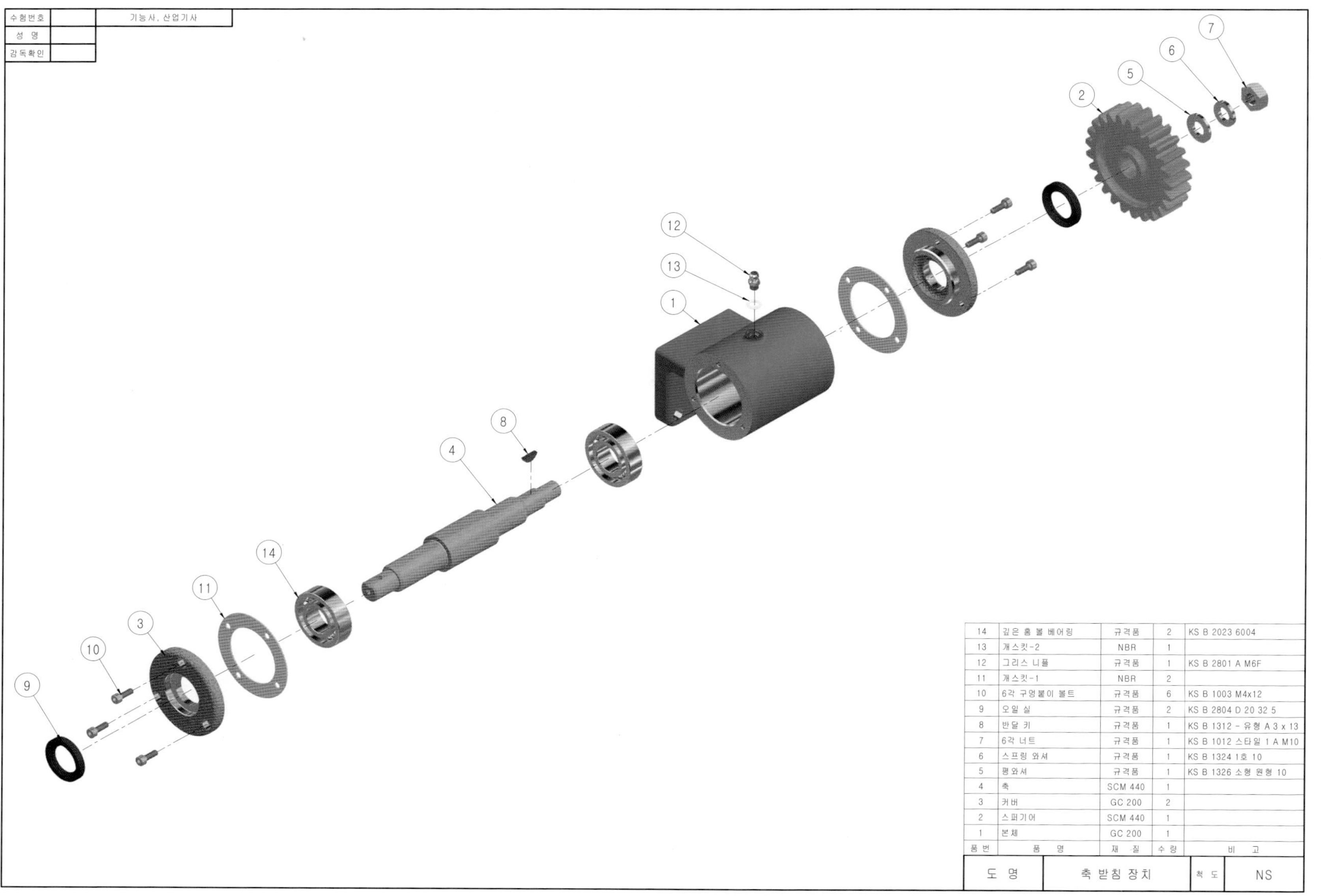

품 번	품 명	재 질	수 량	비 고
14	깊은 홈 볼 베어링	규격품	2	KS B 2023 6004
13	개스킷-2	NBR	1	
12	그리스 니플	규격품	1	KS B 2801 A M6F
11	개스킷-1	NBR	2	
10	6각 구멍붙이 볼트	규격품	6	KS B 1003 M4x12
9	오일 실	규격품	2	KS B 2804 D 20 32 5
8	반달 키	규격품	1	KS B 1312 - 유형 A 3 x 13
7	6각 너트	규격품	1	KS B 1012 스타일 1 A M10
6	스프링 와셔	규격품	1	KS B 1324 1호 10
5	평와셔	규격품	1	KS B 1326 소형 원형 10
4	축	SCM 440	1	
3	커버	GC 200	2	
2	스퍼기어	SCM 440	1	
1	본체	GC 200	1	

도 명	축 받침 장치	척 도	NS

PART

14

도면해독능력 향상을 위한 3D 모델링 & 2D 도면작도 실습 과제

◈ 1. 동력전달장치-1 과제도면 ◈

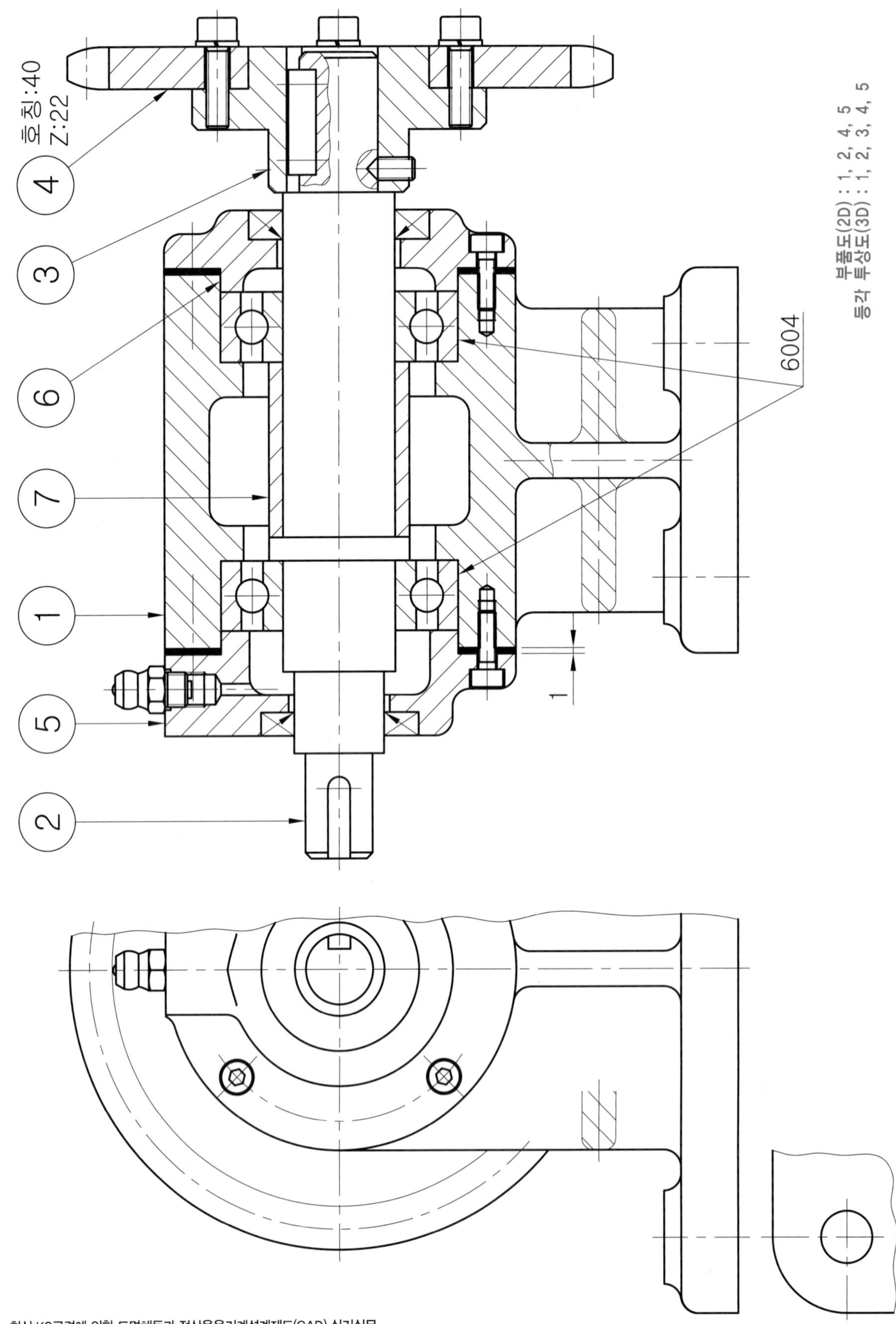

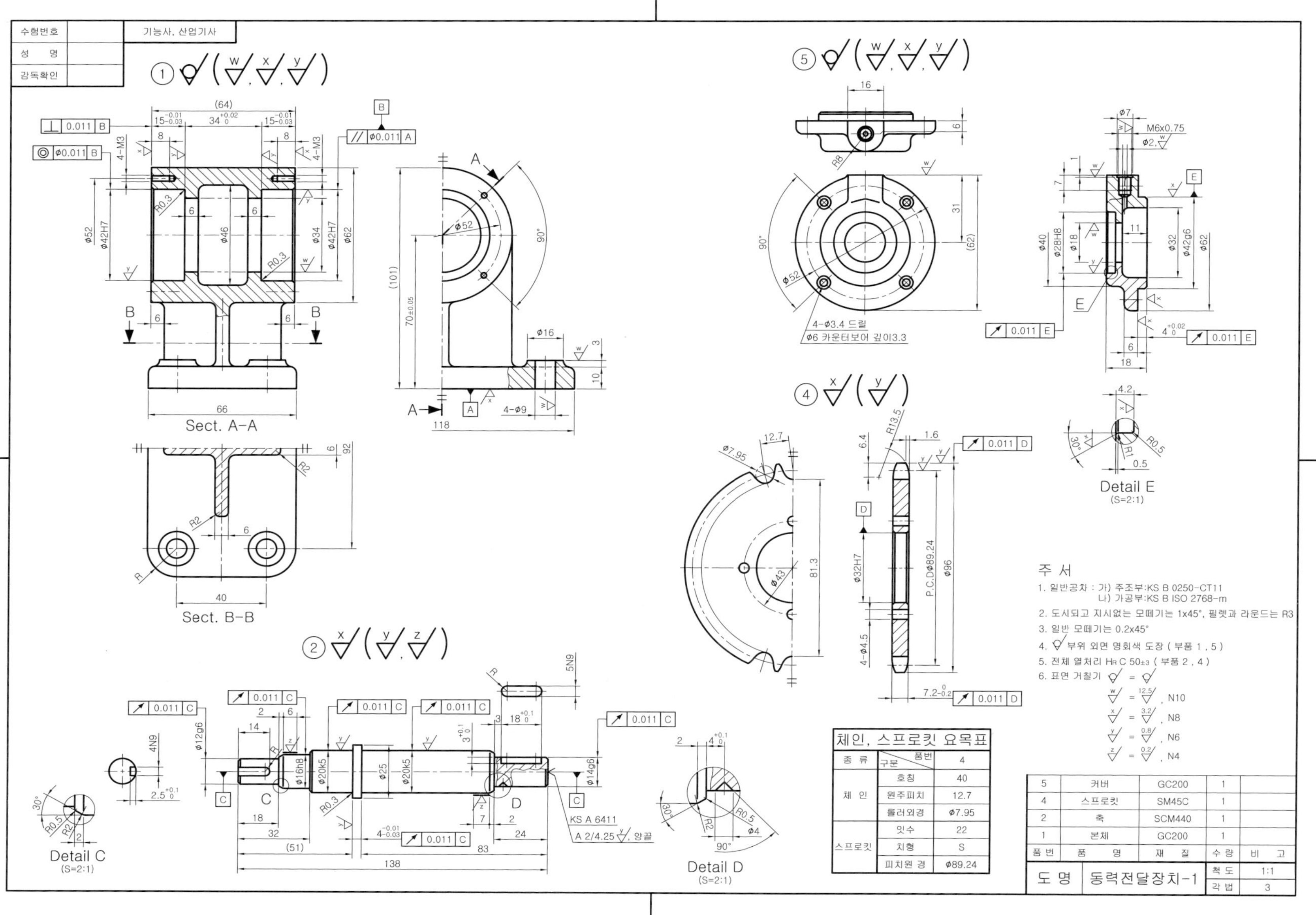
수험번호
성 명
감독확인
기능사, 산업기사
Sect. A-A
Sect. B-B
Detail C
(S=2:1)
Detail D
(S=2:1)
Detail E
(S=2:1)
4-φ3.4 드릴
φ6 카운터보어 깊이3.3
KS A 6411
A 2/4.25, 양끝
주 서
1. 일반공차 : 가) 주조부:KS B 0250-CT11
나) 가공부:KS B ISO 2768-m
2. 도시되고 지시없는 모떼기는 1x45°, 필렛과 라운드는 R3
3. 일반 모떼기는 0.2x45°
4. 부위 외면 명회색 도장 (부품 1, 5)
5. 전체 열처리 HRC 50±3 (부품 2, 4)
6. 표면 거칠기
N10
N8
N6
N4
체인, 스프로킷 요목표
종 류
구분
품번
4
체 인
호칭
40
원주피치
12.7
롤러외경
φ7.95
스프로킷
잇수
22
치형
S
피치원 경
φ89.24
5
커버
GC200
1
4
스프로킷
SM45C
1
2
축
SCM440
1
1
본체
GC200
1
품 번
품 명
재 질
수 량
비 고
도 명
동력전달장치-1
척 도
1:1
각 법
3

◈ 1. 동력전달장치-1 렌더링 등각투상도 예제도면 ◈

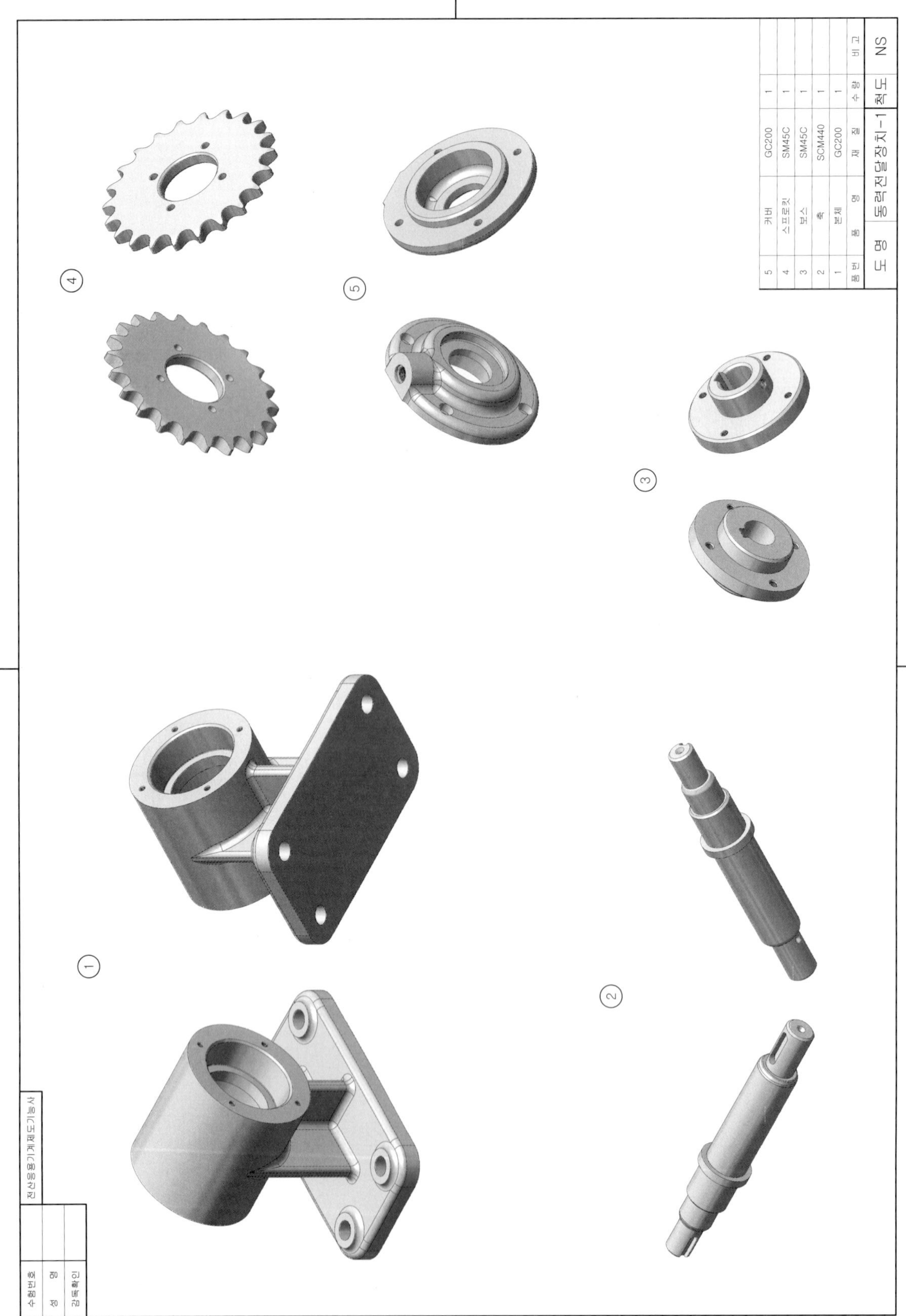

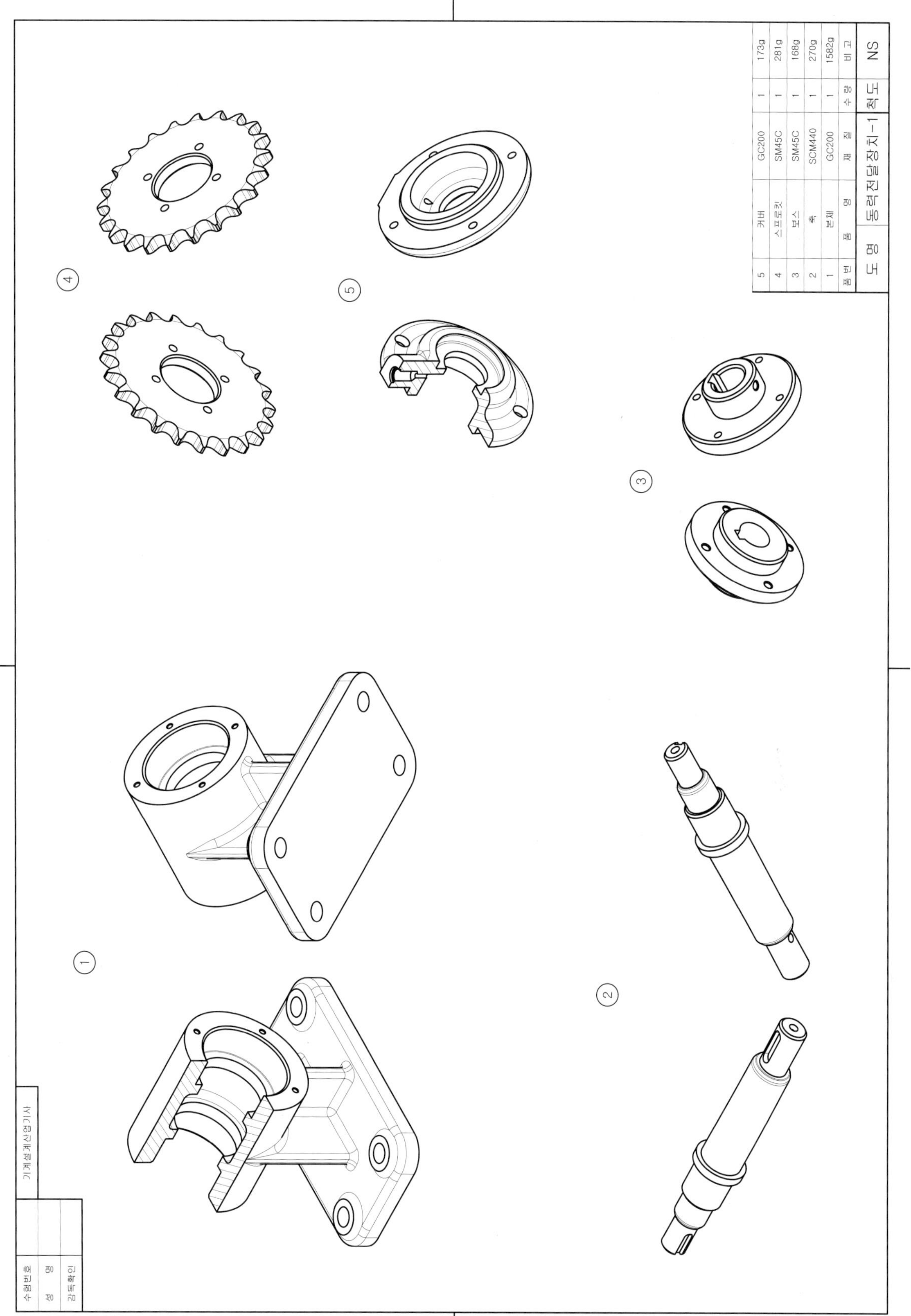

◈ 1. 동력전달장치-1 등각분해도 예제도면 ◈

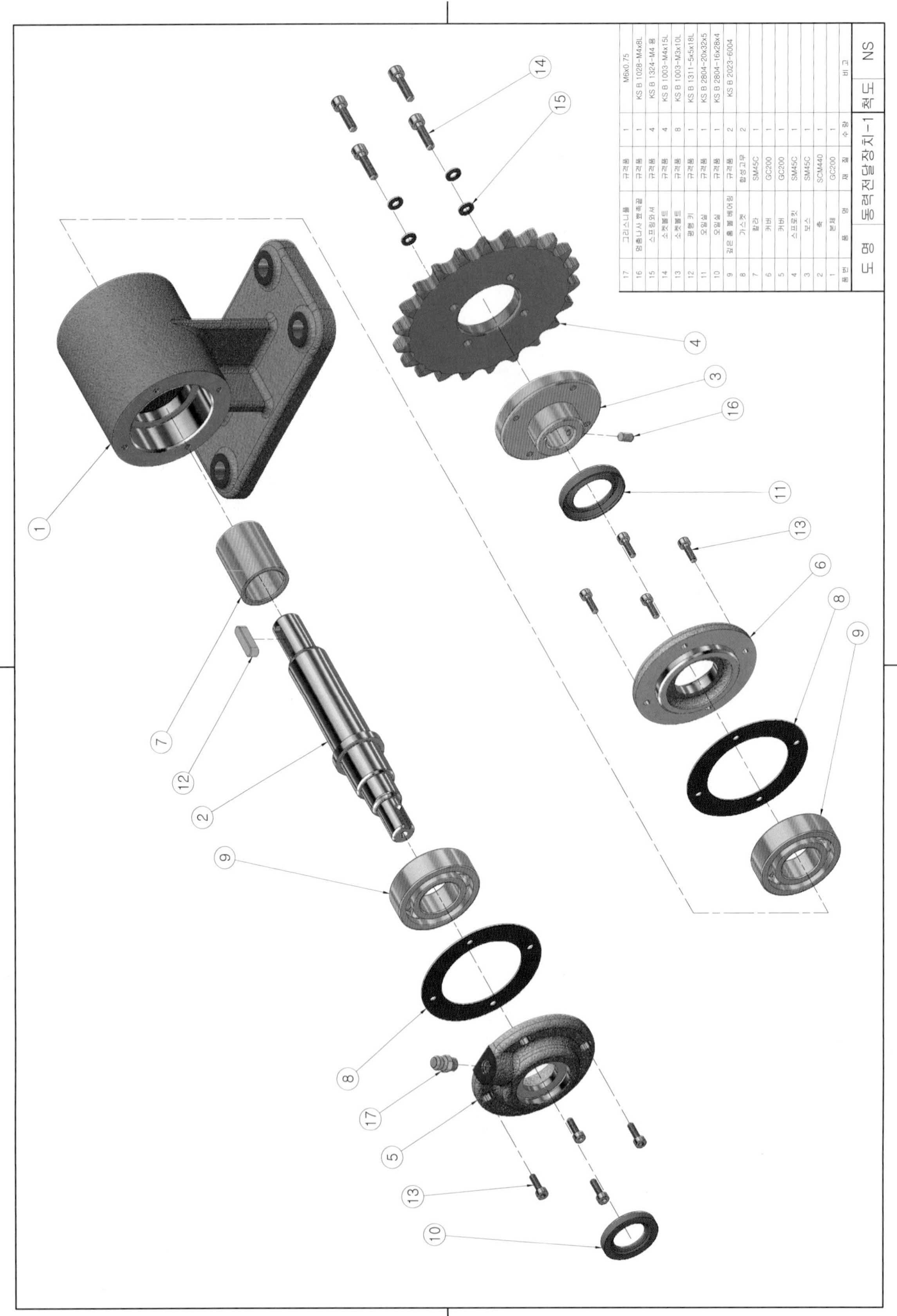

17	그리스니플	규격품	1	M6x0.75
16	멈춤나사 뾰족끝	규격품	1	KS B 1028-M4x8L
15	스프링와셔	규격품	4	KS B 1324-M4 용
14	소켓볼트	규격품	4	KS B 1003-M4x15L
13	소켓볼트	규격품	8	KS B 1003-M3x10L
12	평행 키	규격품	1	KS B 1311-5x5x18L
11	오일실	규격품	1	KS B 2804-20x32x5
10	오일실	규격품	1	KS B 2804-16x28x4
9	깊은 홈 볼 베어링	규격품	2	KS B 2023-6004
8	가스켓	합성고무	2	
7	칼라	SM45C	1	
6	커버	GC200	1	
5	커버	GC200	1	
4	스프로킷	SM45C	1	
3	보스	SM45C	1	
2	축	SCM440	1	
1	본체	GC200	1	
품번	품 명	재 질	수 량	비 고
도 명	동력전달장치-1	척도	NS	

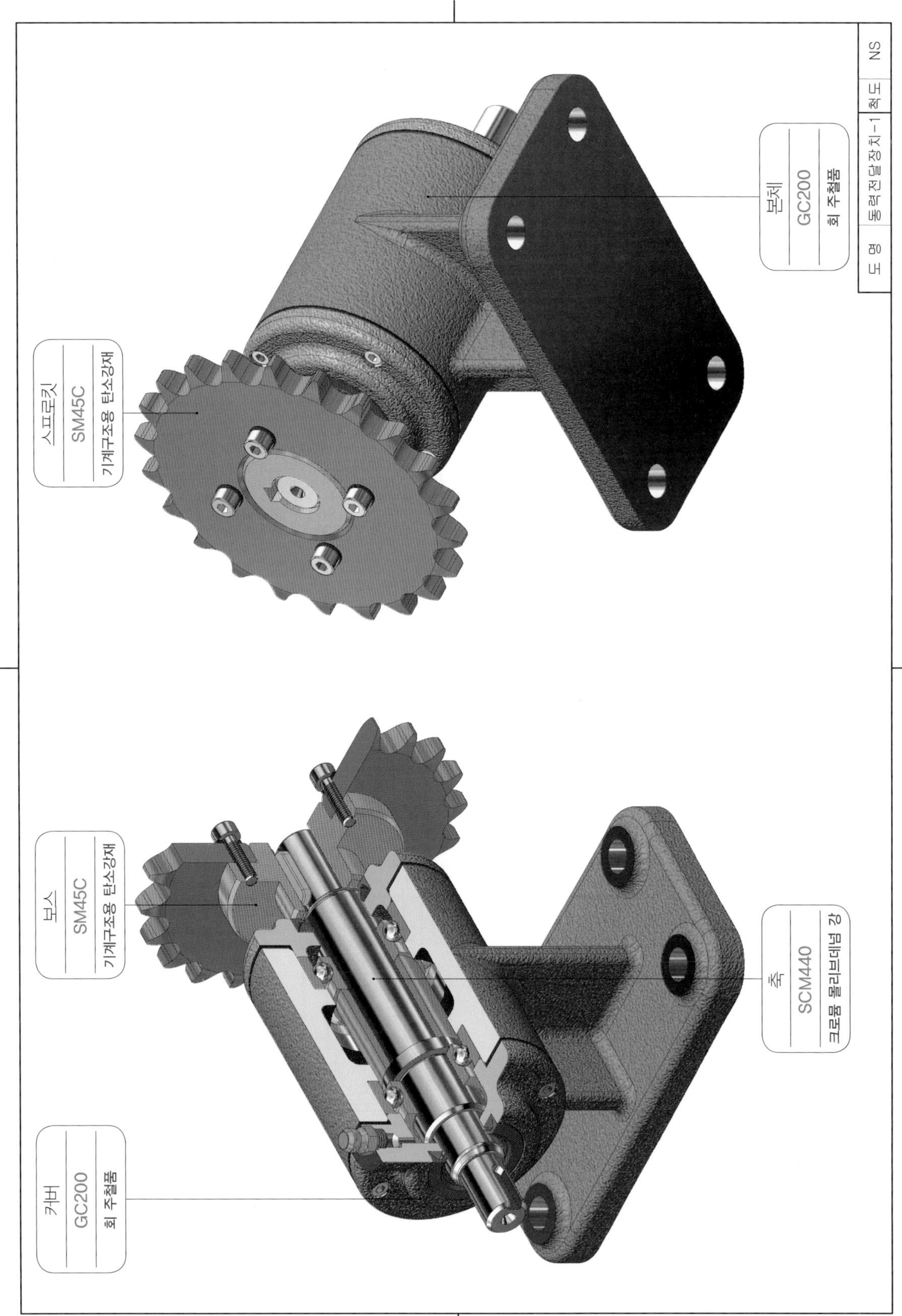
스프로킷
SM45C
기계구조용 탄소강재
본체
GC200
회 주철품
도 명
동력전달장치-1
척 도
NS
보스
SM45C
기계구조용 탄소강재
축
SCM440
크로뮴 몰리브데넘 강
커버
GC200
회 주철품

◈ 2. 동력전달장치-2 과제도면 ◈

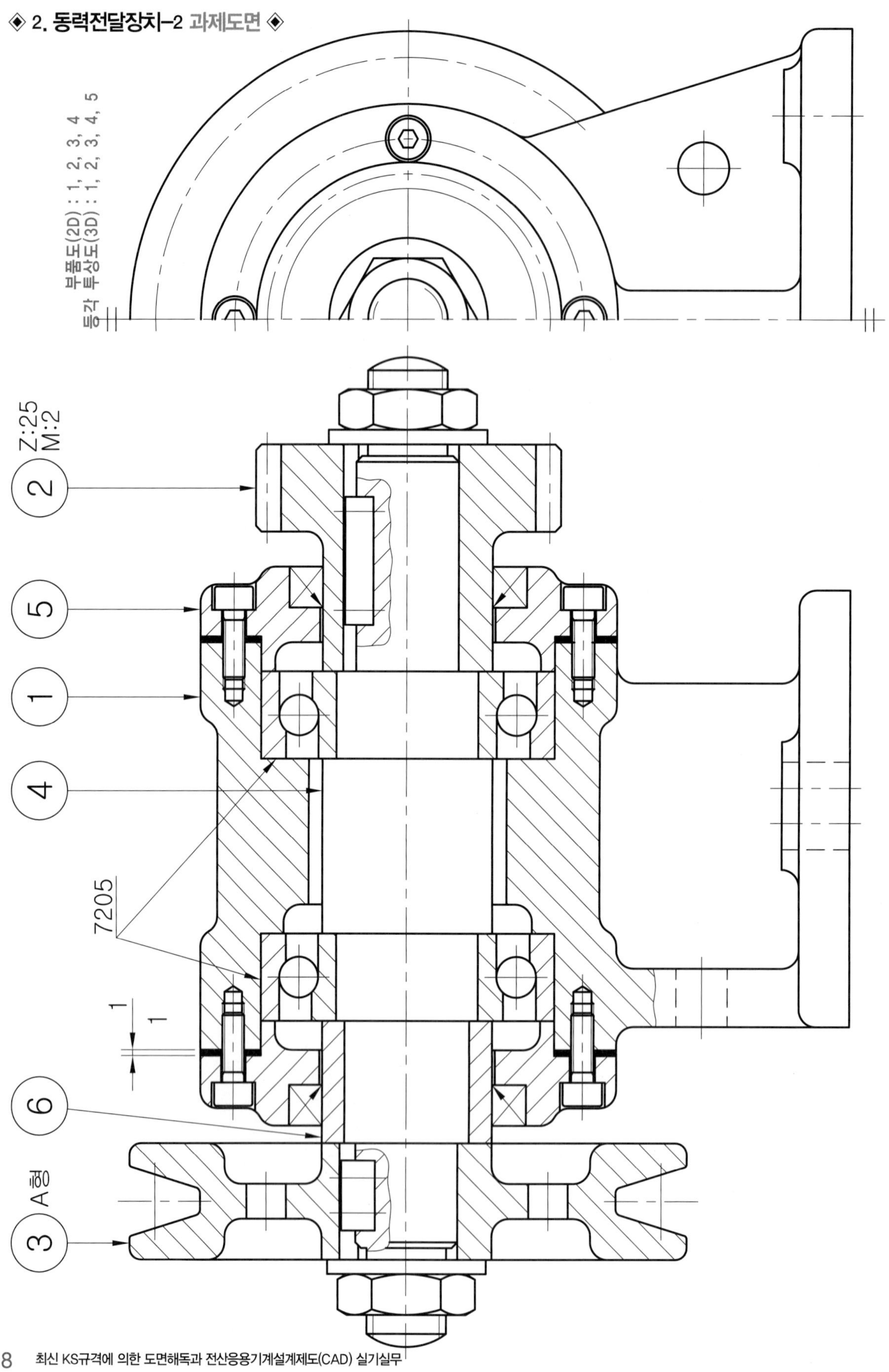

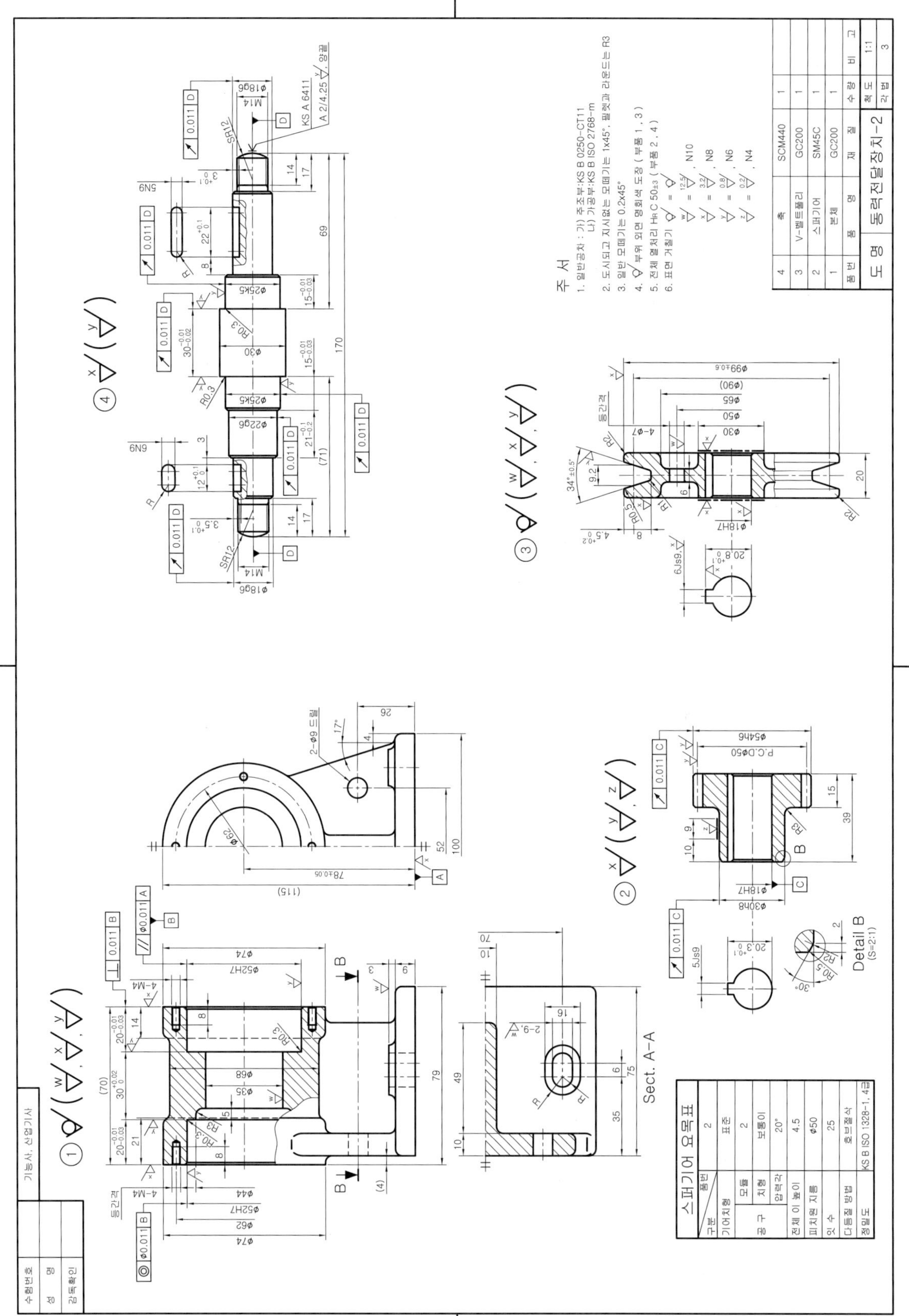
수험번호
성 명
감독확인
기능사, 산업기사
Sect. A-A
Detail B
(S=2:1)
스퍼기어 요목표
구분 / 품번 | 2
기어치형 | 표준
공구 모듈 | 2
공구 치형 | 보통이
공구 압력각 | 20°
전체 이 높이 | 4.5
피치원 지름 | ϕ50
잇 수 | 25
다듬질 방법 | 호브절삭
정밀도 | KS B ISO 1328-1, 4급
주 서
1. 일반공차 : 가) 주조부:KS B 0250-CT11
나) 가공부:KS B ISO 2768-m
2. 도시되고 지시없는 모떼기는 1x45°, 필렛과 라운드는 R3
3. 일반 모떼기는 0.2x45°
4. 부위 외면 명회색 도장 (부품 1 , 3)
5. 전체 열처리 HRC 50±3 (부품 2 , 4)
6. 표면 거칠기
N10
N8
N6
N4
4 | 축 | SCM440 | 1
3 | V-벨트풀리 | GC200 | 1
2 | 스퍼기어 | SM45C | 1
1 | 본체 | GC200 | 1
품번 | 품 명 | 재 질 | 수량 | 비 고
도 명 | 동력전달장치-2 | 척도 | 1:1
각법 | 3
KS A 6411
A 2/4.25, 양끝
2-ϕ9 드릴
등간격

◈ 2. 동력전달장치-2 렌더링 등각투상도 예제도면 ◈

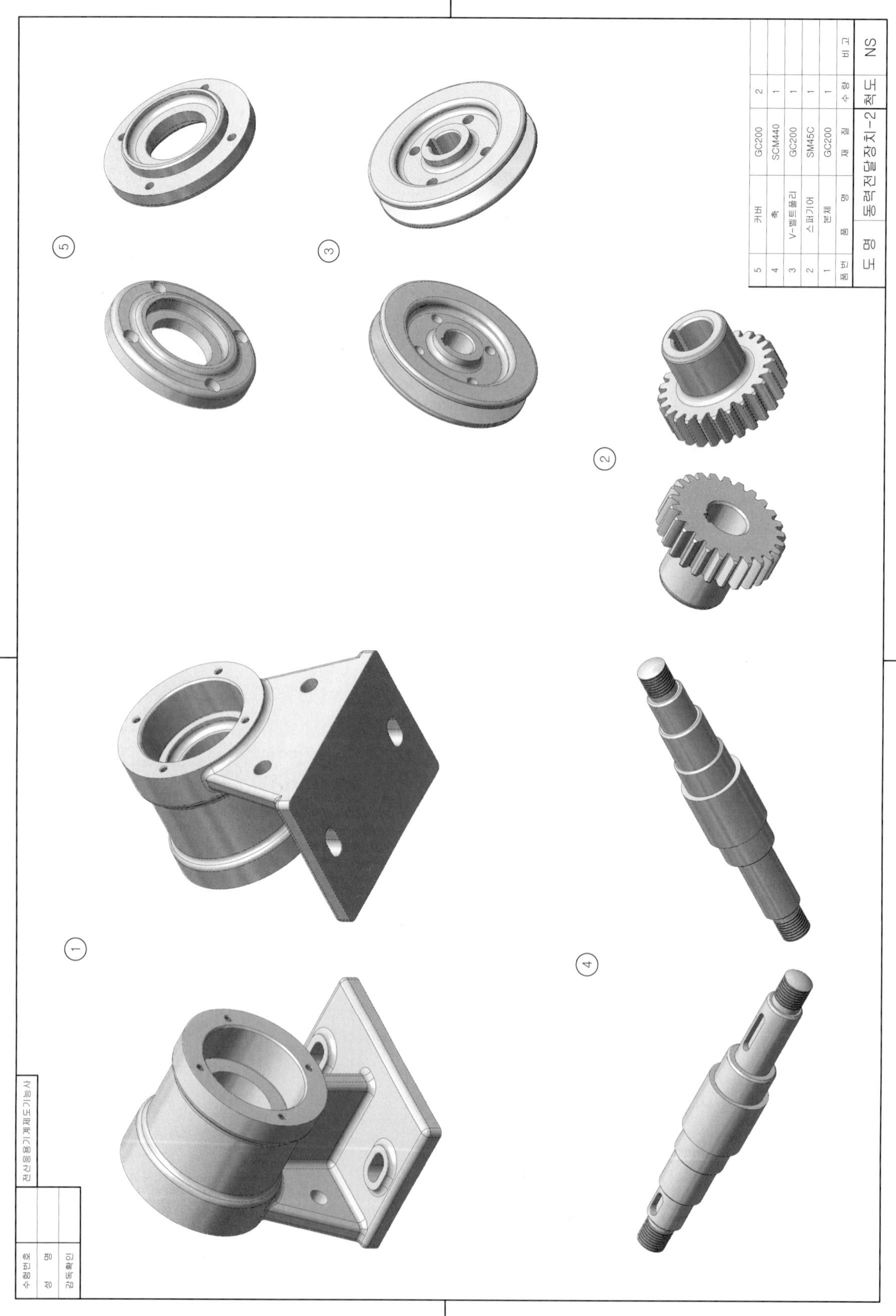

품번	품명	재질	수량	비고
5	커버	GC200	2	264g
4	축	SCM440	1	488g
3	V-벨트풀리	GC200	1	648g
2	스퍼기어	SM45C	1	280g
1	본체	GC200	1	2136g

도명	동력전달장치-2	척도	NS

⑤ ③ ② ① ④

기계설계산업기사	
수험번호	
성명	
감독확인	

◈ 2. 동력전달장치-2 등각분해도 예제도면 ◈

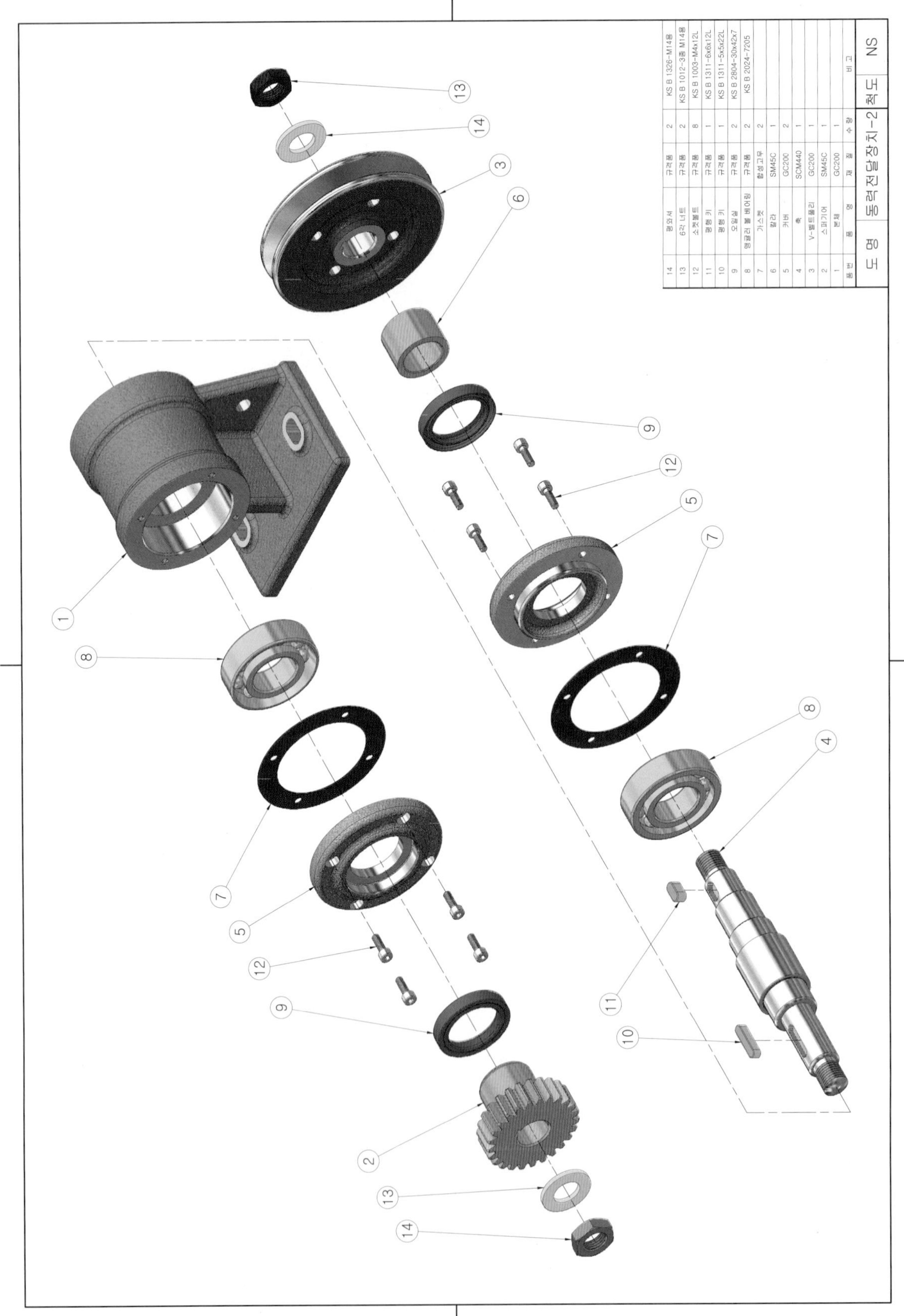

품번	품명	재질	수량	비고
14	평와셔	규격품	2	KS B 1326-M14용
13	6각 너트	규격품	2	KS B 1012-3종 M14용
12	소켓볼트	규격품	8	KS B 1003-M4x12L
11	평행 키	규격품	1	KS B 1311-6x6x12L
10	평행 키	규격품	1	KS B 1311-5x5x22L
9	오일실	규격품	2	KS B 2804-30x42x7
8	앵귤러 볼 베어링	규격품	2	KS B 2024-7205
7	가스켓	합성고무	2	
6	칼라	SM45C	1	
5	커버	GC200	2	
4	축	SCM440	1	
3	V-벨트풀리	GC200	1	
2	스퍼기어	SM45C	1	
1	본체	GC200	1	

도 명	동력전달장치-2	척 도	NS

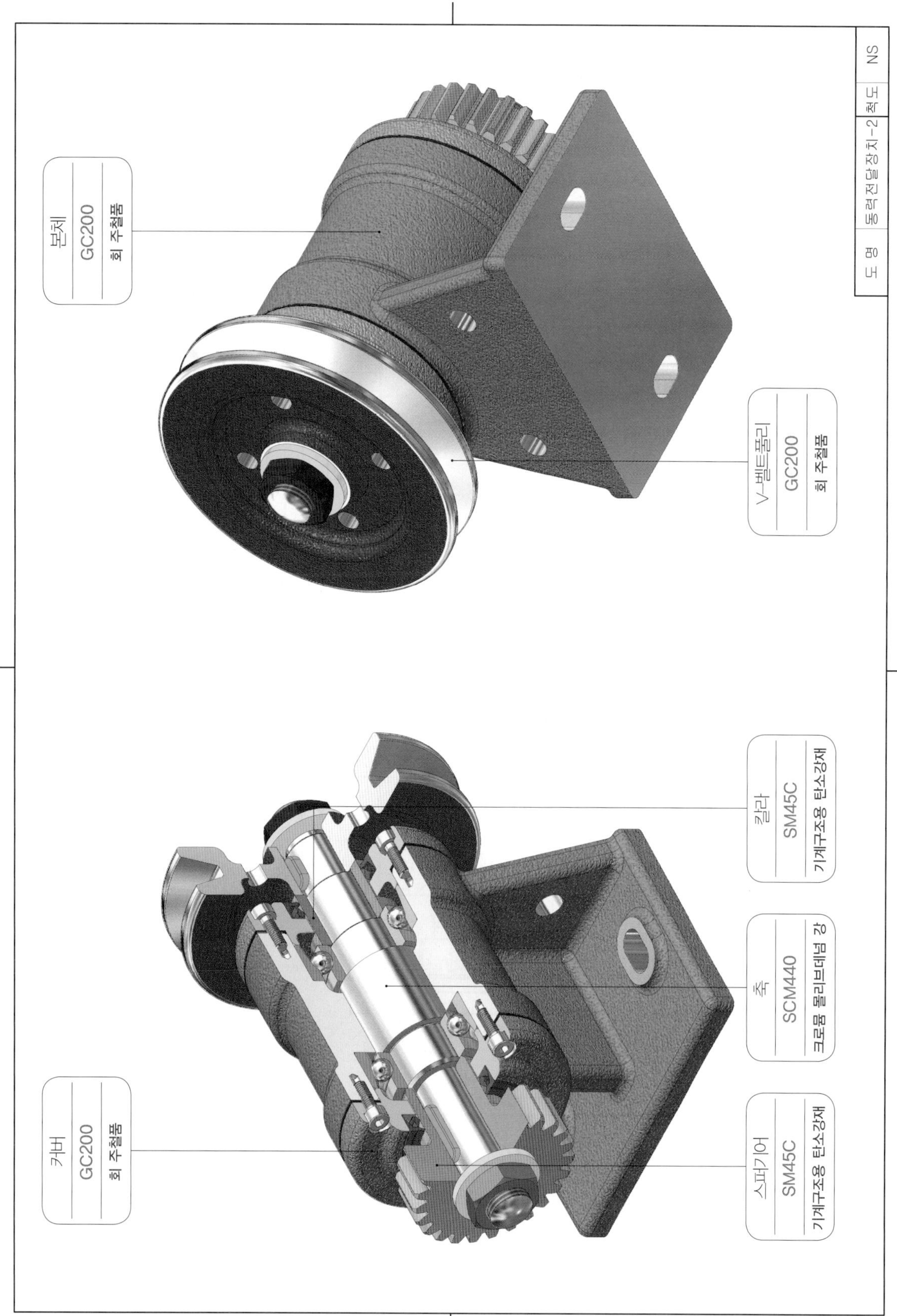

본체
GC200
회 주철품
V-벨트풀리
GC200
회 주철품
칼라
SM45C
기계구조용 탄소강재
축
SCM440
크로뮴 몰리브데넘 강
스퍼기어
SM45C
기계구조용 탄소강재
커버
GC200
회 주철품
도 명
동력전달장치-2
척 도
NS

◈ 3. 동력전달장치-3 과제도면 ◈

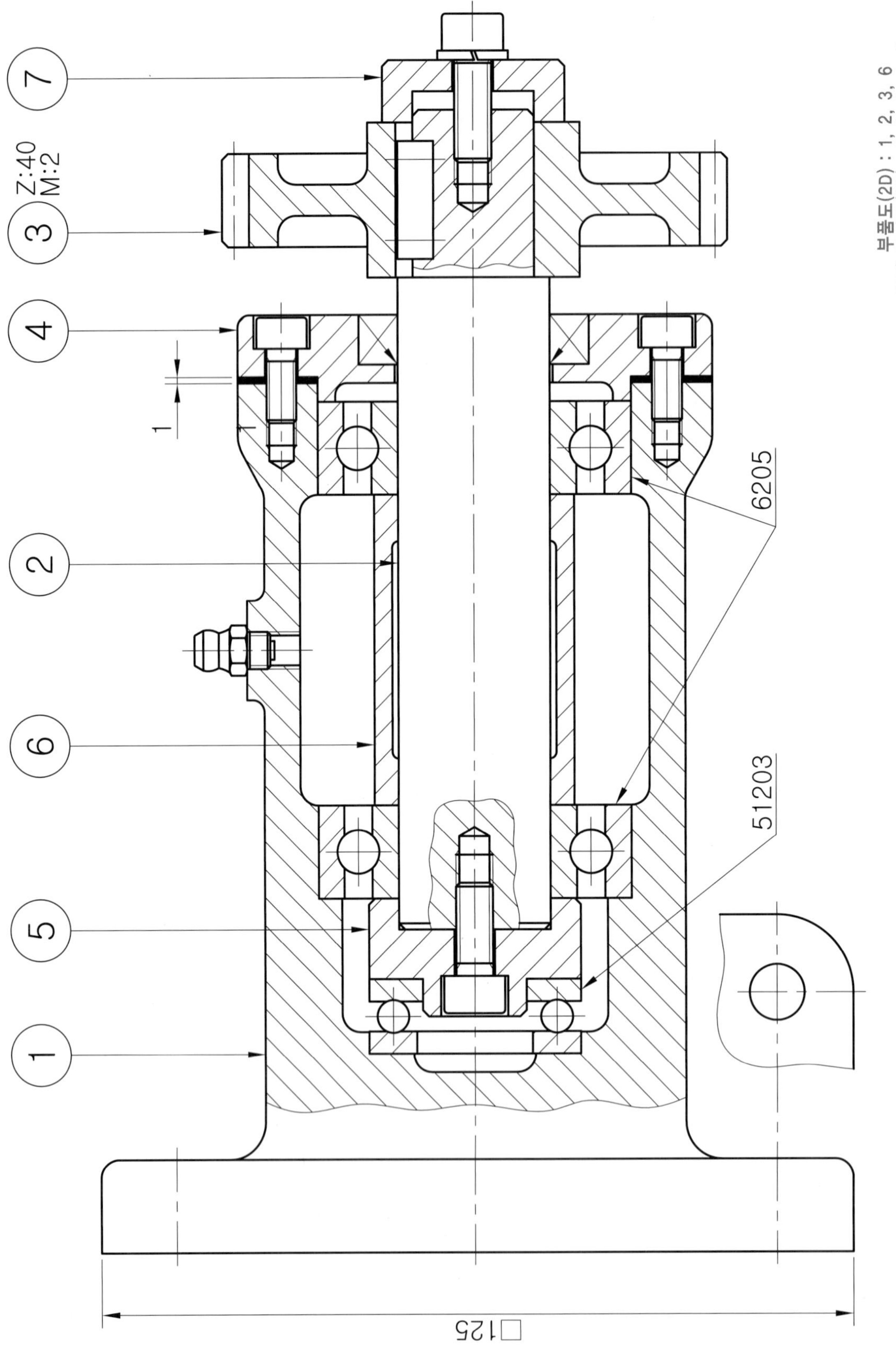

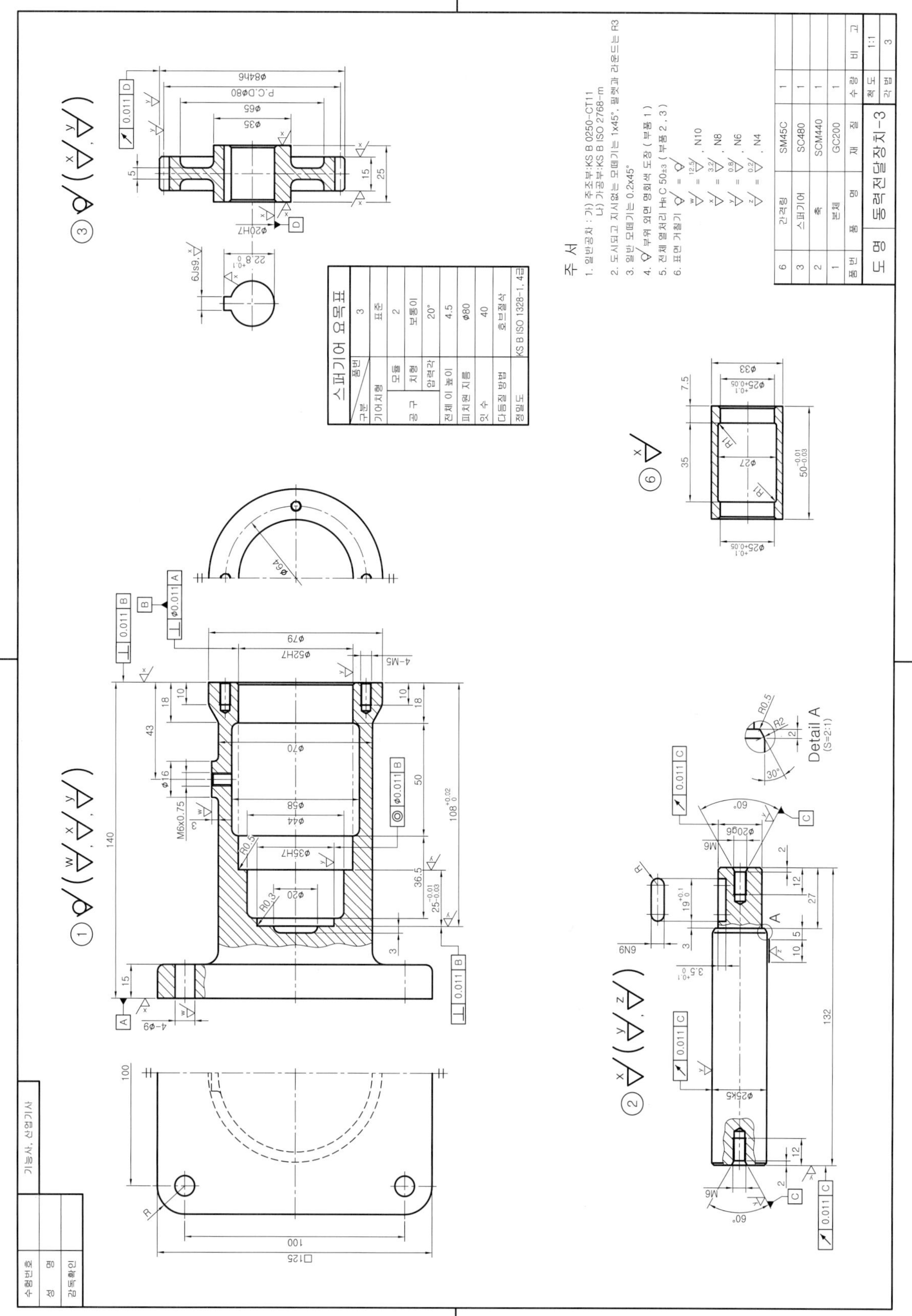
수험번호
성 명
감독확인
기능사, 산업기사
스퍼기어 요목표
구분 / 품번: 3
기어치형: 표준
공구 모듈: 2
공구 치형: 보통이
공구 압력각: 20°
전체 이 높이: 4.5
피치원 지름: φ80
잇 수: 40
다듬질 방법: 호브절삭
정밀도: KS B ISO 1328-1, 4급
주 서
1. 일반공차 : 가) 주조부:KS B 0250-CT11
나) 가공부:KS B ISO 2768-m
2. 도시되고 지시없는 모떼기는 1x45°, 필렛과 라운드는 R3
3. 일반 모떼기는 0.2x45°
4. 부위 외면 명회색 도장 (부품 1)
5. 전체 열처리 HRC 50±3 (부품 2 , 3)
6. 표면 거칠기
N10
N8
N6
N4
Detail A
(S=2:1)
6 간격링 SM45C 1
3 스퍼기어 SC480 1
2 축 SCM440 1
1 본체 GC200 1
품번 품 명 재 질 수량 비 고
도 명 동력전달장치-3
척도 1:1
각법 3

◈ 3. **동력전달장치-3** 렌더링 등각투상도 예제도면 ◈

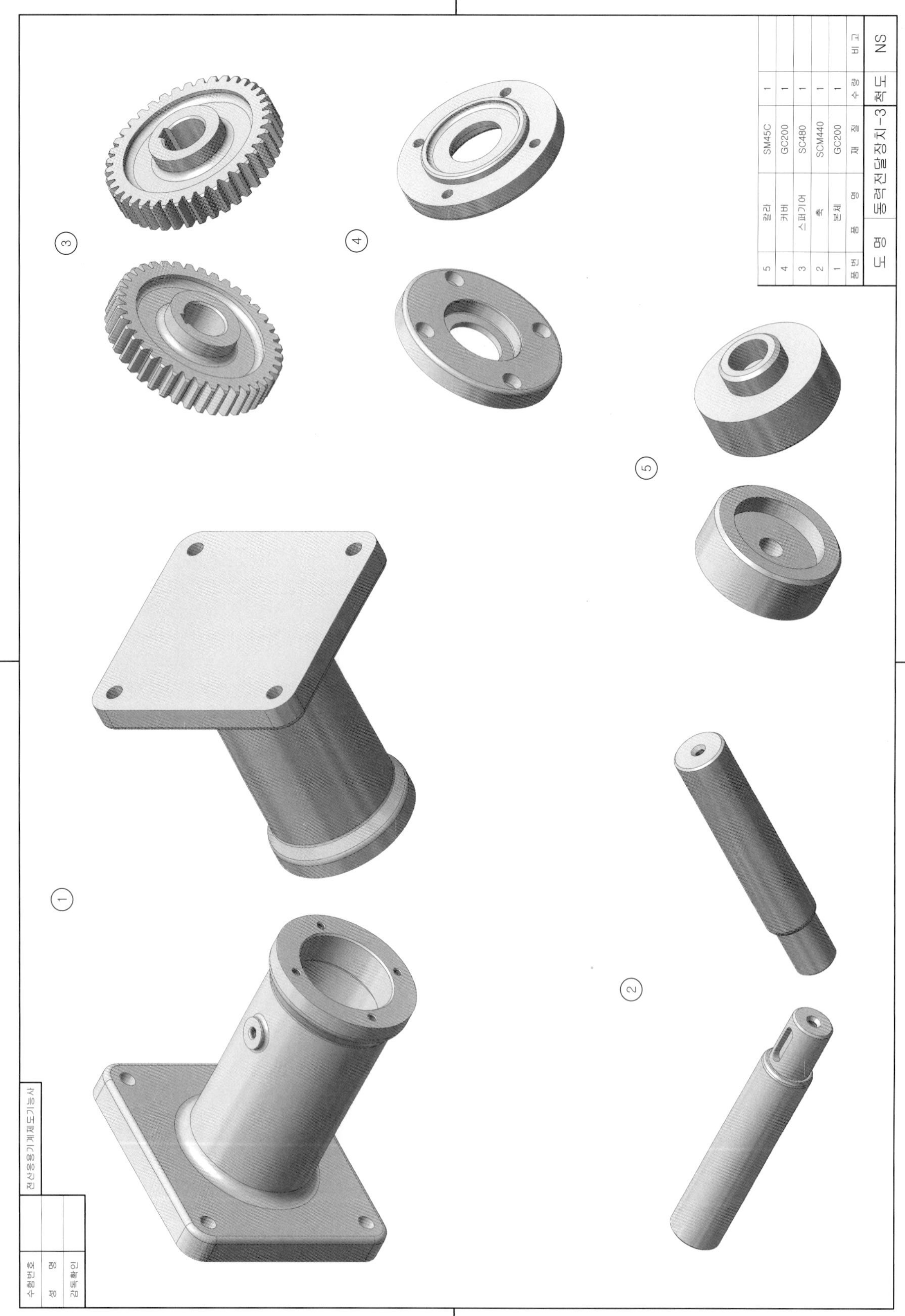

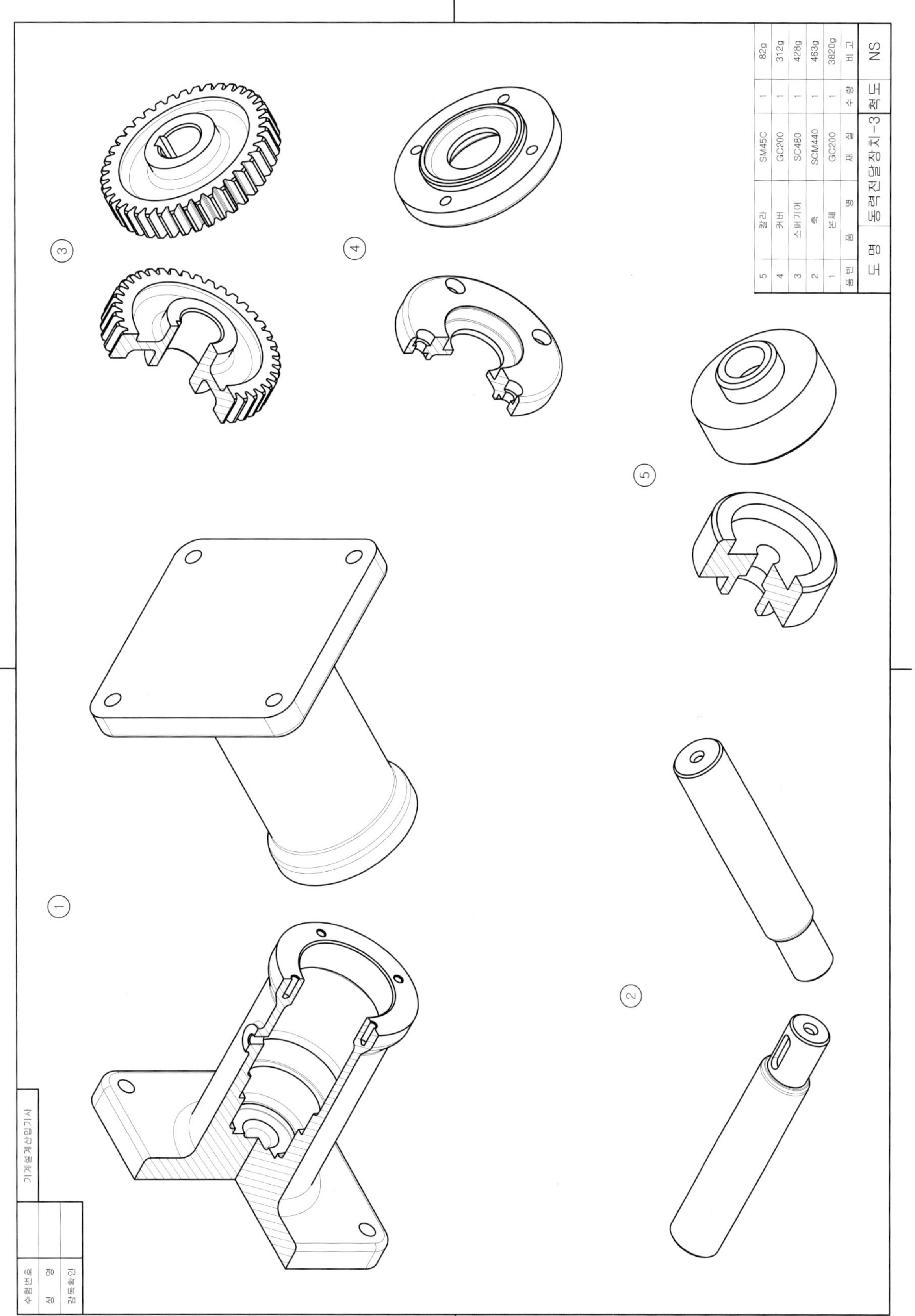
5 칼라 SM45C 1 82g
4 커버 GC200 1 312g
3 스퍼기어 SC480 1 428g
2 축 SCM440 1 463g
1 본체 GC200 1 3820g
품번 품명 재질 수량 비고
도명 동력전달장치-3 척도 NS
수험번호
성명
감독확인
기계설계산업기사
①
②
③
④
⑤

◈ 3. 동력전달장치-3 등각분해도 예제도면 ◈

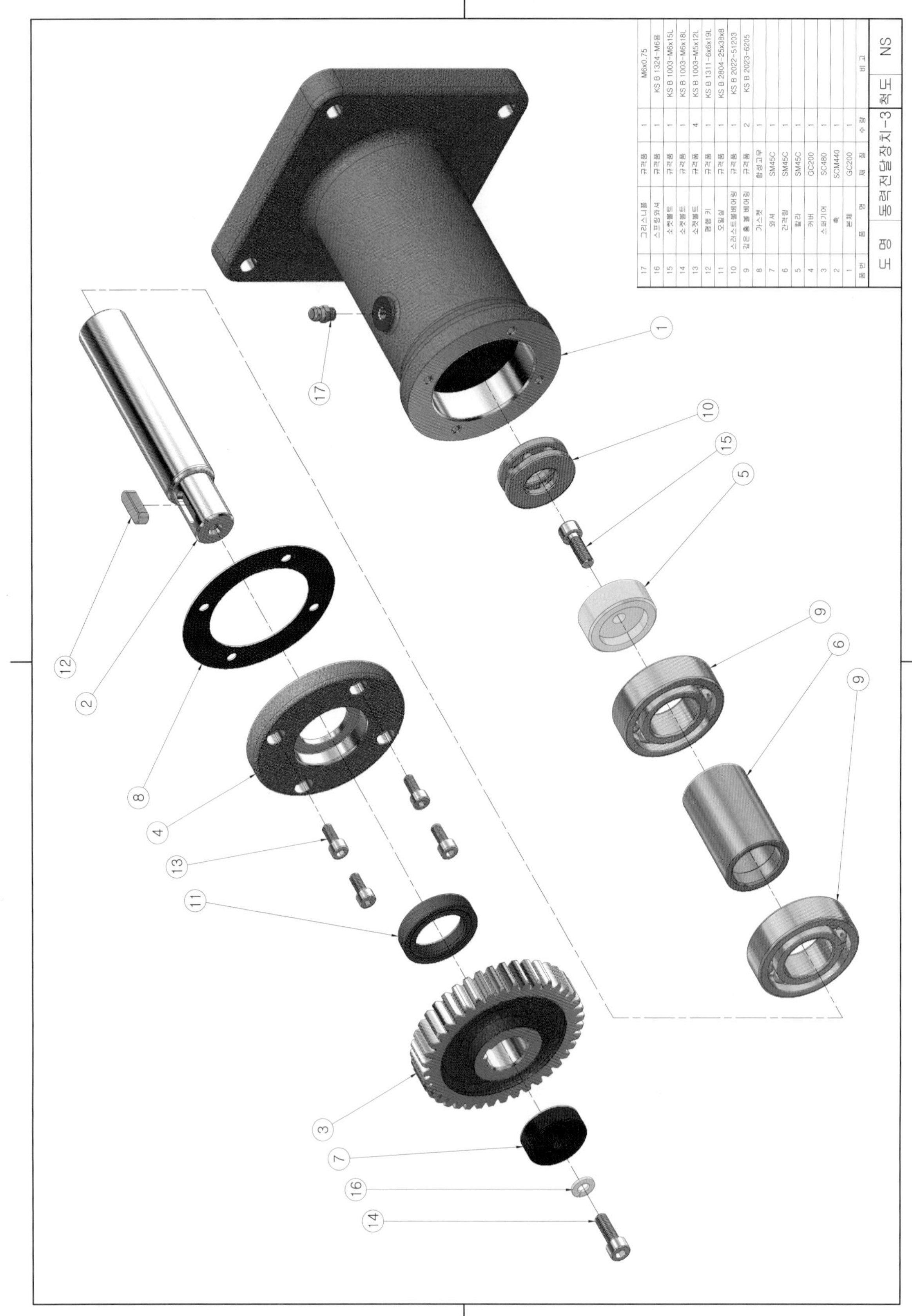

품번	품명	재질	수량	비고
17	그리스니플	규격품	1	M6x0.75
16	스프링와셔	규격품	1	KS B 1324-M6용
15	소켓볼트	규격품	1	KS B 1003-M6x15L
14	소켓볼트	규격품	1	KS B 1003-M6x18L
13	소켓볼트	규격품	4	KS B 1003-M5x12L
12	평행 키	규격품	1	KS B 1311-6x6x19L
11	오일실	규격품	1	KS B 2804-25x38x8
10	스러스트볼베어링	규격품	1	KS B 2022-51203
9	깊은 홈 볼 베어링	규격품	2	KS B 2023-6205
8	가스켓	합성고무	1	
7	와셔	SM45C	1	
6	간격링	SM45C	1	
5	칼라	SM45C	1	
4	커버	GC200	1	
3	스퍼기어	SC480	1	
2	축	SCM440	1	
1	본체	GC200	1	
도명	동력전달장치-3		척도	NS

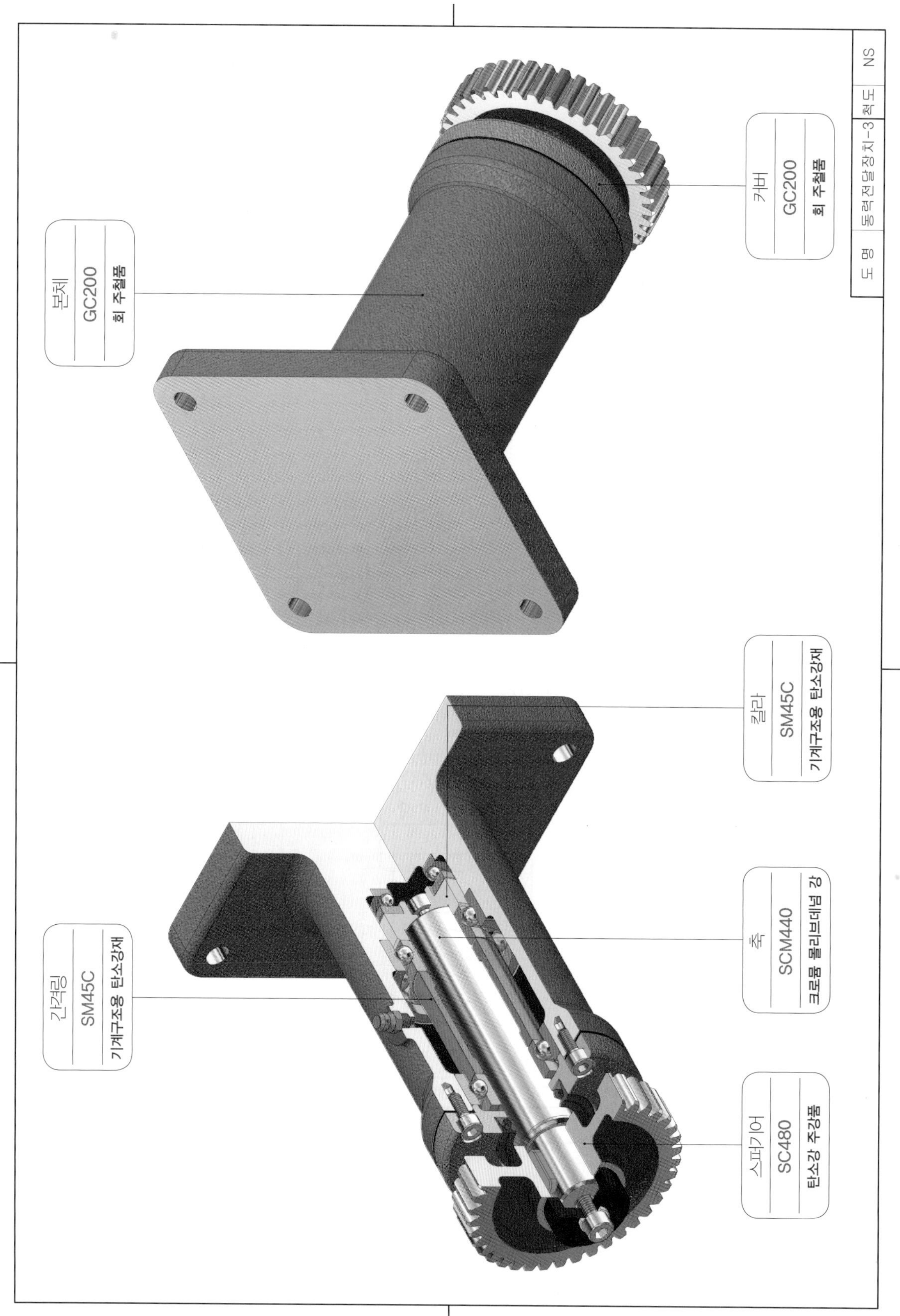
본체
GC200
회 주철품
커버
GC200
회 주철품
칼라
SM45C
기계구조용 탄소강재
축
SCM440
크로뮴 몰리브데넘 강
간격링
SM45C
기계구조용 탄소강재
스퍼기어
SC480
탄소강 주강품
도 명
동력전달장치-3
척 도
NS

◈ 4. 기어박스 과제도면 ◈

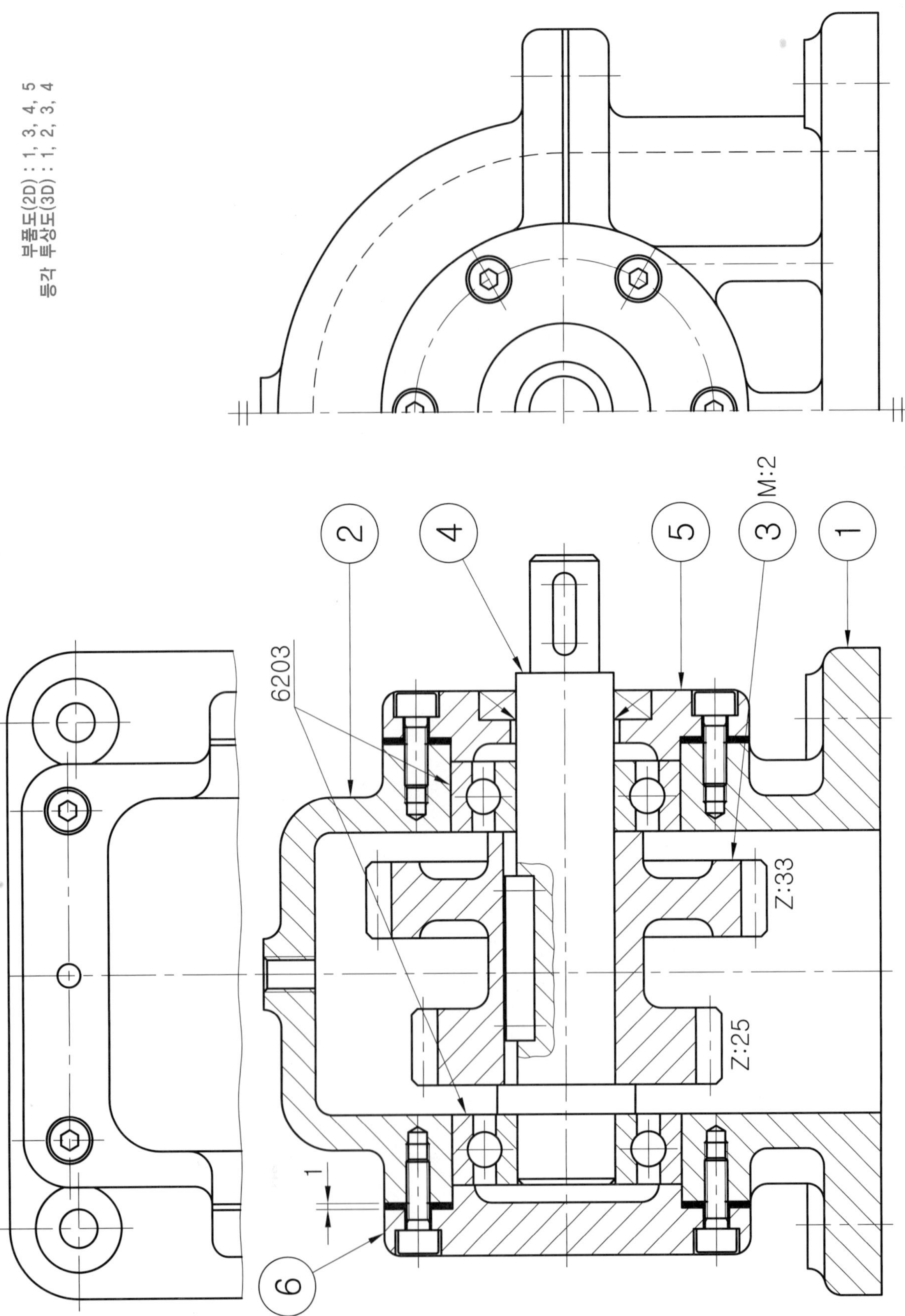

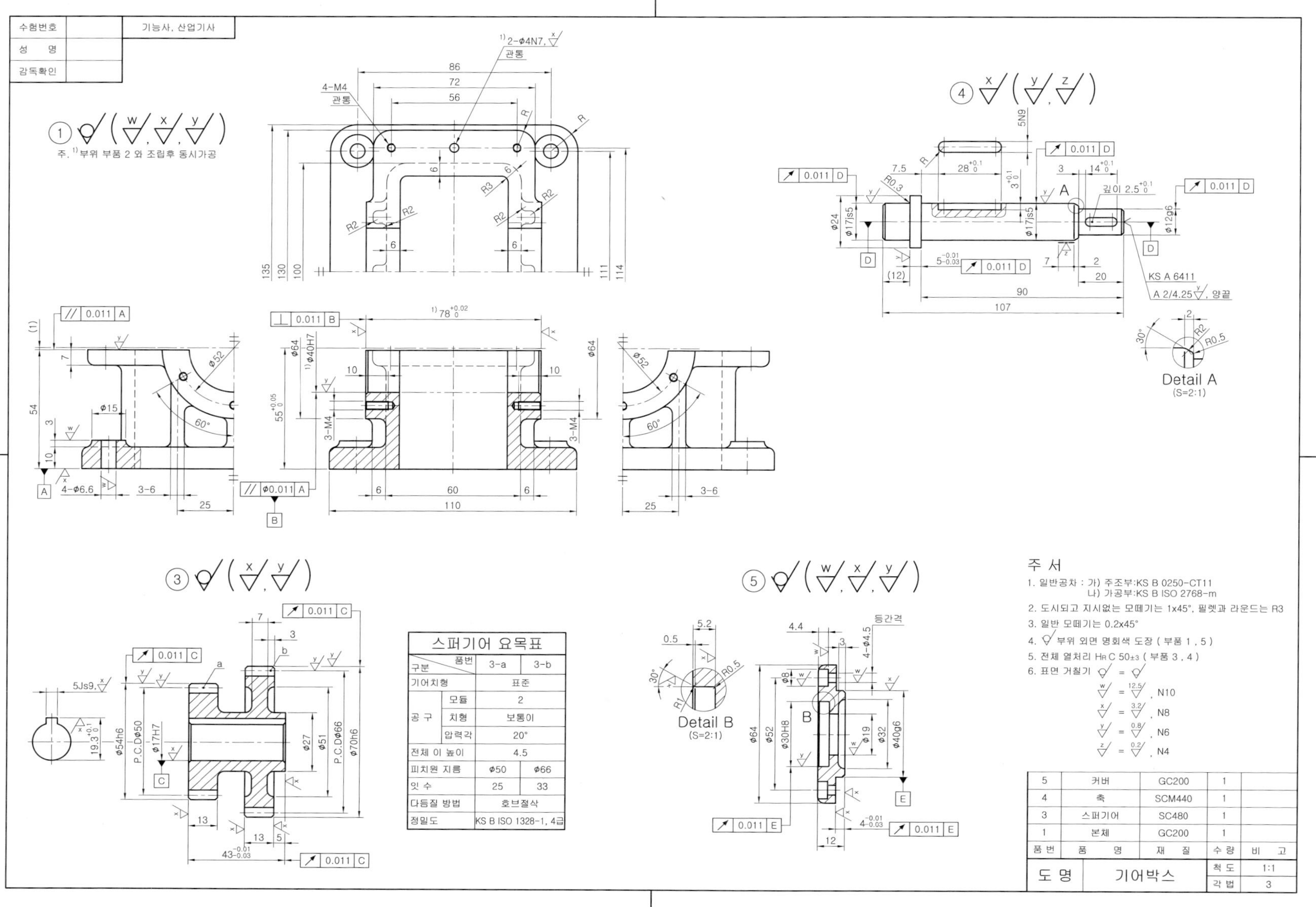

스퍼기어 요목표

구분		품번 3-a	3-b
기어치형		표준	
공 구	모듈	2	
	치형	보통이	
	압력각	20°	
전체 이 높이		4.5	
피치원 지름		ϕ50	ϕ66
잇 수		25	33
다듬질 방법		호브절삭	
정밀도		KS B ISO 1328-1, 4급	

품번	품 명	재 질	수 량	비 고
5	커버	GC200	1	
4	축	SCM440	1	
3	스퍼기어	SC480	1	
1	본체	GC200	1	
도 명	기어박스		척 도	1:1
			각 법	3

◈ 4. 기어박스 렌더링 등각투상도 예제도면 ◈

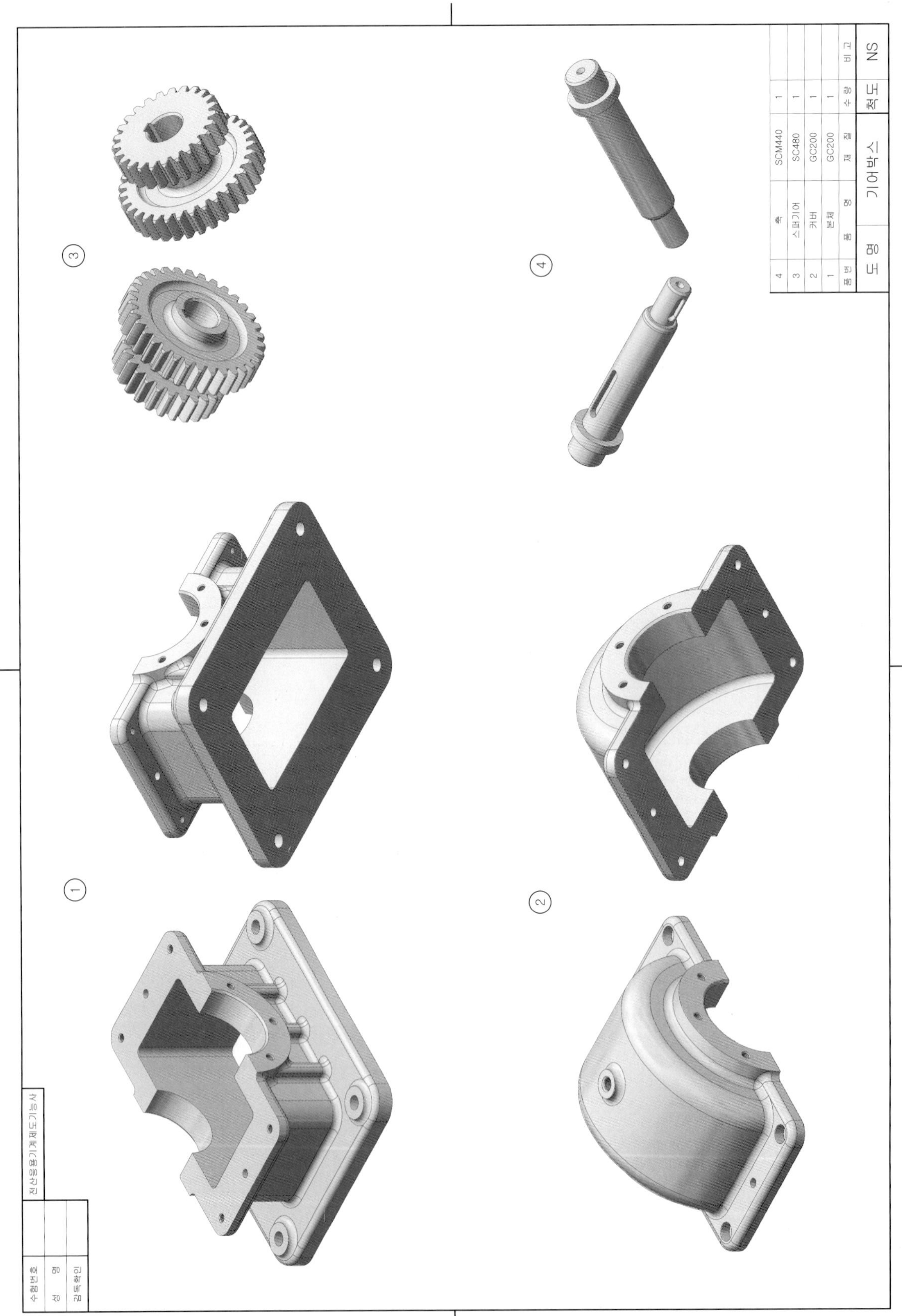

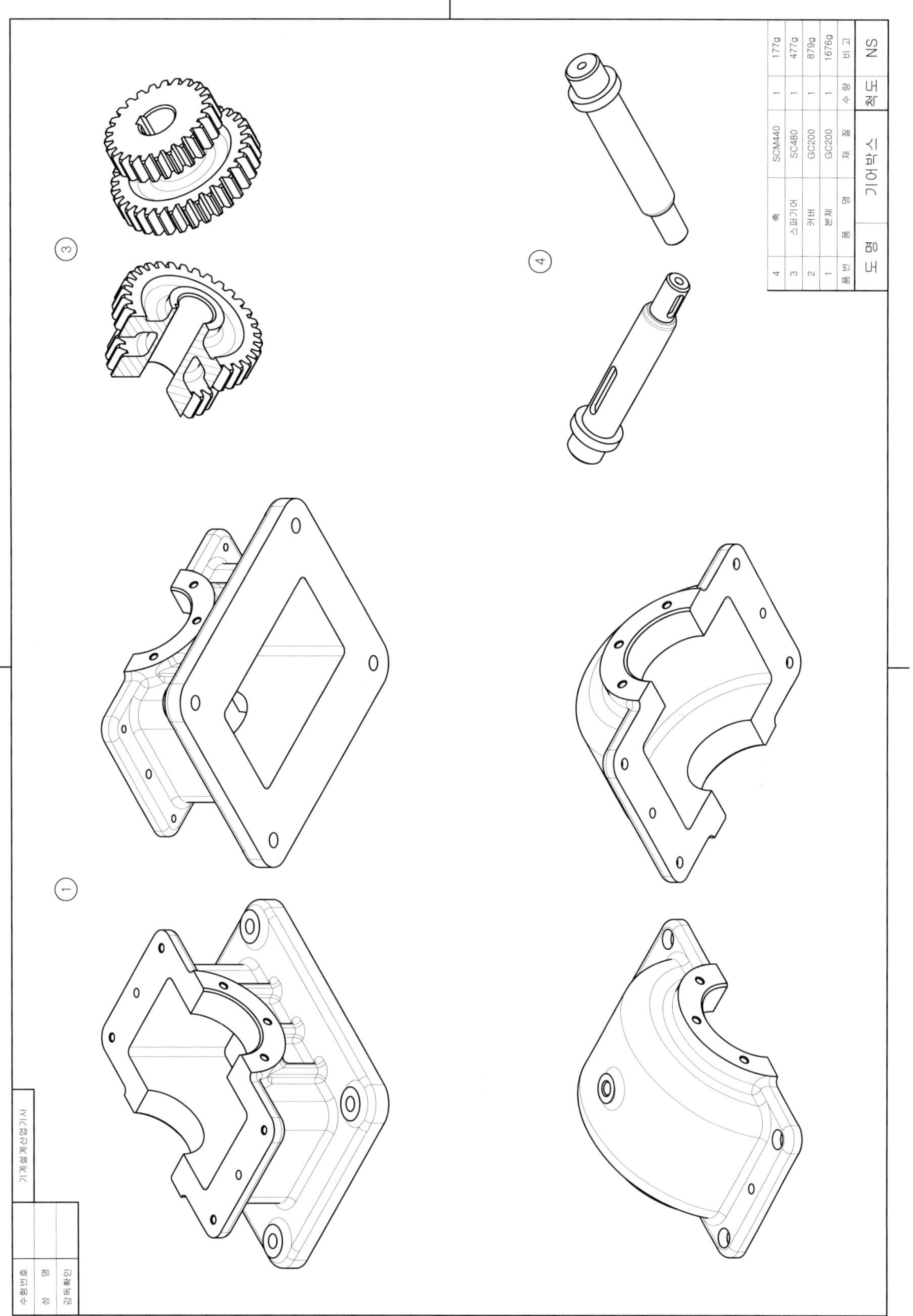
③
④
①
4 축 SCM440 1 177g
3 스퍼기어 SC480 1 477g
2 커버 GC200 1 879g
1 본체 GC200 1 1676g
품번 품 명 재 질 수 량 비 고
도 명 기어박스 척 도 NS
기계설계산업기사
수험번호
성 명
감독확인

◈ 4. 기어박스 등각분해도 예제도면 ◈

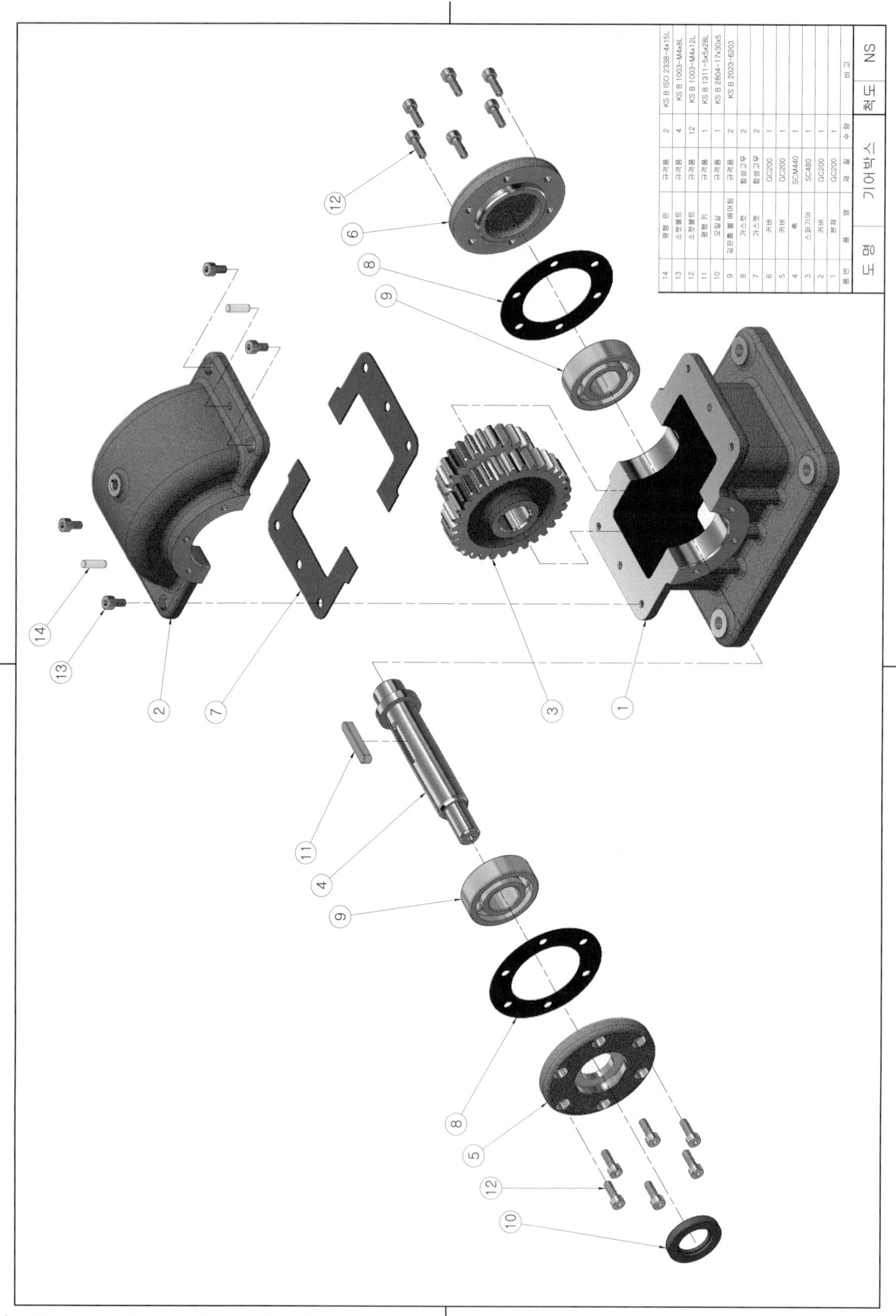

품번	품 명	재 질	수 량	비 고
14	평행 핀	규격품	2	KS B ISO 2338-4x15L
13	소켓볼트	규격품	4	KS B 1003-M4x8L
12	소켓볼트	규격품	12	KS B 1003-M4x12L
11	평행 키	규격품	1	KS B 1311-5x5x28L
10	오일실	규격품	1	KS B 2804-17x30x5
9	깊은홈 볼 베어링	규격품	2	KS B 2023-6203
8	가스켓	합성고무	2	
7	가스켓	합성고무	2	
6	커버	GC200	1	
5	커버	GC200	1	
4	축	SCM440	1	
3	스퍼기어	SC480	1	
2	커버	GC200	1	
1	본체	GC200	1	

도 명	기어박스	척 도	NS

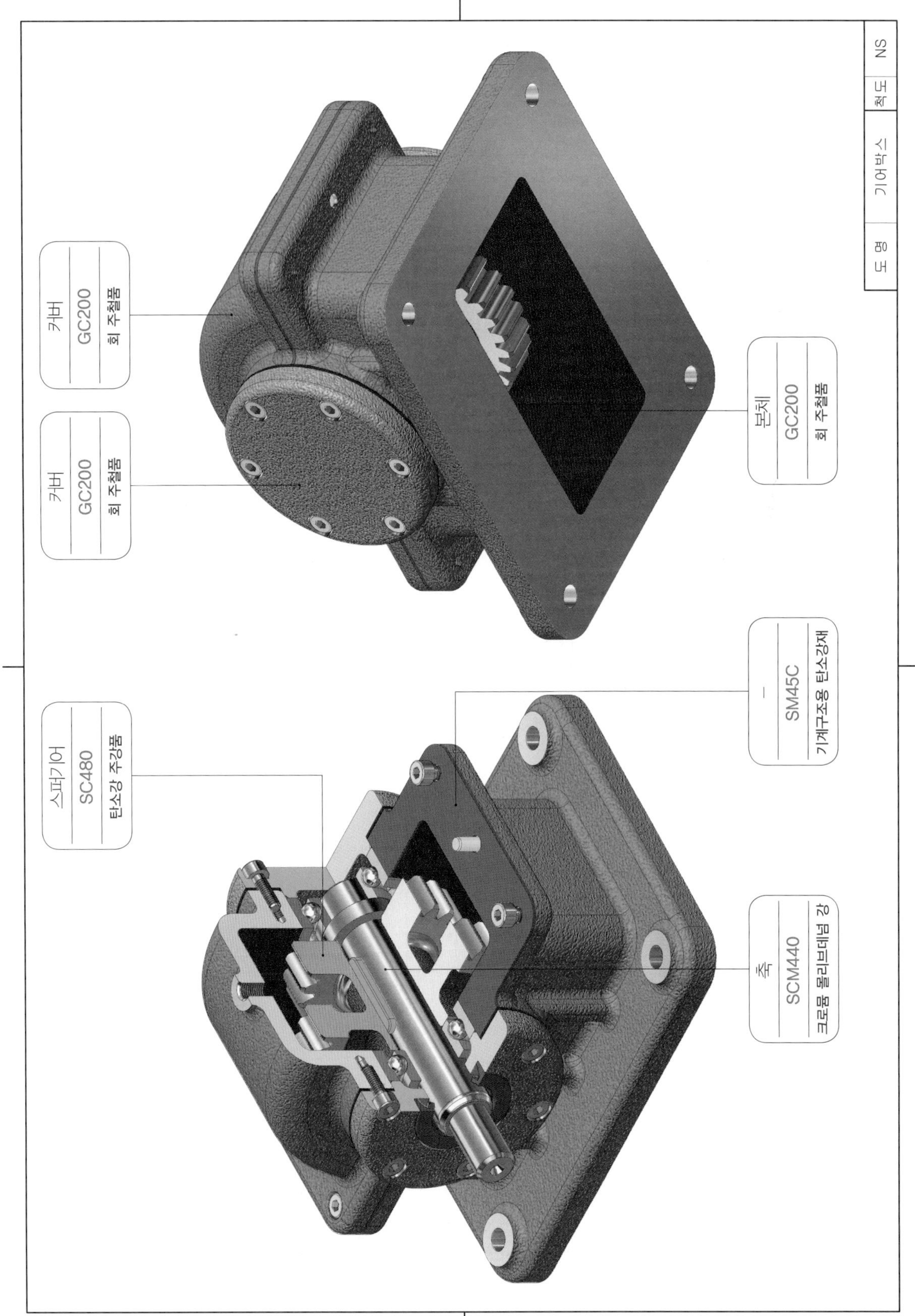
커버
GC200
회 주철품
커버
GC200
회 주철품
본체
GC200
회 주철품
스퍼기어
SC480
탄소강 주강품
–
SM45C
기계구조용 탄소강재
축
SCM440
크로뮴 몰리브데넘 강
도 명
기어박스
척 도
NS

◈ 5. V-벨트전동장치 과제도면 ◈

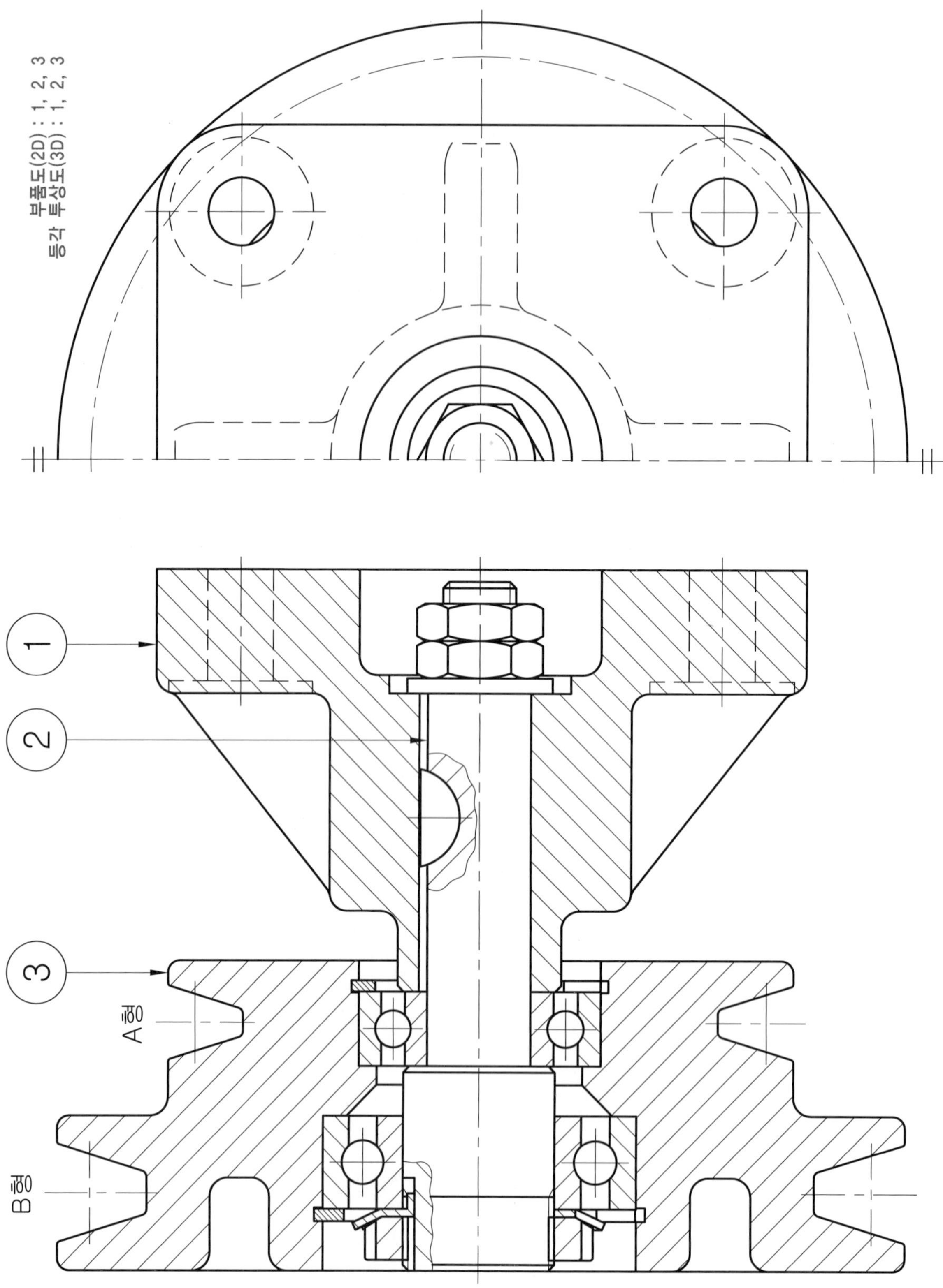

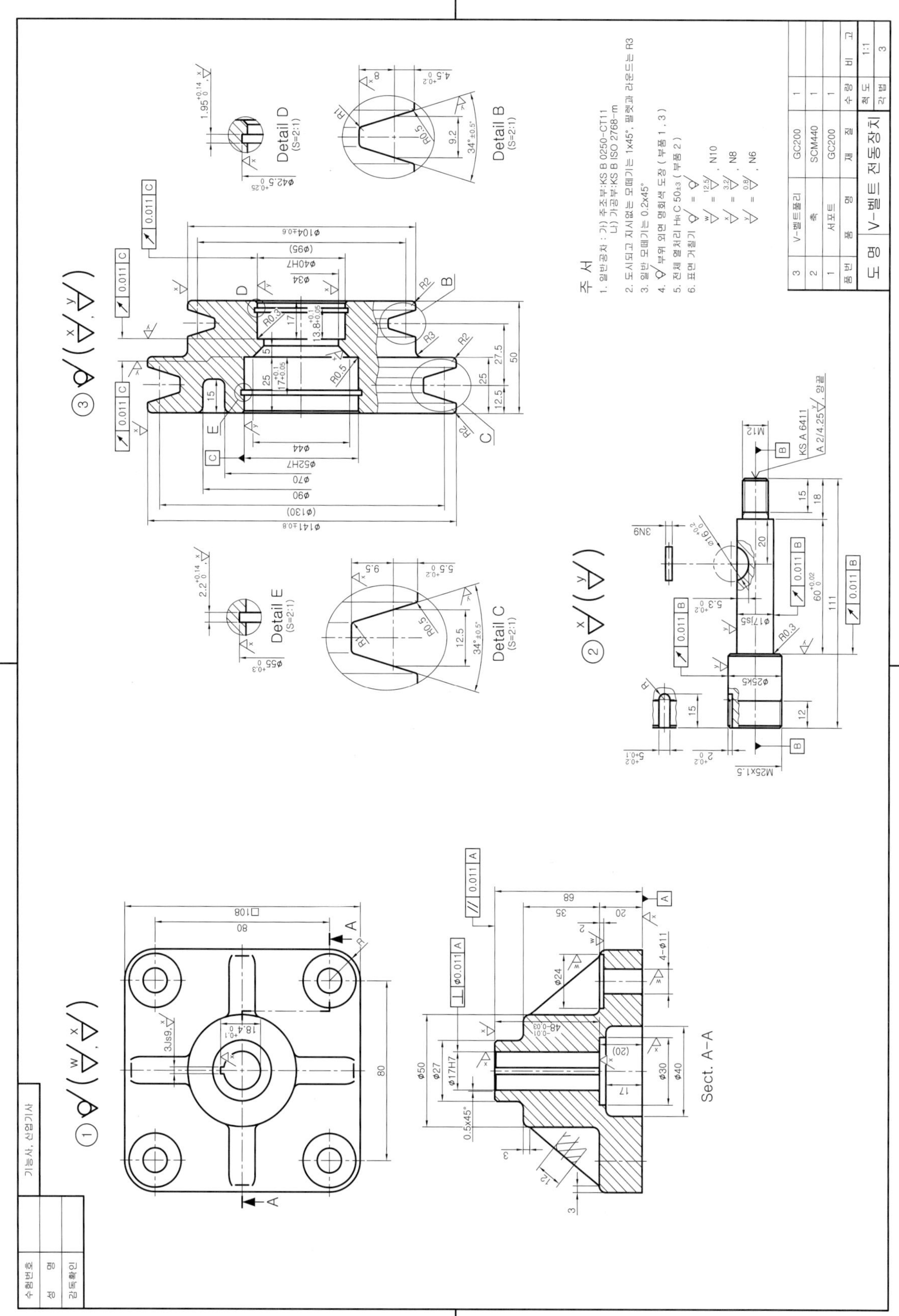
주 서
1. 일반공차 : 가) 주조부:KS B 0250-CT11
나) 가공부:KS B ISO 2768-m
2. 도시되고 지시없는 모떼기는 1x45°, 필렛과 라운드는 R3
3. 일반 모떼기는 0.2x45°
4. 부위 외면 명회색 도장 (부품 1, 3)
5. 전체 열처리 HRC 50±3 (부품 2)
6. 표면 거칠기
N10
N8
N6
3 V-벨트풀리 GC200 1
2 축 SCM440 1
1 서포트 GC200 1
품번 품명 재질 수량 비고
도명 V-벨트 전동장치 척도 1:1 각법 3
Detail D (S=2:1)
Detail B (S=2:1)
Detail E (S=2:1)
Detail C (S=2:1)
Sect. A-A
수험번호
성 명
감독확인
기능사, 산업기사

◈ 5. V-벨트전동장치 렌더링 등각투상도 예제도면 ◈

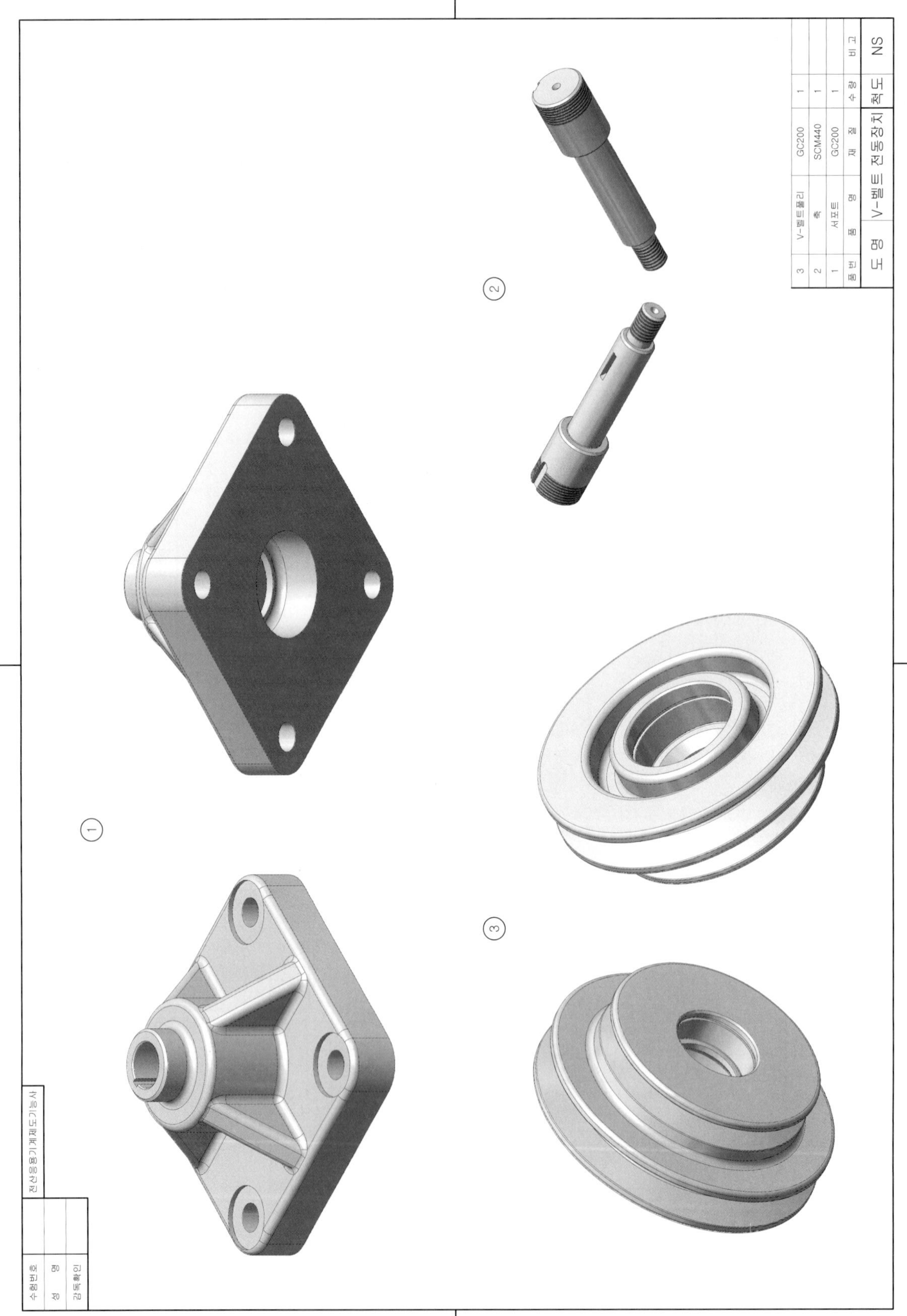

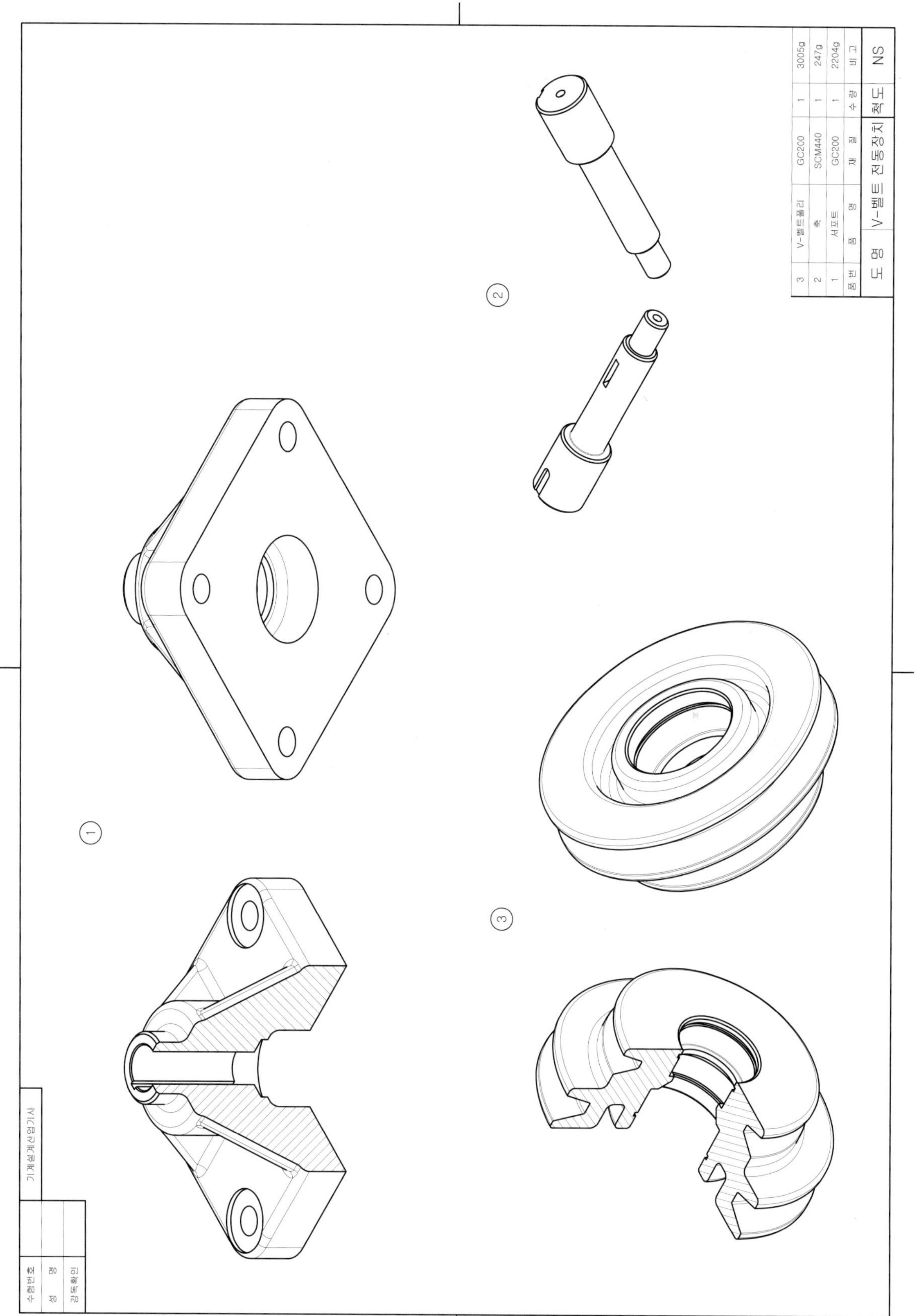
3 | V-벨트풀리 | GC200 | 1 | 3005g
2 | 축 | SCM440 | 1 | 247g
1 | 서포트 | GC200 | 1 | 2204g
품번 | 품 명 | 재 질 | 수 량 | 비 고
도 명 | V-벨트 전동장치 | 척 도 | NS
①
②
③
기계설계산업기사
수험번호
성 명
감독확인

◈ 5. V-벨트전동장치 등각분해도 예제도면 ◈

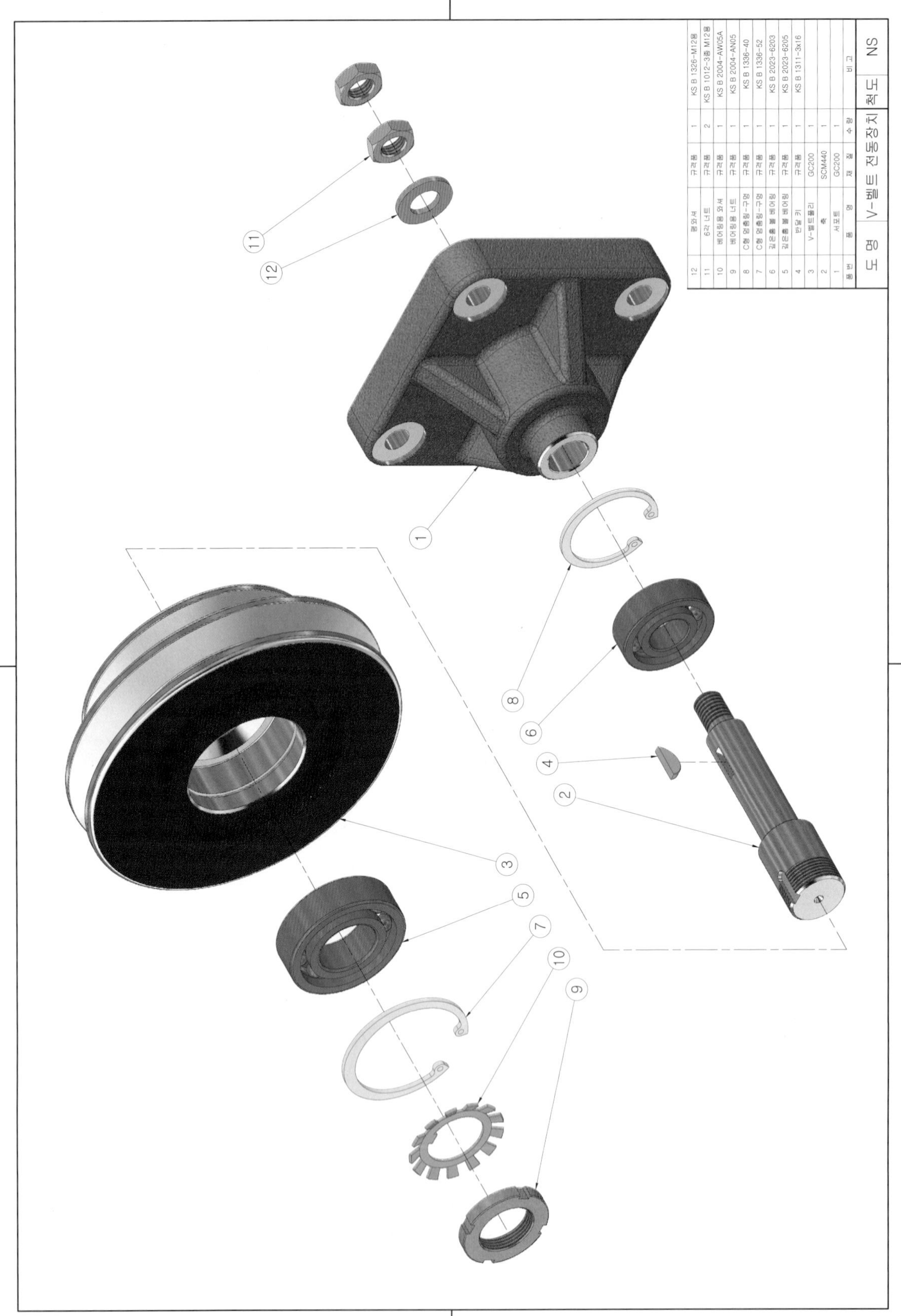

서포트
GC200
회 주철품
V-벨트풀리
GC200
회 주철품
축
SCM440
크로뮴 몰리브데넘 강
도 명
V-벨트 전동장치
척도
NS

◈ 6. 편심왕복장치 과제도면 ◈

2
Z:25
M:2
1
3
4
5
6
7
8
9
6202
1
부품도(2D) : 1, 2, 4, 5, 7
등각 투상도(3D) : 1, 3, 4, 5, 7

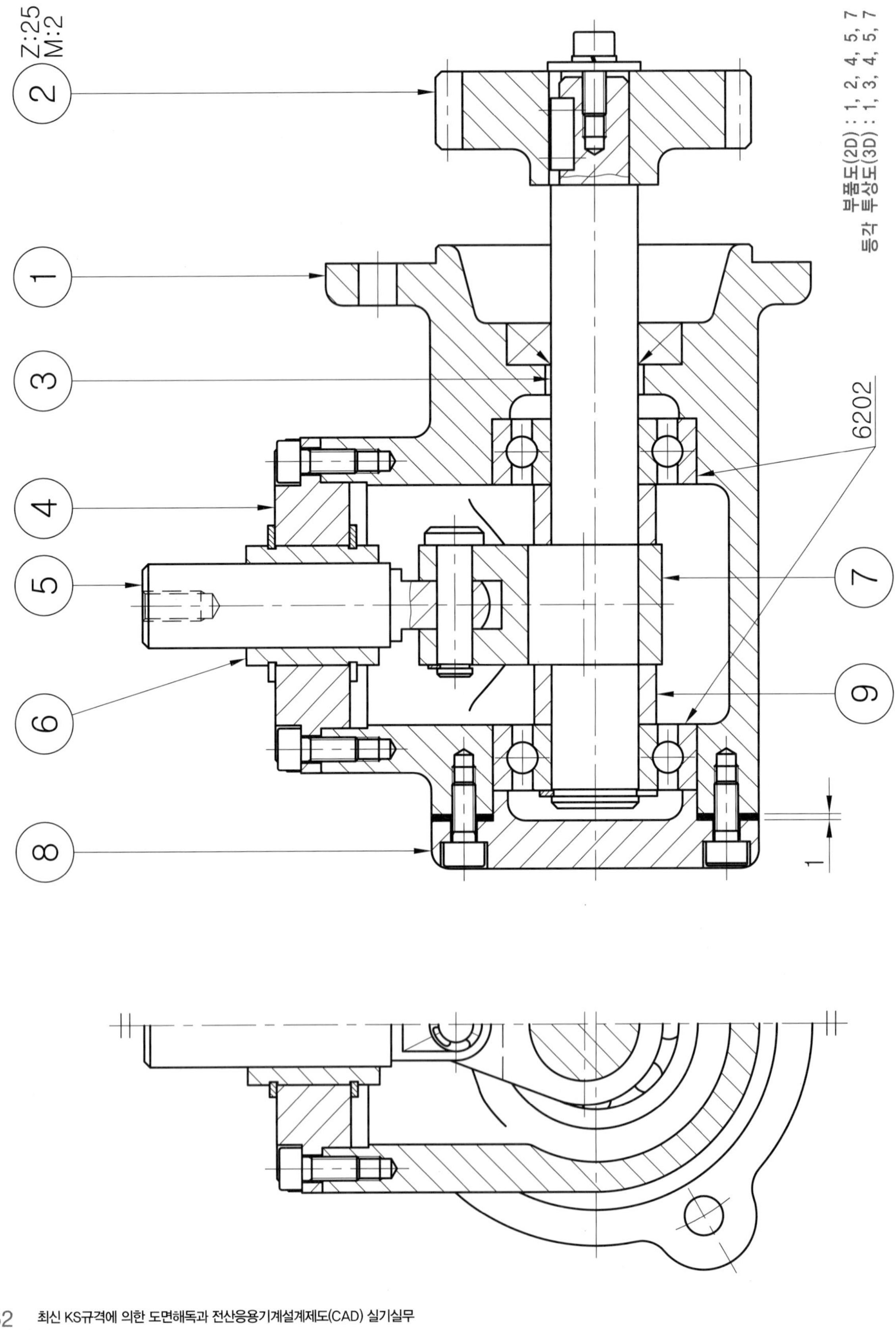

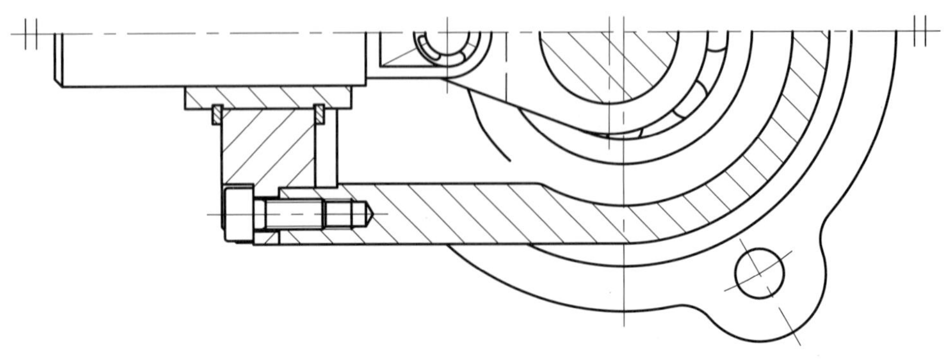

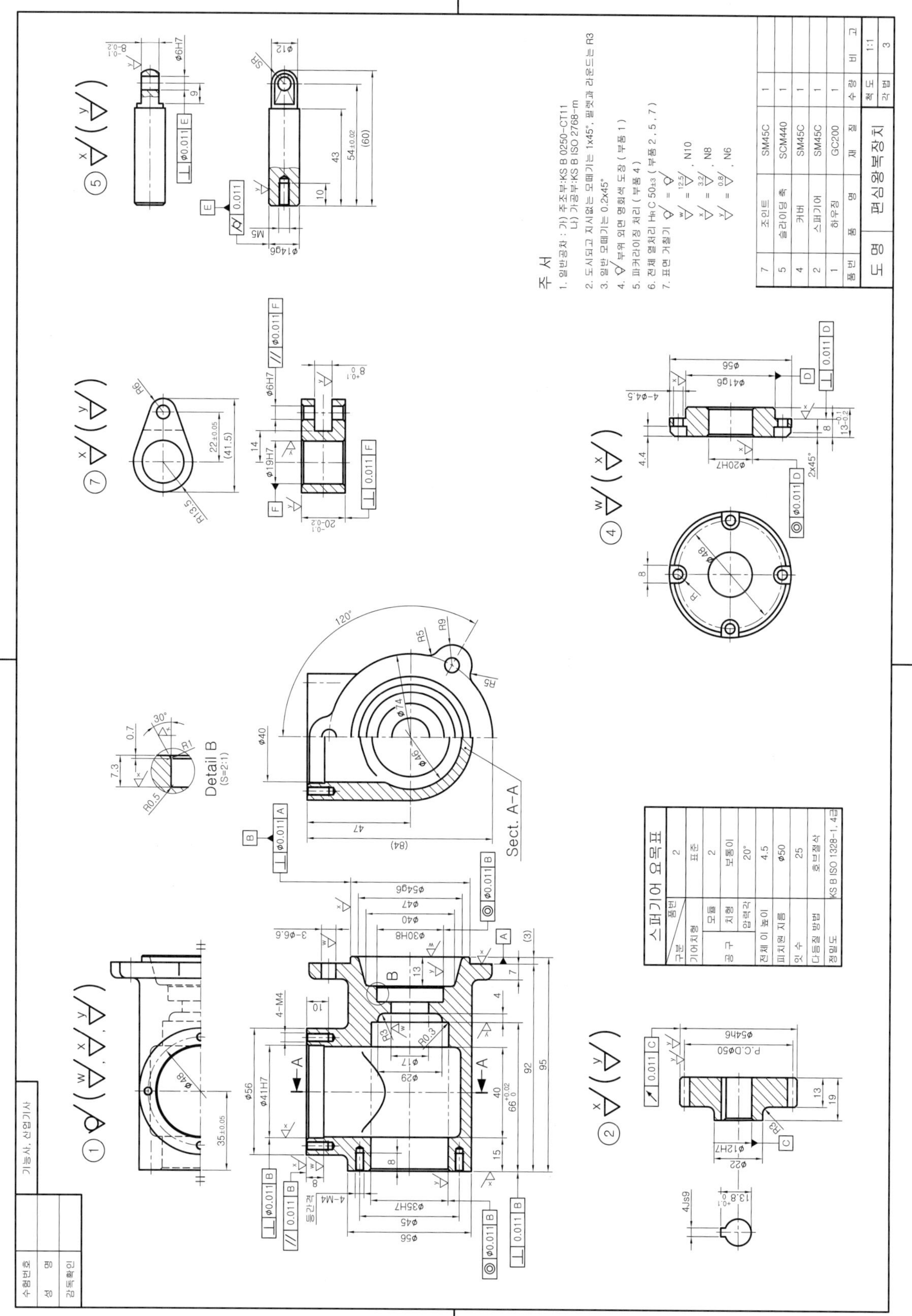
수험번호
성 명
감독확인
기능사, 산업기사
Detail B
(S=2:1)
Sect. A-A
스퍼기어 요목표
구분 / 품번 2
기어치형 표준
공구 모듈 2
공구 치형 보통이
공구 압력각 20°
전체 이 높이 4.5
피치원 지름 ϕ50
잇 수 25
다듬질 방법 호브절삭
정밀도 KS B ISO 1328-1, 4급
주 서
1. 일반공차 : 가) 주조부:KS B 0250-CT11
나) 가공부:KS B ISO 2768-m
2. 도시되고 지시없는 모떼기는 1x45°, 필렛과 라운드는 R3
3. 일반 모떼기는 0.2x45°
4. 부위 외면 명회색 도장 (부품 1)
5. 파커라이징 처리 (부품 4)
6. 전체 열처리 HRC 50±3 (부품 2 , 5 , 7)
7. 표면 거칠기
N10
N8
N6
7 조인트 SM45C 1
5 슬라이딩 축 SCM440 1
4 커버 SM45C 1
2 스퍼기어 SM45C 1
1 하우징 GC200 1
품번 품 명 재 질 수 량 비 고
도 명 편심왕복장치 척 도 1:1
각 법 3

◈ 6. 편심왕복장치 렌더링 등각투상도 예제도면 ◈

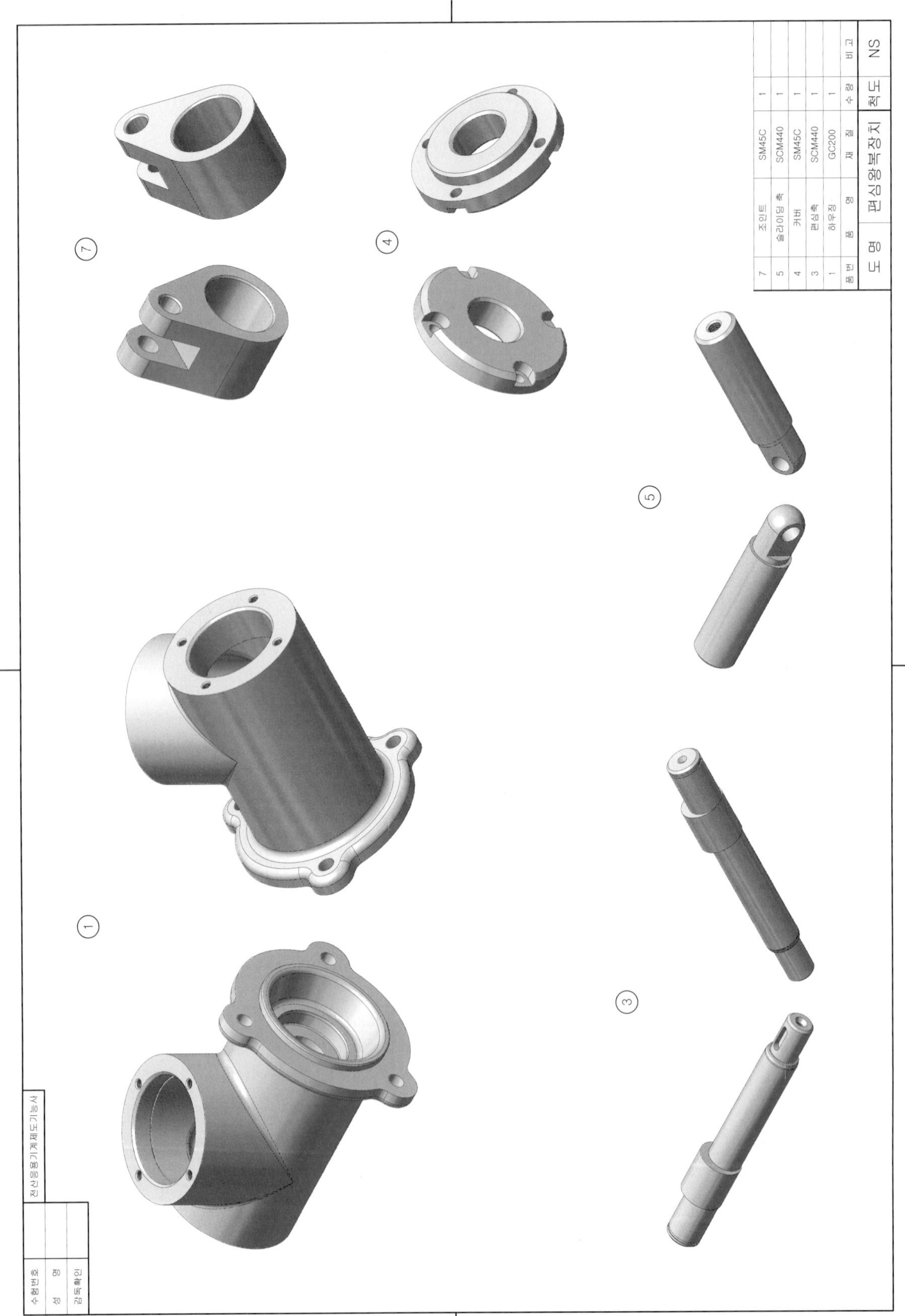

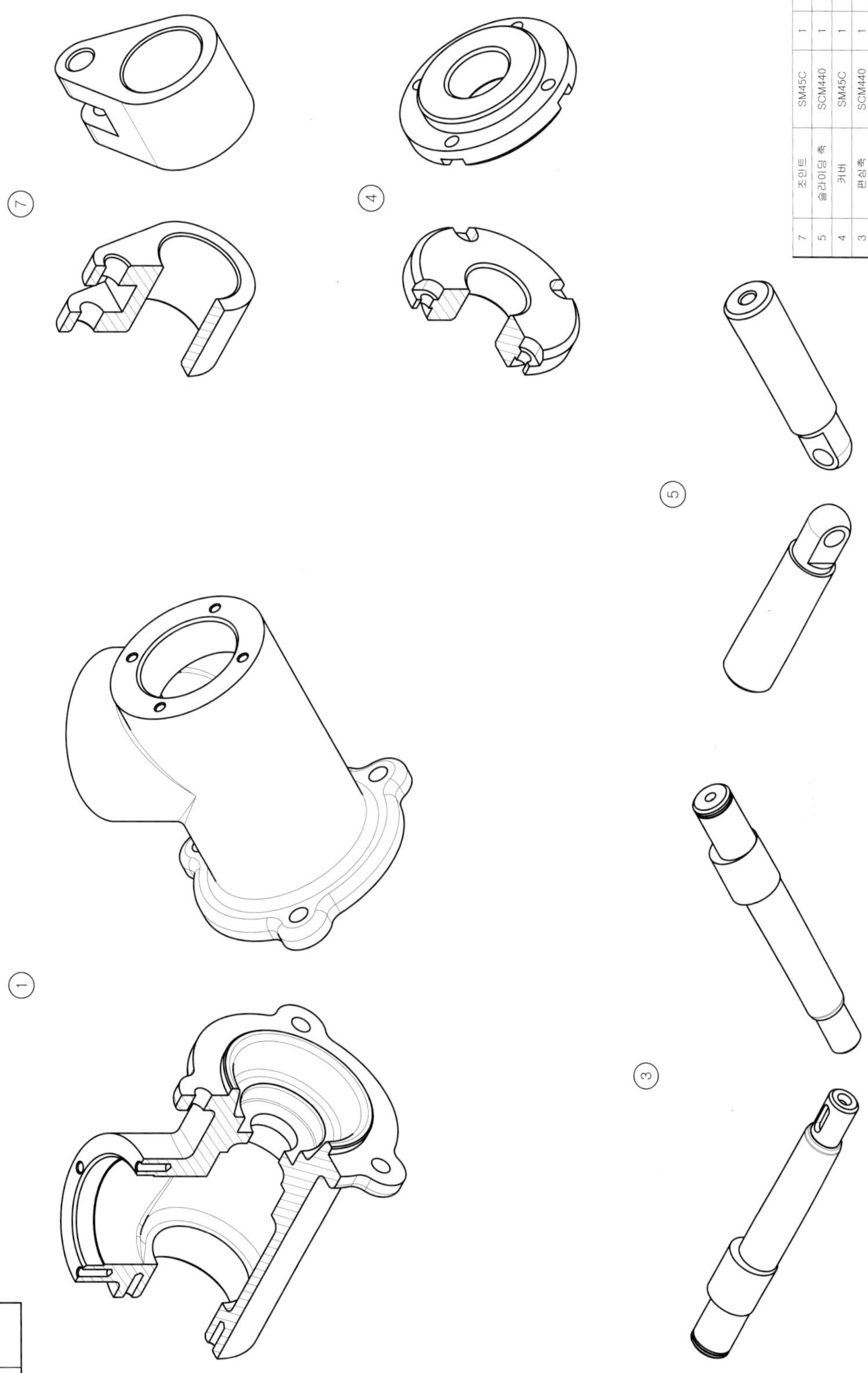

품번	품명	재질	수량	비고
7	조인트	SM45C	1	66g
5	슬라이딩 축	SCM440	1	60g
4	커버	SM45C	1	162g
3	편심축	SCM440	1	175g
1	하우징	GC200	1	1194g
도명	편심왕복장치		척도	NS

⑦ ④ ⑤ ① ③

기계설계산업기사

수험번호	
성명	
감독확인	

◈ 6. 편심왕복장치 등각분해도 예제도면 ◈

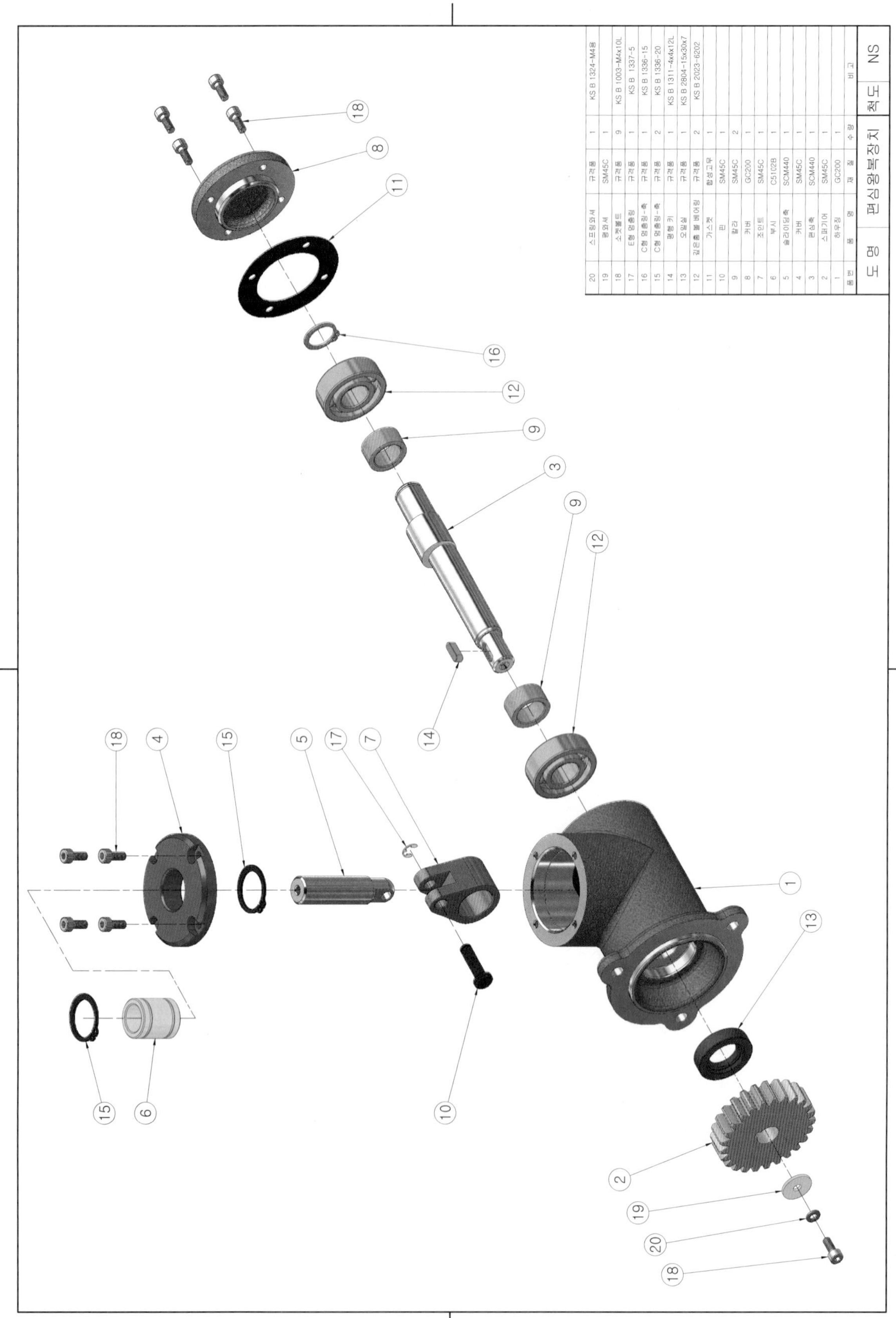

품번	품명	재질	수량	비고
20	스프링와셔	규격품	1	KS B 1324-M4용
19	평와셔	SM45C	1	
18	소켓볼트	규격품	9	KS B 1003-M4x10L
17	E형 멈춤링	규격품	1	KS B 1337-5
16	C형 멈춤링-축	규격품	1	KS B 1336-15
15	C형 멈춤링-축	규격품	2	KS B 1336-20
14	평행 키	규격품	1	KS B 1311-4x4x12L
13	오일실	규격품	1	KS B 2804-15x30x7
12	깊은홈 볼 베어링	규격품	2	KS B 2023-6202
11	가스켓	합성고무	1	
10	핀	SM45C	1	
9	칼라	SM45C	2	
8	커버	GC200	1	
7	조인트	SM45C	1	
6	부시	C5102B	1	
5	슬라이딩축	SCM440	1	
4	커버	SM45C	1	
3	편심축	SCM440	1	
2	스퍼기어	SM45C	1	
1	하우징	GC200	1	

도 명	편심왕복장치	척 도	NS

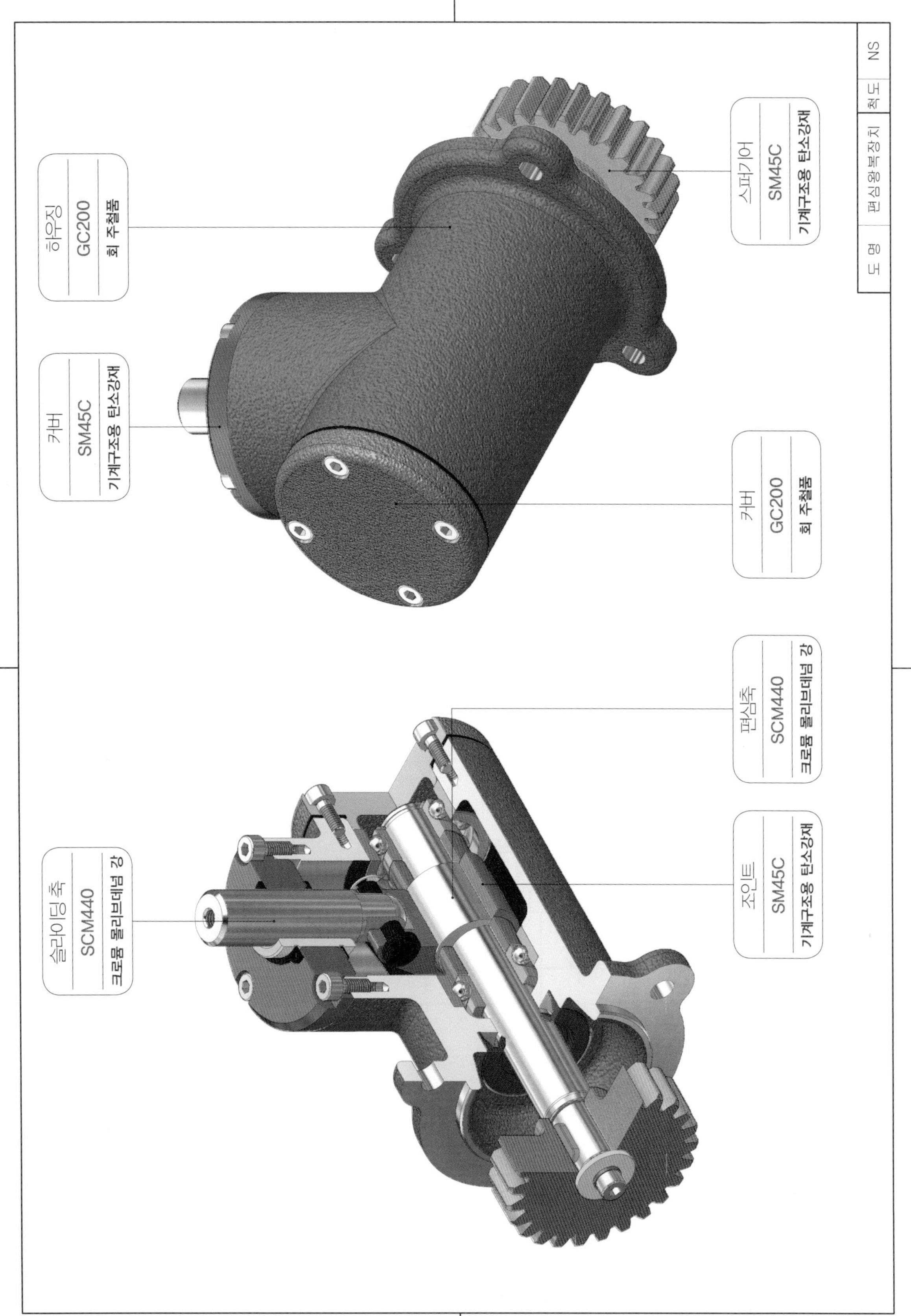
하우징
GC200
회 주철품
커버
SM45C
기계구조용 탄소강재
스퍼기어
SM45C
기계구조용 탄소강재
커버
GC200
회 주철품
슬라이딩 축
SCM440
크로뮴 몰리브데넘 강
편심축
SCM440
크로뮴 몰리브데넘 강
조인트
SM45C
기계구조용 탄소강재
도 명
편심왕복장치
척 도
NS

◈ 7. 래크와 피니언 구동장치 과제도면 ◈

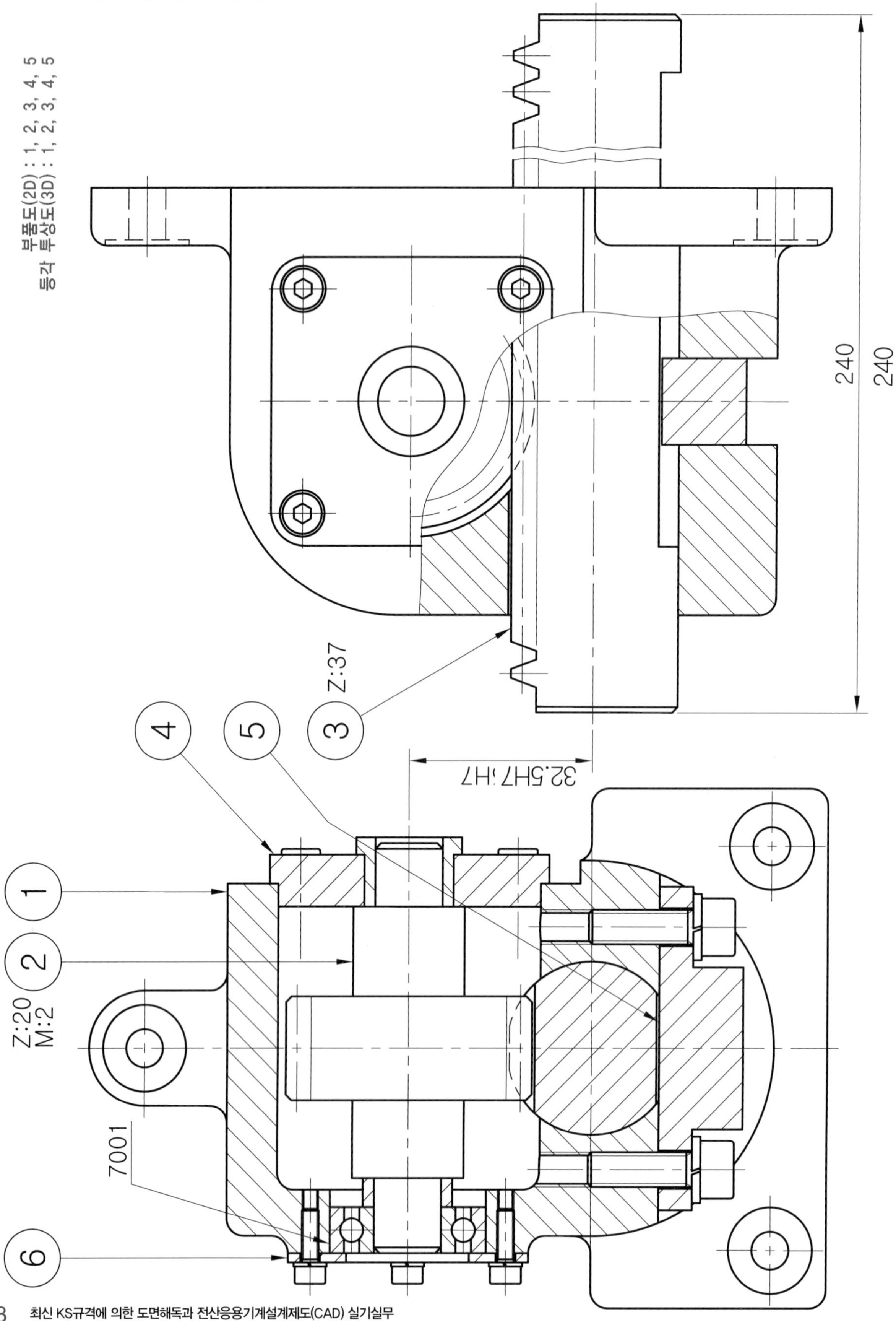

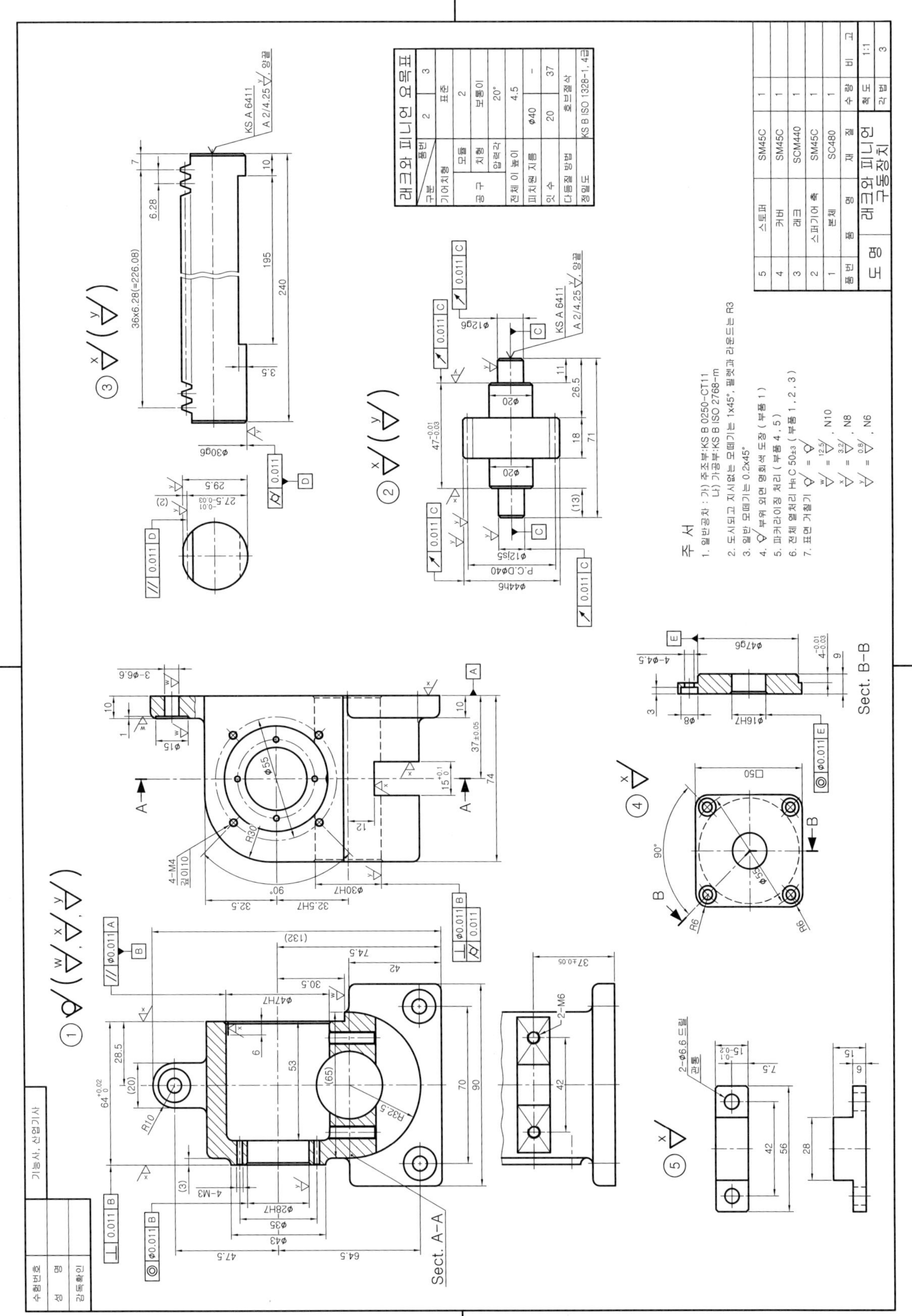
래크와 피니언 요목표
구분 | 품번 | 2 | 3
기어치형 | 표준
공구 | 모듈 | 2
치형 | 보통이
압력각 | 20°
전체 이 높이 | 4.5
피치원 지름 | Φ40 | -
잇 수 | 20 | 37
다듬질 방법 | 호브절삭
정밀도 | KS B ISO 1328-1, 4급
주 서
1. 일반공차 : 가) 주조부:KS B 0250-CT11
나) 가공부:KS B ISO 2768-m
2. 도시되고 지시없는 모떼기는 1x45°, 필렛과 라운드는 R3
3. 일반 모떼기는 0.2x45°
4. 부위 외면 명회색 도장 (부품 1)
5. 파커라이징 처리 (부품 4 , 5)
6. 전체 열처리 HRC 50±3 (부품 1 , 2 , 3)
7. 표면 거칠기
5 | 스토퍼 | SM45C | 1
4 | 커버 | SM45C | 1
3 | 래크 | SCM440 | 1
2 | 스퍼기어 축 | SM45C | 1
1 | 본체 | SC480 | 1
품번 | 품 명 | 재 질 | 수량 | 비 고
도 명 | 래크와 피니언 구동장치 | 척도 1:1 | 각법 3
Sect. A-A
Sect. B-B
수험번호
성 명
감독확인
기능사, 산업기사

◈ 7. 래크와 피니언 구동장치 렌더링 등각투상도 예제도면 ◈

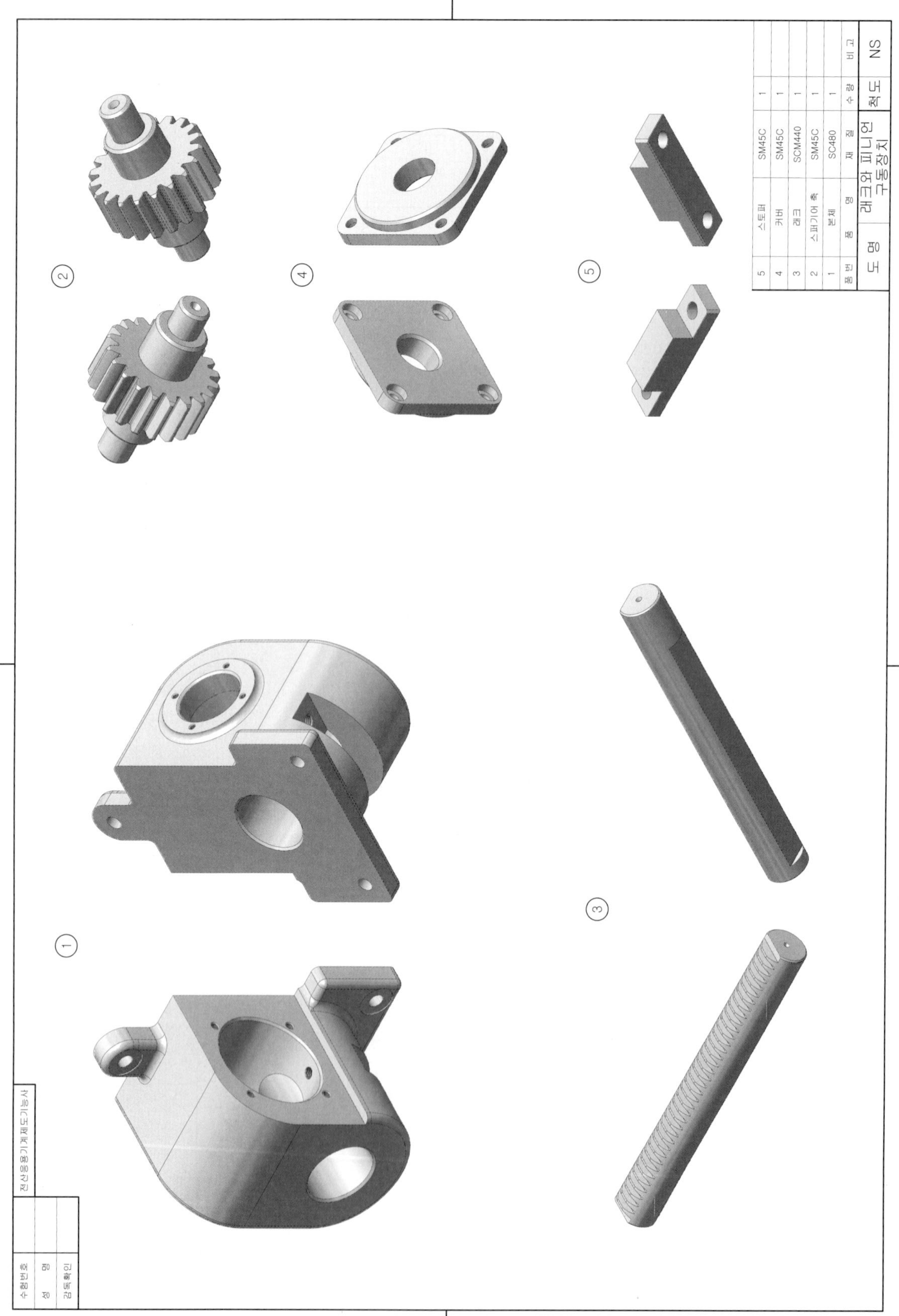

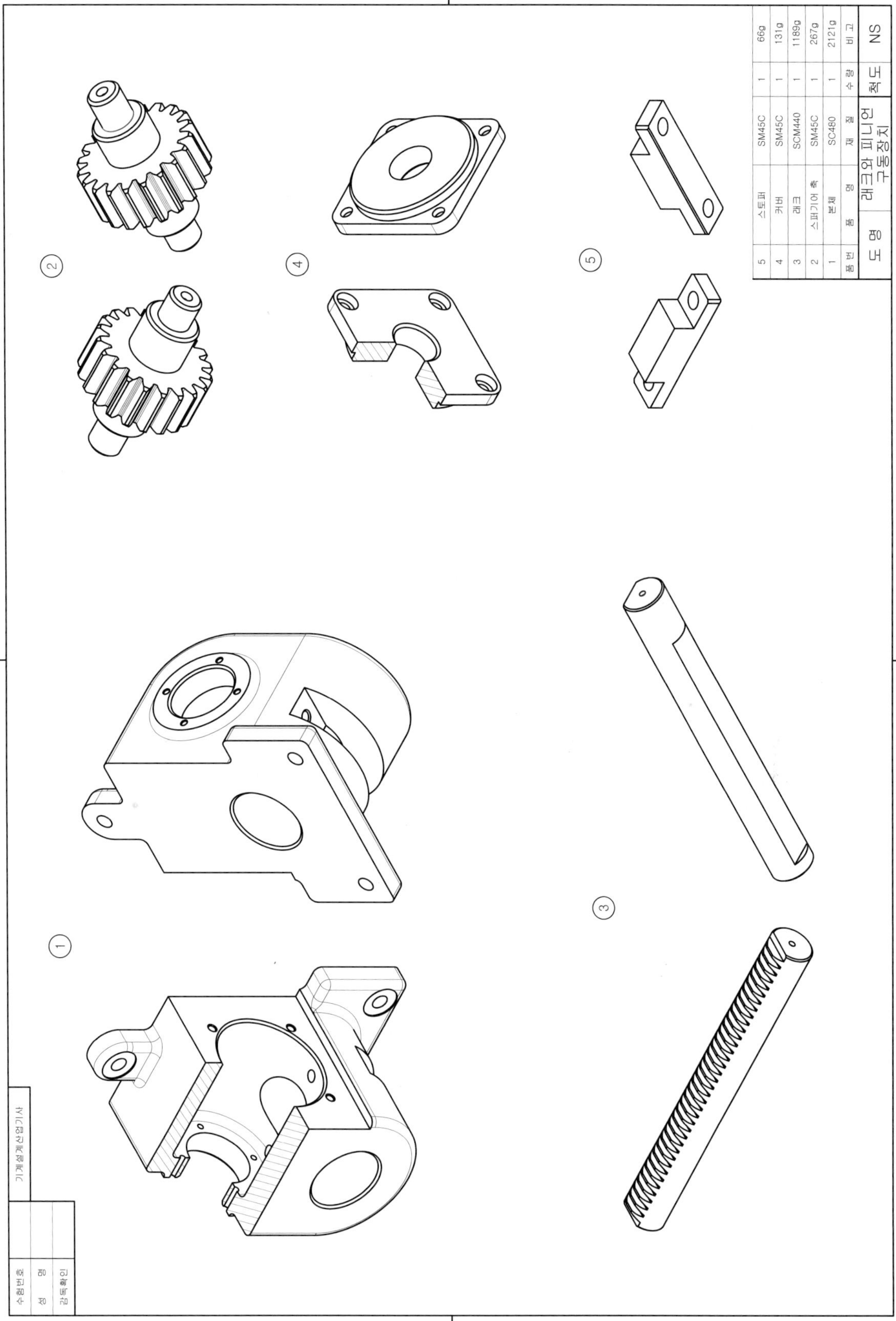

품번	품명	재질	수량	비고
5	스토퍼	SM45C	1	66g
4	커버	SM45C	1	131g
3	래크	SCM440	1	1189g
2	스퍼기어 축	SM45C	1	267g
1	본체	SC480	1	2121g

도명	래크와 피니언 구동장치	척도	NS

기계설계산업기사

수험번호	
성명	
감독확인	

①

②

③

④

⑤

◈ 7. 래크와 피니언 구동장치 등각분해도 예제도면 ◈

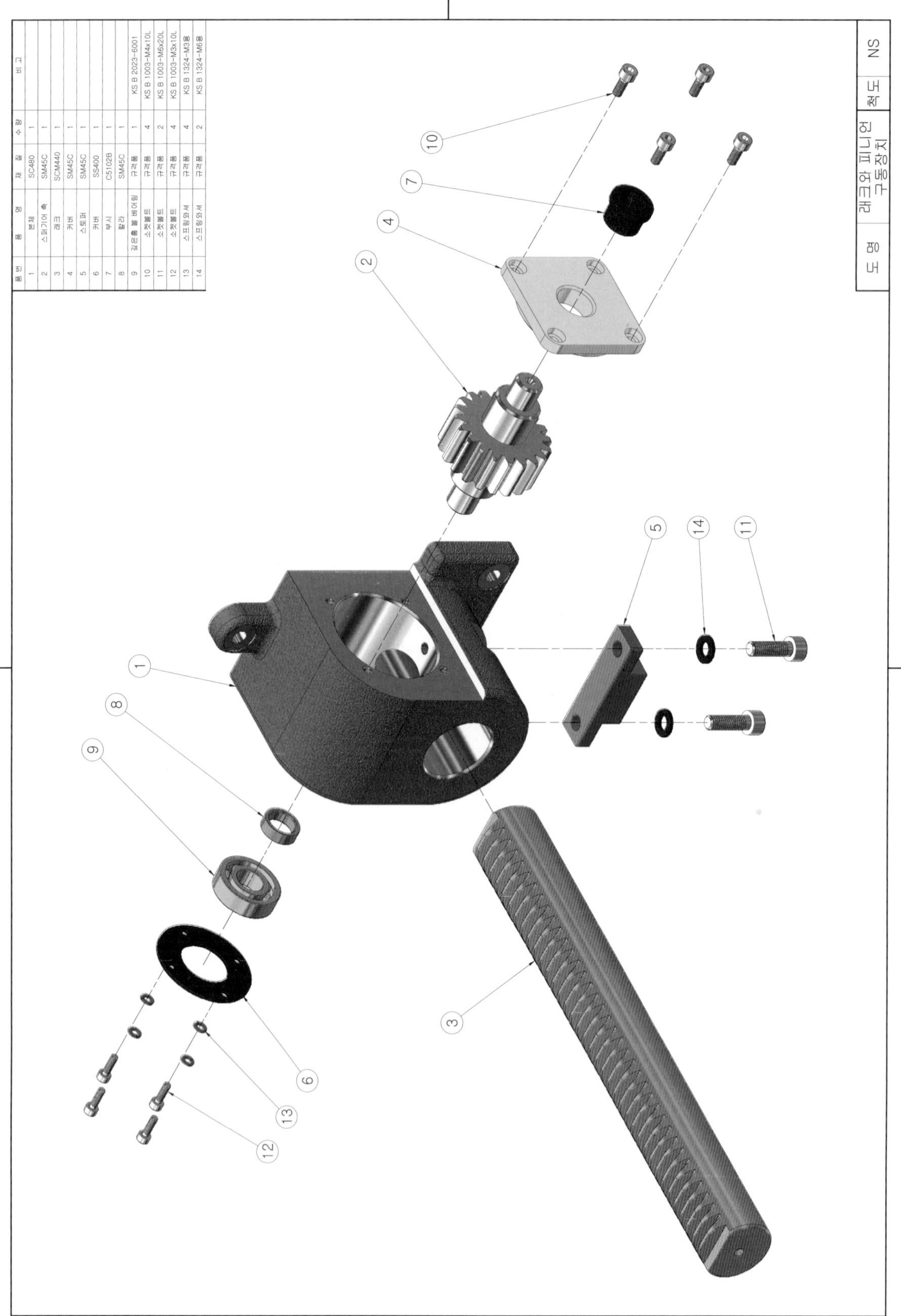

품번	품 명	재 질	수 량	비 고
1	본체	SC480	1	
2	스퍼기어 축	SM45C	1	
3	래크	SCM440	1	
4	커버	SM45C	1	
5	스토퍼	SM45C	1	
6	커버	SS400	1	
7	부시	C5102B	1	
8	칼라	SM45C	1	
9	깊은홈 볼 베어링	규격품	1	KS B 2023-6001
10	소켓볼트	규격품	4	KS B 1003-M4x10L
11	소켓볼트	규격품	2	KS B 1003-M6x20L
12	소켓볼트	규격품	4	KS B 1003-M3x10L
13	스프링와셔	규격품	4	KS B 1324-M3용
14	스프링와셔	규격품	2	KS B 1324-M6용

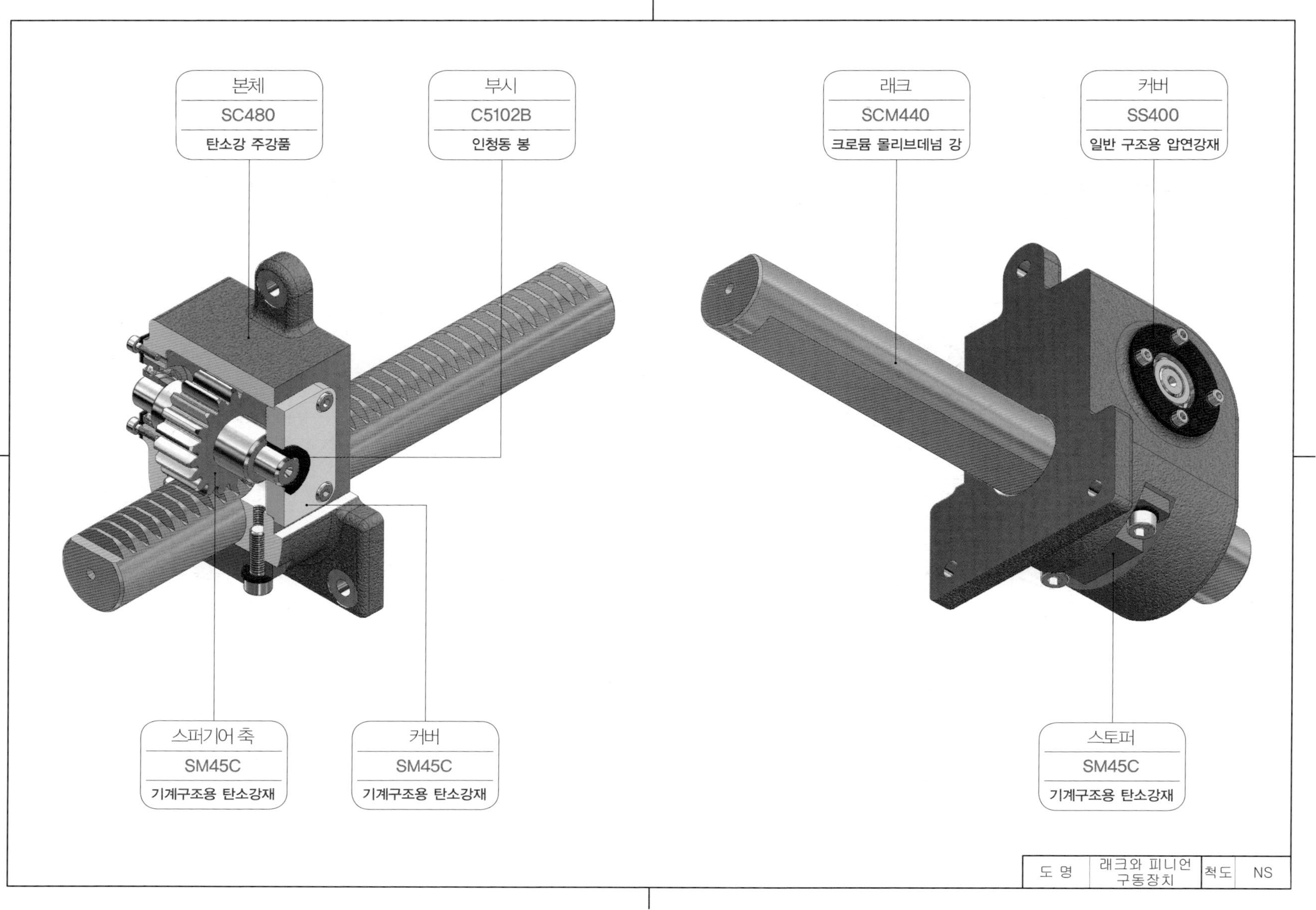
본체
SC480
탄소강 주강품
부시
C5102B
인청동 봉
래크
SCM440
크로뮴 몰리브데넘 강
커버
SS400
일반 구조용 압연강재
스퍼기어 축
SM45C
기계구조용 탄소강재
커버
SM45C
기계구조용 탄소강재
스토퍼
SM45C
기계구조용 탄소강재
도 명
래크와 피니언 구동장치
척도
NS

◈ 8. 기어펌프_1 과제도면 ◈

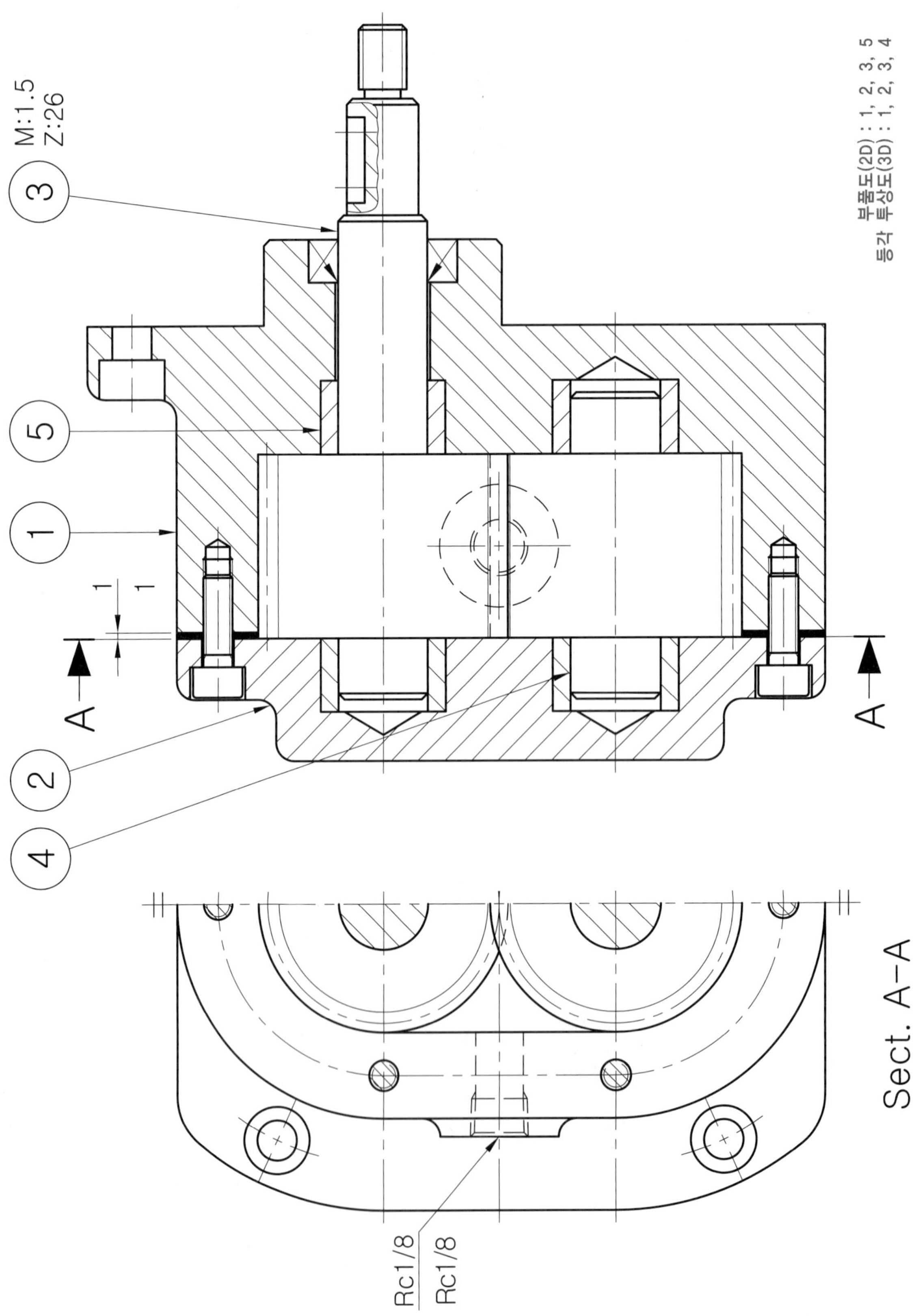

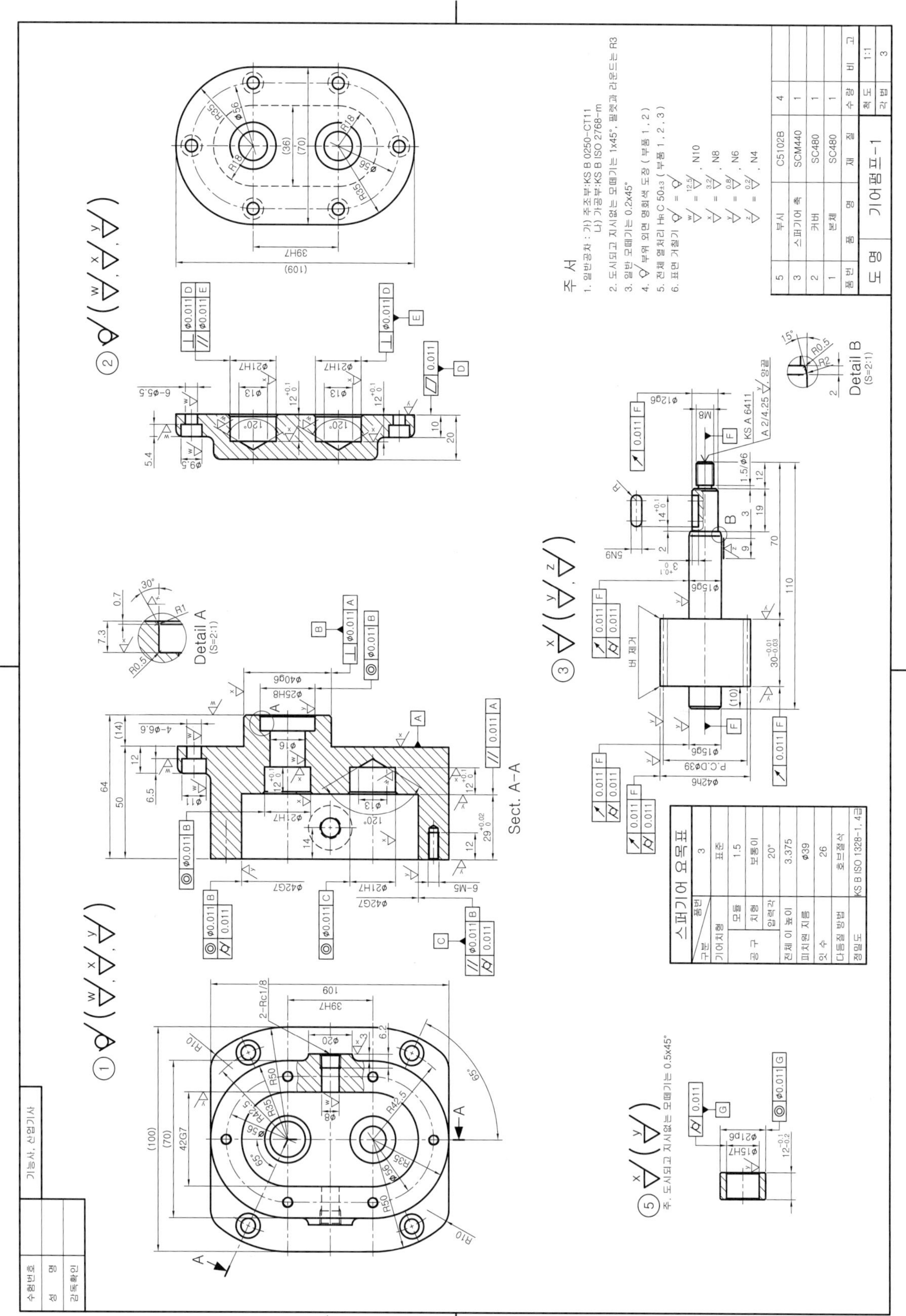
주 서
1. 일반공차 : 가) 주조부:KS B 0250-CT11
나) 가공부:KS B ISO 2768-m
2. 도시되고 지시없는 모떼기는 1x45°, 필렛과 라운드는 R3
3. 일반 모떼기는 0.2x45°
4. 부위 외면 명회색 도장 (부품 1, 2)
5. 전체 열처리 HRC 50±3 (부품 1, 2, 3)
6. 표면 거칠기
스퍼기어 요목표
기어치형 표준
모듈 1.5
치형 보통이
압력각 20°
전체 이 높이 3.375
피치원 지름 Φ39
잇 수 26
다듬질 방법 호브절삭
정밀도 KS B ISO 1328-1, 4급
Sect. A-A
Detail A (S=2:1)
Detail B (S=2:1)
5 부시 C5102B 4
3 스퍼기어 축 SCM440 1
2 커버 SC480 1
1 본체 SC480 1
품번 품명 재질 수량 비고
도명 기어펌프-1
척도 1:1
각법 3
수험번호
성 명
감독확인
기능사, 산업기사

◈ 8. 기어펌프_1 렌더링 등각투상도 예제도면 ◈

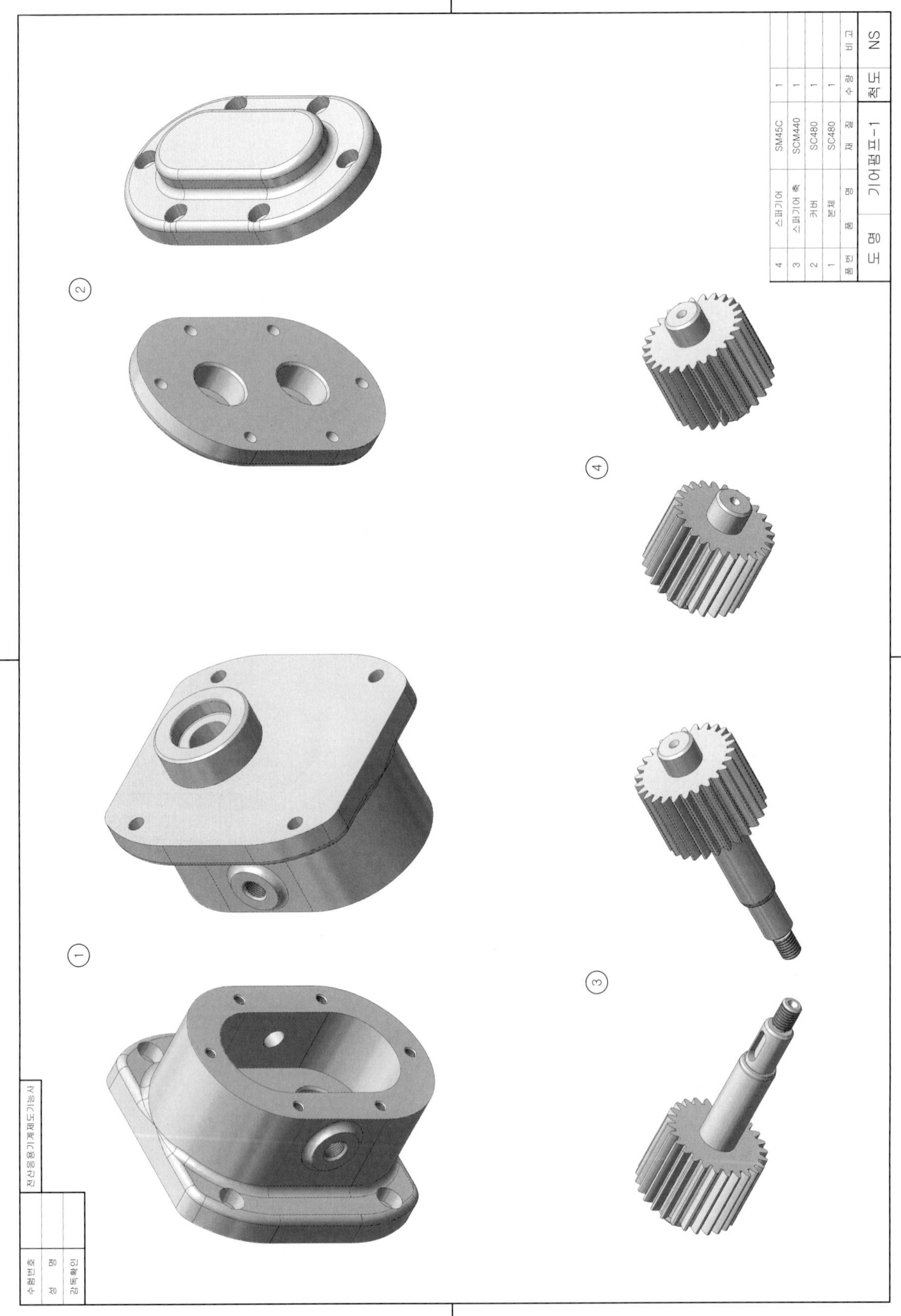

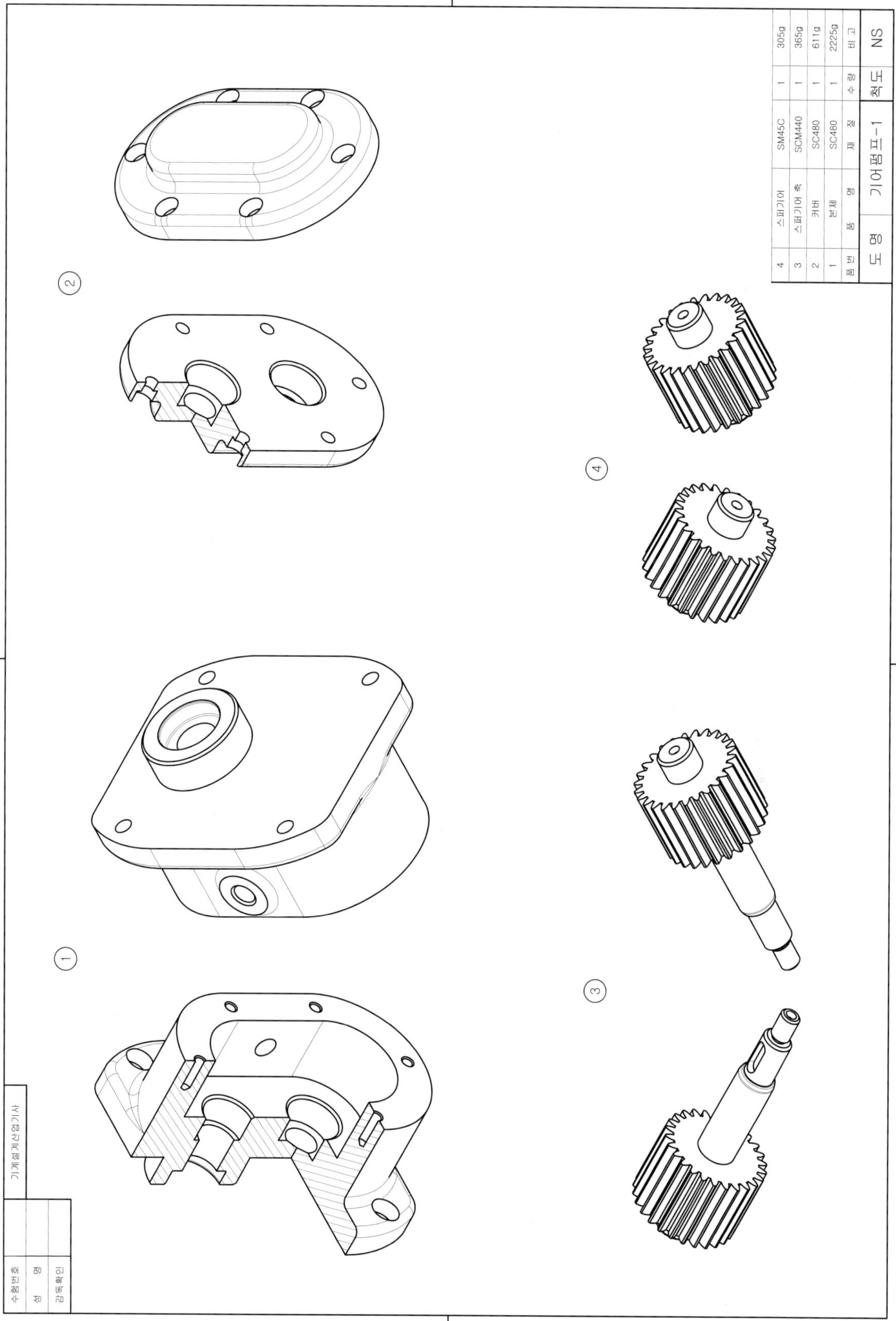

◈ 8. 기어펌프_1 3D 모델링도 예제도면 ◈

수험번호	
성 명	
감독확인	

기계설계산업기사

품번	품 명	재 질	수 량	비 고
4	스퍼기어	SM45C	1	305g
3	스퍼기어 축	SCM440	1	365g
2	커버	SC480	1	611g
1	본체	SC480	1	2225g
도 명	기어펌프-1		척도	NS

②

④

①

③

◈ 8. 기어펌프_1 등각분해도 예제도면 ◈

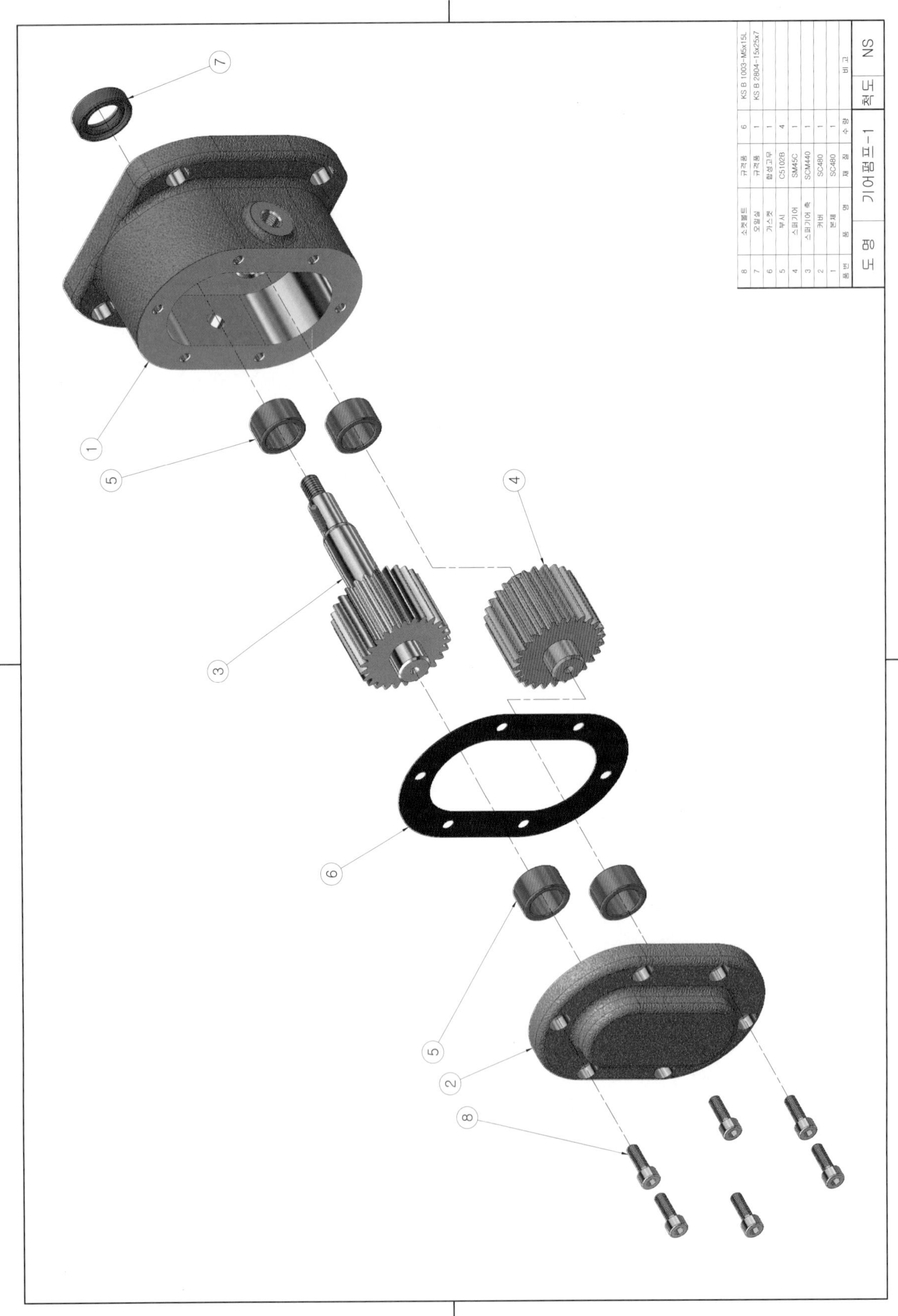

품번	품 명	재 질	수 량	비 고
8	소켓볼트	규격품	6	KS B 1003-M5x15L
7	오일실	규격품	1	KS B 2804-15x25x7
6	가스켓	합성고무	1	
5	부시	C5102B	4	
4	스퍼기어	SM45C	1	
3	스퍼기어 축	SCM440	1	
2	커버	SC480	1	
1	본체	SC480	1	

도 명	기어펌프-1	척도	NS

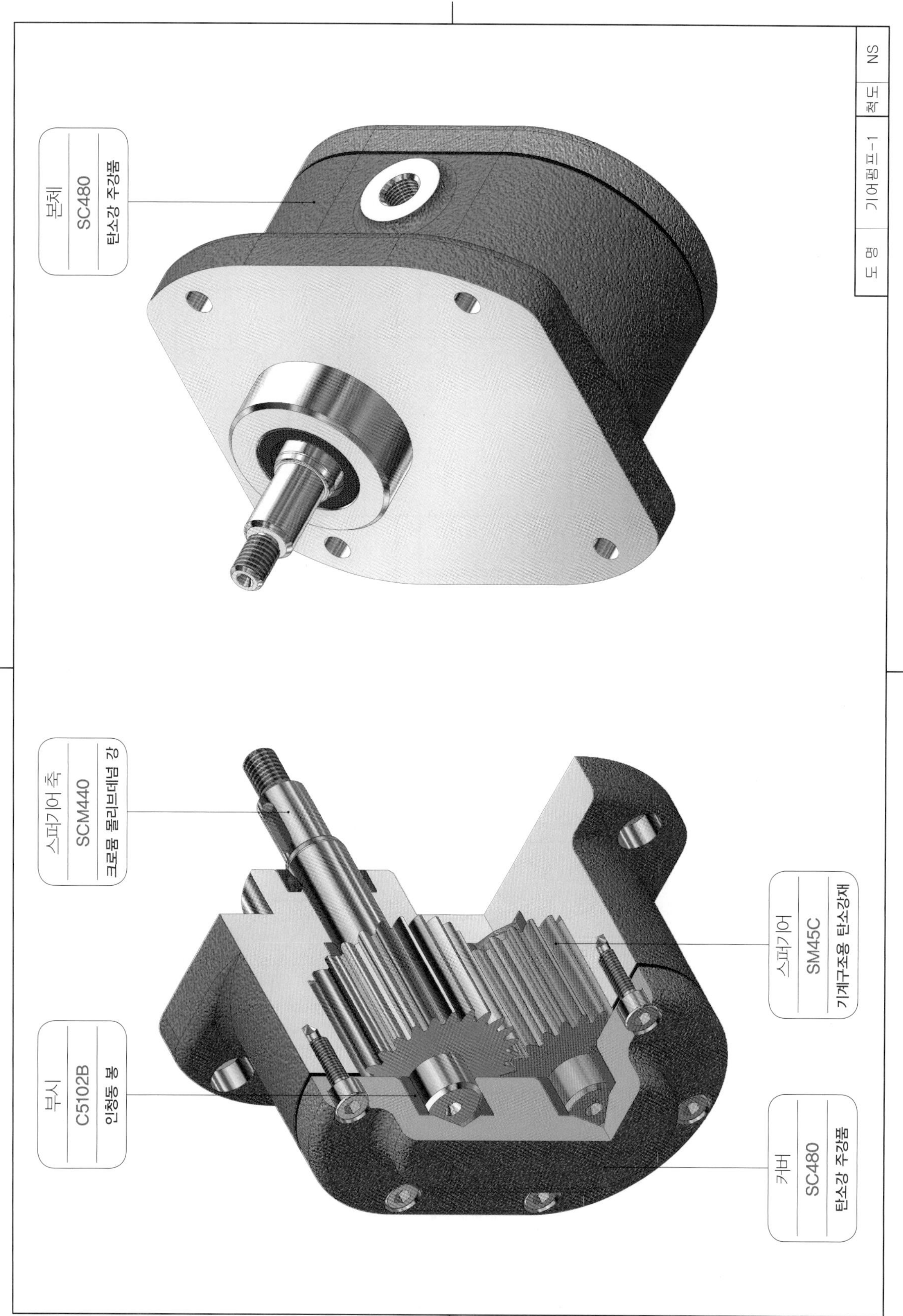

도 명
기어펌프-1
척도
NS
본체
SC480
탄소강 주강품
스퍼기어 축
SCM440
크로뮴 몰리브데넘 강
부시
C5102B
인청동 봉
스퍼기어
SM45C
기계구조용 탄소강재
커버
SC480
탄소강 주강품

◈ 9. 기어펌프_2 과제도면 ◈

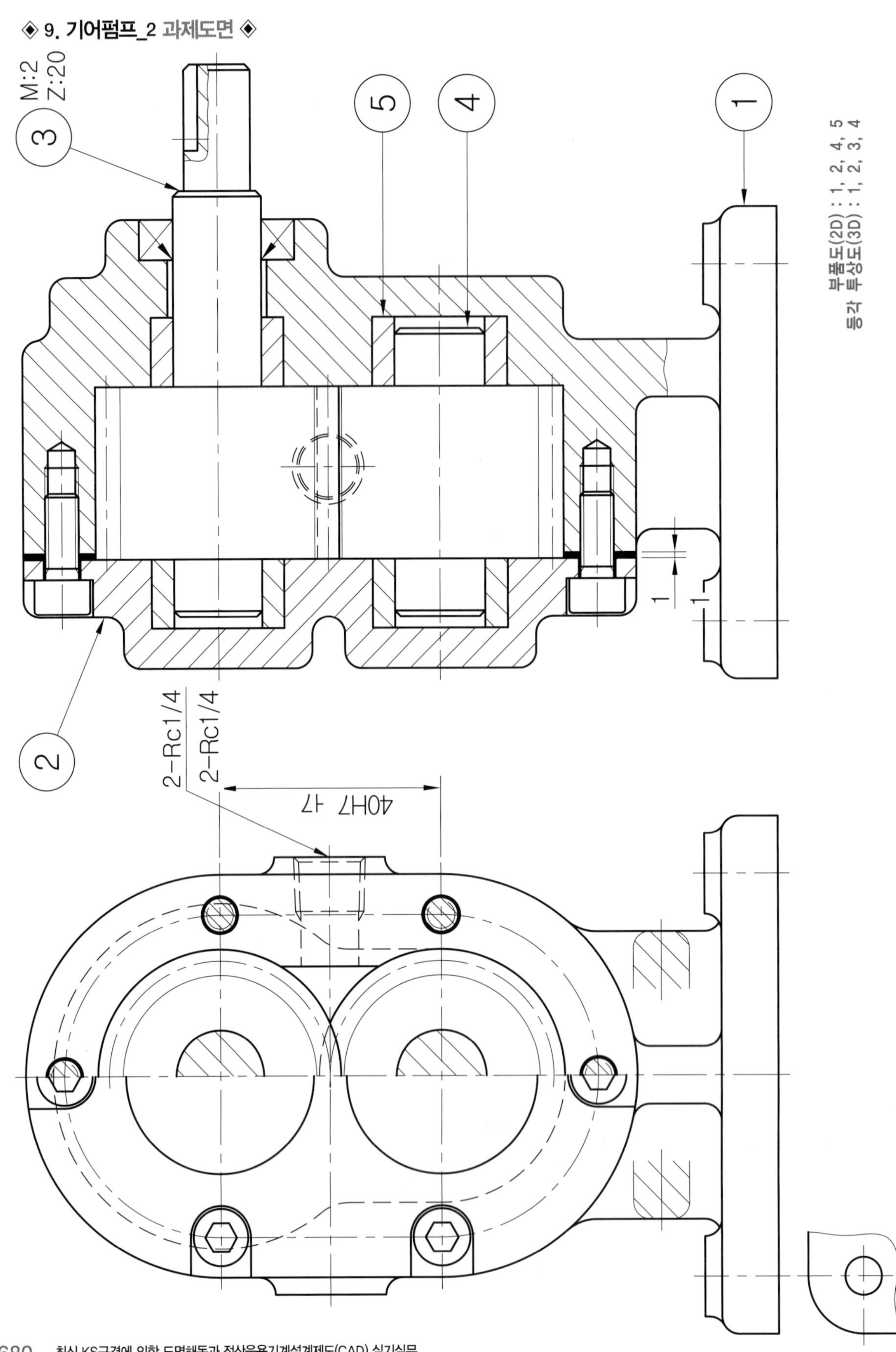

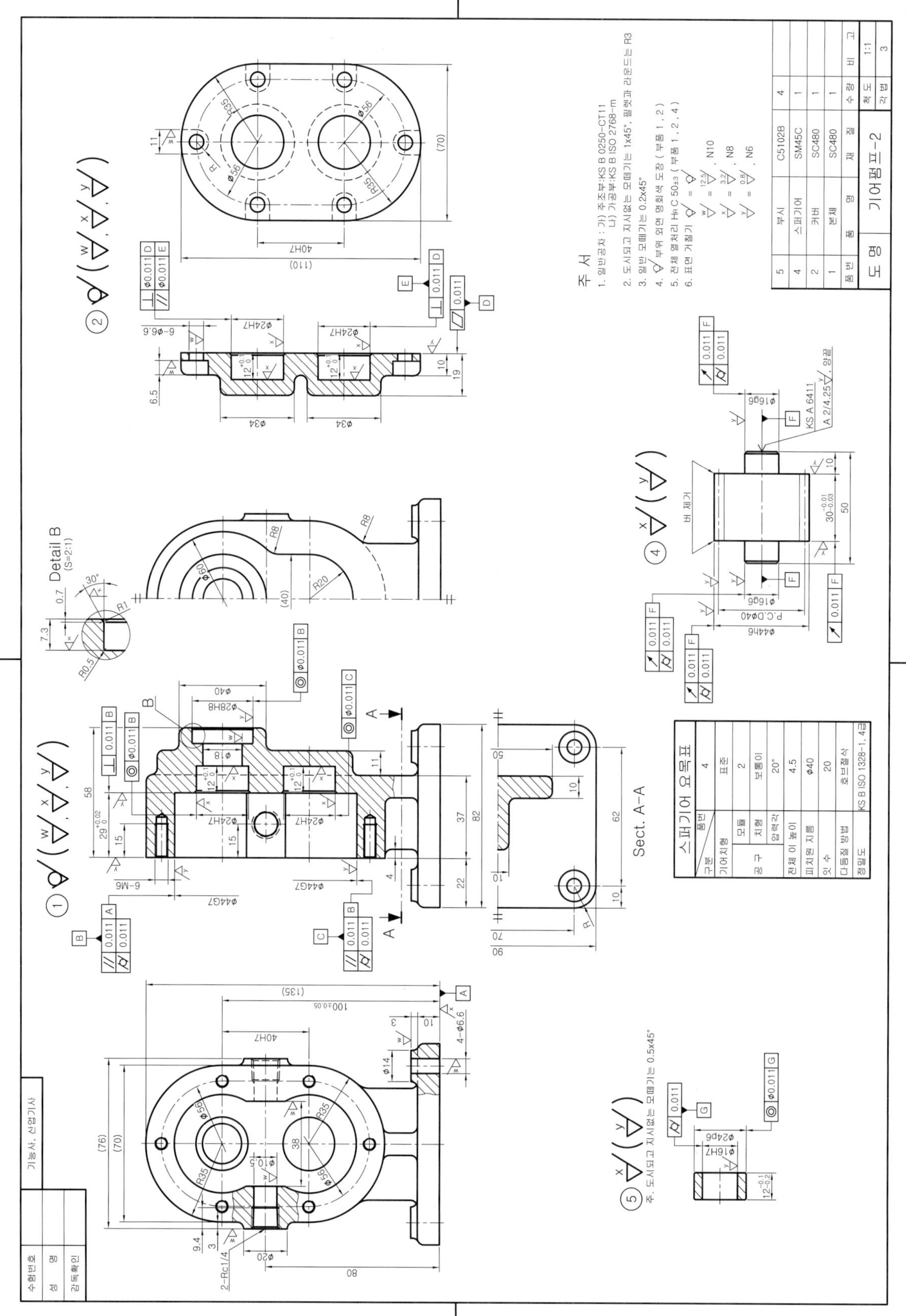
주 서
1. 일반공차 : 가) 주조부:KS B 0250-CT11
나) 가공부:KS B ISO 2768-m
2. 도시되고 지시없는 모떼기는 1x45°, 필렛과 라운드는 R3
3. 일반 모떼기는 0.2x45°
4. 부위 외면 명회색 도장 (부품 1, 2)
5. 전체 열처리 HRC 50±3 (부품 1, 2, 4)
6. 표면 거칠기
5 부시 C5102B 4
4 스퍼기어 SM45C 1
2 커버 SC480 1
1 본체 SC480 1
품번 품명 재질 수량 비고
도명 기어펌프-2 척도 1:1 각법 3
스퍼기어 요목표
구분 품번 4
기어치형 표준
공구 모듈 2
치형 보통이
압력각 20°
전체 이 높이 4.5
피치원 지름 Φ40
잇 수 20
다듬질 방법 호브절삭
정밀도 KS B ISO 1328-1, 4급
Sect. A-A
Detail B (S=2:1)
주. 도시되고 지시없는 모떼기는 0.5x45°
수험번호
성 명
감독확인
기능사, 산업기사

◈ 9. 기어펌프_2 렌더링 등각투상도 예제도면 ◈

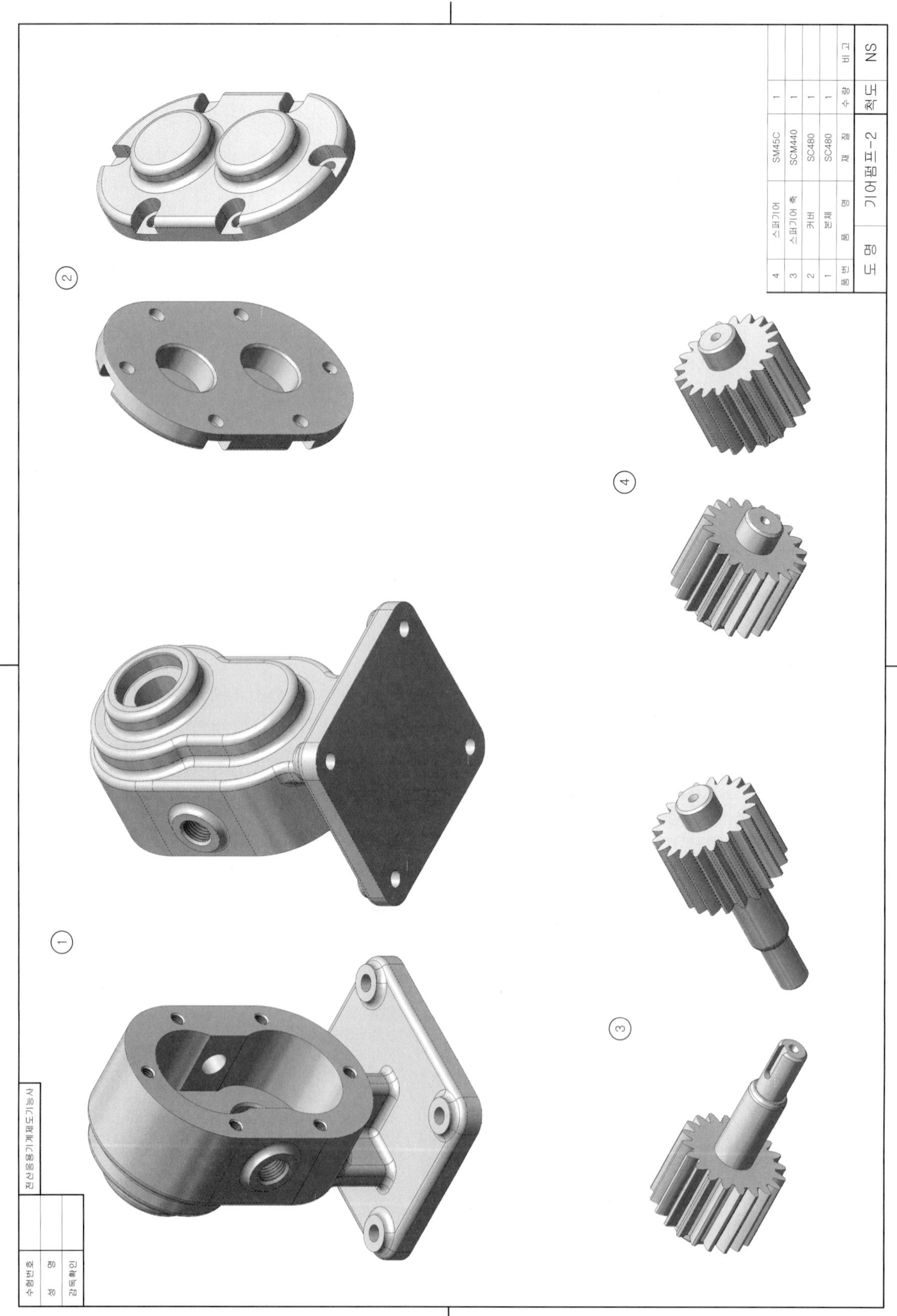

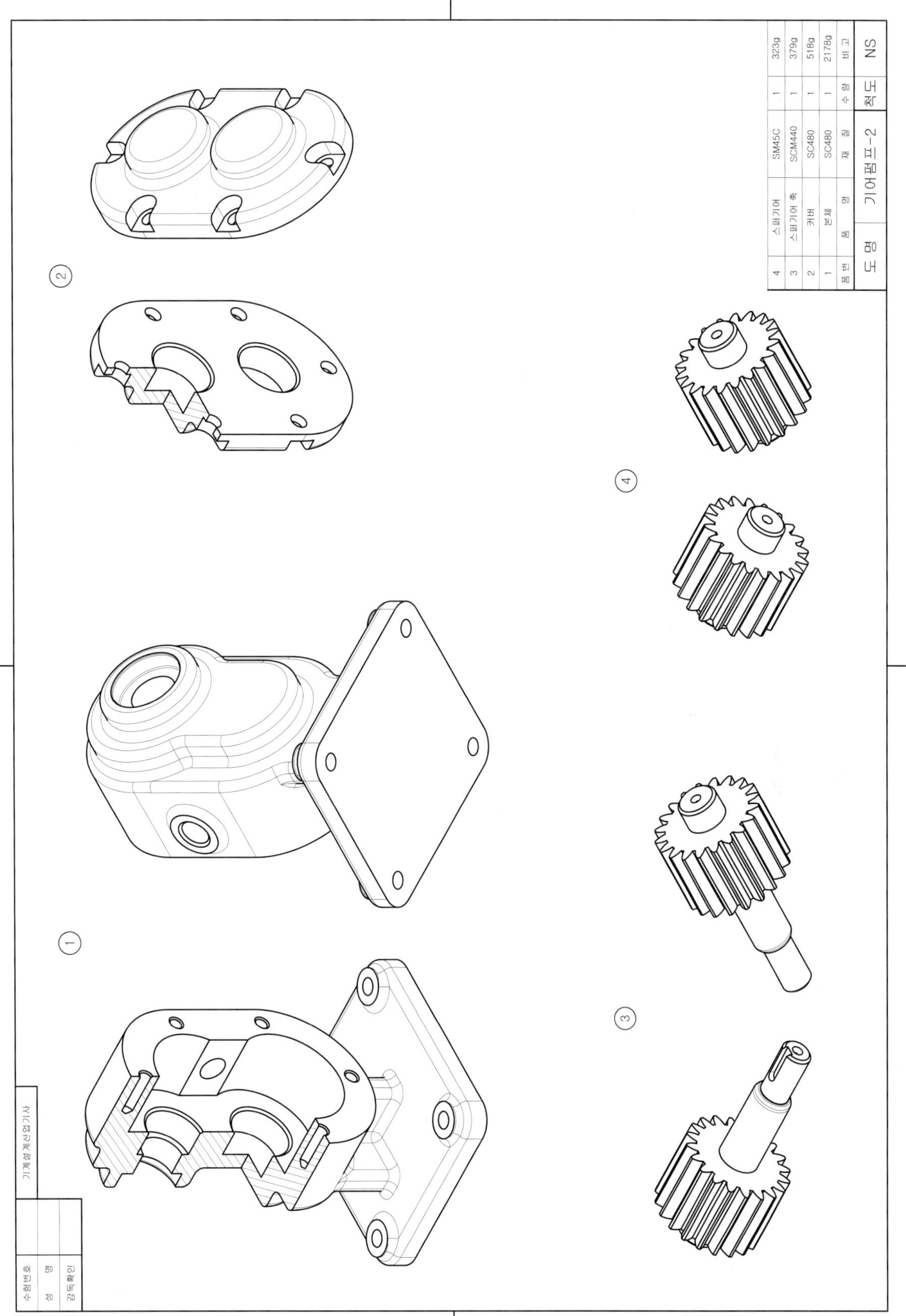
4 스퍼기어 SM45C 1 323g
3 스퍼기어 축 SCM440 1 379g
2 커버 SC480 1 518g
1 본체 SC480 1 2178g
품번 품명 재질 수량 비고
도명 기어펌프-2 척도 NS
기계설계산업기사
수험번호
성명
감독확인
①
②
③
④

◈ 9. 기어펌프_2 등각분해도 예제도면 ◈

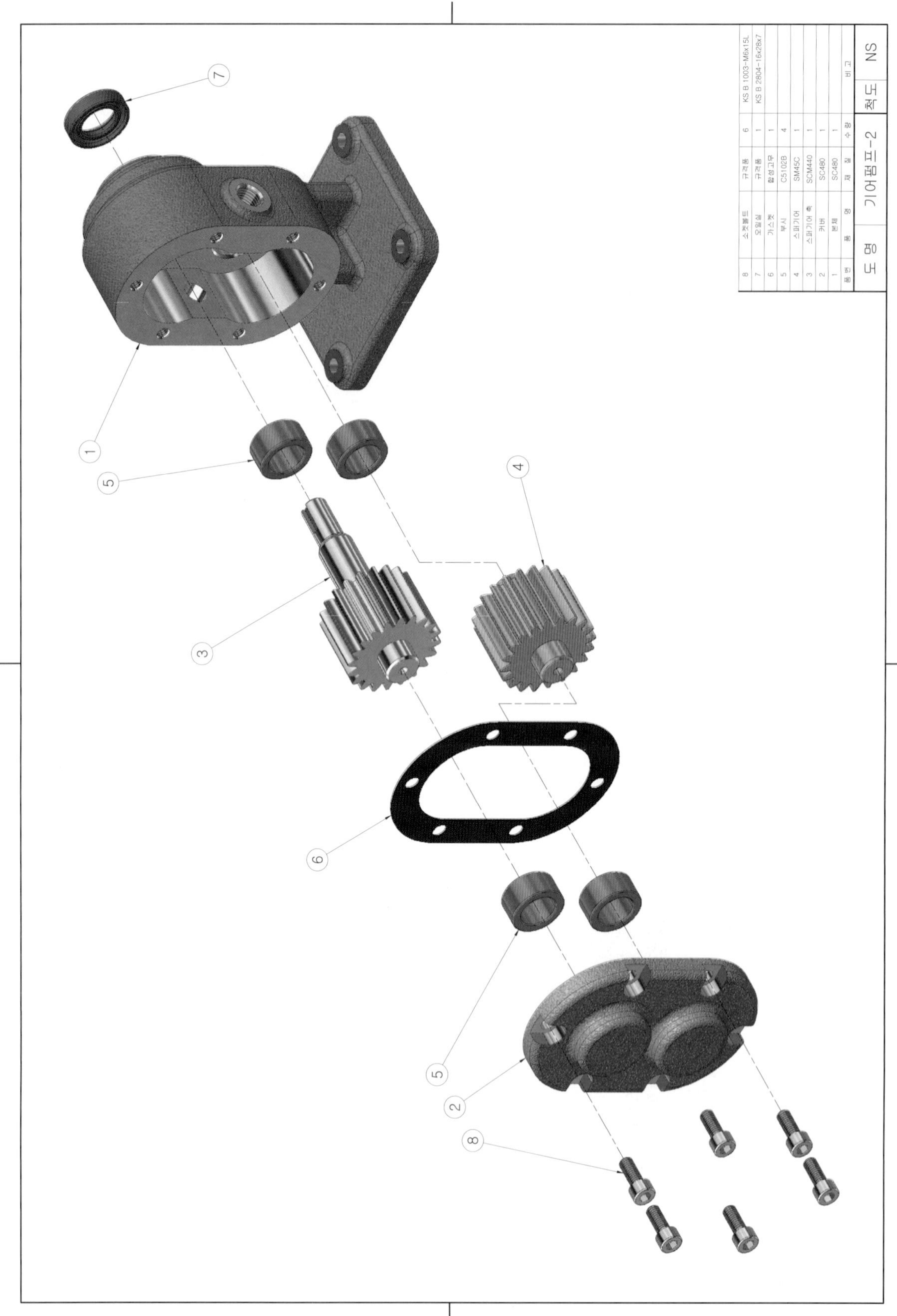

8	소켓볼트	규격품	6	KS B 1003-M6x15L
7	오일실	규격품	1	KS B 2804-16x28x7
6	가스켓	합성고무	1	
5	부시	C5102B	4	
4	스퍼기어	SM45C	1	
3	스퍼기어 축	SCM440	1	
2	커버	SC480	1	
1	본체	SC480	1	
품번	품 명	재 질	수 량	비 고

도 명	기어펌프-2	척도	NS

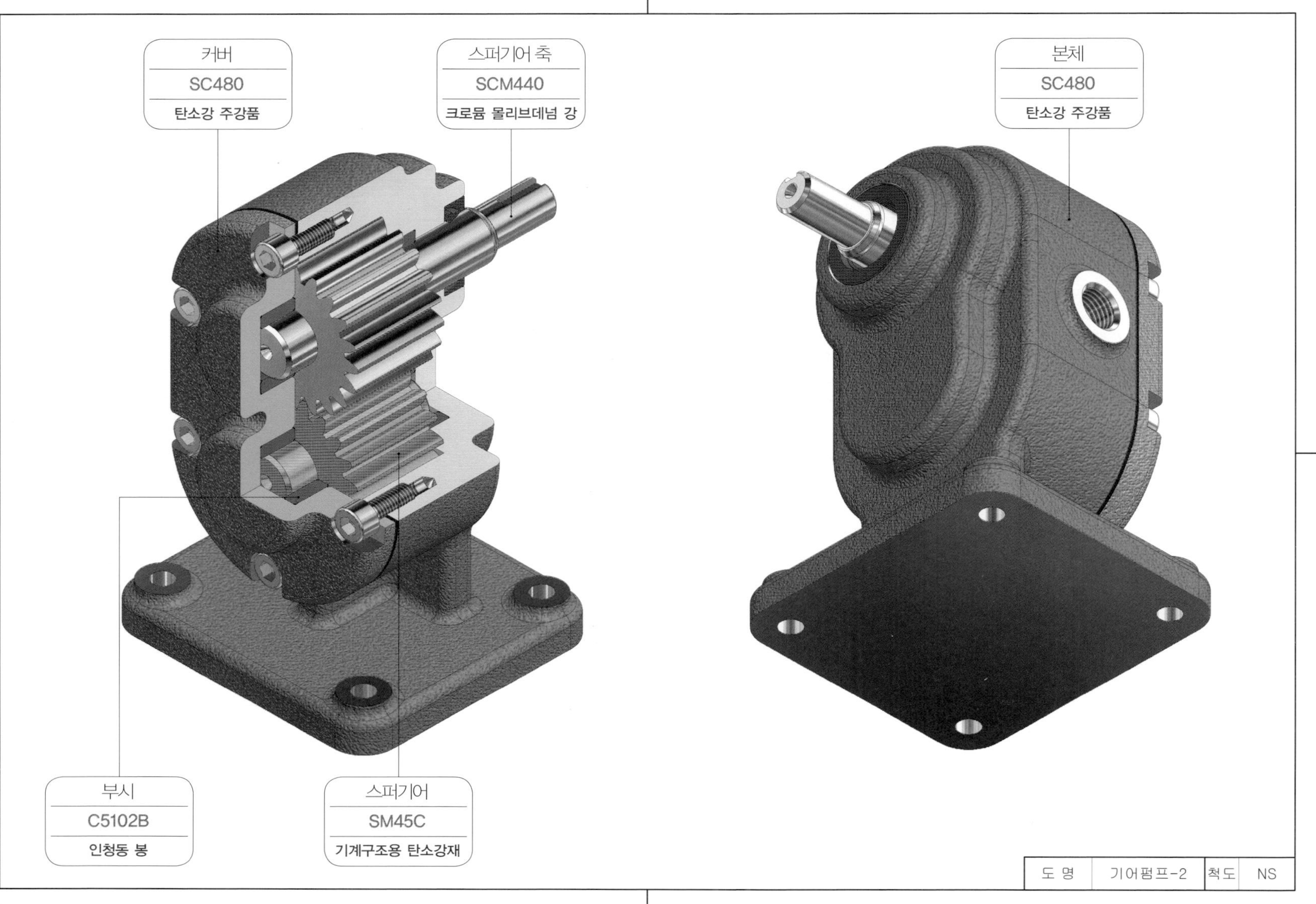

커버
SC480
탄소강 주강품
스퍼기어 축
SCM440
크로뮴 몰리브데넘 강
본체
SC480
탄소강 주강품
부시
C5102B
인청동 봉
스퍼기어
SM45C
기계구조용 탄소강재
도 명
기어펌프-2
척도
NS

◈ 10. 오일기어펌프 과제도면 ◈

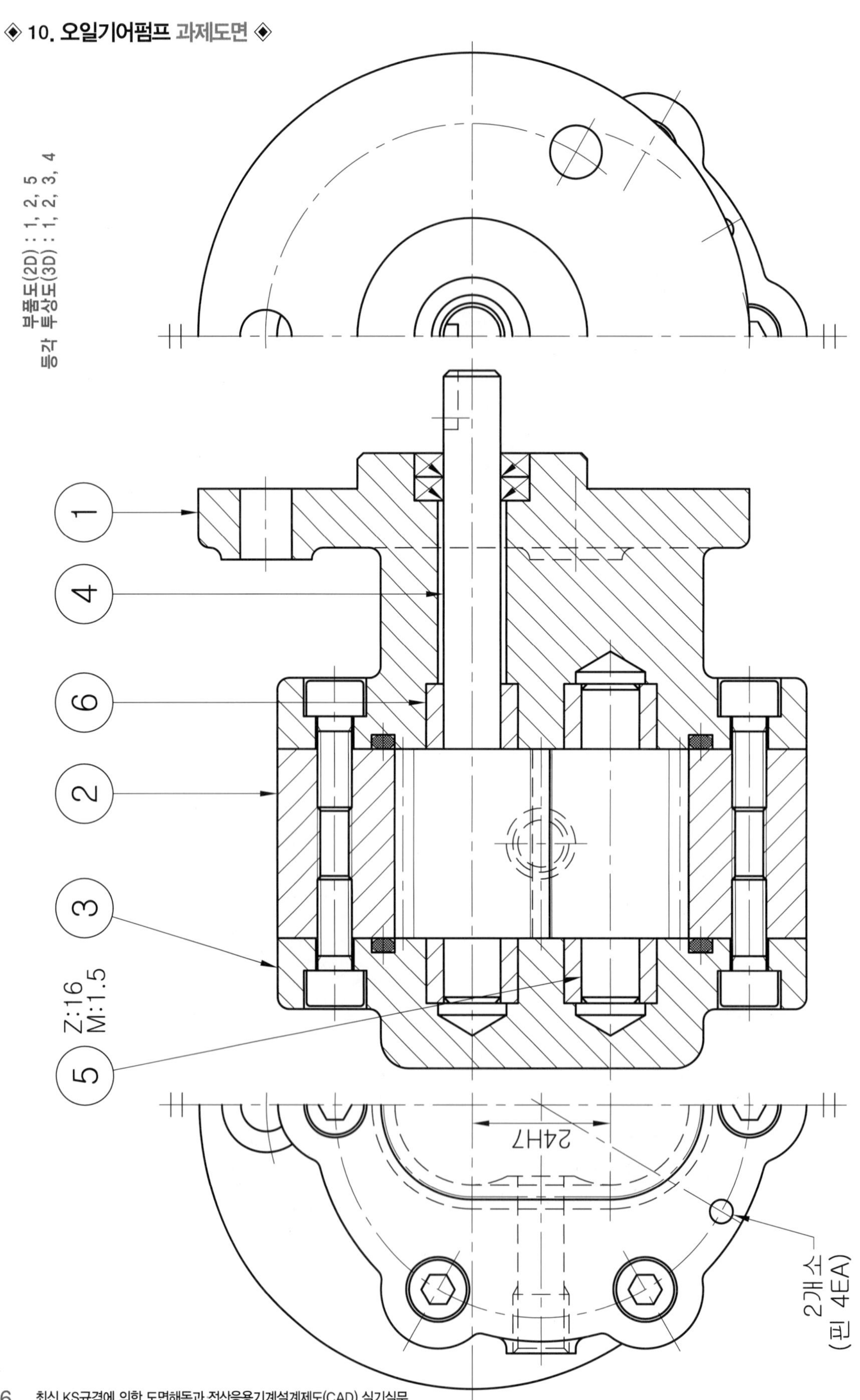

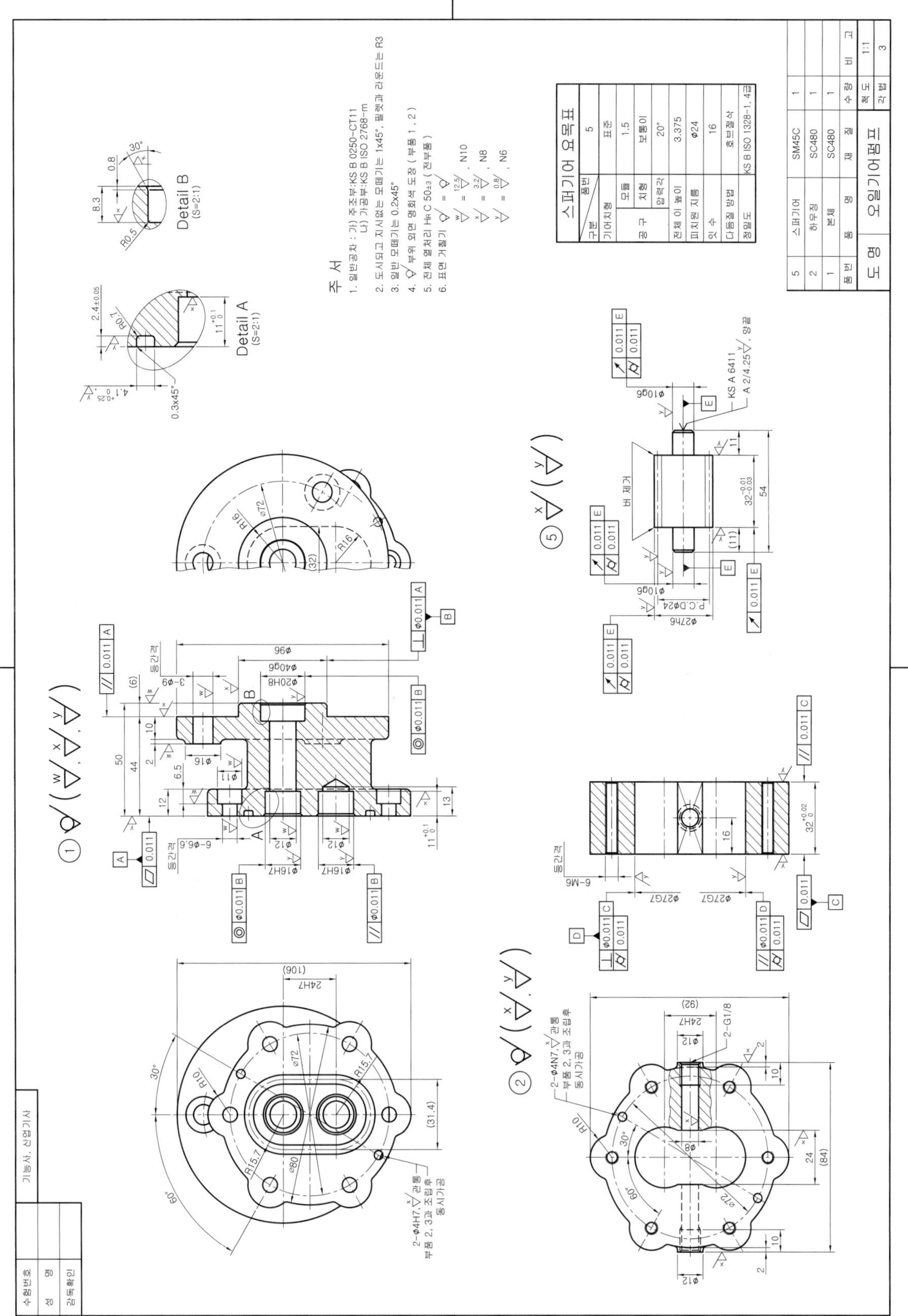

주 서
1. 일반공차 : 가) 주조부:KS B 0250-CT11
나) 가공부:KS B ISO 2768-m
2. 도시되고 지시없는 모떼기는 1x45°, 필렛과 라운드는 R3
3. 일반 모떼기는 0.2x45°
4. 부위 외면 명회색 도장 (부품 1, 2)
5. 전체 열처리 HRC 50±3 (전부품)
6. 표면 거칠기
N10
N8
N6
스퍼기어 요목표
구분 / 품번: 5
기어치형: 표준
공구 모듈: 1.5
공구 치형: 보통이
공구 압력각: 20°
전체 이 높이: 3.375
피치원 지름: Φ24
잇 수: 16
다듬질 방법: 호브절삭
정밀도: KS B ISO 1328-1, 4급
Detail A (S=2:1)
Detail B (S=2:1)
버 제거
KS A 6411
A 2/4.25, 양끝
5 스퍼기어 SM45C 1
2 하우징 SC480 1
1 본체 SC480 1
품번 품 명 재 질 수 량 비 고
도 명 오일기어펌프 척 도 1:1 각 법 3
기능사, 산업기사
수험번호
성 명
감독확인

◈ 10. 오일기어펌프 렌더링 등각투상도 예제도면 ◈

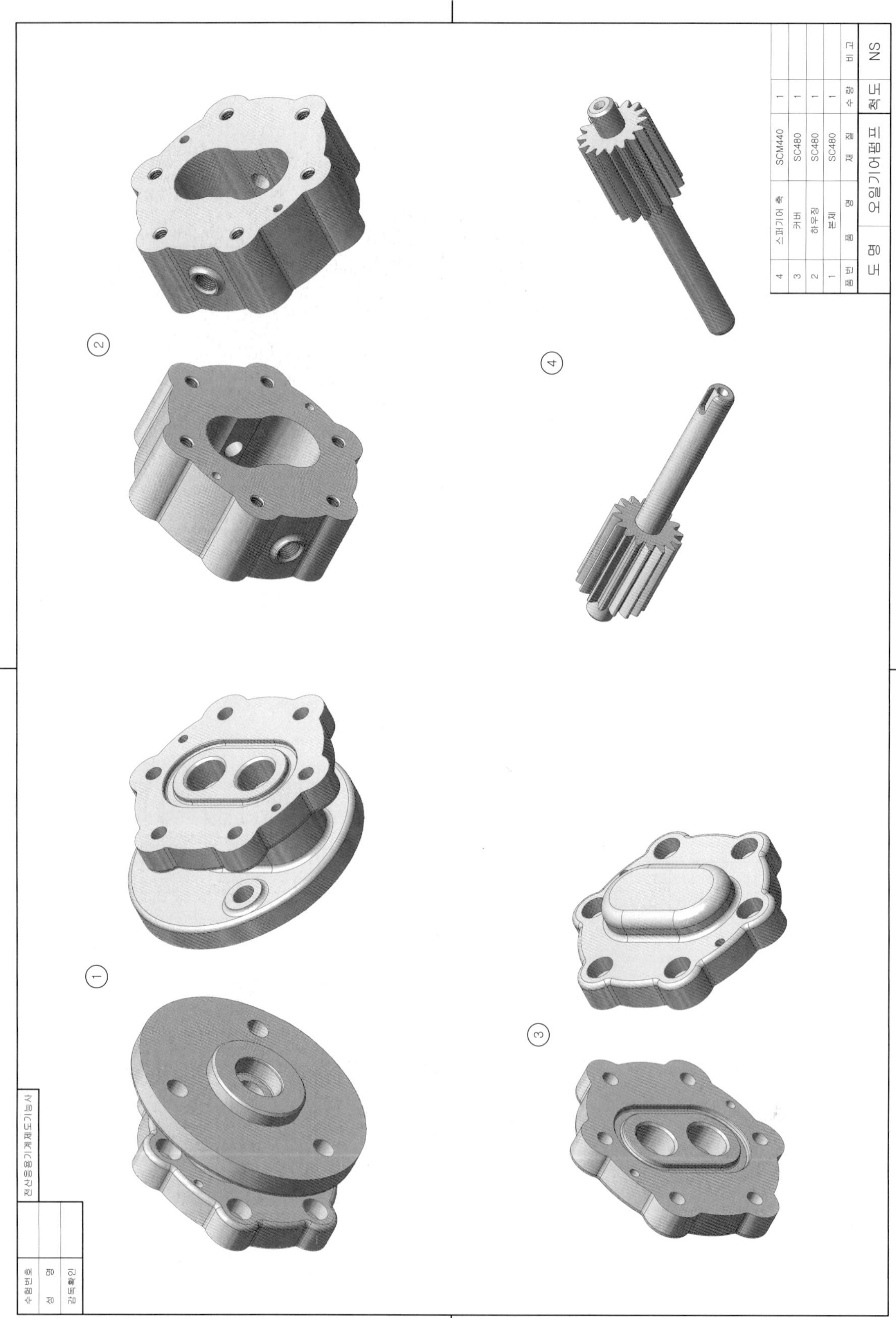

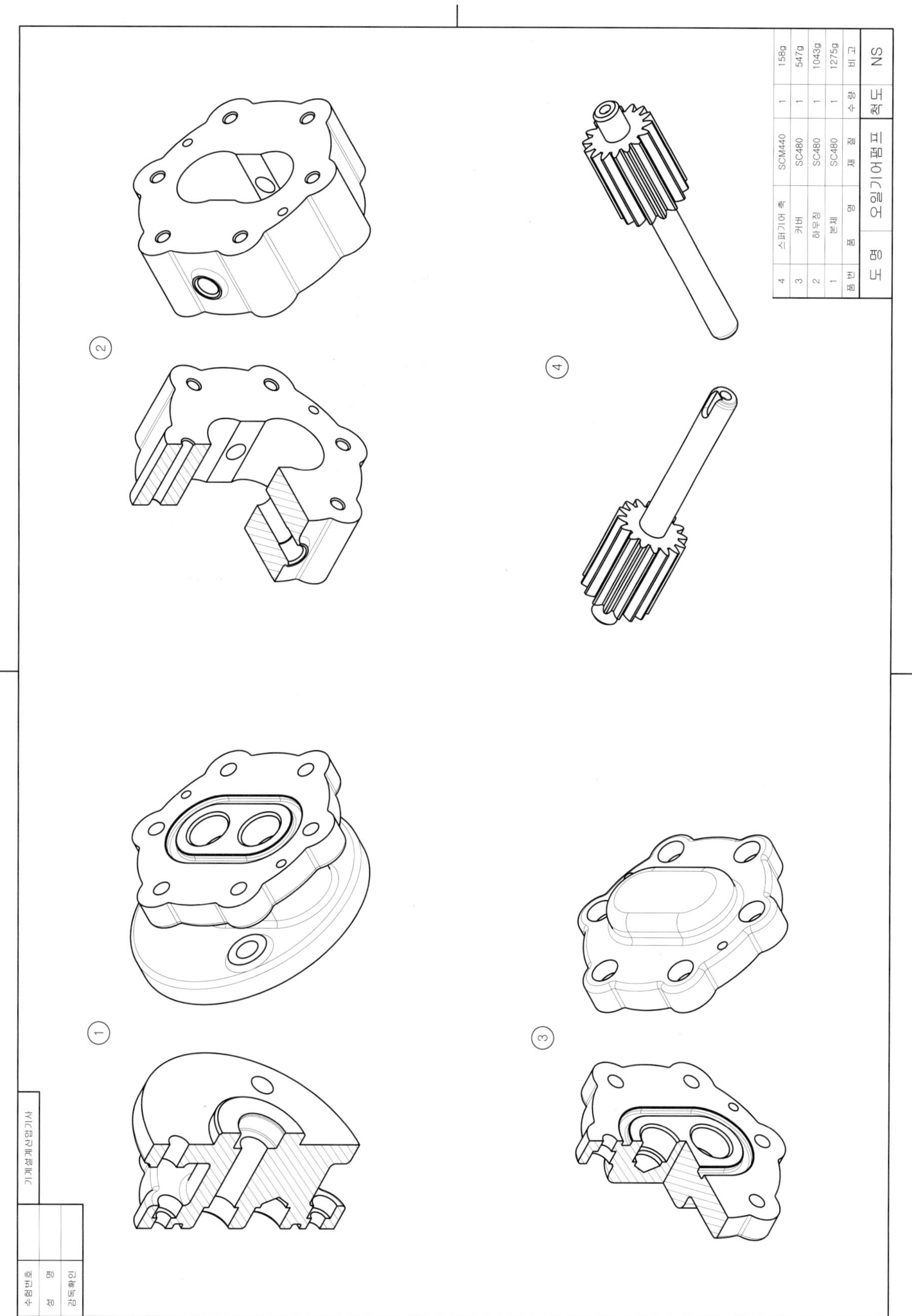

4 스퍼기어 축 SCM440 1 158g
3 커버 SC480 1 547g
2 하우징 SC480 1 1043g
1 본체 SC480 1 1275g
품번 품 명 재 질 수 량 비 고
도 명 오일기어펌프 척도 NS
기계설계산업기사
수험번호
성 명
감독확인

◈ 10. 오일기어펌프 등각분해도 예제도면 ◈

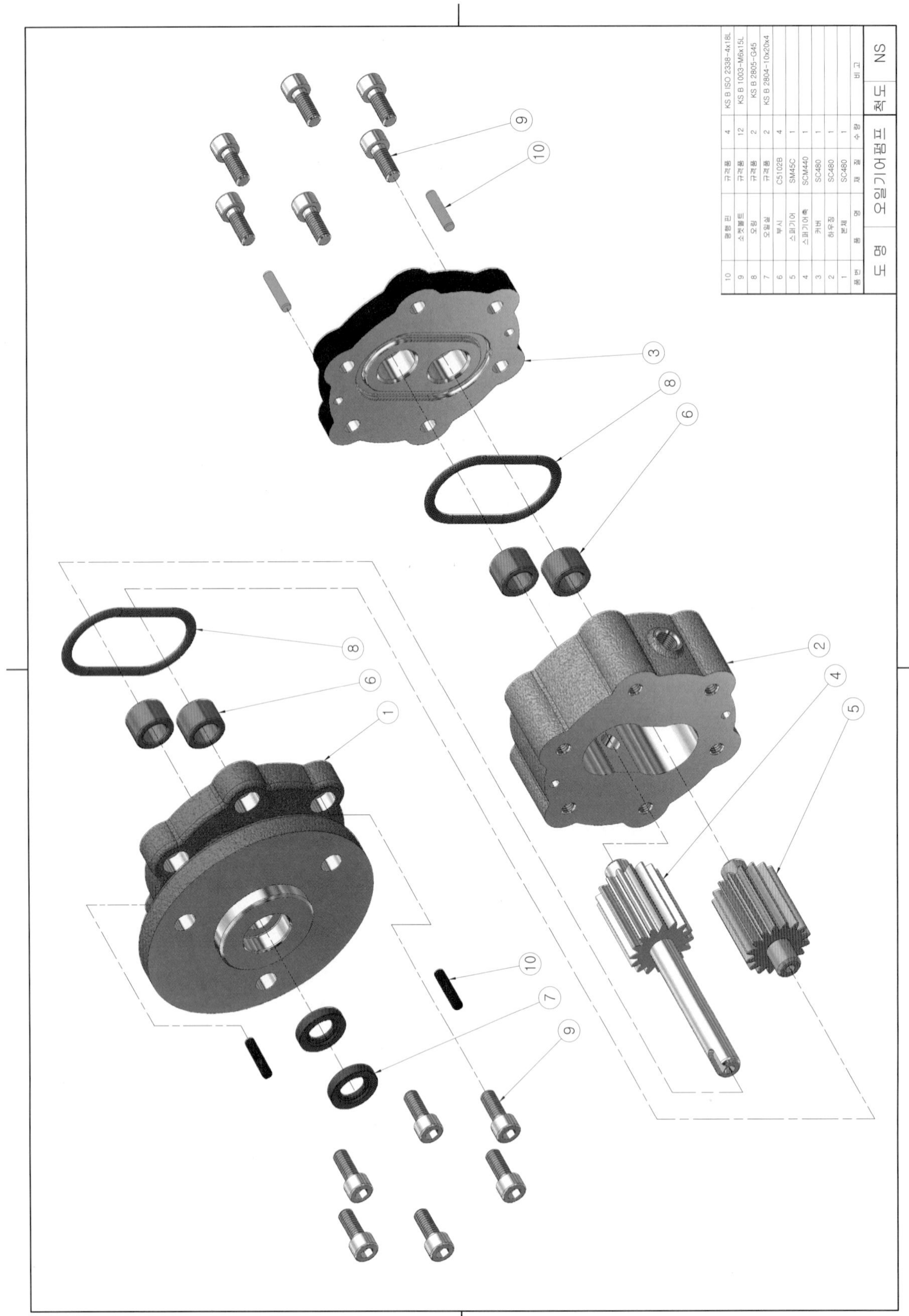

품 번	품 명	재 질	수 량	비 고
10	평행 핀	규격품	4	KS B ISO 2338-4x18L
9	소켓볼트	규격품	12	KS B 1003-M6x15L
8	오링	규격품	2	KS B 2805-G45
7	오일실	규격품	2	KS B 2804-10x20x4
6	부시	C5102B	4	
5	스퍼기어	SM45C	1	
4	스퍼기어축	SCM440	1	
3	커버	SC480	1	
2	하우징	SC480	1	
1	본체	SC480	1	

도 명	오일기어펌프	척 도	NS

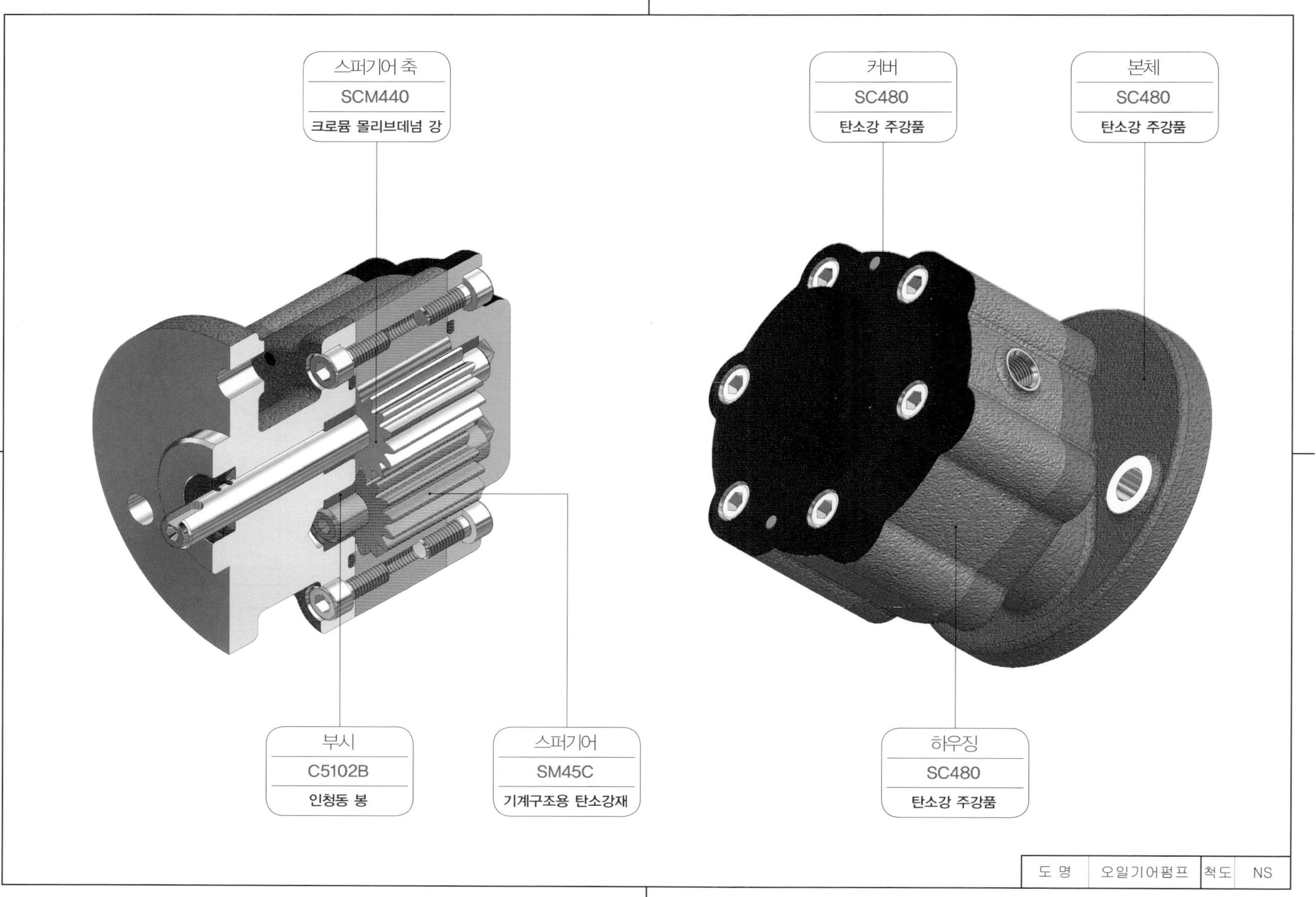
스퍼기어 축
SCM440
크로뮴 몰리브데넘 강
커버
SC480
탄소강 주강품
본체
SC480
탄소강 주강품
부시
C5102B
인청동 봉
스퍼기어
SM45C
기계구조용 탄소강재
하우징
SC480
탄소강 주강품
도 명
오일기어펌프
척도
NS

◈ 11. 바이스 과제도면 ◈

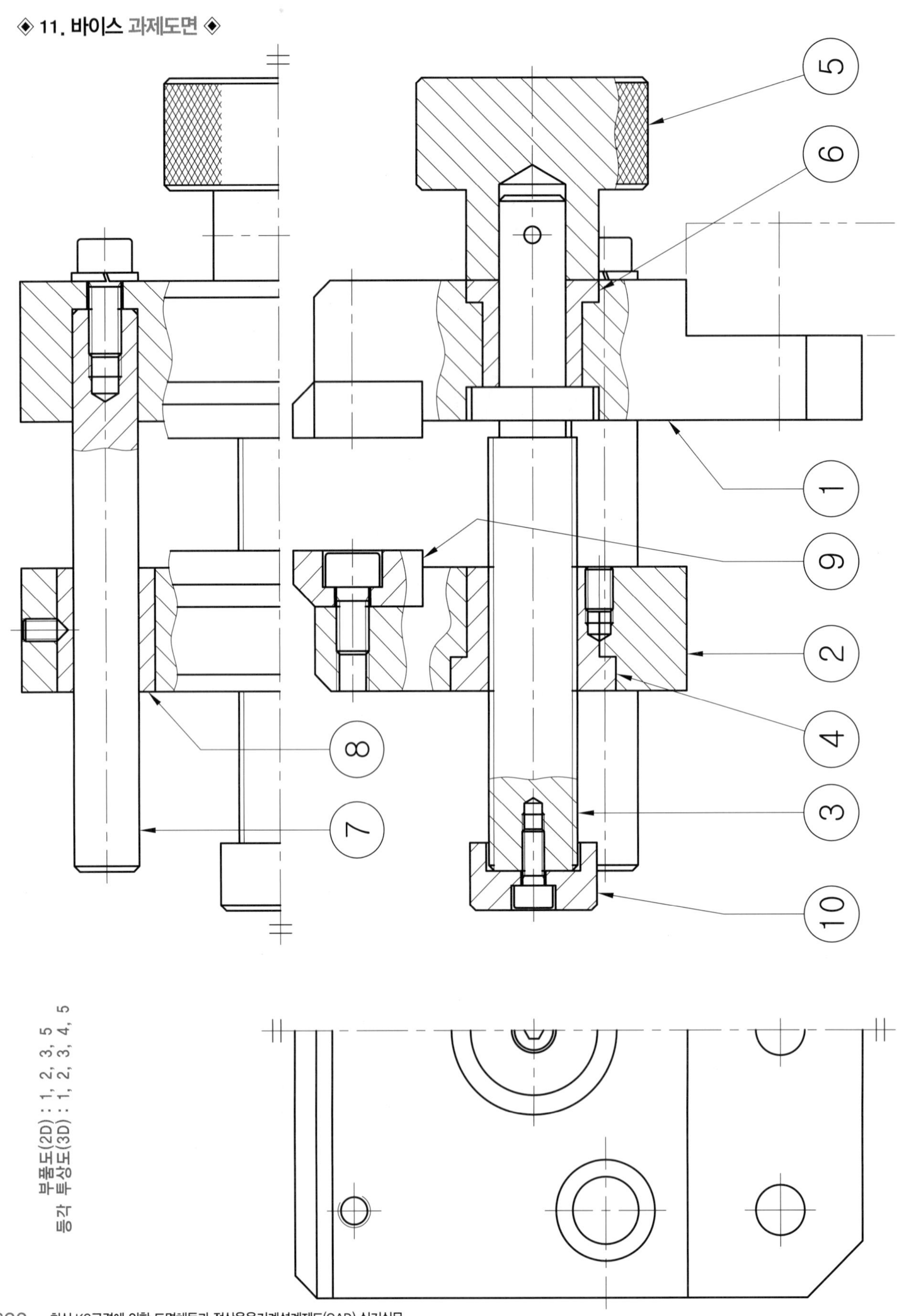

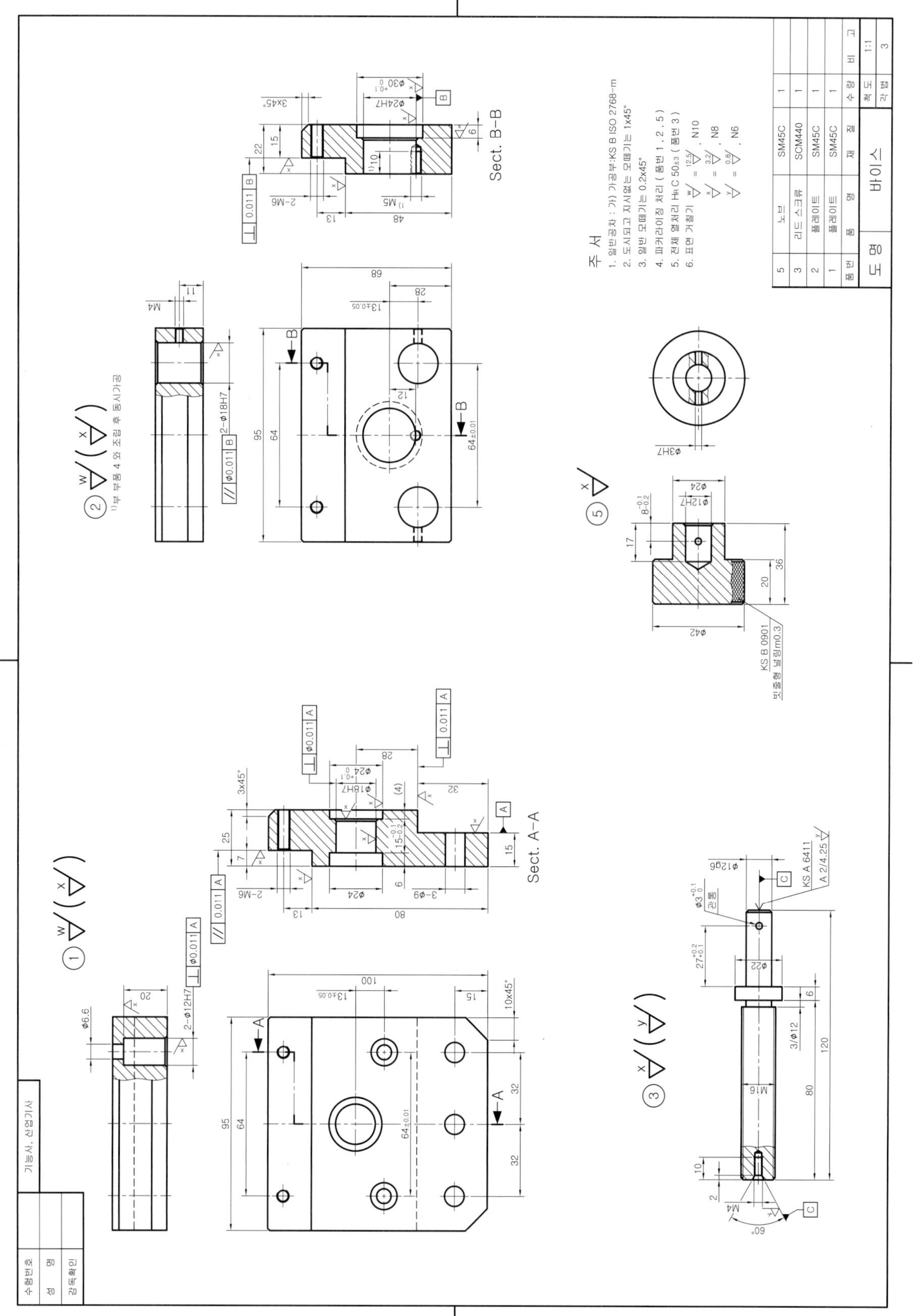

주 서
1. 일반공차 : 가) 가공부:KS B ISO 2768-m
2. 도시되고 지시없는 모떼기는 1x45°
3. 일반 모떼기는 0.2x45°
4. 파커라이징 처리 (품번 1 , 2 , 5)
5. 전체 열처리 HRC 50±3 (품번 3)
6. 표면 거칠기
Sect. A-A
Sect. B-B
KS B 0901
빗줄형 널링m0.3
KS A 6411
A 2/4.25
1) 부 부품 4 와 조립 후 동시가공
5 노브 SM45C 1
3 리드 스크류 SCM440 1
2 플레이트 SM45C 1
1 플레이트 SM45C 1
품번 품 명 재 질 수 량 비 고
도 명 바이스
척 도 1:1
각 법 3
수험번호
성 명
감독확인
기능사, 산업기사

◈ 11. 바이스 렌더링 등각투상도 예제도면 ◈

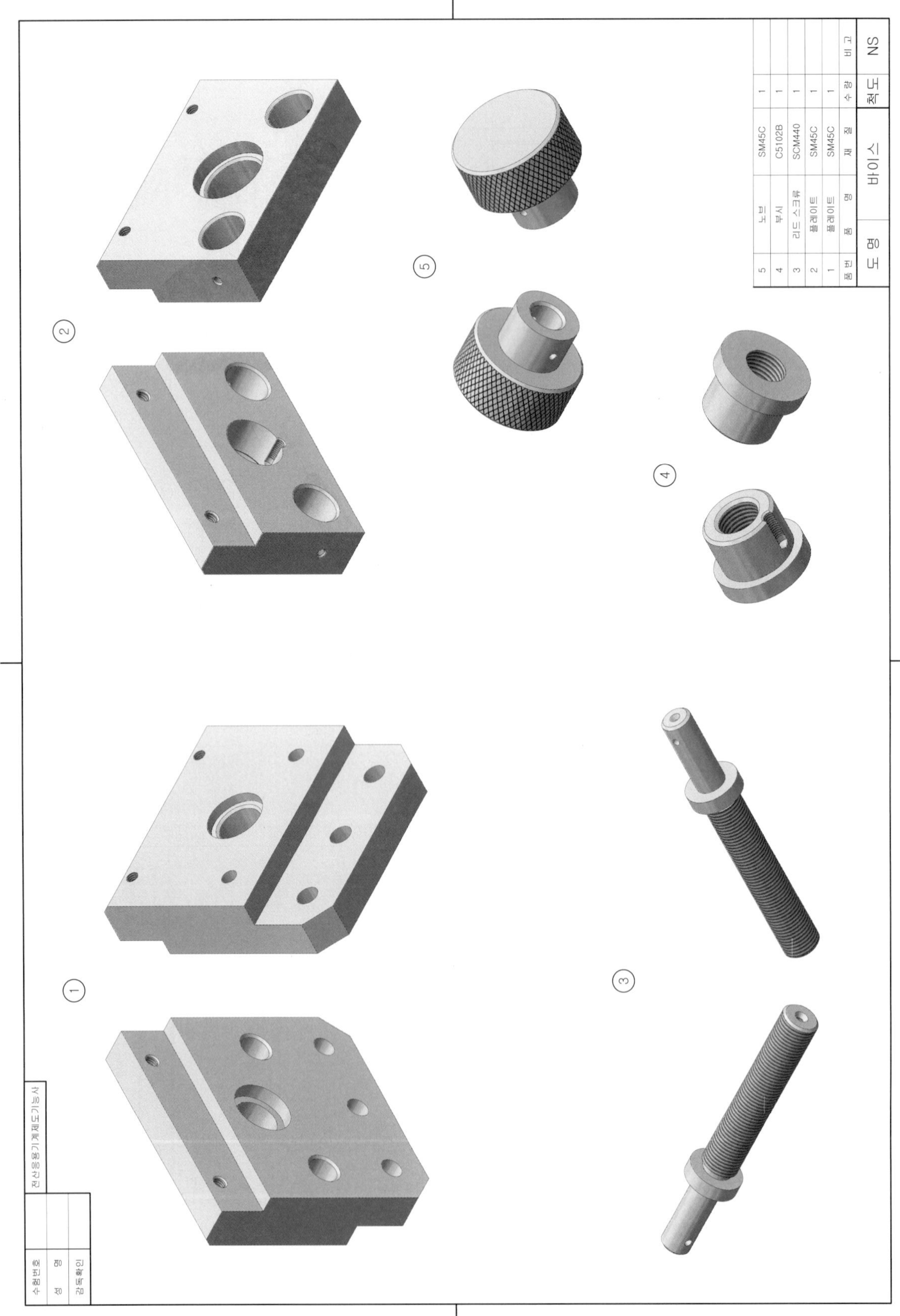

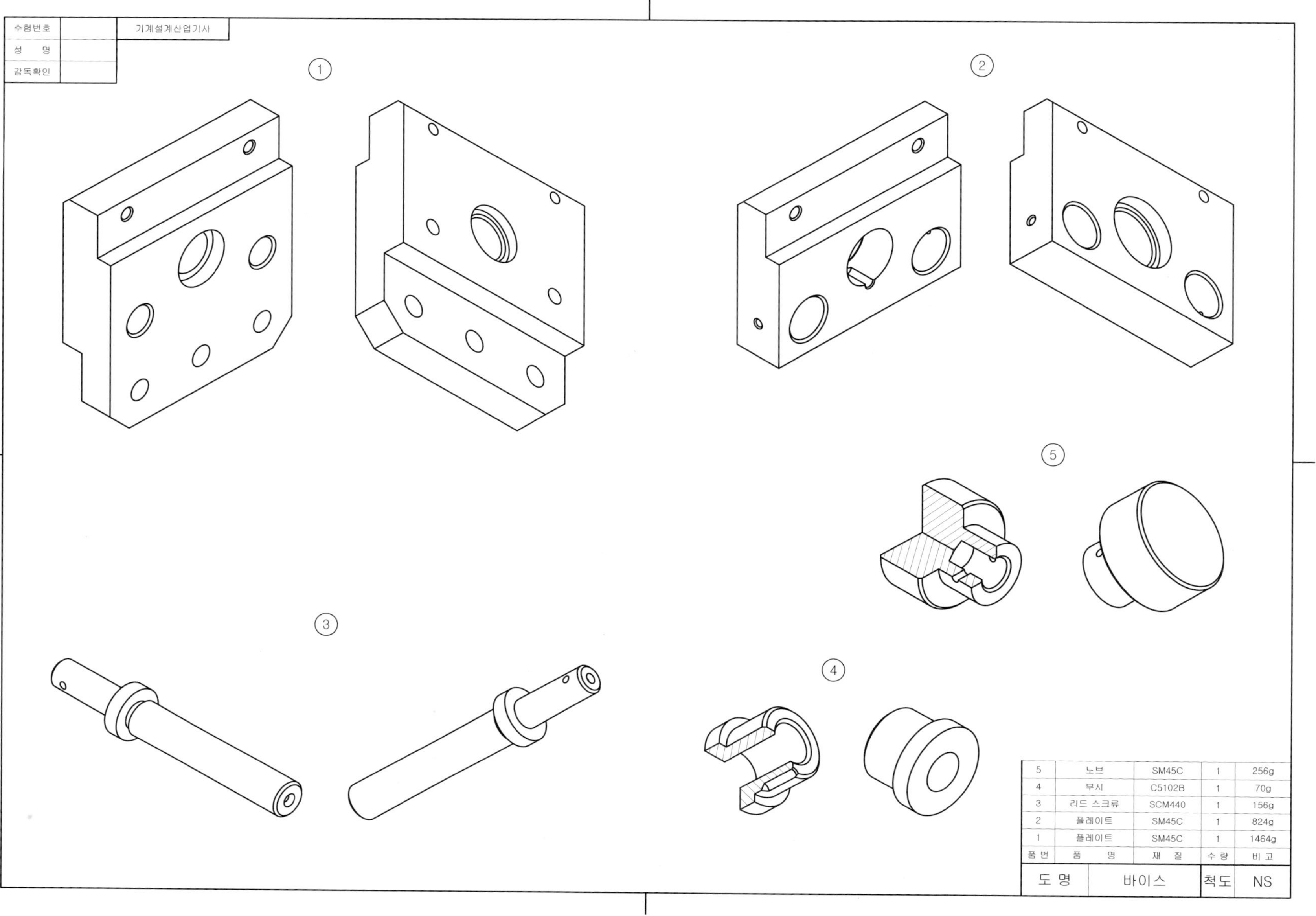

수험번호
성 명
감독확인
기계설계산업기사
①
②
③
④
⑤
5 노브 SM45C 1 256g
4 부시 C5102B 1 70g
3 리드 스크류 SCM440 1 156g
2 플레이트 SM45C 1 824g
1 플레이트 SM45C 1 1464g
품번 품 명 재 질 수 량 비 고
도 명 바이스 척도 NS

◈ 11. 바이스 등각분해도 예제도면 ◈

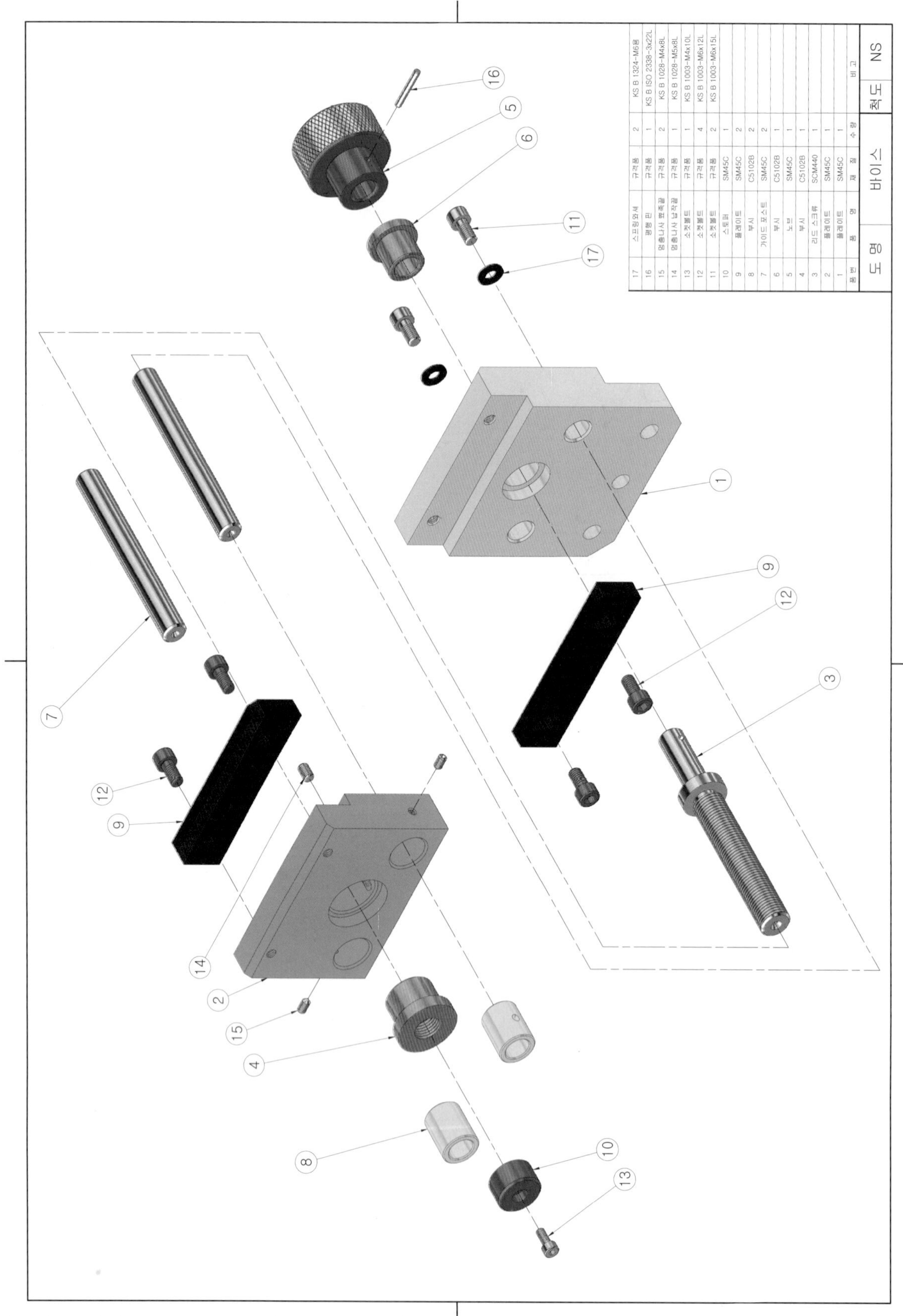

품번	품 명	재 질	수 량	비 고
17	스프링와셔	규격품	2	KS B 1324-M6용
16	평행 핀	규격품	1	KS B ISO 2338-3x22L
15	멈춤나사 뾰족끝	규격품	2	KS B 1028-M4x8L
14	멈춤나사 납작끝	규격품	1	KS B 1028-M5x8L
13	소켓볼트	규격품	1	KS B 1003-M4x10L
12	소켓볼트	규격품	4	KS B 1003-M6x12L
11	소켓볼트	규격품	2	KS B 1003-M6x15L
10	스토퍼	SM45C	1	
9	플레이트	SM45C	2	
8	부시	C5102B	2	
7	가이드 포스트	SM45C	2	
6	부시	C5102B	1	
5	노브	SM45C	1	
4	부시	C5102B	1	
3	리드 스크류	SCM440	1	
2	플레이트	SM45C	1	
1	플레이트	SM45C	1	

도 명	바이스	척도	NS

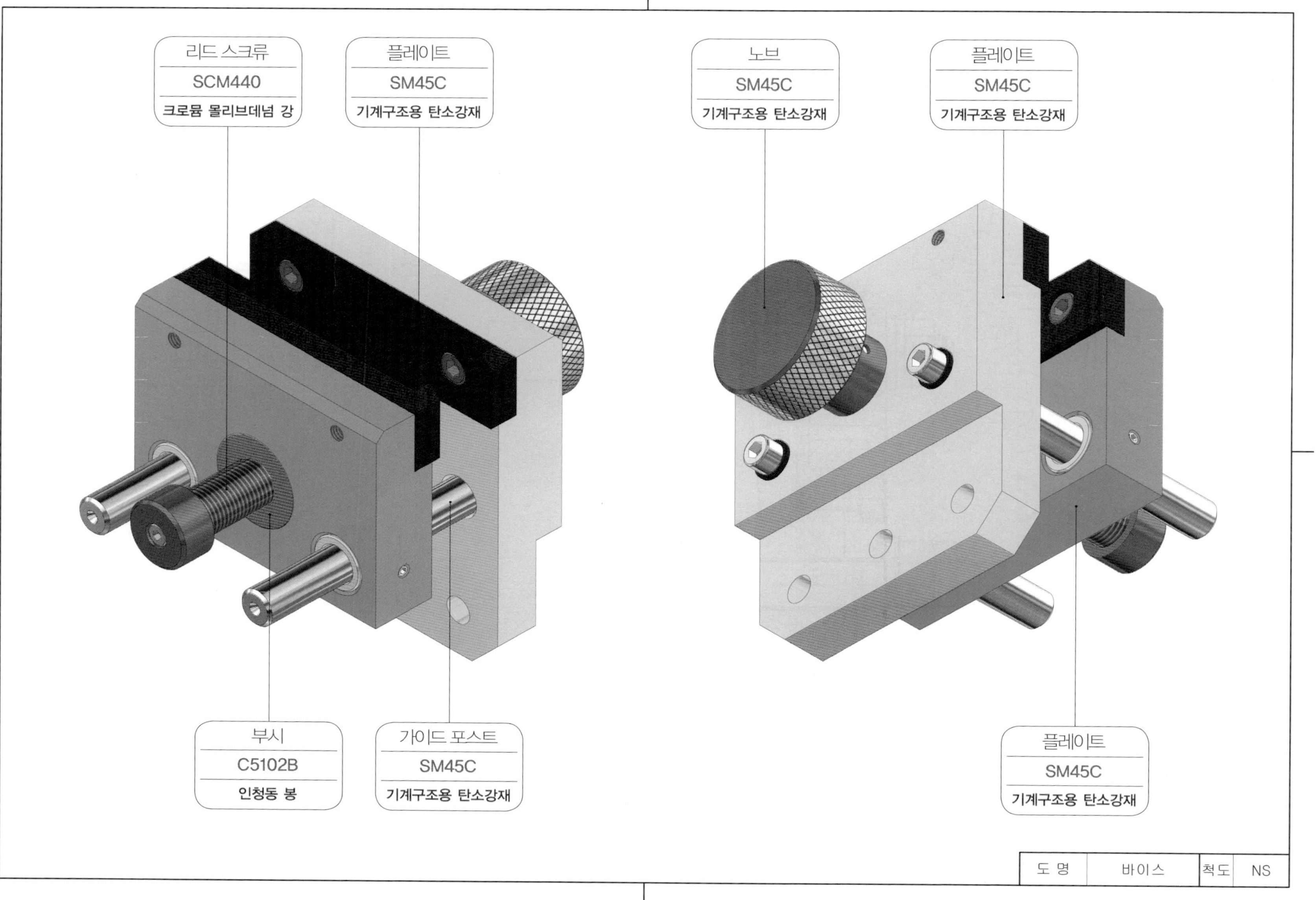
리드 스크류
SCM440
크로뮴 몰리브데넘 강
플레이트
SM45C
기계구조용 탄소강재
노브
SM45C
기계구조용 탄소강재
플레이트
SM45C
기계구조용 탄소강재
부시
C5102B
인청동 봉
가이드 포스트
SM45C
기계구조용 탄소강재
플레이트
SM45C
기계구조용 탄소강재
도 명
바이스
척도
NS

◈ 12. 드릴지그_1 과제도면 ◈

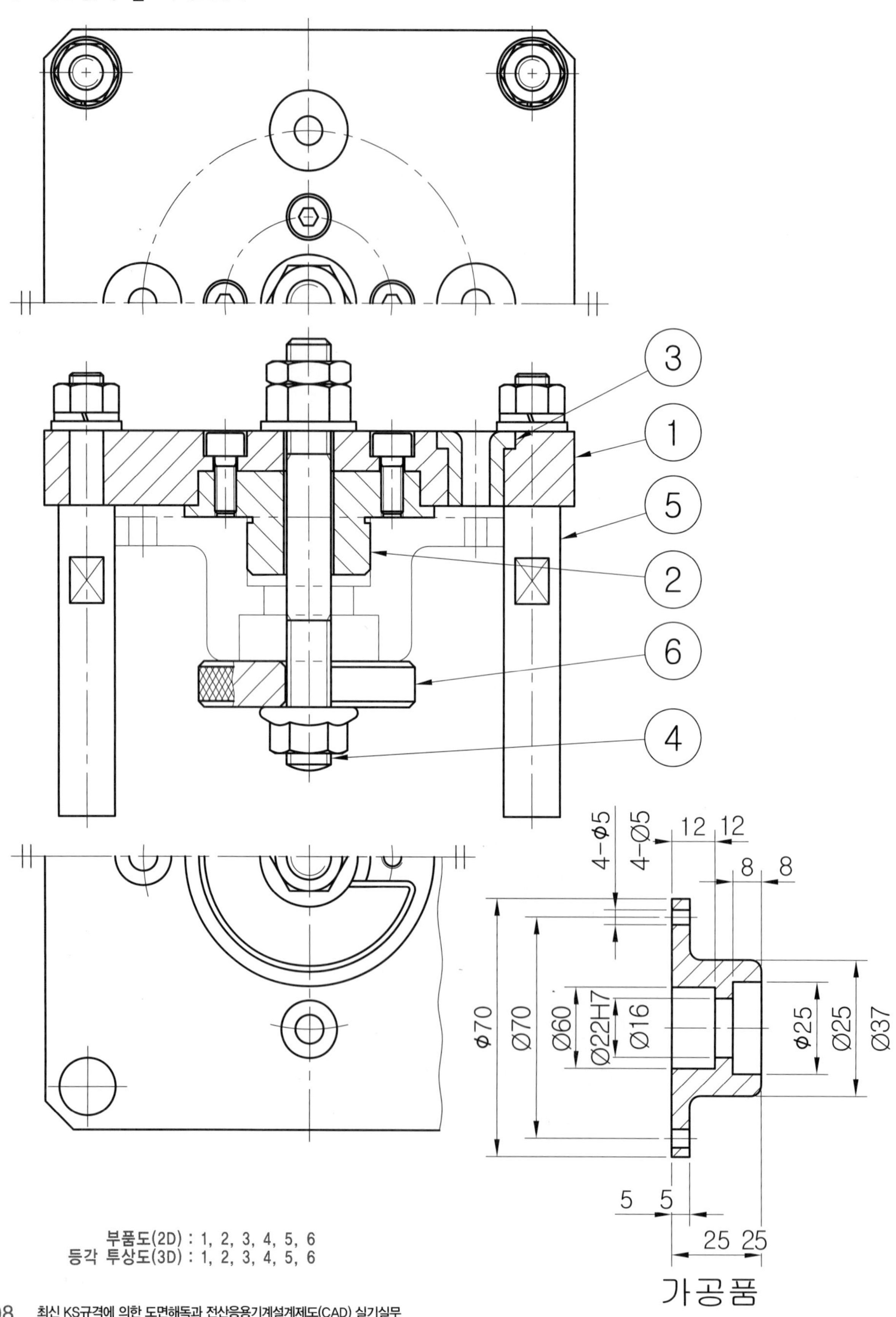

부품도(2D) : 1, 2, 3, 4, 5, 6
등각 투상도(3D) : 1, 2, 3, 4, 5, 6

◈ 12. 드릴지그_1 부품도 풀이 예제 도면 ◈

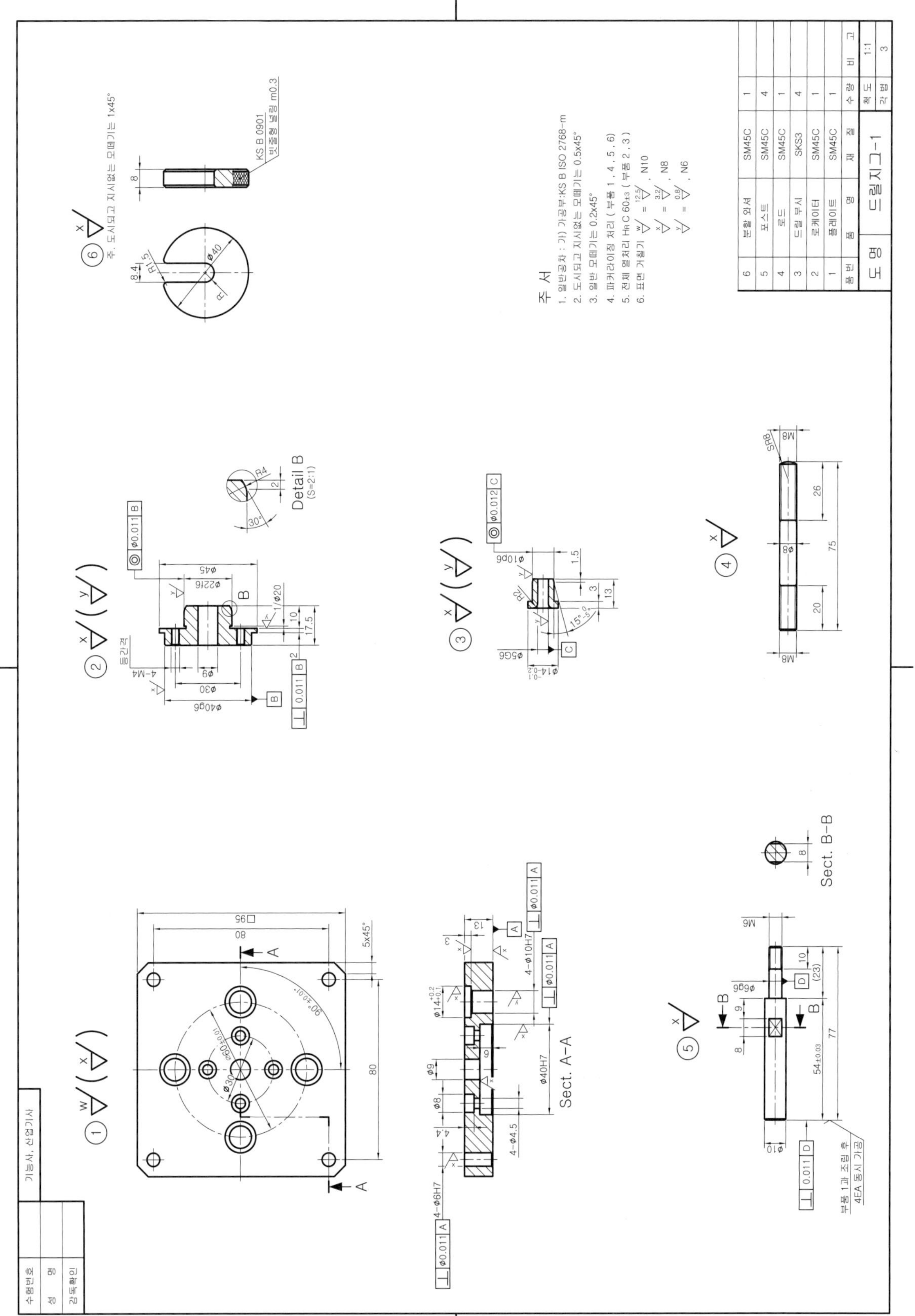

◈ 12. 드릴지그_1 렌더링 등각투상도 예제도면 ◈

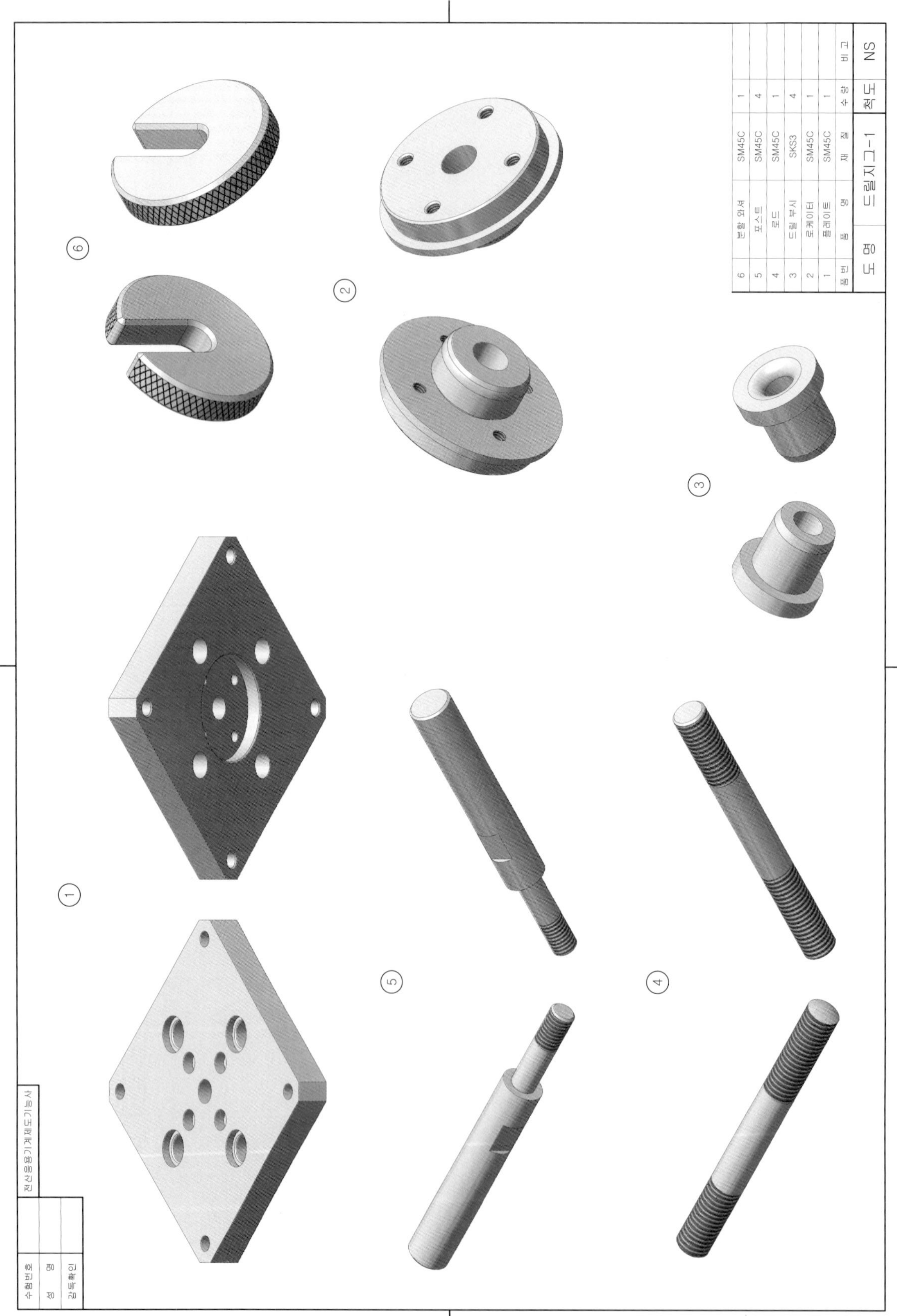

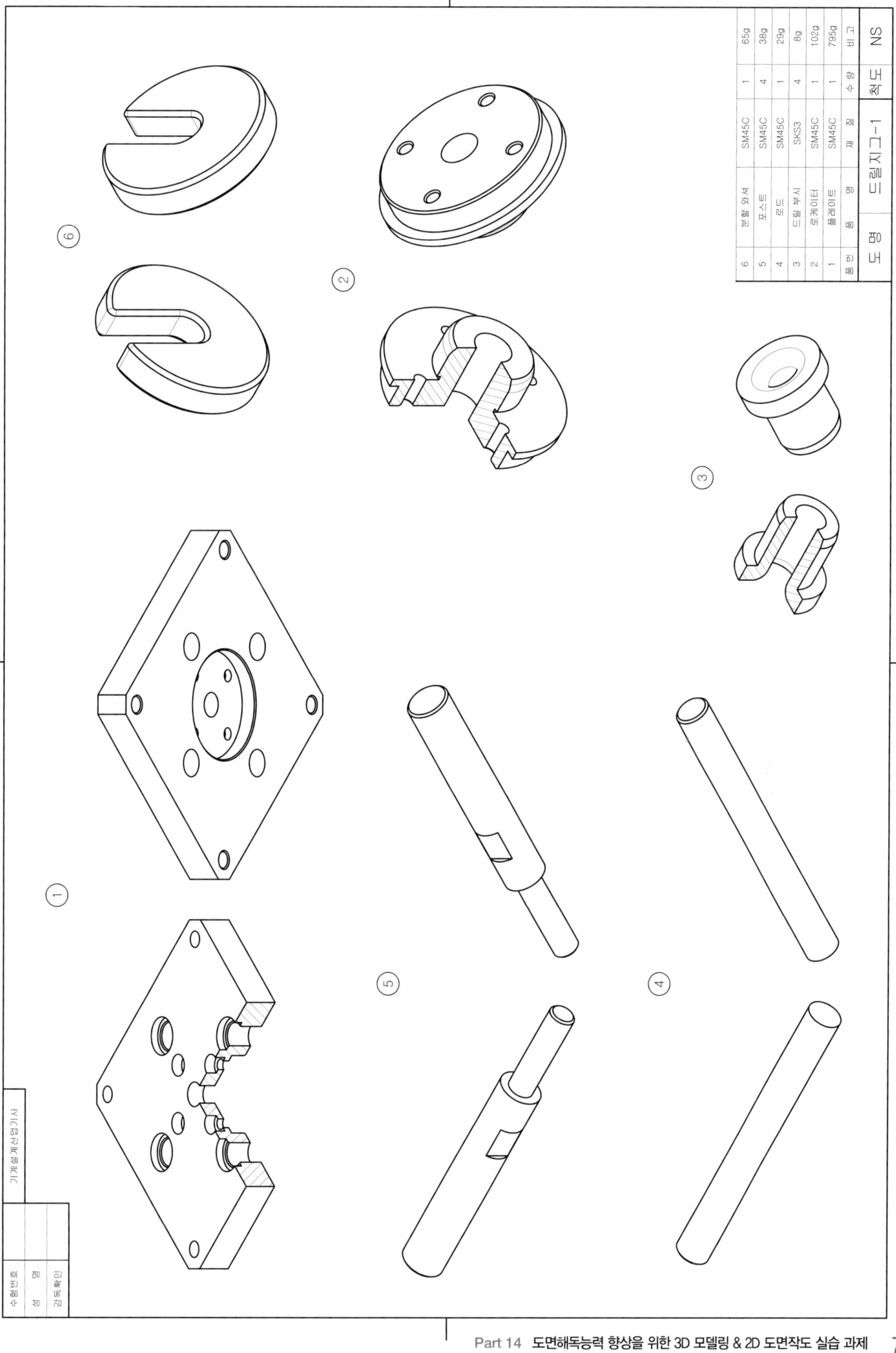

품번	품명	재질	수량	비고
6	분할 와셔	SM45C	1	65g
5	포스트	SM45C	4	38g
4	로드	SM45C	1	29g
3	드릴 부시	SKS3	4	8g
2	로케이터	SM45C	1	102g
1	플레이트	SM45C	1	795g
도명	드릴지그-1		척도	NS

6

2

3

1

5

4

수험번호	
성 명	
감독확인	

기계설계산업기사

◈ 12. 드릴지그_1 등각분해도 예제도면 ◈

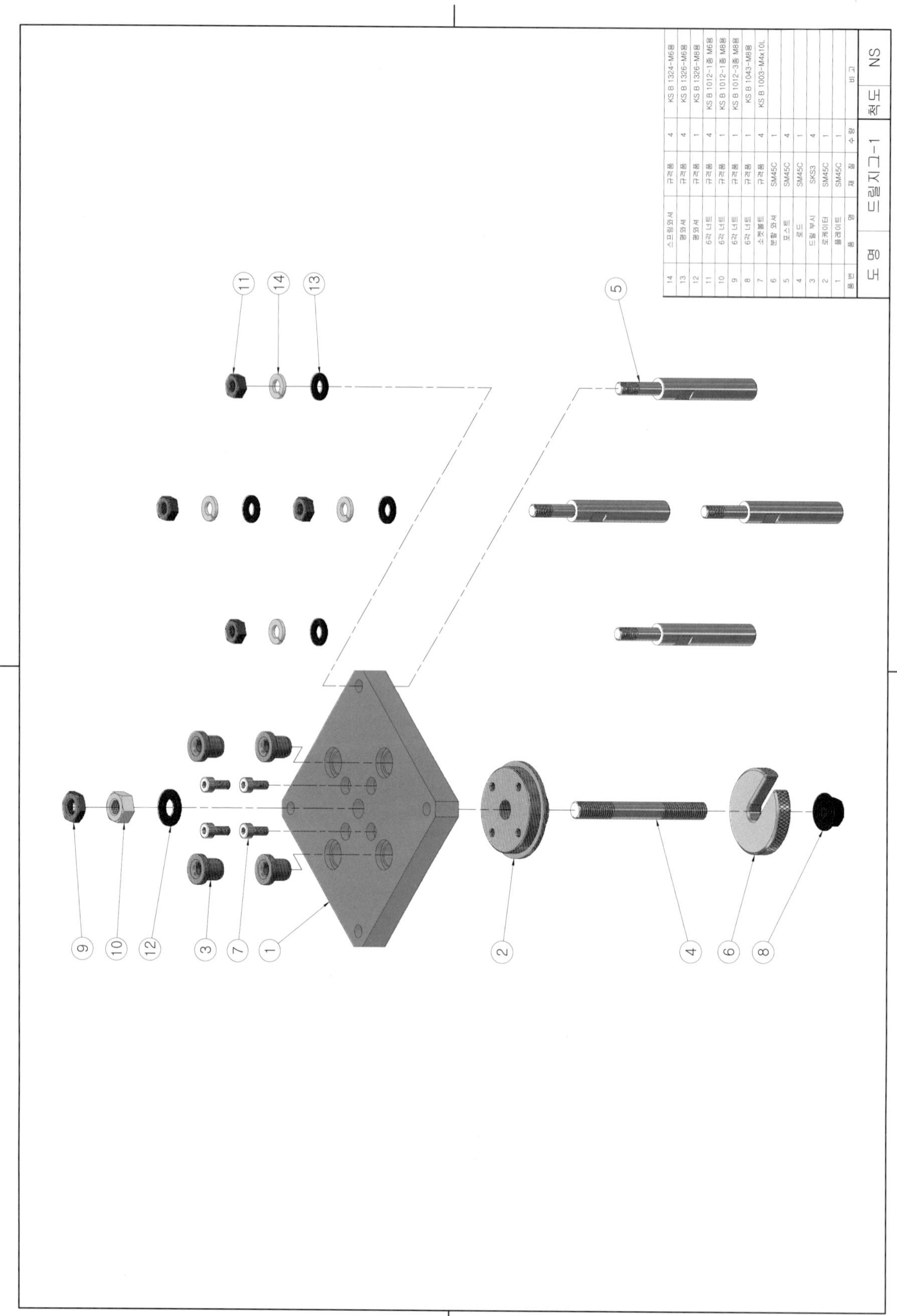

품번	품명	재질	수량	비고
14	스프링와셔	규격품	4	KS B 1324-M6용
13	평와셔	규격품	4	KS B 1326-M6용
12	평와셔	규격품	1	KS B 1326-M8용
11	6각 너트	규격품	4	KS B 1012-1종 M6용
10	6각 너트	규격품	1	KS B 1012-1종 M8용
9	6각 너트	규격품	1	KS B 1012-3종 M8용
8	6각 너트	규격품	1	KS B 1043-M8용
7	소켓볼트	규격품	4	KS B 1003-M4x10L
6	분할 와셔	SM45C	1	
5	포스트	SM45C	4	
4	로드	SM45C	1	
3	드릴 부시	SKS3	4	
2	로케이터	SM45C	1	
1	플레이트	SM45C	1	

도명	드릴지그-1	척도	NS

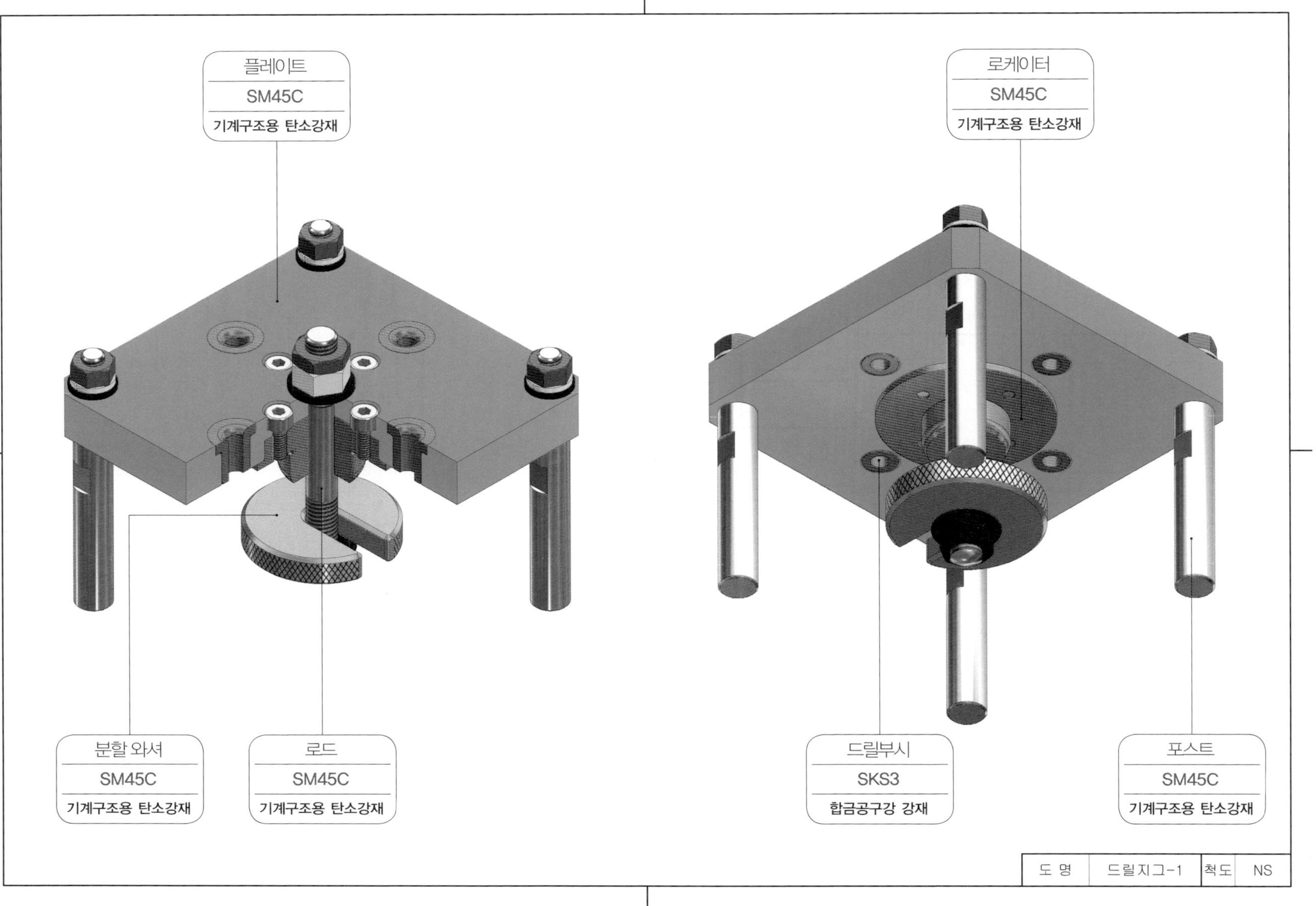
플레이트
SM45C
기계구조용 탄소강재
로케이터
SM45C
기계구조용 탄소강재
분할 와셔
SM45C
기계구조용 탄소강재
로드
SM45C
기계구조용 탄소강재
드릴부시
SKS3
합금공구강 강재
포스트
SM45C
기계구조용 탄소강재
도 명
드릴지그-1
척도
NS

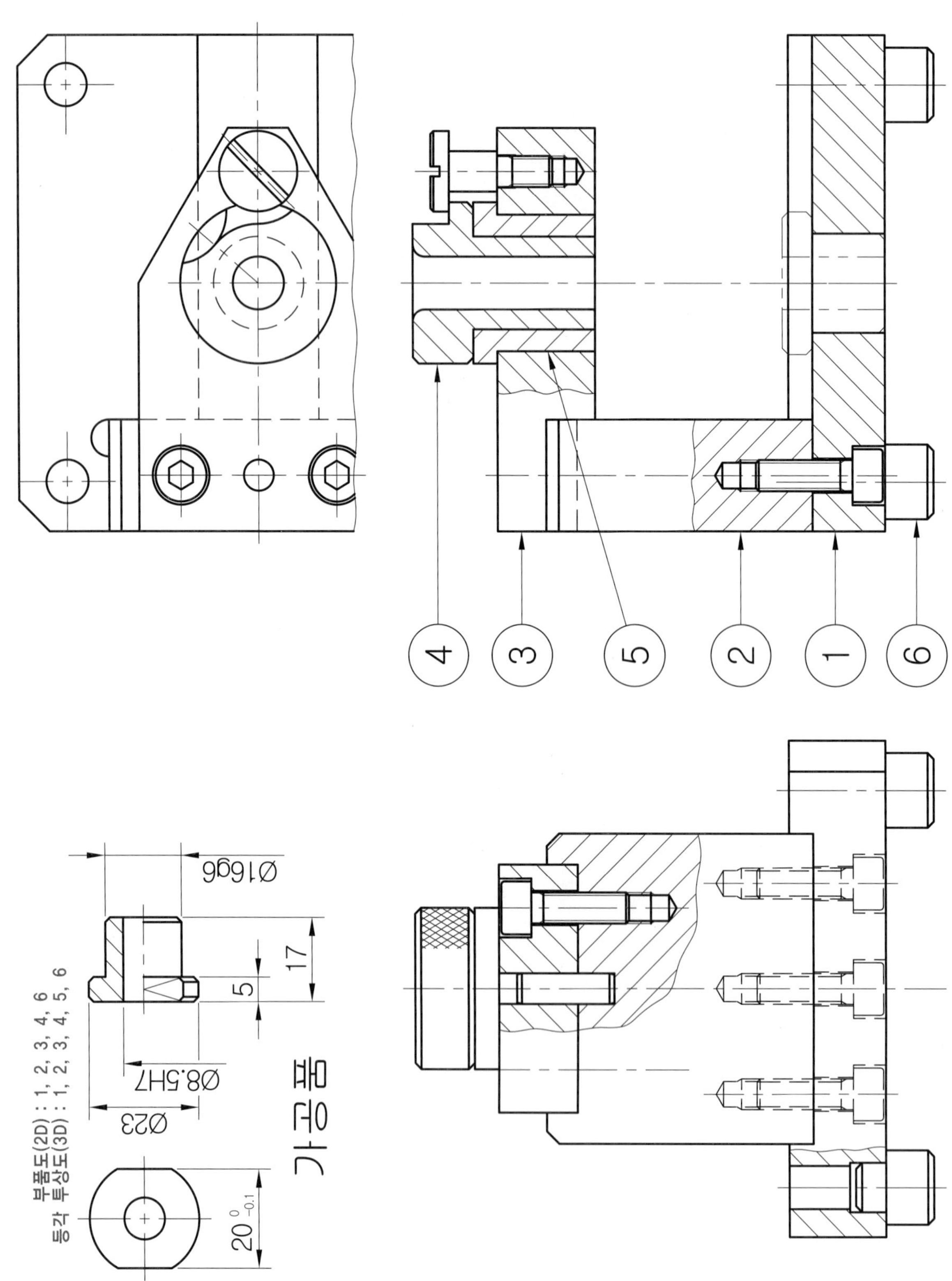
4
3
5
2
1
6
부품도(2D) : 1, 2, 3, 4, 6
등각 투상도(3D) : 1, 2, 3, 4, 5, 6
가공품
Ø16g6
Ø8.5H7
Ø23
17
5
20 0 -0.1

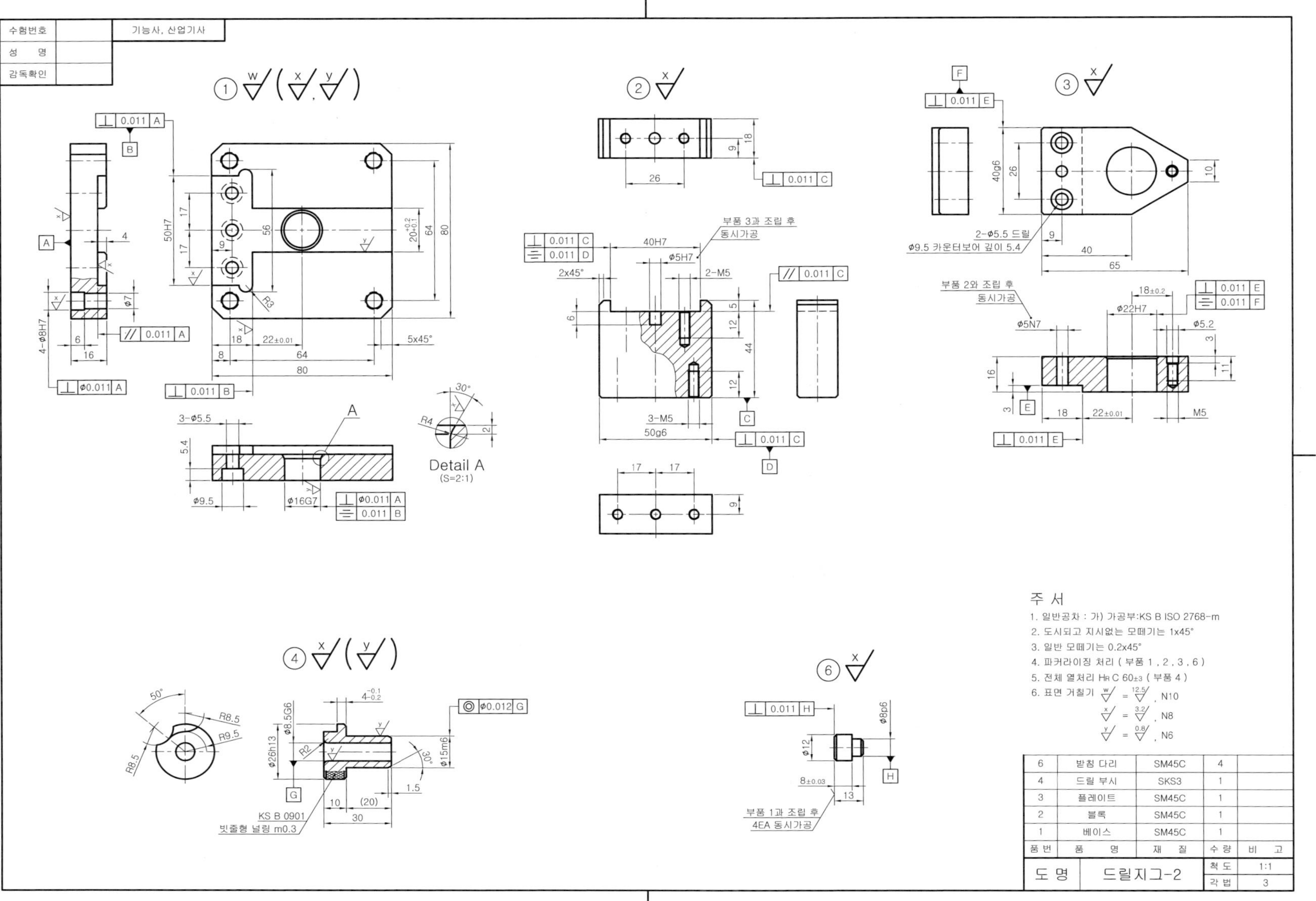
수험번호
성 명
감독확인
기능사, 산업기사
Detail A
(S=2:1)
부품 3과 조립 후
동시가공
2-φ5.5 드릴
φ9.5 카운터보어 깊이 5.4
부품 2와 조립 후
동시가공
KS B 0901
빗줄형 널링 m0.3
부품 1과 조립 후
4EA 동시가공
주 서
1. 일반공차 : 가) 가공부:KS B ISO 2768-m
2. 도시되고 지시없는 모떼기는 1x45°
3. 일반 모떼기는 0.2x45°
4. 파커라이징 처리 (부품 1, 2, 3, 6)
5. 전체 열처리 HRC 60±3 (부품 4)
6. 표면 거칠기
6 받침 다리 SM45C 4
4 드릴 부시 SKS3 1
3 플레이트 SM45C 1
2 블록 SM45C 1
1 베이스 SM45C 1
품번 품명 재질 수량 비고
도명 드릴지그-2
척도 1:1
각법 3

◈ 13. 드릴지그_2 렌더링 등각투상도 예제도면 ◈

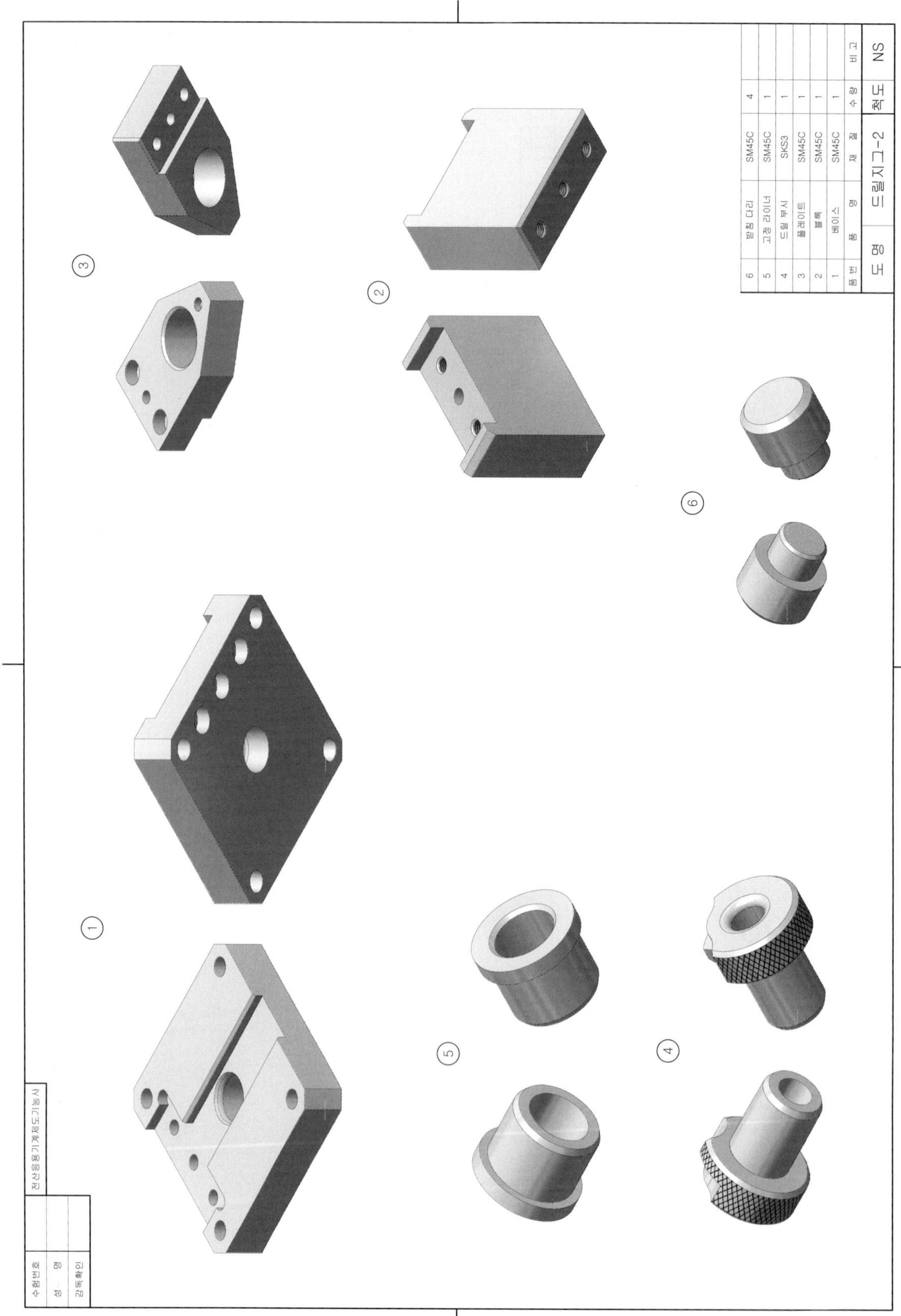

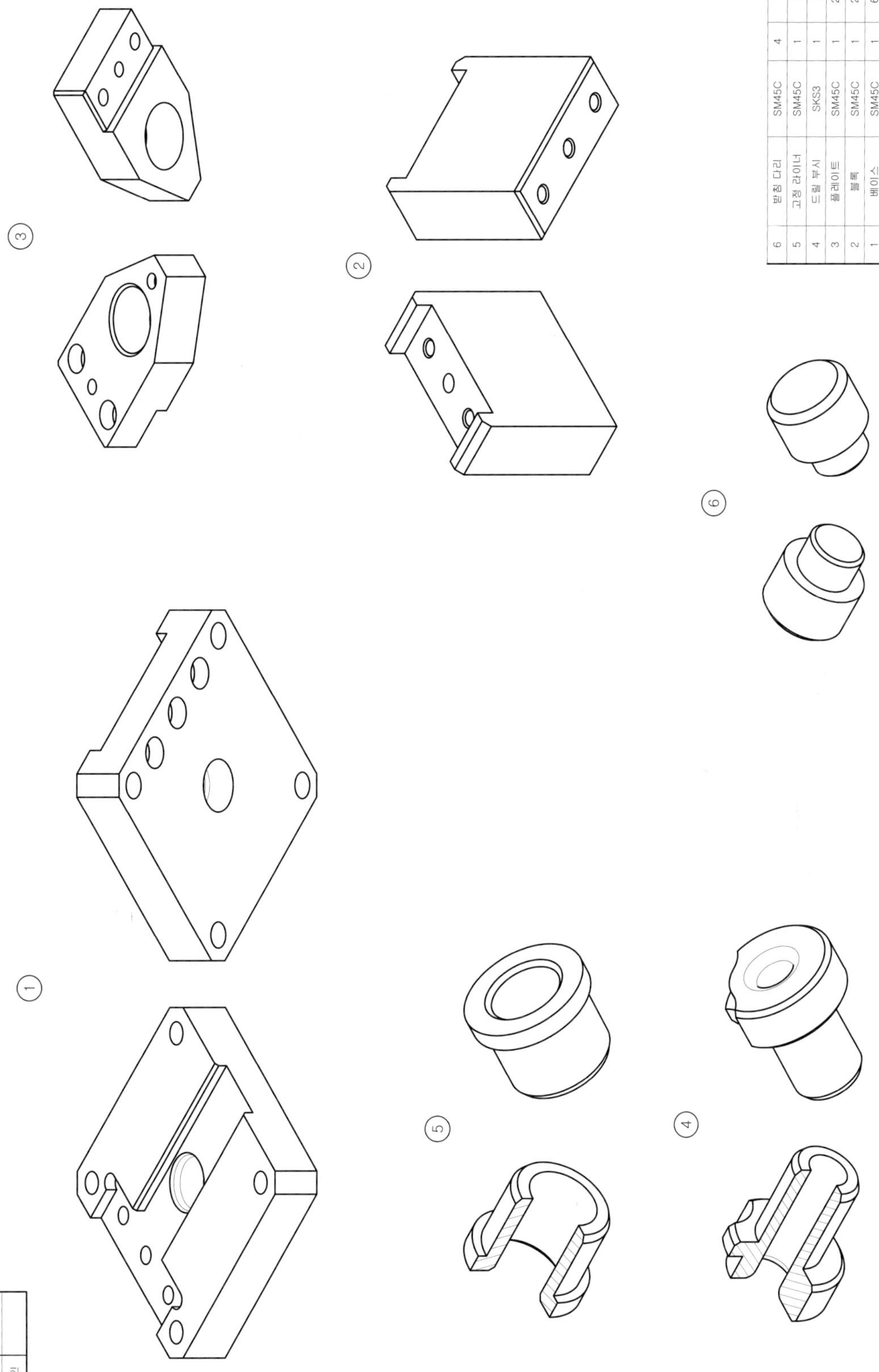

품번	품명	재질	수량	비고
6	받침 다리	SM45C	4	9g
5	고정 라이너	SM45C	1	36g
4	드릴 부시	SKS3	1	51g
3	플레이트	SM45C	1	202g
2	블록	SM45C	1	273g
1	베이스	SM45C	1	676g
도명	드릴지그-2		척도	NS

③ ② ⑥ ① ⑤ ④

기계설계산업기사	
수험번호	
성 명	
감독확인	

◈ 13. 드릴지그_2 등각분해도 예제도면 ◈

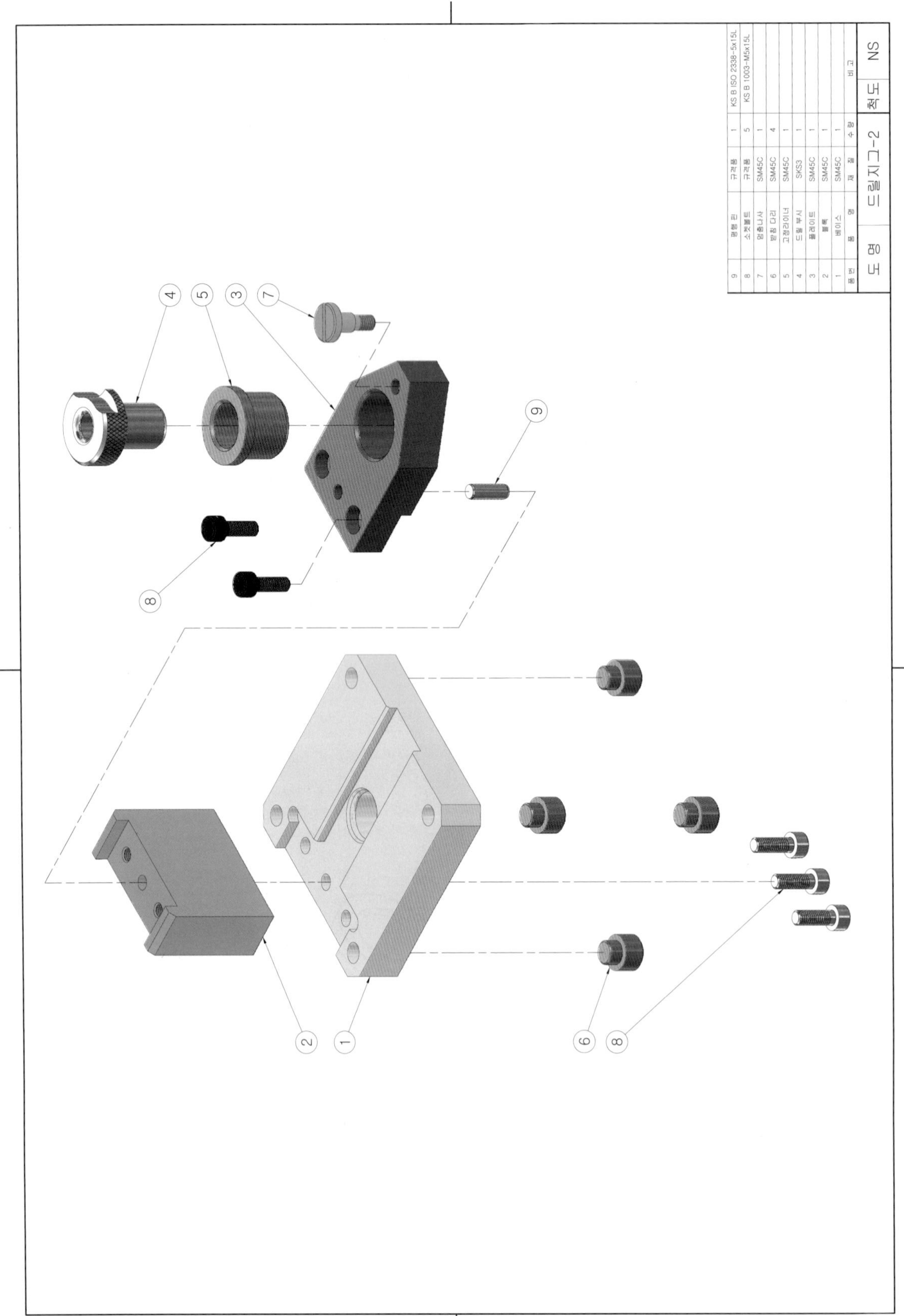

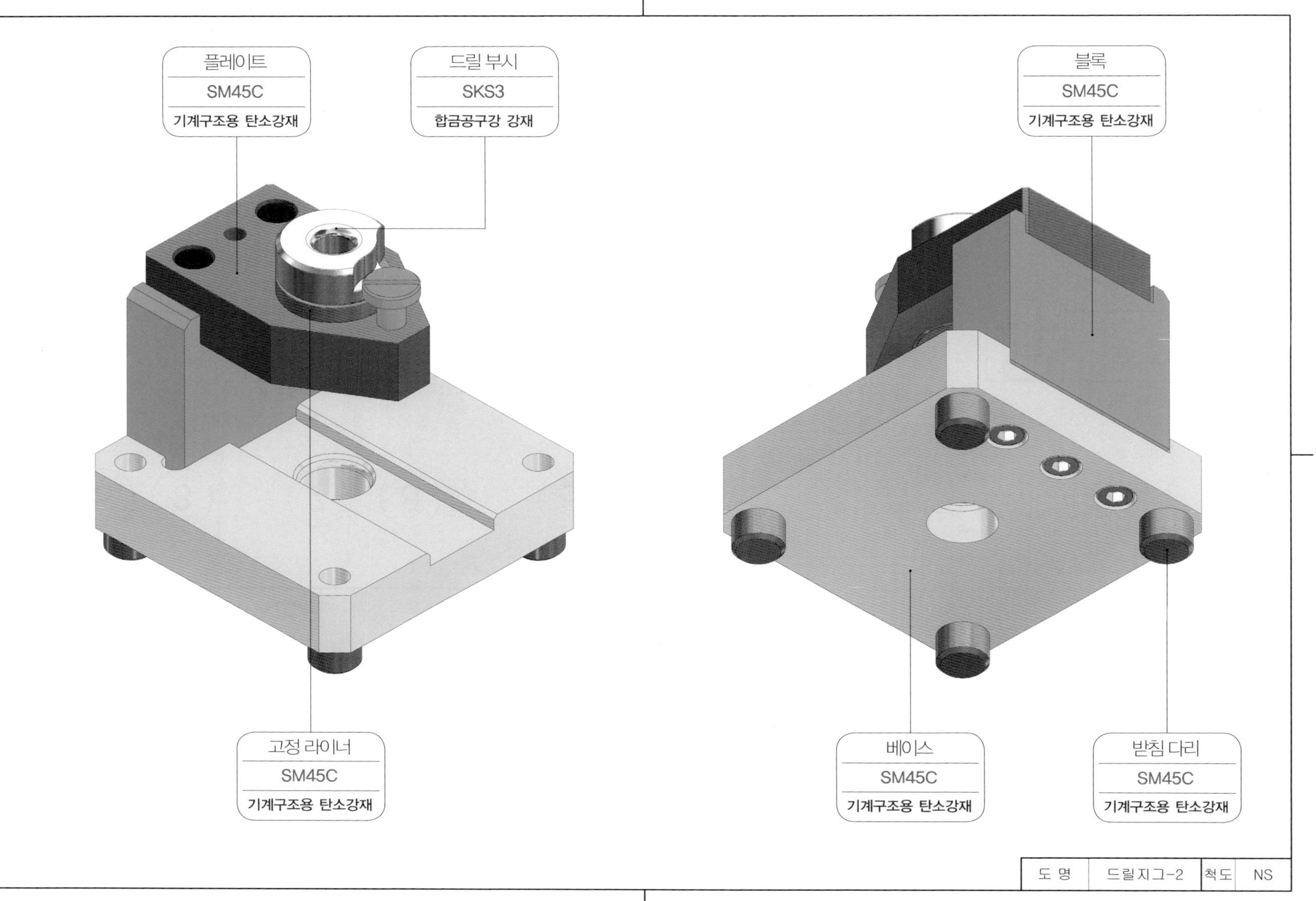
플레이트
SM45C
기계구조용 탄소강재
드릴 부시
SKS3
합금공구강 강재
블록
SM45C
기계구조용 탄소강재
고정 라이너
SM45C
기계구조용 탄소강재
베이스
SM45C
기계구조용 탄소강재
받침 다리
SM45C
기계구조용 탄소강재
도 명
드릴지그-2
척도
NS

◈ 14. 드릴지그_3 과제도면 ◈

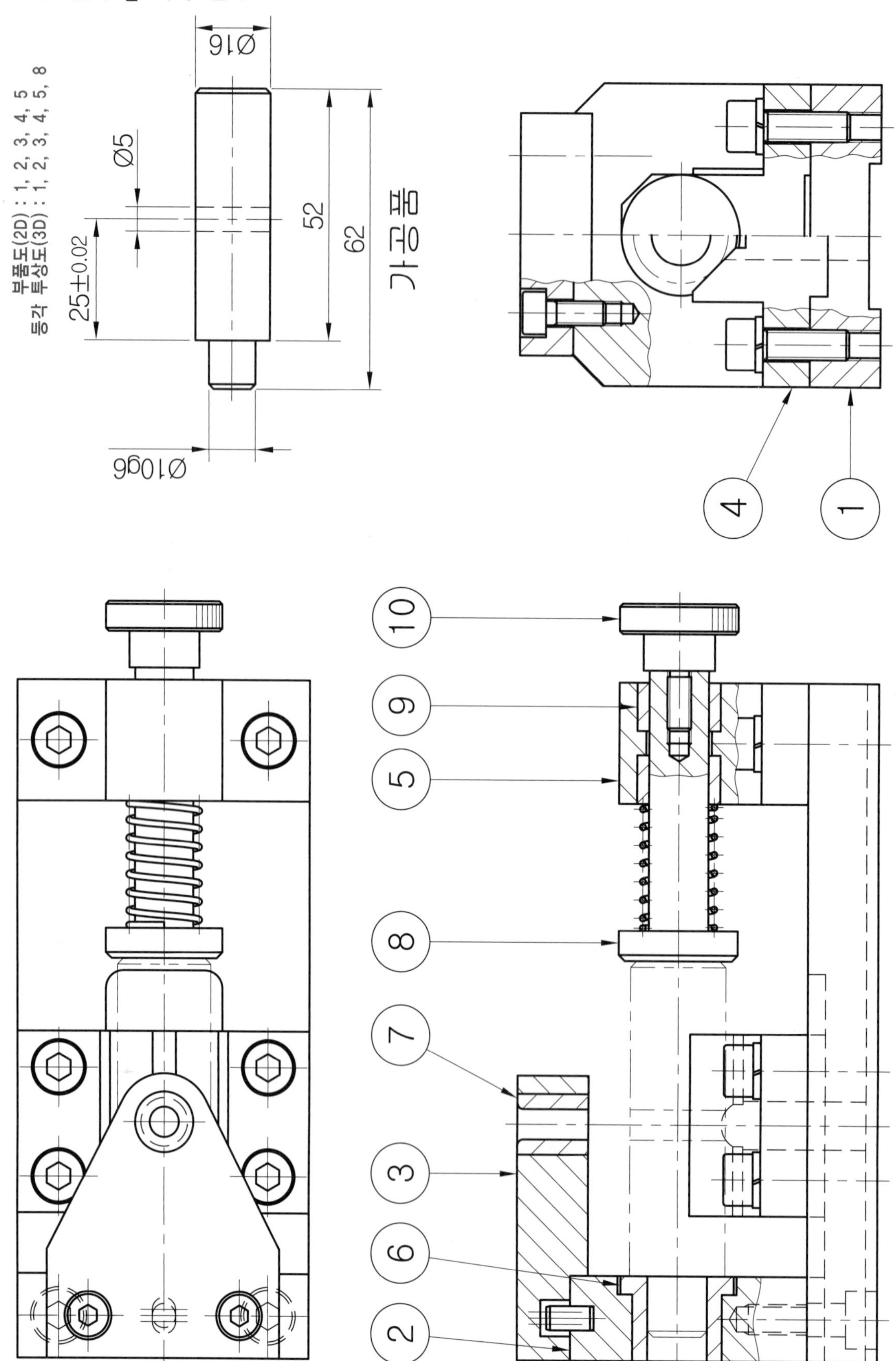

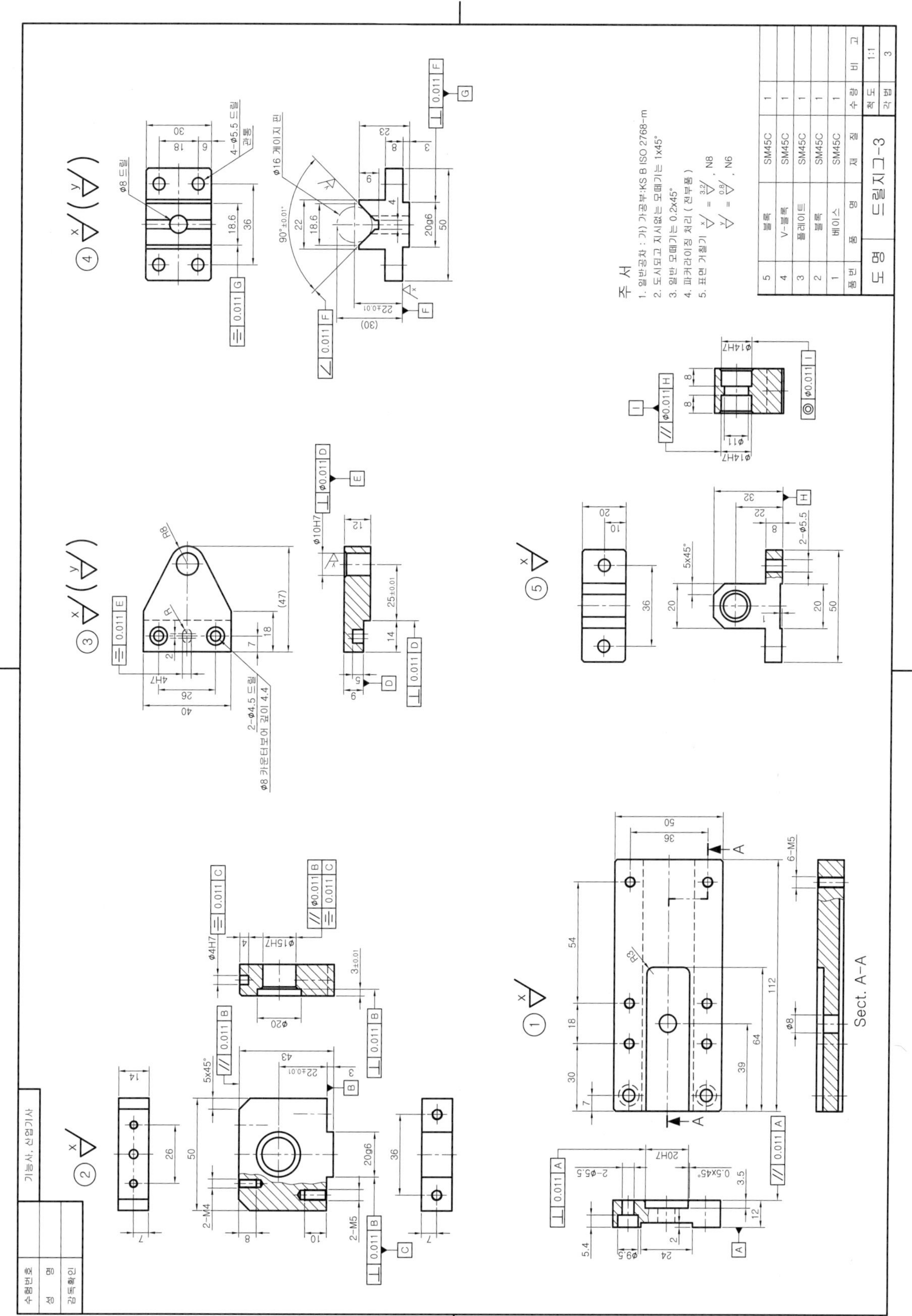
주 서
1. 일반공차 : 가) 가공부:KS B ISO 2768-m
2. 도시되고 지시없는 모떼기는 1x45°
3. 일반 모떼기는 0.2x45°
4. 파커라이징 처리 (전부품)
5. 표면 거칠기
5 블록 SM45C 1
4 V-블록 SM45C 1
3 플레이트 SM45C 1
2 블록 SM45C 1
1 베이스 SM45C 1
품번 품명 재질 수량 비고
도명 드릴지그-3
척도 1:1
각법 3
수험번호
성명
감독확인
기능사, 산업기사
Sect. A-A

◈ 14. 드릴지그_3 렌더링 등각투상도 예제도면 ◈

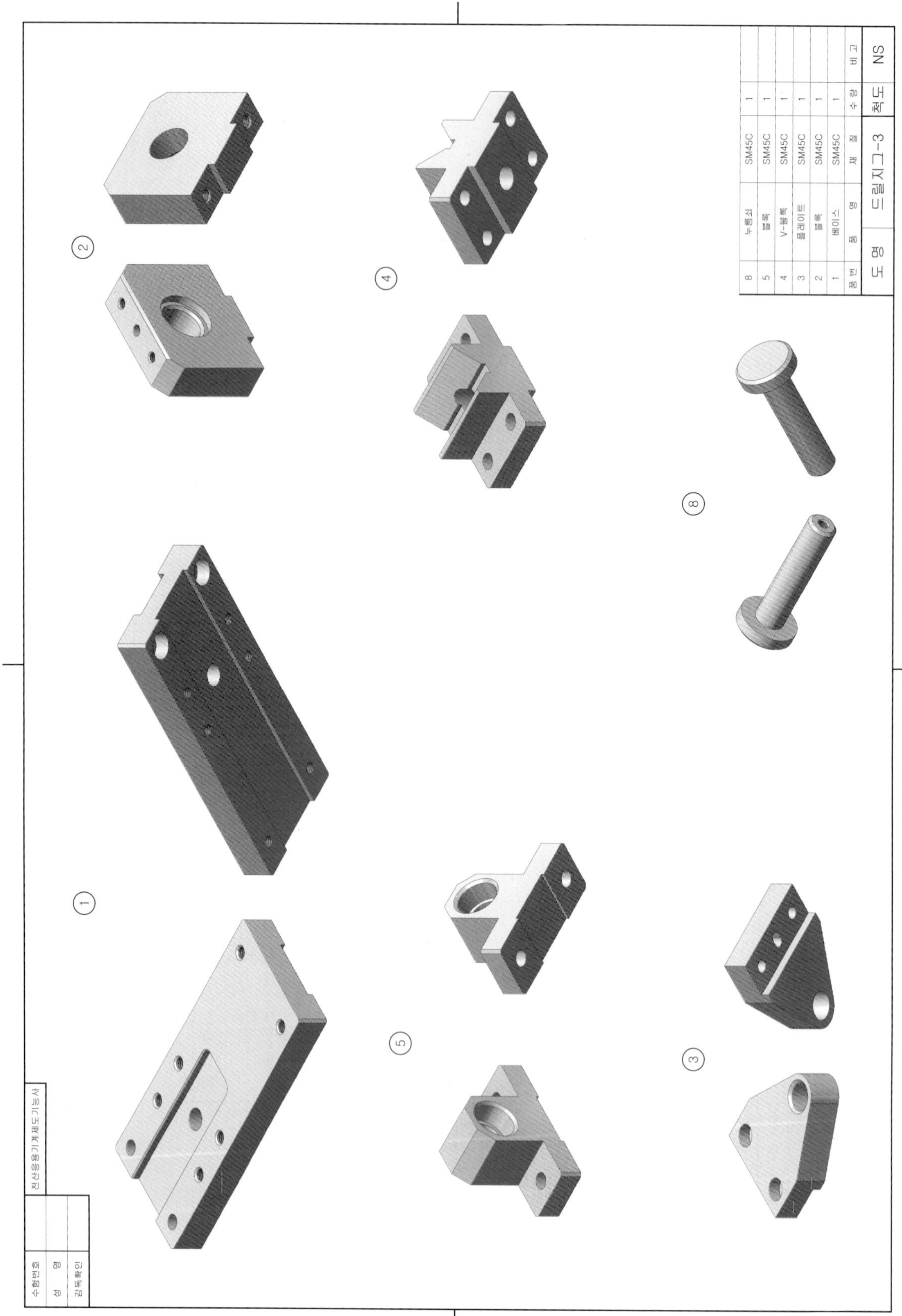

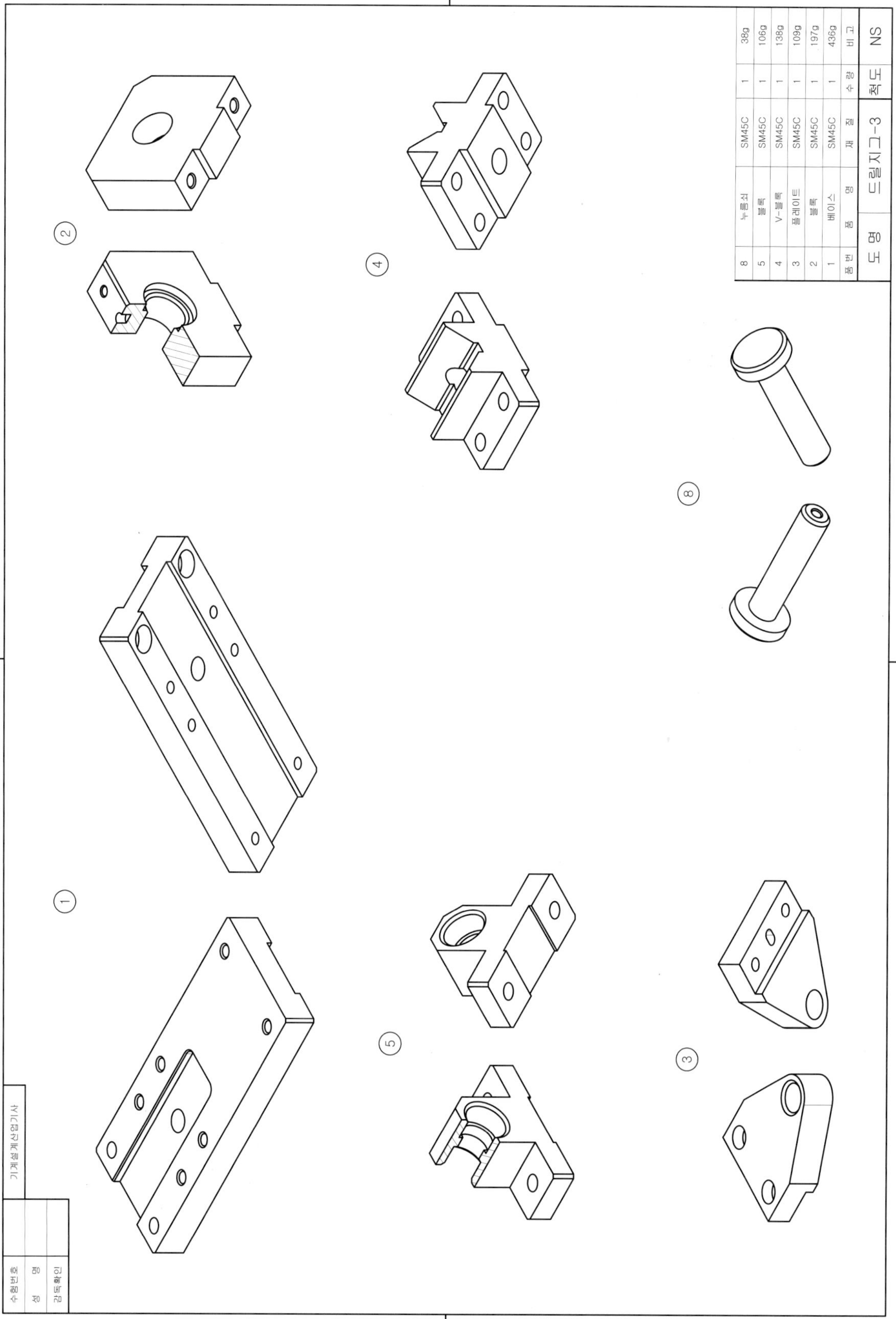

품번	품명	재질	수량	비고
8	누름쇠	SM45C	1	38g
5	블록	SM45C	1	106g
4	V-블록	SM45C	1	138g
3	플레이트	SM45C	1	109g
2	블록	SM45C	1	197g
1	베이스	SM45C	1	436g

도명	드릴지그-3	척도	NS

② ④ ⑧ ① ⑤ ③

기계설계산업기사

수험번호	
성명	
감독확인	

◈ 14. 드릴지그_3 등각분해도 예제도면 ◈

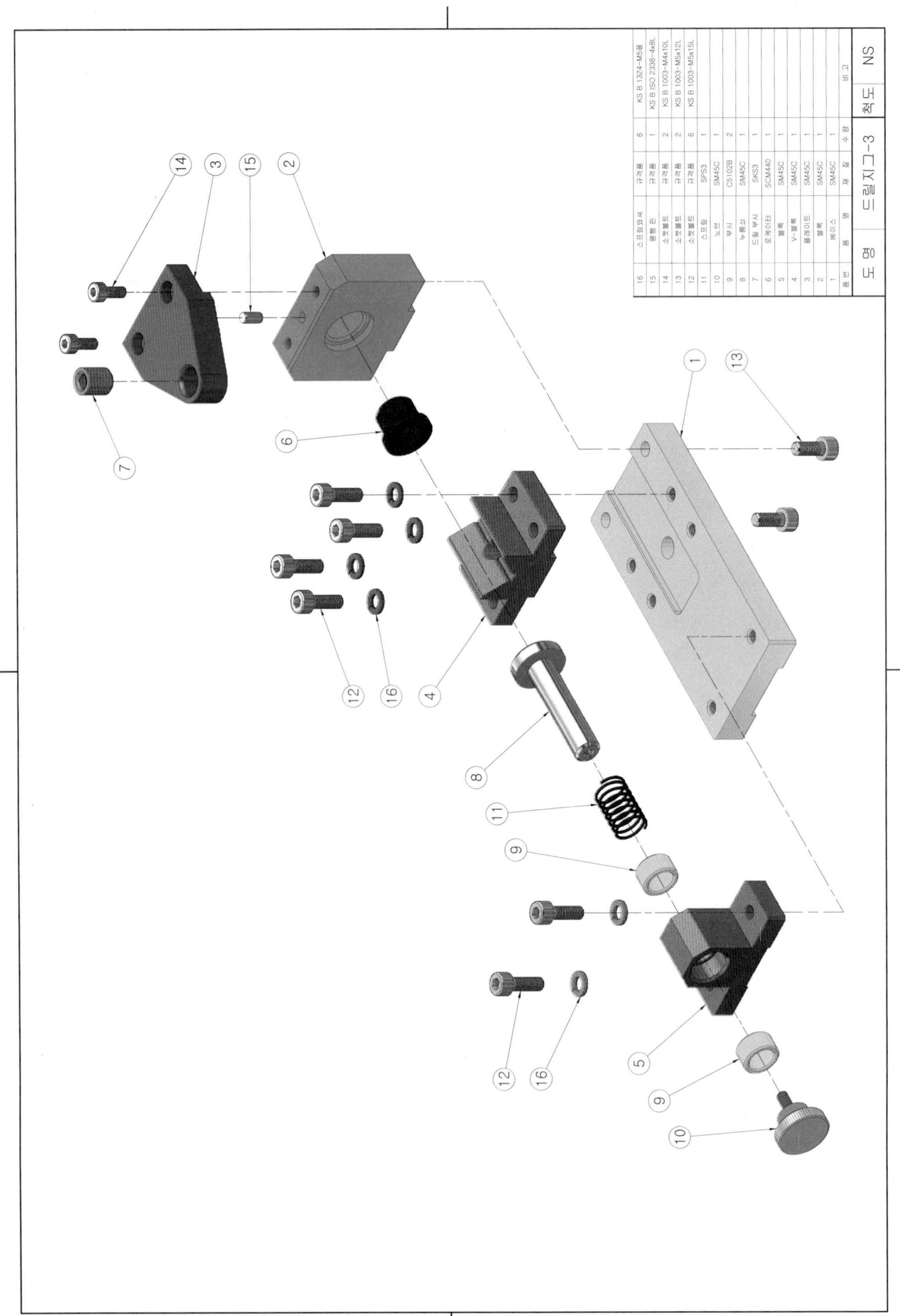

품번	품 명	재 질	수 량	비 고
16	스프링와셔	규격품	6	KS B 1324-M5용
15	평행 핀	규격품	1	KS B ISO 2338-4x8L
14	소켓볼트	규격품	2	KS B 1003-M4x10L
13	소켓볼트	규격품	2	KS B 1003-M5x12L
12	소켓볼트	규격품	6	KS B 1003-M5x15L
11	스프링	SPS3	1	
10	노브	SM45C	1	
9	부시	C5102B	2	
8	누름쇠	SM45C	1	
7	드릴 부시	SKS3	1	
6	로케이터	SCM440	1	
5	블록	SM45C	1	
4	V-블록	SM45C	1	
3	플레이트	SM45C	1	
2	블록	SM45C	1	
1	베이스	SM45C	1	

도 명	드릴지그-3	척도	NS

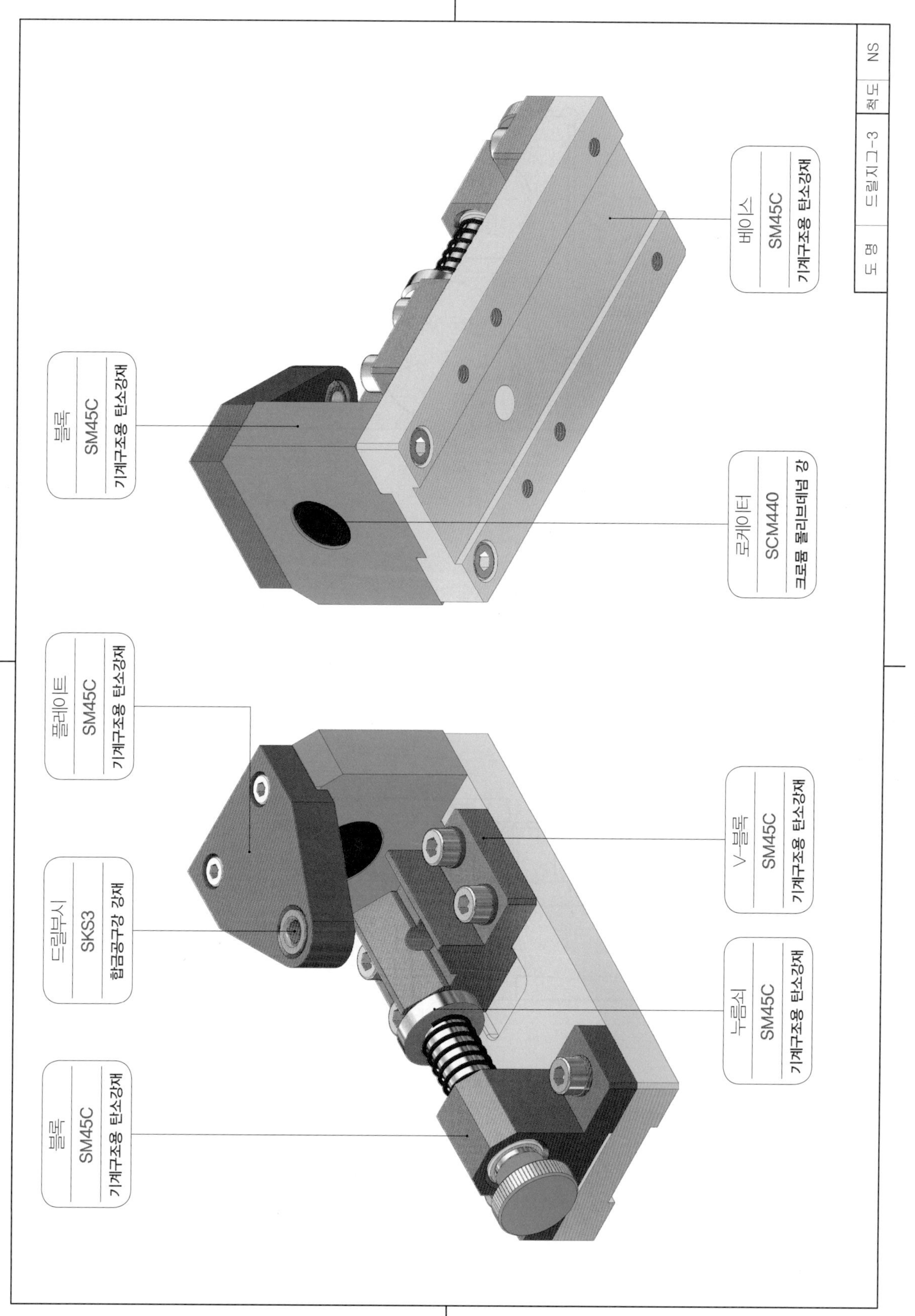

도 명
드릴지그-3
척 도
NS
블록
SM45C
기계구조용 탄소강재
베이스
SM45C
기계구조용 탄소강재
로케이터
SCM440
크로뮴 몰리브데넘 강
플레이트
SM45C
기계구조용 탄소강재
드릴부시
SKS3
합금공구강 강재
V-블록
SM45C
기계구조용 탄소강재
누름쇠
SM45C
기계구조용 탄소강재
블록
SM45C
기계구조용 탄소강재

◈ 15. 리밍지그_1 과제도면 ◈

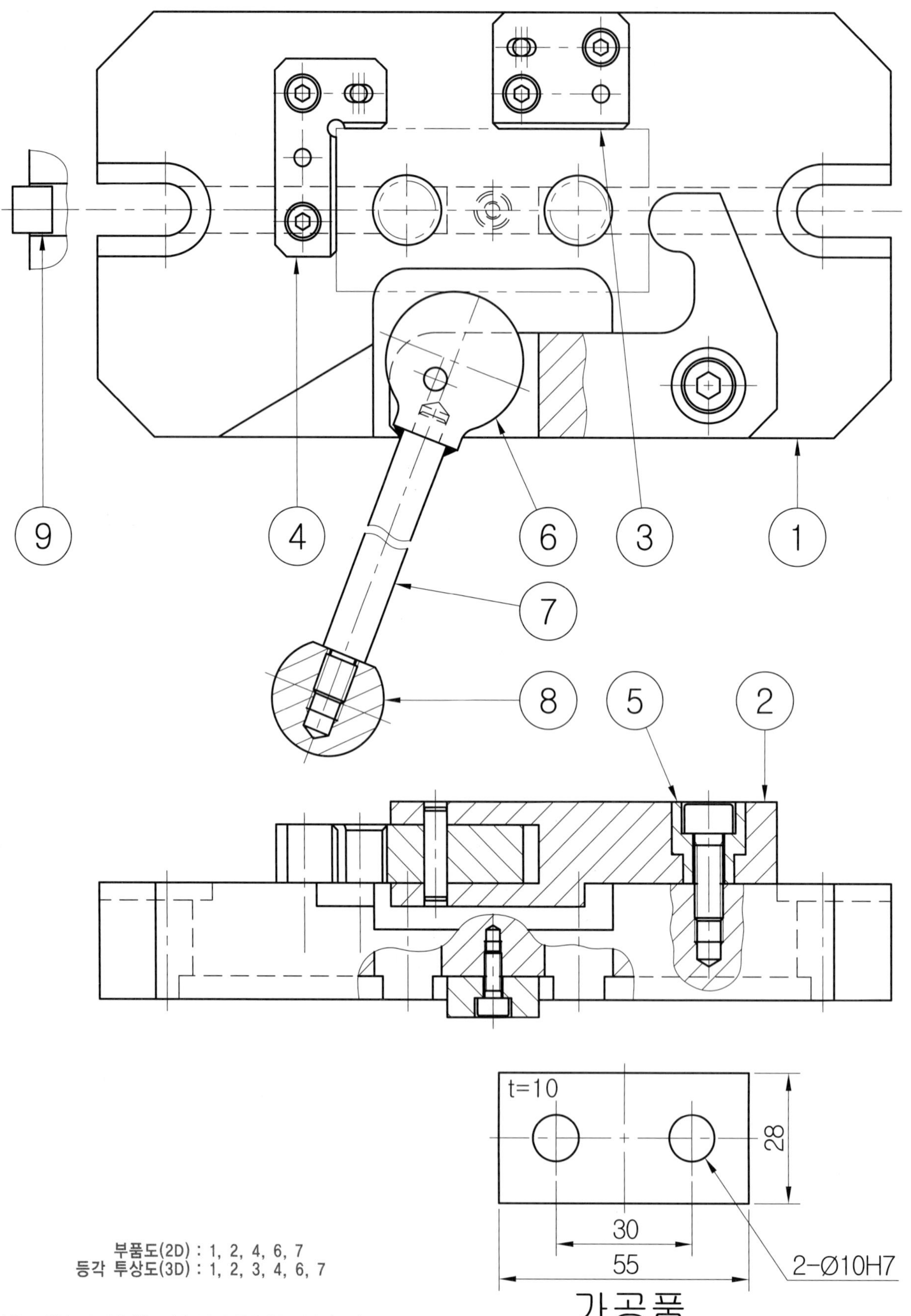

부품도(2D) : 1, 2, 4, 6, 7
등각 투상도(3D) : 1, 2, 3, 4, 6, 7

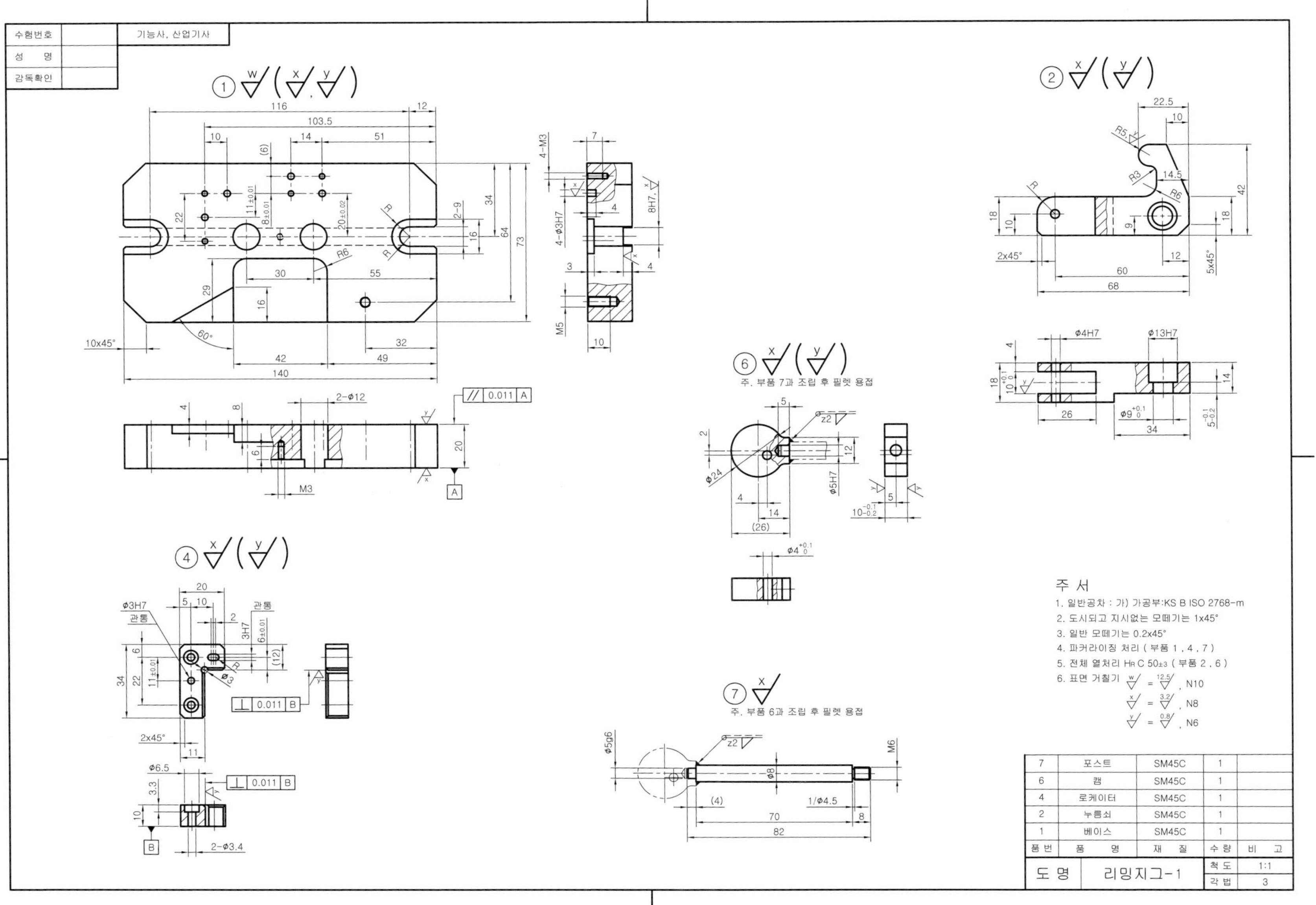
수험번호
성 명
감독확인
기능사, 산업기사
주. 부품 7과 조립 후 필렛 용접
주. 부품 6과 조립 후 필렛 용접
주 서
1. 일반공차 : 가) 가공부:KS B ISO 2768-m
2. 도시되고 지시없는 모떼기는 1x45°
3. 일반 모떼기는 0.2x45°
4. 파커라이징 처리 (부품 1, 4, 7)
5. 전체 열처리 HRC 50±3 (부품 2, 6)
6. 표면 거칠기
7 포스트 SM45C 1
6 캡 SM45C 1
4 로케이터 SM45C 1
2 누름쇠 SM45C 1
1 베이스 SM45C 1
품번 품명 재질 수량 비고
도명 리밍지그-1
척도 1:1
각법 3

◈ 15. 리밍지그_1 렌더링 등각투상도 예제도면 ◈

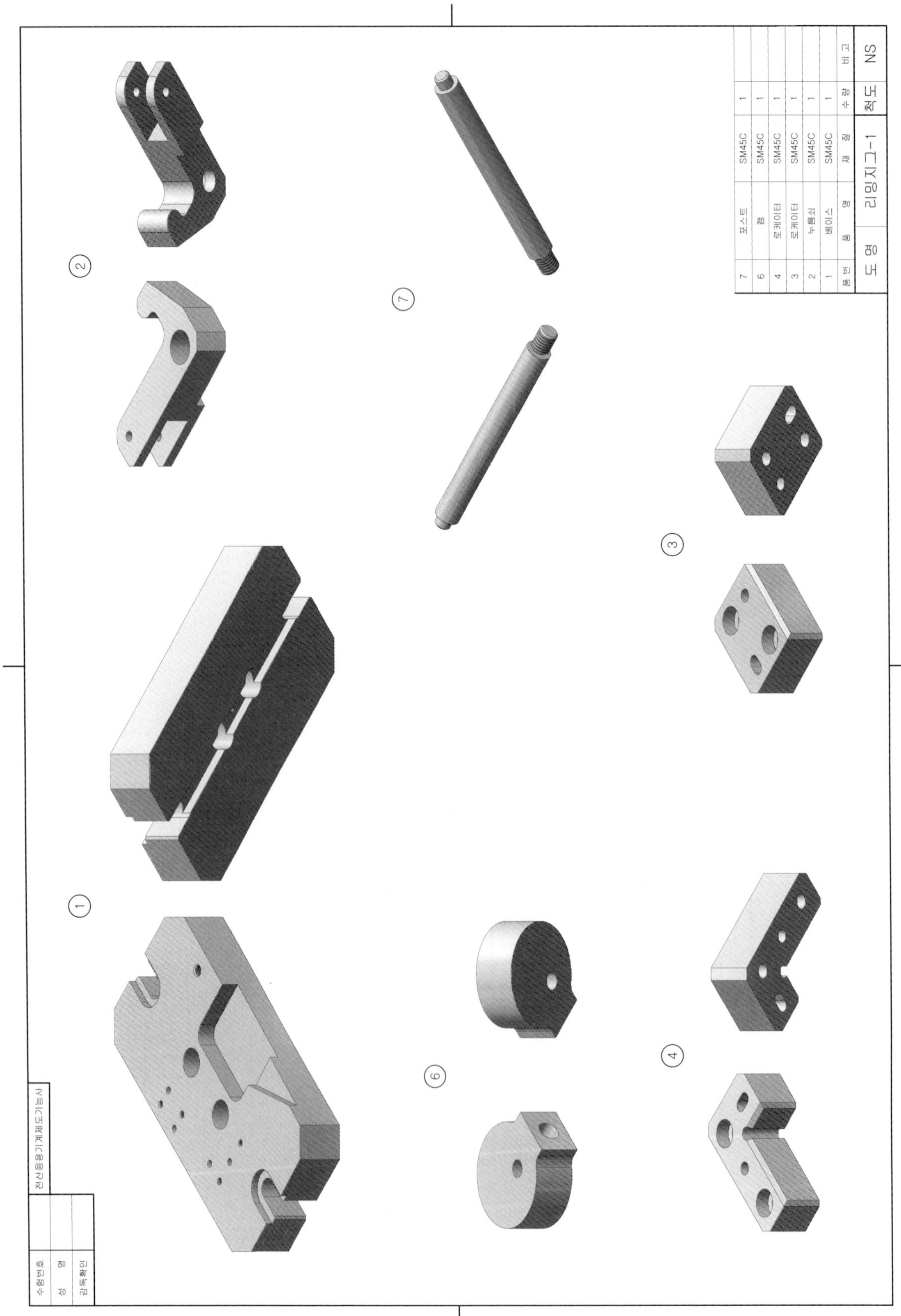

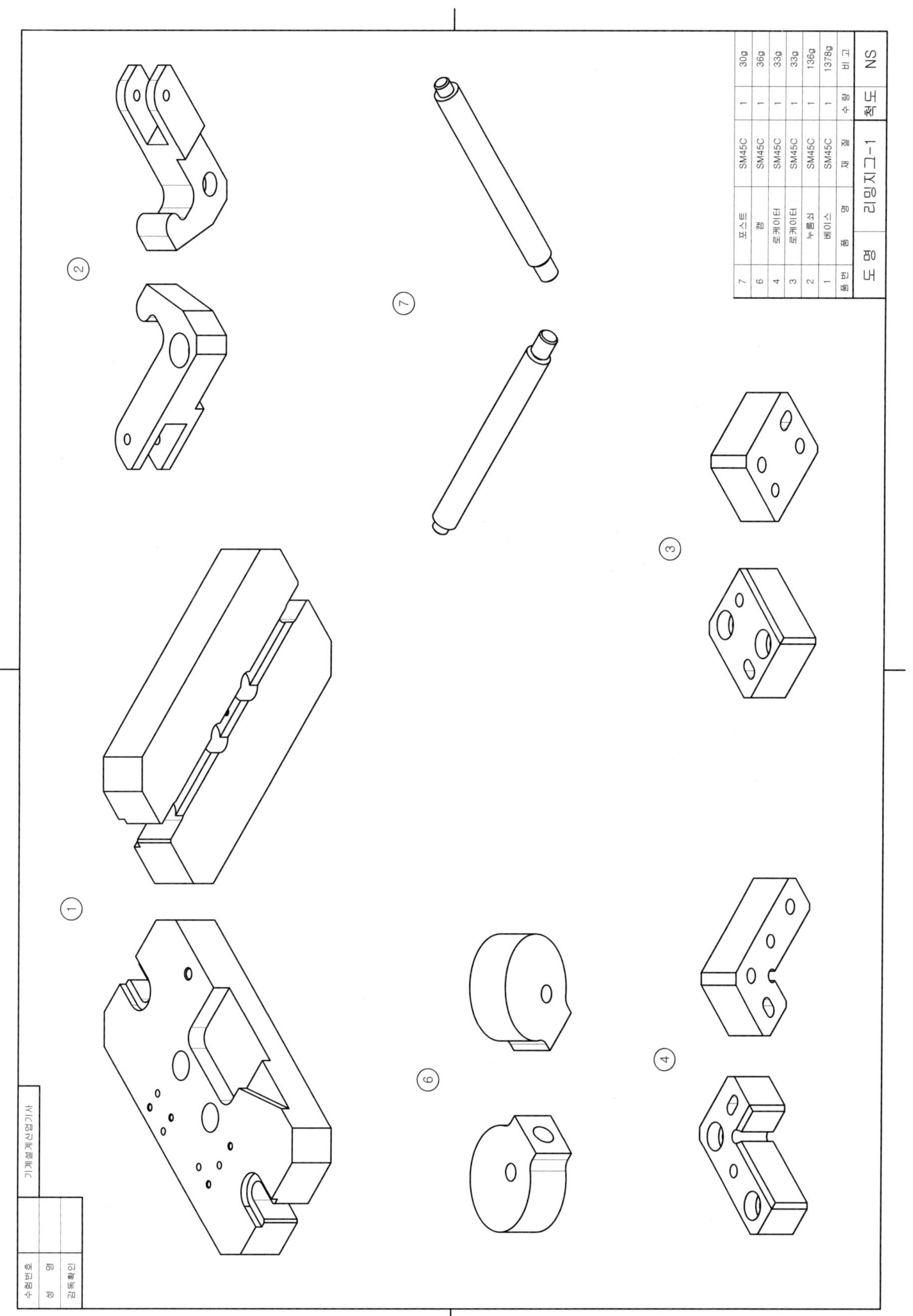
7 포스트 SM45C 1 30g
6 캡 SM45C 1 36g
4 로케이터 SM45C 1 33g
3 로케이터 SM45C 1 33g
2 누름쇠 SM45C 1 136g
1 베이스 SM45C 1 1378g
품번 품명 재질 수량 비고
도명 리밍지그-1 척도 NS
수험번호
성명
감독확인
기계설계산업기사
①
②
③
④
⑥
⑦

◈ 15. 리밍지그_1 등각분해도 예제도면 ◈

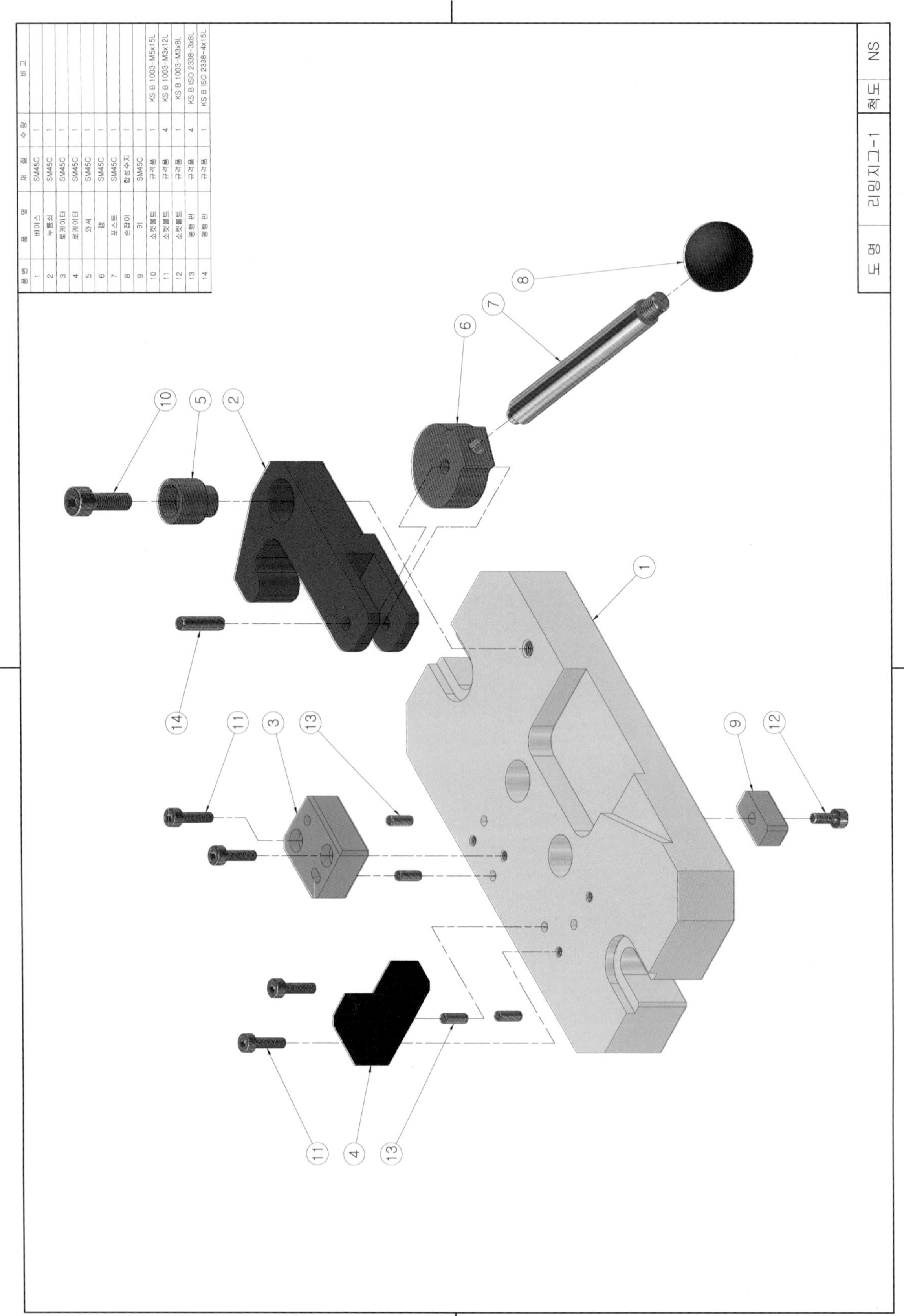

품번	품 명	재 질	수 량	비 고
1	베이스	SM45C	1	
2	누름쇠	SM45C	1	
3	로케이터	SM45C	1	
4	로케이터	SM45C	1	
5	와셔	SM45C	1	
6	캠	SM45C	1	
7	포스트	SM45C	1	
8	손잡이	합성수지	1	
9	키	SM45C	1	
10	소켓볼트	규격품	1	KS B 1003-M5x15L
11	소켓볼트	규격품	4	KS B 1003-M3x12L
12	소켓볼트	규격품	1	KS B 1003-M3x8L
13	평행 핀	규격품	4	KS B ISO 2338-3x8L
14	평행 핀	규격품	1	KS B ISO 2338-4x15L

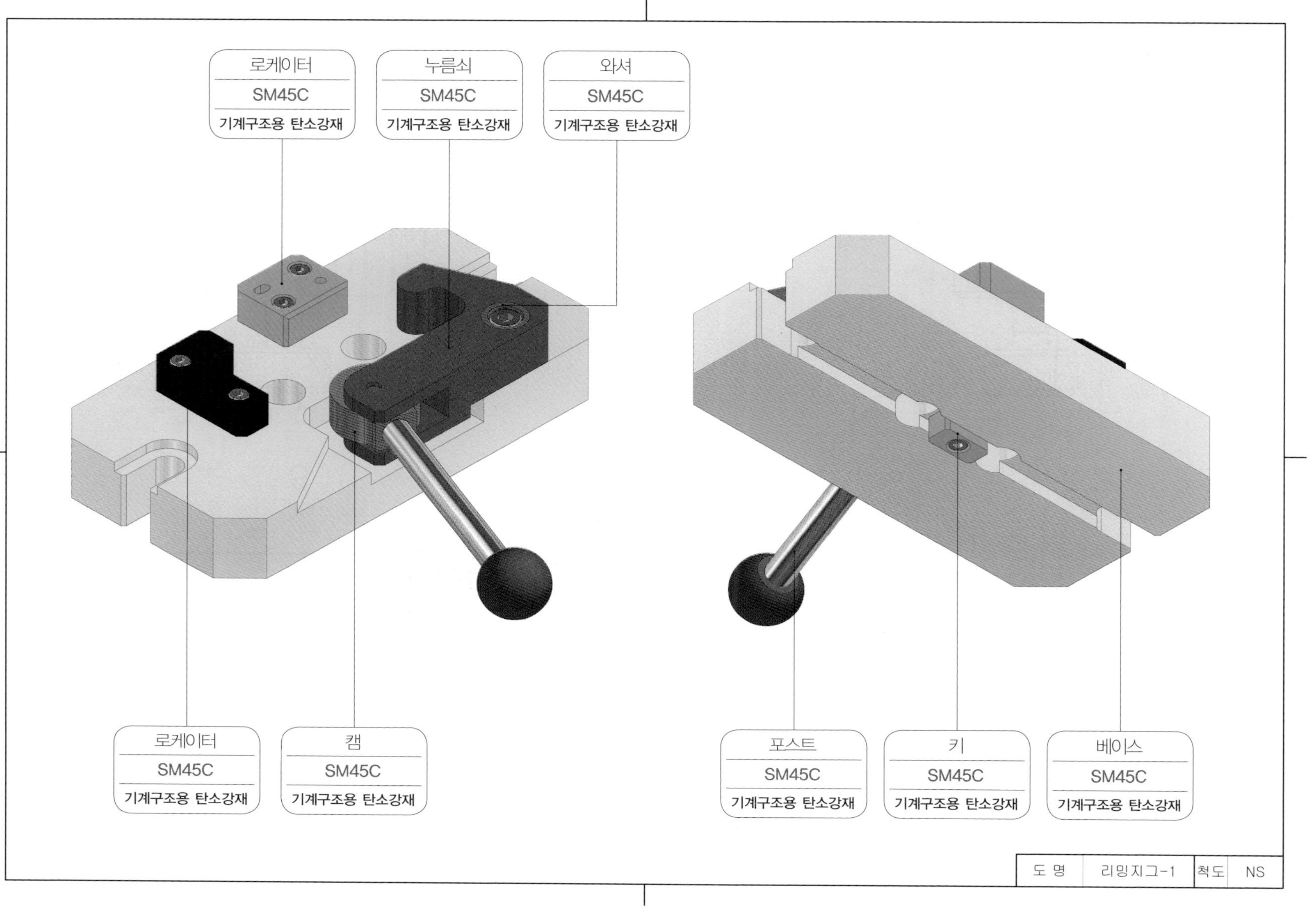
로케이터
SM45C
기계구조용 탄소강재
누름쇠
SM45C
기계구조용 탄소강재
와셔
SM45C
기계구조용 탄소강재
로케이터
SM45C
기계구조용 탄소강재
캠
SM45C
기계구조용 탄소강재
포스트
SM45C
기계구조용 탄소강재
키
SM45C
기계구조용 탄소강재
베이스
SM45C
기계구조용 탄소강재
도 명
리밍지그-1
척도
NS

◈ 16. 리밍지그_2 과제도면 ◈

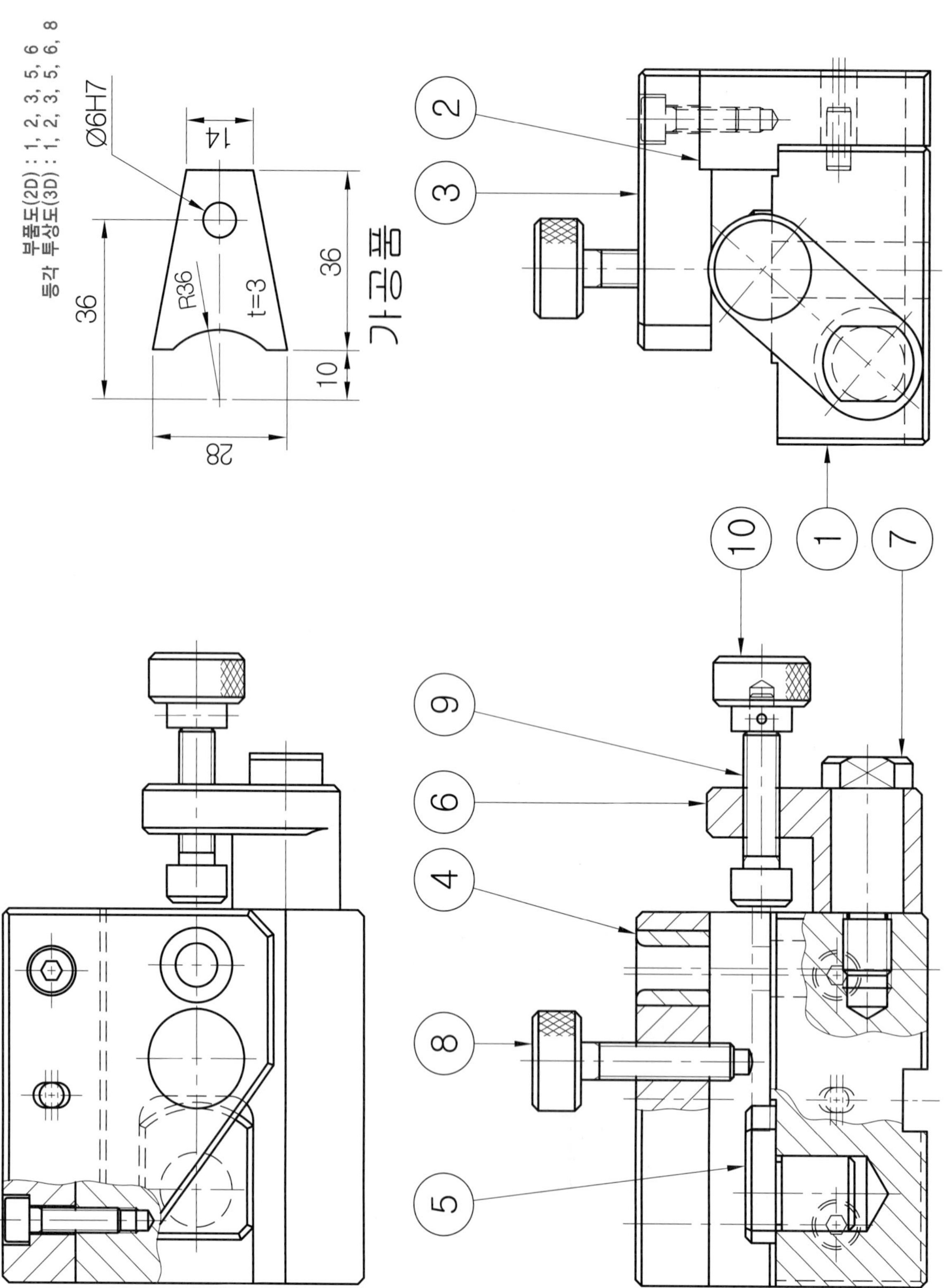

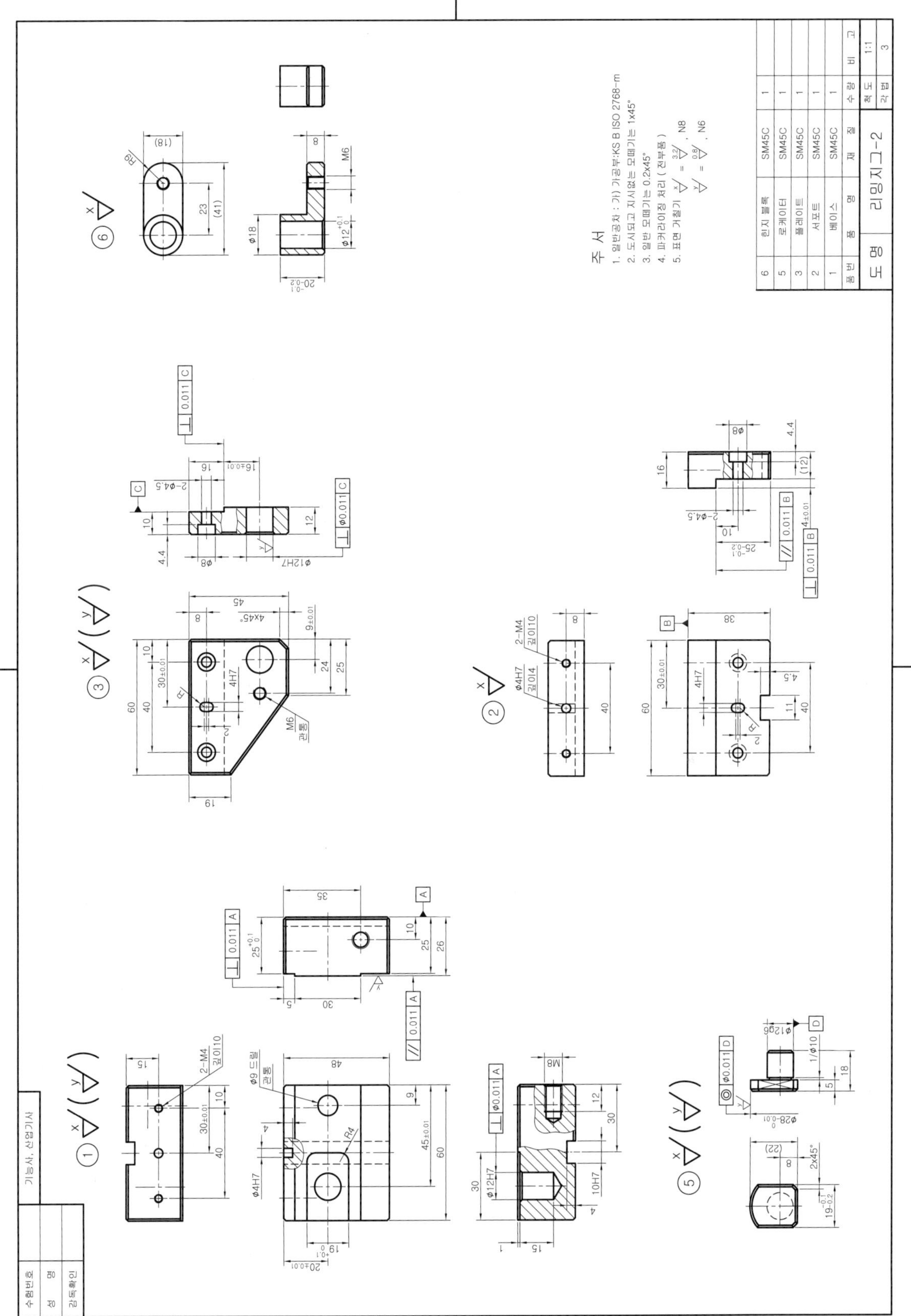

주 서
1. 일반공차 : 가) 가공부:KS B ISO 2768-m
2. 도시되고 지시없는 모떼기는 1x45°
3. 일반 모떼기는 0.2x45°
4. 파커라이징 처리 (전부품)
5. 표면 거칠기
6 힌지 블록 SM45C 1
5 로케이터 SM45C 1
3 플레이트 SM45C 1
2 서포트 SM45C 1
1 베이스 SM45C 1
품번 품명 재질 수량 비고
척도 1:1
각법 3
도명 리밍지그-2
기능사, 산업기사
수험번호
성명
감독확인

◈ 16. 리밍지그_2 렌더링 등각투상도 예제도면 ◈

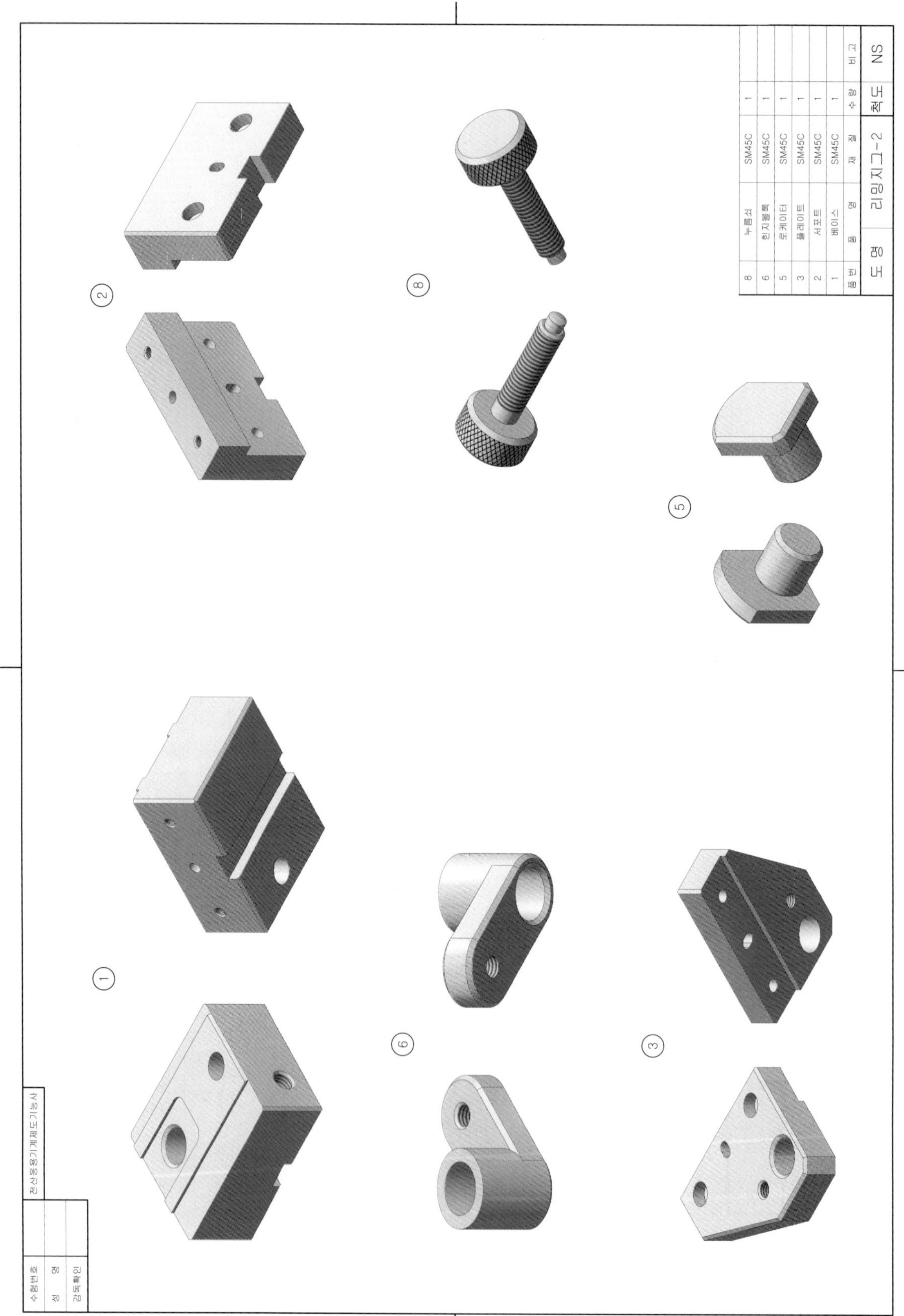

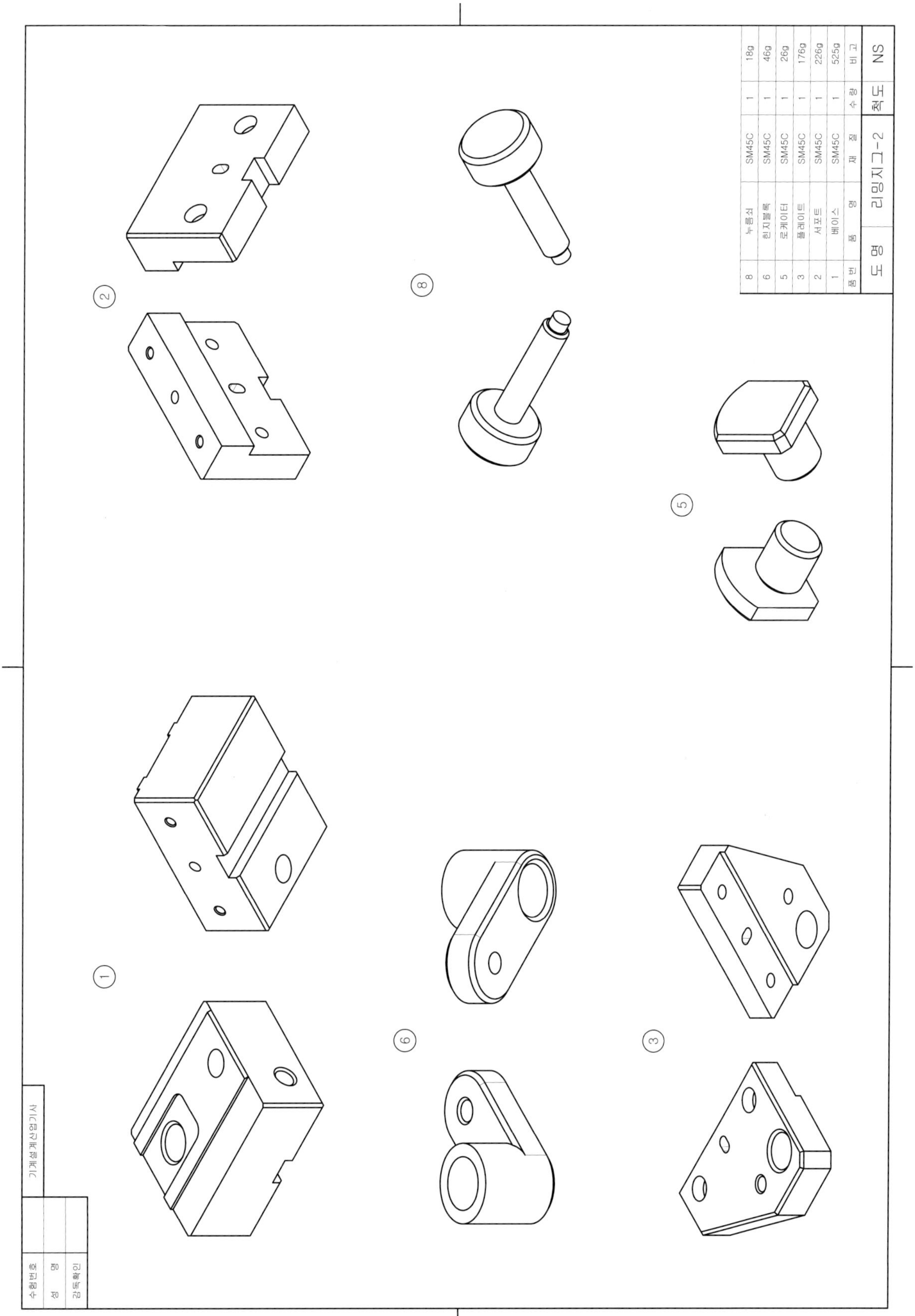
8 누름쇠 SM45C 1 18g
6 힌지블록 SM45C 1 46g
5 로케이터 SM45C 1 26g
3 플레이트 SM45C 1 176g
2 서포트 SM45C 1 226g
1 베이스 SM45C 1 525g
품번 품명 재질 수량 비고
도명 리밍지그-2 척도 NS
수험번호
성명
감독확인
기계설계산업기사
①
②
③
⑤
⑥
⑧

◈ 16. 리밍지그_2 등각분해도 예제도면 ◈

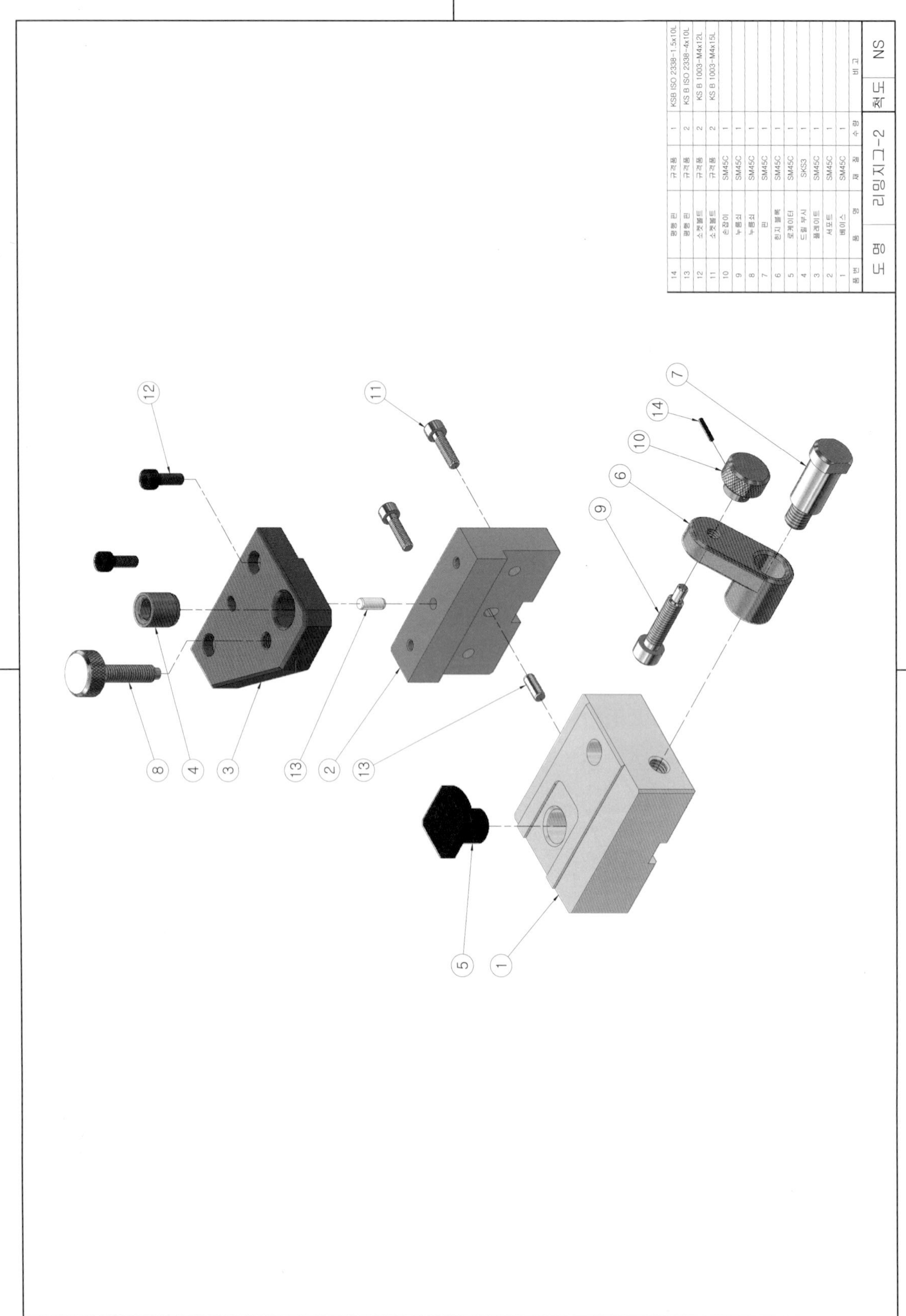

품번	품명	재질	수량	비고
14	평행 핀	규격품	1	KSB ISO 2338-1.5x10L
13	평행 핀	규격품	2	KS B ISO 2338-4x10L
12	소켓볼트	규격품	2	KS B 1003-M4x12L
11	소켓볼트	규격품	2	KS B 1003-M4x15L
10	손잡이	SM45C	1	
9	누름쇠	SM45C	1	
8	누름쇠	SM45C	1	
7	핀	SM45C	1	
6	힌지 블록	SM45C	1	
5	로케이터	SM45C	1	
4	드릴 부시	SKS3	1	
3	플레이트	SM45C	1	
2	서포트	SM45C	1	
1	베이스	SM45C	1	

도 명	리밍지그-2	척도	NS

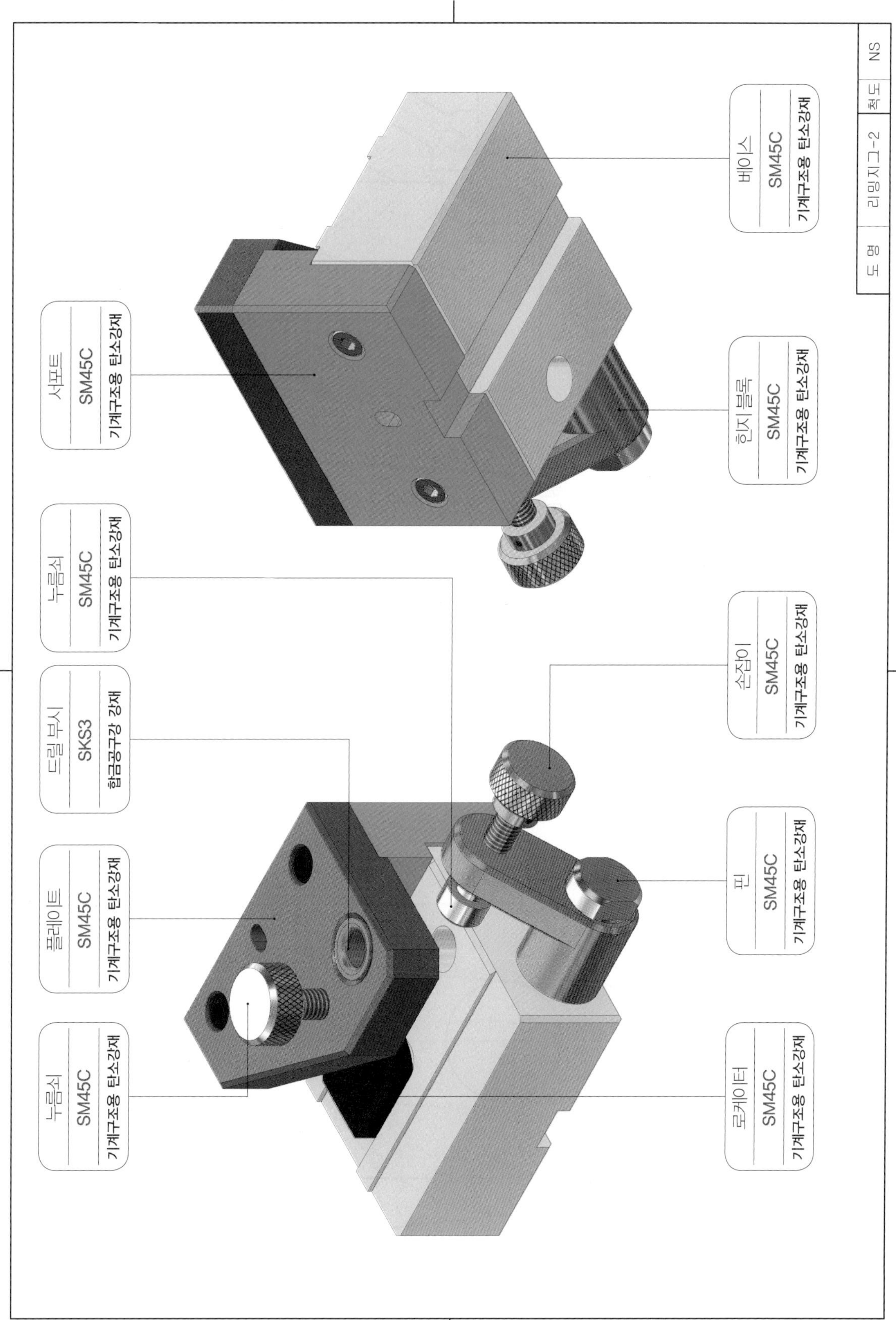
도 명
리밍지그-2
척 도
NS
베이스
SM45C
기계구조용 탄소강재
서포트
SM45C
기계구조용 탄소강재
힌지 블록
SM45C
기계구조용 탄소강재
누름쇠
SM45C
기계구조용 탄소강재
손잡이
SM45C
기계구조용 탄소강재
드릴 부시
SKS3
합금공구강 강재
플레이트
SM45C
기계구조용 탄소강재
핀
SM45C
기계구조용 탄소강재
누름쇠
SM45C
기계구조용 탄소강재
로케이터
SM45C
기계구조용 탄소강재

◈ 17. 클램프_1 과제도면 ◈

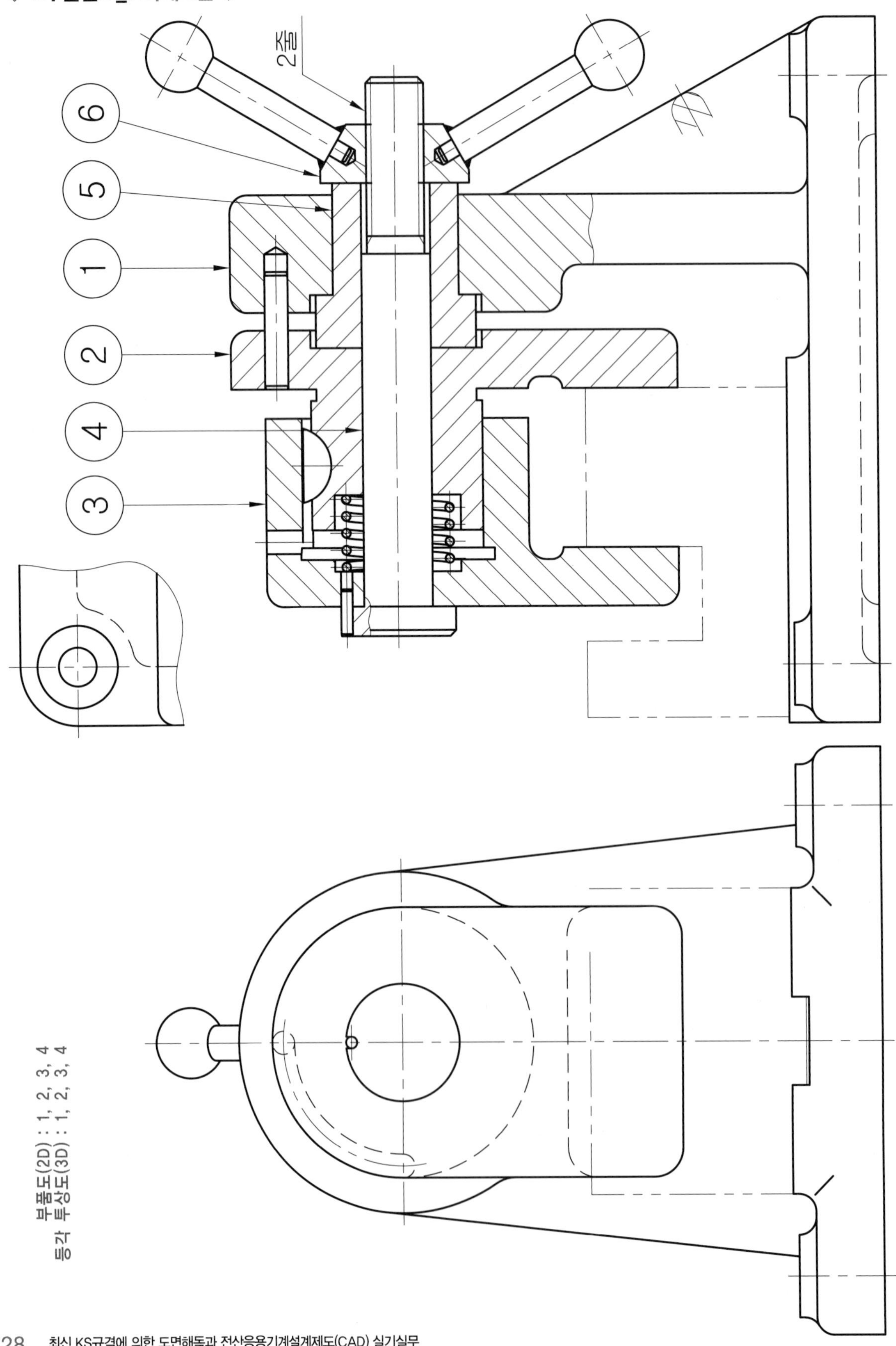

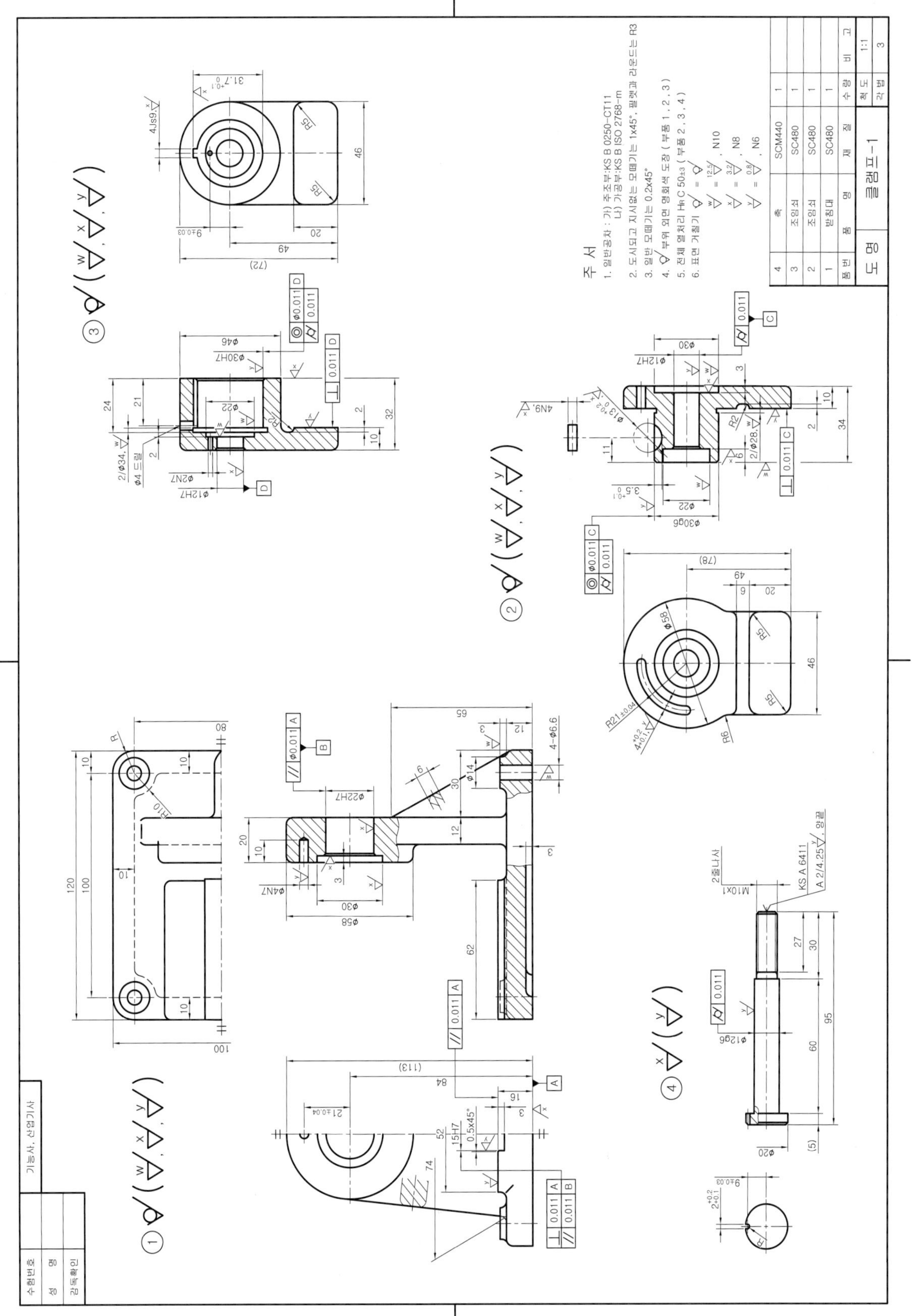
주 서
1. 일반공차 : 가) 주조부:KS B 0250-CT11
나) 가공부:KS B ISO 2768-m
2. 도시되고 지시없는 모떼기는 1x45°, 필렛과 라운드는 R3
3. 일반 모떼기는 0.2x45°
4. 부위 외면 명회색 도장 (부품 1, 2, 3)
5. 전체 열처리 HRC 50±3 (부품 2, 3, 4)
6. 표면 거칠기
N10
N8
N6
4 축 SCM440 1
3 조임쇠 SC480 1
2 조임쇠 SC480 1
1 받침대 SC480 1
품번 품명 재질 수량 비고
도명 클램프-1
척도 1:1
각법 3
수험번호
성명
감독확인
기능사, 산업기사

◈ 17. 클램프_1 렌더링 등각투상도 예제도면 ◈

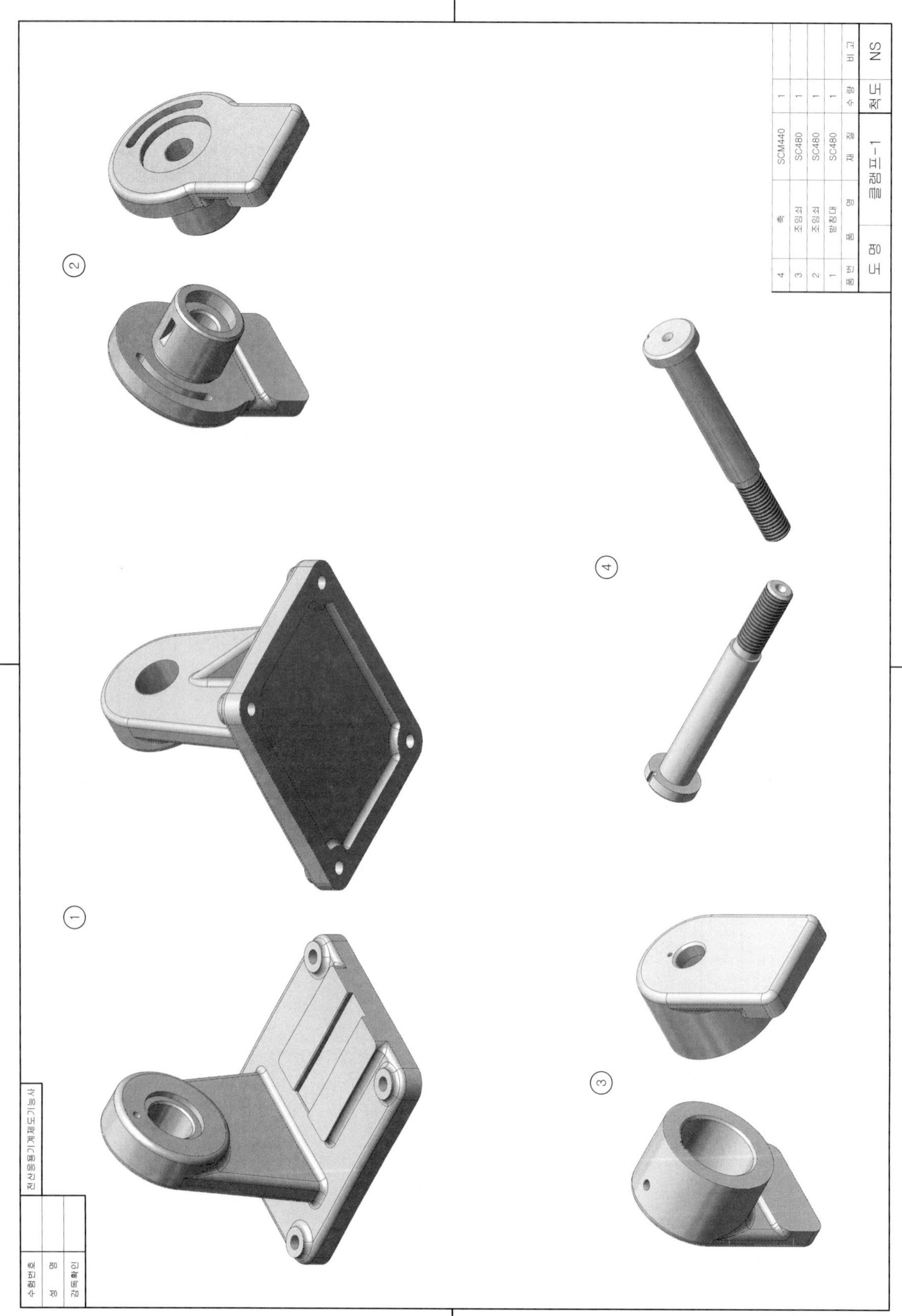

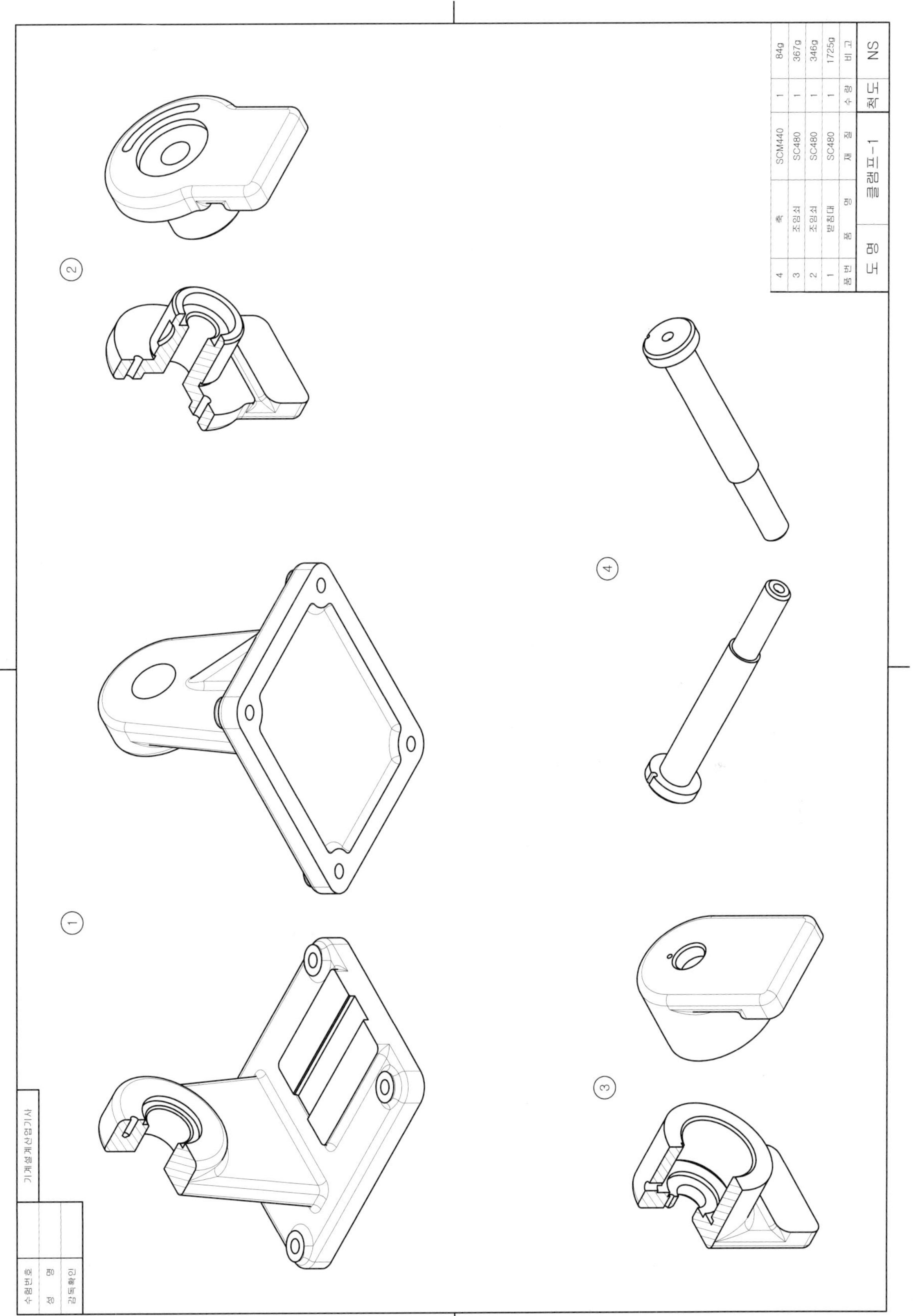
4 축 SCM440 1 84g
3 조임쇠 SC480 1 367g
2 조임쇠 SC480 1 346g
1 받침대 SC480 1 1725g
품번 품명 재질 수량 비고
도명 클램프-1 척도 NS
①
②
③
④
기계설계산업기사
수험번호
성명
감독확인

◈ 17. 클램프_1 등각분해도 예제도면 ◈

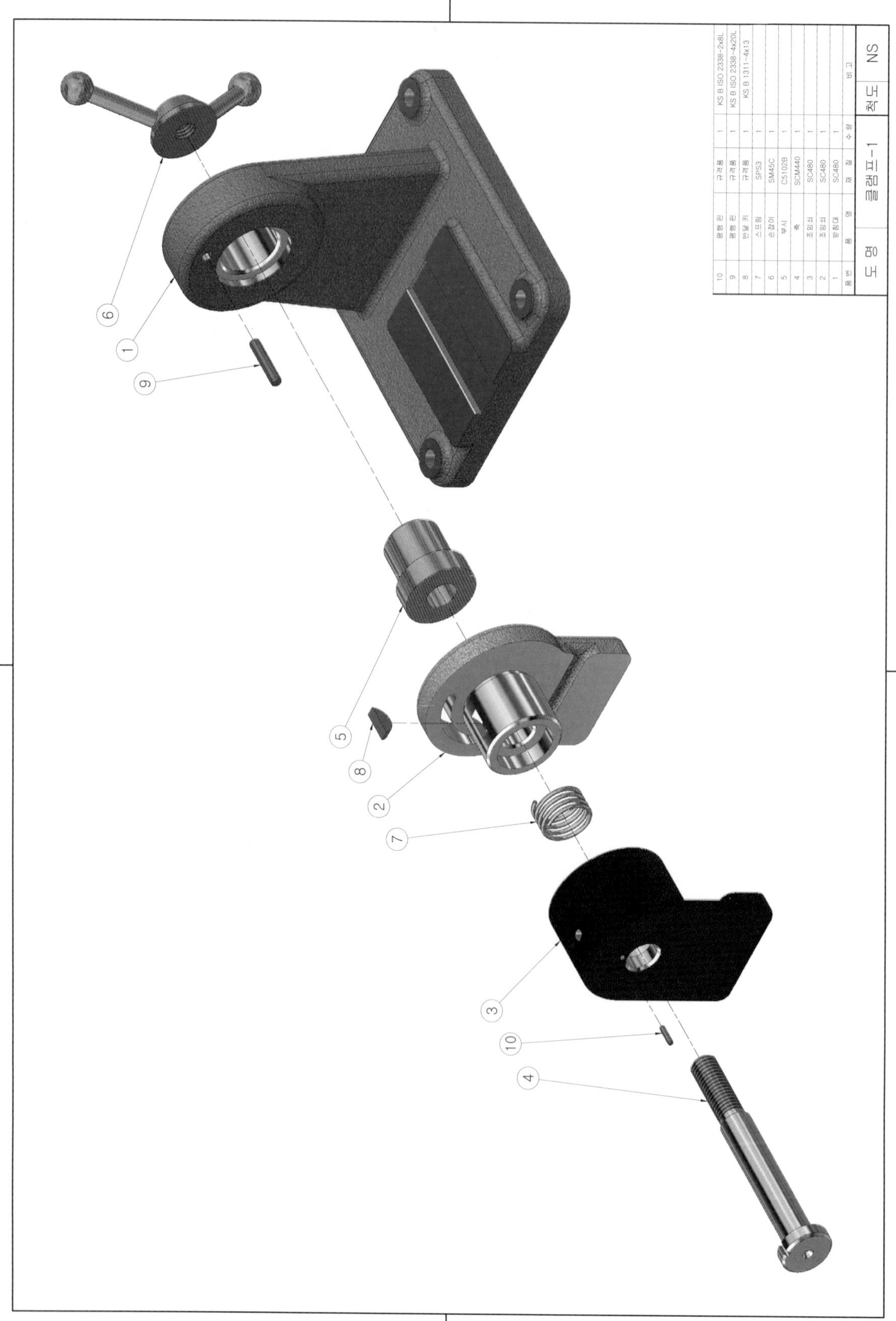

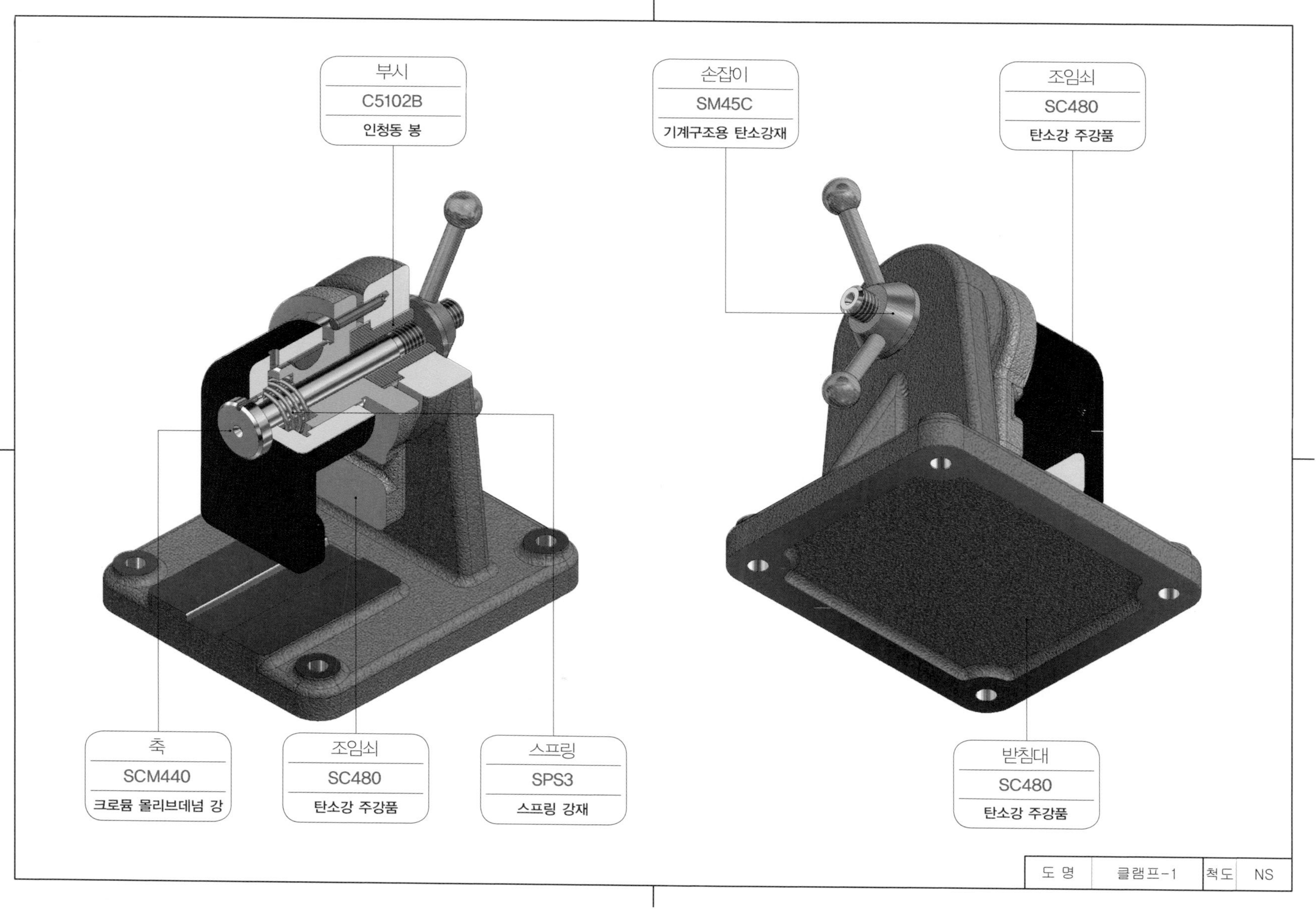
부시
C5102B
인청동 봉
손잡이
SM45C
기계구조용 탄소강재
조임쇠
SC480
탄소강 주강품
축
SCM440
크로뮴 몰리브데넘 강
조임쇠
SC480
탄소강 주강품
스프링
SPS3
스프링 강재
받침대
SC480
탄소강 주강품
도 명
클램프-1
척도
NS

◈ 18. 클램프_2 과제도면 ◈

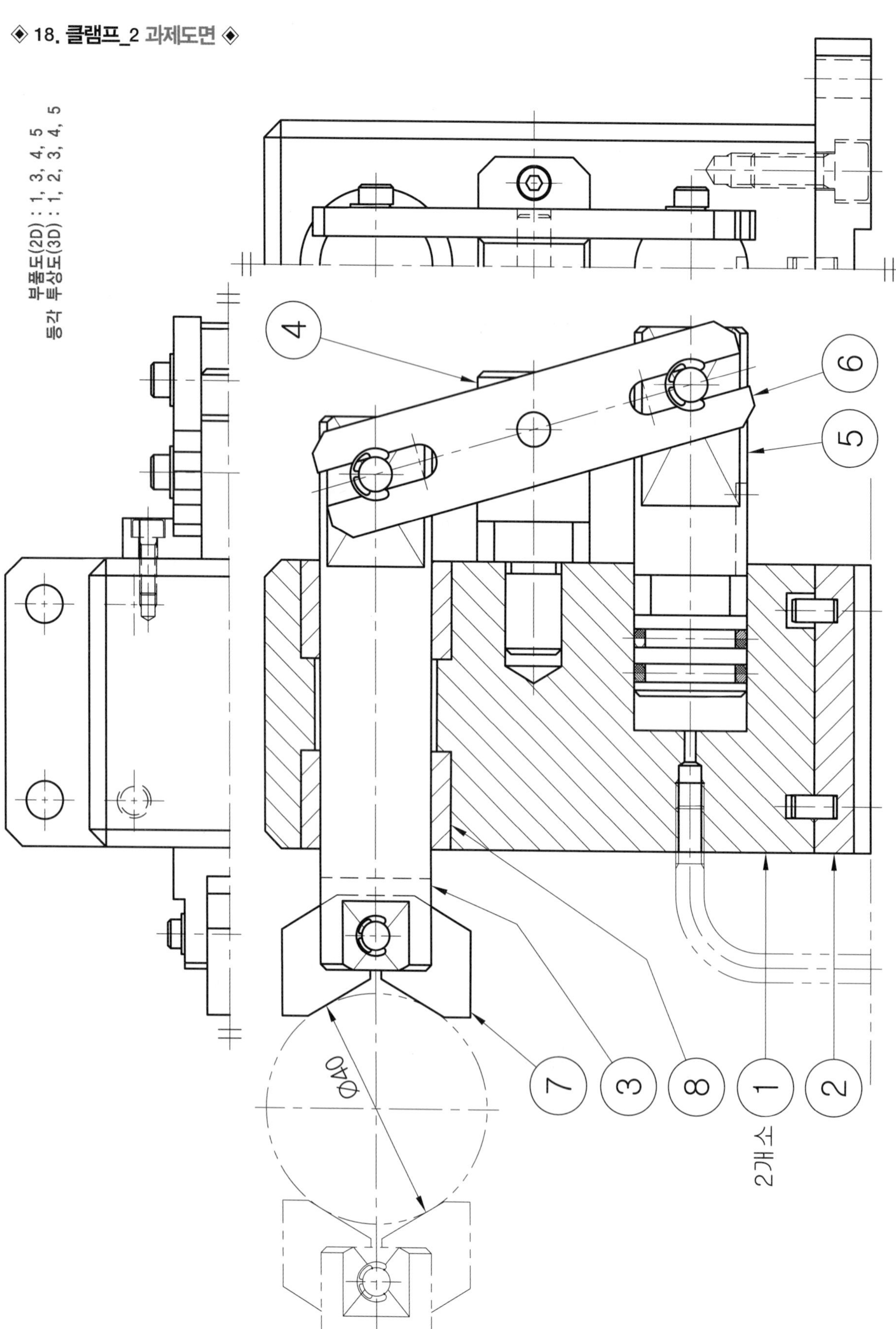

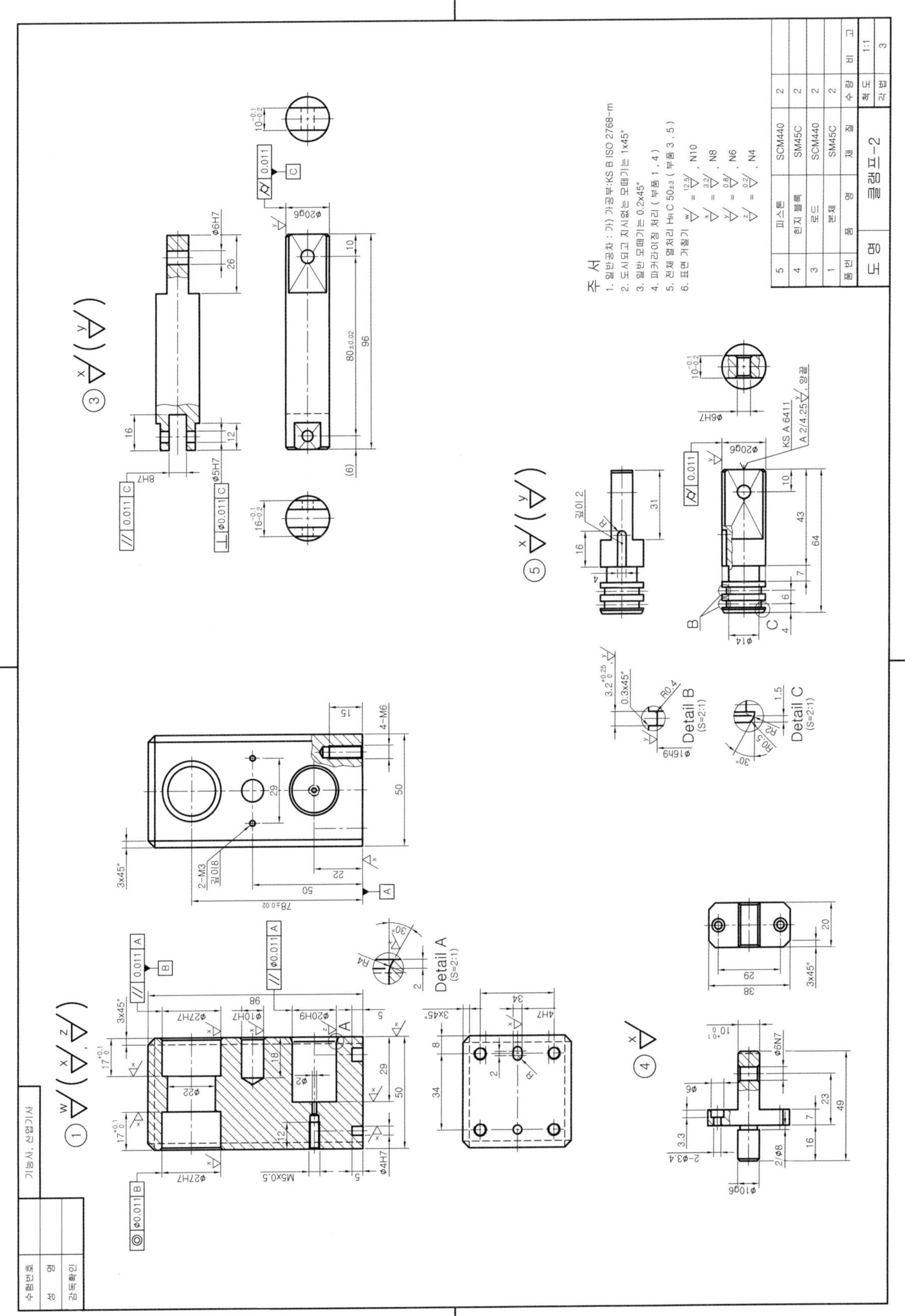
주 서
1. 일반공차 : 가) 가공부:KS B ISO 2768-m
2. 도시되고 지시없는 모떼기는 1x45°
3. 일반 모떼기는 0.2x45°
4. 파커라이징 처리 (부품 1 , 4)
5. 전체 열처리 HRC 50±3 (부품 3 , 5)
6. 표면 거칠기
5 피스톤 SCM440 2
4 힌지 블록 SM45C 2
3 로드 SCM440 2
1 본체 SM45C 2
품번 품명 재질 수량 비고
도명 클램프-2
척도 1:1
각법 3
수험번호
성 명
감독확인
기능사, 산업기사

◈ 18. 클램프_2 렌더링 등각투상도 예제도면 ◈

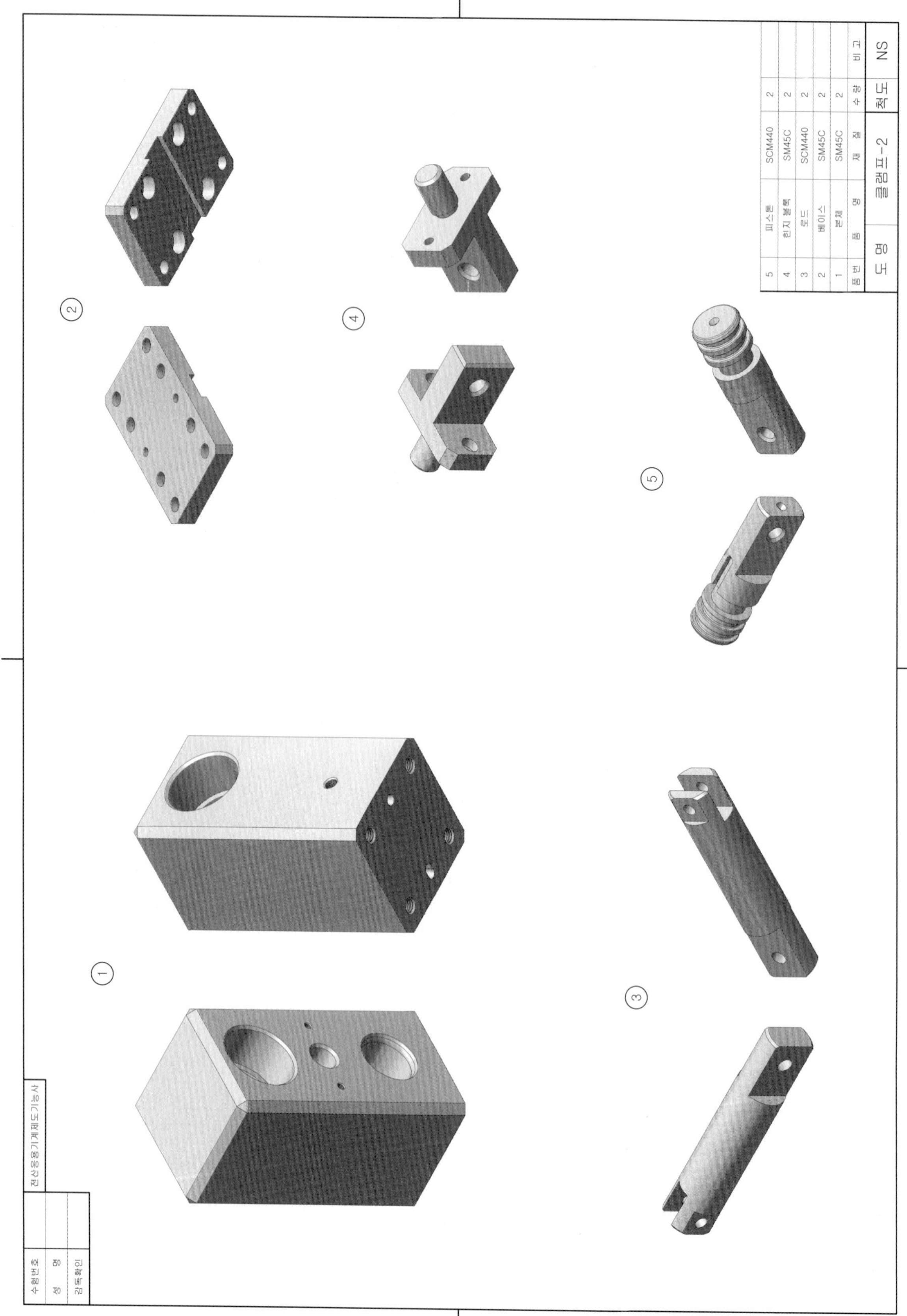

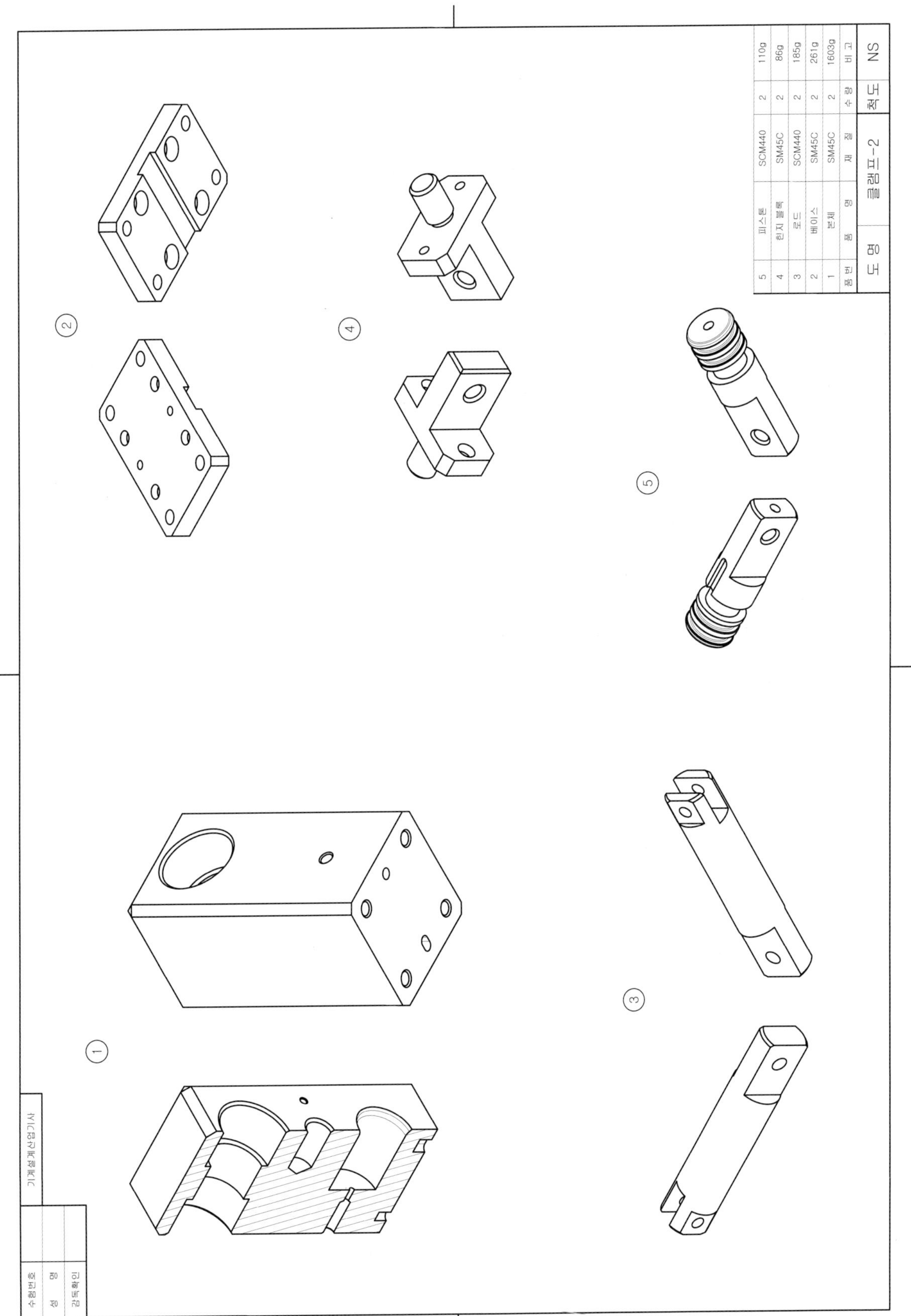

5 피스톤 SCM440 2 110g
4 힌지 블록 SM45C 2 86g
3 로드 SCM440 2 185g
2 베이스 SM45C 2 261g
1 본체 SM45C 2 1603g
품번 품명 재질 수량 비고
도명 클램프-2 척도 NS
기계설계산업기사
수험번호
성명
감독확인

◈ 18. 클램프_2 등각분해도 예제도면 ◈

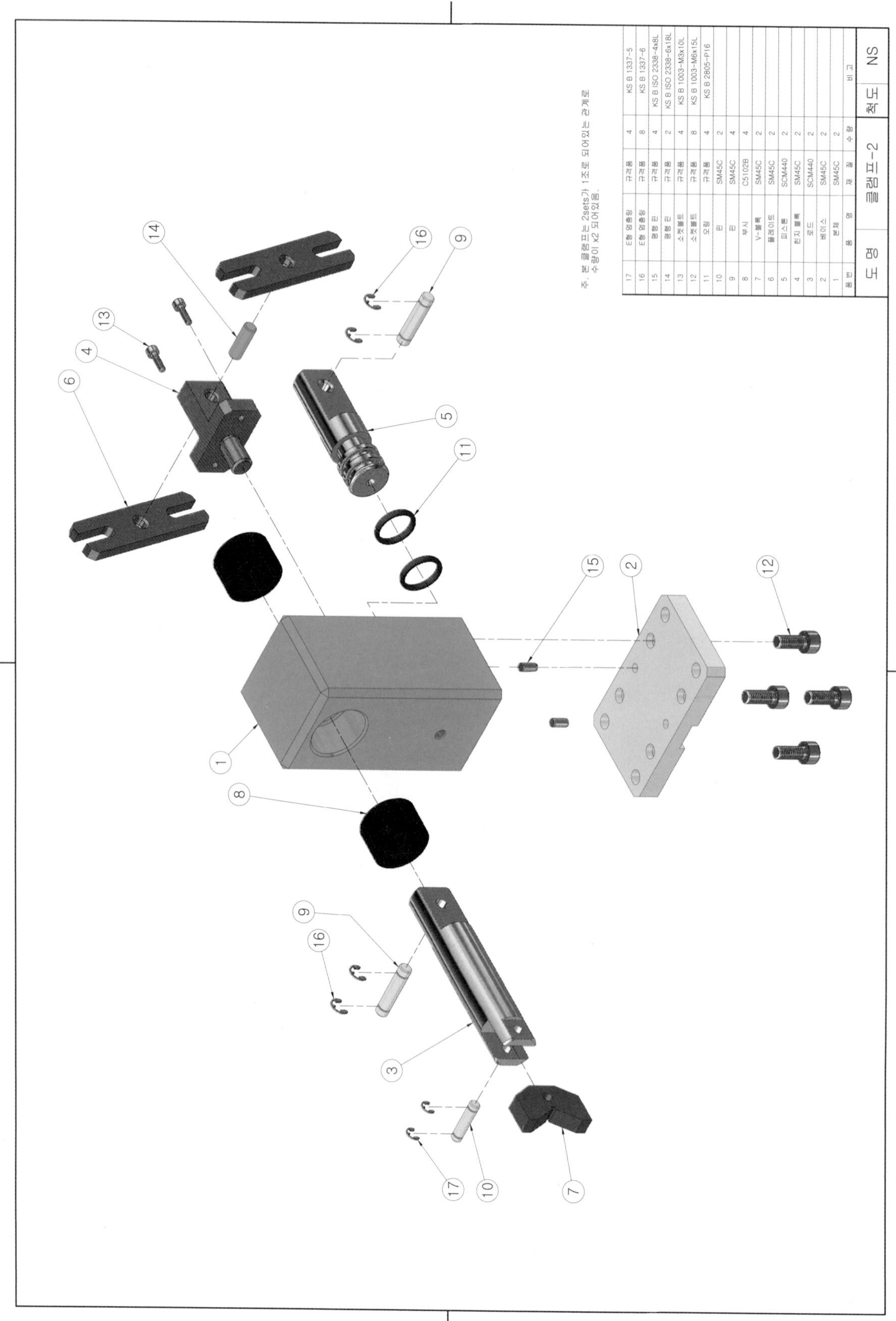

품번	품명	재질	수량	비고
17	E형 멈춤링	규격품	4	KS B 1337-5
16	E형 멈춤링	규격품	8	KS B 1337-6
15	평행 핀	규격품	4	KS B ISO 2338-4x8L
14	평행 핀	규격품	2	KS B ISO 2338-6x18L
13	소켓볼트	규격품	4	KS B 1003-M3x10L
12	소켓볼트	규격품	8	KS B 1003-M6x15L
11	오링	규격품	4	KS B 2805-P16
10	핀	SM45C	2	
9	핀	SM45C	4	
8	부시	C5102B	4	
7	V-블록	SM45C	2	
6	플레이트	SM45C	2	
5	피스톤	SCM440	2	
4	힌지 블록	SM45C	2	
3	로드	SCM440	2	
2	베이스	SM45C	2	
1	본체	SM45C	2	

도 명	클램프-2	척도	NS

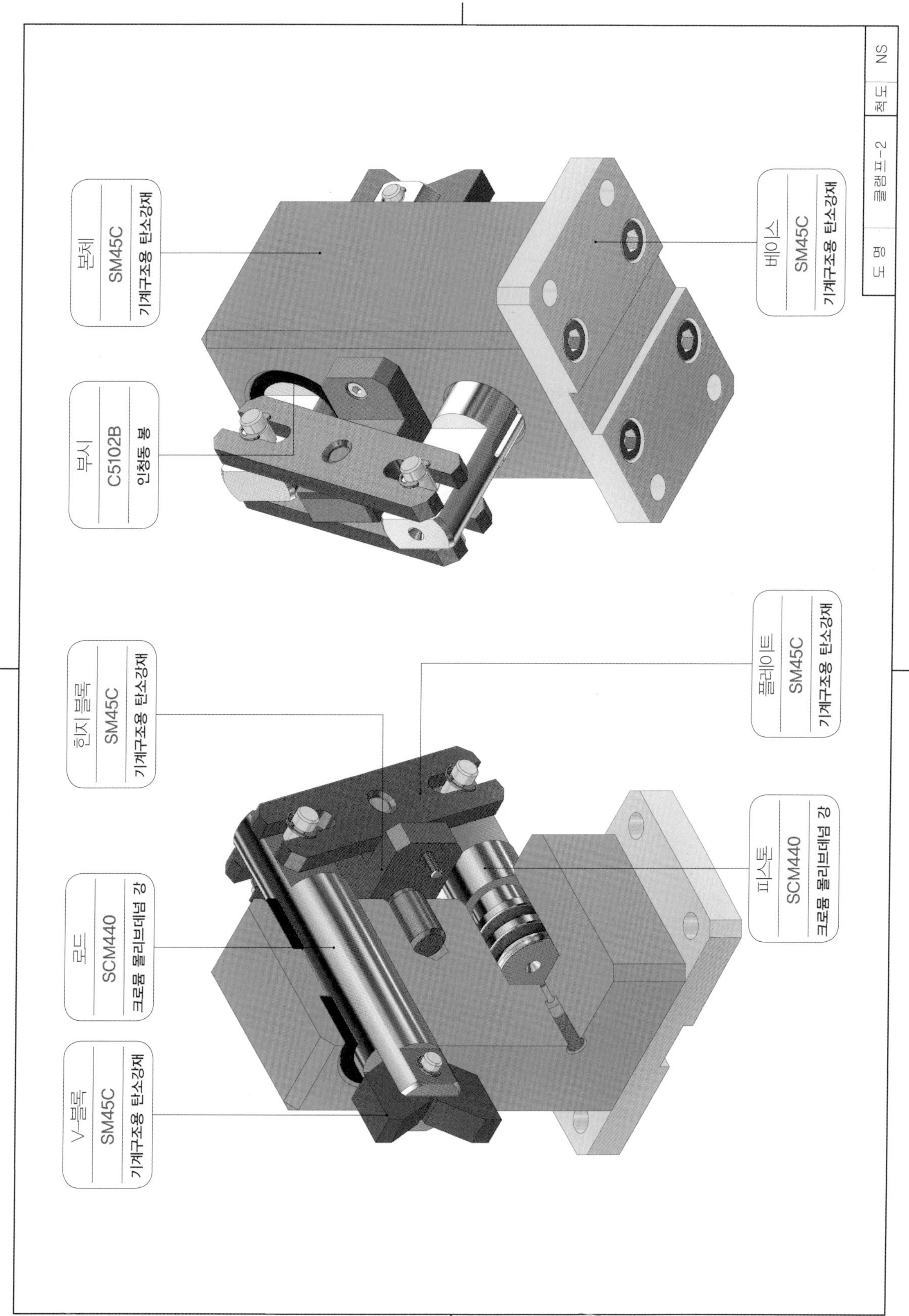

도 명
클램프-2
척 도
NS
본체
SM45C
기계구조용 탄소강재
부시
C5102B
인청동 봉
베이스
SM45C
기계구조용 탄소강재
힌지 블록
SM45C
기계구조용 탄소강재
플레이트
SM45C
기계구조용 탄소강재
로드
SCM440
크로뮴 몰리브데넘 강
피스톤
SCM440
크로뮴 몰리브데넘 강
V-블록
SM45C
기계구조용 탄소강재

◈ 19. 에어척_1 과제도면 ◈

부품도(2D) : 1, 2, 3, 5, 6
등각 투상도(3D) : 1, 2, 3, 5, 6

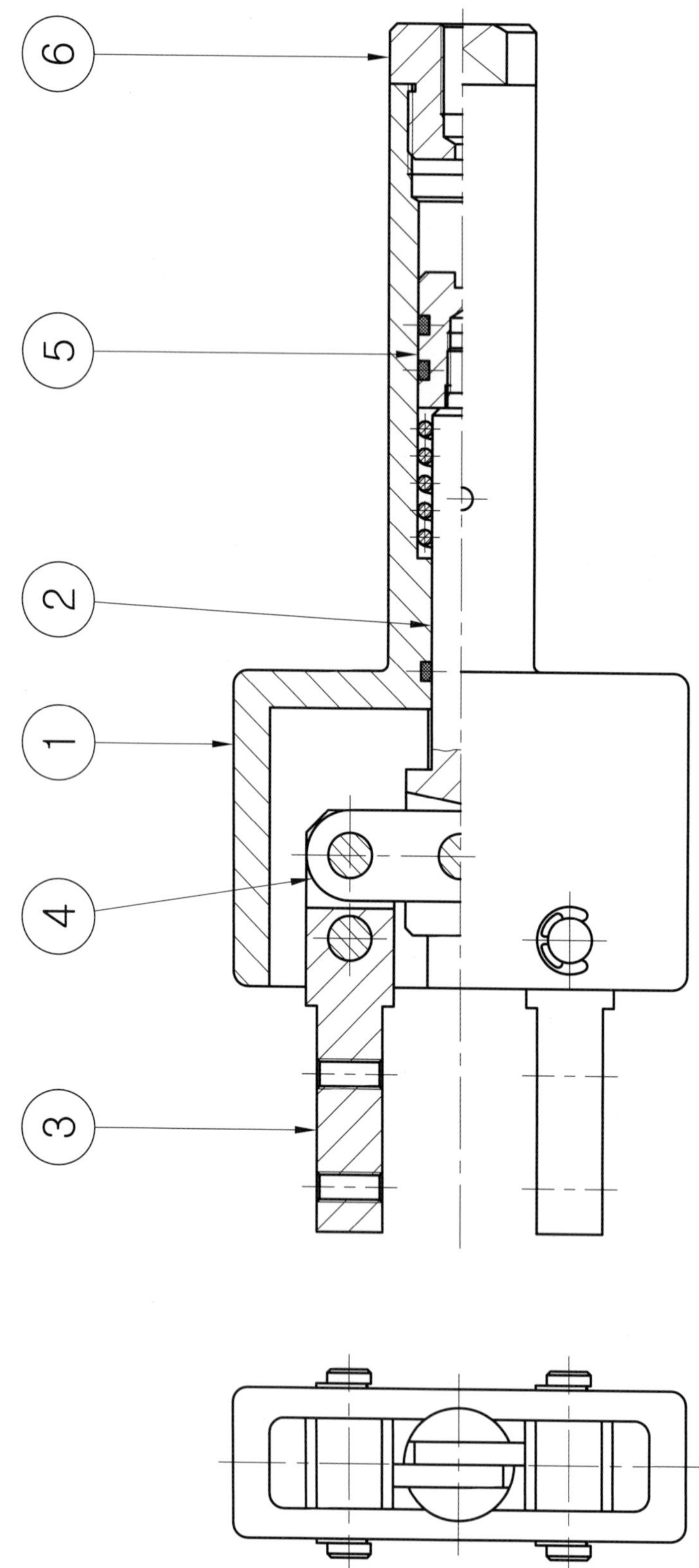

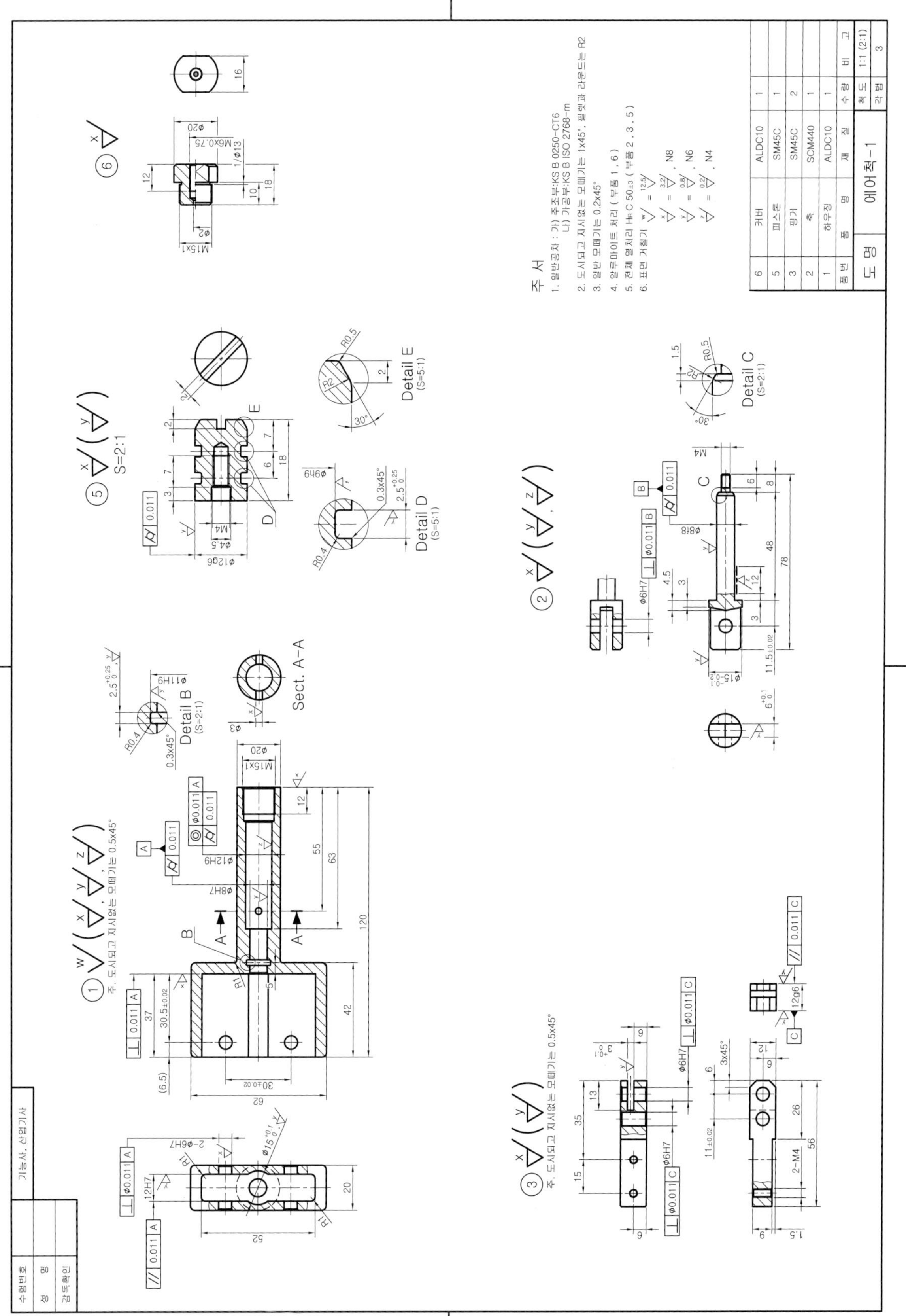
주 서
1. 일반공차 : 가) 주조부:KS B 0250-CT6
나) 가공부:KS B ISO 2768-m
2. 도시되고 지시없는 모떼기는 1x45°, 필렛과 라운드는 R2
3. 일반 모떼기는 0.2x45°
4. 알루마이트 처리 (부품 1, 6)
5. 전체 열처리 HRC 50±3 (부품 2, 3, 5)
6. 표면 거칠기
6 커버 ALDC10 1
5 피스톤 SM45C 1
3 SM45C 2
2 축 SCM440 1
1 하우징 ALDC10 1
품번 품명 재질 수량 비고
도명 에어척-1
척도 1:1 (2:1)
각법 3
Detail B (S=2:1)
Sect. A-A
Detail D (S=5:1)
Detail E (S=5:1)
Detail C (S=2:1)
S=2:1
주. 도시되고 지시없는 모떼기는 0.5x45°
수험번호
성 명
감독확인
기능사, 산업기사

◈ 19. 에어척_1 렌더링 등각투상도 예제도면 ◈

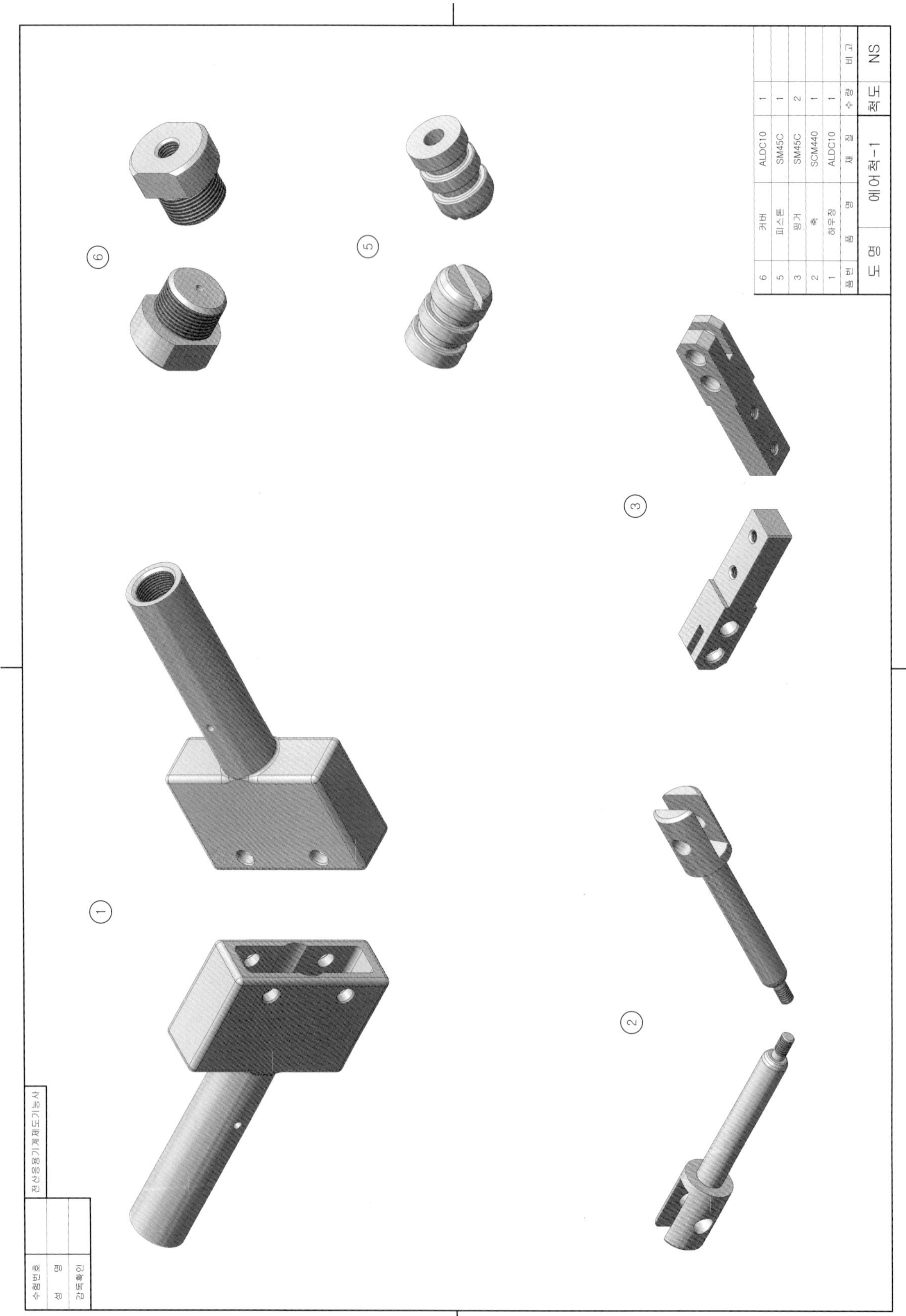

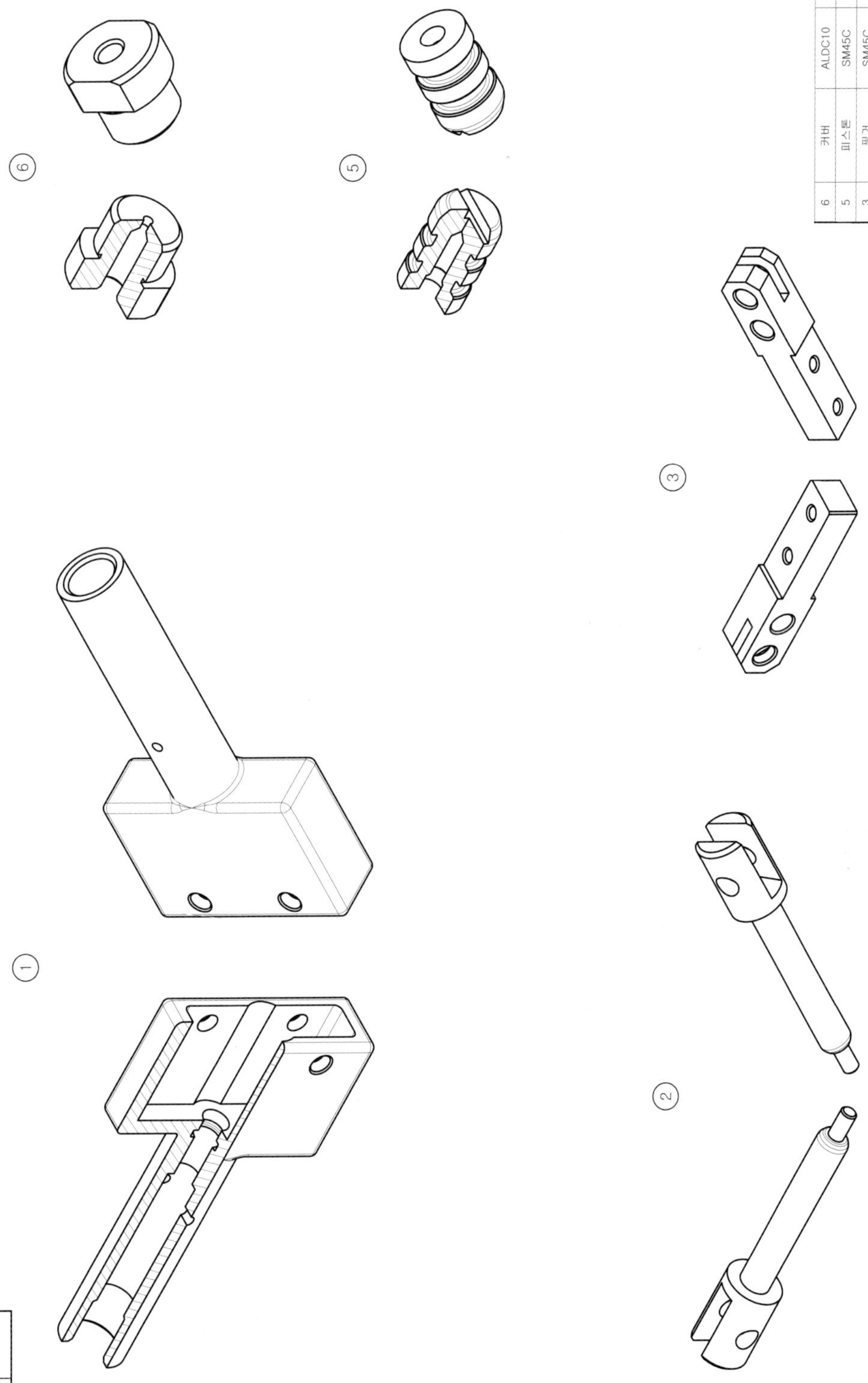

◈ 19. 에어척_1 3D 모델링도 예제도면 ◈

품번	품 명	재 질	수 량	비 고
6	커버	ALDC10	1	10g
5	피스톤	SM45C	1	13g
3	핑거	SM45C	2	45g
2	축	SCM440	1	36g
1	하우징	ALDC10	1	117g

도 명	에어척-1	척 도	NS

⑥ ⑤ ③ ① ②

기계설계산업기사	
수험번호	
성 명	
감독확인	

◈ 19. 에어척_1 등각분해도 예제도면 ◈

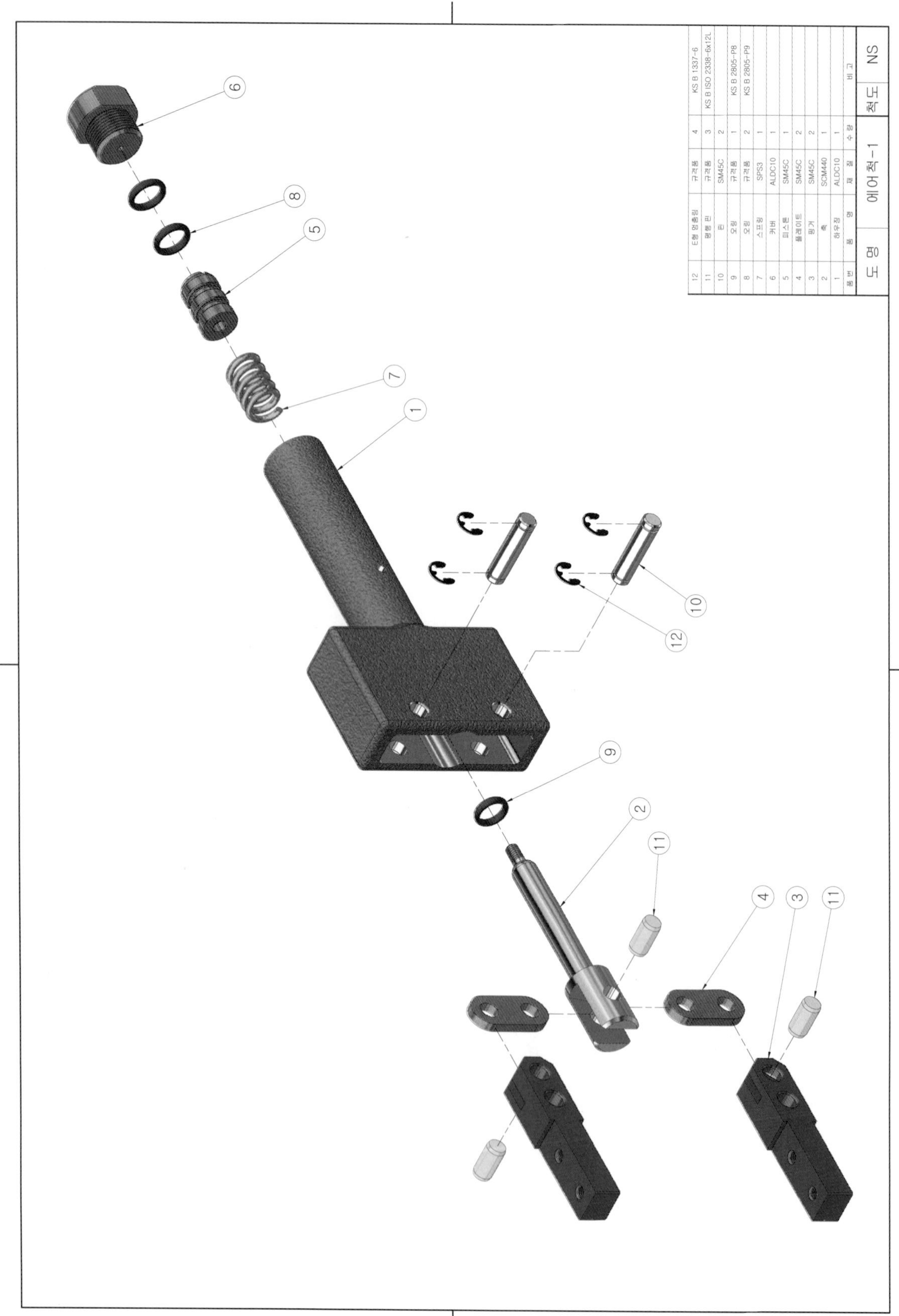

품번	품명	재질	수량	비고
12	E형 멈춤링	규격품	4	KS B 1337-6
11	평행 핀	규격품	3	KS B ISO 2338-6x12L
10	핀	SM45C	2	
9	오링	규격품	1	KS B 2805-P8
8	오링	규격품	2	KS B 2805-P9
7	스프링	SPS3	1	
6	커버	ALDC10	1	
5	피스톤	SM45C	1	
4	플레이트	SM45C	2	
3	핑거	SM45C	2	
2	축	SCM440	1	
1	하우징	ALDC10	1	

도 명	에어척-1	척 도	NS

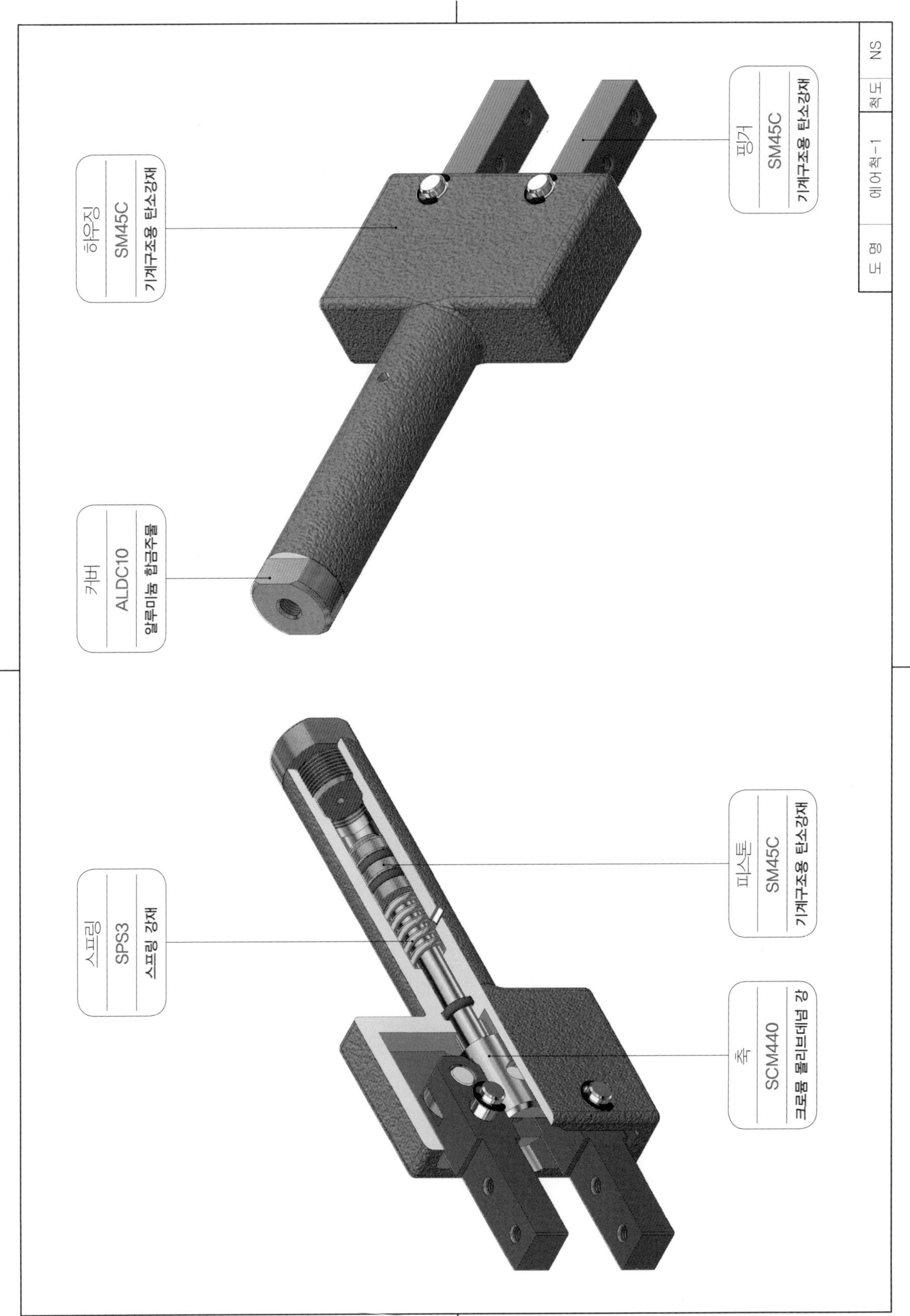
하우징
SM45C
기계구조용 탄소강재
커버
ALDC10
알루미늄 합금주물
핑거
SM45C
기계구조용 탄소강재
스프링
SPS3
스프링 강재
피스톤
SM45C
기계구조용 탄소강재
축
SCM440
크로뮴 몰리브데넘 강
도 명
에어척-1
척 도
NS

◈ 20. 에어척_2 과제도면 ◈

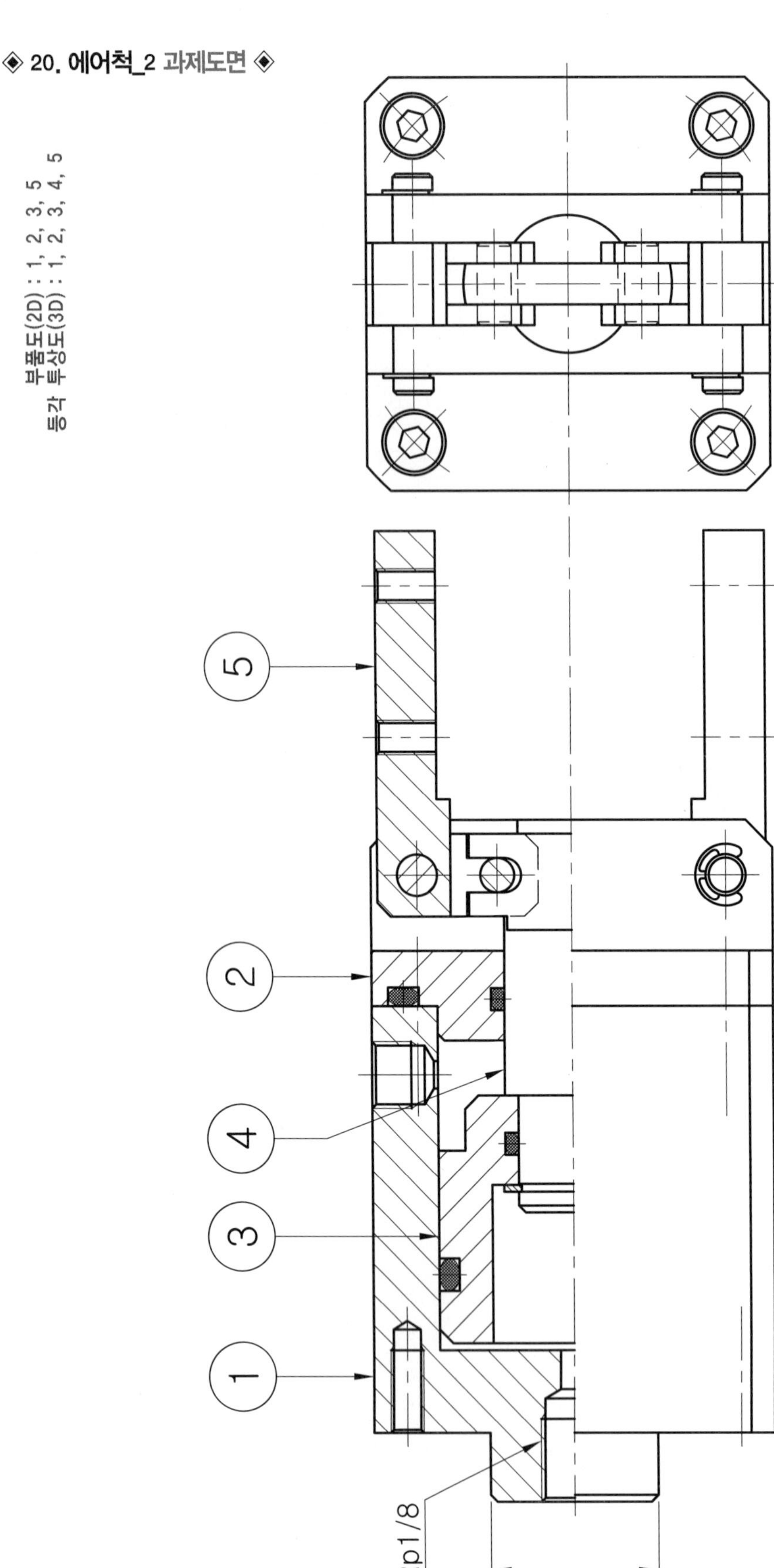

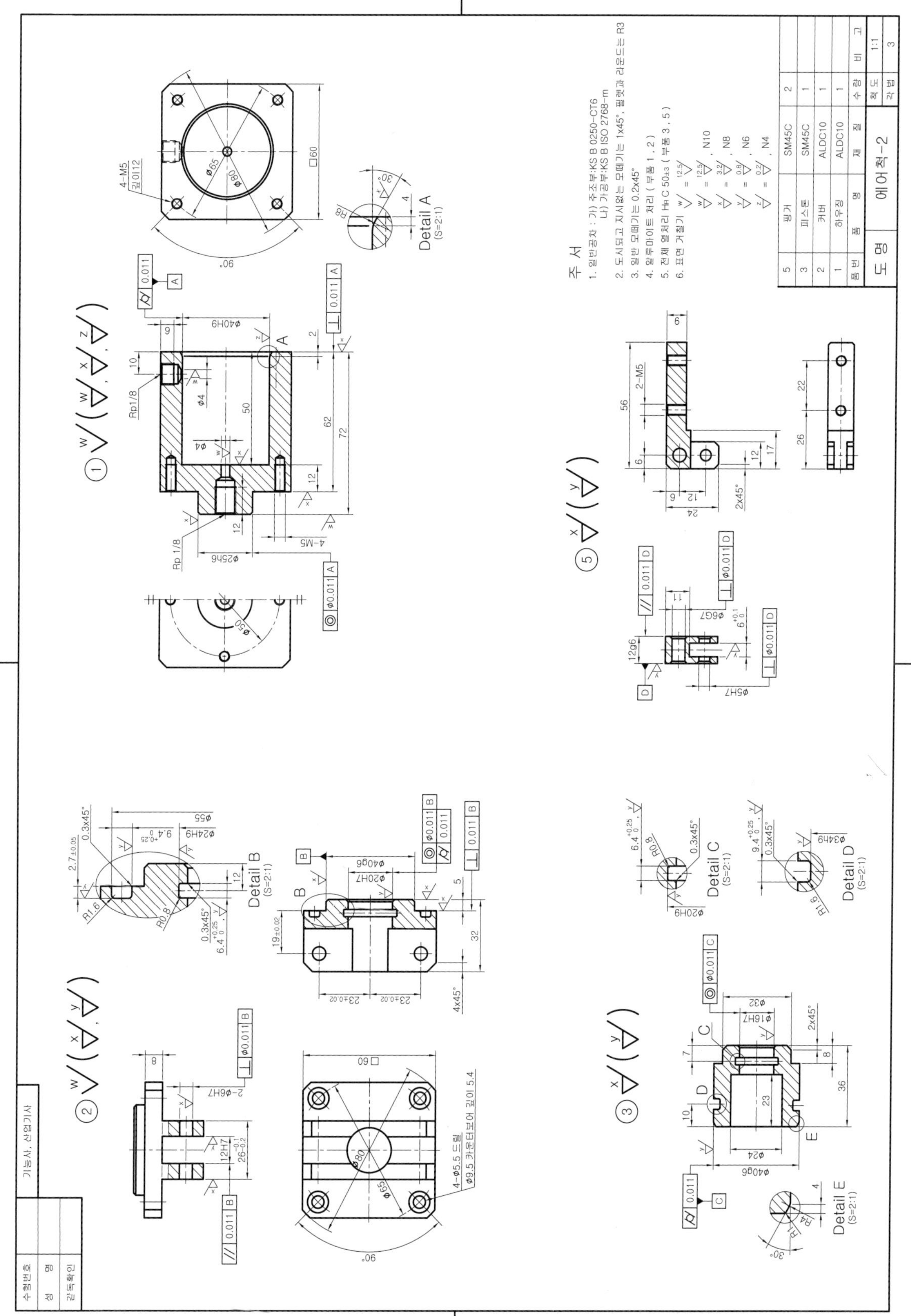
주 서
1. 일반공차 : 가) 주조부:KS B 0250-CT6
나) 가공부:KS B ISO 2768-m
2. 도시되고 지시없는 모떼기는 1x45°, 필렛과 라운드는 R3
3. 일반 모떼기는 0.2x45°
4. 알루마이트 처리 (부품 1, 2)
5. 전체 열처리 HRC 50±3 (부품 3, 5)
6. 표면 거칠기
5 핑거 SM45C 2
3 피스톤 SM45C 1
2 커버 ALDC10 1
1 하우징 ALDC10 1
품번 품명 재질 수량 비고
도명 에어척-2 척도 1:1 각법 3
Detail A (S=2:1)
Detail B (S=2:1)
Detail C (S=2:1)
Detail D (S=2:1)
Detail E (S=2:1)
수험번호
성 명
감독확인
기능사, 산업기사

◈ 20. 에어척_2 렌더링 등각투상도 예제도면 ◈

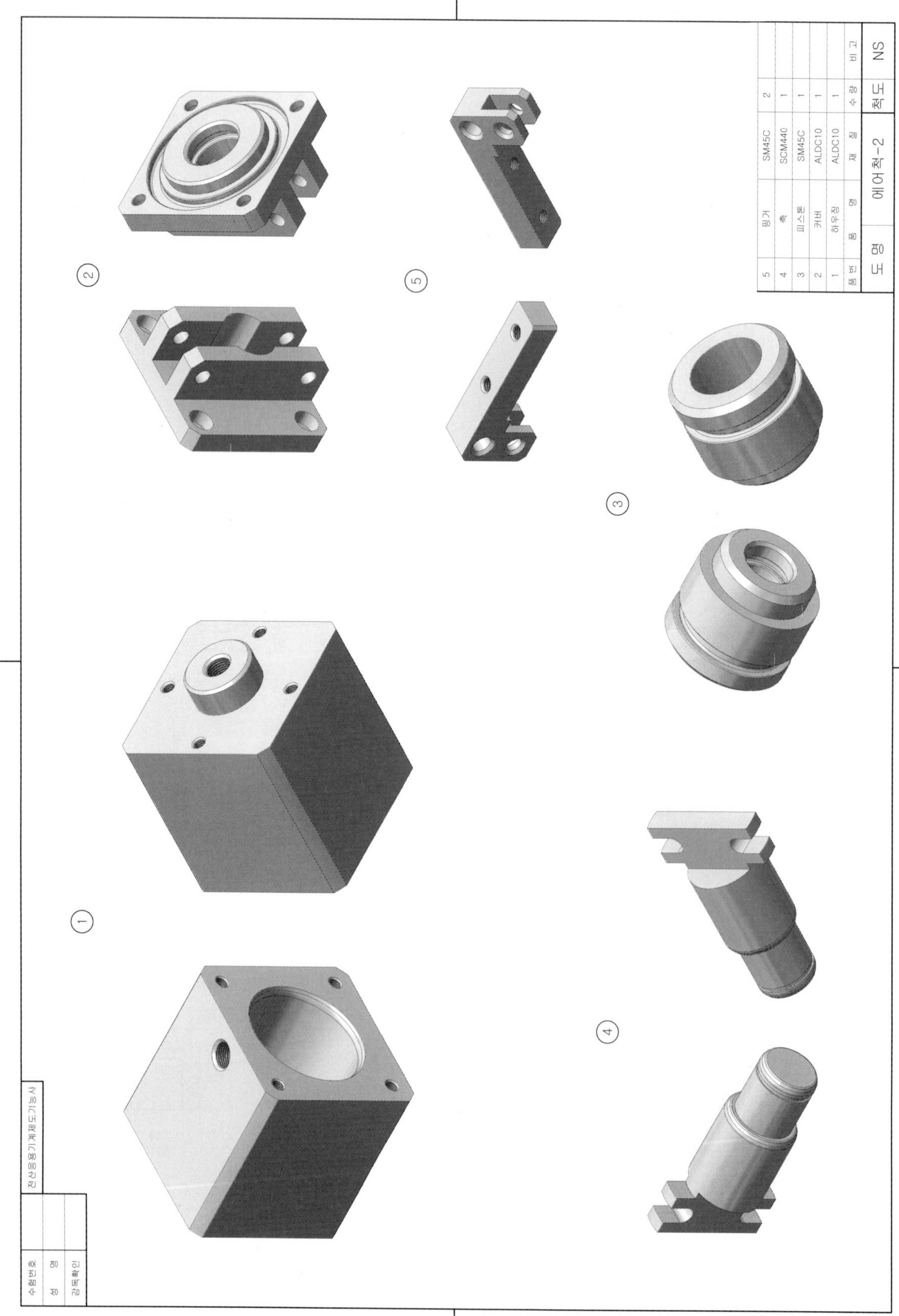

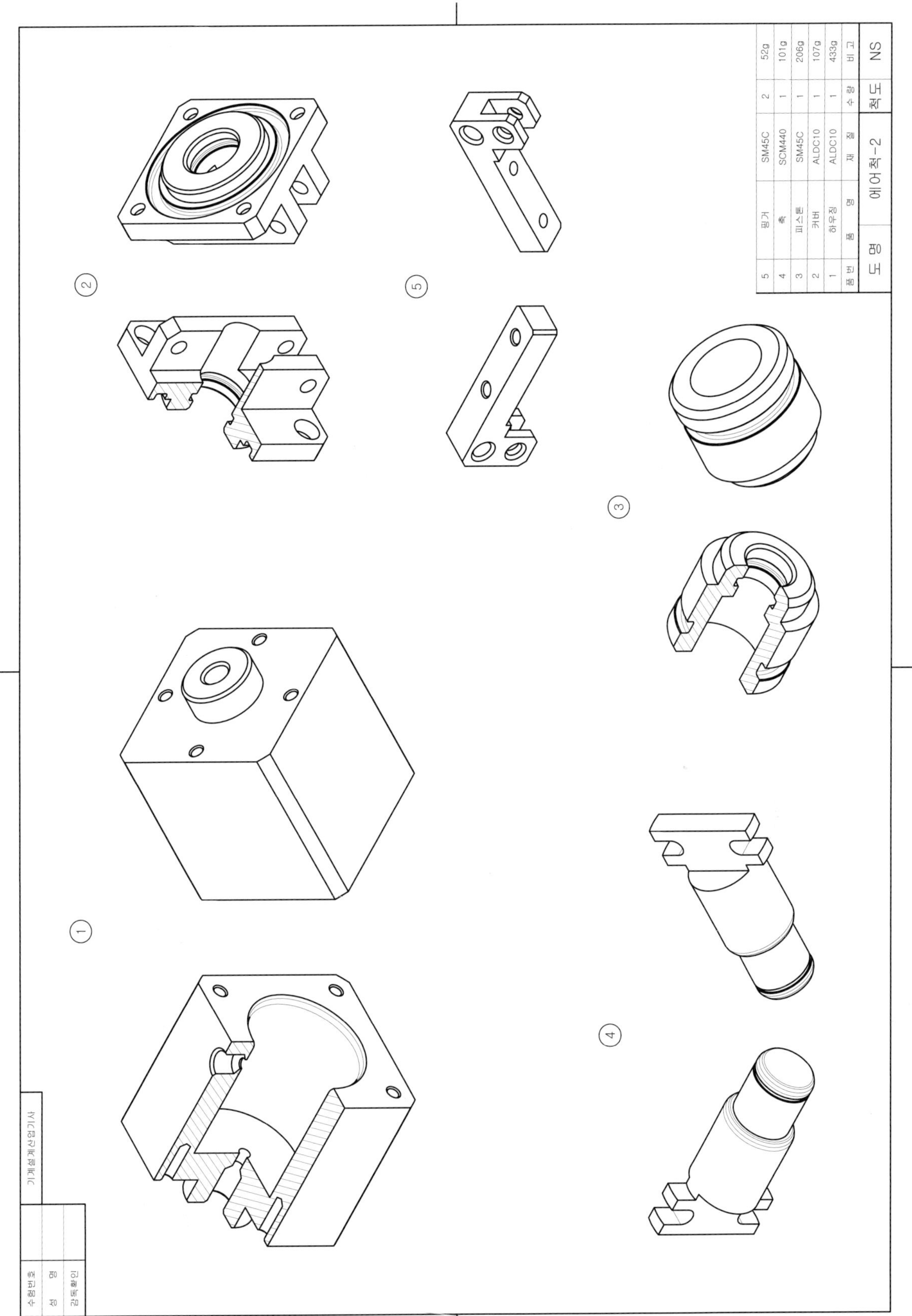
5 핑거 SM45C 2 52g
4 축 SCM440 1 101g
3 피스톤 SM45C 1 206g
2 커버 ALDC10 1 107g
1 하우징 ALDC10 1 433g
품번 품명 재질 수량 비고
도명 에어척-2 척도 NS
①
②
③
④
⑤
기계설계산업기사
수험번호
성명
감독확인

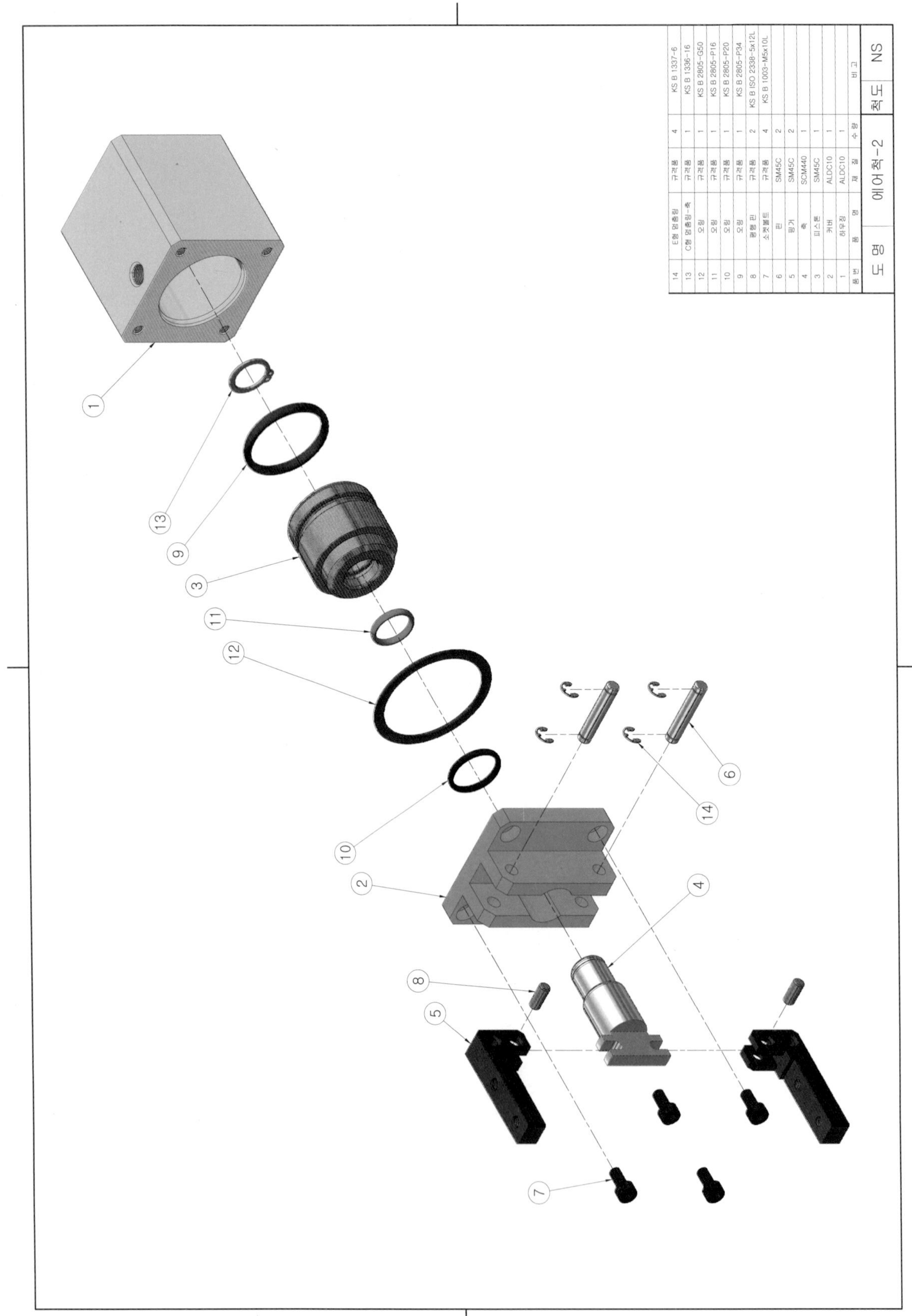

14	E형 멈춤링	규격품	4	KS B 1337-6
13	C형 멈춤링-축	규격품	1	KS B 1336-16
12	오링	규격품	1	KS B 2805-G50
11	오링	규격품	1	KS B 2805-P16
10	오링	규격품	1	KS B 2805-P20
9	오링	규격품	1	KS B 2805-P34
8	평행 핀	규격품	2	KS B ISO 2338-5x12L
7	소켓볼트	규격품	4	KS B 1003-M5x10L
6	핀	SM45C	2	
5	핑거	SM45C	2	
4	축	SCM440	1	
3	피스톤	SM45C	1	
2	커버	ALDC10	1	
1	하우징	ALDC10	1	
품번	품 명	재 질	수 량	비 고
도 명	에어척-2		척 도	NS

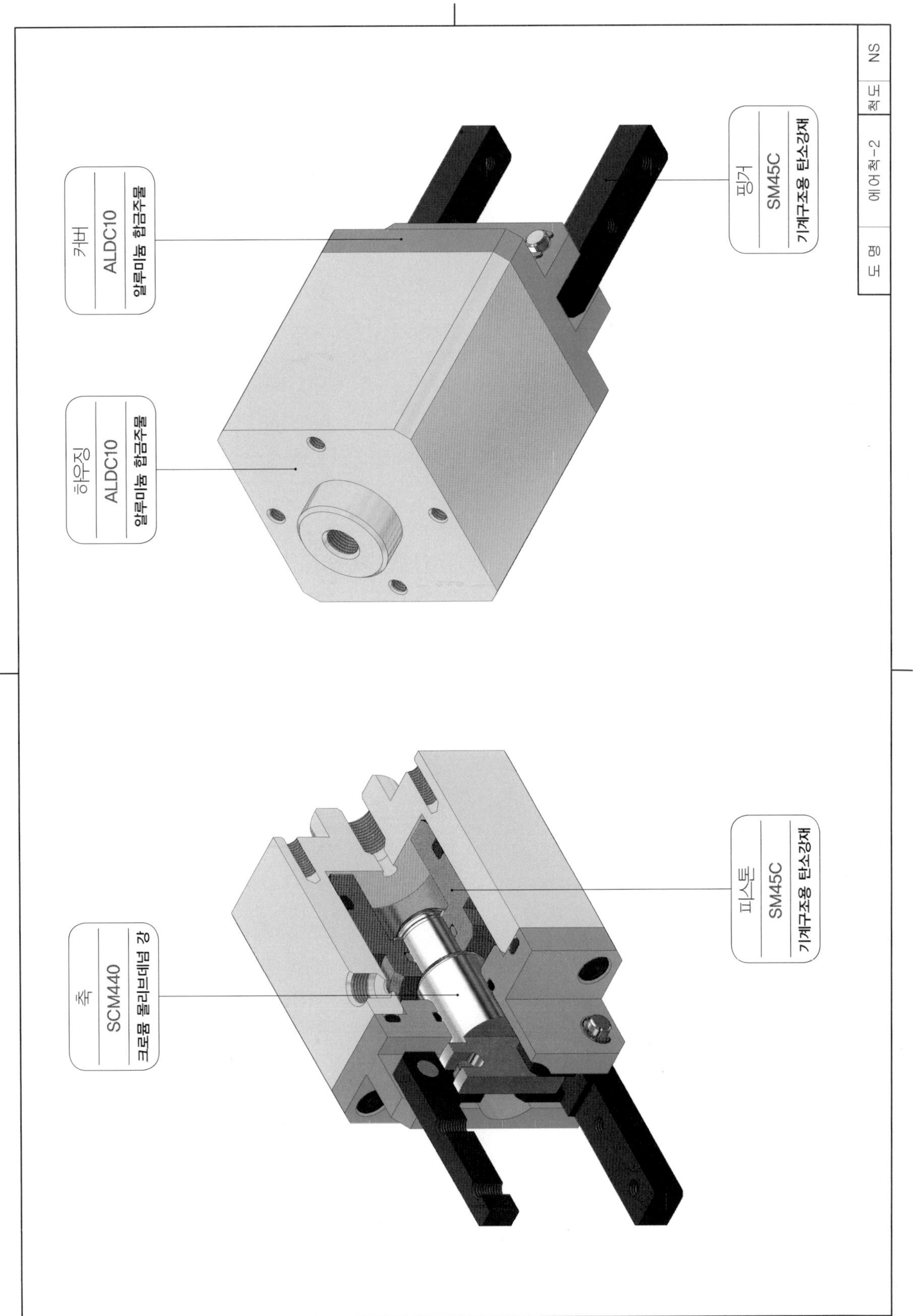
커버
ALDC10
알루미늄 합금주물
하우징
ALDC10
알루미늄 합금주물
핑거
SM45C
기계구조용 탄소강재
축
SCM440
크로뮴 몰리브데넘 강
피스톤
SM45C
기계구조용 탄소강재
도 명
에어척-2
척 도
NS

memo